수능한권

미적분

문제편

김지석

- 서울대학교 수학교육과 졸업 (영문학 부전공)
- 현) EBS-i 인강
- 현) 오르비 인강
- 현) 수학혁명 유튜브
- 전) 공신닷컴(gongsin.com) 대표 멘토
- 전) 미국 Lehi High School 교사인턴
- 『대박타점 공부법』 저자

수능의 Major Trend와 Minor Trend를 알면
올해 수능이 보입니다.

15개정 교육과정에 맞는
수능 기출 전문항에 대한
Big-Data Analysis

x

수능문제와 6월 9월 평가원을
한 권으로 깊고 자세하게
서울대학교 수학교육과의 풀컬러 손풀이와 함께하세요.

수능을 한 권에 담았습니다.

수능한권

수능한권 미적분 Contents

수능을 한 권에 담다.
Big Data Report와 Analysis, 실전개념분석, Prism 해설지, 수능수학과 평가원 모든 문항을 한 권에

수능한권은 실전개념분석이 있는 파트와 워크북 파트가 있어요.
워크북에는 수능 전개년 + 평가원 8개년 4점 문제 중 현 15개정 시험범위에 맞춘 모든 수능문제가 있답니다.
수능을 정복하는 나만의 맞춤전략을 세워보세요.

수능한권 미적분 Preview

수능한권 Big Data Analysis

수능한권 실전개념분석

수능한권 6일 완성 Guide

수능한권은 학습자의 편의에 따라 독학을 해도 혹은 인강을 수강해도 전체 실전개념 분석을
6일 안에 완성할 수 있도록 플랜을 제시해 드려요.
수능한권 인강 타임라인을 기록하여 두었으니 인강을 수강한다면 하루에 얼마큼 들을지 계산하기 좋고,
독학으로 공부해도 제시된 타임라인 스케줄에 맞게 공부시간을 짤 수 있으니 안성맞춤이에요.
하루 평균 3시간 제시된 플래너로 6일 동안 수능한권을 집중적으로 완성해보세요.
눈에 띄게 달라진 나의 수학실력과 문제를 보는 힘이 생길 거예요.

수능한권 1일 [수열의 극한]　　　[공부]　월　일　[복습]　　/

Day	Progress		Topic	Time	☑
1일 (179m)	1강	1일(1)	[Major Trend] 미적분 수열극한 경향01 Big-data Report	15	☐
	2강	1일(2)	수열극한 경향01 대표 문제 분석 (1~3번)	43	☐
	3강	1일(3)	수열극한 경향01 대표 문제 분석 (4번)	5	☐
	4강	1일(4)	수열극한 경향02 Big-data Report	3	☐
	5강	1일(5)	수열극한 경향02 대표 문제 분석 (5~9번)	43	☐
	6강	1일(6)	수열극한 경향02 대표 문제 분석 (10~11번)	28	☐
	7강	1일(7)	수열극한 경향03 Big-data Report	3	☐
	8강	1일(8)	수열극한 경향03 대표 문제 분석 (12~15번)	18	☐
	9강	1일(9)	수열극한 경향03 대표 문제 분석 (16~18번)	21	☐

수능한권 2일 [수열의 극한/여·함·미]　　　[공부]　월　일　[복습]　　/

Day	Progress		Topic	Time	☑
2일 (178m)	10강	2일(1)	수열극한 경향03 대표 문제 분석 (19번)	26	☐
	11강	2일(2)	수열극한 경향03 대표 문제 분석 (20번)	23	☐
	12강	2일(3)	수열극한 경향04 Big-data Report	4	☐
	13강	2일(4)	수열극한 경향04 대표 문제 분석 (21~22번)	28	☐
	14강	2일(5)	수열극한 경향04 대표 문제 분석 (23번)	10	☐
	15강	2일(6)	수열극한 경향04 대표 문제 분석 (24~26번)	17	☐
	16강	2일(7)	[Major Trend] 여러함수미분 경향05 Big-data Report	9	☐
	17강	2일(8)	여러함수미분 경향05 대표 문제 분석 (27~28번)	11	☐
	18강	2일(9)	여러함수미분 경향06 Big-data Report	2	☐
	19강	2일(10)	여러함수미분 경향06 대표 문제 분석 (29번)	7	☐
	20강	2일(11)	여러함수미분 경향07 Big-data Report	3	☐
	21강	2일(12)	여러함수미분 경향07 대표 문제 분석 (30~31번)	38	☐

수능한권
미적분 인강

수능한권 3일 [여·함·미/미분법]　[공부]　월　일　[복습]　/

Day	Progress		Topic	Time	☑
3일 (190m)	22강	3일(1)	여러함수미분 경향07 대표 문제 분석 (32~34번)	65	☐
	23강	3일(2)	여러함수미분 경향07 대표 문제 분석 (35~37번)	49	☐
	24강	3일(3)	[Major Trend] 미분법 경향08 Big-data Report	6	☐
	25강	3일(4)	미분법 경향08 대표 문제 분석 (38번)	8	☐
	26강	3일(5)	미분법 경향09 Big-data Report	2	☐
	27강	3일(6)	미분법 경향09 대표 문제 분석 (39번)	8	☐
	28강	3일(7)	미분법 경향09 대표 문제 분석 (40~41번)	14	☐
	29강	3일(8)	미분법 경향09 대표 문제 분석 (42번)	12	☐
	30강	3일(9)	미분법 경향09 대표 문제 분석 (43번)	26	☐

수능한권 4일 [미분법]　[공부]　월　일　[복습]　/

Day	Progress		Topic	Time	☑
4일 (180m)	31강	4일(1)	미분법 경향09 대표 문제 분석 (44번)	18	☐
	32강	4일(2)	미분법 경향09 대표 문제 분석 (45~46번)	37	☐
	33강	4일(3)	미분법 경향09 대표 문제 분석 (47번)	34	☐
	34강	4일(4)	미분법 경향09 대표 문제 분석 (48번)	18	☐
	35강	4일(5)	미분법 경향09 대표 문제 분석 (49~50번)	34	☐
	36강	4일(6)	미분법 경향10 Big-data Report	3	☐
	37강	4일(7)	미분법 경향10 대표 문제 분석 (51~52번)	36	☐

수능한권 6일 완성 Guide

Day	Progress		Topic	Time	☑
5일 (219m)	38강	5일(1)	미분법 경향10 대표 문제 분석 (53~54번)	53	☐
	39강	5일(2)	미분법 경향10 대표 문제 분석 (55~56번)	44	☐
	40강	5일(3)	미분법 경향11 Big-data Report	4	☐
	41강	5일(4)	[Major Trend] 적분법 경향12 Big-data Report	11	☐
	42강	5일(5)	적분법 경향12 대표 문제 분석 (57번)	5	☐
	43강	5일(6)	적분법 경향13 Big-data Report	6	☐
	44강	5일(7)	적분법 경향13 대표 문제 분석 (58번)	51	☐
	45강	5일(8)	적분법 경향13 대표 문제 분석 (59~60번)	9	☐
	46강	5일(9)	적분법 경향13 대표 문제 분석 (61~63번)	25	☐
	47강	5일(10)	적분법 경향14 Big-data Report	3	☐
	48강	5일(11)	적분법 경향14 대표 문제 분석 (64~65번)	8	☐

Day	Progress		Topic	Time	☑
6일 (243m)	49강	6일(1)	적분법 경향14 대표 문제 분석 (66~67번)	19	☐
	50강	6일(2)	적분법 경향14 대표 문제 분석 (68번)	13	☐
	51강	6일(3)	적분법 경향15 Big-data Report	3	☐
	52강	6일(4)	적분법 경향15 대표 문제 분석 (69~70번)	20	☐
	53강	6일(5)	적분법 경향15 대표 문제 분석 (71~72번)	24	☐
	54강	6일(6)	적분법 경향15 대표 문제 분석 (73~74번)	23	☐
	55강	6일(7)	적분법 경향15 대표 문제 분석 (75번)	29	☐
	56강	6일(8)	적분법 경향16 Big-data Report	2	☐
	57강	6일(9)	적분법 경향16 대표 문제 분석 (76~78번)	18	☐
	58강	6일(10)	적분법 경향16 대표 문제 분석 (79번)	8	☐
	59강	6일(11)	적분법 경향16 대표 문제 분석 (80번)	22	☐
	60강	6일(12)	적분법 경향16 대표 문제 분석 (81번)	20	☐
	61강	6일(13)	적분법 경향17 Big-data Report	2	☐
	62강	6일(14)	적분법 경향17 대표 문제 분석 (82번)	7	☐
	63강	6일(15)	적분법 경향17 대표 문제 분석 (82번)	15	☐
	64강	6일(16)	적분법 경향18 Big-data Report	3	☐
	65강	6일(17)	적분법 경향18 대표 문제 분석 (84번)	9	☐
	66강	6일(18)	적분법 경향19 Big-data Report	6	☐

수능한권 - 미적분 고난도 1일　　[공부]　월　일 [복습]　　/

Day	Progress		Topic	Time	☑
1일 (190m)	1강	1일(1)	고난도 접근법 1 문제 풀이 85	20	☐
	2강	1일(2)	고난도 접근법 2 문제 풀이 86	9	☐
	3강	1일(3)	고난도 접근법 3 문제 풀이 87~88	37	☐
	4강	1일(4)	고난도 접근법 3 문제 풀이 89	20	☐
	5강	1일(5)	고난도 접근법 4 문제 풀이 90	32	☐
	6강	1일(6)	고난도 접근법 4 문제 풀이 91	17	☐
	7강	1일(7)	고난도 접근법 5 문제 풀이 92	15	☐
	8강	1일(8)	고난도 접근법 5 문제 풀이 93~94	40	☐

수능한권 - 미적분 고난도 2일　　[공부]　월　일 [복습]　　/

Day	Progress		Topic	Time	☑
2일 (185m)	9강	2일(1)	고난도 접근법 6 문제 풀이 95~96	38	☐
	10강	2일(2)	고난도 접근법 7 문제 풀이 97~98	40	☐
	11강	2일(3)	고난도 접근법 7 문제 풀이 99	30	☐
	12강	2일(4)	고난도 접근법 7 문제 풀이 100	38	☐
	13강	2일(5)	고난도 접근법 8 문제 풀이 101	39	☐

수능한권 - 미적분 고난도 3일　　[공부]　월　일 [복습]　　/

Day	Progress		Topic	Time	☑
3일 (164m)	14강	3일(1)	고난도 접근법 8 문제 풀이 102	23	☐
	15강	3일(2)	고난도 접근법 9	70	☐
	16강	3일(3)	고난도 접근법 9 문제 풀이 103	15	☐
	17강	3일(4)	고난도 접근법 9 문제 풀이 104	30	☐
	18강	3일(5)	고난도 접근법 9 문제 풀이 105	26	☐

수능한권 6일 완성 Guide

수능한권은 하루마다 공부해야 할 스케쥴을 나눠 두었습니다.
중단 없이 몰아서 학습하는 것이 효과가 좋기 때문에 병행 없이 수능한권만 집중적으로
매일 공부 분량에 맞게 공부하고 데일리 복습해주세요. 탄탄한 수학실력을 갖출 수 있을 거예요.

■ Day1 'WorkBook' 2점-3점
- 워크북 전체 2점 문항만 풀어보기
- 워크북 3점 문항만 풀어보기 (1)

■ Day2 'WorkBook' 3점
- 워크북 3점 문항만 풀어보기 (2)

■ Day3 수능한권 실전개념분석 1일차 공부
　　　(인강 or 독학)

■ Day4 수능한권 실전개념분석 2일차 공부
　　　(인강 or 독학)

■ Day5 수능한권 실전개념분석 3일차 공부
　　　(인강 or 독학)

■ Day6 수능한권 실전개념분석 4일차 공부
　　　(인강 or 독학)

■ Day7 수능한권 실전개념분석 5일차 공부
　　　(인강 or 독학)

■ Day8 수능한권 실전개념분석 6일차 공부
　　　(인강 or 독학)

■ Day9 'WorkBook' 4점 (+실전개념분석 복습)
- 수능한권 워크북 4점 문항만 풀어보기 (1)
*1등급 문항 제외

■ Day10 'WorkBook' 4점 (+실전개념분석 복습)
- 수능한권 워크북 4점 문항 1단원 풀어보기 (1)
*1등급 문항 제외

■ Day11 'WorkBook' 4점 (+실전개념분석 복습)
- 수능한권 워크북 4점 문항 2단원 풀어보기 (2)
*1등급 문항 제외

■ Day11 'WorkBook' 4점 (+실전개념분석 복습)
- 수능한권 워크북 4점 문항 3단원 풀어보기 (3)
*1등급 문항 제외

■ Day12 'WorkBook' 4점 (+실전개념분석 복습)
- 수능한권 워크북 1등급 문항 풀어보기 (1)

■ Day13 'WorkBook' 4점 (+실전개념분석 복습)
- 수능한권 워크북 1등급 문항 풀어보기 (2)

■ Day14 전문항 틀린 문항 복습

나만의 수능한권 복습 스케줄

Day	Progress	Review Topic	Time	☑
				☐
				☐
				☐
				☐
				☐
				☐
				☐
				☐
				☐
				☐
				☐
				☐
				☐
				☐
				☐
				☐
				☐
				☐
				☐
				☐

수능한권 200%활용하기

수능한권은 기존에 보던 문제집에서 볼 수 없는 독특한 매력과 장점을 지니고 있어요.
그렇기 때문에 학습자 여러분이 낯설지 않도록 수능한권을 200% 활용할 수 있는 공부법과 수능한권을 소개해
드려요. 수능한권 200% 활용 공부법으로 보다 똑똑하게 좋은 성적을 낼 수 있는 밑거름으로 수능한권을 활용해
보세요. 수능기출에서 얻을 수 있는 모든 것을 얻어가는 것은 물론 수능한권만의 수능분석을 경험하고 올해
평가원 모의고사를 거쳐서 자신만의 수능약점을 분석한다면 수능에 최적화된 여러분을 만나실 수 있을 거예요.

■ 기출문제에 대한 이해

수능은 과거에도 그렇고 올해 수능도
① 기존 출제되어왔던 포인트 + ② 미출제 포인트 + ③ 출제된 적은 있지만 한동안 출제되지 않았던 포인트
이렇게 3가지 요소를 섞어서 출제가 될 거예요. 그렇기 때문에 기출문제도 중요하고 나의 실력 역시
업그레이드를 꾸준하게 하는 것이 매우 중요하죠. 하지만 수능이 시작되고 30년이나 흐른 지금 각종 교육청,
평가원 모의고사를 합하면 기출문제가 1만여 문제를 훨씬 뛰어 넘는다는 걸 알고 계시나요? 1년을 기출문제에만
올인 해도 다 풀지 못하고 수능장으로 가는 것이 15개정 수능, 올해 수능이 되었어요.

■ 3세대 수능분석 '수능한권'

수능이 시작한지 얼마 되지 않았을 때, 기출문제가 별로 없어서 그냥 기출문제라면 무조건 풀어도 되는 시대가
있었어요. 우리는 그것을 1세대 기출분석이라고 불러요. 기출문제를 풀고 정답을 맞히면서 학습하는 과정이죠.
이 시기에는 학습의 방향성이 없이 기출분석을 해도 되는 시기였어요.

하지만 수능이 점차 해를 거듭할수록 기출문제가 많아지자 유형별로 기출문제를 학습하는 시대가 왔어요.
유형별로 학습하는 과정과 기출문제를 푸는 과정을 동시에 하죠. 하지만 유형별로 기출문제를 학습해온 시기가
벌써 20여년이나 지난 오래된 공부법으로 공부하면서 수능의 큰 흐름과 작은 흐름을 놓치는 것도 모자라 볼륨이
너무 크기 때문에 막상 '나'를 위한 공부를 할 시간도 부족해졌어요.

그래서 우리는 2세대 기출분석을 넘어 3세대 기출분석이 필요해졌어요. 기출문제 1만여 문제 중 현재 수능
범위에 맞는 수능 기출 문제들, 그리고 Data-Analysis를 통해 분류된 수능의 Major Trend와 Minor Trend를
공부하면서 함께 체득해 나가기 위해서예요.

기출문제도 풀어야하고, N제도 풀어야하고, 모의고사도 풀어야 하는 수험생은 한 권의 기출문제를 하더라도
똑똑하고 빠르게 유형별로 학습해야 해요. 수능의 큰 흐름과 그 안에 있는 작은 흐름도 놓치지 않고 수능
기출문제로 전체 뼈대를 잡아보세요. 수능한권은 수능의 100%를 담았기 때문에 총체적인 것들을 모두 흡수하며
학습하는 과정이 바로 3세대 수능분석 '수능한권'이 도와줄 거예요.

■ 수능의 Major Trend와 Minor Trend

수능한권은 단원별 Major Trend와 단원 안에 있는 경향별로 Minor Trend가 있어요.
하나의 단원을 공부하더라도 그 단원의 흐름을 먼저 알고 세부적으로 그 단원에 출제된 수능기출문제를
경향별로 나누었어요. 각 경향별로 수능에서 어떻게 출제 되었는지 올해 수능에서 이 경향이 나올지에 대한
Data-Analysis를 같이 넣었고, 김지석t가 경향별로 중요한 코멘트를 달았답니다. 단원 전체의 Major Trend와
경향별로 Minor Trend를 문제를 풀기 전에 읽는다면 향후 학습방향과 내가 취약한 경향이 어떤 것인지
정확하게 파악될 거예요.

■ 수능 기출문제의 모든 것 '수능한권 Work Book'

수능기출문제 중 과목별로 올해 수능범위에 해당하는 모든 기출문제를 Work Book에 실었어요.
또한 8개년 평가원 4점 문제를 한 문제도 빠트리지 않고 모두 넣었죠. 수능한권 워크북을 통해 수능기출문제를
우선적으로 풀어본다면 수능 기출문제에 대한 걱정이 없어요. 범위에 맞는 모든 기출문제를 넣어놨기
때문이에요. 경향별 실전개념분석으로 Minor Trend를 학습하고 워크북으로 완성해보아요.

■ 수능한권 '실전개념분석'

수능한권은 실전개념분석이 있어요. Data-Analysis 다음 나오는 실전개념분석은 그 경향에서 얻을 수 있는
스킬들을 누적적으로 활용할 수 있게 구성하였답니다. 난이도가 쉬운 순에서 어려운 순으로 앞에서 풀었던
내용을 누적해서 활용할 수 있게 구성하였으니 실전개념분석에 실린 순서대로 따라 풀면서 경향의 흐름을
체험해 보세요.

■ 수능한권 '프리즘 해설지'

수능한권의 또 다른 장점 프리즘 해설지는 '문제를 해결하는 순서와 방향성'에 초점을 맞추었고 문제를 분석할
수 있는 '문제 분석력'과 문제를 해결하는 힘인 '문제 해결력'을 한꺼번에 기를 수 있게 고안되었어요.
해설을 봐도 봐도 이해가 안 되었을 때가 있나요? 걱정하지마세요. 해설을 이해하고자 하는 노력이 필요 없는
'한눈에 흡수되는 해설'을 풀컬러 손해설로 수능한권에서 만나보세요.

■ 5회독 복습법

문제마다 5회독 복습표를 붙여놨어요. 나의 약점을 '워크북'에 체크해 둔 뒤 체크한 문제만 골라서 복습해보세요.
수능한권을 완성하는 깃은 6일징도 길리지만 수능한권을 세화하는 깃은 꾸준한 나의 약점 복습을 일마나
하느냐에 따라 달렸어요. 푸는 방법이 익숙하지 않은 것들은 맞았더라도 △로 표시하고 확실하게 내 것이 될
때까지 복습해 보세요! 복습하는 데 시간이 오래 걸릴 것 같지만 5회독 복습표가 있으니 나의 약점만 골라서
복습하니까 시간이 오래 걸리지도 않아요.

수능한권 5회독 하는 법

수능한권에는 전 문항에 '5회독 복습표'가 달려있어요.
5회독 복습표를 효과적으로 활용하기 위해 가이드를 제공해드려요. 가이드대로 수능한권 5회독에 도전해보세요.
나의 약점이 극복되는 것은 물론 수능수학의 뼈대를 보다 확실하게 세울 수 있을 거예요!

■ STEP1 '실전개념분석' 먼저 풀어보기

오늘 공부하기로 한 분량에 수능한권 실전개념분석을 먼저 풀어보세요.
문제가 만약 막힌다면 시간을 너무 오래 끌지 마세요.
고민하는 시간을 충분히 주고 문제를 푸는 것은 내가 충분히 문제를 많이 풀었을 때 해도 늦지 않아요.
고민하는 시간을 최대 5분 이내로 잡고 (추천 1분) 프리즘 해설지를 보거나 강의를 수강하도록 해요!

■ STEP2 실전개념분석 강의듣기 or 프리즘 해설지로 스스로 공부하기

내가 못 풀었던 문제는 X표시
풀긴 풀었으나 프리즘 해설지나 강의를 듣고 더 이해가 되는 지점이 있거나 익숙하지 않다면 △표시
내가 완벽하게 알고 있고 왜 이런지 설명가능하다면 O표시
이렇게 실전개념분석에 5회독 복습표에 표시해 두도록 해요.

■ STEP3 모든 문제가 O이 될수록 △X만 골라서 학습하기!

[복습표 예시 ▼]

복습	1회	2회	3회	4회	5회
채점 O△X	X	△	O		O

복습	1회	2회	3회	4회	5회
채점 O△X	X	X	△	O	O

복습	1회	2회	3회	4회	5회
채점 O△X	△	O			O

복습	1회	2회	3회	4회	5회
채점 O△X	O				O

■ STEP4 한 단원이 끝났다면 실전개념분석+워크북 전체적으로 한 번 풀어보기

복습	1회	5회
채점 O△X	△	O

복습	1회	5회
채점 O△X	X	O

한 단원이 끝났으면 문제에서 △X가 적혀있는 문제들은 다시 한 번 점검차원에서 풀어보도록 해요.
△X가 적혀있는 문제들만 보면 되기 때문에 복습 횟수가 늘어날수록 복습시간이 줄어드는 마법 같은 일이
벌어질 거예요.

■ STEP5 추천 스케줄 예시

Day	Progress	Review Topic	Time	□ Check it!
1	1일차 진도	■ 인강 1일차 진도 ■ 실전개념분석 11번까지 (문항 당 2분 예습 겸 문제풀기) +실전개념분석 오답정리하기		
2	1일 복습 + 2일차 진도	■ 실전개념분석 누적복습 경향04까지 실전개념분석 △X 풀기 →잘 풀리면 0 ■ 인강 2일차 진도 경향05까지 실전개념분석 문항 당 2분 예습 →프리즘 해설 또는 인강으로 공부하기		
3	누적복습 + 3일차 진도	■ 실전개념분석 누적복습 경향05까지 누적복습 (△X 문제만!) ■인강 3일차 진도 경향08까지 실전개념분석 문항 당 2분 예습 →프리즘 해설 또는 인강으로 공부하기		
4 리뷰데이	지수로그	워크북 경향05까지 전체풀기 (지수로그 단원만) +프리즘 해설로 풀었던 문제도 이해해두기 **+전문항 O△X 체크해두기 (나의 지수로그 수능 약점!)**		
...		■실전개념분석 누적복습 ■인강 N일차 진도		
리뷰데이		■ 한 단원이 끝나면 워크북으로 해당 단원 전체 풀어보고 ■ 이전단원 워크북 △X 문제 풀어보기!		

김지석T의 1등급 태도

수능을 잘 보려면 문제만 단순히 많이 풀어서는 잘 볼 수가 없어요.
적은 문제를 풀어도 많은 문제를 풀 수 있는 효과는 바로 학습자의 '태도'에 달려있어요.
단순히 열심히 풀기만 하는 것을 넘어 김지석T의 1등급 태도를 지속적으로 읽고
문제 풀이에 적용해보려는 연습을 해보세요. 내 실력이 빠르게 올라가는 것을 경험하게 될 거예요.

■ 김지석T의 1등급 태도

#1.

N등급

이 문제를 어떻게 풀어? (x)

1등급

이 문제와 관련 있는 개념이 뭐지? (O)

문제를 단순히 보면서 어떻게 풀 지를 생각하는 것은 누구나 다 합니다.
하지만 한 문제 한 문제를 보면서 이 문제와 관련 있는 개념이 무엇인지
떠올려보는 버릇이 들어야 실력이 늡니다.

#2.

N등급

단서를 어떻게 변형하지? (x)

1등급

답을 내려면 뭐가 필요하지? (O)

많은 학생들이 단서를 이렇게 저렇게 요렇게 변형해서 답을 내려 합니다.
하지만 답 중심으로 사고를 하고 답에서 필요한 것이 무엇인지 거꾸로
거슬러 생각할 줄 알아야 실력이 오릅니다.

#3.

N등급

여러 가지라서 어쩔 줄 모르겠어. ㅠㅠ (x)

1등급

여러 가지 다 해본다. (O)

여러 가지 경우가 많을 때 대부분 어쩔 줄 몰라 하면서 우왕좌왕합니다.
하지만 과감하게 여러 가지 다 해보세요. 바로 답이 뾰! 하고 안 떠올라도
괜찮아요.

#4.

N등급  무한히 많은 경우가 있어서 다 해볼 수도 없잖아! (x)

1등급  그럼 아무거나 예시를 들어 한 가지라도 해본다. (O)

시행착오를 겁내지 마세요. 이렇게 저렇게 해보면서 시행착오도 겪어보면서 맞는 걸 찾아가는 과정이 훈련이고 그것이 수학입니다.

#5.

N등급  시도하려는 것이 맞다는 확신이 없어. 어쩌지? (x)

1등급  빨리 시도하고 빨리 틀려보고 빨리 새로운 시도를 한다. (O)

어쩌지. 하고 멈추지 마세요. 빨리 시도해보고 조건에 안 맞아 나의 시도가 틀렸다면 빨리 또 다른 시도를 하면 됩니다. 도전을 겁내지 마세요. 확신이 없어서 시도하는 것을 망설이지 마세요. 중요한 건 여러 번 시도를 해보는 거예요.

#6.

N등급  아는 유형인데 응용되어 못 풀겠어. (x)

1등급  알고 있는 문제와 공통적인 측면부터 시도해보자.(O)

알고 있는 문제랑 비슷한 데 응용되어 못 풀겠다고요? 걱정하지 마세요. 알고 있는 문제로부터 공통적인 측면을 찾아서 도전해보는 겁니다. 아는 것으로부터 모르는 것으로의 확장은 '공통점'을 찾아가는 것에 달렸어요.

#7.

N등급  고난도 문제에서 숫자가 일치하는 여러 단서가 있어도 어렵다고 멍 때린다. (x)

1등급  단서와 단서들의 숫자의 일치를 우연으로 보지 않는다. 무슨 관련이 있을 것이다! (O)

문제에 숫자가 일치하는 여러 단서가 있는 데 대부분 학생들은 문제가 어렵다고 혹은 문제의 비주얼에 쫄아서 멍때립니다. 숫자의 일치를 우연으로 보지 말고 무슨 관련이 있을 것이라고 집요하게 생각해 보세요. 길이 보일 수도 있습니다.

김지석T의 1등급 태도

#8.

N등급 

문제의 단서가 국어(문장)로 서술 되어 있을 때
그런가보다~~~ 하고 생각한다. (x)

1등급 

국어(문장)으로 되어 있는 단서를
수학(식)으로 변역하여 표현한다.(O)

문제의 단서가 줄줄이 표현되어 있는 데 대부분 단서를 읽다가 지치거나
그런가보다~ 하고 생각하고 그 이상 생각하기를 멈춥니다. 국어로 서술되어 있는
문제의 단서를 수학 식으로 번역하여 표현해 봅시다. 그래야 문제에 제시된 단서를
올바르게 써먹을 수 있어요.

#9.

N등급 

좌표평면, 곡선, 교점 ... 그래프 관련 표현이 문제에 말로 언급되어
있어도 아무생각 없이 문제를 읽어낸다. (x)

1등급 

문제에서 언급된 대로 그래프부터 그릴 생각을 하자. (O)

그래프가 주어지지 않는 문제들 경우 좌표평면, 곡선, 교점 등으로 그래프에 대한
설명을 문제에서 합니다. 대부분의 학생들이 그냥 그대로 직독직해(?)를 하는데
이제부터는 그래프 관련 된 표현들이 문제에 그냥 언급이 되어 있다면
그래프부터 그릴 생각을 해봅시다. 그래야 문제가 잘 풀려요.

#10.

N등급 

문제가 정말 안 풀리네...(5분 지남)... (x)

1등급 

문제가 안 풀리면 체크하고 넘어가세요.
체크하고 다시 돌아와서 또 시도해보는 거예요. (o)

한 문제를 주구장창 오래 붙잡고 생각해야지
내 실력이 올라간다고 생각하는 사람들이 많아요. 그러면 괴롭기만 할 뿐!

문제가 안 풀리면서 1분 이상 지체된다면 체크하고 다른 문제를 풉시다.
그리고 다시 돌아와서 또 1분 동안 문제를 푸는 시도를 해보는 거예요.
그렇게 여러 번 5번, 6번 시도를 해봐도 좋아요.
문제를 풀다 생각이 막힐 때도 체크하고 건너뛰고
다른 문제 풀고 다시 돌아와도 됩니다.

1문제 1번 시도 x 10분 생각 < 1문제 10번 시도 x 1분 생각

중요한 건 한 문제를 한 번에 오래 붙잡아보는 것이 아니라
여러 번 시도를 해보는 것입니다. 그래야 내 수학실력이 빠르게 올라가요.

수능한권
미적분

1. 수열의 극한
2. 여러 함수의 미분
3. 미분법
4. 적분법

Big Data Report

[수능]

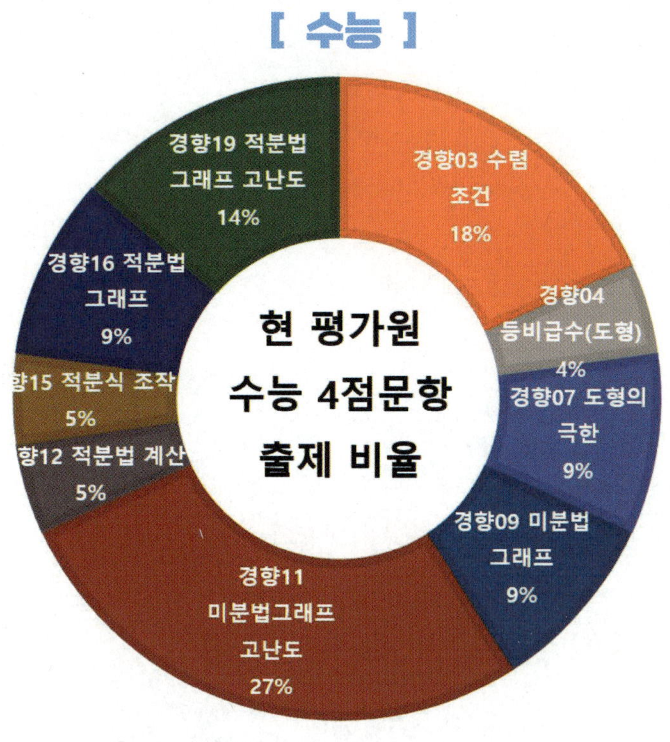

[6월 & 9월 & 수능]

■ 선택과목 미적분은 분량이 참 많은 과목이지만 선택과목이라 출제 문항수가 적은 편이다.
결국 고난도 4점 문항 3문제 중에 내가 몇 문제를 맞춰낼 수 있는가! 이게 나의 등급을 결정하는 것이라 볼 수 있다.

■ 미적분은 수능에서 4점 문항으로 나오는 큰 테마는 이렇게 볼 수 있다.

Top1. [경향11] 미분법 그래프 고난도 (27%)
Top2. [경향03] 수렴조건 (18%)
Top3. [경향19] 적분법 그래프 고난도 (14%)
Top4. 복잡한 적분식 계산 (10%)
[경향12] 적분법 계산 + [경향15] 적분식 조작
Top5. [경향07] 도형의 극한 (9%)

■ 적분을 얼마나 잘 다루는지, 복잡한 적분식 계산을 얼마나 수월하게 할 수 있는지를 물어보는 평가 기준을 놓고 본다면 [경향12] 적분법 계산과 [경향15] 적분식 조작은 서로 다른 경향이지만 하나의 평가취지로 해석할 수 있다.

■ 미적분은 선택과목이라 6모에서 전 범위를 출제하지 않는다. 그래서 수능에서 잘 출제되지 않지만 6모만의 제약(?)으로 출제된 4점 문항들이 있는걸 알 수 있다. 예를 들면, [경향05] 여러 함수의 미분 계산에서 고난도 문항으로 출제된다든지 [경향08] 미분법 계산에서 고난도 문항으로 출제된다든지 이런 문항들은 트렌드를 만든다기 보다 출제 범위의 제약 때문에 나온 것으로 보는 것이 옳다.

■ 6모, 9모, 수능까지 함께 아울러 보면 미적분에서 고득점을 하기 위해 반드시 정복해야 할 것들이 정해져있는 것을 알 수 있다.
Top1. 미분법 그래프 (40%)
[경향09] 미분법 그래프+ [경향11] 미분법 그래프 고난도
Top2. 적분법 그래프 (20%)
[경향16] 적분법 그래프+ [경향19] 적분법 그래프 고난도

■ 미분법 그래프 경향과 적분법 그래프 경향을 합치면 전체 4점 문항 출제비율 중에 60%를 차지하고 있다. 즉 미적분을 잘하기 위해서는 그래프에 대한 접근법이 정확하게 정리가 되어 있어야 하고 그래프 테크닉을 익혀두어야 고득점이 가능하다는 소리다. 이번 수능에서도, 이번 평가원 모의고사에서도 반드시 나온다고 봐도 무방하다.

■ 이런 그래프 테크닉은 하루아침에 기르기 힘들다. 또 양치기를 한다고 해서 그래프 테크닉을 기르려면 힘들고 오래 걸린다. 그래서 정확한 접근법과 테크닉을 먼저 익힌 뒤 문제풀이를 통해 실력을 끌어올리는 것을 추천한다.

■ 특히 미적분 그래프 문항들을 잘하기 위해서는 간접범위에서 나왔던 그래프 관련 개념들과 수Ⅱ의 미분법 그래프 고난도, 적분법 그래프 고난도 문항들에 대한 공부가 먼저 되어 있어야 미적분 그래프 문항들에 대한 대비를 잘 할 수 있다.

■ 최근 수능에서 나오는 출제 문항수를 보면 패턴이 거의 정해져있다.
 ≫ 수열의 극한 – 2문항
계산 1문항 + 수렴조건 1문항
 ≫ 여러 함수의 미분 – 1문항
계산 1문항
 ≫ 미분법 – 2문항
그래프or 계산 1문항 +그래프 고난도 1문항
 ≫ 적분법 – 3문항
계산 1문항 + 부피 1문항 + 그래프 1문항

■ 4점 배점 가능한 문제 수가 적다보니 3점 문제임에도 불구하고 4점 난이도의 문제가 나올 수 있다. 실제로 그랬던 전례가 있었다. 이번 수능에서 27번이 어렵게 나온다고 해서 당황하지 말자.

■ 미적분은 개념도 많고 그에 따라 익혀야할 실전개념도 많다. 개념의 유도과정에 대한 이해를 먼저 하고 있다면 개념의 유기적인 연결고리가 생기면서 부담이 덜할 수 있다.

**수열의 극한 주요 고난도
경향03 수렴조건**

**미적분 도형파트 문항 축소
그래프 문항 확대**

적분법 계산력+그래프

**초고난도 문항 비중 ↓
고난도 문항 비중 ↑**

■ 작년 수능 출제 문항 분류

단원	문항 수	2점	3점	4점
수열의 극한	2문제		25번 (경향01)	29번 (경향03)
여함미	1문제	23번 (경향05)		
미분법	2문제		27번 (경향08)	30번 (경향11)
적분법	3문제		24번 (경향12) 26번 (경향17)	28번 (경향16)

미적분

1. 수열의 극한

Big Data Report

전체 수능 출제 비율

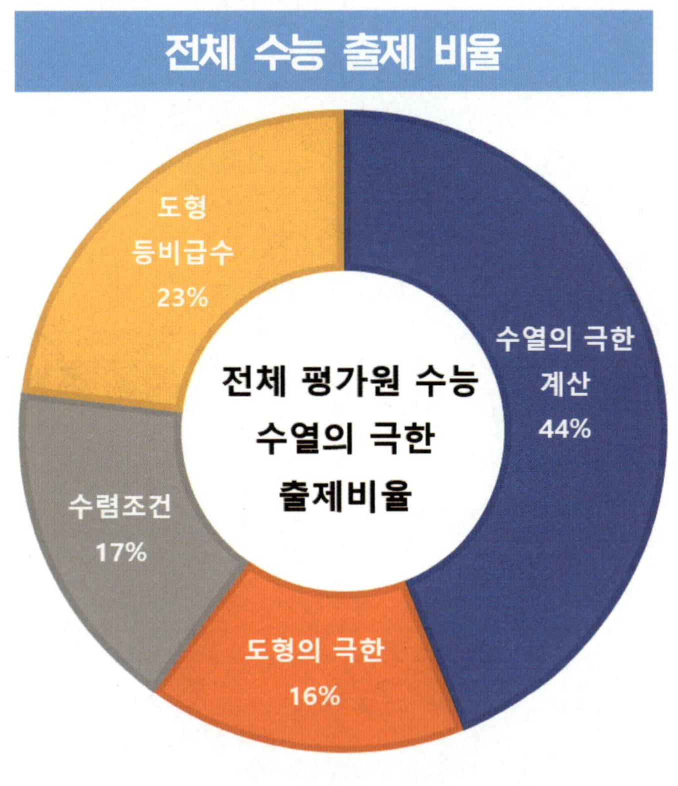

현 평가원 수능 출제 비율

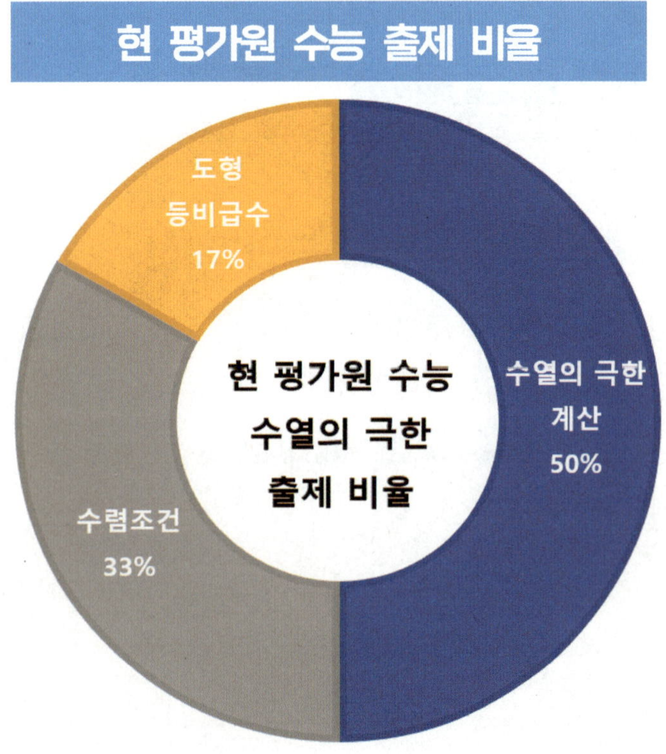

■ 수열의 극한 단원은 4가지 경향으로 분석하였다.

■ [경향03] 수렴조건은 2024학년도부터 고난도로 출제되는 소위 최근에 '핫'한 경향이다. 생김새가 험악하게 생긴 것에 비해 미적분 4점 고난도 3문제 중 제일 할만한(?) 편일 것이다. 미적분 4점 고난도로 출제되는 그래프 문항들은 사전에 준비하고 공부해뒀어야 하는 것들이 많이 필요한 것에 비해 이 경향은 그렇지 않기 때문이다.

■ [경향01] 수열의 극한 계산
교육과정이 바뀐 이래로 1년을 제외하고 꾸준히 출제되었다. 작년 수능에서도 어렵지 않게 출제되었다. 하지만 [경향03] 수렴조건에서 어렵게 나오지 않으면 이 경향에서 어렵게 나올 수는 있다. 25학년도 9모 미적분 29번 문항이 그랬다.

■ [경향02] 도형의 극한
이 경향은 다음 단원의 '삼각함수 도형의 극한'에 잘 밀리는 단원이라 현 평가원 수능에서 아직까지 출제된 적이 없다. 하지만 킬러출제금지 저격으로 '삼도극'이 출제가 안 되고 있기 때문에 이 경향에서 출제될 수 있는 여지가 있고, 연계교재에서도 꾸준히 찾아볼 수 있기도 하니 꼼꼼하게 공부하도록 하자.

■ [경향03] 수렴조건
교육과정을 가리지 않고 드문드문 출제되는 편인데, 최근에 완전히 출제 흐름으로 자리 잡았다. 또 하나 생각해 둬야 할 것은 재작년 두 번의 모의평가에서 이 수렴조건 문항이 나오지 않아서 많은 학생들이 방심하기도 했지만 그 해 수능에서 29번 문항으로 출제되었기도 하다. 미적분에서 고득점을 받고 싶은데 그래프가 약하다면, 무조건 이 [경향03] 수렴조건 경향은 마스터 해둬야 한다.

■ [경향04] 도형 등비급수
긴 시간 동안 여러 교육과정 변화에도 10년 넘게 매년 출제됐던 경향이라 스테디셀러로 자리 잡은 경향이지만, 현 평가원에서 미적분에서 출제할 수 있는 문항이 줄어드니 다른 교육과정에 비해 이 경향에 대한 관심도는 살짝 떨어지는 것을 볼 수 있다.
그래도 현 평가원 체제 수능에서 2번이나 출제된 적은 있기 때문에 방심할 수는 없고 향후 다시 출제될 수도 있어서 꼼꼼하게 공부해두는 것은 필요하다.

■ 전체 수능 평균 난이도와 현 평가원 수능 평균 난이도를 비교해보면 [경향03] 수렴조건은 확실하게 고난도로 출제하고 있는 것을 알 수 있고, [경향04] 도형 등비급수의 평균 난이도는 내려간 것을 볼 수 있다. [경향04] 도형 등비급수 경향은 미적분 개념보다 '도형'을 다루는 능력이 더 필요한 경향이기도 해서 만약 '도형'에 대한 접근법이 명확하게 잡혀있지 않다면 수학Ⅰ 삼각함수 도형과 함께 묶어서 '도형의 필연성'을 공부해두면 좋겠다.

■ 작년 수능 출제 문항 분류

[경향01] 수열의 극한 계산
- 25번 [3점]
[경향03] 수렴조건
 - 29번 [4점]

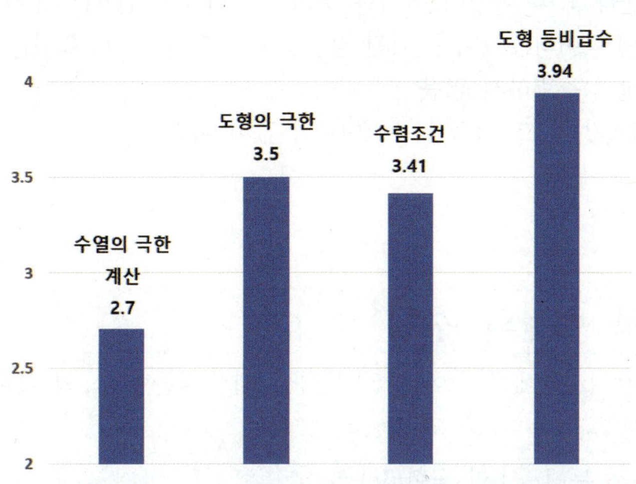

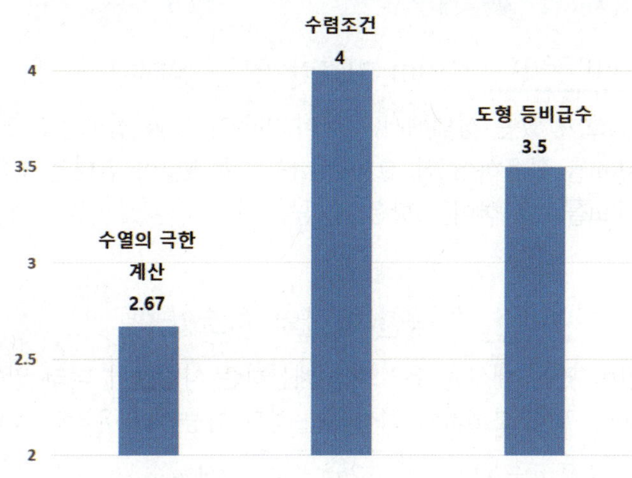

올해 수능 수열의 극한 학습 방향

**수렴 조건 경향은
개념을 정확하게 알고
문제 풀이가 필요**

**수렴 조건이 어렵게 안 나오면
수열의 극한 계산 경향에서
어렵게 나올 수도**

**도형의 극한, 도형 등비급수는
겸손한 마음으로 공부하는 것이 편함**

1 극한의 개념

무한대 : ∞ 한없이 커지는 상태를 나타내는 기호(수가 아님)
수렴 : 어떠한 변수가 어떤 일정한 수에 한없이 가까워지는 일
발산 : 수렴하지 않음
극한(값) : 그 일정한 수 (변수의 값이 아님)

2 수열의 수렴

수열 $\{a_n\}$ 에서 n 이 한없이 커질 때, 일반항 a_n 의 값이 일정한 값 α 에 한없이 가까워지면,
수열 $\{a_n\}$ 은 α 에 수렴한다.

- α 는 $\{a_n\}$ 의 극한(값)
- $n \to \infty$ 일 때 $a_n \to \alpha$
- $\displaystyle\lim_{n\to\infty} a_n = \alpha$

Comments " lim 기호가 있는 상태에서 모든 사칙연산이 가능한가? "

lim기호가 있는 상태에서 계산이 가능한 것과 불가능한 것을 정확히 인식해야, 극한을 극한 답게 풀 수 있다.

- lim를 활용하여 식 교체는 가능! (목표값이 같다는 전제하에)
- lim를 무시하여 이항은 불가능!

Comments " 극한 계산의 치트키 "

극한이 있는 계산을 유리화로 계산하는 사람들이 더러 있다. 하지만 '극한' 이기 때문에 상황만 잘 맞으면
아래와 같이 교체하여 계산하는 것도 가능하며 유리화 보다 훨씬 편리하다.

$$\sqrt{n^2 + 2an + b} \fallingdotseq \sqrt{n^2 + 2an + a^2} = n + a$$

3 수열의 발산

$$\lim_{n\to\infty} a_n = \begin{cases} \infty & \Rightarrow \text{양의무한대로 발산} \\ -\infty & \Rightarrow \text{음의무한대로 발산} \\ \text{기타} & \Rightarrow \text{진동} \end{cases}$$

1. 수열의 극한

4 수열의 극한의 성질

수열 $\{a_n\}$, $\{b_n\}$ 이 수렴하고 $\lim\limits_{n \to \infty} a_n = \alpha$, $\lim\limits_{n \to \infty} b_n = \beta$ 일 때,

① $\lim\limits_{n \to \infty} k a_n = k \lim\limits_{n \to \infty} a_n = k\alpha$ (단, k 는 상수)

② $\lim\limits_{n \to \infty} (a_n \pm b_n) = \lim\limits_{n \to \infty} a_n \pm \lim\limits_{n \to \infty} b_n = \alpha \pm \beta$

③ $\lim\limits_{n \to \infty} a_n b_n = \lim\limits_{n \to \infty} a_n \cdot \lim\limits_{n \to \infty} b_n = \alpha\beta$

④ $\lim\limits_{n \to \infty} \dfrac{a_n}{b_n} = \dfrac{\lim\limits_{n \to \infty} a_n}{\lim\limits_{n \to \infty} b_n} = \dfrac{\alpha}{\beta}$ (단, $b_n \neq 0$, $\beta \neq 0$)

⑤ $a_n < b_n$ 이면 $\lim\limits_{n \to \infty} a_n \leq \lim\limits_{n \to \infty} b_n$ 이다 $(\alpha \leq \beta)$

⑥ $a_n < c_n < b_n$ 이고 $\alpha = \beta$ 이면 $\quad \Rightarrow \lim\limits_{n \to \infty} c_n = \alpha$ 이다.

5 수열의 극한 문제를 풀 때

부정꼴을 → 확정꼴로 바꿔야 한다.
식을 수렴하는 형태로 바꾸는 게 핵심

① $\dfrac{\infty}{\infty}$: 분모 분자를 (최)고차항으로 나눈다.

② $\infty - \infty$: 최고차항으로 묶는다.

③ $\sqrt{\infty} - \infty$: 유리화

④ $\infty \times 0$: 통분, 인수분해, 약분

⑤ $\dfrac{0}{0}$: 약분

Comments " 극한 도형 형태 추론 비법 "

[1단계] 문제 그래프
[2단계] n 이 충분히 커졌을 때 그래프
 ↳ 문제 그림에 덧 그리기
[3단계] n 이 한없이 커졌을 때 그래프 3가지 생각하기
 ↳ ① 각도를 고려한다.
 ↳ ② 지구는 평평하다. (충분히 커졌을 때)
  (곡선→직선, 호→현&접선)
 ↳ ③ 0 수렴에도 클래스가 있다.

⑥ 등비수열의 극한

등비수열 $\{r^n\}$의 수렴과 발산

① $r > 1$일 때 $\quad \lim\limits_{n\to\infty} r^n = \infty \quad$ →발산

② $r = 1$일 때 $\quad \lim\limits_{n\to\infty} r^n = 1 \quad$ →수렴

③ $-1 < r < 1$일 때 $\lim\limits_{n\to\infty} r^n = 0 \quad$ →수렴

④ $r = -1$일 때 $\quad \lim\limits_{n\to\infty} r^n =$ 진동 $\quad$ →발산

⑤ $r < -1$일 때 $\quad \lim\limits_{n\to\infty} r^n =$ 진동 $\quad$ →발산

■ 등비수열 $\{r^n\}$의 수렴조건 $\quad -1 < r \leq 1$

⑦ 급수의 뜻

정의: 수열 $\{a_n\}$의 각 항을 +기호로 연결한 식

$$a_1 + a_2 + a_3 + \cdots + a_n + \cdots = \sum_{n=1}^{\infty} a_n$$

부분합: 첫째항부터 제 n항까지의 합

$$S_n = a_1 + a_2 + a_3 + \cdots + a_n = \sum_{k=1}^{n} a_k$$

급수의 수렴: 부분합으로 이루어진 수열 $\{S_n\}$이 어떤 값 S에 수렴하는 것

$$\sum_{k=1}^{\infty} a_n = \lim_{n\to\infty} \sum_{k=1}^{n} a_k = \lim_{n\to\infty} S_n = S$$

급수의 합: 급수가 수렴할 때의 값

급수의 발산: 부분합으로 이루어진 수열 $\{S_n\}$이 발산하는 것.

Comments " 수능 범위에서의 급수 "

수능 범위에서 급수는
① 급수 공식이 있는 것 (등차, 등비, $\sum k^m$)
② 자폭 수열
두 가지 뿐이다. 이런 관점을 갖고 문제에 임하면 해결 방향을 빨리 찾을 수 있다.

8 급수의 성질

급수 $\sum\limits_{n=1}^{\infty} a_n$, $\sum\limits_{n=1}^{\infty} b_n$ 이 수렴하면

① $\sum\limits_{n=1}^{\infty} (a_n + b_n) = \sum\limits_{n=1}^{\infty} a_n + \sum\limits_{n=1}^{\infty} b_n$

② $\sum\limits_{n=1}^{\infty} (a_n - b_n) = \sum\limits_{n=1}^{\infty} a_n - \sum\limits_{n=1}^{\infty} b_n$

③ $\sum\limits_{n=1}^{\infty} c a_n = c \sum\limits_{n=1}^{\infty} a_n$ (단, c는 상수)

9 급수와 일반항

① $\sum\limits_{n=1}^{\infty} a_n$ 이 수렴하면 $\lim\limits_{n \to \infty} a_n = 0$ 이다

② $\lim\limits_{n \to \infty} a_n \neq 0$ 이면 $\sum\limits_{n=1}^{\infty} a_n$ 은 발산한다.

10 등비급수

정의: 등비수열 $\{ar^{n-1}\}$의 급수

$$\sum_{n=1}^{\infty} ar^{n-1} = a + ar + ar^2 + \cdots + ar^{n-1} + \cdots$$

부분합: $S_n = \sum\limits_{k=1}^{n} ar^{k-1} = \dfrac{a(1 - r^n)}{1 - r}$

수렴: $|r| < 1$ 일 때, $S = \dfrac{a}{1-r}$

발산: $|r| \geqq 1$ 일 때, $\lim\limits_{n \to \infty} ar^{n-1} \neq 0$ 이므로 급수 발산

Comments   " 수렴조건 헷갈리지 말기 "

■ 등비수열 $\{ar^n\}$의 수렴조건 $-1 < r \leq 1$

■ 등비급수 $\sum\limits_{n=1}^{\infty} ar^{n-1}$의 수렴조건 $-1 < r < 1$

등비수열의 수렴조건과 등비급수의 수렴조건을 헷갈리지 말자.

Comments   " 닮음비와 공비 "

■ 닮음비와 공비 [도형 닮음비 (1세대:2세대)]

길이의 비 $= m : n$

넓이의 비 $= m^2 : n^2$

공비 $= \dfrac{n^2}{m^2}$

경향 01 Minor Trend

경향01 수능 출제 난이도

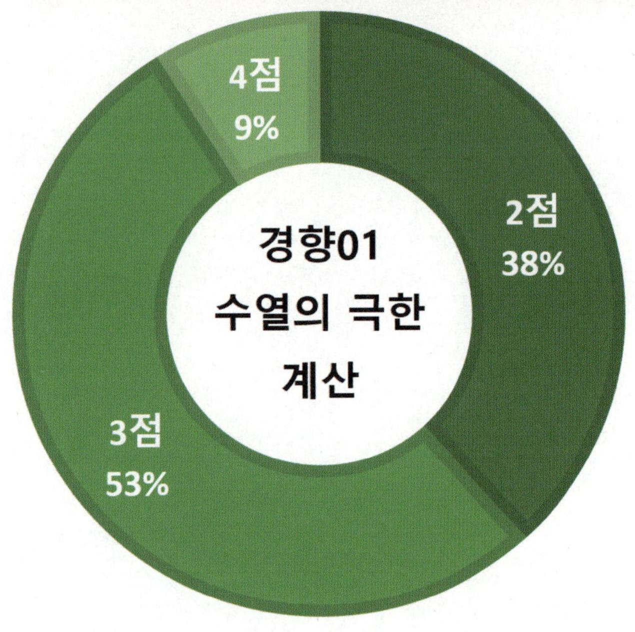

경향01 수능별 데이터 (1)

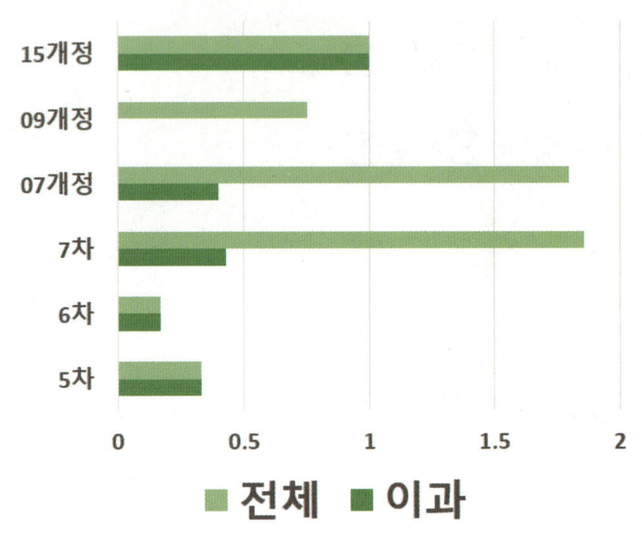

15개정 교육과정에서는 대체로 매년 한 문제씩 출제되고 있는 수열의 극한 계산 문항이야.
계산 문항이라고 해도 쉬운 2점 문항만 나오진 않고, 약간 까다로운 3점 문항까지도 출제될 수 있어.

경향01 수능 출제 전망

매년 출제 (2-3점 문제)

경향01 수열의 극한 단원 내 출제 비율

44.16%

경향01 공부 우선순위

★★★

정확한 개념이 필요

경향01 수능별 데이터 (2)

현교육과정
경향01 수능중요도

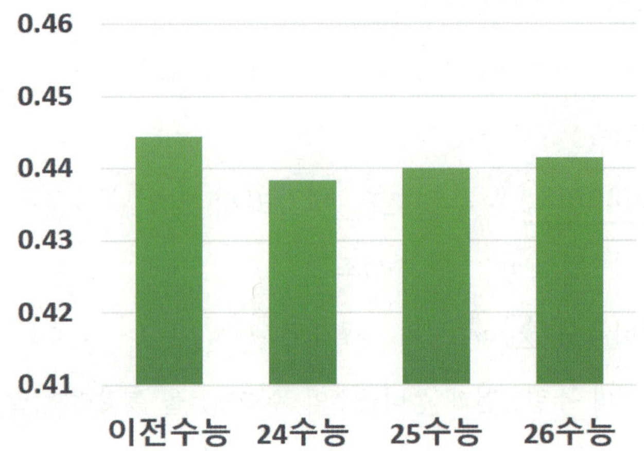

경향01 실전개념분석 001

1. [2019년 수능 (나)형 3번]

$\lim\limits_{n \to \infty} \dfrac{6n^2 - 3}{2n^2 + 5n}$ 의 값은? [2점]

① 5   ② 4   ③ 3   ④ 2   ⑤ 1

복습	1회	2회	3회	4회	5회
채점 O△X					

Analysis

lim기호가 있는 상태에서 계산이 가능한 것과 불가능한 것을 정확히 인식해야, 극한을 극한 답게 풀 수 있다.

【ex】 수열 $\{a_n\}$에 대하여 $\lim\limits_{n \to \infty} \dfrac{a_n}{n+1} = 3$일 때,

$\lim\limits_{n \to \infty} \dfrac{(2n+1)a_n}{3n^2}$ 의 값은? [3점]

【ex】 아래 명제의 참, 거짓을 판단하시오.

$\lim\limits_{n \to \infty} \dfrac{b_n}{a_n} = 1$이면 $\lim\limits_{n \to \infty} (a_n - b_n) = 0$ 이다.

■ 극한의 개념

무한대 : ∞ 한없이 커지는 상태를 나타내는
　　　　기호(수가 아님)
수렴 : 어떠한 변수가 어떤 일정한 수에 한없이
　　　　가까워지는 일
발산 : 수렴하지 않음
극한(값) : 그 일정한 수 (변수의 값이 아님)

■ 수열의 수렴

수열 $\{a_n\}$에서 n 이 한없이 커질 때,
일반항 a_n 의 값이 일정한 값 α 에
한없이 가까워지면,
수열 $\{a_n\}$ 은 α 에 수렴한다.
　⇒ α 는 $\{a_n\}$의 극한(값)
$n \to \infty$ 일 때 $a_n \to \alpha$
$\lim\limits_{n \to \infty} a_n = \alpha$

경향 01 Minor Trend

복습	1회	2회	3회	4회	5회
채점					
O△X					

2. [2005년 수능 (나)형 4번]

$\lim\limits_{n \to \infty} \left(\sqrt{n^2 + 6n + 4} - n \right)$의 값은? [3점]

① $\dfrac{1}{3}$　　② $\dfrac{1}{2}$　　③ 1　　④ 2　　⑤ 3

Analysis

극한이기 때문에 상황만 잘 맞으면 아래와 같이 계산하는
것도 가능하다. 유리화보다 훨씬 편리하다.

$$\sqrt{n^2 + 2an + b} \fallingdotseq \sqrt{n^2 + 2an + a^2} = n + a$$

경향01 실전개념분석 003

복습	1회	2회	3회	4회	5회
채점					
O△X					

3. [2021년 수능 (가)형 2번]

$$\lim_{n \to \infty} \frac{1}{\sqrt{4n^2 + 2n + 1} - 2n}$$ 의 값은? [2점]

① 1   ② 2   ③ 3   ④ 4   ⑤ 5

Analysis

【ex】 $\lim\limits_{n \to \infty} n\left(\sqrt{n^2 - n + 1} - \sqrt{n^2 - n - 1}\right)$

(일반적인 풀이)

$$\lim_{n \to \infty} n\left(\sqrt{n^2 - n + 1} - \sqrt{n^2 - n - 1}\right)$$

$$= \lim_{n \to \infty} \frac{n\{(n^2 - n + 1) - (n^2 - n - 1)\}}{\sqrt{n^2 - n + 1} + \sqrt{n^2 - n - 1}}$$

$$= \lim_{n \to \infty} \frac{2n}{\sqrt{n^2 - n + 1} + \sqrt{n^2 - n - 1}}$$

$$= 1$$

복습	1회	2회	3회	4회	5회
채점					
O△X					

4. [1998년 수능 (인문) & (자연) 20번]

수열 $\{a_n\}$이 $a_1 = 1$, $a_2 = 2$, $a_{n+2} = a_{n+1} + a_n$

$(n = 1,\ 2,\ 3,\ \cdots)$을 만족시킨다.

급수 $\displaystyle\sum_{n=1}^{\infty} \frac{a_n}{a_{n+1}a_{n+2}}$의 합은? [3점]

① $\dfrac{1}{2}$　② 1　③ $\dfrac{3}{2}$　④ 2　⑤ 3

Analysis〰

수능 범위에서 급수는

① 급수 공식이 있는 것 (등차, 등비, $\sum k^m$)

② 자폭 수열

뿐이다. 이런 관점을 갖고 있으면 문제에 해결 방향을 빨리

찾을 수 있다.

경향 02 Minor Trend

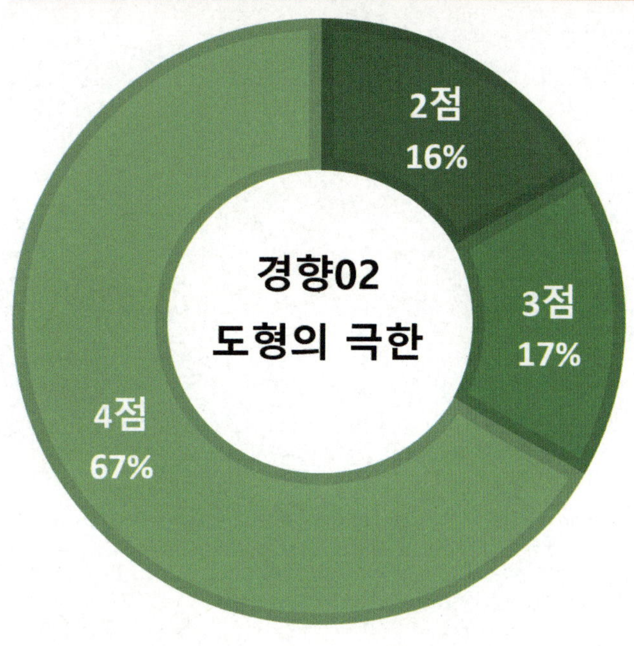

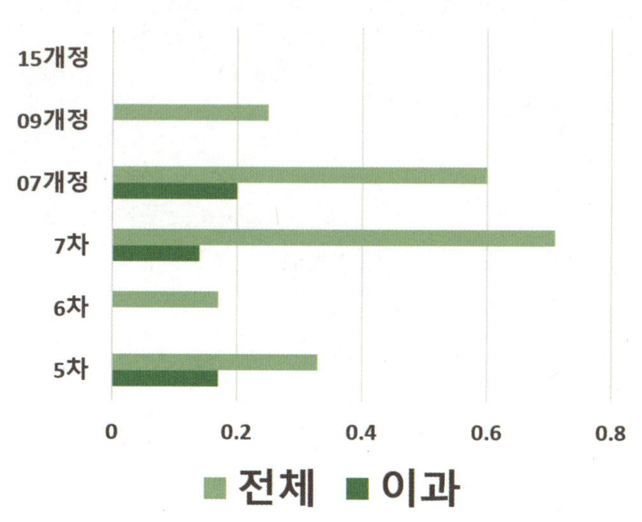

COMMENT

경향02 도형의 극한이 이번 수능에서 출제될 가능성은 적은 편이야. 하지만 15개정 교육과정에서 평가원 모의고사에서 '수열의 극한'과 '삼각함수의 극한'이 결합된 고난도 도형 그래프 문제가 나온 적이 있어. 이처럼 다른 단원과 결합돼서 출제될 수도 있으니 꼼꼼히 공부해두자.

■■□□□
기습 출제 가능

15.58%

★

알아두면 도움이 됨

**현교육과정
경향02 수능중요도**

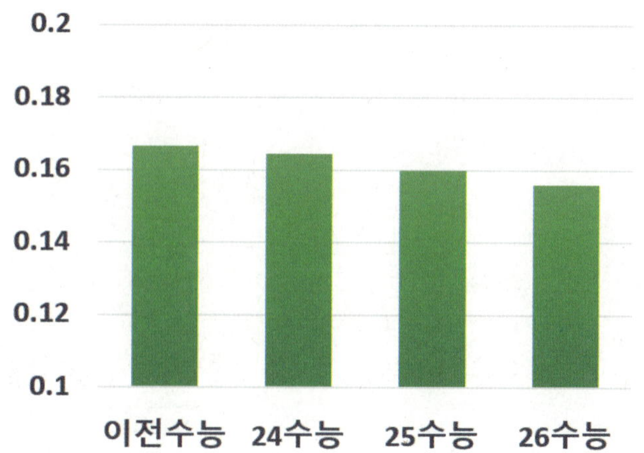

경향02 실전개념분석 005

복습	1회	2회	3회	4회	5회
채점					
O△X					

5. [2000년 수능 (인문) 21번]

자연수 n에 대하여, 두 곡선 $y = x^2 - 2$, $y = -x^2 + \dfrac{2}{n^2}$ 로

둘러싸인 도형의 넓이를 S_n이라 할 때, $\lim\limits_{n \to \infty} S_n$의 값은?

[3점]

① $\dfrac{16}{3}$ ② $\dfrac{14}{3}$ ③ 4 ④ $\dfrac{10}{3}$ ⑤ $\dfrac{8}{3}$

Analysis〜

극한 값을 구하는 것이므로
무작정 계산해서 풀려고 하지 말고
극한 변수 값에 따른 그래프의 형태를 추론해서 풀어보자.

복습	1회	2회	3회	4회	5회
채점					
O△X					

6. [1995년 수능 (인문) 26번]

좌표평면 위에 두 점 $O(0, 0)$, $A(2, 0)$과 직선 $y = 2$ 위를 움직이는 점 $P(t, 2)$가 있다. 선분 AP와 직선 $y = \dfrac{1}{2}x$가 만나는 점을 Q라 하자. $\triangle QOA$의 넓이가 $\triangle POA$의 넓이의 $\dfrac{1}{3}$일 때 t의 값을 t_1, $\dfrac{1}{2}$일 때 t의 값을 t_2, $\cdots$, $\dfrac{n}{n+2}$일 때 t의 값을 t_n이라 하면 $\lim\limits_{n \to \infty} t_n$의 값은? [2점]

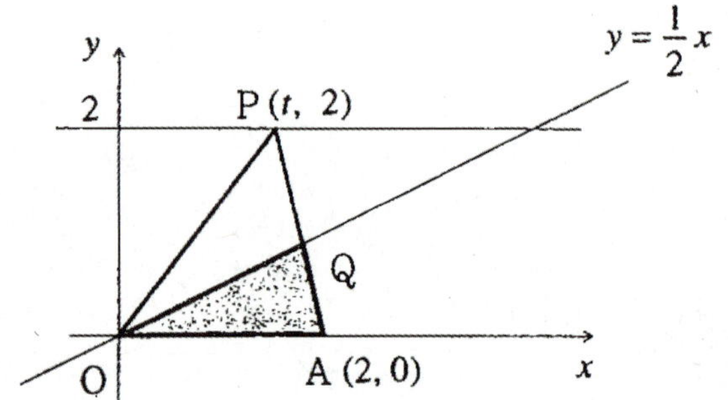

① 0　　② 1　　③ 2　　④ 3　　⑤ 4

경향02 실전개념분석 007

복습	1회	2회	3회	4회	5회
채점					
O△X					

7. [2014년 수능 (B)형 18번]
자연수 n에 대하여 직선 $y = n$과 함수 $y = \tan x$의 그래프가 제 1사분면에서 만나는 점의 x좌표를 작은 수부터 크기순으로 나열할 때, n번째 수를 a_n이라 하자.

$\lim\limits_{n \to \infty} \dfrac{a_n}{n}$의 값은? [4점]

① $\dfrac{\pi}{4}$ ② $\dfrac{\pi}{2}$ ③ $\dfrac{3}{4}\pi$ ④ π ⑤ $\dfrac{5}{4}\pi$

경향 02 Minor Trend

8. [2011년 수능 (나)형 14번]

좌표평면에서 자연수 n에 대하여 두 직선 $y = \dfrac{1}{n}x$와 $x = n$이 만나는 점을 A_n, 직선 $x = n$과 x축이 만나는 점을 B_n이라 하자. 삼각형 A_nOB_n에 내접하는 원의 중심을 C_n이라 하고, 삼각형 A_nOC_n의 넓이를 S_n이라 하자. $\displaystyle\lim_{n \to \infty} \dfrac{S_n}{n}$의 값은? [4점]

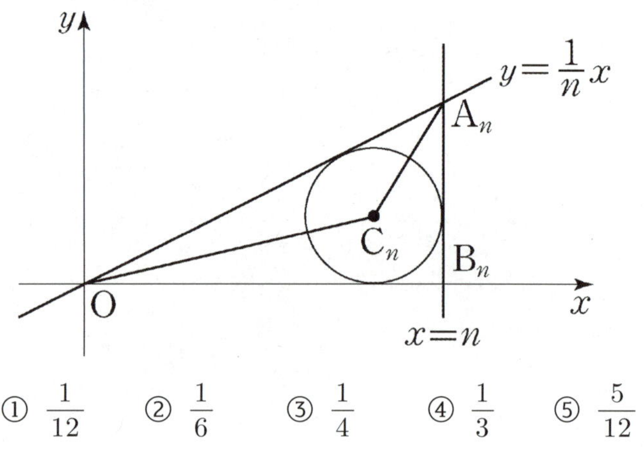

① $\dfrac{1}{12}$　② $\dfrac{1}{6}$　③ $\dfrac{1}{4}$　④ $\dfrac{1}{3}$　⑤ $\dfrac{5}{12}$

복습	1회	2회	3회	4회	5회
채점 O△X					

✏ 필기용 그림

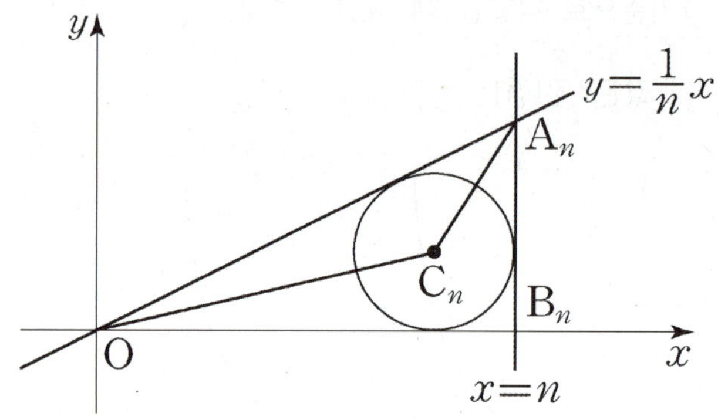

Analysis

극한 도형 형태 추론 비법

[1단계] 문제 그래프

[2단계] n이 충분히 커졌을 때 그래프

↳ 문제 그림에 덧 그리기

[3단계] n이 한없이 커졌을 때 그래프

↳ ① 각도를 고려한다.

↳ ② 지구는 평평하다.

　(곡선→직선, 호→현&접선)

↳ ③ 0 수렴에도 클래스가 있다.

도형의 필연성

필연성 01

원 나오면 → 중심과 특별점 잇기

✓ 접점 → 접선과 수직

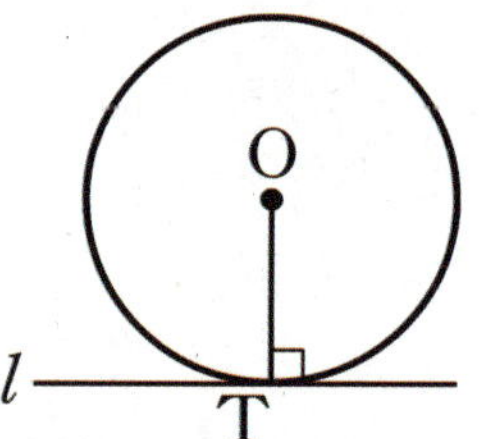

필연성 03

삼각형에 내접하는 원

✓ $\overline{AH_1} = \overline{AH_2}$

✓ $S = \dfrac{1}{2}r(a+b+c)$

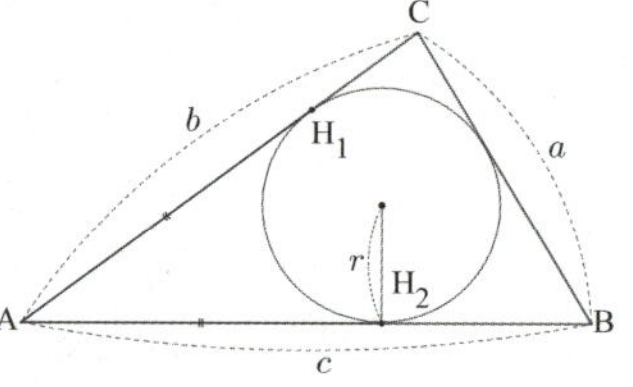

경향02 실전개념분석 009

9. [2017년 수능 (나)형 28번]

자연수 n에 대하여 직선 $x = 4^n$이 곡선 $y = \sqrt{x}$와 만나는 점을 P_n이라 하자. 선분 $P_n P_{n+1}$의 길이를 L_n이라 할 때, $\displaystyle\lim_{n \to \infty} \left(\dfrac{L_{n+1}}{L_n} \right)^2$의 값을 구하시오. [4점]

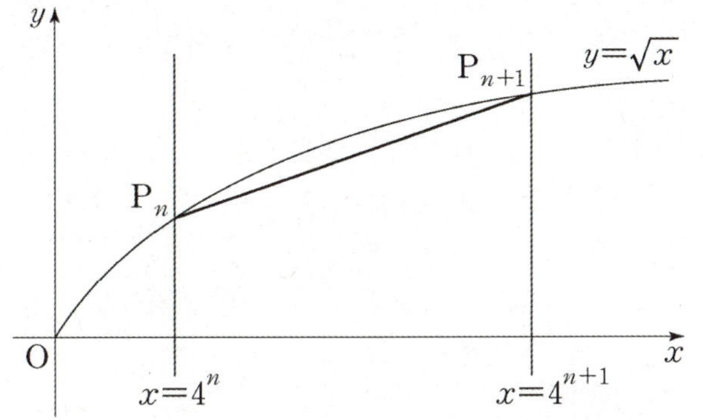

복습	1회	2회	3회	4회	5회
채점					
O△X					

✎ 필기용 그림

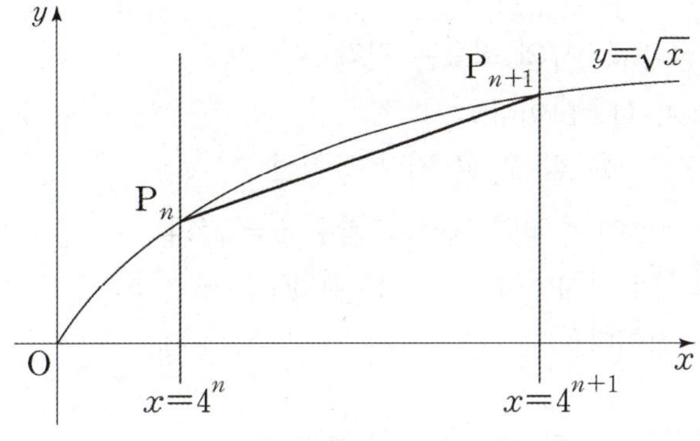

경향 02 Minor Trend

복습	1회	2회	3회	4회	5회
채점 O△X					

10. [2009년 수능 (가)형 & (나)형 13번]

자연수 n에 대하여 두 점 P_{n-1}, P_n이 함수 $y=x^2$의 그래프 위의 점일 때, 점 P_{n+1}을 다음 규칙에 따라 정한다.

> (가) 두 점 P_0, P_1의 좌표는 각각
> $(0,0)$, $(1,1)$이다.
> (나) 점 P_{n+1}은 점 P_n을 지나고 직선
> $P_{n-1}P_n$에 수직인 직선과 함수 $y=x^2$의
> 그래프의 교점이다. (단, P_n과 P_{n+1}은 서로
> 다른 점이다.)

$l_n = \overline{P_{n-1}P_n}$이라 할 때, $\displaystyle\lim_{n\to\infty} \frac{l_n}{n}$의 값은? [3점]

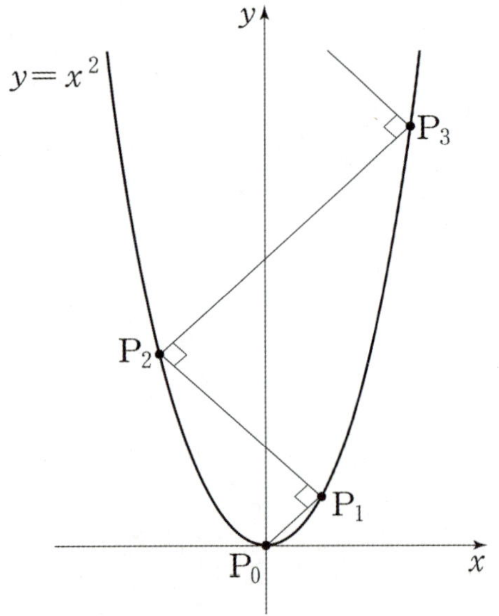

① $2\sqrt{3}$ ② $2\sqrt{2}$ ③ 2 ④ $\sqrt{3}$ ⑤ $\sqrt{2}$

Analysis

곡선 $y=x^2$와 직선 $y=ax+b$의
교점의 x좌표를 α, β라 하자.
$$x^2 = ax+b \Leftrightarrow x^2 - ax - b = 0$$
근과 계수의 관계를 이용하면
$$\alpha + \beta = a$$

경향02 실전개념분석 011

1등급

복습	1회	2회	3회	4회	5회
채점					
O△X					

11. [2010년 수능 (나)형 25번]
그림과 같이 한 변의 길이가 2인 정사각형 A와 한 변의 길이가 1인 정사각형 B는 변이 서로 평행하고, A의 두 대각선의 교점과 B의 두 대각선의 교점이 일치하도록 놓여있다. A와 A의 내부에서 B의 내부를 제외한 영역을 R라 하자.

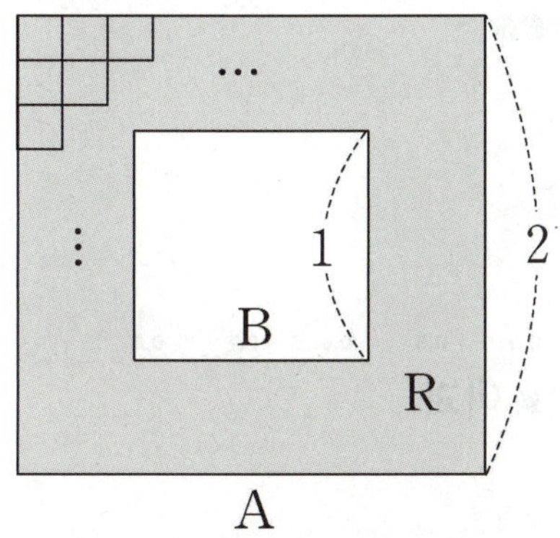

✎ 필기용 그림

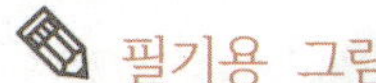

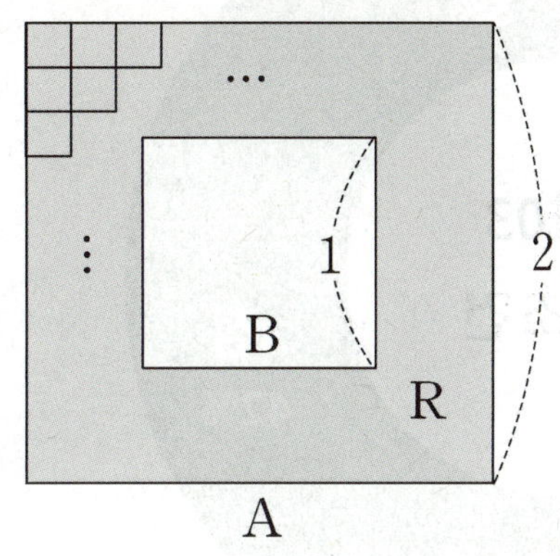

2 이상인 자연수 n에 대하여 한 변의 길이가 $\dfrac{1}{n}$인 작은 정사각형을 다음 규칙에 따라 R에 그린다.

> (가) 작은 정사각형의 한 변은 A의
>   한 변에 평행하다.
> (나) 작은 정사각형들의 내부는 서로
>   겹치지 않도록 한다.

이와 같은 규칙에 따라 R에 그릴 수 있는 한 변의 길이가 $\dfrac{1}{n}$인 작은 정사각형의 최대 개수를 a_n이라 하자. 예를 들어, $a_2 = 12$, $a_3 = 20$ 이다. $\displaystyle\lim_{n\to\infty} \dfrac{a_{2n+1} - a_{2n}}{a_{2n} - a_{2n-1}} = c$ 라 할 때, $100c$ 의 값을 구하시오. [4점]

Analysis〰

변수가 짝수일 때와 홀수일 때가 다르다고 막막해하지 말고, 짝수 케이스와 홀수 케이스를 나눌 생각을 해야 한다. 이 문제뿐만 아니라 어떤 문제가 나와도 마찬가지다.

도형의 필연성

필연성 05

대칭 도형 → 반띵

✓ 이등변삼각형 → 직각 삼각형

경향 03 Minor Trend

경향03 수능 출제 난이도

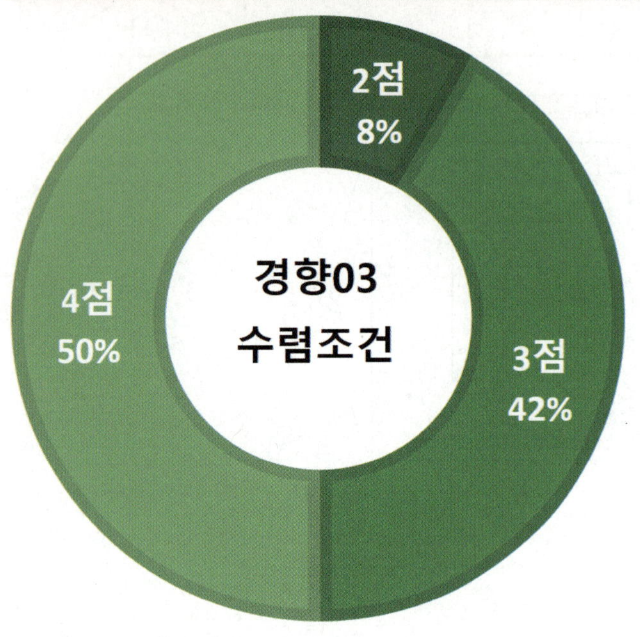

경향03 수능별 데이터 (1)

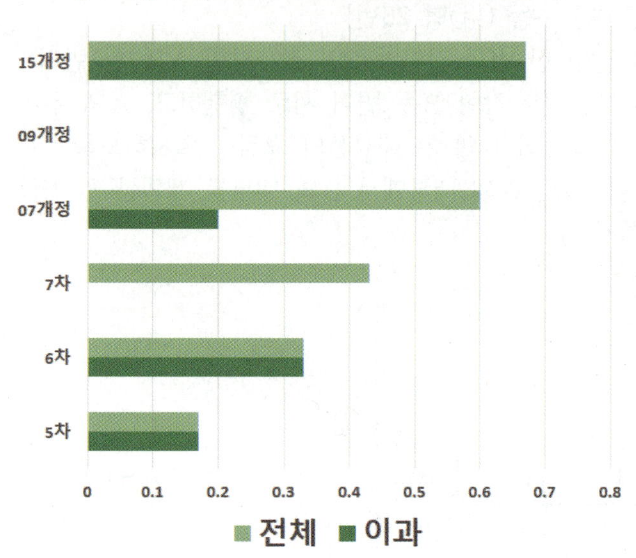

COMMENT

24학년도 평가원 모의고사에서 고난도로 나오더니 그 후 계속 고난도로 출제되는 경향이야.
작년 6월과 9월, 수능 모두 계산도 상당히 빡빡하게 나왔으니 연습을 잘 해두자.
문제가 어려워보여서 당황할 수 있는데, 이 경향은 특히 "관련 있는 개념이 무엇인가"를 떠올리면서 풀어야 해.

경향03 수능 출제 전망

■■■■■

작년 6,9,수능 모두 출제

경향03 수열의 극한 단원 내 출제 비율

16.88%

경향03 공부 우선순위

★★★

현 평가원 고난도 테마

경향03 수능별 데이터 (2)

현교육과정
경향03 수능중요도

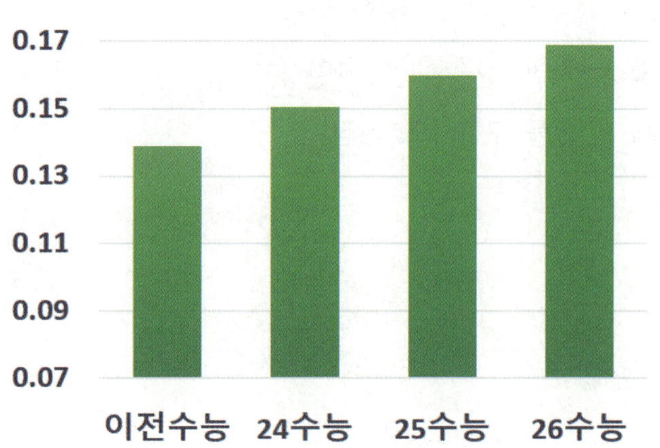

경향03 실전개념분석 012

복습	1회	2회	3회	4회	5회
채점					
O△X					

12. [2007년 수능 (나)형 20번]

수열 $\left\{\left(\dfrac{2x-1}{4}\right)^n\right\}$ 이 수렴하기 위한 정수 x의 개수를 k라 할 때, $10k$의 값을 구하시오. [3점]

Analysis〰️

등비수열의 수렴조건과 등비급수의 수렴조건을 헷갈리지 말것!

■ 등비수열의 극한

등비수열 $\{r^n\}$ 의 수렴과 발산

① $r > 1$ 일 때 $\qquad \lim\limits_{n\to\infty} r^n = \infty \qquad$ →발산

② $r = 1$ 일 때 $\qquad \lim\limits_{n\to\infty} r^n = 1 \qquad$ →수렴

③ $-1 < r < 1$ 일 때 $\lim\limits_{n\to\infty} r^n = 0 \qquad$ →수렴

④ $r = -1$ 일 때 $\qquad \lim\limits_{n\to\infty} r^n = $진동 $\quad$ →발산

⑤ $r < -1$ 일 때 $\qquad \lim\limits_{n\to\infty} r^n = $진동 $\quad$ →발산

■ 등비수열 $\{ar^n\}$ 의 수렴조건
$$-1 < r \le 1$$

■ 등비급수 $\sum\limits_{n=1}^{\infty} ar^{n-1}$ 의 수렴조건
$$-1 < r < 1$$

복습	1회	2회	3회	4회	5회
채점					
O△X					

13. [2015년 수능 (A)형 28번]

자연수 k에 대하여 $a_k = \lim\limits_{n \to \infty} \dfrac{\left(\dfrac{6}{k}\right)^{n+1}}{\left(\dfrac{6}{k}\right)^{n} + 1}$ 이라 할 때,

$\displaystyle\sum_{k=1}^{10} ka_k$의 값을 구하시오. [4점]

경향03 실전개념분석 014

복습	1회	2회	3회	4회	5회
채점					
O△X					

14. [2021년 수능 (가)형 18번]
실수 a에 대하여 함수 $f(x)$를

$$f(x) = \lim_{n \to \infty} \frac{(a-2)x^{2n+1} + 2x}{3x^{2n} + 1}$$

라 하자. $(f \circ f)(1) = \dfrac{5}{4}$ 가 되도록 하는 모든 a의 값의

합은? [4점]

① $\dfrac{11}{2}$ ② $\dfrac{13}{2}$ ③ $\dfrac{15}{2}$ ④ $\dfrac{17}{2}$ ⑤ $\dfrac{19}{2}$

경향 03 Minor Trend

복습	1회	2회	3회	4회	5회
채점					
O△X					

15. [2008년 수능 (나)형 21번]

수열 $\{a_n\}$에 대하여 $\sum\limits_{n=1}^{\infty} \dfrac{a_n}{4^n} = 2$일 때,

$\lim\limits_{n \to \infty} \dfrac{a_n + 4^{n+1} - 3^{n-1}}{4^{n-1} + 3^{n+1}}$의 값을 구하시오. [3점]

Analysis

급수가 수렴할 때 일반항의 극한 값을 물어보고 있다.
이것과 관련된 개념은 하나뿐이다.

■ 급수와 일반항

① $\sum\limits_{n=1}^{\infty} a_n$ 이 수렴하면 $\lim\limits_{n \to \infty} a_n = 0$이다

② $\lim\limits_{n \to \infty} a_n \neq 0$이면 $\sum\limits_{n=1}^{\infty} a_n$ 은 발산한다.

경향03 실전개념분석 016

————————————1등급————

복습	1회	2회	3회	4회	5회
채점					
O△X					

16. [2013년 수능 (나)형 19번]

수열 $\{a_n\}$에 대하여

$$\sum_{n=1}^{\infty}\left(n \cdot a_n - \frac{n^2+1}{2n+1}\right) = 3$$

일 때, $\lim_{n \to \infty}\left(a_n^2 + 2a_n + 2\right)$의 값은? [4점]

① $\dfrac{13}{4}$ ② 3 ③ $\dfrac{11}{4}$ ④ $\dfrac{5}{2}$ ⑤ $\dfrac{9}{4}$

경향 03 Minor Trend

복습	1회	2회	3회	4회	5회
채점					
O△X					

17. [1994년 수능 (2차) 5번]

등비급수 $\sum\limits_{n=1}^{\infty} r^n$이 수렴할 때, 다음 중 반드시 수렴한다고 할 수 없는 것은?

① $\sum\limits_{n=1}^{\infty} (r^n + r^{2n})$　　② $\sum\limits_{n=1}^{\infty} (r^n - 2r^{2n})$

③ $\sum\limits_{n=1}^{\infty} \dfrac{r^n + (-r)^n}{2}$　　④ $\sum\limits_{n=1}^{\infty} \left(\dfrac{r-1}{2}\right)^n$

⑤ $\sum\limits_{n=1}^{\infty} \left(\dfrac{r}{2} - 1\right)^n$

Analysis〰

■ 등비급수

부분합: $S_n = \sum\limits_{k=1}^{n} ar^{k-1} = \dfrac{a(1-r^n)}{1-r}$

수렴: $|r| < 1$일 때, $S = \dfrac{a}{1-r}$

발산: $|r| \geq 1$일 때, $\lim\limits_{n\to\infty} ar^{n-1} \neq 0$이므로

■ 등비수열 $\{ar^n\}$의 수렴조건

$$-1 < r \leq 1$$

■ 등비급수 $\sum\limits_{n=1}^{\infty} ar^{n-1}$의 수렴조건

$$-1 < r < 1$$

경향03 실전개념분석 018

18. [2005년 수능 (나)형 26번]

등비수열 $\{a_n\}$에 대하여 옳은 것을 <보기>에서 모두 고른 것은? [3점]

<table>
<tr><td>복습</td><td>1회</td><td>2회</td><td>3회</td><td>4회</td><td>5회</td></tr>
<tr><td>채점</td><td></td><td></td><td></td><td></td><td></td></tr>
<tr><td>O△X</td><td></td><td></td><td></td><td></td><td></td></tr>
</table>

[보 기]

ㄱ. 등비급수 $\displaystyle\sum_{n=1}^{\infty} a_n$이 수렴하면

$\displaystyle\sum_{n=1}^{\infty} a_{2n}$도 수렴한다.

ㄴ. 등비급수 $\displaystyle\sum_{n=1}^{\infty} a_n$이 발산하면

$\displaystyle\sum_{n=1}^{\infty} a_{2n}$도 발산한다.

ㄷ. 등비급수 $\displaystyle\sum_{n=1}^{\infty} a_n$이 수렴하면

$\displaystyle\sum_{n=1}^{\infty} \left(a_n + \frac{1}{2}\right)$도 수렴한다.

① ㄱ　② ㄴ　③ ㄱ, ㄴ　④ ㄱ, ㄷ　⑤ ㄴ, ㄷ

경향 03 Minor Trend

복습	1회	2회	3회	4회	5회
채점					
O△X					

1등급

19. [2024년 수능 (미적분) 29번]

첫째항과 공비가 각각 0이 아닌 두 등비수열 $\{a_n\}$, $\{b_n\}$에

대하여 두 급수 $\displaystyle\sum_{n=1}^{\infty} a_n$, $\displaystyle\sum_{n=1}^{\infty} b_n$이 각각 수렴하고

$$\sum_{n=1}^{\infty} a_n b_n = \left(\sum_{n=1}^{\infty} a_n\right) \times \left(\sum_{n=1}^{\infty} b_n\right),$$

$$3 \times \sum_{n=1}^{\infty} |a_{2n}| = 7 \times \sum_{n=1}^{\infty} |a_{3n}|$$

이 성립한다. $\displaystyle\sum_{n=1}^{\infty} \frac{b_{2n-1} + b_{3n+1}}{b_n} = S$일 때, $120S$의 값을

구하시오. [4점]

경향03 실전개념분석 020

————1등급————

복습	1회	2회	3회	4회	5회
채점 O△X					

20. [2025년 수능 (미적분) 29번]
등비수열 $\{a_n\}$ 이

$$\sum_{n=1}^{\infty}\left(|a_n|+a_n\right)=\frac{40}{3}, \quad \sum_{n=1}^{\infty}\left(|a_n|-a_n\right)=\frac{20}{3}$$

을 만족시킨다. 부등식

$$\lim_{n \to \infty}\sum_{k=1}^{2n}\left((-1)^{\frac{k(k+1)}{2}}\times a_{m+k}\right)>\frac{1}{700}$$

을 만족시키는 모든 자연수 m 의 값의 합을 구하시오.
[4점]

경향 04 Minor Trend

경향04 수능 출제 난이도

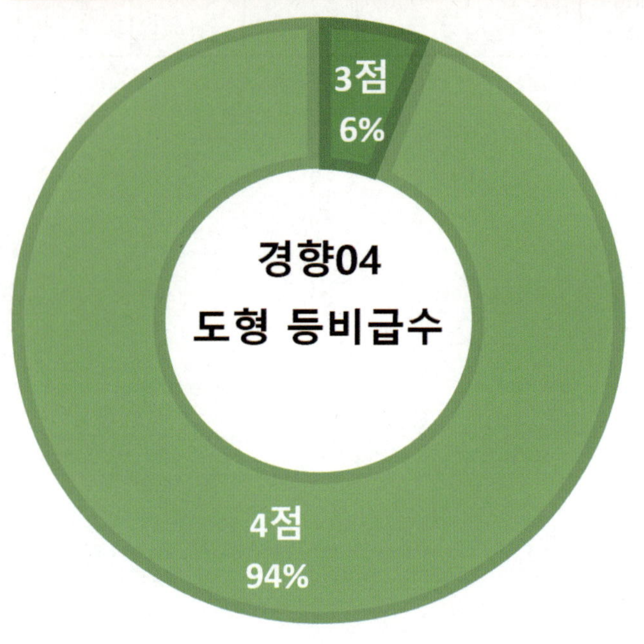

경향04 수능별 데이터 (1)

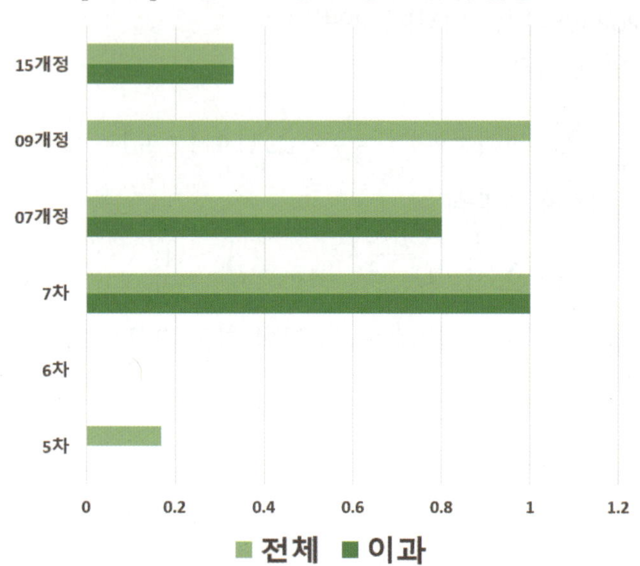

COMMENT

현 평가원 초반에는 잘 나오다가 출제 기조 변화로 최근 잘 안 나오는 경향이야. 하지만 15개정 수능에서 출제된 적이 있는 만큼 방심하지는 말자. 또한 미적분 개념에서 도형 관련 내용도 있다 보니 도형 문제가 곧잘 나오기도 해. 도형도 수학의 영역이기 때문에 논리적인 접근법이 있으니 그 때 그 때 감으로 하는 것이 아니라 '도형의 필연성'에 따라 분석적으로 접근하고 공부하는 것이 필요해.

경향04 수능 출제 전망

■■■□□

출제 된다면

4점 난이도의 3점으로 출제 예상

경향04 수열의 극한 단원 내 출제 비율

23.38%

경향04 공부 우선순위

★☆

방심은 금물

경향04 수능별 데이터 (2)

**현교육과정
경향04 수능중요도**

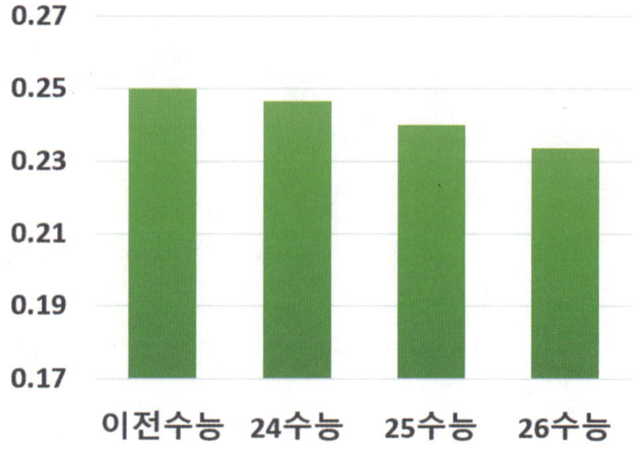

도형 등비급수에 자주 사용되는 도형의 필연성

필연성 01

원 나오면 → 중심과 특별점 잇기

✓ 접점 → 접선과 수직

문제를 풀 때 원이 나오면 중심과 특별한 점을 이어줘야 한다. '원'이라는 도형의 정의 자체가 '한 정점으로부터 같은 거리(=반지름)에 있는 점들의 집합'이기 때문이다. 원이 곡선이긴 해도 정작 문제 풀 때는 그 곡선을 활용하기보다 이은 선분(반지름)의 길이가 같다는 걸 활용하는 것이다. 도형에서 '곡선' 문제는 '직선' 문제로 변환되어야 풀린다는 걸 명심하자.
문제를 풀 때 접점은 언제나 특별한 점이다. 특히 접점과 중심을 이은 선분은 접선과 수직하다는 걸 문제 풀 때 꼭 활용할 생각을 해야 한다.

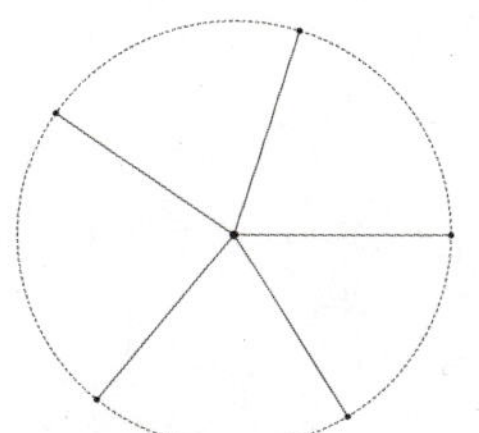 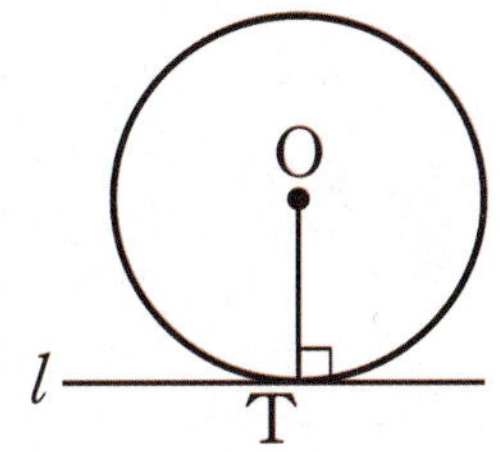

필연성 05

대칭 도형 → 반띵

✓ 이등변삼각형 → 직각 삼각형

문제에서 대칭 도형이 출제되었다면 그걸 가만히 둬서는 내가 활용할 수가 없다. 대칭 도형은 반띵을 해야 비로소 그 도형이 대칭이라는 단서를 답을 내는데 활용할 수 있게 된다.

■ EX - 문제에 아래와 같은 이등변삼각형이 나온다고 가정했을 때, 알맞은 보조선을 그으시오.

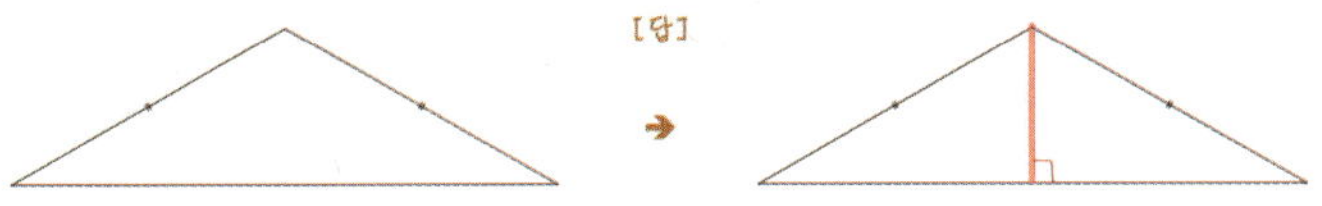

필연성 11

도형의 한 부분의 길이(각도)를 구할 때 → "부분의 합 = 전체" 식 세우기

✓ '나머지 부분'을 빨리 파악하는 것이 핵심

전체는 여러 부분들의 합이다. 이를 활용해 문제에서 답으로 구하라는 도형의 일부분은 전체를 활용하여 값을 구할 수 있다. 여기서 '전체'로 활용해야 할 길이는 문제에서 단서로 제시한 길이나, 그걸 약간만 변형하면 바로 알 수 있는 구하기 쉬운 길이로 설정하면 된다. 문제에서 단서로 제시한 '전체', 답으로 구하라는 '부분', 그리고 '나머지 부분'만 설정하면 문제가 금방 풀린다.

필연성 14

이상한 도형의 넓이를 구할 때
(넓이 공식 없는 도형)
→ 여러 개의 기본 도형으로 퍼즐 맞추기
(넓이 공식 있는 도형)
✓ 빵꾸난 도형은 빵꾸를 메꿔서 퍼즐 맞추기

■ EX - 활꼴의 넓이 구하기

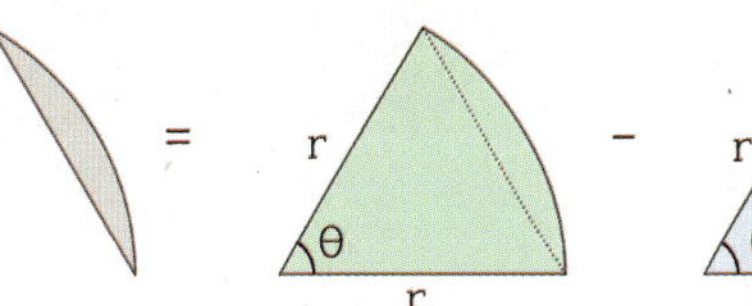

$$(\text{활꼴의 넓이}) = \frac{1}{2}r^2\theta - \frac{1}{2}r^2\sin\theta = \frac{1}{2}r^2(\theta - \sin\theta)$$

경향 04 Minor Trend

복습	1회	2회	3회	4회	5회
채점 O△X					

21. [2021년 수능 (가)형 14번]

그림과 같이 $\overline{AB_1} = 2$, $\overline{AD_1} = 4$인 직사각형 $AB_1C_1D_1$이 있다. 선분 AD_1을 $3:1$로 내분하는 점을 E_1이라 하고, 직사각형 $AB_1C_1D_1$의 내부에 점 F_1을 $\overline{F_1E_1} = \overline{F_1C_1}$, $\angle E_1F_1C_1 = \dfrac{\pi}{2}$가 되도록 잡고 삼각형 $E_1F_1C_1$을 그린다. 사각형 $E_1F_1C_1D_1$을 색칠하여 얻은 그림을 R_1이라 하자. 그림 R_1에서 선분 AB_1 위의 점 B_2, 선분 E_1F_1 위의 점 C_2, 선분 AE_1 위의 점 D_2와 점 A를 꼭짓점으로 하고 $\overline{AB_2} : \overline{AD_2} = 1 : 2$인 직사각형 $AB_2C_2D_2$를 그린다. 그림 R_1을 얻은 것과 같은 방법으로 직사각형 $AB_2C_2D_2$에 삼각형 $E_2F_2C_2$를 그리고 사각형 $E_2F_2C_2D_2$를 색칠하여 얻은 그림을 R_2라 하자. 이와 같은 과정을 계속하여 n번째 얻은 그림 R_n에 색칠되어 있는 부분의 넓이를 S_n이라 할 때, $\displaystyle\lim_{n \to \infty} S_n$의 값은? [4점]

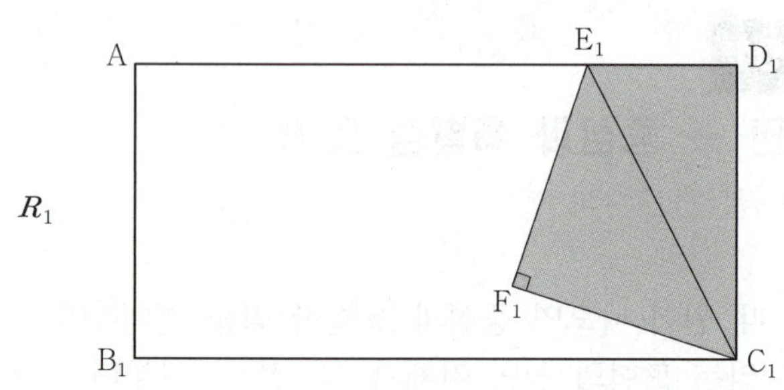

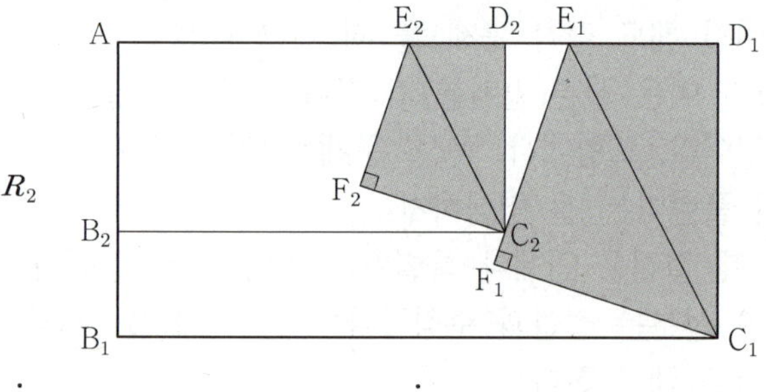

① $\dfrac{441}{103}$ ② $\dfrac{441}{109}$ ③ $\dfrac{441}{115}$ ④ $\dfrac{441}{121}$ ⑤ $\dfrac{441}{127}$

Analysis

■ 닮음비와 공비

도형 닮음비 (1세대:2세대)

길이의 비 $= m : n$

넓이의 비 $= m^2 : n^2$

공비 $= \dfrac{n^2}{m^2}$

도형의 필연성

필연성 11

도형의 한 부분의 길이(각도)를 구할 때
→ "부분의 합 = 전체" 식 세우기

✓ '나머지 부분'을 빨리 파악하는 것이 핵심

경향04 실전개념분석 022

——————————— 1등급 ———————————

22. [2014년 수능 (A)형 17번 & (B)형 15번]
직사각형 $A_1B_1C_1D_1$에서 $\overline{A_1B_1}=1$, $\overline{A_1D_1}=2$이다.
그림과 같이 선분 A_1D_1과 선분 B_1C_1의 중점을 각각
M_1, N_1이라 하자. 중심이 N_1, 반지름의 길이가
$\overline{B_1N_1}$이고 중심각의 크기가 $90°$인 부채꼴 $N_1M_1B_1$을
그리고, 중심이 D_1, 반지름의 길이가 $\overline{C_1D_1}$이고 중심각의
크기가 $\dfrac{\pi}{2}$인 부채꼴 $D_1M_1C_1$을 그린다. 부채꼴
 $N_1M_1B_1$의 호 M_1B_1과 선분 M_1B_1로 둘러싸인 부분과
부채꼴 $D_1M_1C_1$의 호 M_1C_1과 선분 M_1C_1로 둘러싸인
부분인 ⌒ 모양에 색칠하여 얻은 그림을 R_1이라 하자.
그림 R_1에 선분 M_1B_1 위의 점 A_2, 호 M_1C_1 위의 점
D_2와 변 B_1C_1 위의 두 점 B_2, C_2를 꼭짓점으로 하고
$\overline{A_2B_2} : \overline{A_2D_2} = 1:2$인 직사각형 $A_2B_2C_2D_2$를
그리고, 직사각형 $A_2B_2C_2D_2$에서 그림 R_1을 얻은 것과
같은 방법으로 만들어지는 ⌒모양에 색칠하여 얻은
그림을 R_2라 하자. 이와 같은 과정을 계속하여 n번째
얻은 그림 R_n에 색칠되어 있는 부분의 넓이를 S_n라 할
때, $\lim\limits_{n \to \infty} S_n$의 값은? [4점]

① $\dfrac{25}{19}\left(\dfrac{\pi}{2}-1\right)$ ② $\dfrac{5}{4}\left(\dfrac{\pi}{2}-1\right)$ ③ $\dfrac{25}{21}\left(\dfrac{\pi}{2}-1\right)$

④ $\dfrac{25}{22}\left(\dfrac{\pi}{2}-1\right)$ ⑤ $\dfrac{25}{23}\left(\dfrac{\pi}{2}-1\right)$

Analysis 〰

기본적으로 $S = \dfrac{a}{1-r}$ 공식을 쓰면 풀리도록 문제 풀이
방법은 정형화되어 있어. 풀이 방법이 정형화 되어 있다
보니, 결국 변별력을 갖추도록 등비수열의 초항 a와 공비
r을 구하기 어렵게 만들어. 그러니 도형 문제에 대한
접근법이 제대로 정리되어 있어야 해.

복습	1회	2회	3회	4회	5회
채점 O△X					

도형의 필연성

필연성 14

이상한 도형의 넓이를 구할 때

(넓이 공식 없는 도형)

→ 여러 개의 기본 도형으로 퍼즐 맞추기

(넓이 공식 있는 도형)
✓ 빵꾸난 도형은 빵꾸를 메꿔서 퍼즐 맞추기

필연성 01

원 나오면 → 중심과 특별점 잇기

✓ 접점 → 접선과 수직

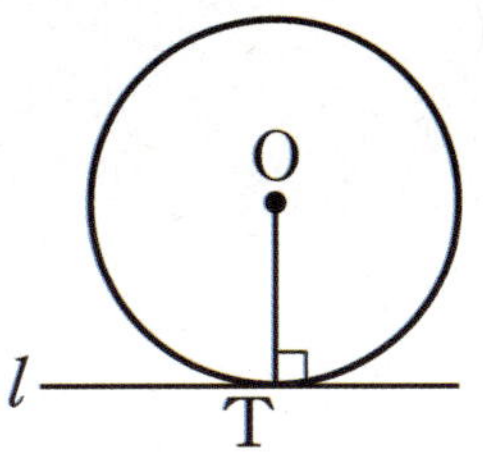

경향 04 Minor Trend

복습	1회	2회	3회	4회	5회
채점 O△X					

23. [2023년 수능 (미적분) 27번]

그림과 같이 중심이 O, 반지름의 길이가 1이고 중심각의 크기가 $\dfrac{\pi}{2}$인 부채꼴 OA_1B_1이 있다. 호 A_1B_1 위에 점 P_1, 선분 OA_1 위에 점 C_1, 선분 OB_1 위에 점 D_1을 사각형 $OC_1P_1D_1$이 $\overline{OC_1}:\overline{OD_1}=3:4$인 직사각형이 되도록 잡는다. 부채꼴 OA_1B_1의 내부에 점 Q_1을 $\overline{P_1Q_1}=\overline{A_1Q_1}$, $\angle P_1Q_1A_1=\dfrac{\pi}{2}$가 되도록 잡고, 이등변삼각형 $P_1Q_1A_1$에 색칠하여 얻은 그림을 R_1이라 하자.

그림 R_1에서 선분 OA_1위의 점 A_2와 선분 OB_1위의 점 B_2를 $\overline{OQ_1}=\overline{OA_2}=\overline{OB_2}$가 되도록 잡고, 중심이 O, 반지름의 길이가 $\overline{OQ_1}$, 중심각의 크기가 $\dfrac{\pi}{2}$인 부채꼴 OA_2B_2를 그린다. 그림 R_1을 얻은 것과 같은 방법으로 네 점 P_2, C_2, D_2, Q_2를 잡고, 이등변삼각형 $P_2Q_2A_2$에 색칠하여 얻은 그림을 R_2라 하자. 이와 같은 과정을 계속하여 n번째 얻은 그림 R_n에 색칠되어 있는 부분의 넓이를 S_n이라 할 때, $\displaystyle\lim_{n\to\infty} S_n$의 값은? [3점]

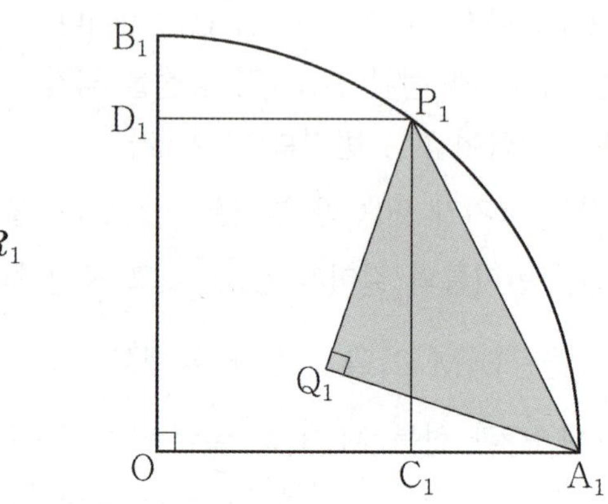

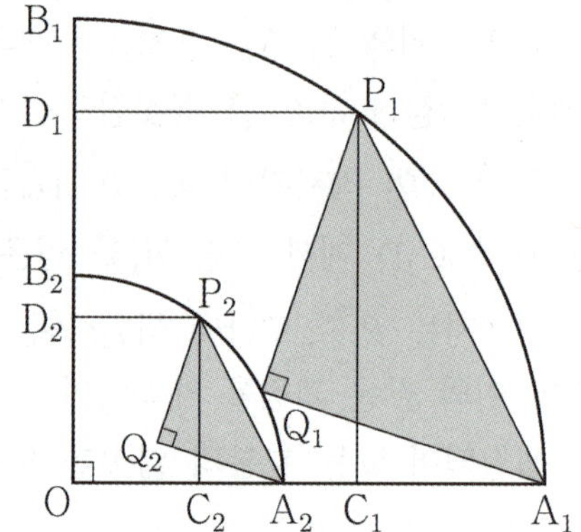

① $\dfrac{9}{40}$ ② $\dfrac{1}{4}$ ③ $\dfrac{11}{40}$ ④ $\dfrac{3}{10}$ ⑤ $\dfrac{13}{40}$

Analysis 〰 도형의 필연성

필연성 01

원 나오면 → 중심과 특별점 잇기

✓ 접점 → 접선과 수직

필연성 05

대칭 도형 → 반띵

✓ 이등변삼각형 → 직각 삼각형

경향04 실전개념분석 024

24. [2005년 수능 (가)형 & (나)형 25번]

길이가 $\frac{1}{2}$인 정사각형을 잘라낸 후 남은 凹 모양의

도형을 A_1이라 하자. 한 변의 길이가 $\frac{1}{4}$인 정사각형에서

한 변의 길이가 $\frac{1}{8}$인 정사각형을 잘라낸 후 남은 凹

모양의 도형 2개를 A_1의 위쪽 두 변에 각각 붙인 도형을

A_2라 하자.

한 변의 길이가 $\frac{1}{16}$인 정사각형에서 한 변의 길이가

$\frac{1}{32}$인 정사각형을 잘라낸 후 남은 凹 모양의 도형 4개를

A_2의 위쪽 네 변에 각각 붙인 도형을 A_3이라 하자. 이와

같은 과정을 계속하여 얻은 n번째 도형을 A_n이라 하고

그 넓이를 S_n이라 하자.

$\lim\limits_{n \to \infty} S_n = \dfrac{q}{p}$라 할 때, $p+q$의 값을 구하시오.

(단, p와 q는 서로소인 자연수이다.) [4점]

복습	1회	2회	3회	4회	5회
채점					
O△X					

필기용 그림

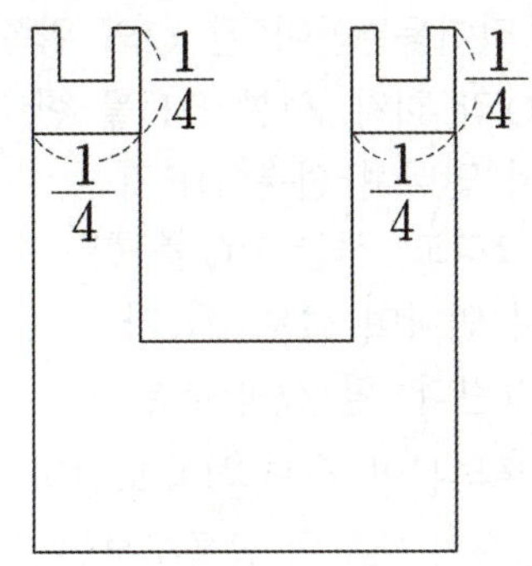

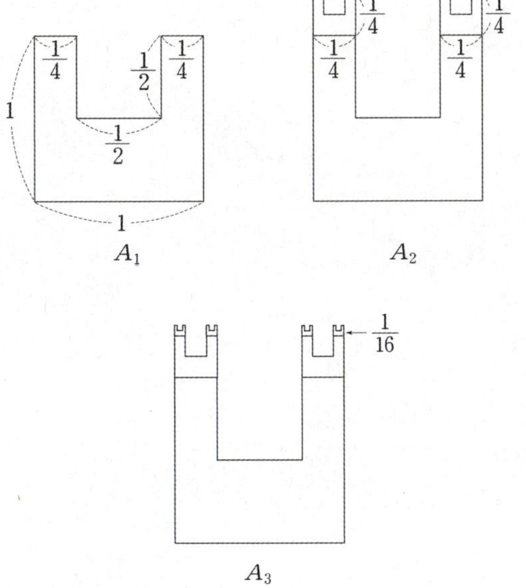

A_1 A_2

A_3

Analysis

이전 문제와는 다르게 다음 세대 도형이 되면 개수가
기하급수적으로 늘어난다. 이런 유형에서 공비 구하는
방법에서 추가적인 이해가 필요하다.

경향 04 **Minor Trend**

복습	1회	2회	3회	4회	5회
채점 ○△X					

25. [2017년 수능 (나)형 17번]

그림과 같이 길이가 4인 선분 AB를 지름으로 하는 원 O가 있다. 원의 중심을 C라 하고, 선분 AC의 중점과 선분 BC의 중점을 각각 D, P라 하자. 선분 AC의 수직이등분선과 선분 BC의 수직이등분선이 원 O의 위쪽 반원과 만나는 점을 각각 E, Q라 하자. 선분 DE를 한 변으로 하고 원 O와 점 A에서 만나며 선분 DF가 대각선인 정사각형 $DEFG$를 그리고, 선분 PQ를 한 변으로 하고 원 O와 점 B에서 만나며 선분 PR가 대각선인 정사각형 $PQRS$를 그린다. 원 O의 내부와 정사각형 $DEFG$의 내부의 공통부분인 ◁모양의 도형과 원 O의 내부와 정사각형 $PQRS$의 내부의 공통부분인 ▷모양의 도형에 색칠하여 얻은 그림을 R_1이라 하자. 그림 R_1에서 점 F를 중심으로 하고 반지름의 길이가 $\frac{1}{2}\overline{DE}$인 원 O_1, 점 R를 중심으로 하고 반지름의 길이가 $\frac{1}{2}\overline{PQ}$인 원 O_2를 그린다. 두 원 O_1, O_2에 각각 그림 R_1을 얻은 것과 같은 방법으로 만들어지는 ◁모양의 2개의 도형과 ▷모양의 2개의 도형에 색칠하여 얻은 그림을 R_2라 하자.

이와 같은 과정을 계속하여 n번째 얻은 그림 R_n에 색칠되어 있는 부분의 넓이를 S_n이라 할 때, $\lim_{n\to\infty} S_n$의 값은? [4점]

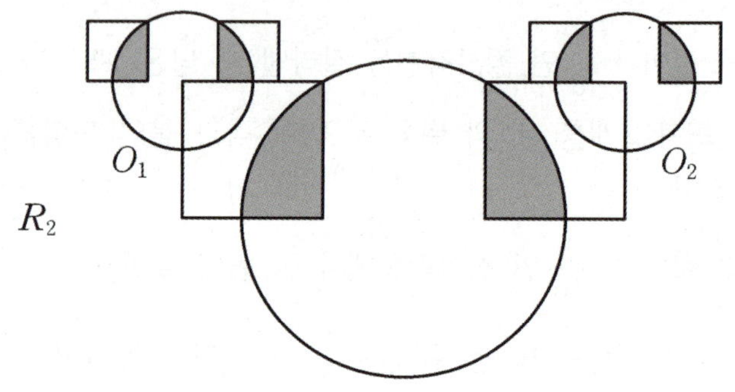

필기용 그림

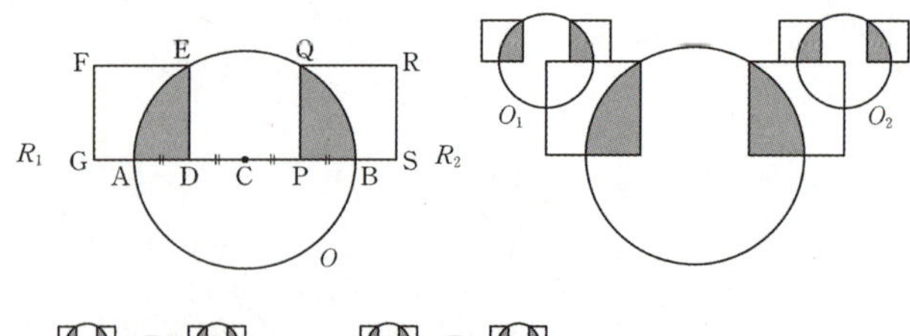

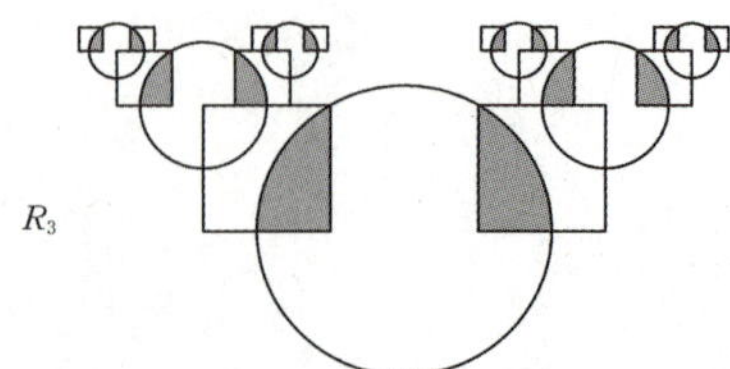

① $\dfrac{12\pi - 9\sqrt{3}}{10}$ ② $\dfrac{8\pi - 6\sqrt{3}}{5}$ ③ $\dfrac{32\pi - 24\sqrt{3}}{15}$

④ $\dfrac{28\pi - 21\sqrt{3}}{10}$ ⑤ $\dfrac{16\pi - 12\sqrt{3}}{5}$

경향04 실전개념분석 026

26. [2013년 수능 (가)형 & (나)형 14번]
그림과 같이 길이가 2인 선분 AB를 지름으로 하는 원 O가 있다. 원 O의 중심을 지나고 선분 AB와 수직인 직선이 원과 만나는 2개의 점 중 한 점을 C라 하자. 점 C를 중심으로 하고 점 A와 점 B를 지나는 원의 외부와 원 O의 내부의 공통부분인 ⌣ 모양의 도형에 색칠하여 얻은 그림을 R_1이라 하자.

그림 R_1에서 색칠된 부분을 포함하지 않은 원 O의 반원을 이등분한 2개의 사분원에 각각 내접하는 원을 그리고, 이 2개의 원 안에 그림 R_1을 얻는 것과 같은 방법으로 만들어지는 ⌣ 모양의 2개의 도형에 색칠하여 얻은 그림을 R_2라 하자.

그림 R_2에서 새로 생긴 2개의 도형에 색칠된 부분을 포함하지 않은 반원을 각각 이등분한 4개의 사분원에 각각 내접하는 원을 그리고, 이 4개의 원 안에 그림 R_1을 얻는 것과 같은 방법으로 만들어지는 ⌣ 모양의 4개의 도형에 색칠하여 얻은 그림을 R_3이라 하자.

이와 같은 과정을 계속하여 n번째 얻은 그림 R_n에 색칠되어 있는 부분의 넓이를 S_n이라 할 때, $\lim_{n \to \infty} S_n$의 값은? [4점]

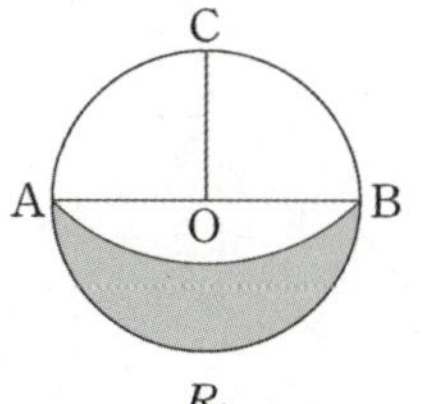 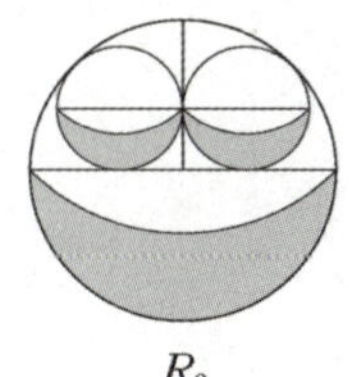 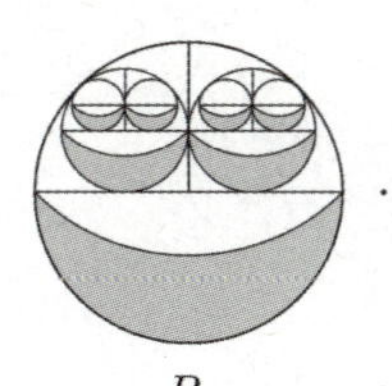

① $\dfrac{5+2\sqrt{2}}{7}$ ② $\dfrac{5+3\sqrt{2}}{7}$ ③ $\dfrac{5+4\sqrt{2}}{7}$

④ $\dfrac{5+5\sqrt{2}}{7}$ ⑤ $\dfrac{5+6\sqrt{2}}{7}$

복습	1회	2회	3회	4회	5회
채점					
O△X					

✎ 필기용 그림

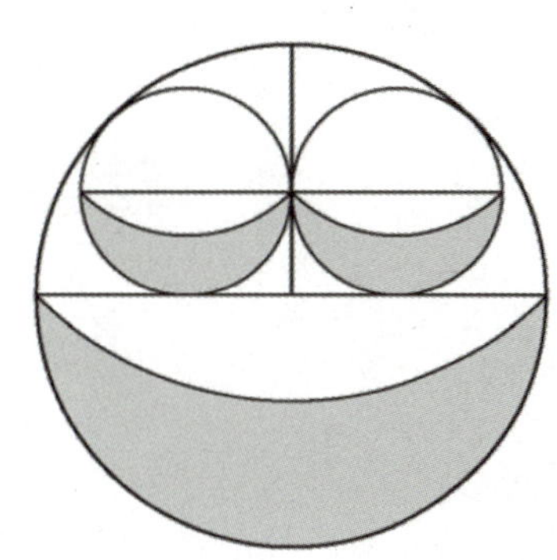

Analysis〰

도형의 필연성

필연성 01

원 나오면 → 중심과 특별점 잇기

✓ 접점 → 접선과 수직

필연성 14

이상한 도형의 넓이를 구할 때

(넓이 공식 없는 도형)

→ 여러 개의 기본 도형으로 퍼즐 맞추기

(넓이 공식 있는 도형)

✓ 빵꾸난 도형은 빵꾸를 메꿔서 퍼즐 맞추기

필연성 11

도형의 한 부분의 길이(각도)를 구할 때
→ "부분의 합 = 전체" 식 세우기

✓ '나머지 부분'을 빨리 파악하는 것이 핵

2. 여러 함수의 미분

Big Data Report

전체 수능 출제 비율

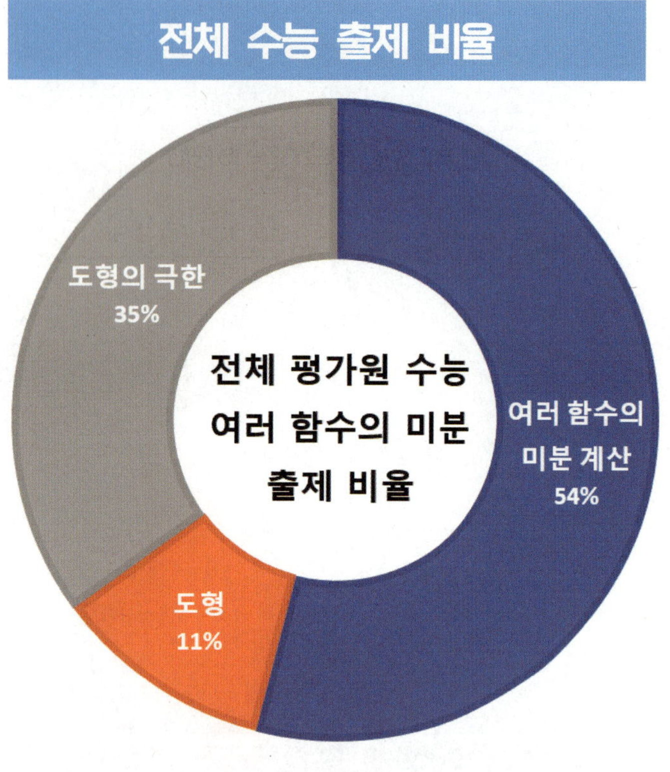

15개정 수능 출제 비율

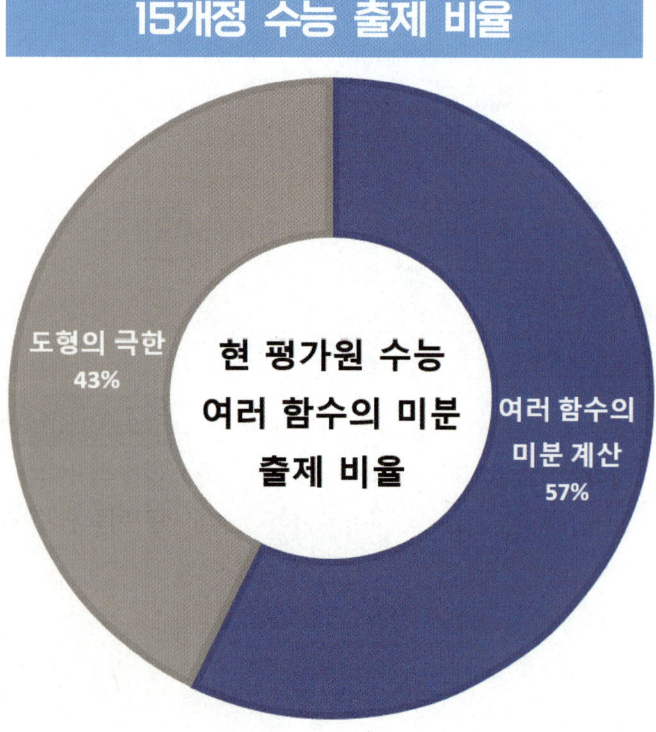

■ 여러 함수의 미분 단원은 3가지 경향으로 분석하였다.

■ 미적분 과목은 3단원으로 이뤄지는 교과서와 4단원으로 분리하는 교과서로 2종류가 있다. 이 책은 4단원으로 분리하는 교과서 기준으로 하여 여러 함수의 미분을 다른 한 단원으로 분리하였다. 이 단원은 다음 미분법 단원과 성격이 다른 부분이 많아, 기출 문제를 분석하는 사람이라면 경향을 좀 더 섬세하게 살펴볼 수 있도록 쪼개서 공부하는 것이 유리하다.

■ [경향05] 여러 함수의 미분 계산
대체로 공식만 알면 쉽게 풀리는 수준이고 3년 연속 출제되고 있다.

■ [경향06] 도형
도형의 극한 경향에 밀려서 실제로 출제되지 않았지만 최근 삼각함수 도형의 극한이 출제되지 않고 있기 때문에 오히려 이 경향에서 출제 될 가능성은 있다. 전체 수능으로 보면 자주 출제되는 경향은 아니지만 역대 오답률을 보면 문제 수준에 비해 오답률이 높은 편이니 수험생이라면 대비를 해두는 편이 좋다.

■ [경향07] 도형의 극한
출제 기조 변화로 중요도가 전보다 떨어진 것은 사실이지만 이전의 압도적인 중요도에 비해 떨어졌다 뿐이지 여전히 대비해두는 편이 바람직하다. 평가원은 수험생의 방심을 좋아하니까.

■ 미적분을 잘하려면 '그래프'도 잘해야 하고 '도형'도 잘해야 한다. 수열의 극한 단원에서도, 지금 단원에서도 '도형'에 관련된 문항이 많이 있다. 현 평가원은 대체적으로 '그래프'에 조금 더 치중해서 물어보는 편이지만 '도형' 역시 간간히 출제되기 때문에 대비해두는 편이 훨씬 좋다. 어떤 도형 문제가 나오더라도 일관된 행동원칙이 필요하고, 도형 역시 논리적인 사고 양식을 확립하는 것이 필요하다.

전체 수능 평균 난이도

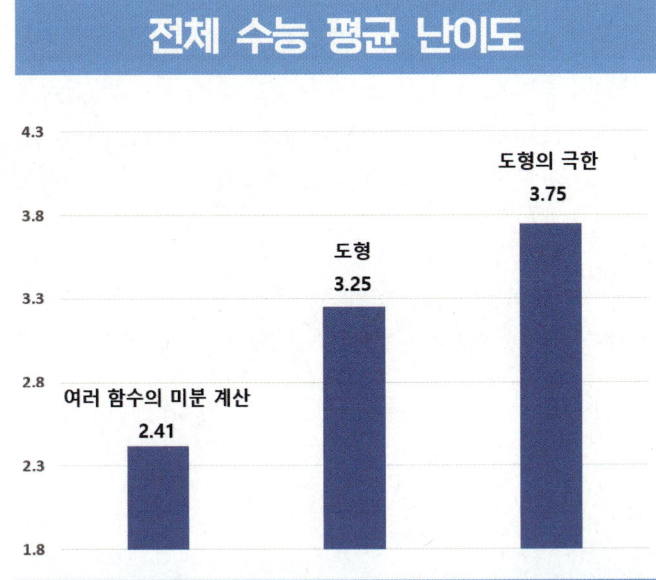

현 평가원 수능 평균 난이도

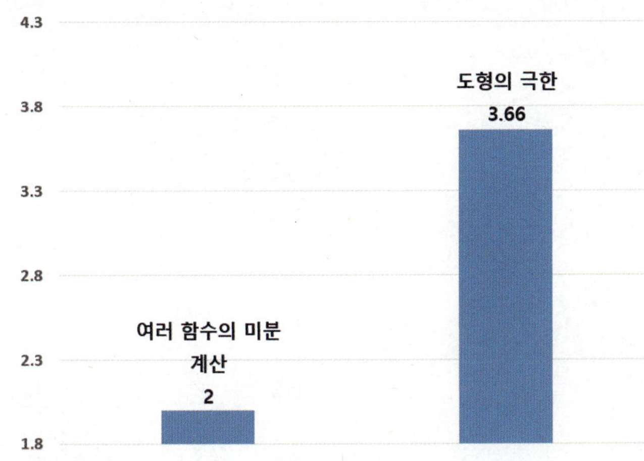

올해 수능
여러 함수의 미분 학습 방향

개념이 어려운 편
개념의 유기적인 연결성 필요
계산 문항 1문항 출제 가능 유력
도형과 도형의 극한은 겸손하게
대비해두는 편이 좋음

■ 계산 풀이만 고집하는 것 vs 근사 풀이만 고집하는 것 도형의 극한 파트 문항을 푸는 2가지 방법 중 한 가지만 고집하여 푸는 것은 좋지 않다. 근사가 됨에도 불구하고 계산만 고집하여 푼다면 굉장히 비효율적일 뿐만 아니라 다른 문제를 풀 시간확보에 어려움이 생길 수 있다. 전체 수능을 두고 따져보면 지금까지 출제된 도형의 극한 전체 16 문제 중 8 문제가 근사 풀이가 가능하다. 근사 풀이와 계산 풀이 두 가지 모두 알아두는 것이 필요하다.

◆ 전체 수능 평균 난이도

◆ 여러 함수의 미분 계산 (2.41점)

◆ 도형 (3.25점)

◆ 도형의 극한 (3.75점)

◆ 현 평가원 수능 평균 난이도

◆ 여러 함수의 미분 계산 (2점)

◆ 도형 (출제된 적 없음)

◆ 도형의 극한 (3.66점)

■ 작년 수능 출제 문항 분류

[경향05] 여러 함수의 미분 계산
  - 23번 [2점]

① 지수·로그 함수의 극한

■ 지수함수의 극한

① $a > 1$일 때, $\quad \lim\limits_{x \to \infty} a^x = \infty$, $\quad \lim\limits_{x \to -\infty} a^x = 0$

② $0 < a < 1$일 때, $\lim\limits_{x \to \infty} a^x = 0$, $\quad \lim\limits_{x \to -\infty} a^x = \infty$

■ 로그함수의 극한

③ $a > 1$일 때,

$$\lim\limits_{x \to \infty} \log_a x = \infty, \qquad \lim\limits_{x \to 0+} \log_a x = -\infty$$

④ $0 < a < 1$일 때,

$$\lim\limits_{x \to \infty} \log_a x = -\infty, \qquad \lim\limits_{x \to 0+} \log_a x = \infty$$

② 무리수 e의 정의

$$e = \lim\limits_{x \to 0} (1+x)^{\frac{1}{x}} = \lim\limits_{x \to \infty} \left(1 + \frac{1}{x}\right)^x$$

■ 결국! $\lim (1 + 무한소)^{\frac{1}{무한소}}$ 꼴

■ $e = 2.71828182845 \cdots$ (무리수)

2. 여러 함수의 미분

③ 자연로그의 극한

정의 : 무리수 e 를 밑으로 하는 로그 $\log_e x$

$\log_e x = \ln x$

① $\displaystyle \lim_{x \to 0} \frac{\ln(1+x)}{x} = 1$

② $\displaystyle \lim_{x \to 0} \frac{\log_a(1+x)}{x} = \log_a e = \frac{1}{\ln a}$

③ $\displaystyle \lim_{x \to 0} \frac{e^x - 1}{x} = 1$

④ $\displaystyle \lim_{x \to 0} \frac{a^x - 1}{x} = \ln a \ (a > 0, a \neq 1)$

Comments " 기본형 그래프 개형은 알아두고 가자"

수학Ⅱ와는 달리 미적분에서는 꼭 미리 배운 그래프의 개형이 나오라는 법이 없다.
그럴수록 이미 알고 있는 기본형 그래프의 개형을 활용하면 문제를 효율적으로 풀 수 있다.

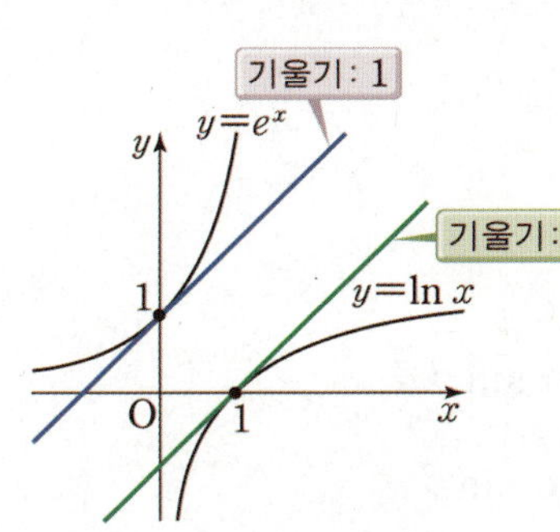

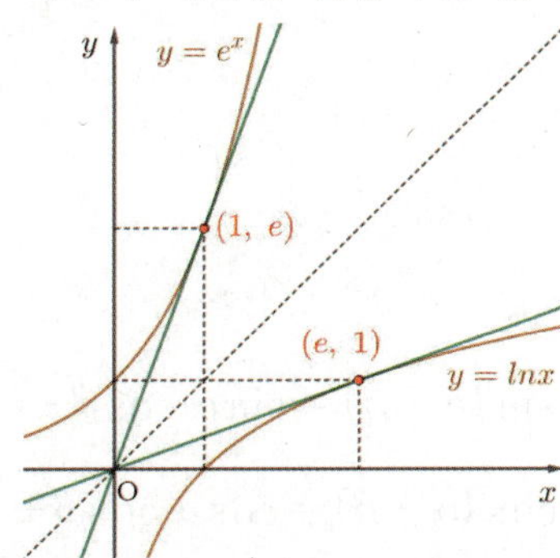

4 로그함수의 도함수

① $(\ln x)' = \dfrac{1}{x}$ (단, $x > 0$)

② $(\log_a x)' = \dfrac{1}{x \ln a}$ (단, $a \neq 1, a > 0, x > 0$)

■ $\{\ln f(x)\}' = \dfrac{f'(x)}{f(x)}$ (단, $f(x) > 0$)

■ $(\ln |x|)' = \dfrac{1}{x}$

5 지수함수의 도함수

① $(e^x)' = e^x$

② $(a^x)' = a^x (\ln a)$ (단, $a \neq 1, a > 0$)

6 삼각함수의 덧셈정리

① $\sin(\alpha + \beta) = \sin\alpha \cos\beta + \cos\alpha \sin\beta$

② $\sin(\alpha - \beta) = \sin\alpha \cos\beta - \cos\alpha \sin\beta$

③ $\cos(\alpha + \beta) = \cos\alpha \cos\beta - \sin\alpha \sin\beta$

④ $\cos(\alpha - \beta) = \cos\alpha \cos\beta + \sin\alpha \sin\beta$

⑤ $\tan(\alpha + \beta) = \dfrac{\tan\alpha + \tan\beta}{1 - \tan\alpha \tan\beta}$

⑥ $\tan(\alpha - \beta) = \dfrac{\tan\alpha - \tan\beta}{1 + \tan\alpha \tan\beta}$

2. 여러 함수의 미분

7 배각공식

① $\sin 2\alpha = 2\sin\alpha\cos\alpha$
$\quad\quad = 2\cos^2\alpha - 1 = 1 - 2\sin^2\alpha$

② $\cos 2\alpha = \cos^2\alpha - \sin^2\alpha$

③ $1 - \cos 2\alpha = 2\sin^2\alpha$

④ $\tan 2\alpha = \dfrac{2\tan\alpha}{1 - \tan^2\alpha}$

8 반각공식

① $\sin^2\dfrac{\theta}{2} = \dfrac{1 - \cos\theta}{2}$

② $\cos^2\dfrac{\theta}{2} = \dfrac{1 + \cos\theta}{2}$

③ $\tan^2\dfrac{\theta}{2} = \dfrac{1 - \cos\theta}{1 + \cos\theta}$

Comments " 삼각함수 식을 다루는 원칙 3가지 "

삼각함수 식을 다루는 원칙 3가지를 항상 기억해 두자.
(1) 각 통일
(2) sin, cos 종류 통일
(3) 특수각 활용

■9 삼각함수의 극한

① $\displaystyle\lim_{x\to 0}\frac{\sin x}{x}=1$

② $\displaystyle\lim_{x\to 0}\frac{\tan x}{x}=1$

③ $\displaystyle\lim_{x\to 0}\frac{1-\cos x}{x^2}=\frac{1}{2}$

Comments " 삼각함수 극한 실전 계산 법 01 "

■ $\displaystyle\lim_{\theta\to 0}\frac{\sin(a\theta)}{b\theta}=\frac{a}{b}$ 　　　　■ $\displaystyle\lim_{\theta\to 0}\frac{\tan(a\theta)}{b\theta}=\frac{a}{b}$

Comments " 삼각함수 극한 실전 계산 법 02 "

■ $\displaystyle\lim_{\theta\to 0}\frac{\sin(a\theta)}{\sin(b\theta)}=\frac{a}{b}$ 　　　　■ $\displaystyle\lim_{\theta\to 0}\frac{\tan(a\theta)}{\tan(b\theta)}=\lim_{\theta\to 0}\frac{\tan(a\theta)}{\sin(b\theta)}=\lim_{\theta\to 0}\frac{\sin(a\theta)}{\tan(b\theta)}=\frac{a}{b}$

Comments " 삼각함수 극한 실전 계산 법 03 "

$\displaystyle\lim_{\theta\to 0}\frac{1-\cos(a\theta)}{\theta^2}=\frac{1}{2}a^2$

Comments " 여러 가지 함수의 미분 '극한 도형' 형태 추론 비법 "

[1단계] 문제 그래프

[2단계] θ가 충분히 작을 때의 그래프
 ↳ 문제 그림에 덧 그리기

[3단계] θ가 한없이 작을 때의 그래프
 ↳ ① 각도의 수렴값 확인
 ↳ ② 지구는 평평하다.
　　(곡선→직선, 현→호→접선)
 ↳ ③ 0 수렴에도 클래스가 있다.

2. 여러 함수의 미분

10 삼각함수의 도함수

① $(\sin x)' = \cos x$

② $(\cos x)' = -\sin x$

■ $(\tan x)' = \sec^2 x = 1 + \tan^2 x$
 $(\sec x)' = \sec x \tan x$
 $(\csc x)' = -\csc x \cot x$
 $(\cot x)' = -\csc^2 x$

경향 05 Minor Trend

경향05 수능 출제 난이도

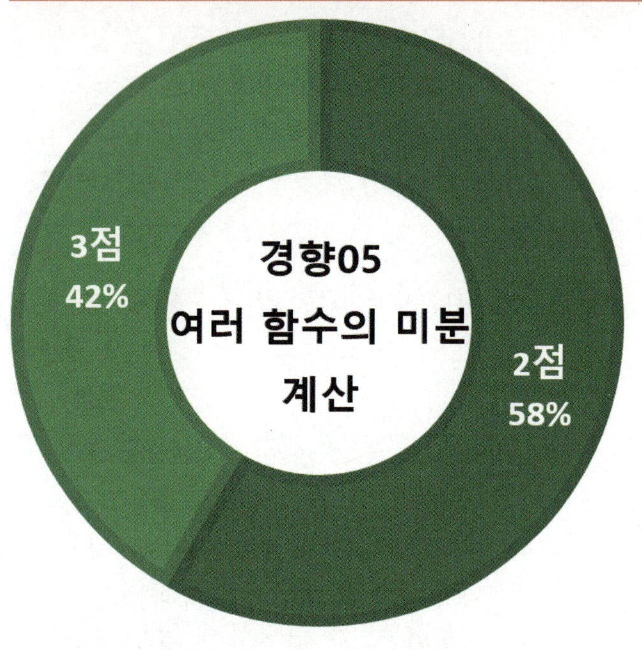

경향05 수능별 데이터 (1)

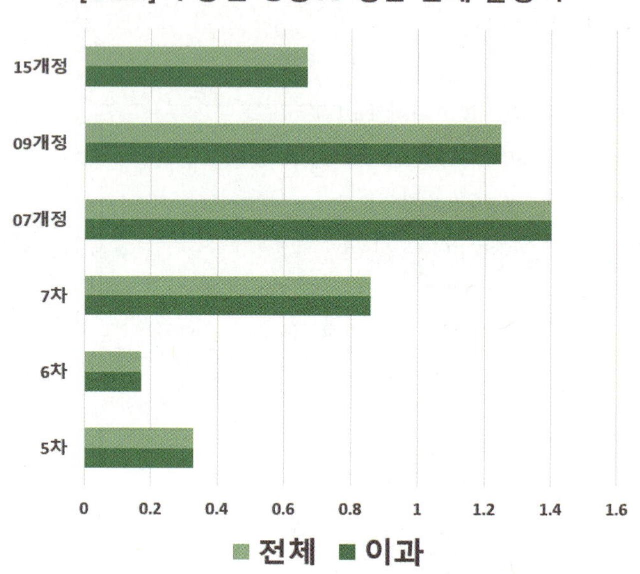

COMMENT

수능이라는 시험이 기본적으로는 각단원별로 계산 문항을 하나씩 출제하는 편이야. 하지만 선택과목 체제가 되면서 미적분에서 출제되는 문항 수가 줄어들었고 수열의 극한, 여함미, 미분법, 적분법에서 모두 계산 문항을 출제할 수 없으니 나올 때도 있고, 안 나올 때도 있어. 그래도 이 단원이 수1 지수로그, 삼각함수, 수2 미분법에 대한 공부도 점검할 수 있어서 이 경향에서 계산 문항이 자주 출제되는 편이야.

경향05 수능 출제 전망

4년 연속 출제

경향05 여함미 단원 내 출제 비율

54.35%

경향05 공부 우선순위

★★★

계산과 개념을 탄탄히

경향05 수능별 데이터 (2)

현교육과정 경향05 수능중요도

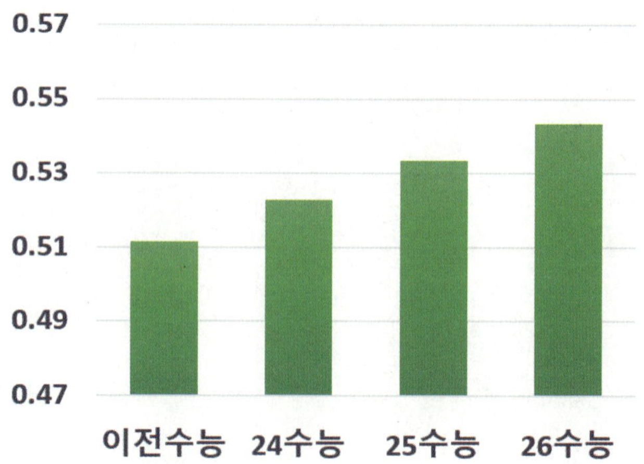

복습	1회	2회	3회	4회	5회
채점 O△X					

경향05 실전개념분석 027

27. [2012년 수능 (가)형 23번]

방정식 $3\cos 2x + 17\cos x = 0$ 을 만족시키는 x 에 대하여 $\tan^2 x$ 의 값을 구하시오. [3점]

복습	1회	2회	3회	4회	5회
채점 O△X					

경향05 실전개념분석 028

28. [2014년 수능 (B)형 12번]

이차항의 계수가 1인 이차함수 $f(x)$와 함수

$$g(x) = \begin{cases} \dfrac{1}{\ln(x+1)} & (x \neq 0) \\ 8 & (x = 0) \end{cases}$$

에 대하여 함수 $f(x)g(x)$가 구간 $(-1, \infty)$에서 연속일 때, $f(3)$의 값은? [3점]

① 6 ② 9 ③ 12 ④ 15 ⑤ 18

Analysis〰

삼각함수 식을 다루는 원칙
(1) 각 통일
(2) sin, cos 종류 통일
(3) 특수각 활용

Analysis〰

「수능한권 수학Ⅱ」 참고하기

■ 연속판단 : 불연속X연속=연속 (2)

$$f(x) = \begin{cases} \dfrac{1}{(x-a)^n} & (x \neq a) \\ A & (x = a) \end{cases}$$

$x = a$에서 다항함수 $g(x)$가 연속일 때,
$f(x)g(x)$가 연속이려면

경향 06 Minor Trend

경향06 수능 출제 난이도

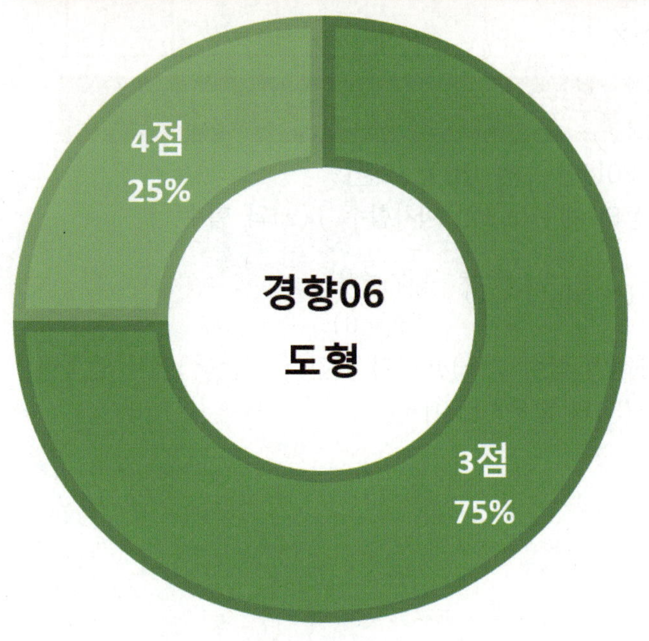

경향06 수능별 데이터 (1)

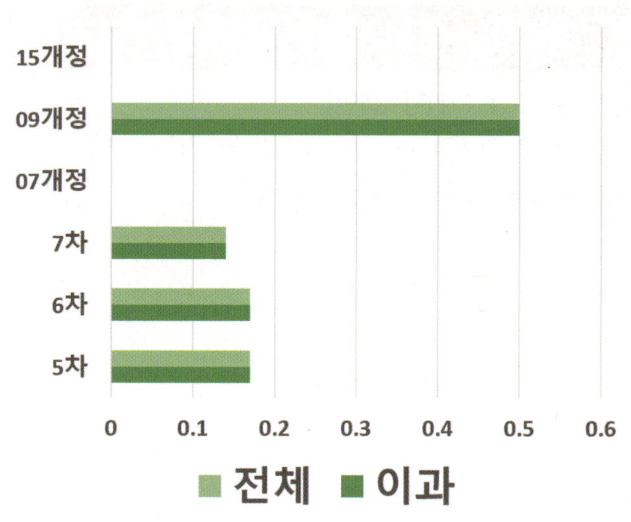

COMMENT …

『수학I』의 '사인법칙'과 '코사인법칙'이 『미적분』의 삼각함수 도형 문제에 나올 수 있으니까 이 부분이 잘 되어 있는지 꼭 점검하도록 하자. 이 경향 역시 15개정 평가원 체제에서 출제되지 않았던 경향이지만 최근 '삼각함수 도형의 극한' 문제가 잘 출제되지 않음에 따라 이 도형 파트에서 출제가 될 가능성이 생겼다고 볼 수는 있어. 이 경향은 13년 만에 기습 출제되었던 전례도 있었기 때문에 최근 출제가 안됐다고 아예 배제하지는 말자. 수험생의 본문은 성실하게 두루두루 꼼꼼히!이니까!

경향06 수능 출제 전망

■■□□□

출제 가능성 높지 않음

경향06 여함미 단원 내 출제 비율

10.87%

경향06 공부 우선순위

★☆

**직전 교육과정 자주출제 but
지금은 수1 삼각함수에 밀려**

경향06 수능별 데이터 (2)

현교육과정
경향06 수능중요도

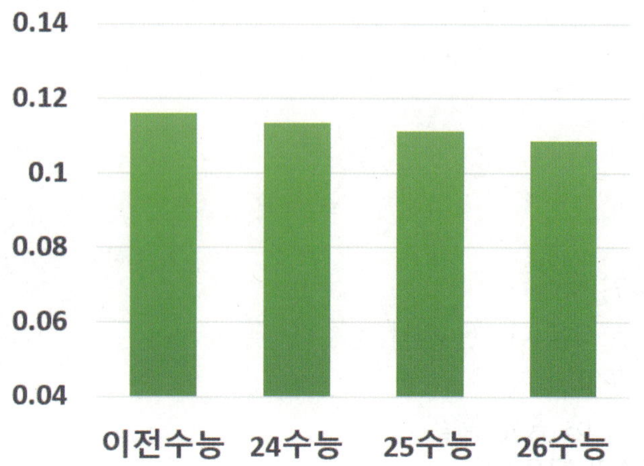

경향06 실전개념분석 029

복습	1회	2회	3회	4회	5회
채점					
O△X					

29. [1995년 수능 (자연) 16번]

$\angle C$가 직각이고 $\angle B$의 크기가 $\dfrac{\pi}{3}$인 직각삼각형 ABC의 변 BC 위에 점 D를 잡고, $\angle BAD$의 크기를 θ라 할 때, $\dfrac{\overline{BD}}{\overline{AB}}$를 θ의 함수로 나타내면?

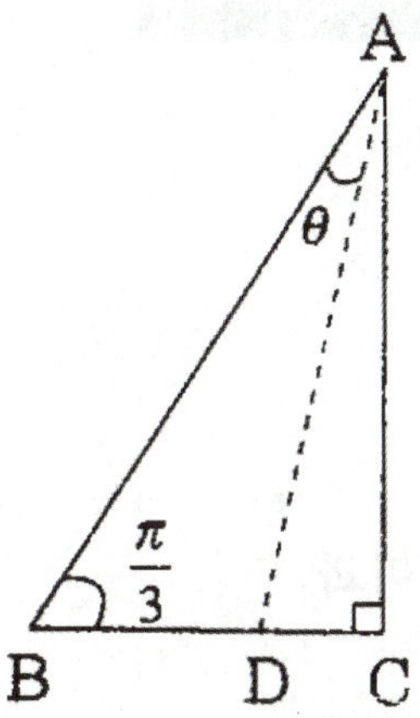

① $\sin\theta$

② $\dfrac{\sin\theta}{1+\cos\theta}$

③ $\dfrac{2\sin\theta}{1+2\cos\theta}$

④ $\dfrac{2\sin\theta}{\sin\theta+\sqrt{3}\cos\theta}$

⑤ $\dfrac{1-\cos\theta}{2}$

Analysis〰

사인법칙
$\triangle ABC$에서
$$\frac{a}{\sin A}=\frac{b}{\sin B}=\frac{c}{\sin C}=2R$$
(단, R는 외접원의 반지름)

① $\sin A=\dfrac{a}{2R}$, $\sin B=\dfrac{b}{2R}$, $\sin C=\dfrac{c}{2R}$

② $a:b:c=\sin A:\sin B:\sin C$

도형의 필연성

필연성 08

각이 2개 이상

사인법칙 활용법 (각이 많을 때)

[단서] → [답]

✓ 2변 1각 → 1각

✓ 1변 2각 → 1변

✓ 외접원 등장

필연성 09

코사인법칙 활용법 (변이 많을 때)

[단서] → [답]

✓ 2변 1각 → 1변

✓ 3변 → 각

경향 07 Minor Trend

경향07 수능 출제 난이도

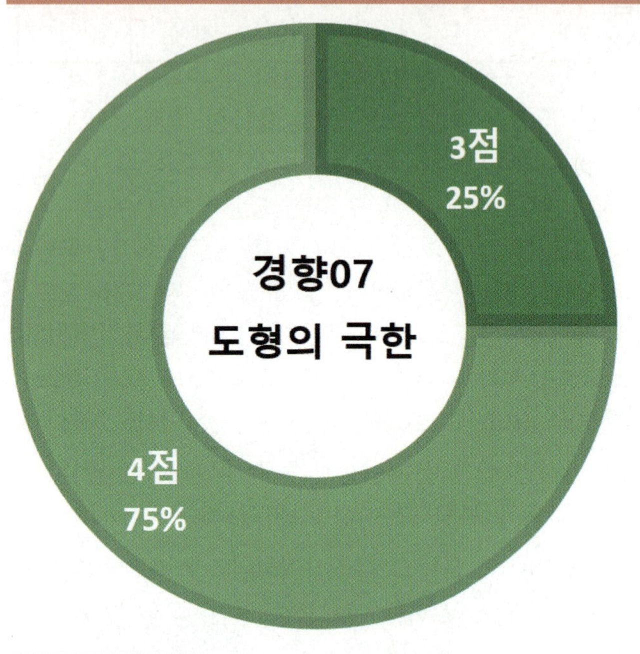

경향07 수능별 데이터 (1)

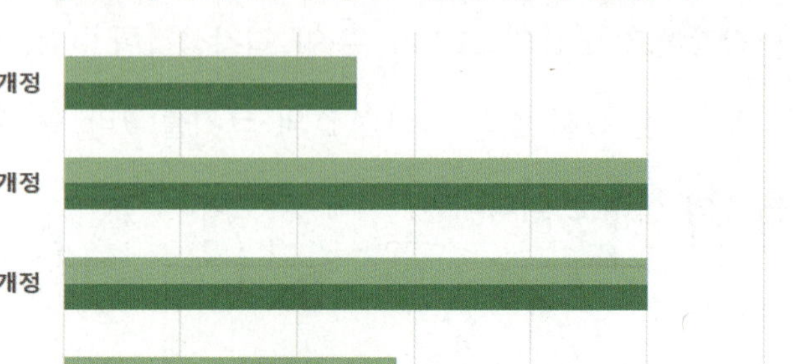

교육과정이 3번이나 바뀌었어도 꾸준히 출제되던 경향이었지만 킬러 출제 배제 조치로 인해 갑자기 수능에 안 나오기 시작했어. 그렇게 한동안 안 나오다가 최근 2025학년도 6월 모의고사 30번으로 출제된 적이 있어. 그렇기 때문에 출제 가능성이 살아있는 상태라고 보는 게 맞아.

경향07 수능 출제 전망

■■■□□

기출문제 수준으로 다시 나올 수도

경향07 여함미 단원 내 출제 비율

34.78%

경향07 공부 우선순위

★★

**킬러 출제금지 직격타
but 다시 나올 수도**

경향07 수능별 데이터 (2)

현교육과정
경향07 수능중요도

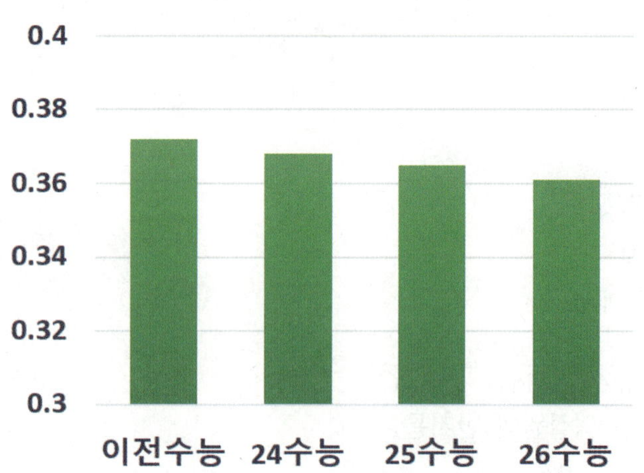

삼각함수 극한 실전 계산법

■ 삼각함수 극한 실전 계산법 01

$$\lim_{\theta \to 0} \frac{\sin(a\theta)}{b\theta} = \frac{a}{b}$$

$$※ \quad \lim_{\theta \to 0} \frac{\tan(a\theta)}{b\theta} = \frac{a}{b}$$

Why?

$$\lim_{\theta \to 0} \frac{\sin(a\theta)}{b\theta} = \frac{a}{b}$$

$$= \lim_{\theta \to 0} \frac{\sin(a\theta)}{a\theta} \times \frac{a\theta}{b\theta}$$

$$= 1 \times \frac{a}{b} = \frac{a}{b}$$

■ 삼각함수 극한 실전 계산법 02

$$\lim_{\theta \to 0} \frac{\sin(a\theta)}{\sin(b\theta)} = \frac{a}{b}$$

$$※ \quad \lim_{\theta \to 0} \frac{\tan(a\theta)}{\tan(b\theta)} = \lim_{\theta \to 0} \frac{\tan(a\theta)}{\sin(b\theta)} = \lim_{\theta \to 0} \frac{\sin(a\theta)}{\tan(b\theta)}$$

$$= \frac{a}{b}$$

Why?

$$\lim_{\theta \to 0} \frac{\sin(a\theta)}{\sin(b\theta)}$$

$$= \lim_{\theta \to 0} \frac{\sin(a\theta)}{a\theta} \times \frac{b\theta}{\sin(b\theta)} \times \frac{a\theta}{b\theta}$$

$$= 1 \times 1 \times \frac{a}{b} = \frac{a}{b}$$

■ 삼각함수 극한 실전 계산법 03

$$\lim_{\theta \to 0} \frac{1 - \cos(a\theta)}{\theta^2} = \frac{1}{2}a^2$$

Why?

$$\lim_{\theta \to 0} \frac{1 - \cos(a\theta)}{\theta^2}$$

$$= \lim_{\theta \to 0} \frac{1 - \cos(a\theta)}{(a\theta)^2} \times a^2$$

$$= \frac{1}{2} \times a^2 = \frac{1}{2}a^2$$

경향 07 Minor Trend

복습	1회	2회	3회	4회	5회
채점 O△X					

30. [2016년 수능 (B)형 28번]

그림과 같이 좌표평면에서 원 $x^2+y^2=1$ 과 곡선 $y=\ln(x+1)$이 제1사분면에서 만나는 점을 A 라 하자. 점 $B(1, 0)$에 대하여 호 AB 위의 점 P 에서 y축에 내린 수선의 발을 H, 선분 PH와 곡선 $y=\ln(x+1)$이 만나는 점을 Q 라 하자. $\angle POB=\theta$라 할 때, 삼각형 OPQ 의 넓이를 $S(\theta)$, 선분 HQ 의 길이를 $L(\theta)$라 하자. $\lim_{\theta \to 0+}\dfrac{S(\theta)}{L(\theta)}=k$일 때, $60k$ 의 값을 구하시오. (단, $0<\theta<\dfrac{\pi}{6}$이고, O 는 원점이다.) [4점]

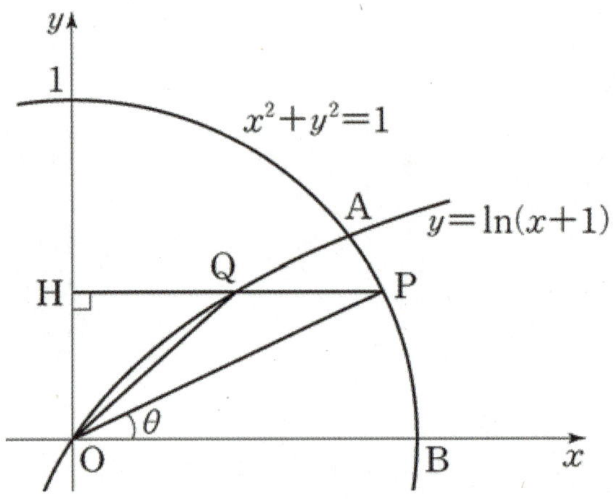

Analysis

극한 도형 형태 추론 비법

[1단계] 문제 그래프

[2단계] θ가 충분히 작을 때의 그래프

  ↳ 문제 그림에 덧 그리기

[3단계] θ가 한없이 작을 때의 그래프

  ↳ ① 각도의 수렴값 확인

  ↳ ② 지구는 평평하다.

   (곡선→직선, 현→호→접선)

  ↳ ③ 0 수렴에도 클래스가 있다.

✎ 필기용 그림

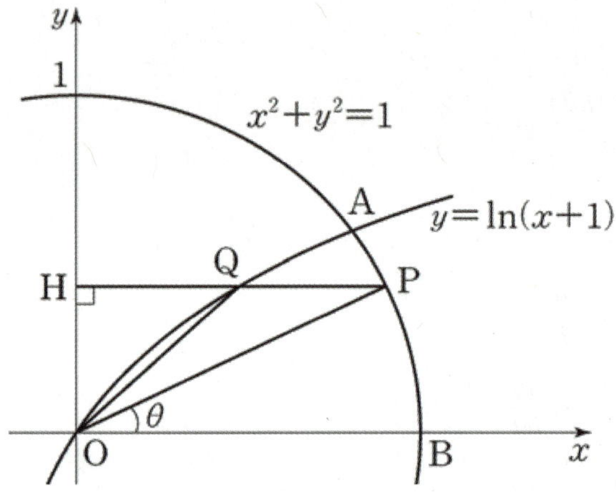

Analysis

극한 파트의 근본 취지는 미분을 하기 위함이다. 미분계수의 개념을 활용해보자.

■ 미분계수

함수 $f(x)$의 $x=a$에서의 미분계수 (순간변화율)

$$f'(a)=\lim_{\Delta x \to 0}\frac{\Delta y}{\Delta x}=\lim_{x \to a}\frac{f(x)-f(a)}{x-a}$$

$$=\lim_{\Delta x \to 0}\frac{f(a+\Delta x)-f(a)}{a+\Delta x-a}$$

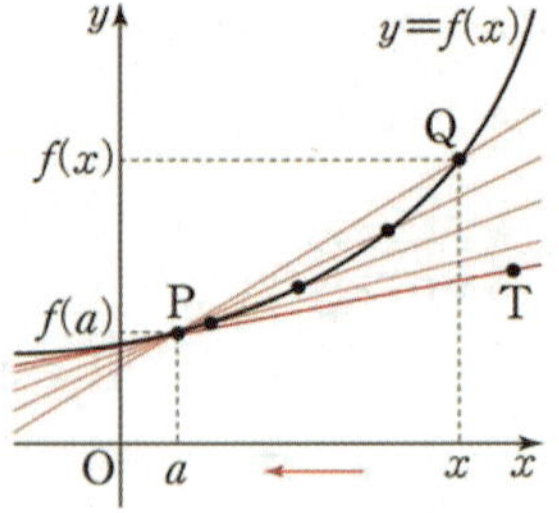

경향07 실전개념분석 031

복습	1회	2회	3회	4회	5회
채점 O△X					

31. [2011년 수능 (가)형 미분과 적분 30번]

좌표평면에서 그림과 같이 원 $x^2 + y^2 = 1$ 위의 점 P 에 대하여 선분 OP가 x축의 양의 방향과 이루는 각의 크기를 $\theta \left(0 < \theta < \dfrac{\pi}{4} \right)$라 하자.

점 P를 지나고 x축에 평행한 직선이 곡선 $y = e^x - 1$과 만나는 점을 Q라 하고, 점 Q에서 x축에 내린 수선의 발을 R라 하자. 선분 OP와 선분 QR의 교점을 T라 할 때, 삼각형 OTR의 넓이를 $S(\theta)$라 하자.

$\lim\limits_{\theta \to 0+} \dfrac{S(\theta)}{\theta^3} = a$일 때, $60a$의 값을 구하시오. [4점]

필기용 그림

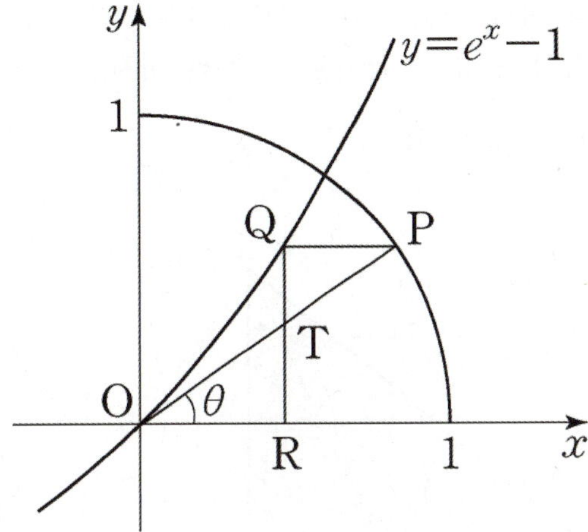

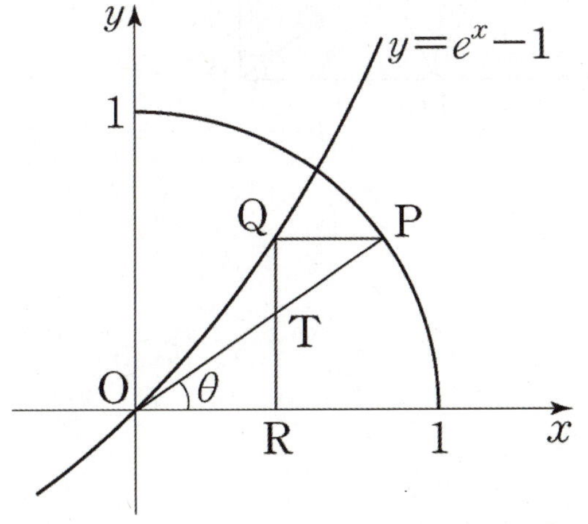

경향07 실전개념분석 032

32. [2019년 수능 (가)형 18번]

그림과 같이 $\overline{AB} = 1$, $\angle B = \dfrac{\pi}{2}$인 직각삼각형 ABC에서 $\angle C$를 이등분하는 직선과 선분 AB의 교점을 D, 중심이 A이고 반지름의 길이가 $\overline{AD}$인 원과 선분 AC의 교점을 E라 하자. $\angle A = \theta$일 때, 부채꼴 ADE의 넓이를 $S(\theta)$, 삼각형 BCE의 넓이를 $T(\theta)$라 하자. $\displaystyle\lim_{\theta \to 0+} \dfrac{\{S(\theta)\}^2}{T(\theta)}$의 값은? [4점]

복습	1회	2회	3회	4회	5회
채점					
O△X					

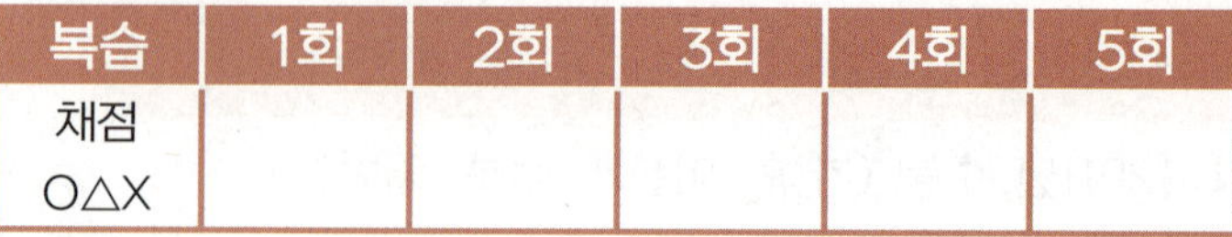
✎ 필기용 그림

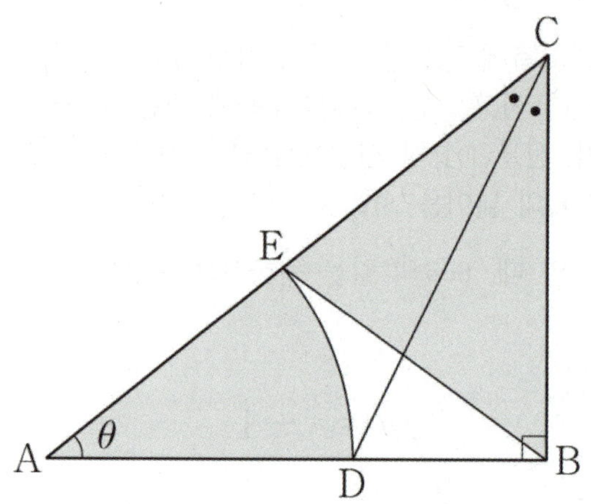

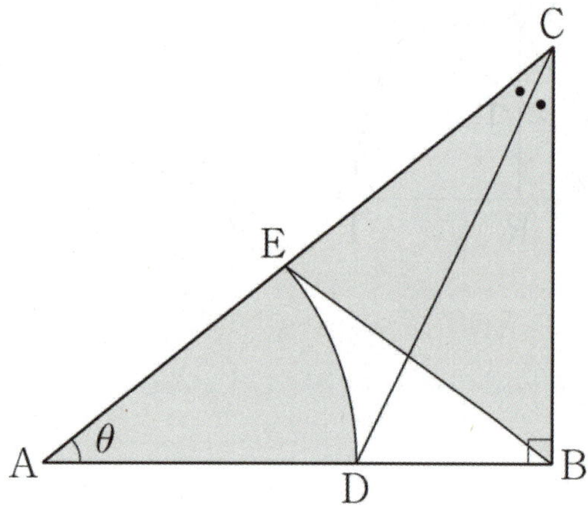

① $\dfrac{1}{4}$　② $\dfrac{1}{2}$　③ $\dfrac{3}{4}$　④ 1　⑤ $\dfrac{5}{4}$

Analysis〰 **도형의 필연성**

필연성 12

삼각형 각의 이등분 → 변 길이의 비 활용

✓ $m : n = a : b$

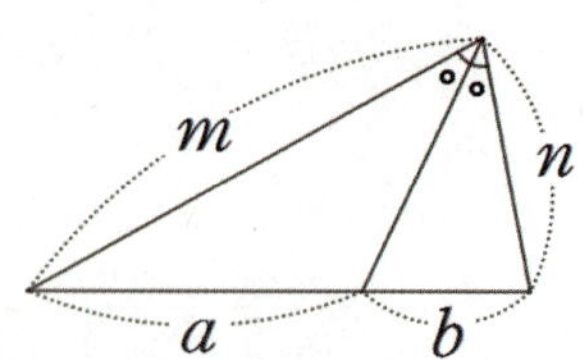

경향07 실전개념분석 033

====== 1등급 ======

33. [2014년 수능 (B)형 28번]

그림과 같이 길이가 4인 선분 AB를 한 변으로 하고, $\overline{AC}=\overline{BC}$, $\angle ACB=\theta$인 이등변삼각형 ABC가 있다. 선분 AB의 연장선 위에 $\overline{AC}=\overline{AD}$인 점 D를 잡고, $\overline{AC}=\overline{AP}$이고 $\angle PAB=2\theta$인 점 P를 잡는다. 삼각형 BDP의 넓이를 $S(\theta)$라 할 때, $\displaystyle\lim_{\theta\to 0+}(\theta\times S(\theta))$의 값을 구하시오. (단, $0<\theta<\dfrac{\pi}{6}$) [4점]

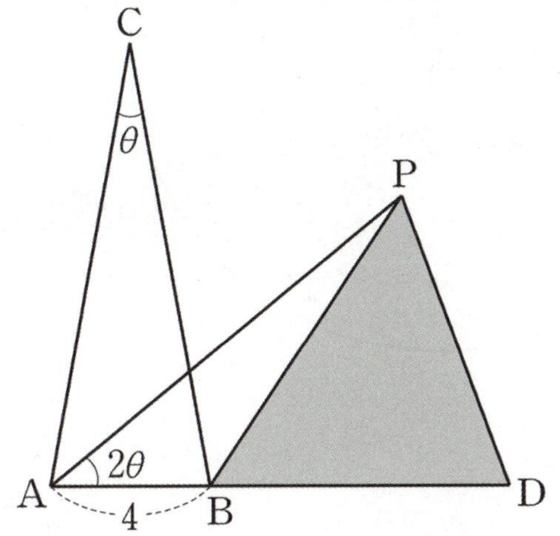

복습	1회	2회	3회	4회	5회
채점					
O△X					

✏️ 필기용 그림

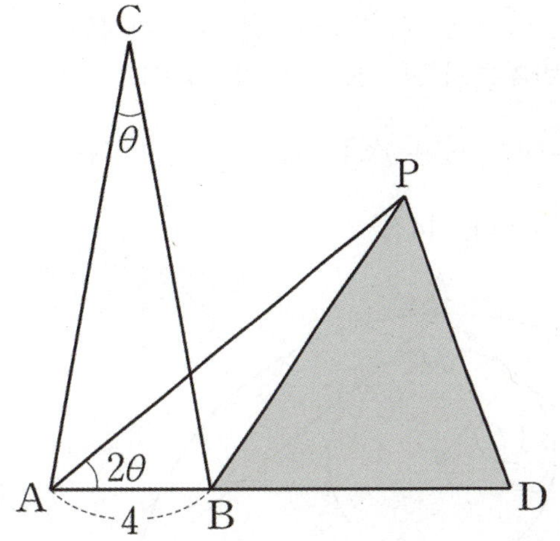

Analysis 도형의 필연성

필연성 05

대칭 도형 → 반띵

✓ 이등변삼각형 → 직각 삼각형

경향 07 Minor Trend

—————1등급—————

34. [2009년 수능 (가)형 미분과 적분 30번]
반지름의 길이가 1인 원 O 위에 점 A가 있다. 그림과
같이 양수 θ에 대하여 원 O 위의 두 점 B, C를
$\angle\mathrm{BAC}=\theta$이고 $\overline{\mathrm{AB}}=\overline{\mathrm{AC}}$가 되도록 잡는다. 삼각형
ABC의 내접원의 반지름의 길이를 $r(\theta)$라 할 때,
$$\lim_{\theta\to\pi^-}\frac{r(\theta)}{(\pi-\theta)^2}=\frac{q}{p}$$ 이다. p^2+q^2의 값을 구하시오. (단, p,
q는 서로소인 자연수이다.) [4점]

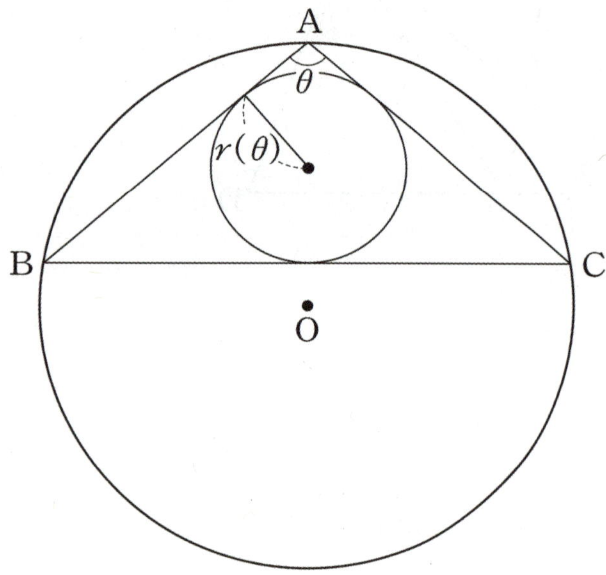

복습	1회	2회	3회	4회	5회
채점					
O△X					

✏️ 필기용 그림

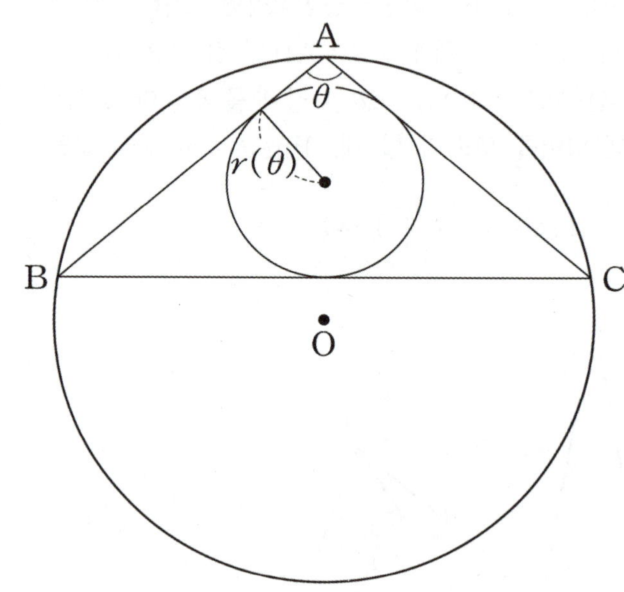

Analysis〰️

이 문제에서는 $\theta\to0$이 아니라 $\theta\to\pi$이다.
θ로 식을 구한다해도
어차피 $\pi-\theta=t\to0$으로 치환해서
마지막에 극한 계산을 해야 하므로
차라리 처음부터 t를 기준으로 식을 세워야
계산이 훨씬 빨라진다고 추론할 수 있다.

도형의 필연성

필연성 03

삼각형에 내접하는 원

✓ $\overline{\mathrm{AH_1}}=\overline{\mathrm{AH_2}}$

✓ $S=\dfrac{1}{2}r(a+b+c)$

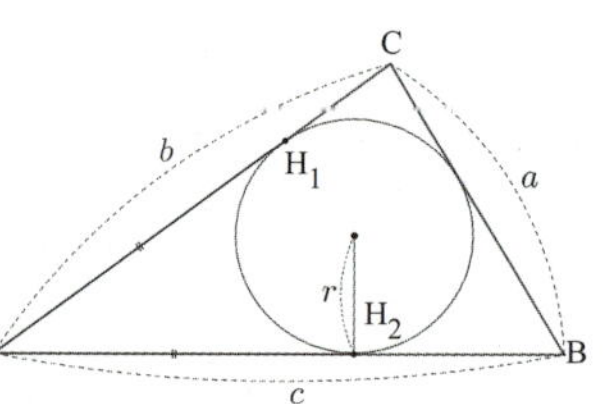

Skill   사인법칙 실전용 (2)

✓ 외접원 있을 때

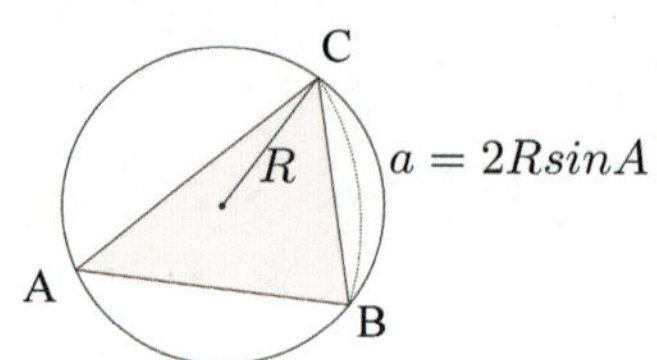

$$a=2R\sin A \Leftrightarrow \frac{a}{\sin A}=2R$$

경향07 실전개념분석 035

35. [2015년 수능 (B)형 20번]
그림과 같이 반지름의 길이가 1인 원에 외접하고
$\angle CAB = \angle BCA = \theta$인 이등변삼각형 ABC가 있다.
선분 AB의 연장선 위에 점 A가 아닌 점 D를
$\angle DCB = \theta$가 되도록 잡는다. 삼각형 BCD의 넓이를
$S(\theta)$라 할 때, $\lim\limits_{\theta \to 0+} \{\theta \times S(\theta)\}$의 값은?

(단, $0 < \theta < \dfrac{\pi}{4}$) [4점]

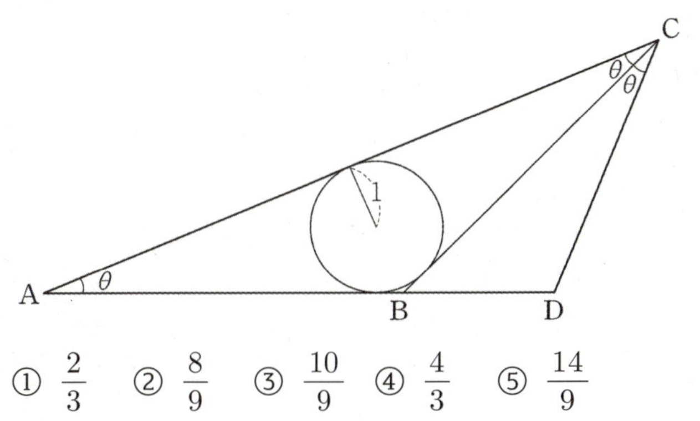

① $\dfrac{2}{3}$ ② $\dfrac{8}{9}$ ③ $\dfrac{10}{9}$ ④ $\dfrac{4}{3}$ ⑤ $\dfrac{14}{9}$

복습	1회	2회	3회	4회	5회
채점					
O△X					

✎ 필기용 그림

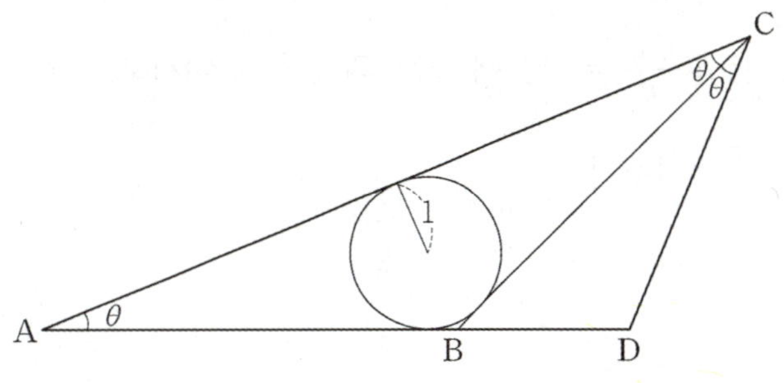

Analysis 도형의 필연성

필연성 05

대칭 도형 → 반띵

✓ 이등변삼각형 → 직각 삼각형

필연성 01

원 나오면 → 중심과 특별점 잇기

✓ 접점 → 접선과 수직

필연성 15

**길이를 모르는 삼각형과
길이를 아는 삼각형이 섞여 있을 때
→ 공통부분을 찾아라!**

Skill 사인법칙 실전용 (1)

✓ 각이 많을 때

$$a = b \times \frac{\sin A}{\sin B} = c \times \frac{\sin A}{\sin C}$$

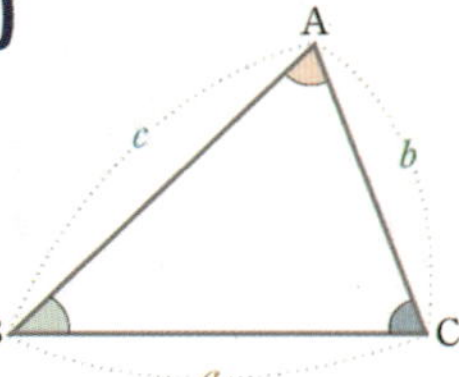

확장 - 삼각형 넓이

$$S = \frac{1}{2}ab\sin C = \frac{1}{2}a\left(a\frac{\sin B}{\sin A}\right)\sin C = \frac{1}{2}a^2\frac{\sin B \sin C}{\sin A}$$

경향07 실전개념분석 036

—————1등급—————

복습	1회	2회	3회	4회	5회
채점					
O△X					

36. [2013년 수능 (가)형 29번]

삼각형 ABC에서 $\overline{AB}=1$이고 $\angle A=\theta$, $\angle B=2\theta$이다. 변 AB 위의 점 D를 $\angle ACD=2\angle BCD$가 되도록 잡는다. $\lim\limits_{\theta\to 0+}\dfrac{\overline{CD}}{\theta}=a$일 때, $27a^2$의 값을 구하시오. (단, $0<\theta<\dfrac{\pi}{4}$) [4점]

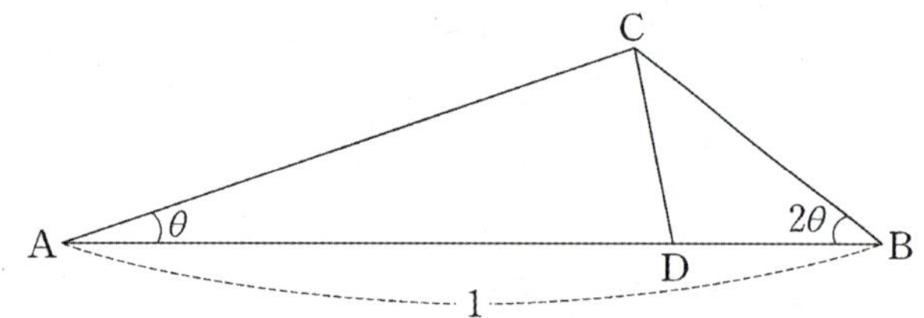

✎ 필기용 그림

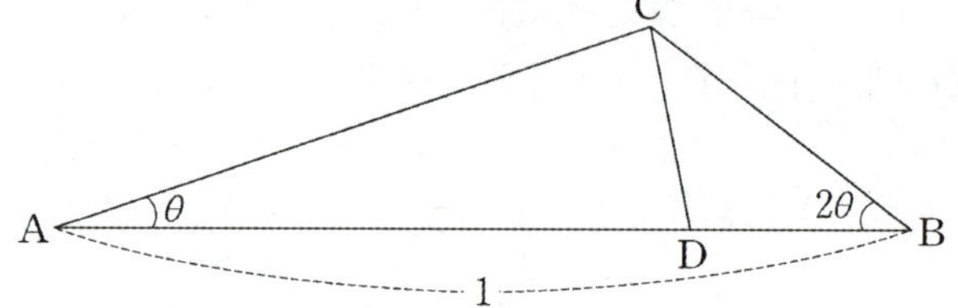

Analysis〰 도형의 필연성

Skill **사인법칙 실전용 (1)**

✓ 각이 많을 때

$$a = b \times \frac{\sin A}{\sin B} = c \times \frac{\sin A}{\sin C}$$

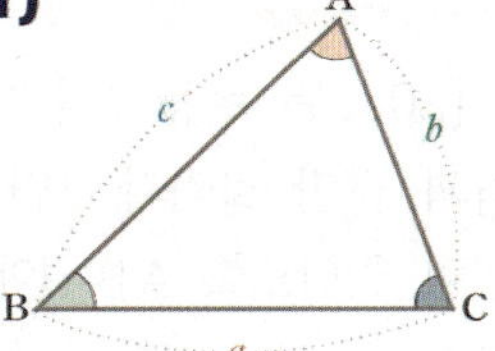

필연성 11

도형의 한 부분의 길이(각도)를 구할 때
→ "부분의 합 = 전체" 식 세우기

✓ '나머지 부분'을 빨리 파악하는 것이 핵심

경향 07 Minor Trend

복습	1회	2회	3회	4회	5회
채점					
O△X					

1등급

37. [2022년 수능 (미적분) 29번]

그림과 같이 길이가 2인 선분 AB를 지름으로 하는 반원이 있다. 호 AB위에 두점 P, Q를 $\angle PAB = \theta$, $\angle QBA = 2\theta$가 되도록 잡고, 두 선분 AP, BQ의 교점을 R라 하자. 선분 AB위의 점 S, 선분 BR위의 점 T, 선분 AR위의 점 U를 선분 UT가 선분 AB에 평행하고 삼각형 STU가 정삼각형이 되도록 잡는다. 두 선분 AR, QR와 호 AQ로 둘러싸인 부분의 넓이를 $f(\theta)$, 삼각형 STU의 넓이를 $g(\theta)$라 할 때,

$$\lim_{\theta \to 0+} \frac{g(\theta)}{\theta \times f(\theta)} = \frac{q}{p} \sqrt{3} \text{이다. } p + q \text{의 값을 구하시오. (단,}$$

$0 < \theta < \dfrac{\pi}{6}$이고, p와 q는 서로소인 자연수이다.) [4점]

필기용 그림

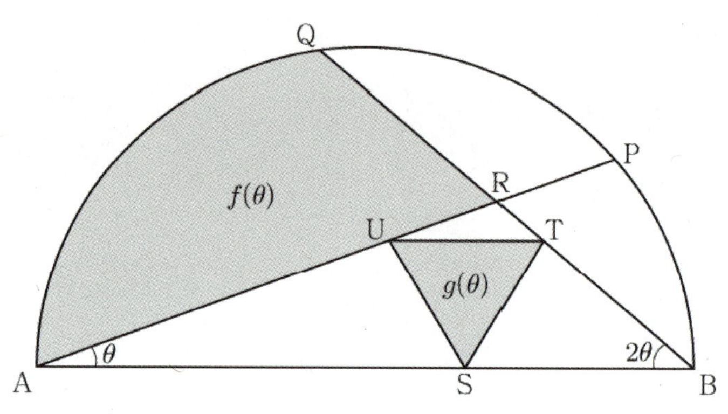

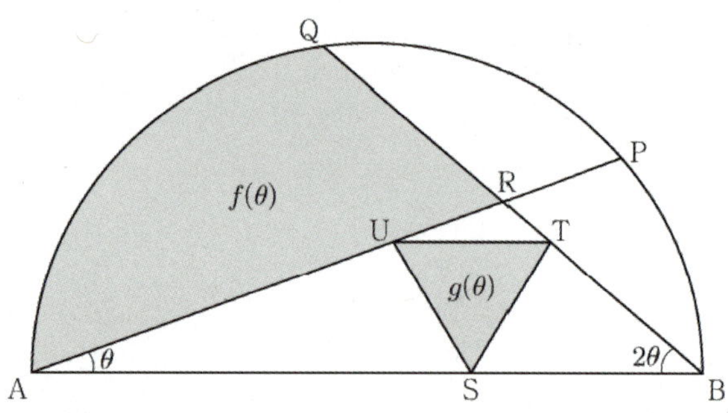

Analysis

바로 앞에서 푼 [2013년 수능 (가)형 29번]와 완전히 같은 방법으로 풀리는 문제다. 수능 시험장 고난도 문제에서도 기출은 여전히 강력한 힘이 있다는 걸 명심하자. 그리고 기출 공부한 것이 네가 올해 수능 볼 때 강력한 힘을 발휘하려면, 기출을 어설프게 공부하면 안된다. 2022 수능을 봤던 선배의 입장을 떠올려보자. 이 문제를 풀 때, 대부분의 학생들이 [2013년 수능 (가)형 29번]을 이미 풀어봤음에도 불구하고 이를 전혀 떠올리지 못하고 절망했다. 하지만 수능 기출을 뼈에 새기다시피 공부한 선배들은 이 문제를 풀며 웃었다. 올 수능에서 네가 웃으려면 이 책을 완벽히 숙지해야 한다. 제발 5회독 복습을 완수하길 바란다.

Analysis ∿ 도형의 필연성

필연성 01

원 나오면 → 중심과 특별점 잇기

✓ 접점 → 접선과 수직

필연성 14

이상한 도형의 넓이를 구할 때

　(넓이 공식 없는 도형)

→ 여러 개의 기본 도형으로 퍼즐 맞추기

　　　　(넓이 공식 있는 도형)

✓ 빵꾸난 도형은 빵꾸를 메꿔서 퍼즐 맞추기

Skill　사인법칙 실전용 (1)

✓ 각이 많을 때

$$a = b \times \frac{\sin A}{\sin B} = c \times \frac{\sin A}{\sin C}$$

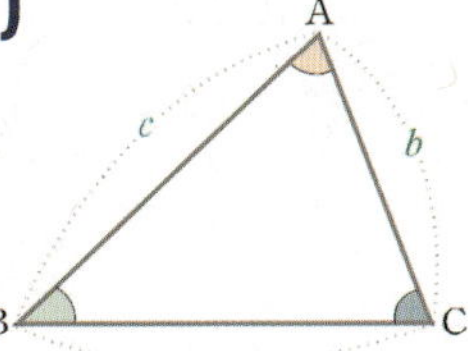

필연성 11

도형의 한 부분의 길이(각도)를 구할 때
→ "부분의 합 = 전체" 식 세우기

✓ '나머지 부분'을 빨리 파악하는 것이 핵심

미적분
3. 미분법

Big Data Report

전체 수능 출제 비율

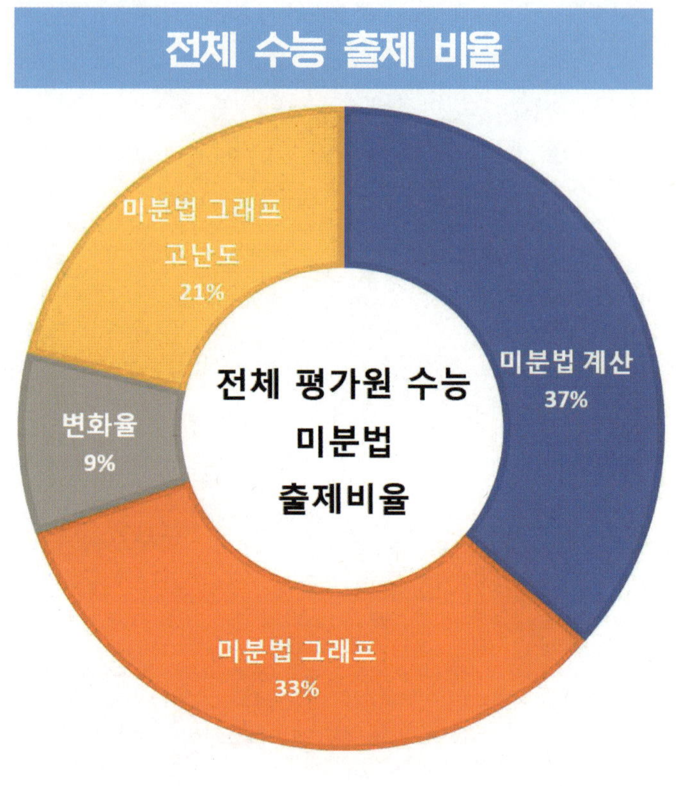

현 평가원 수능 출제 비율

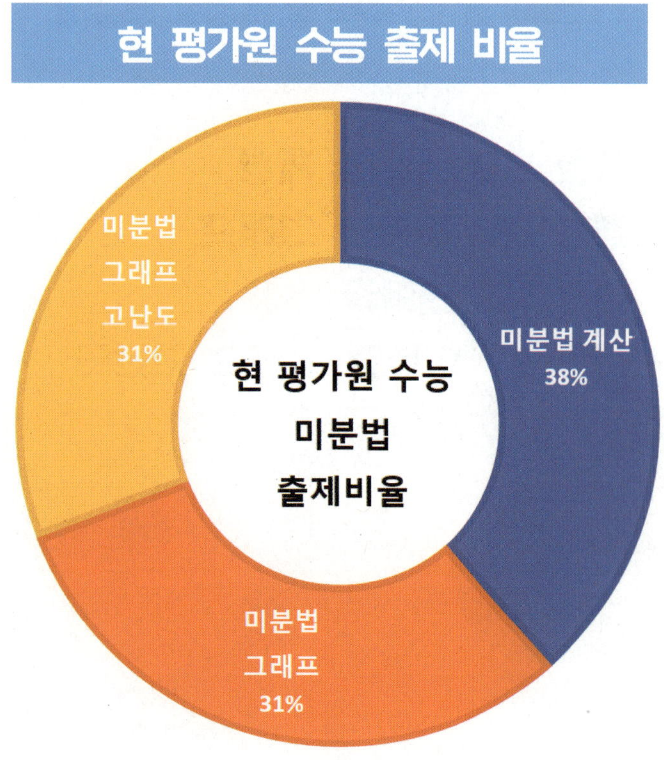

■ 미분법 단원은 4가지 경향으로 분석하였다.

■ [경향08] 미분법 계산
공식만 알고 있으면 풀리는 문제들이 대부분이라 크게 걱정하지 않아도 된다.

■ [경향09] 미분법 그래프
15개정 평가원이 정말 좋아하는 경향이다. 미적분과 그래프는 한 몸이기 때문에 그래프를 그리는 것을 두려워하면 안 되고 그래프의 특성들을 평상시 공부할 때부터 꼼꼼히 파악해두는 것이 중요하다. 미적분 그래프는 특히 '그래프 테크닉'이 필요하다. 단순하게 문제만 많이 풀어서는 정복하기가 어렵고 정확한 그래프에 대한 이해가 있어야 보다 쉽고 빠르게 정복할 수 있으니 문제를 풀때도 꼭 테크닉을 정리하면서 푼다는 느낌으로 공부하자. 만약 그래프에 대한 테크닉을 더 익히고 싶다면 [그래프 테크닉] 강의를 들어보는 걸 추천한다.

■ [경향10] 변화율
이전 09개정 교육과정에서는 교육과정 특성상 출제가 불가능했으나, 교육과정 개편에 따라 15개정 수능에서 변화율 파트는 출제가 가능해졌다. 그럼에도 불구하고 2008 수능을 마지막으로 지금까지 출제가 안 되고 있다. 출제가 유력하지는 않지만 교육과정 범위 내에 있는 경향이므로 15개정 수능에 언제 등장해도 이상하지 않다. 수험생이라면 겸손하게 공부하는 태도가 중요하다.

■ [경향11] 미분법 그래프 고난도
07개정 교육과정 이후로 미분법과 적분법에서 「그래프 고난도」 문제가 늘 출제되어 왔다. 작년 수능에서도 30번 문항으로 출제되었는데 그래프에 대한 전반적인 이해, 그리고 그래프 추론을 하면서 개형 파악을 하는 것이 중요했다. 이 부분은 단시간에 능력을 기르기는 어렵기 때문에 [경향09]를 먼저 충분히 공부하고 난 다음 고난도 그래프 문항들을 모아서 공부하는 것이 필요하다. 만약 그래프 문항들이 어렵다면 그래프만 꼭 따로 모아서 훈련하자.

전체 수능 평균 난이도

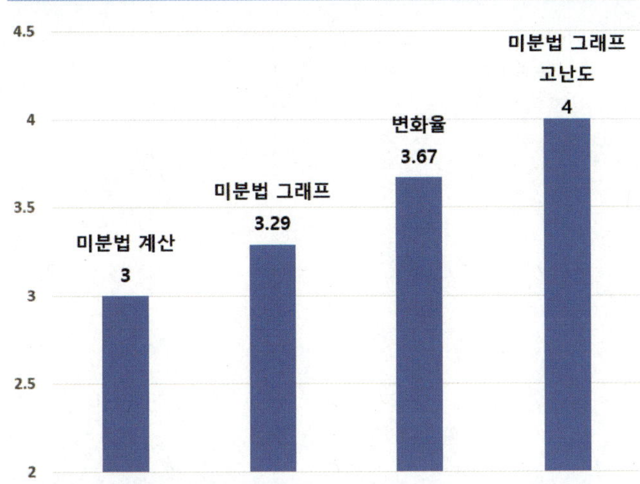

현 평가원 수능 평균 난이도

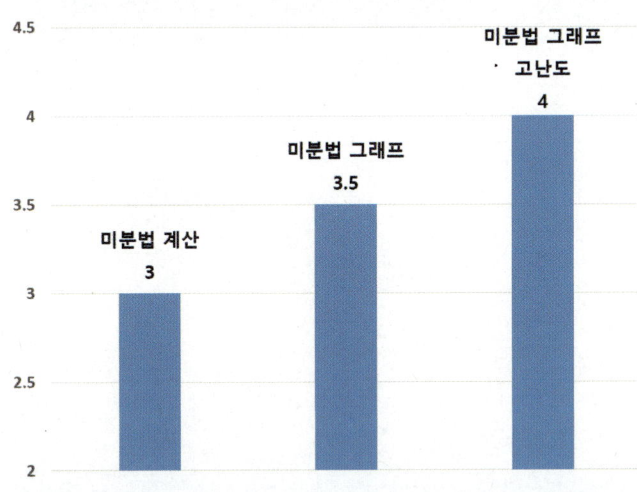

올해 수능 미분법 학습 방향

**미적분과 그래프는 한 몸
15개정 평가원은
그래프를 굉장히 좋아함
그래프 관련 공부
그래프 개형 / 특징 / 테크닉
잘 정리해두기**

◆ 미분법 계산 (3.00점)

◆ 미분법 그래프 (3.29점)

◆ 변화율 (3.67점)

◆ 미분법 그래프 고난도 (4.00점)

■ 작년 수능 출제 문항 분류

[경향08] 미분법 계산
 - 27번 [3점]

[경향11] 미분법 그래프 고난도
 - 30번 [4점]

■ 미적분 그래프 문항을 잘 풀려면 어떻게 하면 될까? 그래프 문항을 잘 풀기 위해서는 밑 작업(?)이 먼저 잘 되어 있어야 한다.
1. 기초로는 간접범위의 함수와 도형의 방정식 내용을 잘 알고 있어야 하고 (평행이동, 대칭이동, 실수배 등)
2. 기본으로는 수Ⅱ 그래프 문항을 잘 풀 수 있어야 한다. 특히 수Ⅱ 개념이 하나로 유기적으로 이어져 있어서 한 덩어리처럼 받아들여져야 하고
3. 미적분에 대한 개념이 파편화되지 않고 하나로 유기적으로 이어져 있어서 개념을 꺼내 쓰는게 어색하지 않아야 하고
4. 해설지를 보고 따라 그리든 내가 풀면서 그리든 머릿속으로 생각만 하지 말고 자주 일단 뭐라도 그려보도록 하자.
5. 그래프 그리라 하면 X축, Y축부터 일단 긋고 보는데 그건 생각을 꽉 막아버리는 지름길이다. 그래프부터 먼저 그리고 그 다음 축을 그리는 게 유리할 때도 있다는 걸 염두해두자.

① 몫의 미분법

미분가능한 두 함수 $f(x)$, $g(x)$ $(g(x) \neq 0)$ 에 대하여

① $\left\{ \dfrac{1}{g(x)} \right\}' = - \dfrac{g'(x)}{\{g(x)\}^2}$

② $\left\{ \dfrac{f(x)}{g(x)} \right\}' = \dfrac{f'(x)g(x) - f(x)g'(x)}{\{g(x)\}^2}$

② 삼각함수의 도함수

① $(\sin x)' = \cos x$

② $(\cos x)' = -\sin x$

③ $(\tan x)' = \sec^2 x = 1 + \tan^2 x$

④ $(\sec x)' = \sec x \tan x$

⑤ $(\csc x)' = -\csc x \cot x$

⑥ $(\cot x)' = -\csc^2 x$

■ $\csc\theta = \dfrac{1}{\sin\theta}$, $\sec\theta = \dfrac{1}{\cos\theta}$, $\cot\theta = \dfrac{1}{\tan\theta}$

■ $1 + \tan^2\theta = \sec^2\theta$

③ 합성함수의 미분법

미분가능한 두 함수 $y=f(u)$, $u=g(x)$에 대하여 합성함수 $y=f(g(x))$의 도함수는

$y'=f'(g(x))g'(x)$ 또는 $\dfrac{dy}{dx}=\dfrac{dy}{du}\cdot\dfrac{du}{dx}$

Comments " $f(g(h(x)))$ "

■ $\{f(g(h(x)))\}'=f'(g(h(x))\{g(h(x))\}'$
$\qquad\qquad\quad =f'(g(h(x))g'(h(x))h'(x)$

Comments " 합성함수 미분 기호 정리 (헷갈리지 말아야 할 것들)"

$\{f(g(x))\}'=(f\circ g)'(x)$

[헷갈리지 말기] $\neq f'(g(x))\ \neq f(g'(x))\ \neq f'(g'(x))$

Comments " $\dfrac{d}{dx}f(x)$의 뜻 "

[No!] $\dfrac{d}{dx}\times f(x)$

[Yes!]

함수에서 $\qquad\qquad\qquad y=f(x)$

정의역의 변화량 구하고 $\ \Delta x=x+\Delta x-x$

치역의 변화량 구하고 $\quad \Delta y=f(x+\Delta x)-f(x)$

나눈 다음에(변화율) $\quad \dfrac{\Delta y}{\Delta x}=\dfrac{f(x+\Delta x)-f(x)}{x+\Delta x-x}$

극한값을 계산하라 $\qquad \lim\limits_{\Delta x\to 0}\dfrac{\Delta y}{\Delta x}=\lim\limits_{\Delta x\to 0}\dfrac{f(x+\Delta x)-f(x)}{x+\Delta x-x}$

④ 지수함수와 도함수

① $(e^x)'=e^x$

② $(a^x)'=a^x(\ln a)$ （단, $a\neq 1,\ a>0$）

$① (\ln x)' = \dfrac{1}{x}$ (단, $x > 0$)

$② (\log_a x)' = \dfrac{1}{x \ln a}$ (단, $a \neq 1, a > 0, x > 0$)

$③ (\ln |x|)' = \dfrac{1}{x}$

■ $\{\ln g(x)\}' = \dfrac{g'(x)}{g(x)}$ (단, $g(x) > 0$)

6 음함수의 미분법

음함수 $f(x, y) = 0$에서 y를 x에 대한 함수로 보고, 각 항을 x에 대해 미분하여 $\dfrac{dy}{dx}$를 구한다.

■ $(y^n)' = n y^{n-1} \dfrac{dy}{dx}$

7 x^a의 도함수

α가 실수일 때 $(x^\alpha)' = \alpha x^{\alpha - 1}$

8 역함수의 미분법

함수 $y = f(x)$가 미분가능하고
그 역함수가 $y = g(x)$이고 ($g = f^{-1}$) 미분가능 할 때,
$y = f^{-1}(x) = g(x)$의 도함수는

$$g'(x) = \frac{1}{f'(g(x))} \qquad \frac{dy}{dx} = \frac{1}{\frac{dx}{dy}}$$

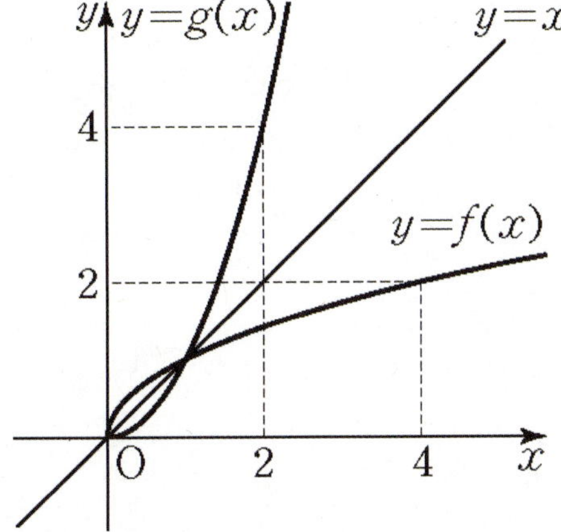

Comments

■ $f^{-1} \circ f(x) = f \circ f^{-1}(x) = x$

■ $f(a) = b \Leftrightarrow g(b) = a$

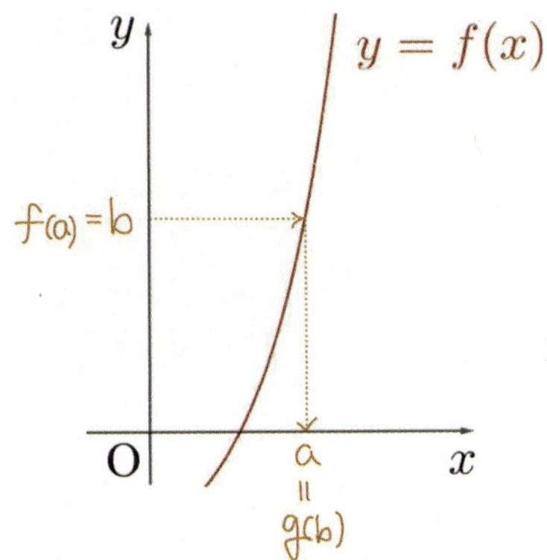

$x = f(t)$, $y = g(t)$가 t에 대하여 미분가능하면

$$\frac{dy}{dx} = \frac{\dfrac{dy}{dt}}{\dfrac{dx}{dt}} = \frac{g'(t)}{f'(t)} \quad (\frac{dx}{dt} \neq 0).$$

Comments " 접선의 기울기를 구하는 3가지 접근법 "

【ex】 $x^2 + y^2 = 4$ 위의 점 $(1,\ \sqrt{3})$에서의
접선의 기울기를 구하시오.

ⅰ) 도형으로 풀기

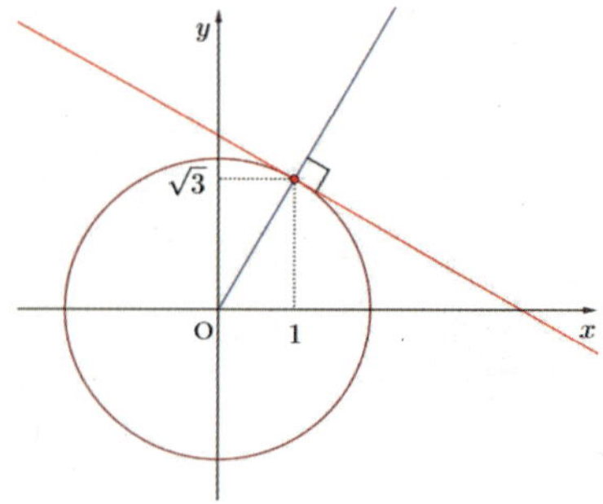

"기울기곱=-1" 활용

수직 관계에 있는 직선의 기울기가 $\sqrt{3}$이므로

접선의 기울기는 $-\dfrac{1}{\sqrt{3}}$

ⅱ) 음함수의 미분으로 풀기

$$2x + 2y\frac{dy}{dx} = 0 \ \rightarrow \ \frac{dy}{dx} = -\frac{x}{y} = -\frac{1}{\sqrt{3}}$$

ⅲ) 매개변수 미분으로 풀기

$$\begin{cases} x = 2\cos t \\ y = 2\sin t \end{cases}$$

$$\frac{\dfrac{dy}{dt}}{\dfrac{dx}{dt}} = \frac{2\cos t}{-2\sin t} = -\frac{\cos t}{\sin t} = -\frac{\cos\dfrac{\pi}{3}}{\sin\dfrac{\pi}{3}} = -\frac{1}{\sqrt{3}}$$

10 이계도함수

도함수의 도함수

$$\lim_{\Delta x \to 0} \frac{f'(x + \Delta x) - f'(x)}{\Delta x} = \lim_{\Delta x \to 0} \frac{\Delta y'}{\Delta x}$$

$$\frac{d}{dx} f'(x) = \frac{d}{dx} y'$$

$$\frac{d}{dx}\left(\frac{d}{dx} f(x)\right) = \frac{d}{dx}\left(\frac{d}{dx} y\right)$$

$$\frac{d^2}{dx^2} f(x) = \frac{d^2 y}{dx^2}$$

$$f''(x) = y''$$

11 접선의 방정식

곡선 $y = f(x)$ 위의 점 $\mathrm{P}(a,\ f(a))$ 에서의 접선의 방정식은

$$y - f(a) = f'(a)(x - a)$$

Comments

외부의 점 $(x_1,\ y_1)$에서 곡선 $y = f(x)$에 접선을 그을 때 접점이 $(\alpha,\ f(\alpha))$라고 하면

$$f'(\alpha) = \frac{f(\alpha) - y_1}{\alpha - x_1}$$

※ 접선 $y - f(\alpha) = f'(\alpha)(x - \alpha)$에 $(x_1,\ y_1)$를 대입한 식과 동일하다.

⑫ 곡선의 오목과 볼록

곡선 $y = f(x)$가 어떤 구간에서

① $f''(x) > 0$, $y = f(x)$는 그 구간에서 아래로 볼록
  ▶ 이유: $f'(x)$가 증가하므로

② $f''(x) < 0$, $y = f(x)$는 그 구간에서 위로 볼록
  ▶ 이유: $f'(x)$가 감소하므로

③ **변곡점**: 곡선의 오목과 볼록이 바뀌는 지점.

④ 함수 $f(x)$가 $(a, f(a))$에서 변곡점을 가질 때, $x = a$ 근방에서
$f''(x)$: $x = a$의 좌우에서 부호가 바뀐다.

$f'(x)$: $x = a$ 좌우에서 증가와 감소가 바뀐다.
  $\Leftrightarrow$ $x = a$에서 $f'(x)$가
  극댓값 또는 극솟값을 갖는다.

Comments _" 곡선을 뚫고 지나가는 접선 "_

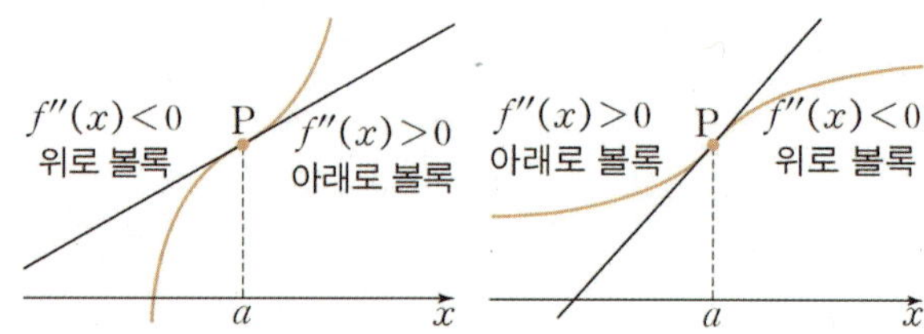

변곡점에서의 접선은 곡선을 뚫고 지나간다.

13 이계도함수를 이용한 극값의 판정

이계도함수를 갖는 함수 $f(x)$에 대하여 $f'(a)=0$일 때,
 a. $f''(a)>0$이면
   $x=a$에서 $f(x)$는 극소이다.
 b. $f''(a)<0$이면
   $x=a$에서 $f(x)$는 극대이다.

14 함수의 그래프의 개형

① 곡선이 존재하는 범위(정의역과 치역)
② 곡선의 대칭성, 주기
③ 좌표축과의 교점
④ 증가·감소와 극값
⑤ 오목·볼록, 변곡점
⑥ $\lim\limits_{x\to\infty}f(x)$, $\lim\limits_{x\to-\infty}f(x)$, 점근선

15 방정식에의 활용

방정식 $f(x)=0$의 실근은 함수 $y=f(x)$의 그래프와 x축$(y=0)$과의 교점의 x좌표이다.

방정식 $f(x)=g(x)$의 실근은 두 함수 $y=f(x)$, $y=g(x)$의 그래프의 교점의 x좌표이다.

16 부등식에의 활용

① 어떤 구간에서 부등식 $f(x)>0$이 성립함을 보이려면 주어진 구간에서 $y=f(x)$의 최솟값>0임을 보이면 된다.

② 어떤 구간에서 부등식 $f(x)>g(x)$이 성립함을 보이려면 $h(x)=f(x)-g(x)$로 놓고,
   주어진 구간에서 $y=h(x)$의 최솟값>0임을 보이면 된다.

<u>Comments</u> " 산술평균 $\geq$ 기하평균의 확장 "

① $a > 0$, $b > 0$, 등호는 $a = b$일 때 성립

  ▸ $a + b \geq 2\sqrt{ab}$

② $a > 0$, $b > 0$, 등호는 $a = b$일 때 성립

  ▸ $a + b + c \geq 3\sqrt[3]{abc}$

③ $a_n > 0$, 등호는 $a_1 = a_2 = \cdots = a_n$일 때 성립

  ▸ $a_1 + a_2 + \cdots + a_n \geq n\sqrt[n]{a_1 a_2 \cdots a_n}$

이를 활용해 미분을 하지 않고도 극솟값을 구할 수 있는 문제가 종종 있다!

<u>Comments</u> " 변화율 문제 푸는 법 "

변화율 문제 푸는 법

$\dfrac{dx}{dt}$가 제시되고 $\dfrac{dy}{dt}$ 구하기

→ x와 y의 관계식 찾기 $f(x) = g(y)$

→ 양변 미분 $f'(x)\dfrac{dx}{dt} = g'(y)\dfrac{dy}{dt}$

→ 답 $\dfrac{dy}{dt} = \dfrac{f'(x)}{g'(y)}\dfrac{dx}{dt}$

경향 08 Minor Trend

경향08 수능 출제 난이도

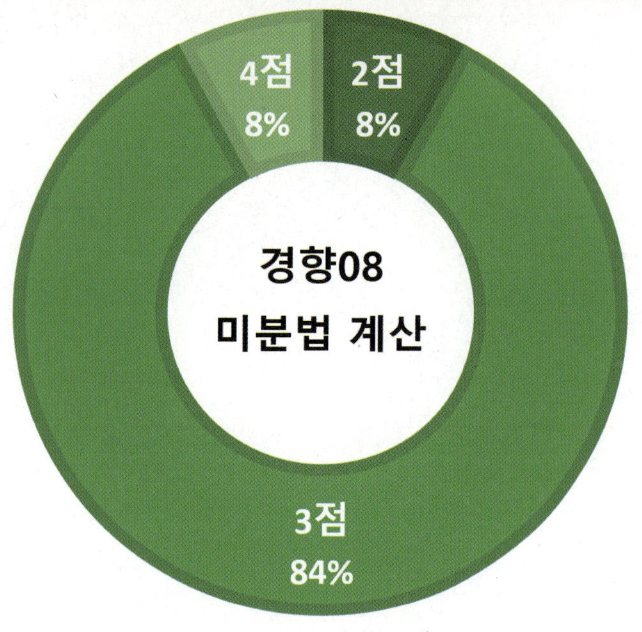

경향08 수능별 데이터 (1)

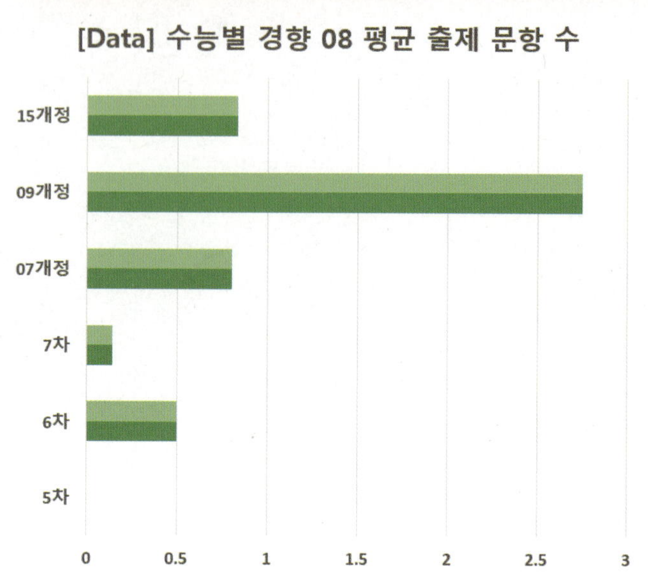

COMMENT

압도적으로 3점 문항으로 많이 출제되는 경향이야. 대체로 쉽긴 하지만 가끔 까다로운 문제도 나오니 너무 방심은 하지 말자. 미분법 개념에서 여러 가지 복잡한 공식이 등장하는 만큼, 이 공식들을 잘 다루는 능력이 필요해.

경향08 수능 출제 전망

■■■■□

작년 27번

경향08 미분법 단원 내 출제 비율

36.36%

경향08 공부 우선순위

★★★

**출제가 되든 안 되든
이 경향은 꼭 공부해야 함**

경향08 수능별 데이터 (2)

현교육과정
경향08 수능중요도

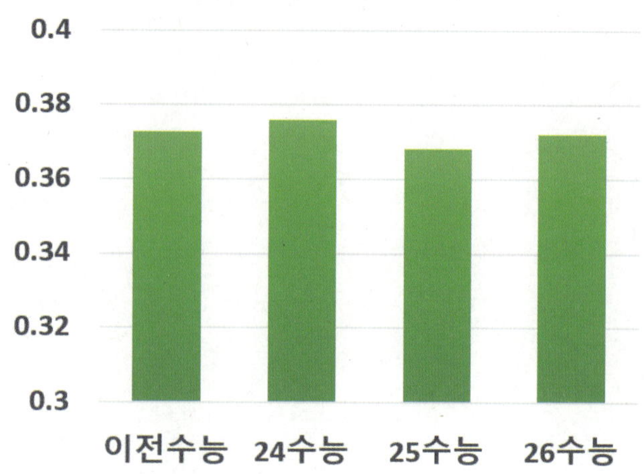

경향08 실전개념분석 038

38. [2020년 수능 (가)형 26번]
함수 $f(x) = (x^2 + 2)e^{-x}$에 대하여 함수 $g(x)$가 미분가능하고 $g\left(\dfrac{x+8}{10}\right) = f^{-1}(x)$, $g(1) = 0$을 만족시킬 때, $|g'(1)|$의 값을 구하시오. [4점]

복습	1회	2회	3회	4회	5회
채점					
○△X					

Analysis

계산 문제여도 다소 까다롭게 출제되는 경우도 있으니 방심하지 말자.

■ 수학(하) 역함수의 성질

$$f^{-1} \circ f(x) = f \circ f^{-1}(x) = x$$

■ 합성함수 미분

$$\{f(g(x))\}' = f'(g(x))g'(x)$$

$$\{f(g(h(x)))\}' = f'(g(h(x))\{g(h(x))\}'$$
$$= f'(g(h(x))g'(h(x))h'(x)$$

경향 09 Minor Trend

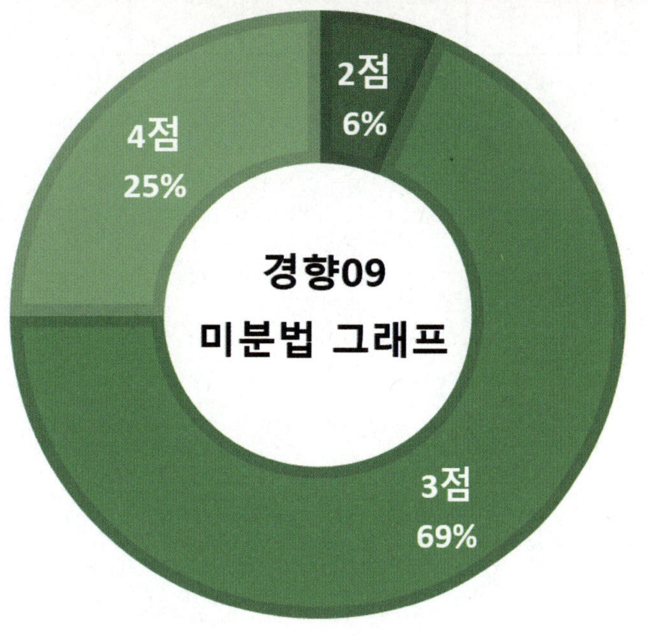

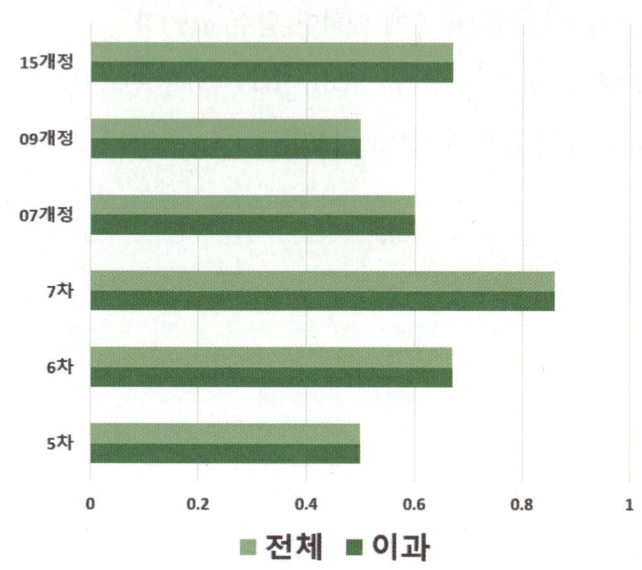

COMMENT

24학년도 수능에서 27번 문항과 30번 문항으로 2문항이 출제되었던 적도 있고, 대체로 현 평가원은 이 경향을 좋아하고 있다고 보는 게 맞아. 또한 그 24학년도 수능 27번으로 출제되었던 그 문제는 평균 3점 오답률보다 월등히 높은 오답률을 보였고. 미적분은 다른 선택과목보다 어렵게 나오기 때문에 3점 문제가 4점 수준의 난이도로 곧 잘 나오니까 깊이 있게 공부해야 해.

작년 수능 출제

33.34%

★★★

미적분을 공부하는 이유

**현교육과정
경향09 수능중요도**

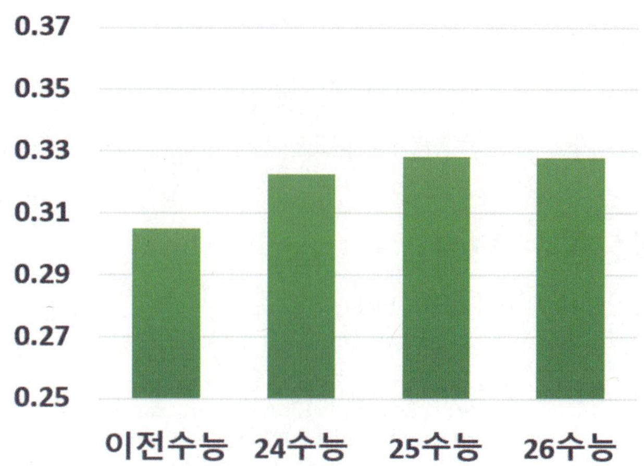

경향09 실전개념분석 039

39. [1995년 수능 (자연) 10번]
함수 $f(x)$는 $x = 0$ 에서 연속이지만 미분가능하지 않다.
다음 <보기> 중 $x = 0$ 에서 미분가능한 함수를 모두
고르면?

```
[ 보 기 ]
ㄱ. y = xf(x)            ㄴ. y = x²f(x)
ㄷ. y = 1/(1 + xf(x))
```

ㄱ. $y = xf(x)$ ㄴ. $y = x^2 f(x)$
ㄷ. $y = \dfrac{1}{1 + xf(x)}$

① ㄱ   ② ㄴ   ③ ㄷ   ④ ㄱ, ㄴ   ⑤ ㄱ, ㄴ, ㄷ

복습	1회	2회	3회	4회	5회
채점					
O△X					

Analysis

미분법 공식 결론만 외우지 말고 그것이 의미하는 바를
이해해야 한다.

■ 미분법의 공식

미분가능한 두 함수 $f(x)$, $g(x)$에 대하여

① $\{c\}' = 0$

② $\{x^n\}' = nx^{n-1}$

③ $\{cf(x)\}' = cf'(x)$

④ $\{f(x) + g(x)\}' = f'(x) + g'(x)$

⑤ $\{f(x) - g(x)\}' = f'(x) - g'(x)$

⑥ $\{f(x)g(x)\}' = f'(x)g(x) + f(x)g'(x)$

⑦ $\left\{\dfrac{f(x)}{g(x)}\right\}' = \dfrac{f'(x)g(x) - f(x)g'(x)}{\{g(x)\}^2}$

경향 09 Minor Trend

복습	1회	2회	3회	4회	5회
채점					
O△X					

40. [2002년 수능 (자연) 9번]

$1 \leq x \leq 2$인 모든 실수 x에 대하여 부등식

$\alpha x \leq e^x \leq \beta x$가 성립하도록 상수 $\alpha,\ \beta$를 정할 때,

$\beta - \alpha$의 최솟값은? [3점]

① $\dfrac{e}{2}$ ② e ③ $e\left(\dfrac{e^3}{4} - 1\right)$

④ $e\left(\dfrac{e^2}{3} - 1\right)$ ⑤ $e\left(\dfrac{e}{2} - 1\right)$

Analysis

수학Ⅱ와는 달리 미적분에서는 꼭 미리 배운 그래프의
개형이 나오라는 법이 없다. 그럴수록 이미 알고 있는
기본형 그래프의 개형을 활용하면 문제를 효율적으로 풀
수 있다.

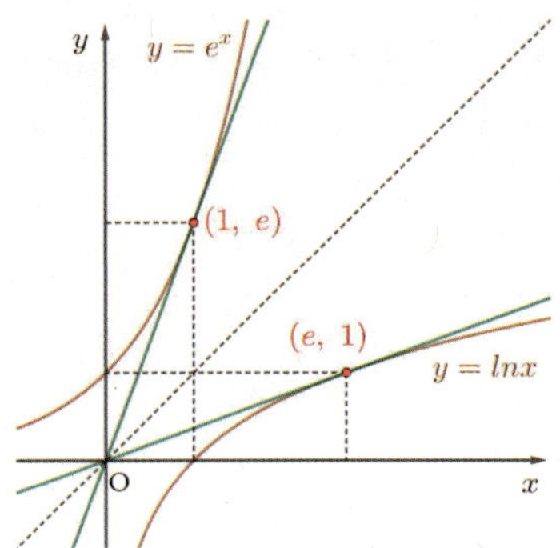

경향09 실전개념분석 041

41. [1998년 수능 (자연) 4번]

함수 $y = \dfrac{\ln x}{x}$가 최댓값을 가질 때의 x의 값은?

[2점]

① 1 ② e ③ $\dfrac{1}{e}$ ④ $2e$ ⑤ e^2

복습	1회	2회	3회	4회	5회
채점					
O△X					

Analysis

바로 앞의 [2002년 수능 (자연) 9번] 문제와 전혀 관련 없어 보이지만 깊이 있게 분석하면 같은 원리로 단숨에 해결할 수 있다.

경향 09 Minor Trend

복습	1회	2회	3회	4회	5회
채점 O△X					

42. [2007년 수능 (가)형 미분과 적분 29번]
실수 전체의 집합에서 이계도함수를 갖는 함수
$f(x)$에 대하여 점 $A(a, f(a))$를 곡선 $y = f(x)$의
변곡점이라 하고, 곡선 $y = f(x)$ 위의 점 A에서의 접선의
방정식을 $y = g(x)$라 하자. 직선 $y = g(x)$가 함수
$f(x)$의 그래프와 점 $B(b, f(b))$에서 접할 때, 함수
$h(x)$를 $h(x) = f(x) - g(x)$라 하자. <보기>에서 항상
옳은 것을 모두 고른 것은? (단, $a \neq b$이다.) [4점]

[보 기]

ㄱ. $h'(b) = 0$

ㄴ. 방정식 $h'(x) = 0$은 3개 이상의
실근을 갖는다.

ㄷ. 점 $(a, h(a))$는 곡선 $y = h(x)$의
변곡점이다.

① ㄱ　② ㄴ　③ ㄱ, ㄴ　④ ㄱ, ㄷ　⑤ ㄱ, ㄴ, ㄷ

Analysis

평균값의 정리

함수 $f(x)$가 폐구간 $[a, b]$에서 연속이고
개구간 (a, b)에서 미분가능하면
$$\frac{f(b) - f(a)}{b - a} = f'(c) \quad (단, \ a < c < b)$$
인 c가 열린구간 (a, b) 안에 적어도 하나 존재한다.

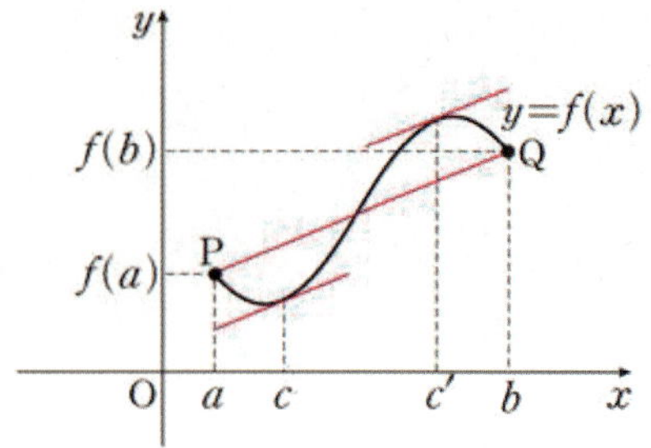

Analysis

오목 볼록과 접선

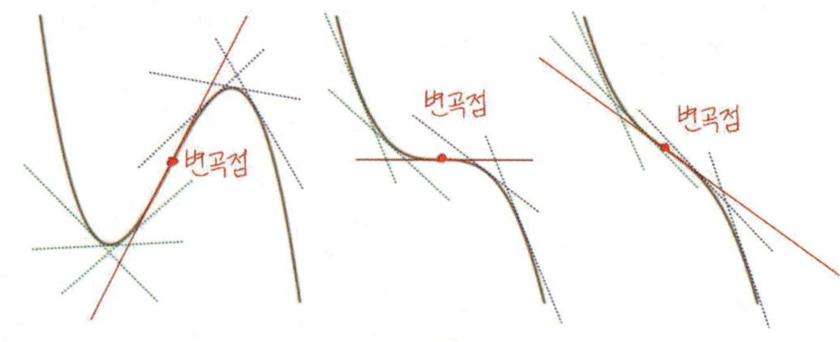

아래로 볼록 ▸ 접선이 곡선 아래에
위로 볼록 ▸ 접선이 곡선 위에

변곡점: 곡선의 오목과 볼록이 바뀌는 점
▸ 변곡점에서의 접선은 곡선을 뚫고 지나간다.
▸ 변곡점에서 도함수의 극값이 생긴다.
　(접선의 기울기의 최대 or 최소와 관련)

경향09 실전개념분석 043

———————————1등급———————————

복습	1회	2회	3회	4회	5회
채점					
O△X					

43. [2024년 수능 (미적분) 30번]
실수 전체의 집합에서 미분가능한 함수 $f(x)$의 도함수
$f'(x)$가

$$f'(x)= |\sin x|\cos x$$

이다. 양수 a에 대하여 곡선 $y=f(x)$ 위의 점
$(a, f(a))$에서의 접선의 방정식을 $y=g(x)$라 하자. 함수

$$h(x)= \int_0^x \{f(t)-g(t)\}dt$$

가 $x=a$에서 극대 또는 극소가 되도록 하는 모든 양수
a를 작은 수부터 크기순으로 나열할 때, n번째 수를
a_n이라 하자. $\dfrac{100}{\pi}\times(a_6-a_2)$의 값을 구하시오. [4점]

Analysis〰

$f(x)$ 변곡점이라고 하면 이계도함수 $f''(x)$부터
계산하려고 드는 건 개념을 어설프게 공부했다는 반증이다.
$f(x)$가 변곡점을 갖는 것과 더 직접적인 관계가 있는 건
$f'(x)$이다.

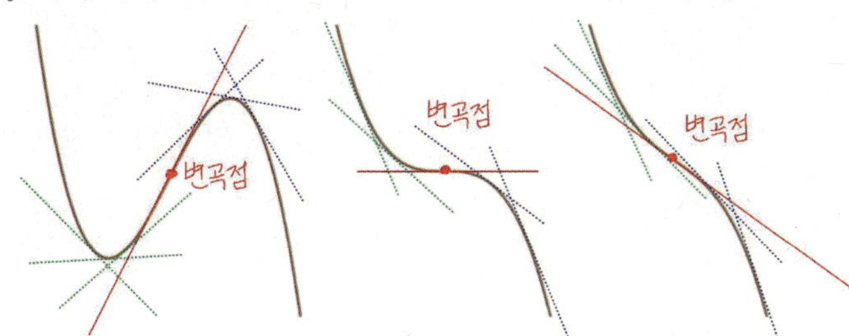

변곡점: 곡선의 오목과 볼록이 바뀌는 지점.
함수 $f(x)$가 $(a, f(a))$에서 변곡점을 가질 때, $x=a$
근방에서
$f'(x)$: $x=a$ 좌우에서 증가와 감소가 바뀐다.

$\qquad\Leftrightarrow x=a$에서 $f'(x)$가

$\qquad\qquad$ 극댓값 또는 극솟값을 갖는다.
$f''(x)$: $x=a$의 좌우에서 부호가 바뀐다.

경향 09 Minor Trend

복습	1회	2회	3회	4회	5회
채점					
O△X					

44. [2019년 수능 (가)형 20번]

점 $\left(-\dfrac{\pi}{2},\ 0\right)$ 에서 곡선 $y = \sin x\,(x > 0)$ 에 접선을 그어

접점의 x 좌표를 작은 수부터 크기순으로 모두 나열할 때,

n 번째 수를 a_n 이라 하자. 모든 자연수 n 에 대하여

<보기>에서 옳은 것만을 있는 대로 고른 것은? [4점]

<보　　기>

ㄱ. $\tan a_n = a_n + \dfrac{\pi}{2}$

ㄴ. $\tan a_{n+2} - \tan a_n > 2\pi$

ㄷ. $a_{n+1} + a_{n+2} > a_n + a_{n+3}$

---

① ㄱ　　　　② ㄱ, ㄴ　　　　③ ㄱ, ㄷ

④ ㄴ, ㄷ　　　⑤ ㄱ, ㄴ, ㄷ

Analysis

외부의 점 $(x_1,\ y_1)$ 에서 곡선 $y = f(x)$ 에 접선을 그을 때

접점이 $(\alpha,\ f(\alpha))$ 라고 하면

$$f'(\alpha) = \frac{f(\alpha) - y_1}{\alpha - x_1}$$

※ 접선 $y - f(\alpha) = f'(\alpha)(x - \alpha)$ 에

$(x_1,\ y_1)$ 를 대입한 식과 동일하다.

Analysis

[2014년 수능 (B)형 18번] (실전개념분석 7번)과 유사한

아이디어를 사용하니 복습하며 비교해보자.

경향09 실전개념분석 045

복습	1회	2회	3회	4회	5회
채점					
O△X					

45. [2012년 수능 (가)형 18번]
정의역이 $\{x \mid 0 \le x \le \pi\}$ 인 함수
$f(x) = 2x\cos x$ 에 대하여 옳은 것만을 <보기>에서 있는
대로 고른 것은? [4점]

[보 기]

ㄱ. $f'(a) = 0$ 이면 $\tan a = \dfrac{1}{a}$ 이다.

ㄴ. 함수 $f(x)$ 가 $x = a$ 에서 극댓값을 가지는
a 가 구간 $\left(\dfrac{\pi}{4}, \dfrac{\pi}{3}\right)$ 에 있다.

ㄷ. 구간 $\left[0, \dfrac{\pi}{2}\right]$ 에서 방정식 $f(x) = 1$ 의 서로
다른 실근의 개수는 2 이다.

① ㄱ ② ㄷ ③ ㄱ, ㄴ ④ ㄴ, ㄷ ⑤ ㄱ, ㄴ, ㄷ

Analysis

특정 조건을 만족하는 값이 구간 존재하는지를 묻는
문제가 나왔들 때
→ 교과서에서 이와 관련된 개념은
<사잇값의 정리>와 <평균값의 정리>뿐이다!

■ 사잇값 정리

함수 $f(x)$가 폐구간 $[a, b]$에서 연속이고
$f(a) \ne f(b)$이면, $f(a)$와 $f(b)$ 사이의 임의의 값 k에
대하여 다음을 만족시키는 c가 열린구간 (a, b)에 적어도
하나 존재한다.
$$f(c) = k$$

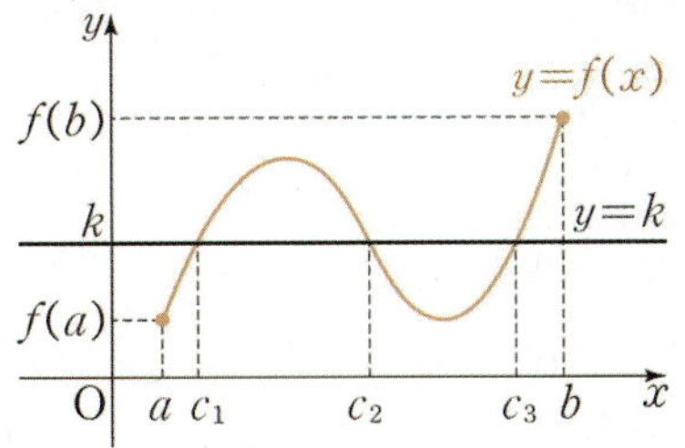

❖ 함수 $f(x)$가 폐구간 $[a, b]$에서 연속이고
$f(a) \times f(b) < 0$이면?

경향 09 Minor Trend

복습	1회	2회	3회	4회	5회
채점					
O△X					

46. [2008년 수능 (가)형 미분과 적분 27번]
함수 $f(x) = x + \sin x$에 대하여 함수 $g(x)$를
$g(x) = (f \circ f)(x)$로 정의할 때, <보기>에서 옳은 것을
모두 고른 것은? [3점]

───────── [보 기] ─────────

ㄱ. 함수 $f(x)$의 그래프는 개구간 $(0, \pi)$에서
   위로 볼록하다.
ㄴ. 함수 $g(x)$는 개구간 $(0, \pi)$에서 증가한다.
ㄷ. $g'(x) = 1$인 실수 x가 개구간 $(0, \pi)$에
   존재한다.

① ㄱ ② ㄷ ③ ㄱ, ㄴ ④ ㄴ, ㄷ ⑤ ㄱ, ㄴ, ㄷ

Analysis

어느 정도 계산하면 풀 수 있는 문제이긴 하지만,
그래프 테크닉을 마스터했다면 단 한 줄의 계산도 없이
단숨에 풀 수는 문제다.

■ 평균값의 정리

함수 $f(x)$가 폐구간 $[a, b]$에서 연속이고
개구간 (a, b)에서 미분가능하면
$$\frac{f(b) - f(a)}{b - a} = f'(c) \quad (단, \; a < c < b)$$
인 c가 열린구간 (a, b) 안에 적어도 하나 존재한다.

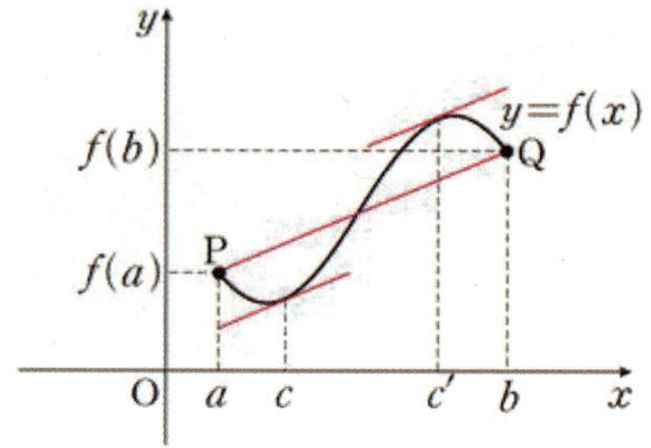

경향09 실전개념분석 047

복습	1회	2회	3회	4회	5회
채점					
O△X					

47. [2022년 수능 (미적분) 28번]

함수 $f(x) = 6\pi(x-1)^2$에 대하여 함수 $g(x)$를

$$g(x) = 3f(x) + 4\cos f(x)$$

라 하자. $0 < x < 2$에서 함수 $g(x)$가 극소가 되는 x의 개수는? [4점]

① 6 ② 7 ③ 8 ④ 9 ⑤ 10

Analysis〰

어느 정도 계산하면 풀 수 있는 문제이긴 하지만,
그래프 테크닉을 마스터했다면 단 한 줄의 계산도 없이
단숨에 풀 수는 문제다.

경향 09 Minor Trend

복습	1회	2회	3회	4회	5회
채점					
O△X					

48. [2025년 수능 (미적분) 27번]

최고차항의 계수가 1인 삼차함수 $f(x)$에 대하여 함수 $g(x)$를

$$g(x) = f(e^x) + e^x$$

이라 하자. 곡선 $y = g(x)$ 위의 점 $(0, g(0))$에서의 접선이 x축이고 함수 $g(x)$가 역함수 $h(x)$를 가질 때, $h'(8)$의 값은? [3점]

① $\dfrac{1}{36}$　　② $\dfrac{1}{18}$　　③ $\dfrac{1}{12}$

④ $\dfrac{1}{9}$　　⑤ $\dfrac{5}{36}$

Analysis

역함수의 미분법

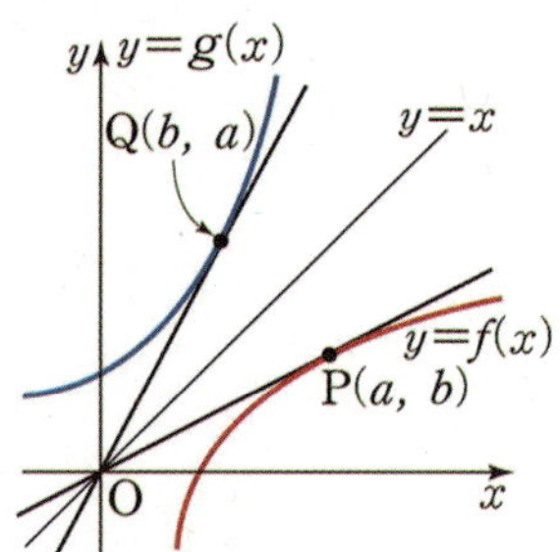

두 그래프가 $y = x$에 대하여 대칭이면
접선끼리도 $y = x$에 대하여 대칭이다.

→ 접선의 기울기끼리 역수관계

$f(a) = b \Leftrightarrow g(b) = a$

$f'(a) = m \Leftrightarrow g'(b) = \dfrac{1}{m}$

경향09 실전개념분석 049

49. [1995년 수능 (자연) 30번]
사각형 모양의 철판 세 장을 구입하여, 두 장은 원
모양으로 오려 아랫면과 윗면으로, 나머지 한 장은
몸통으로 하여 그림과 같은 원기둥 모양의 보일러를
제작하려 한다. 철판은 사각형의 가로와 세로의 길이를
임의로 정해서 구입할 수 있고, 철판의 가격은 $1m^2$당
1만원이다. 보일러의 부피가 $64m^3$가 되도록 만들기 위해
필요한 철판을 구입하는데 드는 최소 비용은? [2점]

복습	1회	2회	3회	4회	5회
채점					
O△X					

① 110만원　　② 104만원　　③ 100만원
④ 96만원　　⑤ 90만원

Analysis〰

실생활 소재 문제는 국어(문장)를 → 수학(식)으로!
번역부터 하자.

Analysis〰

■ 산술평균 ≥ 기하평균의 확장

① $a > 0$, $b > 0$, 등호는 $a = b$일 때 성립
▶ $a + b \geq 2\sqrt{ab}$

② $a > 0$, $b > 0$, 등호는 $a = b$일 때 성립
▶ $a + b + c \geq 3\sqrt[3]{abc}$

③ $a_n > 0$, 등호는 $a_1 = a_2 = \cdots = a_n$일 때 성립
▶ $a_1 + a_2 + \cdots + a_n \geq n\sqrt[n]{a_1 a_2 \cdots a_n}$

이를 활용해 미분을 하지 않고도
극솟값을 구할 수 있는 문제가 종종 있다.

경향 09 Minor Trend

복습	1회	2회	3회	4회	5회
채점					
O△X					

50. [1999년 수능 (자연) 24번]
차량들이 고속도로를 차선의 변경 없이 모두 같은 속력 $v\,(m/초)$를 유지하면서 달리고 있다고 하자. 제동 거리를 고려한 최소 차간 거리는

$$f(v) = \frac{1}{20}v^2 + \frac{1}{2}v + 5\,(m)$$

로 나타낼 수 있다. 60초 동안 한 차선의 일정 지점을 통과할 수 있는 차량의 수는 최대 몇 대인가? (단, 차량의 길이는 무시한다.) [3점]

① 16　　② 40　　③ 60　　④ 90　　⑤ 225

Analysis

문제의 마지막 문장을 다시보자.

60초 동안 한 차선의 일정 지점을 통과할 수 있는 차량의 수는 최대 몇 대인가?

"어쩌지?"하지 말고, 논리적으로 생각하면
당연히 차량 수와 60초의 관계부터 따질 생각을 해야 하지 않겠니?

안 풀어본 형태라고 못 푸는 문제라고 생각하는 학생들이 많아. 이렇게 생각하는 학생들의 문제점은 논리적 추론으로 문제를 풀려고 하지 않고, 이전에 풀었던 경험과 그 관성만으로 문제를 풀려고 하기 때문이야. 그러면 낯선 형태의 문제는 언제나 못 풀게 되지.

논리적으로 생각하면 처음 보는 문제라고 못 풀 이유가 하나도 없어. 무작정 N제 벅벅, 실모 벅벅한다고 신유형이 대비가 되는 게 아니야. (N제와 실모를 많이 푸는 것이 나쁘다는 게 아니라) 중요한 건 한 문제를 풀더라도 논리적 추론 훈련하면서 풀어야 한다는 거야.

경향 10 Minor Trend

경향10 수능 출제 난이도

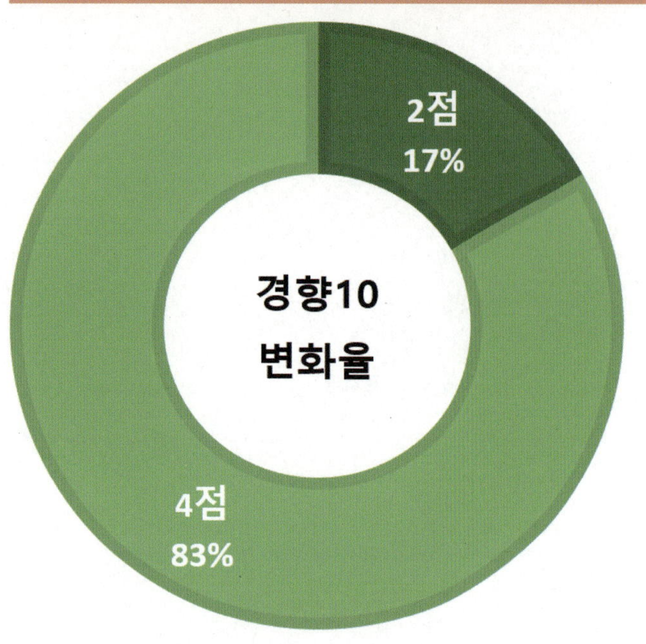

경향10 수능별 데이터 (1)

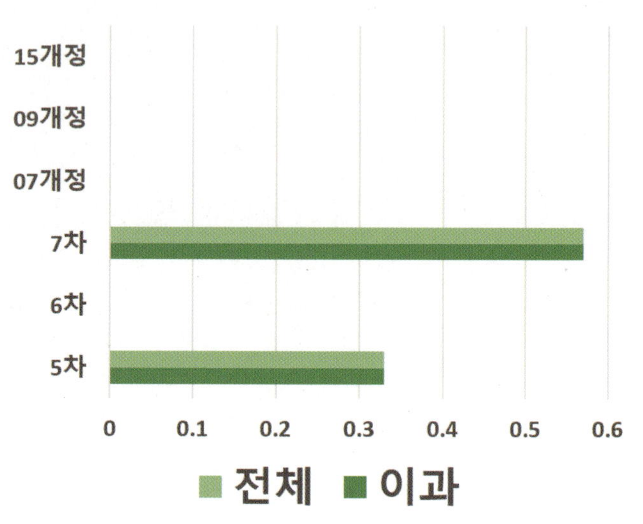

변화율은 무려 17년 동안 출제되지 않았던 경향이야. 특히 직전 교육과정에서는 교과 내용 구성상 출제 자체가 불가능하기도 해서 출제를 못했지만 15개정으로 바뀌면서 출제 자체는 가능은 한데, 아직 출제는 안 되고 있어서 참 계륵 같은 파트야. 하지만 이 경향을 공부함으로써 미적분 과목에 대한 깊은 이해가 가능하니까 다른 경향에 도움을 받기 위해 공부해두는 것도 좋겠어.

경향10 수능 출제 전망

■□□□□

오랫동안 출제가 안 된 파트 다시 출제돼도 이상하지 않음

경향10 미분법 단원 내 출제 비율

9.09%

경향10 공부 우선순위

☆

수Ⅱ의 미적분과 미적분의 '미적분'의 차이를 느껴보자

경향10 수능별 데이터 (2)

현교육과정
경향10 수능중요도

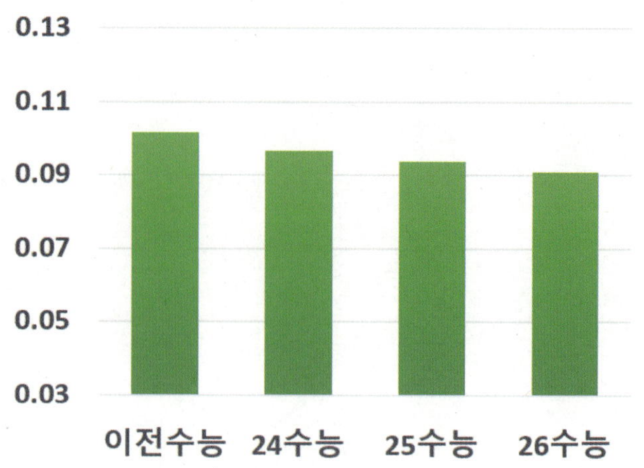

'변화율'과 '미분'의 관련성

① x로 y를 미분 = f를 미분

x에 대한 y의 (순간)변화율 $= \dfrac{변화량}{변화량}$

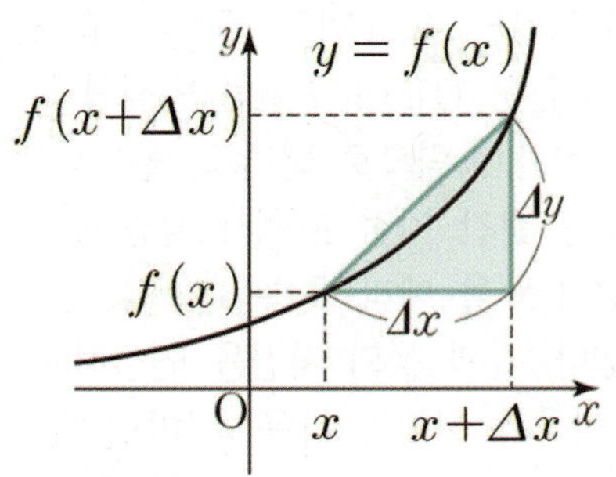

② A로 B를 미분 = f를 미분

A에 대한 B의 (순간)변화율 $= \dfrac{변화량}{변화량}$

경향10 실전개념분석 051

복습	1회	2회	3회	4회	5회
채점 O△X					

51. [2006년 수능 (가)형 미분과 적분 29번]

지점 O 와 지점 E 사이의 거리는 40m 이다. 그림과 같이 갑은 지점 O 에서 출발하여 선분 OE 에 수직인 반직선 OS를 따라 초속 3m의 일정한 속력으로 달리고, 을은 갑이 출발한 지 10초가 되는 순간 지점 E 에서 출발하여 선분 OE 에 수직인 반직선 EN 을 따라 초속 4m 의 일정한 속력으로 달리고 있다. 갑과 을의 지점을 연결하여 만든 선분과 선분 OE 가 만나서 이루는 각을 θ (라디안)라 할 때, 갑이 출발한 지 20초가 되는 순간 θ 의 변화율은?
[4점]

① $\dfrac{21}{290}$ 라디안/초

② $\dfrac{13}{290}$ 라디안/초

③ $\dfrac{7}{290}$ 라디안/초

④ $\dfrac{3}{290}$ 라디안/초

⑤ $\dfrac{1}{290}$ 라디안/초

Analysis

변화율 문제 푸는 법

$\dfrac{dx}{dt}$ 가 제시되고 $\dfrac{dy}{dt}$ 구하기

→ x와 y의 관계식 찾기 $f(x) = g(y)$

→ 양변 미분 $\qquad f'(x)\dfrac{dx}{dt} = g'(y)\dfrac{dy}{dt}$

→ 답 $\qquad \dfrac{dy}{dt} = \dfrac{f'(x)}{g'(y)}\dfrac{dx}{dt}$

경향10 실전개념분석 052

52. [1996년 수능 (자연) 30번]

반지름의 길이 $1\,\text{m}$인 원판에 기대어 있는 막대 $\overline{OP}$의 한 끝은 아래 그림과 같이 평평한 지면 위의 한 점 O에 고정되어 있다. 원판이 지면과 접하는 점을 Q라 하자. 원판의 중심이 오른쪽으로 지면과 평행하게 등속도 $1.5\,\text{m}/$초로 움직인다. $\overline{OQ} = 2\,\text{m}$되는 순간, 막대 $\overline{OP}$가 지면과 이루는 각의 크기 θ의 시간에 대한 순간변화율은? (단, 단위는 라디안/초이다) [2점]

복습	1회	2회	3회	4회	5회
채점					
O△X					

P
$v = 1.5\,m/$초
θ
O
Q

① $-\dfrac{3}{5}$ ② $-\dfrac{3}{2}$ ③ $-\dfrac{3}{10}$

④ $-\dfrac{\sqrt{5}}{6}$ ⑤ $-\dfrac{3}{2\sqrt{5}}$

Analysis ⁓

앞의 문제와 마찬가지로 시간 t를 활용하여
$\overline{OQ} = 1.5t$로 표현하여 푸는 방법이 있고,
그저 한 문자 $\overline{OQ} = x$로 놓고 푸는 방법이 있다.
$\overline{OQ} = 1.5t$는 별로 좋은 방법은 아니다.
$x = 2$인 시간을 따로 구해야한다는 단점도 있을 뿐만 아니라, 가장 큰 단점은 고난도 문제에서는 이 방법 자체를 사용하는 게 불가능할 때도 있다는 것이다.

도형의 필연성

필연성 01

원 나오면 → 중심과 특별점 잇기

✓ 접점 → 접선과 수직

경향 10 Minor Trend

함수 $f(x)$가 연속이고 $S(t)$가 $y=f(x)$와 x축 및 $x=a$와 $x=t$로 둘러싸인 도형의 넓이라고 하자. (단, $f(x) \geq 0$이고 $t \geq a$)

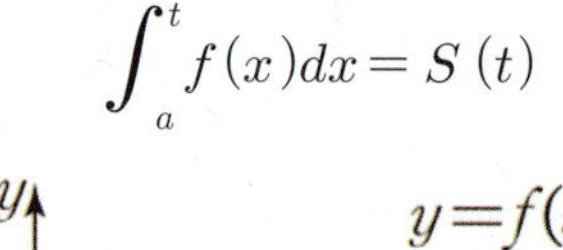

$$\int_a^t f(x)dx = S(t)$$

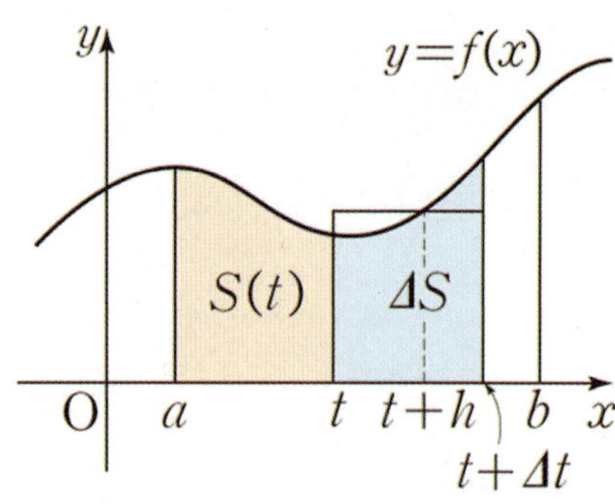

경향10 실전개념분석 053

53. [2007년 수능 (가)형 미분과 적분 30번]

그림과 같이 좌표평면에서 원 $x^2 + y^2 = 1$ 위의 점 P가 점 $(1, 0)$에서 출발하여 원점을 중심으로 매초 $\dfrac{1}{40}$(라디안)의 일정한 속력으로 원 위를 시계 반대 방향으로 움직이고 있다. 점 P에서 x축에 평행한 직선을 그을 때, 원과 직선으로 둘러싸인 어두운 부분의 넓이를 S라 하자. 점 P가 점 $\left(\dfrac{\sqrt{3}}{2}, \dfrac{1}{2}\right)$을 지나는 순간, 넓이 S의 시간(초)에 대한 변화율은 $\dfrac{b}{a}$이다. $a+b$의 값을 구하시오. (단, a와 b는 서로소인 자연수이다.) [4점]

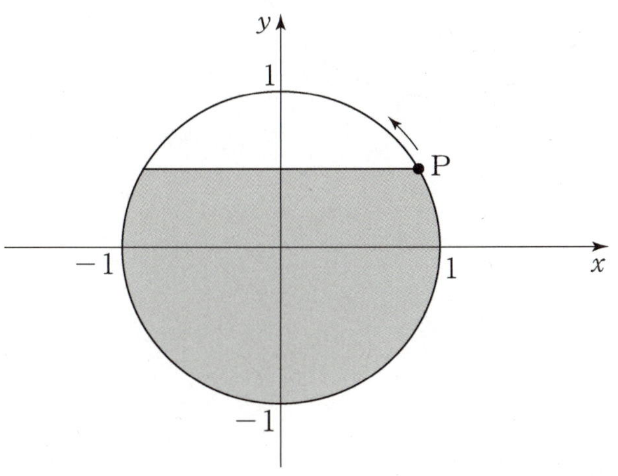

복습	1회	2회	3회	4회	5회
채점					
O△X					

✏️ 필기용 그림

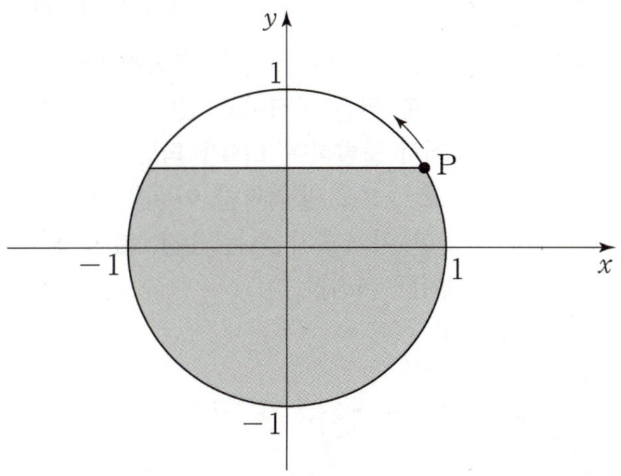

Analysis

정적분의 의미를 제대로 이해한다면 S의 넓이를 계산해 구할 필요조차 없이 한 줄 컷으로 풀 수 있다.

도형의 필연성

필연성 01

원 나오면 → 중심과 특별점 잇기

✓ 접점 → 접선과 수직

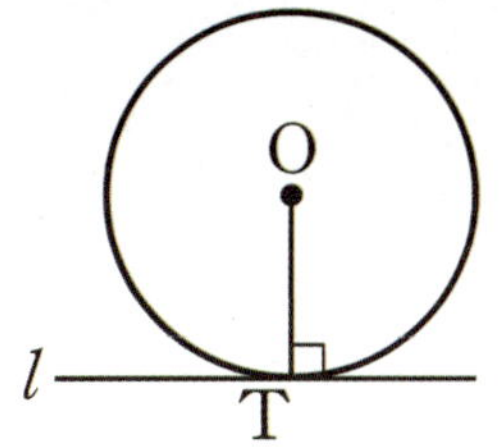

경향 10 Minor Trend

54. [2008년 수능 (가)형 미분과 적분 29번]

그림과 같이 좌표평면에서 원 $x^2 + y^2 = 1$ 위의 점 P는 점 A$(1, 0)$에서 출발하여 원 둘레를 따라 시계 반대 방향으로 매초 $\dfrac{\pi}{2}$의 일정한 속력으로 움직이고 있다. 점 Q는 점 A에서 출발하여 점 B$(-1, 0)$을 향하여 매초 1의 일정한 속력으로 x축 위를 움직이고 있다. 점 P와 점 Q가 동시에 점 A에서 출발하여 t초가 되는 순간, 선분 PQ, 선분 QA, 호 AP로 둘러싸인 어두운 부분의 넓이를 S라 하자. 출발한 지 1초가 되는 순간, 넓이 S의 시간(초)에 대한 변화율은? [4점]

복습	1회	2회	3회	4회	5회
채점 O△X					

 필기용 그림

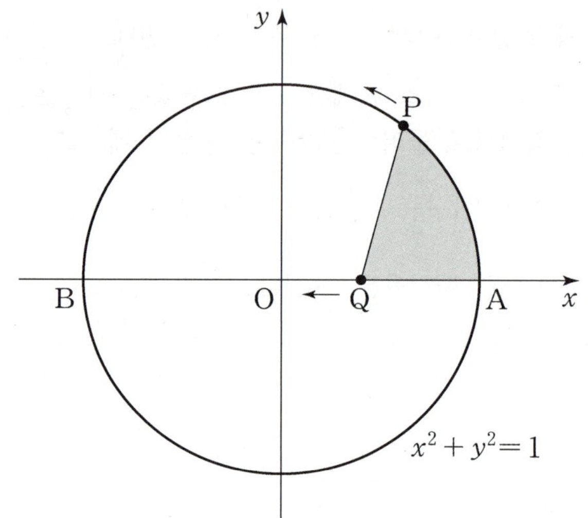

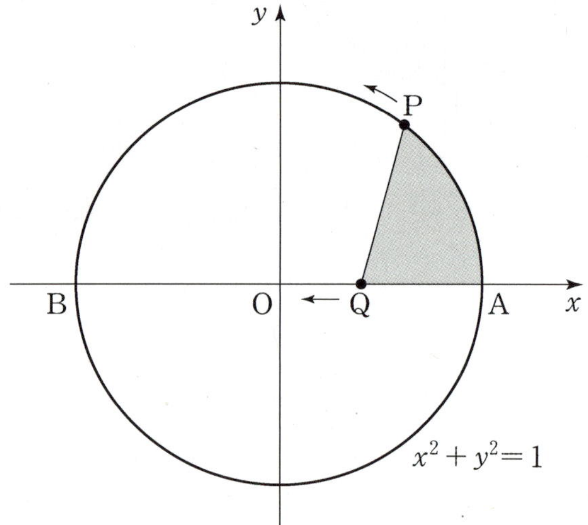

① $\dfrac{\pi}{4} - 1$ ② $\dfrac{\pi}{4}$ ③ $\dfrac{\pi}{4} + \dfrac{1}{3}$ ④ $\dfrac{\pi}{4} + \dfrac{1}{2}$ ⑤ $\dfrac{\pi}{4} + 1$

Analysis 도형의 필연성

필연성 01

원 나오면 → 중심과 특별점 잇기

✓ 접점 → 접선과 수직

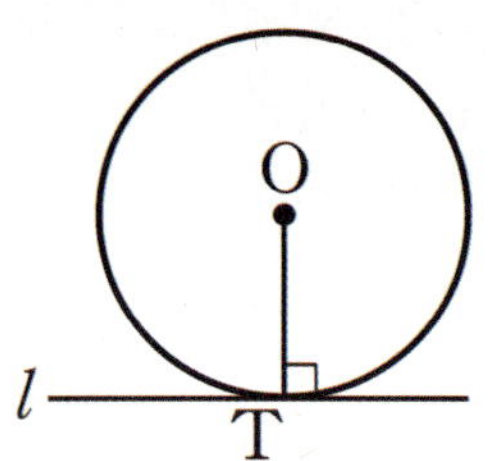

도형의 부피

구간 $[a,b]$ 의 임의의 점 x 에서 x 축에 수직인 평면으로
자른 단면의 넓이가 $S(x)$ 인 입체의 부피 V 는

$$V = \int_a^b S(x)\,dx$$

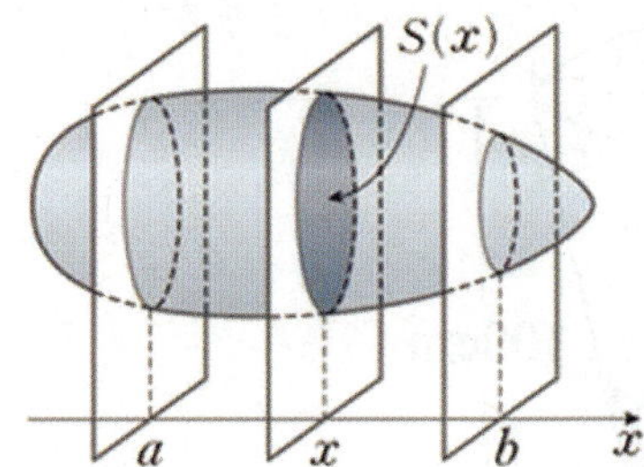

경향10 실전개념분석 055

복습	1회	2회	3회	4회	5회
채점 O△X					

55. [1997년 수능 (자연) 23번]

그림과 같이 높이가 $100\,\mathrm{cm}$이고 윗면은 반지름이 $50\,\mathrm{cm}$, 아랫면은 반지름이 $30\,\mathrm{cm}$인 원으로 된 원뿔대 모양의 물통에 물이 가득 차 있었다. 이 물통의 바닥에 구멍이 나서 바닥에서부터 수면까지의 높이가 $h\,\mathrm{cm}$일 때 매초 $4\sqrt{h}\ \mathrm{cm}^3$의 양으로 물이 새어 나가고 있다. $h=50$일 때 높이의 순간 변화율은? (단위는 $\mathrm{cm/sec}$) [4점]

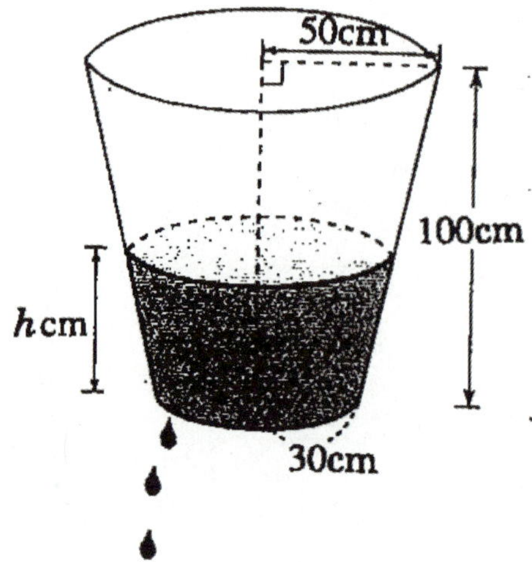

① $-\dfrac{20\sqrt{2}}{\pi}\times10^{-2}$
② $-\dfrac{5\sqrt{2}}{\pi}\times10^{-2}$

③ $-\dfrac{20\sqrt{2}}{9\pi}\times10^{-2}$
④ $-\dfrac{5\sqrt{2}}{4\pi}\times10^{-2}$

⑤ $-\dfrac{4\sqrt{2}}{5\pi}\times10^{-2}$

✎ 필기용 그림

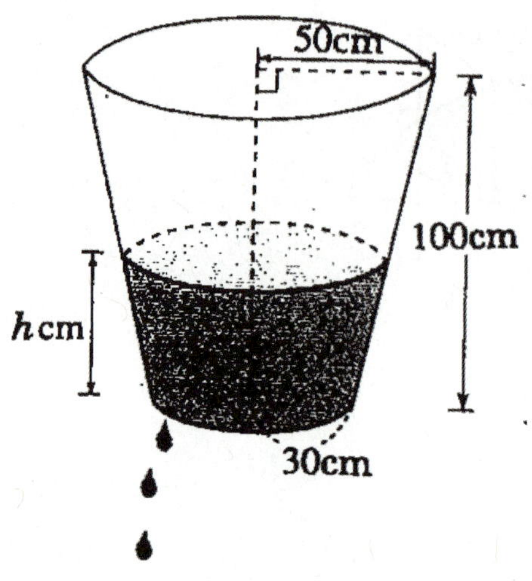

Analysis〰

정적분의 의미를 제대로 이해한다면 부피의 식을 계산해 구할 필요조차 없이 한 줄 컷으로 풀 수 있다.

경향10 실전개념분석 056

=== 1등급 ===

56. [2005년 수능 (가)형 미분과 적분 29번]

곡선 $y = 3x^2$ $(0 \le y \le 10)$을 y 축 둘레로 회전시킨 회전체 A 와 곡선 $y = x^2$ $(0 \le y \le 10)$을 y 축 둘레로 회전시킨 회전체 B 가 있다. 처음에는 물이 A 의 안쪽에만 차 있다가 원점 O 부근의 작은 구멍을 통하여 A 의 바깥쪽과 B 의 안쪽으로 둘러싸인 부분으로 흘러 나가기 시작한다. A 의 안쪽 수면의 높이를 u , A 의 바깥쪽 수면의 높이를 v 라 할 때, v 가 u 의 $\dfrac{1}{2}$ 이 되는 순간의

$\dfrac{dv}{du}$의 값은? [4점]

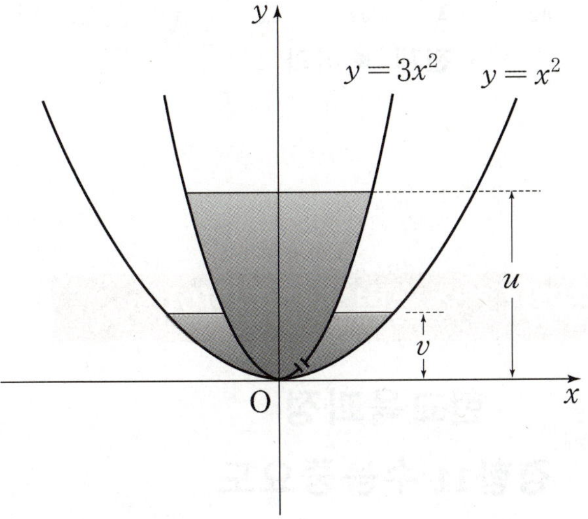

① -2　② -1　③ $-\dfrac{1}{2}$　④ $\dfrac{1}{2}$　⑤ 2

경향 11 Minor Trend

경향11 수능 출제 난이도

경향11 수능별 데이터 (1)

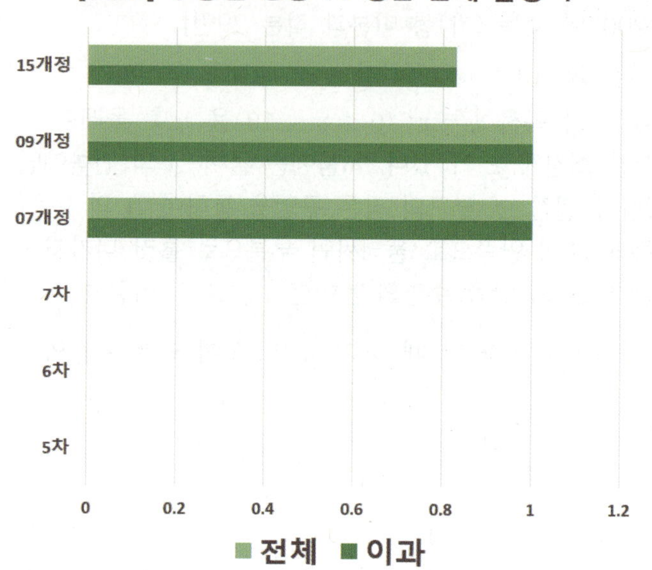

경향11 수능 출제 전망

▌▌▌▌▌

작년 수능 30번

경향11 미분법 단원 내 출제 비율

21.21%

경향11 공부 우선순위

★★★

**준비된 자만
도전하자**

**필요한 선수 학습 : 간접범위 함수, 그래프 관련 내용
수Ⅱ 미분법 그래프, 적분법 그래프, 수Ⅱ 그래프 고난도,
미적분 미분법 그래프**

경향11 수능별 데이터 (2)

**현교육과정
경향11 수능중요도**

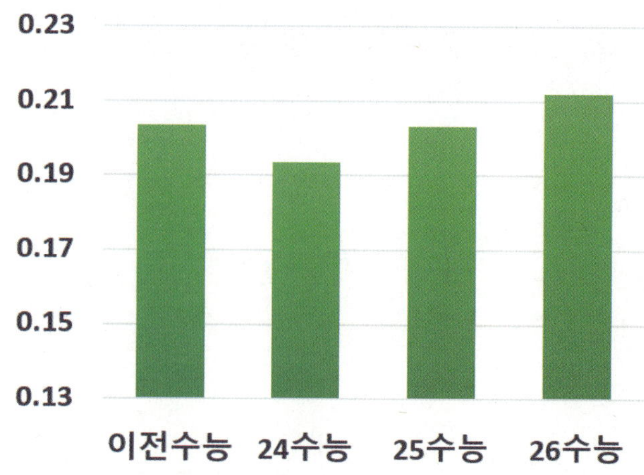

COMMENT

미분법 단원에서 최고난도 문제가 출제되는 경향이므로 가장 심화된 공부가 필요해.

미분법 그래프 고난도 문항은 그래프 기본기뿐만 아니라 그래프 테크닉과 실전개념들을
다층적으로 적용할 수 있을 지를 물어봐. 하나의 문제에 여러 가지 개념들과 실전개념들이 적용될 뿐더러
그래프 테크닉까지 함께 갖추고 있어야 풀 수 있지.
고난도 그래프 문항들을 풀기 위한 기본기부터 네가 알아야할 실전개념들을 훈련할 수 있도록
고난도 그래프 문항들만 모아서 뒤 쪽에서 훈련할 수 있도록 구성해뒀어.

그래서 미분 그래프 고난도 문제 풀이는
경향19번 적분법 그래프 고난도 문제 풀이와 함께 통합하여
이 책의 다음 챕터인 「고난도 접근법」 부분에서 공부하기로 하자!

그래프 고난도 경향을 제외한 채 다른 경향 수능 문제들을 열심히 공부했다는 전제 하에
그래프 고난도 문제들을 풀어야 그 효과를 체감할 수 있기 때문에
경향11번과 경향19번을 제외한 채 다른 모든 문항들을 다 공부한 뒤
고난도 접근법에서 고난도 문항들을 공부하도록 하자.

워크북 문제들을 풀 때도 미분법 그래프 고난도 문제들을 건너뛰고
나중에 한꺼번에 적분법 그래프 고난도와 함께 모아서 풀어보자.

만약 고난도 접근법에서 다루는 내용이 어렵다면 어려운 내용 끙끙 거리지 말고
『그래프 테크닉 기본편』과 『그래프 테크닉 심화편』에서 그래프에 관련한 내용을 도움을 받고
나중에 도전하는 것도 하나의 방법이야!

미적분

4. 적분법

Big Data Report

전체 수능 출제 비율

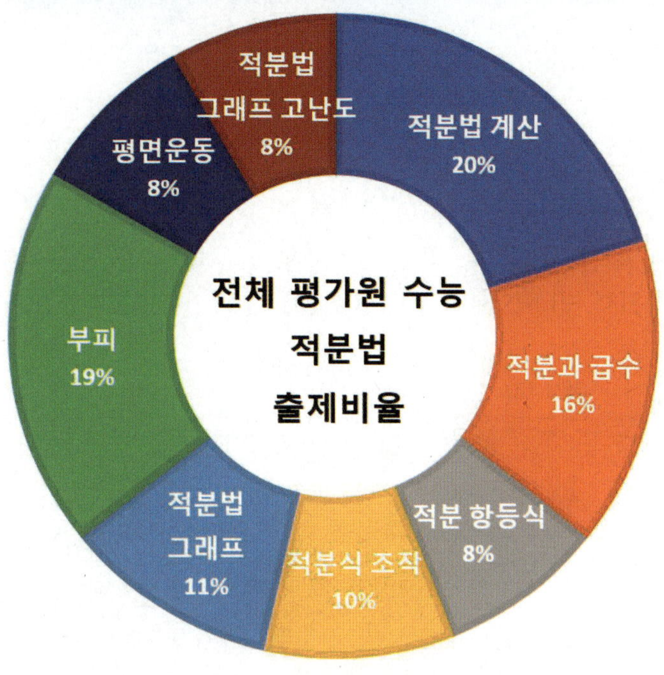

현 평가원 수능 출제 비율

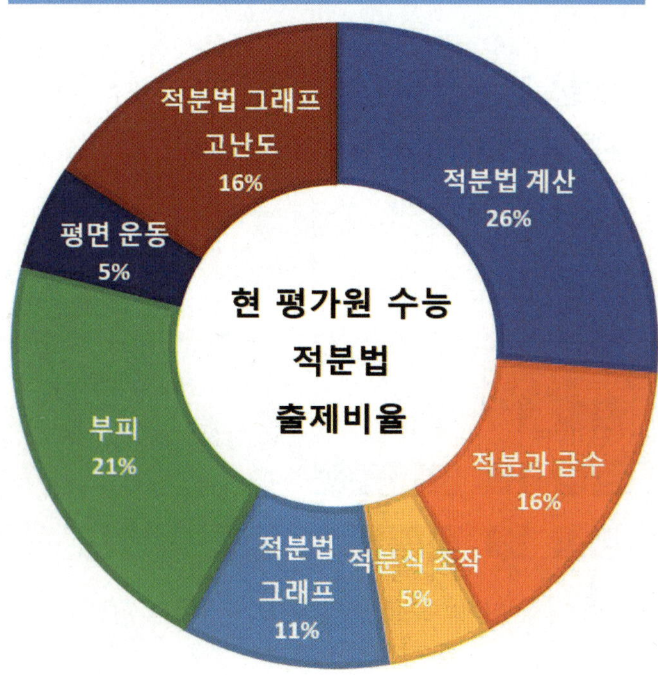

■ 적분법 단원은 8가지 경향으로 분석하였다. 개념이 복잡해지는 만큼 경향도 다양해진다.

■ [경향12] 적분법 계산
계속 출제되고 있다. 어렵지 않은 수준이라 쉽게 맞출 수 있다.

■ [경향13] 적분과 급수
이전 교육과정에서는 간접 범위였다가, 15개정에서 직접 범위로 바뀌었다. 15개정 교육과정이 실시된 이래로 처음 3년 간 빠짐없이 출제됐다가 교육과정 후반부로 가서는 잘 안 나오고 있긴 하다. 하지만 이번 교육과정의 특징적인 내용이라 꼭 알아두자.

■ [경향14] 적분 항등식
이 경향만으로 단독 출제된 적은 없지만 다른 경향과 함께 섞여서 출제하는 경우가 많기 때문에 기본기를 익혀두기 위해 공부하는 편이 좋다. 이 경향을 잘 하기 위해서는 접근법을 일관성 있게 적용하는 사고가 필요하다.

■ [경향15] 적분식 조작
이 경향은 6년 만에 기습적으로 출제된 이후에 정말 중요해졌다. 원래 적분에서 까다로운 적분 계산은 대단히 중요한 평가기준이기도 했지만 현재는 더 중요해졌달까. 25학년도 9월 미적분 28번으로 출제 되더니 그해 수능에서 28번으로 출제되었고 작년 수능에는 나오지 않았지만 작년 9모 28번으로 출제되기도 했다. 비교적 연속적으로 출제되고 있는 만큼 철저한 대비가 필요하다. 수능에 한번이라도 나왔던 내용은 겸손하게 공부해야 할 필요성이 여기에 있다.

■ [경향16] 적분법 그래프
그래프 고난도 문제를 풀기 위해서 이 경향은 반드시 소화가 필요하다.

■ [경향17] 부피
최근 자주 출제되었다. 전혀 어렵지 않아 공식만 외우고 간단하게 유형연습만 되어 있으면 맞출 수 있는 경향이다.

전체 수능 평균 난이도

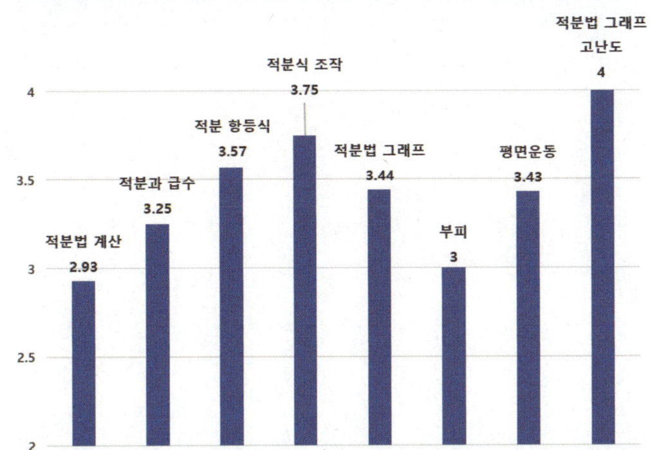

현 평가원 수능 평균 난이도

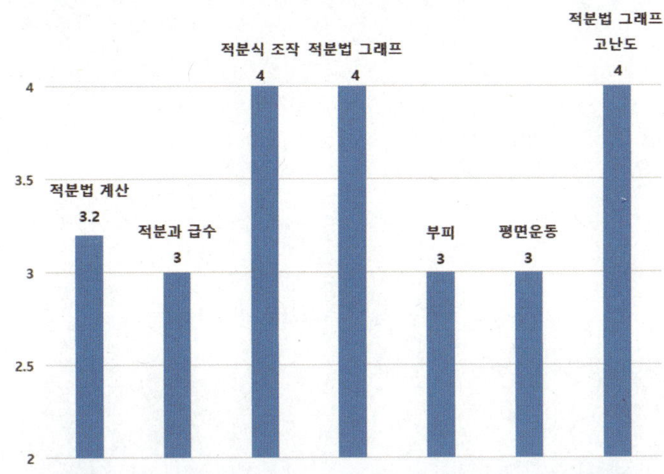

올해 수능 적분법 학습 방향

**개념적으로 많이 복잡한 만큼
출제 경향도 여러 가지**

**적분법 그래프 중요
+ 적분법 계산 능력 길러두기
(적분 항등식, 적분식 조작)**

자주 나오는 부피 문제 틀리지 말자

◆ 적분법 계산 (2.93점)

◆ 적분과 급수 (3.25점)

◆ 적분 항등식 (3.57점)

◆ 적분식 조작 (3.75점)

◆ 적분법 그래프 (3.44점)

◆ 부피 (3.00점)

◆ 평면운동 (3.43점)

◆ 적분법 그래프 고난도 (4.00점)

■ 작년 수능 출제 문항 분류

[경향12] 적분법 계산 - 24번 [3점]

[경향16] 적분법 그래프 - 28번 [4점]

[경향17] 부피 - 26번 [3점]

■ [경향18] 평면운동
15개정 수능에서 단 1번 27번으로 출제되었다. 그리고 27번 주제에(?) 오답률이 굉장히 높았다. 미적분 고득점을 위해서는 심하다 싶을 정도로 개념의 깊은 이해와 어떤 응용도 가능할 수 있게 미적분 전체의 개념 유도과정 공부가 필요하다.

■ [경향19] 적분법 그래프 고난도
만약 올해 수능에서 미분법 그래프 고난도 문제가 나오지 않는다면 적분법 그래프 고난도 문제가 반드시 출제될 것이다. 식이 그래프에서 갖는 의미와, 개념의 심도깊은 이해, 그리고 그래프 테크닉과 이걸 위한 선수학습까지 모두 필요하다.

▣ 부정적분의 계산

① $n \neq -1$일 때, $\displaystyle\int x^n \, dx = \dfrac{x^{n+1}}{n+1} + C$

② $n = -1$일 때,

$$\int x^{-1} dx = \int \frac{1}{x} dx = \ln |x| + C$$

$$\int dx = x + c$$

③ $\displaystyle\int \sin x \, dx = -\cos x + C$

④ $\displaystyle\int \cos x \, dx = \sin x + C$

⑤ $\displaystyle\int \sec^2 x \, dx = \tan x + C$

⑥ $\displaystyle\int \csc^2 x \, dx = -\cot x + C$

⑦ $\displaystyle\int \sec x \tan x \, dx = \sec x + C$

⑧ $\displaystyle\int \csc x \cot x \, dx = -\csc x + C$

⑨ $\displaystyle\int e^x \, dx = e^x + C$

⑩ $\displaystyle\int a^x \, dx = \dfrac{a^x}{\ln a} + C$

2 치환적분법

①미분가능한 함수 $g(t)$에 대하여 $x = g(t)$일 때

$$\int f(g(t))g'(t)dt = \int f(x)dx$$

②미분가능한 함수 $g(x)$에 대하여 $t = g(x)$일 때

$$\int f(g(x))g'(x)dx = \int f(t)dt$$

Comments " 치환적분 계산법 "

① $g(x)$와 $\times g'(x)$ 찾기
② $g(x) = t$ 치환
③ $dx \rightarrow dt$로 교체 / 적분변수(=미분변수) 교체
④ $g'(x)$를 삭제
　($\times g'(x) \rightarrow \times 1$로 교체)

Comments " 치환적분법 핵심 원리 "

① $F(g(x))$를 x로 미분해보자.
　$\{F(g(x))\}' = f(g(x))g'(x)$
② $g(x) = t$ 치환 후
　$F(g(x)) = F(t)$를 t로 미분해보자.
　$\{F(t)\}' = f(t)$
$\rightarrow$ ①에서는 $f(g(x)) = f(t)$에 $\times g'(x)$가 있지만
　②에서는 $f(g(x)) = f(t)$에 $\times g'(x)$가 없다.

3 부분적분법

$$\int f(x)g'(x)dx = f(x)g(x) - \int f'(x)g(x)dx$$

$$\int f(x)g(x)dx = F(x)g(x) - \int F(x)g'(x)dx$$

적분 $\longleftrightarrow$			미분
e^x	$\sin x,\ \cos x$	$1,\ x,\ x^2,\ x^3$	$\ln x$

4 정적분에서의 치환적분법

① 구간 $[a,\ b]$에서 연속인 함수 $f(x)$에 대하여 미분가능한 함수 $x = g(t)$의 도함수 $g'(t)$가 구간 $[\alpha,\ \beta]$에서 연속이고, $a = g(\alpha),\ b = g(\beta)$이면

$$\int_{\alpha}^{\beta} f(g(t))g'(t)\,dt = \int_{a}^{b} f(x)dx$$

② 구간 $[a,\ b]$에서 연속인 함수 $f(t)$에 대하여 미분가능한 함수 $t = g(x)$의 도함수 $g'(x)$가 구간 $[\alpha,\ \beta]$에서 연속이고, $a = g(\alpha),\ b = g(\beta)$이면

$$\int_{\alpha}^{\beta} f(g(x))g'(x)dx = \int_{a}^{b} f(t)dt$$

Comments " 치환적분의 핵심원리 "

치환적분의 핵심 원리는 합성함수 미분의 역과정이라는 것이다. 원리도 모른 채로 공식에 단순 대입하지 말고 본질을 활용하면 번거로운 치환적분 계산 없이도 바로 식을 도출할 수 있다.

합성함수 미분의 역과정
$$\{F(g(x))\}' = f(g(x))g'(x)$$
$$\Leftrightarrow \int f(g(x))g'(x)dx = F(g(x)) + C$$
$$\therefore \int_{\alpha}^{\beta} f(g(x))g'(x)dx = \left[F(g(x)) \right]_{\alpha}^{\beta}$$

5 정적분에서의 부분적분법

두 함수 $f(x),\ g(x)$가 미분가능하고, $f'(x),\ g'(x)$가 연속일 때

$$\int_{a}^{b} f(x)g'(x)dx = \left[f(x)g(x) \right]_{a}^{b} - \int_{a}^{b} f'(x)g(x)dx$$

6 정적분에서의 급수의 관계

도형의 넓이나 부피를 구할 때 주어진 도형을 세분하여 그 도형의 넓이나 부피의 근삿값을 구한 다음 이 근삿값의 극한값으로 그 도형의 넓이 또는 부피를 구할 수 있다.

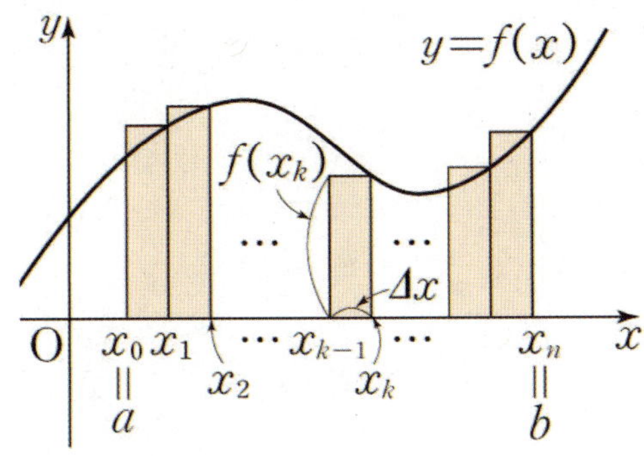

$$\lim_{n\to\infty}\sum_{k=1}^{n}f(x_k)\Delta x = \int_a^b f(x)dx$$

(단, $\Delta x = \dfrac{b-a}{n}$, $x_k = a + k\Delta x$)

■ $f(x) > 0$이면 $\displaystyle\lim_{n\to\infty}\sum_{k=1}^{n}f(x_k)\Delta x > 0$ / $f(x) < 0$이면 $\displaystyle\lim_{n\to\infty}\sum_{k=1}^{n}f(x_k)\Delta x < 0$

Comments " 수험생 90%가 갖고 있는 오개념 but 응용문제의 걸림돌 "

대부분의 학생이 급수를 정적분으로 바꿀 때,

$$\Sigma \to \int \qquad dx \to \Delta x$$

으로 교체하는 것이라는 오개념을 갖고 있는데 이 부분을 반드시 바로 잡아야 한다!
논리적으로 시그마와 인테그랄이 교체 가능한 것일 수가 없다. 게다가 Δx는 '수'이지만 dx는 '수'가 아니다.
Δx의 극한 값이 dx가 아니고 Δx가 바뀌어 dx가 되는 게 아니라는 거다.
dx 기호 모양의 '유래'가 Δx인 것은 맞으나 기호 모양의 '유래'와 수학적으로 치환 가능한 '숫자 값'인지는
전혀 다른 차원의 일이다. 만약 이러한 오개념을 갖고 있다면 수학적 접근이 제대로 이뤄지지 않아 응용된 걸 푸는 데
어려움을 겪을 수도 있다.

Comments " 급수를 정적분으로 고치는 방법 "

① x좌표 = 등차수열 = x_k

② 밑변 = 공차 = $\dfrac{p}{n}$

③ 구간 = x_k범위 = $x_1 \sim x_n$

④ 높이 = 함숫값 = $f(x_k)$

  ↳ $x_k = x$를 치환한 뒤

   Δx를 제외한 부분이 전부 함수 $f(x_k)$이다.

구간 $[a,\ b]$에서 연속인 함수 $y=f(x)$와 x축 및 $x=a$, $x=b$로 둘러싸인 도형의 넓이 S는

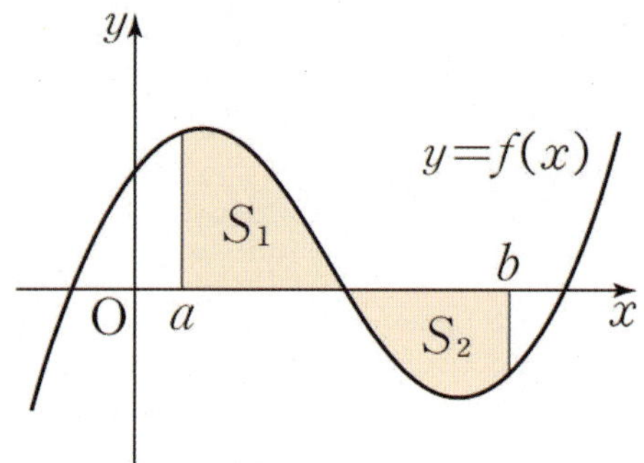

$$\int_a^b |f(x)|\,dx = S$$

$$\int_a^b f(x)\,dx = S_1 - S_2$$

① 두 곡선 $y=f(x)$와 $y=g(x)$ 및 두 직선 $x=a$, $x=b$ (단, $a<b$)로 둘러싸인 도형의 넓이

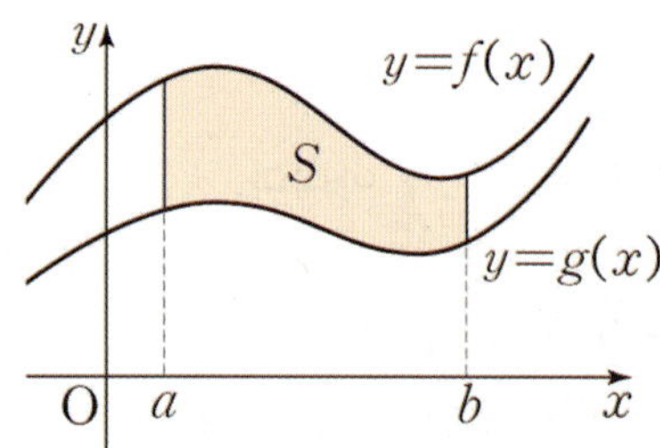

$$\int_a^b |f(x)-g(x)|\,dx = S$$

9 두 함수의 차의 적분

두 함수 $y=f(x)$와 $y=g(x)$에 대하여 닫힌구간 $[a,\ c]$에서 $f(x) \geq g(x)$이고, 닫힌구간 $[c,\ b]$에서 $f(x) \leq g(x)$

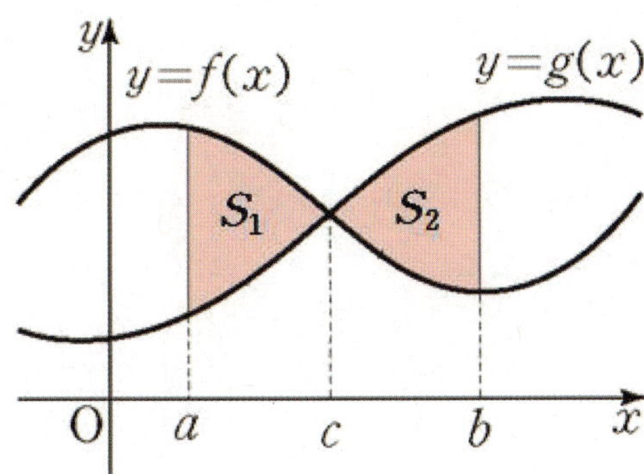

$$\int_a^b \{f(x)-g(x)\}dx = S_1 - S_2$$

10 곡선과 y축으로 둘러싸인 도형의 넓이

함수 $x=g(y)$가 연속이고 $S(t)$가 $x=g(y)$와 y축 및 두 직선 $y=b,\ y=t$로 둘러싸인 도형의 넓이라고 하자.

① $x=g(y) \geq 0$일 때 $\displaystyle\int_b^t g(y)dy = S(t)$

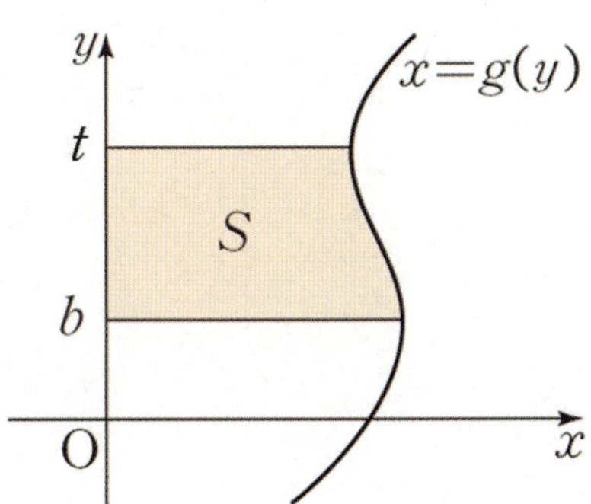

② $x=g(y) \leq 0$일 때 $\displaystyle\int_b^t g(y)dy = -S(t)$

함수 $x=g(y)$가 양인 부분의 넓이를 S_1,
$x=g(y)$가 음인 부분의 넓이를 S_2라고 하자.

③ $\displaystyle\int_b^c g(y)dy = S_1 - S_2$

④ $\displaystyle\int_b^c |g(y)|dy = S_1 + S_2 = S$

구간 $[a, b]$의 임의의 점 x에서 x축에 수직인 평면으로 자른 단면의 넓이가 $S(x)$인 입체의 부피 V는

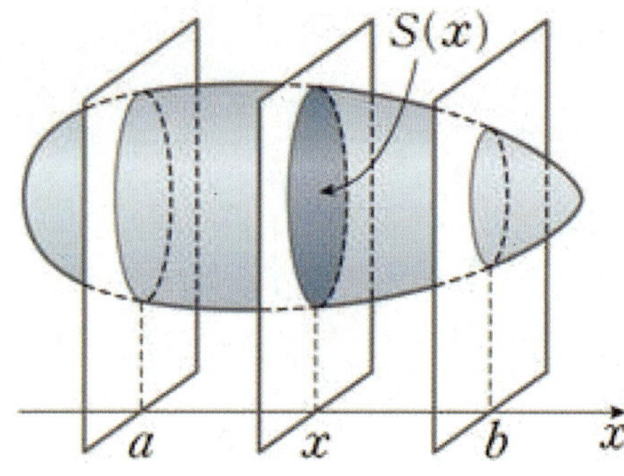

$$V = \int_a^b S(x)\,dx$$

① 곡선 $y = f(x)$ (단, $a \le x \le b$)를 x축의 둘레로 회전시켜 생기는 회전체의 부피 V는

$$V = \pi \int_a^b y^2\,dx = \pi \int_a^b \{f(x)\}^2 dx$$

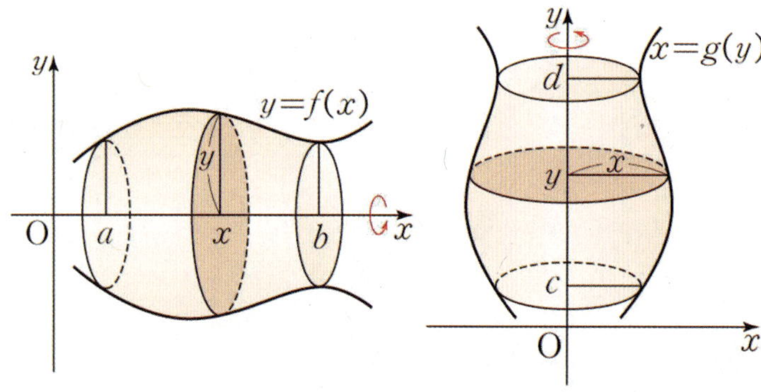

② 곡선 $x = g(y)$ (단, $c \le y \le d$)를 y축의 둘레로 회전시켜 생기는 회전체의 부피 V는

$$V = \pi \int_c^d x^2\,dy = \pi \int_c^d \{g(y)\}^2 dy$$

⓷ 평면운동의 속도와 가속도

평면 위를 움직이는 점 P의 시각 t에서의 위치 (x, y)가 $x = f(t)$, $y = g(t)$로 주어질 때,

① 속도: $\vec{v} = \left(\dfrac{dx}{dt}, \dfrac{dy}{dt} \right) = (f\,'(t), g\,'(t))$

② 속력: $|\vec{v}| = \sqrt{\left(\dfrac{dx}{dt} \right)^2 + \left(\dfrac{dy}{dt} \right)^2}$

$\qquad\quad = \sqrt{\{f'(t)\}^2 + \{g'(t)\}^2}$

③ 가속도: $\vec{a} = \left(\dfrac{d^2 x}{dt^2}, \dfrac{d^2 y}{dt^2} \right) = (f\,''(t), g\,''(t))$

④ 가속도의 크기

$\quad |\vec{a}| = \sqrt{\left(\dfrac{d^2 x}{dt^2} \right)^2 + \left(\dfrac{d^2 y}{dt^2} \right)^2}$

$\qquad\quad = \sqrt{\{f''(t)\}^2 + \{g''(t)\}^2}$

⓸ 평면운동의 이동거리

평면 위의 움직이는 점 P의 시각 t에서의 위치 (x, y) $x = f(t)$, $y = g(t)$라고 하면 $t = a$에서 $t = b$까지 움직인 거리 l

$l = \displaystyle\int_a^b \sqrt{\left(\dfrac{dx}{dt} \right)^2 + \left(\dfrac{dy}{dt} \right)^2}\, dt$

$\quad = \displaystyle\int_a^b \sqrt{\{f\,'(t)\}^2 + \{g\,'(t)\}^2}\, dt$

⓹ 곡선의 길이

① 매개변수 t로 나타내어진 곡선 $x = f(t)$, $y = g(t)$ 구간 $a \le t \le b$에서의 곡선의 길이 l

$\quad l = \displaystyle\int_a^b \sqrt{\left(\dfrac{dx}{dt} \right)^2 + \left(\dfrac{dy}{dt} \right)^2}\, dt = \int_a^b \sqrt{\{f\,'(t)\}^2 + \{g\,'(t)\}^2}\, dt$

② 곡선 $y = f(x)$의 구간 $a \le x \le b$에서의 호의 길이 l

$l = \displaystyle\int_a^b \sqrt{1 + \left(\dfrac{dy}{dx} \right)^2}\, dx = \int_a^b \sqrt{1 + \{f\,'(x)\}^2}\, dx$

경향 12 Minor Trend

경향12 수능 출제 난이도

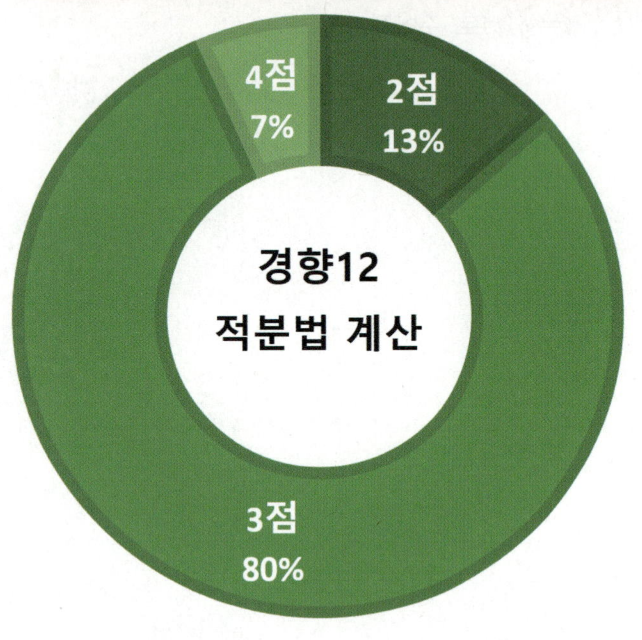

경향12 수능별 데이터 (1)

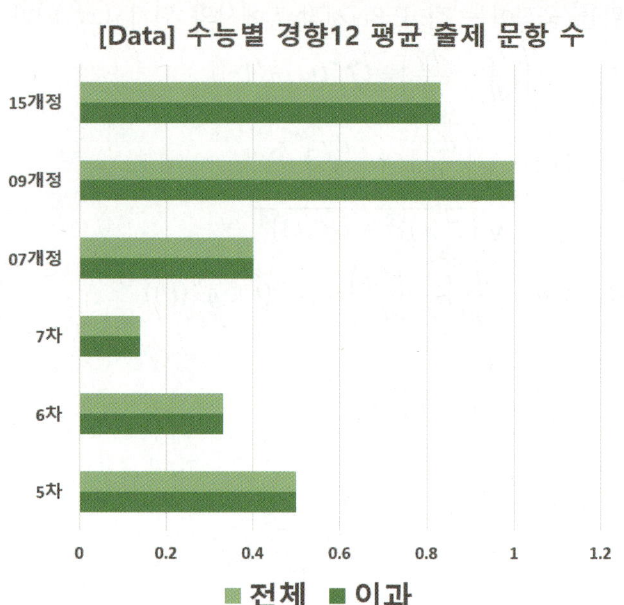

COMMENT

바로 전 교육과정인 09개정부터 꾸준히 나왔고, 최근에도 3년 연속 수능에 나왔어. 하지만 어렵지 않은 문항으로 나왔고, 실제 정답률도 높은 편이야. 하지만 '고난도 계산'은 현 평가원의 트렌드이기 때문에 이 경향을 고난도 문항까지 꼼꼼하게 공부해두는 편이 좋아.

경향12 수능 출제 전망

■■■■□

3년 연속 출제

경향12 적분법 단원 내 출제 비율

20.24%

경향12 공부 우선순위

★★★

**까다로운 적분법 계산은
현 교육과정의 최근 트렌드**

경향12 수능별 데이터 (2)

현교육과정
경향12 수능중요도

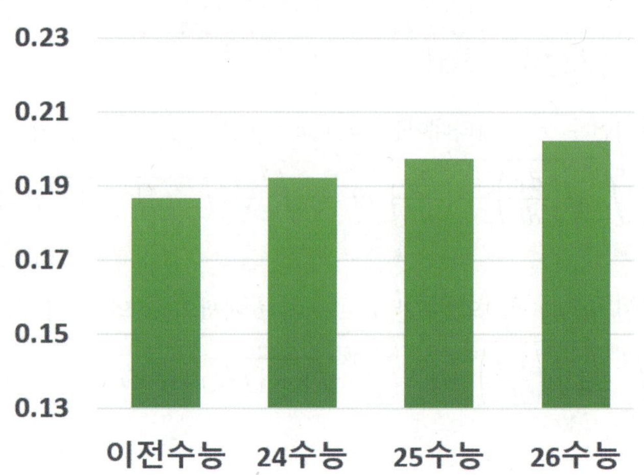

경향12 실전개념분석 057

복습	1회	2회	3회	4회	5회
채점					
O△X					

57. [2021년 수능 (가)형 15번]

$x > 0$ 에서 미분가능한 함수 $f(x)$ 에 대하여

$$f'(x) = 2 - \frac{3}{x^2}, \quad f(1) = 5$$

이다. $x < 0$ 에서 미분가능한 함수 $g(x)$ 가 다음 조건을 만족시킬 때, $g(-3)$ 의 값은? [4점]

> (가) $x < 0$ 인 모든 실수 x 에 대하여
> $g'(x) = f'(-x)$ 이다.
> (나) $f(2) + g(-2) = 9$

① 1　　② 2　　③ 3　　④ 4　　⑤ 5

경향 13 Minor Trend

경향13 수능 출제 난이도

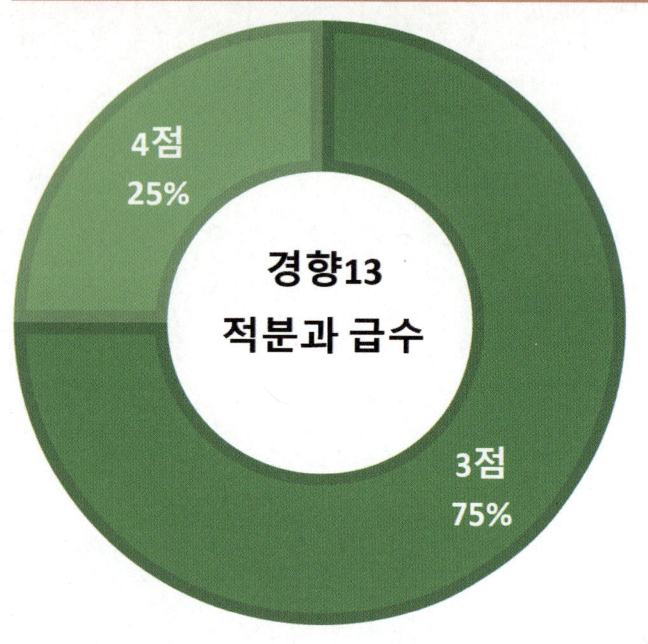

경향13 수능별 데이터 (1)

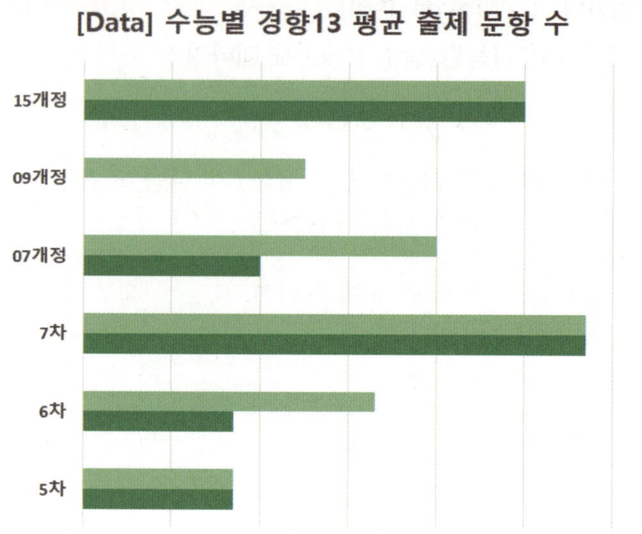

적분과 급수는 이전 교육과정에서는 간접 범위였지만 15개정 교육과정에서는 직접범위로 바뀌었어. 현 교육과정 초반에 자주 출제하던 경향인데 최근에는 잠시 주춤하는 모양새야. 하지만 평가원 모의고사 에서 꾸준하 출제되어 온 만큼 이번 교육과정에서 매우 중요한 경향이라고 할 수 있어.

경향13 수능 출제 전망

■■■■□

비교적 꾸준하게 출제했던
15개정 평가원

경향13 적분법 단원 내 출제 비율

15.48%

경향13 공부 우선순위

★★☆

얼마든지 다시 출제 될 수 있음

경향13 수능별 데이터 (2)

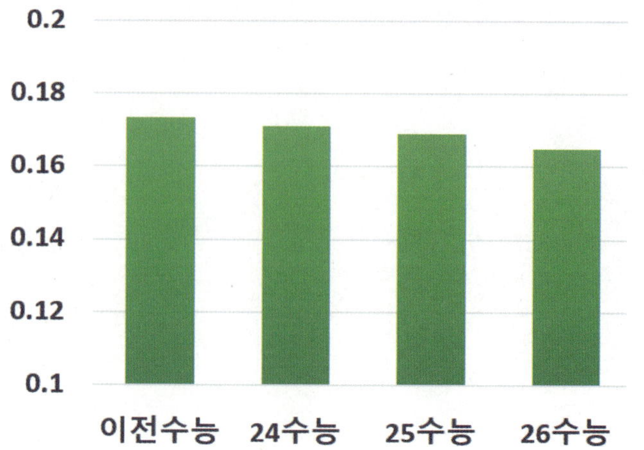

정적분과 급수의 관계

도형의 넓이나 부피를 구할 때 주어진 도형을 세분하여 그
도형의 넓이나 부피의 근삿값을 구한 다음 이 근삿값의
극한값으로 그 도형의 넓이 또는 부피를 구하는 방법

$$\lim_{n \to \infty} \sum_{k=1}^{n} f(x_k) \Delta x = \int_{a}^{b} f(x)dx$$

$$\left(\text{단, } \Delta x = \frac{b-a}{n}, \ x_k = a + k\Delta x \right)$$

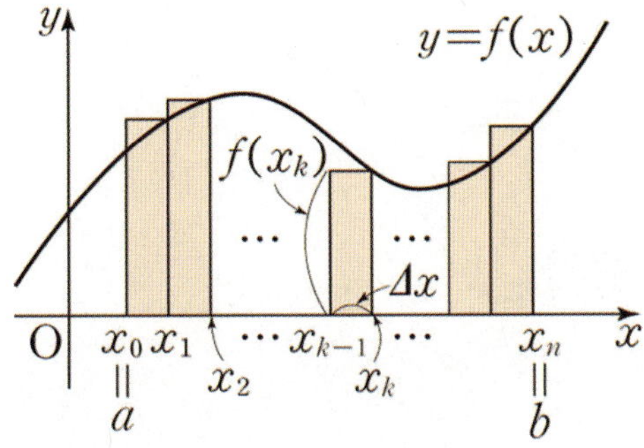

경향 13 Minor Trend

복습	1회	2회	3회	4회	5회
채점					
O△X					

58. [2015년 수능 (B)형 9번]

함수 $f(x) = \dfrac{1}{x}$에 대하여 $\displaystyle\lim_{n \to \infty} \sum_{k=1}^{n} f\left(1 + \dfrac{2k}{n}\right)\dfrac{2}{n}$의 값은?
[3점]

① $\ln 2$ ② $\ln 3$ ③ $2\ln 2$ ④ $\ln 5$ ⑤ $\ln 6$

Analysis〰

대부분의 학생이 급수를 정적분으로 바꿀 때,

$$\sum \;\to\; \int \qquad dx \;\to\; \Delta x$$

으로 교체하는 것이라는 오개념을 갖고 있는데 이 부분을
반드시 바로 잡아야 해. 상식적으로 시그마와 인테그랄이
교체 가능한 것일 수가 없지 않아? 게다가 Δx는
'수'이지만 dx는 '수'가 아니야. Δx의 극한 값이 dx가
아니고 Δx가 바뀌어 dx가 되는 게 아니라는 거지. dx
기호 모양의 '유래'가 Δx인 것은 맞으나 기호 모양의
'유래'와 수학적으로 치환 가능한 '숫자 값'인지는 전혀
다른 차원의 일이야. 수업에서 제대로 된 방법을 배우고
오개념을 바로 잡자.

경향13 실전개념분석 059

복습	1회	2회	3회	4회	5회
채점					
O△X					

59. [2022년 수능 (미적분) 26번]

$$\lim_{n \to \infty} \sum_{k=1}^{n} \frac{k^2 + 2kn}{k^3 + 3k^2 n + n^3}$$의 값은? [3점]

① $\ln 5$　② $\dfrac{\ln 5}{2}$　③ $\dfrac{\ln 5}{3}$　④ $\dfrac{\ln 5}{4}$　⑤ $\dfrac{\ln 5}{5}$

경향 13 Minor Trend

복습	1회	2회	3회	4회	5회
채점 O△X					

60. [2001년 수능 (인문) & (자연) 21번]

다음은 정적분 $\int_0^1 (x^2+1)dx$의 근삿값의 오차의 한계를 구하는 과정의 일부이다.

그림 (가), (나)와 같이 폐구간 $[0,\ 1]$을 n등분하여 얻은 n개의 직사각형들의 넓이의 합을 각각 A, B라 하자. $A - B \leq 0.15$가 되는 n의 최솟값은? [3점]

① 6 ② 7 ③ 8 ④ 9 ⑤ 10

Analysis

무작정 계산하지 말고 그래프 형태로 접근하면 거의 계산하지 않고 풀 수 있다.

경향13 실전개념분석 061

61. [2010년 수능 (가)형 21번]

함수 $f(x) = x^2 + ax + b \ (a \geq 0, \ b > 0)$가 있다. 그림과 같이 2 이상인 자연수 n에 대하여 폐구간 $[0, 1]$을 n 등분한 각분점 (양 끝점도 포함)을 차례로 $0 = x_0, \ x_1, \ x_2, \ \cdots, \ x_{n-1}, \ x_n = 1$이라 하자. 폐구간 $[x_{k-1}, \ x_k]$를 밑변으로 하고 높이가 $f(x_k)$인 직사각형의 넓이를 A_k라 하자. $(k = 1, \ 2, \ \cdots, \ n)$

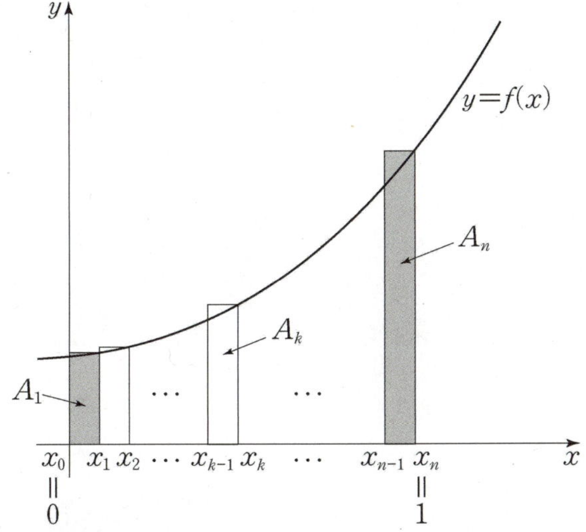

양 끝에 있는 두 직사각형의 넓이의 합이

$A_1 + A_n = \dfrac{7n^2 + 1}{n^3}$ 일 때, $\displaystyle \lim_{n \to \infty} \sum_{k=1}^{n} \dfrac{8k}{n} A_k$ 의 값을

구하시오. [4점]

경향 13 Minor Trend

복습	1회	2회	3회	4회	5회
채점					
O△X					

62. [2005년 수능 (가)형 10번]

다음은 연속함수 $y = f(x)$의 그래프이다.

구간 $[0, 1]$에서 함수 $f(x)$의 역함수 $g(x)$가 존재하고 연속일 때, 극한값

$$\lim_{n \to \infty} \sum_{k=1}^{n} \left\{ g\left(\frac{k}{n}\right) - g\left(\frac{k-1}{n}\right) \right\} \frac{k}{n}$$

와 같은 값을 갖는 것은? [4점]

① $\displaystyle\int_0^1 g(x)\,dx$ ② $\displaystyle\int_0^1 x\,g(x)\,dx$

③ $\displaystyle\int_0^1 f(x)\,dx$ ④ $\displaystyle\int_0^1 x\,f(x)\,dx$

⑤ $\displaystyle\int_0^1 \{f(x) - g(x)\}\,dx$

Analysis

급수를 정적분으로 고칠 때

$$\sum \; \to \; \int \quad dx \; \to \; \Delta x$$

위와 같은 방법이 얼마나 무의미한지를 보여주는 좋은 문제. 개념에 대한 본질적인 이해를 바탕으로 해결해보자.

경향13 실전개념분석 063

63. [1996년 수능 (인문) & (자연) 11번]

$\overline{AB}=2$, $\overline{BC}=1$, $\angle B=90°$ 인 직각삼각형 ABC 가
있다. 변 AB 를 n 등분한 점을 그림과 같이
B_1, B_2, B_3, $\cdots$, B_{n-1} 이라 하고, 각 점에서 변 $\overline{BC}$ 에
평행하게 직선을 그어 변 $\overline{AB}$ 와 만나는 점을 각각
C_1, C_2, C_3, $\cdots$, C_{n-1} 이라 할 때

$$\lim_{n\to\infty}\frac{2\pi}{n}\sum_{k=1}^{n-1}\overline{B_kC_k}^2 \text{ 의 값은?}$$

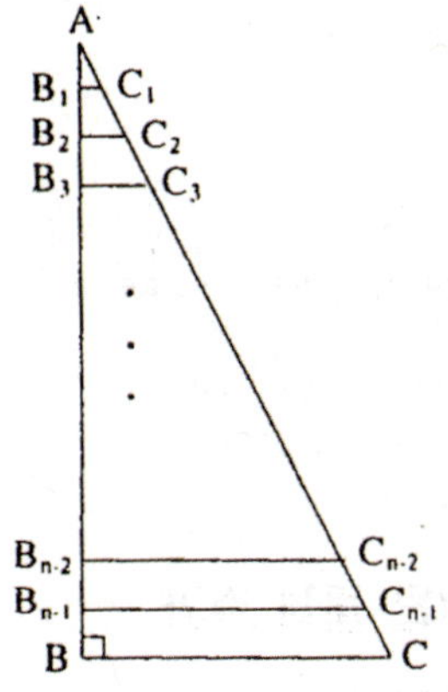

① $\dfrac{\pi}{6}$　② $\dfrac{\pi}{3}$　③ $\dfrac{\pi}{2}$　④ $\dfrac{2\pi}{3}$　⑤ π

복습	1회	2회	3회	4회	5회
채점 O△X					

✎ 필기용 그림

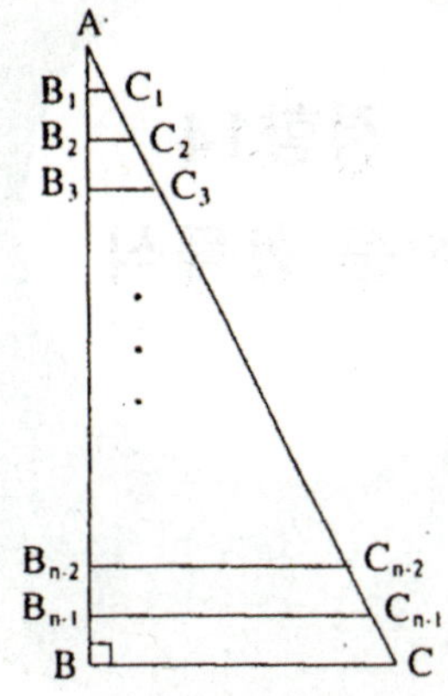

Analysis

식이 그래프에서 갖는 의미를 찾으면 기똥찬 풀이가
가능하다.

경향 14 Minor Trend

경향14 수능 출제 난이도

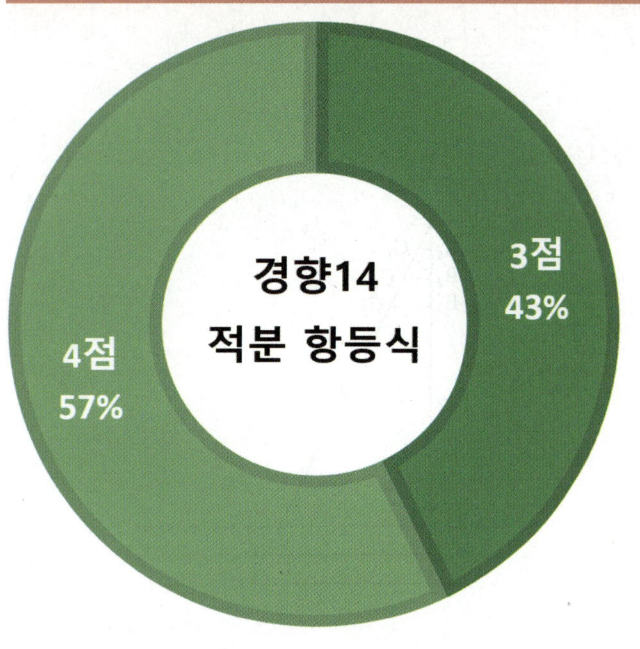

경향14 수능별 데이터 (1)

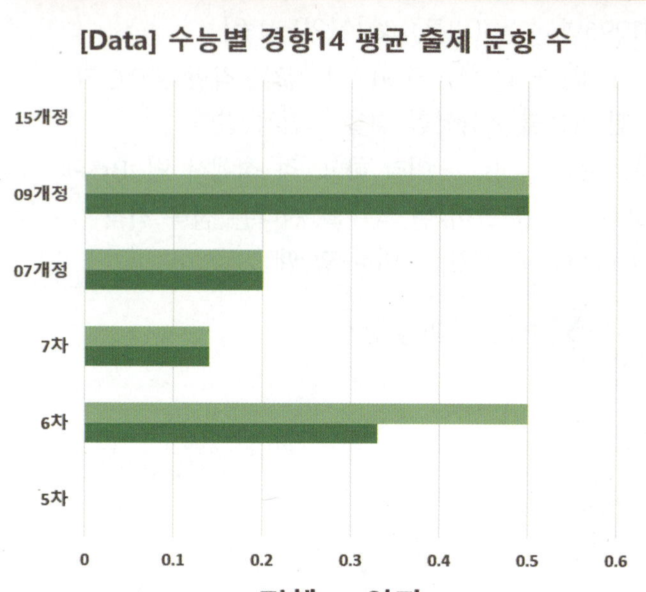

COMMENT

적분 항등식은 $\int_a^x f(t)\,dt$ 꼴이 등장한 문제 패턴을 얘기하는 거야. 데이터를 언뜻 보면 출제된 문제 수가 적은 것 같지만, 여러 가지 경향이 섞여 있어서 다른 경향으로 분류한 문제 중에 적분 항등식에 속하는 문제가 많이 있어. 그렇게 따지자면 출제 빈도가 상당히 높은 편이야.

경향14 수능 출제 전망

■■□□□

단독 출제는 잘 안되지만
다른 경향과 섞여서 자주 출제

경향14 적분법 단원 내 출제 비율

8.33%

경향14 공부 우선순위

★★☆

여러 가지 섞여서 출제
적분법 계산은 잘 해둘 필요가 있음

경향14 수능별 데이터 (2)

현교육과정
경향14 수능중요도

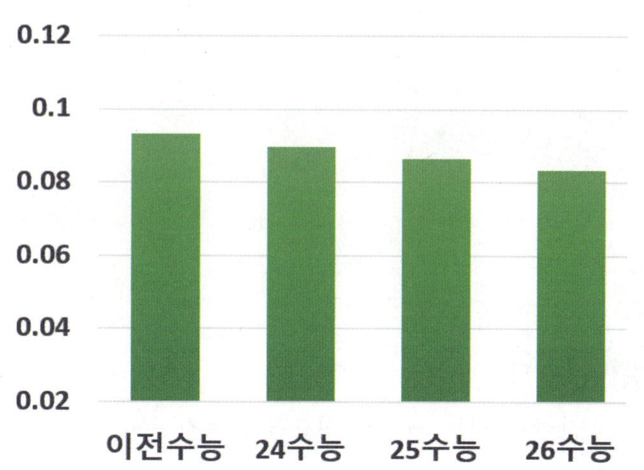

경향14 실전개념분석 064

복습	1회	2회	3회	4회	5회
채점					
O△X					

64. [2003년 수능 (자연) 8번]

함수 $f(x)$는 연속함수이고 모든 실수 x에 대하여 다음 등식이 성립한다.

$$f(x) - 2\int_0^x e^t f(t)\,dt = 1$$

이때, $f''(0)$의 값은? (단, e는 자연로그의 밑이고, $f''(x)$는 $f(x)$의 이계도함수이다.) [3점]

① 2   ② 4   ③ 6   ④ 8   ⑤ 10

Analysis〰

적분항등식의 가장 기본적인 형태의 문제.
여기서 아무리 복잡하고 어려운 문제가 출제된다하더라도
기본적인 문제를 풀 때 사용하는 원칙을 동일하게
적용해야 한다는 걸 명심하자.
대부분 학생들이 쉬운 문제에서 아무 생각 없이 하던 걸,
어려운 문제나 응용문제에서는 하지 않아서 틀린다.

$g(x) = \int_a^x f(t)\,dt$ 꼴이 등장하면 꼭 해야 하는 것!

❶ $x = a$ 대입 : $g(a) = \int_a^a f(t)\,dt = 0$

❷ 미분 : $g'(x) = f(x)$

복습	1회	2회	3회	4회	5회
채점 O△X					

65. [2009년 수능 (가)형 미분과 적분 29번]

함수 $f(x)$를 $f(x) = \int_a^x \{2 + \sin(t^2)\}\,dt$ 라 하자.

$f''(a) = \sqrt{3}\,a$ 일 때, $(f^{-1})'(0)$의 값은?

(단, a는 $0 < a < \sqrt{\dfrac{\pi}{2}}$ 인 상수이다.) [4점]

① $\dfrac{1}{10}$　② $\dfrac{1}{5}$　③ $\dfrac{3}{10}$　④ $\dfrac{2}{5}$　⑤ $\dfrac{1}{2}$

Analysis

앞에서 푼 [2003년 수능 (자연) 8번]와 거의 동일한 문제.
역시 수능은 매년 완전히 새로운 문제가 나오는
시험이라기보다는 냈던 것을 서슴없이 다시 내는 시험이다.

경향14 실전개념분석 066

66. [2012년 수능 (가)형 28번]

함수 $f(x) = 3(x-1)^2 + 5$ 에 대하여 함수 $F(x)$ 를

$F(x) = \displaystyle\int_0^x f(t)\,dt$ 라 하자. 미분가능한 함수 $g(x)$ 가 모든

실수 x 에 대하여 $F(g(x)) = \dfrac{1}{2}F(x)$ 를 만족시킨다.

$g'(2) = p$ 일 때, $30p$ 의 값을 구하시오. [4점]

복습	1회	2회	3회	4회	5회
채점					
O△X					

Analysis

앞의 문제들이 계산만 하면 되는 것이었다면 이 문제는
그래프 해석도 중요하다. 특히 대칭성이 있는 그래프는
적분에서 중요한 특징이 생기니, 이를 잊지 말자.

경향 14 Minor Trend

67. [2017년 수능 (가)형 20번]

함수 $f(x) = e^{-x} \displaystyle\int_0^x \sin(t^2)\, dt$ 에 대하여 <보기>에서

옳은 것만을 있는 대로 고른 것은? [4점]

[보 기]

ㄱ. $f(\sqrt{\pi}) > 0$

ㄴ. $f'(a) > 0$ 을 만족시키는 a가 열린구간
  $(0, \sqrt{\pi})$에 적어도 하나 존재한다.

ㄷ. $f'(b) = 0$ 을 만족시키는 b가 열린구간
  $(0, \sqrt{\pi})$에 적어도 하나 존재한다.

---

① ㄱ ② ㄷ ③ ㄱ, ㄴ ④ ㄴ, ㄷ ⑤ ㄱ, ㄴ, ㄷ

복습	1회	2회	3회	4회	5회
채점 O△X					

Analysis

특정 조건을 만족하는 값이 열린구간에 존재하는지를 묻는
문제가 나왔들 때
→ 교과서에서 이와 관련된 개념은
<사잇값의 정리>와 <평균값의 정리>뿐이다!

■ 평균값의 정리

함수 $f(x)$가 닫힌구간 $[a, b]$에서 연속이고
열린구간 (a, b)에서 미분가능하면

$$\frac{f(b) - f(a)}{b - a} = f'(c) \quad (단, \ a < c < b)$$

인 c가 개구간 (a, b) 안에 적어도 하나 존재한다.

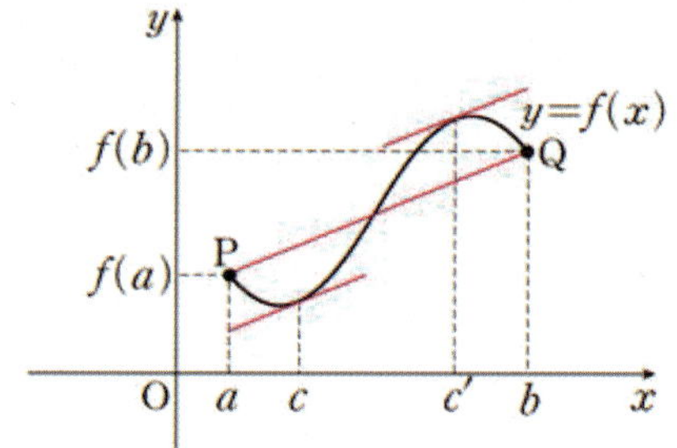

■ 사잇값 정리

함수 $f(x)$가 닫힌구간 $[a, b]$에서 연속이고
$f(a) \neq f(b)$이면, $f(a)$와 $f(b)$ 사이의 임의의 값 k에
대하여 다음을 만족시키는 c가 열린구간 (a, b)에 적어도
하나 존재한다.

$$f(c) = k$$

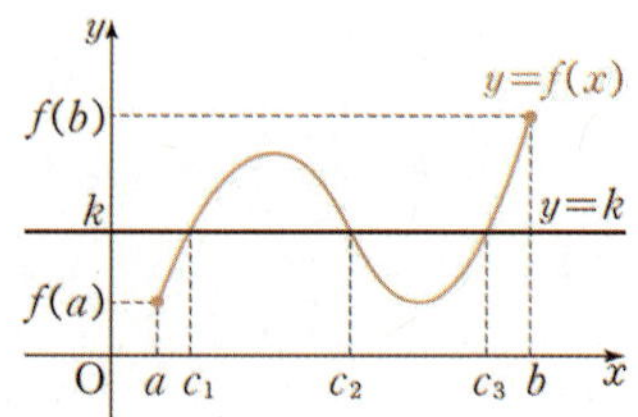

[실전] 함수 $f(x)$가 닫힌구간 $[a, b]$에서 연속이고
  $f(a) \times f(b) < 0$이면?

경향14 실전개념분석 068

68. [2018년 수능 (가)형 15번]
함수 $f(x)$가

$$f(x)=\int_0^x \frac{1}{1+e^{-t}}\,dt$$

일 때, $(f \circ f)(a)= \ln 5$를 만족시키는 실수 a의 값은?
[4점]

① $\ln 11$ ② $\ln 13$ ③ $\ln 15$
④ $\ln 17$ ⑤ $\ln 19$

복습	1회	2회	3회	4회	5회
채점					
○△X					

Analysis

알고 나면 별 것도 아닌데 당시 많은 학생들이 이 문제를
풀지 못했다. 식을 아무 생각 없이 보는 것이 아니라
특징적인 부분이 무엇이 있는지 생각하는 습관이 중요하다.

경향 15 Minor Trend

경향15 수능 출제 난이도

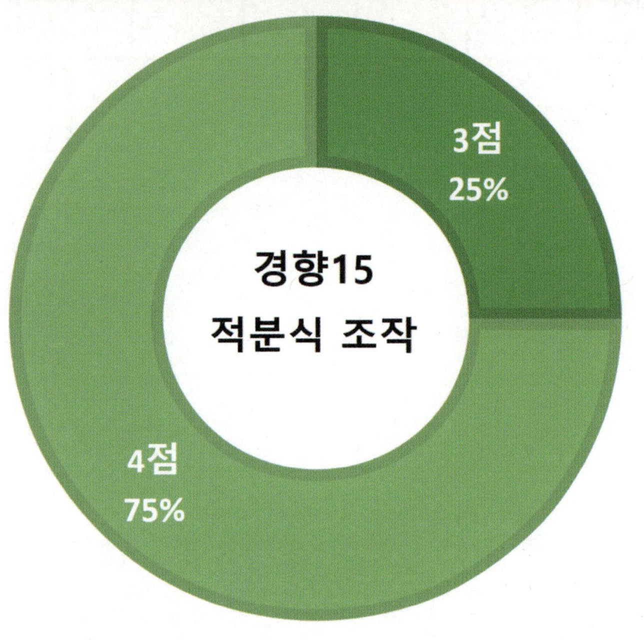

경향15 수능별 데이터 (1)

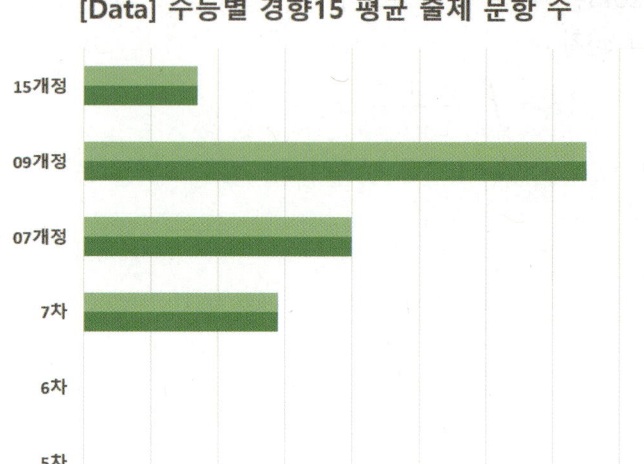

적분법 단원은 다른 단원에 비해, 식이 복잡하고 공식도 많아. 그러다 보니 적분식을 얼마나 잘 다룰 수 있는지가, 평가원에서 굉장히 중요시 여기는 출제 포인트야. 직전 교육과정에서도 현 교육과정에서도 이 적분식 조작을 매우 중요하게 생각하고 있어. 특히 새롭게 개정 될 교육과정에 수능 예시문항에도 이 적분식 조작 문항이 들어가 있어. 시대를 관통하는 핵심이라고 볼 수 있지. 그 뿐만이 아니야. 작년 9모에서는 이 경향에서 30번 문항으로 출제했기 때문에 꼭 꼼꼼하게 공부하자.

경향15 수능 출제 전망

■■■■□

6년 만에 재작년 수능 출제

경향15 적분법 단원 내 출제 비율

9.52%

경향15 공부 우선순위

★★★

다른 경향에 섞여서 자주 출제
+작년 9모 30번 단독 출제

경향15 수능별 데이터 (2)

현교육과정
경향15 수능중요도

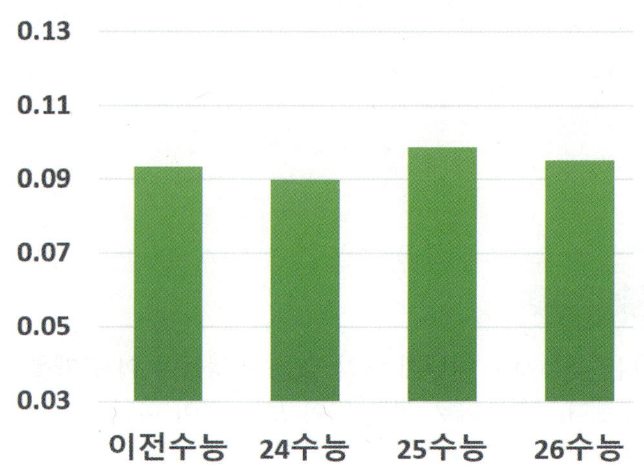

경향15 실전개념분석 069

복습	1회	2회	3회	4회	5회
채점					
O△X					

69. [2019년 수능 (가)형 16번]

$x > 0$에서 정의된 연속함수 $f(x)$가 모든 양수 x에 대하여

$$2f(x) + \frac{1}{x^2}f\left(\frac{1}{x}\right) = \frac{1}{x} + \frac{1}{x^2}$$

을 만족시킬 때, $\displaystyle\int_{\frac{1}{2}}^{2} f(x)\,dx$ 의 값은? [4점]

① $\dfrac{\ln 2}{3} + \dfrac{1}{2}$　② $\dfrac{2\ln 2}{3} + \dfrac{1}{2}$　③ $\dfrac{\ln 2}{3} + 1$

④ $\dfrac{2\ln 2}{3} + 1$　⑤ $\dfrac{2\ln 2}{3} + \dfrac{3}{2}$

Analysis〰

문제를 잘 해결하는 비결은 뭐니뭐니해도 식의 특징을 잘 파악하는 거지!
(1) 이 문제와 관련 있는 개념이 무엇인지 파악할 것
(2) 여러 조건 식 사이의 관계를 파악할 것

■ 치환적분법

치환적분의 핵심 원리는 합성함수 미분의 역과정이라는 것이다. 원리도 모른 채로 공식에 단순 대입하지 말고 본질을 활용하면 번거로운 치환적분 계산 없이도 바로 식을 도출할 수 있다.

(1) 합성함수 미분의 역과정
$$\{F(g(x))\}' = f(g(x))g'(x)$$
$$\Leftrightarrow \int f(g(x))g'(x)dx = F(g(x)) + C$$
$$\therefore \int_{\alpha}^{\beta} f(g(x))g'(x)dx = \left[F(g(x))\right]_{\alpha}^{\beta}$$

(2) 구간 $[a,\ b]$에서 연속인 함수 $f(t)$에 대하여 미분가능한 함수 $t = g(x)$의 도함수 $g'(x)$가 구간 $[\alpha,\ \beta]$에서 연속이면
$$\int_{\alpha}^{\beta} f(g(x))g'(x)dx = \int_{g(\alpha)}^{g(\beta)} f(t)dt$$

경향 15 Minor Trend

복습	1회	2회	3회	4회	5회
채점					
O△X					

70. [2019년 수능 (가)형 21번]

실수 전체의 집합에서 미분가능한 함수 $f(x)$가 다음 조건을 만족시킬 때, $f(-1)$의 값은? [4점]

> (가) 모든 실수 x에 대하여
> $2\{f(x)\}^2 f'(x) = \{f(2x+1)\}^2 f'(2x+1)$이다.
> (나) $f\left(-\dfrac{1}{8}\right) = 1, \ f(6) = 2$

① $\dfrac{\sqrt[3]{3}}{6}$ ② $\dfrac{\sqrt[3]{3}}{3}$ ③ $\dfrac{\sqrt[3]{3}}{2}$ ④ $\dfrac{2\sqrt[3]{3}}{3}$ ⑤ $\dfrac{5\sqrt[3]{3}}{6}$

경향15 실전개념분석 071

———————— **1등급**

복습	1회	2회	3회	4회	5회
채점					
O△X					

71. [2010년 수능 (가)형 미분과 적분 29번]
실수 전체의 집합에서 이계도함수를 갖는 두 함수
$f(x)$ 와 $g(x)$에 대하여 정적분

$$\int_0^1 \{f'(x)g(1-x) - g'(x)f(1-x)\}dx$$

의 값을 k 라 하자. 옳은 것만은 [보기]에서 있는 대로
고른 것은? [4점]

———————— [보 기] ————————

ㄱ. $\displaystyle\int_0^1 \{f(x)g'(1-x) - g(x)f'(1-x)\}dx = -k$

ㄴ. $f(0) = f(1)$이고 $g(0) = g(1)$이면, $k = 0$이다.

ㄷ. $f(x) = \ln(1+x^4)$이고
　 $g(x) = \sin \pi x$이면, $k = 0$이다.

① ㄴ　② ㄷ　③ ㄱ, ㄴ　④ ㄱ, ㄷ　⑤ ㄱ, ㄴ, ㄷ

경향 15 **Minor Trend**

————— 1등급 —————

복습	1회	2회	3회	4회	5회
채점					
O△X					

72. [2011년 수능 (가)형 미분과 적분 28번]
실수 전제의 집합에서 미분가능한 함수 $f(x)$가 있다.
모든 실수 x에 대하여 $f(2x) = 2f(x)f'(x)$이고,

$$f(a) = 0, \quad \int_{2a}^{4a} \frac{f(x)}{x}dx = k \quad (a > 0,\ 0 < k < 1)$$

일 때, $\displaystyle\int_{a}^{2a} \frac{\{f(x)\}^2}{x^2}dx$의 값을 k로 나타낸 것은? [3점]

① $\dfrac{k^2}{4}$ ② $\dfrac{k^2}{2}$ ③ k^2 ④ k ⑤ $2k$

Analysis

단순히 풀이 방법 계산이 중요한 것이 아니라,
이 풀이 방법을 생각해내는 방법을 터득하는 것이
중요하다. 식의 특징을 파악해서 논리적 추론을 하는
방법을 배워보자.

경향15 실전개념분석 073

====1등급====

복습	1회	2회	3회	4회	5회
채점 O△X					

73. [2014년 수능 (B)형 21번]

연속함수 $y = f(x)$의 그래프가 원점에 대하여 대칭이고,
모든 실수 x에 대하여

$f(x) = \dfrac{\pi}{2} \displaystyle\int_{1}^{x+1} f(t)dt$ 이다. $f(1) = 1$일 때,

$\pi^2 \displaystyle\int_{0}^{1} xf(x+1)dx$의 값은? [4점]

① $2(\pi - 2)$ ② $2\pi - 3$ ③ $2(\pi - 1)$

④ $2\pi - 1$ ⑤ 2π

Analysis

$g(x) = \displaystyle\int_{a}^{x} f(t)dt$ 꼴이 등장하면 꼭 해야 하는 것!

❶ $x = a$ 대입 : $g(a) = \displaystyle\int_{a}^{a} f(t)dt = 0$

❷ 미분 : $g'(x) = f(x)$

경향 15 Minor Trend

복습	1회	2회	3회	4회	5회
채점					
O△X					

1등급

74. [2017년 수능 (가)형 21번]

닫힌구간 $[0, 1]$에서 증가하는 연속함수 $f(x)$가

$$\int_0^1 f(x)dx = 2, \quad \int_0^1 |f(x)|dx = 2\sqrt{2}$$

를 만족시킨다. 함수 $F(x)$가

$$F(x) = \int_0^x |f(t)|dt \quad (0 \le x \le 1)$$

일 때, $\int_0^1 f(x)F(x)dx$의 값은? [4점]

① $4 - \sqrt{2}$ ② $42 + \sqrt{2}$ ③ $5 - \sqrt{2}$

④ $1 + 2\sqrt{2}$ ⑤ $2 + 2\sqrt{2}$

경향15 실전개념분석 075

— 1등급 —

복습	1회	2회	3회	4회	5회
채점					
O△X					

75. [2025년 수능 (미적분) 28번]

실수 전체의 집합에서 미분가능한 함수 $f(x)$의 도함수 $f'(x)$가

$$f'(x) = -x + e^{1-x^2}$$

이다. 양수 t에 대하여 곡선 $y = f(x)$ 위의 점 $(t, f(t))$에서의 접선과 곡선 $y = f(x)$ 및 y축으로 둘러싸인 부분의 넓이를 $g(t)$라 하자. $g(1) + g'(1)$의 값은? [4점]

① $\frac{1}{2}e + \frac{1}{2}$ ② $\frac{1}{2}e + \frac{2}{3}$ ③ $\frac{1}{2}e + \frac{5}{6}$

④ $\frac{2}{3}e + \frac{1}{2}$ ⑤ $\frac{2}{3}e + \frac{2}{3}$

Analysis

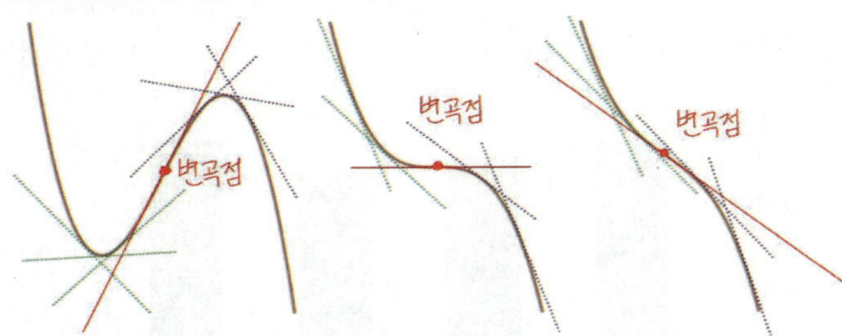

아래로 볼록 ▶ 접선이 곡선 아래에
위로 볼록 ▶ 접선이 곡선 위에

경향 16 Minor Trend

경향16 수능 출제 난이도

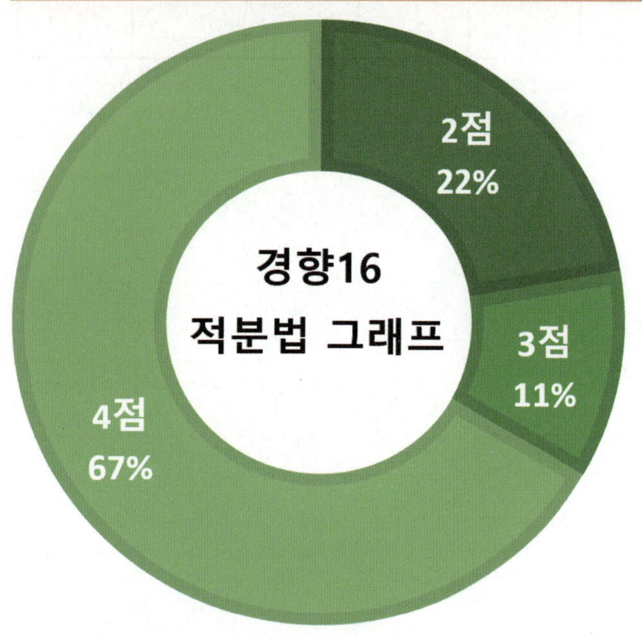

경향16 수능별 데이터 (1)

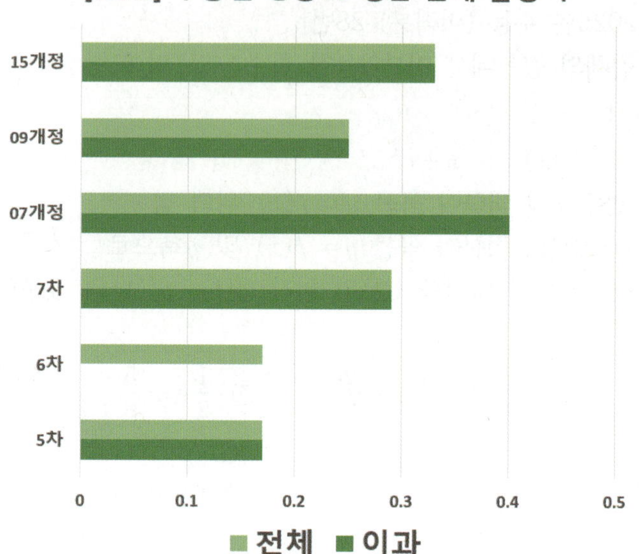

COMMENT

대체적으로 쉽게 출제된 경향이기는 하지만 여기 있는 문제들을 잘 풀어야 고난도로 출제돼도 잘 풀 수 있게 되니까 겸손한 마음으로 꼼꼼히 공부하자. 적분법 그래프는 특히 식이 그래프에서 갖는 의미를 파악하는 것과 그래프를 관찰하는 것이 무척 중요해! 적분법 그래프를 학생들이 푸는 것을 보면 그래프의 대칭이동, 평행이동, 혹은 그래프의 의미를 정확하게 해석해서 계산양을 줄여가며 푸는 친구들이 있는 반면, 그냥 무턱대고 식을 변형하고 계산하는 식으로 의미 없게 문제 푸는 친구들도 있더라. 우리는 공부할 때 꼭 식이 그래프에서 갖는 의미를 해석하는 연습을 하고, 그래프가 주는 정보를 꼼꼼하게 파악해서 계산 양을 줄일 수는 없을까?를 고민해보도록 하자.

경향16 수능 출제 전망

■■■□□

고난도 그래프 문제 기반

경향16 적분법 단원 내 출제 비율

10.72%

경향16 공부 우선순위

★★★

**미적분에서 그래프를 빼면
미적분이 아니지**

경향16 수능별 데이터 (2)

**현교육과정
경향16 수능중요도**

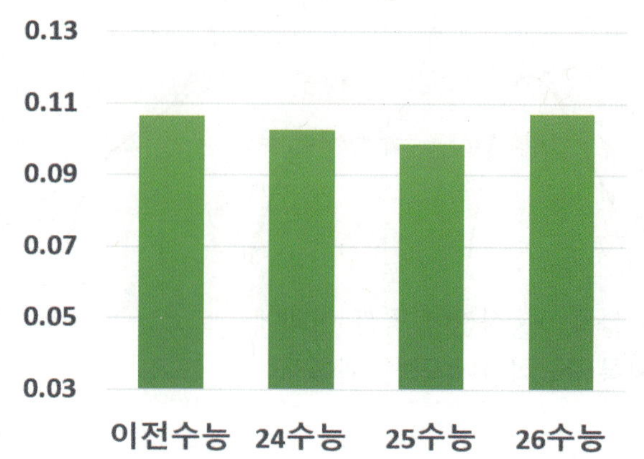

경향16 실전개념분석 076

복습	1회	2회	3회	4회	5회
채점					
O△X					

76. [2006년 수능 (가)형 미분과 적분 28번]

함수 $f(x) = e^{-x}$과 자연수 n에 대하여 점 P_n, Q_n을 각각 $P_n(n, f(n))$, $Q_n(n+1, f(n))$이라 하자. 삼각형 $P_n P_{n+1} Q_n$의 넓이를 A_n, 선분 $P_n P_{n+1}$과 함수 $y = f(x)$의 그래프로 둘러싸인 도형의 넓이를 B_n 이라 할 때, <보기>에서 옳은 것을 모두 고른 것은? [4점]

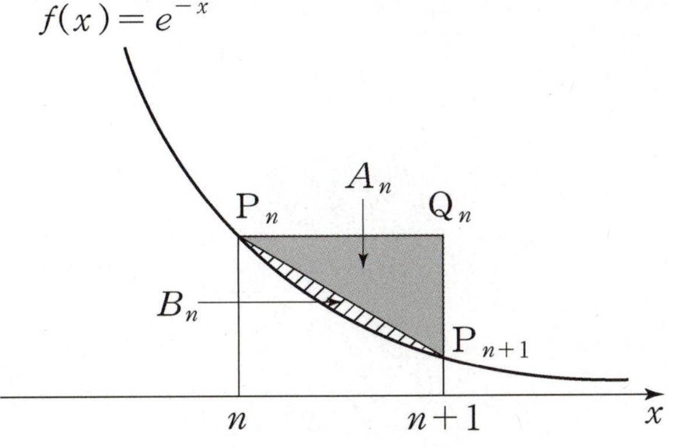

[보 기]

ㄱ. $\displaystyle\int_n^{n+1} f(x)\, dx = f(n) - (A_n + B_n)$

ㄴ. $\displaystyle\sum_{n=1}^{\infty} A_n = \frac{1}{2e}$

ㄷ. $\displaystyle\sum_{n=1}^{\infty} B_n = \frac{3-e}{2e(e-1)}$

① ㄱ ② ㄱ, ㄴ ③ ㄱ, ㄷ ④ ㄴ, ㄷ ⑤ ㄱ, ㄴ, ㄷ

Analysis〜

식이 그래프에서 갖는 의미를 해석할 것!

경향 16 Minor Trend

복습	1회	2회	3회	4회	5회
채점 O△X					

77. [2012년 수능 (가)형 16번]

그림에서 두 곡선 $y=e^x$, $y=xe^x$ 과 y 축으로 둘러싸인 부분 A 의 넓이를 a, 두 곡선 $y=e^x$, $y=xe^x$ 과 직선 $x=2$ 로 둘러싸인 부분 B 의 넓이를 b 라 할 때, $b-a$ 의 값은? [4점]

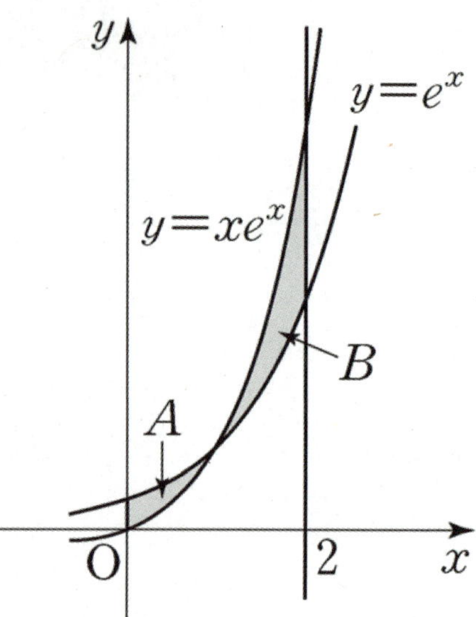

① $\dfrac{3}{2}$　② $e-1$　③ 2　④ $\dfrac{5}{2}$　⑤ e

Analysis

적분 구간을 구하겠다고 두 그래프의 교점을 구하려고
하면 문제 풀 때 개념을 전혀 떠올리지 않고 있는 것이다.

■ 두 함수의 차의 적분

두 함수 $y=f(x)$와 $y=g(x)$에 대하여
닫힌구간 $[a,\ c]$에서 $f(x) \geq g(x)$이고,
닫힌구간 $[c,\ b]$에서 $f(x) \leq g(x)$이다.

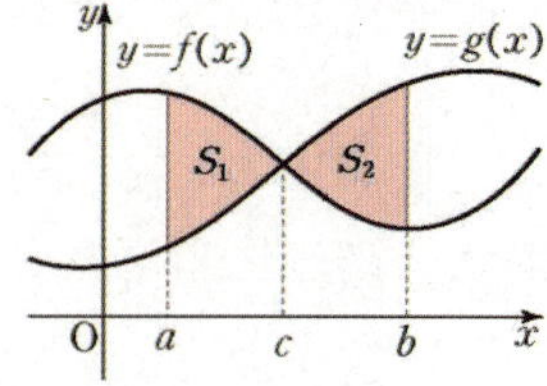

$$\int_a^b \{f(x)-g(x)\}dx = S_1 - S_2$$

경향16 실전개념분석 078

복습	1회	2회	3회	4회	5회
채점 O△X					

78. [2018년 수능 (가)형 12번]

곡선 $y = e^{2x}$과 y축 및 직선 $y = -2x + a$로 둘러싸인 영역을 A, 곡선 $y = e^{2x}$과 두 직선 $y = -2x + a$, $x = 1$로 둘러싸인 영역을 B라 하자. A의 넓이와 B의 넓이가 같을 때, 상수 a의 값은? (단, $1 < a < e^2$) [3점]

① $\dfrac{e^2 + 1}{2}$ ② $\dfrac{2e^2 + 1}{4}$ ③ $\dfrac{e^2}{2}$

④ $\dfrac{2e^2 - 1}{4}$ ⑤ $\dfrac{e^2 - 1}{2}$

Analysis

이 문제도 바로 전 문제인 [2012년 수능 (가)형 16번]와 마찬가지로 적분 구간을 구하겠다고 방정식 $e^{2x} = -2x + a$를 풀려고 들면 안된다.
심지어 풀 수조차 없다. 지수식과 일차식이 섞인 방정식은 일반적으로는 풀이가 불가하다.

경향 16 Minor Trend

복습	1회	2회	3회	4회	5회
채점 O△X					

79. [2015년 수능 (B)형 28번]

양수 a에 대하여 함수 $f(x) = \int_0^x (a-t)e^t dt$의 최댓값이

32이다. 곡선 $y = 3e^x$과 두 직선 $x = a$, $y = 3$으로
둘러싸인 부분의 넓이를 구하시오. [4점]

Analysis

생각은 단서에서 시작하는 것이 아니라 답에서 시작해야
한다. 이걸 못해서 많은 학생들이 이 문제를 틀리고,
풀이를 보고서야 의외로 쉽게 풀 수 있었다는 것에 허탈해
했다.

흔히 빠지는 함정이 문제 풀이 과정 중 등장하는
$e^a - a - 1 = 32$에서 a값을 구해야 한다고 착각하는
것이다. 그러나 지수식과 일차식이 섞인 방정식은
일반적으로는 풀이가 불가하다는 걸 인식해야 한다.

경향16 실전개념분석 080

복습	1회	2회	3회	4회	5회
채점					
O△X					

80. [2023년 수능 (미적분) 29번]

세 상수 $a,\ b,\ c$에 대하여 함수 $f(x) = ae^{2x} + be^x + c$가 다음 조건을 만족시킨다.

> (가) $\displaystyle\lim_{x \to -\infty} \frac{f(x)+6}{e^x} = 1$
>
> (나) $f(\ln 2) = 0$

함수 $f(x)$의 역함수를 $g(x)$라 할 때,

$$\int_0^{14} g(x)dx = p + q\ln 2$$ 이다. $p+q$의 값을 구하시오. (단,

$p,\ q$는 유리수이고, $\ln 2$는 무리수이다.) [4점]

Analysis

역함수의 적분을 구하라는 문제가 나왔을 때는,
새로 역함수의 그래프를 그리지 말고
원래 있는 그래프를 그대로 활용하는 것이 좋다.
그래프를 바꾸지 말고 축을 바꾸는 것이다!
세로축을 x축, 가로축을 y축이라 두면
그래프의 모양은 그대로이지만
이 그래프는 사실상 $f(x)$가 아닌 역함수 $g(x)$가 된다!

경향13 [2005년 수능 (가)형 10번]에서도 같은 아이디어를
사용했다.

[개념] f와 g가 역함수 관계
$f(a) = b \iff g(b) = a$

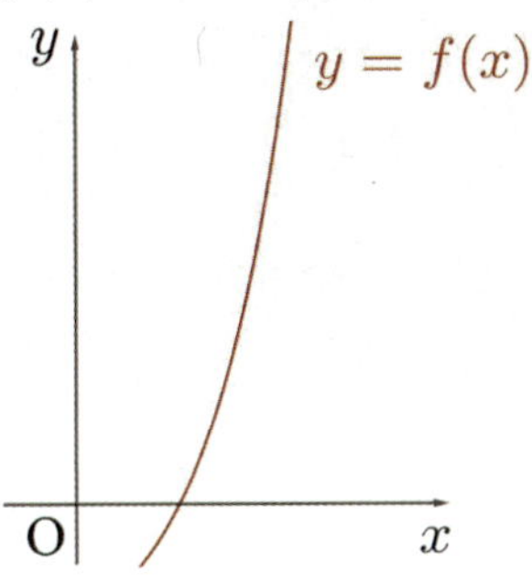

경향 16 Minor Trend

경향16 실전개념분석 081

복습	1회	2회	3회	4회	5회
채점 O△X					

81. [2026년 수능 (미적분) 28번]
함수

$$f(x)=\frac{1}{2}x^2-x+\ln(1+x)$$

와 양수 t에 대하여 점 $(s, f(s))$ $(s>0)$에서 y축에 내린 수선의 발과 곡선 $y=f(x)$ 위의 점 $(s, f(s))$에서의 접선이 y축과 만나는 점 사이의 거리가 t가 되도록 하는 s의 값을 $g(t)$라 하자. $\displaystyle\int_{\frac{1}{2}}^{\frac{27}{4}} g(t)\,dt$ 의 값은? [4점]

① $\dfrac{161}{12}+\ln 3$　② $\dfrac{40}{3}+\ln 3$　③ $\dfrac{53}{4}+\ln 2$

④ $\dfrac{79}{6}+\ln 2$　⑤ $\dfrac{157}{12}+\ln 2$

Analysis〰

역함수의 적분에 관한 문제가 [2023년 수능 (미적분) 29번]에 이어 3년 만에 다시 출제됐다. 최근에 출제된 문제 아이디어가 재활용되면 아무래도 조금 더 어려운 요소가 추가되기 마련이다. 이 문제에서는 역함수 자체를 직접적으로 드러내지 않는 방식이 활용됐다. 역함수를 파악하기만 하면 어렵지 않은 문제인데, 많은 학생들이 이걸 파악하지 못해서 상당히 높은 오답률을 기록했던 문제다.

경향 17 Minor Trend

경향17 수능 출제 난이도

경향17 수능별 데이터 (1)

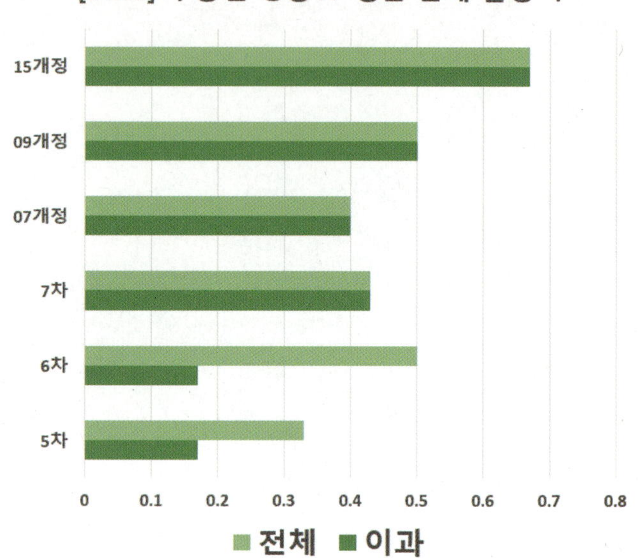

응용될 여지가 크지 않기 때문에 공식을 외우고 기본적인 문제 풀이 연습만 해두면 충분히 풀 수 있는 수준으로 출제되고 있어. 그래서 매년 수능에서 개념과 공식을 아는가? 수준의 3점 문항으로 출제되고 있고. 회전체의 부피 문제는 09개정 교육과정부터 삭제된 내용이지만 현재 교육과정 내용만으로도 조금만 생각하면 충분히 풀리기 때문에 이 책에 넣었어.

경향17 수능 출제 전망

매년 3점 문제 출제

경향17 적분법 단원 내 출제 비율

19.05%

경향17 공부 우선순위

★★★

이런 문제는 틀리면 안 된다!
계산 양을 줄이면서 풀기

경향17 수능별 데이터 (2)

현교육과정
경향17 수능중요도

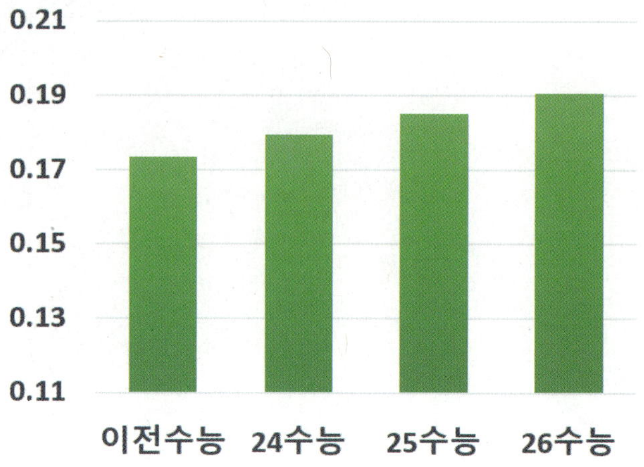

경향17 실전개념분석 082

82. [2026년 수능 (미적분) 26번]
그림과 같이 곡선 $y = \sqrt{x + x\ln x}$ 와 x 축 및 두 직선
$x = 1$, $x = 2$ 로 둘러싸인 부분을 밑면으로 하는
입체도형이 있다. 이 입체도형을 x 축에 수직인 평면으로
자른 단면이 모두 정삼각형일 때, 이 입체도형의 부피는?
[3점]

복습	1회	2회	3회	4회	5회
채점					
O△X					

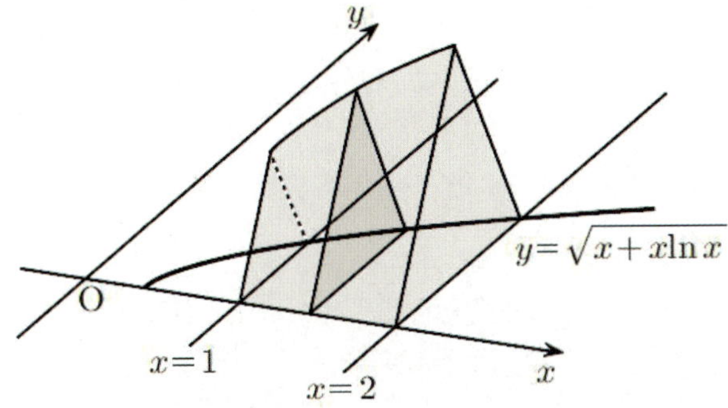

① $\dfrac{\sqrt{3}\,(3 + 8\ln 2)}{16}$ ② $\dfrac{\sqrt{3}\,(5 + 12\ln 2)}{24}$

③ $\dfrac{\sqrt{3}\,(1 + 12\ln 2)}{16}$ ④ $\dfrac{\sqrt{3}\,(1 + 2\ln 2)}{4}$

⑤ $\dfrac{\sqrt{3}\,(1 + 9\ln 2)}{12}$

Analysis

■ 입체도형의 부피

구간 $[a, b]$ 의 임의의 점 x 에서 x 축에 수직인 평면으로
자른 단면의 넓이가 $S(x)$ 인 입체의 부피 V 는

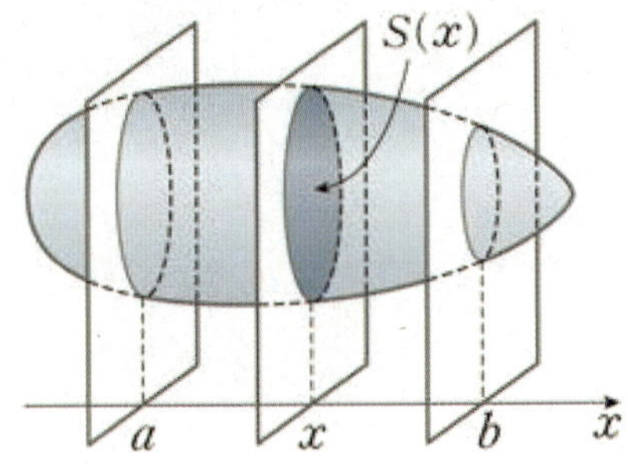

$$V = \int_a^b S(x)\,dx$$

경향 17 Minor Trend

복습	1회	2회	3회	4회	5회
채점					
O△X					

83. [1998년 수능 (인문) 27번]

그림과 같이 좌표평면의 제 1사분면에서 두 곡선
$y = 3 - \dfrac{1}{2}x^2$, $x^2 + y^2 = 9$와 x축으로 둘러싸인 부분을

y축 둘레로 회전시킨 회전체의 부피를 V라 할 때, $\dfrac{1}{\pi}V$의

값을 구하시오. (단, π는 원주율을 나타낸다.) [3점]

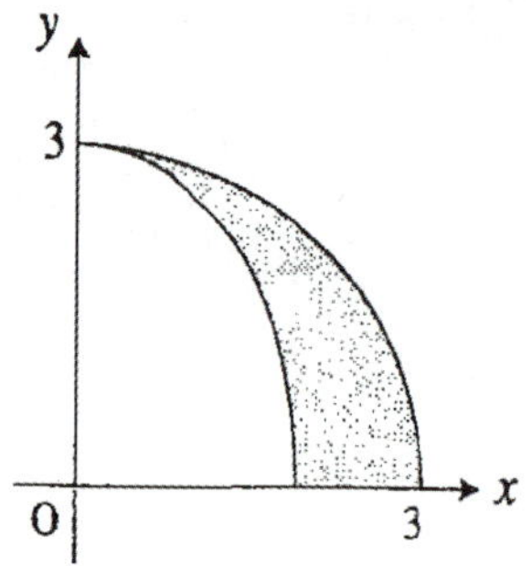

Analysis

■ 회전체의 부피

곡선 $x = g(y)$ (단, $c \leq y \leq d$)를 y축의 둘레로
회전시켜 생기는 회전체의 부피 V는

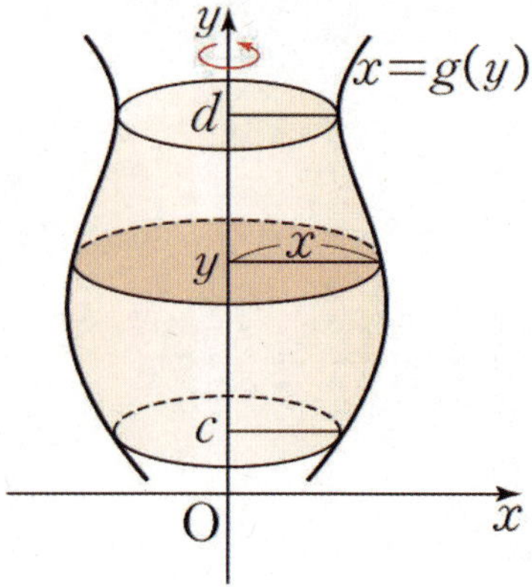

$$V = \pi \int_c^d x^2 dy = \pi \int_c^d \{g(y)\}^2 dy$$

경향 18 Minor Trend

경향18 수능 출제 난이도

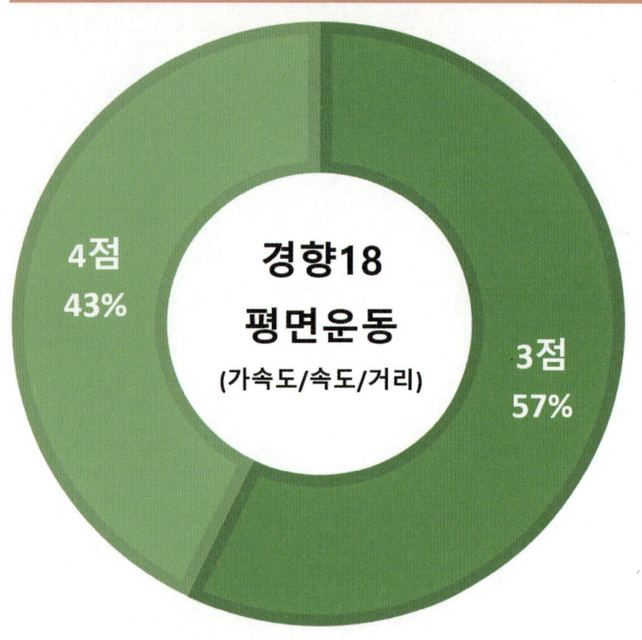

경향18 수능별 데이터 (1)

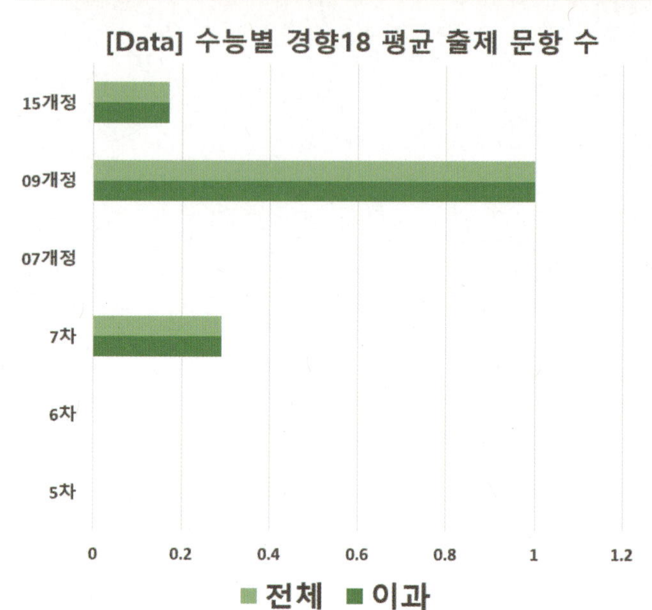

COMMENT

이 책에서는 미분법의 '속도와 가속도' 내용과 적분법의 '속도와 거리' 내용을 하나로 묶었어. 이 두 내용은 개념이 너무너무 밀접하게 관련되어 있어서, 많은 책들 다른 단원에 있다는 이유로 나눠놨지만 나눠서 공부하는 건 실전 수능에서 아예 의미가 없어. 수Ⅱ에 직선운동은 잘나오는 반면 미적분에 있는 평면운동이 잘 안 나오는 편이기도 해. 하지만 15개정 평가원에서 출제한 전력이 있기 때문에 대비는 해두자.

경향18 수능 출제 전망

■■□□□

15개정 들어 출제 비중이 줄었다

경향18 적분법 단원 내 출제 비율

8.33%

경향18 공부 우선순위

★☆

수Ⅱ 물체의 운동에 밀리는 모양

경향18 수능별 데이터 (2)

현교육과정 경향18 수능중요도

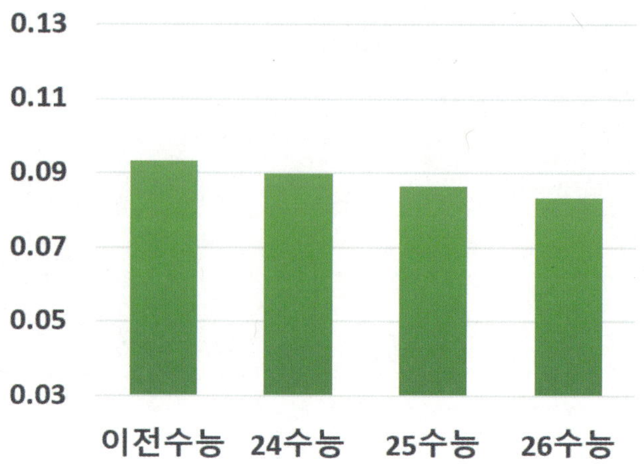

경향18 실전개념분석 084

복습	1회	2회	3회	4회	5회
채점					
O△X					

84. [2022년 수능 (미적분) 27번]

좌표평면 위를 움직이는 점 P의 시각 $t(t > 0)$에서의 위치가 곡선 $y = x^2$과 직선 $y = t^2 x - \dfrac{\ln t}{8}$가 만나는 서로 다른 두 점의 중점일 때, 시각 $t = 1$에서 $t = e$까지 점 P가 움직인 거리는? [3점]

① $\dfrac{e^4}{2} - \dfrac{3}{8}$ ② $\dfrac{e^4}{2} - \dfrac{5}{16}$ ③ $\dfrac{e^4}{2} - \dfrac{1}{4}$

④ $\dfrac{e^4}{2} - \dfrac{3}{16}$ ⑤ $\dfrac{e^4}{2} - \dfrac{1}{8}$

Analysis〰

■ 평면운동의 이동거리

평면 위의 움직이는 점 P의 시각 t에서의 위치 $(x, \ y)$를 $x = f(t), \ y = g(t)$라고 하면 $t = a$에서 $t = b$까지 움직인 거리 l

$$l = \int_a^b \sqrt{\left(\dfrac{dx}{dt}\right)^2 + \left(\dfrac{dy}{dt}\right)^2}\, dt$$

$$= \int_a^b \sqrt{\{f'(t)\}^2 + \{g'(t)\}^2}\, dt$$

경향 19 Minor Trend

경향19 수능 출제 난이도

경향19 수능별 데이터 (1)

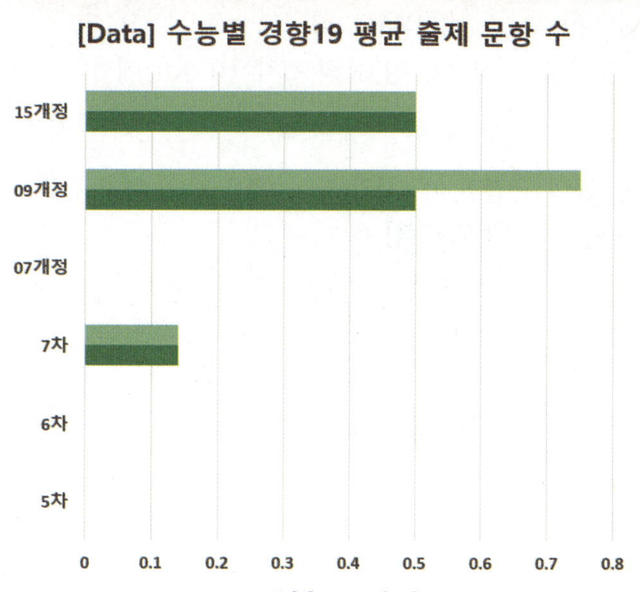

경향19 수능 출제 전망

■■■■□
4년 연속 9모 30번

경향19 적분법 단원 내 출제 비율

8.33 %

경향19 공부 우선순위

★★★

준비된 자만 도전하자

선수학습 : 간접범위 함수, 그래프 관련 내용
수Ⅱ 미분법 그래프, 적분법 그래프, 그래프 고난도
미적분 미분법 그래프, 적분법 그래프

경향19 수능별 데이터 (2)

현교육과정
경향19 수능중요도

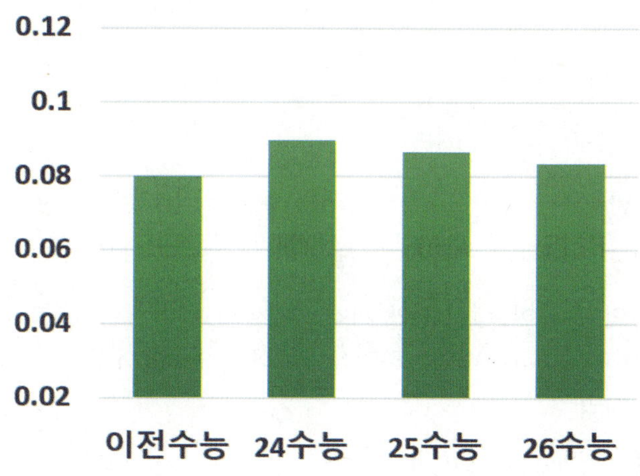

COMMENT

적분법 그래프 고난도는 미분법 그래프 고난도와 함께
고난도 문제가 출제되는 단원이므로 가장 심화된 공부가 필요해.
이전 단원의 개념이 탄탄해야 하고, 미분법 그래프, 적분법 그래프 모두 공부가 잘 되어 있어야 할 거야.
15개정 평가원 수능에서는 반드시 그래프 고난도 문제가 나오니 철저한 대비가 필요해.

적분법 그래프 고난도 문항은 그래프 기본기뿐만 아니라 그래프 테크닉과 실전개념들을
다층적으로 적용할 수 있는지를 물어봐. 하나의 문제에 여러 가지 개념들과 실전개념들이 적용될 뿐더러
그래프 테크닉까지 함께 갖추고 있어야 풀 수 있지.
고난도 그래프 문항들을 풀기 위한 기본기부터 네가 알아야할 실전개념들을 훈련할 수 있도록
이 책에서는 고난도 그래프 문항들만 모아서 뒤 쪽에서 훈련할 수 있도록 구성해뒀어.

그래서 적분 그래프 고난도 문제 풀이는
경향11번 적분법 그래프 고난도 문제 풀이와 함께 통합하여
이 책의 다음 챕터인 「고난도 접근법」 부분에서 공부하기로 하자!

그래프 고난도 경향을 제외한 채 다른 경향 수능 문제들을 열심히 공부했다는 전제 하에
그래프 고난도 문제들을 풀어야 그 효과를 체감할 수 있기 때문에
경향11번과 경향19번을 제외한 채 다른 모든 문항들을 다 공부한 뒤
고난도 접근법에서 고난도 문항들을 공부하도록 하자.

만약 고난도 접근법에서 다루는 내용이 어렵다면 어려운 내용 끙끙 거리지 말고
『그래프 테크닉 기본편』과 『그래프 테크닉 심화편』에서 그래프에 관련한 내용을 도움을 받고
나중에 도전하는 것도 하나의 방법이야!

미적분
고난도 접근법

고난도 접근법 [미적분 그래프]

고난도 접근법 문제들을 풀기 힘들다면 아직 풀 수 있는 준비가 덜 된 것일 수 있다!
① 경향09, 경향16 실전개념분석 문제와 워크북 문제를 충분한 복습으로 내 것으로 만들고 다시 도전해보자!
그래도 어렵다면
② class.orbi.kr 김지석t [그래프 테크닉]으로 고난도 문제 그래프 그리는 비법을 모두 배우고 다시 도전해 보자!

고난도 접근법 1

필요한 부분만 골라 구하기

복습	1회	2회	3회	4회	5회
채점					
O△X					

고난도 접근법 실전개념분석 085

1등급

85. [2016년 수능 (B)형 21번]

$0 < t < 41$인 실수 t에 대하여 곡선

$y = x^3 + 2x^2 - 15x + 5$와 직선 $y = t$가 만나는 세 점
중에서 x좌표가 가장 큰 점의 좌표를 $(f(t), t)$, x좌표가
가장 작은 점의 좌표를 $(g(t), t)$라 하자.
$h(t) = t \times \{f(t) - g(t)\}$라 할 때, $h'(5)$의 값은? [4점]

① $\dfrac{79}{12}$　　② $\dfrac{85}{12}$　　③ $\dfrac{91}{12}$

④ $\dfrac{97}{12}$　　⑤ $\dfrac{103}{12}$

고난도 접근법 2

□는 나왔는데 □보다 크다 or 작다

고난도 접근법 실전개념분석 086

======1등급======

86. [2011년 수능 (가)형 미분과 적분 29번]
실수 전체의 집합에서 미분가능하고, 다음 조건을

만족시키는 모든 함수 $f(x)$에 대하여 $\int_0^2 f(x)dx$의

최솟값은? [4점]

> (가) $f(0) = 1,\ f'(0) = 1$
> (나) $0 < a < b < 2$이면 $f'(a) \leq f'(b)$이다.
> (다) 구간 $(0, 1)$에서 $f''(x) = e^x$이다.

① $\dfrac{1}{2}e - 1$　　② $\dfrac{3}{2}e - 1$　　③ $\dfrac{5}{2}e - 1$

④ $\dfrac{7}{2}e - 2$　　⑤ $\dfrac{9}{2}e - 2$

복습	1회	2회	3회	4회	5회
채점 O△X					

고난도 접근법 [미적분 그래프]

오목 볼록 접선

① 볼록할 때 그을 수 있는 접선의 개수

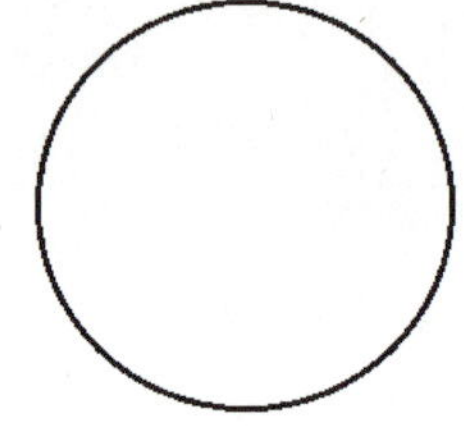

② 오목할 때 그을 수 있는 접선의 개수

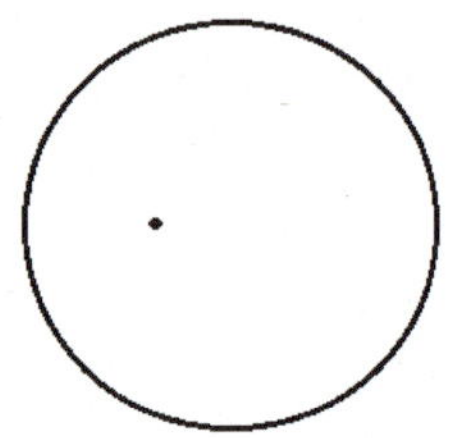

④ 곡선 외부에서 그을 수 있는 접선의 개수

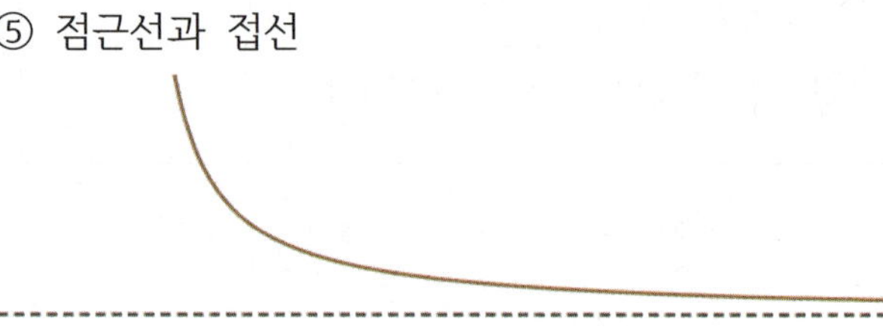

⑤ 점근선과 접선

③ 곡선의 오목과 볼록 접선과의 관계

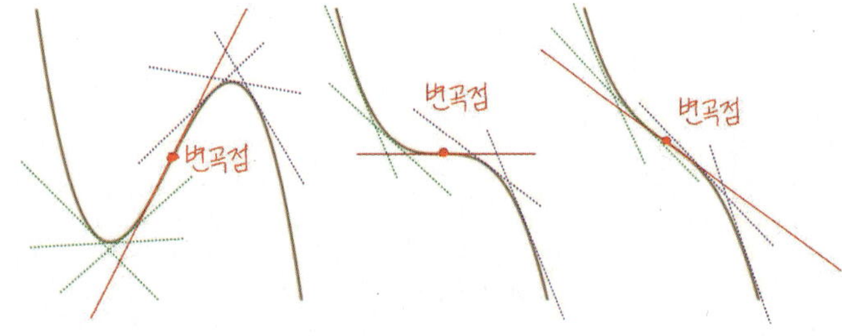

아래로 볼록 ▶ 접선이 곡선 아래에
위로 볼록 ▶ 접선이 곡선 위에

변곡점: 곡선의 오목과 볼록이 바뀌는 점
▶ 변곡점에서의 접선은 곡선을 뚫고 지나간다.
▶ 변곡점에서 도함수의 극값이 생긴다.
　(접선의 기울기의 최대 or 최소와 관련)

고난도 접근법 실전개념분석 087

1등급

복습	1회	2회	3회	4회	5회
채점					
O△X					

87. [2014년 수능 (B)형 30번]

이차함수 $f(x)$에 대하여 함수 $g(x) = f(x)e^{-x}$이 다음 조건을 만족시킨다.

> (가) 점 $(1,\ g(1))$과 점 $(4,\ g(4))$는
>   곡선 $y = g(x)$의 변곡점이다.
> (나) 점 $(0,\ k)$에서 곡선 $y = g(x)$에 그은
>   접선의 개수가 3인 k의 값의 범위는
> $-1 < k < 0$이다.

$g(-2) \times g(4)$의 값을 구하시오. [4점]

고난도 접근법 [미적분 그래프

1등급

복습	1회	2회	3회	4회	5회
채점					
O△X					

88. [2012년 수능 (가)형 19번]

실수 m 에 대하여 점 $(0, 2)$ 를 지나고 기울기가 m 인 직선이 곡선 $y = x^3 - 3x^2 + 1$ 과 만나는 점의 개수를 $f(m)$ 이라 하자. 함수 $f(m)$ 이 구간 $(-\infty, a)$ 에서 연속이 되게 하는 실수 a 의 최댓값은? [4점]

① -3 ② $-\dfrac{3}{4}$ ③ $\dfrac{3}{2}$ ④ $\dfrac{15}{4}$ ⑤ 6

Analysis

외부의 점 (x_1, y_1) 에서 곡선 $y = f(x)$ 에 접선을 그을 때 접점이 $(\alpha, f(\alpha))$ 라고 하면

$$f'(\alpha) = \frac{f(\alpha) - y_1}{\alpha - x_1}$$

고난도 접근법 실전개념분석 089

— 1등급 —

복습	1회	2회	3회	4회	5회
채점					
O△X					

89. [2026년 수능 (미적분) 30번]

실수 전체의 집합에서 증가하는 연속함수 $f(x)$의 역함수 $f^{-1}(x)$가 다음 조건을 만족시킨다.

> (가) $|x| \leq 1$ 일 때,
> $$4 \times (f^{-1}(x))^2 = x^2(x^2 - 5)^2 \text{ 이다.}$$
> (나) $|x| > 1$ 일 때,
> $$|f^{-1}(x)| = e^{|x|-1} + 1 \text{ 이다.}$$

실수 m에 대하여 기울기가 m이고 점 $(1, 0)$을 지나는 직선이 곡선 $y = f(x)$와 만나는 점의 개수를 $g(m)$이라 하자. 함수 $g(m)$이 $m = a$, $m = b$ $(a < b)$에서 불연속일 때, $g(a) \times \left(\lim_{m \to a+} g(m) \right) + g(b) \times \left(\dfrac{\ln b}{b} \right)^2$의 값을 구하시오.

$\left(\text{단, } \lim_{x \to \infty} \dfrac{\ln x}{x} = 0 \right)$ [4점]

Analysis

이 문제에서 역함수를 직접 구하지 않고 원래함수를 정보를 활용해 푸는 방식은 [2017년 수능 (나)형 30번] (수능한권 수학Ⅱ 고난도접근법7)에서도 출제된 바 있다. 함께 비교해서 풀어보면 접근법을 체화하는데 도움이 될 테니 꼭 다시 풀어보자.

고난도 접근법 [미적분 그래프

절댓값 함수의 미분가능성

■ 미분가능성

$$f(x) = \begin{cases} g(x) & (x \le a) \\ h(x) & (x > a) \end{cases} \quad (g(x),\ h(x)\ \text{미분가능})$$

$x = a$에서 $f(x)$가 미분가능하려면?

함수 $y = |f(x)|$에서
① $f(a) = 0$
② $x = a$에서 미분가능

⇔ $f(x)$의 그래프가 $x = a$에서 x축에 접한다.
⇔ $f(a) = 0,\ f'(a) = 0$
⇔ $f(x) = (x-a)^2 g(x)$ (다항함수일 때)

고난도 접근법 실전개념분석 090

━━━━1등급━━━━

복습	1회	2회	3회	4회	5회
채점 O△X					

90. [2015년 수능 (B)형 30번]

함수 $f(x) = e^{x+1} - 1$과 자연수 n에 대하여 함수 $g(x)$를

$$g(x) = 100\,|f(x)| - \sum_{k=1}^{n} |f(x^k)|$$ 이라 하자. $g(x)$가

실수 전체의 집합에서 미분가능하도록 하는 모든 자연수
n의 값의 합을 구하시오. [4점]

고난도 접근법 [미적분 그래프]

1등급

복습	1회	2회	3회	4회	5회
채점					
O△X					

91. [2013년 수능 (가)형 21번]

함수 $f(x) = kx^2 e^{-x}$ $(k > 0)$과 실수 t에 대하여 곡선 $y = f(x)$ 위의 점 $(t, f(t))$에서 x축까지의 거리와 y축까지의 거리 중 크지 않은 값을 $g(t)$라 하자. 함수 $g(t)$가 한 점에서만 미분가능하지 않도록 하는 k의 최댓값은? [4점]

① $\dfrac{1}{e}$ ② $\dfrac{1}{\sqrt{e}}$ ③ $\dfrac{e}{2}$ ④ $\sqrt{e}$ ⑤ e

고난도 접근법 5

좌표설정으로 그래프 의미 파악

고난도 접근법 실전개념분석 092

1등급

92. [2024년 수능 (미적분) 28번]

실수 전체의 집합에서 연속인 함수 $f(x)$가 모든 실수 x에 대하여 $f(x) \geq 0$이고, $x < 0$일 때 $f(x) = -4xe^{4x^2}$이다. 모든 양수 t에 대하여 x에 대한 방정식 $f(x) = t$의 서로 다른 실근의 개수는 2이고, 이 방정식의 두 실근 중 작은 값을 $g(t)$, 큰 값을 $h(t)$라 하자.

두 함수 $g(t)$, $h(t)$는 모든 양수 t에 대하여

$$2g(t) + h(t) = k \ (k는 상수)$$

를 만족시킨다. $\int_0^7 f(x)dx = e^4 - 1$일 때, $\dfrac{f(9)}{f(8)}$의 값은? [4점]

① $\dfrac{3}{2}e^5$ ② $\dfrac{4}{3}e^7$ ③ $\dfrac{5}{4}e^9$

④ $\dfrac{6}{5}e^{11}$ ⑤ $\dfrac{7}{6}e^{13}$

복습	1회	2회	3회	4회	5회
채점 O△X					

Analysis

- 그래프의 실수배와 넓이 관계

$\displaystyle\int_a^b f(x)dx = S$일 때,

$$\int_a^b pf(x)dx = pS$$

$$\int_{pa}^{pb} f\left(\frac{1}{p}x\right)dx = pS$$

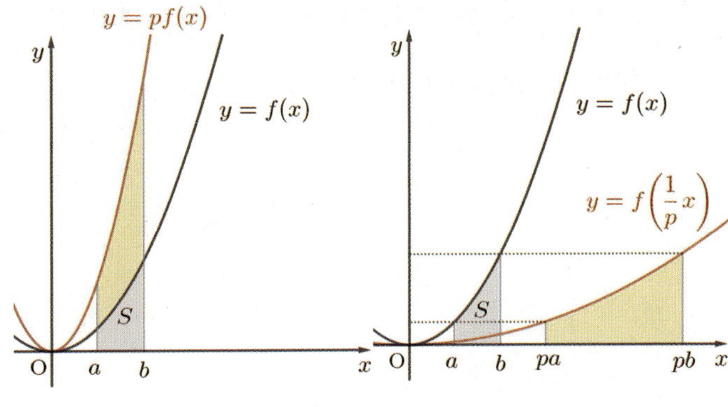

고난도 접근법 [미적분 그래프]

1등급

복습	1회	2회	3회	4회	5회
채점					
O△X					

93. [2022년 수능 (미적분) 30번]

실수 전체의 집합에서 증가하고 미분 가능한 함수 $f(x)$가 다음 조건을 만족시킨다.

> (가) $f(1)=1$, $\displaystyle\int_1^2 f(x)dx = \frac{5}{4}$
>
> (나) 함수 $f(x)$의 역함수를 $g(x)$라 할 때,
> $x \geq 1$인 모든 실수 x에 대하여
> $g(2x) = 2f(x)$이다.

$\displaystyle\int_1^8 xf'(x)dx = \frac{q}{p}$ 일 때, $p+q$의 값을 구하시오. (단, p와 q는 서로소인 자연수이다.) [4점]

Analysis〰

■ 도형의 닮음비

길이의 비 $= m : n$

넓이의 비 $= m^2 : n^2$

고난도 접근법 실전개념분석 094

—— 1등급 ——

복습	1회	2회	3회	4회	5회
채점					
O△X					

94. [2018년 수능 (나)형 30번]

이차함수 $f(x) = \dfrac{3x - x^2}{2}$ 에 대하여 구간 $[0, \infty)$에서 정의된 함수 $g(x)$가 다음 조건을 만족시킨다.

> (가) $0 \leq x < 1$일 때, $g(x) = f(x)$이다.
> (나) $n \leq x < n+1$일 때,
> $$g(x) = \frac{1}{2^n}\{f(x-n) - (x-n)\} + x$$
> 이다. (단, n은 자연수이다.)

어떤 자연수 $k\,(k \geq 6)$에 대하여 함수 $h(x)$는

$$h(x) = \begin{cases} g(x) & (0 \leq x < 5 \text{ 또는 } x \geq k) \\ 2x - g(x) & (5 \leq x < k) \end{cases}$$

이다. 수열 $\{a_n\}$을 $a_n = \displaystyle\int_0^n h(x)\,dx$라 할 때,

$\displaystyle\lim_{n \to \infty}(2a_n - n^2) = \dfrac{241}{768}$ 이다. k의 값을 구하시오.

[4점]

고난도 접근법 (미적분 그래프)

그래프의 사칙연산

고난도 접근법 실전개념분석 095

1등급

95. [2017년 수능 (가)형 30번]

$x > a$에서 정의된 함수 $f(x)$와 최고차항의 계수가 -1인 사차함수 $g(x)$가 다음 조건을 만족시킨다. (단, a는 상수이다.)

> (가) $x > a$인 모든 실수 x에 대하여
> $(x-a)f(x) = g(x)$이다.
> (나) 서로 다른 두 실수 α, β에 대하여 함수 $f(x)$는 $x = \alpha$와 $x = \beta$에서 동일한 극댓값 M을 갖는다. (단, $M > 0$)
> (다) 함수 $f(x)$가 극대 또는 극소가 되는 x의 개수는 함수 $g(x)$가 극대 또는 극소가 되는 x의 개수보다 많다.

$\beta - \alpha = 6\sqrt{3}$일 때, M의 최솟값을 구하시오.
[4점]

고난도 접근법 실전개념분석 096

1등급

복습	1회	2회	3회	4회	5회
채점					
O△X					

96. [2021년 수능 (가)형 20번]

함수 $f(x) = \pi \sin 2\pi x$ 에 대하여 정의역이 실수 전체의 집합이고 치역이 집합 $\{0, 1\}$ 인 함수 $g(x)$ 와 자연수 n 이 다음 조건을 만족시킬 때, n 의 값은? [4점]

함수 $h(x) = f(nx)g(x)$ 는 실수 전체의 집합에서 연속이고

$$\int_{-1}^{1} h(x)\,dx = 2, \quad \int_{-1}^{1} x\,h(x)\,dx = -\frac{1}{32}$$

이다.

---

① 8 ② 10 ③ 12 ④ 14 ⑤ 16

고난도 접근법 [미적분 그래프]

고난도 접근법 7

합성함수의 그래프

■ 곱해진 함수의 미분가능성

미분가능한 함수 $g(x)$, $h(x)$에 대하여 함수

$$f(x) = \begin{cases} g(x) & (x \le a) \\ h(x) & (x > a) \end{cases}$$

이고, 미분가능한 함수 $p(x)$가 있다.

[문제1]

$x = a$에서 함수 $f(x)$가 연속이지만 미분불가능할 때,
함수 $p(x)f(x)$가 $x = a$에서 미분가능하려면?

[답1] $p(a) = 0$

[문제2]

$x = a$에서 함수 $f(x)$가 불연속일 때,
함수 $p(x)f(x)$가 $x = a$에서 미분가능하려면?

[답2] $p(a) = 0,\ p'(a) = 0$

[풀이]

$$p(x)f(x) = \begin{cases} p(x)g(x) & (x \le a) \\ p(x)h(x) & (x > a) \end{cases}$$

$$\{p(x)f(x)\}' = \begin{cases} p'(x)g(x) + p(x)g'(x) & (x \le a) \\ p'(x)h(x) + p(x)h'(x) & (x > a) \end{cases}$$

① 연속성   ② 미분가능성

$$\begin{cases} p(a)g(a) \\ p(a)h(a) \end{cases} \qquad \begin{cases} p'(a)g(a) + p(a)g'(a) \\ p'(a)h(a) + p(a)h'(a) \end{cases}$$

[풀이1]

$f(x)$가 연속이지만 미분불가능
$\Leftrightarrow g(a) = h(a)$ & $g'(a) \ne h'(a)$
$\therefore\ p(a) = 0$

[풀이2]

$f(x)$가 불연속
$\Leftrightarrow g(a) \ne h(a)$
$\therefore\ p(a) = 0,\ p'(a) = 0$

고난도 접근법 실전개념분석 097

━━━━━1등급━━━━━

복습	1회	2회	3회	4회	5회
채점 O△X					

97. [2021년 수능 (가)형 28번]

두 상수 a, $b\,(a<b)$에 대하여 함수 $f(x)$를

$$f(x)=(x-a)(x-b)^2$$

이라 하자. 함수 $g(x)=x^3+x+1$의 역함수 $g^{-1}(x)$에 대하여 합성함수 $h(x)=(f \circ g^{-1})(x)$가 다음 조건을 만족시킬 때, $f(8)$의 값을 구하시오. [4점]

(가) 함수 $(x-1)|h(x)|$가 실수 전체의 집합에서 미분가능하다.

(나) $h'(3)=2$

고난도 접근법 [미적분 그래프]

고난도 접근법 실전개념분석 098

복습	1회	2회	3회	4회	5회
채점 O△X					

98. [2021년 수능 (가)형 30번]

최고차항의 계수가 1인 삼차함수 $f(x)$에 대하여 실수 전체의 집합에서 정의된 함수 $g(x)=f\left(\sin^2\pi x\right)$가 다음 조건을 만족시킨다.

> (가) $0<x<1$에서 함수 $g(x)$가 극대가 되는
> x의 개수가 3이고, 이때 극댓값이 모두
>   동일하다.
>
> (나) 함수 $g(x)$의 최댓값은 $\dfrac{1}{2}$이고 최솟값은
>   0이다.

$f(2)=a+b\sqrt{2}$ 일 때, a^2+b^2의 값을 구하시오. (단, a와 b는 유리수이다.) [4점]

고난도 접근법 실전개념분석 099

1등급

복습	1회	2회	3회	4회	5회
채점					
O△X					

99. [2023년 수능 (미적분) 30번]

최고차항의 계수가 양수인 삼차함수 $f(x)$와

함수 $g(x) = e^{\sin \pi x} - 1$에 대하여 실수 전체의 집합에서

정의된 합성함수 $h(x) = g(f(x))$가 다음 조건을

만족시킨다.

> (가) 함수 $h(x)$는 $x = 0$에서 극댓값 0을
>   갖는다.
> (나) 열린구간 $(0, \ 3)$에서 방정식 $h(x) = 1$의
>   서로 다른 실근의 개수는 7이다.

$f(3) = \dfrac{1}{2}$, $f'(3) = 0$일 때, $f(2) = \dfrac{q}{p}$이다. $p + q$의 값을

구하시오. (단, p와 q는 서로소인 자연수이다.) [4점]

Analysis〰

삼차함수 $f(x) = ax^3 + \cdots$의 극대와 극소의 높이 차

$$f(\alpha) - f(\beta) = \frac{a}{2}(\beta - \alpha)^3$$

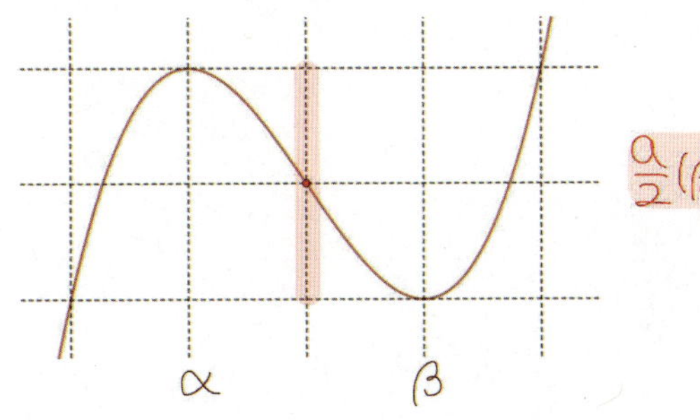

why?

$$f(\alpha) - f(\beta) = -\int_\alpha^\beta f'(x)dx$$

$$= -\int_\alpha^\beta 3a(x-\alpha)(x-\beta)dx$$

$$= \frac{3a}{6}(\beta - \alpha)^3 = \frac{a}{2}(\beta - \alpha)^3$$

고난도 접근법 [미적분 그래프]

1등급

복습	1회	2회	3회	4회	5회
채점 O△X					

100. [2019년 수능 (가)형 30번]

최고차항의 계수가 6π인 삼차함수 $f(x)$에 대하여

함수 $g(x) = \dfrac{1}{2 + \sin(f(x))}$이 $x = \alpha$에서 극대 또는

극소이고, $\alpha \geq 0$인 모든 α를 작은 수부터 크기순으로

나열한 것을 $\alpha_1,\ \alpha_2,\ \alpha_3,\ \alpha_4,\ \alpha_5,\ \cdots$ 라 할 때, $g(x)$는

다음 조건을 만족시킨다.

> (가) $\alpha_1 = 0$이고 $g(\alpha_1) = \dfrac{2}{5}$이다.
>
> (나) $\dfrac{1}{g(\alpha_5)} = \dfrac{1}{g(\alpha_2)} + \dfrac{1}{2}$

$g'\left(-\dfrac{1}{2}\right) = a\pi$라 할 때, a^2의 값을 구하시오.

$\left(\text{단, } 0 < f(0) < \dfrac{\pi}{2}\right)$ [4점]

Analysis

바로 앞에 있는 [2023년 수능 (미적분) 30번]와 극도로
유사한 문제다. 심지어 최신 문제인 [2023년 수능
(미적분) 30번]가 오히려 더 쉽다. 30번 문제조차도 4년
전에 출제된 문제를 거의 그대로 내기도 한다. 수능 기출
학습의 중요성을 다시 한 번 느낄 수 있다.

고난도 접근법 [미적분 그래프]

고난도 접근법 8

함수로 새로운 함수를 규정

고난도 접근법 실전개념분석 101

1등급

101. [2018년 수능 (가)형 30번]
실수 t에 대하여 함수 $f(x)$를

$$f(x)=\begin{cases} 1-|x-t| & (|x-t|\le 1) \\ 0 & (|x-t|>1) \end{cases}$$

이라 할 때, 어떤 홀수 k에 대하여 함수

$$g(t)=\int_{k}^{k+8} f(x)\cos(\pi x)\,dx$$

가 다음 조건을 만족시킨다.

> 함수 $g(t)$가 $t=\alpha$에서 극소이고 $g(\alpha)<0$인
> 모든 α를 작은 수부터 크기순으로 나열한 것을
> $\alpha_1,\ \alpha_2,\ \cdots,\ \alpha_m$ (m은 자연수)라 할 때,
> $$\sum_{i=1}^{m}\alpha_i=45$$이다.

$k-\pi^2\sum_{i=1}^{m}g(\alpha_i)$의 값을 구하시오. [4점]

복습	1회	2회	3회	4회	5회
채점 O△X					

(1단계) $y = \cos(\pi x)$

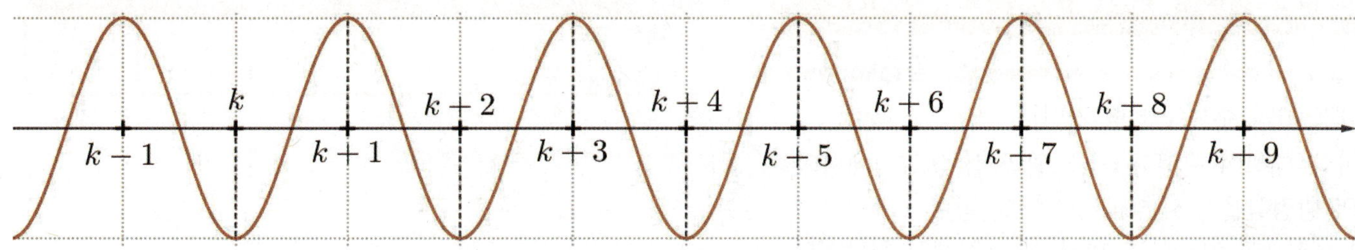

(2단계) $y = f(x)$

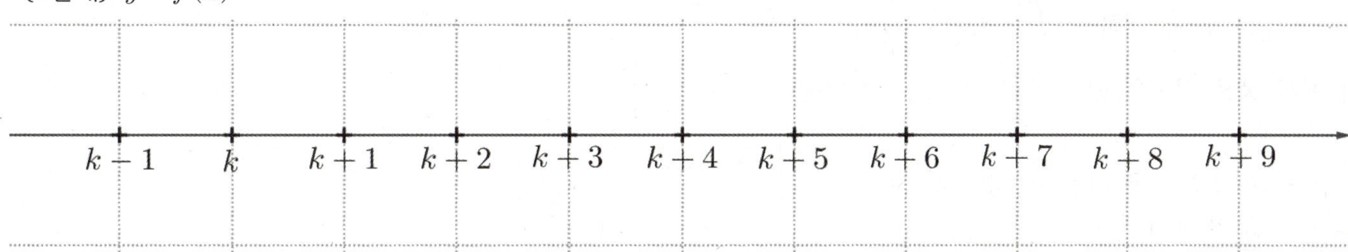

(3단계) $y = f(x)\cos(\pi x)$

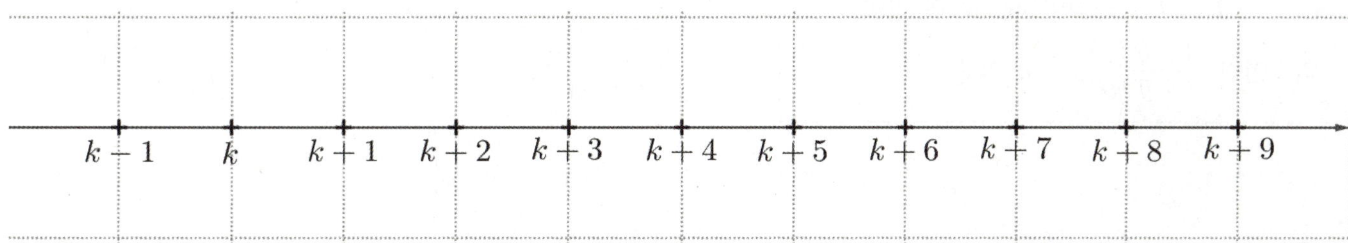

(4단계) $g(t) = \displaystyle\int_{k}^{k+8} f(x)\cos(\pi x)\,dx$

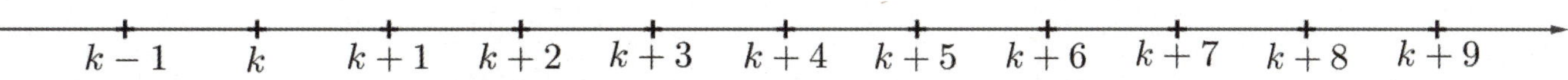

고난도 접근법 [미적분 그래프]

1등급

복습	1회	2회	3회	4회	5회
채점 O△X					

102. [2020년 수능 (가)형 21번]

실수 t에 대하여 곡선 $y = e^x$ 위의 점 (t, e^t)에서의 접선의 방정식을 $y = f(x)$라 할 때, 함수 $y = |f(x) + k - \ln x|$가 양의 실수 전체의 집합에서 미분가능하도록 하는 실수 k의 최솟값을 $g(t)$라 하자. 두 실수 a, b $(a < b)$에 대하여 $\int_a^b g(t)\,dt = m$이라 할 때, <보기>에서 옳은 것만을 있는 대로 고른 것은? [4점]

<보 기>

ㄱ. $m < 0$ 이 되도록 하는 두 실수 a, b $(a < b)$가 존재한다.

ㄴ. 실수 c 에 대하여 $g(c) = 0$ 이면 $g(-c) = 0$이다.

ㄷ. $a = \alpha$, $b = \beta (\alpha < \beta)$일 때 m 의 값이 최소이면 $\dfrac{1 + g'(\beta)}{1 + g'(\alpha)} < -e^2$이다.

---

① ㄱ   ② ㄴ   ③ ㄱ, ㄴ
④ ㄱ, ㄷ   ⑤ ㄱ, ㄴ, ㄷ

고난도 접근법 9

dydx의 본질

y' 기호의 문제점
【ex】 $y = u^2 = f(u)$, $u = 2x = g(x)$

① x로 y를 미분 = f를 미분

x에 대한 y의 (순간)변화율 $= \dfrac{\text{변화량}}{\text{변화량}}$

② A로 B를 미분 = f를 미분

A에 대한 B의 (순간)변화율 $= \dfrac{\text{변화량}}{\text{변화량}}$

③ 미분가능한 두 함수 $y = f(u)$, $u = g(x)$에 대하여
합성함수 $y = f(g(x))$의 도함수는

$$y' = f'(g(x))\,g'(x)$$
$$\Leftrightarrow \frac{dy}{dx} = \frac{dy}{du} \cdot \frac{du}{dx}$$
$$\Leftrightarrow y' = f'(u)\frac{du}{dx}$$

【ex】 $t = (y-1)^{\frac{1}{2}}$, $x = 2t$에 대하여
$y = 2$일 때, $\dfrac{dy}{dx}$?

고난도 접근법 [미적분 그래프]

1등급

복습	1회	2회	3회	4회	5회
채점 O△X					

103. [2024년 수능 (미적분) 27번]

실수 t에 대하여 원점을 지나고 곡선 $y = \dfrac{1}{e^x} + e^t$에 접하는 직선의 기울기를 $f(t)$라 하자. $f(a) = -e\sqrt{e}$를 만족시키는 상수 a에 대하여 $f'(a)$의 값은? [3점]

① $-\dfrac{1}{3}e\sqrt{e}$ ② $-\dfrac{1}{2}e\sqrt{e}$ ③ $-\dfrac{2}{3}e\sqrt{e}$

④ $-\dfrac{5}{6}e\sqrt{e}$ ⑤ $-e\sqrt{e}$

Analysis

3점 문제임에도 불구하고 상당한 난이도다. 어쨌거나 3점 문제인지라 워크북에는 「경향11 미분법 그래프 고난도」가 아닌 「경향09 미분법 그래프」에 넣기는 했지만 공통된 접근 방법을 갖고 있으니 고난도 문제와 함께 정리하자.

고난도 접근법 실전개념분석 104

━━━━━1등급━━━━━

복습	1회	2회	3회	4회	5회
채점 O△X					

104. [2020년 수능 (가)형 30번]

양의 실수 t에 대하여 곡선 $y = t^3 \ln(x-t)$가 곡선 $y = 2e^{x-a}$과 오직 한 점에서 만나도록 하는 실수 a의 값을 $f(t)$라 하자. $\left\{ f'\left(\dfrac{1}{3}\right) \right\}^2$의 값을 구하시오. [4점]

고난도 접근법 [미적분 그래프]

1등급

복습	1회	2회	3회	4회	5회
채점					
○△X					

105. [2018년 수능 (가)형 21번]

양수 t에 대하여 구간 $[1, \infty)$에서 정의된 함수 $f(x)$가

$$f(x)=\begin{cases} \ln x & (1 \le x < e) \\ -t+\ln x & (x \ge e) \end{cases}$$

일 때, 다음 조건을 만족시키는 일차함수 $g(x)$ 중에서
직선 $y=g(x)$의 기울기의 최솟값을 $h(t)$라 하자.

> 1 이상의 모든 실수 x에 대하여
> $(x-e)\{g(x)-f(x)\} \ge 0$이다.

미분가능한 함수 $h(t)$에 대하여 양수 a가 $h(a)=\dfrac{1}{e+2}$을

만족시킨다. $h'\left(\dfrac{1}{2e}\right) \times h'(a)$의 값은? [4점]

① $\dfrac{1}{(e+1)^2}$ ② $\dfrac{1}{e(e+1)}$ ③ $\dfrac{1}{e^2}$

④ $\dfrac{1}{(e-1)(e+1)}$ ⑤ $\dfrac{1}{e(e-1)}$

수능을 한 권에 담다 | 수능한권 | orbi.kr | 213

미적분 1. 수열의 극한 경향01
수열의 극한 계산

—— 수능 2점 ——

복습	1회	2회	3회	4회	5회
채점 ○△X					

1. [2022년 수능 (미적분) 23번]

$$\lim_{n \to \infty} \frac{\dfrac{5}{n} + \dfrac{3}{n^2}}{\dfrac{1}{n} - \dfrac{2}{n^3}}$$ 의 값은? [2점]

① 1　② 2　③ 3　④ 4　⑤ 5

복습	1회	2회	3회	4회	5회
채점 ○△X					

2. [2021년 수능 (가)형 2번] 실전 분석

$$\lim_{n \to \infty} \frac{1}{\sqrt{4n^2 + 2n + 1} - 2n}$$ 의 값은? [2점]

① 1　② 2　③ 3　④ 4　⑤ 5

복습	1회	2회	3회	4회	5회
채점 ○△X					

3. [2020년 수능 (나)형 3번]

$$\lim_{n \to \infty} \frac{\sqrt{9n^2 + 4}}{5n - 2}$$ 의 값은? [2점]

① $\dfrac{1}{5}$　② $\dfrac{2}{5}$　③ $\dfrac{3}{5}$　④ $\dfrac{4}{5}$　⑤ 1

복습	1회	2회	3회	4회	5회
채점 ○△X					

4. [2019년 수능 (나)형 3번] 실전 분석

$$\lim_{n \to \infty} \frac{6n^2 - 3}{2n^2 + 5n}$$ 의 값은? [2점]

① 5　② 4　③ 3　④ 2　⑤ 1

복습	1회	2회	3회	4회	5회
채점 ○△X					

5. [2018년 수능 (나)형 3번]

$\lim\limits_{n \to \infty} \dfrac{5^n - 3}{5^{n+1}}$ 의 값은? [2점]

① $\dfrac{1}{5}$ ② $\dfrac{1}{4}$ ③ $\dfrac{1}{3}$

④ $\dfrac{1}{2}$ ⑤ 1

복습	1회	2회	3회	4회	5회
채점 ○△X					

7. [2014년 수능 (A)형 3번]

$\lim\limits_{n \to \infty} \dfrac{2 \times 3^{n+1} + 5}{3^n}$ 의 값은? [2점]

① 10 ② 9 ③ 8 ④ 7 ⑤ 6

복습	1회	2회	3회	4회	5회
채점 ○△X					

6. [2015년 수능 (A)형 3번]

$\lim\limits_{n \to \infty} \dfrac{4n^2 + 6}{n^2 + 3n}$ 의 값은? [2점]

① 1 ② 2 ③ 3 ④ 4 ⑤ 5

복습	1회	2회	3회	4회	5회
채점 ○△X					

8. [2013년 수능 (나)형 3번]

$\lim\limits_{n \to \infty} \dfrac{5n^2 + 1}{3n^2 - 1}$ 의 값은? [2점]

① $\dfrac{1}{3}$ ② $\dfrac{2}{3}$ ③ 1 ④ $\dfrac{4}{3}$ ⑤ $\dfrac{5}{3}$

복습	1회	2회	3회	4회	5회
채점 ○△X					

9. [2012년 수능 (나)형 2번]

$\lim\limits_{n\to\infty}\dfrac{5^{n+1}+2}{5^n+3^n}$ 의 값은? [2점]

① 2　　② 3　　③ 4　　④ 5　　⑤ 6

복습	1회	2회	3회	4회	5회
채점 ○△X					

11. [2009년 수능 (나)형 3번]

$\lim\limits_{n\to\infty}\dfrac{2}{\sqrt{n^2+2n}-\sqrt{n^2+1}}$ 의 값은? [2점]

① 1　　② 2　　③ 3　　④ 4　　⑤ 5

복습	1회	2회	3회	4회	5회
채점 ○△X					

10. [2010년 수능 (나)형 3번]

$\lim\limits_{n\to\infty}\dfrac{(n+1)(3n-1)}{2n^2+1}$ 의 값은? [2점]

① $\dfrac{3}{2}$　　② 2　　③ $\dfrac{5}{2}$　　④ 3　　⑤ $\dfrac{7}{2}$

복습	1회	2회	3회	4회	5회
채점 ○△X					

12. [2008년 수능 (나)형 3번]

$\lim\limits_{n\to\infty}\dfrac{n}{\sqrt{4n^2+1}+\sqrt{n^2+2}}$ 의 값은?[2점]

① 1　　② $\dfrac{1}{2}$　　③ $\dfrac{1}{3}$　　④ $\dfrac{1}{4}$　　⑤ $\dfrac{1}{5}$

복습	1회	2회	3회	4회	5회
채점 ○△X					

13. [2007년 수능 (나)형 3번]

$$\lim_{n \to \infty} \frac{3+\left(\dfrac{1}{3}\right)^n}{2+\left(\dfrac{1}{2}\right)^n}$$ 의 값은? [2점]

① 1 ② $\dfrac{3}{2}$ ③ 2 ④ $\dfrac{5}{2}$ ⑤ 3

수능 3점

복습	1회	2회	3회	4회	5회
채점 ○△X					

14. [2026년 수능 (미적분) 25번]

수열 $\{a_n\}$ 이 모든 자연수 n 에 대하여

$$\sqrt{9n^2-5}+2n < a_n < 5n+1$$

을 만족시킬 때, $\lim\limits_{n \to \infty} \dfrac{(a_n+2)^2}{na_n+5n^2-2}$ 의 값은? [3점]

① $\dfrac{1}{2}$ ② $\dfrac{3}{2}$ ③ $\dfrac{5}{2}$

④ $\dfrac{7}{2}$ ⑤ $\dfrac{9}{2}$

복습	1회	2회	3회	4회	5회
채점 ○△X					

15. [2025년 수능 (미적분) 25번]

수열 $\{a_n\}$ 에 대하여 $\lim\limits_{n \to \infty} \dfrac{na_n}{n^2+3} = 1$ 일 때,

$\lim\limits_{n \to \infty} \left(\sqrt{a_n^2+n} - a_n\right)$ 의 값은? [3점]

① $\dfrac{1}{3}$ ② $\dfrac{1}{2}$ ③ 1

④ 2 ⑤ 3

복습	1회	2회	3회	4회	5회
채점 $\bigcirc\triangle\times$					

16. [2023년 수능 (미적분) 25번]

등비수열 $\{a_n\}$에 대하여 $\lim\limits_{n \to \infty} \dfrac{a_n + 1}{3^n + 2^{2n-1}} = 3$일 때, a_2의 값은? [3점]

① 16 ② 18 ③ 20 ④ 22 ⑤ 24

복습	1회	2회	3회	4회	5회
채점 $\bigcirc\triangle\times$					

18. [2016년 수능 (A)형 23번]

$\lim\limits_{n \to \infty} \dfrac{3 \times 9^n - 13}{9^n}$ 의 값을 구하시오. [3점]

복습	1회	2회	3회	4회	5회
채점 $\bigcirc\triangle\times$					

17. [2022년 수능 (미적분) 25번]

등비수열 $\{a_n\}$에 대하여

$$\sum_{n=1}^{\infty} \left(a_{2n-1} - a_{2n}\right) = 3, \quad \sum_{n=1}^{\infty} a_n^2 = 6$$

일 때, $\sum\limits_{n=1}^{\infty} a_n$의 값은? [3점]

① 1 ② 2 ③ 3 ④ 4 ⑤ 5

복습	1회	2회	3회	4회	5회
채점 $\bigcirc\triangle\times$					

19. [2016년 수능 (A)형 10번]

수열 $\{a_n\}$에 대하여 곡선 $y = x^2 - (n+1)x + a_n$은 x축과 만나고, 곡선 $y = x^2 - nx + a_n$은 x축과 만나지 않는다. $\lim\limits_{n \to \infty} \dfrac{a_n}{n^2}$의 값은? [3점]

① $\dfrac{1}{20}$ ② $\dfrac{1}{10}$ ③ $\dfrac{3}{20}$

④ $\dfrac{1}{5}$ ⑤ $\dfrac{1}{4}$

복습	1회	2회	3회	4회	5회
채점 $\bigcirc\triangle\times$					

20. [2016년 수능 (B)형 25번]

첫째항이 1 이고 공비가 $r\,(r>1)$ 인 등비수열 $\{a_n\}$에 대하여 $S_n=\sum\limits_{k=1}^{n}a_k$일 때, $\lim\limits_{n\to\infty}\dfrac{a_n}{S_n}=\dfrac{3}{4}$ 이다. r의 값을 구하시오. [3점]

복습	1회	2회	3회	4회	5회
채점 $\bigcirc\triangle\times$					

22. [2015년 수능 (A)형 24번]

두 수열 $\{a_n\}$, $\{b_n\}$에 대하여 $\sum\limits_{n=1}^{\infty}a_n=4$, $\sum\limits_{n=1}^{\infty}b_n=10$ 일 때, $\sum\limits_{n=1}^{\infty}(a_n+5b_n)$의 값을 구하시오. [3점]

복습	1회	2회	3회	4회	5회
채점 $\bigcirc\triangle\times$					

21. [2015년 수능 (A)형 11번 & (B)형 7번]

등비수열 $\{a_n\}$에 대하여 $a_1=3$, $a_2=1$일 때, $\sum\limits_{n=1}^{\infty}(a_n)^2$의 값은? [3점]

① $\dfrac{81}{8}$ ② $\dfrac{83}{8}$ ③ $\dfrac{85}{8}$ ④ $\dfrac{87}{8}$ ⑤ $\dfrac{89}{8}$

복습	1회	2회	3회	4회	5회
채점 $\bigcirc\triangle\times$					

23. [2011년 수능 (나)형 3번]

$\lim\limits_{n\to\infty}\dfrac{a\times6^{n+1}-5^n}{6^n+5^n}=4$ 일 때, 상수 a의 값은? [3점]

① $\dfrac{1}{3}$ ② $\dfrac{1}{2}$ ③ $\dfrac{2}{3}$ ④ $\dfrac{4}{3}$ ⑤ $\dfrac{3}{2}$

복습	1회	2회	3회	4회	5회
채점 ○△X					

24. [2009년 수능 (나)형 20번]

공비가 같은 두 등비수열 $\{a_n\}$, $\{b_n\}$에 대하여

$a_1 - b_1 = 1$이고 $\displaystyle\sum_{n=1}^{\infty} a_n = 8$, $\displaystyle\sum_{n=1}^{\infty} b_n = 6$일 때,

$\displaystyle\sum_{n=1}^{\infty} a_n b_n$의 값을 구하시오. [3점]

복습	1회	2회	3회	4회	5회
채점 ○△X					

26. [2006년 수능 (나)형 7번]

수열 $\{a_n\}$이 모든 자연수 n에 대하여

$n < a_n < n+1$을 만족시킬 때,

$\displaystyle\lim_{n \to \infty} \frac{n^2}{a_1 + a_2 + \cdots + a_n}$의 값은? [3점]

① 1　　② 2　　③ 3　　④ 4　　⑤ 5

복습	1회	2회	3회	4회	5회
채점 ○△X					

25. [2006년 수능 (나)형 18번]

$\displaystyle\lim_{n \to \infty} \frac{5 \cdot 3^{n+1} - 2^{n+1}}{3^n + 2^n}$의 값을 구하시오. [3점]

복습	1회	2회	3회	4회	5회
채점 ○△X					

27. [2005년 수능 (나)형 4번] 실전 분석

$\displaystyle\lim_{n \to \infty} \left(\sqrt{n^2 + 6n + 4} - n \right)$의 값은? [3점]

① $\dfrac{1}{3}$　　② $\dfrac{1}{2}$　　③ 1　　④ 2　　⑤ 3

복습	1회	2회	3회	4회	5회
채점 $O\triangle X$					

28. [2005년 수능 (나)형 7번]

수열 $\{a_n\}$의 첫째항부터 제 n항까지의 합 S_n이

$S_n = 2n + \dfrac{1}{2^n}$ 일 때, $\displaystyle\lim_{n \to \infty} a_n$ 의 값은? [3점]

① 2　　② 1　　③ $\dfrac{1}{2}$　　④ $\dfrac{1}{4}$　　⑤ 0

복습	1회	2회	3회	4회	5회
채점 $O\triangle X$					

30. [1998년 수능 (인문) & (자연) 20번] 　실전 분석

수열 $\{a_n\}$이 $a_1 = 1$, $a_2 = 2$, $a_{n+2} = a_{n+1} + a_n$

$(n = 1, 2, 3, \cdots)$을 만족시킨다.

급수 $\displaystyle\sum_{n=1}^{\infty} \dfrac{a_n}{a_{n+1} a_{n+2}}$ 의 합은? [3점]

① $\dfrac{1}{2}$　② 1　③ $\dfrac{3}{2}$　④ 2　⑤ 3

복습	1회	2회	3회	4회	5회
채점 $O\triangle X$					

29. [2003년 수능 (인문) & (자연) 26번]

급수 $\displaystyle\sum_{n=1}^{\infty} \left\{ \dfrac{1 + (-1)^n}{3} \right\}^n$ 의 합을 S 라고 할 때,

$20S$ 의 값을 구하시오. [3점]

복습	1회	2회	3회	4회	5회
채점 $O\triangle X$					

31. [1998년 수능 (인문) & (자연) 30번]

수직선 위에 두 점 $P_1(0)$과 $P_2(80)$이 있다. 선분 $P_1 P_2$의 중점을 $P_3(x_3)$, 선분 $P_2 P_3$의 중점을 $P_4(x_4)$, $\cdots$, 선분 $P_n P_{n+1}$의 중점을 $P_{n+2}(x_{n+2})$라 할 때, $\displaystyle\lim_{n \to \infty} x_n$의 값을 소수점 아래 셋째 자리에서 반올림하여 소수 둘째 자리까지 구하시오. [3점]

수능 4점

복습	1회	2회	3회	4회	5회
채점 ○△✕					

32. [2024년 9월 (미적분) 29번]

수열 $\{a_n\}$의 첫째항부터 제m항까지의 합을 S_m이라 하자.

모든 자연수 m에 대하여

$$S_m = \sum_{n=1}^{\infty} \frac{m+1}{n(n+m+1)}$$

일 때, $a_1 + a_{10} = \dfrac{q}{p}$ 이다. $p+q$의 값을 구하시오.

(단, p와 q는 서로소인 자연수이다.) [4점]

복습	1회	2회	3회	4회	5회
채점 ○△✕					

33. [2010년 수능 (가)형 & (나)형 23번]

등비수열 $\{a_n\}$이 $a_2 = \dfrac{1}{2}$, $a_5 = \dfrac{1}{6}$ 을 만족시킨다.

$$\sum_{n=1}^{\infty} a_n a_{n+1} a_{n+2} = \frac{q}{p}$$

일 때, $p+q$의 값을 구하시오.

(단, p, q는 서로소인 자연수이다.) [4점]

복습	1회	2회	3회	4회	5회
채점 $\bigcirc\triangle\times$					

34. [2006년 수능 (가)형 & (나)형 13번]

두 수열 $\{a_n\}$, $\{b_n\}$이 각각

$$a_n = \frac{1}{2^{n-1}} \cos \frac{(n-1)\pi}{2}, \quad b_n = \frac{1+(-1)^{n-1}}{2^n}$$

일 때, <보기>에서 옳은 것을 모두 고른 것은? [4점]

[**보 기**]

ㄱ. 모든 자연수 k에 대하여 $a_{3k} < 0$이다.

ㄴ. 모든 자연수 k에 대하여 $a_{4k-1} + b_{4k-1} = 0$이다.

ㄷ. $\displaystyle\sum_{n=1}^{\infty} a_n = \frac{3}{5}\sum_{n=1}^{\infty} b_n$

① ㄱ ② ㄴ ③ ㄷ ④ ㄱ, ㄴ ⑤ ㄴ, ㄷ

복습	1회	2회	3회	4회	5회
채점 $\bigcirc\triangle\times$					

35. [2005년 수능 (가)형 & (나)형 23번]

실수 $a\ (a>1)$에 대하여 $b = \displaystyle\sum_{n=1}^{\infty}\left(\frac{1}{a}\right)^n$을 [그림 1]과 같이 나타내고, 실수 c에 대하여 $d = 16^c$을 [그림 2]와 같이 나타내기로 한다.

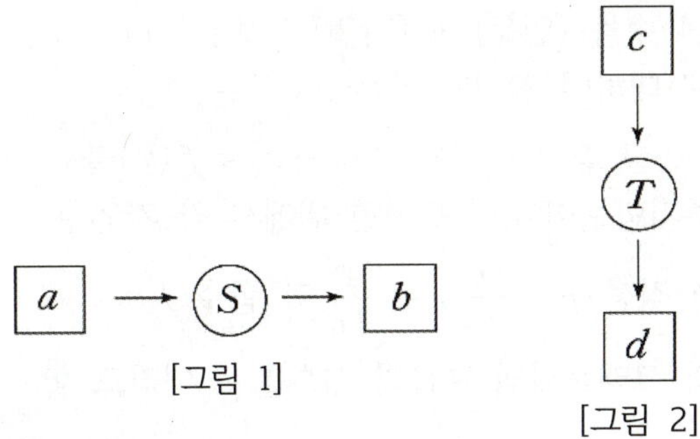

아래 그림의 실수 x, y, z에 대하여 $\dfrac{xz}{y}$의 값을 구하시오. [4점]

미적분 1. 수열의 극한 경향02 도형의 극한

수능 2점

복습	1회	2회	3회	4회	5회
채점 ○△X					

36. [1997년 수능 (인문) & (자연) 14번]

모든 실수에 대하여 정의된 함수 $f(x)$는
$f(x) = x^2 \ (-1 \leq x \leq 1)$과 $f(x+2) = f(x)$를
만족하는 주기함수이다. 좌표평면 위에서 각 자연수
n에 대하여 직선 $y = \dfrac{1}{2n}x + \dfrac{1}{4n}$과 함수
$y = f(x)$의 그래프와의 교점의 개수를 a_n이라고 할

때, $\lim\limits_{n \to \infty} \dfrac{a_n}{n}$의 값은? [2점]

① 0　　② 1　　③ 2　　④ 3　　⑤ 4

복습	1회	2회	3회	4회	5회
채점 ○△X					

37. [1995년 수능 (인문) 26번] `실전 분석`

좌표평면 위에 두 점 $O(0, 0)$, $A(2, 0)$과 직선
$y = 2$ 위를 움직이는 점 $P(t, 2)$가 있다. 선분
AP와 직선 $y = \dfrac{1}{2}x$가 만나는 점을 Q라 하자.

$\triangle QOA$의 넓이가 $\triangle POA$의 넓이의 $\dfrac{1}{3}$일 때 t의

값을 t_1, $\dfrac{1}{2}$일 때 t의 값을 t_2, $\cdots$, $\dfrac{n}{n+2}$일 때

t의 값을 t_n이라 하면 $\lim\limits_{n \to \infty} t_n$의 값은? [2점]

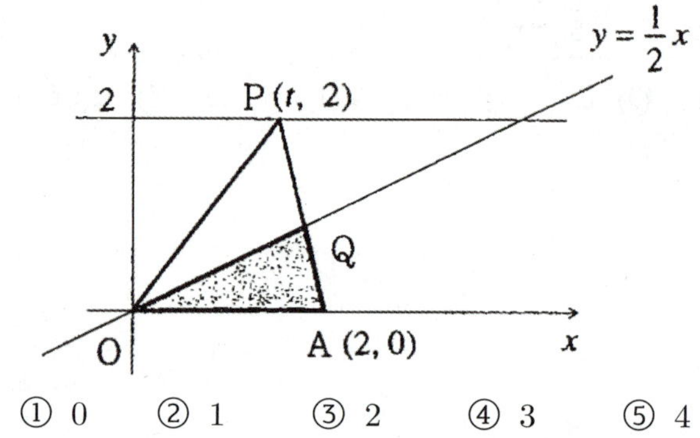

① 0　　② 1　　③ 2　　④ 3　　⑤ 4

수능 3점

복습	1회	2회	3회	4회	5회
채점 ○△X					

38. [2009년 수능 (가)형 & (나)형 13번] 실전 분석

자연수 n에 대하여 두 점 P_{n-1}, P_n이 함수 $y=x^2$의 그래프 위의 점일 때, 점 P_{n+1}을 다음 규칙에 따라 정한다.

> (가) 두 점 P_0, P_1의 좌표는 각각 $(0, 0)$, $(1, 1)$이다.
>
> (나) 점 P_{n+1}은 점 P_n을 지나고 직선 $P_{n-1}P_n$에 수직인 직선과 함수 $y=x^2$의 그래프의 교점이다. (단, P_n과 P_{n+1}은 서로 다른 점이다.)

$l_n=\overline{P_{n-1}P_n}$이라 할 때, $\lim\limits_{n\to\infty}\dfrac{l_n}{n}$의 값은? [3점]

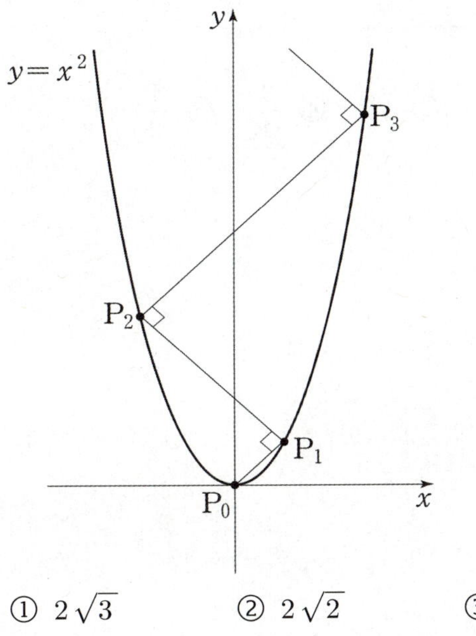

① $2\sqrt{3}$　　② $2\sqrt{2}$　　③ 2
④ $\sqrt{3}$　　⑤ $\sqrt{2}$

복습	1회	2회	3회	4회	5회
채점 ○△X					

39. [2000년 수능 (인문) 21번] 실전 분석

자연수 n에 대하여, 두 곡선 $y=x^2-2$, $y=-x^2+\dfrac{2}{n^2}$로 둘러싸인 도형의 넓이를 S_n이라 할 때, $\lim\limits_{n\to\infty}S_n$의 값은? [3점]

① $\dfrac{16}{3}$　　② $\dfrac{14}{3}$　　③ 4　　④ $\dfrac{10}{3}$　　⑤ $\dfrac{8}{3}$

수능 4점

복습	1회	2회	3회	4회	5회
채점 $\bigcirc\triangle\times$					

40. [2017년 수능 (나)형 28번] `실전 분석`

자연수 n에 대하여 직선 $x=4^n$이 곡선 $y=\sqrt{x}$와 만나는 점을 P_n이라 하자. 선분 P_nP_{n+1}의 길이를 L_n이라 할 때, $\displaystyle\lim_{n\to\infty}\left(\dfrac{L_{n+1}}{L_n}\right)^2$의 값을 구하시오. [4점]

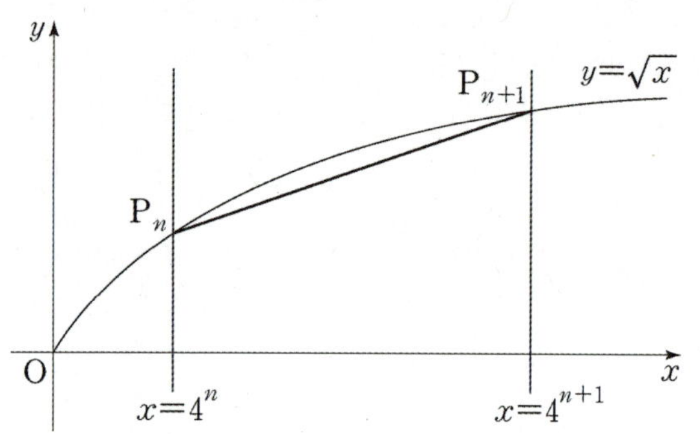

복습	1회	2회	3회	4회	5회
채점 $\bigcirc\triangle\times$					

41. [2016년 수능 (A)형 14번]

자연수 n에 대하여 좌표가 $(0,\ 2n+1)$인 점을 P 라 하고, 함수 $f(x)=nx^2$의 그래프 위의 점 중 y좌표가 1이고 제1사분면에 있는 점을 Q 라 하자. 점 $R(0,\ 1)$에 대하여 삼각형 PRQ의 넓이를 S_n, 선분 PQ의 길이를 l_n이라 할 때, $\displaystyle\lim_{n\to\infty}\dfrac{S_n^{\,2}}{l_n}$의 값은?

[4점]

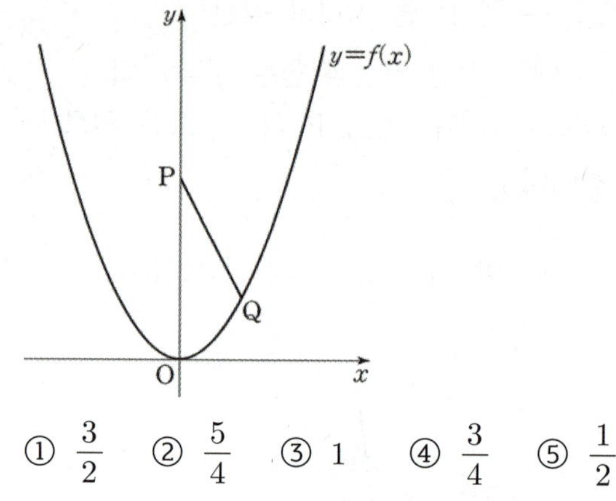

① $\dfrac{3}{2}$ ② $\dfrac{5}{4}$ ③ 1 ④ $\dfrac{3}{4}$ ⑤ $\dfrac{1}{2}$

복습	1회	2회	3회	4회	5회
채점 ○△X					

42. [2014년 수능 (B)형 18번] 실전 분석

자연수 n에 대하여 직선 $y = n$과 함수 $y = \tan x$의 그래프가 제 1사분면에서 만나는 점의 x좌표를 작은 수부터 크기순으로 나열할 때, n번째 수를 a_n이라 하자. $\lim\limits_{n \to \infty} \dfrac{a_n}{n}$의 값은? [4점]

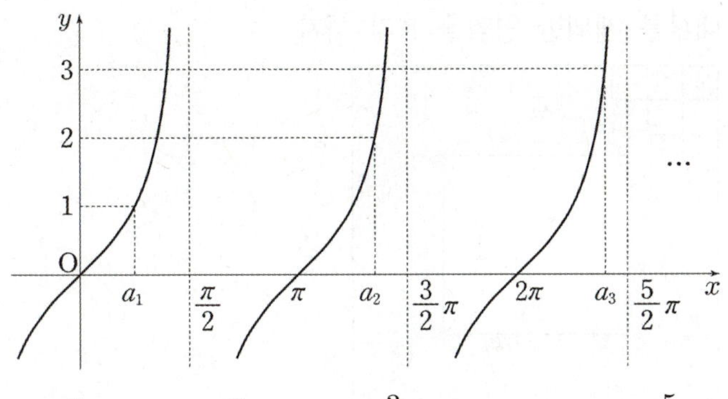

① $\dfrac{\pi}{4}$ ② $\dfrac{\pi}{2}$ ③ $\dfrac{3}{4}\pi$ ④ π ⑤ $\dfrac{5}{4}\pi$

복습	1회	2회	3회	4회	5회
채점 ○△X					

43. [2012년 수능 (나)형 28번]

좌표평면에서 자연수 n에 대하여 점 P_n의 좌표를 $(n, 3^n)$, 점 Q_n의 좌표를 $(n, 0)$이라 하자.
사각형 $P_n Q_{n+1} Q_{n+2} P_{n+1}$의 넓이를 a_n이라 할 때, $\displaystyle\sum_{n=1}^{\infty} \dfrac{1}{a_n} = \dfrac{q}{p}$ 이다. $p^2 + q^2$ 의 값을 구하시오.
(단, p 와 q 는 서로소인 자연수이다.) [4점]

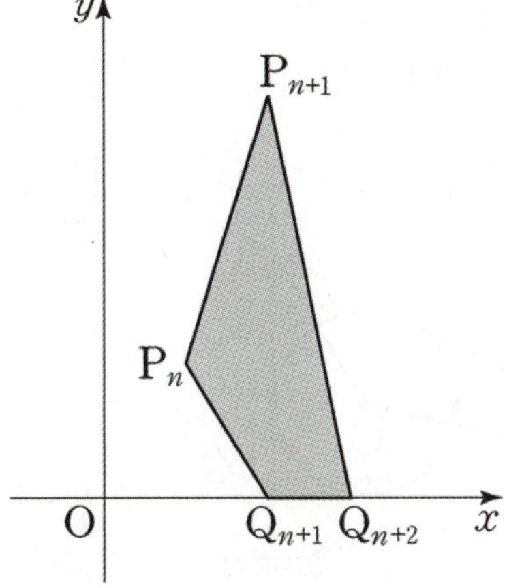

복습	1회	2회	3회	4회	5회
채점 $\bigcirc\triangle\times$					

44. [2011년 수능 (나)형 14번] 실전 분석

좌표평면에서 자연수 n에 대하여 두 직선 $y = \dfrac{1}{n}x$와 $x = n$이 만나는 점을 A_n, 직선 $x = n$과 x축이 만나는 점을 B_n이라 하자. 삼각형 A_nOB_n에 내접하는 원의 중심을 C_n이라 하고, 삼각형 A_nOC_n의 넓이를 S_n이라 하자. $\displaystyle\lim_{n\to\infty}\dfrac{S_n}{n}$의 값은? [4점]

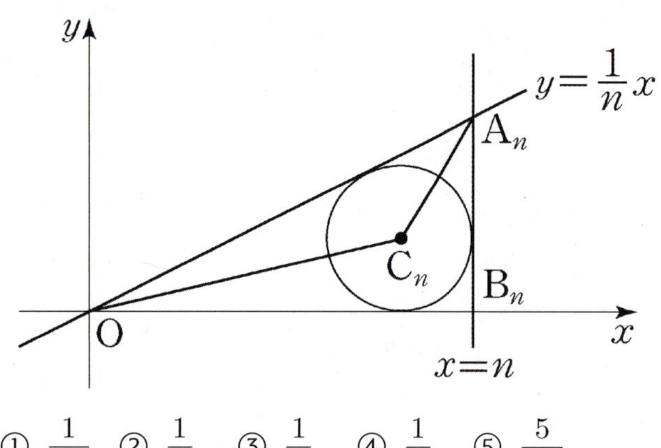

① $\dfrac{1}{12}$ ② $\dfrac{1}{6}$ ③ $\dfrac{1}{4}$ ④ $\dfrac{1}{3}$ ⑤ $\dfrac{5}{12}$

복습	1회	2회	3회	4회	5회
채점 $\bigcirc\triangle\times$					

1등급

45. [2010년 수능 (나)형 25번] 실전 분석

그림과 같이 한 변의 길이가 2인 정사각형 A와 한 변의 길이가 1인 정사각형 B는 변이 서로 평행하고, A의 두 대각선의 교점과 B의 두 대각선의 교점이 일치하도록 놓여있다. A와 A의 내부에서 B의 내부를 제외한 영역을 R라 하자.

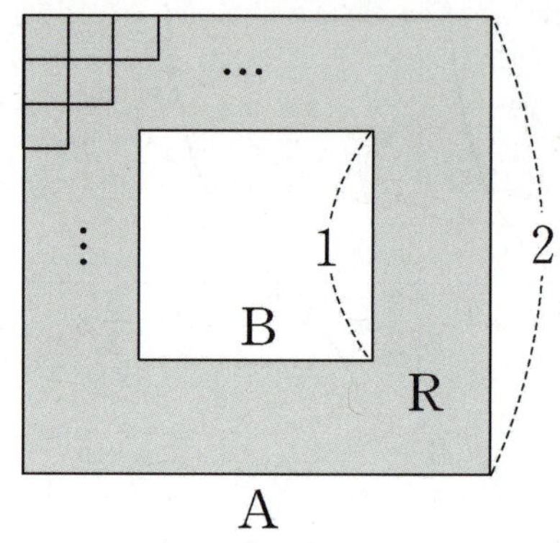

2 이상인 자연수 n에 대하여 한 변의 길이가 $\dfrac{1}{n}$인 작은 정사각형을 다음 규칙에 따라 R에 그린다.

> (가) 작은 정사각형의 한 변은 A의 한 변에 평행하다.
> (나) 작은 정사각형들의 내부는 서로 겹치지 않도록 한다.

이와 같은 규칙에 따라 R에 그릴 수 있는 한 변의 길이가 $\dfrac{1}{n}$인 작은 정사각형의 최대 개수를 a_n이라 하자. 예를 들어, $a_2 = 12$, $a_3 = 20$ 이다.

$\displaystyle\lim_{n\to\infty}\dfrac{a_{2n+1} - a_{2n}}{a_{2n} - a_{2n-1}} = c$ 라 할 때, $100c$의 값을 구하시오. [4점]

복습	1회	2회	3회	4회	5회
채점 O△X					

46. [2008년 수능 (나)형 24번]

$n \geq 2$인 자연수 n에 대하여 중심이 원점이고 반지름의 길이가 1인 원 C를 x축 방향으로 $\dfrac{2}{n}$만큼 평행이동시킨 원을 C_n이라 하자. 원 C와 원 C_n의 공통현의 길이를 l_n이라 할 때, $\displaystyle\sum_{n=2}^{\infty} \dfrac{1}{(nl_n)^2} = \dfrac{q}{p}$이다. $p+q$의 값을 구하시오. (단, p, q는 서로소인 자연수이다.) [4점]

복습	1회	2회	3회	4회	5회
채점 O△X					

47. [2005년 수능 (나)형 28번]

이차함수 $f(x) = 3x^2$의 그래프 위의 두 점 $P(n, f(n))$과 $Q(n+1, f(n+1))$ 사이의 거리를 a_n이라 할 때, $\displaystyle\lim_{n \to \infty} \dfrac{a_n}{n}$의 값은? (단, n은 자연수이다.) [4점]

① 9 　　② 8 　　③ 7 　　④ 6 　　⑤ 5

미적분 1. 수열의 극한 경향03
수렴조건

수능 2점

복습	1회	2회	3회	4회	5회
채점 ○△X					

48. [2002년 수능 (인문) & (자연) 26번]

함수 $f(x) = \lim_{n\to\infty} \dfrac{x^{2n+4}+2x}{x^{2n}+1}$ 일 때, $f\left(\dfrac{1}{2}\right)+f(2)$ 의 값을 구하시오. [2점]

복습	1회	2회	3회	4회	5회
채점 ○△X					

49. [1994년 수능 (2차) 5번] 실전 분석

등비급수 $\displaystyle\sum_{n=1}^{\infty} r^n$ 이 수렴할 때, 다음 중 반드시 수렴한다고 할 수 없는 것은?

① $\displaystyle\sum_{n=1}^{\infty}(r^n + r^{2n})$ ② $\displaystyle\sum_{n=1}^{\infty}(r^n - 2r^{2n})$

③ $\displaystyle\sum_{n=1}^{\infty}\dfrac{r^n+(-r)^n}{2}$ ④ $\displaystyle\sum_{n=1}^{\infty}\left(\dfrac{r-1}{2}\right)^n$

⑤ $\displaystyle\sum_{n=1}^{\infty}\left(\dfrac{r}{2}-1\right)^n$

수능 3점

복습	1회	2회	3회	4회	5회
채점 ○△X					

50. [2015년 수능 (B)형 13번]

$a > 3$ 인 상수 a 에 대하여 두 곡선 $y = a^{x-1}$ 과 $y = 3^x$ 이 점 P에서 만난다. 점 P의 x 좌표를 k 라 하자. 이 때, $\displaystyle\lim_{n\to\infty}\dfrac{\left(\dfrac{a}{3}\right)^{n+k}}{\left(\dfrac{a}{3}\right)^{n+1}+1}$ 의 값은? [3점]

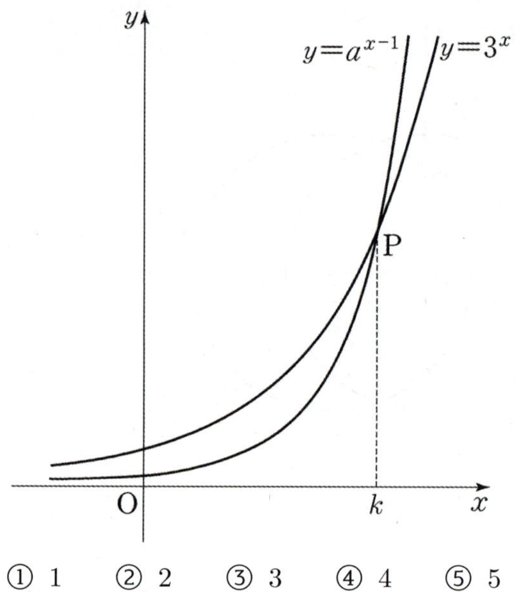

① 1 ② 2 ③ 3 ④ 4 ⑤ 5

복습	1회	2회	3회	4회	5회
채점 $\bigcirc\triangle X$					

51. [2008년 수능 (나)형 21번] 실전 분석

수열 $\{a_n\}$에 대하여 $\displaystyle\sum_{n=1}^{\infty}\frac{a_n}{4^n}=2$ 일 때,

$\displaystyle\lim_{n\to\infty}\frac{a_n+4^{n+1}-3^{n-1}}{4^{n-1}+3^{n+1}}$ 의 값을 구하시오. [3점]

복습	1회	2회	3회	4회	5회
채점 $\bigcirc\triangle X$					

52. [2007년 수능 (나)형 20번] 실전 분석

수열 $\left\{\left(\dfrac{2x-1}{4}\right)^n\right\}$ 이 수렴하기 위한 정수 x 의 개수를 k 라 할 때, $10k$ 의 값을 구하시오. [3점]

복습	1회	2회	3회	4회	5회
채점 $\bigcirc\triangle X$					

53. [2005년 수능 (나)형 26번] 실전 분석

등비수열 $\{a_n\}$에 대하여 옳은 것을 <보기>에서 모두 고른 것은? [3점]

[보 기]

ㄱ. 등비급수 $\displaystyle\sum_{n=1}^{\infty}a_n$ 이 수렴하면 $\displaystyle\sum_{n=1}^{\infty}a_{2n}$ 도 수렴한다.

ㄴ. 등비급수 $\displaystyle\sum_{n=1}^{\infty}a_n$ 이 발산하면 $\displaystyle\sum_{n=1}^{\infty}a_{2n}$ 도 발산한다.

ㄷ. 등비급수 $\displaystyle\sum_{n=1}^{\infty}a_n$ 이 수렴하면 $\displaystyle\sum_{n=1}^{\infty}\left(a_n+\frac{1}{2}\right)$ 도 수렴한다.

① ㄱ 　② ㄴ 　③ ㄱ, ㄴ
④ ㄱ, ㄷ 　⑤ ㄴ, ㄷ

복습	1회	2회	3회	4회	5회
채점 ○△X					

54. [1999년 수능 (인문) & (자연) 7번]

다음 <보기>의 수열 $\{a_n\}$ 중 극한값

$$\lim_{n \to \infty} \frac{a_1 + a_2 + a_3 + \cdots + a_n}{n}$$

이 존재하는 것을 모두 고르면? [3점]

[보 기]

Ⅰ. $a_n = n$

Ⅱ. $a_n = \dfrac{1}{2^n}$

Ⅲ. $a_n = (-1)^n$

---

① Ⅰ   ② Ⅱ   ③ Ⅲ

④ Ⅱ, Ⅲ   ⑤ Ⅰ, Ⅱ, Ⅲ

복습	1회	2회	3회	4회	5회
채점 ○△X					

55. [2026년 수능 (미적분) 29번]

첫째항과 공차가 같은 등차수열 $\{a_n\}$ 과 등비수열 $\{b_n\}$ 이 다음 조건을 만족시킨다.

어떤 자연수 k 에 대하여

$$b_{k+i} = \frac{1}{a_i} - 1 \quad (i = 1, 2, 3)$$

이다.

부등식

$$0 < \sum_{n=1}^{\infty} \left(b_n - \frac{1}{a_n a_{n+1}} \right) < 30$$

이 성립할 때, $a_2 \times \displaystyle\sum_{n=1}^{\infty} b_{2n} = \dfrac{q}{p}$ 이다. $p + q$ 의 값을 구하시오. (단, $a_1 \neq 0$ 이고, p 와 q 는 서로소인 자연수이다.) [4점]

복습	1회	2회	3회	4회	5회
채점 $\bigcirc\triangle\times$					

1등급

56. [2025년 수능 (미적분) 29번] 실전 분석

등비수열 $\{a_n\}$ 이

$$\sum_{n=1}^{\infty}(|a_n|+a_n)=\frac{40}{3}, \quad \sum_{n=1}^{\infty}(|a_n|-a_n)=\frac{20}{3}$$

을 만족시킨다. 부등식

$$\lim_{n \to \infty}\sum_{k=1}^{2n}\left((-1)^{\frac{k(k+1)}{2}}\times a_{m+k}\right)>\frac{1}{700}$$

을 만족시키는 모든 자연수 m의 값의 합을 구하시오. [4점]

복습	1회	2회	3회	4회	5회
채점 $\bigcirc\triangle\times$					

1등급

57. [2025년 9월 (미적분) 29번]

첫째항이 양수이고 공비가 유리수인 등비수열 $\{a_n\}$에 대하여 급수 $\sum_{n=1}^{\infty} a_n$ 이 수렴하고, 수열 $\{a_n\}$ 이 다음 조건을 만족시킨다.

(가) $a_1 + a_2 < 10$

(나) 수열 $\{a_n\}$의 정수인 항의 개수는 3이고, 이 세 항의 곱은 216이다.

$\sum_{n=1}^{\infty} a_n = \dfrac{q}{p}$ 일 때, $p+q$의 값을 구하시오. (단, p와 q는 서로소인 자연수이다.) [4점]

복습	1회	2회	3회	4회	5회
채점 ○△X					

1등급

58. [2025년 6월 (미적분) 29번]

두 정수 α, β $(\alpha > \beta)$에 대하여 다음 조건을 만족시키는 수열 $\{a_n\}$이 있다.

> 모든 자연수 n에 대하여
> $$a_n = \alpha \times \sin \frac{n}{2}\pi + \beta \times \cos \frac{n}{2}\pi$$
> 이고, $a_1 \times a_2 \times a_3 \times a_4 = 4$이다.

수열 $\{a_n\}$과 $b_1 > 0$인 등비수열 $\{b_n\}$에 대하여

$$\sum_{n=1}^{\infty} (a_{4n-2} b_n) = \sum_{n=1}^{\infty} (a_{4n-3} b_{2n}) = 6$$

일 때, $b_1 \times b_3 = \dfrac{q}{p}$이다. $p+q$의 값을 구하시오. (단, p와 q는 서로소인 자연수이다.) [4점]

복습	1회	2회	3회	4회	5회
채점 ○△X					

59. [2024년 수능 (미적분) 29번] `실전 분석`

첫째항과 공비가 각각 0이 아닌 두 등비수열 $\{a_n\}$, $\{b_n\}$에 대하여 두 급수 $\sum_{n=1}^{\infty} a_n$, $\sum_{n=1}^{\infty} b_n$이 각각 수렴하고

$$\sum_{n=1}^{\infty} a_n b_n = \left(\sum_{n=1}^{\infty} a_n \right) \times \left(\sum_{n=1}^{\infty} b_n \right),$$

$$3 \times \sum_{n=1}^{\infty} |a_{2n}| = 7 \times \sum_{n=1}^{\infty} |a_{3n}|$$

이 성립한다. $\sum_{n=1}^{\infty} \dfrac{b_{2n-1} + b_{3n+1}}{b_n} = S$일 때, $120S$의 값을 구하시오. [4점]

복습	1회	2회	3회	4회	5회
채점 ○△X					

60. [2023년 9월 (미적분) 29번]

두 실수 a, b ($a > 1$, $b > 1$)이

$$\lim_{n \to \infty} \frac{3^n + a^{n+1}}{3^{n+1} + a^n} = a, \quad \lim_{n \to \infty} \frac{a^n + b^{n+1}}{a^{n+1} + b^n} = \frac{9}{a}$$

를 만족시킬 때, $a + b$의 값을 구하시오. [4점]

복습	1회	2회	3회	4회	5회
채점 ○△X					

—— **1등급** ——

61. [2023년 6월 (미적분) 30번]

수열 $\{a_n\}$은 등비수열이고, 수열 $\{b_n\}$을 모든 자연수 n에 대하여

$$b_n = \begin{cases} -1 & (a_n \leq -1) \\ a_n & (a_n > -1) \end{cases}$$

이라 할 때, 수열 $\{b_n\}$은 다음 조건을 만족시킨다.

(가) 급수 $\displaystyle\sum_{n=1}^{\infty} b_{2n-1}$은 수렴하고 그 합은 -3이다.

(나) 급수 $\displaystyle\sum_{n=1}^{\infty} b_{2n}$은 수렴하고 그 합은 8이다.

$b_3 = -1$일 때, $\displaystyle\sum_{n=1}^{\infty} |a_n|$의 값을 구하시오. [4점]

복습	1회	2회	3회	4회	5회
채점 ○△X					

62. [2021년 수능 (가)형 18번] 실전 분석

실수 a에 대하여 함수 $f(x)$를

$$f(x) = \lim_{n \to \infty} \frac{(a-2)x^{2n+1} + 2x}{3x^{2n} + 1}$$

라 하자. $(f \circ f)(1) = \dfrac{5}{4}$ 가 되도록 하는 모든 a의 값의 합은? [4점]

① $\dfrac{11}{2}$ ② $\dfrac{13}{2}$ ③ $\dfrac{15}{2}$ ④ $\dfrac{17}{2}$ ⑤ $\dfrac{19}{2}$

복습	1회	2회	3회	4회	5회
채점 ○△X					

64. [2013년 수능 (나)형 19번] 실전 분석

수열 $\{a_n\}$에 대하여

$$\sum_{n=1}^{\infty} \left(n \cdot a_n - \frac{n^2+1}{2n+1} \right) = 3$$

일 때, $\lim\limits_{n \to \infty} \left(a_n^2 + 2a_n + 2 \right)$의 값은? [4점]

① $\dfrac{13}{4}$ ② 3 ③ $\dfrac{11}{4}$ ④ $\dfrac{5}{2}$ ⑤ $\dfrac{9}{4}$

복습	1회	2회	3회	4회	5회
채점 ○△X					

63. [2015년 수능 (A)형 28번] 실전 분석

자연수 k에 대하여 $a_k = \lim\limits_{n \to \infty} \dfrac{\left(\frac{6}{k} \right)^{n+1}}{\left(\frac{6}{k} \right)^n + 1}$ 이라 할

때, $\sum\limits_{k=1}^{10} k a_k$의 값을 구하시오. [4점]

미적분 1. 수열의 극한 경향04
도형 등비급수

수능 3점

복습	1회	2회	3회	4회	5회
채점 $\bigcirc\triangle\times$					

65. [2023년 수능 (미적분) 27번] 실전 분석

그림과 같이 중심이 O, 반지름의 길이가 1이고
중심각의 크기가 $\dfrac{\pi}{2}$인 부채꼴 OA_1B_1이 있다. 호
A_1B_1 위에 점 P_1, 선분 OA_1 위에 점 C_1, 선분
OB_1 위에 점 D_1을 사각형 $OC_1P_1D_1$이
$\overline{OC_1}:\overline{OD_1}=3:4$인 직사각형이 되도록 잡는다.
부채꼴 OA_1B_1의 내부에 점 Q_1을 $\overline{P_1Q_1}=\overline{A_1Q_1}$,
$\angle P_1Q_1A_1 = \dfrac{\pi}{2}$가 되도록 잡고, 이등변삼각형
$P_1Q_1A_1$에 색칠하여 얻은 그림을 R_1이라 하자.
그림 R_1에서 선분 OA_1 위의 점 A_2와 선분 OB_1
위의 점 B_2를 $\overline{OQ_1}=\overline{OA_2}=\overline{OB_2}$가 되도록 잡고,
중심이 O, 반지름의 길이가 $\overline{OQ_1}$, 중심각의 크기가
$\dfrac{\pi}{2}$인 부채꼴 OA_2B_2를 그린다. 그림 R_1을 얻은
것과 같은 방법으로 네 점 P_2, C_2, D_2, Q_2를 잡고,
이등변삼각형 $P_2Q_2A_2$에 색칠하여 얻은 그림을 R_2라
하자. 이와 같은 과정을 계속하여 n번째 얻은 그림
R_n에 색칠되어 있는 부분의 넓이를 S_n이라 할 때,
$\displaystyle\lim_{n\to\infty} S_n$의 값은? [3점]

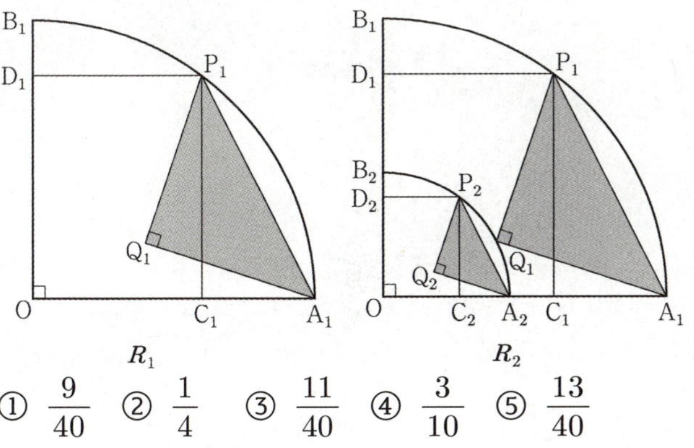

① $\dfrac{9}{40}$　② $\dfrac{1}{4}$　③ $\dfrac{11}{40}$　④ $\dfrac{3}{10}$　⑤ $\dfrac{13}{40}$

복습	1회	2회	3회	4회	5회
채점 $\bigcirc\triangle\times$					

66. [1996년 수능 (인문) 24번]

다음 그림과 같이 정사각형에 직각 이등변삼각형과
정사각형을 번갈아 붙이는 과정을 한없이 반복한다.
이 때 사각형을 S_1, S_2, S_3, $\cdots$, 삼각형을
T_1, T_2, T_3, $\cdots$이라고 하자. S_1의 한 변의 길이가
2일 때, 이들 삼각형과 사각형의 넓이의 총합은?

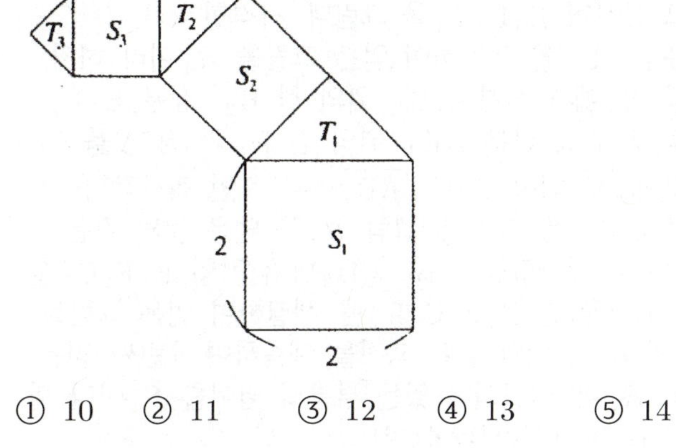

① 10　② 11　③ 12　④ 13　⑤ 14

수능 4점

복습	1회	2회	3회	4회	5회
채점 ○△X					

67. [2021년 수능 (가)형 14번] 실전 분석

그림과 같이 $\overline{AB_1} = 2$, $\overline{AD_1} = 4$인 직사각형 $AB_1C_1D_1$이 있다. 선분 AD_1을 $3:1$로 내분하는 점을 E_1이라 하고, 직사각형 $AB_1C_1D_1$의 내부에 점 F_1을 $\overline{F_1E_1} = \overline{F_1C_1}$, $\angle E_1F_1C_1 = \dfrac{\pi}{2}$가 되도록 잡고 삼각형 $E_1F_1C_1$을 그린다. 사각형 $E_1F_1C_1D_1$을 색칠하여 얻은 그림을 R_1이라 하자. 그림 R_1에서 선분 AB_1 위의 점 B_2, 선분 E_1F_1 위의 점 C_2, 선분 AE_1 위의 점 D_2와 점 A를 꼭짓점으로 하고 $\overline{AB_2} : \overline{AD_2} = 1:2$인 직사각형 $AB_2C_2D_2$를 그린다. 그림 R_1을 얻은 것과 같은 방법으로 직사각형 $AB_2C_2D_2$에 삼각형 $E_2F_2C_2$를 그리고 사각형 $E_2F_2C_2D_2$를 색칠하여 얻은 그림을 R_2라 하자. 이와 같은 과정을 계속하여 n번째 얻은 그림 R_n에 색칠되어 있는 부분의 넓이를 S_n이라 할 때, $\lim\limits_{n \to \infty} S_n$의 값은? [4점]

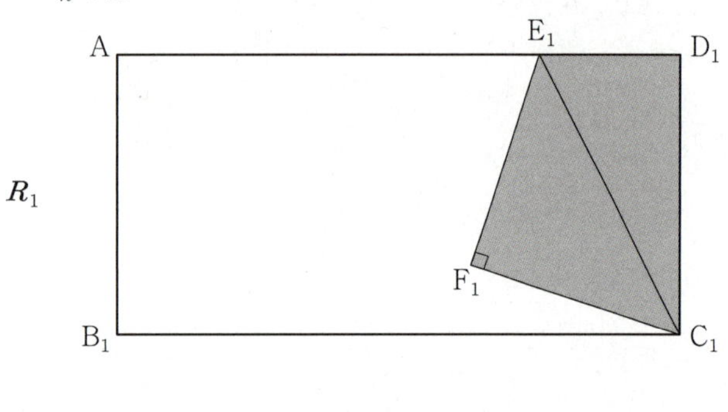

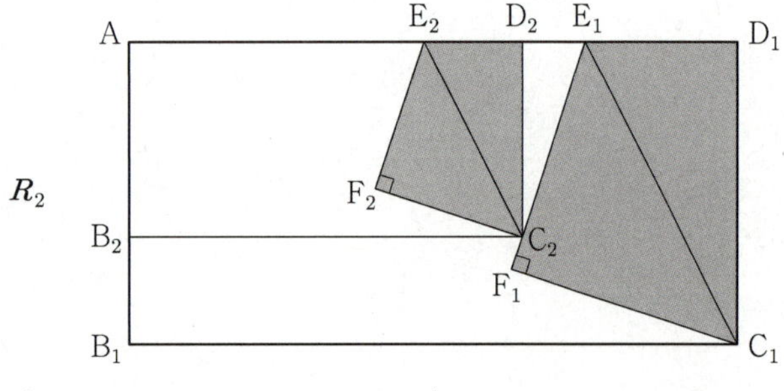

① $\dfrac{441}{103}$ ② $\dfrac{441}{109}$ ③ $\dfrac{441}{115}$ ④ $\dfrac{441}{121}$ ⑤ $\dfrac{441}{127}$

복습	1회	2회	3회	4회	5회
채점 ○△✕					

68. [2020년 수능 (나)형 18번]

그림과 같이 한 변의 길이가 5인 정사각형 $ABCD$에 중심이 A이고 중심각의 크기가 $90°$인 부채꼴 ABD를 그린다. 선분 AD를 $3:2$로 내분하는 점을 A_1, 점 A_1을 지나고 선분 AB에 평행한 직선이 호 BD와 만나는 점을 B_1이라 하자.

선분 A_1B_1을 한 변으로 하고 선분 DC와 만나도록 정사각형 $A_1B_1C_1D_1$을 그린 후, 중심이 D_1이고 중심각의 크기가 $90°$인 부채꼴 $D_1A_1C_1$을 그린다.

선분 DC가 호 A_1C_1, 선분 B_1C_1과 만나는 점을 각각 E_1, F_1이라 하고, 두 선분 DA_1, DE_1과 호 A_1E_1로 둘러싸인 부분과 두 선분 E_1F_1, F_1C_1과 호 E_1C_1로 둘러싸인 부분인 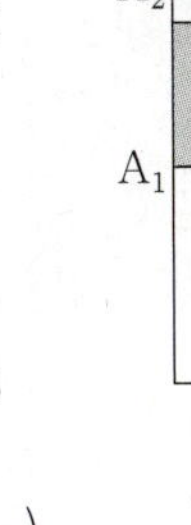 모양의 도형에 색칠하여 얻은 그림을 R_1이라 하자.

그림 R_1에서 정사각형 $A_1B_1C_1D_1$에 중심이 A_1이고 중심각의 크기가 $90°$인 부채꼴 $A_1B_1D_1$을 그린다.

선분 A_1D_1을 $3:2$로 내분하는 점을 A_2, 점 A_2를 지나고 선분 A_1B_1에 평행한 직선이 호 B_1D_1과 만나는 점을 B_2라 하자. 선분 A_2B_2를 한 변으로 하고 선분 D_1C_1과 만나도록 정사각형 $A_2B_2C_2D_2$를 그린 후, 그림 R_1을 얻은 것과 같은 방법으로 정사각형 $A_2B_2C_2D_2$에 ⌐┘ 모양의 도형을 그리고 색칠하여 얻은 그림을 R_2라 하자.

이와 같은 과정을 계속하여 n번째 얻은 그림 R_n에 색칠되어 있는 부분의 넓이를 S_n이라 할 때, $\lim\limits_{n \to \infty} S_n$의 값은? [4점]

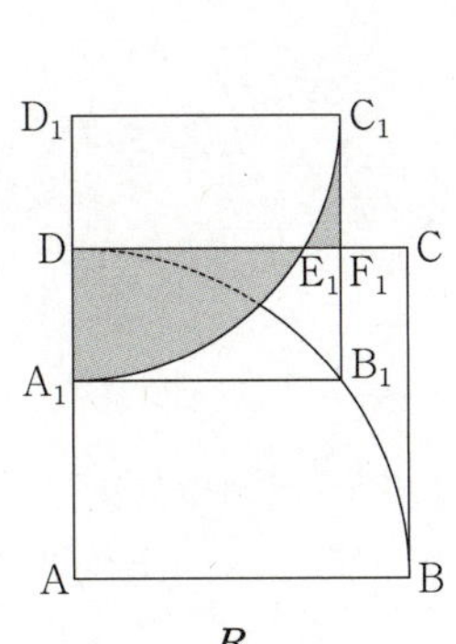

R_1 R_2 …

① $\dfrac{50}{3}\left(3 - \sqrt{3} + \dfrac{\pi}{6}\right)$ ② $\dfrac{100}{9}\left(3 - \sqrt{3} + \dfrac{\pi}{3}\right)$

③ $\dfrac{50}{3}\left(2 - \sqrt{3} + \dfrac{\pi}{3}\right)$ ④ $\dfrac{100}{9}\left(3 - \sqrt{3} + \dfrac{\pi}{6}\right)$

⑤ $\dfrac{100}{9}\left(2 - \sqrt{3} + \dfrac{\pi}{3}\right)$

복습	1회	2회	3회	4회	5회
채점 ○△×					

1등급

69. [2020년 6월 (가)형 20번]

그림과 같이 $\overline{AB_1}=3$, $\overline{AC_1}=2$ 이고

$\angle B_1AC_1=\dfrac{\pi}{3}$ 인 삼각형 AB_1C_1 이 있다.

$\angle B_1AC_1$ 의 이등분선이 선분 B_1C_1 과 만나는 점을 D_1, 세 점 A, D_1, C_1 을 지나는 원이 선분 AB_1 과 만나는 점 중 A 가 아닌 점을 B_2 라 할 때, 두 선분 B_1B_2, B_1D_1 과 호 B_2D_1 로 둘러싸인 부분과 선분 C_1D_1 과 호 C_1D_1 로 둘러싸인 부분인 ⌒ 모양의 도형에 색칠하여 얻은 그림을 R_1 이라 하자.

그림 R_1 에서 점 B_2 를 지나고 직선 B_1C_1 에 평행한 직선이 두 선분 AD_1, AC_1 과 만나는 점을 각각 D_2, C_2 라 하자.

세 점 A, D_2, C_2 를 지나는 원이 선분 AB_2 와 만나는 점 중 A 가 아닌 점을 B_3 이라 할 때, 두 선분 B_2B_3, B_2D_2 와

호 B_3D_2 로 둘러싸인 부분과 선분 C_2D_2 와 호 C_2D_2 로 둘러싸인 부분인 ⌒ 모양의 도형에 색칠하여 얻은 그림을 R_2 라 하자.

이와 같은 과정을 계속하여 n 번째 얻은 그림 R_n 에 색칠되어 있는 부분의 넓이를 S_n 이라 할 때, $\displaystyle\lim_{n\to\infty} S_n$ 의 값은? [4점]

① $\dfrac{27\sqrt{3}}{46}$ ② $\dfrac{15\sqrt{3}}{23}$ ③ $\dfrac{33\sqrt{3}}{46}$

④ $\dfrac{18\sqrt{3}}{23}$ ⑤ $\dfrac{39\sqrt{3}}{46}$

R_1 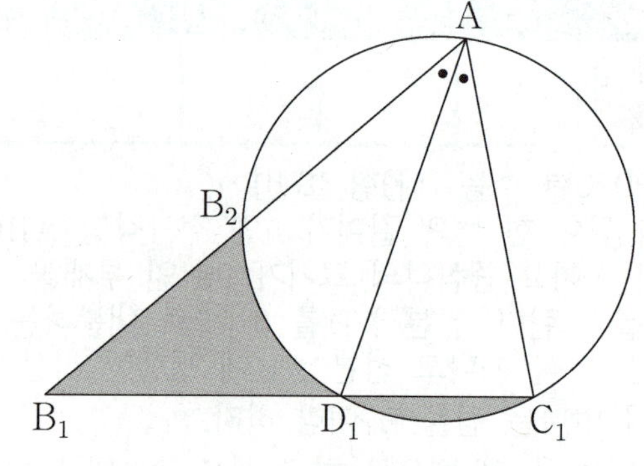

R_2 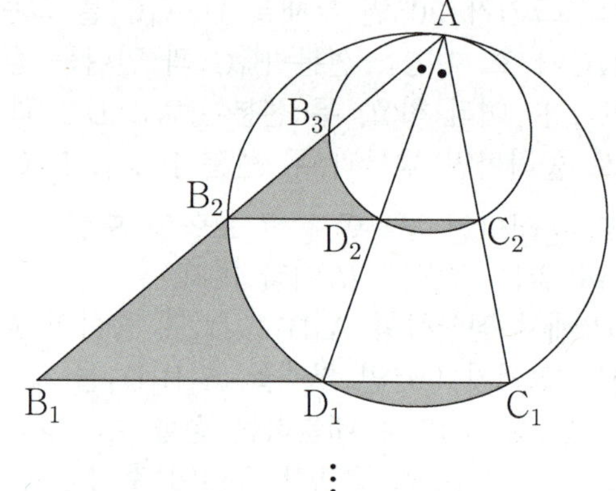

복습	1회	2회	3회	4회	5회
채점 $\bigcirc\triangle\times$					

70. [2019년 수능 (나)형 16번]

그림과 같이 $\overline{OA_1} = 4$, $\overline{OB_1} = 4\sqrt{3}$인 직각삼각형 OA_1B_1이 있다. 중심이 O이고 반지름의 길이가 $\overline{OA_1}$인 원이 선분 OB_1과 만나는 점을 B_2라 하자. 삼각형 OA_1B_1의 내부와 부채꼴 OA_1B_2의 내부에서 공통된 부분을 제외한 $\diagdown$ 모양의 도형에 칠하여 얻든 그림을 R_1이라 하자.

그림 R_1에서 점 B_2를 지나고 선분 A_1B_1에 평행한 직선이 선분 OA_1과 만나는 점을 A_2, 중심이 O이고 반지름의 길이가 $\overline{OA_2}$인 원이 선분 OB_2와 만나는 점을 B_3이라 하자. 삼각형 OA_2B_2의 내부와 부채꼴 OA_2B_3의 내부에서 공통된 부분을 제외한 $\diagdown$ 모양의 도형에 색칠하여 얻은 그림을 R_2라 하자. 이와 같은 과정을 계속하여 n번째 얻은 그림 R_n에 색칠되어 있는 부분의 넓이를 S_n이라 할 때, $\lim\limits_{n\to\infty} S_n$의 값은? [4점]

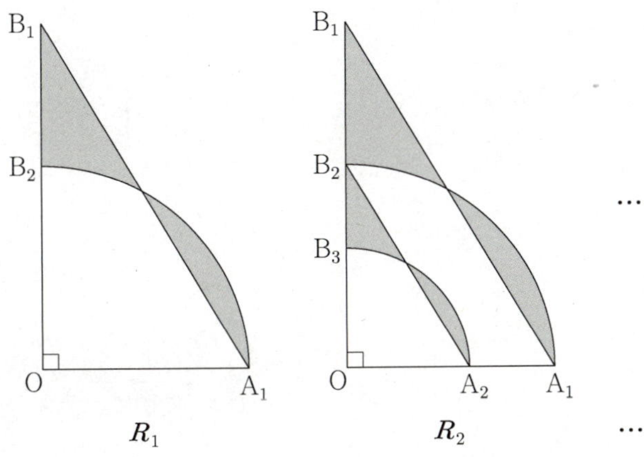

① $\dfrac{3}{2}\pi$ ② $\dfrac{5}{3}\pi$ ③ $\dfrac{11}{6}\pi$ ④ 2π ⑤ $\dfrac{13}{6}\pi$

복습	1회	2회	3회	4회	5회
채점 ○△X					

71. [2019년 9월 (나)형 18번]

그림과 같이 중심이 O, 반지름의 길이가 2이고 중심각의 크기가 90°인 부채꼴 OAB가있다. 선분 OA의 중점을 C, 선분 OB의 중점을 D라 하자. 점 C를 지나고 선분 OB와 평행한 직선이 호 AB와 만나는 점을 E, 점 D를 지나고 선분 OA와 평행한 직선이 호 AB와 만나는 점을 F라 하자. 선분 CE와 선분 DF가 만나는 점을 G, 선분 OE와 선분 DG가 만나는 점을 H, 선분 OF와 선분 CG가 만나는 점을 I라 하자. 사각형 OIGH를 색칠하여 얻은 그림을 R_1이라 하자.

그림 R_1에 중심이 C, 반지름의 길이가 $\overline{CI}$, 중심각의 크기가 90°인 부채꼴 CJI와 중심이 D, 반지름의 길이가 $\overline{DH}$, 중심각의 크기가 90°인 부채꼴 DHK를 그린다. 두 부채꼴 CJI, DHK에 그림 R_1을 얻는 것과 같은 방법으로 두 개의 사각형을 그리고 색칠하여 얻은 그림을 R_2라 하자.

이와 같은 과정을 계속하여 n번째 얻은 그림 R_n에 색칠되어 있는 부분의 넓이를 S_n이라 할 때, $\lim\limits_{n \to \infty} S_n$의 값은? [4점]

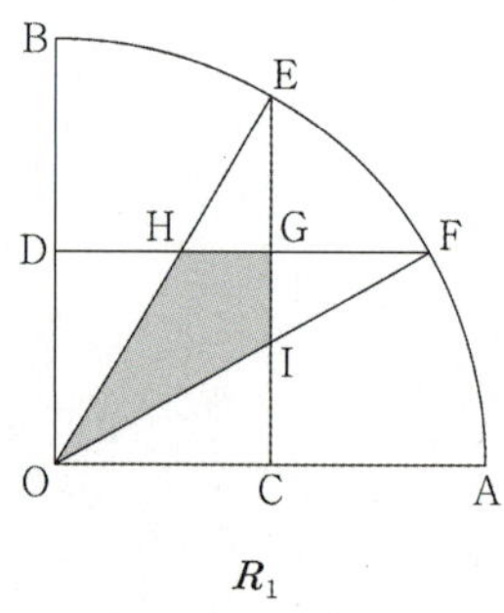

R_1

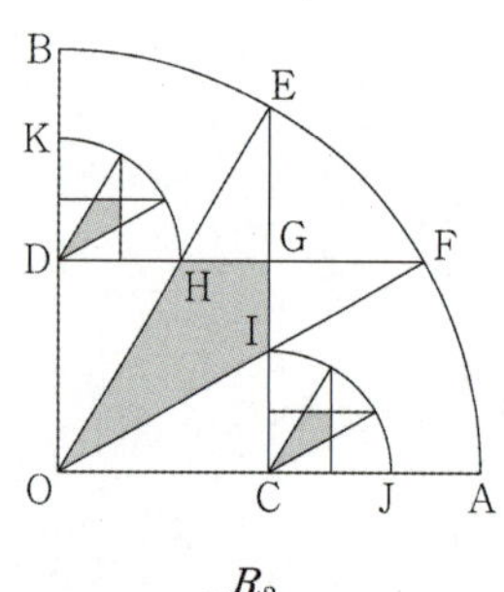

R_2

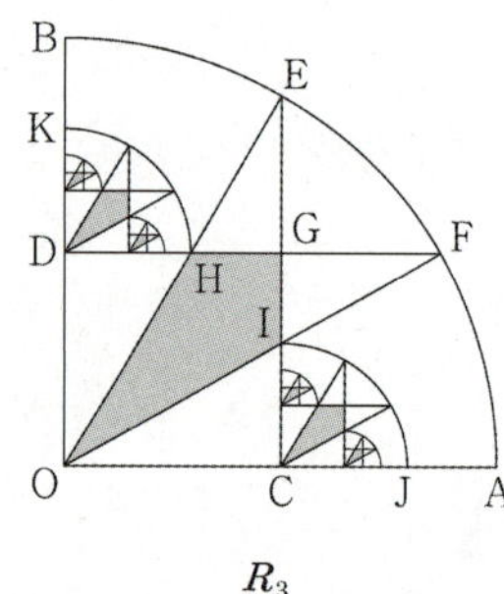

R_3　　　…

① $\dfrac{2(3-\sqrt{3})}{5}$　② $\dfrac{7(3-\sqrt{3})}{15}$　③ $\dfrac{8(3-\sqrt{3})}{15}$

④ $\dfrac{3(3-\sqrt{3})}{5}$　⑤ $\dfrac{2(3-\sqrt{3})}{3}$

복습	1회	2회	3회	4회	5회
채점 ○△✕					

72. [2019년 6월 (나)형 17번]

그림과 같이 한 변의 길이가 4인 정사각형 $A_1B_1C_1D_1$이 있다. 선분 C_1D_1의 중점을 E_1이라 하고, 직선 A_1B_1 위에 두 점 F_1, G_1을 $\overline{E_1F_1}=\overline{E_1G_1}$, $\overline{E_1F_1}:\overline{F_1G_1}=5:6$이 되도록 잡고 이등변삼각형 $E_1F_1G_1$을 그린다. 선분 D_1A_1과 선분 E_1F_1의 교점을 P_1, 선분 B_1C_1과 선분 G_1E_1의 교점을 Q_1이라할 때, 네 삼각형 $E_1D_1P_1$, $P_1F_1A_1$, $Q_1B_1G_1$, $E_1Q_1C_1$로 만들어진 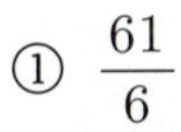모양의 도형에 색칠하여 얻은 그림을 R_1이라 하자.

그림 R_1에 선분 F_1G_1 위의 두 점 A_2, B_2와 선분 G_1E_1 위의 점 C_2, 선분 E_1F_1 위의 점 D_2를 꼭짓점으로 하는 정사각형 $A_2B_2C_2D_2$를 그리고, 그림 R_1을 얻는 것과 같은 방법으로 정사각형 $A_2B_2C_2D_2$에 모양의 도형을 그리고 색칠하여 얻은 그림을 R_2라 하자.

이와 같은 과정을 계속하여 n번째 얻은 그림 R_n에 색칠되어 있는 부분의 넓이를 S_n이라 할 때, $\lim_{n \to \infty} S_n$의 값은? [4점]

① $\dfrac{61}{6}$　　② $\dfrac{125}{12}$　　③ $\dfrac{32}{3}$

④ $\dfrac{131}{12}$　　⑤ $\dfrac{67}{6}$

R_1 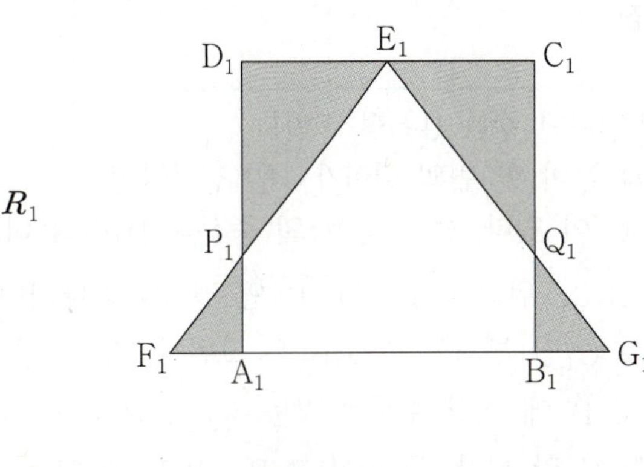

R_2 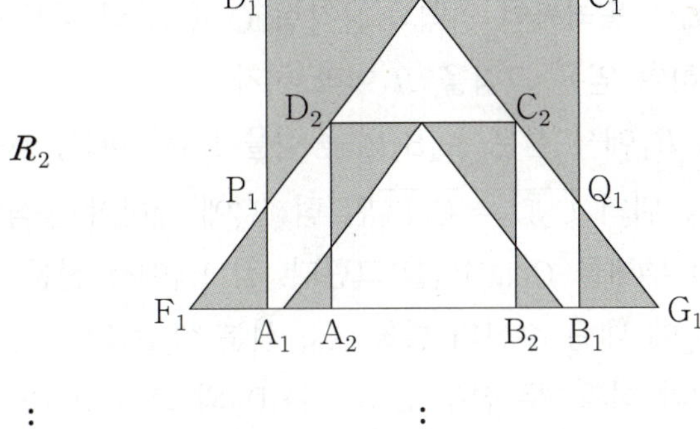

복습	1회	2회	3회	4회	5회
채점 ○△X					

73. [2018년 수능 (나)형 19번]

그림과 같이 한 변의 길이가 1인 정삼각형 $A_1B_1C_1$이 있다. 선분 A_1B_1의 중점을 D_1이라 하고, 선분 B_1C_1 위의 $\overline{C_1D_1}=\overline{C_1B_2}$인 점 B_2에 대하여 중심이 C_1인 부채꼴 $C_1D_1B_2$를 그린다. 점 B_2에서 선분 C_1D_1에 내린 수선의 발을 A_2, 선분 C_1B_2의 중점을 C_2라 하자. 두 선분 B_1B_2, B_1D_1과 호 D_1B_2로 둘러싸인 영역과 삼각형 $C_1A_2C_2$의 내부에 색칠하여 얻은 그림을 R_1이라 하자.

그림 R_1에서 선분 A_2B_2의 중점을 D_2라 하고, 선분 B_2C_2 위의 $\overline{C_2D_2}=\overline{C_2B_3}$인 점 B_3에 대하여 중심이 C_2인 부채꼴 $C_2D_2B_3$을 그린다. 점 B_3에서 선분 C_2D_2에 내린 수선의 발을 A_3, 선분 C_2B_3의 중점을 C_3이라 하자. 두 선분 B_2B_3, B_2D_2와 호 D_2B_3으로 둘러싸인 영역과 삼각형 $C_2A_3C_3$의 내부에 색칠하여 얻은 그림을 R_2라 하자. 이와 같은 과정을 계속하여 n번째 얻은 그림 R_n에 색칠되어 있는 부분의 넓이를 S_n이라 할 때, $\lim\limits_{n\to\infty} S_n$의 값은? [4점]

R_1

R_2

① $\dfrac{11\sqrt{3}-4\pi}{56}$ ② $\dfrac{11\sqrt{3}-4\pi}{52}$ ③ $\dfrac{15\sqrt{3}-6\pi}{56}$

④ $\dfrac{15\sqrt{3}-6\pi}{52}$ ⑤ $\dfrac{15\sqrt{3}-4\pi}{52}$

복습	1회	2회	3회	4회	5회
채점 ○△X					

74. [2018년 6월 (나)형 18번]

그림과 같이 $\overline{A_1B_1}=1$, $\overline{A_1D_1}=2$인 직사각형 $A_1B_1C_1D_1$이 있다. 선분 A_1D_1 위의 $\overline{B_1C_1}=\overline{B_1E_1}$, $\overline{C_1B_1}=\overline{C_1F_1}$인 두 점 E_1, F_1에 대하여 중심이 B_1인 부채꼴 $B_1E_1C_1$과 중심이 C_1인 부채꼴 $C_1F_1B_1$을 각각 직사각형 $A_1B_1C_1D_1$ 내부에 그리고, 선분 B_1E_1과 C_1F_1의 교점을 G_1이라 하자. 두 선분 G_1F_1, G_1B_1과 호 F_1B_1로 둘러싸인 부분과 두 선분 G_1E_1, G_1C_1과 호 E_1C_1로 둘러싸인 부분인 ▷◁ 모양의 도형에 색칠하여 얻은 그림을 R_1이라 하자.

그림 R_1에서 선분 B_1G_1 위의 점 A_2, 선분 C_1G_1 위의 점 D_2와 선분 B_1C_1 위의 두 점 B_2, C_2를 꼭짓점으로 하고 $\overline{A_2B_2}:\overline{A_2D_2}=1:2$인 직사각형 $A_2B_2C_2D_2$를 그리고, 그림 R_1을 얻는 것과 같은 방법으로 직사각형 $A_2B_2C_2D_2$ 내부에 ▷◁모양의 도형을 그리고 색칠하여 얻은 그림을 R_2라 하자.

이와 같은 과정을 계속하여 n번째 얻은 그림 R_n에 색칠되어 있는 부분의 넓이를 S_n이라 할 때, $\lim\limits_{n\to\infty} S_n$의 값은? [4점]

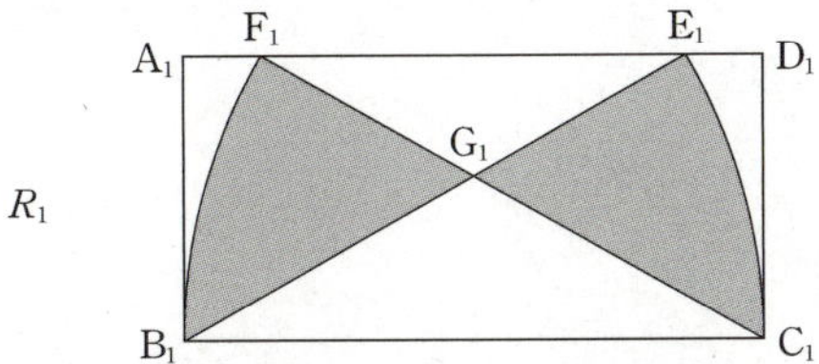

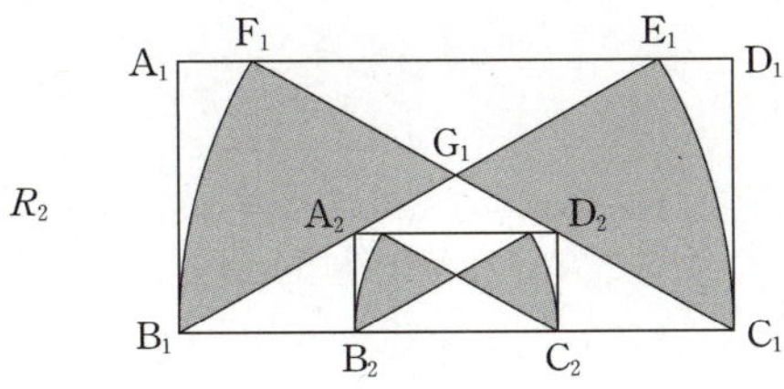

① $\dfrac{3\sqrt{3}\,\pi-7}{9}$ ② $\dfrac{4\sqrt{3}\,\pi-12}{9}$

③ $\dfrac{3\sqrt{3}\,\pi-5}{9}$ ④ $\dfrac{4\sqrt{3}\,\pi-10}{9}$

⑤ $\dfrac{4\sqrt{3}\,\pi-8}{9}$

복습	1회	2회	3회	4회	5회
채점 ○△X					

75. [2018년 9월 (나)형 19번]

그림과 같이 $\overline{A_1B_1}=3$, $\overline{B_1C_1}=1$인 직사각형 $OA_1B_1C_1$이 있다. 중심이 C_1이고 반지름의 길이가 $\overline{B_1C_1}$인 원과 선분 OC_1의 교점을 D_1, 중심이 O이고 반지름의 길이가 $\overline{OD_1}$인 원과 선분 A_1B_1의 교점을 E_1이라 하자. 직사각형 $OA_1B_1C_1$에 호 B_1D_1, 호 D_1E_1, 선분 B_1E_1로 둘러싸인 ▽모양의 도형을 그리고 색칠하여 얻은 그림을 R_1이라 하자.

그림 R_1에 선분 OA_1 위의 점 A_2와 호 D_1E_1 위의 점 B_2, 선분 OD_1 위의 점 C_2와 점 O를 꼭짓점으로 하고, $\overline{A_2B_2}:\overline{B_2C_2}=3:1$인 직사각형 $OA_2B_2C_2$를 그리고, 그림 R_1을 얻은 것과 같은 방법으로 직사각형 $OA_2B_2C_2$에 ▽모양의 도형을 그리고 색칠하여 얻은 그림을 R_2라 하자. 이와 같은 과정을 계속하여 n번째 얻은 그림 R_n에 색칠되어 있는 부분의 넓이를 S_n이라 할 때, $\displaystyle\lim_{n\to\infty} S_n$의 값은? [4점]

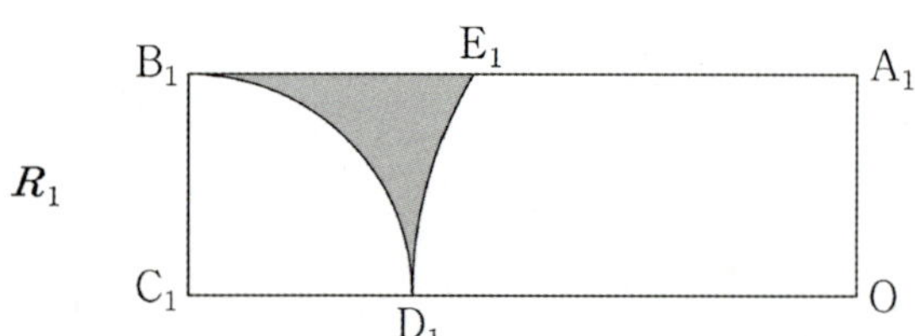

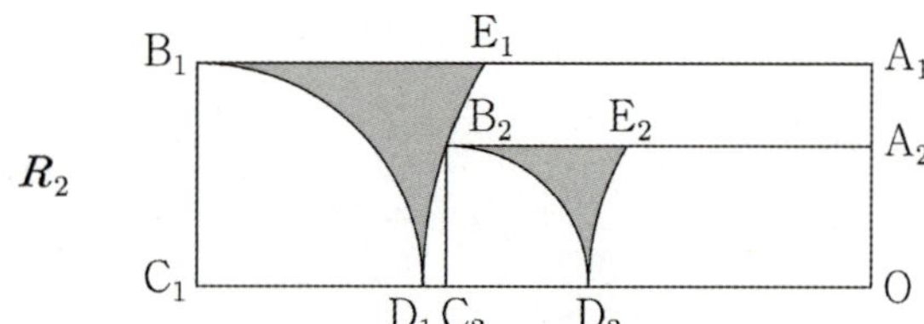

① $4-\dfrac{2\sqrt{3}}{3}-\dfrac{7}{9}\pi$ ② $5-\dfrac{5\sqrt{3}}{6}-\dfrac{35}{36}\pi$

③ $6-\sqrt{3}-\dfrac{7}{6}\pi$ ④ $7-\dfrac{7\sqrt{3}}{6}-\dfrac{49}{36}\pi$

⑤ $8-\dfrac{4\sqrt{3}}{3}-\dfrac{14}{9}\pi$

복습	1회	2회	3회	4회	5회
채점 ○△X					

76. [2017년 수능 (나)형 17번] 실전 분석

그림과 같이 길이가 4인 선분 AB를 지름으로 하는 원 O가 있다. 원의 중심을 C라 하고, 선분 AC의 중점과 선분 BC의 중점을 각각 D, P라 하자. 선분 AC의 수직이등분선과 선분 BC의 수직이등분선이 원 O의 위쪽 반원과 만나는 점을 각각 E, Q라 하자. 선분 DE를 한 변으로 하고 원 O와 점 A에서 만나며 선분 DF가 대각선인 정사각형 $DEFG$를 그리고, 선분 PQ를 한 변으로 하고 원 O와 점 B에서 만나며 선분 PR가 대각선인 정사각형 $PQRS$를 그린다. 원 O의 내부와 정사각형 $DEFG$의 내부의 공통부분인 ◿ 모양의 도형과 원 O의 내부와 정사각형 $PQRS$의 내부의 공통부분인 ◺ 모양의 도형에 색칠하여 얻은 그림을 R_1이라 하자.

그림 R_1에서 점 F를 중심으로 하고 반지름의 길이가 $\frac{1}{2}\overline{DE}$인 원 O_1, 점 R를 중심으로 하고 반지름의 길이가 $\frac{1}{2}\overline{PQ}$인 원 O_2를 그린다. 두 원 O_1, O_2에 각각 그림 R_1을 얻은 것과 같은 방법으로 만들어지는 ◿ 모양의 2개의 도형과 ◺ 모양의 2개의 도형에 색칠하여 얻은 그림을 R_2라 하자.

이와 같은 과정을 계속하여 n번째 얻은 그림 R_n에 색칠되어 있는 부분의 넓이를 S_n이라 할 때, $\lim\limits_{n\to\infty} S_n$의 값은? [4점]

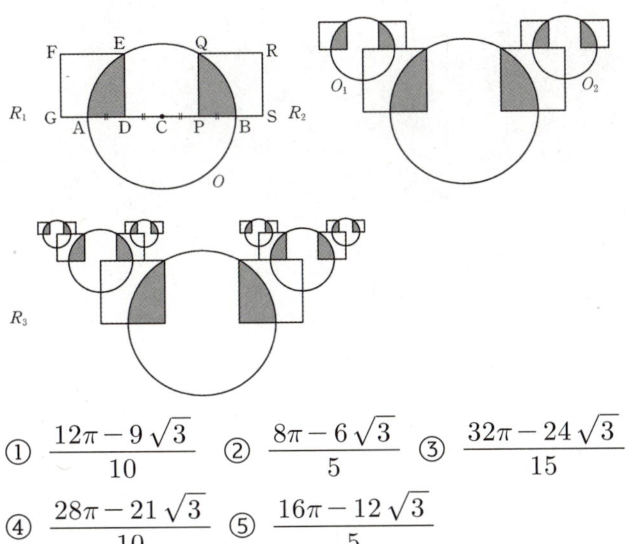

① $\dfrac{12\pi - 9\sqrt{3}}{10}$ ② $\dfrac{8\pi - 6\sqrt{3}}{5}$ ③ $\dfrac{32\pi - 24\sqrt{3}}{15}$

④ $\dfrac{28\pi - 21\sqrt{3}}{10}$ ⑤ $\dfrac{16\pi - 12\sqrt{3}}{5}$

복습	1회	2회	3회	4회	5회
채점 ○△×					

77. [2016년 수능 (A)형 15번 & (B)형 13번]

그림과 같이 한 변의 길이가 5인 정사각형 $ABCD$의 대각선 BD의 5등분점을 점 B에서 가까운 순서대로 각각 P_1, P_2, P_3, P_4라 하고, 선분 BP_1, P_2P_3, P_4D를 각각 대각선으로 하는 정사각형과 선분 P_1P_2, P_2P_3를 각각 지름으로 하는 원을 그린 후,

모양의 도형에 색칠하여 얻은 그림을 R_1이라 하자.

그림 R_1에서 선분 P_2P_3을 대각선으로 하는 정사각형의 꼭짓점 중 점 A와 가장 가까운 점을 Q_1, 점 C와 가장 가까운 점을 Q_2라 하자. 선분 AQ_1을 대각선으로 하는 정사각형과 선분 CQ_2를 대각선으로 하는 정사각형을 그리고, 새로 그려진 2개의 정사각형 안에 그림 R_1을 얻는 것과 같은 방법으로 모양의 도형을 각각 그리고 색칠하여 얻은 그림을 R_2라 하자.

그림 R_2에서 선분 AQ_1을 대각선으로 하는 정사각형과 선분 CQ_2를 대각선으로 하는 정사각형에 그림 R_1에서 그림 R_2를 얻는 것과 같은 방법으로 모양의 도형을 각각 그리고 색칠하여 얻은 그림을 R_3이라 하자.

이와 같은 과정을 계속하여 n번째 얻은 그림 R_n에 색칠되어 있는 부분의 넓이를 S_n이라 할 때, $\lim_{n\to\infty} S_n$의 값은? [4점]

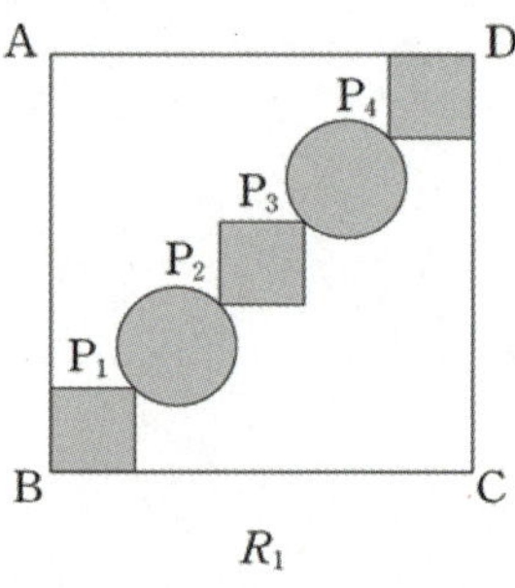

R_1

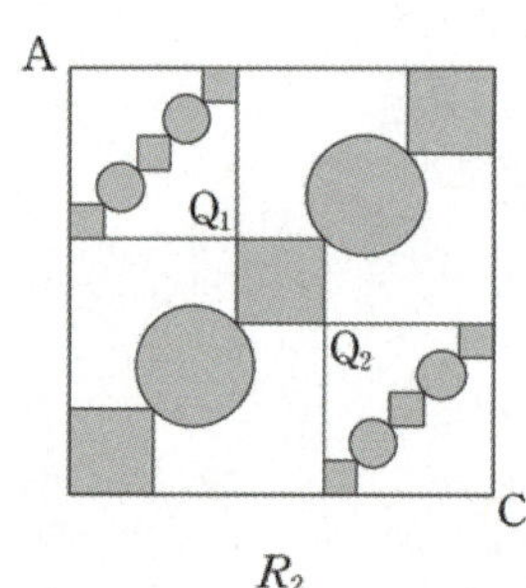

R_2

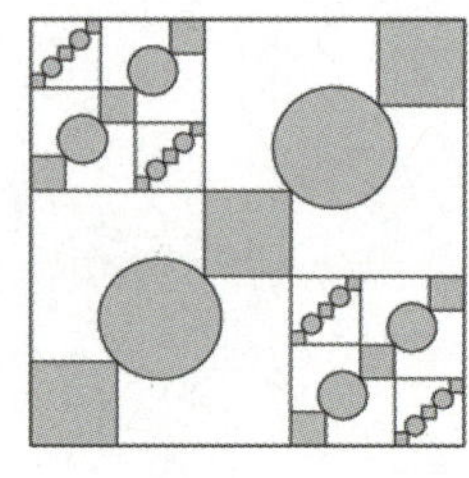

R_3

$\cdots$

① $\dfrac{24}{17}(\pi+3)$ ② $\dfrac{25}{17}(\pi+3)$ ③ $\dfrac{26}{17}(\pi+3)$

④ $\dfrac{24}{17}(2\pi+1)$ ⑤ $\dfrac{27}{17}(2\pi+1)$

복습	1회	2회	3회	4회	5회
채점 ○△X					

1등급

78. [2014년 수능 (A)형 17번 & (B)형 15번]

실전 분석

직사각형 $A_1B_1C_1D_1$에서 $\overline{A_1B_1}=1$, $\overline{A_1D_1}=2$이다. 그림과 같이 선분 A_1D_1과 선분 B_1C_1의 중점을 각각 M_1, N_1이라 하자. 중심이 N_1, 반지름의 길이가 $\overline{B_1N_1}$이고 중심각의 크기가 $90°$인 부채꼴 $N_1M_1B_1$을 그리고, 중심이 D_1, 반지름의 길이가 $\overline{C_1D_1}$이고 중심각의 크기가 $\dfrac{\pi}{2}$인 부채꼴 $D_1M_1C_1$을 그린다. 부채꼴 $N_1M_1B_1$의 호 M_1B_1과 선분 M_1B_1로 둘러싸인 부분과 부채꼴 $D_1M_1C_1$의 호 M_1C_1과 선분 M_1C_1로 둘러싸인 부분인 모양에 색칠하여 얻은 그림을 R_1이라 하자.

그림 R_1에 선분 M_1B_1 위의 점 A_2, 호 M_1C_1 위의 점 D_2와 변 B_1C_1 위의 두 점 B_2, C_2를 꼭짓점으로 하고 $\overline{A_2B_2} : \overline{A_2D_2} = 1:2$인 직사각형 $A_2B_2C_2D_2$를 그리고, 직사각형 $A_2B_2C_2D_2$에서 그림 R_1을 얻은 것과 같은 방법으로 만들어지는 모양에 색칠하여 얻은 그림을 R_2라 하자.

이와 같은 과정을 계속하여 n번째 얻은 그림 R_n에 색칠되어 있는 부분의 넓이를 S_n이라 할 때, $\displaystyle\lim_{n\to\infty} S_n$의 값은? [4점]

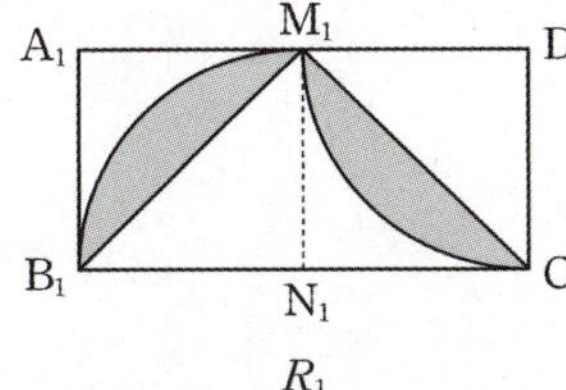
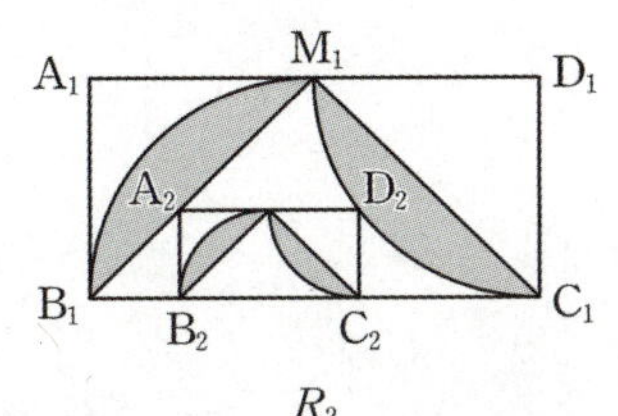

R_1 R_2

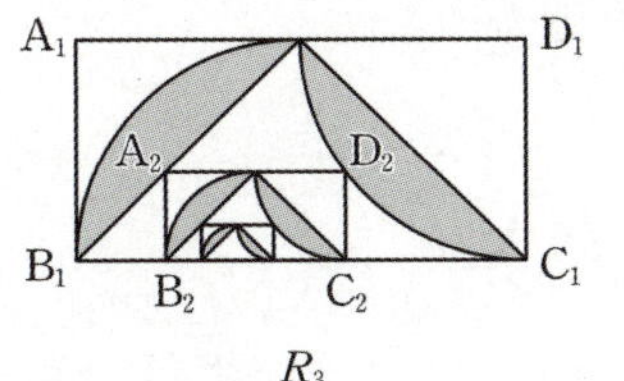

R_3 ...

① $\dfrac{25}{19}\left(\dfrac{\pi}{2}-1\right)$ ② $\dfrac{5}{4}\left(\dfrac{\pi}{2}-1\right)$ ③ $\dfrac{25}{21}\left(\dfrac{\pi}{2}-1\right)$

④ $\dfrac{25}{22}\left(\dfrac{\pi}{2}-1\right)$ ⑤ $\dfrac{25}{23}\left(\dfrac{\pi}{2}-1\right)$

복습	1회	2회	3회	4회	5회
채점 ○△X					

79. [2013년 수능 (가)형 & (나)형 14번] 실전 분석

그림과 같이 길이가 2인 선분 AB를 지름으로 하는 원 O가 있다. 원 O의 중심을 지나고 선분 AB와 수직인 직선이 원과 만나는 2개의 점 중 한 점을 C라 하자. 점 C를 중심으로 하고 점 A와 점 B를 지나는 원의 외부와 원 O의 내부의 공통부분인 ⌣ 모양의 도형에 색칠하여 얻은 그림을 R_1이라 하자.

그림 R_1에서 색칠된 부분을 포함하지 않은 원 O의 반원을 이등분한 2개의 사분원에 각각 내접하는 원을 그리고, 이 2개의 원 안에 그림 R_1을 얻는 것과 같은 방법으로 만들어지는 ⌣ 모양의 2개의 도형에 색칠하여 얻은 그림을 R_2라 하자.

그림 R_2에서 새로 생긴 2개의 도형에 색칠된 부분을 포함하지 않은 반원을 각각 이등분한 4개의 사분원에 각각 내접하는 원을 그리고, 이 4개의 원 안에 그림 R_1을 얻는 것과 같은 방법으로 만들어지는 ⌣ 모양의 4개의 도형에 색칠하여 얻은 그림을 R_3이라 하자.

이와 같은 과정을 계속하여 n번째 얻은 그림 R_n에 색칠되어 있는 부분의 넓이를 S_n이라 할 때, $\lim\limits_{n \to \infty} S_n$의 값은? [4점]

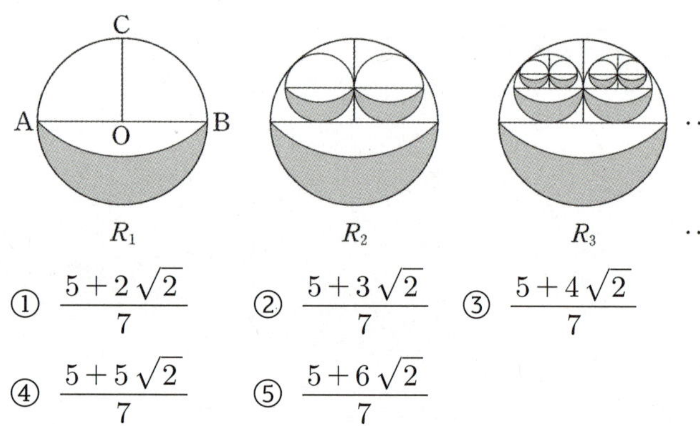

R_1 R_2 R_3 ...

① $\dfrac{5+2\sqrt{2}}{7}$ ② $\dfrac{5+3\sqrt{2}}{7}$ ③ $\dfrac{5+4\sqrt{2}}{7}$

④ $\dfrac{5+5\sqrt{2}}{7}$ ⑤ $\dfrac{5+6\sqrt{2}}{7}$

복습	1회	2회	3회	4회	5회
채점 ○△✕					

80. [2012년 수능 (가)형 & (나)형 14번]

반지름의 길이가 1인 원이 있다. 그림과 같이 가로의 길이와 세로의 길이의 비가 3 : 1인 직사각형을 이 원에 내접하도록 그리고, 원의 내부와 직사각형의 외부의 공통부분에 색칠하여 얻은 그림을 R_1 이라 하자.

그림 R_1 에서 직사각형의 세 변에 접하도록 원 2개를 그린다. 새로 그려진 각 원에 그림 R_1 을 얻은 것과 같은 방법으로 직사각형을 그리고 색칠하여 얻은 그림을 R_2 라 하자.

그림 R_2 에서 새로 그려진 직사각형의 세 변에 접하도록 원 4개를 그린다. 새로 그려진 각 원에 그림 R_1 을 얻는 것과 같은 방법으로 직사각형을 그리고 색칠하여 얻은 그림을 R_3 이라 하자.

이와 같은 과정을 계속하여 n 번째 얻은 그림 R_n 에서 색칠된 부분의 넓이를 S_n 이라 할 때, $\lim\limits_{n \to \infty} S_n$ 의 값은? [4점]

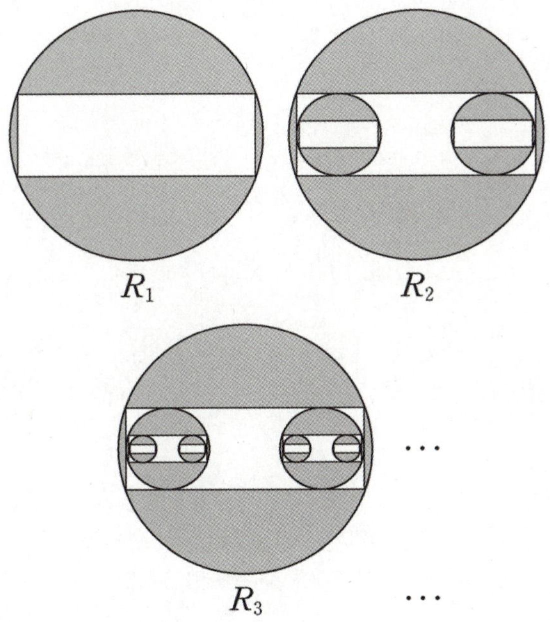

R_1 R_2

R_3 $\cdots$

① $\dfrac{5}{4}\pi - \dfrac{5}{3}$ ② $\dfrac{5}{4}\pi - \dfrac{3}{2}$ ③ $\dfrac{4}{3}\pi - \dfrac{8}{5}$

④ $\dfrac{5}{4}\pi - 1$ ⑤ $\dfrac{4}{3}\pi - \dfrac{16}{15}$

복습	1회	2회	3회	4회	5회
채점 $\bigcirc\triangle\times$					

81. [2011년 수능 (가)형 & (나)형 10번]

$\overline{A_1B_1}=1$, $\overline{B_1C_1}=2$인 직사각형 $A_1B_1C_1D_1$이 있다. 그림과 같이 선분 B_1C_1의 중점을 M_1이라 하고, 선분 A_1D_1 위에 $\angle A_1M_1B_2 = \angle C_2M_1D_1 = 15°$, $\angle B_2M_1C_2 = 60°$가 되도록 두 점 B_2, C_2를 정한다. 삼각형 $A_1M_1B_2$의 넓이와 삼각형 $C_2M_1D_1$의 넓이의 합을 S_1이라 하자. 사각형 $A_2B_2C_2D_2$가

$\overline{B_2C_2}=2\overline{A_2B_2}$인 직사각형이 되도록 그림과 같이 두 점 A_2, D_2를 정한다.

선분 B_2C_2의 중점을 M_2라 하고, 선분 A_2D_2 위에 $\angle A_2M_2B_3 = \angle C_3M_2D_2 = 15°$, $\angle B_3M_2C_3 = 60°$가 되도록 두 점 B_3, C_3을 정한다. 삼각형 $A_2M_2B_3$의 넓이와 삼각형 $C_3M_2D_2$의 넓이의 합을 S_2라 하자. 이와 같은 과정을 계속하여 얻은

S_n에 대하여 $\displaystyle\sum_{n=1}^{n} S_n$의 값은? [4점]

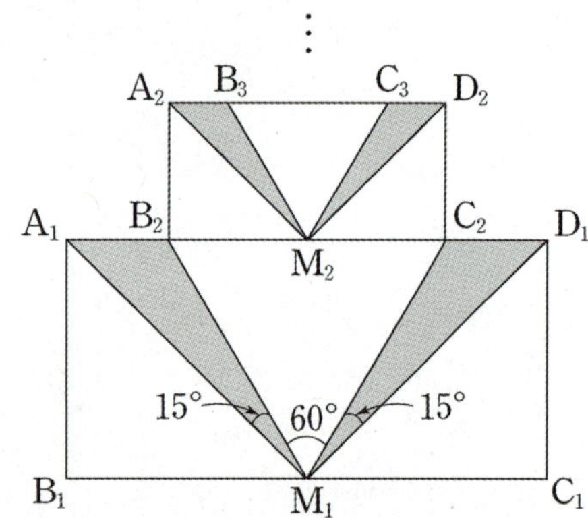

① $\dfrac{2+\sqrt{3}}{6}$ ② $\dfrac{3-\sqrt{3}}{2}$

③ $\dfrac{4+\sqrt{3}}{9}$ ④ $\dfrac{5-\sqrt{3}}{5}$

⑤ $\dfrac{7-\sqrt{3}}{8}$

복습	1회	2회	3회	4회	5회
채점 ○△✕					

82. [2010년 수능 (가)형 & (나)형 15번]

그림과 같이 원점을 중심으로 하고 반지름의 길이가 3인 원 O_1을 그리고, 원 O_1이 좌표축과 만나는 네 점을 각각 $A_1(0, 3)$, $B_1(-3, 0)$, $C_1(0, -3)$, $D_1(3, 0)$이라 하자.

두 점 B_1, D_1을 모두 지나고 두 점 A_1, C_1을 각각 중심으로 하는 두 원이 원 O_2의 내부에서 y축과 만나는 점을 각각 C_2, A_2라 하자.

호 $B_1A_1D_1$과 호 $B_1A_2D_1$로 둘러싸인 도형의 넓이를 S_1, 호 $B_1C_1D_1$과 호 $B_1C_2D_1$로 둘러싸인 도형의 넓이를 T_1이라 하자.

선분 A_2C_2를 지름으로 하는 원 O_2를 그리고, 원 O_2가 x축과 만나는 두 점을 각각 B_2, D_2라 하자. 두 점 B_2, D_2를 모두 지나고 두 점 A_2, C_2를 각각 중심으로 하는 두 원이 원 O_2의 내부에서 y축과 만나는 점을 각각 C_3, A_3이라 하자. 호 $B_2A_2D_2$와 호 $B_2A_3D_2$로 둘러싸인 도형의 넓이를 S_2, 호 $B_2C_2D_2$와 호 $B_2C_3D_2$로 둘러싸인 도형의 넓이를 T_2라 하자. 이와 같은 과정을 계속하여 n번째 얻은 호 $B_nA_nD_n$과 호 $B_nA_{n+1}D_n$으로 둘러싸인 도형의 넓이를 S_n, 호 $B_nC_nD_n$과 호 $B_nC_{n+1}D_n$으로 둘러싸인 도형의 넓이를 T_n이라 할 때,

$$\sum_{n=1}^{\infty}(S_n + T_n)$$의 값은? [4점]

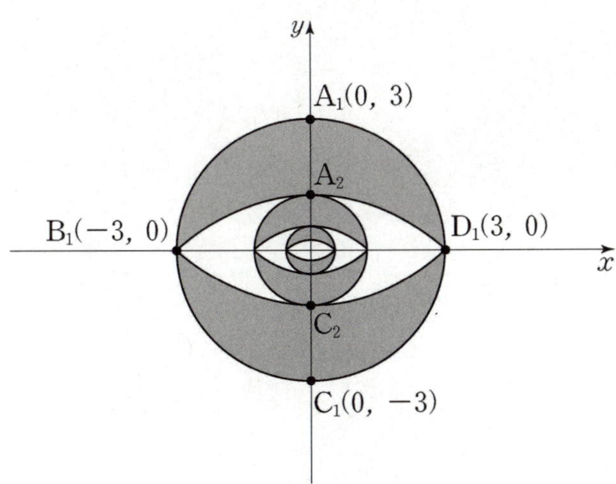

① $6(\sqrt{2}+1)$ ② $6(\sqrt{3}+1)$ ③ $6(\sqrt{5}+1)$
④ $9(\sqrt{2}+1)$ ⑤ $9(\sqrt{3}+1)$

복습	1회	2회	3회	4회	5회
채점 ○△X					

83. [2009년 수능 (가)형 & (나)형 14번]

좌표평면에 원 $C_1 : (x-4)^2 + y^2 = 1$이 있다. 그림과 같이 원점에서 원 C_1에 기울기가 양수인 접선 l 을 그었을 때 생기는 접점을 P_1이라 하자. 중심이 직선 l 위에 있고 점 P_1을 지나며 x 축에 접하는 원을 C_2라 하고 이 원과 x 축의 접점을 P_2라 하자.

중심이 x 축 위에 있고 점 P_2를 지나며 직선 l 에 접하는 원을 C_3이라 하고 이 원과 직선 l 의 접점을 P_3이라 하자.

중심이 직선 l 위에 있고 점 P_3을 지나며 x 축에 접하는 원을 C_4라 하고 이 원과 x 축의 접점을 P_4라 하자.

이와 같은 과정을 계속할 때, 원 C_n의 넓이를 S_n이라 하자. $\displaystyle\sum_{n=1}^{\infty} S_n$의 값은?(단, 원 C_{n+1}의 반지름의 길이는 원 C_n의 반지름의 길이보다 작다.) [4점]

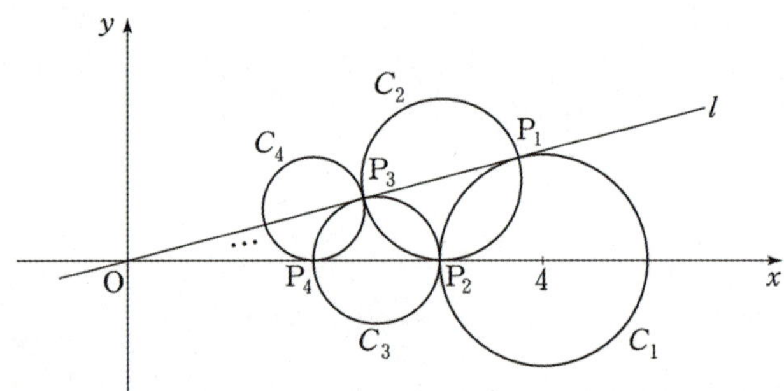

① $\dfrac{3}{2}\pi$ ② 2π ③ $\dfrac{5}{2}\pi$ ④ 3π ⑤ $\dfrac{7}{2}\pi$

복습	1회	2회	3회	4회	5회
채점 ○△X					

84. [2008년 수능 (가)형 & (나)형 17번]

아래와 같이 가로의 길이가 6이고 세로의 길이가 8인 직사각형 내부에 두 대각선의 교점을 중심으로 하고,

직사각형 가로 길이의 $\dfrac{1}{3}$을 지름으로 하는 원을

그려서 얻은 그림을 R_1이라 하자. 그림 R_1에서 직사각형의 각 꼭지점으로부터 대각선과 원의 교점까지의 선분을 각각 대각선으로 하는 4개의 직사각형을 그린 후, 새로 그려진 직사각형 내부에 두 대각선의 교점을 중심으로 하고, 새로 그려진

직사각형 가로 길이의 $\dfrac{1}{3}$을 지름으로 하는 원을

그려서 얻은 그림을 R_2라 하자. 그림 R_2에 있는 합동인 4개의 직사각형 각각에서 각 꼭지점으로부터 대각선과 원의 교점까지의 선분을 각각 대각선으로 하는 4개의 직사각형을 그린 후, 새로 그려진 직사각형 내부에 두 대각선의 교점을 중심으로 하고,

새로 그려진 직사각형 가로 길이의 $\dfrac{1}{3}$을 지름으로

하는 원을 그려서 얻은 그림을 R_3이라 하자. 이와 같은 과정을 계속하여 n번째 얻은 그림 R_n에 있는

모든 원의 넓이의 합을 S_n이라 할 때, $\displaystyle\lim_{n \to \infty} S_n$의

값은? (단, 모든 직사각형의 가로와 세로는 각각 서로 평행하다.) [4점]

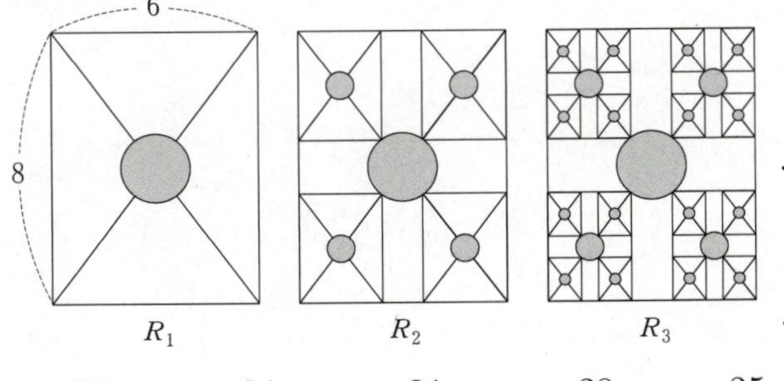

① $\dfrac{37}{9}\pi$ ② $\dfrac{34}{9}\pi$ ③ $\dfrac{31}{9}\pi$ ④ $\dfrac{28}{9}\pi$ ⑤ $\dfrac{25}{9}\pi$

복습	1회	2회	3회	4회	5회
채점 ○△X					

85. [2007년 수능 (가)형 & (나)형 17번]

아래와 같이 직각을 낀 두 변의 길이가 1인 직각이등변삼각형이 있다. 이 직각이등변삼각형의 빗변에 2개의 꼭지점이 있고, 직각을 낀 두 변에 나머지 2개의 꼭지점이 있는 정사각형에 색칠하여 얻은 그림을 R_1이라 하자.

그림 R_1에서 합동인 2개의 직각이등변삼각형의 각 빗변에 2개의 꼭지점이 있고, 직각을 낀 두 변에 나머지 2개의 꼭지점이 있는 2개의 정사각형에 색칠하여 얻은 그림을 R_2라 하자.

그림 R_2에서 합동인 4개의 직각이등변삼각형의 각 빗변에 2개의 꼭지점이 있고, 직각을 낀 두 변에 나머지 2개의 꼭지점이 있는 4개의 정사각형에 색칠하여 얻은 그림을 R_3이라 하자.

이와 같은 과정을 계속하여 n번째 얻은 그림 R_n에 색칠되어 있는 모든 정사각형의 넓이의 합을 S_n이라 할 때, $\lim_{n \to \infty} S_n$의 값은? [4점]

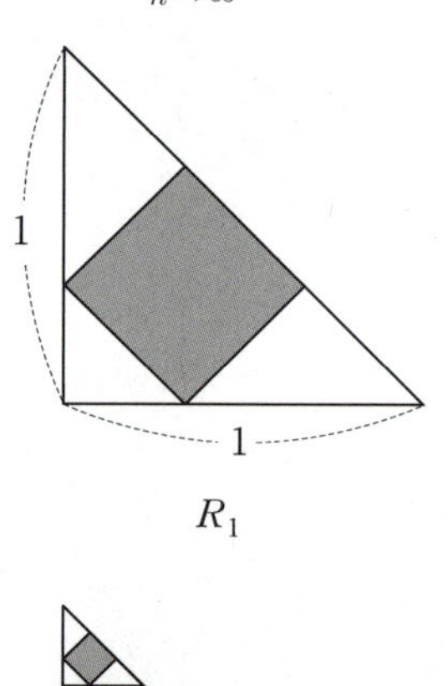

R_1

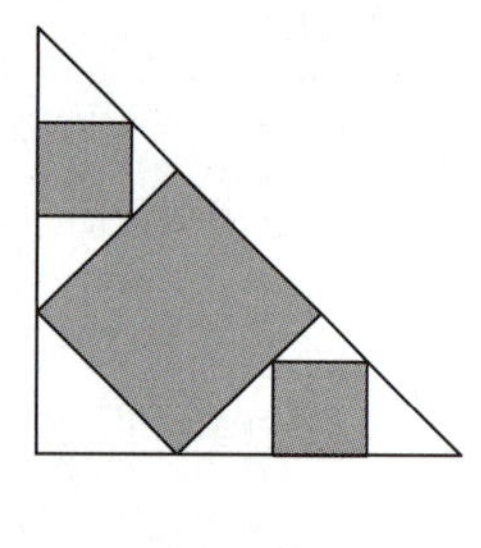

R_2

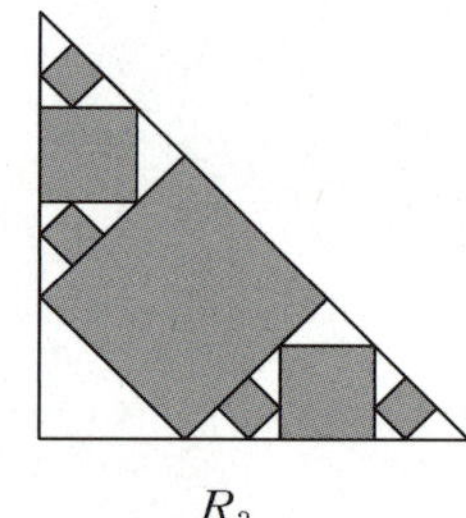

R_3

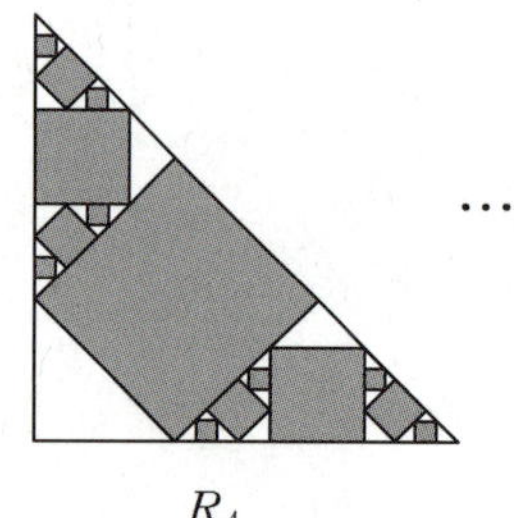

R_4

...

① $\dfrac{3\sqrt{2}}{20}$ ② $\dfrac{\sqrt{2}}{5}$ ③ $\dfrac{3}{10}$

④ $\dfrac{\sqrt{3}}{5}$ ⑤ $\dfrac{2}{5}$

복습	1회	2회	3회	4회	5회
채점 $\bigcirc\triangle\times$					

86. [2006년 수능 (가)형 & (나)형 15번]

그림과 같이 원점 O와 점 $A_1(0, 8)$을 이은 선분 OA_1을 반지름으로 하고, 중심각의 크기가 θ인 부채꼴 OA_1B_1을 그린다.

점 B_1에서 x축에 내린 수선의 발을 A_2라 하고, 반지름이 선분 OA_2이고 중심각의 크기가 θ인 부채꼴 OA_2B_2를 그린다.

점 B_2에서 y축에 내린 수선의 발을 A_3이라 하고, 반지름이 선분 OA_3이고 중심각의 크기가 θ인 부채꼴 OA_3B_3을 그린다.

이와 같이 시계 방향으로 x축과 y축에 번갈아 수선의 발을 내리는 과정을 계속하여 얻은 부채꼴 OA_nB_n의 호 A_nB_n의 길이를 l_n이라 하자.

$\displaystyle\sum_{n=1}^{\infty} l_n = 12\theta$일 때, $\sin\theta$의 값은? (단,

$0 < \theta < \dfrac{\pi}{2}$이다.) [4점]

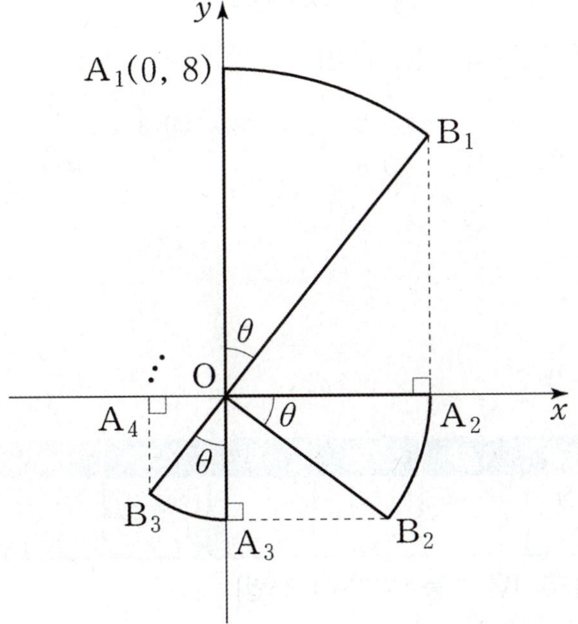

① $\dfrac{1}{7}$ ② $\dfrac{1}{6}$ ③ $\dfrac{1}{5}$ ④ $\dfrac{1}{4}$ ⑤ $\dfrac{1}{3}$

복습	1회	2회	3회	4회	5회
채점 ○△X					

87. [2005년 수능 (가)형 & (나)형 25번]

실전 분석

길이가 $\dfrac{1}{2}$인 정사각형을 잘라낸 후 남은 凹 모양의 도형을 A_1이라 하자. 한 변의 길이가 $\dfrac{1}{4}$인 정사각형에서 한 변의 길이가 $\dfrac{1}{8}$인 정사각형을 잘라낸 후 남은 凹 모양의 도형 2개를 A_1의 위쪽 두 변에 각각 붙인 도형을 A_2라 하자.

한 변의 길이가 $\dfrac{1}{16}$인 정사각형에서 한 변의 길이가 $\dfrac{1}{32}$인 정사각형을 잘라낸 후 남은 凹 모양의 도형 4개를 A_2의 위쪽 네 변에 각각 붙인 도형을 A_3이라 하자. 이와 같은 과정을 계속하여 얻은 n번째 도형을 A_n이라 하고 그 넓이를 S_n이라 하자.

$\lim\limits_{n \to \infty} S_n = \dfrac{q}{p}$라 할 때, $p+q$의 값을 구하시오.

(단, p와 q는 서로소인 자연수이다.) [4점]

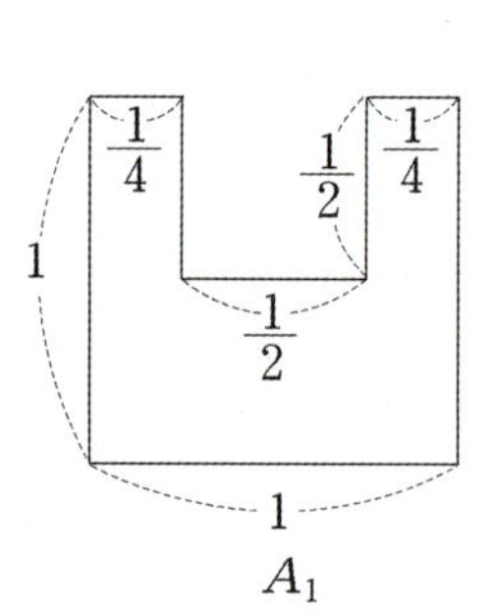

A_1

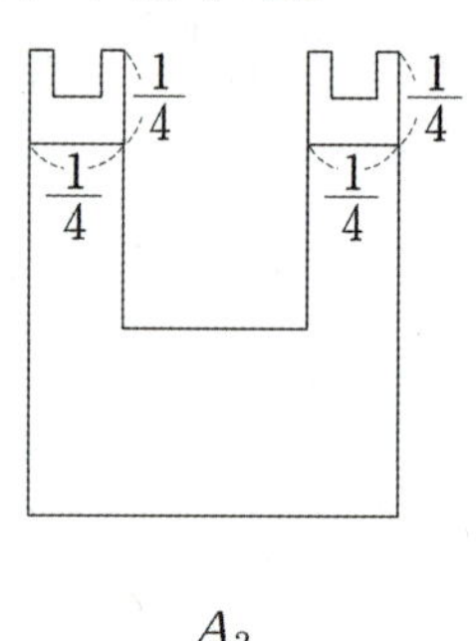

A_2

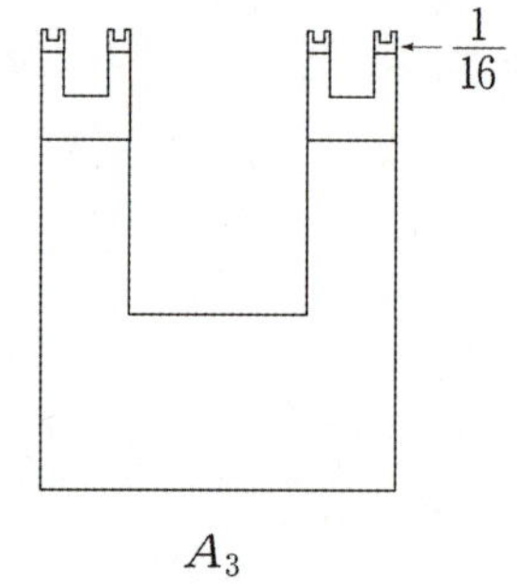

A_3

수능 2점

복습	1회	2회	3회	4회	5회
채점 ○△X					

88. [2026년 수능 (미적분) 23번]

$\lim\limits_{x \to 0} \dfrac{\tan 6x}{2x}$ 의 값은? [2점]

① 1   ② 2   ③ 3

④ 4   ⑤ 5

복습	1회	2회	3회	4회	5회
채점 ○△X					

89. [2025년 수능 (미적분) 23번]

$\lim\limits_{x \to 0} \dfrac{3x^2}{\sin^2 x}$ 의 값은? [2점]

① 1   ② 2   ③ 3

④ 4   ⑤ 5

복습	1회	2회	3회	4회	5회
채점 ○△X					

90. [2024년 수능 (미적분) 23번]

$\lim\limits_{x \to 0} \dfrac{\ln(1+3x)}{\ln(1+5x)}$ 의 값은? [2점]

① $\dfrac{1}{5}$ ② $\dfrac{2}{5}$ ③ $\dfrac{3}{5}$

④ $\dfrac{4}{5}$ ⑤ 1

복습	1회	2회	3회	4회	5회
채점 ○△X					

91. [2023년 수능 (미적분) 23번]

$$\lim_{x \to 0} \frac{\ln(x+1)}{\sqrt{x+4}-2}$$ 의 값은? [2점]

① 1　② 2　③ 3　④ 4　⑤ 5

복습	1회	2회	3회	4회	5회
채점 ○△X					

94. [2018년 수능 (가)형 2번]

$$\lim_{x \to 0} \frac{\ln(1+5x)}{e^{2x}-1}$$ 의 값은? [2점]

① 1　② $\dfrac{3}{2}$　③ 2

④ $\dfrac{5}{2}$　⑤ 3

복습	1회	2회	3회	4회	5회
채점 ○△X					

92. [2020년 수능 (가)형 2번]

$$\lim_{x \to 0} \frac{6x}{e^{4x}-e^{2x}}$$ 의 값은? [2점]

① 1　② 2　③ 3　④ 4　⑤ 5

복습	1회	2회	3회	4회	5회
채점 ○△X					

95. [2017년 수능 (가)형 2번]

$$\lim_{x \to 0} \frac{e^{6x}-1}{\ln(1+3x)}$$ 의 값은? [2점]

① 1　② 2　③ 3　④ 4　⑤ 5

복습	1회	2회	3회	4회	5회
채점 ○△X					

93. [2019년 수능 (가)형 2번]

$$\lim_{x \to 0} \frac{x^2+5x}{\ln(1+3x)}$$ 의 값은? [2점]

① $\dfrac{7}{3}$　② 2　③ $\dfrac{5}{3}$　④ $\dfrac{4}{3}$　⑤ 1

복습	1회	2회	3회	4회	5회
채점 ○△X					

96. [2016년 수능 (B)형 2번]

$$\lim_{x \to 0} \frac{\ln(1+5x)}{\sin 3x}$$ 의 값은? [2점]

① 1　② $\dfrac{4}{3}$　③ $\dfrac{5}{3}$　④ 2　⑤ $\dfrac{7}{3}$

복습	1회	2회	3회	4회	5회
채점 ○△X					

97. [2015년 수능 (B)형 2번]

$\lim\limits_{x \to 0} \dfrac{\ln(1+x)}{3x}$ 의 값은? [2점]

① 1 ② $\dfrac{1}{2}$ ③ $\dfrac{1}{3}$ ④ $\dfrac{1}{4}$ ⑤ $\dfrac{1}{5}$

복습	1회	2회	3회	4회	5회
채점 ○△X					

100. [2012년 수능 (가)형 2번]

$\lim\limits_{x \to 0} \dfrac{e^x - 1}{5x}$ 의 값은? [2점]

① 5 ② e ③ 1 ④ $\dfrac{1}{e}$ ⑤ $\dfrac{1}{5}$

복습	1회	2회	3회	4회	5회
채점 ○△X					

98. [2014년 수능 (B)형 2번]

$\tan\theta = \dfrac{\sqrt{5}}{5}$ 일 때, $\cos 2\theta$의 값은? [2점]

① $\dfrac{\sqrt{6}}{3}$ ② $\dfrac{\sqrt{5}}{3}$ ③ $\dfrac{2}{3}$ ④ $\dfrac{\sqrt{3}}{3}$ ⑤ $\dfrac{\sqrt{2}}{3}$

복습	1회	2회	3회	4회	5회
채점 ○△X					

101. [1999년 수능 (자연) 3번]

$\lim\limits_{x \to 0} \dfrac{\ln(1+x)}{2x}$ 의 값은? [2점]

① 1 ② 2 ③ 3 ④ $\dfrac{1}{2}$ ⑤ $\dfrac{1}{3}$

복습	1회	2회	3회	4회	5회
채점 ○△X					

99. [2013년 수능 (가)형 2번]

$\sin\theta = \dfrac{1}{3}$ 일 때, $\sin 2\theta$의 값은?

(단, $0 < \theta < \dfrac{\pi}{2}$ 이다.) [2점]

① $\dfrac{7\sqrt{2}}{18}$ ② $\dfrac{4\sqrt{2}}{9}$ ③ $\dfrac{\sqrt{2}}{2}$

④ $\dfrac{5\sqrt{2}}{9}$ ⑤ $\dfrac{11\sqrt{2}}{18}$

복습	1회	2회	3회	4회	5회
채점 ○△X					

102. [1996년 수능 (자연) 5번]

방정식 $\cos^2 x - \sin^2 2x = 0$을 만족하는 $0 \le x \le 2\pi$ 인 서로 다른 실근의 개수는?

① 3 ② 4 ③ 5 ④ 6 ⑤ 7

수능 3점

복습	1회	2회	3회	4회	5회
채점 ○△X					

103. [2019년 수능 (가)형 23번]

$\tan\theta = 5$일 때, $\sec^2\theta$의 값을 구하시오. [3점]

복습	1회	2회	3회	4회	5회
채점 ○△X					

105. [2012년 수능 (가)형 23번] 실전 분석

방정식 $3\cos 2x + 17\cos x = 0$ 을 만족시키는 x 에 대하여 $\tan^2 x$ 의 값을 구하시오. [3점]

복습	1회	2회	3회	4회	5회
채점 ○△X					

104. [2014년 수능 (B)형 12번] 실전 분석

이차항의 계수가 1인 이차함수 $f(x)$와 함수

$$g(x) = \begin{cases} \dfrac{1}{\ln(x+1)} & (x \neq 0) \\ 8 & (x = 0) \end{cases}$$

에 대하여 함수 $f(x)g(x)$가 구간 $(-1,\ \infty)$에서 연속일 때, $f(3)$의 값은? [3점]

① 6   ② 9   ③ 12   ④ 15   ⑤ 18

복습	1회	2회	3회	4회	5회
채점 ○△X					

106. [2010년 수능 (가)형 미분과 적분 26번]

$\tan\theta = -\sqrt{2}$일 때, $\sin\theta\,\tan 2\theta$의 값은?

$\left(\text{단}, \dfrac{\pi}{2} < \theta < \pi\right)$ [3점]

① $\dfrac{2\sqrt{3}}{3}$ ② $\sqrt{3}$ ③ $\dfrac{4\sqrt{3}}{3}$ ④ $\dfrac{5\sqrt{3}}{3}$ ⑤ $2\sqrt{3}$

복습	1회	2회	3회	4회	5회
채점 ○△X					

107. [2008년 수능 (가)형 미분과 적분 26번]

$\sin\alpha = \dfrac{3}{4}$ 일 때, $\cos 2\alpha$ 의 값은? [3점]

① $-\dfrac{1}{32}$ ② $-\dfrac{1}{16}$ ③ $-\dfrac{1}{8}$ ④ $-\dfrac{1}{4}$ ⑤ $-\dfrac{1}{2}$

복습	1회	2회	3회	4회	5회
채점 ○△X					

109. [2006년 수능 (가)형 미분과 적분 26번]

$\displaystyle\lim_{\theta \to 0}\dfrac{\sec 2\theta - 1}{\sec\theta - 1}$ 의 값은? [3점]

① 1   ② 2   ③ 3   ④ 4   ⑤ 5

복습	1회	2회	3회	4회	5회
채점 ○△X					

108. [2007년 수능 (가)형 미분과 적분 26번]

$\displaystyle\lim_{x \to a}\dfrac{2^x - 1}{3\sin(x-a)} = b\ln 2$ 를 만족시키는 두 상수

a, b에 대하여 $a+b$ 의 값은? [3점]

① $\dfrac{1}{6}$ ② $\dfrac{1}{5}$ ③ $\dfrac{1}{4}$ ④ $\dfrac{1}{3}$ ⑤ $\dfrac{1}{2}$

복습	1회	2회	3회	4회	5회
채점 ○△X					

110. [2005년 수능 (가)형 미분과 적분 27번]

$\displaystyle\lim_{x \to 0}\dfrac{e^{2x} - 1}{\tan x}$ 의 값은? [3점]

① -2 ② -1 ③ 1   ④ 2   ⑤ 4

복습	1회	2회	3회	4회	5회
채점 O△X					

111. [2005년 수능 (가)형 미분과 적분 26번]

$\sin\alpha = \dfrac{1}{3}$ 일 때, $\cos\left(\dfrac{\pi}{3} + \alpha\right)$ 의 값은?

(단, $0 < \alpha < \dfrac{\pi}{2}$) [3점]

① $\dfrac{2\sqrt{2} - \sqrt{3}}{6}$　　② $\dfrac{2 - \sqrt{3}}{6}$

③ $\dfrac{\sqrt{2} - 1}{3}$　　④ $\dfrac{\sqrt{3} - \sqrt{2}}{3}$

⑤ $\dfrac{\sqrt{3} - 1}{3}$

복습	1회	2회	3회	4회	5회
채점 O△X					

112. [1997년 수능 (자연) 4번]

$\displaystyle \lim_{x \to 0} \dfrac{\sin(3x^3 + 5x^2 + 4x)}{2x^3 + 2x^2 + x}$ 의 값은? [3점]

① 4　　② 3　　③ $\dfrac{3}{2}$　　④ 1　　⑤ $\dfrac{\sin 3}{2}$

복습	1회	2회	3회	4회	5회
채점 O△X					

113. [2020년 6월 (가)형 16번]

양수 t 에 대하여 다음 조건을 만족시키는 실수 k 의 값을 $f(t)$ 라 하자.

직선 $x = k$ 와 두 곡선 $y = e^{\frac{x}{2}}$, $y = e^{\frac{x}{2} + 3t}$ 이 만나는 점을 각각 P, Q 라 하고, 점 Q 를 지나고 y 축에 수직인 직선이 곡선 $y = e^{\frac{x}{2}}$ 과 만나는 점을 R 라 할 때, $\overline{PQ} = \overline{QR}$ 이다.

함수 $f(t)$ 에 대하여 $\displaystyle \lim_{t \to 0+} f(t)$ 의 값은? [4점]

① $\ln 2$　② $\ln 3$　③ $\ln 4$　④ $\ln 5$　⑤ $\ln 6$

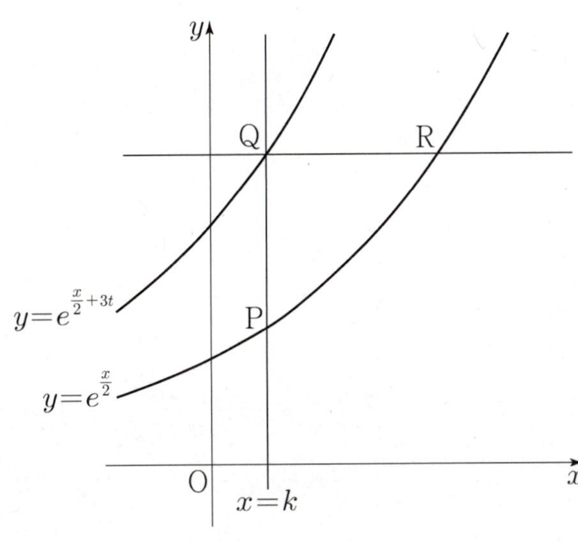

복습	1회	2회	3회	4회	5회
채점 ○△X					

114. [2019년 9월 (가)형 15번]

함수 $y = e^x$의 그래프 위의 x좌표가 양수인 점 A와 함수 $y = -\ln x$의 그래프 위의 점 B가 다음 조건을 만족시킨다.

> (가) $\overline{OA} = 2\overline{OB}$
> (나) $\angle AOB = 90°$

직선 OA의 기울기는? (단, O는 원점이다.) [4점]

① e ② $\dfrac{3}{\ln 3}$ ③ $\dfrac{2}{\ln 2}$ ④ $\dfrac{5}{\ln 5}$ ⑤ $\dfrac{e^2}{2}$

미적분 2. 여러 함수의 미분 경향06 도형

수능 3점

복습	1회	2회	3회	4회	5회
채점 ○△X					

115. [2020년 수능 (가)형 10번] (중복)

$\overline{AB} = \overline{AC}$인 이등변삼각형 ABC에서 $\angle A = \alpha$, $\angle B = \beta$라 하자. $\tan(\alpha + \beta) = -\dfrac{3}{2}$일 때, $\tan \alpha$의 값은? [3점]

① $\dfrac{21}{10}$ ② $\dfrac{11}{5}$ ③ $\dfrac{23}{10}$ ④ $\dfrac{12}{5}$ ⑤ $\dfrac{5}{2}$

복습	1회	2회	3회	4회	5회
채점 ○△X					

116. [2007년 수능 (가)형 미분과 적분 28번]

그림과 같이 원 $x^2 + y^2 = 1$ 위의 점 P_1에서의 접선이 x축과 만나는 점을 Q_1이라 할 때, 삼각형 P_1OQ_1의 넓이는 $\dfrac{1}{4}$이다. 점 P_1을 원점 O를 중심으로 $\dfrac{\pi}{4}$만큼 회전시킨 점을 P_2라 하고, 점 P_2에서의 접선이 x축과 만나는 점을 Q_2라 하자. 삼각형 P_2OQ_2의 넓이는? (단, 점 P_1은 제 1사분면 위의 점이다.) [3점]

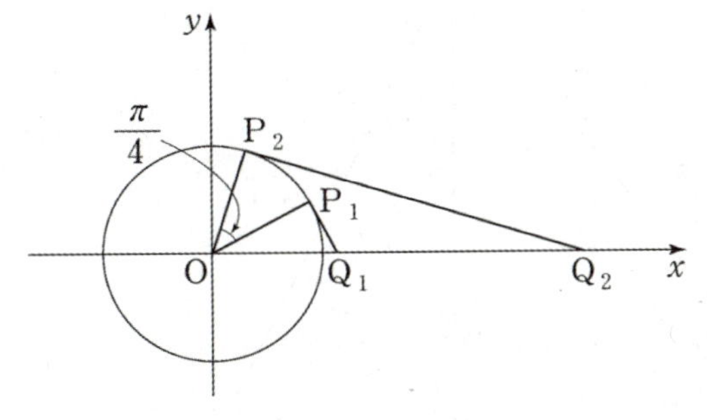

① 1 ② $\dfrac{5}{4}$ ③ $\dfrac{3}{2}$ ④ $\dfrac{7}{4}$ ⑤ 2

복습	1회	2회	3회	4회	5회
채점 ○△X					

117. [1999년 수능 (자연) 21번]

지름 $\overline{AB}$의 길이가 10인 원이 있다. 원 위의 점 P, Q에 대하여 $\overline{AP} = 8$이고 $\angle QAB = 2\angle PAB$ 이다. 선분 $\overline{AQ}$ 의 길이는? [3점]

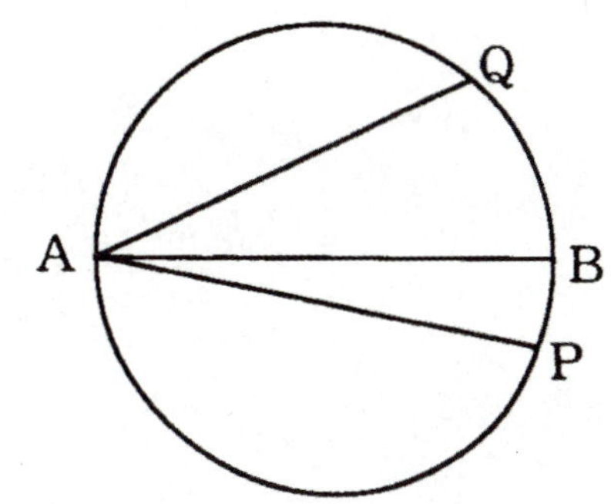

① $\dfrac{10}{5}$ ② $\dfrac{11}{5}$ ③ $\dfrac{12}{5}$ ④ $\dfrac{13}{5}$ ⑤ $\dfrac{14}{5}$

복습	1회	2회	3회	4회	5회
채점 ○△X					

118. [1995년 수능 (자연) 16번] `실전 분석`

$\angle C$가 직각이고 $\angle B$의 크기가 $\dfrac{\pi}{3}$인 직각삼각형 ABC의 변 BC 위에 점 D를 잡고, $\angle BAD$의 크기를 θ라 할 때, $\dfrac{\overline{BD}}{\overline{AB}}$를 θ의 함수로 나타내면?

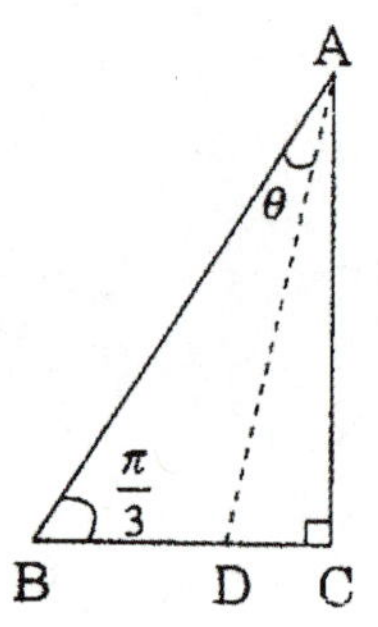

① $\sin\theta$

② $\dfrac{\sin\theta}{1+\cos\theta}$

③ $\dfrac{2\sin\theta}{1+2\cos\theta}$

④ $\dfrac{2\sin\theta}{\sin\theta+\sqrt{3}\cos\theta}$

⑤ $\dfrac{1-\cos\theta}{2}$

수능 4점

복습	1회	2회	3회	4회	5회
채점 ○△X					

119. [2018년 수능 (가)형 14번]

그림과 같이 $\overline{AB}=5$, $\overline{AC}=2\sqrt{5}$인 삼각형 ABC의 꼭짓점 A에서 선분 BC에 내린 수선의 발을 D라 하자.

선분 AD를 $3:1$로 내분하는 점 E에 대하여 $\overline{EC}=\sqrt{5}$이다. $\angle ABD=\alpha$, $\angle DCE=\beta$라 할 때, $\cos(\alpha-\beta)$의 값은? [4점]

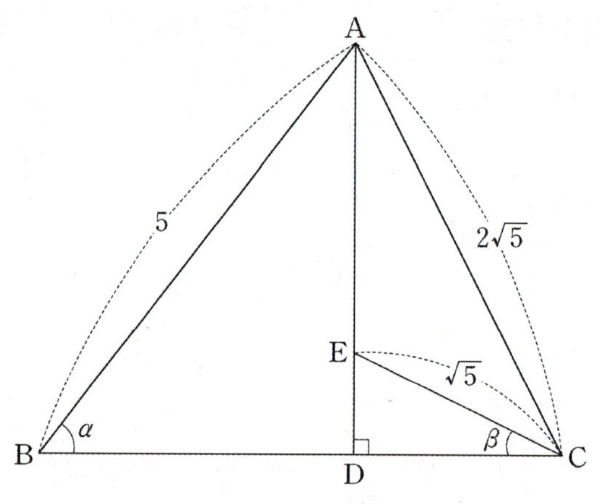

① $\dfrac{\sqrt{5}}{5}$

② $\dfrac{\sqrt{5}}{4}$

③ $\dfrac{3\sqrt{5}}{10}$

④ $\dfrac{7\sqrt{5}}{20}$

⑤ $\dfrac{2\sqrt{5}}{5}$

미적분 2. 여러 함수의 미분 경향07
도형의 극한

수능 3점

복습	1회	2회	3회	4회	5회
채점 ○△X					

120. [2021년 수능 (가)형 24번]

그림과 같이 $\overline{AB}=2$, $\angle B=\dfrac{\pi}{2}$ 인 직각삼각형

ABC 에서 중심이 A, 반지름의 길이가 1인 원이 두 선분 AB, AC 와 만나는 점을 각각 D, E 라 하자. 호 DE 의 삼등분점 중 점 D 에 가까운 점을 F 라 하고, 직선 AF 가 선분 BC 와 만나는 점을 G 라 하자. $\angle BAG=\theta$ 라 할 때, 삼각형 ABG 의 내부와 부채꼴 ADF 의 외부의 공통부분의 넓이를 $f(\theta)$, 부채꼴 AFE 의 넓이를 $g(\theta)$ 라 하자.

$40\times\displaystyle\lim_{\theta\to 0+}\dfrac{f(\theta)}{g(\theta)}$ 의 값을 구하시오. (단,

$0<\theta<\dfrac{\pi}{6}$) [3점]

복습	1회	2회	3회	4회	5회
채점 ○△X					

121. [2020년 수능 (가)형 24번]

좌표평면에서 곡선 $y=\sin x$ 위의 점 $P(t,\sin t)$ $(0<t<\pi)$ 를 중심으로 하고 x축에 접하는 원을 C 라 하자. 원 C 가 x축에 접하는 점을 Q, 선분 OP 와 만나는 점을 R 라 하자.

$\displaystyle\lim_{t\to 0+}\dfrac{\overline{OQ}}{\overline{OR}}=a+b\sqrt{2}$ 일 때, $a+b$ 의 값을 구하시오.

(단, O 는 원점이고, a, b 는 정수이다.) [3점]

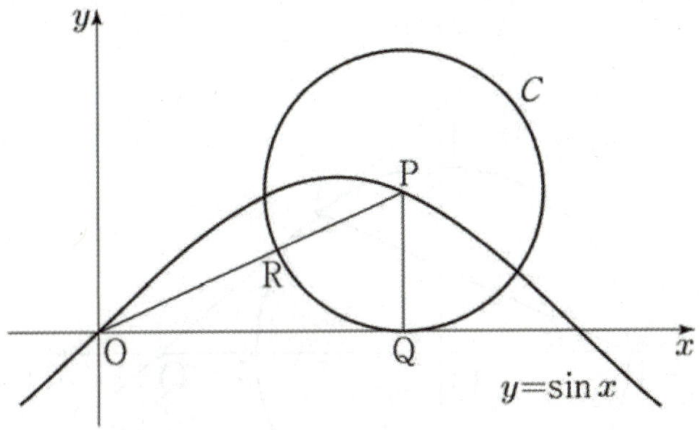

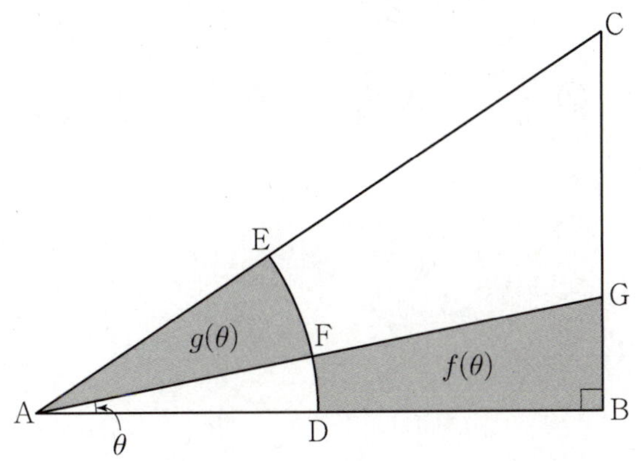

복습	1회	2회	3회	4회	5회
채점 O△X					

122. [2010년 수능 (가)형 미분과 적분 28번]

그림과 같이 원 $x^2+y^2=1$ 위의 점 P 에서의 접선이 x 축과 만나는 점을 Q 라 하자. 점 $A(-1,\,0)$과 원점 O 에 대하여 $\angle PAO=\theta$라 할 때, $\lim\limits_{\theta\to\frac{\pi}{4}-}\dfrac{\overline{PQ}-\overline{OQ}}{\theta-\dfrac{\pi}{4}}$ 의 값은?

(단, 점 P 는 제 1사분면 위의 점이다.) [3점]

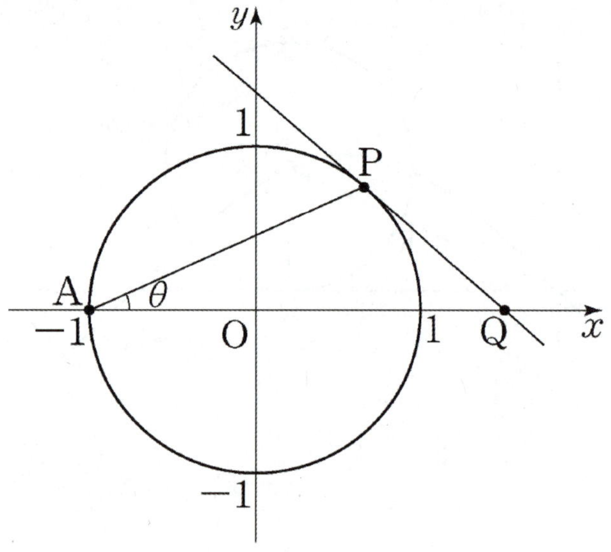

① 2   ② $\sqrt{3}$ ③ $\dfrac{3}{2}$ ④ 1   ⑤ $\dfrac{\sqrt{2}}{2}$

복습	1회	2회	3회	4회	5회
채점 O△X					

123. [2008년 수능 (가)형 미분과 적분 28번]

그림과 같이 양수 θ에 대하여 $\angle ABC=\angle ACB=\theta$이고 $\overline{BC}=2$인 이등변삼각형 ABC가 있다. 삼각형 ABC의 내접원의 중심을 O, 선분 AB와 내접원이 만나는 점을 D, 선분 AC와 내접원이 만나는 점을 E 라 하자. 삼각형 OED의 넓이를 $S(\theta)$라 할 때, $\lim\limits_{\theta\to0+}\dfrac{S(\theta)}{\theta^3}$의 값은? [3점]

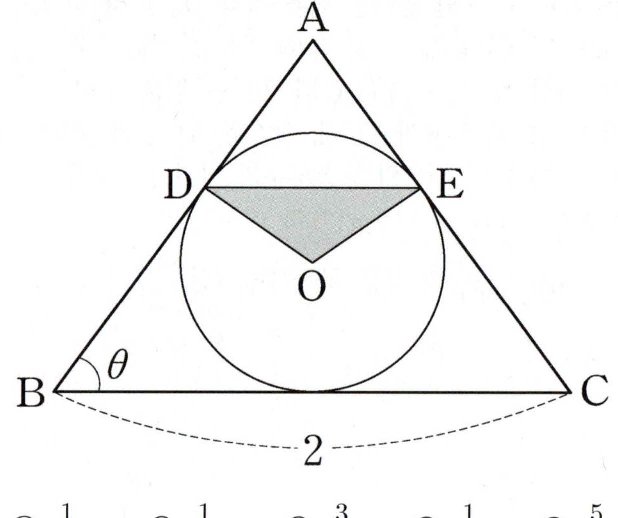

① $\dfrac{1}{8}$ ② $\dfrac{1}{4}$ ③ $\dfrac{3}{8}$ ④ $\dfrac{1}{2}$ ⑤ $\dfrac{5}{8}$

수능 4점

복습	1회	2회	3회	4회	5회
채점 ○△X					

1등급

124. [2024년 6월 (미적분) 30번]

함수 $y = \dfrac{\sqrt{x}}{10}$의 그래프와 함수 $y = \tan x$의

그래프가 만나는 모든 점의 x좌표를 작은 수부터 크기순으로 나열할 때, n번째 수를 a_n이라 하자.

$$\frac{1}{\pi^2} \times \lim_{n \to \infty} a_n{}^3 \tan^2(a_{n+1} - a_n)$$

의 값을 구하시오. [4점]

복습	1회	2회	3회	4회	5회
채점 ○△X					

1등급

125. [2023년 수능 (미적분) 28번]

그림과 같이 중심이 O이고 길이가 2인 선분 AB를

지름으로 하는 반원 위에 $\angle AOC = \dfrac{\pi}{2}$인 점 C가

있다.

호 BC 위에 점 P와 호 CA 위에 점 Q를

$\overline{PB} = \overline{QC}$가 되도록 잡고, 선분 AP 위에 점 R를

$\angle CQR = \dfrac{\pi}{2}$가 되도록 잡는다.

선분 AP와 선분 CO의 교점을 S라 하자.

$\angle PAB = \theta$일 때, 삼각형 POB의 넓이를 $f(\theta)$,

사각형 CQRS의 넓이를 $g(\theta)$라 하자.

$\displaystyle\lim_{\theta \to 0+} \dfrac{3f(\theta) - 2g(\theta)}{\theta^2}$의 값은? (단, $0 < \theta < \dfrac{\pi}{4}$)

[4점]

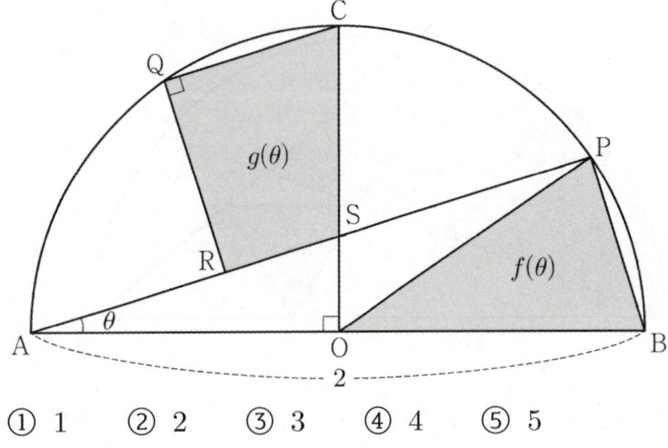

① 1　　② 2　　③ 3　　④ 4　　⑤ 5

복습	1회	2회	3회	4회	5회
채점 ○△X					

1등급

126. [2022년 수능 (미적분) 29번] 실전 분석

그림과 같이 길이가 2인 선분 AB를 지름으로 하는 반원이 있다. 호 AB 위에 두 점 P, Q를 $\angle PAB = \theta$, $\angle QBA = 2\theta$가 되도록 잡고, 두 선분 AP, BQ의 교점을 R라 하자. 선분 AB 위의 점 S, 선분 BR 위의 점 T, 선분 AR 위의 점 U를 선분 UT가 선분 AB에 평행하고 삼각형 STU가 정삼각형이 되도록 잡는다. 두 선분 AR, QR와 호 AQ로 둘러싸인 부분의 넓이를 $f(\theta)$, 삼각형 STU의 넓이를 $g(\theta)$라 할 때,

$$\lim_{\theta \to 0+} \frac{g(\theta)}{\theta \times f(\theta)} = \frac{q}{p}\sqrt{3}$$ 이다. $p+q$의 값을 구하시오.

(단, $0 < \theta < \dfrac{\pi}{6}$이고, p와 q는 서로소인 자연수이다.)

[4점]

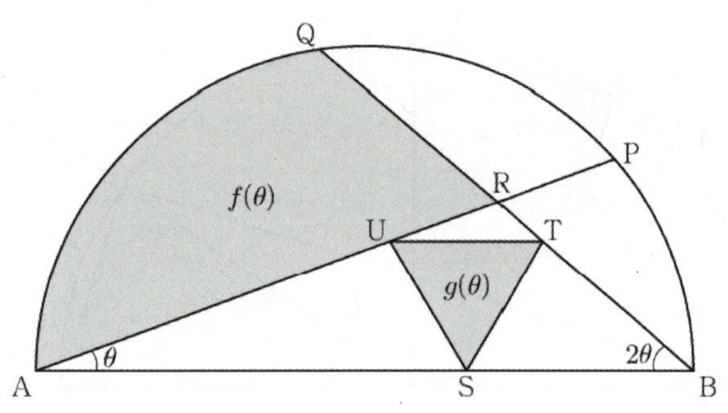

1등급

127. [2022년 9월 (미적분) 28번]

그림과 같이 반지름의 길이가 1이고 중심각의 크기가 $\dfrac{\pi}{2}$인 부채꼴 OAB가 있다. 호 AB 위의 점 P에 대하여 $\overline{PA} = \overline{PC} = \overline{PD}$가 되도록 호 PB 위에 점 C와 선분 OA 위에 점 D를 잡는다. 점 D를 지나고 선분 OP와 평행한 직선이 선분 PA와 만나는 점을 E라 하자. $\angle POA = \theta$일 때, 삼각형 CDP의 넓이를 $f(\theta)$, 삼각형 EDA의 넓이를 $g(\theta)$라 하자.

$$\lim_{\theta \to 0+} \frac{g(\theta)}{\theta^2 \times f(\theta)}$$ 의 값은? (단, $0 < \theta < \dfrac{\pi}{4}$) [4점]

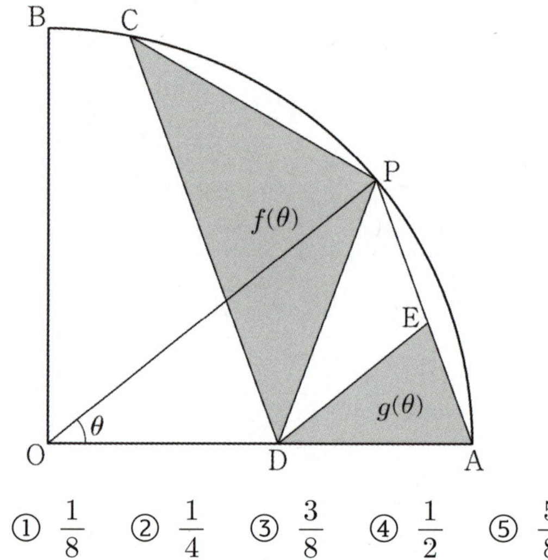

① $\dfrac{1}{8}$ ② $\dfrac{1}{4}$ ③ $\dfrac{3}{8}$ ④ $\dfrac{1}{2}$ ⑤ $\dfrac{5}{8}$

복습	1회	2회	3회	4회	5회
채점 ○△X					

1등급

128. [2022년 6월 (미적분) 29번]

그림과 같이 반지름의 길이가 1이고 중심각의 크기가 $\dfrac{\pi}{2}$인 부채꼴 OAB가 있다. 호 AB 위의 점 P에서 선분 OA에 내린 수선의 발을 H라 하고, ∠OAP를 이등분하는 직선과 세 선분 HP, OP, OB의 교점을 각각 Q, R, S라 하자. ∠APH $= \theta$일 때, 삼각형 AQH의 넓이를 $f(\theta)$, 삼각형 PSR의 넓이를 $g(\theta)$라 하자. $\displaystyle\lim_{\theta \to 0+} \dfrac{\theta^3 \times g(\theta)}{f(\theta)} = k$일 때, $100k$의 값을 구하시오. $\left(\text{단, } 0 < \theta < \dfrac{\pi}{4}\right)$ [4점]

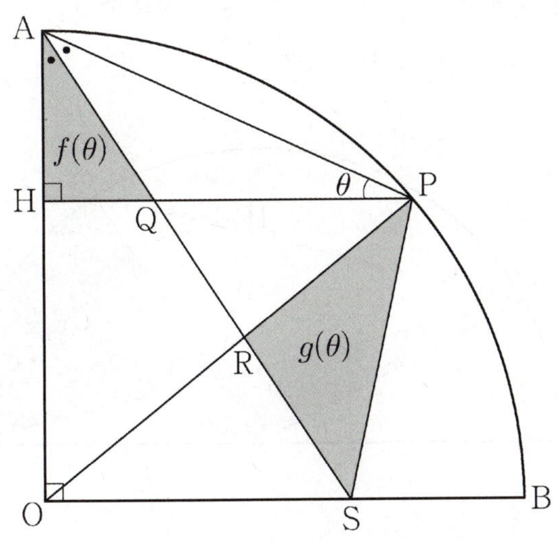

복습	1회	2회	3회	4회	5회
채점 ○△X					

1등급

129. [2021년 6월 (미적분) 28번]

그림과 같이 길이가 2인 선분 AB를 지름으로 하는 반원의 호 AB 위에 점 P가 있다. 선분 AB의 중점을 O라 할 때, 점 B를 지나고 선분 AB에 수직인 직선이 직선 OP와 만나는 점을 Q라 하고, ∠OQB의 이등분선이 직선 AP와 만나는 점을 R라 하자. ∠OAP $= \theta$일 때, 삼각형 OAP의 넓이를 $f(\theta)$, 삼각형 PQR의 넓이를 $g(\theta)$라 하자. $\displaystyle\lim_{\theta \to 0+} \dfrac{g(\theta)}{\theta^4 \times f(\theta)}$의 값은? $\left(\text{단, } 0 < \theta < \dfrac{\pi}{4}\right)$ [4점]

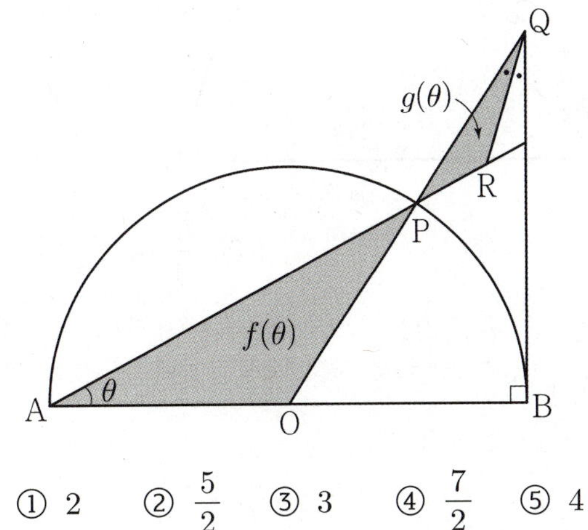

① 2 ② $\dfrac{5}{2}$ ③ 3 ④ $\dfrac{7}{2}$ ⑤ 4

복습	1회	2회	3회	4회	5회
채점 ○△X					

130. [2020년 22예시문항 미적분 28번]

그림과 같이 길이가 2인 선분 AB를 지름으로 하는 반원의 호 위에 점 P가 있고, 선분 AB 위에 점 Q가 있다.

$\angle PAB = \theta$이고 $\angle APQ = \dfrac{\theta}{3}$일 때, 삼각형 PAQ의 넓이를 $S(\theta)$, 선분 PB의 길이를 $l(\theta)$라 하자. $\displaystyle\lim_{\theta \to 0+} \dfrac{S(\theta)}{l(\theta)}$의 값은? $\left($단, $0 < \theta < \dfrac{\pi}{4}\right)$ [4점]

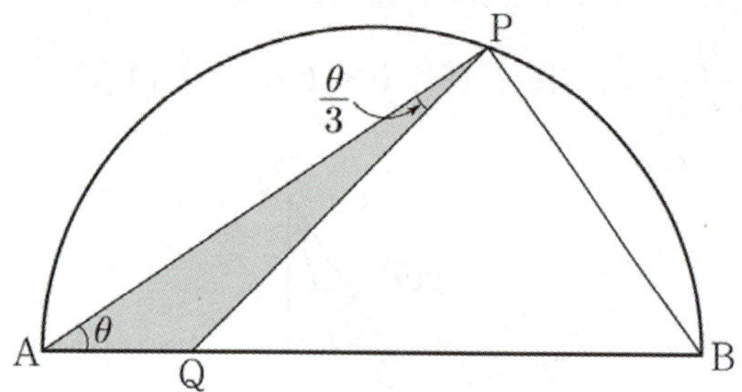

① $\dfrac{1}{12}$ ② $\dfrac{1}{6}$ ③ $\dfrac{1}{4}$

④ $\dfrac{1}{3}$ ⑤ $\dfrac{5}{12}$

복습	1회	2회	3회	4회	5회
채점 ○△X					

━━━ 1등급 ━━━

131. [2020년 9월 (가)형 28번]

그림과 같이 길이가 2인 선분 AB를 지름으로 하는 반원이 있다. 선분 AB의 중점을 O라 할 때, 호 AB 위에 두 점 P, Q를 $\angle POA = \theta$, $\angle QOB = 2\theta$가 되도록 잡는다. 두 선분 PB, OQ의 교점을 R라 하고, 점 R에서 선분 PQ에 내린 수선의 발을 H라 하자. 삼각형 POR의 넓이를 $f(\theta)$, 두 선분 RQ, RB와 호 QB로 둘러싸인 부분의 넓이를 $g(\theta)$라 할 때,

$$\lim_{\theta \to 0+} \dfrac{f(\theta) + g(\theta)}{\overline{RH}} = \dfrac{q}{p}$$ 이다. $p+q$의 값을 구하시오.

(단, $0 < \theta < \dfrac{\pi}{3}$이고, p와 q는 서로소인 자연수이다.) [4점]

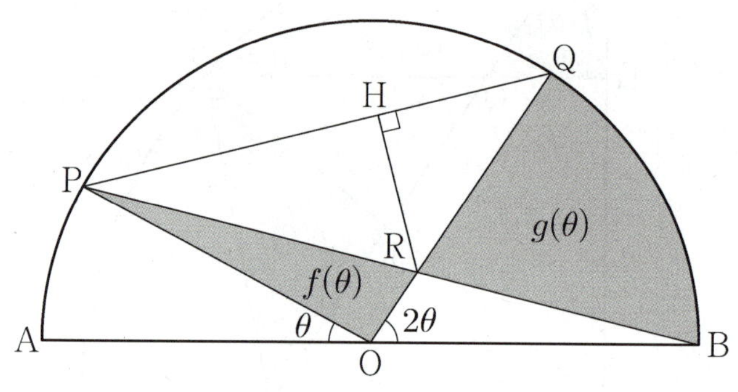

복습	1회	2회	3회	4회	5회
채점 O△X					

복습	1회	2회	3회	4회	5회
채점 O△X					

132. [2020년 6월 (가)형 28번]

그림과 같이 $\overline{AB}=1$, $\overline{BC}=2$인 두 선분 AB, BC에 대하여 선분 BC의 중점을 M, 점 M에서 선분 AB에 내린 수선의 발을 H라 하자. 중심이 M이고 반지름의 길이가 $\overline{MH}$인 원이 선분 AM과 만나는 점을 D, 선분 HC가 선분 DM과 만나는 점을 E라 하자. $\angle ABC = \theta$라 할 때, 삼각형 CDE의 넓이를 $f(\theta)$, 삼각형 MEH의 넓이를 $g(\theta)$라 하자.

$$\lim_{\theta \to 0+} \frac{f(\theta) - g(\theta)}{\theta^3} = a$$ 일 때, $80a$의 값을 구하시오.

(단, $0 < \theta < \dfrac{\pi}{2}$) [4점]

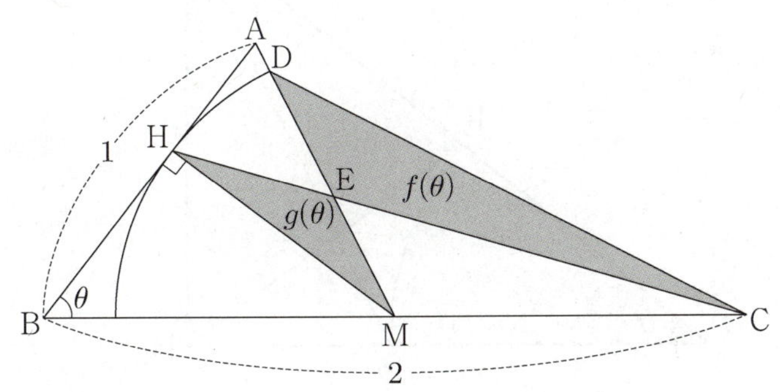

133. [2019년 9월 (가)형 20번]

그림과 같이 반지름의 길이가 1이고 중심각의 크기가 $\dfrac{\pi}{2}$인 부채꼴 OAB가 있다. 호 AB위의 점 P에서 선분 OA에 내린 수선의 발을 H, 점 P에서 호 AB에 접하는 직선과 직선 OA의 교점을 Q라 하자. 점 Q를 중심으로 하고 반지름의 길이가 $\overline{QA}$인 원과 선분 PQ의 교점을 R라 하자. $\angle POA = \theta$일 때, 삼각형 OHP의 넓이를 $f(\theta)$, 부채꼴 QRA의 넓이를 $g(\theta)$라 하자. $\lim\limits_{\theta \to 0+} \dfrac{\sqrt{g(\theta)}}{\theta \times f(\theta)}$의 값은? (단,

$0 < \theta < \dfrac{\pi}{2}$) [4점]

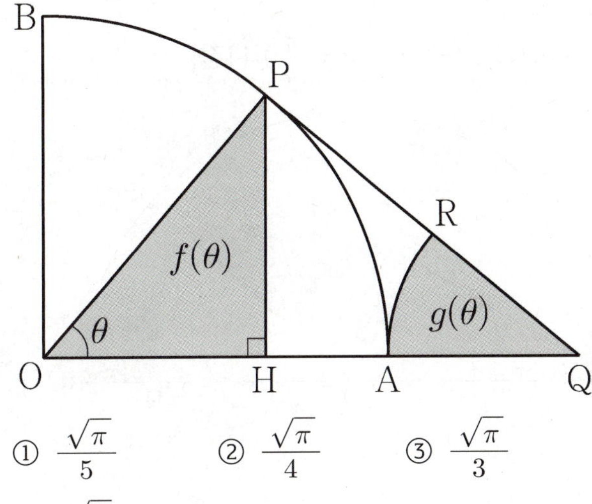

① $\dfrac{\sqrt{\pi}}{5}$ ② $\dfrac{\sqrt{\pi}}{4}$ ③ $\dfrac{\sqrt{\pi}}{3}$

④ $\dfrac{\sqrt{\pi}}{2}$ ⑤ $\sqrt{\pi}$

복습	1회	2회	3회	4회	5회
채점 ○△X					

134. [2019년 6월 (가)형 28번]

그림과 같이 길이가 2인 선분 AB를 지름으로 하는 반원의 호 AB 위에 점 P가있다. 중심이 A이고 반지름의 길이가 $\overline{\text{AP}}$인 원과 선분 AB의 교점을 Q라 하자.

호 PB 위에 점 R를 호 PR와 호 RB의 길이의 비가 3:7이 되도록 잡는다. 선분 AB의 중점을 O라 할 때, 선분 OR와 호 PQ 의 교점을 T, 점 O에서 선분 AP에 내린 수선의 발을 H라 하자.

세 선분 PH, HO, OT와 호 TP 로 둘러싸인 부분의 넓이를 S_1, 두 선분 RT, QB와 두 호 TQ, BR로 둘러싸인 부분의 넓이를 S_2라 하자.

$\angle\text{PAB} = \theta$라 할 때, $\displaystyle\lim_{\theta \to 0+} \frac{S_1 - S_2}{\overline{\text{OH}}} = a$이다. $50a$의

값을 구하시오. (단, $0 < \theta < \dfrac{\pi}{4}$) [4점]

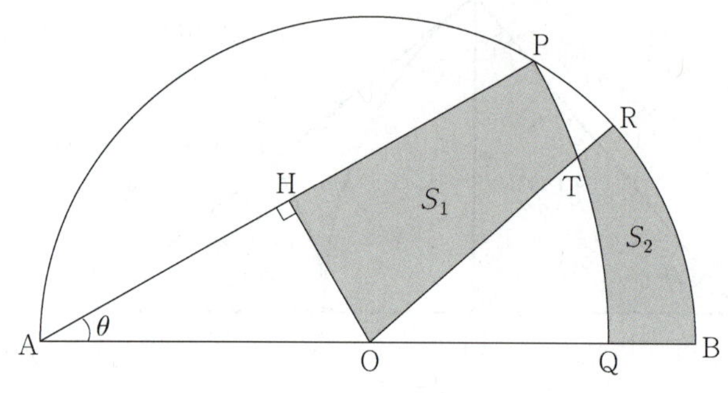

135. [2019년 수능 (가)형 18번] 실전 분석

그림과 같이 $\overline{\text{AB}} = 1$, $\angle\text{B} = \dfrac{\pi}{2}$인 직각삼각형

ABC에서 $\angle\text{C}$를 이등분하는 직선과 선분 AB의 교점을 D, 중심이 A이고 반지름의 길이가 $\overline{\text{AD}}$인 원과 선분 AC의 교점을 E라 하자. $\angle\text{A} = \theta$일 때, 부채꼴 ADE의 넓이를 $S(\theta)$, 삼각형 BCE의

넓이를 $T(\theta)$라 하자. $\displaystyle\lim_{\theta \to 0+} \frac{\{S(\theta)\}^2}{T(\theta)}$의 값은? [4점]

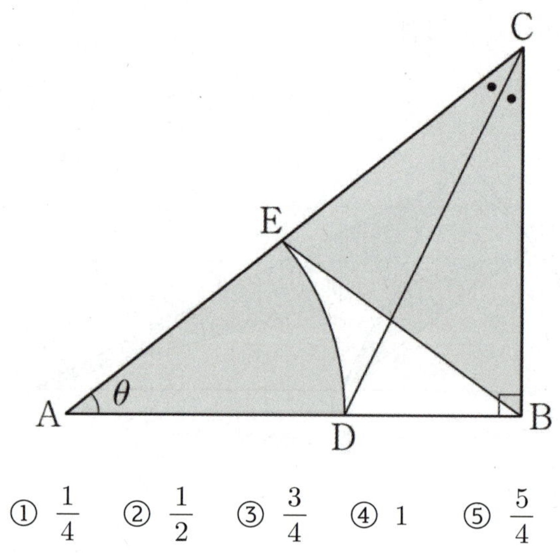

① $\dfrac{1}{4}$ ② $\dfrac{1}{2}$ ③ $\dfrac{3}{4}$ ④ 1 ⑤ $\dfrac{5}{4}$

복습	1회	2회	3회	4회	5회
채점 ○△X					

136. [2018년 수능 (가)형 17번]

그림과 같이 한 변의 길이가 1인 마름모 ABCD가 있다. 점 C에서 선분 AB의 연장선에 내린 수선의 발을 E, 점 E에서 선분 AC에 내린 수선의 발을 F, 선분 EF와 선분 BC의 교점을 G라 하자.

$\angle DAB = \theta$일 때, 삼각형 CFG의 넓이를 $S(\theta)$라 하자. $\lim\limits_{\theta \to 0+} \dfrac{S(\theta)}{\theta^5}$의 값은? (단, $0 < \theta < \dfrac{\pi}{2}$) [4점]

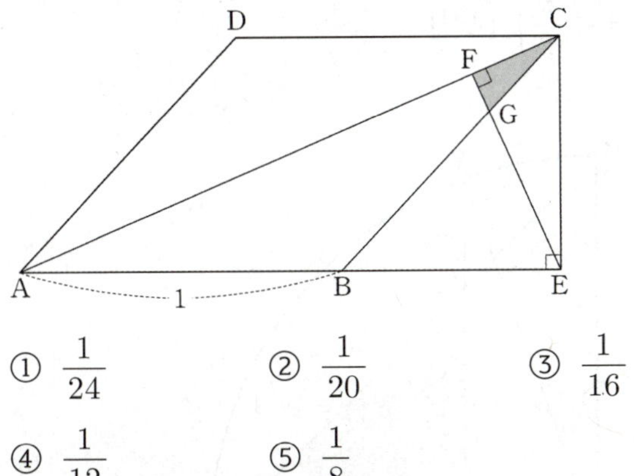

① $\dfrac{1}{24}$ ② $\dfrac{1}{20}$ ③ $\dfrac{1}{16}$

④ $\dfrac{1}{12}$ ⑤ $\dfrac{1}{8}$

복습	1회	2회	3회	4회	5회
채점 ○△X					

137. [2018년 6월 (가)형 16번]

그림과 같이 반지름의 길이가 1이고 중심각의 크기가 $\dfrac{\pi}{2}$인 부채꼴 OAB가 있다. 호 AB 위의 점 P에서 선분 OA에 내린 수선의 발을 H라 하고, 호 BP 위에 점 Q를 $\angle POH = \angle PHQ$가 되도록 잡는다. $\angle POH = \theta$일 때, 삼각형 OHQ의 넓이를 $S(\theta)$라 하자. $\lim\limits_{\theta \to 0+} \dfrac{S(\theta)}{\theta}$의 값은? (단, $0 < \theta < \dfrac{\pi}{6}$) [4점]

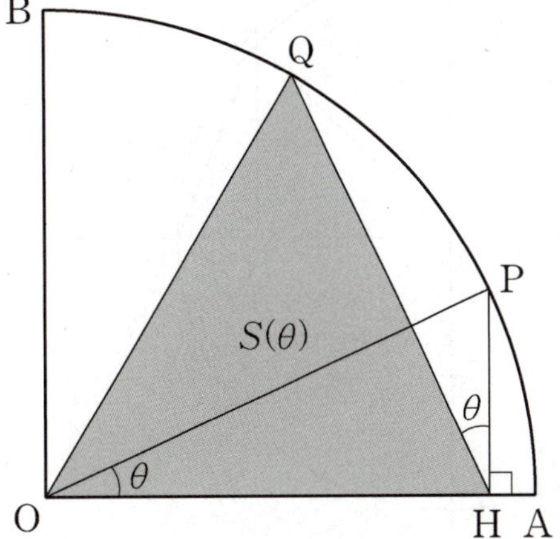

① $\dfrac{1+\sqrt{2}}{2}$ ② $\dfrac{2+\sqrt{2}}{2}$ ③ $\dfrac{3+\sqrt{2}}{2}$

④ $\dfrac{4+\sqrt{2}}{2}$ ⑤ $\dfrac{5+\sqrt{2}}{2}$

복습	1회	2회	3회	4회	5회
채점 ○△✕					

138. [2018년 9월 (가)형 19번]

자연수 n에 대하여 중심이 원점 O 이고 점 $P(2^n, 0)$을 지나는 원 C가 있다. 원 C 위에 점 Q 를 호 PQ 의 길이가 π 가 되도록 잡는다. 점 Q 에서 x축에 내린 수선의 발을 H 라 할 때, $\lim\limits_{n \to \infty}\left(\overline{OQ} \times \overline{HP}\right)$ 의 값은? [4점]

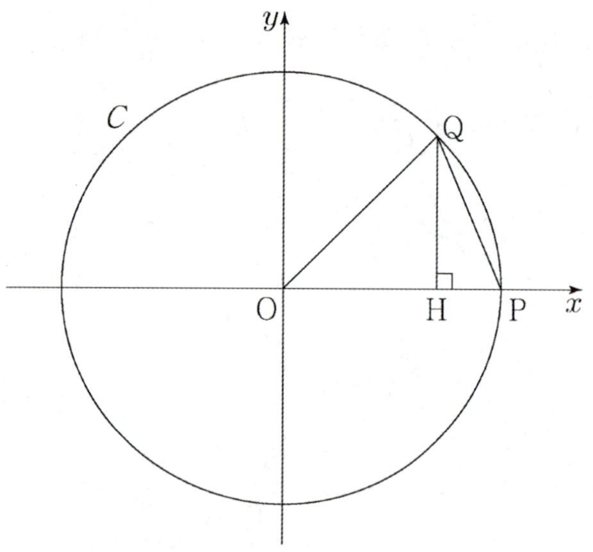

① $\dfrac{\pi^2}{2}$ ② $\dfrac{3}{4}\pi^2$ ③ π^2

④ $\dfrac{5}{4}\pi^2$ ⑤ $\dfrac{3}{2}\pi^2$

복습	1회	2회	3회	4회	5회
채점 ○△✕					

139. [2017년 수능 (가)형 14번]

그림과 같이 반지름의 길이가 1이고 중심각의 크기가 $\dfrac{\pi}{2}$ 인 부채꼴 OAB 가 있다. 호 AB 위의 점 P 에서 선분 OA 에 내린 수선의 발을 H, 선분 PH 와 선분 AB 의 교점을 Q 라 하자. $\angle POH = \theta$ 일 때, 삼각형 AQH 의 넓이를 $S(\theta)$ 라 하자. $\lim\limits_{\theta \to 0+}\dfrac{S(\theta)}{\theta^4}$ 의 값은? $\left(\text{단, } 0 < \theta < \dfrac{\pi}{2}\right)$ [4점]

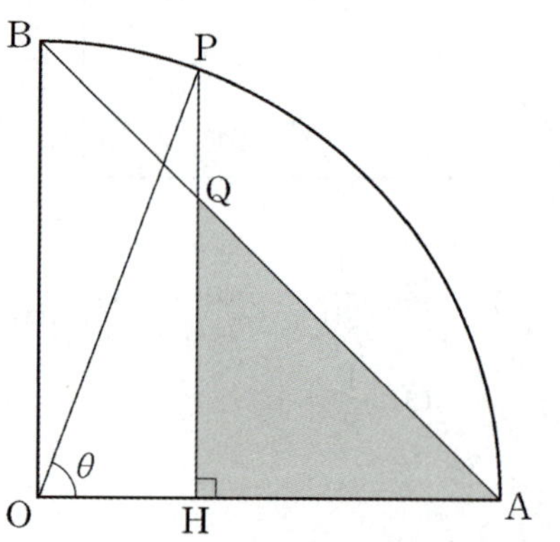

① $\dfrac{1}{8}$ ② $\dfrac{1}{4}$ ③ $\dfrac{3}{8}$ ④ $\dfrac{1}{2}$ ⑤ $\dfrac{5}{8}$

복습	1회	2회	3회	4회	5회
채점 ○△X					

140. [2016년 수능 (B)형 28번] 실전 분석

그림과 같이 좌표평면에서 원 $x^2+y^2=1$ 과 곡선 $y=\ln(x+1)$ 이 제1사분면에서 만나는 점을 A 라 하자. 점 $B(1, 0)$ 에 대하여 호 AB 위의 점 P 에서 y 축에 내린 수선의 발을 H, 선분 PH 와 곡선 $y=\ln(x+1)$ 이 만나는 점을 Q 라 하자. $\angle POB = \theta$ 라 할 때, 삼각형 OPQ 의 넓이를 $S(\theta)$, 선분 HQ 의 길이를 $L(\theta)$ 라 하자. $\displaystyle\lim_{\theta\to 0+}\frac{S(\theta)}{L(\theta)}=k$ 일 때, $60k$ 의 값을 구하시오. (단, $0 < \theta < \dfrac{\pi}{6}$ 이고, O 는 원점이다.) [4점]

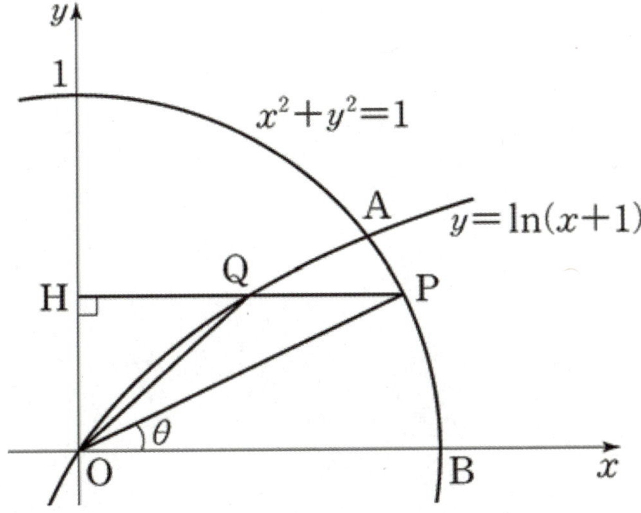

복습	1회	2회	3회	4회	5회
채점 ○△X					

1등급

141. [2015년 수능 (B)형 20번] 실전 분석

그림과 같이 반지름의 길이가 1인 원에 외접하고 $\angle CAB = \angle BCA = \theta$ 인 이등변삼각형 ABC가 있다. 선분 AB의 연장선 위에 점 A가 아닌 점 D를 $\angle DCB = \theta$ 가 되도록 잡는다. 삼각형 BCD의 넓이를 $S(\theta)$ 라 할 때, $\displaystyle\lim_{\theta\to 0+}\{\theta\times S(\theta)\}$ 의 값은? (단, $0 < \theta < \dfrac{\pi}{4}$) [4점]

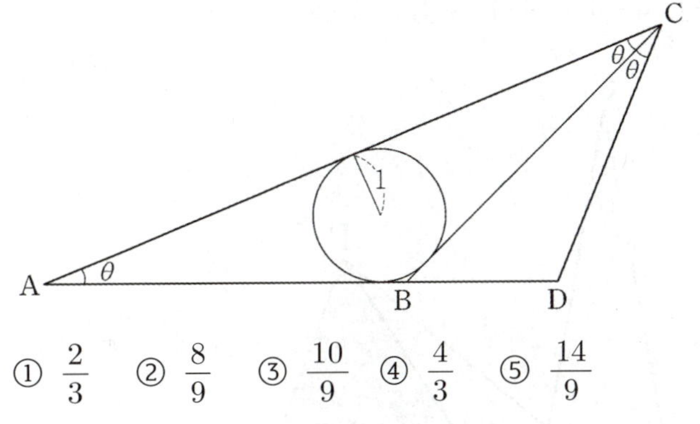

① $\dfrac{2}{3}$ ② $\dfrac{8}{9}$ ③ $\dfrac{10}{9}$ ④ $\dfrac{4}{3}$ ⑤ $\dfrac{14}{9}$

복습	1회	2회	3회	4회	5회
채점 O△X					

1등급

142. [2014년 수능 (B)형 28번] 실전 분석

그림과 같이 길이가 4인 선분 AB를 한 변으로 하고, $\overline{AC}=\overline{BC}$, $\angle ACB=\theta$인 이등변삼각형 ABC가 있다. 선분 AB의 연장선 위에 $\overline{AC}=\overline{AD}$인 점 D를 잡고, $\overline{AC}=\overline{AP}$이고 $\angle PAB=2\theta$인 점 P를 잡는다. 삼각형 BDP의 넓이를 $S(\theta)$라 할 때, $\lim\limits_{\theta \to 0+}(\theta \times S(\theta))$의 값을 구하시오.

(단, $0 < \theta < \dfrac{\pi}{6}$) [4점]

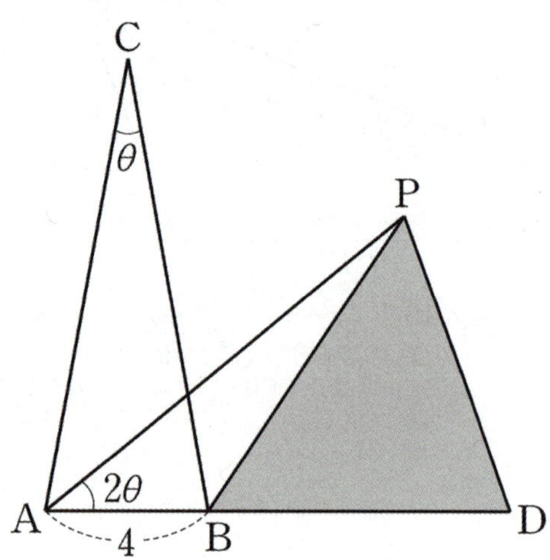

복습	1회	2회	3회	4회	5회
채점 O△X					

1등급

143. [2013년 수능 (가)형 29번] 실전 분석

삼각형 ABC에서 $\overline{AB}=1$이고 $\angle A=\theta$, $\angle B=2\theta$이다. 변 AB 위의 점 D를 $\angle ACD=2\angle BCD$가 되도록 잡는다.

$\lim\limits_{\theta \to 0+}\dfrac{\overline{CD}}{\theta}=a$일 때, $27a^2$의 값을 구하시오. (단, $0 < \theta < \dfrac{\pi}{4}$) [4점]

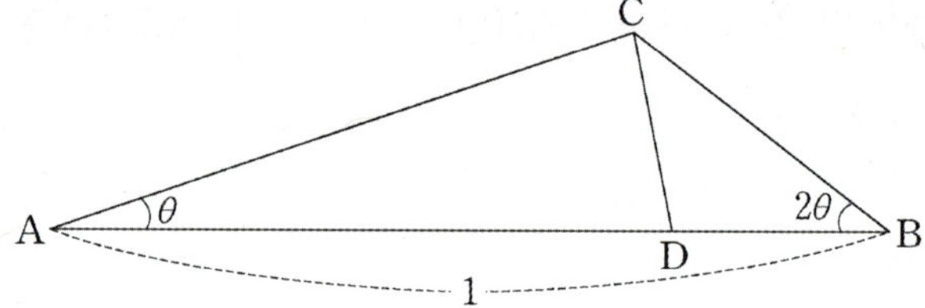

복습	1회	2회	3회	4회	5회
채점 ○△✕					

144. [2012년 수능 (가)형 27번]

그림과 같이 중심이 O이고 길이가 2인 선분 AB를 지름으로 하는 원 위의 점 P에서 선분 AB에 내린 수선의 발을 Q, 점 Q에서 선분 OP에 내린 수선의 발을 R, 점 O에서 선분 AP에 내린 수선의 발을 S라 하자.

$\angle PAQ = \theta \left(0 < \theta < \dfrac{\pi}{4}\right)$ 일 때, 삼각형 AOS의 넓이를 $f(\theta)$, 삼각형 PRQ의 넓이를 $g(\theta)$ 라 하자.

$\displaystyle \lim_{\theta \to 0+} \dfrac{\theta^2 f(\theta)}{g(\theta)} = \dfrac{q}{p}$ 일 때, $p^2 + q^2$ 의 값을 구하시오.(단, p 와 q 는 서로소인 자연수이다.) [4점]

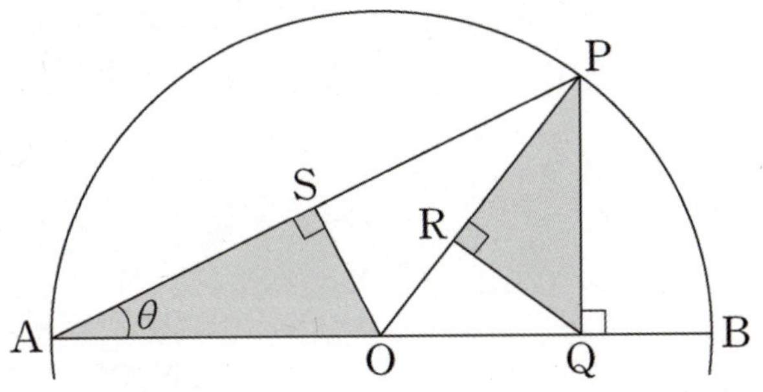

복습	1회	2회	3회	4회	5회
채점 ○△✕					

145. [2011년 수능 (가)형 미분과 적분 30번]

`실전 분석`

좌표평면에서 그림과 같이 원 $x^2 + y^2 = 1$ 위의 점 P에 대하여 선분 OP가 x축의 양의 방향과 이루는 각의 크기를 $\theta \left(0 < \theta < \dfrac{\pi}{4}\right)$ 라 하자.

점 P를 지나고 x축에 평행한 직선이 곡선 $y = e^x - 1$과 만나는 점을 Q라 하고, 점 Q에서 x축에 내린 수선의 발을 R라 하자. 선분 OP와 선분 QR의 교점을 T라 할 때, 삼각형 OTR의 넓이를 $S(\theta)$라 하자. $\displaystyle \lim_{\theta \to 0+} \dfrac{S(\theta)}{\theta^3} = a$일 때, $60a$의 값을 구하시오. [4점]

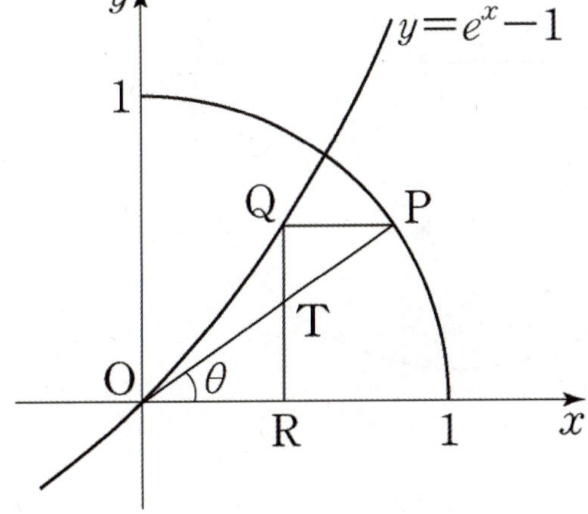

복습	1회	2회	3회	4회	5회
채점 ○△X					

1등급

146. [2009년 수능 (가)형 미분과 적분 30번]

실전 분석

반지름의 길이가 1인 원 O 위에 점 A가 있다. 그림과 같이 양수 θ에 대하여 원 O 위의 두 점 B, C를 $\angle BAC = \theta$이고 $\overline{AB} = \overline{AC}$가 되도록 잡는다. 삼각형 ABC의 내접원의 반지름의 길이를 $r(\theta)$라 할 때, $\lim\limits_{\theta \to \pi^-} \dfrac{r(\theta)}{(\pi - \theta)^2} = \dfrac{q}{p}$이다. $p^2 + q^2$의 값을 구하시오. (단, p, q는 서로소인 자연수이다.) [4점]

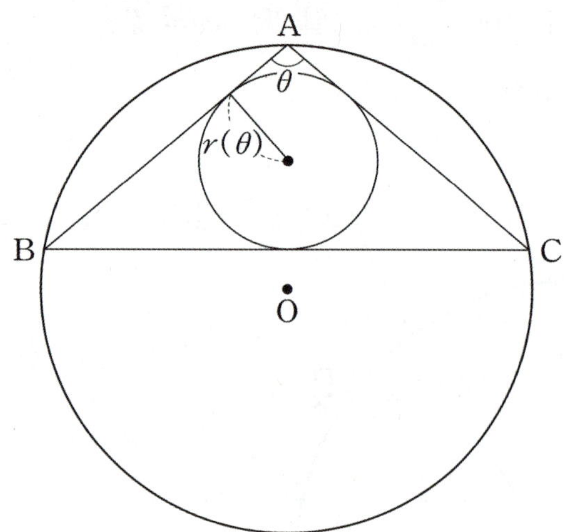

수능 2점

복습	1회	2회	3회	4회	5회
채점 ○△X					

147. [2004년 수능 (자연) 5번]

미분가능한 함수 $f(x)$의 역함수 $g(x)$가

$$\lim_{x \to 1} \frac{g(x) - 2}{x - 1} = 3$$

을 만족시킬 때, 미분계수 $f'(2)$의 값은? [2점]

① 1　② $\dfrac{1}{2}$　③ $\dfrac{1}{3}$　④ $\dfrac{1}{4}$　⑤ $\dfrac{1}{6}$

수능 3점

복습	1회	2회	3회	4회	5회
채점 ○△X					

148. [2026년 수능 (미적분) 27번]

매개변수 t로 나타내어진 곡선

$$x = e^{4t}(1+\sin^2 \pi t),\quad y = e^{4t}(1-3\cos^2 \pi t)$$

를 C라 하자. 곡선 C가 직선 $y = 3x - 5e$ 와 만나는 점을 P라 할 때, 곡선 C 위의 점 P에서의 접선의 기울기는? [3점]

① $\dfrac{3\pi-4}{\pi+4}$ ② $\dfrac{3\pi-2}{\pi+6}$ ③ $\dfrac{3\pi}{\pi+8}$

④ $\dfrac{3\pi+2}{\pi+10}$ ⑤ $\dfrac{3\pi+4}{\pi+12}$

복습	1회	2회	3회	4회	5회
채점 ○△X					

149. [2024년 수능 (미적분) 24번]

매개변수 $t\ (t>0)$으로 나타내어진 곡선

$$x = \ln(t^3+1),\quad y = \sin \pi t$$

에서 $t=1$일 때, $\dfrac{dy}{dx}$의 값은? [3점]

① $-\dfrac{1}{3}\pi$ ② $-\dfrac{2}{3}\pi$ ③ $-\pi$

④ $-\dfrac{4}{3}\pi$ ⑤ $-\dfrac{5}{3}\pi$

복습	1회	2회	3회	4회	5회
채점 ○△X					

150. [2022년 수능 (미적분) 24번]

실수 전체의 집합에서 미분가능한 함수 $f(x)$가 모든 실수 x에 대하여 $f(x^3+x)=e^x$을 만족시킬 때, $f'(2)$의 값은? [3점]

① e ② $\dfrac{e}{2}$ ③ $\dfrac{e}{3}$ ④ $\dfrac{e}{4}$ ⑤ $\dfrac{e}{5}$

복습	1회	2회	3회	4회	5회
채점 ○△X					

151. [2021년 수능 (가)형 7번]

함수 $f(x)=(x^2-2x-7)e^x$의 극댓값과 극솟값을 각각 a, b라 할 때, $a\times b$의 값은? [3점]

① -32 ② -30 ③ -28 ④ -26 ⑤ -24

복습	1회	2회	3회	4회	5회
채점 ○△X					

152. [2021년 수능 (가)형 23번]

함수 $f(x) = \dfrac{x^2 - 2x - 6}{x - 1}$ 에 대하여 $f'(0)$ 의 값을 구하시오. [3점]

복습	1회	2회	3회	4회	5회
채점 ○△X					

154. [2020년 수능 (가)형 11번]

곡선 $y = ax^2 - 2\sin 2x$ 가 변곡점을 갖도록 하는 정수 a의 개수는? [3점]

① 4　　② 5　　③ 6　　④ 7　　⑤ 8

복습	1회	2회	3회	4회	5회
채점 ○△X					

153. [2020년 수능 (가)형 5번]

곡선 $x^2 - 3xy + y^2 = x$ 위의 점 $(1,\, 0)$에서의 접선의 기울기는? [3점]

① $\dfrac{1}{12}$　② $\dfrac{1}{6}$　③ $\dfrac{1}{4}$　④ $\dfrac{1}{3}$　⑤ $\dfrac{5}{12}$

복습	1회	2회	3회	4회	5회
채점 ○△X					

155. [2020년 수능 (가)형 22번]

함수 $f(x) = x^3 \ln x$ 에 대하여 $\dfrac{f'(e)}{e^2}$ 의 값을 구하시오. [3점]

복습	1회	2회	3회	4회	5회
채점 ○△X					

156. [2019년 수능 (가)형 9번]

함수 $f(x) = \dfrac{1}{1+e^{-x}}$ 의 역함수를 $g(x)$라 할 때, $g'(f(-1))$의 값은? [3점]

① $\dfrac{1}{(1+e)^2}$ ② $\dfrac{e}{1+e}$ ③ $\left(\dfrac{1+e}{e}\right)^2$

④ $\dfrac{e^2}{1+e}$ ⑤ $\dfrac{(1+e)^2}{e}$

복습	1회	2회	3회	4회	5회
채점 ○△X					

158. [2018년 수능 (가)형 9번]

실수 전체의 집합에서 미분가능한 함수 $f(x)$에 대하여 함수 $g(x)$를

$$g(x) = \dfrac{f(x)}{e^{x-2}}$$

라 하자. $\displaystyle\lim_{x \to 2} \dfrac{f(x)-3}{x-2} = 5$일 때, $g'(2)$의 값은? [3점]

① 1 ② 2 ③ 3 ④ 4 ⑤ 5

복습	1회	2회	3회	4회	5회
채점 ○△X					

157. [2019년 수능 (가)형 7번]

곡선 $e^x - xe^y = y$ 위의 점 $(0, 1)$에서의 접선의 기울기는? [3점]

① $3-e$ ② $2-e$ ③ $1-e$

④ $-e$ ⑤ $-1-e$

복습	1회	2회	3회	4회	5회
채점 ○△X					

159. [2018년 수능 (가)형 11번]

실수 전체의 집합에서 미분가능한 두 함수 $f(x)$, $g(x)$가 있다. $f(x)$가 $g(x)$의 역함수이고 $f(1) = 2$, $f'(1) = 3$이다. 함수 $h(x) = xg(x)$라 할 때, $h'(2)$의 값은? [3점]

① 1 ② $\dfrac{4}{3}$ ③ $\dfrac{5}{3}$

④ 2 ⑤ $\dfrac{7}{3}$

복습	1회	2회	3회	4회	5회
채점 ○△X					

160. [2018년 수능 (가)형 24번]

곡선 $2x + x^2 y - y^3 = 2$ 위의 점 $(1,\ 1)$에서의 접선의 기울기를 구하시오. [3점]

복습	1회	2회	3회	4회	5회
채점 ○△X					

162. [2017년 수능 (가)형 6번]

함수 $f(x) = x^3 + x + 1$의 역함수를 $g(x)$라 할 때, $g'(1)$의 값은? [3점]

① $\dfrac{1}{3}$　② $\dfrac{2}{5}$　③ $\dfrac{2}{3}$　④ $\dfrac{4}{5}$　⑤ 1

복습	1회	2회	3회	4회	5회
채점 ○△X					

161. [2018년 수능 (가)형 23번]

함수 $f(x) = \ln(x^2 + 1)$에 대하여 $f'(1)$의 값을 구하시오. [3점]

복습	1회	2회	3회	4회	5회
채점 ○△X					

163. [2016년 수능 (B)형 23번]

함수 $f(x) = 4\sin 7x$에 대하여 $f'(2\pi)$의 값을 구하시오. [3점]

복습	1회	2회	3회	4회	5회
채점 $\bigcirc\triangle\times$					

164. [2015년 수능 (B)형 23번]

함수 $f(x) = \cos x + 4e^{2x}$에 대하여 $f'(0)$의 값을 구하시오. [3점]

복습	1회	2회	3회	4회	5회
채점 $\bigcirc\triangle\times$					

166. [2013년 수능 (가)형 22번]

함수 $f(x) = x \ln x + 13x$에 대하여 $f'(1)$의 값을 구하시오. [3점]

복습	1회	2회	3회	4회	5회
채점 $\bigcirc\triangle\times$					

165. [2014년 수능 (B)형 22번]

함수 $f(x) = 5e^{3x-3}$에 대하여 $f'(1)$의 값을 구하시오. [3점]

복습	1회	2회	3회	4회	5회
채점 $\bigcirc\triangle\times$					

167. [2011년 수능 (가)형 미분과 적분 27번]

좌표평면에서 곡선 $y^3 = \ln(5-x^2) + xy + 4$ 위의 점 $(2,\ 2)$에서의 접선의 기울기는? [3점]

① $-\dfrac{3}{5}$ ② $-\dfrac{1}{2}$ ③ $-\dfrac{2}{5}$ ④ $-\dfrac{3}{10}$ ⑤ $-\dfrac{1}{5}$

복습	1회	2회	3회	4회	5회
채점 $\bigcirc\triangle\times$					

168. [2001년 수능 (자연) 4번]

$f(x) = (x^2+1)e^x$ 일 때, $f'(0)$의 값은? [3점]

① 1 ② 2 ③ 3 ④ 4 ⑤ 5

$$\overline{}\text{수능 4점}$$

복습	1회	2회	3회	4회	5회
채점 $\bigcirc\triangle\times$					

170. [2020년 수능 (가)형 26번]　실전 분석

함수 $f(x) = (x^2+2)e^{-x}$에 대하여 함수 $g(x)$가 미분가능하고 $g\left(\dfrac{x+8}{10}\right) = f^{-1}(x)$, $g(1) = 0$을 만족시킬 때, $|g'(1)|$의 값을 구하시오. [4점]

복습	1회	2회	3회	4회	5회
채점 $\bigcirc\triangle\times$					

169. [2000년 수능 (자연) 11번]

곡선 $x^3 - xy^2 = 10$ 위의 점 $(-2, 3)$에서의 접선의 기울기는? [3점]

① $-\dfrac{1}{4}$　② $-\dfrac{1}{6}$　③ 0　④ $\dfrac{1}{6}$　⑤ $\dfrac{1}{4}$

복습	1회	2회	3회	4회	5회
채점 $\bigcirc\triangle\times$					

171. [2020년 9월 (가)형 15번]

열린구간 $\left(-\dfrac{\pi}{2}, \dfrac{\pi}{2}\right)$에서 정의된 함수

$$f(x) = \ln\left(\frac{\sec x + \tan x}{a}\right)$$

의 역함수를 $g(x)$라 하자. $\displaystyle\lim_{x\to -2}\frac{g(x)}{x+2} = b$일 때, 두 상수 a, b의 곱 ab의 값은? (단, $a > 0$) [4점]

① $\dfrac{e^2}{4}$　② $\dfrac{e^2}{2}$　③ e^2

④ $2e^2$　⑤ $4e^2$

복습	1회	2회	3회	4회	5회
채점 ○△X					

172. [2019년 6월 (가)형 16번]

실수 전체의 집합에서 미분가능한 함수 $f(x)$에 대하여 함수 $g(x)$를

$$g(x) = \frac{f(x)\cos x}{e^x}$$

라 하자. $g'(\pi) = e^\pi g(\pi)$일 때, $\dfrac{f'(\pi)}{f(\pi)}$의 값은? (단, $f(\pi) \neq 0$) [4점]

① $e^{-2\pi}$ ② 1 ③ $e^{-\pi}+1$

④ $e^\pi + 1$ ⑤ $e^{2\pi}$

미적분 3. 미분법 경향09
미분법 그래프

수능 2점

복습	1회	2회	3회	4회	5회
채점 ○△X					

174. [1998년 수능 (자연) 4번] 실전 분석

함수 $y = \dfrac{\ln x}{x}$가 최댓값을 가질 때의 x의 값은? [2점]

① 1 ② e ③ $\dfrac{1}{e}$ ④ $2e$ ⑤ e^2

복습	1회	2회	3회	4회	5회
채점 ○△X					

173. [2018년 6월 (가)형 26번]

좌표평면에서 점 $(2, a)$가 곡선 $y = \dfrac{2}{x^2 + b}$ $(b > 0)$의 변곡점일 때, $\dfrac{b}{a}$의 값을 구하시오. (단, a, b는 상수이다.) [4점]

복습	1회	2회	3회	4회	5회
채점 ○△X					

175. [1995년 수능 (자연) 30번] `실전 분석`

사각형 모양의 철판 세 장을 구입하여, 두 장은 원 모양으로 오려 아랫면과 윗면으로, 나머지 한 장은 몸통으로 하여 그림과 같은 원기둥 모양의 보일러를 제작하려 한다. 철판은 사각형의 가로와 세로의 길이를 임의로 정해서 구입할 수 있고, 철판의 가격은 1m^2당 1만원이다. 보일러의 부피가 64m^3가 되도록 만들기 위해 필요한 철판을 구입하는데 드는 최소 비용은? [2점]

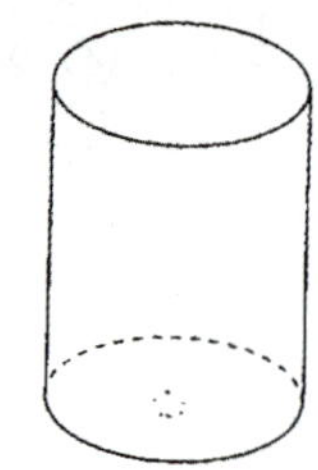

① 110만원   ② 104만원   ③ 100만원

④ 96만원   ⑤ 90만원

176. [1995년 수능 (자연) 10번] `실전 분석`

함수 $f(x)$는 $x=0$ 에서 연속이지만 미분가능하지 않다. 다음 <보기> 중 $x=0$ 에서 미분가능한 함수를 모두 고르면?

$$[\ \text{보 기}\ ]$$

ㄱ. $y = xf(x)$　　　　ㄴ. $y = x^2 f(x)$

ㄷ. $y = \dfrac{1}{1+xf(x)}$

① ㄱ　② ㄴ　③ ㄷ　④ ㄱ, ㄴ　⑤ ㄱ, ㄴ, ㄷ

수능 3점

복습	1회	2회	3회	4회	5회
채점 ○△X					

177. [2025년 수능 (미적분) 27번] 실전 분석

최고차항의 계수가 1인 삼차함수 $f(x)$에 대하여 함수 $g(x)$를

$$g(x) = f(e^x) + e^x$$

이라 하자. 곡선 $y = g(x)$ 위의 점 $(0, g(0))$에서의 접선이 x축이고 함수 $g(x)$가 역함수 $h(x)$를 가질 때, $h'(8)$의 값은? [3점]

① $\dfrac{1}{36}$ ② $\dfrac{1}{18}$ ③ $\dfrac{1}{12}$

④ $\dfrac{1}{9}$ ⑤ $\dfrac{5}{36}$

복습	1회	2회	3회	4회	5회
채점 ○△X					

1등급

178. [2024년 수능 (미적분) 27번] 실전 분석

실수 t에 대하여 원점을 지나고 곡선 $y = \dfrac{1}{e^x} + e^t$에 접하는 직선의 기울기를 $f(t)$라 하자.

$f(a) = -e\sqrt{e}$를 만족시키는 상수 a에 대하여 $f'(a)$의 값은? [3점]

① $-\dfrac{1}{3}e\sqrt{e}$ ② $-\dfrac{1}{2}e\sqrt{e}$ ③ $-\dfrac{2}{3}e\sqrt{e}$

④ $-\dfrac{5}{6}e\sqrt{e}$ ⑤ $-e\sqrt{e}$

복습	1회	2회	3회	4회	5회
채점 ○△X					

179. [2016년 수능 (B)형 7번]

곡선 $y = 3e^{x-1}$ 위의 점 A에서의 접선이 원점 O를 지날 때, 선분 OA의 길이는? [3점]

① $\sqrt{6}$　　　② $\sqrt{7}$　　　③ $2\sqrt{2}$

④ 3　　　⑤ $\sqrt{10}$

복습	1회	2회	3회	4회	5회
채점 ○△X					

181. [2009년 수능 (가)형 미분과 적분 28번]

함수 $f(x) = 4\ln x + \ln(10 - x)$ 에 대하여 <보기>에서 옳은 것만을 있는 대로 고른 것은? [3점]

[보 기]

ㄱ. 함수 $f(x)$의 최댓값은 $13\ln 2$이다.

ㄴ. 방정식 $f(x) = 0$은 서로 다른 두 실근을
　　갖는다.

ㄷ. 함수 $y = e^{f(x)}$의 그래프는 구간 $(4, 8)$에서
　　위로 볼록하다.

---

① ㄱ　② ㄷ　③ ㄱ, ㄴ　④ ㄴ, ㄷ　⑤ ㄱ, ㄴ, ㄷ

복습	1회	2회	3회	4회	5회
채점 ○△X					

180. [2010년 수능 (가)형 미분과 적분 27번]

곡선 $y = e^x$ 위의 점 $(1, e)$에서의 접선이 곡선 $y = 2\sqrt{x-k}$ 에 접할 때, 실수 k 의 값은? [3점]

① $\dfrac{1}{e}$　② $\dfrac{1}{e^2}$　③ $\dfrac{1}{e^4}$　④ $\dfrac{1}{1+e}$　⑤ $\dfrac{1}{1+e^2}$

복습	1회	2회	3회	4회	5회
채점 ○△X					

182. [2008년 수능 (가)형 미분과 적분 27번]

함수 $f(x) = x + \sin x$ 에 대하여 함수 $g(x)$를 $g(x) = (f \circ f)(x)$로 정의할 때, <보기>에서 옳은 것을 모두 고른 것은? [3점]

[보 기]

ㄱ. 함수 $f(x)$의 그래프는 개구간 $(0, \pi)$에서 위로 볼록하다.

ㄴ. 함수 $g(x)$는 개구간 $(0, \pi)$에서 증가한다.

ㄷ. $g'(x) = 1$인 실수 x가 개구간 $(0, \pi)$에 존재한다.

---

① ㄱ ② ㄷ ③ ㄱ, ㄴ ④ ㄴ, ㄷ ⑤ ㄱ, ㄴ, ㄷ

복습	1회	2회	3회	4회	5회
채점 ○△X					

183. [2005년 수능 (가)형 미분과 적분 28번]

이계도함수를 갖는 함수 $f(x)$가 모든 실수 x에 대하여 $f(-x) = -f(x)$를 만족시킬 때, <보기>에서 항상 옳은 것을 모두 고른 것은? [3점]

[보 기]

ㄱ. $f'(-x) = f'(x)$

ㄴ. $\lim_{x \to 0} f'(x) = 0$

ㄷ. $f(x)$의 도함수 $f'(x)$가 $x = a\,(a \neq 0)$에서 극댓값을 가지면 $f'(x)$는 $x = -a$에서 극솟값을 갖는다.

---

① ㄱ ② ㄴ ③ ㄱ, ㄴ ④ ㄱ, ㄷ ⑤ ㄱ, ㄴ, ㄷ

복습	1회	2회	3회	4회	5회
채점 $\bigcirc\triangle\times$					

184. [2004년 수능 (자연) 21번]

함수 $y = \dfrac{16}{x}$ 의 그래프와 함수 $y = -x^2 + a$ 의 그래프가 서로 다른 두 점에서 만날 때, 상수 a 의 값은? [3점]

① 9　　② 10　　③ 11　　④ 12　　⑤ 13

복습	1회	2회	3회	4회	5회
채점 $\bigcirc\triangle\times$					

185. [2003년 수능 (자연) 29번]

x에 대한 방정식 $\ln x - x + 20 - n = 0$이 서로 다른 두 실근을 갖도록 하는 자연수 n의 개수를 구하시오. [3점]

복습	1회	2회	3회	4회	5회
채점 $\bigcirc\triangle\times$					

186. [2002년 수능 (자연) 9번] `실전 분석`

$1 \le x \le 2$인 모든 실수 x에 대하여 부등식 $\alpha x \le e^x \le \beta x$가 성립하도록 상수 α, β를 정할 때, $\beta - \alpha$의 최솟값은? [3점]

① $\dfrac{e}{2}$　　② e　　③ $e\left(\dfrac{e^3}{4} - 1\right)$

④ $e\left(\dfrac{e^2}{3} - 1\right)$　　⑤ $e\left(\dfrac{e}{2} - 1\right)$

복습	1회	2회	3회	4회	5회
채점 $\bigcirc\triangle\times$					

187. [1999년 수능 (자연) 24번] `실전 분석`

차량들이 고속도로를 차선의 변경 없이 모두 같은 속력 $v\,(m/초)$를 유지하면서 달리고 있다고 하자. 제동 거리를 고려한 최소 차간 거리는

$$f(v) = \dfrac{1}{20}v^2 + \dfrac{1}{2}v + 5\,(m)$$

로 나타낼 수 있다. 60초 동안 한 차선의 일정 지점을 통과할 수 있는 차량의 수는 최대 몇 대인가? (단, 차량의 길이는 무시한다.) [3점]

① 16　　② 40　　③ 60　　④ 90　　⑤ 225

수능 4점

복습	1회	2회	3회	4회	5회
채점 ○△X					

1등급

188. [2024년 수능 (미적분) 30번] 실전 분석

실수 전체의 집합에서 미분가능한 함수 $f(x)$의 도함수 $f'(x)$가

$$f'(x)=|\sin x|\cos x$$

이다. 양수 a에 대하여 곡선 $y=f(x)$ 위의 점 $(a, f(a))$에서의 접선의 방정식을 $y=g(x)$라 하자. 함수

$$h(x)=\int_0^x \{f(t)-g(t)\}dt$$

가 $x=a$에서 극대 또는 극소가 되도록 하는 모든 양수 a를 작은 수부터 크기순으로 나열할 때, n번째 수를 a_n이라 하자. $\dfrac{100}{\pi}\times(a_6-a_2)$의 값을 구하시오.

[4점]

복습	1회	2회	3회	4회	5회
채점 ○△X					

189. [2023년 6월 (미적분) 29번]

세 실수 a, b, k에 대하여 두 점 $A(a,\ a+k)$, $B(b,\ b+k)$가 곡선 $C: x^2-2xy+2y^2=15$ 위에 있다. 곡선 C 위의 점 A에서의 접선과 곡선 C 위의 점 B에서의 접선이 서로 수직일 때, k^2의 값을 구하시오. (단, $a+2k\neq 0$, $b+2k\neq 0$) [4점]

복습	1회	2회	3회	4회	5회
채점 $\bigcirc\triangle\times$					

190. [2022년 수능 (미적분) 28번] 실전 분석

함수 $f(x)=6\pi(x-1)^2$에 대하여 함수 $g(x)$를

$$g(x)=3f(x)+4\cos f(x)$$

라 하자. $0<x<2$에서 함수 $g(x)$가 극소가 되는 x의 개수는? [4점]

① 6 ② 7 ③ 8 ④ 9 ⑤ 10

복습	1회	2회	3회	4회	5회
채점 $\bigcirc\triangle\times$					

191. [2019년 수능 (가)형 20번] 실전 분석

점 $\left(-\dfrac{\pi}{2},\,0\right)$에서 곡선 $y=\sin x\,(x>0)$에 접선을 그어 접점의 x좌표를 작은 수부터 크기순으로 모두 나열할 때, n번째 수를 a_n이라 하자. 모든 자연수 n에 대하여 <보기>에서 옳은 것만을 있는 대로 고른 것은? [4점]

──────[보 기]──────

ㄱ. $\tan a_n = a_n + \dfrac{\pi}{2}$

ㄴ. $\tan a_{n+2} - \tan a_n > 2\pi$

ㄷ. $a_{n+1} + a_{n+2} > a_n + a_{n+3}$

① ㄱ ② ㄱ, ㄴ ③ ㄱ, ㄷ
④ ㄴ, ㄷ ⑤ ㄱ, ㄴ, ㄷ

복습	1회	2회	3회	4회	5회
채점 ○△X					

192. [2019년 9월 (가)형 26번]

함수 $f(x) = 3\sin kx + 4x^3$의 그래프가 오직 하나의 변곡점을 가지도록 하는 실수 k의 최댓값을 구하시오. [4점]

복습	1회	2회	3회	4회	5회
채점 ○△X					

193. [2019년 6월 (가)형 21번]

함수 $f(x) = \dfrac{\ln x}{x}$와 양의 실수 t에 대하여 기울기가 t인 직선이 곡선 $y = f(x)$에 접할 때 접점의 x좌표를 $g(t)$라 하자. 원점에서 곡선 $y = f(x)$에 그은 접선의 기울기가 a일 때, 미분가능한 함수 $g(t)$에 대하여 $a \times g'(a)$의 값은? [4점]

① $-\dfrac{\sqrt{e}}{3}$ ② $-\dfrac{\sqrt{e}}{4}$ ③ $-\dfrac{\sqrt{e}}{5}$

④ $-\dfrac{\sqrt{e}}{6}$ ⑤ $-\dfrac{\sqrt{e}}{7}$

복습	1회	2회	3회	4회	5회
채점 ○△X					

194. [2018년 9월 (가)형 26번]

미분가능한 함수 $f(x)$와 함수 $g(x)=\sin x$에 대하여 합성함수 $y=(g \circ f)(x)$의 그래프 위의 점 $(1,\,(g \circ f)(1))$에서의 접선이 원점을 지난다.

$$\lim_{x \to 1}\frac{f(x)-\dfrac{\pi}{6}}{x-1}=k$$

일 때, 상수 k에 대하여 $30k^2$의 값을 구하시오. [4점]

복습	1회	2회	3회	4회	5회
채점 ○△X					

195. [2018년 9월 (가)형 20번]

열린구간 $(0,\,2\pi)$에서 정의된 함수

$$f(x)=\cos x + 2x \sin x$$

가 $x=\alpha$와 $x=\beta$에서 극값을 가진다. 보기에서 옳은 것만을 있는 대로 고른 것은? (단, $\alpha < \beta$) [4점]

<보 기>

ㄱ. $\tan(\alpha+\pi)=-2\alpha$

ㄴ. $g(x)=\tan x$라 할 때, $g'(\alpha+\pi)<g'(\beta)$이다.

ㄷ. $\dfrac{2(\beta-\alpha)}{\alpha+\pi-\beta}<\sec^2\alpha$

① ㄱ   ② ㄷ   ③ ㄱ, ㄴ

④ ㄴ, ㄷ   ⑤ ㄱ, ㄴ, ㄷ

복습	1회	2회	3회	4회	5회
채점 ○△X					

196. [2017년 수능 (가)형 15번]

곡선 $y = 2e^{-x}$ 위의 점 $P(t, 2e^{-t})$ $(t > 0)$에서 y축에 내린 수선의 발을 A라 하고, 점 P에서의 접선이 y축과 만나는 점을 B라 하자. 삼각형 APB의 넓이가 최대가 되도록 하는 t의 값은? [4점]

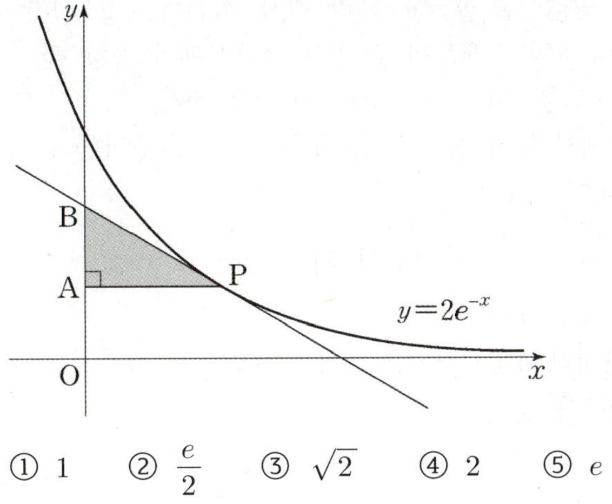

① 1   ② $\dfrac{e}{2}$ ③ $\sqrt{2}$ ④ 2   ⑤ e

복습	1회	2회	3회	4회	5회
채점 ○△X					

197. [2015년 수능 (B)형 14번]

$a > 3$인 상수 a에 대하여 두 곡선 $y = a^{x-1}$과 $y = 3^x$이 점 P에서 만난다. 점 P의 x좌표를 k라 하자. 이 때, 점 P에서 곡선 $y = 3^x$에 접하는 직선이 x축과 만나는 점을 A, 점 P에서 곡선 $y = a^{x-1}$에 접하는 직선이 x축과 만나는 점을 B라 하자. 점 $H(k, 0)$에 대하여 $\overline{AH} = 2\overline{BH}$일 때, a의 값은? [4점]

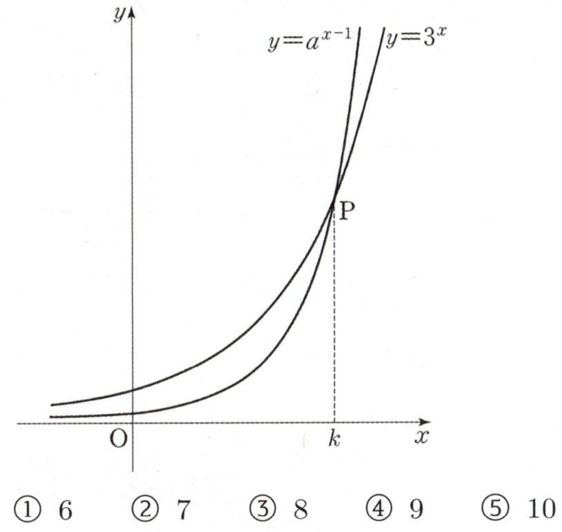

① 6   ② 7   ③ 8   ④ 9   ⑤ 10

복습	1회	2회	3회	4회	5회
채점 $\bigcirc\triangle\times$					

198. [2012년 수능 (가)형 18번] 실전 분석

정의역이 $\{x \mid 0 \leq x \leq \pi\}$ 인 함수
$f(x) = 2x\cos x$ 에 대하여 옳은 것만을 <보기>에서 있는 대로 고른 것은? [4점]

[보 기]

ㄱ. $f'(a) = 0$ 이면 $\tan a = \dfrac{1}{a}$ 이다.

ㄴ. 함수 $f(x)$ 가 $x = a$ 에서 극댓값을 가지는 a 가 구간 $\left(\dfrac{\pi}{4}, \dfrac{\pi}{3}\right)$ 에 있다.

ㄷ. 구간 $\left[0, \dfrac{\pi}{2}\right]$ 에서 방정식 $f(x) = 1$ 의 서로 다른 실근의 개수는 2 이다.

① ㄱ ② ㄷ ③ ㄱ, ㄴ ④ ㄴ, ㄷ ⑤ ㄱ, ㄴ, ㄷ

복습	1회	2회	3회	4회	5회
채점 $\bigcirc\triangle\times$					

199. [2007년 수능 (가)형 미분과 적분 29번]

실전 분석

실수 전체의 집합에서 이계도함수를 갖는 함수 $f(x)$에 대하여 점 $\mathrm{A}(a, f(a))$를 곡선 $y = f(x)$의 변곡점이라 하고, 곡선 $y = f(x)$ 위의 점 A에서의 접선의 방정식을 $y = g(x)$라 하자. 직선 $y = g(x)$가 함수 $f(x)$의 그래프와 점 $\mathrm{B}(b, f(b))$에서 접할 때, 함수 $h(x)$를 $h(x) = f(x) - g(x)$라 하자.
<보기>에서 항상 옳은 것을 모두 고른 것은? (단, $a \neq b$ 이다.) [4점]

[보 기]

ㄱ. $h'(b) = 0$

ㄴ. 방정식 $h'(x) = 0$은 3개 이상의 실근을 갖는다.

ㄷ. 점 $(a, h(a))$는 곡선 $y = h(x)$의 변곡점이다.

① ㄱ ② ㄴ ③ ㄱ, ㄴ ④ ㄱ, ㄷ ⑤ ㄱ, ㄴ, ㄷ

복습	1회	2회	3회	4회	5회
채점 ○△X					

200. [2006년 수능 (가)형 미분과 적분 30번]
양수 a 에 대하여 폐구간 $[-a,\ a]$에서 함수

$$f(x) = \frac{x-5}{(x-5)^2 + 36}$$

의 최댓값을 M, 최솟값을 m이라 할 때, $M+m=0$이 되도록 하는 a의 최솟값을 구하시오. [4점]

미적분 3. 미분법 경향10
변화율

수능 2점

복습	1회	2회	3회	4회	5회
채점 ○△X					

201. [1996년 수능 (자연) 30번] 실전 분석
반지름의 길이 $1\,\mathrm{m}$인 원판에 기대어 있는 막대 $\overline{\mathrm{OP}}$의 한 끝은 아래 그림과 같이 평평한 지면 위의 한 점 O에 고정되어 있다. 원판이 지면과 접하는 점을 Q라 하자. 원판의 중심이 오른쪽으로 지면과 평행하게 등속도 $1.5\,\mathrm{m}/$초로 움직인다.

$\overline{\mathrm{OQ}} = 2\mathrm{m}$ 되는 순간, 막대 $\overline{\mathrm{OP}}$가 지면과 이루는 각의 크기 θ의 시간에 대한 순간변화율은? (단, 단위는 라디안/초이다) [2점]

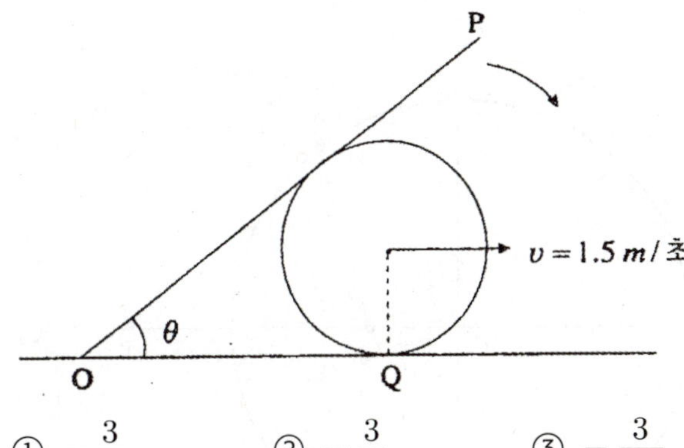

① $-\dfrac{3}{5}$　　② $-\dfrac{3}{2}$　　③ $-\dfrac{3}{10}$

④ $-\dfrac{\sqrt{5}}{6}$　　⑤ $-\dfrac{3}{2\sqrt{5}}$

수능 4점

복습	1회	2회	3회	4회	5회
채점 ○△X					

202. [2008년 수능 (가)형 미분과 적분 29번]

실전 분석

그림과 같이 좌표평면에서 원 $x^2+y^2=1$ 위의 점 P는 점 A$(1, 0)$에서 출발하여 원 둘레를 따라 시계 반대 방향으로 매초 $\dfrac{\pi}{2}$의 일정한 속력으로 움직이고 있다. 점 Q는 점 A에서 출발하여 점 B$(-1, 0)$을 향하여 매초 1의 일정한 속력으로 x축 위를 움직이고 있다. 점 P와 점 Q가 동시에 점 A에서 출발하여 t초가 되는 순간, 선분 PQ, 선분 QA, 호 AP로 둘러싸인 어두운 부분의 넓이를 S라 하자. 출발한 지 1초가 되는 순간, 넓이 S의 시간(초)에 대한 변화율은? [4점]

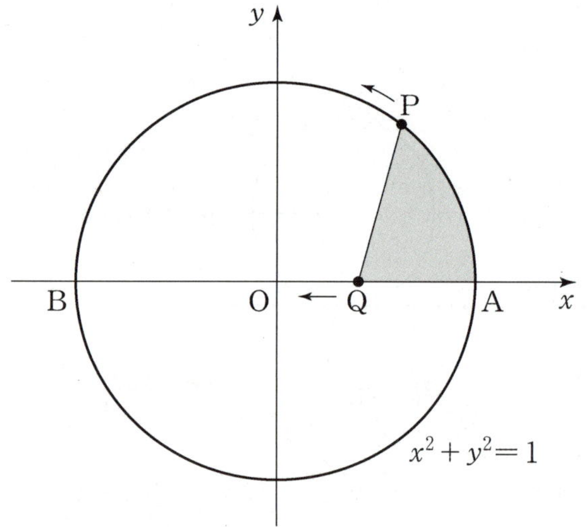

① $\dfrac{\pi}{4}-1$ ② $\dfrac{\pi}{4}$ ③ $\dfrac{\pi}{4}+\dfrac{1}{3}$ ④ $\dfrac{\pi}{4}+\dfrac{1}{2}$ ⑤ $\dfrac{\pi}{4}+1$

복습	1회	2회	3회	4회	5회
채점 ○△X					

203. [2007년 수능 (가)형 미분과 적분 30번]

실전 분석

그림과 같이 좌표평면에서 원 $x^2+y^2=1$ 위의 점 P가 점 $(1, 0)$에서 출발하여 원점을 중심으로 매초 $\dfrac{1}{40}$(라디안)의 일정한 속력으로 원 위를 시계 반대 방향으로 움직이고 있다. 점 P에서 x축에 평행한 직선을 그을 때, 원과 직선으로 둘러싸인 어두운 부분의 넓이를 S라 하자. 점 P가 점 $\left(\dfrac{\sqrt{3}}{2}, \dfrac{1}{2}\right)$을 지나는 순간, 넓이 S의 시간(초)에 대한 변화율은 $\dfrac{b}{a}$이다. $a+b$의 값을 구하시오. (단, a와 b는 서로소인 자연수이다.) [4점]

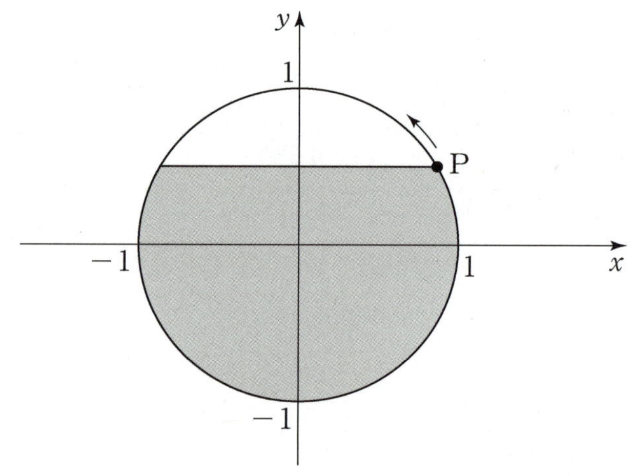

복습	1회	2회	3회	4회	5회
채점 ○△X					

204. [2006년 수능 (가)형 미분과 적분 29번]

실전 분석

지점 O 와 지점 E 사이의 거리는 40m 이다. 그림과 같이 갑은 지점 O 에서 출발하여 선분 OE 에 수직인 반직선 OS를 따라 초속 3m 의 일정한 속력으로 달리고, 을은 갑이 출발한 지 10초가 되는 순간 지점 E 에서 출발하여 선분 OE 에 수직인 반직선 EN 을 따라 초속 4m 의 일정한 속력으로 달리고 있다. 갑과 을의 지점을 연결하여 만든 선분과 선분 OE 가 만나서 이루는 각을 θ (라디안)라 할 때, 갑이 출발한 지 20초가 되는 순간 θ 의 변화율은? [4점]

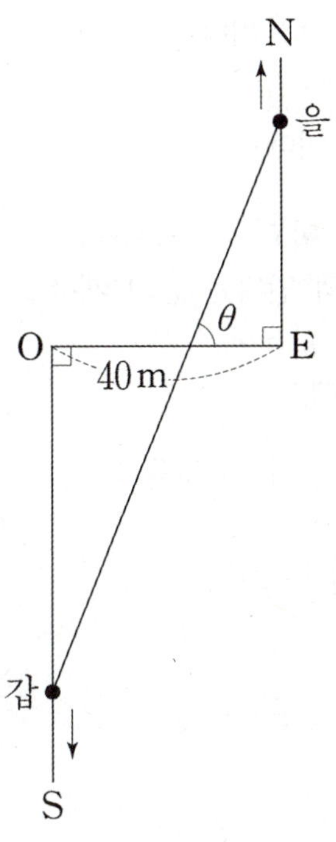

① $\dfrac{21}{290}$ 라디안/초 ② $\dfrac{13}{290}$ 라디안/초

③ $\dfrac{7}{290}$ 라디안/초 ④ $\dfrac{3}{290}$ 라디안/초

⑤ $\dfrac{1}{290}$ 라디안/초

1등급

205. [2005년 수능 (가)형 미분과 적분 29번]

실전 분석

곡선 $y = 3x^2$ $(0 \le y \le 10)$을 y 축 둘레로 회전시킨 회전체 A 와 곡선 $y = x^2$ $(0 \le y \le 10)$을 y 축 둘레로 회전시킨 회전체 B 가 있다. 처음에는 물이 A 의 안쪽에만 차 있다가 원점 O 부근의 작은 구멍을 통하여 A 의 바깥쪽과 B 의 안쪽으로 둘러싸인 부분으로 흘러 나가기 시작한다. A 의 안쪽 수면의 높이를 u , A 의 바깥쪽 수면의 높이를 v 라 할 때, v 가 u 의 $\dfrac{1}{2}$ 이 되는 순간의 $\dfrac{dv}{du}$ 의 값은?

[4점]

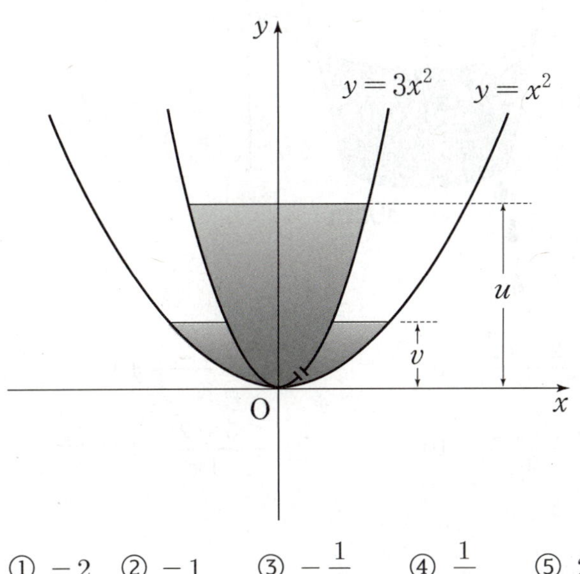

① -2 ② -1 ③ $-\dfrac{1}{2}$ ④ $\dfrac{1}{2}$ ⑤ 2

복습	1회	2회	3회	4회	5회
채점 ○△X					

206. [1997년 수능 (자연) 23번] 실전 분석

그림과 같이 높이가 $100\,\text{cm}$이고 윗면은 반지름이 $50\,\text{cm}$, 아랫면은 반지름이 $30\,\text{cm}$인 원으로 된 원뿔대 모양의 물통에 물이 가득 차 있었다. 이 물통의 바닥에 구멍이 나서 바닥에서부터 수면까지의 높이가 $h\,\text{cm}$일 때 매초 $4\sqrt{h}\,\text{cm}^3$의 양으로 물이 새어 나가고 있다. $h=50$일 때 높이의 순간 변화율은? (단위는 cm/sec) [4점]

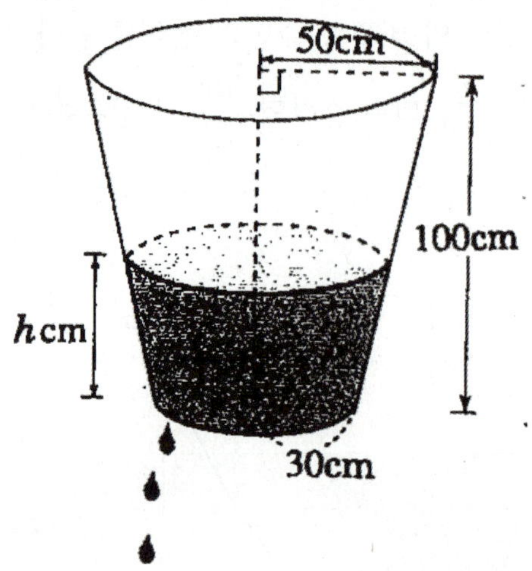

① $-\dfrac{20\sqrt{2}}{\pi}\times 10^{-2}$ 　　② $-\dfrac{5\sqrt{2}}{\pi}\times 10^{-2}$

③ $-\dfrac{20\sqrt{2}}{9\pi}\times 10^{-2}$ 　　④ $-\dfrac{5\sqrt{2}}{4\pi}\times 10^{-2}$

⑤ $-\dfrac{4\sqrt{2}}{5\pi}\times 10^{-2}$

미적분 3. 미분법 경향11
미분법 그래프 고난도

수능 4점

복습	1회	2회	3회	4회	5회
채점 ○△X					

1등급

207. [2026년 수능 (미적분) 30번] 실전 분석

실수 전체의 집합에서 증가하는 연속함수 $f(x)$의 역함수 $f^{-1}(x)$가 다음 조건을 만족시킨다.

> (가) $|x|\le 1$일 때,
> $$4\times\left(f^{-1}(x)\right)^2 = x^2(x^2-5)^2 \text{ 이다.}$$
> (나) $|x|>1$일 때,
> $$|f^{-1}(x)| = e^{|x|-1}+1 \text{ 이다.}$$

실수 m에 대하여 기울기가 m이고 점 $(1,0)$을 지나는 직선이 곡선 $y=f(x)$와 만나는 점의 개수를 $g(m)$이라 하자. 함수 $g(m)$이 $m=a$, $m=b\ (a<b)$에서 불연속일 때,

$$g(a)\times\left(\lim_{m\to a+}g(m)\right)+g(b)\times\left(\frac{\ln b}{b}\right)^2 \text{의 값을}$$

구하시오. $\left(\text{단, } \lim_{x\to\infty}\dfrac{\ln x}{x}=0\right)$ [4점]

복습	1회	2회	3회	4회	5회
채점 ○△X					

1등급

208. [2025년 수능 (미적분) 30번]

두 상수 a $(1 \le a \le 2)$, b에 대하여 함수
$f(x) = \sin(ax + b + \sin x)$가 다음 조건을
만족시킨다.

(가) $f(0) = 0$, $f(2\pi) = 2\pi a + b$

(나) $f'(0) = f'(t)$인 양수 t의 최솟값은 4π이다.

함수 $f(x)$가 $x = \alpha$에서 극대인 α의 값 중 열린구간
$(0, 4\pi)$에 속하는 모든 값의 집합을 A라 하자. 집합
A의 원소의 개수를 n, 집합 A의 원소 중 가장 작은
값을 α_1이라 하면, $n\alpha_1 - ab = \dfrac{q}{p}\pi$이다. $p+q$의
값을 구하시오. (단, p와 q는 서로소인 자연수이다.)
[4점]

복습	1회	2회	3회	4회	5회
채점 ○△X					

1등급

209. [2025년 9월 (미적분) 28번]

삼차함수 $f(x)$와 실수 전체의 집합에서 미분가능한
함수 $g(x)$가 모든 실수 x에 대하여
$f(x) = g(x) - \tan g(x)$
이고 다음 조건을 만족시킬 때, $g'(0) \times (g(0))^2$의
값은? [4점]

(가) $f(0) = 0$, $f''(\pi) = 0$

(나) $\sin g(\pi) = 0$, $\displaystyle\lim_{x \to \infty} g(x) = \dfrac{3\pi}{2}$

---

① -12 ② -6 ③ -1

④ 3 ⑤ 9

복습	1회	2회	3회	4회	5회
채점 ○△X					

1등급

210. [2025년 6월 (미적분) 28번]

실수 전체의 집합에서 이계도함수를 갖는 함수 $f(x)$와 두 상수 a, b가 다음 조건을 만족시킬 때, $a \times e^b$의 값은? [4점]

> (가) 모든 실수 x에 대하여
> $$(f(x))^5 + (f(x))^3 + ax + b = \ln\left(x^2 + x + \frac{5}{2}\right)$$
> 이다.
> (나) $f(-3)f(3) < 0$, $f'(2) > 0$

① $-3e^{-\frac{4}{3}}$ ② $-\frac{5}{3}e^{-\frac{4}{3}}$ ③ $-\frac{1}{3}e^{-\frac{4}{3}}$

④ $e^{-\frac{4}{3}}$ ⑤ $\frac{7}{3}e^{-\frac{4}{3}}$

복습	1회	2회	3회	4회	5회
채점 ○△X					

1등급

211. [2025년 6월 (미적분) 30번]

최고차항의 계수가 1인 삼차함수 $f(x)$에 대하여 함수

$$g(x) = \left| f\left(\frac{2}{1 + e^{-x}} \right) \right|$$

가 실수 전체의 집합에서 미분가능하고 다음 조건을 만족시킨다.

> (가) 함수 $g(x)$는 $x = 0$에서 극소이고, $g(0) > 0$이다.
> (나) $g'(\ln 3) < 0$, $|g'(-\ln 3)| = \frac{3}{8}g(-\ln 3)$

$g(0)$의 최솟값을 $\frac{q}{p}$라 할 때, $p + q$의 값을 구하시오. (단, p와 q는 서로소인 자연수이다.) [4점]

복습	1회	2회	3회	4회	5회
채점 ○△X					

1등급

212. [2024년 6월 (미적분) 28번]

함수 $f(x)$가

$$f(x)=\begin{cases}(x-a-2)^2e^x & (x \geq a) \\ e^{2a}(x-a)+4e^a & (x < a)\end{cases}$$

일 때, 실수 t에 대하여 $f(x)=t$를 만족시키는 x의 최솟값을 $g(t)$라 하자. 함수 $g(t)$가 $t=12$에서만 불연속일 때, $\dfrac{g'(f(a+2))}{g'(f(a+6))}$의 값은? (단, a는 상수이다.) [4점]

① $6e^4$ ② $9e^4$ ③ $12e^4$
④ $8e^6$ ⑤ $10e^6$

복습	1회	2회	3회	4회	5회
채점 ○△X					

1등급

213. [2024년 6월 (미적분) 29번]

함수

$$f(x)= \frac{1}{3}x^3 - x^2 + \ln(1+x^2) + a \quad (a는$$

상수)

와 두 양수 b, c에 대하여 함수

$$g(x)=\begin{cases}f(x) & (x \geq b) \\ -f(x-c) & (x < b)\end{cases}$$

는 실수 전체의 집합에서 미분가능하다.

$a+b+c=p+q\ln 2$일 때, $30(p+q)$의 값을 구하시오. (단, p, q는 유리수이고, $\ln 2$는 무리수이다.) [4점]

복습	1회	2회	3회	4회	5회
채점 ○△X					

1등급

214. [2023년 수능 (미적분) 30번] 실전 분석

최고차항의 계수가 양수인 삼차함수 $f(x)$와 함수 $g(x) = e^{\sin \pi x} - 1$에 대하여 실수 전체의 집합에서 정의된 합성함수 $h(x) = g(f(x))$가 다음 조건을 만족시킨다.

> (가) 함수 $h(x)$는 $x = 0$에서 극댓값 0을 갖는다.
> (나) 열린구간 $(0, 3)$에서 방정식 $h(x) = 1$의 서로 다른 실근의 개수는 7이다.

$f(3) = \dfrac{1}{2}$, $f'(3) = 0$일 때, $f(2) = \dfrac{q}{p}$이다. $p + q$의 값을 구하시오. (단, p와 q는 서로소인 자연수이다.) [4점]

복습	1회	2회	3회	4회	5회
채점 ○△X					

1등급

215. [2023년 9월 (미적분) 30번]

길이가 10인 선분 AB를 지름으로 하는 원과 선분 AB 위에 $\overline{AC} = 4$인 점 C가 있다. 이 원 위의 점 P를 $\angle PCB = \theta$가 되도록 잡고, 점 P를 지나고 선분 AB에 수직인 직선이 이 원과 만나는 점 중 P가 아닌 점을 Q라 하자. 삼각형 PCQ의 넓이를 $S(\theta)$라 할 때, $-7 \times S'\left(\dfrac{\pi}{4}\right)$의 값을 구하시오. $\left(단,\ 0 < \theta < \dfrac{\pi}{2}\right)$ [4점]

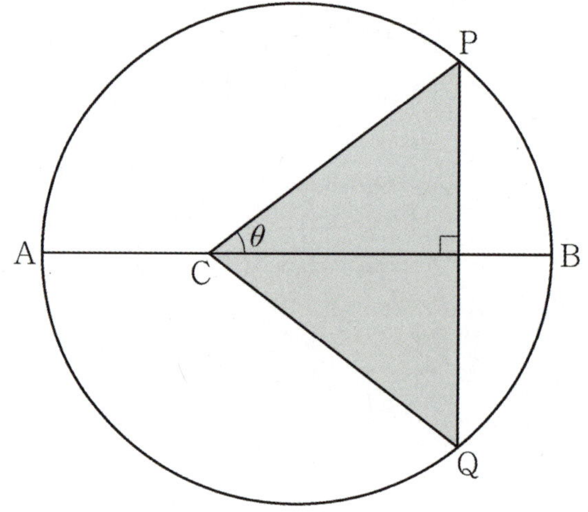

복습	1회	2회	3회	4회	5회
채점 ○△X					

1등급

216. [2023년 6월 (미적분) 28번]

두 상수 $a(a>0)$, b에 대하여 실수 전체의 집합에서 연속인 함수 $f(x)$가 다음 조건을 만족시킬 때, $a \times b$의 값은? [4점]

> (가) 모든 실수 x에 대하여
> $$\{f(x)\}^2 + 2f(x) = a\cos^3 \pi x \times e^{\sin^2 \pi x} + b$$
> 이다.
> (나) $f(0) = f(2) + 1$

① $-\dfrac{1}{16}$ ② $-\dfrac{7}{64}$ ③ $-\dfrac{5}{32}$

④ $-\dfrac{13}{64}$ ⑤ $-\dfrac{1}{4}$

복습	1회	2회	3회	4회	5회
채점 ○△X					

1등급

217. [2022년 9월 (미적분) 29번]

함수 $f(x) = e^x + x$가 있다. 양수 t에 대하여 점 $(t,\ 0)$과 점 $(x,\ f(x))$사이의 거리가 $x=s$에서 최소일 때, 실수 $f(s)$의 값을 $g(t)$라 하자. 함수 $g(t)$의 역함수를 $h(t)$라 할 때, $h'(1)$의 값을 구하시오. [4점]

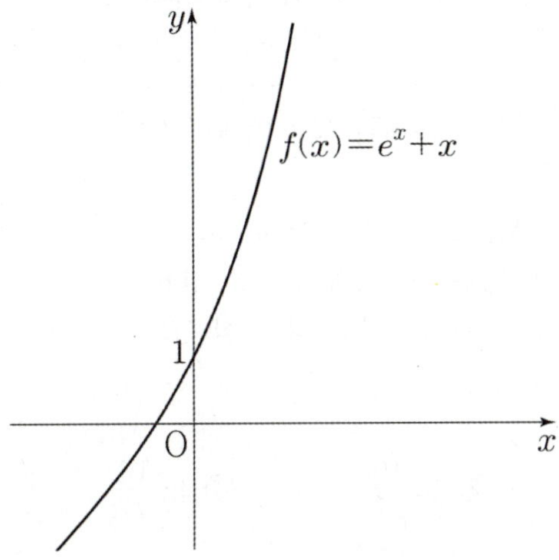

복습	1회	2회	3회	4회	5회
채점 ○△✕					

1등급

218. [2022년 6월 (미적분) 28번]

최고차항의 계수가 $\dfrac{1}{2}$인 삼차함수 $f(x)$에 대하여 함수 $g(x)$가

$$g(x)=\begin{cases}\ln|f(x)| & (f(x)\neq 0)\\ 1 & (f(x)=0)\end{cases}$$

이고 다음 조건을 만족시킬 때, 함수 $g(x)$의 극솟값은? [4점]

> (가) 함수 $g(x)$는 $x\neq 1$인 모든 실수 x에서 연속이다.
> (나) 함수 $g(x)$는 $x=2$에서 극대이고, 함수 $|g(x)|$는 $x=2$에서 극소이다.
> (다) 방정식 $g(x)=0$의 서로 다른 실근의 개수는 3이다.

① $\ln\dfrac{13}{27}$　　② $\ln\dfrac{16}{27}$　　③ $\ln\dfrac{19}{27}$

④ $\ln\dfrac{22}{27}$　　⑤ $\ln\dfrac{25}{27}$

복습	1회	2회	3회	4회	5회
채점 ○△✕					

1등급

219. [2022년 6월 (미적분) 30번]

양수 a에 대하여 함수 $f(x)$는

$$f(x)=\dfrac{x^2-ax}{e^x}$$

이다. 실수 t에 대하여 x에 대한 방정식

$$f(x)=f'(t)(x-t)+f(t)$$

의 서로 다른 실근의 개수를 $g(t)$라 하자.

$g(5)+\lim\limits_{t\to 5}g(t)=5$일 때, $\lim\limits_{t\to k-}g(t)\neq\lim\limits_{t\to k+}g(t)$를

만족시키는 모든 실수 k의 값의 합은 $\dfrac{q}{p}$이다.

$p+q$의 값을 구하시오. (단, p와 q는 서로소인 자연수이다.) [4점]

복습	1회	2회	3회	4회	5회
채점 ○△✕					

1등급

220. [2021년 수능 (가)형 30번] 실전 분석

최고차항의 계수가 1인 삼차함수 $f(x)$에 대하여 실수 전체의 집합에서 정의된 함수 $g(x)=f\left(\sin^2 \pi x\right)$가 다음 조건을 만족시킨다.

> (가) $0<x<1$에서 함수 $g(x)$가 극대가 되는 x의 개수가 3이고, 이때 극댓값이 모두 동일하다.
>
> (나) 함수 $g(x)$의 최댓값은 $\dfrac{1}{2}$이고 최솟값은 0이다.

$f(2)=a+b\sqrt{2}$일 때, a^2+b^2의 값을 구하시오. (단, a와 b는 유리수이다.) [4점]

복습	1회	2회	3회	4회	5회
채점 ○△✕					

1등급

221. [2021년 수능 (가)형 28번] 실전 분석

두 상수 a, $b\,(a<b)$에 대하여 함수 $f(x)$를
$$f(x)=(x-a)(x-b)^2$$
이라 하자. 함수 $g(x)=x^3+x+1$의 역함수 $g^{-1}(x)$에 대하여 합성함수 $h(x)=(f \circ g^{-1})(x)$가 다음 조건을 만족시킬 때, $f(8)$의 값을 구하시오. [4점]

> (가) 함수 $(x-1)|h(x)|$가 실수 전체의 집합에서 미분가능하다.
>
> (나) $h'(3)=2$

복습	1회	2회	3회	4회	5회
채점 $\bigcirc\triangle\times$					

1등급

222. [2021년 9월 (미적분) 29번]

이차함수 $f(x)$에 대하여 함수

$g(x) = \{f(x)+2\}\,e^{f(x)}$ 이 다음 조건을 족시킨다.

> (가) $f(a) = 6$인 a에 대하여 $g(x)$는 $x = a$에서
>   최댓값을 갖는다.
> (나) $g(x)$는 $x = b$, $x = b+6$에서 최솟값을 갖는다.

방정식 $f(x) = 0$의 서로 다른 두 실근을 α, β라 할 때, $(\alpha - \beta)^2$의 값을 구하시오. (단, a, b는 실수이다.) [4점]

복습	1회	2회	3회	4회	5회
채점 $\bigcirc\triangle\times$					

1등급

223. [2021년 6월 (미적분) 29번]

$t > 2e$인 실수 t에 대하여 함수

$f(x) = t(\ln x)^2 - x^2$이 $x = k$에서 극대일 때, 실수 k의 값을 $g(t)$라 하면 $g(t)$는 미분가능한 함수이다.

$g(\alpha) = e^2$인 실수 α에 대하여

$\alpha \times \{g'(\alpha)\}^2 = \dfrac{q}{p}$ 일 때, $p+q$의 값을 구하시오.

(단, p와 q는 서로소인 자연수이다.) [4점]

복습	1회	2회	3회	4회	5회
채점 ○△X					

1등급

224. [2021년 6월 (미적분) 30번]

$t > \dfrac{1}{2}\ln 2$ 인 실수 t에 대하여 곡선

$y = \ln\left(1 + e^{2x} - e^{-2t}\right)$ 과 직선 $y = x + t$ 가 만나는 서로 다른 두 점 사이의 거리를 $f(t)$라 할 때,

$f'(\ln 2) = \dfrac{q}{p}\sqrt{2}$ 이다. $p + q$의 값을 구하시오.

(단, p와 q는 서로소인 자연수이다.) [4점]

복습	1회	2회	3회	4회	5회
채점 ○△X					

1등급

225. [2020년 수능 (가)형 30번] 실전 분석

양의 실수 t에 대하여 곡선 $y = t^3 \ln(x - t)$가 곡선 $y = 2e^{x-a}$과 오직 한 점에서 만나도록 하는 실수 a의 값을 $f(t)$라 하자. $\left\{ f'\left(\dfrac{1}{3}\right) \right\}^2$의 값을 구하시오.

[4점]

복습	1회	2회	3회	4회	5회
채점 $\bigcirc\triangle\times$					

1등급

226. [2020년 9월 (가)형 30번]

다음 조건을 만족시키는 실수 a, b에 대하여 ab의 최댓값을 M, 최솟값을 m이라 하자.

> 모든 실수 x에 대하여 부등식
> $$-e^{-x+1} \le ax+b \le e^{x-2}$$
> 이 성립한다.

$\left| M \times m^3 \right| = \dfrac{q}{p}$ 일 때, $p+q$의 값을 구하시오. (단, p와 q는 서로소인 자연수이다.) [4점]

복습	1회	2회	3회	4회	5회
채점 $\bigcirc\triangle\times$					

1등급

227. [2020년 6월 (가)형 30번]

실수 전체의 집합에서 정의된 함수 $f(x)$는 $0 \le x < 3$일 때 $f(x) = |x-1| + |x-2|$이고, 모든 실수 x에 대하여 $f(x+3) = f(x)$를 만족시킨다.

함수 $g(x)$를 $g(x) = \lim\limits_{h \to 0+} \left| \dfrac{f(2^{x+h}) - f(2^x)}{h} \right|$

이라 하자. 함수 $g(x)$가 $x=a$에서 불연속인 a의 값 중에서 열린구간 $(-5, 5)$에 속하는 모든 값을 작은 수부터 크기순으로 나열한 것을 a_1, a_2, $\cdots$, a_n (n은 자연수)라 할 때, $n + \sum\limits_{k=1}^{n} \dfrac{g(a_k)}{\ln 2}$ 의 값을 구하시오. [4점]

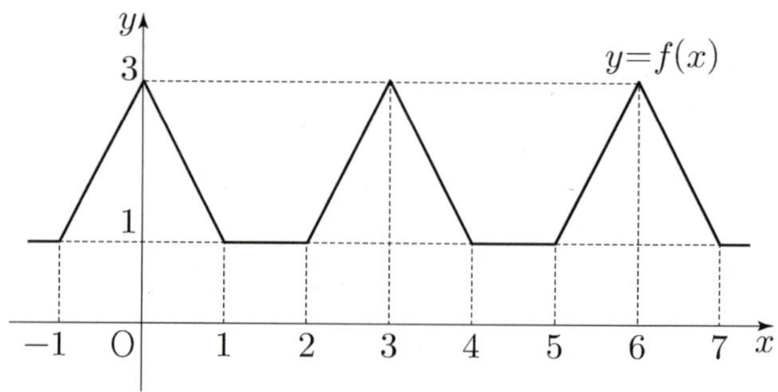

복습	1회	2회	3회	4회	5회
채점 ○△X					

복습	1회	2회	3회	4회	5회
채점 ○△X					

1등급

228. [2020년 22예시문항 미적분 30번]

두 양수 a, $b\,(b<1)$에 대하여 함수 $f(x)$를

$$f(x)=\begin{cases} -x^2+ax & (x\le 0) \\ \dfrac{\ln(x+b)}{x} & (x>0) \end{cases}$$

이라 하자. 양수 m에 대하여 직선 $y=mx$와 함수 $y=f(x)$의 그래프가 만나는 서로 다른 점의 개수를 $g(m)$이라 할 때, 함수 $g(m)$은 다음 조건을 만족시킨다.

> $\displaystyle\lim_{m\to\alpha-}g(m)-\lim_{m\to\alpha+}g(m)=1$ 을 만족시키는 양수 α가 오직 하나 존재하고, 이 α에 대하여 점 $(b,\,f(b))$는 직선 $y=\alpha x$와 곡선 $y=f(x)$의 교점이다.

$ab^2=\dfrac{q}{p}$ 일 때, $p+q$의 값을 구하시오.

(단, p와 q는 서로소인 자연수이고, $\displaystyle\lim_{x\to\infty}f(x)=0$ 이다.) [4점]

1등급

229. [2019년 수능 (가)형 30번] 실전 분석

최고차항의 계수가 6π인 삼차함수 $f(x)$에 대하여 함수 $g(x)=\dfrac{1}{2+\sin(f(x))}$ 이 $x=\alpha$에서 극대 또는 극소이고, $\alpha\ge 0$인 모든 α를 작은 수부터 크기순으로 나열한 것을 $\alpha_1,\ \alpha_2,\ \alpha_3,\ \alpha_4,\ \alpha_5,\ \cdots$라 할 때, $g(x)$는 다음 조건을 만족시킨다.

> (가) $\alpha_1=0$이고 $g(\alpha_1)=\dfrac{2}{5}$이다.
>
> (나) $\dfrac{1}{g(\alpha_5)}=\dfrac{1}{g(\alpha_2)}+\dfrac{1}{2}$

$g'\!\left(-\dfrac{1}{2}\right)=a\pi$라 할 때, a^2의 값을 구하시오.

$\left(\text{단},\ 0<f(0)<\dfrac{\pi}{2}\right)$ [4점]

복습	1회	2회	3회	4회	5회
채점 ○△X					

1등급

230. [2018년 수능 (가)형 21번] 실전 분석

양수 t에 대하여 구간 $[1, \infty)$에서 정의된 함수 $f(x)$가

$$f(x)=\begin{cases} \ln x & (1 \le x < e) \\ -t+\ln x & (x \ge e) \end{cases}$$

일 때, 다음 조건을 만족시키는 일차함수 $g(x)$ 중에서 직선 $y=g(x)$의 기울기의 최솟값을 $h(t)$라 하자.

> 1 이상의 모든 실수 x에 대하여 $(x-e)\{g(x)-f(x)\} \ge 0$이다.

미분가능한 함수 $h(t)$에 대하여 양수 a가

$h(a)=\dfrac{1}{e+2}$ 을 만족시킨다. $h'\left(\dfrac{1}{2e}\right) \times h'(a)$의 값은? [4점]

① $\dfrac{1}{(e+1)^2}$ ② $\dfrac{1}{e(e+1)}$ ③ $\dfrac{1}{e^2}$

④ $\dfrac{1}{(e-1)(e+1)}$ ⑤ $\dfrac{1}{e(e-1)}$

복습	1회	2회	3회	4회	5회
채점 ○△X					

1등급

231. [2018년 9월 (가)형 30번]

최고차항의 계수가 $\dfrac{1}{2}$ 이고 최솟값이 0인 사차함수 $f(x)$와 함수 $g(x)=2x^4 e^{-x}$에 대하여 합성함수 $h(x)=(f \circ g)(x)$가 다음 조건을 만족한다.

> (가) 방정식 $h(x)=0$의 서로 다른 실근의 개수는 4이다.
> (나) 함수 $h(x)$는 $x=0$에서 극소이다.
> (다) 방정식 $h(x)=8$의 서로 다른 실근의 개수는 6이다.

$f'(5)$의 값을 구하시오. (단, $\displaystyle\lim_{x \to \infty} g(x)=0$) [4점]

복습	1회	2회	3회	4회	5회
채점 $\bigcirc\triangle X$					

1등급

232. [2018년 6월 (가)형 21번]

열린 구간 $\left(-\dfrac{\pi}{2}, \dfrac{3\pi}{2}\right)$에서 정의된 함수

$$f(x) = \begin{cases} 2\sin^3 x & \left(-\dfrac{\pi}{2} < x < \dfrac{\pi}{4}\right) \\ \cos x & \left(\dfrac{\pi}{4} \le x < \dfrac{3\pi}{2}\right) \end{cases}$$

가 있다. 실수 t에 대하여 다음 조건을 만족시키는 모든 실수 k의 개수를 $g(t)$라 하자.

> (가) $-\dfrac{\pi}{2} < k < \dfrac{3\pi}{2}$
>
> (나) 함수 $\sqrt{|f(x)-t|}$ 는 $x=k$에서 미분가능하지 않다.

함수 $g(t)$에 대하여 합성함수 $(h \circ g)(t)$가 실수 전체의 집합에서 연속이 되도록 하는 최고차항의 계수가 1인 사차함수 $h(x)$가 있다. $g\!\left(\dfrac{\sqrt{2}}{2}\right) = a$, $g(0) = b$, $g(-1) = c$ 라 할 때, $h(a+5) - h(b+3) + c$의 값은? [4점]

① 96 ② 97 ③ 98
④ 99 ⑤ 100

복습	1회	2회	3회	4회	5회
채점 $\bigcirc\triangle X$					

1등급

233. [2017년 수능 (가)형 30번] 실전 분석

$x > a$에서 정의된 함수 $f(x)$와 최고차항의 계수가 -1인 사차함수 $g(x)$가 다음 조건을 만족시킨다. (단, a는 상수이다.)

> (가) $x > a$인 모든 실수 x에 대하여 $(x-a)f(x) = g(x)$이다.
>
> (나) 서로 다른 두 실수 α, β에 대하여 함수 $f(x)$는 $x=\alpha$와 $x=\beta$에서 동일한 극댓값 M을 갖는다. (단, $M > 0$)
>
> (다) 함수 $f(x)$가 극대 또는 극소가 되는 x의 개수는 함수 $g(x)$가 극대 또는 극소가 되는 x의 개수보다 많다.

$\beta - \alpha = 6\sqrt{3}$일 때, M의 최솟값을 구하시오. [4점]

복습	1회	2회	3회	4회	5회
채점 ○△X					

1등급

234. [2016년 수능 (B)형 21번] 실전 분석

$0 < t < 41$인 실수 t에 대하여 곡선 $y = x^3 + 2x^2 - 15x + 5$ 와 직선 $y = t$ 가 만나는 세 점 중에서 x 좌표가 가장 큰 점의 좌표를 $(f(t), t)$, x 좌표가 가장 작은 점의 좌표를 $(g(t), t)$ 라 하자. $h(t) = t \times \{f(t) - g(t)\}$ 라 할 때, $h'(5)$ 의 값은? [4점]

① $\dfrac{79}{12}$ ② $\dfrac{85}{12}$ ③ $\dfrac{91}{12}$

④ $\dfrac{97}{12}$ ⑤ $\dfrac{103}{12}$

복습	1회	2회	3회	4회	5회
채점 ○△X					

1등급

235. [2015년 수능 (B)형 30번] 실전 분석

함수 $f(x) = e^{x+1} - 1$과 자연수 n에 대하여 함수 $g(x)$를 $g(x) = 100 | f(x) | - \displaystyle\sum_{k=1}^{n} | f(x^k) |$ 이라 하자. $g(x)$가 실수 전체의 집합에서 미분가능하도록 하는 모든 자연수 n의 값의 합을 구하시오. [4점]

복습	1회	2회	3회	4회	5회
채점 ○△✕					

1등급

236. [2014년 수능 (B)형 30번] 실전 분석

이차함수 $f(x)$에 대하여 함수 $g(x) = f(x)e^{-x}$이 다음 조건을 만족시킨다.

> (가) 점 $(1,\ g(1))$과 점 $(4,\ g(4))$는 곡선 $y = g(x)$의 변곡점이다.
> (나) 점 $(0,\ k)$에서 곡선 $y = g(x)$에 그은 접선의 개수가 3인 k의 값의 범위는 $-1 < k < 0$이다.

$g(-2) \times g(4)$의 값을 구하시오. [4점]

복습	1회	2회	3회	4회	5회
채점 ○△✕					

1등급

237. [2013년 수능 (가)형 21번] 실전 분석

함수 $f(x) = kx^2 e^{-x}$ $(k > 0)$과 실수 t에 대하여 곡선 $y = f(x)$ 위의 점 $(t,\ f(t))$에서 x축까지의 거리와 y축까지의 거리 중 크지 않은 값을 $g(t)$라 하자. 함수 $g(t)$가 한 점에서만 미분가능하지 않도록 하는 k의 최댓값은? [4점]

① $\dfrac{1}{e}$　② $\dfrac{1}{\sqrt{e}}$　③ $\dfrac{e}{2}$　④ $\sqrt{e}$　⑤ e

복습	1회	2회	3회	4회	5회
채점 ○△X					

1등급

238. [2012년 수능 (가)형 19번] 실전 분석

실수 m 에 대하여 점 $(0, 2)$ 를 지나고 기울기가 m 인 직선이 곡선 $y = x^3 - 3x^2 + 1$ 과 만나는 점의 개수를 $f(m)$ 이라 하자. 함수 $f(m)$ 이 구간 $(-\infty, a)$ 에서 연속이 되게 하는 실수 a 의 최댓값은? [4점]

① -3 ② $-\dfrac{3}{4}$ ③ $\dfrac{3}{2}$ ④ $\dfrac{15}{4}$ ⑤ 6

미적분 4. 적분법 경향12 적분법 계산

수능 2점

복습	1회	2회	3회	4회	5회
채점 ○△X					

239. [2017년 수능 (가)형 3번]

$\displaystyle\int_0^{\frac{\pi}{2}} 2\sin x\,dx$ 의 값은? [2점]

① 0 ② $\dfrac{1}{2}$ ③ 1 ④ $\dfrac{3}{2}$ ⑤ 2

복습	1회	2회	3회	4회	5회
채점 ○△X					

240. [2000년 수능 (자연) 4번]

정적분 $\displaystyle\int_e^{e^2} \dfrac{3(\ln x)^2}{x}\,dx$ 의 값은? [2점]

① 3 ② 4 ③ 5 ④ 6 ⑤ 7

복습	1회	2회	3회	4회	5회
채점 ○△X					

241. [1996년 수능 (자연) 4번]

정적분 $\displaystyle\int_{-1}^{1} |x| e^x \, dx$ 의 값은?

① $2(e+1)$ 　　② $2(1-e^{-1})$

③ $2(1-e-e^{-1})$ 　　④ $2(e^{-1}-e)$

⑤ $2(e+e^{-1})$

수능 3점

복습	1회	2회	3회	4회	5회
채점 ○△X					

243. [2026년 수능 (미적분) 24번]

$\displaystyle\int_{0}^{\frac{\pi}{2}} \sqrt{\sin x - \sin^3 x}\, dx$ 의 값은? [3점]

① $\dfrac{1}{6}$ 　　② $\dfrac{1}{3}$ 　　③ $\dfrac{1}{2}$

④ $\dfrac{2}{3}$ 　　⑤ $\dfrac{5}{6}$

복습	1회	2회	3회	4회	5회
채점 ○△X					

242. [1995년 수능 (자연) 4번]

정적분 $\displaystyle\int_{0}^{\pi} (1-\cos^3 x)\cos x \sin x \, dx$ 의 값은?

① 0 　② $-\dfrac{1}{5}$ 　③ $-\dfrac{2}{5}$ 　④ $-\dfrac{3}{5}$ 　⑤ $-\dfrac{4}{5}$

복습	1회	2회	3회	4회	5회
채점 ○△X					

244. [2025년 수능 (미적분) 24번]

$\displaystyle\int_{0}^{10} \dfrac{x+2}{x+1}\, dx$ 의 값은? [3점]

① $10+\ln 5$ 　　② $10+\ln 7$ 　　③ $10+2\ln 3$

④ $10+\ln 11$ 　　⑤ $10+\ln 13$

복습	1회	2회	3회	4회	5회
채점 $\bigcirc \triangle \times$					

245. [2024년 수능 (미적분) 25번]

양의 실수 전체의 집합에서 정의되고 미분가능한 두 함수 $f(x)$, $g(x)$가 있다. $g(x)$는 $f(x)$의 역함수이고, $g'(x)$는 양의 실수 전체의 집합에서 연속이다. 모든 양수 a에 대하여

$$\int_1^a \frac{1}{g'(f(x))f(x)}\,dx = 2\ln a + \ln(a+1) - \ln 2$$

이고 $f(1) = 8$일 때, $f(2)$의 값은? [3점]

① 36   ② 40   ③ 44
④ 48   ⑤ 52

복습	1회	2회	3회	4회	5회
채점 $\bigcirc \triangle \times$					

246. [2021년 수능 (가)형 8번]

곡선 $y = e^{2x}$과 x축 및 두 직선 $x = \ln \dfrac{1}{2}$, $x = \ln 2$로 둘러싸인 부분의 넓이는? [3점]

① $\dfrac{5}{3}$ ② $\dfrac{15}{8}$ ③ $\dfrac{15}{7}$ ④ $\dfrac{5}{2}$ ⑤ 3

복습	1회	2회	3회	4회	5회
채점 $\bigcirc \triangle \times$					

247. [2020년 수능 (가)형 8번]

$\displaystyle\int_e^{e^2} \frac{\ln x - 1}{x^2}\,dx$의 값은? [3점]

① $\dfrac{e+2}{e^2}$ ② $\dfrac{e+1}{e^2}$ ③ $\dfrac{1}{e}$

④ $\dfrac{e-1}{e^2}$ ⑤ $\dfrac{e-2}{e^2}$

복습	1회	2회	3회	4회	5회
채점 $\bigcirc \triangle \times$					

248. [2019년 수능 (가)형 25번]

$\displaystyle\int_0^\pi x\cos(\pi - x)\,dx$의 값을 구하시오. [3점]

복습	1회	2회	3회	4회	5회
채점 $\bigcirc\triangle\mathsf{X}$					

249. [2017년 수능 (가)형 9번]

$\displaystyle\int_1^e \ln\frac{x}{e}\,dx$ 의 값은? [3점]

① $\dfrac{1}{e}-1$ ② $2-e$ ③ $\dfrac{1}{e}-2$

④ $1-e$ ⑤ $\dfrac{1}{2}-e$

복습	1회	2회	3회	4회	5회
채점 $\bigcirc\triangle\mathsf{X}$					

251. [2015년 수능 (B)형 4번]

$\displaystyle\int_0^1 3\sqrt{x}\,dx$ 의 값은? [3점]

① 1   ② 2   ③ 3   ④ 4   ⑤ 5

복습	1회	2회	3회	4회	5회
채점 $\bigcirc\triangle\mathsf{X}$					

250. [2016년 수능 (B)형 4번]

$\displaystyle\int_0^e \frac{5}{x+e}\,dx$ 의 값은? [3점]

① $\ln 2$ ② $2\ln 2$ ③ $3\ln 2$

④ $4\ln 2$ ⑤ $5\ln 2$

복습	1회	2회	3회	4회	5회
채점 $\bigcirc\triangle\mathsf{X}$					

252. [2007년 수능 (가)형 미분과 적분 27번]

1보다 큰 실수 a에 대하여 $f(a)=\displaystyle\int_1^a \frac{\sqrt{\ln x}}{x}\,dx$ 라

할 때, $f(a^4)$과 같은 것은? [3점]

① $4f(a)$ ② $8f(a)$ ③ $12f(a)$

④ $16f(a)$ ⑤ $20f(a)$

복습	1회	2회	3회	4회	5회
채점 ○△X					

253. [1999년 수능 (자연) 11번]

다음 정적분 중 그 값이 $\int_a^b \frac{1}{x}\,dx$ 와 같은 것은?

(단, $0 < a < b$) [3점]

① $\displaystyle\int_{a+1}^{b+1} \frac{1}{x}\,dx$　② $\displaystyle\int_{2a}^{2b} \frac{1}{x}\,dx$　③ $\displaystyle\int_{a^2}^{b^2} \frac{1}{x}\,dx$

④ $\displaystyle\int_{\sqrt{a}}^{\sqrt{b}} \frac{1}{x}\,dx$　⑤ $\displaystyle\int_{\frac{1}{a}}^{\frac{1}{b}} \frac{1}{x}\,dx$

복습	1회	2회	3회	4회	5회
채점 ○△X					

254. [1998년 수능 (자연) 19번]

그림과 같이 두 직선 $x = p$, $x = q$ 와 x축 및 곡선 $y = \log_a x$로 둘러싸인 부분을 곡선 $y = \log_b x$가 두 부분 A와 B로 나눈다. A와 B의 넓이를 각각 α, β라 할 때, $\dfrac{\alpha}{\beta}$의 값은?

(단, $1 < a < b$, $1 < p < q$) [3점]

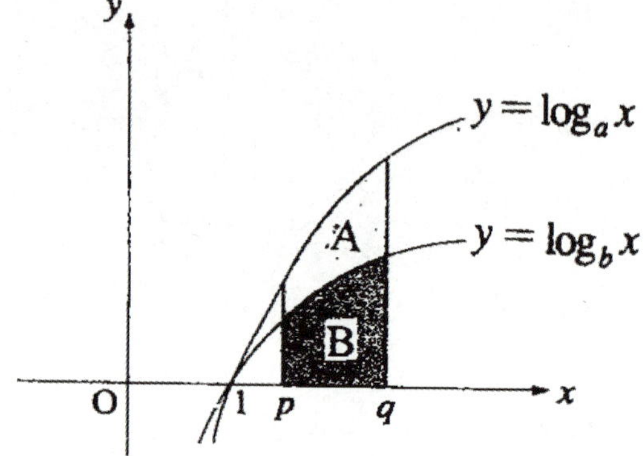

① $\left(\dfrac{b}{a} - 1\right)(q - p)$　② $\dfrac{a}{b} - 1$

③ $\log_a b - 1$　④ $\log_b a - 1$

⑤ $(q - p)\log_b a$

수능 4점

복습	1회	2회	3회	4회	5회
채점 ○△X					

255. [2021년 수능 (가)형 15번] 실전 분석

$x > 0$ 에서 미분가능한 함수 $f(x)$ 에 대하여

$$f'(x) = 2 - \frac{3}{x^2}, \quad f(1) = 5$$

이다. $x < 0$ 에서 미분가능한 함수 $g(x)$ 가 다음 조건을 만족시킬 때, $g(-3)$ 의 값은? [4점]

(가) $x < 0$ 인 모든 실수 x 에 대하여
$\quad g'(x) = f'(-x)$ 이다.
(나) $f(2) + g(-2) = 9$

① 1 ② 2 ③ 3 ④ 4 ⑤ 5

복습	1회	2회	3회	4회	5회
채점 ○△X					

256. [2018년 6월 (가)형 15번]

함수 $f(x) = a\cos(\pi x^2)$ 에 대하여

$$\lim_{x \to 0} \left\{ \frac{x^2 + 1}{x} \int_1^{x+1} f(t)\, dt \right\} = 3$$

일 때, $f(a)$ 의 값은? (단, a 는 상수이다.) [4점]

① 1 ② $\frac{3}{2}$ ③ 2

④ $\frac{5}{2}$ ⑤ 3

미적분 4. 적분법 경향13
적분과 급수

수능 3점

복습	1회	2회	3회	4회	5회
채점 $\bigcirc\triangle\times$					

257. [2023년 수능 (미적분) 24번]

$\displaystyle\lim_{n\to\infty}\frac{1}{n}\sum_{k=1}^{n}\sqrt{1+\frac{3k}{n}}$ 의 값은? [3점]

① $\dfrac{4}{3}$　② $\dfrac{13}{9}$　③ $\dfrac{14}{9}$　④ $\dfrac{5}{3}$　⑤ $\dfrac{16}{9}$

복습	1회	2회	3회	4회	5회
채점 $\bigcirc\triangle\times$					

258. [2022년 수능 (미적분) 26번] 실전 분석

$\displaystyle\lim_{n\to\infty}\sum_{k=1}^{n}\frac{k^2+2kn}{k^3+3k^2n+n^3}$ 의 값은? [3점]

① $\ln 5$　② $\dfrac{\ln 5}{2}$　③ $\dfrac{\ln 5}{3}$　④ $\dfrac{\ln 5}{4}$　⑤ $\dfrac{\ln 5}{5}$

복습	1회	2회	3회	4회	5회
채점 $\bigcirc\triangle\times$					

259. [2021년 수능 (가)형 11번]

$\displaystyle\lim_{n\to\infty}\frac{1}{n}\sum_{k=1}^{n}\sqrt{\frac{3n}{3n+k}}$ 의 값은? [3점]

① $4\sqrt{3}-6$　② $\sqrt{3}-1$　③ $5\sqrt{3}-8$
④ $2\sqrt{3}-3$　⑤ $3\sqrt{3}-5$

복습	1회	2회	3회	4회	5회
채점 $\bigcirc\triangle\times$					

260. [2020년 수능 (나)형 11번]

함수 $f(x)=4x^3+x$ 에 대하여 $\displaystyle\lim_{n\to\infty}\sum_{k=1}^{n}\frac{1}{n}f\left(\frac{2k}{n}\right)$ 의 값은? [3점]

① 6　② 7　③ 8　④ 9　⑤ 10

복습	1회	2회	3회	4회	5회
채점 ○△X					

261. [2015년 수능 (B)형 9번] `실전 분석`

함수 $f(x) = \dfrac{1}{x}$ 에 대하여 $\displaystyle\lim_{n\to\infty}\sum_{k=1}^{n} f\left(1+\dfrac{2k}{n}\right)\dfrac{2}{n}$ 의

값은? [3점]

① $\ln 2$ ② $\ln 3$ ③ $2\ln 2$ ④ $\ln 5$ ⑤ $\ln 6$

복습	1회	2회	3회	4회	5회
채점 ○△X					

263. [2008년 수능 (가)형 20번]

함수 $f(x) = x^3 + x$ 일 때, $\displaystyle\lim_{n\to\infty}\dfrac{1}{n}\sum_{k=1}^{n} f\left(1+\dfrac{2k}{n}\right)$ 의

값을 구하시오. [3점]

복습	1회	2회	3회	4회	5회
채점 ○△X					

262. [2009년 수능 (가)형 미분과 적분 27번]

폐구간 $[0,\ 1]$에서 정의된 연속함수 $f(x)$가
$f(0) = 0,\ f(1) = 1$이며, 개구간 $(0,\ 1)$에서
이계도함수를 갖고 $f'(x) > 0,\ f''(x) > 0$일 때,

$\displaystyle\int_0^1 \{f^{-1}(x) - f(x)\}dx$ 의 값과 같은 것은? [3점]

① $\displaystyle\lim_{n\to\infty}\sum_{k=1}^{n}\left\{\dfrac{k}{n} - f\left(\dfrac{k}{n}\right)\right\}\dfrac{1}{2n}$

② $\displaystyle\lim_{n\to\infty}\sum_{k=1}^{n}\left\{\dfrac{k}{n} - f\left(\dfrac{k}{n}\right)\right\}\dfrac{2}{n}$

③ $\displaystyle\lim_{n\to\infty}\sum_{k=1}^{n}\left\{\dfrac{k}{n} - f\left(\dfrac{k}{n}\right)\right\}\dfrac{1}{n}$

④ $\displaystyle\lim_{n\to\infty}\sum_{k=1}^{n}\left\{\dfrac{k}{2n} - f\left(\dfrac{k}{n}\right)\right\}\dfrac{1}{n}$

⑤ $\displaystyle\lim_{n\to\infty}\sum_{k=1}^{n}\left\{\dfrac{2k}{n} - f\left(\dfrac{k}{n}\right)\right\}\dfrac{1}{n}$

복습	1회	2회	3회	4회	5회
채점 ○△X					

264. [2004년 수능 (인문) 20번]

아래 그림과 같이 x 좌표가 각각

$$1, \ \frac{2}{3}, \ \left(\frac{2}{3}\right)^2, \ \left(\frac{2}{3}\right)^3, \ \cdots, \ \left(\frac{2}{3}\right)^{n-1}, \ \cdots$$

인 x축 위의 점에서 y축에 평행한 직선을 그어 곡선 $y = x^2$과 만나는 점을 한 꼭짓점으로 하는 직사각형을 한없이 만든다. 이 직사각형들이 곡선 $y = x^2$에 의하여 잘려진 윗부분들의 넓이의 합은? [3점]

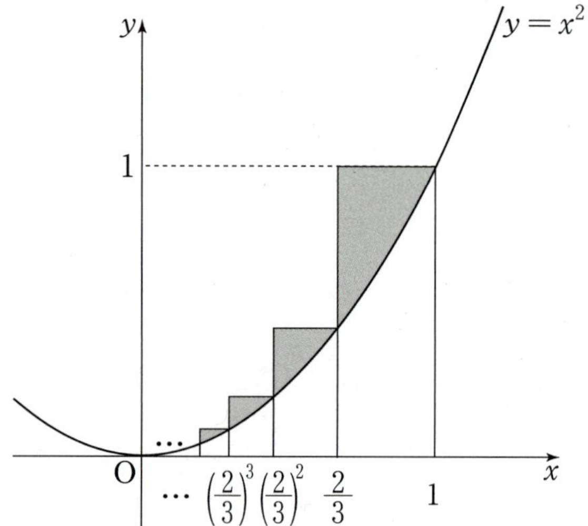

① $\dfrac{5}{57}$ ② $\dfrac{2}{19}$ ③ $\dfrac{7}{57}$ ④ $\dfrac{8}{57}$ ⑤ $\dfrac{3}{19}$

복습	1회	2회	3회	4회	5회
채점 ○△X					

265. [2001년 수능 (인문) & (자연) 21번]

실전 분석

다음은 정적분 $\displaystyle\int_0^1 (x^2 + 1)dx$의 근삿값의 오차의 한계를 구하는 과정의 일부이다.

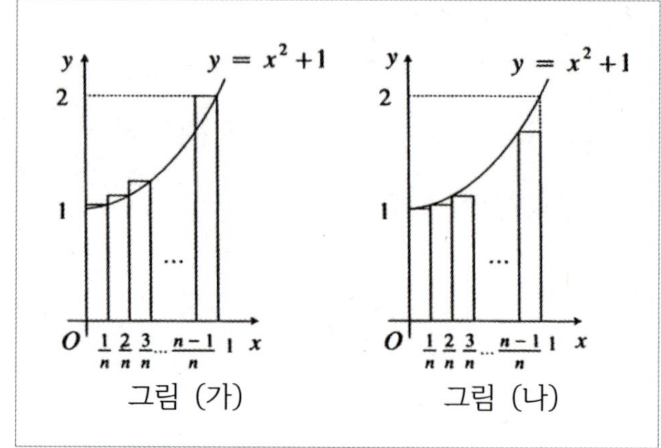

그림 (가), (나)와 같이 폐구간 $[0, 1]$을 n등분하여 얻은 n개의 직사각형들의 넓이의 합을 각각 A, B라 하자. $A - B \leq 0.15$가 되는 n의 최솟값은? [3점]

① 6 ② 7 ③ 8 ④ 9 ⑤ 10

복습	1회	2회	3회	4회	5회
채점 ○△X					

266. [1996년 수능 (인문) & (자연) 11번]

실전 분석

$\overline{AB}=2$, $\overline{BC}=1$, $\angle B=90°$ 인 직각삼각형 ABC 가 있다. 변 $\overline{AB}$ 를 n 등분한 점을 그림과 같이 B_1, B_2, B_3, $\cdots$, B_{n-1} 이라 하고, 각 점에서 변 $\overline{BC}$ 에 평행하게 직선을 그어 변 $\overline{AB}$ 와 만나는 점을 각각 C_1, C_2, C_3, $\cdots$, C_{n-1} 이라 할 때

$$\lim_{n \to \infty} \frac{2\pi}{n} \sum_{k=1}^{n-1} \overline{B_k C_k}^2 \text{ 의 값은? [3점]}$$

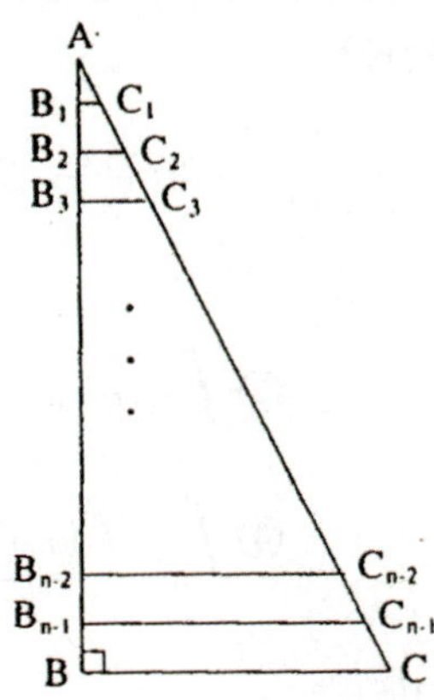

① $\dfrac{\pi}{6}$ ② $\dfrac{\pi}{3}$ ③ $\dfrac{\pi}{2}$ ④ $\dfrac{2\pi}{3}$ ⑤ π

복습	1회	2회	3회	4회	5회
채점 ○△X					

267. [2019년 9월 (나)형 19번]

함수 $f(x)=4x^4+4x^3$ 에 대하여

$$\lim_{n \to \infty} \sum_{k=1}^{n} \frac{1}{n+k} f\left(\frac{k}{n}\right) \text{ 의 값은? [4점]}$$

① 1   ② 2   ③ 3   ④ 4   ⑤ 5

복습	1회	2회	3회	4회	5회
채점 ○△X					

268. [2014년 수능 (A)형 29번]

함수 $f(x)=3x^2-ax$ 가

$$\lim_{n \to \infty} \frac{1}{n} \sum_{k=1}^{n} f\left(\frac{3k}{n}\right) = f(1)$$

을 만족시킬 때, 상수 a 의 값을 구하시오. [4점]

복습	1회	2회	3회	4회	5회
채점 $\bigcirc\triangle\times$					

269. [2010년 수능 (가)형 21번] 실전 분석

함수 $f(x) = x^2 + ax + b$ $(a \geq 0,\ b > 0)$가 있다. 그림과 같이 2 이상인 자연수 n에 대하여 폐구간 $[0,\ 1]$을 n등분한 각분점 (양 끝점도 포함)을 차례로 $0 = x_0,\ x_1,\ x_2,\ \cdots,\ x_{n-1},\ x_n = 1$이라 하자. 폐구간 $[x_{k-1},\ x_k]$를 밑변으로 하고 높이가 $f(x_k)$인 직사각형의 넓이를 A_k라 하자. $(k = 1,\ 2,\ \cdots,\ n)$

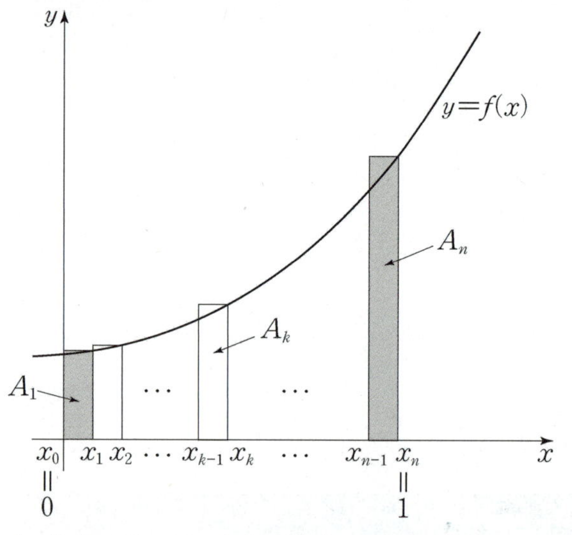

양 끝에 있는 두 직사각형의 넓이의 합이

$$A_1 + A_n = \frac{7n^2 + 1}{n^3}$$ 일 때, $\displaystyle \lim_{n \to \infty} \sum_{k=1}^{n} \frac{8k}{n} A_k$ 의 값을 구하시오. [4점]

복습	1회	2회	3회	4회	5회
채점 $\bigcirc\triangle\times$					

270. [2005년 수능 (가)형 10번] 실전 분석

다음은 연속함수 $y = f(x)$의 그래프이다.

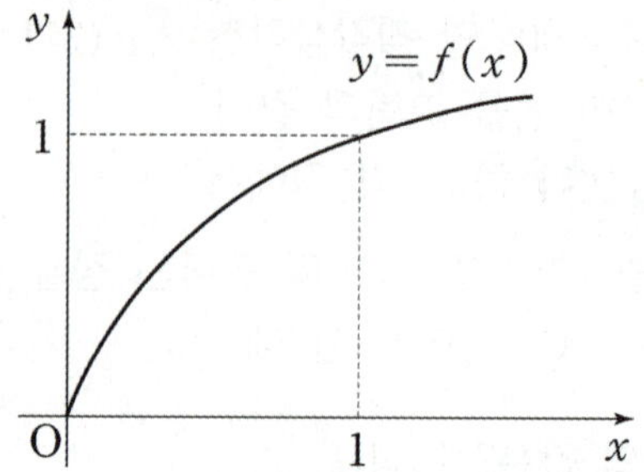

구간 $[0,\ 1]$에서 함수 $f(x)$의 역함수 $g(x)$가 존재하고 연속일 때, 극한값

$$\lim_{n \to \infty} \sum_{k=1}^{n} \left\{ g\left(\frac{k}{n}\right) - g\left(\frac{k-1}{n}\right) \right\} \frac{k}{n}$$ 와 같은 값을 갖는 것은? [4점]

① $\displaystyle \int_0^1 g(x)\,dx$ ② $\displaystyle \int_0^1 x\,g(x)\,dx$

③ $\displaystyle \int_0^1 f(x)\,dx$ ④ $\displaystyle \int_0^1 x\,f(x)\,dx$

⑤ $\displaystyle \int_0^1 \{f(x) - g(x)\}\,dx$

미적분 4. 적분법 경향14
적분 항등식

수능 3점

복습	1회	2회	3회	4회	5회
채점 ○△X					

271. [2003년 수능 (자연) 8번] **실전 분석**

함수 $f(x)$는 연속함수이고 모든 실수 x에 대하여 다음 등식이 성립한다.

$$f(x) - 2\int_0^x e^t f(t)\,dt = 1$$

$f''(0)$의 값은? (단, e는 자연로그의 밑이고, $f''(x)$는 $f(x)$의 이계도함수이다.) [3점]

① 2　　② 4　　③ 6　　④ 8　　⑤ 10

복습	1회	2회	3회	4회	5회
채점 ○△X					

272. [2002년 수능 (자연) 19번]

두 함수 $f(x) = ax + b$와 $g(x) = e^x$가

$$f(g(x)) = \int_0^x f(t)g(t)\,dt - xe^x + 3$$을 만족할 때,

$f(2)$의 값은? [3점]

① 4　　② 2　　③ 0　　④ -2　　⑤ -4

복습	1회	2회	3회	4회	5회
채점 ○△X					

273. [2002년 수능 (인문) 19번]

다음 식을 만족하는 다항식 $f(x)$의 계수들의 합은? [3점]

$$f(f(x)) = \int_0^x f(t)\,dt - x^2 + 3x + 3$$

① 3　　② 2　　③ 1　　④ 0　　⑤ -1

수능 4점

복습	1회	2회	3회	4회	5회
채점 ○△X					

1등급

274. [2019년 6월 (가)형 20번]

실수 전체의 집합에서 미분가능한 함수 $f(x)$가 모든 실수 x에 대하여 다음 조건을 만족시킨다.

> (가) $f(x) > 0$
>
> (나) $\ln f(x) + 2\int_0^x (x-t)f(t)\,dt = 0$

<보기>에서 옳은 것만을 있는 대로 고른 것은? [4점]

> ―――<보기>―――
>
> ㄱ. $x > 0$에서 함수 $f(x)$는 감소한다.
>
> ㄴ. 함수 $f(x)$의 최댓값은 1이다.
>
> ㄷ. 함수 $F(x)$를 $F(x) = \int_0^x f(t)\,dt$라 할 때,
>
> $f(1) + \{F(1)\}^2 = 1$이다.

① ㄱ ② ㄱ ㄴ ③ ㄱ ㄷ
④ ㄴ ㄷ ⑤ ㄱ ㄴ ㄷ

복습	1회	2회	3회	4회	5회
채점 ○△X					

275. [2018년 수능 (가)형 15번] 실전 분석

함수 $f(x)$가

$$f(x) = \int_0^x \frac{1}{1+e^{-t}}\,dt$$

일 때, $(f \circ f)(a) = \ln 5$를 만족시키는 실수 a의 값은? [4점]

① $\ln 11$ ② $\ln 13$ ③ $\ln 15$
④ $\ln 17$ ⑤ $\ln 19$

복습	1회	2회	3회	4회	5회
채점 ○△X					

276. [2017년 수능 (가)형 20번] 실전 분석

함수 $f(x) = e^{-x} \int_0^x \sin(t^2)\, dt$ 에 대하여

<보기>에서 옳은 것만을 있는 대로 고른 것은? [4점]

[보 기]

ㄱ. $f(\sqrt{\pi}) > 0$

ㄴ. $f'(a) > 0$ 을 만족시키는 a가 열린구간 $(0,\ \sqrt{\pi})$에 적어도 하나 존재한다.

ㄷ. $f'(b) = 0$ 을 만족시키는 b가 열린구간$(0,\ \sqrt{\pi})$에 적어도 하나 존재한다.

---

① ㄱ ② ㄷ ③ ㄱ, ㄴ ④ ㄴ, ㄷ ⑤ ㄱ, ㄴ, ㄷ

복습	1회	2회	3회	4회	5회
채점 ○△X					

277. [2012년 수능 (가)형 28번] 실전 분석

함수 $f(x) = 3(x-1)^2 + 5$ 에 대하여 함수 $F(x)$를 $F(x) = \int_0^x f(t)\, dt$ 라 하자. 미분가능한 함수 $g(x)$가 모든 실수 x 에 대하여 $F(g(x)) = \dfrac{1}{2} F(x)$ 를 만족시킨다. $g'(2) = p$ 일 때, $30p$ 의 값을 구하시오. [4점]

복습	1회	2회	3회	4회	5회
채점 ○△X					

278. [2009년 수능 (가)형 미분과 적분 29번]

실전 분석

함수 $f(x)$를 $f(x) = \int_a^x \{2 + \sin(t^2)\}\,dt$라 하자. $f''(a) = \sqrt{3}\,a$일 때, $(f^{-1})'(0)$의 값은? (단, a는 $0 < a < \sqrt{\dfrac{\pi}{2}}$인 상수이다.) [4점]

① $\dfrac{1}{10}$ ② $\dfrac{1}{5}$ ③ $\dfrac{3}{10}$ ④ $\dfrac{2}{5}$ ⑤ $\dfrac{1}{2}$

미적분 4. 적분법 경향15 적분식 조작

수능 3점

복습	1회	2회	3회	4회	5회
채점 ○△X					

279. [2013년 수능 (가)형 12번]

연속함수 $f(x)$가 $f(x) = e^{x^2} + \int_0^1 t\,f(t)\,dt$를 만족시킬 때, $\int_0^1 x\,f(x)\,dx$의 값은? [3점]

① $e - 2$ ② $\dfrac{e-1}{2}$ ③ $\dfrac{e}{2}$ ④ $e - 1$ ⑤ $\dfrac{e+1}{2}$

복습	1회	2회	3회	4회	5회
채점 ○△X					

1등급

280. [2011년 수능 (가)형 미분과 적분 28번]

실전 분석

실수 전제의 집합에서 미분가능한 함수 $f(x)$가 있다. 모든 실수 x에 대하여 $f(2x) = 2f(x)f'(x)$이고,

$$f(a) = 0, \quad \int_{2a}^{4a} \frac{f(x)}{x}dx = k \quad (a > 0, \ 0 < k < 1)$$

일 때, $\int_{a}^{2a} \frac{\{f(x)\}^2}{x^2}dx$의 값을 k로 나타낸 것은? [3점]

① $\dfrac{k^2}{4}$ ② $\dfrac{k^2}{2}$ ③ k^2 ④ k ⑤ $2k$

복습	1회	2회	3회	4회	5회
채점 ○△X					

1등급

281. [2025년 수능 (미적분) 28번] 실전 분석

실수 전체의 집합에서 미분가능한 함수 $f(x)$의 도함수 $f'(x)$가

$$f'(x) = -x + e^{1-x^2}$$

이다. 양수 t에 대하여 곡선 $y = f(x)$ 위의 점 $(t, f(t))$에서의 접선과 곡선 $y = f(x)$ 및 y축으로 둘러싸인 부분의 넓이를 $g(t)$라 하자. $g(1) + g'(1)$의 값은? [4점]

① $\dfrac{1}{2}e + \dfrac{1}{2}$ ② $\dfrac{1}{2}e + \dfrac{2}{3}$ ③ $\dfrac{1}{2}e + \dfrac{5}{6}$

④ $\dfrac{2}{3}e + \dfrac{1}{2}$ ⑤ $\dfrac{2}{3}e + \dfrac{2}{3}$

복습	1회	2회	3회	4회	5회
채점 O△X					

1등급

282. [2025년 9월 (미적분) 30번]

실수 전체의 집합에서 미분가능한 함수 $f(x)$와 실수 전체의 집합에서 연속인 함수 $g(x)$는 모든 실수 x에 대하여

$$f(x)= \ln\left(\frac{g(x)}{1+xf'(x)} \right)$$

를 만족시킨다. $f(1)= 4\ln 2$ 이고

$$\int_1^2 g(x)\,dx = 34, \quad \int_1^2 xg(x)\,dx = 53$$

일 때, $\displaystyle\int_1^2 xe^{f(x)}\,dx$ 의 값을 구하시오. [4점]

복습	1회	2회	3회	4회	5회
채점 O△X					

1등급

283. [2024년 9월 (미적분) 28번]

함수 $f(x)$는 실수 전체의 집합에서 연속인 이계도함수를 갖고, 실수 전체의 집합에서 정의된 함수 $g(x)$를

$$g(x)= f'(2x)\sin \pi x + x$$

라 하자. 함수 $g(x)$는 역함수 $g^{-1}(x)$를 갖고,

$$\int_0^1 g^{-1}(x)\,dx = 2\int_0^1 f'(2x)\sin \pi x\,dx + \frac{1}{4}$$

을 만족시킬 때, $\displaystyle\int_0^2 f(x)\cos \frac{\pi}{2}x\,dx$ 의 값은? [4점]

① $-\dfrac{1}{\pi}$ ② $-\dfrac{1}{2\pi}$ ③ $-\dfrac{1}{3\pi}$

④ $-\dfrac{1}{4\pi}$ ⑤ $-\dfrac{1}{5\pi}$

복습	1회	2회	3회	4회	5회
채점 ○△X					

284. [2020년 22예시문항 미적분 29번]

함수 $f(x) = e^x + x - 1$ 과 양수 t 에 대하여 함수

$$F(x) = \int_0^x \{t - f(s)\}\,ds$$

가 $x = \alpha$ 에서 최댓값을 가질 때, 실수 α 의 값을 $g(t)$ 라 하자. 미분가능한 함수 $g(t)$ 에 대하여

$\displaystyle\int_{f(1)}^{f(5)} \frac{g(t)}{1 + e^{g(t)}}\,dt$ 의 값을 구하시오. [4점]

복습	1회	2회	3회	4회	5회
채점 ○△X					

285. [2019년 수능 (가)형 16번] 실전 분석

$x > 0$ 에서 정의된 연속함수 $f(x)$ 가 모든 양수 x 에 대하여

$$2f(x) + \frac{1}{x^2} f\left(\frac{1}{x}\right) = \frac{1}{x} + \frac{1}{x^2}$$

을 만족시킬 때, $\displaystyle\int_{\frac{1}{2}}^{2} f(x)\,dx$ 의 값은? [4점]

① $\dfrac{\ln 2}{3} + \dfrac{1}{2}$ ② $\dfrac{2\ln 2}{3} + \dfrac{1}{2}$ ③ $\dfrac{\ln 2}{3} + 1$

④ $\dfrac{2\ln 2}{3} + 1$ ⑤ $\dfrac{2\ln 2}{3} + \dfrac{3}{2}$

복습	1회	2회	3회	4회	5회
채점 ○△X					

286. [2019년 수능 (가)형 21번] 실전 분석

실수 전체의 집합에서 미분가능한 함수 $f(x)$가 다음 조건을 만족시킬 때, $f(-1)$의 값은? [4점]

> (가) 모든 실수 x에 대하여
> $$2\{f(x)\}^2 f'(x) = \{f(2x+1)\}^2 f'(2x+1)\text{이다.}$$
> (나) $f\left(-\dfrac{1}{8}\right) = 1$, $f(6) = 2$

① $\dfrac{\sqrt[3]{3}}{6}$ ② $\dfrac{\sqrt[3]{3}}{3}$ ③ $\dfrac{\sqrt[3]{3}}{2}$ ④ $\dfrac{2\sqrt[3]{3}}{3}$ ⑤ $\dfrac{5\sqrt[3]{3}}{6}$

복습	1회	2회	3회	4회	5회
채점 ○△X					

287. [2019년 9월 (가)형 17번]

두 함수 $f(x)$, $g(x)$는 실수 전체의 집합에서 도함수가 연속이고 다음 조건을 만족시킨다.

> (가) 모든 실수 x에 대하여
> $$f(x)g(x) = x^4 - 1\text{이다.}$$
> (나) $\displaystyle\int_{-1}^{1} \{f(x)\}^2 g'(x)dx = 120$

$\displaystyle\int_{-1}^{1} x^3 f(x)dx$의 값은? [4점]

① 12　② 15　③ 18　④ 21　⑤ 24

복습	1회	2회	3회	4회	5회
채점 O△X					

1등급

288. [2019년 9월 (가)형 30번]

실수 전체의 집합에서 미분가능한 함수 $f(x)$가 모든 실수 x에 대하여

$$f'(x^2+x+1) = \pi f(1)\sin\pi x + f(3)x + 5x^2$$

을 만족시킬 때, $f(7)$의 값을 구하시오. [4점]

복습	1회	2회	3회	4회	5회
채점 O△X					

1등급

289. [2018년 6월 (가)형 30번]

실수 전체의 집합에서 미분 가능한 함수 $f(x)$에 대하여 곡선 $y=f(x)$ 위의 점 $(t, f(t))$에서의 접선의 y절편을 $g(t)$라 하자. 모든 실수 t에 대하여

$$(1+t^2)\{g(t+1)-g(t)\} = 2t$$

이고, $\displaystyle\int_0^1 f(x)dx = -\frac{\ln 10}{4}$, $f(1) = 4 + \frac{\ln 17}{8}$ 일 때,

$2\{f(4)+f(-4)\} - \displaystyle\int_{-4}^4 f(x)dx$ 의 값을 구하시오.

[4점]

복습	1회	2회	3회	4회	5회
채점 ○△X					

1등급

290. [2017년 수능 (가)형 21번] 실전 분석

닫힌구간 $[0,\ 1]$에서 증가하는 연속함수 $f(x)$가

$$\int_0^1 f(x)dx = 2, \quad \int_0^1 |f(x)|dx = 2\sqrt{2}$$

를 만족시킨다. 함수 $F(x)$가

$$F(x) = \int_0^x |f(t)|dt \quad (0 \le x \le 1)$$

일 때, $\displaystyle\int_0^1 f(x)F(x)dx$의 값은? [4점]

① $4 - \sqrt{2}$ ② $42 + \sqrt{2}$ ③ $5 - \sqrt{2}$
④ $1 + 2\sqrt{2}$ ⑤ $2 + 2\sqrt{2}$

복습	1회	2회	3회	4회	5회
채점 ○△X					

1등급

291. [2014년 수능 (B)형 21번] 실전 분석

연속함수 $y = f(x)$의 그래프가 원점에 대하여 대칭이고, 모든 실수 x에 대하여

$$f(x) = \frac{\pi}{2}\int_1^{x+1} f(t)dt \quad \text{이다.} \quad f(1) = 1 \text{일 때,}$$

$$\pi^2 \int_0^1 xf(x+1)dx \text{의 값은? [4점]}$$

① $2(\pi - 2)$ ② $2\pi - 3$ ③ $2(\pi - 1)$
④ $2\pi - 1$ ⑤ 2π

복습	1회	2회	3회	4회	5회
채점 ○△X					

1등급

292. [2010년 수능 (가)형 미분과 적분 29번]

실전 분석

실수 전체의 집합에서 이계도함수를 갖는 두 함수 $f(x)$ 와 $g(x)$에 대하여 정적분

$\int_0^1 \{f'(x)g(1-x)-g'(x)f(1-x)\}dx$ 의 값을 k 라 하자. 옳은 것만은 [보기]에서 있는 대로 고른 것은? [4점]

[보 기]

ㄱ. $\int_0^1 \{f(x)g'(1-x)-g(x)f'(1-x)\}dx = -k$

ㄴ. $f(0)=f(1)$이고 $g(0)=g(1)$이면, $k=0$이다.

ㄷ. $f(x)=\ln(1+x^4)$이고 $g(x)=\sin\pi x$이면, $k=0$이다.

---

① ㄴ ② ㄷ ③ ㄱ, ㄴ ④ ㄱ, ㄷ ⑤ ㄱ, ㄴ, ㄷ

미적분 4. 적분법 경향16
적분법 그래프

수능 2점

복습	1회	2회	3회	4회	5회
채점 ○△X					

293. [2002년 수능 (인문) 6번]

포물선 $y=x^2$ 위의 한 점 $P(x, y)$에서 접선이 x축의 양의 방향과 이루는 각의 크기를 $\theta(x)$라 할 때, $\int_0^1 \tan\theta(x)dx$의 값은? [2점]

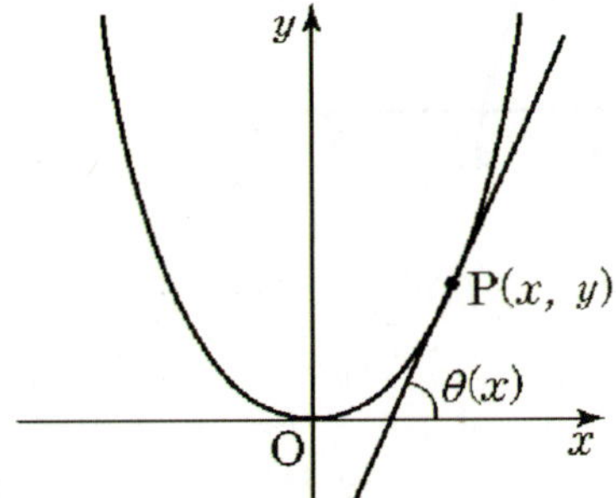

① $\dfrac{\sqrt{3}}{3}$ ② $\dfrac{1}{3}$ ③ $\dfrac{1}{2}$ ④ $\dfrac{\sqrt{2}}{2}$ ⑤ 1

복습	1회	2회	3회	4회	5회
채점 $\bigcirc\triangle\times$					

294. [1998년 수능 (자연) 13번]

다음 그림은 $0 \le x \le 4$에서 정의된 함수 $y = f(x)$의 그래프이다. 정적분 $\int_0^1 f(2x+1)dx$의 값은? [2점]

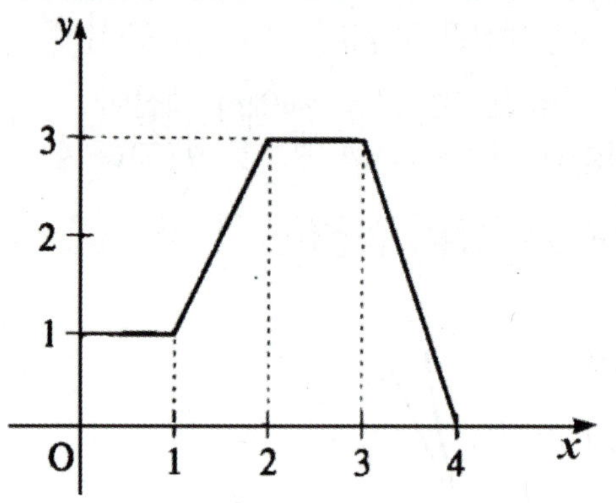

① 1 ② $\dfrac{3}{2}$ ③ 2 ④ $\dfrac{5}{2}$ ⑤ 3

복습	1회	2회	3회	4회	5회
채점 $\bigcirc\triangle\times$					

295. [2018년 수능 (가)형 12번] 실전 분석

곡선 $y = e^{2x}$과 y축 및 직선 $y = -2x + a$로 둘러싸인 영역을 A, 곡선 $y = e^{2x}$과 두 직선 $y = -2x + a$, $x = 1$로 둘러싸인 영역을 B라 하자. A의 넓이와 B의 넓이가 같을 때, 상수 a의 값은? (단, $1 < a < e^2$) [3점]

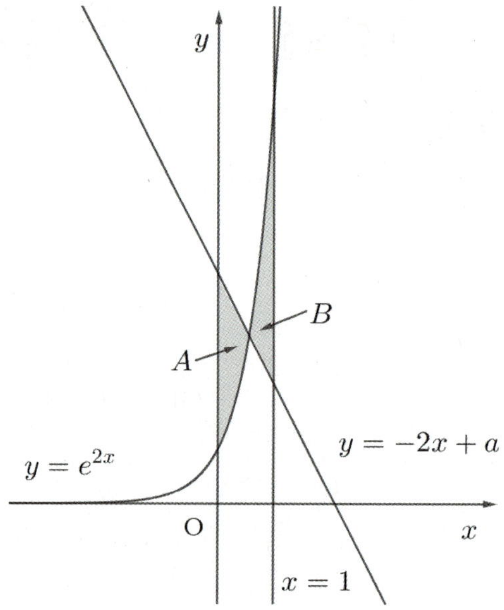

① $\dfrac{e^2 + 1}{2}$ ② $\dfrac{2e^2 + 1}{4}$ ③ $\dfrac{e^2}{2}$

④ $\dfrac{2e^2 - 1}{4}$ ⑤ $\dfrac{e^2 - 1}{2}$

수능 4점

복습	1회	2회	3회	4회	5회
채점 ○△X					

296. [2026년 수능 (미적분) 28번] 실전 분석

함수

$$f(x) = \frac{1}{2}x^2 - x + \ln(1+x)$$

와 양수 t에 대하여 점 $(s, f(s))$ $(s > 0)$에서 y축에 내린 수선의 발과 곡선 $y = f(x)$ 위의 점 $(s, f(s))$에서의 접선이 y축과 만나는 점 사이의 거리가 t가 되도록 하는 s의 값을 $g(t)$라 하자.

$\displaystyle\int_{\frac{1}{2}}^{\frac{27}{4}} g(t)\,dt$의 값은? [4점]

① $\dfrac{161}{12} + \ln 3$ ② $\dfrac{40}{3} + \ln 3$ ③ $\dfrac{53}{4} + \ln 2$

④ $\dfrac{79}{6} + \ln 2$ ⑤ $\dfrac{157}{12} + \ln 2$

복습	1회	2회	3회	4회	5회
채점 ○△X					

297. [2023년 수능 (미적분) 29번] 실전 분석

세 상수 a, b, c에 대하여 함수

$$f(x) = ae^{2x} + be^x + c$$가 다음 조건을 만족시킨다.

(가) $\displaystyle\lim_{x \to -\infty} \frac{f(x)+6}{e^x} = 1$

(나) $f(\ln 2) = 0$

함수 $f(x)$의 역함수를 $g(x)$라 할 때,

$\displaystyle\int_0^{14} g(x)\,dx = p + q\ln 2$이다. $p+q$의 값을 구하시오.

(단, p, q는 유리수이고, $\ln 2$는 무리수이다.) [4점]

복습	1회	2회	3회	4회	5회
채점 ○△X					

1등급

298. [2021년 9월 (미적분) 28번]

좌표평면에서 원점을 중심으로 하고 반지름의 길이가 2인 원 C와 두 점 $A(2, 0)$, $B(0, -2)$가 있다. 원 C 위에 있고 x좌표가 음수인 점 P에 대하여 $\angle PAB = \theta$라 하자.

점 $Q(0, 2\cos\theta)$에서 직선 BP에 내린 수선의 발을 R라 하고, 두 점 P와 R 사이의 거리를 $f(\theta)$라 할 때, $\displaystyle\int_{\frac{\pi}{6}}^{\frac{\pi}{3}} f(\theta)\, d\theta$ 의 값은? [4점]

① $\dfrac{2\sqrt{3}-3}{2}$　　② $\sqrt{3}-1$　　③ $\dfrac{3\sqrt{3}-3}{2}$

④ $\dfrac{2\sqrt{3}-1}{2}$　　⑤ $\dfrac{4\sqrt{3}-3}{2}$

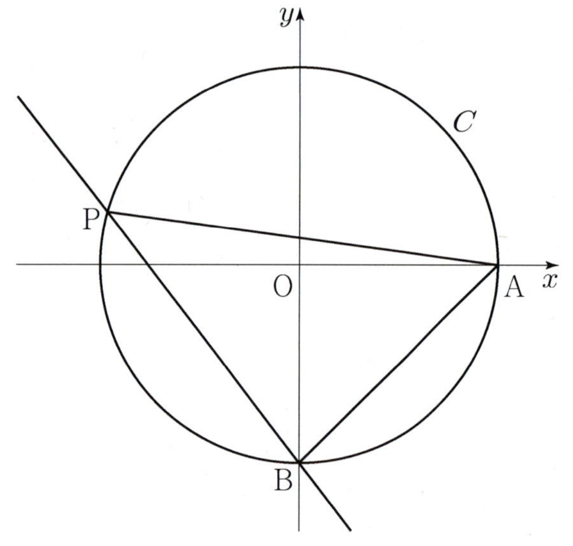

복습	1회	2회	3회	4회	5회
채점 ○△X					

1등급

299. [2020년 9월 (가)형 18번]

함수

$$f(x) = \begin{cases} 0 & (x \le 0) \\ \{\ln(1+x^4)\}^{10} & (x > 0) \end{cases}$$

에 대하여 실수 전체의 집합에서 정의된 함수 $g(x)$를

$$g(x) = \int_0^x f(t)f(1-t)\, dt$$

라 하자. <보기>에서 옳은 것만을 있는 대로 고른 것은? [4점]

<보 기>

ㄱ. $x \le 0$인 모든 실수 x에 대하여 $g(x) = 0$이다.

ㄴ. $g(1) = 2g\left(\dfrac{1}{2}\right)$

ㄷ. $g(a) \ge 1$인 실수 a가 존재한다.

① ㄱ　　　② ㄱ, ㄴ　　　③ ㄱ, ㄷ
④ ㄴ, ㄷ　　　⑤ ㄱ, ㄴ, ㄷ

복습	1회	2회	3회	4회	5회
채점 ○△X					

1등급

300. [2020년 9월 (가)형 20번]

함수 $f(x) = \sin(\pi\sqrt{x})$에 대하여 함수

$$g(x) = \int_0^x tf(x-t)dt \quad (x \geq 0)$$

이 $x = a$에서 극대인 모든 a를 작은 수부터 크기순으로 나열할 때, n번째 수를 a_n이라 하자. $k^2 < a_6 < (k+1)^2$ 인 자연수 k의 값은? [4점]

① 11   ② 14   ③ 17   ④ 20   ⑤ 23

복습	1회	2회	3회	4회	5회
채점 ○△X					

301. [2015년 수능 (B)형 28번] 실전 분석

양수 a에 대하여 함수 $f(x) = \int_0^x (a-t)e^t dt$의

최댓값이 32이다. 곡선 $y = 3e^x$과 두 직선 $x = a$, $y = 3$으로 둘러싸인 부분의 넓이를 구하시오. [4점]

복습	1회	2회	3회	4회	5회
채점 $\bigcirc\triangle X$					

302. [2012년 수능 (가)형 16번] 실전 분석

그림에서 두 곡선 $y=e^x$, $y=xe^x$ 과 y 축으로 둘러싸인 부분 A 의 넓이를 a, 두 곡선 $y=e^x$, $y=xe^x$ 과 직선 $x=2$ 로 둘러싸인 부분 B 의 넓이를 b 라 할 때, $b-a$ 의 값은? [4점]

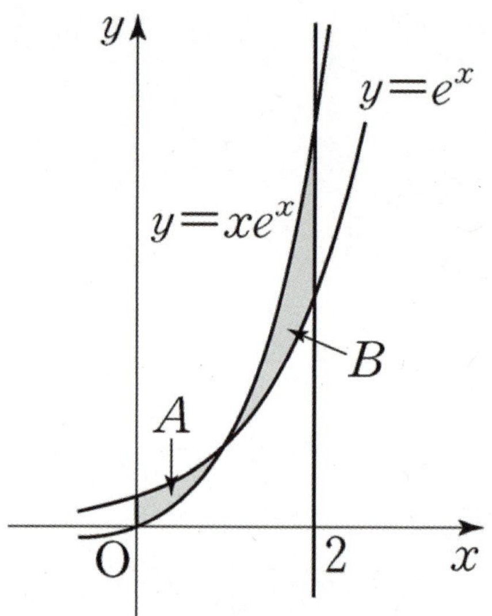

① $\dfrac{3}{2}$ ② $e-1$ ③ 2 ④ $\dfrac{5}{2}$ ⑤ e

복습	1회	2회	3회	4회	5회
채점 $\bigcirc\triangle X$					

303. [2006년 수능 (가)형 미분과 적분 28번]

실전 분석

함수 $f(x)=e^{-x}$ 과 자연수 n 에 대하여 점 P_n, Q_n 을 각각 $P_n(n,\,f(n))$, $Q_n(n+1,\,f(n))$ 이라 하자. 삼각형 $P_nP_{n+1}Q_n$ 의 넓이를 A_n, 선분 P_nP_{n+1} 과 함수 $y=f(x)$ 의 그래프로 둘러싸인 도형의 넓이를 B_n 이라 할 때, <보기>에서 옳은 것을 모두 고른 것은? [4점]

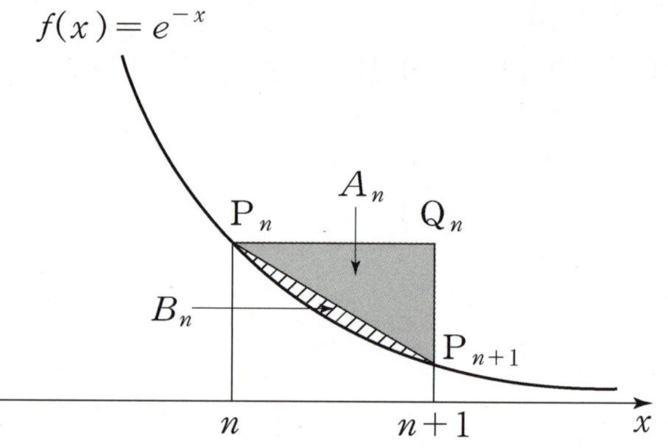

[보 기]

ㄱ. $\displaystyle\int_n^{n+1} f(x)\,dx = f(n)-(A_n+B_n)$

ㄴ. $\displaystyle\sum_{n=1}^{\infty} A_n = \dfrac{1}{2e}$

ㄷ. $\displaystyle\sum_{n=1}^{\infty} B_n = \dfrac{3-e}{2e(e-1)}$

① ㄱ ② ㄱ, ㄴ ③ ㄱ, ㄷ ④ ㄴ, ㄷ ⑤ ㄱ, ㄴ, ㄷ

복습	1회	2회	3회	4회	5회
채점 ○△X					

304. [2005년 수능 (가)형 미분과 적분 30번]

곡선 $y = 3\sqrt{x-9}$ 와 이 곡선 위의 점 $(18, 9)$에서의 접선 및 x 축으로 둘러싸인 영역의 넓이를 구하시오. [4점]

미적분 4. 적분법 경향17
부피

수능 3점

복습	1회	2회	3회	4회	5회
채점 ○△X					

305. [2026년 수능 (미적분) 26번] 실전 분석

그림과 같이 곡선 $y = \sqrt{x + x\ln x}$ 와 x축 및 두 직선 $x = 1$, $x = 2$로 둘러싸인 부분을 밑면으로 하는 입체도형이 있다. 이 입체도형을 x축에 수직인 평면으로 자른 단면이 모두 정삼각형일 때, 이 입체도형의 부피는? [3점]

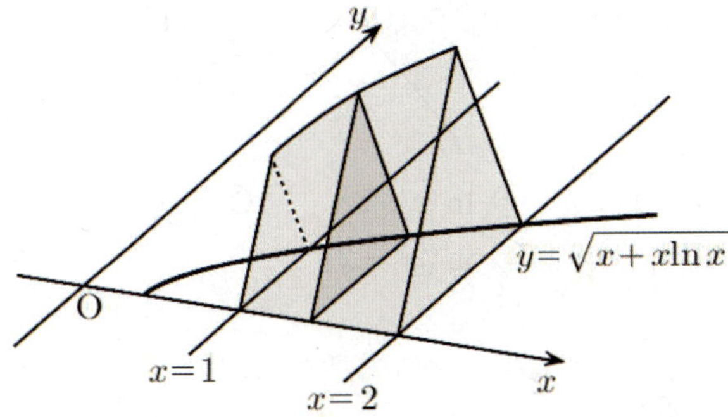

① $\dfrac{\sqrt{3}\,(3 + 8\ln 2)}{16}$

② $\dfrac{\sqrt{3}\,(5 + 12\ln 2)}{24}$

③ $\dfrac{\sqrt{3}\,(1 + 12\ln 2)}{16}$

④ $\dfrac{\sqrt{3}\,(1 + 2\ln 2)}{4}$

⑤ $\dfrac{\sqrt{3}\,(1 + 9\ln 2)}{12}$

복습	1회	2회	3회	4회	5회
채점 ○△X					

306. [2025년 수능 (미적분) 26번]

그림과 같이 곡선 $y = \sqrt{\dfrac{x+1}{x(x+\ln x)}}$ 과 x축 및 두 직선 $x=1$, $x=e$로 둘러싸인 부분을 밑면으로 하는 입체도형이 있다. 이 입체도형을 x축에 수직인 평면으로 자른 단면이 모두 정사각형일 때, 이 입체도형의 부피는? [3점]

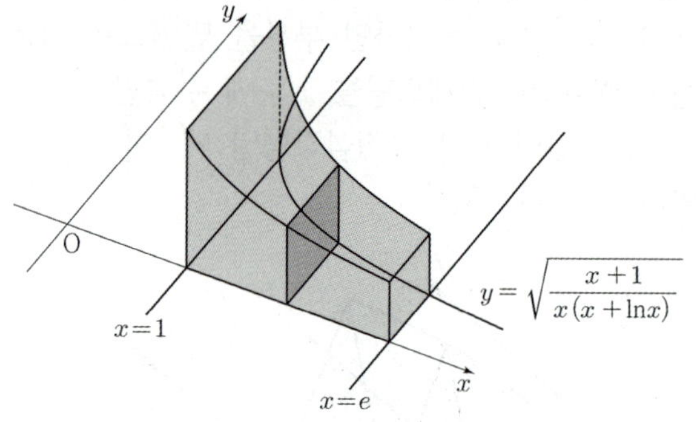

① $\ln(e+1)$ ② $\ln(e+2)$ ③ $\ln(e+3)$
④ $\ln(2e+1)$ ⑤ $\ln(2e+2)$

복습	1회	2회	3회	4회	5회
채점 ○△X					

307. [2024년 수능 (미적분) 26번]

그림과 같이 곡선

$$y = \sqrt{(1-2x)\cos x} \quad \left(\frac{3}{4}\pi \le x \le \frac{5}{4}\pi\right)$$

와 x축 및 두 직선 $x = \dfrac{3}{4}\pi$, $x = \dfrac{5}{4}\pi$로 둘러싸인 부분을 밑면으로 하는 입체도형이 있다. 이 입체도형을 x축에 수직인 평면으로 자른 단면이 모두 정사각형일 때, 이 입체도형의 부피는? [3점]

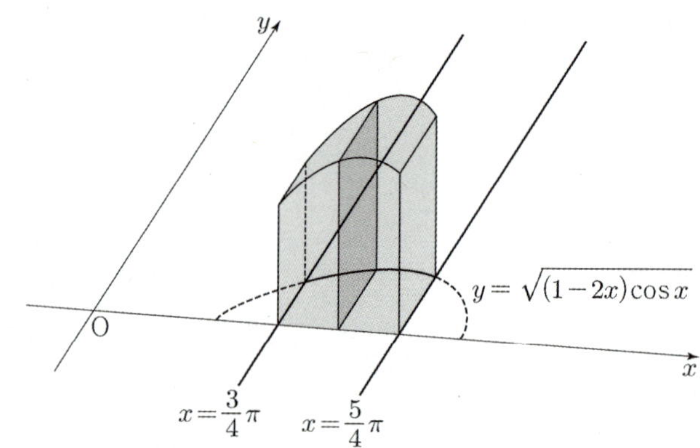

① $\sqrt{2}\pi - \sqrt{2}$ ② $\sqrt{2}\pi - 1$ ③ $2\sqrt{2}\pi - \sqrt{2}$
④ $2\sqrt{2}\pi - 1$ ⑤ $2\sqrt{2}\pi$

복습	1회	2회	3회	4회	5회
채점 ○△✕					

308. [2023년 수능 (미적분) 26번]

그림과 같이 곡선

$$y = \sqrt{\sec^2 x + \tan x}\left(0 \le x \le \frac{\pi}{3}\right)$$와 x축, y축 및

직선 $x = \frac{\pi}{3}$로 둘러싸인 부분을 밑면으로 하는

입체도형이 있다. 이 입체도형을 x축에 수직인
평면으로 자른 단면이 모두 정사각형일 때, 이
입체도형의 부피는? [3점]

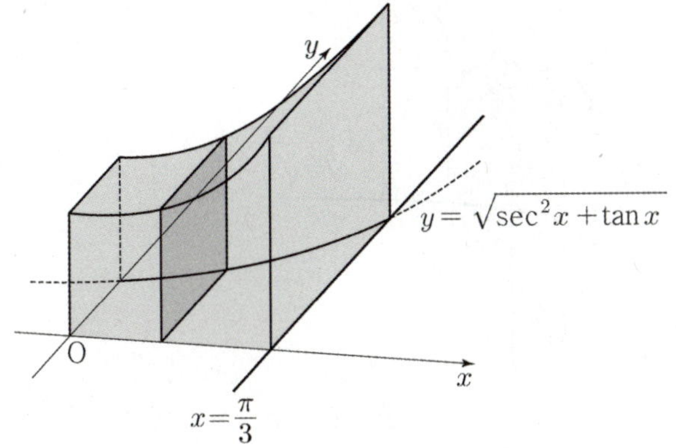

① $\dfrac{\sqrt{3}}{2} + \dfrac{\ln 2}{2}$ ② $\dfrac{\sqrt{3}}{2} + \ln 2$

③ $\sqrt{3} + \dfrac{\ln 2}{2}$ ④ $\sqrt{3} + \ln 2$

⑤ $\sqrt{3} + 2\ln 2$

복습	1회	2회	3회	4회	5회
채점 ○△✕					

309. [2020년 수능 (가)형 12번]

그림과 같이 양수 k에 대하여 곡선 $y = \sqrt{\dfrac{e^x}{e^x + 1}}$ 과

x축, y축 및 직선 $x = k$로 둘러싸인 부분을
밑면으로 하고 x축에 수직인 평면으로 자른 단면이
모두 정사각형인 입체도형의 부피가 $\ln 7$일 때, k의
값은? [3점]

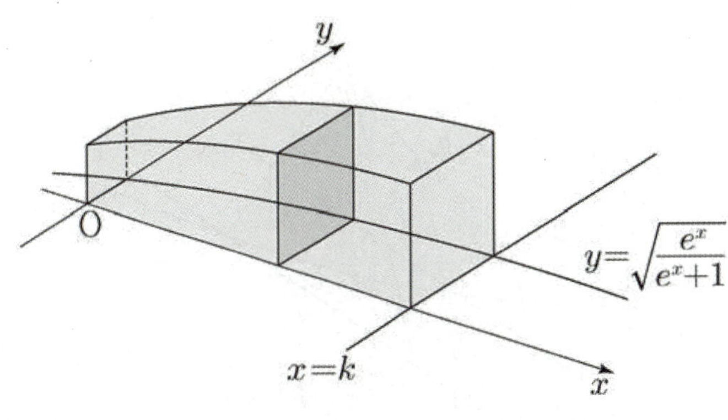

① $\ln 11$ ② $\ln 13$ ③ $\ln 15$
④ $\ln 17$ ⑤ $\ln 19$

복습	1회	2회	3회	4회	5회
채점 ○△X					

310. [2019년 9월 (가)형 14번]

그림과 같이 양수 k에 대하여 함수

$f(x)=2\sqrt{x}\,e^{kx^2}$의 그래프와 x축 및 두 직선

$x=\dfrac{1}{\sqrt{2k}}$, $x=\dfrac{1}{\sqrt{k}}$로 둘러싸인 부분을 밑면으로

하고 x축에 수직인 평면으로 자른 단면이 모두

정삼각형인 입체도형의 부피가 $\sqrt{3}\left(e^2-e\right)$일 때,

k의 값은? [4점]

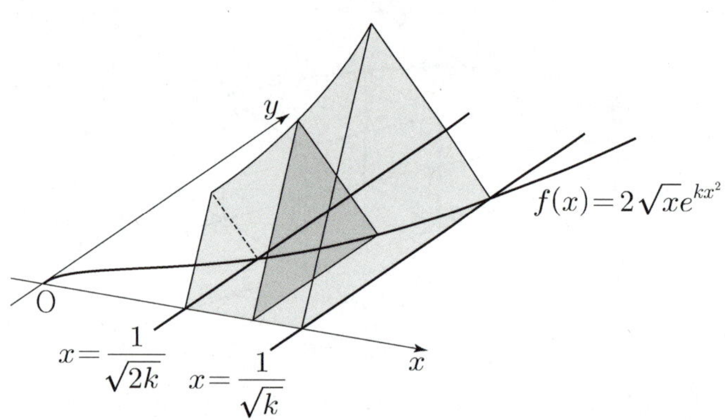
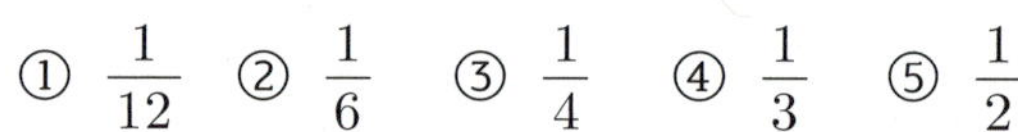

① $\dfrac{1}{12}$　② $\dfrac{1}{6}$　③ $\dfrac{1}{4}$　④ $\dfrac{1}{3}$　⑤ $\dfrac{1}{2}$

복습	1회	2회	3회	4회	5회
채점 ○△X					

311. [2017년 수능 (가)형 11번]

그림과 같이 곡선 $y=\sqrt{x}+1$과 x축, y축 및 직선

$x=1$로 둘러싸인 도형을 밑면으로 하는 입체도형이

있다. 이 입체도형을 x축에 수직인 평면으로 자른

단면이 모두 정사각형일 때, 이 입체도형의 부피는?

[3점]

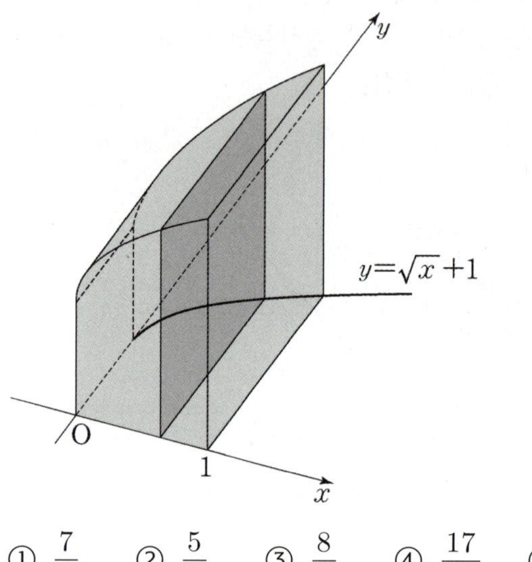

① $\dfrac{7}{3}$　② $\dfrac{5}{2}$　③ $\dfrac{8}{3}$　④ $\dfrac{17}{6}$　⑤ 3

복습	1회	2회	3회	4회	5회
채점 ○△X					

312. [2016년 수능 (B)형 11번]

함수

$$f(x) = \begin{cases} |5x(x+2)| & (x < 0) \\ |5x(x-2)| & (x \geq 0) \end{cases}$$

의 그래프가 그림과 같다.

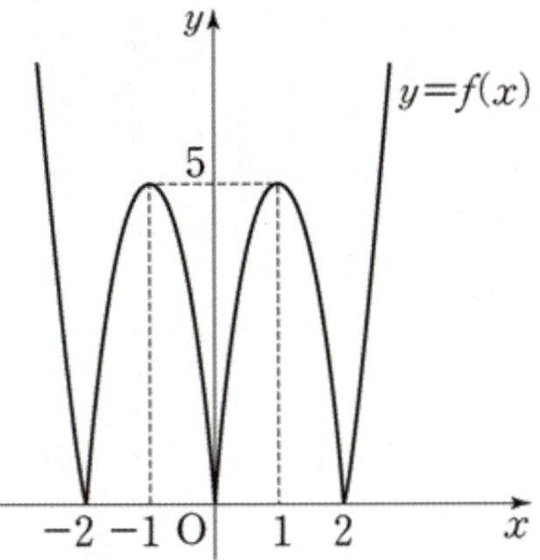

닫힌구간 $[0,\ 1]$에서 함수 $y = f(x)$의 그래프와 x축 및 직선 $x = 1$로 둘러싸인 부분을 x축의 둘레로 회전시켜 생기는 회전체의 부피는? [3점]

① $\dfrac{65}{6}\pi$ ② $\dfrac{35}{3}\pi$ ③ $\dfrac{25}{2}\pi$

④ $\dfrac{40}{3}\pi$ ⑤ $\dfrac{85}{6}\pi$

복습	1회	2회	3회	4회	5회
채점 ○△X					

313. [2014년 수능 (B)형 13번]

그림과 같이 직선 $l : x - y - 1 = 0$과 한 초점이 점 $F(c,\ 0)$ (단, $c < 0$)인 쌍곡선 $C : x^2 - 2y^2 = 1$이 있다.

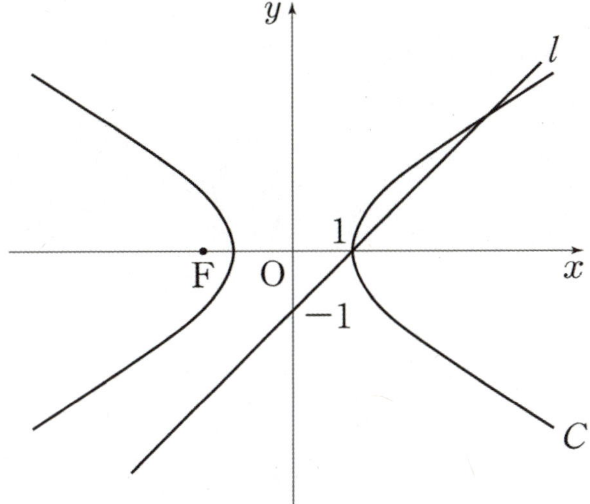

직선 l과 쌍곡선 C로 둘러싸인 부분을 y축의 둘레로 회전시켜 생기는 회전체의 부피는? [3점]

① $\dfrac{5}{3}\pi$ ② $\dfrac{3}{2}\pi$ ③ $\dfrac{4}{3}\pi$ ④ $\dfrac{7}{6}\pi$ ⑤ π

복습	1회	2회	3회	4회	5회
채점 ○△X					

314. [2011년 수능 (가)형 20번]

두 곡선 $y=\sqrt{x}$, $y=\sqrt{-x+10}$ 과 x축으로 둘러싸인 부분을 x축의 둘레로 회전시켜 생기는 회전체의 부피가 $a\pi$일 때, a의 값을 구하시오. [3점]

복습	1회	2회	3회	4회	5회
채점 ○△X					

316. [2006년 수능 (가)형 19번]

곡선 $y=a(1-x^2)$과 x 축으로 둘러싸인 도형을 y 축의 둘레로 회전시켜 생기는 회전체의 부피가 16π 일 때, 양수 a 의 값을 구하시오. [3점]

복습	1회	2회	3회	4회	5회
채점 ○△X					

315. [2008년 수능 (가)형 19번]

곡선 $y=\dfrac{1}{4}x^2$과 직선 $y=4$로 둘러싸인 부분을 y축 둘레로 회전시킨 회전체의 부피가 $k\pi$일 때, 상수 k의 값을 구하시오. [3점]

복습	1회	2회	3회	4회	5회
채점 ○△X					

317. [2004년 수능 (자연) 30번]

곡선 $y=\dfrac{1}{2}\ln x$와 x축, y축 및 직선 $y=\ln 2$로 둘러싸인 영역을 y 축의 둘레로 회전시켜 생기는 회전체의 부피를 V라 할 때, $\dfrac{V}{\pi}$의 값을 소수점 아래 둘째 자리까지 구하시오. [3점]

복습	1회	2회	3회	4회	5회
채점 ○△X					

318. [2003년 수능 (인문) 8번]

곡선 $y = \sqrt{x}$ 와 x축 및 직선 $x = 4$로 둘러싸인 도형을 x축을 중심으로 회전시켜 얻은 회전체의 부피는? [3점]

① 8π ② 7π ③ 6π ④ 5π ⑤ 4π

복습	1회	2회	3회	4회	5회
채점 ○△X					

319. [1999년 수능 (인문) 11번]

곡선 $y = x(1-x)$ 와 x 축으로 둘러싸인 도형을 x 축의 둘레로 회전시킬 때, 만들어지는 회전체의 부피는? [3점]

① $\dfrac{\pi}{6}$ ② $\dfrac{\pi}{10}$ ③ $\dfrac{\pi}{15}$ ④ $\dfrac{\pi}{20}$ ⑤ $\dfrac{\pi}{30}$

복습	1회	2회	3회	4회	5회
채점 ○△X					

320. [1998년 수능 (인문) 27번] 실전 분석

그림과 같이 좌표평면의 제 1사분면에서 두 곡선

$y = 3 - \dfrac{1}{2}x^2,\ x^2 + y^2 = 9$와 x축으로 둘러싸인

부분을 y축 둘레로 회전시킨 회전체의 부피를 V라

할 때, $\dfrac{1}{\pi}V$의 값을 구하시오. (단, π는 원주율을

나타낸다.) [3점]

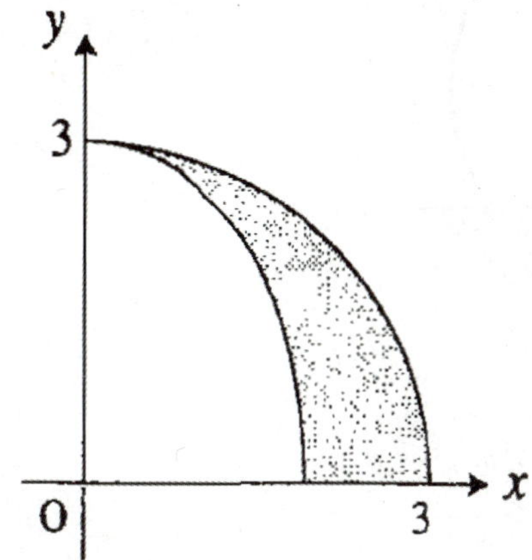

복습	1회	2회	3회	4회	5회
채점 ○△X					

321. [1996년 수능 (자연) 16번]

반지름의 길이가 r인 공이 잔잔한 물 위에 떠 있다.

그림과 같이 공의 수면 아래 부분의 깊이가 $\dfrac{r}{3}$일 때,

다음 중에서 수면 위에 있는 부분의 부피를 나타내는

수학적 표현은?

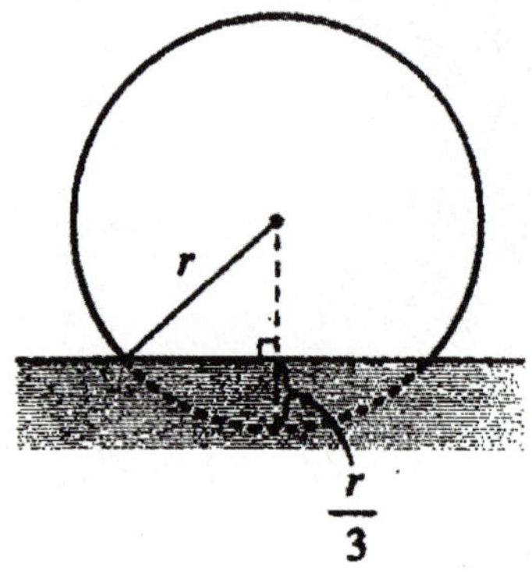

① $\pi \displaystyle\int_{\frac{r}{3}}^{2r} (r^2 - y^2)\, dy$

② $\pi \displaystyle\int_{-\frac{2}{3}r}^{r} (r^2 - y^2)\, dy$

③ $\pi \displaystyle\int_{-\frac{2}{3}r}^{r} (r - y)^2\, dy$

④ $\pi \displaystyle\int_{\frac{r}{3}}^{2r} (r - \sqrt{r^2 - y^2})^2\, dy$

⑤ $\pi \displaystyle\int_{\frac{r}{3}}^{r} (r - \sqrt{r^2 - y^2})^2\, dy$

미적분 4. 적분법 경향18
평면운동

수능 3점

복습	1회	2회	3회	4회	5회
채점 ○△X					

322. [2022년 수능 (미적분) 27번] 실전 분석

좌표평면 위를 움직이는 점 P의 시각

$t\,(t > 0)$에서의 위치가 곡선 $y = x^2$과 직선

$y = t^2 x - \dfrac{\ln t}{8}$가 만나는 서로 다른 두 점의 중점일

때, 시각 $t = 1$에서 $t = e$까지 점 P가 움직인

거리는? [3점]

① $\dfrac{e^4}{2} - \dfrac{3}{8}$ ② $\dfrac{e^4}{2} - \dfrac{5}{16}$ ③ $\dfrac{e^4}{2} - \dfrac{1}{4}$

④ $\dfrac{e^4}{2} - \dfrac{3}{16}$ ⑤ $\dfrac{e^4}{2} - \dfrac{1}{8}$

복습	1회	2회	3회	4회	5회
채점 $\bigcirc\triangle\times$					

323. [2020년 수능 (가)형 9번]

좌표평면 위를 움직이는 점 P의 시각 t

$\left(0 < t < \dfrac{\pi}{2}\right)$에서의 위치 $(x,\,y)$가

$$x = t + \sin t \cos t, \quad y = \tan t$$

이다. $0 < t < \dfrac{\pi}{2}$에서 점 P의 속력의 최솟값은?

[3점]

① 1 ② $\sqrt{3}$ ③ 2 ④ $2\sqrt{2}$ ⑤ $2\sqrt{3}$

복습	1회	2회	3회	4회	5회
채점 $\bigcirc\triangle\times$					

325. [2017년 수능 (가)형 10번]

좌표평면 위를 움직이는 점 P의 시각
$t\ (t > 0)$에서의 위치 $(x,\,y)$가

$$x = t - \frac{2}{t}, \quad y = 2t + \frac{1}{t}$$

이다. 시각 $t = 1$에서 점 P의 속력은? [3점]

① $2\sqrt{2}$ ② 3 ③ $\sqrt{10}$

④ $\sqrt{11}$ ⑤ $2\sqrt{3}$

복습	1회	2회	3회	4회	5회
채점 $\bigcirc\triangle\times$					

324. [2019년 수능 (가)형 24번]

좌표평면 위를 움직이는 점 P의 시각
$t\ (t \geq 0)$에서의 위치 $(x,\,y)$가

$$x = 1 - \cos 4t, \quad y = \frac{1}{4}\sin 4t$$

이다. 점 P의 속력이 최대일 때, 점 P의 가속도의
크기를 구하시오. [3점]

수능 4점

복습	1회	2회	3회	4회	5회
채점 ○△✕					

326. [2019년 6월 (가)형 15번]

좌표평면 위를 움직이는 점 P의 시각 $t\,(t>0)$에서의 위치 $(x,\,y)$가

$$x = 2\sqrt{t+1}, \quad y = t - \ln(t+1)$$

이다. 점 P의 속력의 최솟값은? [4점]

① $\dfrac{\sqrt{3}}{8}$ ② $\dfrac{\sqrt{6}}{8}$ ③ $\dfrac{\sqrt{3}}{4}$ ④ $\dfrac{\sqrt{6}}{4}$ ⑤ $\dfrac{\sqrt{3}}{2}$

복습	1회	2회	3회	4회	5회
채점 ○△✕					

327. [2018년 수능 (가)형 16번]

좌표평면 위를 움직이는 점 P의 시각 $t\,(0<t<\pi)$에서의 위치 $P\,(x,\,y)$가

$$x = \sqrt{3}\sin t, \quad y = 2\cos t - 5$$

이다. 시각 $t = \alpha\,(0 < \alpha < \pi)$에서 점 P의 속도 $\vec{v}$와 $\overrightarrow{\mathrm{OP}}$가 서로 평행할 때, $\cos\alpha$의 값은? (단, O는 원점이다.) [4점]

① $\dfrac{1}{10}$ ② $\dfrac{1}{5}$ ③ $\dfrac{3}{10}$ ④ $\dfrac{2}{5}$ ⑤ $\dfrac{1}{2}$

🖉 이 문제는 『미적분』 과목의 내용과 『기하』 과목의 <벡터> 단원에 있는 내용이 섞여있다. 출제 경향의 흐름을 보여주는 취지에서 이 문제를 책에 넣기는 했으나, 『기하』가 수능 범위가 아니므로 풀지 않고 넘어가도 무방하다.

복습	1회	2회	3회	4회	5회
채점 ○△X					

328. [2010년 수능 (가)형 미분과 적분 30번]

좌표평면 위를 움직이는 점 P의 시각 t에서의 위치 $(x,\, y)$가

$$\begin{cases} x = 4(\cos t + \sin t) \\ y = \cos 2t \end{cases} \quad (0 \le t \le 2\pi)$$

이다. 점 P가 $t = 0$에서 $t = 2\pi$까지 움직인 거리 (경과 거리)를 $a\pi$라 할 때, a^2의 값을 구하시오. [4점]

복습	1회	2회	3회	4회	5회
채점 ○△X					

329. [2008년 수능 (가)형 미분과 적분 30번]

$x = 0$에서 $x = 6$까지 곡선 $y = \dfrac{1}{3}(x^2 + 2)^{\frac{3}{2}}$의 길이를 구하시오. [4점]

미적분 4. 적분법 경향19
적분법 그래프 고난도

수능 4점

복습	1회	2회	3회	4회	5회
채점 ○△X					

1등급

330. [2024년 수능 (미적분) 28번] `실전 분석`

실수 전체의 집합에서 연속인 함수 $f(x)$가 모든 실수 x에 대하여 $f(x) \ge 0$이고, $x < 0$일 때 $f(x) = -4xe^{4x^2}$이다. 모든 양수 t에 대하여 x에 대한 방정식 $f(x) = t$의 서로 다른 실근의 개수는 2이고, 이 방정식의 두 실근 중 작은 값을 $g(t)$, 큰 값을 $h(t)$라 하자.

두 함수 $g(t)$, $h(t)$는 모든 양수 t에 대하여

$$2g(t) + h(t) = k \quad (k\text{는 상수})$$

를 만족시킨다. $\displaystyle\int_0^7 f(x)dx = e^4 - 1$일 때, $\dfrac{f(9)}{f(8)}$의 값은? [4점]

① $\dfrac{3}{2}e^5$ ② $\dfrac{4}{3}e^7$ ③ $\dfrac{5}{4}e^9$

④ $\dfrac{6}{5}e^{11}$ ⑤ $\dfrac{7}{6}e^{13}$

복습	1회	2회	3회	4회	5회
채점 ○△✕					

1등급

331. [2024년 9월 (미적분) 30번]
양수 k에 대하여 함수 $f(x)$를
$$f(x) = (k - |x|)e^{-x}$$
이라 하자. 실수 전체의 집합에서 미분가능하고 다음 조건을 만족시키는 모든 함수 $F(x)$에 대하여 $F(0)$의 최솟값을 $g(k)$라 하자.

> 모든 실수 x에 대하여 $F'(x) = f(x)$이고
> $F(x) \geq f(x)$이다.

$g\left(\dfrac{1}{4}\right) + g\left(\dfrac{3}{2}\right) = pe + q$일 때, $100(p+q)$의 값을 구하시오. (단, $\displaystyle\lim_{x \to \infty} xe^{-x} = 0$이고, p와 q는 유리수이다.) [4점]

복습	1회	2회	3회	4회	5회
채점 ○△✕					

1등급

332. [2022년 수능 (미적분) 30번] `실전 분석`
실수 전체의 집합에서 증가하고 미분 가능한 함수 $f(x)$가 다음 조건을 만족시킨다.

> (가) $f(1) = 1$, $\displaystyle\int_1^2 f(x)dx = \dfrac{5}{4}$
>
> (나) 함수 $f(x)$의 역함수를 $g(x)$라 할 때,
> $x \geq 1$인 모든 실수 x에 대하여
> $g(2x) = 2f(x)$이다.

$\displaystyle\int_1^8 xf'(x)dx = \dfrac{q}{p}$일 때, $p+q$의 값을 구하시오. (단, p와 q는 서로소인 자연수이다.) [4점]

복습	1회	2회	3회	4회	5회
채점 ○△X					

1등급

333. [2023년 9월 (미적분) 28번]

실수 a $(0 < a < 2)$에 대하여 함수 $f(x)$를

$$f(x) = \begin{cases} 2|\sin 4x| & (x < 0) \\ -\sin ax & (x \geq 0) \end{cases}$$

이라 하자. 함수

$$g(x) = \left| \int_{-a\pi}^{x} f(t)dt \right|$$

가 실수 전체의 집합에서 미분가능할 때, a의 최솟값은? [4점]

① $\dfrac{1}{2}$ ② $\dfrac{3}{4}$ ③ 1

④ $\dfrac{5}{4}$ ⑤ $\dfrac{3}{2}$

복습	1회	2회	3회	4회	5회
채점 ○△X					

1등급

334. [2022년 9월 (미적분) 30번]

최고차항의 계수가 1인 사차함수 $f(x)$와 구간 $(0, \infty)$에서 $g(x) \geq 0$인 함수 $g(x)$가 다음 조건을 만족시킨다.

> (가) $x \leq -3$인 모든 실수 x에 대하여
> $$f(x) \geq f(-3)$$
> 이다.
> (나) $x > -3$인 모든 실수 x에 대하여
> $$g(x+3)\{f(x) - f(0)\}^2 = f'(x)$$
> 이다.

$\displaystyle\int_{4}^{5} g(x)dx = \dfrac{q}{p}$일 때, $p+q$의 값을 구하시오.

(단, p와 q는 서로소인 자연수이다.) [4점]

복습	1회	2회	3회	4회	5회
채점 ○△✕					

복습	1회	2회	3회	4회	5회
채점 ○△✕					

1등급

335. [2021년 수능 (가)형 20번] **실전 분석**

함수 $f(x) = \pi \sin 2\pi x$ 에 대하여 정의역이 실수 전체의 집합이고 치역이 집합 $\{0,\,1\}$ 인 함수 $g(x)$ 와 자연수 n 이 다음 조건을 만족시킬 때, n 의 값은? [4점]

> 함수 $h(x) = f(nx)\,g(x)$ 는 실수 전체의 집합에서 연속이고
> $$\int_{-1}^{1} h(x)\,dx = 2, \quad \int_{-1}^{1} x\,h(x)\,dx = -\frac{1}{32}$$
> 이다.

① 8 ② 10 ③ 12 ④ 14 ⑤ 16

1등급

336. [2021년 9월 (미적분) 30번]

최고차항의 계수가 9인 삼차함수 $f(x)$ 가 다음 조건을 만족시킨다.

> (가) $\displaystyle\lim_{x \to 0} \frac{\sin(\pi \times f(x))}{x} = 0$
>
> (나) $f(x)$ 의 극댓값과 극솟값의 곱은 5 이다.

함수 $g(x)$ 는 $0 \le x < 1$ 일 때 $g(x) = f(x)$ 이고 모든 실수 x 에 대하여 $g(x+1) = g(x)$ 이다. $g(x)$ 가 실수 전체의 집합에서 연속일 때,

$$\int_{0}^{5} x\,g(x)\,dx = \frac{q}{p}$$

이다. $p+q$ 의 값을 구하시오. (단, p 와 q 는 서로소인 자연수이다.) [4점]

복습	1회	2회	3회	4회	5회
채점 ○△X					

1등급

337. [2020년 수능 (가)형 21번] 실전 분석

실수 t에 대하여 곡선 $y=e^x$ 위의 점 $(t,\ e^t)$에서의 접선의 방정식을 $y=f(x)$라 할 때, 함수 $y=|f(x)+k-\ln x|$가 양의 실수 전체의 집합에서 미분가능하도록 하는 실수 k의 최솟값을 $g(t)$라 하자. 두 실수 $a,\ b\ (a<b)$에 대하여

$\int_a^b g(t)\,dt = m$이라 할 때, <보기>에서 옳은 것만을 있는 대로 고른 것은? [4점]

[보 기]

ㄱ. $m<0$ 이 되도록 하는 두 실수 a , b $(a<b)$가 존재한다.

ㄴ. 실수 c 에 대하여 $g(c)=0$ 이면 $g(-c)=0$이다.

ㄷ. $a=\alpha$, $b=\beta(\alpha<\beta)$일 때 m 의 값이 최소이면 $\dfrac{1+g'(\beta)}{1+g'(\alpha)}<-e^2$이다.

① ㄱ   ② ㄴ   ③ ㄱ, ㄴ
④ ㄱ, ㄷ   ⑤ ㄱ, ㄴ, ㄷ

복습	1회	2회	3회	4회	5회
채점 ○△X					

1등급

338. [2019년 6월 (가)형 30번]

상수 $a,\ b$에 대하여 함수 $f(x)=a\sin^3 x+b\sin x$가

$$f\left(\frac{\pi}{4}\right)=3\sqrt{2},\quad f\left(\frac{\pi}{3}\right)=5\sqrt{3}$$

을 만족시킨다. 실수 $t\,(1<t<14)$에 대하여 함수 $y=f(x)$의 그래프와 직선 $y=t$가 만나는 점의 x좌표 중 양수인 것을 작은 수부터 크기순으로 모두 나열할 때, n번째 수를 x_n이라 하고

$$c_n = \int_{3\sqrt{2}}^{5\sqrt{3}} \frac{t}{f'(x_n)}\,dt$$

라 하자. $\displaystyle\sum_{n=1}^{101} c_n = p+q\sqrt{2}$일 때, $q-p$의 값을 구하시오. (단, p와 q는 유리수이다.) [4점]

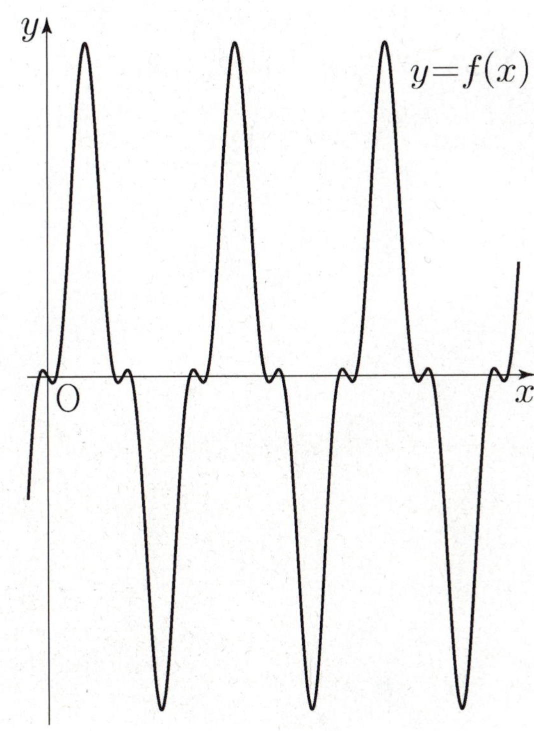

복습	1회	2회	3회	4회	5회
채점 ○△X					

1등급

339. [2018년 수능 (가)형 30번] 실전 분석

실수 t에 대하여 함수 $f(x)$를

$$f(x)=\begin{cases} 1-|x-t| & (|x-t| \leq 1) \\ 0 & (|x-t| > 1) \end{cases}$$

이라 할 때, 어떤 홀수 k에 대하여 함수

$$g(t)=\int_{k}^{k+8} f(x)\cos(\pi x)\,dx$$

가 다음 조건을 만족시킨다.

> 함수 $g(t)$가 $t=\alpha$에서 극소이고 $g(\alpha) < 0$인
> 모든 α를 작은 수부터 크기순으로 나열한 것을
> $\alpha_1, \alpha_2, \cdots, \alpha_m$ (m은 자연수)라 할 때,
> $\sum_{i=1}^{m} \alpha_i = 45$이다.

$k - \pi^2 \sum_{i=1}^{m} g(\alpha_i)$의 값을 구하시오. [4점]

복습	1회	2회	3회	4회	5회
채점 ○△X					

1등급

340. [2018년 수능 (나)형 30번] 실전 분석

이차함수 $f(x)=\dfrac{3x-x^2}{2}$에 대하여 구간 $[0, \infty)$에서 정의된 함수 $g(x)$가 다음 조건을 만족시킨다.

> (가) $0 \leq x < 1$일 때, $g(x)=f(x)$이다.
> (나) $n \leq x < n+1$일 때,
> $$g(x) = \frac{1}{2^n}\{f(x-n)-(x-n)\}+x$$
> 이다. (단, n은 자연수이다.)

어떤 자연수 $k\,(k \geq 6)$에 대하여 함수 $h(x)$는

$$h(x)=\begin{cases} g(x) & (0 \leq x < 5 \text{ 또는 } x \geq k) \\ 2x-g(x) & (5 \leq x < k) \end{cases}$$

이다. 수열 $\{a_n\}$을 $a_n = \int_{0}^{n} h(x)\,dx$라 할 때,

$$\lim_{n \to \infty} (2a_n - n^2) = \frac{241}{768}$$ 이다. k의 값을 구하시오.
[4점]

복습	1회	2회	3회	4회	5회
채점 $\bigcirc \triangle \times$					

1등급

341. [2018년 9월 (가)형 21번]

0이 아닌 세 정수 l, m, n이

$|l|+|m|+|n| \leq 10$ 을 만족시킨다.

$0 \leq x \leq \dfrac{3}{2}\pi$ 에서 정의된 연속함수 $f(x)$가 $f(0)=0$,

$f\left(\dfrac{3}{2}\pi\right)=1$ 이고

$$f'(x)=\begin{cases} l\cos x & \left(0 < x < \dfrac{\pi}{2}\right) \\ m\cos x & \left(\dfrac{\pi}{2} < x < \pi\right) \\ n\cos x & \left(\pi < x < \dfrac{3}{2}\pi\right) \end{cases}$$

를 만족시킬 때, $\displaystyle\int_{0}^{\frac{3}{2}\pi} f(x)dx$ 의 값이 최대가 되도록

하는 l, m, n에 대하여 $l+2m+3n$의 값은? [4점]

① 12   ② 13   ③ 14

④ 15   ⑤ 16

복습	1회	2회	3회	4회	5회
채점 $\bigcirc \triangle \times$					

1등급

342. [2011년 수능 (가)형 미분과 적분 29번]

`실전 분석`

실수 전체의 집합에서 미분가능하고, 다음 조건을

만족시키는 모든 함수 $f(x)$에 대하여 $\displaystyle\int_{0}^{2} f(x)dx$의

최솟값은? [4점]

> (가) $f(0)=1$, $f'(0)=1$
> (나) $0 < a < b < 2$이면 $f'(a) \leq f'(b)$이다.
> (다) 구간 $(0,1)$에서 $f''(x)=e^x$이다.

① $\dfrac{1}{2}e-1$ ② $\dfrac{3}{2}e-1$ ③ $\dfrac{5}{2}e-1$

④ $\dfrac{7}{2}e-2$ ⑤ $\dfrac{9}{2}e-2$

경향 01   수열의 극한 계산

1	⑤	**2**	②	**3**	③	**4**	③	**5**	①
6	④	**7**	⑤	**8**	⑤	**9**	④	**10**	①
11	②	**12**	③	**13**	②	**14**	③	**15**	②
16	⑤	**17**	②	**18**	3	**19**	⑤	**20**	4
21	①	**22**	54	**23**	③	**24**	16	**25**	15
26	②	**27**	⑤	**28**	①	**29**	16	**30**	①
31	53.33	**32**	57	**33**	19	**34**	⑤	**35**	40

경향02   도형의극한

36	③	**37**	⑤	**38**	②	**39**	⑤	**40**	16
41	⑤	**42**	④	**43**	37	**44**	③	**45**	50
46	19	**47**	④						

경향03   수렴조건

				48	17	**49**	⑤	**50**	③
51	16	**52**	40	**53**	③	**54**	④	**55**	97
56	25	**57**	91	**58**	109	**59**	162	**60**	18
61	24	**62**	③	**63**	33	**64**	①		

경향04   등비급수

								65	②
66	①	**67**	③	**68**	⑤	**69**	①	**70**	④
71	①	**72**	②	**73**	②	**74**	②	**75**	②
76	③	**77**	②	**78**	③	**79**	③	**80**	②
81	②	**82**	④	**83**	③	**84**	⑤	**85**	⑤
86	⑤	**87**	13						

경향05   여러함수의미분계산

				88	③	**89**	③	**90**	③
91	④	**92**	③	**93**	③	**94**	④	**95**	②
96	③	**97**	③	**98**	③	**99**	②	**100**	⑤
101	④	**102**	④	**103**	26	**104**	②	**105**	35
106	①	**107**	③	**108**	④	**109**	④	**110**	④
111	①	**112**	①	**113**	③	**114**	③		

경향06   도형

								115	④
116	③	**117**	⑤	**118**	④	**119**	⑤		

경향07   도형의극한

								120	60
121	2	**122**	④	**123**	②	**124**	25	**125**	②
126	11	**127**	④	**128**	50	**129**	①	**130**	③
131	23	**132**	15	**133**	④	**134**	40	**135**	②
136	③	**137**	①	**138**	①	**139**	①	**140**	30
141	④	**142**	16	**143**	16	**144**	65	**145**	30
146	17								

경향08   미분법계산

		147	③	**148**	②	**149**	②	**150**	④
151	①	**152**	8	**153**	④	**154**	④	**155**	4
156	⑤	**157**	③	**158**	②	**159**	③	**160**	2
161	1	**162**	⑤	**163**	28	**164**	8	**165**	15
166	14	**167**	⑤	**168**	①	**169**	①	**170**	5
171	③	**172**	④	**173**	96					

경향09 미분법그래프

				174	②	175	④		
176	⑤	177	①	178	①	179	⑤	180	②
181	③	182	⑤	183	①	184	④	185	18
186	⑤	187	②	188	125	189	5	190	②
191	⑤	192	2	193	②	194	10	195	③
196	④	197	④	198	⑤	199	⑤	200	11

경향10 변화율

201	①	202	④	203	83	204	③	205	②
206	④								

경향11 미분법그래프고난도

		207	11	208	17	209	②	210	①
211	25	212	④	213	55	214	31	215	32
216	②	217	3	218	⑤	219	16	220	29
221	72	222	24	223	17	224	11	225	64
226	43	227	331	228	5	229	27	230	④
231	30	232	④	233	216	234	④	235	39
236	72	237	⑤	238	④				

경향12 적분법계산

				239	⑤	240	⑤		
241	②	242	③	243	④	244	④	245	④
246	②	247	⑤	248	2	249	②	250	⑤
251	②	252	②	253	②	254	③	255	②
256	⑤								

경향13 적분과급수

		257	③	258	③	259	①	260	④
261	②	262	②	263	12	264	④	265	②
266	④	267	①	268	12	269	14	270	③

경향14 적분항등식

271	③	272	①	273	①	274	⑤	275	④
276	⑤	277	24	278	④				

경향15 적분식조작

				279	④	280	④		
281	②	282	31	283	③	284	12	285	②
286	④	287	②	288	93	289	16	290	④
291	①	292	⑤						

경향16 적분법그래프

				293	⑤	294	④	295	①
296	⑤	297	26	298	①	299	②	300	①
301	96	302	③	303	⑤	304	27		

경향17 부피

								305	①
306	①	307	③	308	④	309	②	310	③
311	④	312	④	313	③	314	25	315	32
316	32	317	3.75	318	①	319	⑤	320	9
321	②								

경향18 평면운동

		322	①	323	③	324	4	325	③
326	⑤	327	④	328	64	329	78		

경향19 적분법그래프고난도

								330	②
331	25	332	143	333	②	334	283	335	⑤
336	115	337	⑤	338	12	339	21	340	9
341	⑤	342	③						

미적분 실전개념분석 정답

경향 01 수열의 극한 계산

1	③	**2**	⑤	**3**	②	**4**	①

경향 02 도형의 극한

5	⑤	**6**	⑤	**7**	④	**8**	③	**9**	16
10	②	**11**	50						

경향 03 수렴조건

12	40	**13**	33	**14**	③	**15**	16	**16**	①
17	⑤	**18**	③	**19**	162	**20**	25		

경향 04 도형 등비급수

21	③	**22**	③	**23**	②	**24**	13	**25**	③
26	③								

경향 05 여러 함수의 미분 계산

27	35	**28**	②

경향 06 도형

29	④

경향 07 도형의 극한

30	30	**31**	30	**32**	②	**33**	16	**34**	17
35	④	**36**	16	**37**	11				

경향 08 미분법 계산

38	5

경향 09	미분법 그래프								
39	⑤	**40**	⑤	**41**	②	**42**	⑤	**43**	125
44	⑤	**45**	⑤	**46**	⑤	**47**	②	**48**	①
49	④	**50**	②						

경향 10	변화율								
51	③	**52**	①	**53**	83	**54**	④	**55**	④
56	②								

경향 12	적분법 계산		
57	②		

경향 13	적분과 급수								
58	②	**59**	③	**60**	②	**61**	14	**62**	③
63	④								

경향 14	적분 항등식								
64	③	**65**	④	**66**	24	**67**	⑤	**68**	④

경향 15	적분식 조작								
69	②	**70**	④	**71**	⑤	**72**	④	**73**	①
74	④	**75**	②						

경향 16	적분법 그래프								
76	⑤	**77**	③	**78**	①	**79**	96	**80**	26
81	⑤								

경향 17	부피		
82	①	**83**	9

경향 18	평면운동		
84	①		

미적분 실전개념분석 정답

고난도 | 고난도 접근법1
85 ④

고난도 | 고난도 접근법2
86 ③

고난도 | 고난도 접근법3
87 72 88 ④ 89 11

고난도 | 고난도 접근법4
90 39 91 ⑤

고난도 | 고난도 접근법5
92 ② 93 143 94 9

고난도 | 고난도 접근법6
95 216 96 ⑤

고난도 | 고난도 접근법7
97 72 98 29 99 31 100 27

고난도 | 고난도 접근법8
101 21 102 ⑤

고난도 | 고난도 접근법9
103 ① 104 64 105 ④

내 손으로 수능 전체 범위
9종 교과서를 10일 만에
개념과 실전의 연결고리

THIS IS THE BOOK

[연구16] 함수 $f(x)$가 어떤 구간에서 미분가능하고, 그 구간의 모든 x에 대하여 $f'(x) > 0$이면 $f(x)$는 이 구간에서 증가함을 유도하시오.

[연구17] 다음 명제의 참 거짓을 판별하시오.

① $y = f(x)$가 증가함수이면 $f'(x) > 0$이다.

② $f'(x) > 0$이면 $y = f(x)$가 증가함수이다.

③ $y = f(x)$가 증가함수이면 $f'(x) \geq 0$이다.

④ $f'(x) \geq 0$이면 $y = f(x)$가 증가함수이다.

---

⑨ 함수의 증가와 감소

함수 $f(x)$가 어떤 구간의 임의의 두 수 x_1, x_2에 대하여

> **연구 15** **함수의 증가:**

> **함수의 감소:**

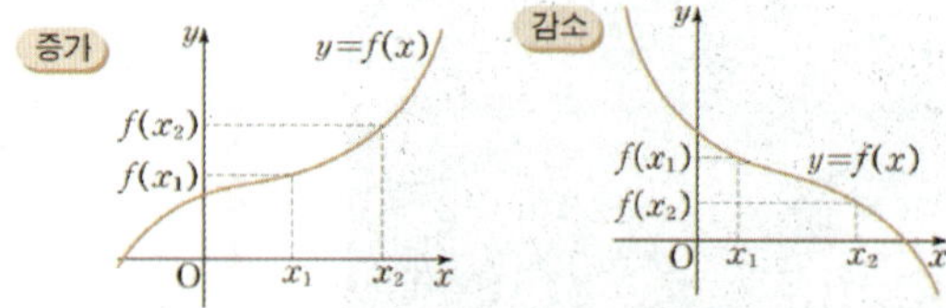

함수 $f(x)$가 어떤 구간에서 미분가능하고, 그 구간에서

> **연구 16** ① $f'(x) > 0$이면

> ② $f'(x) < 0$이면

> **연구 17** $f(x)$ 증가 $\rightleftarrows f'(x) > 0$

> $f(x)$ 증가 $\rightleftarrows f'(x) \geq 0$

✎ 함수의 증가와 감소

▲ 수학의 단권화 - 빈칸책
내 손으로 빈칸에 개념을 채워넣고

연구16 함수 $f(x)$가 어떤 구간에서 미분가능하고, 그 구간의 모든 x에 대하여 $f'(x)>0$이면 $f(x)$는 이 구간에서 증가함을 유도하시오.

연구17 다음 명제의 참 거짓을 판별하시오.
① $y=f(x)$가 증가함수이면 $f'(x)>0$이다.
② $f'(x)>0$이면 $y=f(x)$가 증가함수이다.
③ $y=f(x)$가 증가함수이면 $f'(x)\geq0$이다.
④ $f'(x)\geq0$이면 $y=f(x)$가 증가함수이다.

9 함수의 증가와 감소

함수 $f(x)$가 어떤 구간의 임의의 두 수 x_1, x_2에 대하여

연구15 함수의 증가: $x_1<x_2$ 이면 $f(x_1)<f(x_2)$
왼 오른 아래 위

함수의 감소: $x_1<x_2$ 이면 $f(x_1)>f(x_2)$
왼 오른 위 아래

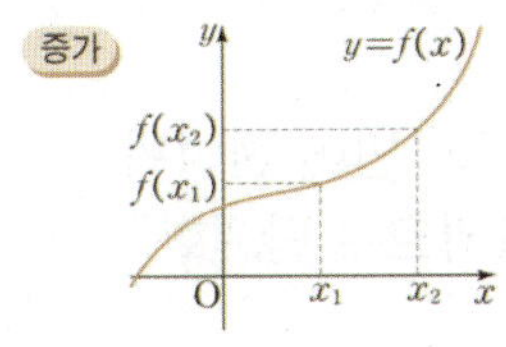

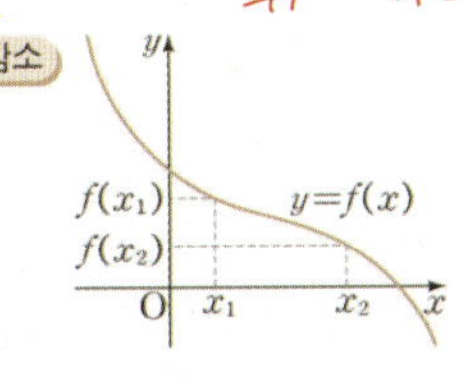

함수 $f(x)$가 어떤 구간에서 미분가능하고, 그 구간에서

연구16 ① $f'(x)>0$이면
$f(x)$는 그 구간에서 증가

② $f'(x)<0$이면
$f(x)$는 그 구간에서 감소

연구17 $f(x)$ 증가 $\overset{\times}{\Rightarrow}$ $f'(x)>0$

$f(x)$ 증가 $\overset{\bigcirc}{\Leftarrow}$ $f'(x)\geq0$

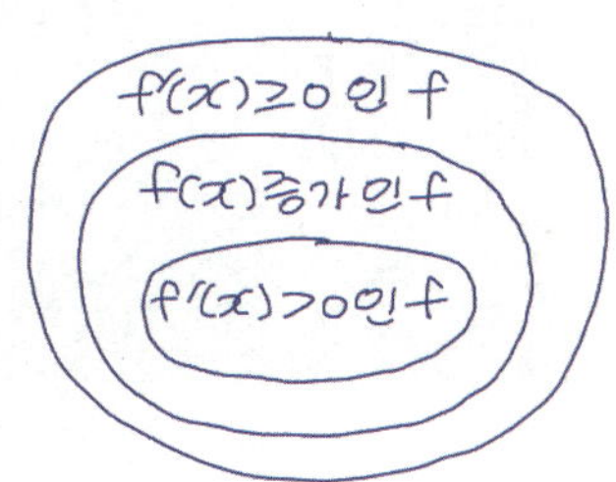

✎ 함수의 증가와 감소

유도

① 구간의 임의의 두 수
x_1, x_2에 대하여 $x_1<x_2$라고 하자
평균값의 정리에 의하여

$$\frac{f(x_2)-f(x_1)}{x_2-x_1}=f'(c)$$ 인 c가

구간에 적어도 하나 존재한다. } 개념

$f'(x)>0$ 이므로 $f'(c)>0$이고
$x_2-x_1>0$ 이므로
$f(x_2)-f(x_1)>0$ 이다. } 조건

결국 $x_1<x_2$ 일때, $f(x_1)<f(x_2)$ } 정의

반례

※ $f(x)=x^3$ 증가함수 → $f'(x)=3x^2>0$
$x_1<x_2 \Rightarrow f(x_1)<f(x_2)$
$x_1^3<x_2^3$
$f'(0)=0$ 모순

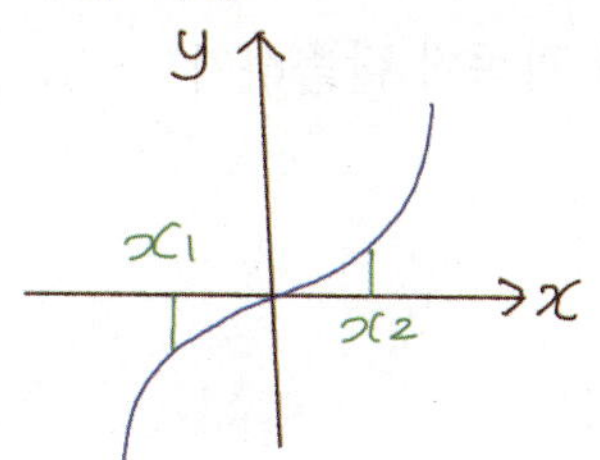

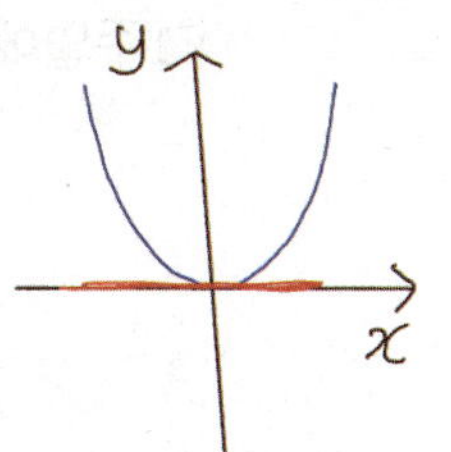

※ $f'(x)\geq0$ ⟶ $f(x)$증가함수 모순!
ex) 닥스훈트 곡선
$f(x_1)=f(x_2)$
x_1 x_2

▲ 수학의 단권화 - 김지석의 필기노트
김지석의 필기노트에서 확인하고

수능한권

“6일만에 대표문제 분석
기출분석+실전개념”

강의페이지

도형의필연성

“도형의 모든것,
6시간 완성”

그래프테크닉

“수능 고난도 그래프 문제를
내 손으로 풀어내는 힘”

2027
김지석 프리패스

수능한권

미적분

프리즘 해설서

김지석

- 서울대학교 수학교육과 졸업 (영문학 부전공)
- 현) EBS-i 인강
- 현) 오르비 인강
- 현) 수학혁명 유튜브
- 전) 공신닷컴(gongsin.com) 대표 멘토
- 전) 미국 Lehi High School 교사인턴
- 『대박타점 공부법』 저자

수능의 Major Trend와 Minor Trend를 알면
올해 수능이 보입니다.

15개정 교육과정에 맞는
수능 기출 전문항에 대한
Big-Data Analysis

x

수능문제와 6월 9월 평가원을
한 권으로 깊고 자세하게
서울대학교 수학교육과의 풀컬러 손풀이와 함께하세요.

수능을 한 권에 담았습니다.

수능한권

수능한권 미적분 Contents

수능을 한 권에 담다.
Big Data Report와 Analysis, 실전개념분석, Prism 해설지, 수능수학과 평가원 모든 문항을 한 권에

수능한권은 실전개념분석이 있는 파트와 워크북 파트가 있어요.
워크북에는 수능 전개년 + 평가원 8개년 4점 문제 중 현 15개정 시험범위에 맞춘 모든 수능문제가 있답니다.
수능을 정복하는 나만의 맞춤전략을 세워보세요.

수능한권 미적분 Preview

수능한권 Big Data Analysis

수능한권 실전개념분석

수능한권 미적분 WorkBook 1. 수열의 극한

수능한권 미적분 WorkBook 2. 여러 함수의 미분

수능한권 미적분 WorkBook 3. 미분법

수능한권 미적분 WorkBook 4. 적분법

수능한권 6일 완성 Guide

수능한권은 학습자의 편의에 따라 독학을 해도 혹은 인강을 수강해도 전체 실전개념 분석을
6일 안에 완성할 수 있도록 플랜을 제시해 드려요.
수능한권 인강 타임라인을 기록하여 두었으니 인강을 수강한다면 하루에 얼마큼 들을지 계산하기 좋고,
독학으로 공부해도 제시된 타임라인 스케줄에 맞게 공부시간을 짤 수 있으니 안성맞춤이에요.
하루 평균 3시간 제시된 플래너로 6일 동안 수능한권을 집중적으로 완성해보세요.
눈에 띄게 달라진 나의 수학실력과 문제를 보는 힘이 생길 거예요.

수능한권 1일 [수열의 극한]　　[공부]　월　일　[복습]　　/

Day	Progress		Topic	Time	☑
1일 (179m)	1강	1일(1)	[Major Trend] 미적분 수열극한 경향01 Big-data Report	15	☐
	2강	1일(2)	수열극한 경향01 대표 문제 분석 (1~3번)	43	☐
	3강	1일(3)	수열극한 경향01 대표 문제 분석 (4번)	5	☐
	4강	1일(4)	수열극한 경향02 Big-data Report	3	☐
	5강	1일(5)	수열극한 경향02 대표 문제 분석 (5~9번)	43	☐
	6강	1일(6)	수열극한 경향02 대표 문제 분석 (10~11번)	28	☐
	7강	1일(7)	수열극한 경향03 Big-data Report	3	☐
	8강	1일(8)	수열극한 경향03 대표 문제 분석 (12~15번)	18	☐
	9강	1일(9)	수열극한 경향03 대표 문제 분석 (16~18번)	21	☐

수능한권 2일 [수열의 극한/여·함·미]　　[공부]　월　일　[복습]　　/

Day	Progress		Topic	Time	☑
2일 (178m)	10강	2일(1)	수열극한 경향03 대표 문제 분석 (19번)	26	☐
	11강	2일(2)	수열극한 경향03 대표 문제 분석 (20번)	23	☐
	12강	2일(3)	수열극한 경향04 Big-data Report	4	☐
	13강	2일(4)	수열극한 경향04 대표 문제 분석 (21~22번)	28	☐
	14강	2일(5)	수열극한 경향04 대표 문제 분석 (23번)	10	☐
	15강	2일(6)	수열극한 경향04 대표 문제 분석 (24~26번)	17	☐
	16강	2일(7)	[Major Trend] 여러함수미분 경향05 Big-data Report	9	☐
	17강	2일(8)	여러함수미분 경향05 대표 문제 분석 (27~28번)	11	☐
	18강	2일(9)	여러함수미분 경향06 Big-data Report	2	☐
	19강	2일(10)	여러함수미분 경향06 대표 문제 분석 (29번)	7	☐
	20강	2일(11)	여러함수미분 경향07 Big-data Report	3	☐
	21강	2일(12)	여러함수미분 경향07 대표 문제 분석 (30~31번)	38	☐

수능한권
미적분 인강

수능한권 3일 [여·함·미/미분법] [공부] 월 일 [복습] /

Day	Progress		Topic	Time	☑
3일 (190m)	22강	3일(1)	여러함수미분 경향07 대표 문제 분석 (32~34번)	65	☐
	23강	3일(2)	여러함수미분 경향07 대표 문제 분석 (35~37번)	49	☐
	24강	3일(3)	[Major Trend] 미분법 경향08 Big-data Report	6	☐
	25강	3일(4)	미분법 경향08 대표 문제 분석 (38번)	8	☐
	26강	3일(5)	미분법 경향09 Big-data Report	2	☐
	27강	3일(6)	미분법 경향09 대표 문제 분석 (39번)	8	☐
	28강	3일(7)	미분법 경향09 대표 문제 분석 (40~41번)	14	☐
	29강	3일(8)	미분법 경향09 대표 문제 분석 (42번)	12	☐
	30강	3일(9)	미분법 경향09 대표 문제 분석 (43번)	26	☐

수능한권 4일 [미분법] [공부] 월 일 [복습] /

Day	Progress		Topic	Time	☑
4일 (180m)	31강	4일(1)	미분법 경향09 대표 문제 분석 (44번)	18	☐
	32강	4일(2)	미분법 경향09 대표 문제 분석 (45~46번)	37	☐
	33강	4일(3)	미분법 경향09 대표 문제 분석 (47번)	34	☐
	34강	4일(4)	미분법 경향09 대표 문제 분석 (48번)	18	☐
	35강	4일(5)	미분법 경향09 대표 문제 분석 (49~50번)	34	☐
	36강	4일(6)	미분법 경향10 Big-data Report	3	☐
	37강	4일(7)	미분법 경향10 대표 문제 분석 (51~52번)	36	☐

Day	Progress		Topic	Time	☑
5일 (219m)	38강	5일(1)	미분법 경향10 대표 문제 분석 (53~54번)	53	☐
	39강	5일(2)	미분법 경향10 대표 문제 분석 (55~56번)	44	☐
	40강	5일(3)	미분법 경향11 Big-data Report	4	☐
	41강	5일(4)	[Major Trend] 적분법 경향12 Big-data Report	11	☐
	42강	5일(5)	적분법 경향12 대표 문제 분석 (57번)	5	☐
	43강	5일(6)	적분법 경향13 Big-data Report	6	☐
	44강	5일(7)	적분법 경향13 대표 문제 분석 (58번)	51	☐
	45강	5일(8)	적분법 경향13 대표 문제 분석 (59~60번)	9	☐
	46강	5일(9)	적분법 경향13 대표 문제 분석 (61~63번)	25	☐
	47강	5일(10)	적분법 경향14 Big-data Report	3	☐
	48강	5일(11)	적분법 경향14 대표 문제 분석 (64~65번)	8	☐

Day	Progress		Topic	Time	☑
6일 (243m)	49강	6일(1)	적분법 경향14 대표 문제 분석 (66~67번)	19	☐
	50강	6일(2)	적분법 경향14 대표 문제 분석 (68번)	13	☐
	51강	6일(3)	적분법 경향15 Big-data Report	3	☐
	52강	6일(4)	적분법 경향15 대표 문제 분석 (69~70번)	20	☐
	53강	6일(5)	적분법 경향15 대표 문제 분석 (71~72번)	24	☐
	54강	6일(6)	적분법 경향15 대표 문제 분석 (73~74번)	23	☐
	55강	6일(7)	적분법 경향15 대표 문제 분석 (75번)	29	☐
	56강	6일(8)	적분법 경향16 Big-data Report	2	☐
	57강	6일(9)	적분법 경향16 대표 문제 분석 (76~78번)	18	☐
	58강	6일(10)	적분법 경향16 대표 문제 분석 (79번)	8	☐
	59강	6일(11)	적분법 경향16 대표 문제 분석 (80번)	22	☐
	60강	6일(12)	적분법 경향16 대표 문제 분석 (81번)	20	☐
	61강	6일(13)	적분법 경향17 Big-data Report	2	☐
	62강	6일(14)	적분법 경향17 대표 문제 분석 (82번)	7	☐
	63강	6일(15)	적분법 경향17 대표 문제 분석 (82번)	15	☐
	64강	6일(16)	적분법 경향18 Big-data Report	3	☐
	65강	6일(17)	적분법 경향18 대표 문제 분석 (84번)	9	☐
	66강	6일(18)	적분법 경향19 Big-data Report	6	☐

수능한권 - 미적분 고난도 1일 　　　[공부] 　월 　일 [복습] 　　/

Day	Progress		Topic	Time	☑
1일 (190m)	1강	1일(1)	고난도 접근법 1 문제 풀이 85	20	☐
	2강	1일(2)	고난도 접근법 2 문제 풀이 86	9	☐
	3강	1일(3)	고난도 접근법 3 문제 풀이 87~88	37	☐
	4강	1일(4)	고난도 접근법 3 문제 풀이 89	20	☐
	5강	1일(5)	고난도 접근법 4 문제 풀이 90	32	☐
	6강	1일(6)	고난도 접근법 4 문제 풀이 91	17	☐
	7강	1일(7)	고난도 접근법 5 문제 풀이 92	15	☐
	8강	1일(8)	고난도 접근법 5 문제 풀이 93~94	40	☐

수능한권 - 미적분 고난도 2일 　　　[공부] 　월 　일 [복습] 　　/

Day	Progress		Topic	Time	☑
2일 (185m)	9강	2일(1)	고난도 접근법 6 문제 풀이 95~96	38	☐
	10강	2일(2)	고난도 접근법 7 문제 풀이 97~98	40	☐
	11강	2일(3)	고난도 접근법 7 문제 풀이 99	30	☐
	12강	2일(4)	고난도 접근법 7 문제 풀이 100	38	☐
	13강	2일(5)	고난도 접근법 8 문제 풀이 101	39	☐

수능한권 - 미적분 고난도 3일 　　　[공부] 　월 　일 [복습] 　　/

Day	Progress		Topic	Time	☑
3일 (164m)	14강	3일(1)	고난도 접근법 8 문제 풀이 102	23	☐
	15강	3일(2)	고난도 접근법 9	70	☐
	16강	3일(3)	고난도 접근법 9 문제 풀이 103	15	☐
	17강	3일(4)	고난도 접근법 9 문제 풀이 104	30	☐
	18강	3일(5)	고난도 접근법 9 문제 풀이 105	26	☐

수능한권 6일 완성 Guide

수능한권은 하루마다 공부해야 할 스케줄을 나눠 두었습니다.
중단 없이 몰아서 학습하는 것이 효과가 좋기 때문에 병행 없이 수능한권만 집중적으로
매일 공부 분량에 맞게 공부하고 데일리 복습해주세요. 탄탄한 수학실력을 갖출 수 있을 거예요.

- Day1 'WorkBook' 2점-3점
  - 워크북 전체 2점 문항만 풀어보기
  - 워크북 3점 문항만 풀어보기 (1)

- Day2 'WorkBook' 3점
  - 워크북 3점 문항만 풀어보기 (2)

- Day3 수능한권 실전개념분석 1일차 공부
  (인강 or 독학)

- Day4 수능한권 실전개념분석 2일차 공부
  (인강 or 독학)

- Day5 수능한권 실전개념분석 3일차 공부
  (인강 or 독학)

- Day6 수능한권 실전개념분석 4일차 공부
  (인강 or 독학)

- Day7 수능한권 실전개념분석 5일차 공부
  (인강 or 독학)

- Day8 수능한권 실전개념분석 6일차 공부
  (인강 or 독학)

- Day9 'WorkBook' 4점 (+실전개념분석 복습)
  - 수능한권 워크북 4점 문항만 풀어보기 (1)
  *1등급 문항 제외

- Day10 'WorkBook' 4점 (+실전개념분석 복습)
  - 수능한권 워크북 4점 문항 1단원 풀어보기 (1)
  *1등급 문항 제외

- Day11 'WorkBook' 4점 (+실전개념분석 복습)
  - 수능한권 워크북 4점 문항 2단원 풀어보기 (2)
  *1등급 문항 제외

- Day11 'WorkBook' 4점 (+실전개념분석 복습)
  - 수능한권 워크북 4점 문항 3단원 풀어보기 (3)
  *1등급 문항 제외

- Day12 'WorkBook' 4점 (+실전개념분석 복습)
  - 수능한권 워크북 1등급 문항 풀어보기 (1)

- Day13 'WorkBook' 4점 (+실전개념분석 복습)
  - 수능한권 워크북 1등급 문항 풀어보기 (2)

- Day14 전문항 틀린 문항 복습

나만의 수능한권 복습 스케줄

Day	Progress	Review Topic	Time	☑
				☐
				☐
				☐
				☐
				☐
				☐
				☐
				☐
				☐
				☐
				☐
				☐
				☐
				☐
				☐
				☐
				☐
				☐
				☐
				☐

수능한권 200%활용하기

수능한권은 기존에 보던 문제집에서 볼 수 없는 독특한 매력과 장점을 지니고 있어요.
그렇기 때문에 학습자 여러분이 낯설지 않도록 수능한권을 200% 활용할 수 있는 공부법과 수능한권을 소개해
드려요. 수능한권 200% 활용 공부법으로 보다 똑똑하게 좋은 성적을 낼 수 있는 밑거름으로 수능한권을 활용해
보세요. 수능기출에서 얻을 수 있는 모든 것을 얻어가는 것은 물론 수능한권만의 수능분석을 경험하고 올해
평가원 모의고사를 거쳐서 자신만의 수능약점을 분석한다면 수능에 최적화된 여러분을 만나실 수 있을 거예요.

■ 기출문제에 대한 이해

수능은 과거에도 그렇고 올해 수능도
① 기존 출제되어왔던 포인트 + ② 미출제 포인트 + ③ 출제된 적은 있지만 한동안 출제되지 않았던 포인트
이렇게 3가지 요소를 섞어서 출제가 될 거예요. 그렇기 때문에 기출문제도 중요하고 나의 실력 역시
업그레이드를 꾸준하게 하는 것이 매우 중요하죠. 하지만 수능이 시작되고 30년이나 흐른 지금 각종 교육청,
평가원 모의고사를 합하면 기출문제가 1만여 문제를 훨씬 뛰어 넘는다는 걸 알고 계시나요? 1년을 기출문제에만
올인 해도 다 풀지 못하고 수능장으로 가는 것이 15개정 수능, 올해 수능이 되었어요.

■ 3세대 수능분석 '수능한권'

수능이 시작한지 얼마 되지 않았을 때, 기출문제가 별로 없어서 그냥 기출문제라면 무조건 풀어도 되는 시대가
있었어요. 우리는 그것을 1세대 기출분석이라고 불러요. 기출문제를 풀고 정답을 맞히면서 학습하는 과정이죠.
이 시기에는 학습의 방향성이 없이 기출분석을 해도 되는 시기였어요.

하지만 수능이 점차 해를 거듭할수록 기출문제가 많아지자 유형별로 기출문제를 학습하는 시대가 왔어요.
유형별로 학습하는 과정과 기출문제를 푸는 과정을 동시에 하죠. 하지만 유형별로 기출문제를 학습해온 시기가
벌써 20여년이나 지난 오래된 공부법으로 공부하면서 수능의 큰 흐름과 작은 흐름을 놓치는 것도 모자라 볼륨이
너무 크기 때문에 막상 '나'를 위한 공부를 할 시간도 부족해졌어요.

그래서 우리는 2세대 기출분석을 넘어 3세대 기출분석이 필요해졌어요. 기출문제 1만여 문제 중 현재 수능
범위에 맞는 수능 기출 문제들, 그리고 Data-Analysis를 통해 분류된 수능의 Major Trend와 Minor Trend를
공부하면서 함께 체득해 나가기 위해서예요.

기출문제도 풀어야하고, N제도 풀어야하고, 모의고사도 풀어야 하는 수험생은 한 권의 기출문제를 하더라도
똑똑하고 빠르게 유형별로 학습해야 해요. 수능의 큰 흐름과 그 안에 있는 작은 흐름도 놓치지 않고 수능
기출문제로 전체 뼈대를 잡아보세요. 수능한권은 수능의 100%를 담았기 때문에 총체적인 것들을 모두 흡수하며
학습하는 과정이 바로 3세대 수능분석 '수능한권'이 도와줄 거예요.

■ 수능의 Major Trend와 Minor Trend

수능한권은 단원별 Major Trend와 단원 안에 있는 경향별로 Minor Trend가 있어요.
하나의 단원을 공부하더라도 그 단원의 흐름을 먼저 알고 세부적으로 그 단원에 출제된 수능기출문제를
경향별로 나누었어요. 각 경향별로 수능에서 어떻게 출제 되었는지 올해 수능에서 이 경향이 나올지에 대한
Data-Analysis를 같이 넣었고, 김지석t가 경향별로 중요한 코멘트를 달았답니다. 단원 전체의 Major Trend와
경향별로 Minor Trend를 문제를 풀기 전에 읽는다면 향후 학습방향과 내가 취약한 경향이 어떤 것인지
정확하게 파악될 거예요.

■ 수능 기출문제의 모든 것 '수능한권 Work Book'

수능기출문제 중 과목별로 올해 수능범위에 해당하는 모든 기출문제를 Work Book에 실었어요.
또한 8개년 평가원 4점 문제를 한 문제도 빠트리지 않고 모두 넣었죠. 수능한권 워크북을 통해 수능기출문제를
우선적으로 풀어본다면 수능 기출문제에 대한 걱정이 없어요. 범위에 맞는 모든 기출문제를 넣어놨기
때문이에요. 경향별 실전개념분석으로 Minor Trend를 학습하고 워크북으로 완성해보아요.

■ 수능한권 '실전개념분석'

수능한권은 실전개념분석이 있어요. Data-Analysis 다음 나오는 실전개념분석은 그 경향에서 얻을 수 있는
스킬들을 누적적으로 활용할 수 있게 구성하였답니다. 난이도가 쉬운 순에서 어려운 순으로 앞에서 풀었던
내용을 누적해서 활용할 수 있게 구성하였으니 실전개념분석에 실린 순서대로 따라 풀면서 경향의 흐름을
체험해 보세요.

■ 수능한권 '프리즘 해설지'

수능한권의 또 다른 장점 프리즘 해설지는 '문제를 해결하는 순서와 방향성'에 초점을 맞추었고 문제를 분석할
수 있는 '문제 분석력'과 문제를 해결하는 힘인 '문제 해결력'을 한꺼번에 기를 수 있게 고안되었어요.
해설을 봐도 봐도 이해가 안 되었을 때가 있나요? 걱정하지마세요. 해설을 이해하고자 하는 노력이 필요 없는
'한눈에 흡수되는 해설'을 풀컬러 손해설로 수능한권에서 만나보세요.

■ 5회독 복습법

문제마다 5회독 복습표를 붙여놨어요. 나의 약점을 '워크북'에 체크해 둔 뒤 체크한 문제만 골라서 복습해보세요.
수능한권을 완성하는 것은 6일정도 걸리지만 수능한권을 체화하는 것은 꾸준한 나의 약점 복습을 얼마나
하느냐에 따라 달렸어요. 푸는 방법이 익숙하지 않은 것들은 맞았더라도 △로 표시하고 확실하게 내 것이 될
때까지 복습해 보세요! 복습하는 데 시간이 오래 걸릴 것 같지만 5회독 복습표가 있으니 나의 약점만 골라서
복습하니까 시간이 오래 걸리지도 않아요.

수능한권 5회독 하는 법

수능한권에는 전 문항에 '5회독 복습표'가 달려있어요.
5회독 복습표를 효과적으로 활용하기 위해 가이드를 제공해드려요. 가이드대로 수능한권 5회독에 도전해보세요.
나의 약점이 극복되는 것은 물론 수능수학의 뼈대를 보다 확실하게 세울 수 있을 거예요!

■ STEP1 '실전개념분석' 먼저 풀어보기

오늘 공부하기로 한 분량에 수능한권 실전개념분석을 먼저 풀어보세요.
문제가 만약 막힌다면 시간을 너무 오래 끌지 마세요.
고민하는 시간을 충분히 주고 문제를 푸는 것은 내가 충분히 문제를 많이 풀었을 때 해도 늦지 않아요.
고민하는 시간을 최대 5분 이내로 잡고 (추천 1분) 프리즘 해설지를 보거나 강의를 수강하도록 해요!

■ STEP2 실전개념분석 강의듣기 or 프리즘 해설지로 스스로 공부하기

내가 못 풀었던 문제는 X표시
풀긴 풀었으나 프리즘 해설지나 강의를 듣고 더 이해가 되는 지점이 있거나 익숙하지 않다면 △표시
내가 완벽하게 알고 있고 왜 이런지 설명가능하다면 O표시
이렇게 실전개념분석에 5회독 복습표에 표시해 두도록 해요.

■ STEP3 모든 문제가 O이 될수록 △X만 골라서 학습하기!

[복습표 예시 ▼]

복습	1회	2회	3회	4회	5회
채점 O△X	X	△	O		O

복습	1회	2회	3회	4회	5회
채점 O△X	X	X	△	O	O

복습	1회	2회	3회	4회	5회
채점 O△X	△	O			O

복습	1회	2회	3회	4회	5회
채점 O△X	O				O

■ STEP4 한 단원이 끝났다면 실전개념분석+워크북 전체적으로 한 번 풀어보기

복습	1회	5회
채점	△	O
O△X		

복습	1회	5회
채점	X	O
O△X		

한 단원이 끝났으면 문제에서 △X가 적혀있는 문제들은 다시 한 번 점검차원에서 풀어보도록 해요.
△X가 적혀있는 문제들만 보면 되기 때문에 복습 횟수가 늘어날수록 복습시간이 줄어드는 마법 같은 일이
벌어질 거예요.

■ STEP5 추천 스케줄 예시

Day	Progress	Review Topic	Time	□ Check it!
1	1일차 진도	■ 인강 1일차 진도 ■ 실전개념분석 11번까지 (문항 당 2분 예습 겸 문제풀기) +실전개념분석 오답정리하기		
2	1일 복습 + 2일차 진도	■ 실전개념분석 누적복습 경향04까지 실전개념분석 △X 풀기 →잘 풀리면 0 ■ 인강 2일차 진도 경향05까지 실전개념분석 문항 당 2분 예습 →프리즘 해설 또는 인강으로 공부하기		
3	누적복습 + 3일차 진도	■ 실전개념분석 누적복습 경향05까지 누적복습 (△X 문제만!) ■인강 3일차 진도 경향08까지 실전개념분석 문항 당 2분 예습 →프리즘 해설 또는 인강으로 공부하기		
4 리뷰데이	지수로그	워크북 경향05까지 전체풀기 (지수로그 단원만) +프리즘 해설로 풀었던 문제도 이해해두기 **+전문항 O△X 체크해두기 (나의 지수로그 수능 약점!)**		
...		■실전개념분석 누적복습 ■인강 N일차 진도		
리뷰데이		■ 한 단원이 끝나면 　워크북으로 해당 단원 전체 풀어보고 ■ 이전단원 워크북 △X 문제 풀어보기!		

김지석T의 1등급 태도

수능을 잘 보려면 문제만 단순히 많이 풀어서는 잘 볼 수가 없어요.
적은 문제를 풀어도 많은 문제를 풀 수 있는 효과는 바로 학습자의 '태도'에 달려있어요.
단순히 열심히 풀기만 하는 것을 넘어 김지석T의 1등급 태도를 지속적으로 읽고
문제 풀이에 적용해보려는 연습을 해보세요. 내 실력이 빠르게 올라가는 것을 경험하게 될 거예요.

■ 김지석T의 1등급 태도

#1.

N등급  이 문제를 어떻게 풀어? (x)

1등급  이 문제와 관련 있는 개념이 뭐지? (O)

문제를 단순히 보면서 어떻게 풀 지를 생각하는 것은 누구나 다 합니다.
하지만 한 문제 한 문제를 보면서 이 문제와 관련 있는 개념이 무엇인지
떠올려보는 버릇이 들어야 실력이 늡니다.

#2.

N등급  단서를 어떻게 변형하지? (x)

1등급  답을 내려면 뭐가 필요하지? (O)

많은 학생들이 단서를 이렇게 저렇게 요렇게 변형해서 답을 내려 합니다.
하지만 답 중심으로 사고를 하고 답에서 필요한 것이 무엇인지 거꾸로
거슬러 생각할 줄 알아야 실력이 오릅니다.

#3.

N등급  여러 가지라서 어쩔 줄 모르겠어. ㅠㅠ (x)

1등급  여러 가지 다 해본다. (O)

여러 가지 경우가 많을 때 대부분 어쩔 줄 몰라 하면서 우왕좌왕합니다.
하지만 과감하게 여러 가지 다 해보세요. 바로 답이 뿅! 하고 안 떠올라도
괜찮아요.

#4.

N등급  무한히 많은 경우가 있어서 다 해볼 수도 없잖아! (x)

1등급  그럼 아무거나 예시를 들어 한 가지라도 해본다. (O)

시행착오를 겁내지 마세요. 이렇게 저렇게 해보면서 시행착오도 겪어보면서 맞는 걸 찾아가는 과정이 훈련이고 그것이 수학입니다.

#5.

N등급  시도하려는 것이 맞다는 확신이 없어. 어쩌지? (x)

1등급  빨리 시도하고 빨리 틀려보고 빨리 새로운 시도를 한다. (O)

어쩌지. 하고 멈추지 마세요. 빨리 시도해보고 조건에 안 맞아 나의 시도가 틀렸다면 빨리 또 다른 시도를 하면 됩니다. 도전을 겁내지 마세요. 확신이 없어서 시도하는 것을 망설이지 마세요. 중요한 건 여러 번 시도를 해보는 거예요.

#6.

N등급  아는 유형인데 응용되어 못 풀겠어. (x)

1등급  알고 있는 문제와 공통적인 측면부터 시도해보자.(O)

알고 있는 문제랑 비슷한 데 응용되어 못 풀겠다고요? 걱정하지 마세요. 알고 있는 문제로부터 공통적인 측면을 찾아서 도전해보는 겁니다. 아는 것으로부터 모르는 것으로의 확장은 '공통점'을 찾아가는 것에 달렸어요.

#7.

N등급  고난도 문제에서 숫자가 일치하는 여러 단서가 있어도 어렵다고 멍 때린다. (x)

1등급  단서와 단서들의 숫자의 일치를 우연으로 보지 않는다. 무슨 관련이 있을 것이다! (O)

문제에 숫자가 일치하는 여러 단서가 있는 데 대부분 학생들은 문제가 어렵다고 혹은 문제의 비주얼에 쫄아서 멍때립니다. 숫자의 일치를 우연으로 보지 말고 무슨 관련이 있을 것이라고 집요하게 생각해 보세요. 길이 보일 수도 있습니다.

#8.

N등급

문제의 단서가 국어(문장)로 서술 되어 있을 때
그런가보다~~~ 하고 생각한다. (x)

1등급

국어(문장)으로 되어 있는 단서를
수학(식)으로 변역하여 표현한다.(O)

문제의 단서가 줄줄이 표현되어 있는 데 대부분 단서를 읽다가 지치거나
그런가보다~ 하고 생각하고 그 이상 생각하기를 멈춥니다. 국어로 서술되어 있는
문제의 단서를 수학 식으로 번역하여 표현해 봅시다. 그래야 문제에 제시된 단서를
올바르게 써먹을 수 있어요.

#9.

N등급

좌표평면, 곡선, 교점 … 그래프 관련 표현이 문제에 말로 언급되어
있어도 아무생각 없이 문제를 읽어낸다. (x)

1등급

문제에서 언급된 대로 그래프부터 그릴 생각을 하자. (O)

그래프가 주어지지 않는 문제들 경우 좌표평면, 곡선, 교점 등으로 그래프에 대한
설명을 문제에서 합니다. 대부분의 학생들이 그냥 그대로 직독직해(?)를 하는데
이제부터는 그래프 관련 된 표현들이 문제에 그냥 언급이 되어 있다면
그래프부터 그릴 생각을 해봅시다. 그래야 문제가 잘 풀려요.

#10.

N등급 

문제가 정말 안 풀리네...(5분 지남)... (x)

1등급 

문제가 안 풀리면 체크하고 넘어가세요.
체크하고 다시 돌아와서 또 시도해보는 거예요. (O)
한 문제를 주구장창 오래 붙잡고 생각해야지
내 실력이 올라간다고 생각하는 사람들이 많아요. 그러면 괴롭기만 할 뿐!

문제가 안 풀리면서 1분 이상 지체된다면 체크하고 다른 문제를 풉시다.
그리고 다시 돌아와서 또 1분 동안 문제를 푸는 시도를 해보는 거예요.
그렇게 여러 번 5번, 6번 시도를 해봐도 좋아요.
문제를 풀다 생각이 막힐 때도 체크하고 건너뛰고
다른 문제 풀고 다시 돌아와도 됩니다.

1문제 1번 시도 x 10분 생각 < 1문제 10번 시도 x 1분 생각

중요한 건 한 문제를 한 번에 오래 붙잡아보는 것이 아니라
여러 번 시도를 해보는 것입니다. 그래야 내 수학실력이 빠르게 올라가요.

한 권으로 끝내는

수능한권
미적분

1. 수열의 극한
2. 여러 함수의 미분
3. 미분법
4. 적분법

Big Data Report

[수능]

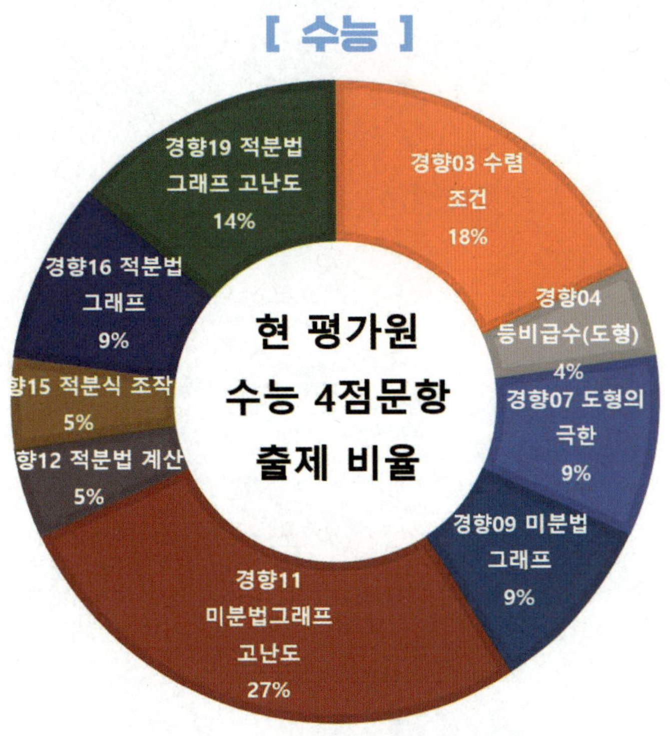

[6월 & 9월 & 수능]

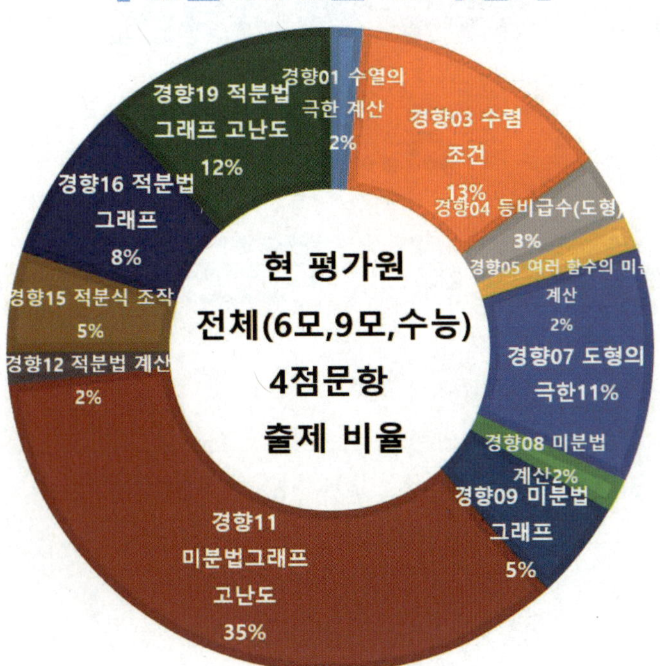

■ 선택과목 미적분은 분량이 참 많은 과목이지만 선택과목이라 출제 문항수가 적은 편이다.
결국 고난도 4점 문항 3문제 중에 내가 몇 문제를 맞춰낼 수 있는가! 이게 나의 등급을 결정하는 것이라 볼 수 있다.

■ 미적분은 수능에서 4점 문항으로 나오는 큰 테마는 이렇게 볼 수 있다.

Top1. [경향11] 미분법 그래프 고난도 (27%)
Top2. [경향03] 수렴조건 (18%)
Top3. [경향19] 적분법 그래프 고난도 (14%)
Top4. 복잡한 적분식 계산 (10%)
[경향12] 적분법 계산 + [경향15] 적분식 조작
Top5. [경향07] 도형의 극한 (9%)

■ 적분을 얼마나 잘 다루는지, 복잡한 적분식 계산을 얼마나 수월하게 할 수 있는지를 물어보는 평가 기준을 놓고 본다면 [경향12] 적분법 계산과 [경향15] 적분식 조작은 서로 다른 경향이지만 하나의 평가취지로 해석할 수 있다.

■ 미적분은 선택과목이라 6모에서 전 범위를 출제하지 않는다. 그래서 수능에서 잘 출제되지 않지만 6모만의 제약(?)으로 출제된 4점 문항들이 있는걸 알 수 있다. 예를 들면, [경향05] 여러 함수의 미분 계산에서 고난도 문항으로 출제된다든지 [경향08] 미분법 계산에서 고난도 문항으로 출제된다든지 이런 문항들은 트렌드를 만든다기 보다 출제 범위의 제약 때문에 나온 것으로 보는 것이 옳다.

■ 6모, 9모, 수능까지 함께 아울러 보면 미적분에서 고득점을 하기 위해 반드시 정복해야 할 것들이 정해져있는 것을 알 수 있다.
Top1. 미분법 그래프 (40%)
[경향09] 미분법 그래프+ [경향11] 미분법 그래프 고난도
Top2. 적분법 그래프 (20%)
[경향16] 적분법 그래프+ [경향19] 적분법 그래프 고난도

■ 미분법 그래프 경향과 적분법 그래프 경향을 합치면 전체 4점 문항 출제비율 중에 60%를 차지하고 있다. 즉 미적분을 잘하기 위해서는 그래프에 대한 접근법이 정확하게 정리가 되어 있어야 하고 그래프 테크닉을 익혀두어야 고득점이 가능하다는 소리다. 이번 수능에서도, 이번 평가원 모의고사에서도 반드시 나온다고 봐도 무방하다.

■ 이런 그래프 테크닉은 하루아침에 기르기 힘들다. 또 양치기를 한다고 해서 그래프 테크닉을 기르려면 힘들고 오래 걸린다. 그래서 정확한 접근법과 테크닉을 먼저 익힌 뒤 문제풀이를 통해 실력을 끌어올리는 것을 추천한다.

■ 특히 미적분 그래프 문항들을 잘하기 위해서는 간접범위에서 나왔던 그래프 관련 개념들과 수Ⅱ의 미분법 그래프 고난도, 적분법 그래프 고난도 문항들에 대한 공부가 먼저 되어 있어야 미적분 그래프 문항들에 대한 대비를 잘 할 수 있다.

■ 최근 수능에서 나오는 출제 문항수를 보면 패턴이 거의 정해져있다.
≫ 수열의 극한 - 2문항
계산 1문항 + 수렴조건 1문항
≫ 여러 함수의 미분 - 1문항
계산 1문항
≫ 미분법 - 2문항
그래프or 계산 1문항 +그래프 고난도 1문항
≫ 적분법 - 3문항
계산 1문항 + 부피 1문항 + 그래프 1문항

■ 4점 배점 가능한 문제 수가 적다보니 3점 문제임에도 불구하고 4점 난이도의 문제가 나올 수 있다. 실제로 그랬던 전례가 있었다. 이번 수능에서 27번이 어렵게 나온다고 해서 당황하지 말자.

■ 미적분은 개념도 많고 그에 따라 익혀야할 실전개념도 많다. 개념의 유도과정에 대한 이해를 먼저 하고 있다면 개념의 유기적인 연결고리가 생기면서 부담이 덜할 수 있다.

올해 수능 미적분 학습 방향 조언

수열의 극한 주요 고난도 경향03 수렴조건

미적분 도형파트 문항 축소 그래프 문항 확대

적분법 계산력+그래프

초고난도 문항 비중 ↓ 고난도 문항 비중 ↑

■ 작년 수능 출제 문항 분류

단원	문항 수	2점	3점	4점
수열의 극한	2문제		25번 (경향01)	29번 (경향03)
여함미	1문제	23번 (경향05)		
미분법	2문제		27번 (경향08)	30번 (경향11)
적분법	3문제		24번 (경향12) 26번 (경향17)	28번 (경향16)

미적분

1. 수열의 극한

Big Data Report

전체 수능 출제 비율

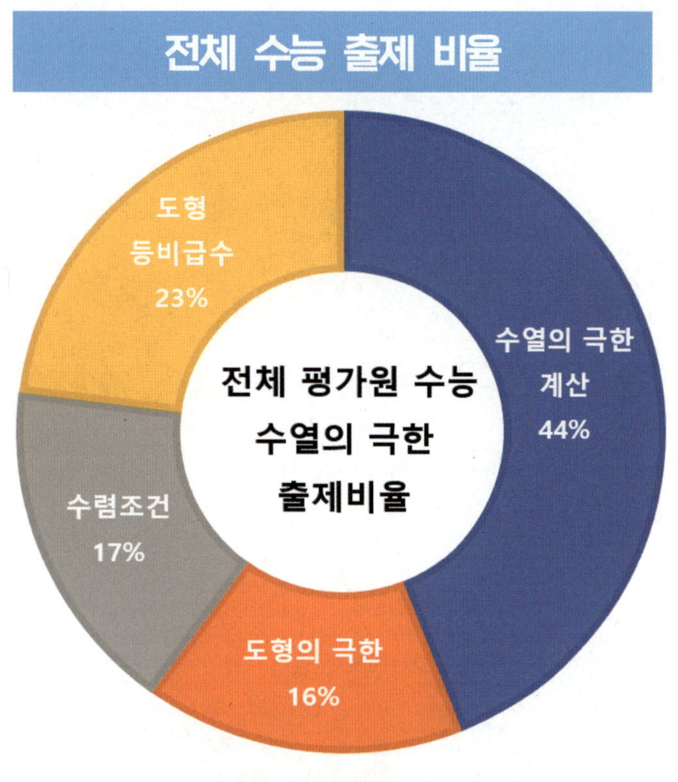

현 평가원 수능 출제 비율

■ 수열의 극한 단원은 4가지 경향으로 분석하였다.

■ [경향03] 수렴조건은 2024학년도부터 고난도로 출제되는 소위 최근에 '핫'한 경향이다. 생김새가 험악하게 생긴 것에 비해 미적분 4점 고난도 3문제 중 제일 할만한(?) 편일 것이다. 미적분 4점 고난도로 출제되는 그래프 문항들은 사전에 준비하고 공부해뒀어야 하는 것들이 많이 필요한 것에 비해 이 경향은 그렇지 않기 때문이다.

■ [경향01] 수열의 극한 계산
교육과정이 바뀐 이래로 1년을 제외하고 꾸준히 출제되었다. 작년 수능에서도 어렵지 않게 출제되었다. 하지만 [경향03] 수렴조건에서 어렵게 나오지 않으면 이 경향에서 어렵게 나올 수는 있다. 25학년도 9모 미적분 29번 문항이 그랬다.

■ [경향02] 도형의 극한
이 경향은 다음 단원의 '삼각함수 도형의 극한'에 잘 밀리는 단원이라 현 평가원 수능에서 아직까지 출제된 적이 없다. 하지만 킬러출제금지 저격으로 '삼도극'이 출제가 안 되고 있기 때문에 이 경향에서 출제될 수 있는 여지가 있고, 연계교재에서도 꾸준히 찾아볼 수 있기도 하니 꼼꼼하게 공부하도록 하자.

■ [경향03] 수렴조건
교육과정을 가리지 않고 드문드문 출제되는 편인데, 최근에 완전히 출제 흐름으로 자리 잡았다. 또 하나 생각해 둬야 할 것은 재작년 두 번의 모의평가에서 이 수렴조건 문항이 나오지 않아서 많은 학생들이 방심하기도 했지만 그 해 수능에서 29번 문항으로 출제되었기도 하다. 미적분에서 고득점을 받고 싶은데 그래프가 약하다면, 무조건 이 [경향03] 수렴조건 경향은 마스터 해둬야 한다.

■ [경향04] 도형 등비급수
긴 시간 동안 여러 교육과정 변화에도 10년 넘게 매년 출제됐던 경향이라 스테디셀러로 자리 잡은 경향이지만, 현 평가원에서 미적분에서 출제할 수 있는 문항이 줄어드니 다른 교육과정에 비해 이 경향에 대한 관심도는 살짝 떨어지는 것을 볼 수 있다.
그래도 현 평가원 체제 수능에서 2번이나 출제된 적은 있기 때문에 방심할 수는 없고 향후 다시 출제될 수도 있어서 꼼꼼하게 공부해두는 것은 필요하다.

■ 전체 수능 평균 난이도와 현 평가원 수능 평균 난이도를 비교해보면 [경향03] 수렴조건은 확실하게 고난도로 출제하고 있는 것을 알 수 있고, [경향04] 도형 등비급수의 평균 난이도는 내려간 것을 볼 수 있다. [경향04] 도형 등비급수 경향은 미적분 개념보다 '도형'을 다루는 능력이 더 필요한 경향이기도 해서 만약 '도형'에 대한 접근법이 명확하게 잡혀있지 않다면 수학 I 삼각함수 도형과 함께 묶어서 '도형의 필연성'을 공부해두면 좋겠다.

■ 작년 수능 출제 문항 분류

[경향01] 수열의 극한 계산
- 25번 [3점]
[경향03] 수렴조건
 - 29번 [4점]

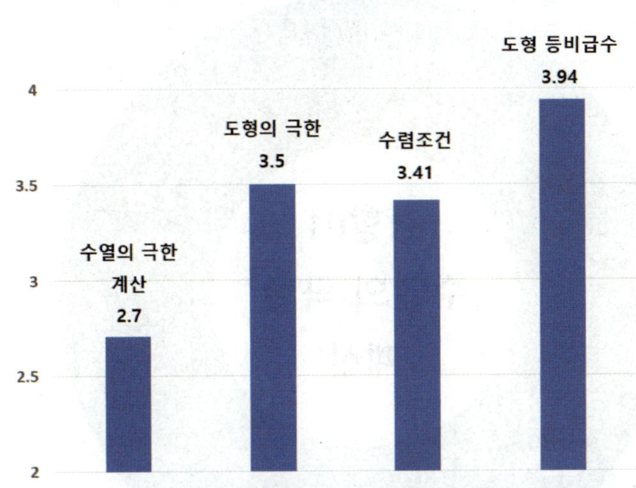

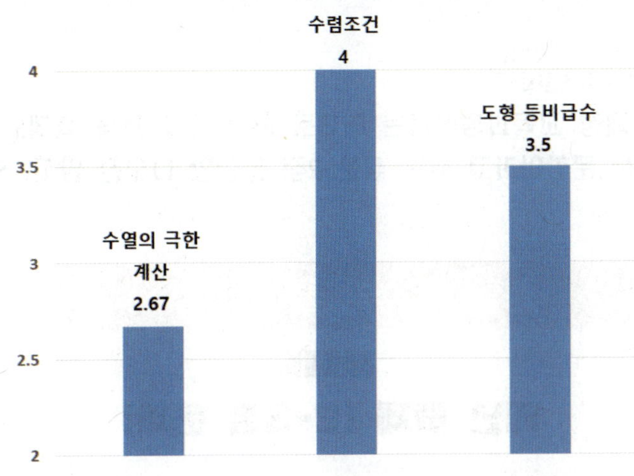

올해 수능 수열의 극한 학습 방향

수렴 조건 경향은
개념을 정확하게 알고
문제 풀이가 필요

도형의 극한, 도형 등비급수는
겸손한 마음으로 공부하는 것이 편함

수렴 조건이 어렵게 안 나오면
수열의 극한 계산 경향에서
어렵게 나올 수도

경향 01 Minor Trend

경향01 수능 출제 난이도

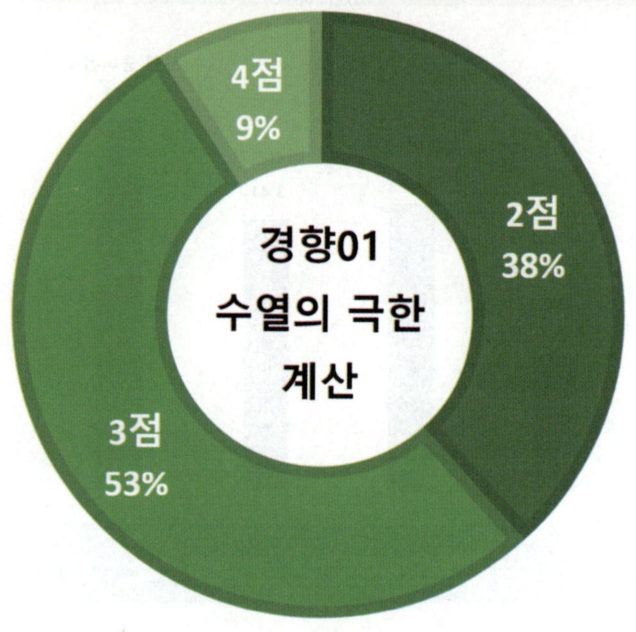

경향01 수능별 데이터 (1)

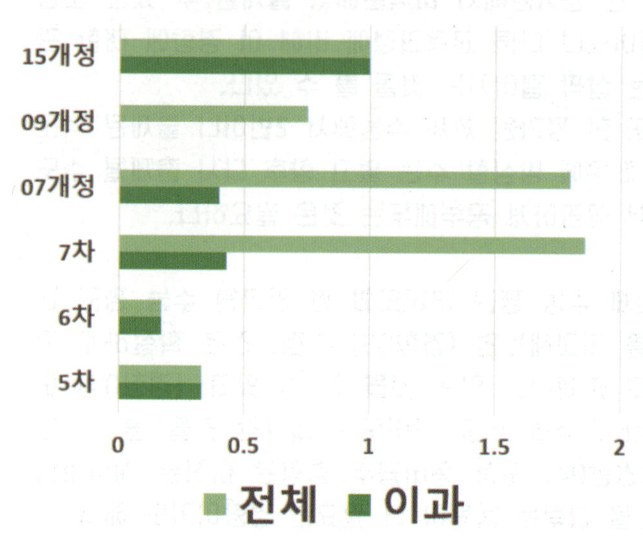

COMMENT

15개정 교육과정에서는 대체로 매년 한 문제씩 출제되고 있는 수열의 극한 계산 문항이야.
계산 문항이라고 해도 쉬운 2점 문항만 나오진 않고, 약간 까다로운 3점 문항까지도 출제될 수 있어.

경향01 수능 출제 전망

■■■■■

매년 출제 (2-3점 문제)

경향01 수열의 극한 단원 내 출제 비율

44.16%

경향01 공부 우선순위

★★★

정확한 개념이 필요

경향01 수능별 데이터 (2)

현교육과정
경향01 수능중요도

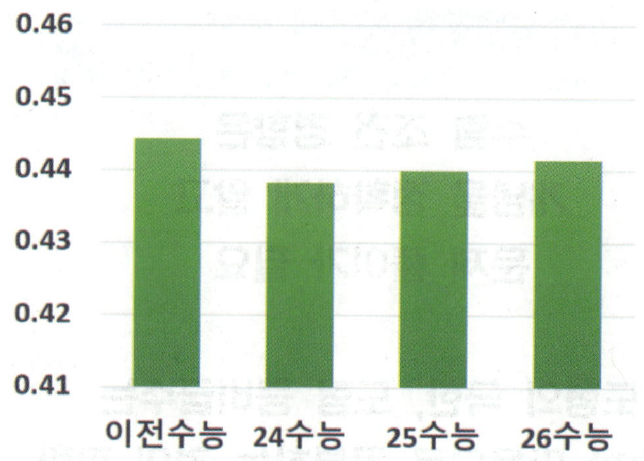

경향01 대표문제분석 001

1. [2019년 수능 (나)형 3번]

$\lim\limits_{n \to \infty} \dfrac{6n^2 - 3}{2n^2 + 5n}$ 의 값은? [2점]

① 5　　② 4　　③ 3 ✓　　④ 2　　⑤ 1

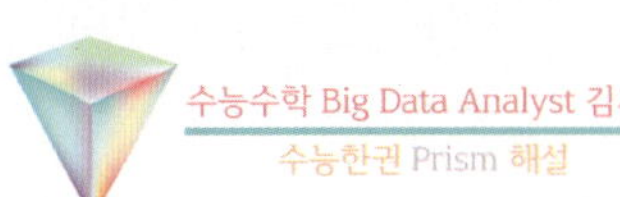
수능수학 Big Data Analyst 김지석
수능한권 Prism 해설

수열의 극한값은 수열의 값과 의미가 다르다.
수열의 극한에서 구하고자 하는 것은 수열의 값이 아니라
'목표값'임을 기억하자.

수열의 값

$$\dfrac{6n^2 - 3}{2n^2 + 5n} \neq \dfrac{6n^2}{2n^2}$$

이지만

$$\lim\limits_{n \to \infty} \dfrac{6n^2 - 3}{2n^2 + 5n} = \lim\limits_{n \to \infty} \dfrac{6n^2}{2n^2} = 3$$

일 수 있다.

이는 수열 $\dfrac{6n^2 - 3}{2n^2 + 5n}$, $\dfrac{6n^2}{2n^2}$ 의 값은 달라도
목표값은 같다라고 해석할 수 있다.

∴ 목표값만 같다면 식을 ☆교체할 수 있다.

$$\therefore \lim\limits_{n \to \infty} \dfrac{6n^2 - 3}{2n^2 + 5n} = \lim\limits_{n \to \infty} \dfrac{6n^2}{2n^2} = 3$$

☆ 극한 값을 구하는 상황에서는
단순히 식만 교체하는 수준이 아니라
도형이나 그래프도 교체 가능하다.

※ [참고]
원래 기본적인 풀이는
$n \to \infty$ 으로 분모, 분자로 나누는 것이다.

$$\lim\limits_{n \to \infty} \dfrac{6n^2 - 3}{2n^2 + 5n}$$

$$= \lim\limits_{n \to \infty} \dfrac{6 - \dfrac{3}{n^2}}{2 + \dfrac{5}{n}} = \dfrac{6 - 0}{2 + 0} = 3$$

■ 극한의 개념

무한대 : ∞ 한없이 커지는 상태를 나타내는
　　　　기호(수가 아님)
수렴 : 어떠한 변수가 어떤 일정한 수에 한없이
　　　　가까워지는 일
발산 : 수렴하지 않음
극한(값) : 그 일정한 수 (변수의 값이 아님)

■ 수열의 수렴

수열 $\{a_n\}$ 에서 n 이 한없이 커질 때,
일반항 a_n 의 값이 일정한 값 α 에
한없이 가까워지면,
수열 $\{a_n\}$ 은 α 에 수렴한다.
　⇒ α 는 $\{a_n\}$ 의 극한(값)
$n \to \infty$ 일 때 $a_n \to \alpha$
$$\lim\limits_{n \to \infty} a_n = \alpha$$

경향 01 Minor Trend

Analysis

lim기호가 있는 상태에서 계산이 가능한 것과 불가능한
것을 정확히 인식해야, 극한을 극한 답게 풀 수 있다.

☆ lim를 활용하여 식 교체는 가능!
(↳목표값이 같다는 전제하에)

☆ lim를 무시하여 이항은 불가능!

【ex】 수열 $\{a_n\}$에 대하여 $\lim\limits_{n \to \infty} \dfrac{a_n}{n+1} = 3$일 때,
$\lim\limits_{n \to \infty} \dfrac{(2n+1)a_n}{3n^2}$의 값은? [3점]

[잘못된 풀이]

$\lim\limits_{n \to \infty} \dfrac{a_n}{n+1} = 3$　lim를 무시하여 이항

→ $a_n = 3(n+1)$ … (X) (잘못된 풀이)

→ $\lim\limits_{n \to \infty} \dfrac{(2n+1)a_n}{3n^2} = \lim\limits_{n \to \infty} \dfrac{(2n+1)3(n+1)}{3n^2} = 2$

$a_n = 3(n+1)$이 아니라 $a_n = 3n + 1000$일 수도 있다.

잘못된 풀이지만 답은 맞게 나온다.
"답이 맞게 나오는데 왜 잘못된 풀이인가?"하는 의문이 들
수는 있겠는데, 잘못된 풀이라고 하는 이유는
문제에 따라서는 이 방법으로 풀면 틀린 답이 나오기
때문이다. 바로 옆에 있는 예제가 그런 경우다.

[올바른 풀이]

$\lim\limits_{n \to \infty} \dfrac{(2n+1)a_n}{3n^2}$

$= \lim\limits_{n \to \infty} \left\{ \dfrac{a_n}{n+1} \times \dfrac{(2n+1)(n+1)}{3n^2} \right\}$

$= 3 \times \dfrac{2}{3} = 2$

【ex】 아래 명제의 참, 거짓을 판단하시오.
$\lim\limits_{n \to \infty} \dfrac{b_n}{a_n} = 1$이면 $\lim\limits_{n \to \infty} (a_n - b_n) = 0$이다.

[잘못된 풀이]

$\lim\limits_{n \to \infty} \dfrac{b_n}{a_n} = 1$

→ $b_n = a_n$　lim를 무시하여 이항

→ $\lim\limits_{n \to \infty} (a_n - b_n) = \lim\limits_{n \to \infty} (a_n - a_n) = 0$

∴ 참 … (X) (잘못된 풀이)

[반례]

ex) $a_n = n + 100$, $b_n = n$

$\lim\limits_{n \to \infty} \dfrac{b_n}{a_n} = \lim\limits_{n \to \infty} \dfrac{n+100}{n} = \lim\limits_{n \to \infty} \left(1 + \dfrac{100}{n} \right) = 1$

이지만

$\lim\limits_{n \to \infty} (a_n - b_n) = \lim\limits_{n \to \infty} \{(n+100) - n\} = 100$

∴ 거짓

경향01 대표문제분석 002

2. [2005년 수능 (나)형 4번]

$$\lim_{n \to \infty} \left(\sqrt{n^2 + 6n + 4} - n \right)$$ 의 값은? [3점]

① $\dfrac{1}{3}$　② $\dfrac{1}{2}$　③ 1　④ 2　⑤ 3

수능수학 Big Data Analyst 김지석
수능한권 Prism 해설

$$\lim_{n \to \infty} \left(\sqrt{n^2 + 6n + 4} - n \right)$$
$$= \lim_{n \to \infty} \left(\sqrt{n^2 + 6n + 9} - n \right) \quad ☆교체$$
$$= \lim_{n \to \infty} (n + 3 - n) = 3$$

[다른 풀이]

$$\lim_{n \to \infty} \left(\sqrt{n^2 + 6n + 4} - n \right)$$
$$= \lim_{n \to \infty} \frac{\left(\sqrt{n^2 + 6n + 4} - n \right)\left(\sqrt{n^2 + 6n + 4} + n \right)}{\sqrt{n^2 + 6n + 4} + n}$$
$$= \lim_{n \to \infty} \frac{6n + 4}{\sqrt{n^2 + 6n + 4} + n}$$
$$= \lim_{n \to \infty} \frac{6 + \dfrac{4}{n}}{\sqrt{1 + \dfrac{6}{n} + \dfrac{4}{n^2}} + 1}$$
$$= \frac{6}{2} = 3$$

0수렴

4 → 9 교체 가능한 이유

4 자리에 어떤 숫자로 교체하더라도 답이 변하지 않는다.

그러면 $\sqrt{}$ 를 없앨 수 있는 숫자로 교체할 수 있고,

그게 바로 9였던 것이다.

Analysis

극한이기 때문에 상황만 잘 맞으면 아래와 같이 계산하는 것도 가능하다. 유리화보다 훨씬 편리하다.

$$\sqrt{n^2 + 2an + b} \risingdotseq \sqrt{n^2 + 2an + a^2} = n + a$$

☆교체 

경향 01 Minor Trend

Analysis

3. [2021년 수능 (가)형 2번]

$$\lim_{n \to \infty} \frac{1}{\sqrt{4n^2+2n+1}-2n}$$ 의 값은? [2점]

① 1　　② 2　　③ 3　　④ 4　　⑤ 5

수능수학 Big Data Analyst 김지석
수능한권 Prism 해설

$$\lim_{n \to \infty} \frac{1}{\sqrt{4n^2+2n+1}-2n}$$ ☆교체

$$= \lim_{n \to \infty} \frac{1}{\sqrt{4n^2+2n+\dfrac{1}{4}}-2n}$$

$$= \lim_{n \to \infty} \frac{1}{\left(2n+\dfrac{1}{2}\right)-2n}$$

$$= 2$$

일반적으로 $n \to \infty$인 경우

$n \to \infty$가 곱해지는 항은 식의 값에 영향을 주지만
$n \to \infty$가 안 곱해지는 항은 식의 값에 영향이 없는 경우가
대부분이다.

$$\sqrt{n^2+2an+b} ≒ n+a$$

수렴　식의 값　답에
발산　결정　영향無
결정

$$\lim_{n \to \infty} n\left(\sqrt{n^2-n+1}-\sqrt{n^2-n-1}\right)$$

에서 1은 다른 숫자로 교체 하면 안된다.
$n \to \infty$이 곱해지는 항이기 때문이다.

$$\lim_{n \to \infty} \left(\sqrt{n^4-n^3+n^2}-\sqrt{n^4-n^3-n^2}\right)$$

다른 숫자로 교체하면 답과 다른 값이 나올 수 있다.

결국 이런 상황에서는 유리화 해서 식을 정리하는 일반적인
풀이를 할 수 밖에 없다.

【ex】$\lim_{n \to \infty} n\left(\sqrt{n^2-n+1}-\sqrt{n^2-n-1}\right)$

(일반적인 풀이)

$$\lim_{n \to \infty} n\left(\sqrt{n^2-n+1}-\sqrt{n^2-n-1}\right)$$

$$= \lim_{n \to \infty} \frac{n\{(n^2-n+1)-(n^2-n-1)\}}{\sqrt{n^2-n+1}+\sqrt{n^2-n-1}}$$

$$= \lim_{n \to \infty} \frac{2n}{\sqrt{n^2-n+1}+\sqrt{n^2-n-1}}$$

$$= 1$$

주의!

위의 문제에서는

$$\sqrt{n^2+2an+b} ≒ n+a$$

교체하는 방법이 적용되지 않는다.

[잘못된 풀이]

$$\lim_{n \to \infty} n\left(\sqrt{n^2-n+1}-\sqrt{n^2-n-1}\right)$$

$$\lim_{n \to \infty} n\left(\sqrt{n^2-n+\left(\dfrac{1}{2}\right)^2}-\sqrt{n^2-n+\left(\dfrac{1}{2}\right)^2}\right)$$

$$= \lim_{n \to \infty} n\left\{\left(n-\dfrac{1}{2}\right)-\left(n-\dfrac{1}{2}\right)\right\}$$

$$= 0$$

어떤 부분이 잘못되었을까?

경향01 대표문제분석 004

4. [1998년 수능 (인문) & (자연) 20번]

수열 $\{a_n\}$이 $a_1 = 1$, $a_2 = 2$, $a_{n+2} = a_{n+1} + a_n$
$(n = 1, 2, 3, \cdots)$을 만족시킨다.

급수 $\displaystyle\sum_{n=1}^{\infty} \frac{a_n}{a_{n+1}a_{n+2}}$의 합은? [3점]

✓① $\dfrac{1}{2}$　　② 1　　③ $\dfrac{3}{2}$　　④ 2　　⑤ 3

Analysis

수능 범위에서 급수는
① 급수 공식이 있는 것 (등차, 등비, $\sum k^m$)
② 자폭 수열
뿐이다. 이런 관점을 갖고 있으면 문제에 해결 방향을 빨리
찾을 수 있다.

문제의 형태가
① 급수 공식이 있는 것(등차, 등비, $\sum k^m$)이
아니기 때문에
② 자폭 수열로 판단하고
어떻게 자폭시킬지를 연구해보자.
→ 분모의 형태가 분자에 비해 복잡하기 때문에, 분자를
변형한다.

$$\sum_{n=1}^{\infty} \frac{a_n}{a_{n+1}a_{n+2}} = \sum_{n=1}^{\infty} \frac{a_{n+2} - a_{n+1}}{a_{n+1}a_{n+2}}$$

$$= \sum_{n=1}^{\infty} \left(\frac{1}{a_{n+1}} - \frac{1}{a_{n+2}} \right) \quad \text{자폭}$$

$$= \lim_{n\to\infty}\left\{ \left(\frac{1}{a_2} - \frac{1}{a_3} \right) + \left(\frac{1}{a_3} - \frac{1}{a_4} \right) + \left(\frac{1}{a_4} - \frac{1}{a_5} \right) + \cdots + \left(\frac{1}{a_{n+1}} - \frac{1}{a_{n+2}} \right) \right\}$$

$$= \lim_{n\to\infty}\left(\frac{1}{a_2} - \frac{1}{a_{n+2}} \right) = \frac{1}{a_2} - 0 = \frac{1}{2}$$

$(\because a_{n+2} = a_{n+1} + a_n$ 이므로 $n\to\infty$일 때 $a_n \to \infty)$

경향 02 Minor Trend

경향02 수능 출제 난이도

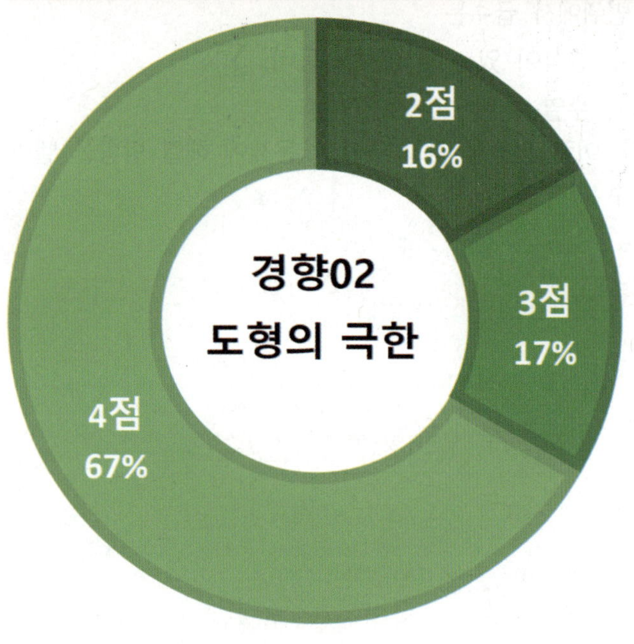

경향02 수능별 데이터 (1)

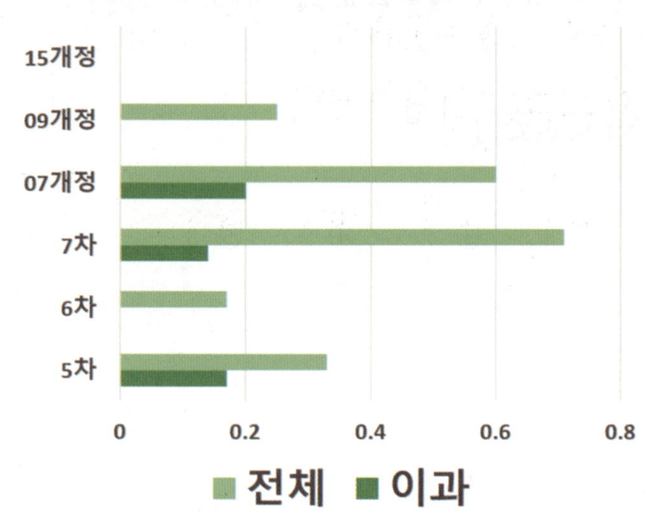

COMMENT

경향02 도형의 극한이 이번 수능에서 출제될 가능성은 적은 편이야. 하지만 15개정 교육과정에서 평가원 모의고사에서 '수열의 극한'과 '삼각함수의 극한'이 결합된 고난도 도형 그래프 문제가 나온 적이 있어. 이처럼 다른 단원과 결합돼서 출제될 수도 있으니 꼼꼼히 공부해두자.

경향02 수능 출제 전망

■■□□□
기습 출제 가능

경향02 수열의 극한 단원 내 출제 비율

15.58%

경향02 공부 우선순위

★
알아두면 도움이 됨

경향02 수능별 데이터 (2)

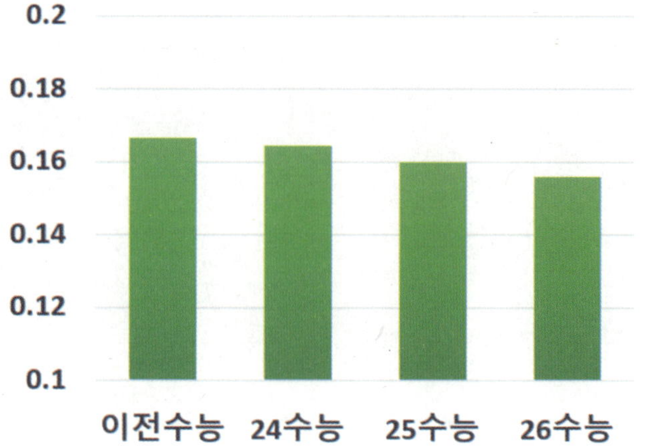

경향02 대표문제분석 005

5. [2000년 수능 (인문) 21번]

자연수 n에 대하여, 두 곡선 $y = x^2 - 2$, $y = -x^2 + \dfrac{2}{n^2}$ 로

둘러싸인 도형의 넓이를 S_n이라 할 때, $\displaystyle\lim_{n \to \infty} S_n$의 값은?

[3점]

① $\dfrac{16}{3}$　② $\dfrac{14}{3}$　③ 4　④ $\dfrac{10}{3}$　⑤ $\dfrac{8}{3}$

$n \to \infty$일 때　☆교체!

$f(x) = -x^2 + \dfrac{2}{n^2} \longrightarrow -x^2$

$\therefore$ $y = -x^2$와 $y = x^2 - 2$로
둘러싸인 도형의 넓이가 $\displaystyle\lim_{n \to \infty} S_n$

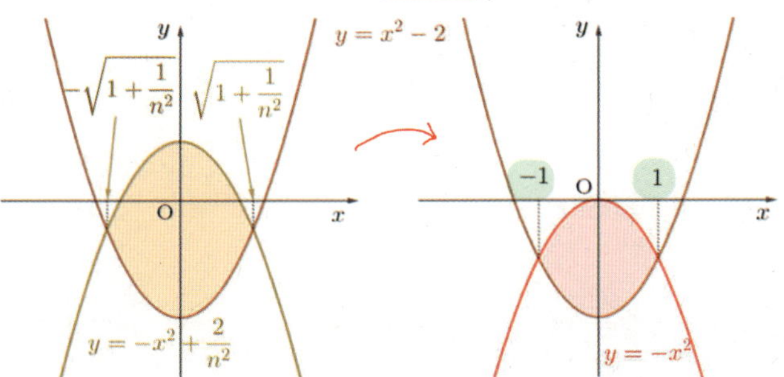

$y = -x^2$와 $y = x^2 - 2$의 교점의 x좌표는

$x^2 - 2 = -x^2$

$\therefore$ $x = \pm 1$

구하는 넓이 S_n은 y축에 대칭이므로

$\therefore \displaystyle\lim_{n \to \infty} S_n = 2\int_0^1 \{(-x^2) - (x^2 - 2)\}dx$

☆교체 $= 2\left[-\dfrac{2}{3}x^3 + 2x\right]_0^1$

$= \dfrac{8}{3}$

Analysis

극한 값을 구하는 것이므로
무작정 계산해서 풀려고 하지 말고
극한 변수 값에 따른 그래프의 형태를 추론해서 풀어보자.

[다른 풀이]

두 곡선 $y = x^2 - 2$, $y = -x^2 + \dfrac{2}{n^2}$의 교점의 x좌표는

$x^2 - 2 = -x^2 + \dfrac{2}{n^2}$

$\therefore$ $x = \pm\sqrt{1 + \dfrac{1}{n^2}}$

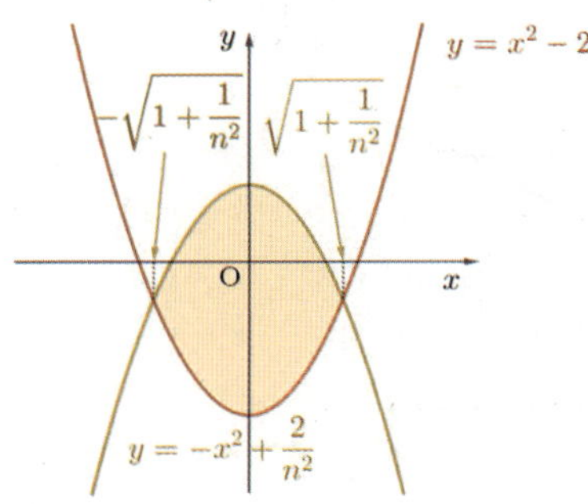

$S_n = 2\displaystyle\int_0^{\sqrt{1 + \frac{1}{n^2}}} \left\{\left(-x^2 + \dfrac{2}{n^2}\right) - (x^2 - 2)\right\}dx$

$= 2\left[-\dfrac{2}{3}x^3 + \left(2 + \dfrac{2}{n^2}\right)x\right]_0^{\sqrt{1 + \frac{1}{n^2}}}$

$= 2\left\{-\dfrac{2}{3}\sqrt{1 + \dfrac{1}{n^2}}^{\,3} + \left(2 + \dfrac{2}{n^2}\right)\sqrt{1 + \dfrac{1}{n^2}}\right\}$

$\therefore \displaystyle\lim_{n \to \infty} S_n = 2\left(-\dfrac{2}{3}\cdot 1 + 2\cdot 1\right) = \dfrac{8}{3}$

경향 02 Minor Trend

경향02 대표문제분석 006

6. [1995년 수능 (인문) 26번]

좌표평면 위에 두 점 $O(0, 0)$, $A(2, 0)$과 직선 $y = 2$ 위를 움직이는 점 $P(t, 2)$가 있다. 선분 AP와 직선 $y = \frac{1}{2}x$가 만나는 점을 Q라 하자. $\triangle QOA$의 넓이가 $\triangle POA$의 넓이의 $\frac{1}{3}$일 때 t의 값을 t_1, $\frac{1}{2}$일 때 t의 값을 t_2, $\cdots$, $\frac{n}{n+2}$일 때 t의 값을 t_n이라 하면 $\lim\limits_{n\to\infty} t_n$의 값은? [2점]

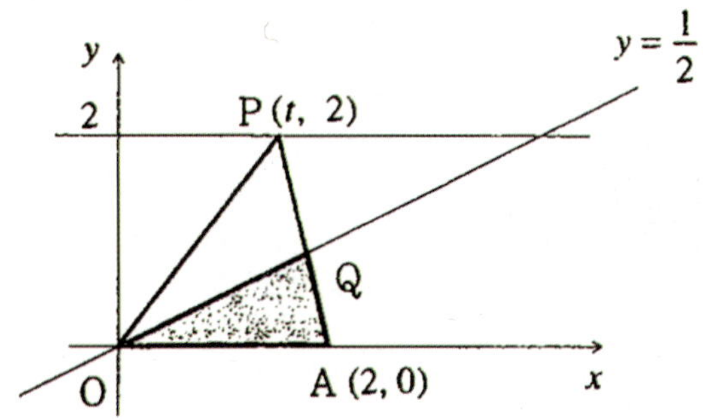

① 0 ② 1 ③ 2 ④ 3 ⑤ 4

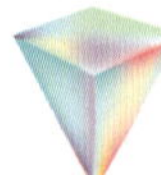

$n \to \infty$일 때 $\dfrac{n}{n+2} \to 1$

$\therefore$ $\lim\limits_{n\to\infty} t_n$는 $\triangle QOA$의 넓이와 $\triangle POA$의 넓이가 한없이 가까워질 때의 t값이다.

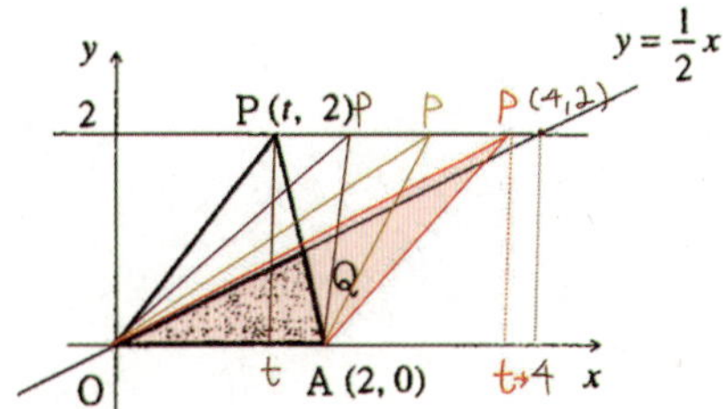

$\triangle QOA$와 $\triangle POA$의 밑변 $\overline{OA}$로 같으므로 $Q \to P$일 때 넓이가 한없이 가깝다.

$\therefore$ $\lim\limits_{n \to \infty} t_n = 4$

[다른 풀이]

$\triangle QOA$와 $\triangle POA$의 밑변 $\overline{OA}$로 같으므로

$$\frac{\triangle QOA}{\triangle POA} = \frac{n}{n+2}$$

$$\Leftrightarrow \frac{\overline{AQ}}{\overline{AP}} = \frac{n}{n+2}$$

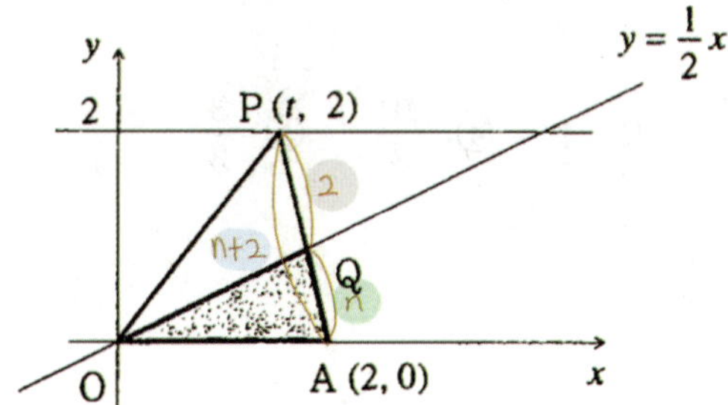

점 Q는 $\overline{AP}$를 $n : 2$로 내분한 점이므로

$$Q\left(\frac{t_n n + 4}{n+2}, \frac{2n}{n+2}\right)$$

점 Q는 직선 $y = \frac{1}{2}x$ 위의 점이므로

$$\frac{2n}{n+2} = \frac{1}{2} \times \frac{t_n n + 4}{n+2}$$

$$\Leftrightarrow t_n = \frac{4n - 4}{n}$$

$$\therefore \lim_{n\to\infty} t_n = 4$$

경향02 대표문제분석 007

7. [2014년 수능 (B)형 18번]
자연수 n에 대하여 직선 $y=n$과 함수 $y=\tan x$의
그래프가 제 1사분면에서 만나는 점의 x좌표를 작은
수부터 크기순으로 나열할 때, n번째 수를 a_n이라 하자.

$\displaystyle\lim_{n\to\infty}\frac{a_n}{n}$의 값은? [4점]

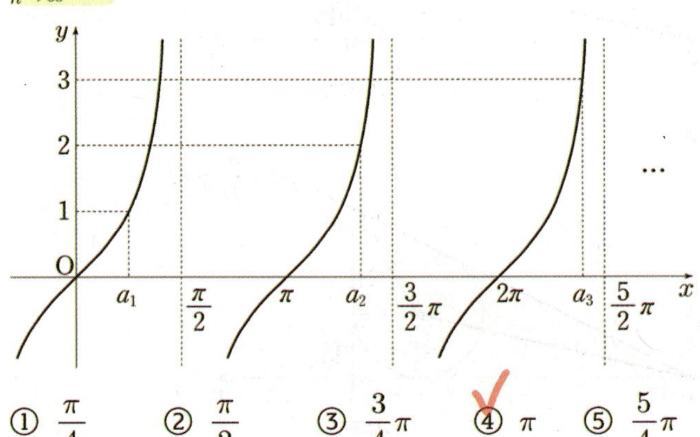

① $\dfrac{\pi}{4}$ ② $\dfrac{\pi}{2}$ ③ $\dfrac{3}{4}\pi$ ④ π ✓   ⑤ $\dfrac{5}{4}\pi$

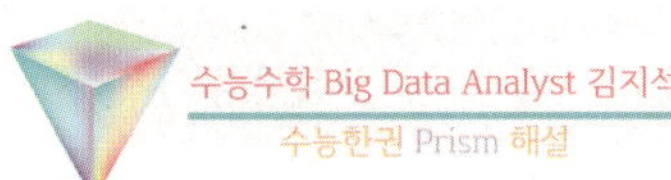

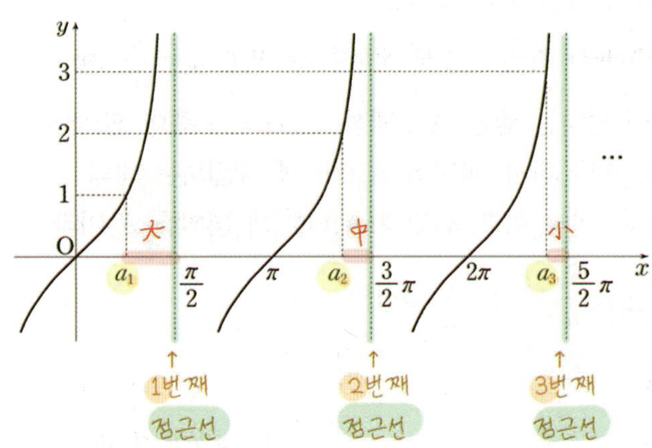

$n\to\infty$일 때 a_n은 n번째 정근선에 한 없이 가까워진다.

n번째 정근선: $x=\dfrac{\pi}{2}+(n-1)\pi$

($\because$ 등차수열 일반항 공식)

$\therefore \displaystyle\lim_{n\to\infty}\frac{a_n}{n}=\lim_{n\to\infty}\left\{\frac{\pi}{2}+(n-1)\pi\right\}\frac{1}{n}=\pi$

★교체

[다른 풀이]

a_n은 두 정근선 사이에 있다.

$$\frac{\pi}{2}+(n-2)\pi < a_n < \frac{\pi}{2}+(n-1)\pi$$

$$\lim_{n\to\infty}\left\{\frac{\pi}{2}+(n-2)\pi\right\}\frac{1}{n} \le \lim_{n\to\infty}\frac{a_n}{n} \le \lim_{n\to\infty}\left\{\frac{\pi}{2}+(n-1)\pi\right\}\frac{1}{n}$$

$$\Leftrightarrow \pi \le \lim_{n\to\infty}\frac{a_n}{n} \le \pi$$

$$\therefore \lim_{n\to\infty}\frac{a_n}{n}=\pi$$

경향 02 Minor Trend

8. [2011년 수능 (나)형 14번]

좌표평면에서 자연수 n에 대하여 두 직선 $y = \dfrac{1}{n}x$와 $x = n$이 만나는 점을 A_n, 직선 $x = n$과 x축이 만나는 점을 B_n이라 하자. 삼각형 A_nOB_n에 내접하는 원의 중심을 C_n이라 하고, 삼각형 A_nOC_n의 넓이를 S_n이라 하자. $\displaystyle\lim_{n\to\infty} \dfrac{S_n}{n}$의 값은? [4점]

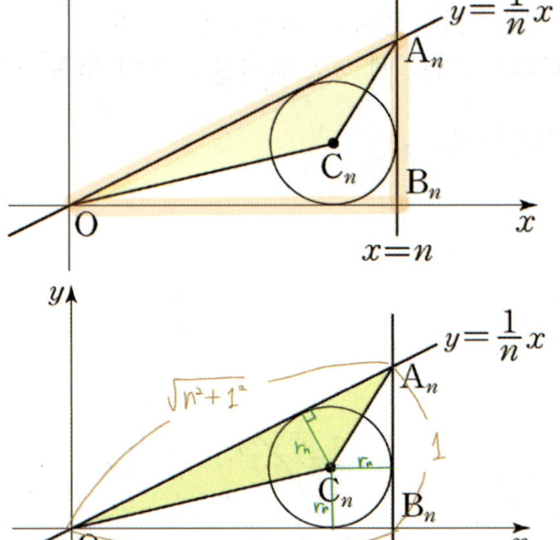

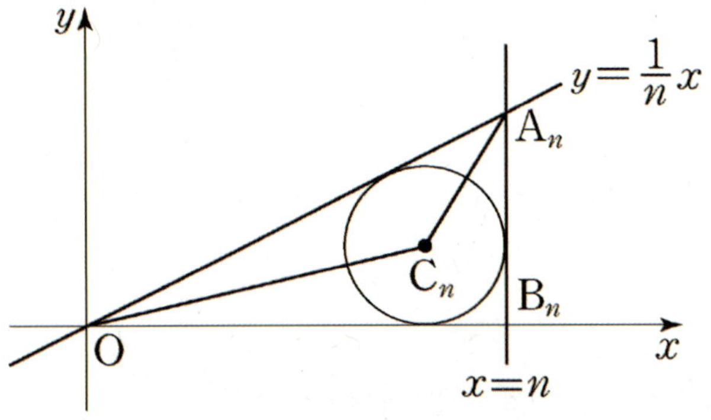

① $\dfrac{1}{12}$　② $\dfrac{1}{6}$　③ $\dfrac{1}{4}$　④ $\dfrac{1}{3}$　⑤ $\dfrac{5}{12}$

도형의 필연성

필연성 01

원 나오면 → 중심과 특별점 잇기

✓ 접점 → 접선과 수직

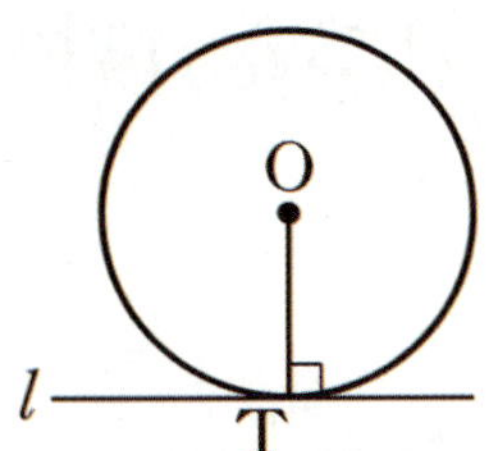

필연성 03

삼각형에 내접하는 원

✓ $\overline{AH_1} = \overline{AH_2}$

✓ $S = \dfrac{1}{2}r(a+b+c)$

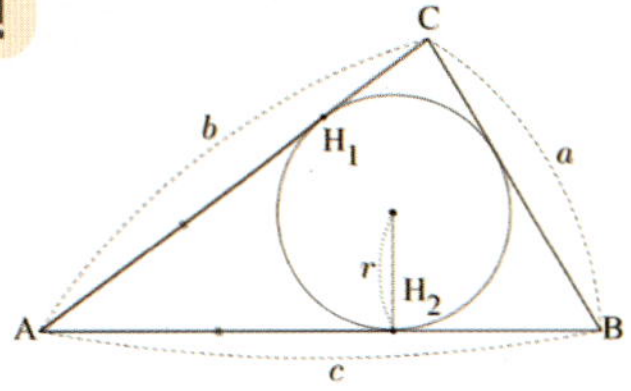

내접원의 반지름을 r_n이라 하면

$$S_n = \dfrac{1}{2} \times \sqrt{n^2+1} \times r_n$$

삼각형 A_nOB_n의 넓이는

$$\dfrac{1}{2} \times n \times 1 = \dfrac{1}{2} \times r_n \times \left(\sqrt{n^2+1} + n + 1\right)$$

$$\therefore r_n = \dfrac{n}{\sqrt{n^2+1} + n + 1}$$

$$\therefore \lim_{n\to\infty} \dfrac{S_n}{n} = \dfrac{1}{2} \times \sqrt{n^2+1} \times \dfrac{n}{\sqrt{n^2+1}+n+1} \times \dfrac{1}{n}$$

$$= \dfrac{1}{4}$$

Analysis〰

극한 도형 형태 추론 비법

[1단계] 문제 그래프

[2단계] n이 충분히 커졌을 때 그래프
↳ 문제 그림에 덧 그리기

[3단계] n이 한없이 커졌을 때 그래프
↳ ① 각도를 고려한다.
↳ ② 지구는 평평하다.
　(곡선→직선, 호→현&접선)
↳ ③ 0 수렴에도 클래스가 있다.

[다른 풀이]

[1단계] 문제 그래프

[2단계] n이 충분히 커졌을 때 그래프

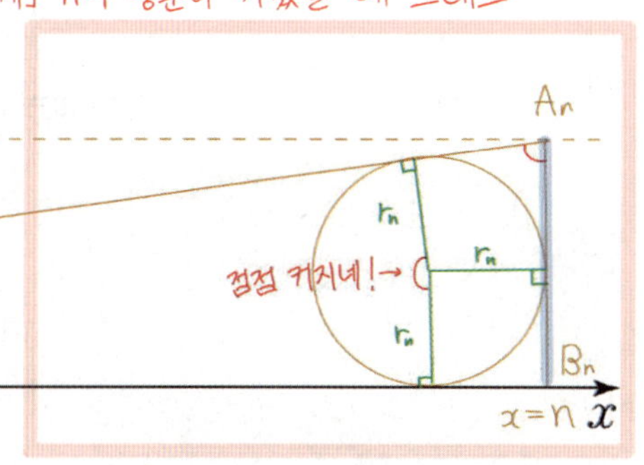

[3단계] n이 한없이 커졌을 때 그래프

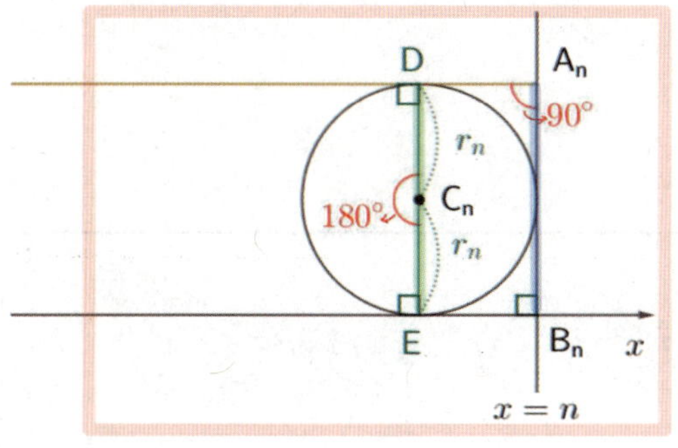

진짜 90°, 180°는 아니지만
한 없이 가까워진다.

$n \rightarrow \infty$ 일때

3단계　　1단계

$$2r_n \rightarrow \overline{A_n B_n} = 1 \Leftrightarrow r_n \rightarrow \frac{1}{2}$$

$$\therefore \lim_{n \to \infty} \frac{S_n}{n} = \lim_{n \to \infty}\left\{ \frac{1}{2} \times \frac{\sqrt{n^2+1}}{n} \times r_n \right\}$$

$$= \frac{1}{2} \times 1 \times \frac{1}{2} = \frac{1}{4}$$

경향 02 Minor Trend

9. [2017년 수능 (나)형 28번]

자연수 n에 대하여 직선 $x=4^n$이 곡선 $y=\sqrt{x}$와 만나는 점을 P_n이라 하자. 선분 P_nP_{n+1}의 길이를 L_n이라 할 때, $\displaystyle\lim_{n\to\infty}\left(\dfrac{L_{n+1}}{L_n}\right)^2$의 값을 구하시오. [4점]

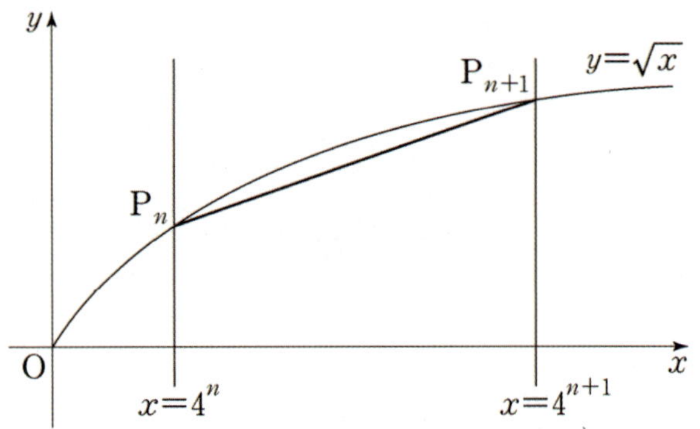

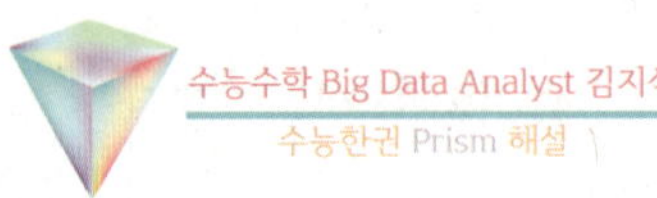

16

[다른 풀이]

$P_n(4^n,\ 2^n),\ P_{n+1}(4^{n+1},\ 2^{n+1})$

$$L_n=\sqrt{(4^{n+1}-4^n)^2+(2^{n+1}-2^n)^2}$$
$$=\sqrt{(3\times4^n)^2+(2^n)^2}$$
$$=\sqrt{9\times16^n+4^n}$$

$$\therefore\ \lim_{n\to\infty}\left(\frac{L_{n+1}}{L_n}\right)^2$$
$$=\lim_{n\to\infty}\left(\frac{\sqrt{9\times16^{n+1}+4^{n+1}}}{\sqrt{9\times16^n+4^n}}\right)^2$$
$$=\lim_{n\to\infty}\frac{9\times16^{n+1}+4^{n+1}}{9\times16^n+4^n}$$
$$=\lim_{n\to\infty}\frac{9\times16+4\times\left(\frac{1}{4}\right)^n}{9+\left(\frac{1}{4}\right)^n}$$
$$=\frac{9\times16+4\times0}{9+0}=16$$

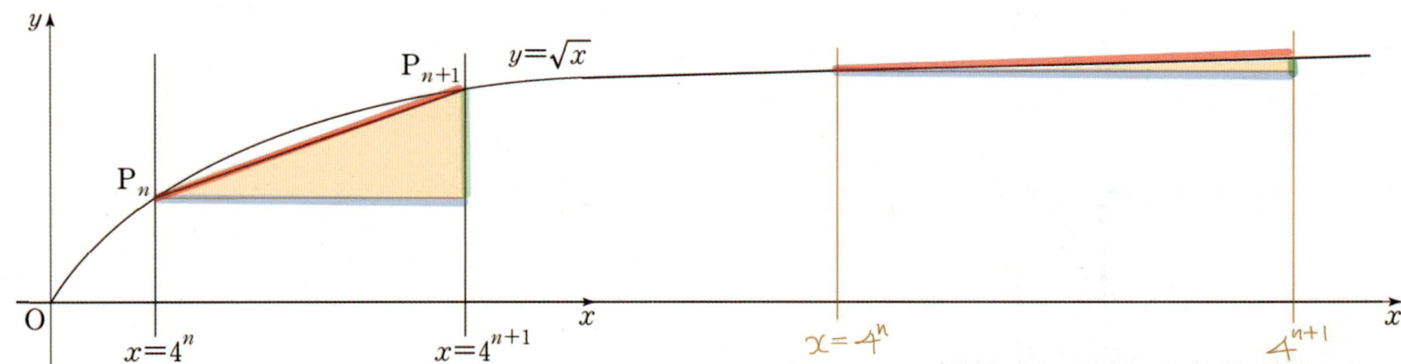

$n\to\infty$일때 $\triangle P_nA_nP_{n+1}$에서

$\overline{P_nA_n}$의 길이에 비해

$\overline{A_nP_{n+1}}$의 길이의 비율이 0에 한없이 가까워진다.

$\overline{P_nP_{n+1}}\to\overline{P_nA_n}=4^{n+1}-4^n=3\times4^n$

$$\therefore\ \lim_{n\to\infty}\left(\frac{L_{n+1}}{L_n}\right)^2=\lim_{n\to\infty}\left(\frac{3\times4^{n+1}}{3\times4^n}\right)^2=16$$

☆교체

경향02 대표문제분석 010

10. [2009년 수능 (가)형 & (나)형 13번]
자연수 n에 대하여 두 점 P_{n-1}, P_n이 함수 $y = x^2$의 그래프 위의 점일 때, 점 P_{n+1}을 다음 규칙에 따라 정한다.

> (가) 두 점 P_0, P_1의 좌표는 각각
> $(0, 0)$, $(1, 1)$이다.
> (나) 점 P_{n+1}은 점 P_n을 지나고 직선
> $P_{n-1}P_n$에 수직인 직선과 함수 $y = x^2$의
> 그래프의 교점이다. (단, P_n과 P_{n+1}은 서로
> 다른 점이다.)

$l_n = \overline{P_{n-1}P_n}$이라 할 때, $\displaystyle\lim_{n \to \infty} \frac{l_n}{n}$의 값은? [3점]

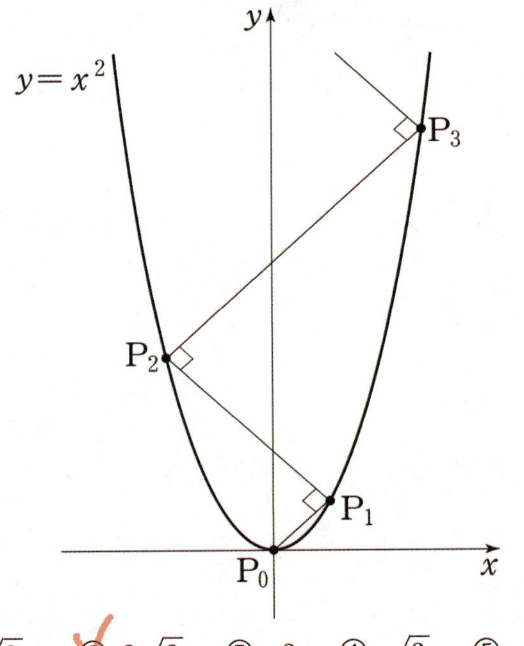

① $2\sqrt{3}$ ② $2\sqrt{2}$ ③ 2 ④ $\sqrt{3}$ ⑤ $\sqrt{2}$

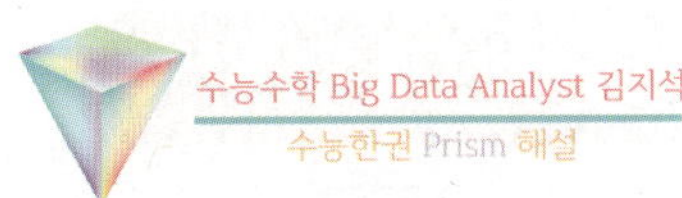

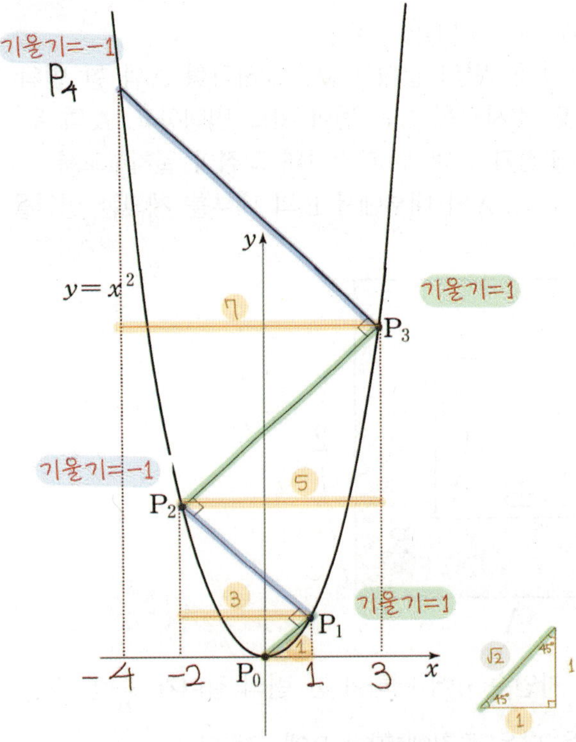

P_0의 x좌표: 0
P_1의 x좌표: 1 ⟩ 합=1, 차=1 → $\overline{P_0P_1} = 1\sqrt{2}$
P_2의 x좌표: -2 ⟩ 합=-1, 차=3 → $\overline{P_1P_2} = 3\sqrt{2}$
P_3의 x좌표: 3 ⟩ 합=1, 차=5 → $\overline{P_2P_3} = 5\sqrt{2}$
P_4의 x좌표: -4 ⟩ 합=-1, 차=7 → $\overline{P_3P_4} = 7\sqrt{2}$

$$\therefore \overline{P_{n-1}P_n} = (2n-1)\sqrt{2}$$

$$\therefore \lim_{n \to \infty} \frac{l_n}{n} = \lim_{n \to \infty} \frac{(2n-1)\sqrt{2}}{n} = 2\sqrt{2}$$

Analysis

곡선 $y = x^2$와 직선 $y = ax + b$의 교점의 x좌표를 α, β라 하자.
$$x^2 = ax + b \Leftrightarrow x^2 - ax - b = 0$$
근과 계수의 관계를 이용하면
$$\alpha + \beta = a$$

경향 02 Minor Trend

경향02 대표문제분석 011

11. [2010년 수능 (나)형 25번]

그림과 같이 한 변의 길이가 2인 정사각형 A와 한 변의 길이가 1인 정사각형 B는 변이 서로 평행하고, A의 두 대각선의 교점과 B의 두 대각선의 교점이 일치하도록 놓여있다. A와 A의 내부에서 B의 내부를 제외한 영역을 R라 하자.

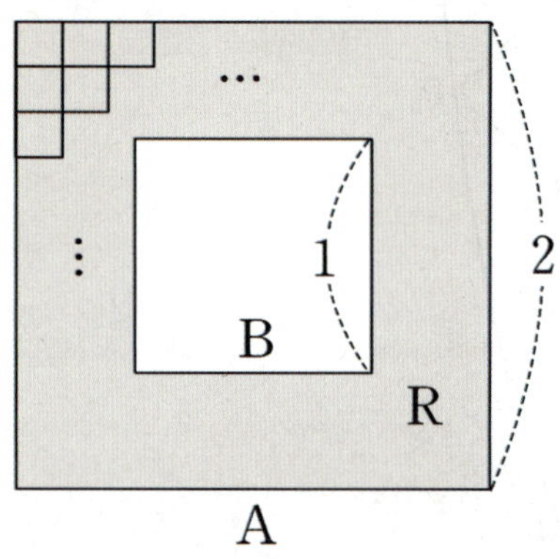

2 이상인 자연수 n에 대하여 한 변의 길이가 $\dfrac{1}{n}$인 작은 정사각형을 다음 규칙에 따라 R에 그린다.

> (가) 작은 정사각형의 한 변은 A의 한 변에 평행하다.
> (나) 작은 정사각형들의 내부는 서로 겹치지 않도록 한다.

이와 같은 규칙에 따라 R에 그릴 수 있는 한 변의 길이가 $\dfrac{1}{n}$인 작은 정사각형의 최대 개수를 a_n이라 하자. 예를 들어, $a_2 = 12$, $a_3 = 20$ 이다. $\displaystyle\lim_{n \to \infty} \dfrac{a_{2n+1} - a_{2n}}{a_{2n} - a_{2n-1}} = c$ 라 할 때, $100c$의 값을 구하시오. [4점]

■ 좌우대칭 도형 → 반띵

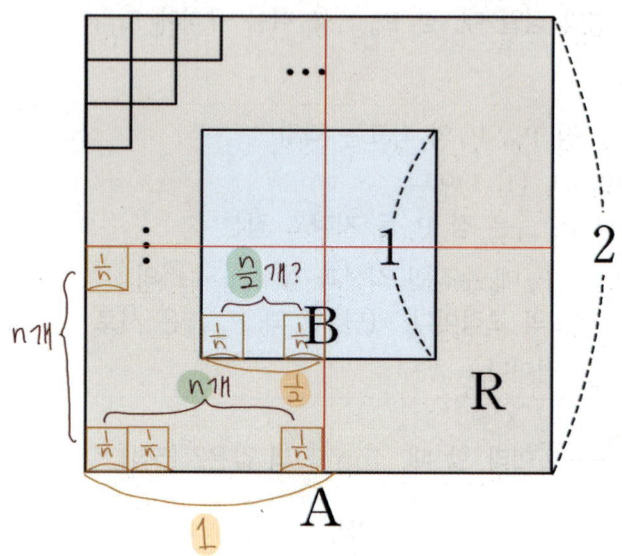

{전체길이}={한변길이}×{개수}

한 변의 길이가 1인 정사각형에는

한 변의 길이가 $\dfrac{1}{n}$인 정사각형을 n개 그릴 수 있다.

$\left(\because\ 1 = \dfrac{1}{n} \times n\right)$

제외되는 영역

한 변의 길이가 $\dfrac{1}{2}$인 정사각형에는

한 변의 길이가 $\dfrac{1}{n}$인 정사각형을 약 $\dfrac{n}{2}$개 그릴 수 있다.

$\left(\because\ \dfrac{1}{2} = \dfrac{1}{n} \times \dfrac{n}{2}\right)$

$\dfrac{n}{2}$가 자연수가 아닐 수도 있어서....

n이 짝수인지, 홀수인지에 따라 약 $\dfrac{n}{2}$개가 달라진다.

i) $n=2k$ (짝수)

$$\frac{n}{2} = \frac{2k}{2} = k$$

$$\therefore \ a_{2k} = \left\{(2k)^2 - k^2\right\} \times 4 = 4(3k^2)$$

ii) $n=2k-1$ (홀수)

$$\frac{n}{2} = \frac{2k-1}{2} = k - 0.5$$

중간에 걸친 사각형도 제외해야 하기 때문에

$$k - 0.5 \ \to \ k$$

$$a_{2k-1} = \left\{(2k-1)^2 - k^2\right\} \times 4$$
$$= 4(k-1)(3k-1)$$
$$= 4(3k^2 - 4k + 1)$$

$$\lim_{n \to \infty} \frac{a_{2n+1} - a_{2n}}{a_{2n} - a_{2n-1}}$$

$$= \lim_{n \to \infty} \frac{4n(3n+2) - 4(3n^2)}{4(3n^2) - 4(3n^2 - 4n + 1)}$$

$$= \lim_{n \to \infty} \frac{2n}{4n-1} = \frac{1}{2}$$

$$\therefore \ 100c = 50$$

[깊은 분석]

$n = 5$라고 예를 들어보자.

$$\frac{n}{2} = \frac{5}{2} = 2.5 \ \to \ 3$$

3개는 색칠한 부분에 넣을 수 없다.

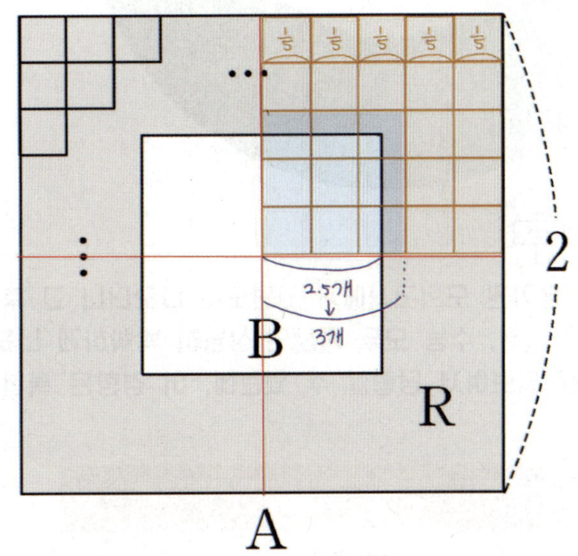

Analysis

변수가 짝수일 때와 홀수일 때가 다르다고 막막해하지
말고, 짝수 케이스와 홀수 케이스를 나눌 생각을 해야
한다. 이 문제뿐만 아니라 어떤 문제가 나와도 마찬가지다.

도형의 필연성

필연성 05

대칭 도형 → 반띵

✓ 이등변삼각형 → 직각 삼각형

경향 03 Minor Trend

경향03 수능 출제 난이도

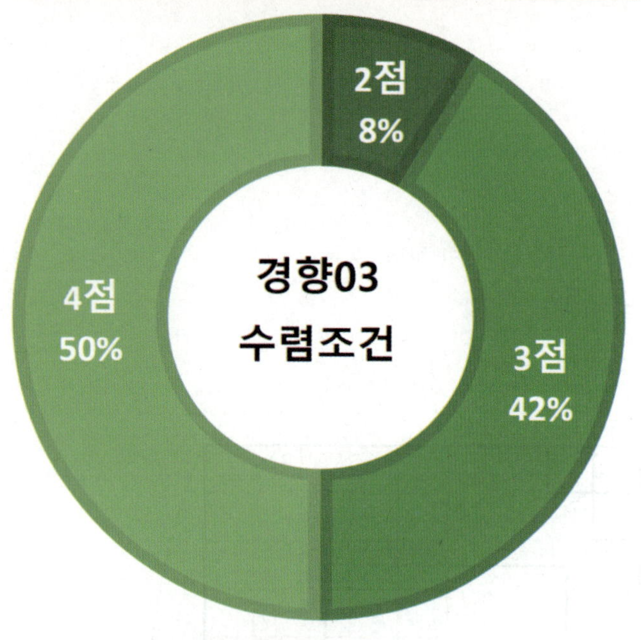

경향03 수능별 데이터 (1)

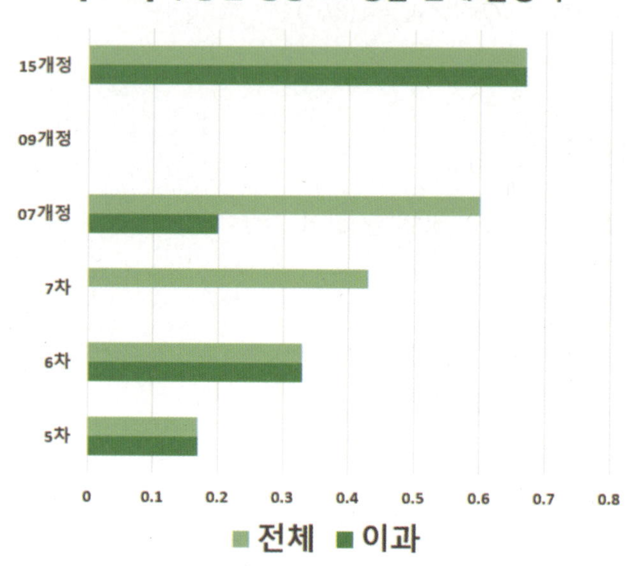

COMMENT

24학년도 평가원 모의고사에서 고난도로 나오더니 그 후 계속 고난도로 출제되는 경향이야.
작년 6월과 9월, 수능 모두 계산도 상당히 빡빡하게 나왔으니 연습을 잘 해두자.
문제가 어려워보여서 당황할 수 있는데, 이 경향은 특히 "관련 있는 개념이 무엇인가"를 떠올리면서 풀어야 해.

경향03 수능 출제 전망

▮▮▮▮▮

작년 6,9,수능 모두 출제

경향03 수열의 극한 단원 내 출제 비율

16.88%

경향03 공부 우선순위

★★★

현 평가원 고난도 테마

경향03 수능별 데이터 (2)

현교육과정

경향03 수능중요도

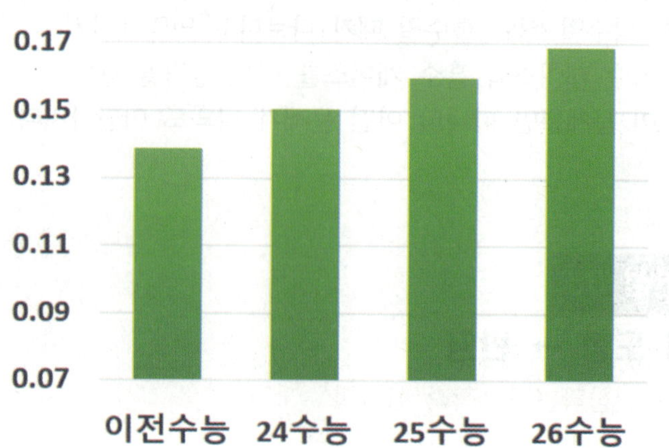

경향03 대표문제분석 012

12. [2007년 수능 (나)형 20번]

수열 $\left\{ \left(\dfrac{2x-1}{4} \right)^n \right\}$ 이 수렴하기 위한 정수 x의 개수를 k라 할 때, $10k$의 값을 구하시오. [3점]

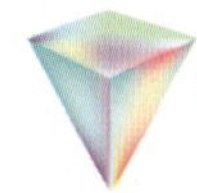
수능수학 Big Data Analyst 김지석
수능한권 Prism 해설   40

$-1 < \dfrac{2x-1}{4} \le 1$

$\Leftrightarrow -4 < 2x - 1 \le 4$

$\Leftrightarrow -\dfrac{3}{2} < x \le \dfrac{5}{2}$

$\therefore x = -1,\ 0,\ 1,\ 2$

$\therefore k = 4,\ 10k = 40$

Analysis

등비수열의 수렴조건과 등비급수의 수렴조건을 헷갈리지 말것!

■ 등비수열의 극한

등비수열 $\{r^n\}$ 의 수렴과 발산

① $r > 1$ 일 때 $\quad \displaystyle\lim_{n \to \infty} r^n = \infty \quad \to$ 발산

② $r = 1$ 일 때 $\quad \displaystyle\lim_{n \to \infty} r^n = 1 \quad \to$ 수렴

③ $-1 < r < 1$ 일 때 $\quad \displaystyle\lim_{n \to \infty} r^n = 0 \quad \to$ 수렴

④ $r = -1$ 일 때 $\quad \displaystyle\lim_{n \to \infty} r^n =$ 진동 $\quad \to$ 발산

⑤ $r < -1$ 일 때 $\quad \displaystyle\lim_{n \to \infty} r^n =$ 진동 $\quad \to$ 발산

■ 등비수열 $\{ar^n\}$ 의 수렴조건

$-1 < r \le 1$

■ 등비급수 $\displaystyle\sum_{n=1}^{\infty} ar^{n-1}$ 의 수렴조건

$-1 < r < 1$

경향03 대표문제분석 013

13. [2015년 수능 (A)형 28번]

자연수 k에 대하여 $a_k = \displaystyle\lim_{n \to \infty} \dfrac{\left(\dfrac{6}{k} \right)^{n+1}}{\left(\dfrac{6}{k} \right)^n + 1}$ 이라 할 때,

$\displaystyle\sum_{k=1}^{10} ka_k$ 의 값을 구하시오. [4점]

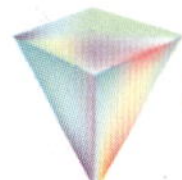
수능수학 Big Data Analyst 김지석
수능한권 Prism 해설   33

i) $\dfrac{6}{k} > 1 \Leftrightarrow k < 6$

$\left(\dfrac{6}{k} \right)^n \to \infty$

$\therefore a_k = \dfrac{6}{k},\ ka_k = 6$

ii) $\dfrac{6}{k} = 1 \Leftrightarrow k = 6$ 일 때

$\left(\dfrac{6}{k} \right)^n = 1$

$\therefore a_k = \dfrac{1}{2},\ ka_k = 6 \times \dfrac{1}{2} = 3$

iii) $\dfrac{6}{k} < 1 \Leftrightarrow k > 6$

$\left(\dfrac{6}{k} \right)^n \to 0$

$\therefore a_k = 0$

$\therefore \displaystyle\sum_{k=1}^{10} ka_k = 6 \times 5 + 3 \times 1 + 0 \times 4 = 33$

경향 03 Minor Trend

경향03 대표문제분석 014

14. [2021년 수능 (가)형 18번]
실수 a에 대하여 함수 $f(x)$를

$$f(x) = \lim_{n \to \infty} \frac{(a-2)x^{2n+1}+2x}{3x^{2n}+1}$$

라 하자. $(f \circ f)(1) = \dfrac{5}{4}$가 되도록 하는 모든 a의 값의 합은? [4점]

① $\dfrac{11}{2}$　② $\dfrac{13}{2}$　③ $\dfrac{15}{2}$　④ $\dfrac{17}{2}$　⑤ $\dfrac{19}{2}$

수능수학 Big Data Analyst 김지석
수능한권 Prism 해설

i) $|x| > 1$일 때

$$f(x) = \lim_{n \to \infty} \frac{(a-2)x^{2n+1}+2x}{3x^{2n}+1}$$

$$= \lim_{n \to \infty} \frac{(a-2)x + \dfrac{2}{x^{2n-1}}}{3 + \dfrac{1}{x^{2n}}}$$

$$= \frac{a-2}{3}x$$

ii) $x = 1$일 때

$$f(1) = \frac{a}{4}$$

iii) $|x| < 1$일 때

$$f(x) = \lim_{n \to \infty} \frac{(a-2)x^{2n+1}+2x}{3x^{2n}+1} = 2x$$

iv) $x = -1$일 때

$$f(-1) = -\frac{a}{4}$$

$$(f \circ f)(1) = \frac{5}{4}$$

$$\Leftrightarrow f(f(1)) = f\left(\frac{a}{4}\right) = \frac{5}{4}$$

i) $\left|\dfrac{a}{4}\right| > 1 \Leftrightarrow |a| > 4$

$$f\left(\frac{a}{4}\right) = \frac{a-2}{3} \times \frac{a}{4} = \frac{5}{4}$$

$$\Leftrightarrow a^2 - 2a - 15 = 0$$

$$\Leftrightarrow (a-5)(a+3) = 0$$

$$\therefore a = 5 \text{ or } \cancel{-3}$$

ii) $\dfrac{a}{4} = 1 \Leftrightarrow a = 4$

$$f\left(\frac{a}{4}\right) = f(1) = \frac{a}{4} = 1 \neq \frac{5}{4}$$

iii) $\left|\dfrac{a}{4}\right| < 1 \Leftrightarrow |a| < 4$

$$f\left(\frac{a}{4}\right) = 2 \times \frac{a}{4} = \frac{5}{4}$$

$$\therefore a = \frac{5}{2}$$

iv) $\dfrac{a}{4} = -1 \Leftrightarrow a = -4$

$$f\left(\frac{a}{4}\right) = f(-1) = -\frac{a}{4} = 1 \neq \frac{5}{4}$$

$$\therefore \text{모든 } a\text{의 값의 합은}$$

$$5 + \frac{5}{2} = \frac{15}{2}$$

경향03 대표문제분석 015

15. [2008년 수능 (나)형 21번]

수열 $\{a_n\}$에 대하여 $\displaystyle\sum_{n=1}^{\infty}\frac{a_n}{4^n}=2$일 때,

$\displaystyle\lim_{n\to\infty}\frac{a_n+4^{n+1}-3^{n-1}}{4^{n-1}+3^{n+1}}$의 값을 구하시오. [3점]

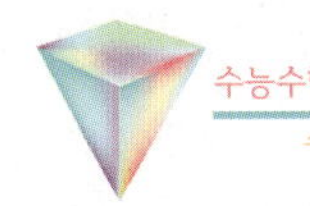
수능수학 Big Data Analyst 김지석
수능한권 Prism 해설

16

$$\sum_{n=1}^{\infty}\frac{a_n}{4^n}=2 \Rightarrow \lim_{n\to\infty}\frac{a_n}{4^n}=0$$

$$\lim_{n\to\infty}\frac{a_n+4^{n+1}-3^{n-1}}{4^{n-1}+3^{n+1}}$$

$$=\lim_{n\to\infty}\frac{\dfrac{a_n}{4^n}+4-\dfrac{1}{3}\left(\dfrac{3}{4}\right)^n}{\dfrac{1}{4}+3\cdot\left(\dfrac{3}{4}\right)^n}=\frac{4}{\frac{1}{4}}=16$$

경향03 대표문제분석 016

1등급

16. [2013년 수능 (나)형 19번]

수열 $\{a_n\}$에 대하여

$$\sum_{n=1}^{\infty}\left(n\cdot a_n-\frac{n^2+1}{2n+1}\right)=3$$

일 때, $\displaystyle\lim_{n\to\infty}(a_n^2+2a_n+2)$의 값은? [4점]

① $\dfrac{13}{4}$　② 3　③ $\dfrac{11}{4}$　④ $\dfrac{5}{2}$　⑤ $\dfrac{9}{4}$

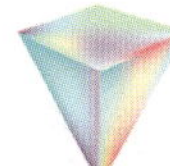
수능수학 Big Data Analyst 김지석
수능한권 Prism 해설

$$\sum_{n=1}^{\infty}\left(na_n-\frac{n^2+1}{2n+1}\right)=3$$

$$\Rightarrow \lim_{n\to\infty}\left(na_n-\frac{n^2+1}{2n+1}\right)=0$$

$$\Leftrightarrow \lim_{n\to\infty}n\left(a_n-\frac{n^2+1}{2n^2+n}\right)=0$$

$$\Rightarrow \lim_{n\to\infty}\left(a_n-\frac{n^2+1}{2n^2+n}\right)=0 \;\left(\because \lim_{n\to\infty}n=\infty\right)$$

$$\Rightarrow \lim_{n\to\infty}a_n=\frac{1}{2} \;\left(\because \lim_{n\to\infty}\frac{n^2+1}{2n^2+n}=\frac{1}{2}\right)$$

$$\therefore \lim_{n\to\infty}(a_n^2+2a_n+2)=\frac{1}{4}+1+2=\frac{13}{4}$$

Analysis

급수가 수렴할 때 일반항의 극한 값을 물어보고 있다.
이것과 관련된 개념은 하나뿐이다.

■ 급수와 일반항

① $\displaystyle\sum_{n=1}^{\infty}a_n$ 이 수렴하면 $\displaystyle\lim_{n\to\infty}a_n=0$ 이다

② $\displaystyle\lim_{n\to\infty}a_n\neq 0$ 이면 $\displaystyle\sum_{n=1}^{\infty}a_n$ 은 발산한다.

수능수학 Big Data Analyst 김지석
수능한권 Prism 해설

17. [1994년 수능 (2차) 5번]

등비급수 $\displaystyle\sum_{n=1}^{\infty} r^n$이 수렴할 때, 다음 중 반드시 수렴한다고 할 수 없는 것은?

① $\displaystyle\sum_{n=1}^{\infty} (r^n + r^{2n})$ ② $\displaystyle\sum_{n=1}^{\infty} (r^n - 2r^{2n})$

③ $\displaystyle\sum_{n=1}^{\infty} \frac{r^n + (-r)^n}{2}$ ④ $\displaystyle\sum_{n=1}^{\infty} \left(\frac{r-1}{2}\right)^n$

⑤ $\displaystyle\sum_{n=1}^{\infty} \left(\frac{r}{2} - 1\right)^n$

$\displaystyle\sum_{n=1}^{\infty} r^n$이 수렴 $\Leftrightarrow -1 < r < 1$

① $\displaystyle\sum_{n=1}^{\infty} (r^n + r^{2n}) = \sum_{n=1}^{\infty} r^n + \sum_{n=1}^{\infty} r^{2n}$,

$-1 < r < 1 \Rightarrow 0 \le r^2 < 1 \Rightarrow -1 < r^2 < 1$

∴ 수렴

② $\displaystyle\sum_{n=1}^{\infty} (r^n - 2r^{2n}) = \sum_{n=1}^{\infty} r^n + -2\sum_{n=1}^{\infty} r^{2n}$

$-1 < r < 1 \Rightarrow 0 \le r^2 < 1 \Rightarrow -1 < r^2 < 1$

∴ 수렴

③ $\displaystyle\sum_{n=1}^{\infty} \frac{r^n + (-r)^n}{2} = \frac{1}{2}\left(\sum_{n=1}^{\infty} r^n + \sum_{n=1}^{\infty} (-r)^n\right)$

$-1 < r < 1 \Leftrightarrow -1 < -r < 1$

∴ 수렴

④ $\displaystyle\sum_{n=1}^{\infty} \left(\frac{r-1}{2}\right)^n$

$-1 < r < 1 \Rightarrow -1 < \frac{r-1}{2} < 0 \Rightarrow -1 < \frac{r-1}{2} < 1$

∴ 수렴

⑤ $\displaystyle\sum_{n=1}^{\infty} \left(\frac{r}{2} - 1\right)^n$

$-1 < r < 1 \Leftrightarrow -\frac{3}{2} < \frac{r}{2} - 1 < -\frac{1}{2}$

∴ $-1 < \frac{r}{2} - 1 < 1$이 성립하지 않는다.

Analysis

■ 등비급수

부분합: $\displaystyle S_n = \sum_{k=1}^{n} ar^{k-1} = \frac{a(1 - r^n)}{1 - r}$

수렴: $|r| < 1$일 때, $S = \dfrac{a}{1-r}$

발산: $|r| \ge 1$일 때, $\displaystyle\lim_{n\to\infty} ar^{n-1} \ne 0$이므로

■ 등비수열 $\{ar^n\}$의 수렴조건

$\quad -1 < r \le 1$

■ 등비급수 $\displaystyle\sum_{n=1}^{\infty} ar^{n-1}$의 수렴조건

$\quad -1 < r < 1$

경향03 대표문제분석 018

18. [2005년 수능 (나)형 26번]
등비수열 $\{a_n\}$에 대하여 옳은 것을 <보기>에서 모두 고른 것은? [3점]

[보 기]

ㄱ. 등비급수 $\displaystyle\sum_{n=1}^{\infty} a_n$이 수렴하면

$\displaystyle\sum_{n=1}^{\infty} a_{2n}$도 수렴한다.

ㄴ. 등비급수 $\displaystyle\sum_{n=1}^{\infty} a_n$이 발산하면

$\displaystyle\sum_{n=1}^{\infty} a_{2n}$도 발산한다.

ㄷ. 등비급수 $\displaystyle\sum_{n=1}^{\infty} a_n$이 수렴하면

$\displaystyle\sum_{n=1}^{\infty} \left(a_n + \frac{1}{2}\right)$도 수렴한다.

① ㄱ　②　ㄴ　③ ㄱ, ㄴ　④ ㄱ, ㄷ　⑤ ㄴ, ㄷ

등비수열 $\{a_n\}$의 공비를 r 라고 하자.

ㄱ. (참)

등비급수 $\displaystyle\sum_{n=1}^{\infty} a_n$이 수렴

$\therefore -1 < r < 1$

$$\times r \quad \times r \quad \times r \quad \times r \quad \times r$$
$$a_1, \ a_2, \ a_3, \ a_4, \ a_5, \ a_6, \ \cdots$$
$$\times r^2 \qquad \times r^2$$

등비수열 $\{a_{2n}\}$의 공비는 r^2

$0 \le r^2 < 1 \Rightarrow -1 < r^2 < 1$

$\therefore \displaystyle\sum_{n=1}^{\infty} a_{2n}$도 수렴

ㄴ. (참)

등비급수 $\displaystyle\sum_{n=1}^{\infty} a_n$이 발산하면

$\therefore |r| \ge 1 \Leftrightarrow |r^2| \ge 1$

$\therefore \displaystyle\sum_{n=1}^{\infty} a_{2n}$도 발산

ㄷ. (거짓)

등비급수 $\displaystyle\sum_{n=1}^{\infty} a_n$이 수렴

$\therefore \displaystyle\lim_{n\to\infty} a_n = 0 \Rightarrow \lim_{n\to\infty}\left(a_n + \frac{1}{2}\right) \ne 0$

$\therefore \displaystyle\sum_{n=1}^{\infty}\left(a_n + \frac{1}{2}\right)$은 발산

경향 03 Minor Trend

경향03 대표문제분석 019

――――――――――1등급――――

19. [2024년 수능 (미적분) 29번]
첫째항과 공비가 각각 0이 아닌 두 등비수열 $\{a_n\}$, $\{b_n\}$에

대하여 두 급수 $\displaystyle\sum_{n=1}^{\infty} a_n$, $\displaystyle\sum_{n=1}^{\infty} b_n$이 각각 수렴하고

$$\sum_{n=1}^{\infty} a_n b_n = \left(\sum_{n=1}^{\infty} a_n\right) \times \left(\sum_{n=1}^{\infty} b_n\right),$$

$$3 \times \sum_{n=1}^{\infty} |a_{2n}| = 7 \times \sum_{n=1}^{\infty} |a_{3n}|$$

이 성립한다. $\displaystyle\sum_{n=1}^{\infty} \dfrac{b_{2n-1} + b_{3n+1}}{b_n} = S$일 때, $120S$의 값을

구하시오. [4점]

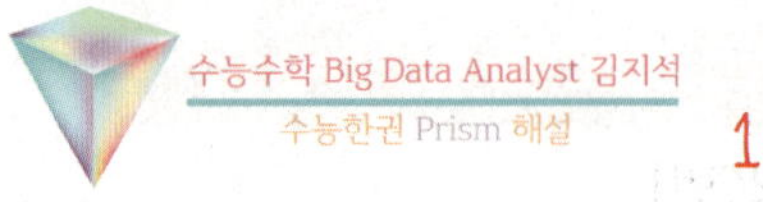

162

등비수열 $\{a_n\}$의 첫째항을 a_1, 공비를 r_1,

등비수열 $\{b_n\}$의 첫째항을 b_1, 공비를 r_2라 하자.

수열 $\{a_n b_n\}$은 첫째항이 $a_1 b_1$, 공비가 $r_1 r_2$인 등비수열이다.

수열 $\{|a_{2n}|\}$은 첫째항이 $|a_1 r_1|$, 공비가 r_1^2인
등비수열이고,

수열 $\{|a_{3n}|\}$은 첫째항이 $|a_1 r_1^2|$, 공비가 $|r_1^3|$인
등비수열이다.

두 급수 $\displaystyle\sum_{n=1}^{\infty} a_n$, $\displaystyle\sum_{n=1}^{\infty} b_n$이 각각 수렴하므로

$-1 < r_1 < 1$, $-1 < r_2 < 1$

$\therefore\ -1 < r_1 r_2 < 1$

$$\sum_{n=1}^{\infty} a_n b_n = \left(\sum_{n=1}^{\infty} a_n\right) \times \left(\sum_{n=1}^{\infty} b_n\right)$$

$$\Leftrightarrow \frac{a_1 b_1}{1 - r_1 r_2} = \frac{a_1}{1 - r_1} \times \frac{b_1}{1 - r_2}$$

$$\therefore\ r_1 + r_2 = 2 r_1 r_2$$

$$3 \times \sum_{n=1}^{\infty} |a_{2n}| = 7 \times \sum_{n=1}^{\infty} |a_{3n}|$$

$$\Leftrightarrow \frac{3|a_1 r_1|}{1 - r_1^2} = \frac{7|a_1 r_1^2|}{1 - |r_1^3|}$$

$$\Leftrightarrow \frac{3}{1 - r_1^2} = \frac{7|r_1|}{1 - |r_1^3|}$$

ⅰ) $r_1 > 0$인 경우

$$\frac{3}{1-r_1{}^2} = \frac{7r_1}{1-r_1{}^3}$$

$$\Leftrightarrow 3 - 3r_1{}^3 = 7r_1 - 7r_1{}^3$$

$$\Leftrightarrow (2r_1 + 3)(2r_1 - 1)(r_1 - 1) = 0$$

$$\therefore r_1 = \frac{1}{2} \ (\because -1 < r_1 < 1)$$

$$r_1 + r_2 = 2r_1 r_2$$

$$\Leftrightarrow \frac{1}{2} + r_2 = \cancel{2} \times \frac{1}{\cancel{2}} \times r_2 \quad \text{모순}$$

ⅱ) $r_1 < 0$일 때

$$\frac{3}{1-r_1{}^2} = \frac{-7r_1}{1+r_1{}^3}$$

$$\Leftrightarrow 3 + 3r_1{}^3 = -7r_1 + 7r_1{}^3$$

$$\Leftrightarrow (2r_1 - 3)(2r_1 + 1)(r_1 + 1) = 0$$

$$\therefore r_1 = -\frac{1}{2} \ (\because -1 < r_1 < 1)$$

$$r_1 + r_2 = 2r_1 r_2$$

$$\Leftrightarrow \left(-\frac{1}{2}\right) + r_2 = 2 \times \left(-\frac{1}{2}\right) r_2$$

$$\therefore r_2 = \frac{1}{4}$$

$$\sum_{n=1}^{\infty} \frac{b_{2n-1} + b_{3n+1}}{b_n}$$

$$= \sum_{n=1}^{\infty} \frac{\cancel{b_1}\left\{\left(\frac{1}{4}\right)^2\right\}^{n-1} + \cancel{b_1}\left\{\left(\frac{1}{4}\right)^3\right\}^n}{\cancel{b_1}\left(\frac{1}{4}\right)^{n-1}}$$

$$= \sum_{n=1}^{\infty} \left\{\left(\frac{1}{4}\right)^{n-1} + \left(\frac{1}{4}\right)^{2n+1}\right\}$$

$$= \frac{1}{1-\frac{1}{4}} + \frac{\frac{1}{64}}{1-\frac{1}{16}} = \frac{4}{3} + \frac{1}{60} = \frac{27}{20}$$

$$\therefore 120S = 120 \times \frac{27}{20} = 162$$

경향 03 Minor Trend

1등급

20. [2025년 수능 (미적분) 29번]

등비수열 $\{a_n\}$이

$$\sum_{n=1}^{\infty}(|a_n|+a_n)=\frac{40}{3}, \quad \sum_{n=1}^{\infty}(|a_n|-a_n)=\frac{20}{3}$$

을 만족시킨다. 부등식

$$\lim_{n\to\infty}\sum_{k=1}^{2n}\left((-1)^{\frac{k(k+1)}{2}}\times a_{m+k}\right)>\frac{1}{700}$$

을 만족시키는 모든 자연수 m의 값의 합을 구하시오.
[4점]

25

(Step1) 수열 $\{a_n\}$의 부호 파악

절댓값 → 부호 파악이 중요

등비수열 $\{a_n\}$의 공비를 r라 하면

$$\sum_{n=1}^{\infty}(|a_n|+a_n)-\sum_{n=1}^{\infty}(|a_n|-a_n)=\frac{40}{3}-\frac{20}{3}$$

$$\Leftrightarrow \sum_{n=1}^{\infty}2a_n=\frac{20}{3}$$

$$\Leftrightarrow \sum_{n=1}^{\infty}a_n=\frac{a_1}{1-r}=\frac{10}{3}>0 \quad (-1<r<1)$$

$$\therefore a_1>0 \quad (\because 1-r>0 \Leftrightarrow r<1)$$

$$\sum_{n=1}^{\infty}(|a_n|+a_n)+\sum_{n=1}^{\infty}(|a_n|-a_n)=\frac{40}{3}+\frac{20}{3}$$

$$\Leftrightarrow \sum_{n=1}^{\infty}2|a_n|=20$$

$$\Leftrightarrow \sum_{n=1}^{\infty}|a_n|=\frac{|a_1|}{1-|r|}=\frac{a_1}{1-|r|}=10$$

$0\leq r<1$인 경우

$\dfrac{a_1}{1-|r|}=\dfrac{a_1}{1-r}=10$이므로 모순 $\left(\because \dfrac{a_1}{1-r}=\dfrac{10}{3}\right)$

$$\therefore -1<r<0$$

$$\therefore \frac{a_1}{1+r}=10$$

$$\frac{a_1}{1-r}=\frac{10}{3} \Leftrightarrow a_1=\frac{10}{3}-\frac{10}{3}r$$

$$\frac{a_1}{1+r}=10 \Leftrightarrow a_1=10+10r$$

$$\therefore 10+10r=\frac{10}{3}-\frac{10}{3}r$$

$$\therefore r=-\frac{1}{2}, \ a_1=5$$

(step2) $\dfrac{k(k+1)}{2}$ 의 홀/짝 파악

$(-1)^{\frac{8}{8}} = -1,\ (-1)^{\text{짝}} = 1$ 이므로

$(-1)^{\frac{k(k+1)}{2}}$ 부분을 처리하기 위해서는

$\dfrac{k(k+1)}{2}$ 의 홀/짝을 파악해야 한다.

k	$\dfrac{k(k+1)}{2}$	홀/짝	$(-1)^{\frac{k(k+1)}{2}}$
1	1	홀	-1
2	3	홀	-1
3	6	짝	1
4	10	짝	1
5	15	홀	-1
6	21	홀	-1
7	28	짝	1
8	36	짝	1

(step3) 계산하기

$$\lim_{n \to \infty} \sum_{k=1}^{2n} \left((-1)^{\frac{k(k+1)}{2}} \times a_{m+k} \right)$$

$$= \begin{array}{|c|c|} \hline -a_{m+1} & -a_{m+2} \\ +a_{m+3} & +a_{m+4} \\ -a_{m+5} & -a_{m+6} \\ +a_{m+7} & +a_{m+8} \\ \vdots & \vdots \\ \hline \end{array}$$

$$= \frac{-a_{m+1}}{1-(-r^2)} + \frac{-a_{m+2}}{1-(-r^2)}$$

$$= \frac{-a_{m+1}}{1+r^2}(1+r)$$

$$= -5\left(-\frac{1}{2}\right)^m \frac{1}{1+\left(-\frac{1}{2}\right)^2}\left(1-\frac{1}{2}\right) > \frac{1}{700}$$

$$\therefore \left(-\frac{1}{2}\right)^m < -\frac{1}{1400}$$

$$\therefore -1400 < (-2)^m < 0$$

$\therefore$ 자연수 m 의 값의 합은

$$1+3+5+7+9 = 25$$

경향 04 Minor Trend

경향04 수능 출제 난이도

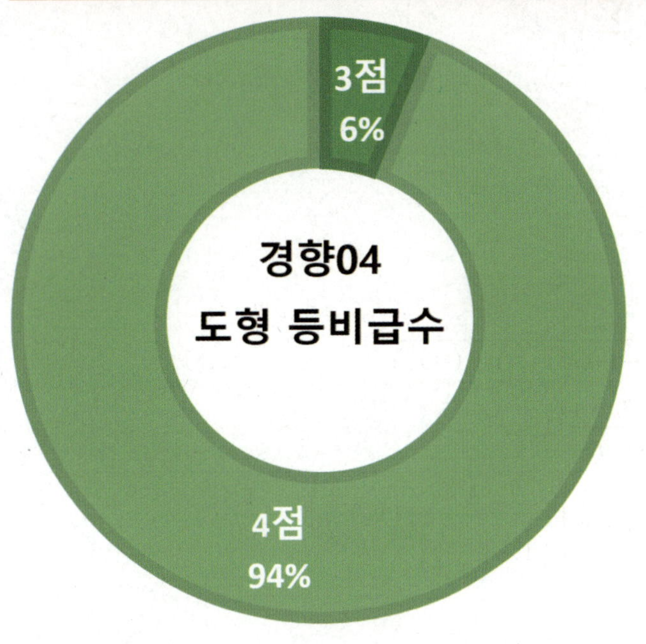

경향04 수능별 데이터 (1)

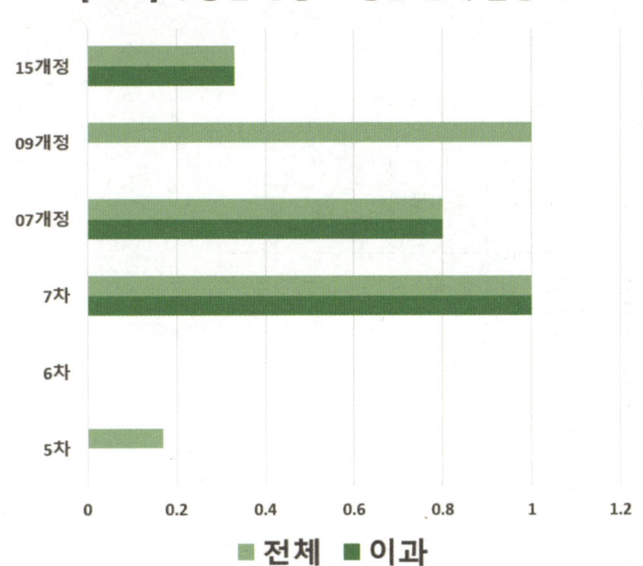

COMMENT

현 평가원 초반에는 잘 나오다가 출제 기조 변화로 최근 잘 안 나오는 경향이야. 하지만 15개정 수능에서 출제된 적이 있는 만큼 방심하지는 말자. 또한 미적분 개념에서 도형 관련 내용도 있다 보니 도형 문제가 곧잘 나오기도 해. 도형도 수학의 영역이기 때문에 논리적인 접근법이 있으니 그 때 그 때 감으로 하는 것이 아니라 '도형의 필연성'에 따라 분석적으로 접근하고 공부하는 것이 필요해.

경향04 수능 출제 전망

■■■□□
출제 된다면
4점 난이도의 3점으로 출제 예상

경향04 수열의 극한 단원 내 출제 비율

23.38%

경향04 공부 우선순위

★☆
방심은 금물

경향04 수능별 데이터 (2)

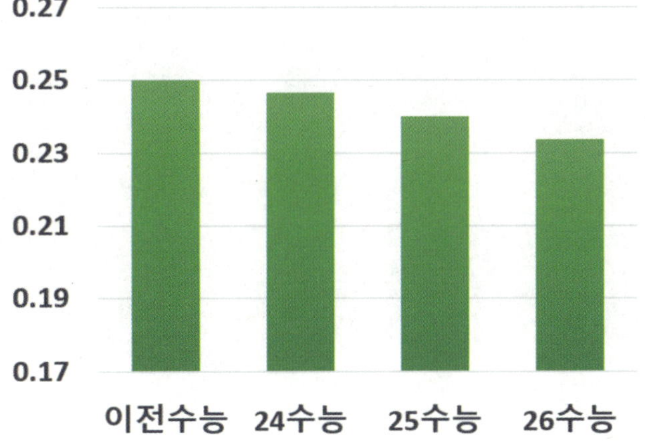

도형 등비급수에 자주 사용되는 도형의 필연성

필연성 01

원 나오면 → 중심과 특별점 잇기

✓ 접점 → 접선과 수직

문제를 풀 때 원이 나오면 중심과 특별한 점을 이어줘야 한다. '원'이라는 도형의 정의 자체가 '한 정점으로부터 같은 거리(=반지름)에 있는 점들의 집합'이기 때문이다. 원이 곡선이긴 해도 정작 문제 풀 때는 그 곡선을 활용하기보다 이은 선분(반지름)의 길이가 같다는 걸 활용하는 것이다. 도형에서 '곡선' 문제는 '직선' 문제로 변환되어야 풀린다는 걸 명심하자.
문제를 풀 때 접점은 언제나 특별한 점이다. 특히 접점과 중심을 이은 선분은 접선과 수직하다는 걸 문제 풀 때 꼭 활용할 생각을 해야 한다.

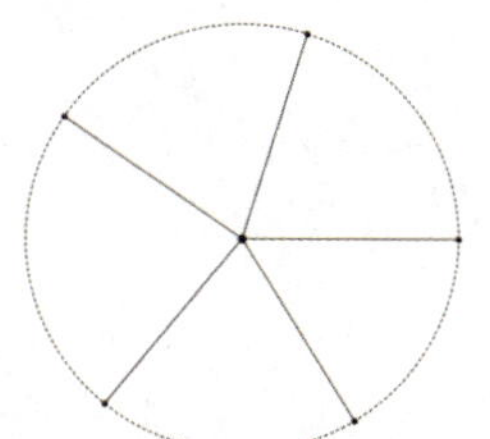
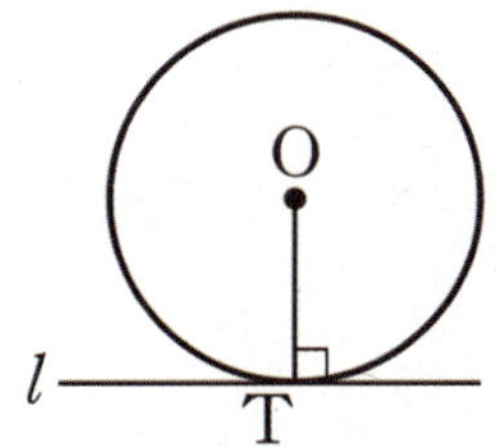

필연성 05

대칭 도형 → 반띵

✓ 이등변삼각형 → 직각 삼각형

문제에서 대칭 도형이 출제되었다면 그걸 가만히 둬서는 내가 활용할 수가 없다. 대칭 도형은 반띵을 해야 비로소 그 도형이 대칭이라는 단서를 답을 내는데 활용할 수 있게 된다.

■ EX - 문제에 아래와 같은 이등변삼각형이 나온다고 가정했을 때, 알맞은 보조선을 그으시오.

필연성 11

도형의 한 부분의 길이(각도)를 구할 때 → "부분의 합 = 전체" 식 세우기

✓ '나머지 부분'을 빨리 파악하는 것이 핵심

전체는 여러 부분들의 합이다. 이를 활용해 문제에서 답으로 구하라는 도형의 일부분은 전체를 활용하여 값을 구할 수 있다. 여기서 '전체'로 활용해야 할 길이는 문제에서 단서로 제시한 길이나, 그걸 약간만 변형하면 바로 알 수 있는 구하기 쉬운 길이로 설정하면 된다. 문제에서 단서로 제시한 '전체', 답으로 구하라는 '부분', 그리고 '나머지 부분'만 설정하면 문제가 금방 풀린다.

필연성 14

이상한 도형의 넓이를 구할 때

(넓이 공식 없는 도형)

→ 여러 개의 기본 도형으로 퍼즐 맞추기

(넓이 공식 있는 도형)

✓ 빵꾸난 도형은 빵꾸를 메꿔서 퍼즐 맞추기

■ EX - 활꼴의 넓이 구하기

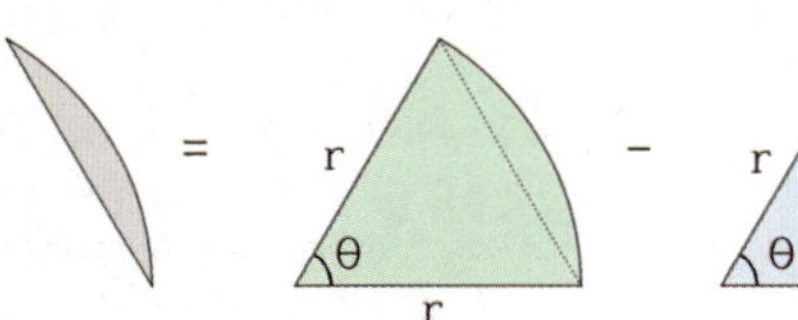

$$\{활꼴의\ 넓이\} = \frac{1}{2}r^2\theta - \frac{1}{2}r^2\sin\theta = \frac{1}{2}r^2(\theta - \sin\theta)$$

경향 04 Minor Trend

21. [2021년 수능 (가)형 14번]

그림과 같이 $\overline{AB_1}=2$, $\overline{AD_1}=4$인 직사각형 $AB_1C_1D_1$이 있다. 선분 AD_1을 $3:1$로 내분하는 점을 E_1이라 하고, 직사각형 $AB_1C_1D_1$의 내부에 점 F_1을 $\overline{F_1E_1}=\overline{F_1C_1}$, $\angle E_1F_1C_1=\dfrac{\pi}{2}$가 되도록 잡고 삼각형 $E_1F_1C_1$을 그린다. 사각형 $E_1F_1C_1D_1$을 색칠하여 얻은 그림을 R_1이라 하자. 그림 R_1에서 선분 AB_1 위의 점 B_2, 선분 E_1F_1 위의 점 C_2, 선분 AE_1 위의 점 D_2와 점 A를 꼭짓점으로 하고 $\overline{AB_2}:\overline{AD_2}=1:2$인 직사각형 $AB_2C_2D_2$를 그린다. 그림 R_1을 얻은 것과 같은 방법으로 직사각형 $AB_2C_2D_2$에 삼각형 $E_2F_2C_2$를 그리고 사각형 $E_2F_2C_2D_2$를 색칠하여 얻은 그림을 R_2라 하자. 이와 같은 과정을 계속하여 n번째 얻은 그림 R_n에 색칠되어 있는 부분의 넓이를 S_n이라 할 때, $\displaystyle\lim_{n\to\infty}S_n$의 값은? [4점]

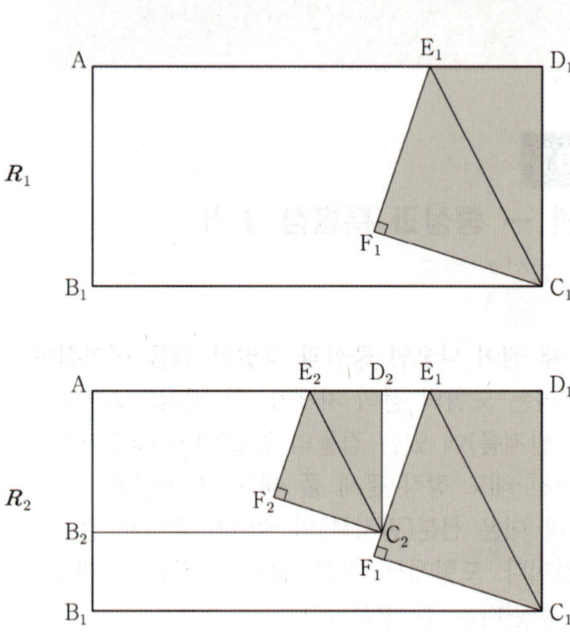

① $\dfrac{441}{103}$ ② $\dfrac{441}{109}$ ③ $\dfrac{441}{115}$ ④ $\dfrac{441}{121}$ ⑤ $\dfrac{441}{127}$

Analysis

■ 닮음비와 공비

도형 닮음비 (1세대:2세대)

길이의 비 $= m:n$

넓이의 비 $= m^2:n^2$

공비 $= \dfrac{n^2}{m^2}$

(step1) 첫째항 구하기

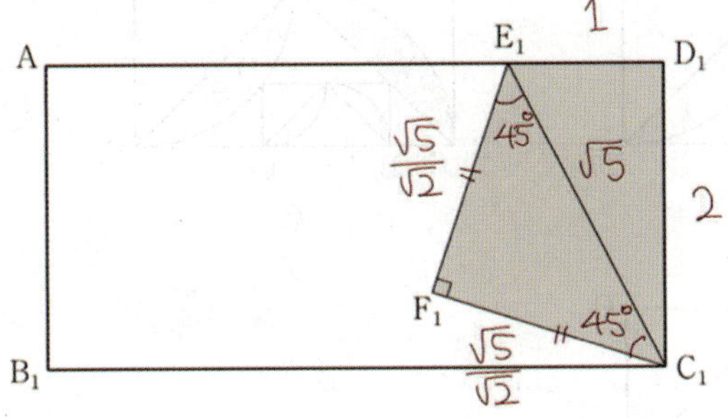

$\overline{C_1E_1} = \sqrt{1^2 + 2^2} = \sqrt{5}$

$\triangle C_1E_1F_1$ 이 직각이등변삼각형이므로

한 변과 빗변의 길이비는 $1 : \sqrt{2}$

$\therefore \overline{C_1F_1} = \overline{E_1F_1} = \dfrac{\sqrt{5}}{\sqrt{2}}$

$\therefore S_1 = \dfrac{1}{2} \cdot 1 \cdot 2 + \dfrac{1}{2}\left(\dfrac{\sqrt{5}}{\sqrt{2}}\right)^2 = \dfrac{9}{4}$

도형의 필연성

필연성 11

도형의 한 부분의 길이(각도)를 구할 때
→ "부분의 합 = 전체" 식 세우기

✓ '나머지 부분'을 빨리 파악하는 것이 핵심

(step2) 공비 구하기

■ 도형의 한 부분의 길이를 구할 때
→ 부분의 합 = 전체 활용

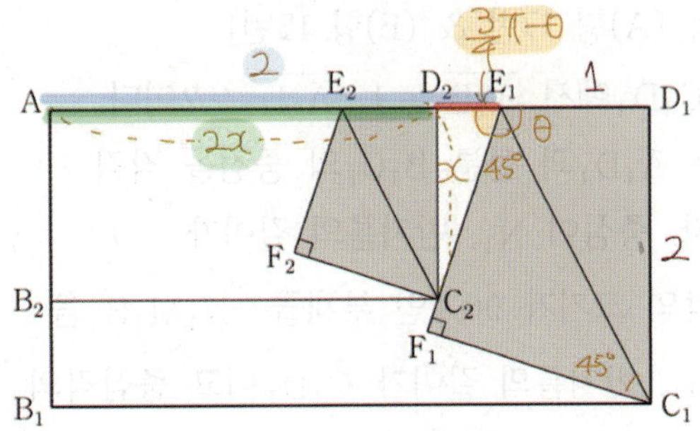

$\overline{C_2D_2} = x$ 라 하면 $\overline{AE_2} = 2x$ 이다.

$\overline{D_2E_1}$ 을 x 에 대해 표현하면 x 값을 구할 수 있다.

$\angle C_1E_1D_1 = \theta$ 라 하면 $\angle F_1E_1D_2 = \dfrac{3}{4}\pi - \theta$,

$\tan\theta = 2$ 이므로

$\tan(\angle F_1E_1D_2) = \tan\left(\dfrac{3}{4}\pi - \theta\right) = \dfrac{\tan\dfrac{3}{4}\pi - \tan\theta}{1 + \tan\dfrac{3}{4}\pi\tan\theta}$

$= \dfrac{(-1) - 2}{1 + (-1)\times 2} = 3$

$\therefore \overline{D_2E_1} = \dfrac{x}{3} \quad \left(\because \tan\left(\dfrac{3}{4}\pi - \theta\right) = 3 = \dfrac{x}{\overline{D_1E_1}}\right)$

$\therefore \overline{AE_1} = \overline{AD_2} + \overline{D_2E_1} = 2x + \dfrac{x}{3} = 3$

$\therefore x = \dfrac{9}{7}$

길이비 $= 2 : \dfrac{9}{7} = 1 : \dfrac{9}{14}$

넓이비 $= 1^2 : \left(\dfrac{9}{14}\right)^2$

공비 $= \left(\dfrac{9}{14}\right)^2$

$\therefore \lim_{n \to \infty} S_n = \dfrac{\dfrac{9}{4}}{1 - \left(\dfrac{9}{14}\right)^2} = \dfrac{14 \cdot 14 \cdot \dfrac{9}{4}}{14^2 - 9^2} = \dfrac{441}{115}$

경향 04 Minor Trend

1등급

22. [2014년 수능 (A)형 17번 & (B)형 15번]
직사각형 $A_1B_1C_1D_1$에서 $\overline{A_1B_1}=1$, $\overline{A_1D_1}=2$이다.
그림과 같이 선분 A_1D_1과 선분 B_1C_1의 중점을 각각
M_1, N_1이라 하자. 중심이 N_1, 반지름의 길이가
$\overline{B_1N_1}$이고 중심각의 크기가 $90°$인 부채꼴 $N_1M_1B_1$을
그리고, 중심이 D_1, 반지름의 길이가 $\overline{C_1D_1}$이고 중심각의
크기가 $\dfrac{\pi}{2}$인 부채꼴 $D_1M_1C_1$을 그린다. 부채꼴
$N_1M_1B_1$의 호 M_1B_1과 선분 M_1B_1로 둘러싸인 부분과
부채꼴 $D_1M_1C_1$의 호 M_1C_1과 선분 M_1C_1로 둘러싸인
부분인 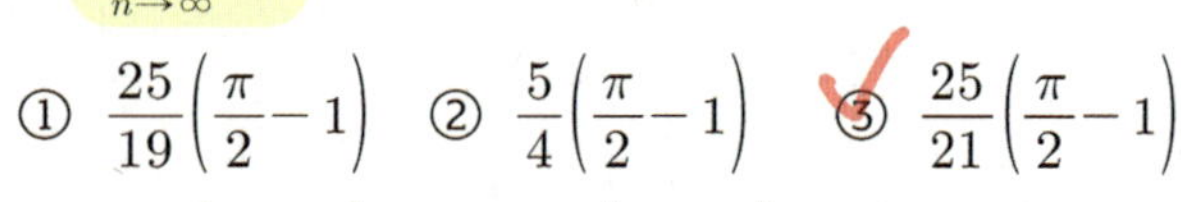 모양에 색칠하여 얻은 그림을 R_1이라 하자.
그림 R_1에 선분 M_1B_1 위의 점 A_2, 호M_1C_1 위의 점
D_2와 변B_1C_1 위의 두 점 B_2, C_2를 꼭짓점으로 하고
$\overline{A_2B_2} : \overline{A_2D_2} = 1:2$인 직사각형 $A_2B_2C_2D_2$를
그리고, 직사각형 $A_2B_2C_2D_2$에서 그림 R_1을 얻은 것과
같은 방법으로 만들어지는 모양에 색칠하여 얻은
그림을 R_2라 하자. 이와 같은 과정을 계속하여 n번째
얻은 그림 R_n에 색칠되어 있는 부분의 넓이를 S_n라 할
때, $\lim\limits_{n \to \infty} S_n$의 값은? [4점]

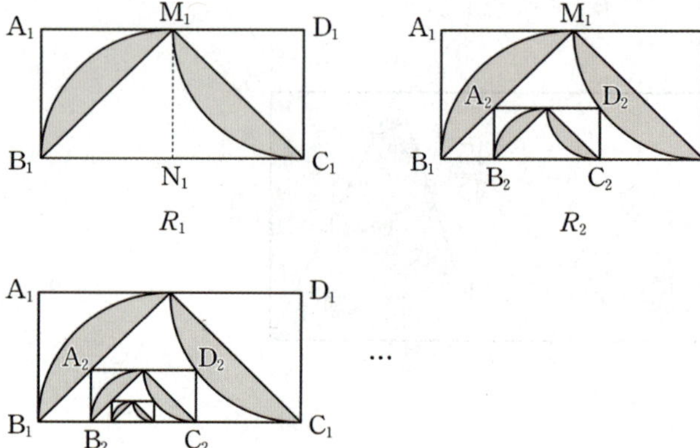

R_1

R_2

R_3

① $\dfrac{25}{19}\left(\dfrac{\pi}{2}-1\right)$ ② $\dfrac{5}{4}\left(\dfrac{\pi}{2}-1\right)$ ③ $\dfrac{25}{21}\left(\dfrac{\pi}{2}-1\right)$

④ $\dfrac{25}{22}\left(\dfrac{\pi}{2}-1\right)$ ⑤ $\dfrac{25}{23}\left(\dfrac{\pi}{2}-1\right)$

Analysis

기본적으로 $S = \dfrac{a}{1-r}$ 공식을 쓰면 풀리도록 문제 풀이
방법은 정형화되어 있어. 풀이 방법이 정형화 되어 있다
보니, 결국 변별력을 갖추도록 등비수열의 초항 a와 공비
r을 구하기 어렵게 만들어. 그러니 도형 문제에 대한
접근법이 제대로 정리되어 있어야 해.

(Step1) 첫째항 구하기

- 이상한 도형의 넓이를 구할 때
→ 여러 개의 기본 도형으로 퍼즐 맞추기를 하라.

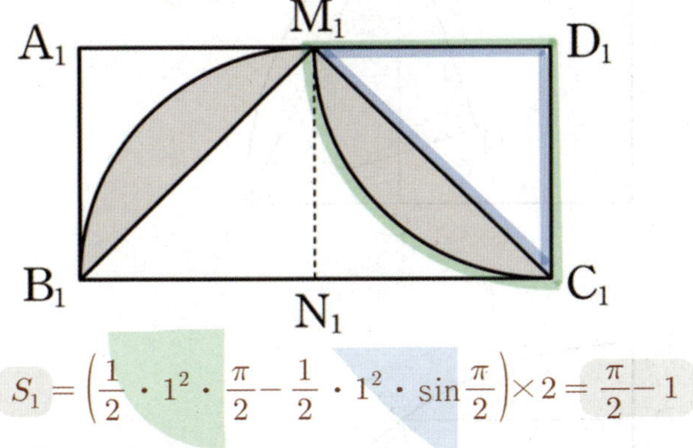

$$S_1 = \left(\frac{1}{2} \cdot 1^2 \cdot \frac{\pi}{2} - \frac{1}{2} \cdot 1^2 \cdot \sin\frac{\pi}{2} \right) \times 2 = \frac{\pi}{2} - 1$$

도형의 필연성

필연성 14

이상한 도형의 넓이를 구할 때

(넓이 공식 없는 도형)

→ 여러 개의 기본 도형으로 퍼즐 맞추기

(넓이 공식 있는 도형)

✓ 빵꾸난 도형은 빵꾸를 메꿔서 퍼즐 맞추기

필연성 01

원 나오면 → 중심과 특별점 잇기

✓ 접점 → 접선과 수직

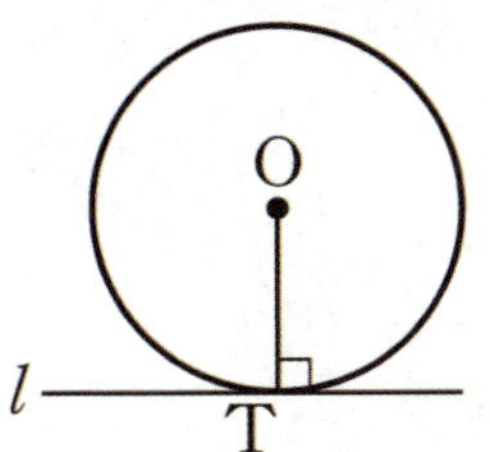

(Step2) 공비 구하기

- 도형의 한 부분의 길이를 구할 때
→ 부분의 합 = 전체 활용
- 원 나오면 중심과 특별점 잇기

↓번호순으로 읽기

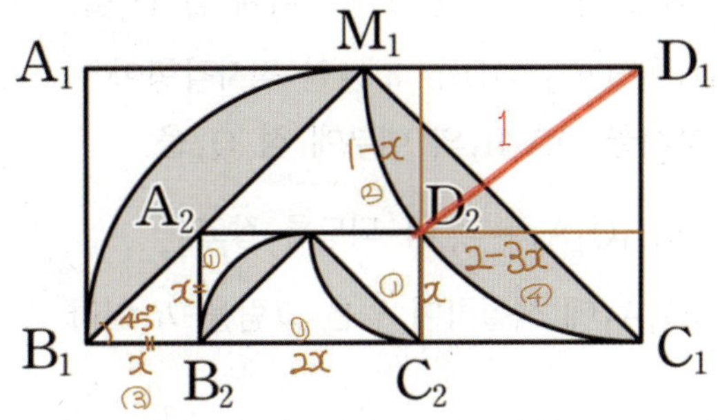

$\overline{A_2B_2} = x$라 하면 $\overline{B_2C_2} = 2x$이고,

$\angle A_2B_1B_2 = 45°$ 이므로 $\overline{B_1B_2} = x$이다.

$\therefore \overline{C_1C_2} = 2 - 3x, \ \overline{D_2H} = 1 - x$

피타고라스 정리에 의해

$$1^2 = (1-x)^2 + (2-3x)^2$$
$$\Leftrightarrow (5x-2)(x-1) = 0$$
$$\therefore x = \frac{2}{5}$$

길이비 $= 1 : \dfrac{2}{5}$

넓이비 $= 1^2 : \left(\dfrac{2}{5} \right)^2$

공비 $= \left(\dfrac{2}{5} \right)^2 = \dfrac{4}{25}$

$$\therefore \lim_{n \to \infty} S_n = \frac{\frac{\pi}{2} - 1}{1 - \frac{4}{25}} = \frac{25}{21}\left(\frac{\pi}{2} - 1 \right)$$

경향 04 Minor Trend

23. [2023년 수능 (미적분) 27번]
그림과 같이 중심이 O, 반지름의 길이가 1이고 중심각의 크기가 $\dfrac{\pi}{2}$인 부채꼴 OA_1B_1이 있다. 호 A_1B_1 위에 점 P_1, 선분 OA_1 위에 점 C_1, 선분 OB_1 위에 점 D_1을 사각형 $OC_1P_1D_1$이 $\overline{OC_1} : \overline{OD_1} = 3 : 4$인 직사각형이 되도록 잡는다. 부채꼴 OA_1B_1의 내부에 점 Q_1을 $\overline{P_1Q_1} = \overline{A_1Q_1}$, $\angle P_1Q_1A_1 = \dfrac{\pi}{2}$가 되도록 잡고, 이등변삼각형 $P_1Q_1A_1$에 색칠하여 얻은 그림을 R_1이라 하자.

그림 R_1에서 선분 OA_1위의 점 A_2와 선분 OB_1위의 점 B_2를 $\overline{OQ_1} = \overline{OA_2} = \overline{OB_2}$가 되도록 잡고, 중심이 O, 반지름의 길이가 $\overline{OQ_1}$, 중심각의 크기가 $\dfrac{\pi}{2}$인 부채꼴 OA_2B_2를 그린다. 그림 R_1을 얻은 것과 같은 방법으로 네 점 P_2, C_2, D_2, Q_2를 잡고, 이등변삼각형 $P_2Q_2A_2$에 색칠하여 얻은 그림을 R_2라 하자. 이와 같은 과정을 계속하여 n번째 얻은 그림 R_n에 색칠되어 있는 부분의 넓이를 S_n이라 할 때, $\lim\limits_{n \to \infty} S_n$의 값은? [3점]

① $\dfrac{9}{40}$ ② $\dfrac{1}{4}$ ③ $\dfrac{11}{40}$ ④ $\dfrac{3}{10}$ ⑤ $\dfrac{13}{40}$

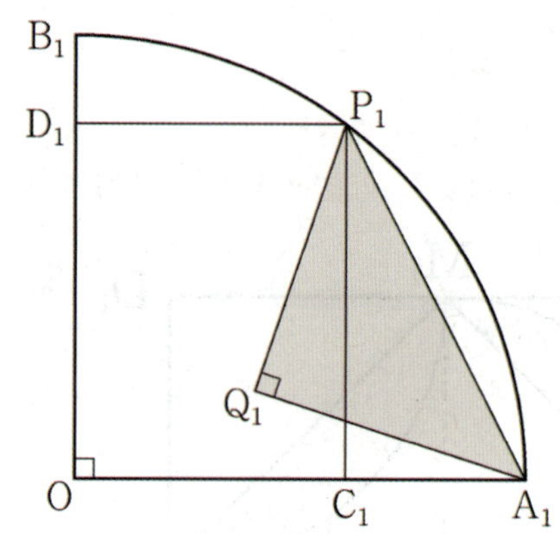

R_1

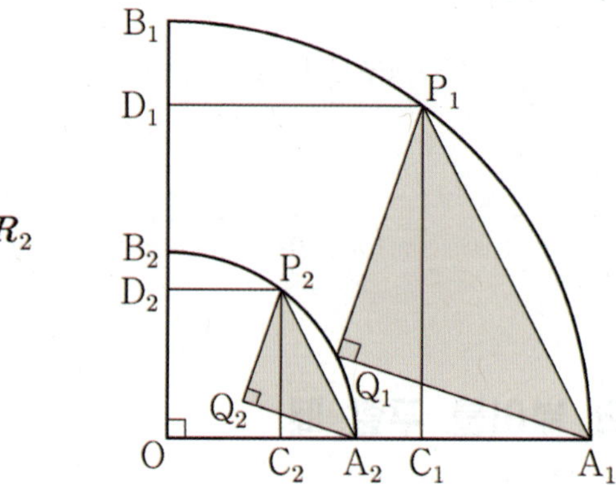

R_2

Analysis 도형의 필연성

필연성 01

원 나오면 → 중심과 특별점 잇기

✓ 접점 → 접선과 수직

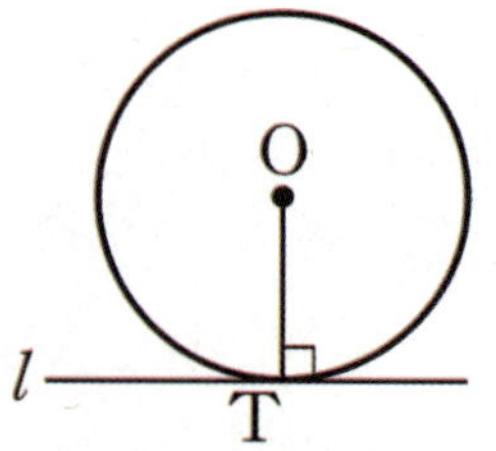

필연성 05

대칭 도형 → 반띵

✓ 이등변삼각형 → 직각 삼각형

(step1) 첫째항 구하기

■ 원 나오면 → 중심과 특별점 잇기

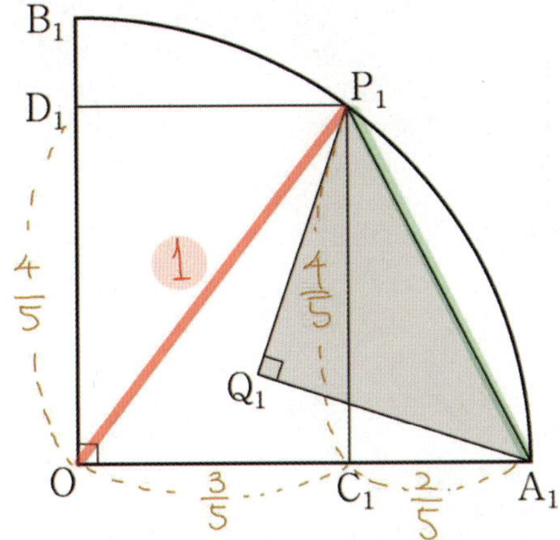

$$\overline{OC_1} : \overline{OD_1} : \overline{OP_1} = 3 : 4 : 5$$

$$\Leftrightarrow \overline{OC_1} = \frac{3}{5}, \ \overline{A_1C_1} = \frac{2}{5}$$

$$\overline{A_1P_1} = \sqrt{\left(\frac{2}{5}\right)^2 + \left(\frac{4}{5}\right)^2} = \frac{2}{\sqrt{5}}$$

삼각형 $P_1Q_1A_1$은 직각이등변삼각형 이므로

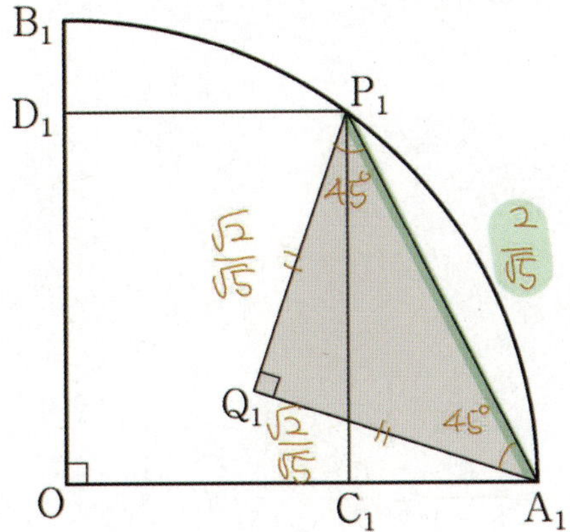

$$\overline{A_1Q_1} = \overline{P_1Q_1} = \frac{\sqrt{2}}{\sqrt{5}}$$

$$\therefore S_1 = \frac{1}{2} \times \left(\frac{\sqrt{2}}{\sqrt{5}}\right)^2 = \frac{1}{5}$$

(step2) 공비 구하기

■ 좌우대칭 → 반띵

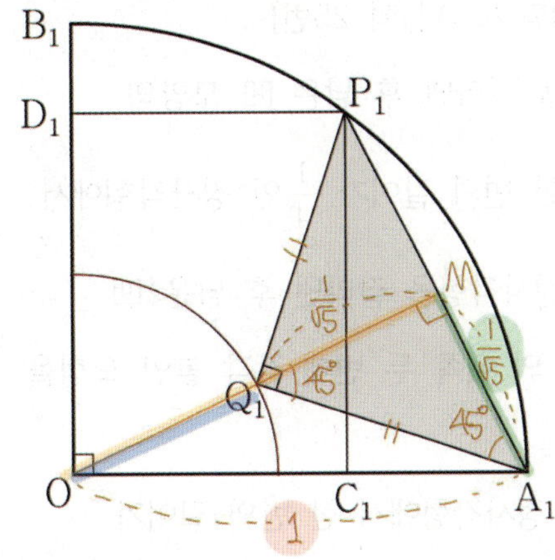

$$\overline{OM} = \sqrt{1^2 - \left(\frac{1}{\sqrt{5}}\right)^2} = \frac{2}{\sqrt{5}}, \ \overline{Q_1M} = \frac{1}{\sqrt{5}}$$

$$\overline{OQ_1} = \frac{2}{\sqrt{5}} - \frac{1}{\sqrt{5}} = \frac{1}{\sqrt{5}}$$

길이의 비 $= 1 : \dfrac{1}{\sqrt{5}}$

넓이의 비 $= 1^2 : \dfrac{1}{5}$

공비 $= \dfrac{1}{5}$

$$\therefore \lim_{n \to \infty} S_n = \frac{\frac{1}{5}}{1 - \frac{1}{5}} = \frac{1}{4}$$

경향 04 Minor Trend

24. [2005년 수능 (가)형 & (나)형 25번]

길이가 $\dfrac{1}{2}$인 정사각형을 잘라낸 후 남은 凹 모양의

도형을 A_1이라 하자. 한 변의 길이가 $\dfrac{1}{4}$인 정사각형에서

한 변의 길이가 $\dfrac{1}{8}$인 정사각형을 잘라낸 후 남은 凹

모양의 도형 2개를 A_1의 위쪽 두 변에 각각 붙인 도형을

A_2라 하자.

한 변의 길이가 $\dfrac{1}{16}$인 정사각형에서 한 변의 길이가

$\dfrac{1}{32}$인 정사각형을 잘라낸 후 남은 凹 모양의 도형 4개를

A_2의 위쪽 네 변에 각각 붙인 도형을 A_3이라 하자. 이와

같은 과정을 계속하여 얻은 n번째 도형을 A_n이라 하고

그 넓이를 S_n이라 하자.

$\displaystyle\lim_{n\to\infty} S_n = \dfrac{q}{p}$라 할 때, $p+q$의 값을 구하시오.

(단, p와 q는 서로소인 자연수이다.) [4점]

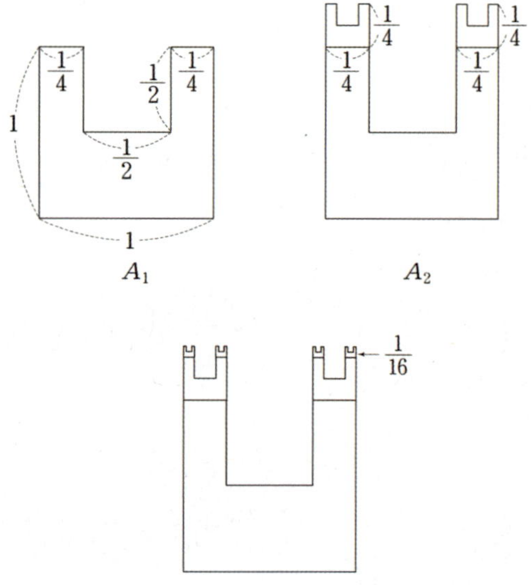

A_1 $\qquad$ A_2

A_3

(step1) 첫째항 구하기

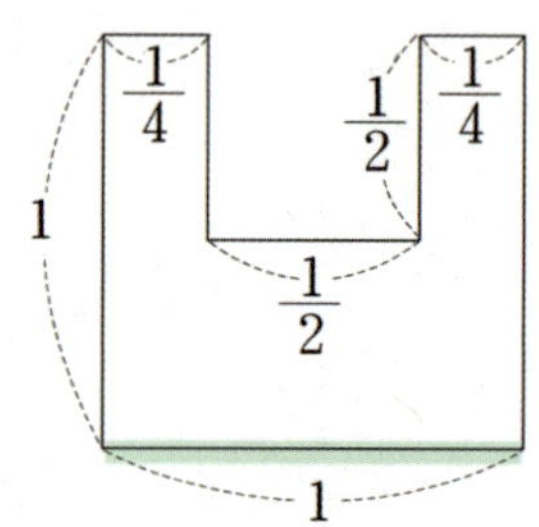

$$S_1 = 1^2 - \left(\dfrac{1}{2}\right)^2 = \dfrac{3}{4}$$

(step2) 공비 구하기

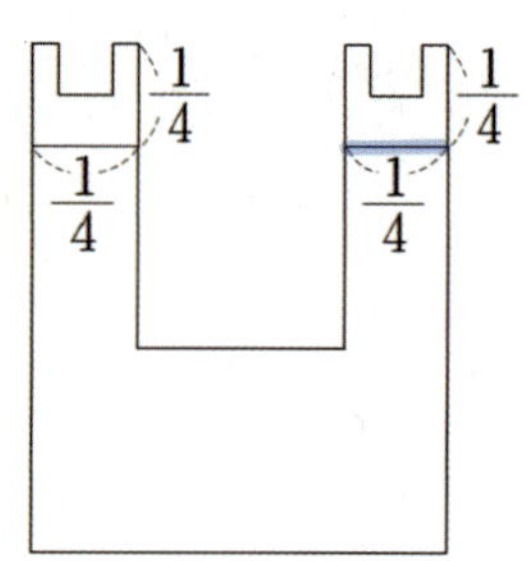

다음 세대에 도형이 2배씩 늘어난다.

1세대 1개 : 2세대 1개

길이의 비 $= 1 : \dfrac{1}{4}$

넓비의 비 $= 1^2 : \left(\dfrac{1}{4}\right)^2$

공비 $= \left(\dfrac{1}{4}\right)^2 \times 2$

$$\lim_{n\to\infty} S_n = \dfrac{\dfrac{3}{4}}{1-\left(\dfrac{1}{4}\right)^2 \times 2} = \dfrac{6}{8-1} = \dfrac{6}{7}$$

$\therefore p+q = 7+6 = 13$

Analysis

이전 문제와는 다르게 다음 세대 도형이 되면 개수가 기하급수적으로 늘어난다. 이런 유형에서 공비 구하는 방법에서 추가적인 이해가 필요하다.

경향04 대표문제분석 025

25. [2017년 수능 (나)형 17번]

그림과 같이 길이가 4인 선분 AB를 지름으로 하는 원 O가 있다. 원의 중심을 C라 하고, 선분 AC의 중점과 선분 BC의 중점을 각각 D, P라 하자. 선분 AC의 수직이등분선과 선분 BC의 수직이등분선이 원 O의 위쪽 반원과 만나는 점을 각각 E, Q라 하자. 선분 DE를 한 변으로 하고 원 O와 점 A에서 만나며 선분 DF가 대각선인 정사각형 $DEFG$를 그리고, 선분 PQ를 한 변으로 하고 원 O와 점 B에서 만나며 선분 PR가 대각선인 정사각형 $PQRS$를 그린다. 원 O의 내부와 정사각형 $DEFG$의 내부의 공통부분인 ◖모양의 도형과 원 O의 내부와 정사각형 $PQRS$의 내부의 공통부분인 ◗모양의 도형에 색칠하여 얻은 그림을 R_1이라 하자. 그림 R_1에서 점 F를 중심으로 하고 반지름의 길이가 $\frac{1}{2}\overline{DE}$인 원 O_1, 점 R를 중심으로 하고 반지름의 길이가 $\frac{1}{2}\overline{PQ}$인 원 O_2를 그린다. 두 원 O_1, O_2에 각각 그림 R_1을 얻은 것과 같은 방법으로 만들어지는 ◖모양의 2개의 도형과 ◗모양의 2개의 도형에 색칠하여 얻은 그림을 R_2라 하자.

이와 같은 과정을 계속하여 n번째 얻은 그림 R_n에 색칠되어 있는 부분의 넓이를 S_n이라 할 때, $\lim\limits_{n\to\infty} S_n$의 값은? [4점]

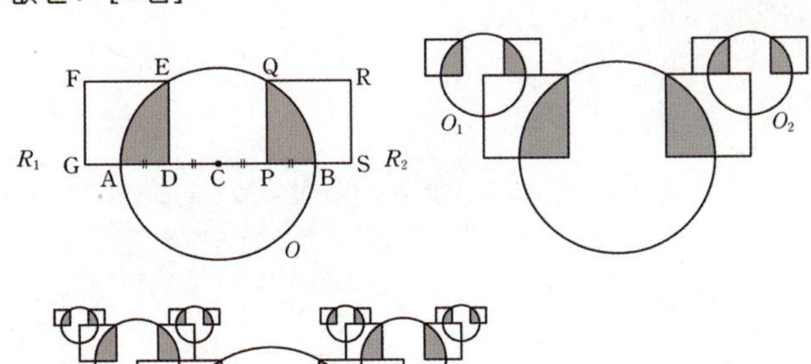

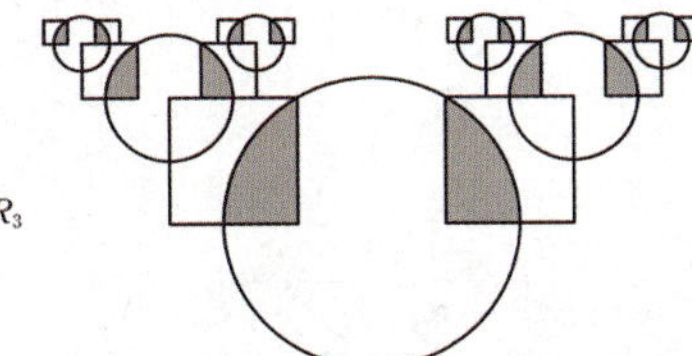

① $\dfrac{12\pi - 9\sqrt{3}}{10}$ ② $\dfrac{8\pi - 6\sqrt{3}}{5}$ ③ $\dfrac{32\pi - 24\sqrt{3}}{15}$

④ $\dfrac{28\pi - 21\sqrt{3}}{10}$ ⑤ $\dfrac{16\pi - 12\sqrt{3}}{5}$

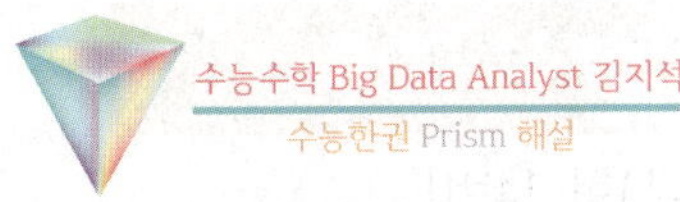

(step1) 첫째항 구하기

■ 원 나오면 → 중심과 특별점 잇기

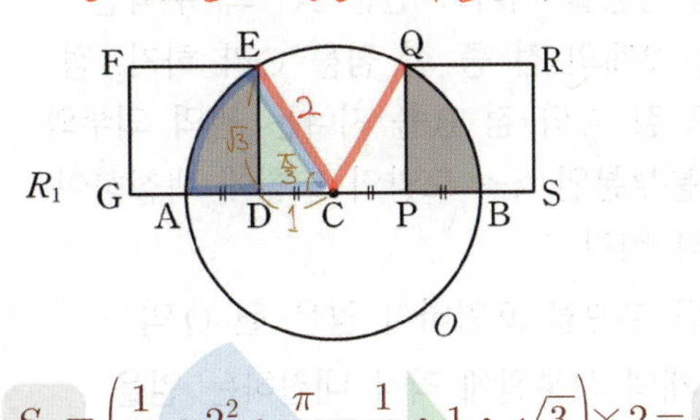

$$S_1 = \left(\frac{1}{2} \cdot 2^2 \cdot \frac{\pi}{3} - \frac{1}{2} \cdot 1 \cdot \sqrt{3} \right) \times 2 = \frac{4}{3}\pi - \sqrt{3}$$

(step2) 공비 구하기

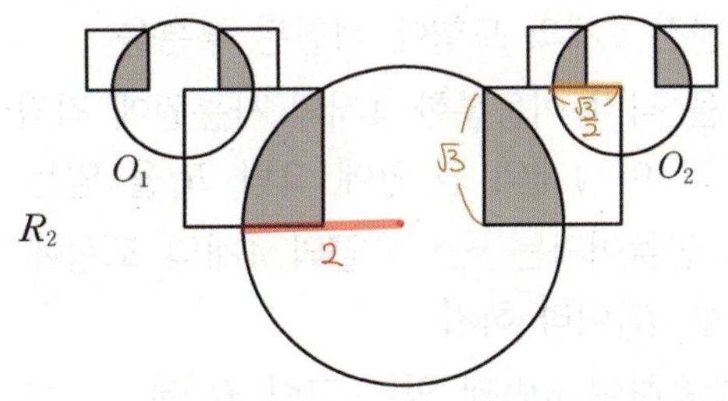

다음 세대에 도형이 2배씩 늘어난다.

1세대 1개 : 2세대 1개

길이의 비 $= 2 : \dfrac{\sqrt{3}}{2}$

넓이의 비 $= 2^2 : \left(\dfrac{\sqrt{3}}{2} \right)^2$

공비 $= \dfrac{1}{2^2} \left(\dfrac{\sqrt{3}}{2} \right)^2 \times 2$

$$\therefore \lim_{n\to\infty} S_n = \frac{\dfrac{4}{3}\pi - \sqrt{3}}{1 - \dfrac{1}{2^2}\left(\dfrac{\sqrt{3}}{2}\right)^2 \times 2} = \frac{32\pi - 24\sqrt{3}}{15}$$

경향 04 Minor Trend

26. [2013년 수능 (가)형 & (나)형 14번]

그림과 같이 길이가 2인 선분 AB를 지름으로 하는 원 O가 있다. 원 O의 중심을 지나고 선분 AB와 수직인 직선이 원과 만나는 2개의 점 중 한 점을 C라 하자. 점 C를 중심으로 하고 점 A와 점 B를 지나는 원의 외부와 원 O의 내부의 공통부분인 ⌣ 모양의 도형에 색칠하여 얻은 그림을 R_1이라 하자.

그림 R_1에서 색칠된 부분을 포함하지 않은 원 O의 반원을 이등분한 2개의 사분원에 각각 내접하는 원을 그리고, 이 2개의 원 안에 그림 R_1을 얻는 것과 같은 방법으로 만들어지는 ⌣ 모양의 2개의 도형에 색칠하여 얻은 그림을 R_2라 하자.

그림 R_2에서 새로 생긴 2개의 도형에 색칠된 부분을 포함하지 않은 반원을 각각 이등분한 4개의 사분원에 각각 내접하는 원을 그리고, 이 4개의 원 안에 그림 R_1을 얻는 것과 같은 방법으로 만들어지는 ⌣ 모양의 4개의 도형에 색칠하여 얻은 그림을 R_3이라 하자.

이와 같은 과정을 계속하여 n번째 얻은 그림 R_n에 색칠되어 있는 부분의 넓이를 S_n이라 할 때, $\lim_{n\to\infty} S_n$의 값은? [4점]

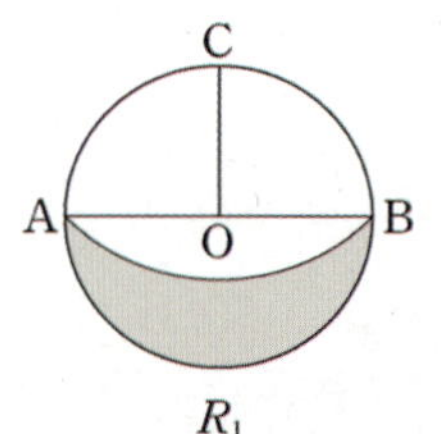
R_1

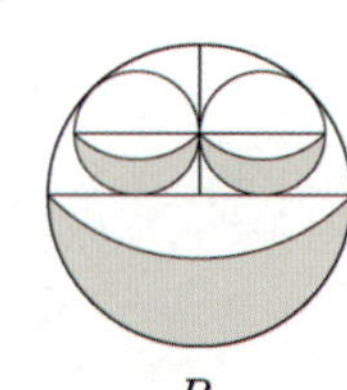
R_2

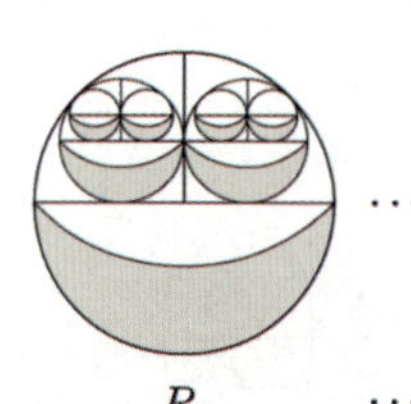
R_3

···

① $\dfrac{5+2\sqrt{2}}{7}$

② $\dfrac{5+3\sqrt{2}}{7}$

③ $\dfrac{5+4\sqrt{2}}{7}$ ✓

④ $\dfrac{5+5\sqrt{2}}{7}$

⑤ $\dfrac{5+6\sqrt{2}}{7}$

(Step1) 첫째항 구하기

■ 원 나오면 중심과 특별점 잇기

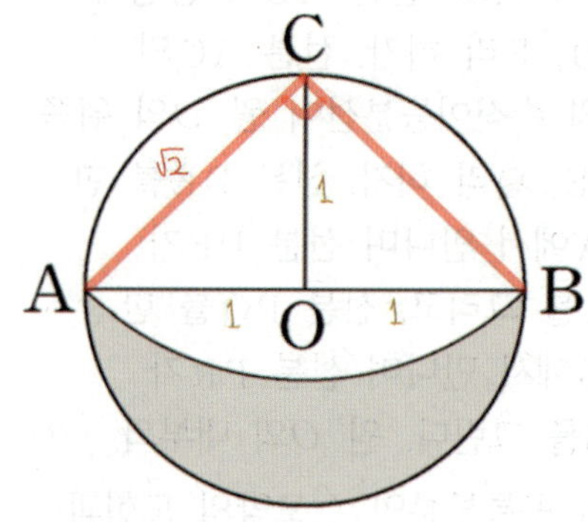

■ 이상한 도형의 넓이를 구할 때

→ 여러 개의 기본 도형으로 퍼즐 맞추기를 하라.

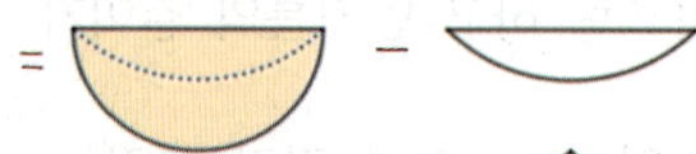

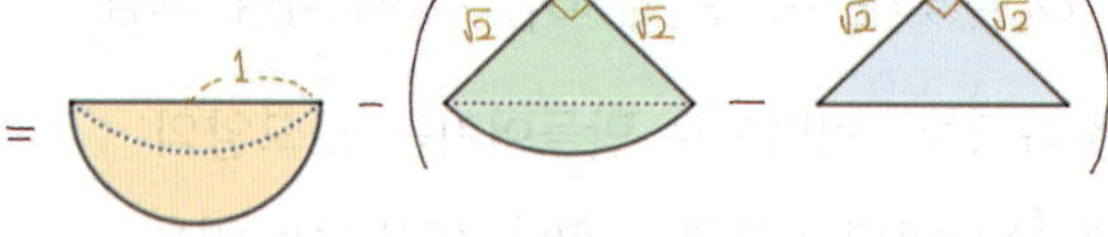

$$\therefore S_1 = \frac{1}{2}\cdot 1^2 \pi - \left(\frac{1}{2}\cdot\sqrt{2}^{\,2}\cdot\frac{\pi}{2} - \frac{1}{2}\cdot\sqrt{2}^{\,2}\right) = 1$$

(step2) 공비 구하기

■ 원 나오면 중심과 특별점 잇기
(접점 → 접선과 수직)

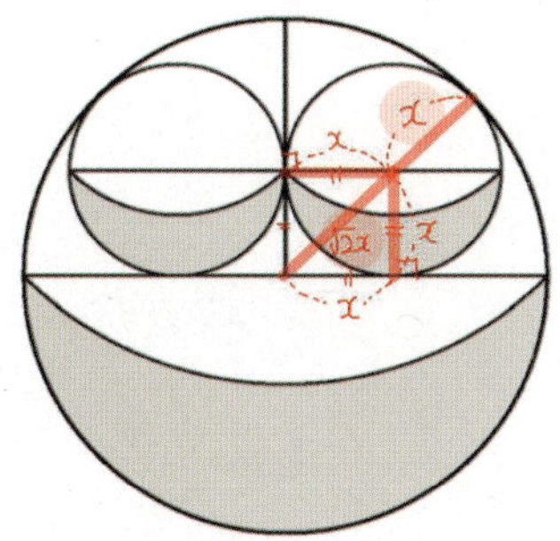

■ 도형의 한 부분의 길이를 구할 때
→ 부분의 합 = 전체 활용

$$x + \sqrt{2}\,x = 1$$

$$x = \frac{1}{1+\sqrt{2}} = \sqrt{2} - 1$$

다음 세대에 도형이 2배씩 늘어난다.

1세대 1개 : 2세대 1개

길이의 비 $= 1 : \sqrt{2} - 1$

넓비의 비 $= 1^2 : (\sqrt{2}-1)^2$

공비 $= (\sqrt{2}-1)^2 \times 2$

$$\lim_{n\to\infty} S_n = \frac{1}{1-(\sqrt{2}-1)^2 \times 2} = \frac{5+4\sqrt{2}}{7}$$

Analysis

도형의 필연성

필연성 01

원 나오면 → 중심과 특별점 잇기

✓ 접점 → 접선과 수직

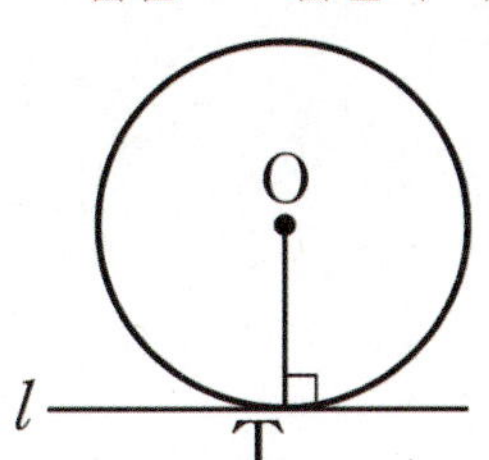

필연성 14

이상한 도형의 넓이를 구할 때

(넓이 공식 없는 도형)

→ 여러 개의 기본 도형으로 퍼즐 맞추기

(넓이 공식 있는 도형)

✓ 빵꾸난 도형은 빵꾸를 메꿔서 퍼즐 맞추기

필연성 11

도형의 한 부분의 길이(각도)를 구할 때
→ "부분의 합 = 전체" 식 세우기

✓ '나머지 부분'을 빨리 파악하는 것이 핵심

2. 여러 함수의 미분

Big Data Report

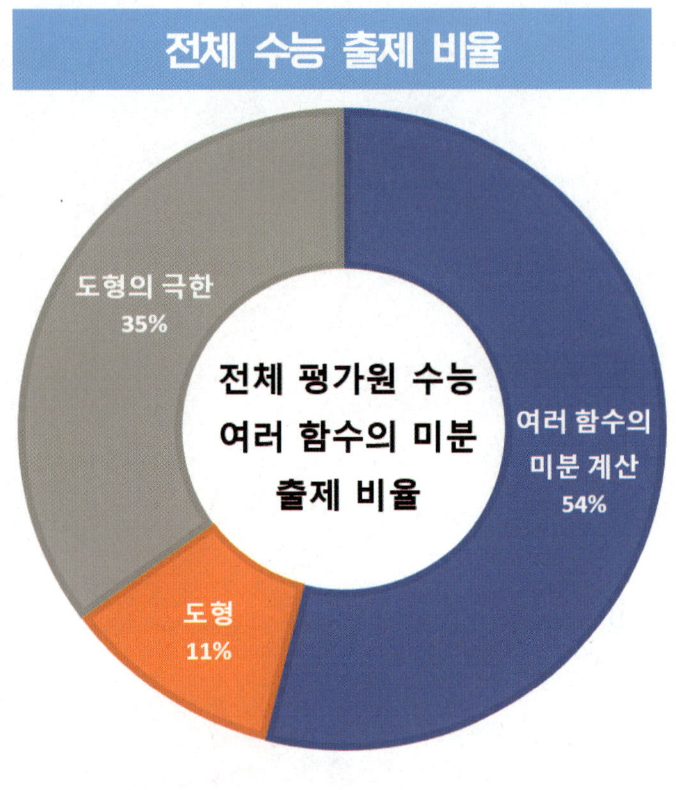

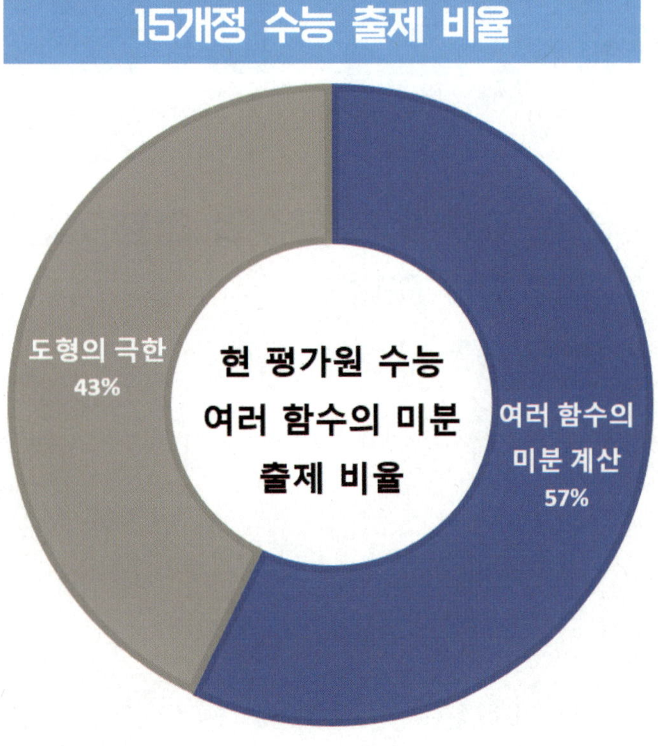

■ 여러 함수의 미분 단원은 3가지 경향으로 분석하였다.

■ 미적분 과목은 3단원으로 이뤄지는 교과서와 4단원으로 분리하는 교과서로 2종류가 있다. 이 책은 4단원으로 분리하는 교과서 기준으로 하여 여러 함수의 미분을 다른 한 단원으로 분리하였다. 이 단원은 다음 미분법 단원과 성격이 다른 부분이 많아, 기출 문제를 분석하는 사람이라면 경향을 좀 더 섬세하게 살펴볼 수 있도록 쪼개서 공부하는 것이 유리하다.

■ [경향05] 여러 함수의 미분 계산
대체로 공식만 알면 쉽게 풀리는 수준이고 3년 연속 출제되고 있다.

■ [경향06] 도형
도형의 극한 경향에 밀려서 실제로 출제되지 않았지만 최근 삼각함수 도형의 극한이 출제되지 않고 있기 때문에 오히려 이 경향에서 출제 될 가능성은 있다. 전체 수능으로 보면 자주 출제되는 경향은 아니지만 역대 오답률을 보면 문제 수준에 비해 오답률이 높은 편이니 수험생이라면 대비를 해두는 편이 좋다.

■ [경향07] 도형의 극한
출제 기조 변화로 중요도가 전보다 떨어진 것은 사실이지만 이전의 압도적인 중요도에 비해 떨어졌다 뿐이지 여전히 대비해두는 편이 바람직하다. 평가원은 수험생의 방심을 좋아하니까.

■ 미적분을 잘하려면 '그래프'도 잘해야 하고 '도형'도 잘해야 한다. 수열의 극한 단원에서도, 지금 단원에서도 '도형'에 관련된 문항이 많이 있다. 현 평가원은 대체적으로 '그래프'에 조금 더 치중해서 물어보는 편이지만 '도형' 역시 간간히 출제되기 때문에 대비해두는 편이 훨씬 좋다. 어떤 도형 문제가 나오더라도 일관된 행동원칙이 필요하고, 도형 역시 논리적인 사고 양식을 확립하는 것이 필요하다.

전체 수능 평균 난이도

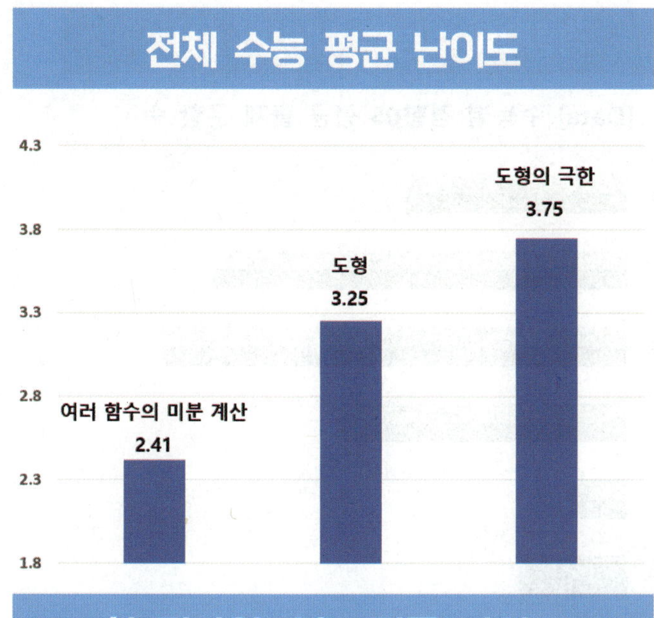

현 평가원 수능 평균 난이도

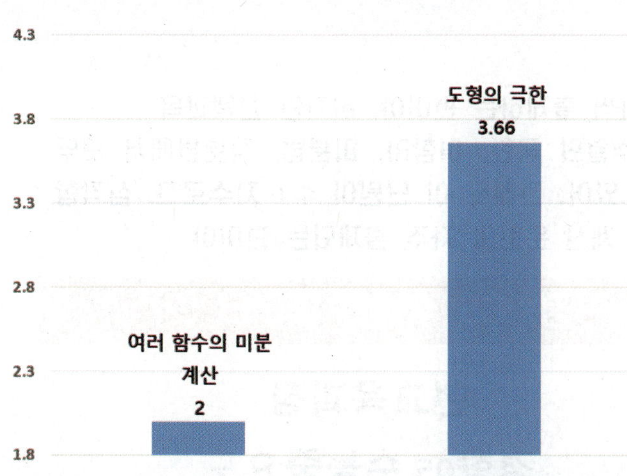

올해 수능
여러 함수의 미분 학습 방향

개념이 어려운 편
개념의 유기적인 연결성 필요
계산 문항 1문항 출제 가능 유력
도형과 도형의 극한은 겸손하게
대비해두는 편이 좋음

■ 계산 풀이만 고집하는 것 vs 근사 풀이만 고집하는 것
도형의 극한 파트 문항을 푸는 2가지 방법 중 한 가지만 고집하여 푸는 것은 좋지 않다. 근사가 됨에도 불구하고 계산만 고집하여 푼다면 굉장히 비효율적일 뿐만 아니라 다른 문제를 풀 시간확보에 어려움이 생길 수 있다. 전체 수능을 두고 따져보면 지금까지 출제된 도형의 극한 전체 16 문제 중 8 문제가 근사 풀이가 가능하다. 근사 풀이와 계산 풀이 두 가지 모두 알아두는 것이 필요하다.

◆ 전체 수능 평균 난이도

◆ 여러 함수의 미분 계산 (2.41점)

◆ 도형 (3.25점)

◆ 도형의 극한 (3.75점)

◆ 현 평가원 수능 평균 난이도

◆ 여러 함수의 미분 계산 (2점)

◆ 도형 (출제된 적 없음)

◆ 도형의 극한 (3.66점)

■ 작년 수능 출제 문항 분류

[경향05] 여러 함수의 미분 계산
 - 23번 [2점]

경향 05 Minor Trend

경향05 수능 출제 난이도

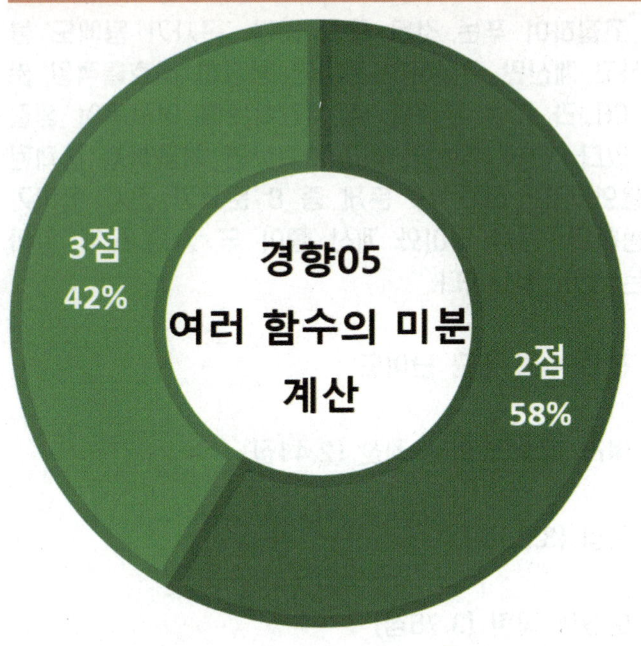

경향05 수능별 데이터 (1)

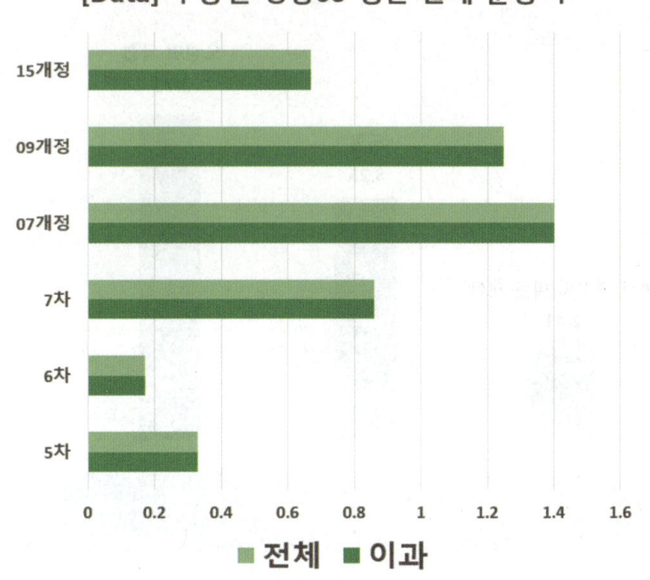

COMMENT

수능이라는 시험이 기본적으로는 각단원별로 계산 문항을 하나씩 출제하는 편이야. 하지만 선택과목 체제가 되면서 미적분에서 출제되는 문항 수가 줄어들었고 수열의 극한, 여함미, 미분법, 적분법에서 모두 계산 문항을 출제할 수 없으니 나올 때도 있고, 안 나올 때도 있어. 그래도 이 단원이 수1 지수로그, 삼각함수, 수2 미분법에 대한 공부도 점검할 수 있어서 이 경향에서 계산 문항이 자주 출제되는 편이야.

경향05 수능 출제 전망

4년 연속 출제

경향05 여함미 단원 내 출제 비율

54.35%

경향05 공부 우선순위

★★★

계산과 개념을 탄탄히

경향05 수능별 데이터 (2)

**현교육과정
경향05 수능중요도**

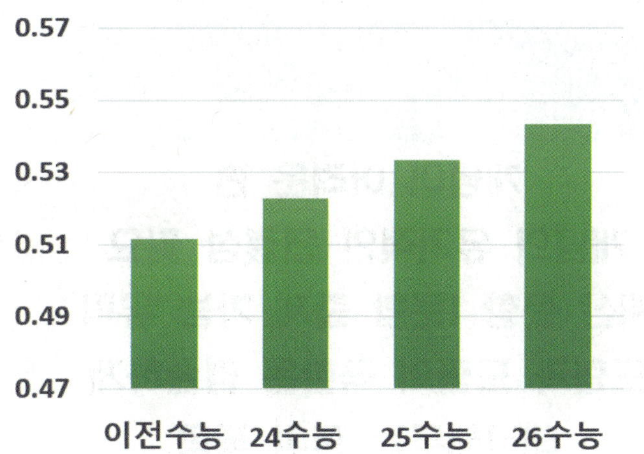

경향05 대표문제분석 027

27. [2012년 수능 (가)형 23번]
방정식 $3\cos 2x + 17\cos x = 0$ 을 만족시키는 x 에 대하여 $\tan^2 x$ 의 값을 구하시오. [3점]

Analysis

삼각함수 식을 다루는 원칙
(1) 각 통일
(2) sin, cos 종류 통일
(3) 특수각 활용

35

각을 $2x$ 에서 x로 통일하려면
$$\cos 2x = \cos^2 x - \sin^2 x$$
$$= 2\cos^2 x - 1$$
$$= 1 - 2\sin^2 x$$
중 어떻게 변형할지 판단을 잘 해야 한다

$$3\cos 2x + 17\cos x = 0$$
$$\Leftrightarrow 3(2\cos^2 x - 1) + 17\cos x = 0 \quad \cos 로\ 종류를\ 통일!$$
$$\Leftrightarrow 6\cos^2 + 17\cos - 3$$
$$\Leftrightarrow (6\cos - 1)(\cos + 3) = 0$$
$$\cos x = \frac{1}{6} \ \text{or} \ \cancel{3} \ (\because -1 \le \cos x \le 1)$$
$$\therefore \tan^2 x = 35$$

경향05 대표문제분석 028

28. [2014년 수능 (B)형 12번]
이차항의 계수가 1인 이차함수 $f(x)$와 함수
$$g(x) = \begin{cases} \dfrac{1}{\ln(x+1)} & (x \ne 0) \\ 8 & (x = 0) \end{cases}$$
에 대하여 함수 $f(x)g(x)$가 구간 $(-1, \infty)$에서 연속일 때, $f(3)$의 값은? [3점]

① 6   ② 9   ③ 12   ④ 15   ⑤ 18

Analysis

「수능한권 수학Ⅱ」 참고하기
■ 연속판단 : 불연속X연속=연속 (2)
$$f(x) = \begin{cases} \dfrac{1}{(x-a)^n} & (x \ne a) \\ A & (x = a) \end{cases}$$

$x = a$에서 다항함수 $g(x)$가 연속일 때, $f(x)g(x)$가 연속이려면

$$g(x) = (x-a)^2 h(x) 꼴이어야\ 한다.$$

0으로 수렴하려면 식에 x^2을 곱해야한다.
$$x^2 \times g(x) = \begin{cases} \dfrac{x^2}{\ln(x+1)} & (x \ne 0) \\ 8x^2 & (x = 0) \end{cases}$$
$$\lim_{x \to 0}\{x^2 \times g(x)\} = \lim_{x \to 0}\frac{x}{\ln(x+1)} \times x = 1 \times 0 = 0$$
$$0^2 g(0) = 8 \cdot 0^2 = 0$$
$$\therefore\ 연속$$
$$\therefore f(x) = x^2$$
$$\therefore f(3) = 3^2 = 9$$

경향 06 Minor Trend

경향06 수능 출제 난이도

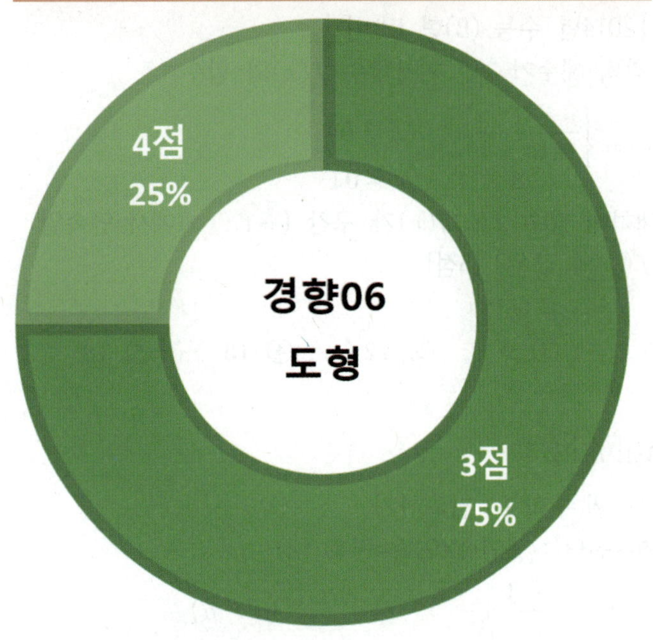

경향06 수능별 데이터 (1)

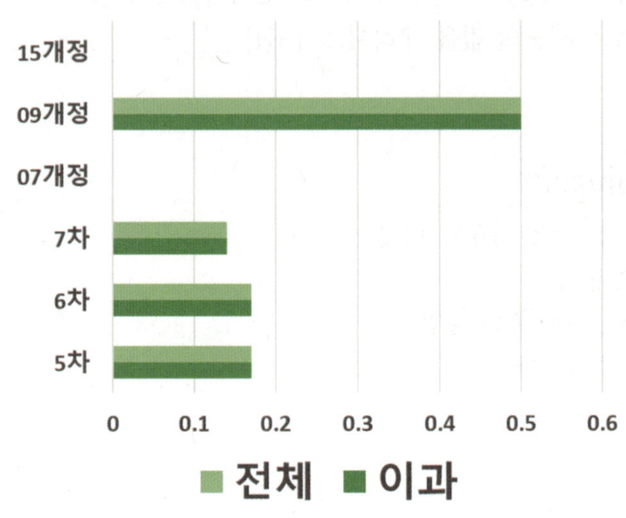

COMMENT

『수학I』의 '사인법칙'과 '코사인법칙'이 『미적분』의 삼각함수 도형 문제에 나올 수 있으니까 이 부분이 잘 되어 있는지 꼭 점검하도록 하자. 이 경향 역시 15개정 평가원 체제에서 출제되지 않았던 경향이지만 최근 '삼각함수 도형의 극한' 문제가 잘 출제되지 않음에 따라 이 도형 파트에서 출제가 될 가능성이 생겼다고 볼 수는 있어. 이 경향은 13년 만에 기습 출제되었던 전례도 있었기 때문에 최근 출제가 안됐다고 아예 배제하지는 말자. 수험생의 본문은 성실하게 두루두루 꼼꼼히!이니까!

경향06 수능 출제 전망

■■□□□
출제 가능성 높지 않음

경향06 여함미 단원 내 출제 비율

10.87%

경향06 공부 우선순위

★☆
**직전 교육과정 자주출제 but
지금은 수1 삼각함수에 밀려**

경향06 수능별 데이터 (2)

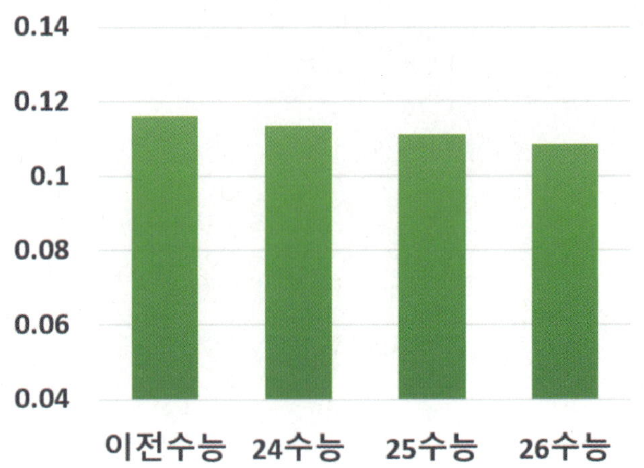

경향06 대표문제분석 029

29. [1995년 수능 (자연) 16번]

$\angle C$가 직각이고 $\angle B$의 크기가 $\dfrac{\pi}{3}$인 직각삼각형 ABC의 변 BC 위에 점 D를 잡고, $\angle BAD$의 크기를 θ라 할 때, $\dfrac{\overline{BD}}{\overline{AB}}$를 θ의 함수로 나타내면? [1.5점]

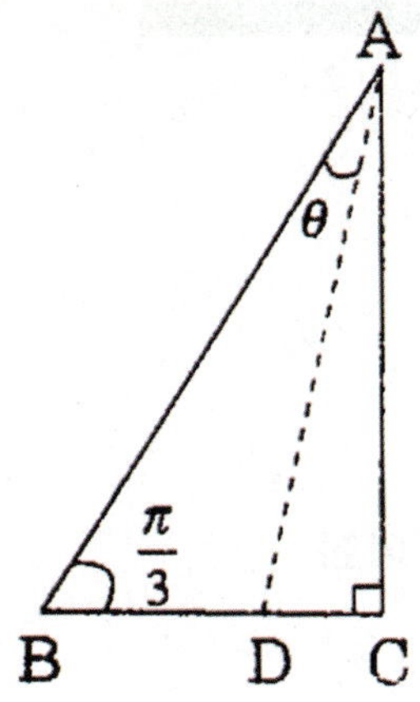

① $\sin\theta$

② $\dfrac{\sin\theta}{1+\cos\theta}$

③ $\dfrac{2\sin\theta}{1+2\cos\theta}$

④ $\dfrac{2\sin\theta}{\sin\theta+\sqrt{3}\cos\theta}$

⑤ $\dfrac{1-\cos\theta}{2}$

Analysis

사인법칙

△ABC에서

$$\frac{a}{\sin A}=\frac{b}{\sin B}=\frac{c}{\sin C}=2R$$

(단, R는 외접원의 반지름)

① $\sin A=\dfrac{a}{2R}$, $\sin B=\dfrac{b}{2R}$, $\sin C=\dfrac{c}{2R}$

② $a:b:c=\sin A:\sin B:\sin C$

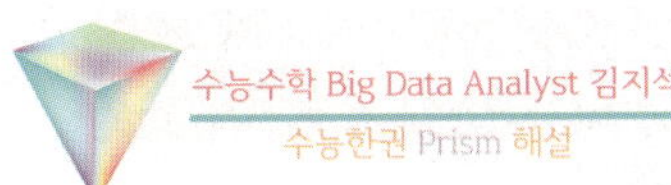

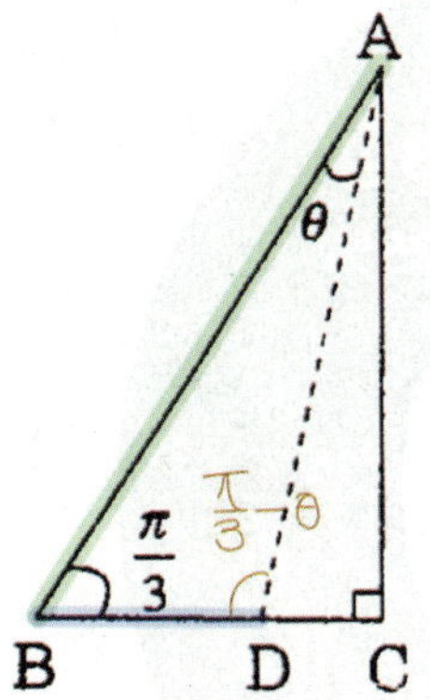

무작정 사인법칙 공식에 단순 대입하지 말자.
사인법칙의 본질은 변길이의 비에 있다.

$$\overline{BD}:\overline{AB}=\sin\theta:\sin\left(\frac{2\pi}{3}-\theta\right)$$

$$\frac{\overline{BD}}{\overline{AB}}=\frac{\sin\theta}{\sin\left(\dfrac{2\pi}{3}-\theta\right)}$$

$$=\frac{\sin\theta}{\dfrac{\sqrt{3}}{2}\cos\theta-\left(-\dfrac{1}{2}\right)\sin\theta}$$

$$=\frac{2\sin\theta}{\sin\theta+\sqrt{3}\cos\theta}$$

도형의 필연성

필연성 08

각이 2개 이상

사인법칙 활용법 (각이 많을 때)

[단서] → [답]

✓ 2변 1각 → 1각

✓ 1변 2각 → 1변

✓ 외접원 등장

필연성 09

코사인법칙 활용법 (변이 많을 때)

[단서] → [답]

✓ 2변 1각 → 1변

✓ 3변 → 각

경향 07 Minor Trend

경향07 수능 출제 난이도

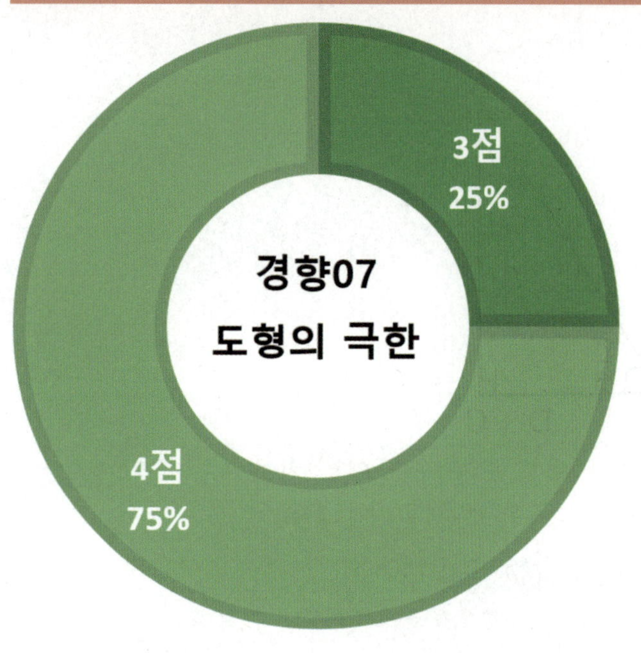

경향07 수능별 데이터 (1)

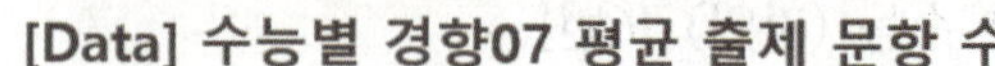

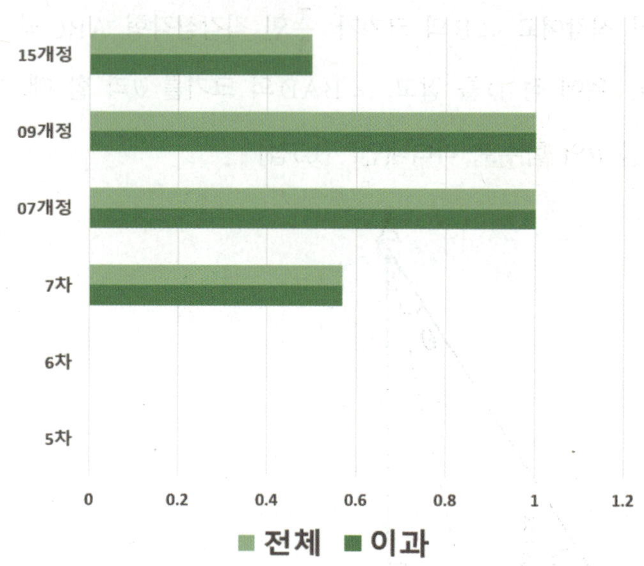

COMMENT

교육과정이 3번이나 바뀌었어도 꾸준히 출제되던 경향이었지만 킬러 출제 배제 조치로 인해 갑자기 수능에 안 나오기 시작했어. 그렇게 한동안 안 나오다가 최근 2025학년도 6월 모의고사 30번으로 출제된 적이 있어. 그렇기 때문에 출제 가능성이 살아있는 상태라고 보는 게 맞아.

경향07 수능 출제 전망

■■■□□

기출문제 수준으로 다시 나올 수도

경향07 수능별 데이터 (2)

현교육과정

경향07 수능중요도

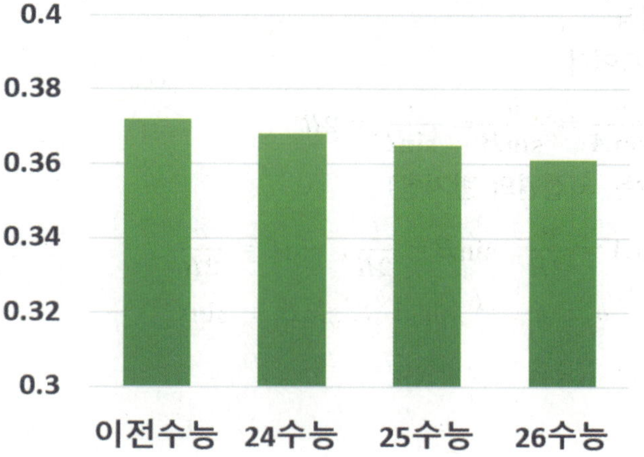

경향07 여함미 단원 내 출제 비율

34.78%

경향07 공부 우선순위

★★

킬러 출제금지 직격타
but 다시 나올 수도

삼각함수 극한 실전 계산법

■ 삼각함수 극한 실전 계산법 01

$$\lim_{\theta \to 0} \frac{\sin(a\theta)}{b\theta} = \frac{a}{b}$$

$$※ \ \lim_{\theta \to 0} \frac{\tan(a\theta)}{b\theta} = \frac{a}{b}$$

Why?

$$\lim_{\theta \to 0} \frac{\sin(a\theta)}{b\theta} = \frac{a}{b}$$

$$= \lim_{\theta \to 0} \frac{\sin(a\theta)}{a\theta} \times \frac{a\theta}{b\theta}$$

$$= 1 \times \frac{a}{b} = \frac{a}{b}$$

■ 삼각함수 극한 실전 계산법 02

$$\lim_{\theta \to 0} \frac{\sin(a\theta)}{\sin(b\theta)} = \frac{a}{b}$$

$$※ \ \lim_{\theta \to 0} \frac{\tan(a\theta)}{\tan(b\theta)} = \lim_{\theta \to 0} \frac{\tan(a\theta)}{\sin(b\theta)} = \lim_{\theta \to 0} \frac{\sin(a\theta)}{\tan(b\theta)}$$

$$= \frac{a}{b}$$

Why?

$$\lim_{\theta \to 0} \frac{\sin(a\theta)}{\sin(b\theta)}$$

$$= \lim_{\theta \to 0} \frac{\sin(a\theta)}{a\theta} \times \frac{b\theta}{\sin(b\theta)} \times \frac{a\theta}{b\theta}$$

$$= 1 \times 1 \times \frac{a}{b} = \frac{a}{b}$$

■ 삼각함수 극한 실전 계산법 03

$$\lim_{\theta \to 0} \frac{1 - \cos(a\theta)}{\theta^2} = \frac{1}{2}a^2$$

Why?

$$\lim_{\theta \to 0} \frac{1 - \cos(a\theta)}{\theta^2}$$

$$= \lim_{\theta \to 0} \frac{1 - \cos(a\theta)}{(a\theta)^2} \times a^2$$

$$= \frac{1}{2} \times a^2 = \frac{1}{2}a^2$$

경향 07 Minor Trend

30. [2016년 수능 (B)형 28번]

그림과 같이 좌표평면에서 원 $x^2 + y^2 = 1$ 과 곡선 $y = \ln(x+1)$ 이 제1사분면에서 만나는 점을 A 라 하자. 점 $B(1, 0)$ 에 대하여 호 AB 위의 점 P 에서 y 축에 내린 수선의 발을 H, 선분 PH 와 곡선 $y = \ln(x+1)$ 이 만나는 점을 Q 라 하자. $\angle POB = \theta$ 라 할 때, 삼각형 OPQ 의 넓이를 $S(\theta)$, 선분 HQ 의 길이를 $L(\theta)$ 라 하자. $\lim\limits_{\theta \to 0+} \dfrac{S(\theta)}{L(\theta)} = k$ 일 때, $60k$ 의 값을

구하시오. (단, $0 < \theta < \dfrac{\pi}{6}$ 이고, O 는 원점이다.) [4점]

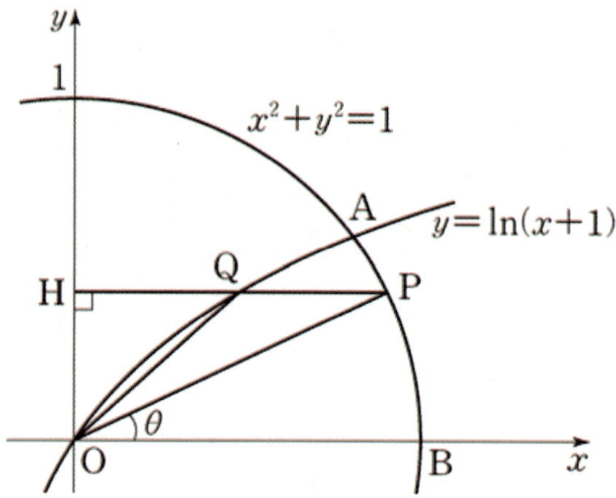

Analysis

극한 파트의 근본 취지는 미분을 하기 위함이다. 미분계수의 개념을 활용해보자.

■ 미분계수

함수 $f(x)$ 의 $x = a$ 에서의 미분계수 (순간변화율)

$$f'(a) = \lim_{\Delta x \to 0} \frac{\Delta y}{\Delta x} = \lim_{x \to a} \frac{f(x) - f(a)}{x - a}$$

$$= \lim_{\Delta x \to 0} \frac{f(a + \Delta x) - f(a)}{a + \Delta x - a}$$

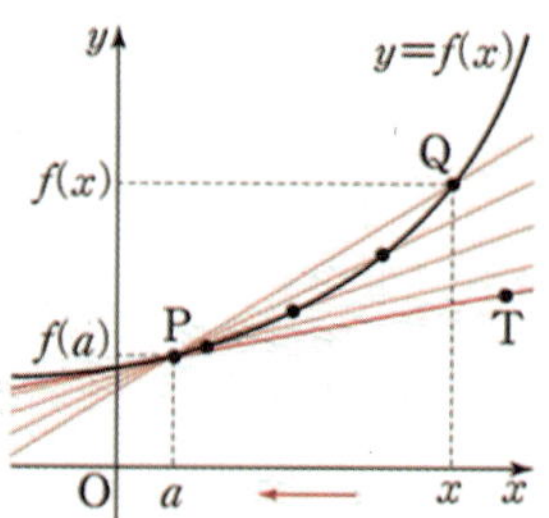

Analysis

극한 도형 형태 추론 비법

[1단계] 문제 그래프

[2단계] θ 가 충분히 작을 때의 그래프
　↳ 문제 그림에 덧 그리기

[3단계] θ 가 한없이 작을 때의 그래프
　↳ ① 각도의 수렴값 확인
　↳ ② 지구는 평평하다.
　　(곡선→직선, 현→호→접선)
　↳ ③ 0 수렴에도 클래스가 있다.

[1단계] & [2단계]

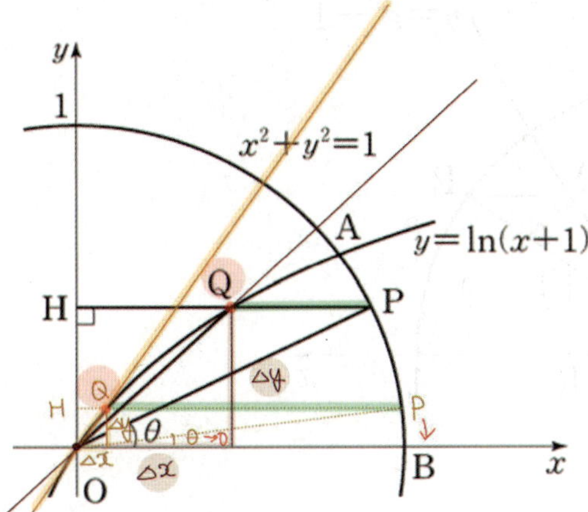

[3단계]

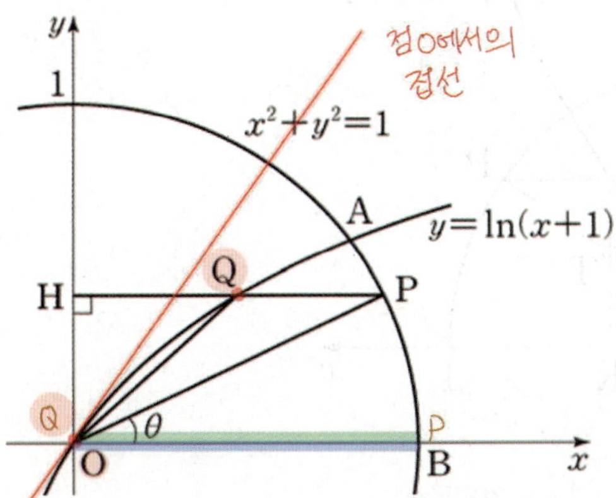

$\theta \to 0$이면 $Q \to O$, $P \to B$이므로

$\overline{QP} \to \overline{OB} = 1$

{OQ 기울기} → {O 접선기울기}

$y = \ln(x+1) = f(x)$

$$\lim_{\theta \to 0} \frac{S(\theta)}{L(\theta)} = \lim_{\Delta x \to 0} \frac{\dfrac{1}{2}\overline{QP}\,\Delta y}{\Delta x}$$

$$= \frac{1}{2} \cdot 1 \cdot f'(0) = \frac{1}{2} = k$$

$$\therefore 60k = 60 \times \frac{1}{2} = 30$$

[다른 풀이]

좌표평면에서 넓이 구하기

→ 길이 → 좌표 구하기

문제에 언급된 순서대로☆

점 P→H→Q의 좌표를 구해보자.

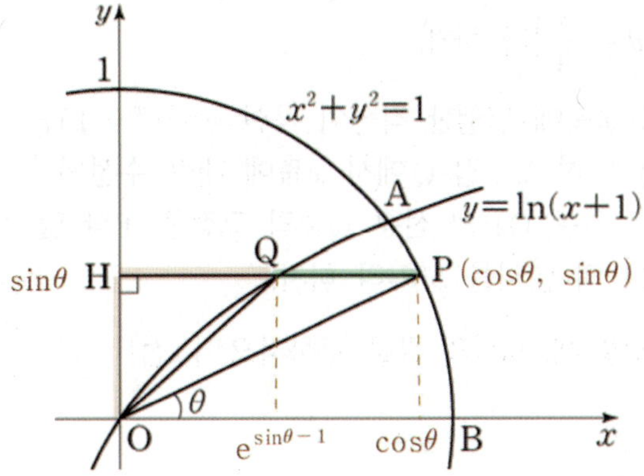

$$P(\cos\theta,\ \sin\theta) \to H(0,\ \sin\theta) \to Q(e^{\sin\theta - 1},\ \sin\theta)$$

$$\lim_{\theta \to 0} \frac{S(\theta)}{L(\theta)} = \lim_{\theta \to 0} \frac{\dfrac{1}{2}\overline{PQ} \times \overline{OH}}{\overline{HQ}}$$

$$= \lim_{\theta \to 0} \frac{\dfrac{1}{2}(\cos\theta - e^{\sin\theta - 1})\sin\theta}{e^{\sin\theta - 1}}$$

$$= \frac{1}{2}\{1 - (1-1)\} \times 1 = \frac{1}{2} = k$$

$$\therefore 60k = 60 \times \frac{1}{2} = 30$$

경향07 대표문제분석 031

수능수학 Big Data Analyst 김지석
수능한권 Prism 해설
30

31. [2011년 수능 (가)형 미분과 적분 30번]

좌표평면에서 그림과 같이 원 $x^2+y^2=1$ 위의 점 P에 대하여 선분 OP가 x축의 양의 방향과 이루는 각의 크기를 $\theta\left(0<\theta<\dfrac{\pi}{4}\right)$라 하자.

점 P를 지나고 x축에 평행한 직선이 곡선 $y=e^x-1$과 만나는 점을 Q라 하고, 점 Q에서 x축에 내린 수선의 발을 R라 하자. 선분 OP와 선분 QR의 교점을 T라 할 때, 삼각형 OTR의 넓이를 $S(\theta)$라 하자. $\lim\limits_{\theta\to 0+}\dfrac{S(\theta)}{\theta^3}=a$일 때, $60a$의 값을 구하시오. [4점]

[1단계] & [2단계]

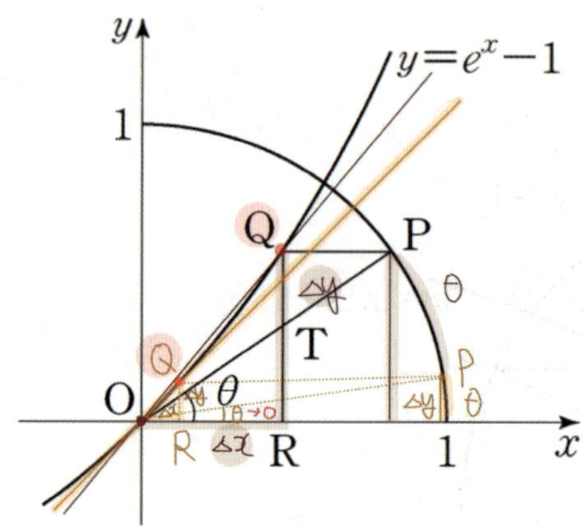

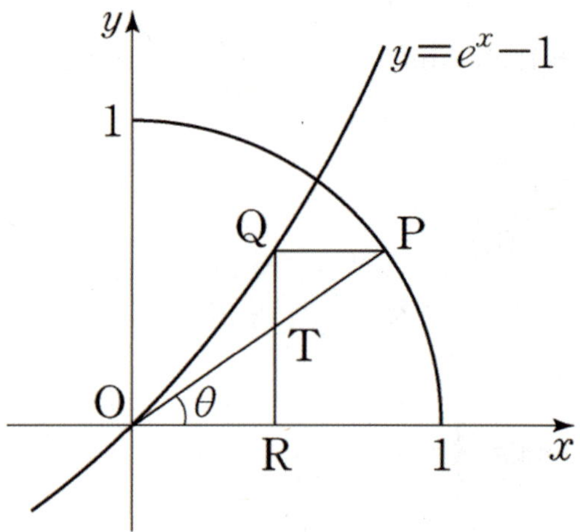

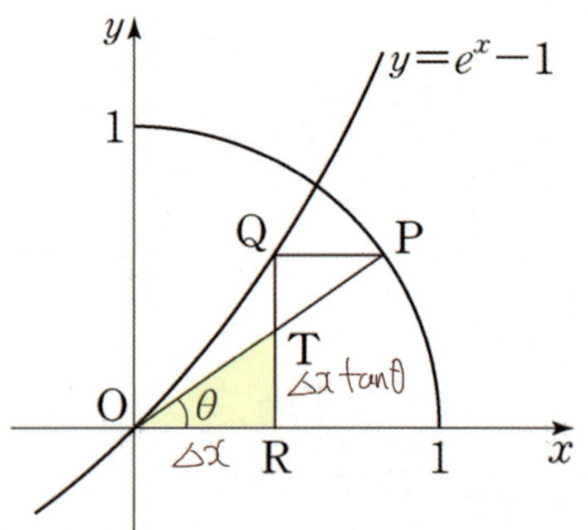

[3단계]

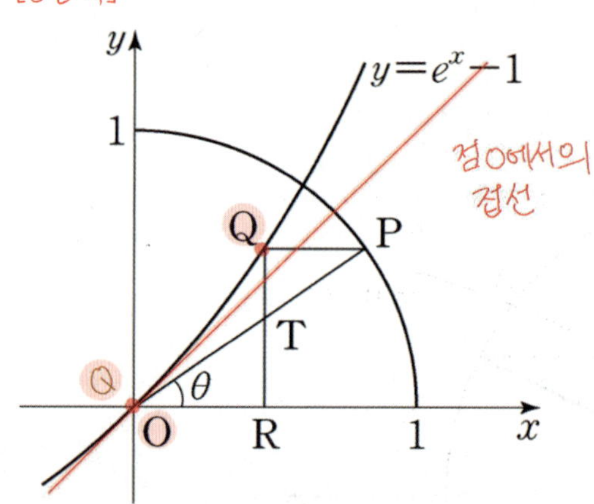

$\theta\to 0$이면 $Q\to O$, $\Delta y\to\theta$이므로
{OQ 기울기} → {O 접선기울기}

$$\lim_{\theta\to 0+}\frac{S(\theta)}{\theta^3}=\lim_{\Delta x\to 0}\frac{\dfrac{1}{2}\Delta x\times\Delta x\tan\theta}{\Delta y\Delta y\theta}$$

$$=\lim_{\Delta x\to 0}\frac{1}{2}\left(\frac{\Delta x}{\Delta y}\right)^2\frac{\tan\theta}{\theta}$$

$$=\frac{1}{2}\cdot\left(\frac{1}{f'(0)}\right)^2\cdot 1=\frac{1}{2}$$

$$\therefore\ 60a=60\times\frac{1}{2}=30$$

[다른 풀이]

좌표평면에서 넓이 구하기

→ 길이 → 좌표 구하기

문제에 언급된 순서대로 ☆

점 P→Q→R→T의 좌표를 구해보자.

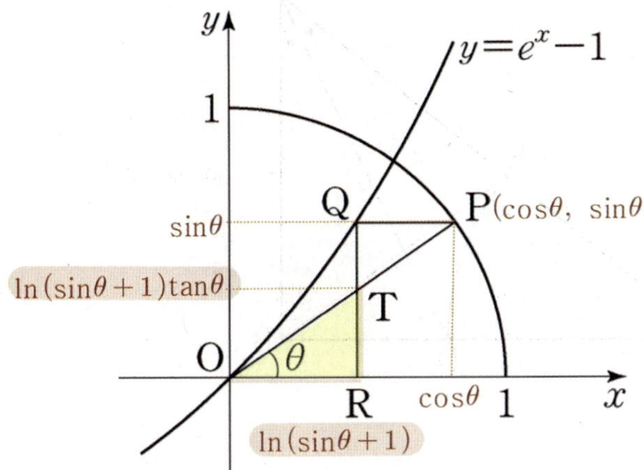

$P(\cos\theta,\ \sin\theta)$

→ $Q(\ln(\sin\theta+1),\ \sin\theta)$

→ $R(\ln(\sin\theta+1),\ 0)$

→ $T(\ln(\sin\theta+1),\ \ln(\sin\theta+1)\tan\theta)$

$$\lim_{\theta\to0+}\frac{S(\theta)}{\theta^3}$$

$$=\lim_{\theta\to0+}\frac{\dfrac{1}{2}\overline{OR}\times\overline{TR}}{\theta^3}$$

$$=\lim_{\theta\to0+}\frac{\dfrac{1}{2}\ln(\sin\theta+1)\times\ln(\sin\theta+1)\tan\theta}{\theta^3}$$

$$=\lim_{\theta\to0+}\left\{\frac{1}{2}\left(\frac{\ln(\sin\theta+1)}{\sin\theta}\right)^2\frac{\tan\theta}{\theta}\cdot\frac{\sin^2\theta}{\theta^2}\right\}$$

$$=\frac{1}{2}\cdot1^2\cdot1\cdot1^2=\frac{1}{2}$$

$$\therefore\ 60a=60\times\frac{1}{2}=30$$

경향 07 Minor Trend

32. [2019년 수능 (가)형 18번]

그림과 같이 $\overline{AB} = 1$, $\angle B = \dfrac{\pi}{2}$인 직각삼각형

ABC에서 $\angle C$를 이등분하는 직선과 선분 AB의 교점을
D, 중심이 A이고 반지름의 길이가 $\overline{AD}$인 원과 선분
AC의 교점을 E라 하자. $\angle A = \theta$일 때, 부채꼴 ADE의
넓이를 $S(\theta)$, 삼각형 BCE의 넓이를 $T(\theta)$라 하자.

$\displaystyle\lim_{\theta \to 0+} \dfrac{\{S(\theta)\}^2}{T(\theta)}$의 값은? [4점]

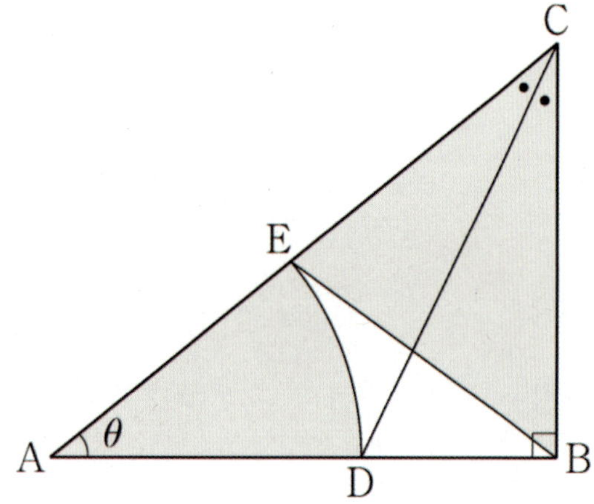

① $\dfrac{1}{4}$ ② $\dfrac{1}{2}$ ③ $\dfrac{3}{4}$ ④ 1 ⑤ $\dfrac{5}{4}$

[1단계] & [2단계]

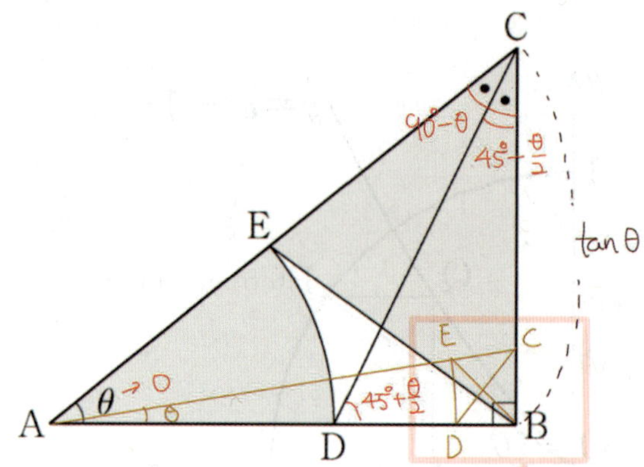

[3단계]

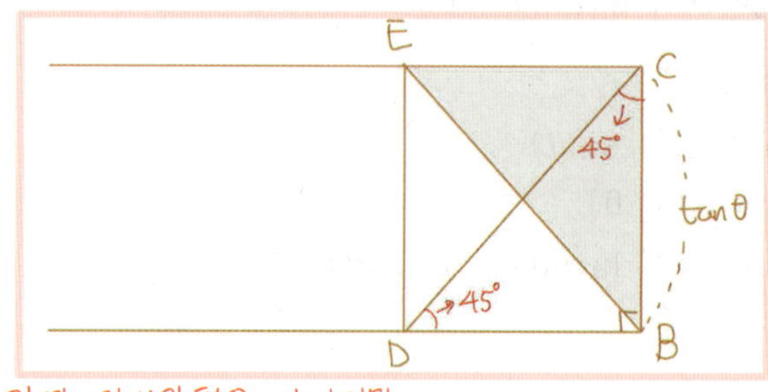

진짜 정사각형은 아니지만
한 없이 가까워진다.

$\theta \to 0$일 때

$$\overline{AD} \xrightarrow[\text{3단계}]{} \overline{AB} = 1$$

$$\overline{CE} \xrightarrow[\text{3단계}]{} \overline{BD} \xrightarrow[\text{3단계}]{} \overline{BC} = \tan\theta$$

$$\lim_{\theta \to 0+} \dfrac{\{S(\theta)\}^2}{T(\theta)} = \lim_{\theta \to 0+} \dfrac{\left(\dfrac{1}{2} \times 1^2 \times \theta\right)^2}{\dfrac{1}{2} \times \tan^2\theta} = \dfrac{1}{2}$$

☆교체

[다른 풀이]

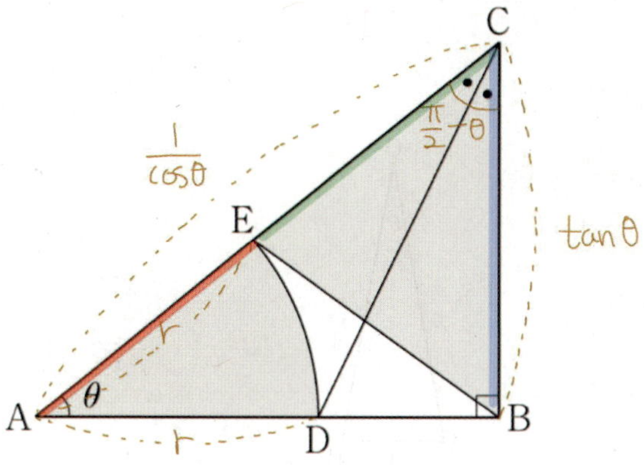

Analysis〰 도형의 필연성

필연성 12

삼각형 각의 이등분 → 변 길이의 비 활용

✓ $m:n=a:b$

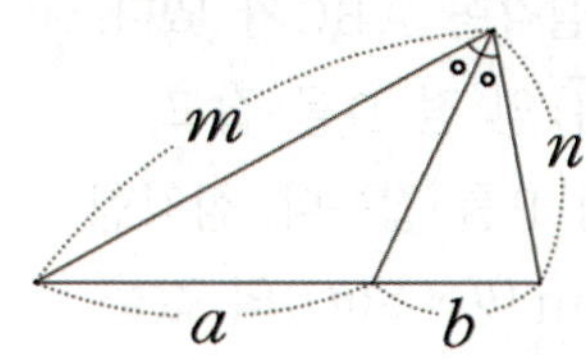

$$a=(a+b)\times\frac{a}{(a+b)}=(a+b)\times\frac{m}{m+n}$$

$$r=1\times\frac{\dfrac{1}{\cos\theta}}{\dfrac{1}{\cos\theta}+\tan\theta}=\frac{1}{1+\sin\theta}$$

$$\overline{CE}=\frac{1}{\cos\theta}-\frac{1}{1+\sin\theta}$$

$$\lim_{\theta\to0+}\frac{\{S(\theta)\}^2}{T(\theta)}$$

$$=\lim_{\theta\to0+}\frac{\left\{\dfrac{1}{2}\left(\dfrac{1}{1+\sin\theta}\right)^2\theta\right\}^2}{\dfrac{1}{2}\left(\dfrac{1}{\cos\theta}-\dfrac{1}{1+\sin\theta}\right)\tan\theta\times\sin\left(\dfrac{\pi}{2}-\theta\right)}$$

$$=\lim_{\theta\to0+}\frac{\dfrac{1}{2}\times\dfrac{1}{2}\left(\dfrac{1}{1+\sin\theta}\right)^2\times\theta\times\theta}{\dfrac{1}{2}\dfrac{1}{\cos\theta(1+\sin\theta)}\times(1-\cos\theta+\sin\theta)\times\tan\theta\times\cos\theta}$$

$$=\lim_{\theta\to0+}\frac{\dfrac{1}{2}\times\dfrac{1}{2}\left(\dfrac{1}{1+\sin\theta}\right)^2}{\dfrac{1}{2}\dfrac{1}{\cos\theta(1+\sin\theta)}\times\left(\dfrac{1-\cos\theta}{\theta^2}\times\theta+\dfrac{\sin\theta}{\theta}\right)\times\dfrac{\tan\theta}{\theta}\times\cos\theta}$$

$$=\frac{\dfrac{1}{2}\times1^2}{1\times\left(\dfrac{1}{2}\times0+1\right)\times1\times1}=\frac{1}{2}$$

경향 07 **Minor Trend**

1등급

33. [2014년 수능 (B)형 28번]

그림과 같이 길이가 4인 선분 AB를 한 변으로 하고,
$\overline{AC}=\overline{BC}$, $\angle ACB=\theta$인 이등변삼각형 ABC가 있다.
선분 AB의 연장선 위에 $\overline{AC}=\overline{AD}$인 점 D를 잡고,
$\overline{AC}=\overline{AP}$이고 $\angle PAB=2\theta$인 점 P를 잡는다. 삼각형
BDP의 넓이를 $S(\theta)$라 할 때, $\displaystyle\lim_{\theta\to 0+}(\theta\times S(\theta))$의 값을

구하시오. (단, $0<\theta<\dfrac{\pi}{6}$) [4점]

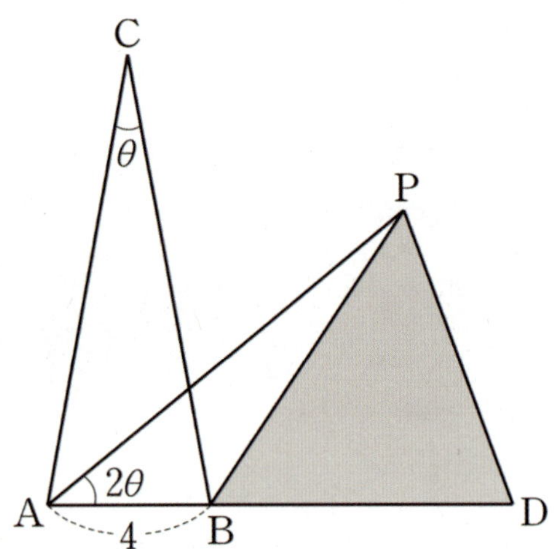

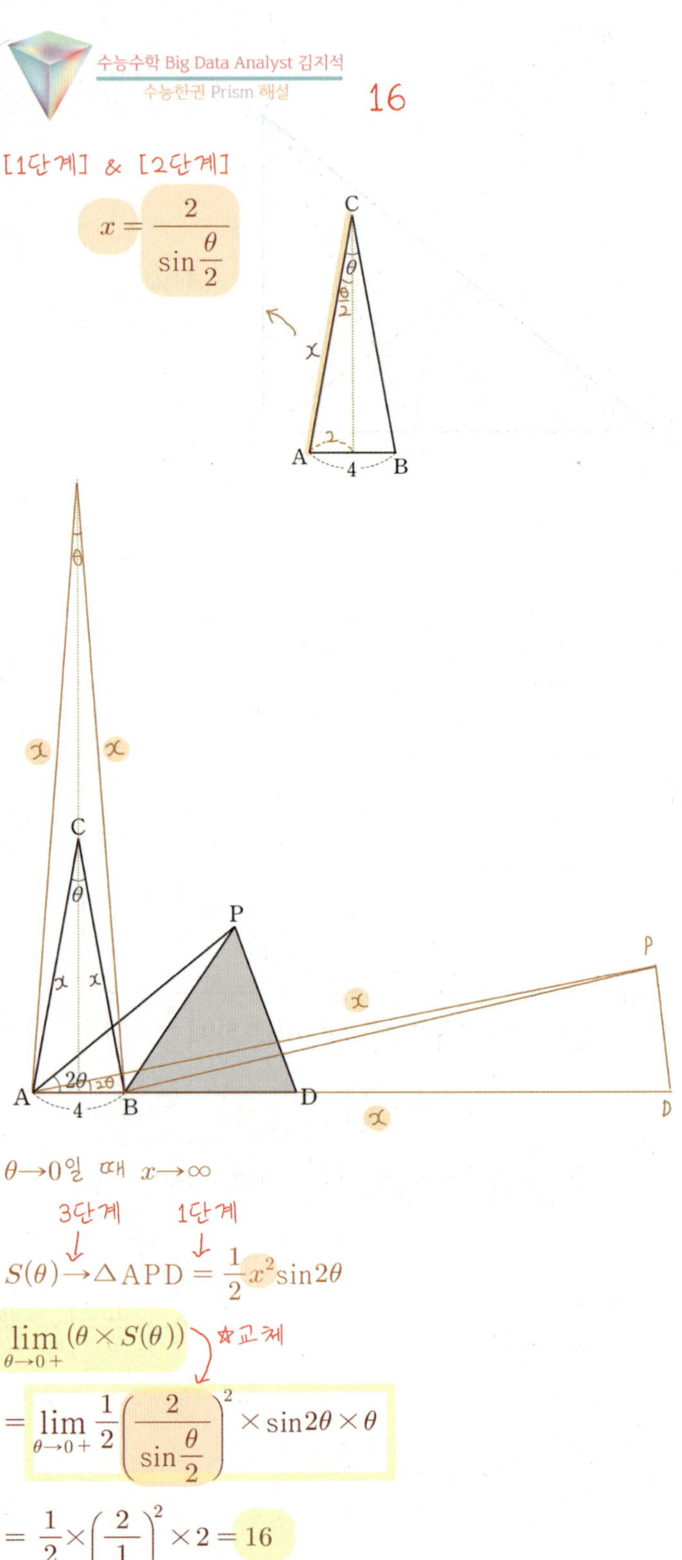

[다른 풀이]

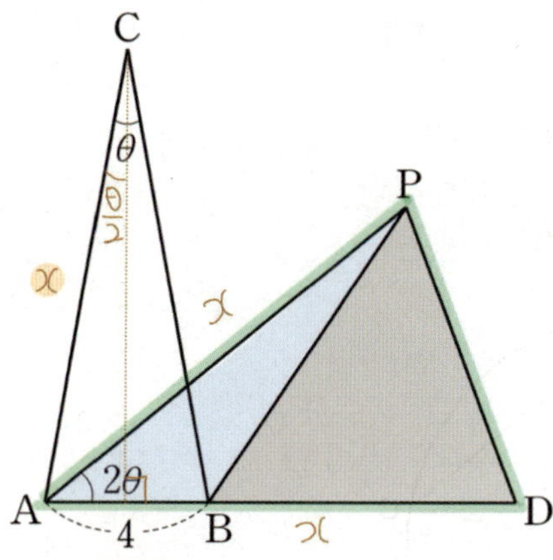

$$x = \dfrac{2}{\sin\dfrac{\theta}{2}}$$

$$S(\theta) = \dfrac{1}{2}x^2 \sin 2\theta - \dfrac{1}{2}4x \sin 2\theta$$

$$= \dfrac{1}{2}x \sin 2\theta\,(x-4)$$

$$\lim_{\theta \to 0+} (\theta \times S(\theta))$$

$$= \lim_{\theta \to 0+} \theta \times \dfrac{1}{2} \dfrac{2}{\sin\dfrac{\theta}{2}} \sin 2\theta \left(\dfrac{2}{\sin\dfrac{\theta}{2}} - 4 \right)$$

$$= \lim_{\theta \to 0+} \dfrac{\sin 2\theta}{\sin\dfrac{\theta}{2}} \times \left(\dfrac{2\theta}{\sin\dfrac{\theta}{2}} - 4\theta \right)$$

$$= \dfrac{2}{\dfrac{1}{2}} \left(\dfrac{2}{\dfrac{1}{2}} - 0 \right)$$

$$= 16$$

 Analysis 도형의 필연성

필연성 05

대칭 도형 → 반띵

✓ 이등변삼각형 → 직각 삼각형

경향 07 Minor Trend

1등급

34. [2009년 수능 (가)형 미분과 적분 30번]
반지름의 길이가 1인 원 O 위에 점 A가 있다. 그림과 같이 양수 θ에 대하여 원 O 위의 두 점 B, C를 $\angle BAC = \theta$이고 $\overline{AB} = \overline{AC}$가 되도록 잡는다. 삼각형 ABC의 내접원의 반지름의 길이를 $r(\theta)$라 할 때,

$$\lim_{\theta \to \pi-} \frac{r(\theta)}{(\pi-\theta)^2} = \frac{q}{p}$$

이다. $p^2 + q^2$의 값을 구하시오. (단, p, q는 서로소인 자연수이다.) [4점]

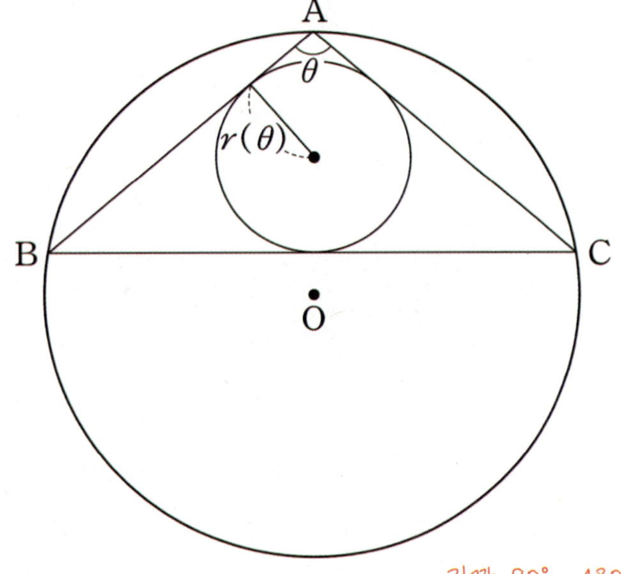

Analysis

이 문제에서는 $\theta \to 0$이 아니라 $\theta \to \pi$이다.
θ로 식을 구한다해도
어차피 $\pi - \theta = t \to 0$으로 치환해서
마지막에 극한 계산을 해야 하므로
차라리 처음부터 t를 기준으로 식을 세워야
계산이 훨씬 빨라진다고 추론할 수 있다.

수능수학 Big Data Analyst 김지석
수능한권 Prism 해설   17

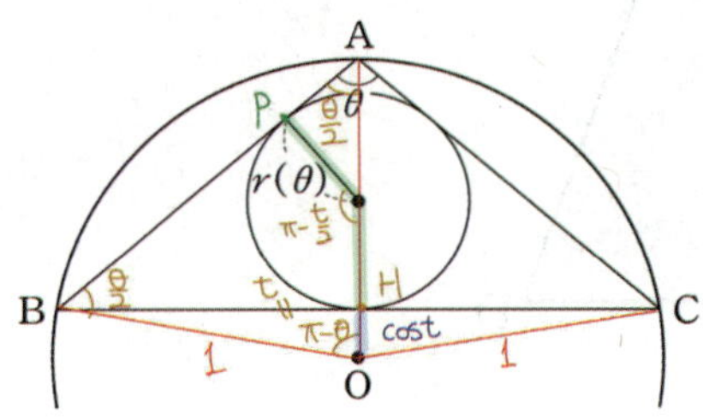

[1단계] & [2단계]

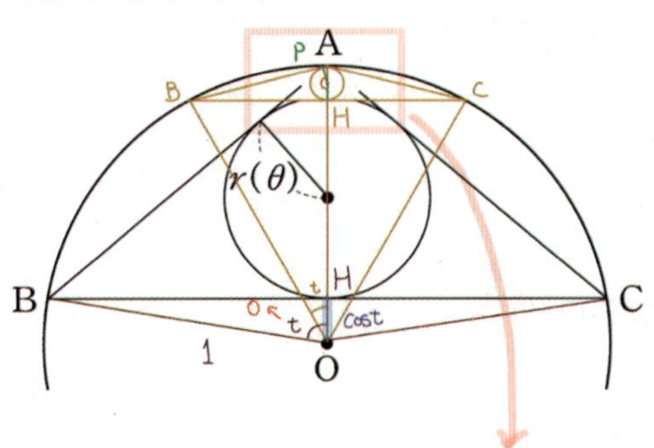

진짜 90°, 180° 는 아니지만
한 없이 가까워진다.

$\theta \to \pi \Leftrightarrow t \to 0$일 때

$$2r(\theta) \to \overline{AH} = 1 - \cos t$$

$$\therefore r(\theta) \to \frac{1}{2}(1 - \cos t)$$

$$\lim_{\theta \to \pi-} \frac{r(\theta)}{(\pi-\theta)^2} = \lim_{t \to 0} \frac{\frac{1}{2}(1-\cos t)}{t^2} = \frac{1}{2} \times \frac{1}{2} = \frac{1}{4}$$

$$\therefore p^2 + q^2 = 1^2 + 4^2 = 17$$

[다른 풀이]

- 삼각형에 내접하는 원

$$S = \frac{1}{2}r(a+b+c)$$

반지름 길이를 구해야 할 때

$$r = \frac{2S}{a+b+c}$$

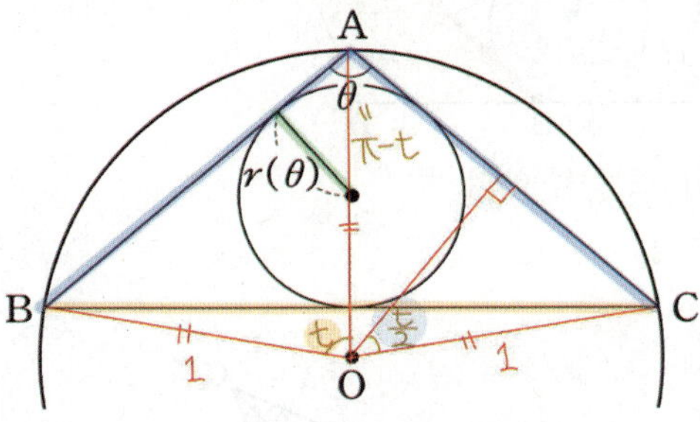

$$\overline{AB} = \overline{AC} = 2\sin\frac{t}{2}, \quad \overline{BC} = 2\sin t$$

$$\therefore \ r(\theta) = \frac{2 \times \frac{1}{2}\left(2\sin\frac{t}{2}\right)^2 \sin(\pi - t)}{2 \times 2\sin\frac{t}{2} + 2\sin t}$$

$$\lim_{\theta \to \pi} \frac{r(\theta)}{(\pi-\theta)^2} = \frac{2 \times \frac{1}{2} \times 2^2 \sin^2\frac{t}{2} \times \sin t}{2 \cdot 4\sin\frac{t}{2} + 2\sin t} \times \frac{1}{t^2}$$

$$= \frac{2 \times \left(\frac{1}{2}\right)^2 \times 1}{2 \times \frac{1}{2} + 1} = \frac{1}{4}$$

$$\therefore \ p^2 + q^2 = 1^2 + 4^2 = 17$$

[다른 풀이2]

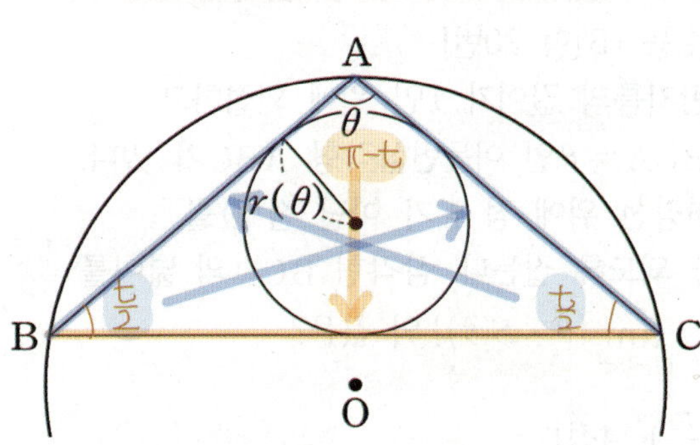

$$\therefore \ \overline{AB} = \overline{AC} = 2\sin\frac{t}{2}, \quad \overline{BC} = 2\sin t$$

도형의 필연성

필연성 03

삼각형에 내접하는 원

- $\overline{AH_1} = \overline{AH_2}$
- $S = \frac{1}{2}r(a+b+c)$

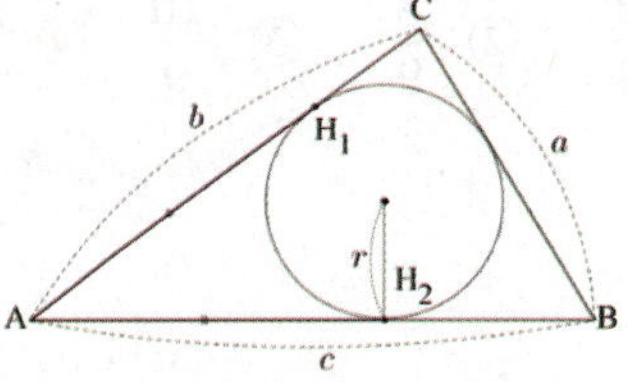

Skill **사인법칙 실전용 (2)**

- 외접원 있을 때

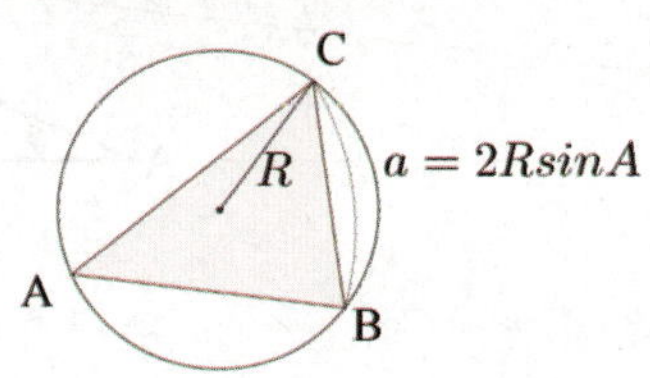

$$a = 2R\sin A \ \Leftrightarrow \ \frac{a}{\sin A} = 2R$$

경향 07 Minor Trend

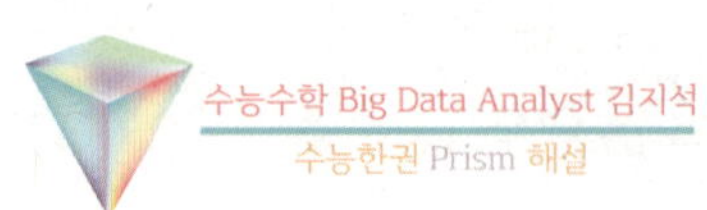

35. [2015년 수능 (B)형 20번]
그림과 같이 반지름의 길이가 1인 원에 외접하고
$\angle CAB = \angle BCA = \theta$인 이등변삼각형 ABC가 있다.
선분 AB의 연장선 위에 점 A가 아닌 점 D를
$\angle DCB = \theta$가 되도록 잡는다. 삼각형 BCD의 넓이를
$S(\theta)$라 할 때, $\lim_{\theta \to 0+} \{\theta \times S(\theta)\}$의 값은?

(단, $0 < \theta < \dfrac{\pi}{4}$) [4점]

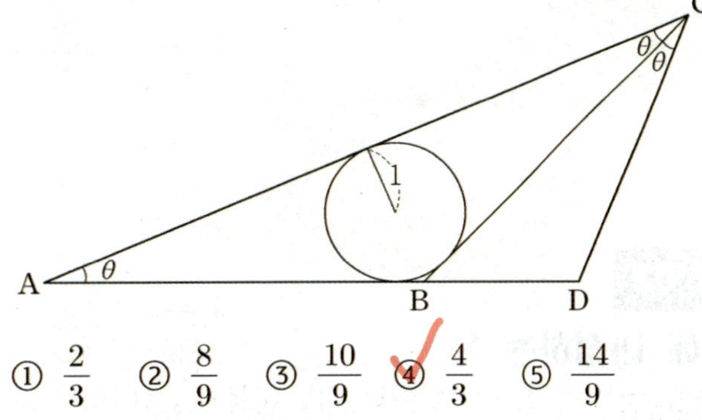

① $\dfrac{2}{3}$　② $\dfrac{8}{9}$　③ $\dfrac{10}{9}$　④ $\dfrac{4}{3}$　⑤ $\dfrac{14}{9}$

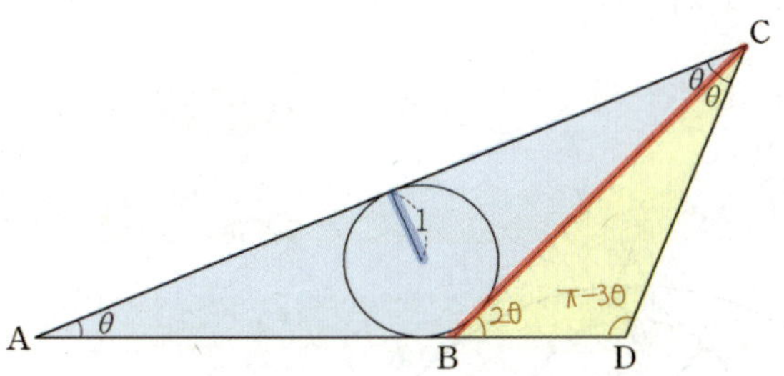

- 원 나오면 중심과 특별점 잇기
  (접점 → 접선과 수직)
- 좌우대칭 도형 → 반띵

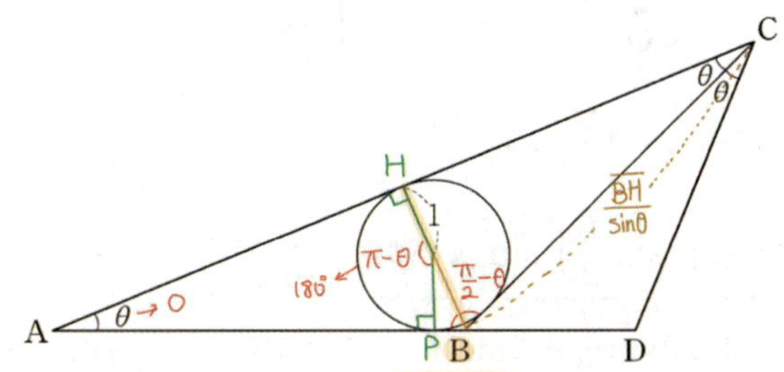

- 모르는 삼각형과 → △BCD (길이 정보 없음)
  아는 삼각형의 → △ABC (길이 정보 있음)
  공통부분을 찾아라! → $\overline{BC}$

[1단계] & [2단계]

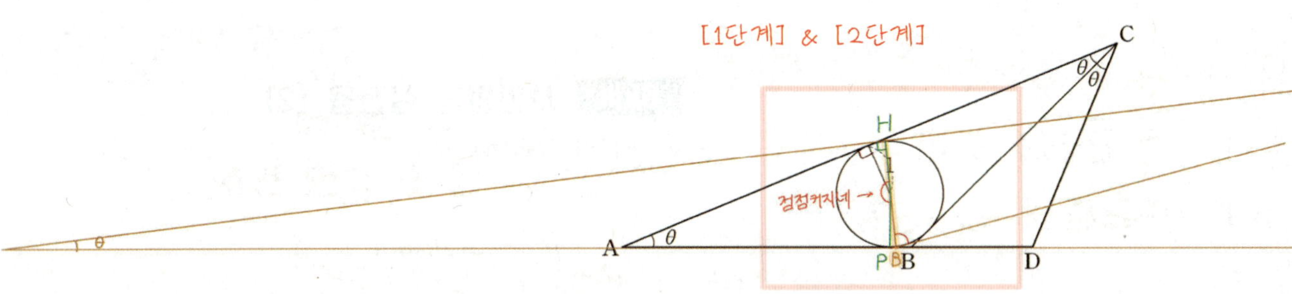

[3단계]
진짜 90°, 180°는 아니지만
한 없이 가까워진다.

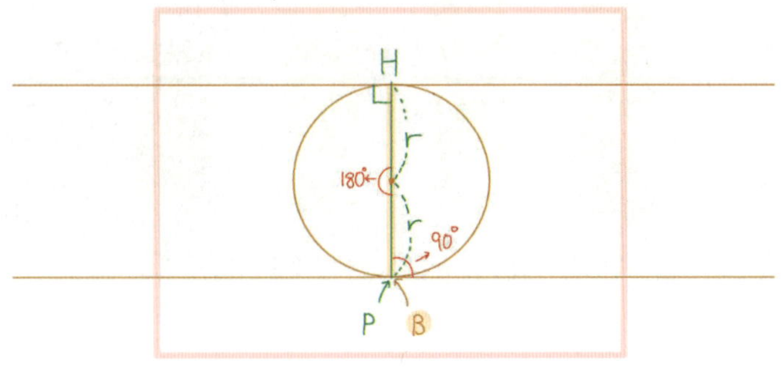

$\theta \to 0$ 일 때

3단계 1단계

$\overline{BH} \to 2r = 2 \times 1$

$\overline{BC} = \overline{BH}\,\dfrac{1}{\sin\theta} \to \dfrac{2}{\sin\theta}$

$S(\theta) = \dfrac{1}{2}\overline{BC}^2\,\dfrac{\sin 2\theta \sin\theta}{\sin 3\theta}$

$\displaystyle\lim_{\theta \to 0+}\{\theta \times S(\theta)\}$ ☆교체

$= \displaystyle\lim_{\theta \to 0+}\left\{\theta \times \dfrac{1}{2}\left(\dfrac{2}{\sin\theta}\right)^2 \dfrac{\sin 2\theta \sin\theta}{\sin 3\theta}\right\}$

$= \dfrac{1}{2} \times 2^2 \times \dfrac{2 \times 1}{3} = \dfrac{4}{3}$

[다른 풀이]

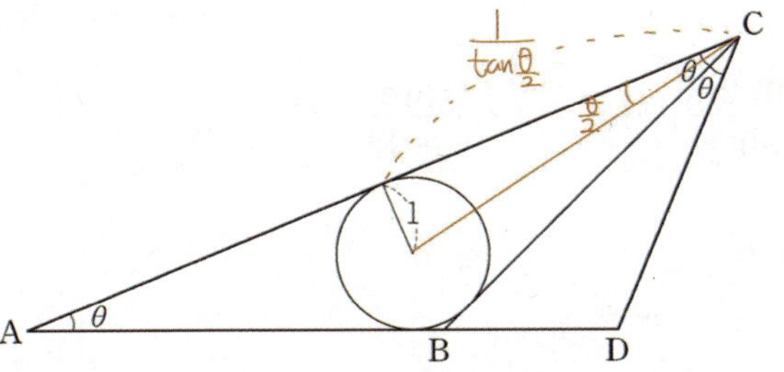

$\overline{BC} = \overline{CH}\,\dfrac{1}{\cos\theta} = \dfrac{1}{\tan\dfrac{\theta}{2}\cos\theta}$

$S(\theta) = \dfrac{1}{2}\overline{BC}^2\,\dfrac{\sin 2\theta \sin\theta}{\sin 3\theta}$

$\displaystyle\lim_{\theta \to 0+}\{\theta \times S(\theta)\}$

$= \displaystyle\lim_{\theta \to 0+}\left\{\theta \times \dfrac{1}{2}\left(\dfrac{1}{\tan\dfrac{\theta}{2}\cos\theta}\right)^2 \dfrac{\sin 2\theta \sin\theta}{\sin 3\theta}\right\}$

$= \dfrac{1}{2} \times \dfrac{1}{\left(\dfrac{1}{2}\right)^2} \times \dfrac{2 \times 1}{3} = \dfrac{4}{3}$

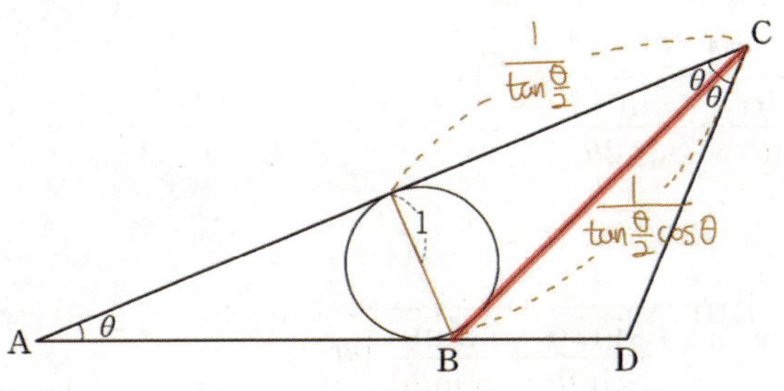

Analysis 도형의 필연성

필연성 05

대칭 도형 → 반띵

✓ 이등변삼각형 → 직각 삼각형

필연성 01

원 나오면 → 중심과 특별점 잇기

✓ 접점 → 접선과 수직

필연성 15

길이를 모르는 삼각형과
길이를 아는 삼각형이 섞여 있을 때
→ 공통부분을 찾아라!

Skill 사인법칙 실전용 (1)

✓ 각이 많을 때

$a = b \times \dfrac{\sin A}{\sin B} = c \times \dfrac{\sin A}{\sin C}$

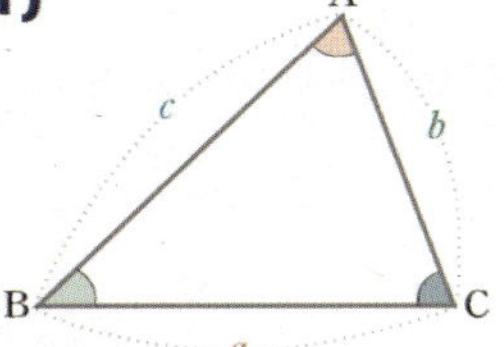

확장 - 삼각형 넓이

$S = \dfrac{1}{2}ab\sin C$

$\quad = \dfrac{1}{2}a\left(a\dfrac{\sin B}{\sin A}\right)\sin C$

$\quad = \dfrac{1}{2}a^2\dfrac{\sin B \sin C}{\sin A}$

경향 07 Minor Trend

1등급

36. [2013년 수능 (가)형 29번]
삼각형 ABC에서 $\overline{AB}=1$이고 $\angle A=\theta$, $\angle B=2\theta$이다.
변 AB 위의 점 D를 $\angle ACD = 2\angle BCD$가 되도록
잡는다. $\displaystyle\lim_{\theta\to 0+}\dfrac{\overline{CD}}{\theta}=a$일 때, $27a^2$의 값을 구하시오. (단,
$0 < \theta < \dfrac{\pi}{4}$) [4점]

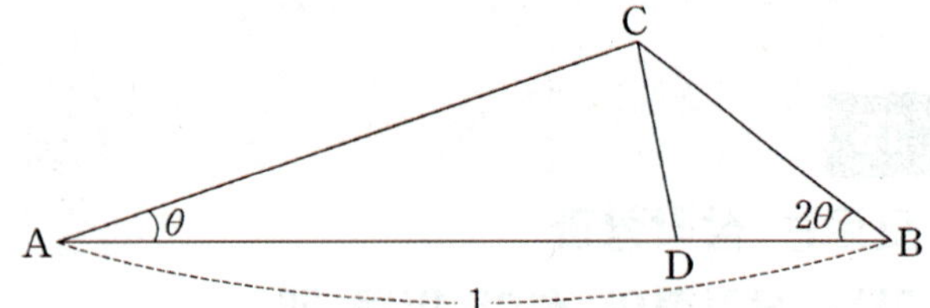

수능수학 Big Data Analyst 김지석
수능한권 Prism 해설 16

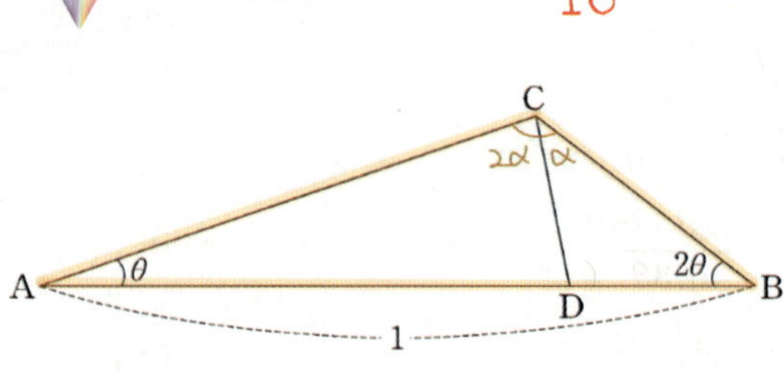

$3\alpha + 3\theta = 180°$

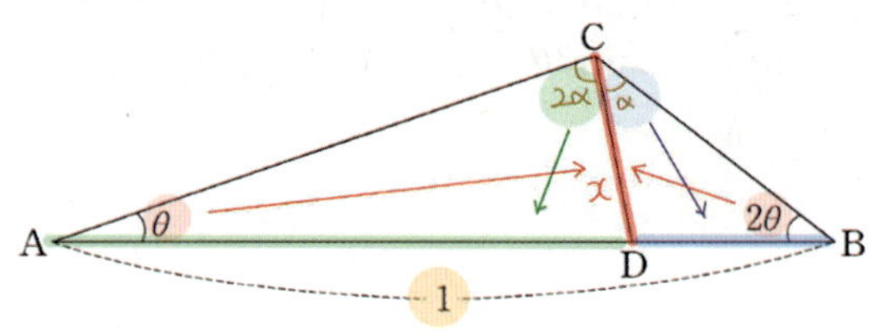

$\overline{CD}=x$라고 하자.

$$\overline{AD}=x\times\dfrac{\sin 2\alpha}{\sin\theta}, \quad \overline{BD}=x\times\dfrac{\sin\alpha}{\sin 2\theta}$$

■ 도형의 한 부분의 길이를 구할 때
→ 부분의 합 = 전체 활용

$$\overline{AB}=x\times\dfrac{\sin 2\alpha}{\sin\theta}+x\times\dfrac{\sin\alpha}{\sin 2\theta}=1$$

$$\therefore\ x=\dfrac{1}{\dfrac{\sin 2\alpha}{\sin\theta}+\dfrac{\sin\alpha}{\sin 2\theta}}=\overline{CD}$$

$$\lim_{\theta\to 0+}\dfrac{\overline{CD}}{\theta}=\lim_{\theta\to 0+}\dfrac{1}{\left(\dfrac{\sin 2\alpha}{\sin\theta}+\dfrac{\sin\alpha}{\sin 2\theta}\right)\theta}$$

$$=\lim_{\theta\to 0+}\dfrac{1}{\sin 2\alpha\times\dfrac{\theta}{\sin\theta}+\sin\alpha\times\dfrac{\theta}{\sin 2\theta}}$$

$$=\dfrac{1}{\dfrac{\sqrt{3}}{2}\times 1+\dfrac{\sqrt{3}}{2}\times\dfrac{1}{2}}=\dfrac{4}{3\sqrt{3}}$$

($\because\ \theta\to 0$일 때 $\alpha\to 60°$)

$$\therefore\ 27a^2=16$$

Analysis 도형의 필연성

Skill 사인법칙 실전용 (1)

✓ 각이 많을 때

$$a=b\times\dfrac{\sin A}{\sin B}=c\times\dfrac{\sin A}{\sin C}$$

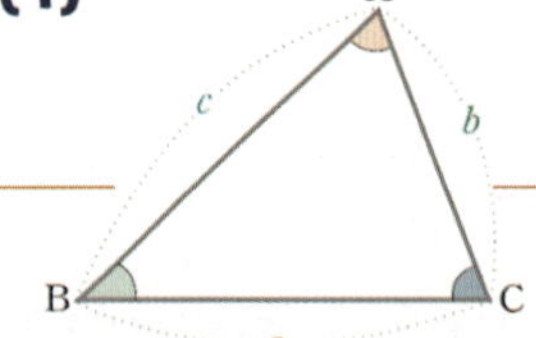

필연성 11

도형의 한 부분의 길이(각도)를 구할 때
→ "부분의 합 = 전체" 식 세우기

✓ '나머지 부분'을 빨리 파악하는 것이 핵심

※ [참고]

$\alpha = \dfrac{\pi}{3} - \theta$ 를 대입하여

$\sin 2\alpha = \sin\left(\dfrac{2\pi}{3} - 2\theta\right)$

$= \sin\dfrac{2\pi}{3}\cos 2\theta - \cos\dfrac{2\pi}{3}\sin 2\theta$

로 계산하려 하는 건 최악의 선택이다.

$\theta \to 0$일 때 $\alpha \to 60°$인게 자명하므로

0으로 수렴하지 않는 α 각을

굳이 θ를 이용해 식을 정리를 안해도 답이 나오기 때문이다.

경향 07 Minor Trend

1등급

37. [2022년 수능 (미적분) 29번]

그림과 같이 길이가 2인 선분 AB를 지름으로 하는 반원이 있다. 호 AB위에 두점 P, Q를 $\angle PAB = \theta$, $\angle QBA = 2\theta$가 되도록 잡고, 두 선분 AP, BQ의 교점을 R라 하자. 선분 AB위의 점 S, 선분 BR위의 점 T, 선분 AR위의 점 U를 선분 UT가 선분 AB에 평행하고 삼각형 STU가 정삼각형이 되도록 잡는다. 두 선분 AR, QR와 호 AQ로 둘러싸인 부분의 넓이를 $f(\theta)$, 삼각형 STU의 넓이를 $g(\theta)$라 할 때,

$$\lim_{\theta \to 0+} \frac{g(\theta)}{\theta \times f(\theta)} = \frac{q}{p}\sqrt{3}$$

이다. $p+q$의 값을 구하시오. (단, $0 < \theta < \dfrac{\pi}{6}$이고, p와 q는 서로소인 자연수이다.) [4점]

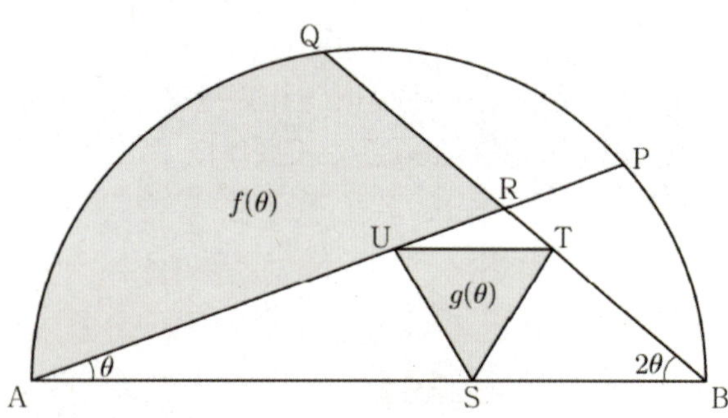

Analysis

바로 앞에서 푼 [2013년 수능 (가)형 29번]와 완전히 같은 방법으로 풀리는 문제다. 수능 시험장 고난도 문제에서도 기출은 여전히 강력한 힘이 있다는 걸 명심하자. 그리고 기출 공부한 것이 네가 올해 수능 볼 때 강력한 힘을 발휘하려면, 기출을 어설프게 공부하면 안된다. 2022 수능을 봤던 선배의 입장을 떠올려보자. 이 문제를 풀 때, 대부분의 학생들이 [2013년 수능 (가)형 29번]을 이미 풀어봤음에도 불구하고 이를 전혀 떠올리지 못하고 절망했다. 하지만 수능 기출을 뼈에 새기다시피 공부한 선배들은 이 문제를 풀며 웃었다. 올 수능에서 네가 웃으려면 이 책을 완벽히 숙지해야 한다. 제발 5회독 복습을 완수하길 바란다.

(step1) $f(\theta)$ 구하기

- 원 나오면 중심과 특별점 잇기

(접점 → 접선과 수직)

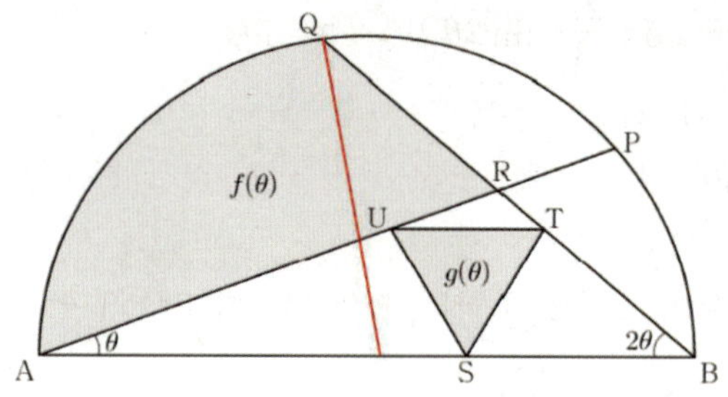

- 이상한 도형의 넓이를 구할 때

→ 여러 개의 기본 도형으로 퍼즐 맞추기를 하라.

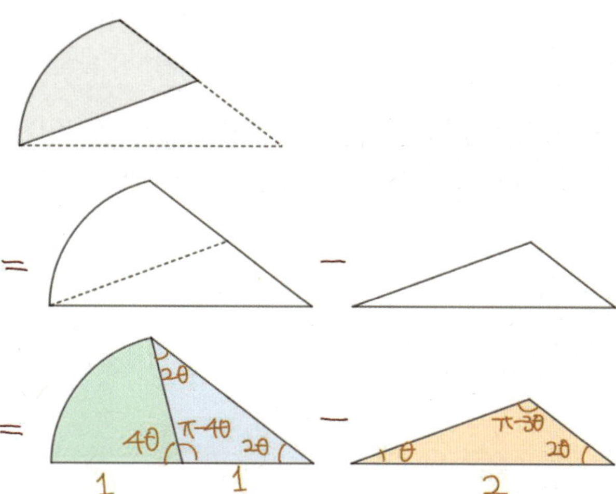

$$f(\theta) = \frac{1}{2} \cdot 1^2 \cdot 4\theta + \frac{1}{2} \cdot 1^2 \cdot \sin 4\theta - \frac{1}{2} \cdot 2^2 \cdot \frac{\sin\theta \sin 2\theta}{\sin 3\theta}$$

(step2) $g(\theta)$ 구하기
정삼각형의 한변의 길이를 x라고 하자.

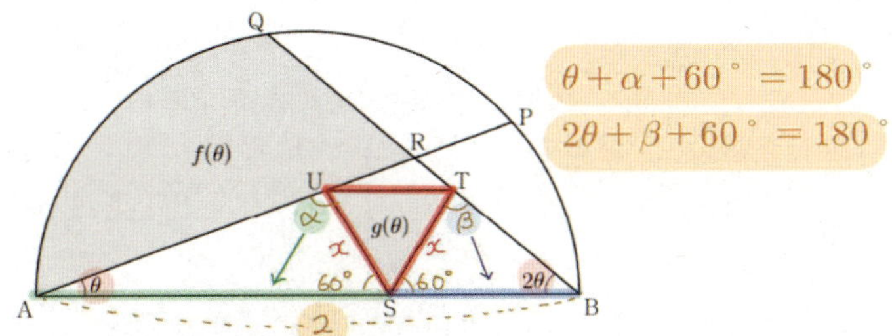

■ 도형의 한 부분의 길이를 구할 때
→ 부분의 합 = 전체 활용

$$\overline{AS} = x \times \frac{\sin\alpha}{\sin\theta}, \quad \overline{BS} = x \times \frac{\sin\beta}{\sin 2\theta}$$

$$\overline{AB} = x \times \frac{\sin\alpha}{\sin\theta} + x \times \frac{\sin\beta}{\sin 2\theta} = 2$$

$$\therefore x = \frac{2}{\dfrac{\sin\alpha}{\sin\theta} + \dfrac{\sin\beta}{\sin 2\theta}}$$

$$\text{※} \lim_{\theta \to 0+} \frac{x}{\theta} = \lim_{\theta \to 0+} \frac{2}{\sin\alpha \, \dfrac{\theta}{\sin\theta} + \sin\beta \, \dfrac{\theta}{\sin 2\theta}}$$

$$= \frac{2}{\dfrac{\sqrt{3}}{2} \cdot 1 + \dfrac{\sqrt{3}}{2} \cdot \dfrac{1}{2}} = \frac{8}{3\sqrt{3}}$$

$(\because \theta \to 0$일 때 $\alpha \to 120°, \beta \to 120°)$

$$\lim_{\theta \to 0+} \frac{g(\theta)}{\theta \times f(\theta)}$$

$$= \lim_{\theta \to 0+} \frac{\dfrac{1}{2} \cdot x^2 \cdot \sin\dfrac{\pi}{3}}{\theta \left(\dfrac{1}{2} \cdot 1^2 \cdot 4\theta + \dfrac{1}{2} \cdot 1^2 \cdot \sin 4\theta - \dfrac{1}{2} \cdot 2^2 \cdot \dfrac{\sin\theta \sin 2\theta}{\sin 3\theta} \right)}$$

$$= \lim_{\theta \to 0+} \frac{\dfrac{1}{2} \cdot \dfrac{\sqrt{3}}{2} \cdot \dfrac{x^2}{\theta^2}}{\left(\dfrac{1}{2} \cdot 1^2 \cdot 4\theta + \dfrac{1}{2} \cdot 1^2 \cdot \sin 4\theta - \dfrac{1}{2} \cdot 2^2 \cdot \dfrac{\sin\theta \sin 2\theta}{\sin 3\theta} \right) \theta \times \dfrac{1}{\theta^2}}$$

$$= \frac{\dfrac{\sqrt{3}}{2} \times \dfrac{8^2}{3^2 \sqrt{3}^2}}{4 + 4 - 4 \times \dfrac{1 \times 2}{3}} = \frac{2\sqrt{3}}{9}$$

$$\therefore p + q = 9 + 2 = 11$$

Analysis 도형의 필연성

필연성 01

원 나오면 → 중심과 특별점 잇기

✓ 접점 → 접선과 수직

필연성 14

이상한 도형의 넓이를 구할 때

(넓이 공식 없는 도형)

→ 여러 개의 기본 도형으로 퍼즐 맞추기

(넓이 공식 있는 도형)

✓ 빵꾸난 도형은 빵꾸를 메꿔서 퍼즐 맞추기

Skill **사인법칙 실전용 (1)**

✓ 각이 많을 때

$$a = b \times \frac{\sin A}{\sin B} = c \times \frac{\sin A}{\sin C}$$

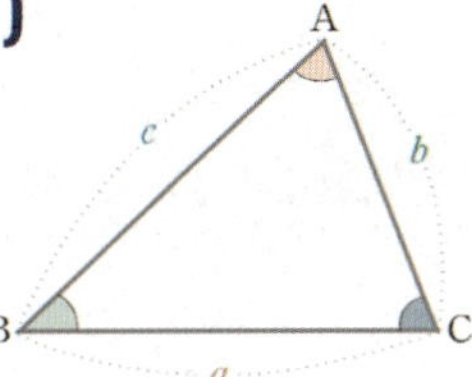

필연성 11

도형의 한 부분의 길이(각도)를 구할 때
→ "부분의 합 = 전체" 식 세우기

✓ '나머지 부분'을 빨리 파악하는 것이 핵심

미적분
3. 미분법

Big Data Report

전체 수능 출제 비율

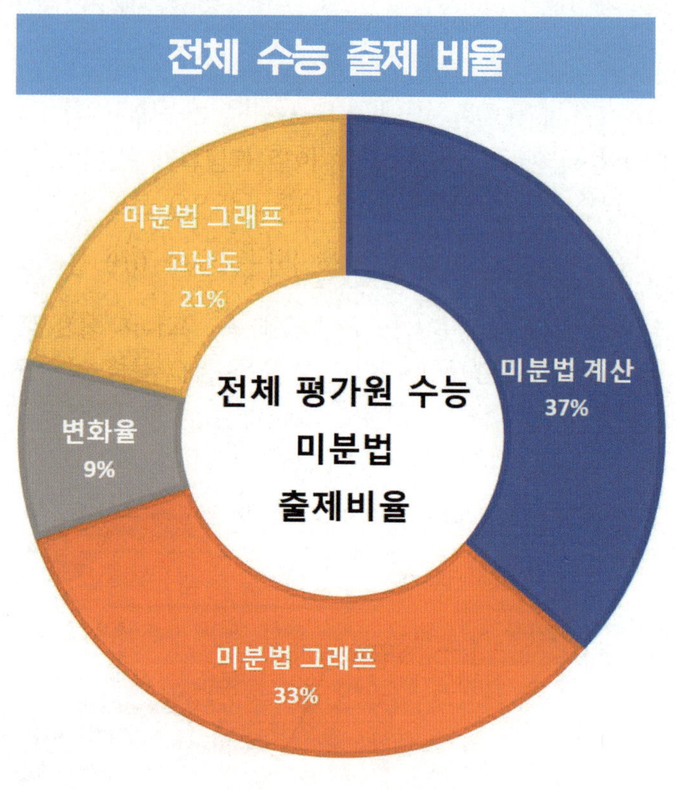

현 평가원 수능 출제 비율

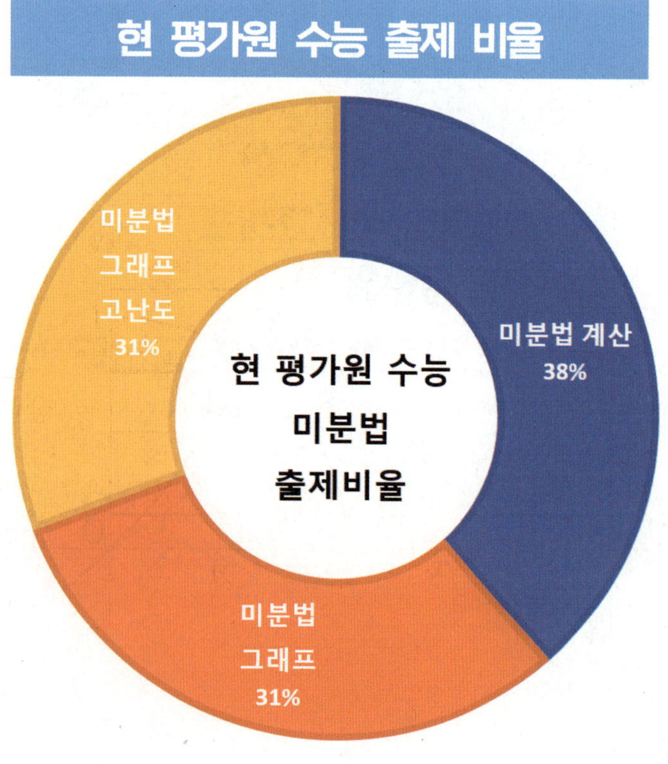

■ 미분법 단원은 4가지 경향으로 분석하였다.

■ [경향08] 미분법 계산
공식만 알고 있으면 풀리는 문제들이 대부분이라 크게 걱정하지 않아도 된다.

■ [경향09] 미분법 그래프
15개정 평가원이 정말 좋아하는 경향이다. 미적분과 그래프는 한 몸이기 때문에 그래프를 그리는 것을 두려워하면 안 되고 그래프의 특성들을 평상시 공부할 때부터 꼼꼼히 파악해두는 것이 중요하다. 미적분 그래프는 특히 '그래프 테크닉'이 필요하다. 단순하게 문제만 많이 풀어서는 정복하기가 어렵고 정확한 그래프에 대한 이해가 있어야 보다 쉽고 빠르게 정복할 수 있으니 문제를 풀때도 꼭 테크닉을 정리하면서 푼다는 느낌으로 공부하자. 만약 그래프에 대한 테크닉을 더 익히고 싶다면 [그래프 테크닉] 강의를 들어보는 걸 추천한다.

■ [경향10] 변화율
이전 09개정 교육과정에서는 교육과정 특성상 출제가 불가능했으나, 교육과정 개편에 따라 15개정 수능에서 변화율 파트는 출제가 가능해졌다. 그럼에도 불구하고 2008 수능을 마지막으로 지금까지 출제가 안 되고 있다. 출제가 유력하지는 않지만 교육과정 범위 내에 있는 경향이므로 15개정 수능에 언제 등장해도 이상하지 않다. 수험생이라면 겸손하게 공부하는 태도가 중요하다.

■ [경향11] 미분법 그래프 고난도
07개정 교육과정 이후로 미분법과 적분법에서 「그래프 고난도」 문제가 늘 출제되어 왔다. 작년 수능에서도 30번 문항으로 출제되었는데 그래프에 대한 전반적인 이해, 그리고 그래프 추론을 하면서 개형 파악을 하는 것이 중요했다. 이 부분은 단시간에 능력을 기르기는 어렵기 때문에 [경향09]를 먼저 충분히 공부하고 난 다음 고난도 그래프 문항들을 모아서 공부하는 것이 필요하다. 만약 그래프 문항들이 어렵다면 그래프만 꼭 따로 모아서 훈련하자.

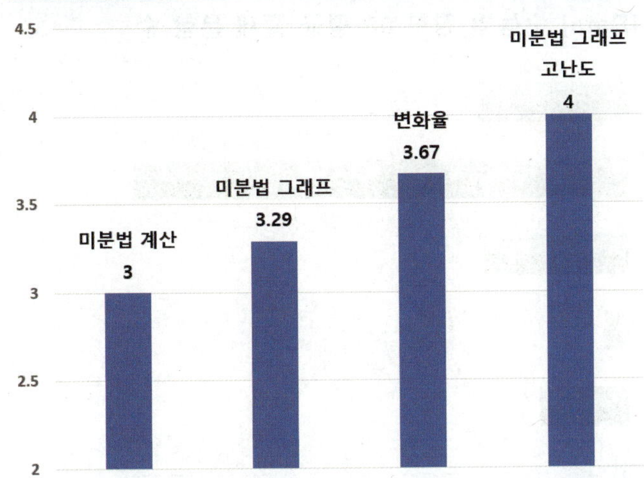

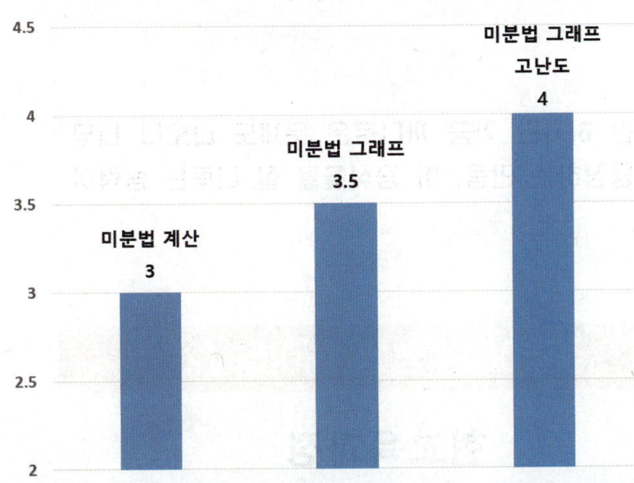

올해 수능 미분법 학습 방향

**미적분과 그래프는 한 몸
15개정 평가원은
그래프를 굉장히 좋아함
그래프 관련 공부
그래프 개형 / 특징 / 테크닉
잘 정리해두기**

◆ 미분법 계산 (3.00점)

◆ 미분법 그래프 (3.29점)

◆ 변화율 (3.67점)

◆ 미분법 그래프 고난도 (4.00점)

■ 작년 수능 출제 문항 분류

[경향08] 미분법 계산
 - 27번 [3점]

[경향11] 미분법 그래프 고난도
 - 30번 [4점]

■ 미적분 그래프 문항을 잘 풀려먼 어떻게 하면 될까?
그래프 문항을 잘 풀기 위해서는 밑 작업(?)이 먼저 잘 되어 있어야 한다.
1. 기초로는 간접범위의 함수와 도형의 방정식 내용을 잘 알고 있어야 하고 (평행이동, 대칭이동, 실수배 등)
2. 기본으로는 수Ⅱ 그래프 문항을 잘 풀 수 있어야 한다. 특히 수Ⅱ 개념이 하나로 유기적으로 이어져 있어서 한 덩어리처럼 받아들여져야 하고
3. 미적분에 대한 개념이 파편화되지 않고 하나로 유기적으로 이어져 있어서 개념을 꺼내 쓰는게 어색하지 않아야 하고
4. 해설지를 보고 따라 그리든 내가 풀면서 그리든 머릿속으로 생각만 하지 말고 자주 일단 뭐라도 그려보도록 하자.
5. 그래프 그리라 하면 X축, Y축부터 일단 긋고 보는데 그건 생각을 꽉 막아버리는 지름길이다. 그래프부터 먼저 그리고 그 다음 축을 그리는 게 유리할 때도 있다는 걸 염두해두자.

경향 08 Minor Trend

경향08 수능 출제 난이도

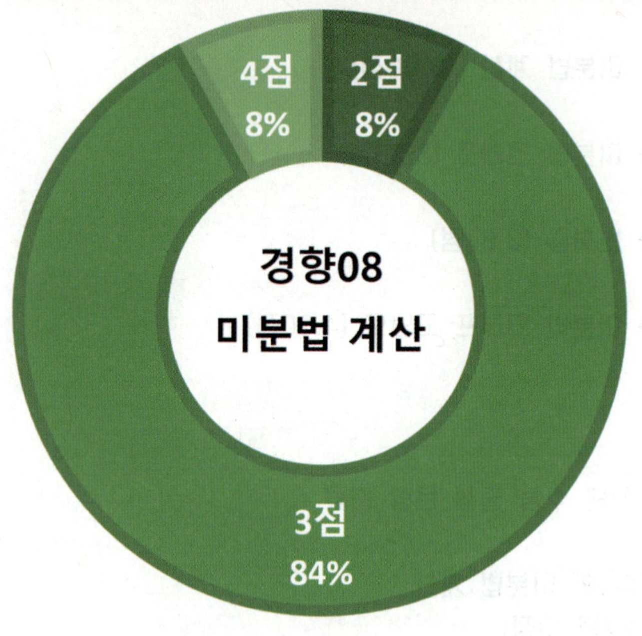

경향08 수능별 데이터 (1)

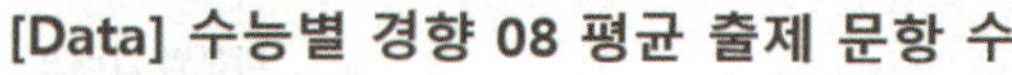

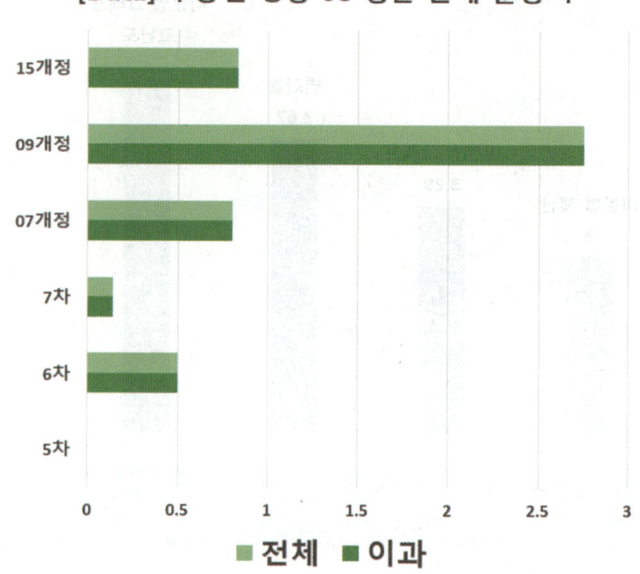

압도적으로 3점 문항으로 많이 출제되는 경향이야. 대체로 쉽긴 하지만 가끔 까다로운 문제도 나오니 너무 방심은 하지 말자. 미분법 개념에서 여러 가지 복잡한 공식이 등장하는 만큼, 이 공식들을 잘 다루는 능력이 필요해.

경향08 수능 출제 전망

■■■■□
작년 27번

경향08 미분법 단원 내 출제 비율

36.36%

경향08 공부 우선순위

★★★

**출제가 되든 안 되든
이 경향은 꼭 공부해야 함**

경향08 수능별 데이터 (2)

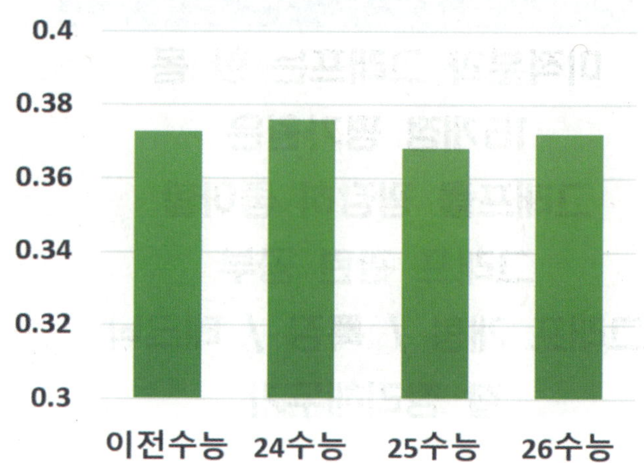

경향08 대표문제분석 038

38. [2020년 수능 (가)형 26번]
함수 $f(x) = (x^2 + 2)e^{-x}$에 대하여 함수 $g(x)$가
미분가능하고 $g\left(\dfrac{x+8}{10}\right) = f^{-1}(x)$, $g(1) = 0$을 만족시킬
때, $|g'(1)|$의 값을 구하시오. [4점]

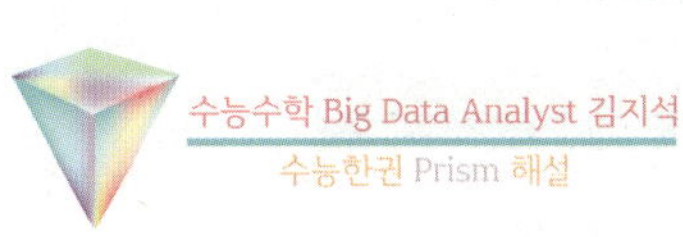

5

$$f\left(g\left(\frac{x+8}{10}\right)\right) = f(f^{-1}(x)) = x$$

$$f'\left(g\left(\frac{x+8}{10}\right)\right) g'\left(\frac{x+8}{10}\right)\frac{1}{10} = 1$$

$x = 2$를 대입하면

$$f'(g(1))\, g'(1)\,\frac{1}{10} = 1$$
$$\Leftrightarrow f'(0) \times g'(1) = 10$$

$$f'(x) = 2xe^{-x} + (x^2 + 2)(-e^{-x})$$
$$f'(0) = 0 + 2 \times (-1) = -2$$

$$\therefore g'(1) = -5$$
$$\therefore |g'(1)| = |-5| = 5$$

Analysis〰

계산 문제여도 다소 까다롭게 출제되는 경우도 있으니
방심하지 말자.

■ 수학(하) 역함수의 성질

$$f^{-1} \circ f(x) = f \circ f^{-1}(x) = x$$

■ 합성함수 미분

$$\{f(g(x))\}' = f'(g(x))g'(x)$$

겉미분 → 속미분

$$\{f(g(h(x))\}' = f'(g(h(x))\{g(h(x))\}'$$
$$= f'(g(h(x))g'(h(x))h'(x)$$

겉미분 → 속미분 → 속속미분

경향 09 Minor Trend

경향09 수능 출제 난이도

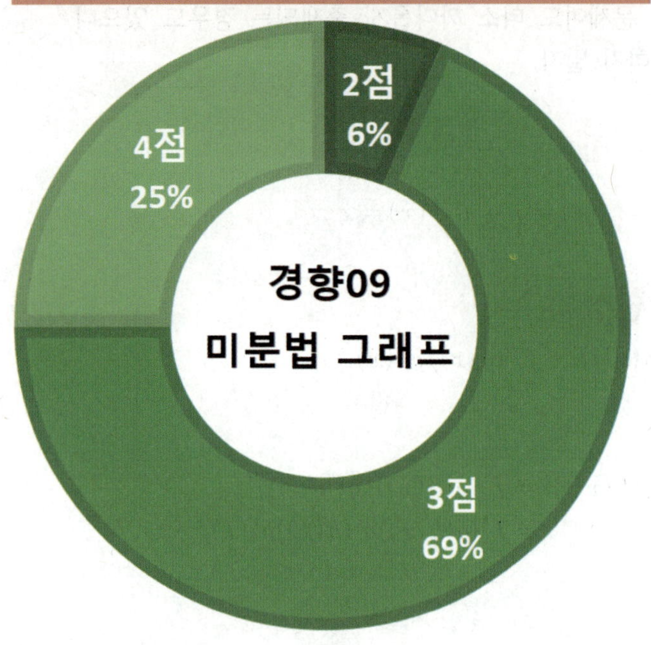

경향09 수능별 데이터 (1)

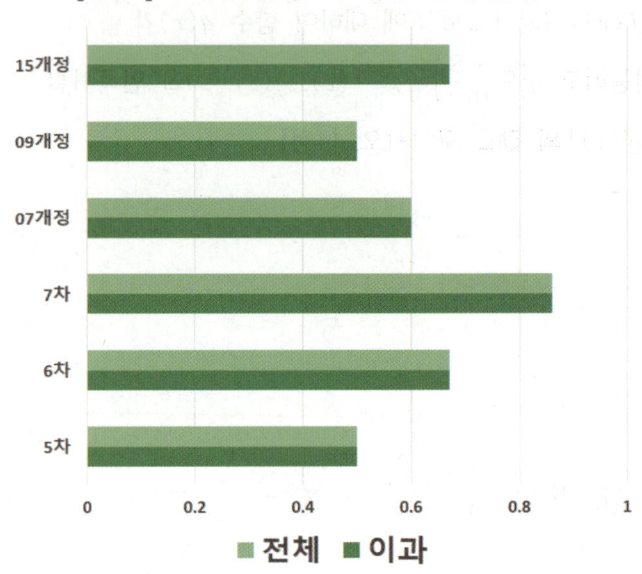

COMMENT

24학년도 수능에서 27번 문항과 30번 문항으로 2문항이 출제되었던 적도 있고, 대체로 현 평가원은 이 경향을 좋아하고 있다고 보는 게 맞아. 또한 그 24학년도 수능 27번으로 출제되었던 그 문제는 평균 3점 오답률보다 월등히 높은 오답률을 보였고. 미적분은 다른 선택과목보다 어렵게 나오기 때문에 3점 문제가 4점 수준의 난이도로 곧 잘 나오니까 깊이 있게 공부해야 해.

경향09 수능 출제 전망

■■■■□

작년 수능 출제

경향09 미분법 단원 내 출제 비율

33.34%

경향09 공부 우선순위

★★★

미적분을 공부하는 이유

경향09 수능별 데이터 (2)

현교육과정

경향09 수능중요도

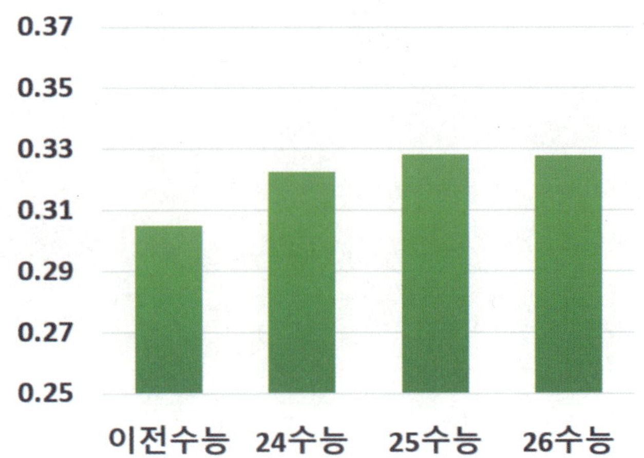

경향09 대표문제분석 039

39. [1995년 수능 (자연) 10번]
함수 $f(x)$는 $x = 0$에서 연속이지만 미분가능하지 않다.
다음 <보기> 중 $x = 0$에서 미분가능한 함수를 모두
고르면? [1.5점]

[보 기]

ㄱ. $y = xf(x)$　　　ㄴ. $y = x^2 f(x)$

ㄷ. $y = \dfrac{1}{1 + xf(x)}$

---

① ㄱ　② ㄴ　③ ㄷ　④ ㄱ, ㄴ　⑤ ㄱ, ㄴ, ㄷ

Analysis

미분법 공식 결론만 외우지 말고 그것이 의미하는 바를
이해해야 한다.

■ 미분법의 공식

미분가능한 두 함수 $f(x)$, $g(x)$에 대하여

① $\{c\}' = 0$

② $\{x^n\}' = nx^{n-1}$

③ $\{cf(x)\}' = cf'(x)$

④ $\{f(x) + g(x)\}' = f'(x) + g'(x)$

⑤ $\{f(x) - g(x)\}' = f'(x) - g'(x)$

⑥ $\{f(x)g(x)\}' = f'(x)g(x) + f(x)g'(x)$

⑦ $\left\{\dfrac{f(x)}{g(x)}\right\}' = \dfrac{f'(x)g(x) - f(x)g'(x)}{\{g(x)\}^2}$

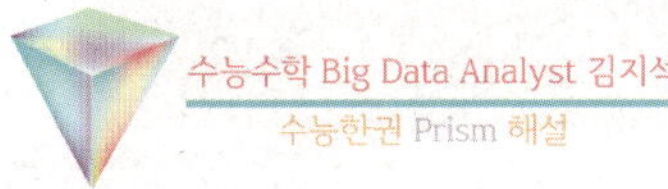

[개념] 미분가능의 정의

$g(x)$가 $x = 0$에서 미분가능

$\Leftrightarrow g'(0) = \lim\limits_{x \to 0} \dfrac{g(x) - g(0)}{x - 0}$ 가 존재

ㄱ. (참)

$g(x) = xf(x)$라 하자.

$g'(0) = \lim\limits_{x \to 0} \dfrac{g(x) - g(0)}{x - 0}$

$\qquad = \lim\limits_{x \to 0} \dfrac{xf(x) - 0}{x - 0} = \lim\limits_{x \to 0} f(x)$

함수 $f(x)$는 $x = 0$에서 연속이므로

$\lim\limits_{x \to 0} f(x) = f(0)$

$\therefore g'(0) = \lim\limits_{x \to 0} f(x)$ 존재

ㄴ. (참)

미분 가능한 함수끼리는 곱해도 미분 가능하다.

ㄱ에서 $y = xf(x)$가 미분가능하고

$y = x$도 미분가능하므로

$y = x \times xf(x)$도 미분가능하다.

ㄷ. (참)

미분 가능한 함수끼리는
(0이 아닌 값으로) 나누어도 미분 가능하다.

$x = 0$일 때 $1 + xf(x) = 1 \neq 0$이고

ㄱ에서 미분가능하므로

$y = \dfrac{1}{1 + xf(x)}$도 미분가능하다.

경향 09 Minor Trend

40. [2002년 수능 (자연) 9번]

$1 \le x \le 2$인 모든 실수 x에 대하여 부등식

$\alpha x \le e^x \le \beta x$가 성립하도록 상수 α, β를 정할 때,

$\beta - \alpha$의 최솟값은? [3점]

① $\dfrac{e}{2}$　　　② e　　　③ $e\left(\dfrac{e^3}{4}-1\right)$

④ $e\left(\dfrac{e^2}{3}-1\right)$　　⑤ $e\left(\dfrac{e}{2}-1\right)$

Analysis

수학Ⅱ와는 달리 미적분에서는 꼭 미리 배운 그래프의 개형이 나오라는 법이 없다. 그럴수록 이미 알고 있는 기본형 그래프의 개형을 활용하면 문제를 효율적으로 풀 수 있다.

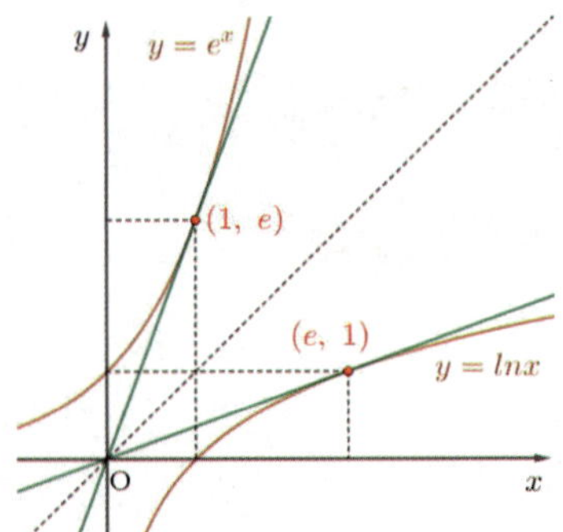

수능수학 Big Data Analyst 김지석
수능한권 Prism 해설

[개념] $y=e^x$의 $(1, e)$에서의 접선은 원점을 지난다.

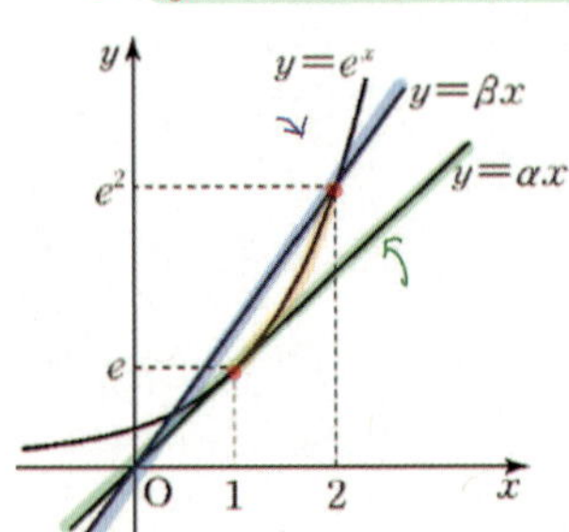

$y=\alpha x$가 $y=e^x$에 접할 때 α최대

$y=\beta x$가 $(2, e^2)$를 지날 때 β최소

$\therefore\ \beta-\alpha$의 최솟값 $=\dfrac{e^2}{2}-e=e\left(\dfrac{e}{2}-1\right)$

[다른 풀이]

$\beta-\alpha$의 최솟값은 β가 최소이고 α가 최대

$\alpha x \le e^x \le \beta x$

$\Leftrightarrow\ \alpha \le \dfrac{e^x}{x} \le \beta$

$f(x)=\dfrac{e^x}{x}$라고 하자.

$f(x)$의 최대최소를 파악

→ $f(x)$의 증가감소를 파악

→ $f'(x)$의 ⊕⊖를 파악

$f'(x)=\dfrac{e^x(x-1)}{x^2}$

$x^2 \ge 0,\ e^x > 0$이므로

$y=f'(x)$의 부호변화는 $y=x-1$의 부호변화와 동일하다.

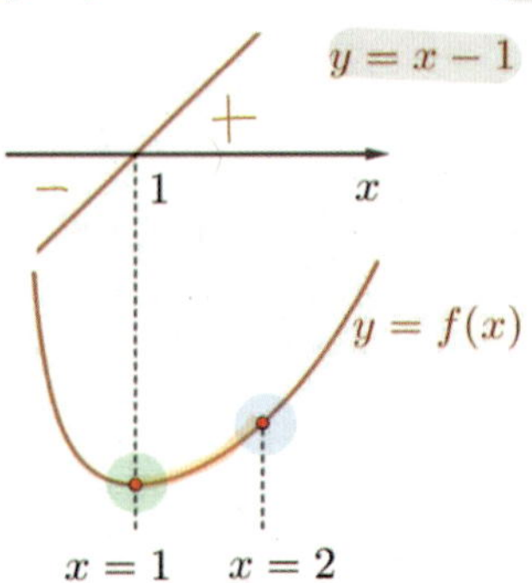

$1 \le x \le 2$일 때 $f(x)$는 $x=1$일 때 최솟값, $x=2$일 때 최댓값

$\therefore\ \alpha=f(1)=e,\ \beta=f(2)=\dfrac{e^2}{2}$

$\therefore\ \beta-\alpha$의 최솟값 $=\dfrac{e^2}{2}-e=e\left(\dfrac{e}{2}-1\right)$

경향09 대표문제분석 041

41. [1998년 수능 (자연) 4번]

함수 $y = \dfrac{\ln x}{x}$ 가 최댓값을 가질 때의 x의 값은?

[2점]

① 1 ② e ③ $\dfrac{1}{e}$ ④ $2e$ ⑤ e^2

수능수학 Big Data Analyst 김지석
수능한권 Prism 해설

$\dfrac{\ln x}{x} = k$ 라고 하자.

$\Leftrightarrow \ln x = kx$

$\ln x = kx$ 가 성립하기 위해서는,

$y = \ln x$ 와 $y = kx$ 두 그래프가 교점을 가져야 한다.

→ $y = kx$ 의 기울기 k가 최대

→ 두 그래프가 접할 때

[개념] $y = \ln x$ 의 $(e, 1)$ 에서의 접선은 원점을 지난다.

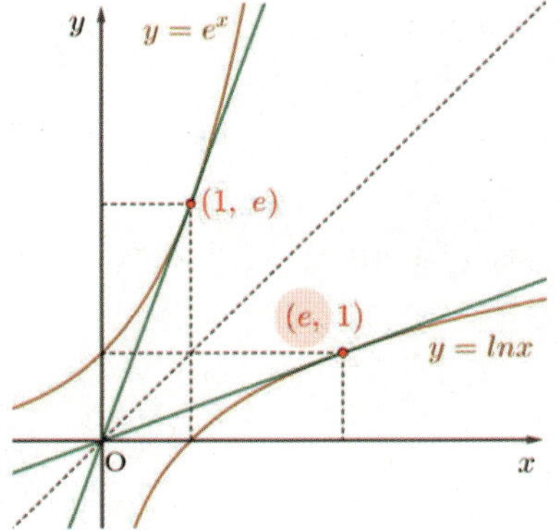

$\therefore y = \dfrac{\ln x}{x}$ 최대일 때

$x = e$

[다른 풀이]

$f(x) = \dfrac{\ln x}{x}$ 라고 하자.

$f(x)$의 최대최소를 파악

→ $f(x)$의 증가감소를 파악

→ $f'(x)$의 ⊕⊖를 파악

$f'(x) = \dfrac{1 - \ln x}{x^2}$

$x^2 \geq 0$ 이므로

$y = f'(x)$의 부호변화는 $y = 1 - \ln x$ 의 부호변화와 동일하다.

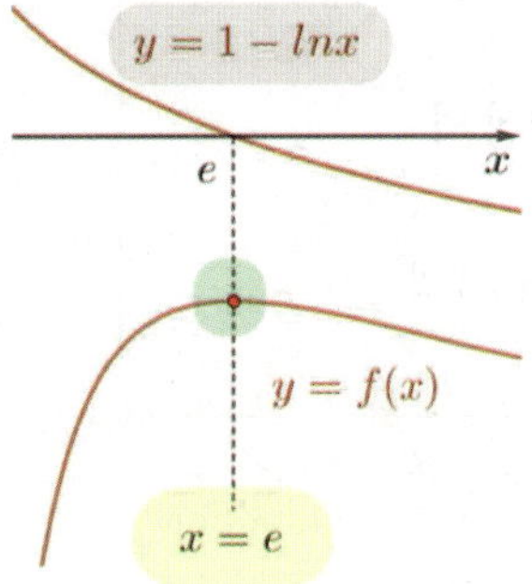

$\therefore y = \dfrac{\ln x}{x}$ 최대일 때

$x = e$

Analysis

바로 앞의 [2002년 수능 (자연) 9번] 문제와 전혀 관련 없어 보이지만 깊이 있게 분석하면 같은 원리로 단숨에 해결할 수 있다.

경향09 대표문제분석 042

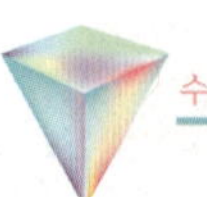

42. [2007년 수능 (가)형 미분과 적분 29번]

실수 전체의 집합에서 이계도함수를 갖는 함수 $f(x)$에 대하여 점 $A(a, f(a))$를 곡선 $y = f(x)$의 변곡점이라 하고, 곡선 $y = f(x)$ 위의 점 A에서의 접선의 방정식을 $y = g(x)$라 하자. 직선 $y = g(x)$가 함수 $f(x)$의 그래프와 점 $B(b, f(b))$에서 접할 때, 함수 $h(x)$를 $h(x) = f(x) - g(x)$라 하자. <보기>에서 항상 옳은 것을 모두 고른 것은? (단, $a \neq b$이다.) [4점]

[보 기]

ㄱ. $h'(b) = 0$

ㄴ. 방정식 $h'(x) = 0$은 3개 이상의 실근을 갖는다.

ㄷ. 점 $(a, h(a))$는 곡선 $y = h(x)$의 변곡점이다.

---

① ㄱ　② ㄴ　③ ㄱ, ㄴ　④ ㄱ, ㄷ　⑤ ㄱ, ㄴ, ㄷ

Analysis

평균값의 정리

함수 $f(x)$가 폐구간 $[a, b]$에서 연속이고 개구간 (a, b)에서 미분가능하면

$$\frac{f(b) - f(a)}{b - a} = f'(c) \quad \text{(단, } a < c < b)$$

인 c가 열린구간 (a, b) 안에 적어도 하나 존재한다.

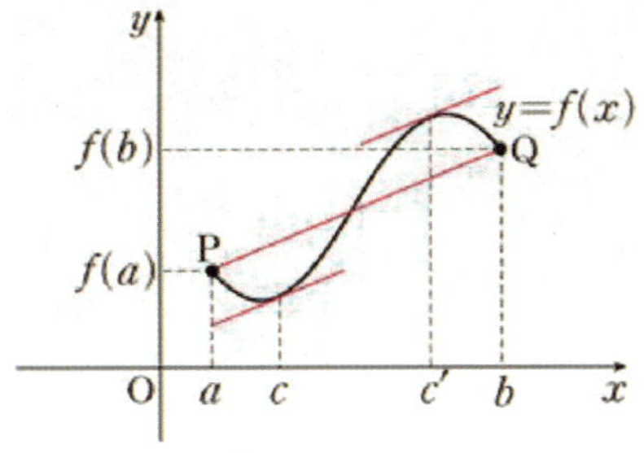

곡선 $y = f(x)$ 위의 점 A에서의 접선의 방정식을 $y = g(x)$

$\Leftrightarrow f(a) = g(a),\ f'(a) = g'(a)$

$y = g(x)$가 함수 $f(x)$의 그래프와 점 $B(b, f(b))$에서 접할 때,

$\Leftrightarrow f(b) = g(b),\ f'(b) = g'(b)$

ㄱ. (참)

$h'(b) = f'(b) - g'(b) = 0 \ (\because f'(b) = g'(b))$

ㄴ. (참)

$h'(a) = f'(a) - g'(a) = 0 \ (\because f'(a) = g'(a))$

$h(a) = f(a) - g(a) = 0 \ (\because f(a) = g(a))$

$h(b) = f(b) - g(b) = 0 \ (\because f(b) = g(b))$

$\therefore \dfrac{h(b) - h(a)}{b - a} = 0$

평균값의 정리에 의해

$\dfrac{h(b) - h(a)}{b - a} = h'(c) = 0$

인 c가 a와 b사이에 적어도 하나 존재한다.

$\therefore h'(a) = h'(b) = h'(c) = 0$

ㄷ. (참)

$h'(x) = f'(x) - g'(x)$

$h''(x) = f''(x) - 0$

$(\because g(x)$ 일차함수 $\rightarrow g'(x)$ 상수함수 $\rightarrow g''(x) = 0)$

$\therefore h''(x) = f''(x)$

$f(x)$가 $x = a$에서 변곡점을 가지므로 $h(x)$도 $x = a$에서 변곡점을 갖는다.

Analysis

오목 볼록과 접선

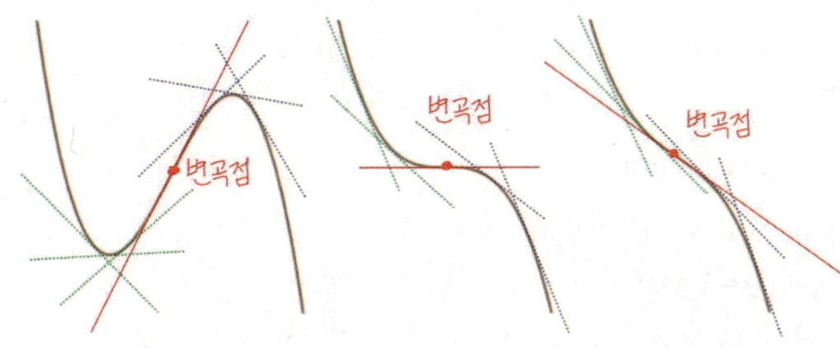

아래로 볼록 ▸ 접선이 곡선 아래에
위로 볼록 ▸ 접선이 곡선 위에

변곡점: 곡선의 오목과 볼록이 바뀌는 점
▸ 변곡점에서의 접선은 곡선을 뚫고 지나간다.
▸ 변곡점에서 도함수의 극값이 생긴다.
  (접선의 기울기의 최대 or 최소와 관련)

[다른 풀이]
$f(x)$의 그래프를 아래와 같이 예를 들어보자.
$f(x) > g(x)$이면 $h(x) = f(x) - g(x) > 0$
$f(x) < g(x)$이면 $h(x) = f(x) - g(x) < 0$
를 활용해 그래프를 그리면
[그래프 테크닉] 그래프 뺄셈

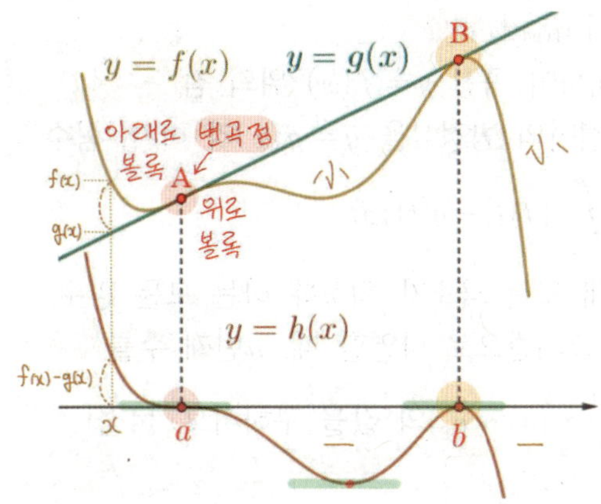

ㄱ. (참)
$y = h(x)$가 $x = a$에서 접한다.
$h'(a) = 0$

ㄴ. (참)
접선의 기울기가 0인 곳이 적어도 3개가 있다.

ㄷ. (참)
$x = a$에서 x축이 $h(x)$를 뚫으면서 접하므로
점 $(a, h(a))$는 곡선 $y = h(x)$의 변곡점이다.

경향 09 Minor Trend

경향09 대표문제분석 043

43. [2024년 수능 (미적분) 30번]
실수 전체의 집합에서 미분가능한 함수 $f(x)$의 도함수 $f'(x)$가

$$f'(x)=|\sin x|\cos x$$

이다. 양수 a에 대하여 곡선 $y=f(x)$ 위의 점 $(a, f(a))$에서의 접선의 방정식을 $y=g(x)$라 하자. 함수

$$h(x)=\int_0^x \{f(t)-g(t)\}dt$$

가 $x=a$에서 극대 또는 극소가 되도록 하는 모든 양수 a를 작은 수부터 크기순으로 나열할 때, n번째 수를 a_n이라 하자. $\dfrac{100}{\pi}\times(a_6-a_2)$의 값을 구하시오. [4점]

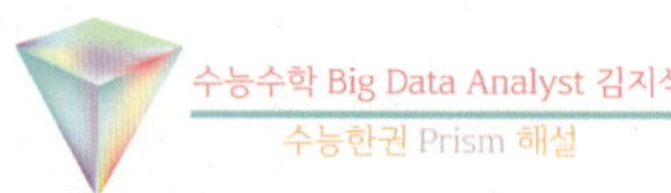

$$h(x)=\int_0^x \{f(t)-g(t)\}dt$$

$$h'(x)=f(x)-g(x)$$

$h(x)$가 $x=a$에서 극값을 가지므로
$x=a$의 좌우에서 $h'(x)$의 부호가 바뀌어야 한다.
→ $x=a$ 좌우에서 $f(x)$와 $g(x)$의 대소관계가 바뀌어야 한다.

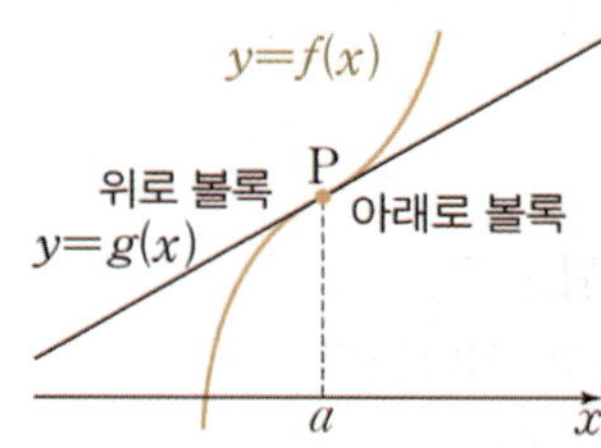

∴ $y=g(x)$가 곡선 $y=f(x)$ 위의 점 $(a, f(a))$에서의 접선의 방정식이므로
$x=a$의 좌우에서 $h'(x)$의 부호가 바뀌려면 점 $(a, f(a))$는 함수 $f(x)$의 변곡점이어야 한다.

Analysis

$f(x)$ 변곡점이라고 하면 이계도함수 $f''(x)$부터 계산하려고 드는 건 개념을 어설프게 공부했다는 반증이다. $f(x)$가 변곡점을 갖는 것과 더 직접적인 관계가 있는 건 $f'(x)$이다.

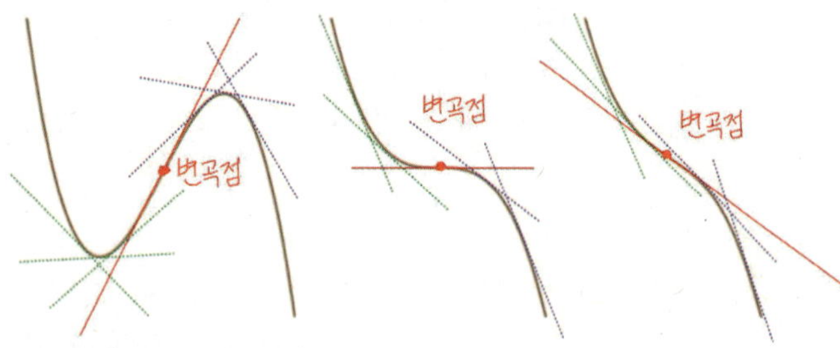

변곡점: 곡선의 오목과 볼록이 바뀌는 지점.
함수 $f(x)$가 $(a, f(a))$에서 변곡점을 가질 때, $x=a$ 근방에서
$f'(x)$: $x=a$ 좌우에서 증가와 감소가 바뀐다.
    ⇔ $x=a$에서 $f'(x)$가
극댓값 또는 극솟값을 갖는다.
$f''(x)$: $x=a$의 좌우에서 부호가 바뀐다.

[개념]

$f(x)$가 $x = a$에서 변곡점을 가질 때
$f'(x)$는 $x = a$에서 극값을 갖는다.

$$f'(x) = |\sin x|\cos x$$

$$= \begin{cases} \sin x \cos x & (\sin x \geq 0) \\ -\sin x \cos x & (\sin x < 0) \end{cases}$$

$$= \begin{cases} \dfrac{1}{2}\sin 2x & (\sin x \geq 0) \\ -\dfrac{1}{2}\sin 2x & (\sin x < 0) \end{cases}$$

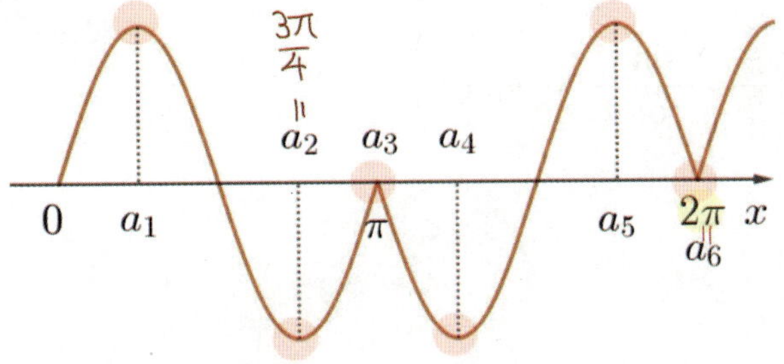

$$\therefore \frac{100}{\pi} \times (a_6 - a_2) = \frac{100}{\pi}\left(2\pi - \frac{3}{4}\pi\right) = \frac{100}{\pi} \times \frac{5}{4}\pi$$
$$= 125$$

경향 09 Minor Trend

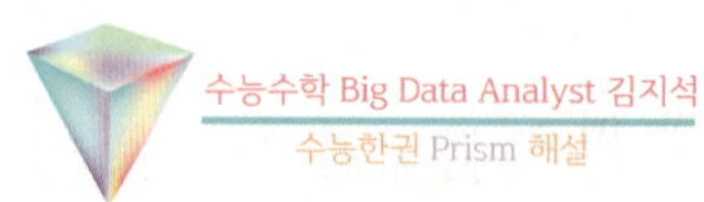

44. [2019년 수능 (가)형 20번]

점 $\left(-\dfrac{\pi}{2},\ 0\right)$에서 곡선 $y = \sin x\,(x > 0)$에 접선을 그어 접점의 x좌표를 작은 수부터 크기순으로 모두 나열할 때, n번째 수를 a_n이라 하자. 모든 자연수 n에 대하여 <보기>에서 옳은 것만을 있는 대로 고른 것은? [4점]

<보   기>

ㄱ. $\tan a_n = a_n + \dfrac{\pi}{2}$

ㄴ. $\tan a_{n+2} - \tan a_n > 2\pi$

ㄷ. $a_{n+1} + a_{n+2} > a_n + a_{n+3}$

① ㄱ   ② ㄱ, ㄴ   ③ ㄱ, ㄷ
④ ㄴ, ㄷ   ⑤ ㄱ, ㄴ, ㄷ

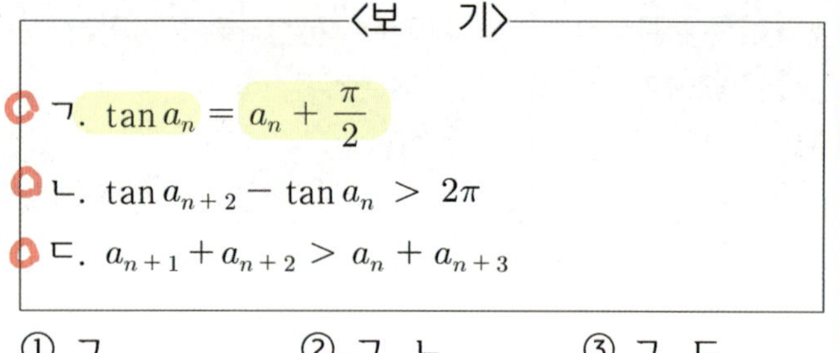

ㄱ. (참)

두 점 $\left(-\dfrac{\pi}{2},\ 0\right)$과 $(a_n,\ f(a_n))$ 사이 기울기

$$f'(a_n) = \frac{f(a_n) - 0}{a_n - \left(-\dfrac{\pi}{2}\right)}$$

$$\Leftrightarrow \cos a_n = \frac{\sin a_n}{a_n + \dfrac{\pi}{2}}$$

$$\Leftrightarrow a_n + \frac{\pi}{2} = \frac{\sin a_n}{\cos a_n} = \tan a_n$$

Analysis

외부의 점 $(x_1,\ y_1)$에서 곡선 $y = f(x)$에 접선을 그을 때 접점이 $(\alpha,\ f(\alpha))$라고 하면

$$f'(\alpha) = \frac{f(\alpha) - y_1}{\alpha - x_1}$$

※ 접선 $y - f(\alpha) = f'(\alpha)(x - \alpha)$에 $(x_1,\ y_1)$를 대입한 식과 동일하다.

Analysis

[2014년 수능 (B)형 18번] (대표문제 7번)과 유사한 아이디어를 사용하니 복습하며 비교해보자.

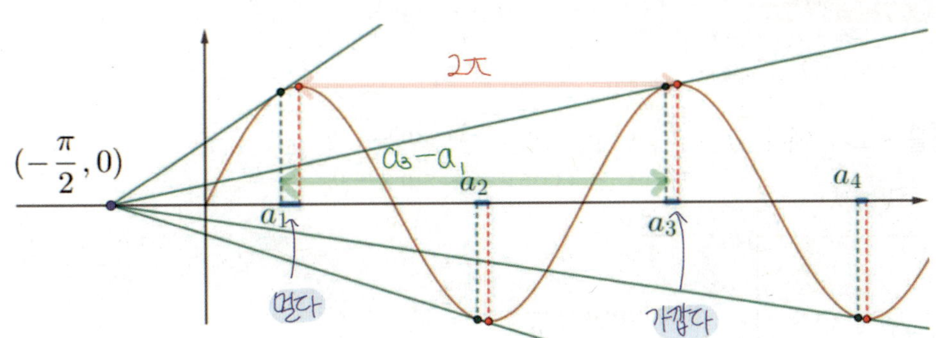

ㄴ. (참)

숫자의 특징을 잘 관찰하여 파악하자.

→ ㄴ에 등장한 2π는 sin 함수의 주기다!

→ 같은 높이의 극점들의 x좌표간의 차가 2π

$$\tan a_{n+2} - \tan a_n > 2\pi$$

$$\Leftrightarrow \left(a_{n+2} + \frac{\pi}{2}\right) - \left(a_n + \frac{\pi}{2}\right) > 2\pi$$

$$\Leftrightarrow a_{n+2} - a_n > 2\pi$$

a_n 항의 번호 n이 커질수록

→ 접점의 x좌표가 커진다.

→ 접선의 기울기는 작아진다.

→ 그 접점은 근처의 극점과 더 가까워진다.

($\because$ 극점에서의 접선의 기울기는 0)

예를 들어 $a_3 - a_1$의 값을 파악할 때

$\{a_1$과 $x = \frac{\pi}{2}$ 사이 거리$\} > \{a_3$와 $x = \frac{3\pi}{2}$ 사이 거리$\}$

$\{a_1$과 a_3 사이 거리$\} > \{x = \frac{\pi}{2}$과 $x = \frac{3\pi}{2}$ 사이 거리$\}$

이므로 $a_3 - a_1 > 2\pi$

※ n이 커질 수록 $a_{n+2} - a_n$는 점점 작아지며
 2π에 수렴한다.

$$a_{n+2} - a_n > a_{n+3} - a_{n+1} > 2\pi$$

ㄷ. (참)

$$a_{n+1} + a_{n+2} > a_n + a_{n+3}$$

$$\Leftrightarrow a_{n+2} - a_n > a_{n+3} - a_{n+1}$$

[다른 풀이]

ㄴ. (참)

$y = \tan x$와 $y = x + \frac{\pi}{2}$의 교점

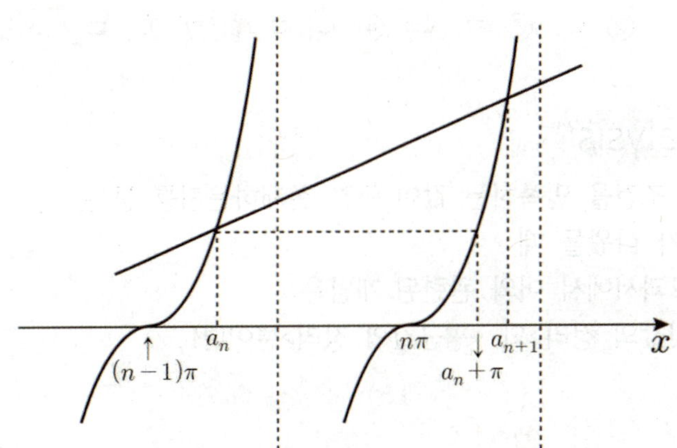

$$a_{n+1} > a_n + \pi \Leftrightarrow a_{n+1} - a_n > \pi$$

$$\tan a_{n+2} - \tan a_n = \left(a_{n+2} + \frac{\pi}{2}\right) - \left(a_n + \frac{\pi}{2}\right)$$

$$= a_{n+2} - a_n$$

$$= (a_{n+2} - a_{n+1}) + (a_{n+1} - a_n)$$

$$\therefore \tan a_{n+2} - \tan a_n > \pi + \pi = 2\pi$$

경향09 대표문제분석 045

수능수학 Big Data Analyst 김지석
수능한권 Prism 해설

45. [2012년 수능 (가)형 18번]
정의역이 $\{x \mid 0 \le x \le \pi\}$ 인 함수
$f(x) = 2x\cos x$ 에 대하여 옳은 것만을 <보기>에서 있는
대로 고른 것은? [4점]

[보 기]

ㄱ. $f'(a) = 0$ 이면 $\tan a = \dfrac{1}{a}$ 이다.

ㄴ. 함수 $f(x)$ 가 $x = a$ 에서 극댓값을 가지는
　 a 가 구간 $\left(\dfrac{\pi}{4}, \dfrac{\pi}{3}\right)$ 에 있다.

ㄷ. 구간 $\left[0, \dfrac{\pi}{2}\right]$ 에서 방정식 $f(x) = 1$ 의 서로
　 다른 실근의 개수는 2 이다.

① ㄱ　② ㄷ　③ ㄱ, ㄴ　④ ㄴ, ㄷ　⑤ ㄱ, ㄴ, ㄷ

Analysis

특정 조건을 만족하는 값이 구간 존재하는지를 묻는
문제가 나왔들 때
→ 교과서에서 이와 관련된 개념은
<사잇값의 정리>와 <평균값의 정리>뿐이다!

■ 사잇값 정리

함수 $f(x)$가 폐구간 $[a, b]$에서 연속이고
$f(a) \ne f(b)$이면, $f(a)$와 $f(b)$ 사이의 임의의 값 k에
대하여 다음을 만족시키는 c가 열린구간 (a, b)에 적어도
하나 존재한다.
$f(c) = k$

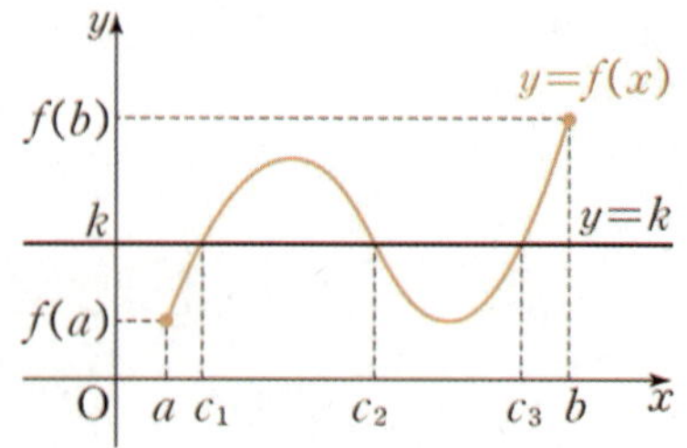

❖ 함수 $f(x)$가 폐구간 $[a, b]$에서 연속이고
　 $f(a) \times f(b) < 0$이면?
$f(x) = 0$의 근이 구간 (a, b)에 적어도 하나 존재한다.

ㄱ. (참)
$f'(x) = 2\cos x - 2x\sin x$
$f'(a) = 2\cos a - 2a\sin a = 0$
$\dfrac{\sin a}{\cos a} = \dfrac{1}{a}$
$\therefore \tan a = \dfrac{1}{a}$

※ [참고]

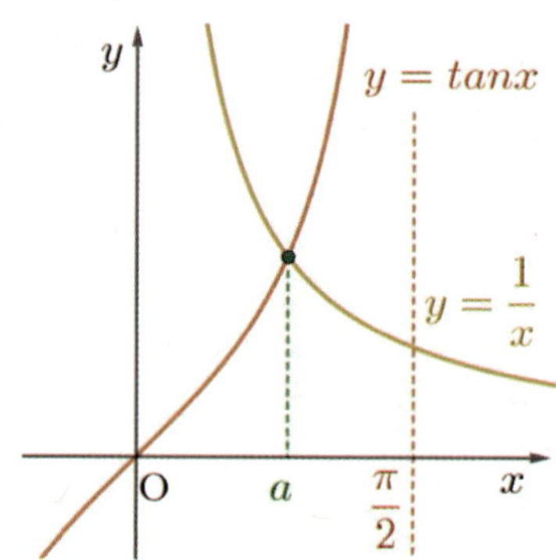

구간 $\left[0, \dfrac{\pi}{2}\right]$ 에서

$y = \tan x,\ y = x$ 의 대소관계가 한 번 바뀌므로
$f'(x)$의 부호변화는 한 번 바뀐다.

$\therefore$ 구간 $\left[0, \dfrac{\pi}{2}\right]$ 에서 $f(x)$가 $x = a$ 에서만 극값을 갖는다.

ㄴ. (참)

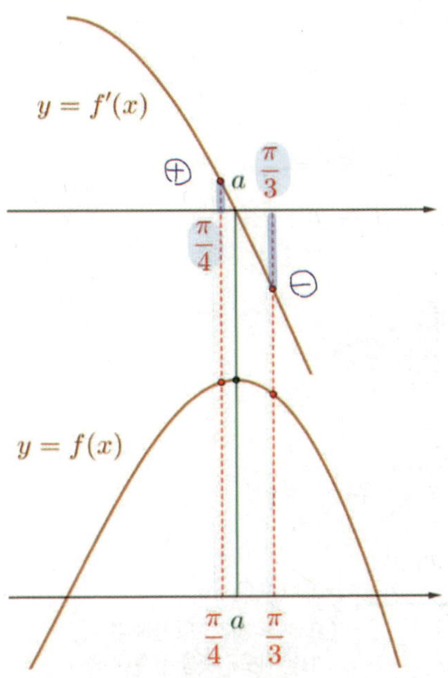

$f(x)$ 가 $x = a$ 에서 극댓값을 갖는다.

→ $f'(x)$의 부호가 $x = a$를 기준으로 ⊕에서 ⊖로 바뀐다.

$\dfrac{\pi}{4} < a < \dfrac{\pi}{3}$일 때 ($a$의 값을 직접 묻지 않았으므로)

→ a값을 실제로 구하는 게 아니다.

→ 주인공은 a가 아니라 $\dfrac{\pi}{4}$와 $\dfrac{\pi}{3}$이다!

→ $f'\left(\dfrac{\pi}{4}\right)$와 $f'\left(\dfrac{\pi}{3}\right)$를 파악하면 된다.

⊕ $f'\left(\dfrac{\pi}{4}\right) = 2\left(\dfrac{1}{\sqrt{2}} - \dfrac{\pi}{4} \times \dfrac{1}{\sqrt{2}}\right) = \dfrac{2}{\sqrt{2}}\left(1 - \dfrac{\pi}{4}\right) > 0$

⊖ $f'\left(\dfrac{\pi}{3}\right) = 2\left(\dfrac{1}{2} - \dfrac{\pi}{3} \times \dfrac{\sqrt{3}}{2}\right) = 1 - \dfrac{\pi}{\sqrt{3}} < 0$

($\because \ \pi = 3.14...$)

$\therefore$ 구간 $\left(\dfrac{\pi}{4}, \dfrac{\pi}{3}\right)$에서 f'의 부호가 ⊕에서 ⊖로 바뀌므로

극댓값을 갖는다.

ㄷ. (참)

$f(0) = f\left(\dfrac{\pi}{2}\right) = 0$이므로

출제자의 의도는 극대가 1보다 큰지를 물어보는 것이다.

$f\left(\dfrac{\pi}{4}\right) = 2 \times \dfrac{\pi}{4} \times \dfrac{1}{\sqrt{2}} = \dfrac{\pi}{2\sqrt{2}} > 1$

$f\left(\dfrac{\pi}{3}\right) = 2 \times \dfrac{\pi}{3} \times \dfrac{1}{2} = \dfrac{\pi}{3} > 1$ ($\because \ \pi = 3.14...$)

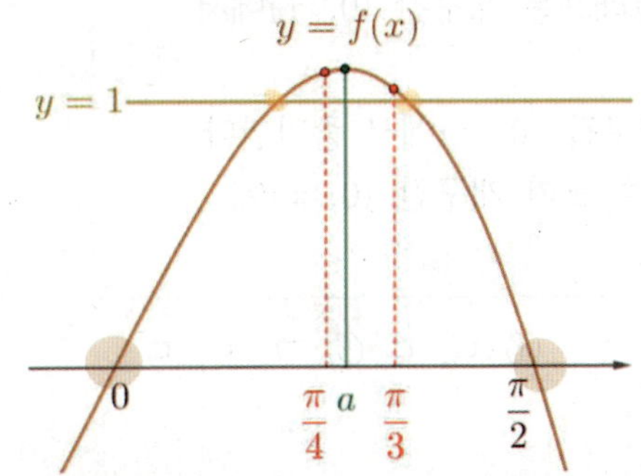

$\therefore$ 서로 다른 두 실근을 갖는다.

경향 09 Minor Trend

46. [2008년 수능 (가)형 미분과 적분 27번]
함수 $f(x) = x + \sin x$에 대하여 함수 $g(x)$를
$g(x) = (f \circ f)(x)$로 정의할 때, <보기>에서 옳은 것을
모두 고른 것은? [3점]

[보 기]

ㄱ. 함수 $f(x)$의 그래프는 개구간 $(0, \pi)$에서
  위로 볼록하다.

ㄴ. 함수 $g(x)$는 개구간 $(0, \pi)$에서 증가한다.

ㄷ. $g'(x) = 1$인 실수 x가 개구간 $(0, \pi)$에
  존재한다.

① ㄱ ② ㄷ ③ ㄱ, ㄴ ④ ㄴ, ㄷ ⑤ ㄱ, ㄴ, ㄷ

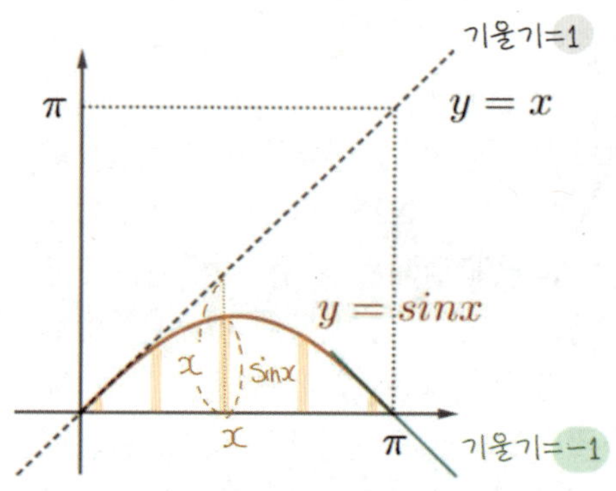

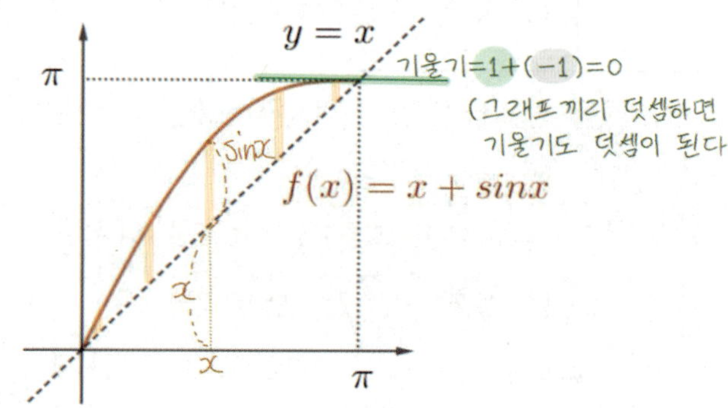

Analysis

어느 정도 계산하면 풀 수 있는 문제이긴 하지만,
그래프 테크닉을 마스터했다면 단 한 줄의 계산도 없이
단숨에 풀 수는 문제다.

■ 평균값의 정리

함수 $f(x)$가 폐구간 $[a, b]$에서 연속이고
개구간 (a, b)에서 미분가능하면
$$\frac{f(b) - f(a)}{b - a} = f'(c) \quad (\text{단, } a < c < b)$$
인 c가 열린구간 (a, b) 안에 적어도 하나 존재한다.

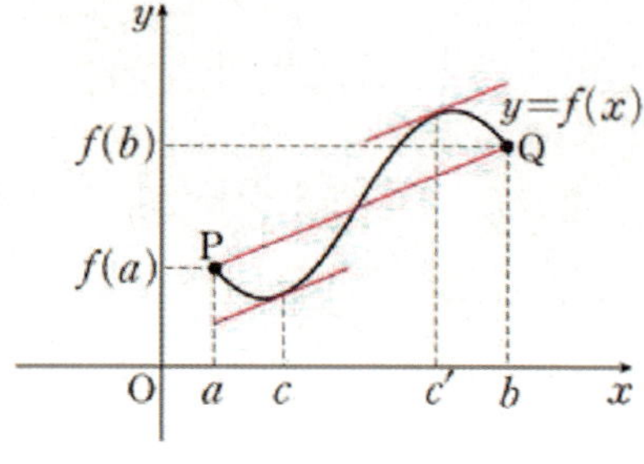

ㄱ. (참)

∴ 위로 볼록하다

[그래프 테크닉] 자기 합성 그래프

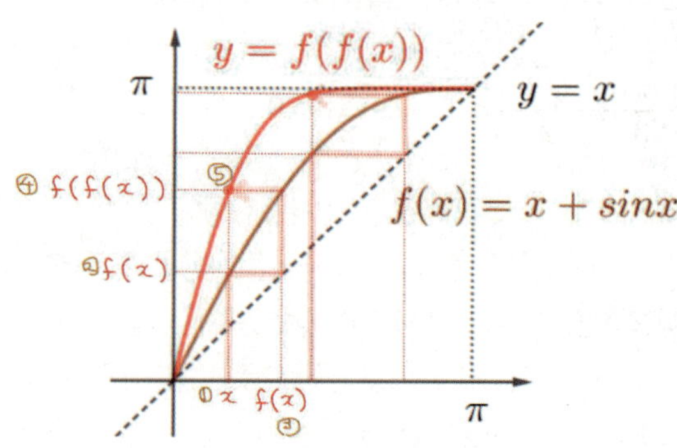

ㄴ. (참)

$g(x)$는 개구간 $(0, \pi)$에서 증가한다.

ㄷ. (참)

$g'(x) = 1$인 실수 x가 개구간 $(0, \pi)$에 존재한다.

[다른 풀이]

ㄱ. (참)

$f'(x) = 1 + \cos x$

$f''(x) = -\sin x < 0 \ (\because \ 0 < x < \pi)$

$\therefore$ 위로 볼록하다

ㄴ. (참)

$g(x) = f(f(x))$

$g'(x) = f'(f(x))f'(x) = (1 + \cos f(x))(1 + \cos x)$

$-1 \leq \cos\theta \leq 1 \Leftrightarrow 0 \leq 1 + \cos\theta \leq 2$

$\therefore$ x값에 관계 없이 $1 + \cos f(x)$와 $1 + \cos x$는 모두 양수

$\therefore g'(x) \geq 0$

$\therefore g(x)$는 개구간 $(0, \pi)$에서 증가한다.

ㄷ. (참)

$f(0) = 0$, $f(\pi) = \pi$이므로

$$\frac{g(\pi) - g(0)}{\pi - 0} = \frac{f(f(\pi)) - f(f(0))}{\pi - 0}$$

$$= \frac{f(\pi) - f(0)}{\pi - 0}$$

$$= \frac{\pi - 0}{\pi - 0}$$

$$= 1$$

$\therefore$ 평균값의 정리에 의해

$g'(x) = 1$인 실수 x가 개구간 $(0, \pi)$에 존재한다.

경향 09 Minor Trend

47. [2022년 수능 (미적분) 28번]

함수 $f(x) = 6\pi(x-1)^2$에 대하여 함수 $g(x)$를
$$g(x) = 3f(x) + 4\cos f(x)$$
라 하자. $0 < x < 2$에서 함수 $g(x)$가 극소가 되는 x의 개수는? [4점]

① 6   ② 7   ③ 8   ④ 9   ⑤ 10

Analysis

어느 정도 계산하면 풀 수 있는 문제이긴 하지만,
그래프 테크닉을 마스터했다면 단 한 줄의 계산도 없이
단숨에 풀 수는 문제다.

그래프 테크닉을 잘 모르는 학생을 위해서
풀이에 n축 그림도 넣어놓기는 했지만
속함수 증가 → 합성함수는 겉함수 점 y좌표 순서대로
속함수 감소 → 합성함수는 겉함수 점 y좌표 역순으로
를 활용하는게 실전에서 훨씬 쉽고 빠르고 정확한 방법이다.

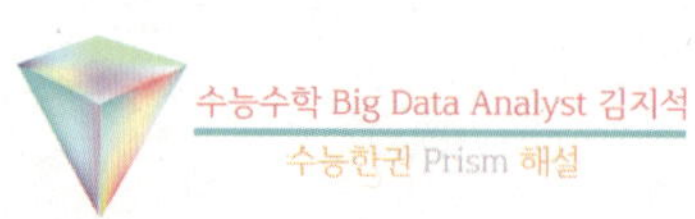

$h(x) = 3x + 4\cos x$라고 하자.
$$g(x) = h(f(x)) = 3f(x) + 4\cos f(x)$$

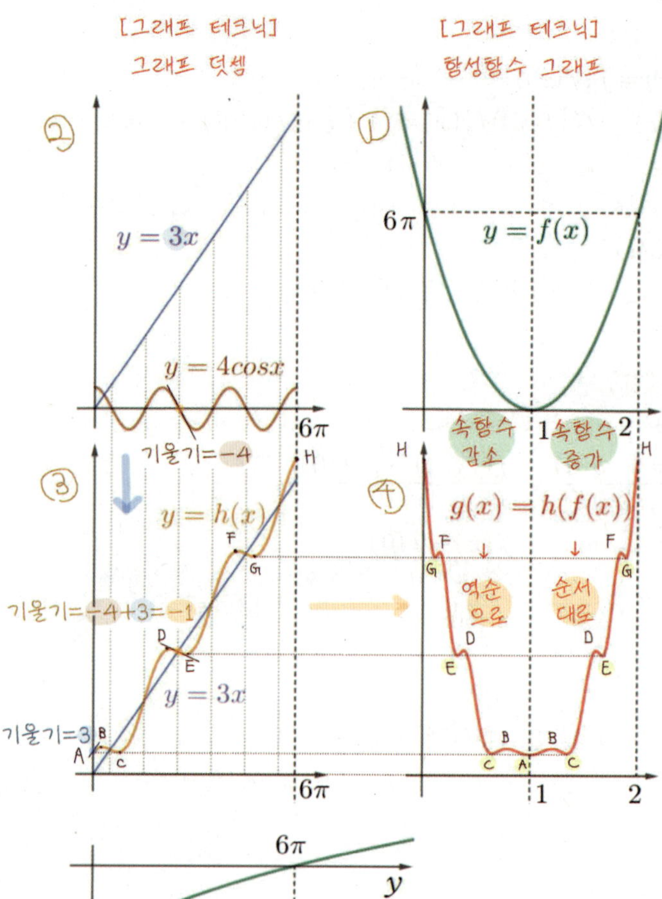

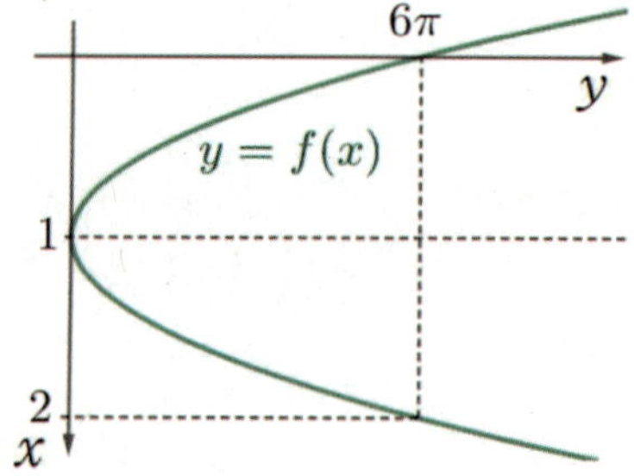

극소는 7개

[다른 풀이]

$h(x) = 3x + 4\cos x$ 라고 하자.

$g(x) = h(f(x)) = 3f(x) + 4\cos f(x)$

[그래프 테크닉]

속함수 $f(x)$가 $x = 1$에 대하여 대칭이므로

합성함수 $g(x) = h(f(x))$도 $x = 1$에 대하여 대칭이다.

why?

$f(1-x) = f(1+x)$

$\Rightarrow h(f(1-x)) = h(f(1+x))$

$\Leftrightarrow g(1-x) = g(1+x)$

따라서 $1 < x < 2$일 때만 확인해보면 된다.

$g(x)$가 극솟값을 갖는다.

$\rightarrow g'(x)$의 부호가 $\ominus$에서 $\oplus$로 바뀐다.

$g'(x) = 3f'(x) - 4\sin f(x) f'(x)$

$\qquad = f'(x)\{3 - 4\sin f(x)\}$

$1 < x < 2$일 때 $f'(x) = 12\pi(x-1) > 0$

$1 < x < 2$일 때 $\{3 - 4\sin f(x)\}$의 부호를 확인하기 위해

$f(x) = X$로 치환하고 $(0 < X < 6\pi)$

$y = 4\sin f(x) = 4\sin X$의 그래프를 그려보면

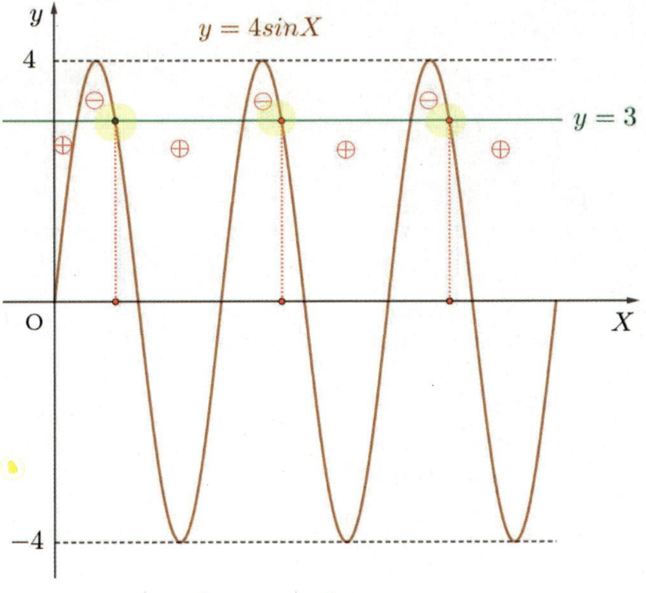

$4\sin X > 3$이면 $\{3 - 4\sin X\}$는 $\ominus$

$4\sin X < 3$이면 $\{3 - 4\sin X\}$는 $\oplus$

$\ominus$에서 $\oplus$로 바꾸는 지점에서

$g(x)$가 극솟값을 가지므로

$1 < x < 2$에서 극솟값 3개를 갖는다.

$\therefore \ 0 < x < 1$에서도 극솟값 3개를 갖는다.

$x = 1$일 때 극소인지 파악하면 된다.

$f'(1) = 0$이므로

$g'(1) = f'(1)\{3 - 4\sin f(1)\} = 0$

$g''(x) = 3f''(x) - 4\{\cos f(x)\{f'(x)\}^2 + \sin f(x) f''(x)\}$

$g''(1) = 3 \times 12\pi - 4\{1 \times 0 + 0\} = 36\pi > 0$

$g(x)$는 $x = 1$에서 접선의 기울기가 0인데

아래로 볼록하므로 $(\because g''(1) > 0)$

$x = 1$에서 극소를 갖는다.

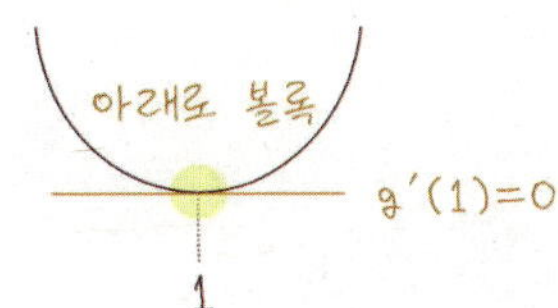

$g'(1) = 0$

$\therefore$ 극소는 7개

경향 09 Minor Trend

48. [2025년 수능 (미적분) 27번]

최고차항의 계수가 1인 삼차함수 $f(x)$에 대하여 함수 $g(x)$를

$$g(x) = f(e^x) + e^x$$

이라 하자. 곡선 $y = g(x)$ 위의 점 $(0, g(0))$에서의 접선이 x축이고 함수 $g(x)$가 역함수 $h(x)$를 가질 때, $h'(8)$의 값은? [3점]

① $\dfrac{1}{36}$ ② $\dfrac{1}{18}$ ③ $\dfrac{1}{12}$

④ $\dfrac{1}{9}$ ⑤ $\dfrac{5}{36}$

[개념] 역함수의 미분법

$$h(8) = a \Leftrightarrow g(a) = 8$$

$$h'(8) = \frac{1}{g'(a)}$$

$k(x) = f(x) + x$라고 하면

$k(x)$도 최고차항의 계수가 1인 삼차함수다.

$$g(x) = k(e^x)$$
$$g'(x) = k'(e^x)e^x$$

곡선 $y = g(x)$ 위의 점 $(0, g(0))$에서의 접선이 x축이므로

$$g(0) = 0 \Leftrightarrow k(e^0) = k(1) = 0$$
$$g'(0) = 0 \Leftrightarrow k'(e^0)e^0 = k'(1) = 0$$

Analysis

역함수의 미분법

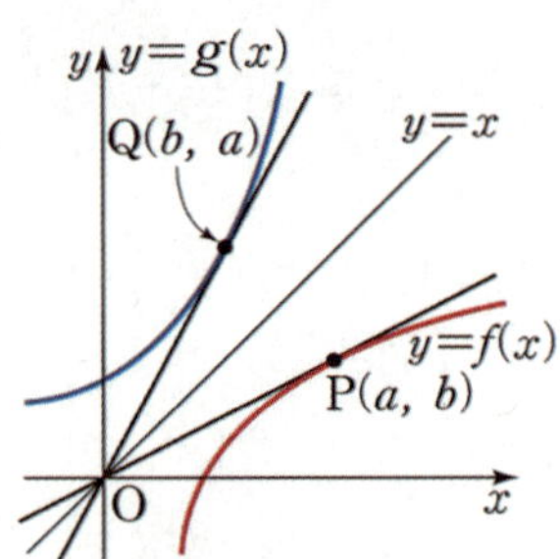

두 그래프가 $y = x$에 대하여 대칭이면
접선끼리도 $y = x$에 대하여 대칭이다.
→ 접선의 기울기끼리 역수관계

$$f(a) = b \Leftrightarrow g(b) = a$$

$$f'(a) = m \Leftrightarrow g'(b) = \frac{1}{m}$$

$g(x)$가 역함수를 가지므로
$g(x)$는 단조 증가 or 단조 감소한다.
그런데 $f(x)$가 최고차항의 계수가 1이므로
$g(x)$는 단조 증가한다.

[그래프 테크닉] 합성함수 그래프
속함수 증가 → 겉함수 점 순서대로
속함수 $y = e^x$가 단조 증가하고 $(e^x)' = e^x > 0$이므로
겉함수 $k(x)$는 $x > 0$에서 증가한다.

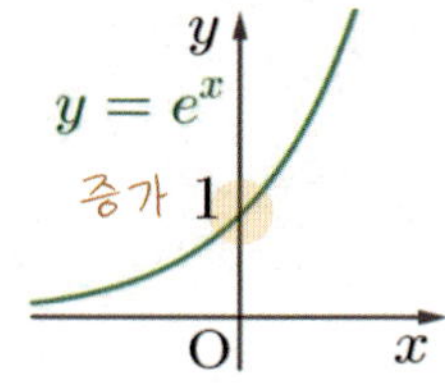

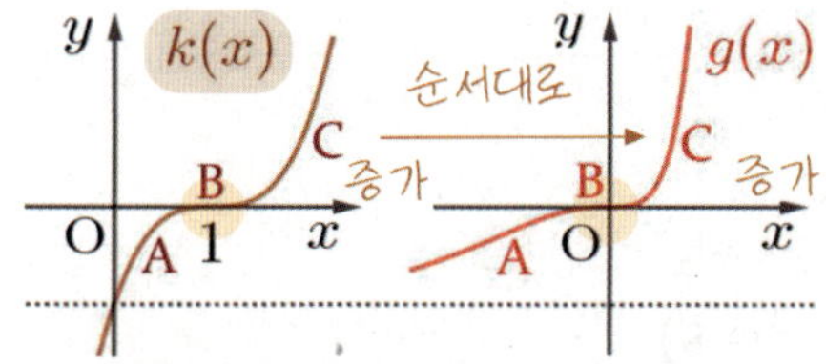

$\therefore k(x) = (x-1)^3$
$\therefore g(a) = k(e^a) = (e^a - 1)^3 = 8$
$\therefore e^a - 1 = 2, \ a = \ln 3$

$h'(8) = \dfrac{1}{g'(a)}$

$= \dfrac{1}{g'(\ln 3)} = \dfrac{1}{k'(e^{\ln 3})e^{\ln 3}} = \dfrac{1}{k'(3) \times 3}$

$= \dfrac{1}{3 \cdot 2^2 \cdot 3} = \dfrac{1}{36}$

$(\because k'(x) = 3(x-1)^2)$

※ 겉함수 $k(x)$는 $x > 0$에서 증가하지 않으면?
[그래프 테크닉] 합성함수 그래프
속함수 증가. → 겉함수 점 순서대로

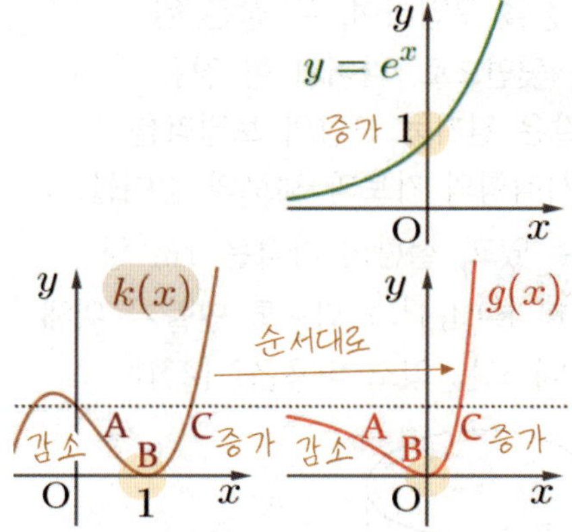

$g(x)$가 증가 감소가 바뀌므로 역함수가 존재하지 않는다.

경향 09 Minor Trend

경향09 대표문제분석 049

49. [1995년 수능 (자연) 30번]

사각형 모양의 철판 세 장을 구입하여, 두 장은 원 모양으로 오려 아랫면과 윗면으로, 나머지 한 장은 몸통으로 하여 그림과 같은 원기둥 모양의 보일러를 제작하려 한다. 철판은 사각형의 가로와 세로의 길이를 임의로 정해서 구입할 수 있고, 철판의 가격은 $1m^2$당 1만원이다. 보일러의 부피가 $64m^3$가 되도록 만들기 위해 필요한 철판을 구입하는데 드는 최소 비용은? [2점]

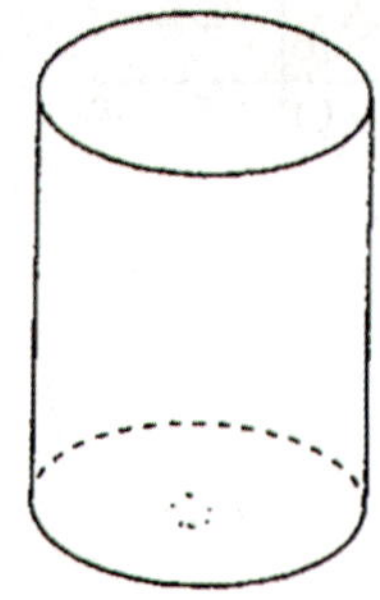

① 110만원　　② 104만원　　③ 100만원

④ 96만원　　⑤ 90만원

밑면 원의 반지름의 길이를 x ($x > 0$), 원기둥의 세로 길이를 y라고 하자.

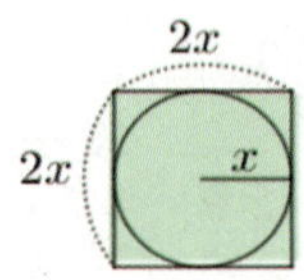
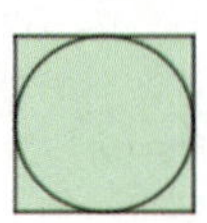
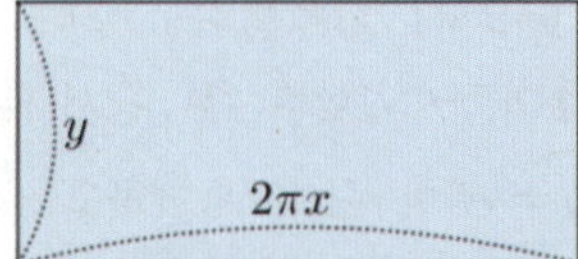

부피는

$$\pi x^2 y = 64$$

$$\Leftrightarrow \ \pi xy = \frac{64}{x}$$

필요한 철판의 넓이=비용은

$$S = (2x)^2 \times 2 + 2\pi xy = 8x^2 + \frac{128}{x}$$

최솟값을 구하기 위해 미분한다.

$$S' = 16x - \frac{128}{x^x} = \frac{16(x^3 - 8)}{x^2}$$

$$= \frac{16(x-2)(x^2 + 2x + 4)}{x^2}$$

$(x^2 + 2x + 4) > 0$, $x^2 > 0$이므로 $(x-2)$의 부호만 확인하면 S'의 부호 변화를 알 수 있다.

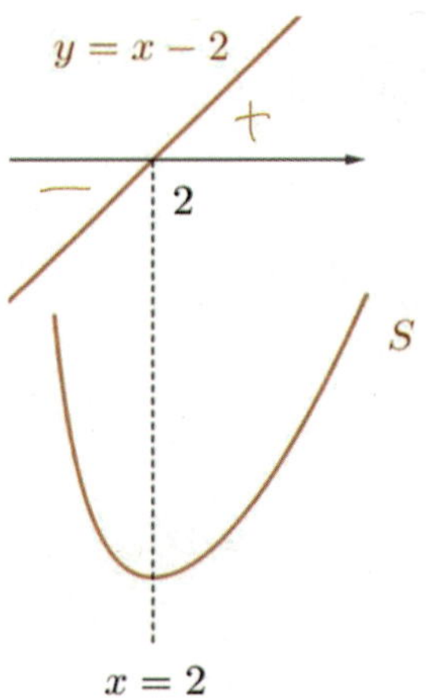

$\therefore$ S는 $x = 2$에서 극소이자 최소가 된다.

$$\therefore \ 8x^2 + \frac{128}{x} = 8 \cdot 2^2 + \frac{128}{2^2} = 96$$

Analysis

실생활 소재 문제는 국어(문장)를 → 수학(식)으로! 번역부터 하자.

[다른 방법]

$$8x^2 + \frac{128}{x}$$

$$= 8x^2 + \frac{64}{x} + \frac{64}{x} \geq 3\sqrt[3]{8x^2 \frac{64}{x} \frac{64}{x}} = 96$$

[다른 방법2]

$$8x^2 + \frac{64}{x} + \frac{64}{x} \geq 3\sqrt[3]{8x^2 \frac{64}{x} \frac{64}{x}}$$

에서 최솟값은 =이 성립할 때이고

=는 $8x^2 = \frac{64}{x} = \frac{64}{x}$ 일 때 성립한다.

$$8x^2 = \frac{64}{x} \Leftrightarrow x = 2$$

$$8x^2 + \frac{64}{x} + \frac{64}{x} \geq 8 \cdot 2^2 + \frac{64}{2} + \frac{64}{2} = 96$$

Analysis

■ 산술평균 ≥ 기하평균의 확장

① $a > 0$, $b > 0$, 등호는 $a = b$일 때 성립
▶ $a + b \geq 2\sqrt{ab}$

② $a > 0$, $b > 0$, 등호는 $a = b$일 때 성립
▶ $a + b + c \geq 3\sqrt[3]{abc}$

③ $a_n > 0$, 등호는 $a_1 = a_2 = \cdots = a_n$일 때 성립
▶ $a_1 + a_2 + \cdots + a_n \geq n\sqrt[n]{a_1 a_2 \cdots a_n}$

이를 활용해 미분을 하지 않고도
극솟값을 구할 수 있는 문제가 종종 있다.

경향 **09 Minor Trend**

50. [1999년 수능 (자연) 24번]
차량들이 고속도로를 차선의 변경 없이 모두 같은 속력 $v\,(m/초)$를 유지하면서 달리고 있다고 하자. 제동 거리를 고려한 최소 차간 거리는

$$f(v) = \frac{1}{20}v^2 + \frac{1}{2}v + 5\,(m)$$

로 나타낼 수 있다. 60초 동안 한 차선의 일정 지점을 통과할 수 있는 차량의 수는 최대 몇 대인가? (단, 차량의 길이는 무시한다.) [3점]

① 16 ② 40 ③ 60 ④ 90 ⑤ 225

Analysis

문제의 마지막 문장을 다시보자.

60초 동안 한 차선의 일정 지점을 통과할 수 있는 차량의 수는 최대 몇 대인가?

"어쩌지?"하지 말고, 논리적으로 생각하면 당연히 차량 수와 60초의 관계부터 따질 생각을 해야 하지 않겠니?

안 풀어본 형태라고 못 푸는 문제라고 생각하는 학생들이 많아. 이렇게 생각하는 학생들의 문제점은 논리적 추론으로 문제를 풀려고 하지 않고, 이전에 풀었던 경험과 그 관성만으로 문제를 풀려고 하기 때문이야. 그러면 낯선 형태의 문제는 언제나 못 풀게 되지.

논리적으로 생각하면 처음 보는 문제라고 못 풀 이유가 하나도 없어. 무작정 N제 벅벅, 실모 벅벅한다고 신유형이 대비가 되는 게 아니야. (N제와 실모를 많이 푸는 것이 나쁘다는 게 아니라) 중요한 건 한 문제를 풀더라도 논리적 추론 훈련하면서 풀어야 한다는 거야.

차량 수와 60초의 관계

{차량 수}×{차 1대 당 시간 간격}=60초

∴ {차량 수} 최대이려면 {차 1대 당 시간 간격} 최소이어야 한다.

$\{시간\} = \dfrac{\{거리\}}{\{속력\}}$ 이므로

$\{차\ 1대당\ 시간\ 간격\} = \dfrac{\{차간\ 거리\}}{\{차\ 속력\}} = \dfrac{f(v)}{v}$

$$\frac{f(v)}{v} = \frac{\frac{1}{20}v^2 + \frac{1}{2}v + 5}{v} = \frac{1}{20}v + \frac{1}{2} + \frac{5}{v} = y$$

$$y' = \frac{1}{20} - \frac{5}{v^2} = \frac{(v-10)(v+10)}{20v^2}$$

$v^2 \geq 0$이므로 $(v-10)(v+10)$의 부호만 확인하면 y'의 부호 변화를 알 수 있다.

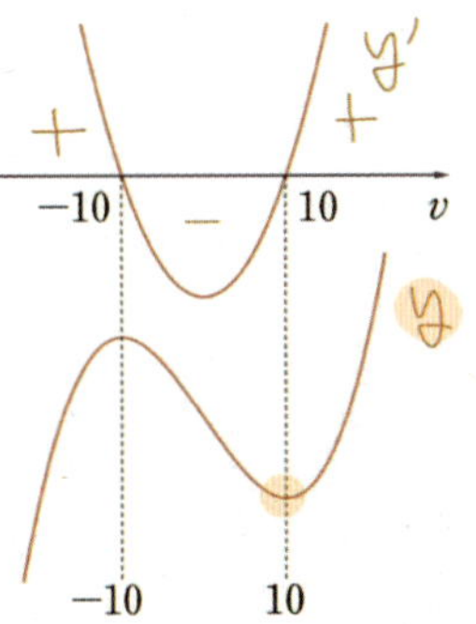

∴ $v > 0$이므로 $y = \dfrac{f(v)}{v}$는 $v = 10$에서 극소이자 최소가 된다.

{차 1대당 시간 간격의 최소}
$$= \frac{f(10)}{10} = \frac{1}{20} \cdot 10 + \frac{1}{2} + \frac{5}{10} = \frac{3}{2}$$

{차량 수}×{차 1대 당 시간 간격}=60초

$\Leftrightarrow 40 \times \dfrac{3}{2} = 60$

∴ {차량 수}최대는 40

[다른 풀이]
1차 1대당 시간 간격의 최소

$$\frac{f(v)}{v} = \frac{1}{20}v + \frac{1}{2} + \frac{5}{v} \geq \frac{1}{2} + 2\sqrt{\frac{v}{20}\cdot\frac{5}{v}} = \frac{3}{2}$$

1차량 수 × 1차 1대 당 시간 간격 = 60초

$\Leftrightarrow 40 \times \dfrac{3}{2} = 60$

$\therefore$ 1차량 수 최대는 40

경향 10 Minor Trend

경향10 수능 출제 난이도

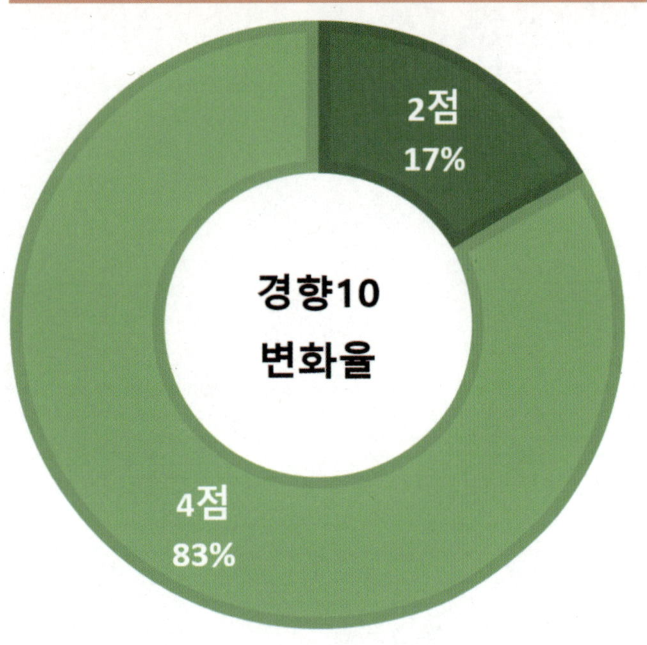

경향10 수능별 데이터 (1)

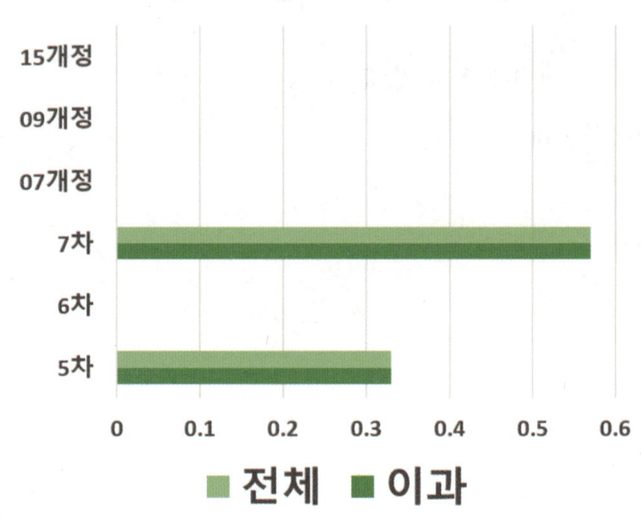

변화율은 무려 17년 동안 출제되지 않았던 경향이야. 특히 직전 교육과정에서는 교과 내용 구성상 출제 자체가 불가능하기도 해서 출제를 못했지만 15개정으로 바뀌면서 출제 자체는 가능은 한데, 아직 출제는 안 되고 있어서 참 계륵 같은 파트야. 하지만 이 경향을 공부함으로써 미적분 과목에 대한 깊은 이해가 가능하니까 다른 경향에 도움을 받기 위해 공부해두는 것도 좋겠어.

경향10 수능 출제 전망

■□□□□

오랫동안 출제가 안 된 파트
다시 출제돼도 이상하지 않음

경향10 미분법 단원 내 출제 비율

9.09%

경향10 공부 우선순위

☆

수Ⅱ의 미적분과
미적분의 '미적분'의 차이를
느껴보자

경향10 수능별 데이터 (2)

현교육과정
경향10 수능중요도

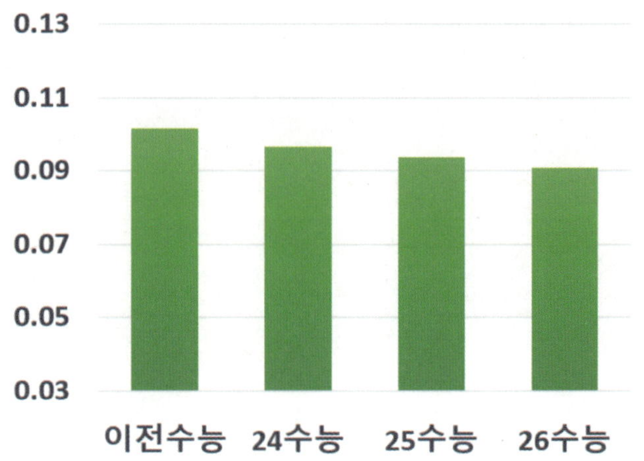

'변화율'과 '미분'의 관련성

미적style 표현   수 II style 표현
① x로 y를 미분 = f를 미분

정의역   치역 : $y=f(x)$

x에 대한 y의 (순간)변화율 = $\dfrac{\text{변화량}}{\text{변화량}}$

기준   대상 (극한)

분모   분자

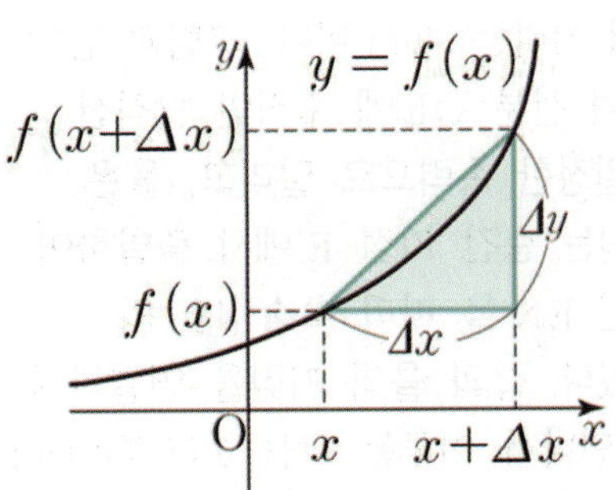

미적style 표현   수 II style 표현
② A로 B를 미분 = f를 미분

정의역   치역 : $B=f(A)$

A에 대한 B의 (순간)변화율 = $\dfrac{\text{변화량}}{\text{변화량}}$

기준   대상 (극한)

분모   분자

의미
$$\lim_{\Delta x \to 0}\frac{\Delta y}{\Delta x} = \lim_{\Delta x \to 0}\frac{f(x+\Delta x)-f(x)}{x+\Delta x - x} = f'(x)$$

의미
$$\lim_{\Delta A \to 0}\frac{\Delta B}{\Delta A} = \lim_{\Delta A \to 0}\frac{f(A+\Delta A)-f(A)}{A+\Delta A - A}$$

☆ Key Point
미분계수가 접선의 기울기인 건
너무 좁게 알고 있는 것이다.
미분계수 자체가 원래 변화율이다!

변화율=원래미분

기울기=수 II 미분

경향 10 Minor Trend

51. [2006년 수능 (가)형 미분과 적분 29번]
지점 O 와 지점 E 사이의 거리는 40m 이다. 그림과 같이 갑은 지점 O 에서 출발하여 선분 OE 에 수직인 반직선 OS를 따라 초속 3m의 일정한 속력으로 달리고, 을은 갑이 출발한 지 10초가 되는 순간 지점 E 에서 출발하여 선분 OE 에 수직인 반직선 EN 을 따라 초속 4m 의 일정한 속력으로 달리고 있다. 갑과 을의 지점을 연결하여 만든 선분과 선분 OE 가 만나서 이루는 각을 θ (라디안)라 할 때, 갑이 출발한 지 20초가 되는 순간 θ 의 변화율은? [4점]

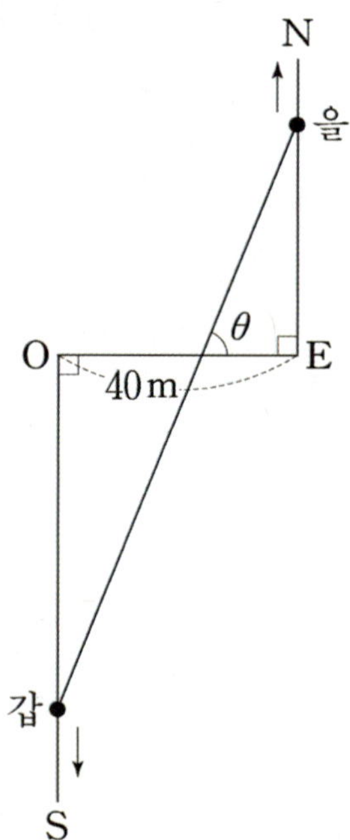

① $\dfrac{21}{290}$ 라디안/초

② $\dfrac{13}{290}$ 라디안/초

③ $\dfrac{7}{290}$ 라디안/초

④ $\dfrac{3}{290}$ 라디안/초

⑤ $\dfrac{1}{290}$ 라디안/초

Analysis

변화율 문제 푸는 법

$\dfrac{dx}{dt}$ 가 제시되고 $\dfrac{dy}{dt}$ 구하기

→ x와 y의 관계식 찾기 $f(x) = g(y)$

→ 양변 미분 $\quad f'(x)\dfrac{dx}{dt} = g'(y)\dfrac{dy}{dt}$

→ 답 $\quad \dfrac{dy}{dt} = \dfrac{f'(x)}{g'(y)}\dfrac{dx}{dt}$

갑의 이동거리를 a,
을의 이동거리를 b라고 하자.

[제시된 단서] $\dfrac{da}{dt} = 3$, $\dfrac{db}{dt} = 4$

[구하는 답] $\dfrac{d\theta}{dt}$

→ a, b와 θ의 관계식을 구하자.

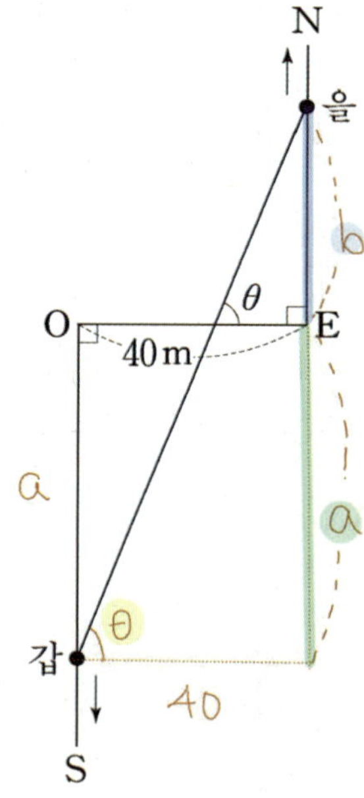

$$\tan\theta = \frac{1}{40}(a+b)$$

미분하면

$$\sec^2\theta\,\frac{d\theta}{dt} = \frac{1}{40}\left(\frac{da}{dt}+\frac{db}{dt}\right)$$

$$\frac{d\theta}{dt} = \frac{1}{40}(3+4)\cos^2\theta$$

$t=20$일 때

$$a = 3\times 20 = 60$$

$$b = 4\times(20-10) = 40$$

$$\tan\theta = \frac{1}{40}(60+40) = \frac{5}{2}$$

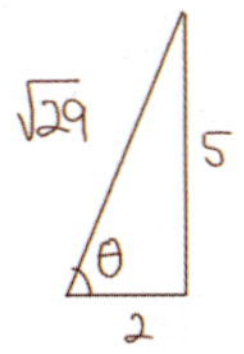

$$\cos^2\theta = \frac{2}{\sqrt{29}}$$

$$\therefore\ \frac{d\theta}{dt} = \frac{1}{40}(3+4)\left(\frac{2}{\sqrt{29}}\right)^2 = \frac{7}{290}$$

[다른 풀이]

$$a = 3t$$

$$b = 4(t-10)$$

$$\tan\theta = \frac{1}{40}(a+b) = \frac{1}{40}(3t+4t-40)$$

미분하면

$$\sec^2\theta\,\frac{d\theta}{dt} = \frac{1}{40}(3+4)$$

$$\frac{d\theta}{dt} = \frac{1}{40}(3+4)\cos^2\theta$$

$t=20$일 때

$$a = 3\times 20 = 60$$

$$b = 4\times(20-10) = 40$$

$$\tan\theta = \frac{1}{40}(60+40) = \frac{5}{2}$$

$$\Leftrightarrow\ \cos^2\theta = \frac{2}{\sqrt{29}}$$

$$\therefore\ \frac{d\theta}{dt} = \frac{1}{40}(3+4)\left(\frac{2}{\sqrt{29}}\right)^2 = \frac{7}{290}$$

경향 10 Minor Trend

52. [1996년 수능 (자연) 30번]

반지름의 길이 $1\,\text{m}$인 원판에 기대어 있는 막대 $\overline{OP}$의 한 끝은 아래 그림과 같이 평평한 지면 위의 한 점 O에 고정되어 있다. 원판이 지면과 접하는 점을 Q라 하자. 원판의 중심이 오른쪽으로 지면과 평행하게 등속도 $1.5\,\text{m}/$초로 움직인다. $\overline{OQ}=2\,\text{m}$ 되는 순간, 막대 $\overline{OP}$가 지면과 이루는 각의 크기 θ의 시간에 대한 순간변화율은? (단, 단위는 라디안/초이다) [2점]

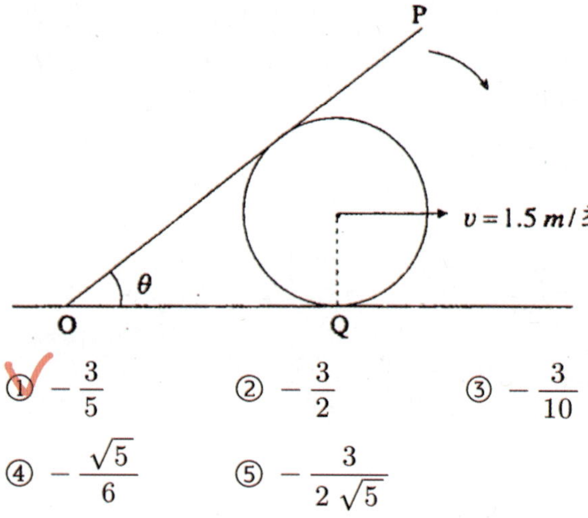

① $-\dfrac{3}{5}$ ② $-\dfrac{3}{2}$ ③ $-\dfrac{3}{10}$

④ $-\dfrac{\sqrt{5}}{6}$ ⑤ $-\dfrac{3}{2\sqrt{5}}$

Analysis

앞의 문제와 마찬가지로 시간 t를 활용하여 $\overline{OQ}=1.5t$로 표현하여 푸는 방법이 있고, 그저 한 문자 $\overline{OQ}=x$로 놓고 푸는 방법이 있다. $\overline{OQ}=1.5t$는 별로 좋은 방법은 아니다. $x=2$인 시간을 따로 구해야한다는 단점도 있을 뿐만 아니라, 가장 큰 단점은 고난도 문제에서는 이 방법 자체를 사용하는 게 불가능할 때도 있다는 것이다.

$\overline{OQ}$의 길이를 x라 하자.

[제시된 단서] $\dfrac{dx}{dt}=1.5=\dfrac{3}{2}$

[구하는 답] $\dfrac{d\theta}{dt}$

→ x와 θ의 관계식을 구하자.

■ 원 나오면 중심과 특별점 잇기

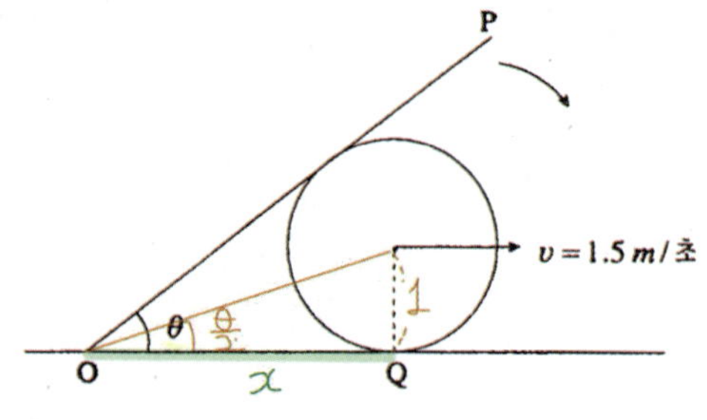

$$\tan\frac{\theta}{2}=\frac{1}{x}$$

미분하면

$$\sec^2\frac{\theta}{2}\times\frac{1}{2}\times\frac{d\theta}{dt}=-\frac{1}{x^2}\times\frac{dx}{dt}$$

$$\Leftrightarrow \frac{d\theta}{dt}=-\frac{1}{x^2}\times\frac{dx}{dt}\times\cos^2\frac{\theta}{2}\times2$$

$x=2$일 때

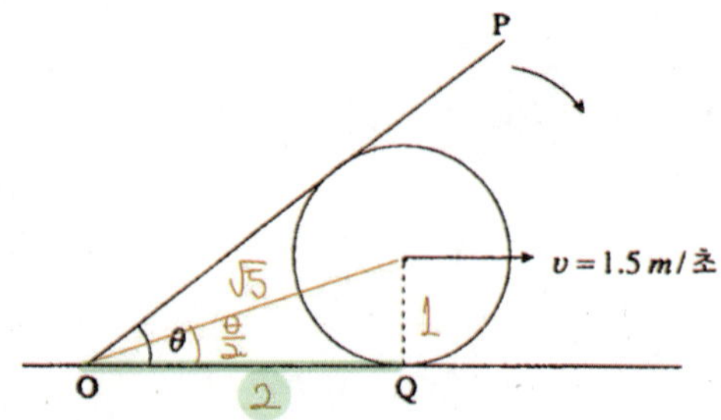

$$\cos\frac{\theta}{2}=\frac{2}{\sqrt{5}}$$

$$\therefore \frac{d\theta}{dt}=-\frac{1}{2^2}\times\frac{3}{2}\times\left(\frac{2}{\sqrt{5}}\right)^2\times2=-\frac{3}{5}$$

[다른 풀이]

$x = 1.5t$이므로

$$\tan\frac{\theta}{2} = \frac{1}{x} = \frac{1}{1.5t}$$

미분하면

$$\sec^2\frac{\theta}{2} \times \frac{1}{2} \times \frac{d\theta}{dt} = -\frac{1}{1.5t^2}$$

$$\Leftrightarrow \frac{d\theta}{dt} = -\frac{1}{1.5t^2} \times \cos^2\frac{\theta}{2} \times 2$$

$x = 2$일 때

$\Leftrightarrow 1.5t = 2$

$$\therefore t = \frac{4}{3}$$

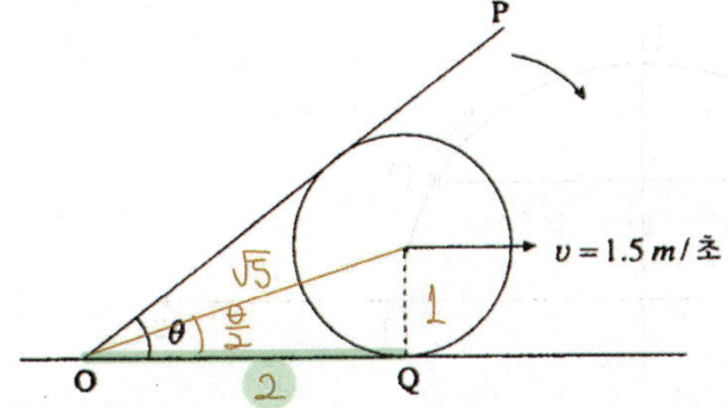

$$\cos\frac{\theta}{2} = \frac{2}{\sqrt{5}}$$

$$\therefore \frac{d\theta}{dt} = -\frac{1}{1.5\left(\frac{4}{3}\right)^2} \times \left(\frac{2}{\sqrt{5}}\right)^2 \times 2 = -\frac{3}{5}$$

필연성 01

원 나오면 → 중심과 특별점 잇기

✓ 접점 → 접선과 수직

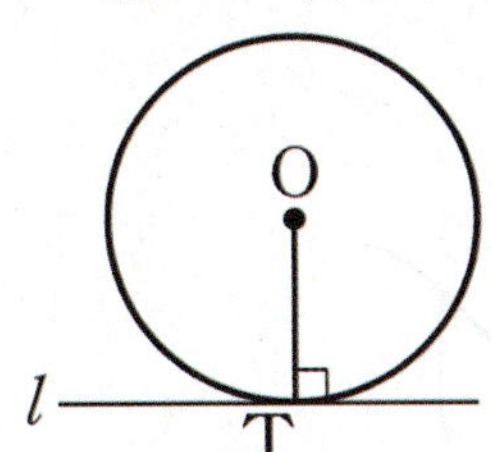

경향 10 Minor Trend

함수 $f(x)$가 연속이고 $S(t)$가 $y=f(x)$와 x축 및 $x=a$와 $x=t$로 둘러싸인 도형의 넓이라고 하자. (단, $f(x) \geq 0$이고 $t \geq a$)

$$\int_a^t f(x)dx = S(t)$$

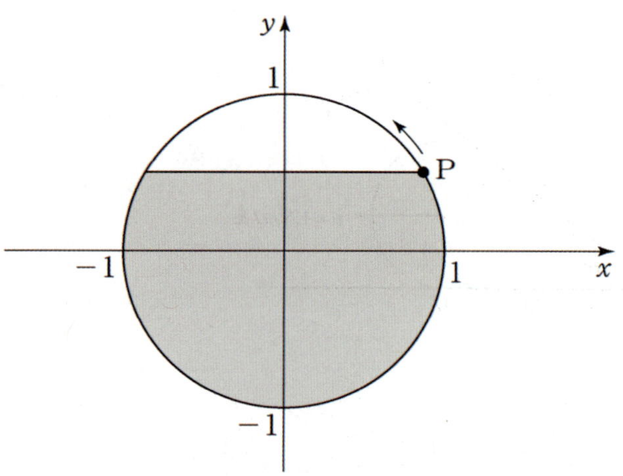

$(0 \leq h \leq \Delta t)$

$\Delta S = S(t+\Delta t) - S(t) = f(t+h)\Delta t$

$\displaystyle \lim_{\Delta t \to 0} \frac{\Delta S}{\Delta t} = \lim_{\Delta t \to 0} \frac{S(t+\Delta t) - S(t)}{t+\Delta t - t} = \lim_{h \to 0} f(t+h)$

$= S'(t) = f(t)$

모른다 $\xrightarrow{\text{미분}}$ 안다

넓이 $\xleftarrow{\text{적분}}$ 길이

$S(t) = F(t) + C$

$S(t) = F(t) - F(a) = [F(x)]_a^t = \displaystyle\int_a^t f(x)dx$

$(\because S(a) = F(a) + C = 0 \rightarrow C = -F(a))$

☆ Key Point

넓이=높이(길이)×밑변

$\Delta S = f(t+h)\Delta t \rightarrow \Delta S \fallingdotseq f(t)\Delta t$

수직관계　　　변수포함경계선

$\displaystyle \frac{\Delta S}{\Delta t} \fallingdotseq f(t) \rightarrow \frac{dS}{dt} = f(t)$

$\displaystyle \frac{\Delta S}{\Delta \alpha} \fallingdotseq f(t)\frac{\Delta t}{\Delta \alpha} \rightarrow \frac{dS}{d\alpha} = f(t)\frac{dt}{d\alpha}$

---

53. [2007년 수능 (가)형 미분과 적분 30번]

그림과 같이 좌표평면에서 원 $x^2 + y^2 = 1$ 위의 점 P가 점 $(1, 0)$에서 출발하여 원점을 중심으로 매초 $\dfrac{1}{40}$(라디안)의 일정한 속력으로 원 위를 시계 반대 방향으로 움직이고 있다. 점 P에서 x축에 평행한 직선을 그을 때, 원과 직선으로 둘러싸인 어두운 부분의 넓이를 S라 하자. 점 P가 점 $\left(\dfrac{\sqrt{3}}{2}, \dfrac{1}{2}\right)$을 지나는 순간, 넓이 S의 시간(초)에 대한 변화율은 $\dfrac{b}{a}$이다. $a+b$의 값을 구하시오. (단, a와 b는 서로소인 자연수이다.) [4점]

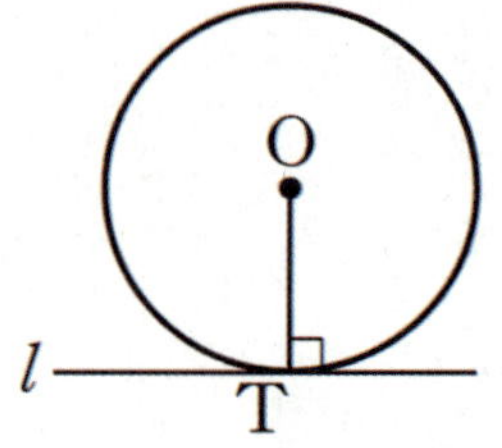

도형의 필연성

필연성 01

원 나오면 → 중심과 특별점 잇기

✓ 접점 → 접선과 수직

83

반직선 OP가 x축의 양의 방향과 이루는 각을 θ라 할때
점 P가 움직인 거리는 $1 \times \theta = \theta$이다.

[제시된 단서] $\dfrac{d\theta}{dt} = \dfrac{1}{40}$

[구하는 답] $\dfrac{dS}{dt}$

→ θ와 S의 관계식을 구하자.

■ 원 나오면 중심과 특별점 잇기

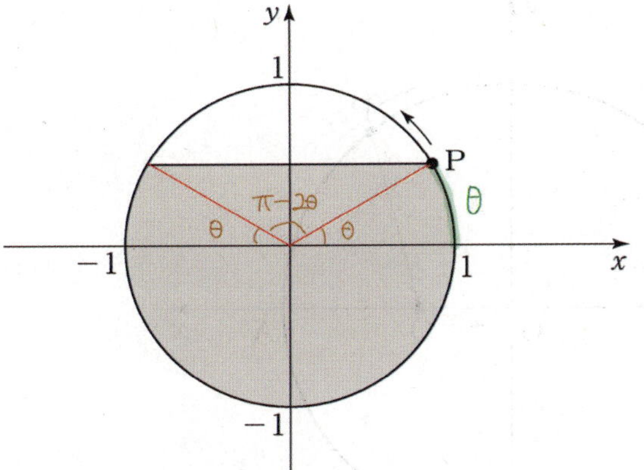

$$S = \frac{1}{2}1^2(\pi + 2\theta) + \frac{1}{2}1^2 \sin(\pi - 2\theta)$$

$$\therefore \frac{dS}{dt} = \frac{1}{2}\left(0 + 2 \times \frac{d\theta}{dt}\right) + \frac{1}{2}\cos 2\theta \times 2 \times \frac{d\theta}{dt}$$

점 P가 $\left(\dfrac{\sqrt{3}}{2}, \dfrac{1}{2}\right)$일 때 $\theta = \dfrac{\pi}{6}$

$$\frac{dS}{dt} = \frac{1}{40} + \frac{1}{2} \times \frac{1}{40} = \frac{3}{80}$$

$$\therefore a + b = 80 + 3 = 83$$

Analysis

정적분의 의미를 제대로 이해한다면 S의 넓이를 계산해
구할 필요조차 없이 한 줄 컷으로 풀 수 있다.

[다른 풀이]
넓이 S의 식을 안 구하고도 풀 수 있다.

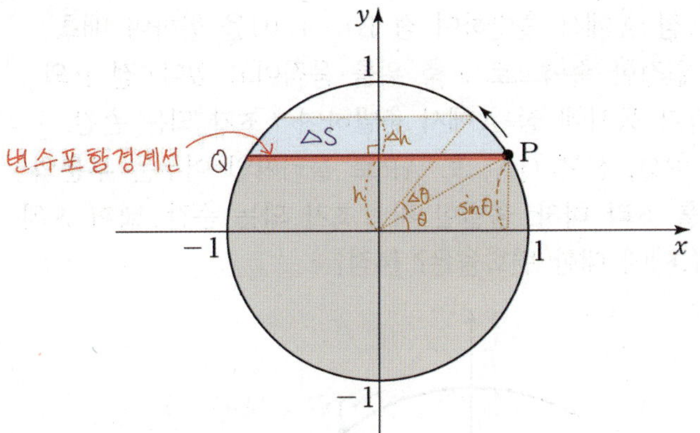

수직관계

$$\Delta S \fallingdotseq \overline{PQ} \times \Delta h$$

$$\Leftrightarrow \frac{\Delta S}{\Delta t} \fallingdotseq \overline{PQ} \times \frac{\Delta h}{\Delta t}$$

$$\frac{dS}{dt} = \overline{PQ}\frac{dh}{dt} = \overline{PQ}\left(\cos\theta \frac{dh}{dt}\right)$$

$$\left(\because h = \sin\theta \;\to\; \frac{dh}{dt} = \cos\theta \frac{d\theta}{dt}\right)$$

점 P가 $\left(\dfrac{\sqrt{3}}{2}, \dfrac{1}{2}\right)$일 때

2배

$$\frac{dS}{dt} = \sqrt{3} \times \left(\frac{\sqrt{3}}{2} \times \frac{1}{40}\right) = \frac{3}{80}$$

$$\therefore a + b = 80 + 3 = 83$$

※ [참고]

아무런 제 각각의 Δt, $\Delta\theta$, Δh, ΔS이 아니다.
t가 변화할 때 θ, h, S도 함께 변화하며
t가 변화량에 대한 그때의 θ, h, S의 변화량이다.
그래서 $\Delta t \to 0$이면, $\Delta\theta \to 0$, $\Delta h \to 0$, $\Delta S \to 0$이기도
하다. 이들은 한 세트이며, 그게 약속된 Δ기호 사용법이며,
그러니 미분이 되는 것이다.

54. [2008년 수능 (가)형 미분과 적분 29번]

그림과 같이 좌표평면에서 원 $x^2 + y^2 = 1$ 위의 점 P는 점 A$(1, 0)$에서 출발하여 원 둘레를 따라 시계 반대 방향으로 매초 $\dfrac{\pi}{2}$의 일정한 속력으로 움직이고 있다. 점 Q는 점 A에서 출발하여 점 B$(-1, 0)$을 향하여 매초 1의 일정한 속력으로 x축 위를 움직이고 있다. 점 P와 점 Q가 동시에 점 A에서 출발하여 t초가 되는 순간, 선분 PQ, 선분 QA, 호 AP로 둘러싸인 어두운 부분의 넓이를 S라 하자. 출발한 지 1초가 되는 순간, 넓이 S의 시간(초)에 대한 변화율은? [4점]

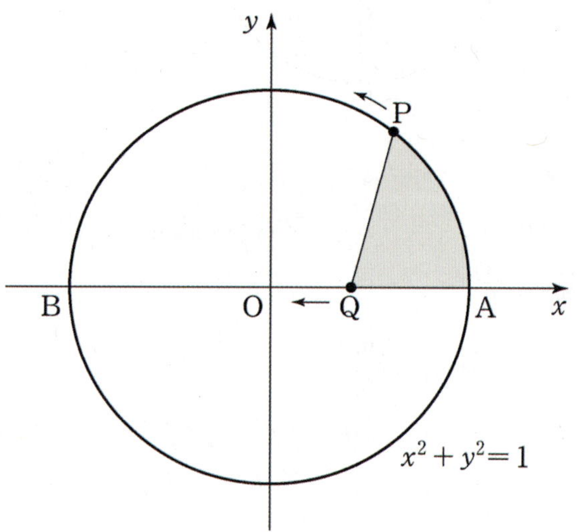

① $\dfrac{\pi}{4} - 1$ ② $\dfrac{\pi}{4}$ ③ $\dfrac{\pi}{4} + \dfrac{1}{3}$ ④ $\dfrac{\pi}{4} + \dfrac{1}{2}$ ⑤ $\dfrac{\pi}{4} + 1$

Analysis 도형의 필연성

필연성 01

원 나오면 → 중심과 특별점 잇기

✓ 접점 → 접선과 수직

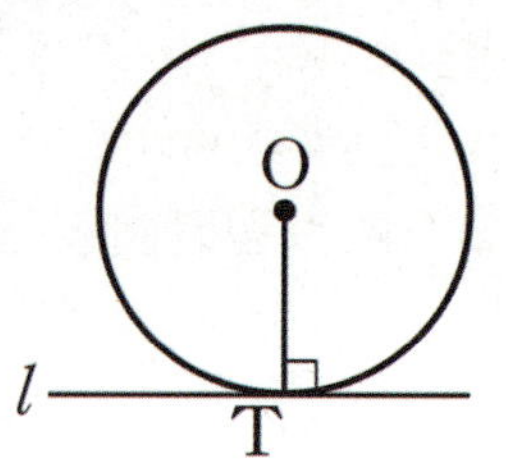

반직선 OP가 x축의 양의 방향과 이루는 각을 θ라 하고, 점 Q의 x좌표를 x라 하자.

[제시된 단서] $\dfrac{d\theta}{dt} = \dfrac{\pi}{2}$, $\dfrac{dx}{dt} = -1$

[구하는 답] $\dfrac{dS}{dt}$

→ θ, x와 S의 관계식을 구하자.

■ 원 나오면 중심과 특별점 잇기

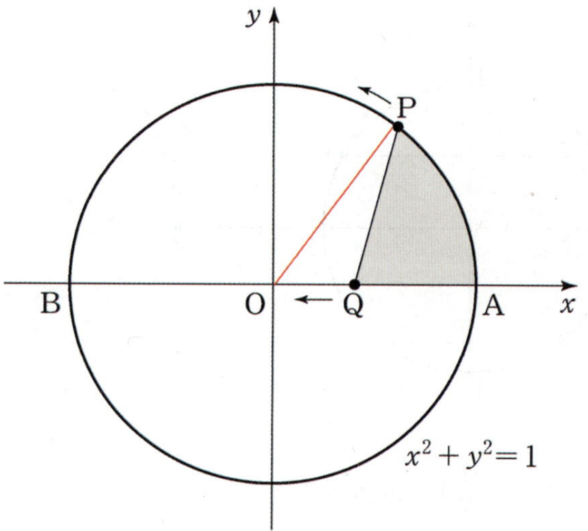

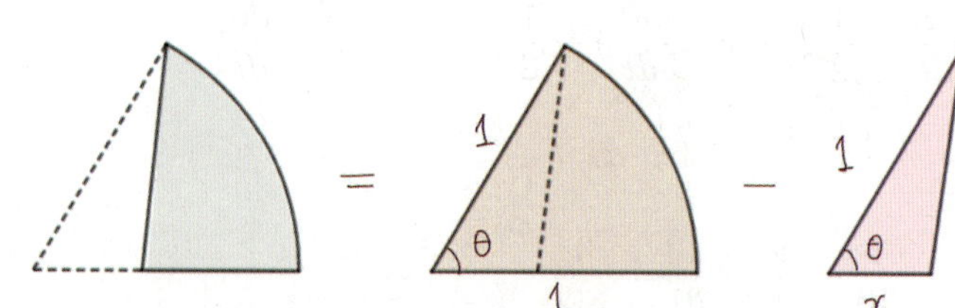

$$S = \dfrac{1}{2} \times 1^2 \times \theta - \dfrac{1}{2} \times 1 \times x \times \sin\theta$$

$$\therefore \dfrac{dS}{dt} = \dfrac{1}{2}\dfrac{d\theta}{dt} - \dfrac{1}{2}\left(\dfrac{dx}{dt}\sin\theta + x\cos\theta\dfrac{d\theta}{dt}\right)$$

$t = 1$일 때, $x = 0$, $\theta = \dfrac{\pi}{2}$

$$= \dfrac{1}{2}\dfrac{\pi}{2} - \dfrac{1}{2}\left(-1 \times 1 + 0 \times 0 \times \dfrac{\pi}{2}\right)$$

$$= \dfrac{\pi}{4} + \dfrac{1}{2}$$

[다른 풀이]

$t=1$일 때, $x=0$, $\theta=\dfrac{\pi}{2}$

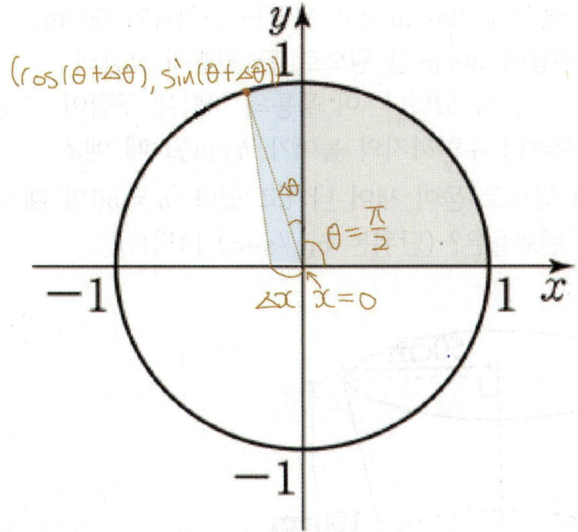

$$\Delta S=\frac{1}{2}\times 1^2\times\Delta\theta+\frac{1}{2}\times(-\Delta x)\times\sin(\theta+\Delta\theta)$$

$$\Leftrightarrow\ \frac{\Delta S}{\Delta t}=\frac{1}{2}\times 1^2\times\frac{\Delta\theta}{\Delta t}+\frac{1}{2}\times\frac{(-\Delta x)}{\Delta t}\times\sin(\theta+\Delta\theta)$$

$$\therefore\ \frac{dS}{dt}=\frac{1}{2}\times\frac{\pi}{2}+\frac{1}{2}\times 1\times\sin\frac{\pi}{2}=\frac{\pi}{4}+\frac{1}{2}$$

경향 10 Minor Trend

<table>
<tr><th>도형의 부피</th><th>경향10 대표문제분석 055</th></tr>
</table>

도형의 부피

구간 $[a, b]$ 의 임의의 점 x 에서 x 축에 수직인 평면으로 자른 단면의 넓이가 $S(x)$ 인 입체의 부피 V 는

$$V = \int_a^b S(x)\, dx$$

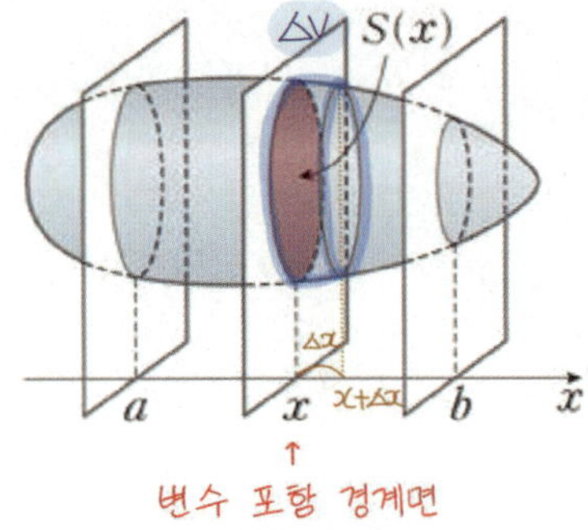

변수 포함 경계면
축과 수직

$$\Delta V = V(x + \Delta x) - V(x) \fallingdotseq S(x)\Delta x$$

$$\lim_{\Delta x \to 0} \frac{\Delta V}{\Delta x} = \lim_{\Delta x \to 0} \frac{V(x + \Delta x) - V(x)}{x + \Delta x - x} = \lim_{\Delta x \to 0} S(x)$$

$$\frac{dV}{dx} = V'(x) = S(x)$$

모른다 미분 안다
부피 ⟷ 적분 넓이

$$V(x) = \int S(x)\,dx = G(x) + C \ (단, \ G'(x) = S(x))$$

$$V(x) = G(x) - G(a) = \big[G(x) \big]_a^x = \int_a^x S(x)\,dx$$

$$(\because \ V(a) = G(a) + C = 0 \ \to \ C = -G(a))$$

☆ Key Point

> 부피＝밑면×높이
>
> $$\Delta V \fallingdotseq S(x)\Delta x$$
>
> 변수포함 수직관계
> 경계면

$$\hookrightarrow \frac{\Delta V}{\Delta x} \fallingdotseq S(x) \ \to \ \frac{dV}{dx} = S(x)$$

$$\hookrightarrow \frac{\Delta V}{\Delta t} \fallingdotseq S(x)\frac{\Delta x}{\Delta t} \ \to \ \frac{dV}{dt} = S(x)\frac{dx}{dt}$$

경향10 대표문제분석 055

55. [1997년 수능 (자연) 23번]

그림과 같이 높이가 $100\,\mathrm{cm}$ 이고 윗면은 반지름이 $50\,\mathrm{cm}$, 아랫면은 반지름이 $30\,\mathrm{cm}$ 인 원으로 된 원뿔대 모양의 물통에 물이 가득 차 있었다. 이 물통의 바닥에 구멍이 나서 바닥에서부터 수면까지의 높이가 $h\,\mathrm{cm}$ 일 때 매초 $4\sqrt{h}\ \mathrm{cm}^3$ 의 양으로 물이 새어 나가고 있다. $h = 50$ 일 때 높이의 순간 변화율은? (단위는 $\mathrm{cm/sec}$) [4점]

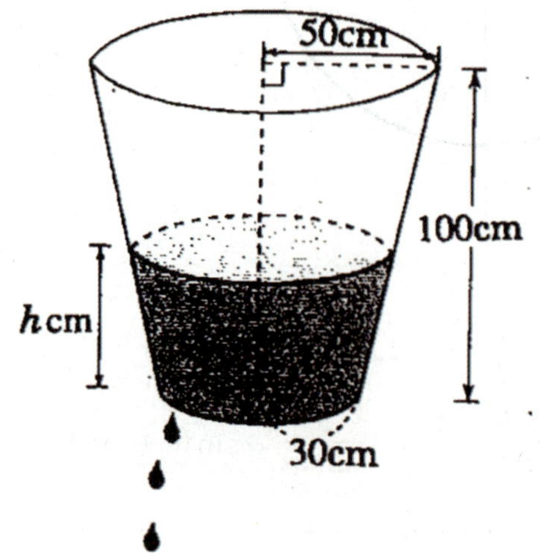

① $-\dfrac{20\sqrt{2}}{\pi} \times 10^{-2}$

② $-\dfrac{5\sqrt{2}}{\pi} \times 10^{-2}$

③ $-\dfrac{20\sqrt{2}}{9\pi} \times 10^{-2}$

④ $-\dfrac{5\sqrt{2}}{4\pi} \times 10^{-2}$

⑤ $-\dfrac{4\sqrt{2}}{5\pi} \times 10^{-2}$

[제시된 단서] $\dfrac{dV}{dt} = -4\sqrt{h}$

(부피 V가 감소하고 있는 상황이므로 미분값은 음수가 된다. 그래서 $4\sqrt{h}$ 앞에 $-$가 붙는다.)

[구하는 답] $\dfrac{dh}{dt}$

→ V와 h의 관계식을 구하자.

원뿔대를 연장하여 원뿔을 만든다.
삼각형의 닮음을 이용하면 연장하여 만들어진 작은 원뿔의 높이가 150cm임을 구할 수 있다.

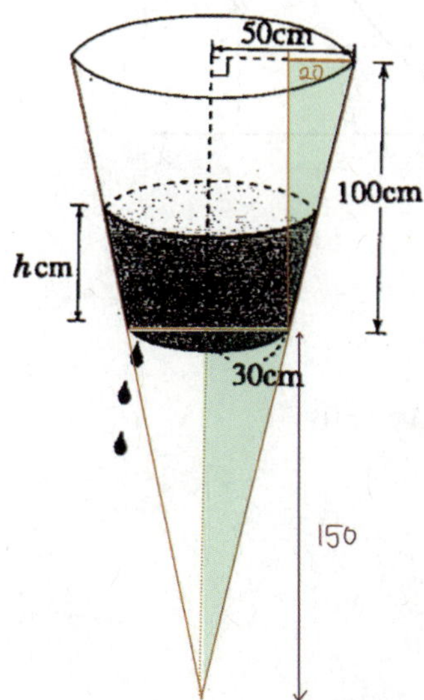

$$V = \frac{1}{3}\pi\left\{\frac{1}{5}(h+150)\right\}^2(h+150) - \frac{1}{3}\pi \times 30^2 \times 150$$

$$\therefore \frac{dV}{dt} = \frac{1}{3}\pi \times \frac{1}{5^2} \times 3(h+150)^2 \times \frac{dh}{dt} - 0$$

$h = 50$을 대입하면

$$-4\sqrt{50} = \pi \times \frac{1}{5^2} \times 200^2 \times \frac{dh}{dt}$$

$$\therefore \frac{dh}{dt} = \frac{-4 \times 5\sqrt{2} \times 5^2}{\pi \times 200^2} = -\frac{5\sqrt{2}}{4\pi} \times 10^{-2}$$

Analysis

정적분의 의미를 제대로 이해한다면 부피의 식을 계산해 구할 필요조차 없이 한 줄 컷으로 풀 수 있다.

[다른 풀이]
높이의 h가 변화하고 있다. 입체로 둘러싸인 부분에서 변화하는 경계면이 있다. 이 면적의 넓이를 $S(h)$라 하자.

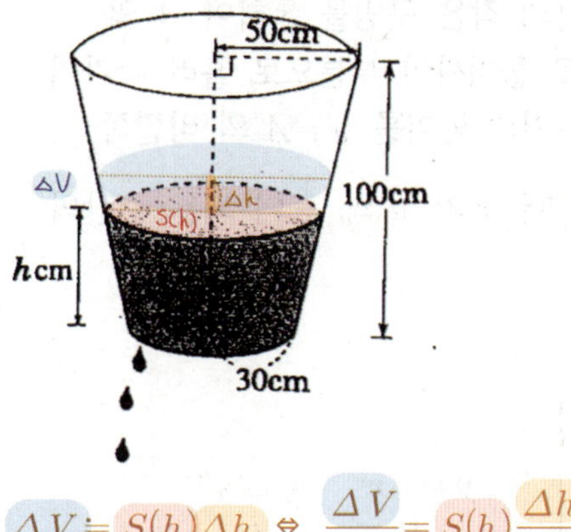

$$\Delta V = S(h)\Delta h \Leftrightarrow \frac{\Delta V}{\Delta t} = S(h)\frac{\Delta h}{\Delta t}$$

$h = 50$일 때 $S(h)$는 $40^2\pi$이므로,

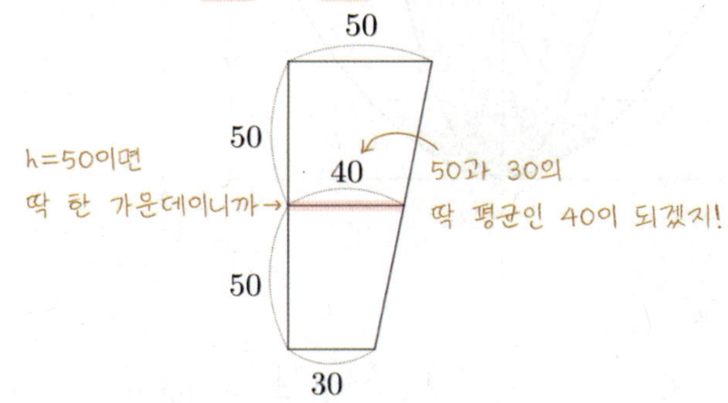

$$\frac{dV}{dt} = S(h)\frac{dh}{dt}$$

$$\Leftrightarrow -4\sqrt{50} = \pi \times 40^2 \times \frac{dh}{dt}$$

$$\therefore \frac{dh}{dt} = \frac{-4 \times 5\sqrt{2}}{\pi \times 4^2 \times 10^2} = -\frac{5\sqrt{2}}{4\pi} \times 10^{-2}$$

경향 10 Minor Trend

1등급

56. [2005년 수능 (가)형 미분과 적분 29번]

곡선 $y = 3x^2$ $(0 \leq y \leq 10)$을 y축 둘레로 회전시킨
회전체 A 와 곡선 $y = x^2$ $(0 \leq y \leq 10)$을 y축 둘레로
회전시킨 회전체 B 가 있다. 처음에는 물이 A 의 안쪽에만
차 있다가 원점 O 부근의 작은 구멍을 통하여 A 의
바깥쪽과 B 의 안쪽으로 둘러싸인 부분으로 흘러 나가기
시작한다. A 의 안쪽 수면의 높이를 u, A 의 바깥쪽
수면의 높이를 v 라 할 때, v 가 u 의 $\frac{1}{2}$ 이 되는 순간의

$\dfrac{dv}{du}$의 값은? [4점]

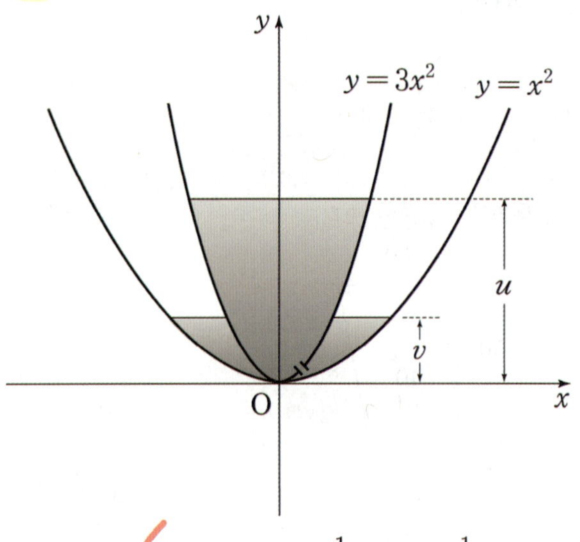

① -2 ② -1 ③ $-\dfrac{1}{2}$ ④ $\dfrac{1}{2}$ ⑤ 2

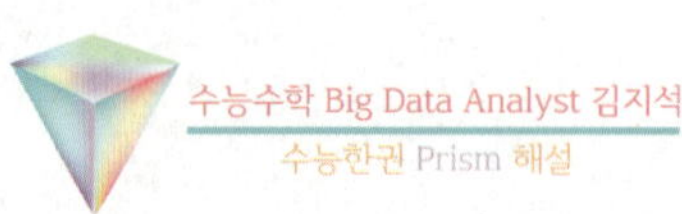

안쪽 회전체의 부피를 W
바깥쪽 회전체의 부피를 T 라고 하자.
회전체이므로 밑면이 원이고
반지름의 길이가 필요하므로 x_1, x_2, x_3 를 설정하자.

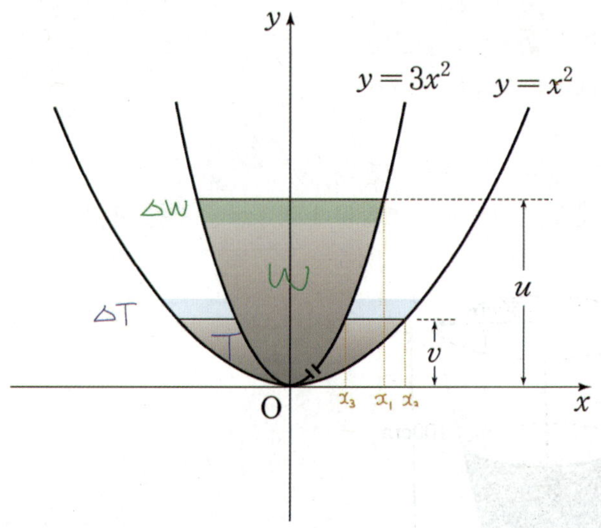

$$\triangle W + \triangle T = 0$$

$$\pi x_1{}^2 \times \triangle u + (\pi x_2{}^2 - \pi x_3{}^2) \times \triangle v \fallingdotseq 0$$

$$\therefore \frac{dv}{du} = \lim_{\triangle u \to 0} \frac{\triangle v}{\triangle u}$$

$$= -\frac{x_1{}^2}{x_2{}^2 - x_3{}^2}$$

$$= -\frac{\frac{1}{3}u}{v - \frac{1}{3}v} \quad (\because u = 3x_1^2,\ v = x_2^2,\ v = 3x_3^2)$$

$$= -\frac{u}{2v} = -1$$

경향 11 Minor Trend

경향11 수능 출제 난이도

경향11 수능별 데이터 (1)

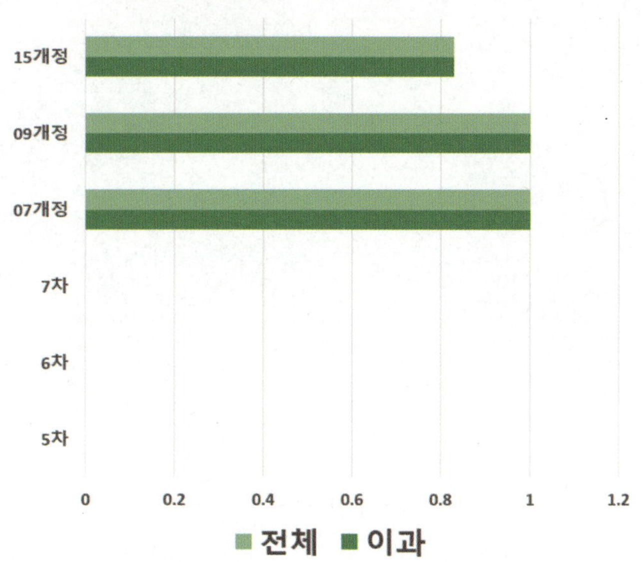

경향11 수능 출제 전망

■■■■■
작년 수능 30번

경향11 미분법 단원 내 출제 비율

21.21%

경향11 공부 우선순위

★★★

준비된 자만
도전하자

필요한 선수 학습 : 간접범위 함수, 그래프 관련 내용
수Ⅱ 미분법 그래프, 적분법 그래프, 수Ⅱ 그래프 고난도,
미적분 미분법 그래프

경향11 수능별 데이터 (2)

현교육과정
경향11 수능중요도

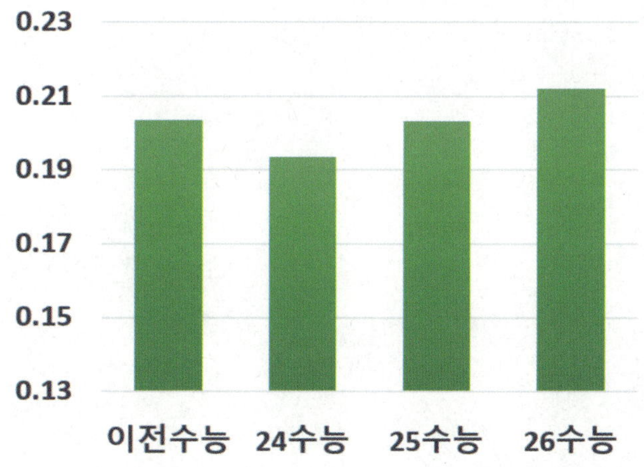

COMMENT

미분법 단원에서 최고난도 문제가 출제되는 경향이므로 가장 심화된 공부가 필요해.

미분법 그래프 고난도 문항은 그래프 기본기뿐만 아니라 그래프 테크닉과 실전개념들을
다층적으로 적용할 수 있을 지를 물어봐. 하나의 문제에 여러 가지 개념들과 실전개념들이 적용될 뿐더러
그래프 테크닉까지 함께 갖추고 있어야 풀 수 있지.
고난도 그래프 문항들을 풀기 위한 기본기부터 네가 알아야할 실전개념들을 훈련할 수 있도록
고난도 그래프 문항들만 모아서 뒤 쪽에서 훈련할 수 있도록 구성해뒀어.

그래서 미분 그래프 고난도 문제 풀이는
경향19번 적분법 그래프 고난도 문제 풀이와 함께 통합하여
이 책의 다음 챕터인 「고난도 접근법」 부분에서 공부하기로 하자!

그래프 고난도 경향을 제외한 채 다른 경향 수능 문제들을 열심히 공부했다는 전제 하에
그래프 고난도 문제들을 풀어야 그 효과를 체감할 수 있기 때문에
경향11번과 경향19번을 제외한 채 다른 모든 문항들을 다 공부한 뒤
고난도 접근법에서 고난도 문항들을 공부하도록 하자.

워크북 문제들을 풀 때도 미분법 그래프 고난도 문제들을 건너뛰고
나중에 한꺼번에 적분법 그래프 고난도와 함께 모아서 풀어보자.

만약 고난도 접근법에서 다루는 내용이 어렵다면 어려운 내용 끙끙 거리지 말고
『그래프 테크닉 기본편』과 『그래프 테크닉 심화편』에서 그래프에 관련한 내용을 도움을 받고
나중에 도전하는 것도 하나의 방법이야!

미적분

4. 적분법

Big Data Report

전체 수능 출제 비율

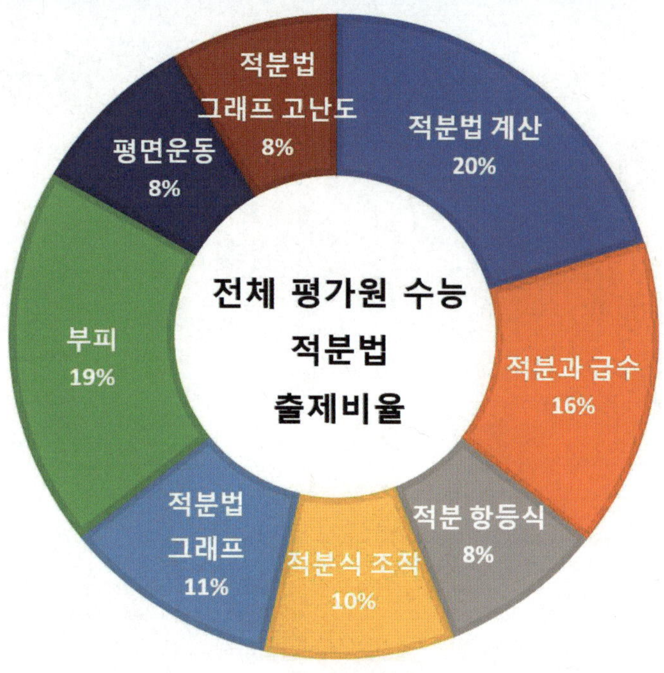

현 평가원 수능 출제 비율

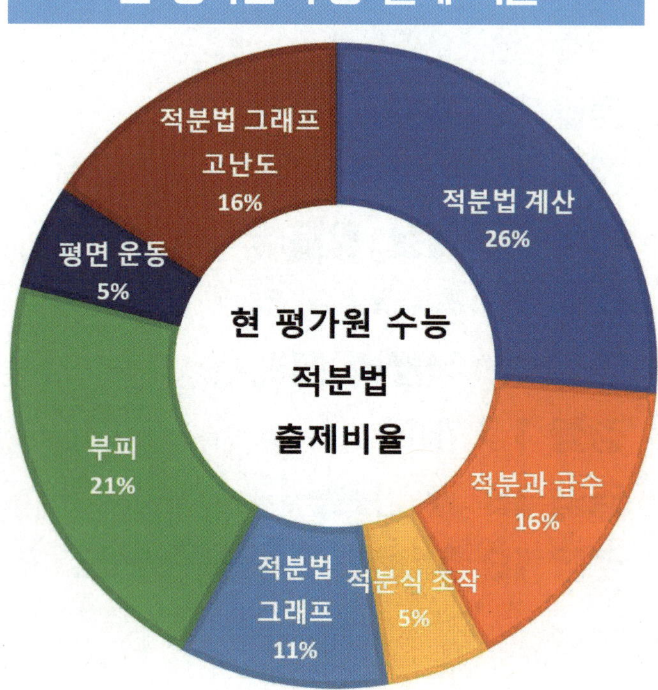

■ 적분법 단원은 8가지 경향으로 분석하였다. 개념이 복잡해지는 만큼 경향도 다양해진다.

■ [경향12] 적분법 계산
계속 출제되고 있다. 어렵지 않은 수준이라 쉽게 맞출 수 있다.

■ [경향13] 적분과 급수
이전 교육과정에서는 간접 범위였다가, 15개정에서 직접 범위로 바뀌었다. 15개정 교육과정이 실시된 이래로 처음 3년 간 빠짐없이 출제됐다가 교육과정 후반부로 가서는 잘 안 나오고 있긴 하다. 하지만 이번 교육과정의 특징적인 내용이라 꼭 알아두자.

■ [경향14] 적분 항등식
이 경향만으로 단독 출제된 적은 없지만 다른 경향과 함께 섞여서 출제하는 경우가 많기 때문에 기본기를 익혀두기 위해 공부하는 편이 좋다. 이 경향을 잘 하기 위해서는 접근법을 일관성 있게 적용하는 사고가 필요하다.

■ [경향15] 적분식 조작
이 경향은 6년 만에 기습적으로 출제된 이후에 정말 중요해졌다. 원래 적분에서 까다로운 적분 계산은 대단히 중요한 평가기준이기도 했지만 현재는 더 중요해졌달까. 25학년도 9월 미적분 28번으로 출제 되더니 그해 수능에서 28번으로 출제되었고 작년 수능에는 나오지 않았지만 작년 9모 28번으로 출제되기도 했다. 비교적 연속적으로 출제되고 있는 만큼 철저한 대비가 필요하다. 수능에 한번이라도 나왔던 내용은 겸손하게 공부해야 할 필요성이 여기에 있다.

■ [경향16] 적분법 그래프
그래프 고난도 문제를 풀기 위해서 이 경향은 반드시 소화가 필요하다.

■ [경향17] 부피
최근 자주 출제되었다. 전혀 어렵지 않아 공식만 외우고 간단하게 유형연습만 되어 있으면 맞출 수 있는 경향이다.

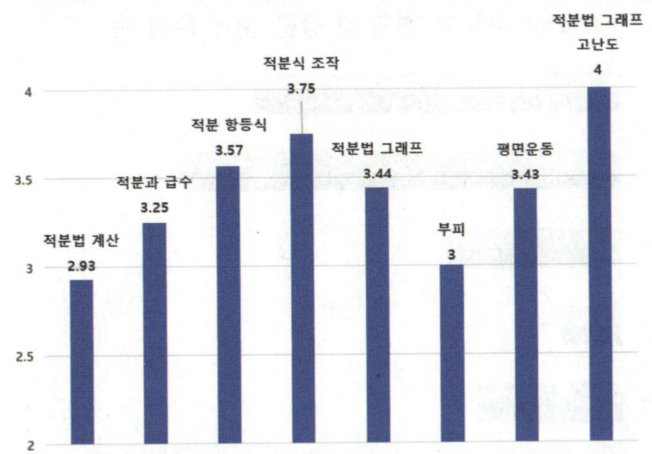

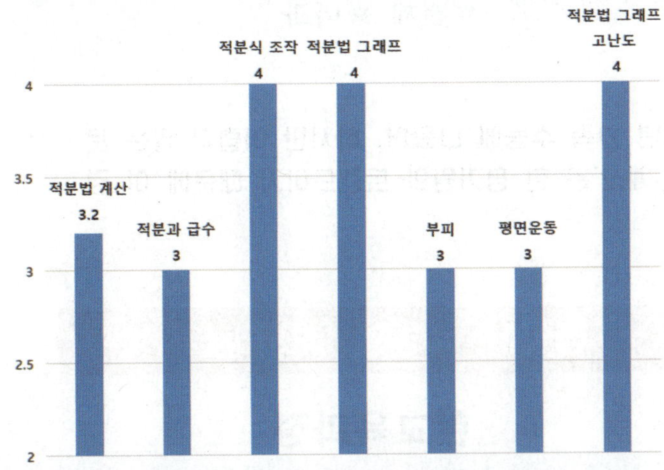

올해 수능 적분법 학습 방향

**개념적으로 많이 복잡한 만큼
출제 경향도 여러 가지**

**적분법 그래프 중요
+ 적분법 계산 능력 길러두기
(적분 항등식, 적분식 조작)**

자주 나오는 부피 문제 틀리지 말자

◆ 적분법 계산 (2.93점)

◆ 적분과 급수 (3.25점)

◆ 적분 항등식 (3.57점)

◆ 적분식 조작 (3.75점)

◆ 적분법 그래프 (3.44점)

◆ 부피 (3.00점)

◆ 평면운동 (3.43점)

◆ 적분법 그래프 고난도 (4.00점)

■ 작년 수능 출제 문항 분류

[경향12] 적분법 계산 - 24번 [3점]

[경향16] 적분법 그래프 - 28번 [4점]

[경향17] 부피 - 26번 [3점]

■ [경향18] 평면운동
15개정 수능에서 단 1번 27번으로 출제되었다.
그리고 27번 주제에(?) 오답률이 굉장히 높았다. 미적
분 고득점을 위해서는 심하다 싶을 정도로 개념의 깊
은 이해와 어떤 응용도 가능할 수 있게 미적분 전체의
개념 유도과정 공부가 필요하다.

■ [경향19] 적분법 그래프 고난도
만약 올해 수능에서 미분법 그래프 고난도 문제가 나
오지 않는다면 적분법 그래프 고난도 문제가 반드시
출제될 것이다. 식이 그래프에서 갖는 의미와, 개념의
심도깊은 이해, 그리고 그래프 테크닉과 이걸 위한 선
수학습까지 모두 필요하다.

경향 12 Minor Trend

경향12 수능 출제 난이도

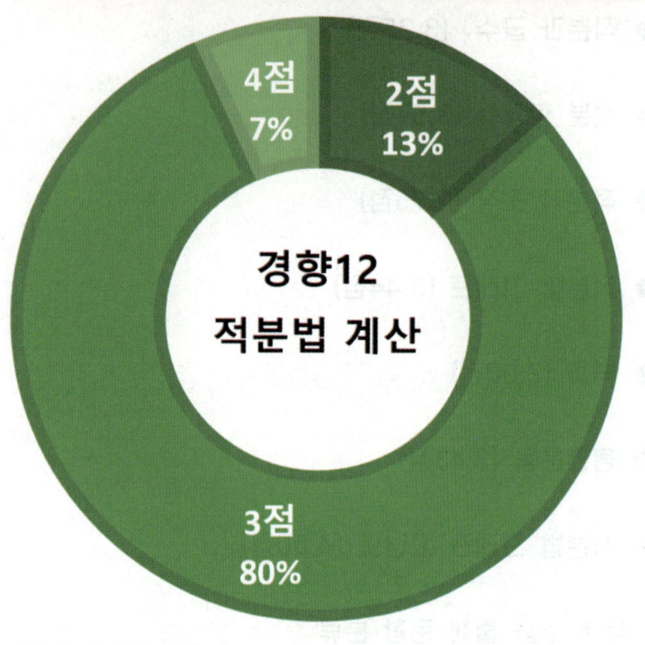

경향12 수능별 데이터 (1)

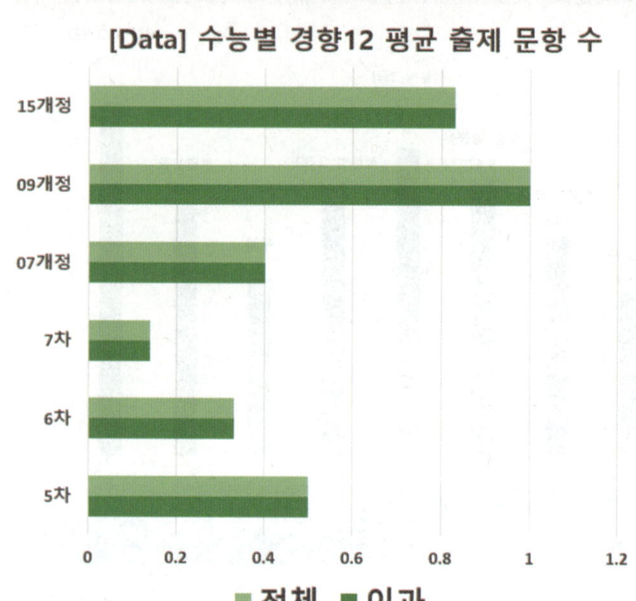

바로 전 교육과정인 09개정부터 꾸준히 나왔고, 최근에도 3년 연속 수능에 나왔어. 하지만 어렵지 않은 문항으로 나왔고, 실제 정답률도 높은 편이야. 하지만 '고난도 계산'은 현 평가원의 트렌드이기 때문에 이 경향을 고난도 문항까지 꼼꼼하게 공부해두는 편이 좋아.

경향12 수능 출제 전망

■■■■□

3년 연속 출제

경향12 적분법 단원 내 출제 비율

20.24%

경향12 공부 우선순위

★★★

**까다로운 적분법 계산은
현 교육과정의 최근 트렌드**

경향12 수능별 데이터 (2)

**현교육과정
경향12 수능중요도**

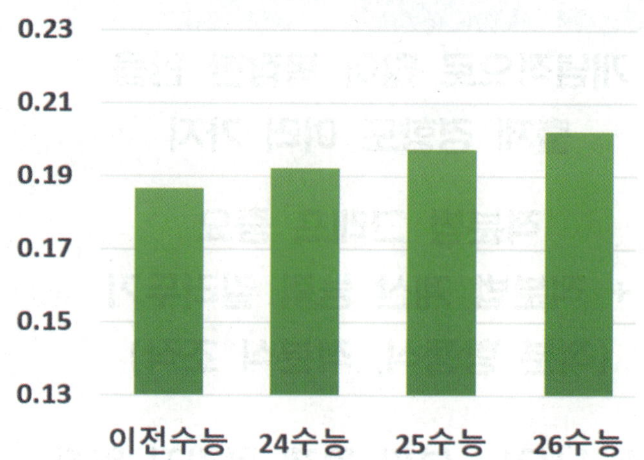

경향12 대표문제분석 057

57. [2021년 수능 (가)형 15번]
$x > 0$에서 미분가능한 함수 $f(x)$에 대하여

$$f'(x) = 2 - \frac{3}{x^2}, \quad f(1) = 5$$

이다. $x < 0$에서 미분가능한 함수 $g(x)$가 다음 조건을 만족시킬 때, $g(-3)$의 값은? [4점]

> (가) $x < 0$인 모든 실수 x에 대하여
> $g'(x) = f'(-x)$이다.
> (나) $f(2) + g(-2) = 9$

① 1 ② 2 ③ 3 ④ 4 ⑤ 5

$$f(x) = \int f'(x)dx = \int (2 - 3x^{-2})dx$$
$$= 2x + 3x^{-1} + C_1$$
$$f(1) = 2 + 3 + C_1 = 5$$
$$\therefore \ C_1 = 0$$

$$g'(x) = f'(-x) = 2 - 3x^{-2}$$
$$g(x) = \int g'(x)dx = \int (2 - 3x^{-2})dx$$
$$= 2x + 3x^{-1} + C_2$$

$$g(-2) = -4 - \frac{3}{2} + C_2$$

조건 (나)
$$f(2) + g(-2) = 9$$
$$\Leftrightarrow \left(4 + \frac{3}{2}\right) + \left(-4 - \frac{3}{2} + C_2\right) = C_2 = 9$$

$$\therefore \ g(-3) = 2(-3) + \frac{3}{-3} + 9 = 2$$

경향 13 Minor Trend

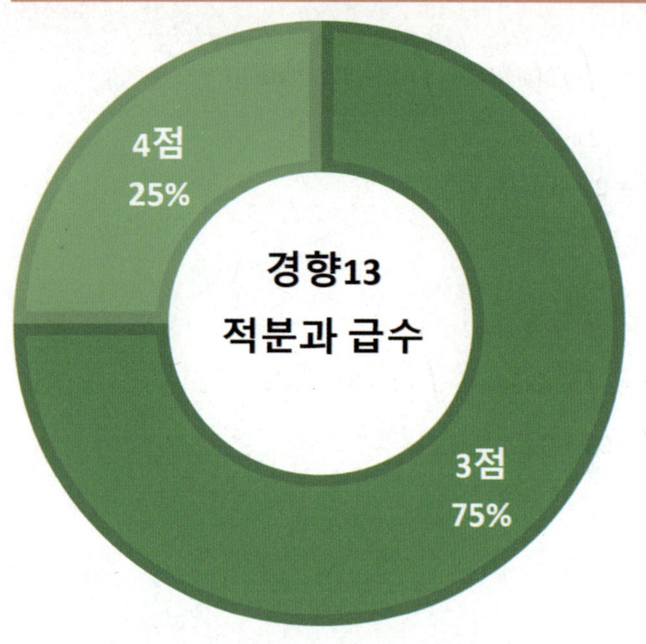

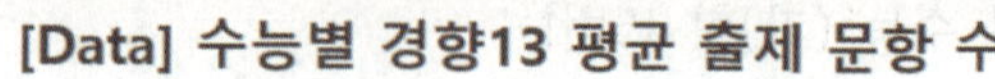

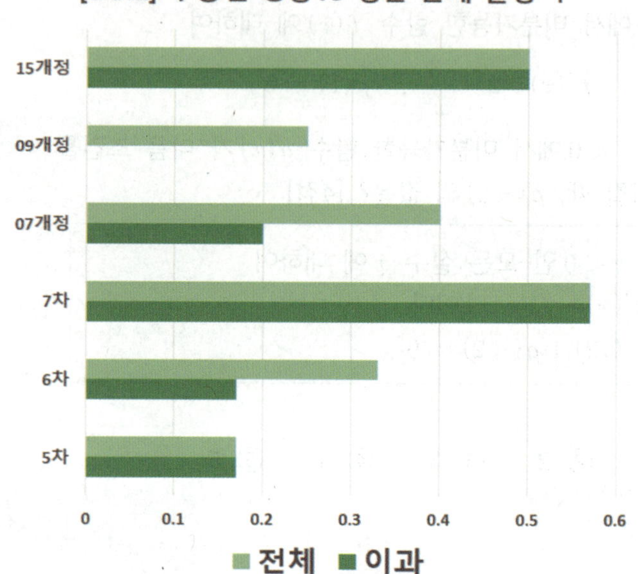

COMMENT

적분과 급수는 이전 교육과정에서는 간접 범위였지만 15개정 교육과정에서는 직접범위로 바뀌었어. 현 교육과정 초반에 자주 출제하던 경향인데 최근에는 잠시 주춤하는 모양새야. 하지만 평가원 모의고사에서 꾸준히 출제되어 온 만큼 이번 교육과정에서 매우 중요한 경향이라고 할 수 있어.

■■■■□

비교적 꾸준하게 출제했던
15개정 평가원

15.48%

★★☆

얼마든지 다시 출제 될 수 있음

현교육과정
경향13 수능중요도

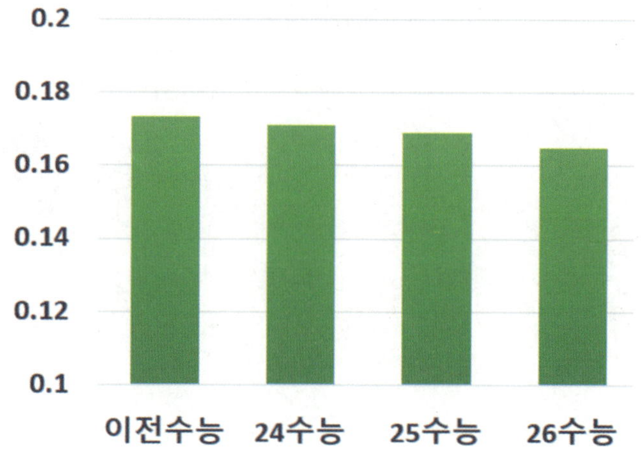

정적분과 급수의 관계

도형의 넓이나 부피를 구할 때 주어진 도형을 세분하여 그 도형의 넓이나 부피의 근삿값을 구한 다음 이 근삿값의 극한값으로 그 도형의 넓이 또는 부피를 구하는 방법

$$\lim_{n \to \infty} \sum_{k=1}^{n} f(x_k)\,\Delta x = \int_{a}^{b} f(x)\,dx$$

$$\left(\text{단, } \Delta x = \frac{b-a}{n},\ x_k = a + k\Delta x\right)$$

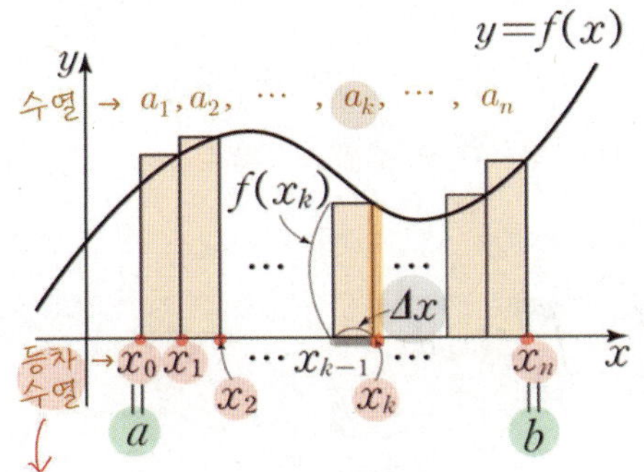

공차$=$밑변$=\Delta x = \dfrac{b-a}{n}$

$$x_k = x_1 + (k-1)\Delta x$$
$$= (x_0 + \Delta x) + (k-1)\Delta x$$
$$= a + k\Delta x$$
$$= a + k\frac{b-a}{n}$$

〈근삿값 사각형 넓이의 합〉

$$= \sum_{k=1}^{n} a_k$$

$$= \sum_{k=1}^{n} 높이 \times 밑변$$

$$= \sum_{k=1}^{n} y좌표 \times 밑변$$

$$= \sum_{k=1}^{n} f(x좌표) \times 밑변$$

$$= \sum_{k=1}^{n} f(x_k)\,\Delta x$$

$$= \sum_{k=1}^{n} f\left(a + k\frac{b-a}{n}\right)\frac{b-a}{n}$$

☆ Key Point

〈급수 → 정적분〉

① x좌표$=$등차수열$=x_k$

② 밑변$=$공차$=\dfrac{p}{n}$

③ 구간$=x_k$범위$=x_1 \sim x_n$

④ 높이$=$함숫값$=f(x_k)$

↳ $x_k = x$를 치환한 뒤

　　Δx를 제외한 부분이 전부 함수 $f(x_k)$이다.

경향 13 Minor Trend

58. [2015년 수능 (B)형 9번]

함수 $f(x) = \dfrac{1}{x}$에 대하여 $\displaystyle\lim_{n\to\infty}\sum_{k=1}^{n} f\left(1+\dfrac{2k}{n}\right)\dfrac{2}{n}$ 의 값은?

[3점]

① $\ln 2$　② $\ln 3$　③ $2\ln 2$　④ $\ln 5$　⑤ $\ln 6$

<급수 → 정적분>

① x좌표＝등차수열＝$x_k = 1 + \dfrac{2}{n}k$

② 밑변＝공차＝$\dfrac{2}{n}$

③ 구간＝$x_k = 1 + \dfrac{2}{n} \sim 3$

$\left(n\to\infty\,일\ 때\ x_k = 1\sim 3\right)$

④ 높이＝함숫값＝$f(x) = \dfrac{1}{x}$

$\quad 1 + \dfrac{2}{n}k = x$를 치환한 뒤 $\dfrac{2}{n}$를 제외 → 함수

$$\lim_{n\to\infty}\sum_{k=1}^{n} f\left(1+\dfrac{2k}{n}\right)\dfrac{2}{n} = \int_{1}^{3} f(x)\,dx$$

$$= \int_{1}^{3} \dfrac{1}{x}\,dx = \ln 3$$

Analysis

대부분의 학생이 급수를 정적분으로 바꿀 때,

$$\sum \rightarrow \int \quad dx \rightarrow \Delta x$$

으로 교체하는 것이라는 오개념을 갖고 있는데 이 부분을 반드시 바로 잡아야 해. 상식적으로 시그마와 인테그랄이 교체 가능한 것일 수가 없지 않아? 게다가 Δx는 '수'이지만 dx는 '수'가 아니야. Δx의 극한 값이 dx가 아니고 Δx가 바뀌어 dx가 되는 게 아니라는 거지. dx 기호 모양의 '유래'가 Δx인 것은 맞으나 기호 모양의 '유래'와 수학적으로 치환 가능한 '숫자 값'인지는 전혀 다른 차원의 일이야. 수업에서 제대로 된 방법을 배우고 오개념을 바로 잡자.

[다른 풀이]
<급수 → 정적분>

① x좌표=등차 수열=$x_k = \dfrac{1}{n}k$

② 밑변=공차=$\dfrac{1}{n}$

③ 구간=$x_k = \dfrac{1}{n} \sim 1$

  ($n \to \infty$일 때 $x_k = 0 \sim 1$)

④ 높이=함숫값=$f(1+2x) \times 2$

$\hookrightarrow \dfrac{k}{n}=x$를 치환한 뒤 $\dfrac{1}{n}$을 제외 → 함수

$$\lim_{n \to \infty} \sum_{k=1}^{n} f\left(1+\frac{2k}{n}\right) 2 \times \frac{1}{n}$$
$$= \int_0^1 2f(1+2x)dx = \int_1^3 f(x)dx = \ln 3$$

치환적분

[다른 풀이2]
<급수 → 정적분>

① x좌표=등차 수열=$x_k = 3 + \dfrac{8}{n}k$

② 밑변=공차=$\dfrac{8}{n}$

③ 구간=$x_k = 3 + \dfrac{8}{n} \sim 11$

  ($n \to \infty$일 때 $x_k = 3 \sim 11$)

④ 높이=함숫값=$f\left(\dfrac{1}{4}x + \dfrac{1}{4}\right)\dfrac{1}{4}$

$\hookrightarrow 3 + \dfrac{8}{n}k=x$를 치환한 뒤 $\dfrac{8}{n}$을 제외 → 함수

$$\lim_{n \to \infty} \sum_{k=1}^{n} f\left(1+\frac{2k}{n}\right)\frac{2}{n}$$
$$= \lim_{n \to \infty} \sum_{k=1}^{n} f\left(\left(3+\frac{8}{n}k\right)\frac{1}{4} + \frac{1}{4}\right)\frac{8}{n} \times \frac{1}{4}$$
$$= \int_3^{11} f\left(\frac{1}{4}x + \frac{1}{4}\right)\frac{1}{4}dx = \int_1^3 f(x)dx = \ln 3$$

치환적분

급수를 정적분으로 변환하는데
무한히 많은 방법이 있다는 걸 보여주기 위해,
일부러 계산이 지저분한 방법 [다른 풀이2]으로도 풀어봤다.
무한히 많은 변형이 가능하다는 것을 이해하고
(굳이 하지는 않더라도), 할 수 있는 능력이 있어야
본질을 제대로 이해한 것이다.
한 두가지 방법으로 기계적으로 바꿀 줄만 알았다면
이번 기회에 부족한 부분을 확실히 극복하도록 하자!

경향 13 Minor Trend

59. [2022년 수능 (미적분) 26번]

$$\lim_{n \to \infty} \sum_{k=1}^{n} \frac{k^2 + 2kn}{k^3 + 3k^2 n + n^3}$$의 값은? [3점]

① $\ln 5$ ② $\dfrac{\ln 5}{2}$ ③ ✓ $\dfrac{\ln 5}{3}$ ④ $\dfrac{\ln 5}{4}$ ⑤ $\dfrac{\ln 5}{5}$

$$\lim_{n \to \infty} \sum_{k=1}^{n} \frac{k^2 + 2kn}{k^3 + 3k^2 n + n^3}$$

$$= \lim_{n \to \infty} \sum_{k=1}^{n} \left\{ \frac{\left(\dfrac{k}{n}\right)^2 + 2 \times \dfrac{k}{n}}{\left(\dfrac{k}{n}\right)^3 + 3 \times \left(\dfrac{k}{n}\right)^2 + 1} \times \dfrac{1}{n} \right\}$$

$$= \int_0^1 \frac{x^2 + 2x}{x^3 + 3x^2 + 1} dx$$

$$x^3 + 3x^2 + 1 = t \;\to\; 3(x^2 + 2x) = \frac{dt}{dx}$$

$$= \int_1^5 \frac{1}{3} \frac{1}{t} dt = \frac{1}{3} \left[\ln t \right]_0^5 = \frac{1}{3} \ln 5$$

<급수 → 정적분>

① x좌표＝등차수열＝$x_k = \dfrac{1}{n} k$

② 밑변＝공차＝$\dfrac{1}{n}$

③ 구간＝$x_k = \dfrac{1}{n} \sim 1$

    ($n \to \infty$일 때 $x_k = 0 \sim 1$)

④ 높이＝함숫값＝$\dfrac{x^2 + 2x}{x^3 + 3x^2 + 1}$

↳ $\dfrac{k}{n} = x$를 치환한 뒤 $\dfrac{1}{n}$를 제외 → 함수

경향13 대표문제분석 060

60. [2001년 수능 (인문) & (자연) 21번]

다음은 정적분 $\int_0^1 (x^2+1)dx$의 근삿값의 오차의 한계를
구하는 과정의 일부이다.

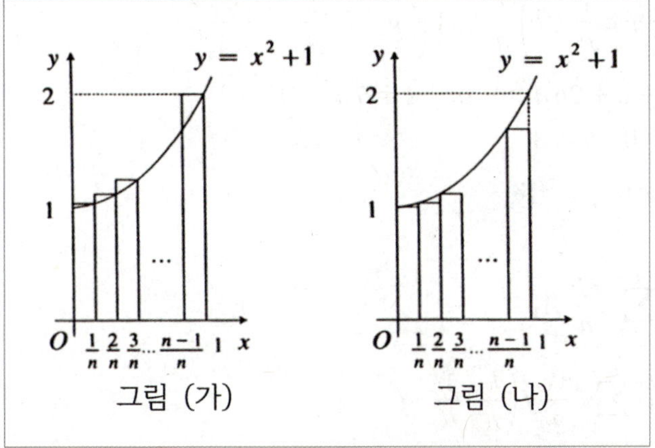

그림 (가)

그림 (나)

그림 (가), (나)와 같이 폐구간 $[0, 1]$을 n등분하여 얻은
n개의 직사각형들의 넓이의 합을 각각 A, B라 하자.
$A - B \le 0.15$가 되는 n의 최솟값은? [3점]

① 6   ② 7   ③ 8   ④ 9   ⑤ 10

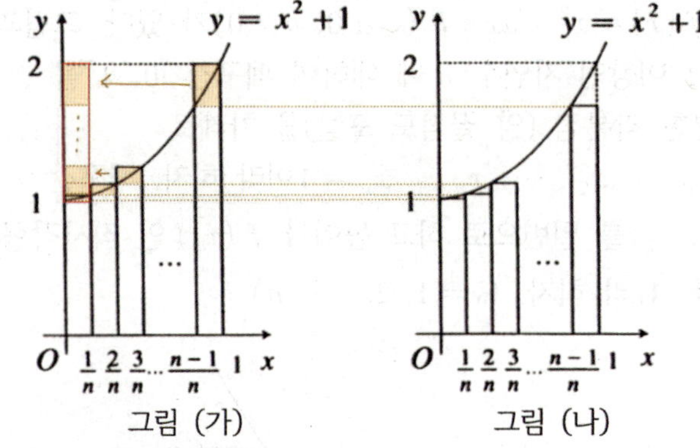

그림 (가)

그림 (나)

$$A - B = \frac{1}{n} \le 0.15 = \frac{3}{20}$$

$$\Leftrightarrow n \ge \frac{20}{3} = 6.66\ldots$$

$$\therefore 7$$

[깊은 분석]

$$A \ge \int_0^1 (x^2+1)dx \ge B \text{이고}$$

$$\lim_{n \to \infty}(A - B) = 0\text{이므로}$$

(즉, 오차가 0에 한없이 가까워진다!)

$$\lim_{n \to \infty} A = \lim_{n \to \infty} b = \int_0^1 (x^2+1)dx$$

이 성립한다.

Analysis

무작정 계산하지 말고 그래프 형태로 접근하면 거의
계산하지 않고 풀 수 있다.

경향 13 Minor Trend

수능수학 Big Data Analyst 김지석
수능한권 Prism 해설
14

61. [2010년 수능 (가)형 21번]

함수 $f(x) = x^2 + ax + b \ (a \geq 0, \ b > 0)$가 있다. 그림과 같이 2 이상인 자연수 n에 대하여 폐구간 $[0, 1]$을 n 등분한 각분점 (양 끝점도 포함)을 차례로 $0 = x_0, \ x_1, \ x_2, \ \cdots, \ x_{n-1}, \ x_n = 1$이라 하자. 폐구간 $[x_{k-1}, \ x_k]$를 밑변으로 하고 높이가 $f(x_k)$인 직사각형의 넓이를 A_k라 하자. $(k = 1, \ 2, \ \cdots, \ n)$

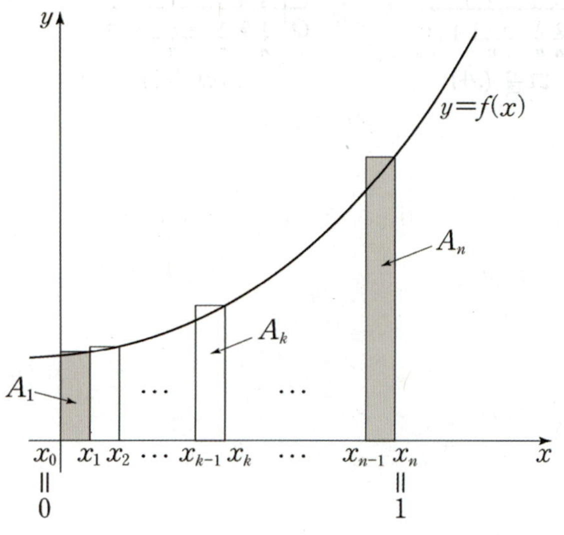

양 끝에 있는 두 직사각형의 넓이의 합이

$A_1 + A_n = \dfrac{7n^2 + 1}{n^3}$일 때, $\displaystyle\lim_{n \to \infty} \sum_{k=1}^{n} \dfrac{8k}{n} A_k$의 값을 구하시오. [4점]

$$A_1 + A_n$$
$$= f\left(\frac{1}{n}\right)\frac{1}{n} + f(1)\frac{1}{n}$$
$$= \left(\frac{1}{n^2} + a\frac{1}{n} + b\right)\frac{1}{n} + (1 + a + b)\frac{1}{n} = \frac{7n^2 + 1}{n^3}$$
$$\Leftrightarrow (1 + a + 2b)n^2 + an + 1 = 7n^2 + 1$$
$$\therefore \ a = 0, \ b = 3$$
$$\therefore \ f(x) = x^2 + 3$$

$$\lim_{n \to \infty} \sum_{k=1}^{n} \frac{8k}{n} A_k$$
$$= \lim_{n \to \infty} \sum_{k=1}^{n} \frac{8k}{n} f\left(\frac{k}{n}\right)\frac{1}{n}$$

<급수 → 정적분>

① x좌표 = 등차수열 = $x_k = \dfrac{1}{n}k$

② 밑변 = 공차 = $\dfrac{1}{n}$

③ 구간 = $x_k = \dfrac{1}{n} \sim 1$

$\quad (n \to \infty$일 때 $x_k = 0 \sim 1)$

④ 높이 = 함숫값 = $8xf(x)$

$\quad \llcorner \ \dfrac{k}{n} = x$를 치환한 뒤 $\dfrac{1}{n}$를 제외 → 함수

$$\therefore \ \int_0^1 8x\,f(x)\,dx$$
$$= \int_0^1 8x(x^2 + 3)$$
$$= \int_0^1 (8x^3 + 24x)\,dx$$
$$= \left[2x^4 + 12x^2\right]_0^1$$
$$= 14$$

경향13 대표문제분석 062

62. [2005년 수능 (가)형 10번]
다음은 연속함수 $y = f(x)$의 그래프이다.

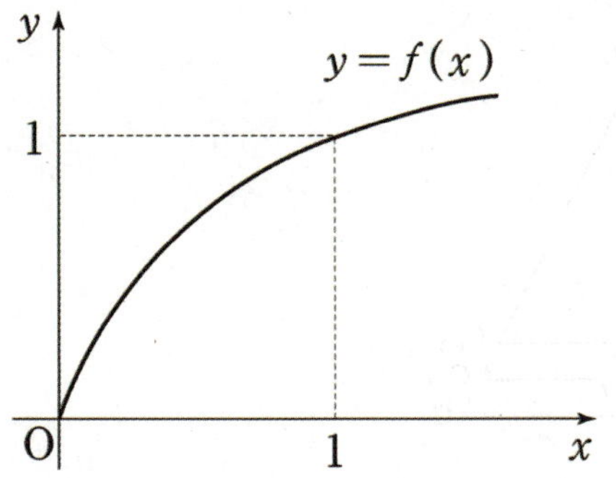

구간 $[0, 1]$에서 함수 $f(x)$의 역함수 $g(x)$가 존재하고 연속일 때, 극한값

$$\lim_{n \to \infty} \sum_{k=1}^{n} \left\{ g\left(\frac{k}{n}\right) - g\left(\frac{k-1}{n}\right) \right\} \frac{k}{n}$$ 와 같은 값을 갖는

것은? [4점]

① $\int_0^1 g(x)\,dx$ ② $\int_0^1 x g(x)\,dx$

③ $\int_0^1 f(x)\,dx$ ④ $\int_0^1 x f(x)\,dx$

⑤ $\int_0^1 \{ f(x) - g(x) \}\,dx$

수능수학 Big Data Analyst 김지석
수능한권 Prism 해설

역함수의 적분을 구하라는 문제가 나왔을 때는,
새로 역함수의 그래프를 그리지 말고
원래 있는 그래프를 그대로 활용하는 것이 좋다.
그래프를 바꾸지 말고 축을 바꾸는 것이다!
세로축을 x축, 가로축을 y축이라 두면
그래프의 모양은 그대로이지만
이 그래프는 사실상 $f(x)$가 아닌 역함수 $g(x)$가 된다!

[개념] f와 g가 역함수 관계
$$f(a) = b \Leftrightarrow g(b) = a$$

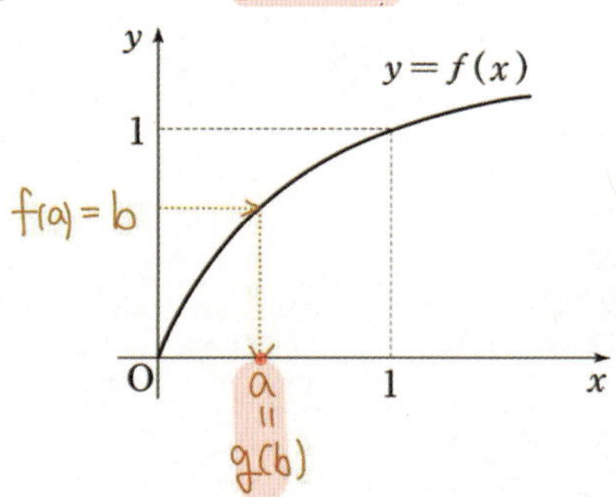

$$\lim_{n \to \infty} \sum_{k=1}^{n} \left\{ g\left(\frac{k}{n}\right) - g\left(\frac{k-1}{n}\right) \right\} \frac{k}{n}$$

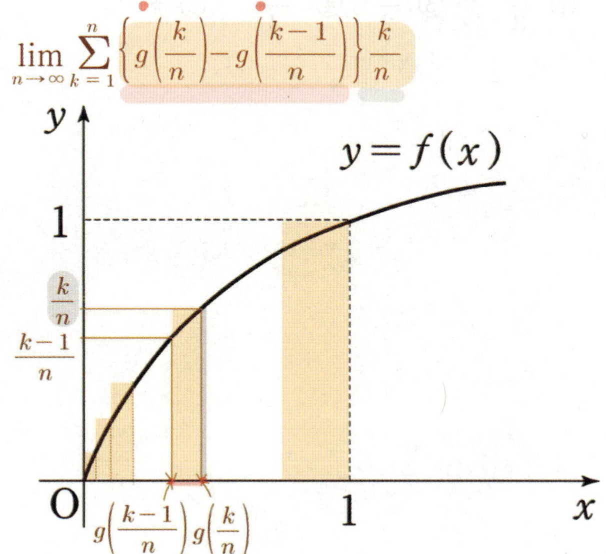

$$\therefore \int_0^1 f(x)\,dx$$

Analysis

급수를 정적분으로 고칠 때

$$\sum \ \to \ \int \qquad dx \ \to \ \Delta x$$

위와 같은 방법이 얼마나 무의미한지를 보여주는 좋은
문제. 개념에 대한 본질적인 이해를 바탕으로 해결해보자.

경향 13 Minor Trend

63. [1996년 수능 (인문) & (자연) 11번]

$\overline{AB} = 2$, $\overline{BC} = 1$, $\angle B = 90°$ 인 직각삼각형 ABC 가 있다. 변 AB 를 n등분한 점을 그림과 같이 B_1, B_2, B_3, $\cdots$, B_{n-1} 이라 하고, 각 점에서 변 $\overline{BC}$ 에 평행하게 직선을 그어 변 $\overline{AB}$ 와 만나는 점을 각각 C_1, C_2, C_3, $\cdots$, C_{n-1} 이라 할 때

$$\lim_{n \to \infty} \frac{2\pi}{n} \sum_{k=1}^{n-1} \overline{B_k C_k}^2 \ \text{의 값은? [1점]}$$

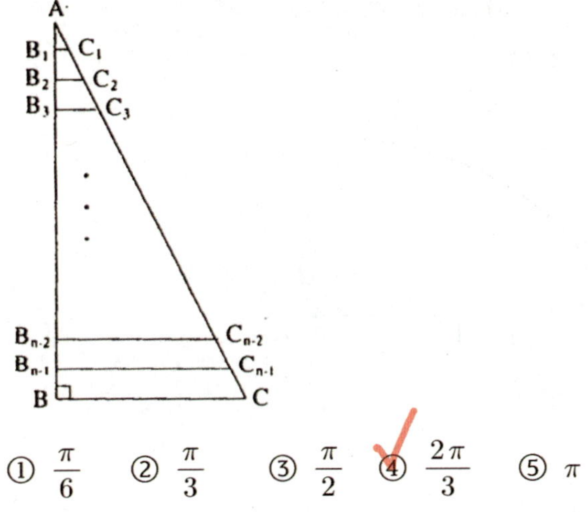

① $\dfrac{\pi}{6}$　② $\dfrac{\pi}{3}$　③ $\dfrac{\pi}{2}$　✓④ $\dfrac{2\pi}{3}$　⑤ π

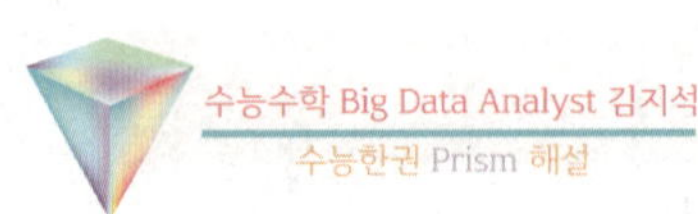

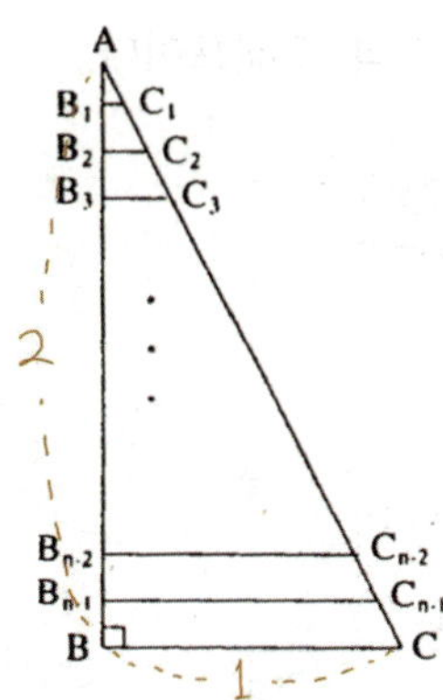

$$\frac{2\pi}{n}\overline{B_k C_k}^2 = \pi \overline{B_k C_k}^2 \times \frac{2}{n} \ \text{의 의미 해석}$$

$\pi \overline{B_k C_k}^2$ 은 반지름이 $\overline{B_k C_k}$ 인 원의 넓이라고 해석할 수 있고,

$\dfrac{2}{n}$ 는 변 $\overline{AB}$ 를 n등분한 각 길이로 해석할 수 있다.

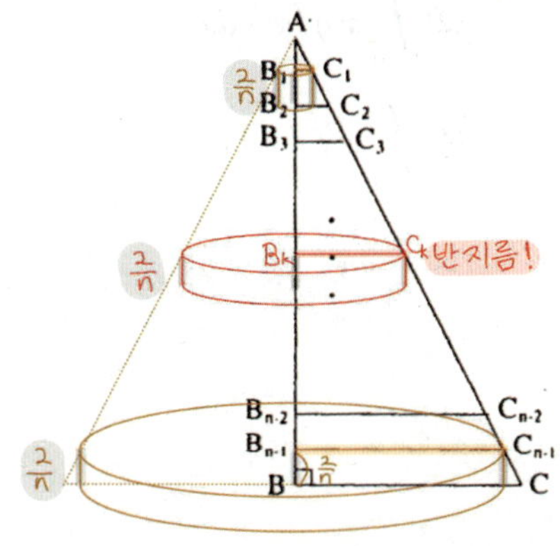

$$\lim_{n \to \infty} \frac{2\pi}{n} \sum_{k=1}^{n-1} \overline{B_k C_k}^2 \ \text{는 원뿔의 부피}$$

$$\therefore \ \frac{1}{3} \times \pi \times 1^2 \times 2 = \frac{2\pi}{3}$$

Analysis

식이 그래프에서 갖는 의미를 찾으면 기똥찬 풀이가 가능하다.

[다른 풀이]

길이가 2인 변 $\overline{AB}$ 를 n등분한 점들 중 B_k 가 있고,
이 직각삼각형은 높이와 밑변의 비가 2:1이다.

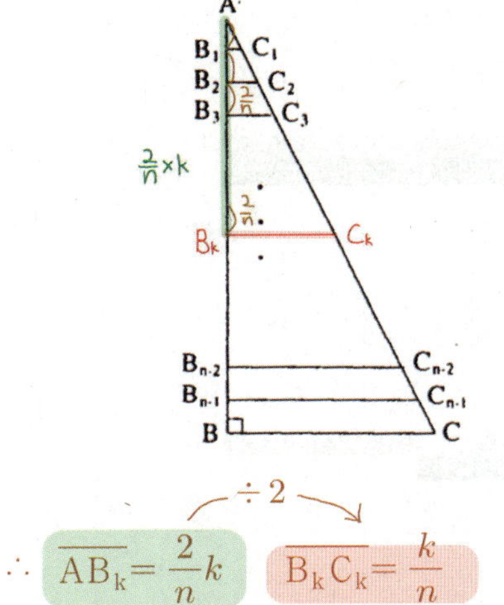

$\div 2$

$\therefore \overline{AB_k} = \dfrac{2}{n}k \qquad \overline{B_kC_k} = \dfrac{k}{n}$

$$\therefore \lim_{n \to \infty} \frac{2\pi}{n} \sum_{k=1}^{n-1} \overline{B_kC_k}^2$$

$$= \lim_{n \to \infty} \frac{2\pi}{n} \sum_{k=1}^{n-1} \left(\frac{k}{n}\right)^2 = \lim_{n \to \infty} \sum_{k=1}^{n-1} 2\pi \left(\frac{k}{n}\right)^2 \frac{1}{n}$$

$$= \int_0^1 2\pi x^2 \, dx$$

$$= 2\pi \left[\frac{1}{3}x^3\right]_0^1 = \frac{2\pi}{3}$$

<급수 → 정적분>

① x좌표 = 등차수열 = $x_k = \dfrac{1}{n}k$

② 밑변 = 공차 = $\dfrac{1}{n}$

③ 구간 = $x_k = \dfrac{1}{n} \sim 1$

  ($n \to \infty$일 때 $x_k = 0 \sim 1$)

④ 높이 = 함숫값 = $2\pi x^2$

  $\hookrightarrow \dfrac{k}{n} = x$를 치환한 뒤 $\dfrac{1}{n}$를 제외 → 함수

경향 14 Minor Trend

경향14 수능 출제 난이도

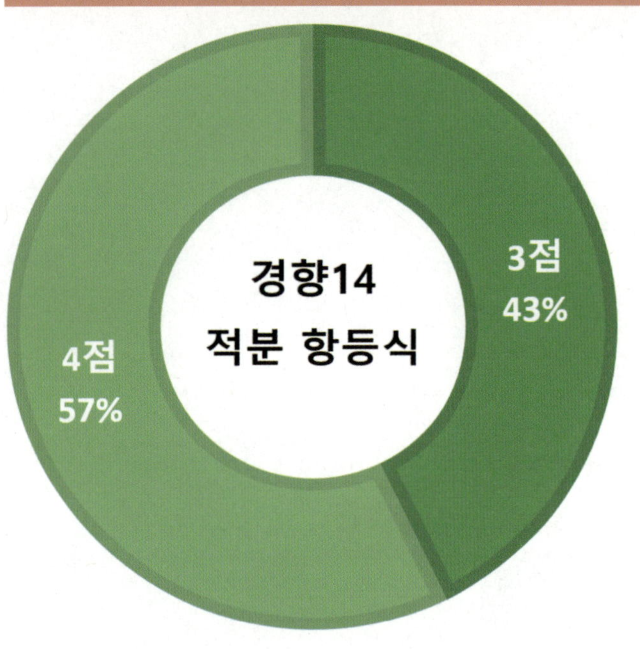

경향14 수능별 데이터 (1)

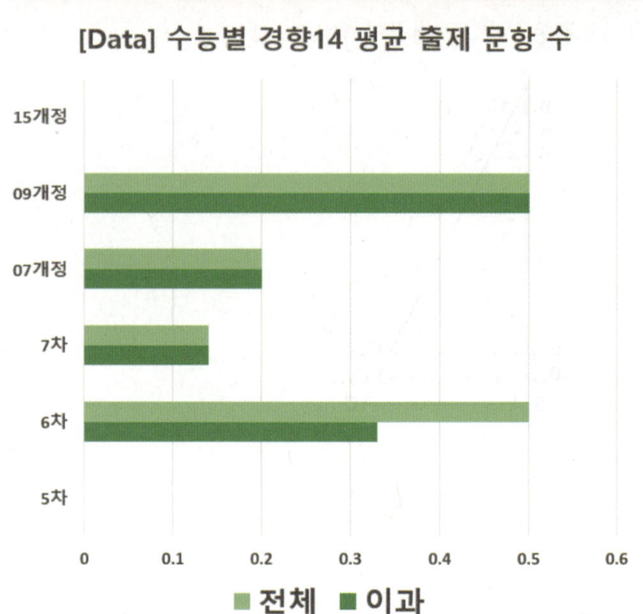

COMMENT

적분 항등식은 $\int_a^x f(t)\,dt$ 꼴이 등장한 문제 패턴을 얘기하는 거야. 데이터를 언뜻 보면 출제된 문제 수가 적은 것 같지만, 여러 가지 경향이 섞여 있어서 다른 경향으로 분류한 문제 중에 적분 항등식에 속하는 문제가 많이 있어. 그렇게 따지자면 출제 빈도가 상당히 높은 편이야.

경향14 수능 출제 전망

■■□□□

**단독 출제는 잘 안되지만
다른 경향과 섞여서 자주 출제**

경향14 적분법 단원 내 출제 비율

8.33%

경향14 공부 우선순위

★★☆

**여러 가지 섞여서 출제
적분법 계산은 잘 해둘 필요가 있음**

경향14 수능별 데이터 (2)

**현교육과정
경향14 수능중요도**

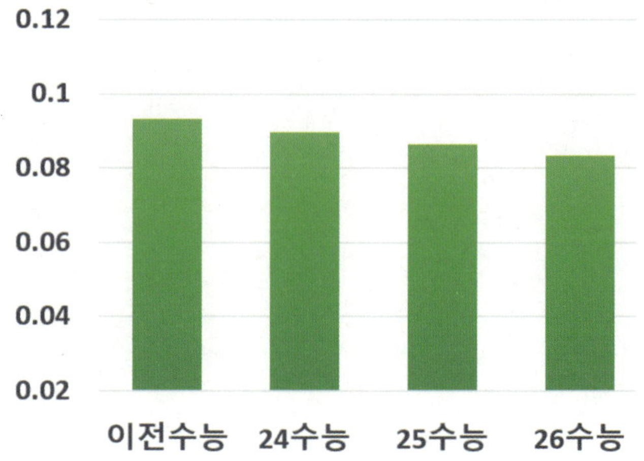

경향14 대표문제분석 064

64. [2003년 수능 (자연) 8번]
함수 $f(x)$는 연속함수이고 모든 실수 x에 대하여 다음 등식이 성립한다.

$$f(x) - 2\int_0^x e^t f(t)\, dt = 1$$

이때, $f''(0)$의 값은? (단, e는 자연로그의 밑이고, $f''(x)$는 $f(x)$의 이계도함수이다.) [3점]

① 2　　　② 4　　　③ 6　　　④ 8　　　⑤ 10

수능수학 Big Data Analyst 김지석
수능한권 Prism 해설

$f(x) - 2\int_0^x e^t f(t)\, dt = 1$ 에서

❶ $x = 0$ 대입
$f(0) - 2 \times 0 = 1$
$\therefore f(0) = 1$

❷ 미분
$f'(x) - 2e^x f(x) = 0$
$x = 0$ 대입
$f'(0) - 2 \times 1 \times f(0) = 0$
$\therefore f'(0) = 2$

한 번 더 미분하면
$f''(x) - 2\{e^x f(x) + e^x f'(x)\} = 0$
$\therefore f''(0) = 2\{1 \times f(0) + 1 \times f'(0)\}$
$\qquad = 2\{1 \times 1 + 1 \times 2\} = 6$

Analysis

적분항등식의 가장 기본적인 형태의 문제.
여기서 아무리 복잡하고 어려운 문제가 출제된다하더라도
기본적인 문제를 풀 때 사용하는 원칙을 동일하게
적용해야 한다는 걸 명심하자.
대부분 학생들이 쉬운 문제에서 아무 생각 없이 하던 걸,
어려운 문제나 응용문제에서는 하지 않아서 틀린다.

$g(x) = \int_a^x f(t)\, dt$ 꼴이 등장하면 꼭 해야 하는 것!

❶ $x = a$ 대입 : $g(a) = \int_a^a f(t)\, dt = 0$

❷ 미분 : $g'(x) = f(x)$

경향 14 Minor Trend

65. [2009년 수능 (가)형 미분과 적분 29번]

함수 $f(x)$를 $f(x) = \int_a^x \{2 + \sin(t^2)\}dt$라 하자.

$f''(a) = \sqrt{3}\,a$일 때, $(f^{-1})'(0)$의 값은?

(단, a는 $0 < a < \sqrt{\dfrac{\pi}{2}}$인 상수이다.) [4점]

① $\dfrac{1}{10}$ ② $\dfrac{1}{5}$ ③ $\dfrac{3}{10}$ ④ $\dfrac{2}{5}$ ⑤ $\dfrac{1}{2}$

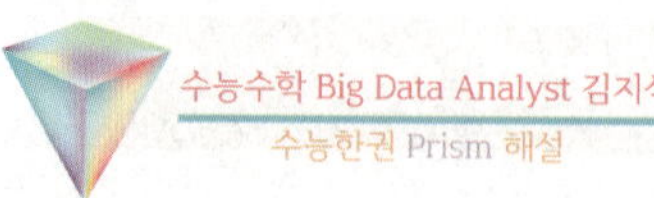

$f(x) = \int_a^x \{2 + \sin(t^2)\}dt$ 에서

❶ $x = a$ 대입

$f(a) = 0$

❷ 미분

$f'(x) = 2 + \sin(x^2)$

한 번 더 미분하면

$f''(x) = \cos(x^2) \times 2x$

$f''(a) = \cos a^2 \times 2a = \sqrt{3}\,a$

$\therefore \cos a^2 = \dfrac{\sqrt{3}}{2}, \quad \sin a^2 = \dfrac{1}{2}$

$f(a) = 0 \Leftrightarrow f^{-1}(0) = a$

$\therefore (f^{-1})'(0) = \dfrac{1}{f'(a)} = \dfrac{1}{2 + \sin a^2} = \dfrac{1}{2 + \dfrac{1}{2}} = \dfrac{2}{5}$

Analysis

앞에서 푼 [2003년 수능 (자연) 8번]와 거의 동일한 문제.
역시 수능은 매년 완전히 새로운 문제가 나오는
시험이라기보다는 냈던 것을 서슴없이 다시 내는 시험이다.

경향14 대표문제분석 066

66. [2012년 수능 (가)형 28번]
함수 $f(x) = 3(x-1)^2 + 5$ 에 대하여 함수 $F(x)$를
$F(x) = \int_0^x f(t)\,dt$ 라 하자. 미분가능한 함수 $g(x)$가 모든
실수 x 에 대하여 $F(g(x)) = \dfrac{1}{2}F(x)$ 를 만족시킨다.
$g'(2) = p$ 일 때, $30p$ 의 값을 구하시오. [4점]

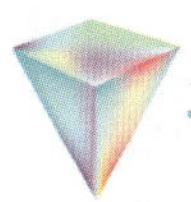
수능수학 Big Data Analyst 김지석
수능한권 Prism 해설

24

$F(x) = \int_0^x f(t)\,dt$ 에서

❶ $x = 0$ 대입
$F(0) = 0$

❷ 미분
$F'(x) = f(x)$

(step1) $g'(2)$ 도출해내기
$g'(2)$를 구해야 하는데

$g(x)$가 있는 단서가 $F(g(x)) = \dfrac{1}{2}F(x)$ 뿐이다.

그럼 $F(g(x)) = \dfrac{1}{2}F(x)$ 을 미분할 생각을 해야지!
그러면 $g'(x)$가 생길테니까!

$F(g(x)) = \dfrac{1}{2}F(x)$

$\rightarrow \ f(g(x))g'(x) = \dfrac{1}{2}f(x)$

$\rightarrow \ f(g(2))g'(2) = \dfrac{1}{2}f(2)$

$\therefore \ g'(2) = \dfrac{1}{2}\dfrac{f(2)}{f(g(2))}$

$f(2) = 3(2-1)^2 + 5 = 8$ 이므로
$g(2)$만 구하면 답이 나온다.

(step2) $g(2)$ 구하기
$F(g(x)) = \dfrac{1}{2}F(x)$ 에 $x = 2$ 대입한다.

$F(g(2)) = \dfrac{1}{2}F(2)$

$\Leftrightarrow \ \int_0^{g(2)} f(t)\,dt = \dfrac{1}{2}\int_0^2 f(t)\,dt$

$f(x) = 3(x-1)^2 + 5$ 그래프는
$x = 1$ 대칭이라는 것을 빠트려서는 안된다!

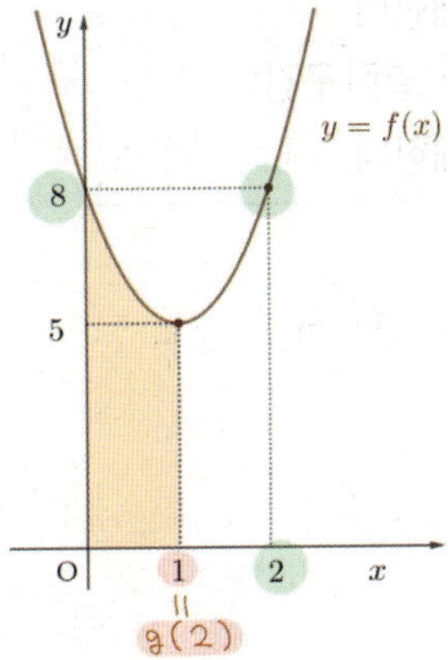

$\therefore \ g(2) = 1$

$g'(2) = \dfrac{1}{2}\dfrac{f(2)}{f(g(2))} = \dfrac{1}{2}\dfrac{f(2)}{f(1)}$

$\qquad = \dfrac{1}{2} \times \dfrac{8}{5} = \dfrac{4}{5} = p$

$\therefore \ 30p = 24$

Analysis

앞의 문제들이 계산만 하면 되는 것이었다면 이 문제는
그래프 해석도 중요하다. 특히 대칭성이 있는 그래프는
적분에서 중요한 특징이 생기니, 이를 잊지 말자.

경향14 대표문제분석 067

67. [2017년 수능 (가)형 20번]

함수 $f(x) = e^{-x} \int_0^x \sin(t^2)\, dt$ 에 대하여 <보기>에서

옳은 것만을 있는 대로 고른 것은? [4점]

[보 기]

ㄱ. $f(\sqrt{\pi}) > 0$

ㄴ. $f'(a) > 0$ 을 만족시키는 a가 열린구간
   $(0, \sqrt{\pi})$에 적어도 하나 존재한다.

ㄷ. $f'(b) = 0$ 을 만족시키는 b가 열린구간
   $(0, \sqrt{\pi})$에 적어도 하나 존재한다.

---

① ㄱ ② ㄷ ③ ㄱ, ㄴ ④ ㄴ, ㄷ ⑤ ㄱ, ㄴ, ㄷ

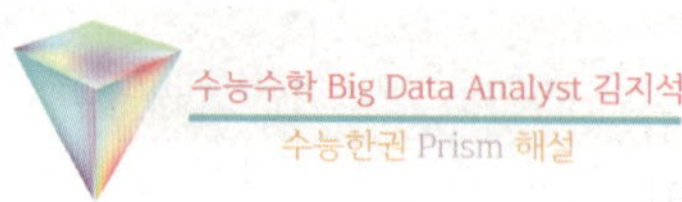

$f(x) = e^{-x} \int_0^x \sin(t^2)\, dt$ 에서

❶ $x = 0$ 대입

$f(0) = 0$

❷ 미분

$f'(x) = -e^{-x} \int_0^x \sin(t^2)\, dt + e^{-x} \sin(x^2)$

ㄱ. (참)

$0 \le t \le \sqrt{\pi} \Rightarrow 0 \le t^2 \le \pi$

$\therefore \sin(t^2) \ge 0$

$\therefore f(\sqrt{\pi}) = e^{-\sqrt{\pi}} \int_0^{\sqrt{\pi}} \sin(t^2)\, dt > 0$

ㄴ. (참)

[개념] 평균값의 정리

$f(0) = 0,\ f(\sqrt{\pi}) > 0$이므로

$f'(a) = \dfrac{f(\pi) - f(0)}{\sqrt{\pi} - 0} > 0$인 a가

열린구간 $(0, \sqrt{\pi})$에 적어도 하나 존재한다.

ㄷ. (참)

$f'(\sqrt{\pi}) = -e^{-\sqrt{\pi}} \int_0^{\sqrt{\pi}} \sin(t^2)\, dt + e^{-\sqrt{\pi}} \sin(\sqrt{\pi}^2)$

$\therefore f'(\sqrt{\pi}) < 0$

[개념] 사잇값 정리

$f'(a) > 0$이고 $f'(\sqrt{\pi}) < 0$이므로

$f'(b) = 0$을 만족시키는 b가

열린구간 $(a, \sqrt{\pi}) \subset (0, \sqrt{\pi})$에 적어도 하나 존재한다.

Analysis

특정 조건을 만족하는 값이 열린구간에 존재하는지를 묻는
문제가 나왔들 때
→ 교과서에서 이와 관련된 개념은
<사잇값의 정리>와 <평균값의 정리>뿐이다!

■ 평균값의 정리

함수 $f(x)$가 닫힌구간 $[a, b]$에서 연속이고
열린구간 (a, b)에서 미분가능하면

$$\frac{f(b)-f(a)}{b-a}=f'(c) \ (단, \ a<c<b)$$

인 c가 개구간 (a, b) 안에 적어도 하나 존재한다.

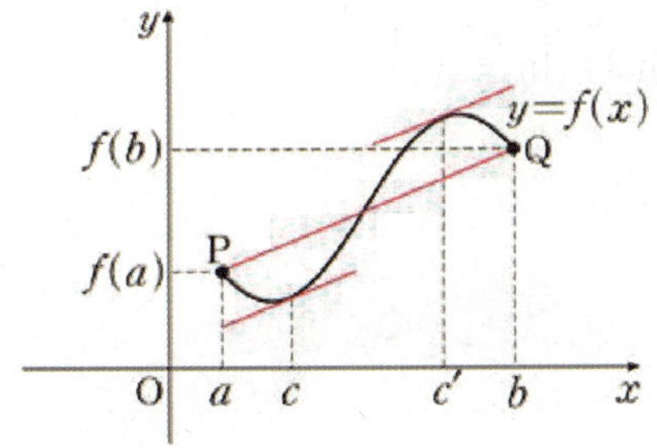

■ 사잇값 정리

함수 $f(x)$가 닫힌구간 $[a, b]$에서 연속이고
$f(a) \neq f(b)$이면, $f(a)$와 $f(b)$ 사이의 임의의 값 k에
대하여 다음을 만족시키는 c가 열린구간 (a, b)에 적어도
하나 존재한다.

$$f(c) = k$$

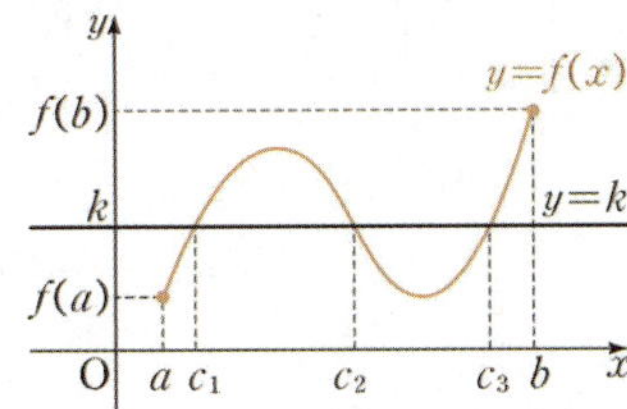

[실전] 함수 $f(x)$가 닫힌구간 $[a, b]$에서 연속이고
$$f(a) \times f(b) < 0이면?$$

⇒ $f(x) = 0$의 근이 열린구간 (a, b)에 적어도 하나 존재

경향 14 Minor Trend

68. [2018년 수능 (가)형 15번]
함수 $f(x)$가

$$f(x)=\int_0^x \frac{1}{1+e^{-t}}\,dt$$

일 때, $(f \circ f)(a)=\ln 5$를 만족시키는 실수 a의 값은? [4점]

① $\ln 11$ 　　② $\ln 13$ 　　③ $\ln 15$
④ $\ln 17$ 　　⑤ $\ln 19$

수능수학 Big Data Analyst 김지석
수능한권 Prism 해설

(step1) $f(x)$ 식 정리하기
식에 특징적인 부분을 찾아보자.
왜 분모에 e^t도 아니고 e^{-t}가 있을까?
뭔가 정리가 덜 된 느낌이지 않은가?
⇒ 분모, 분자에 e^t을 곱해서 정리해볼 생각이 들어야 한다!

$$f(x)=\int_0^x \frac{1}{1+e^{-t}}\,dt=\int_0^x \frac{e^t}{e^t+1}\,dt$$

$e^t+1=s$로 치환하면 $e^t=\dfrac{ds}{dt}$

$$f(x)=\int_2^{e^x+1} \frac{1}{s}\,ds=\big[\ln|s|\big]_2^{e^x+1}$$

$$=\ln(e^x+1)-\ln 2=\ln\frac{e^x+1}{2}$$

$$\therefore\ f(x)=\ln\frac{e^x+1}{2}$$

(step2) a 구하기
$$f(f(a))=\ln 5$$
$$\Leftrightarrow \ln\frac{e^{f(a)}+1}{2}=\ln 5$$
$$\Leftrightarrow e^{f(a)}+1=10$$
$$\Leftrightarrow f(a)=\ln 9$$
$$\Leftrightarrow \ln\frac{e^a+1}{2}=\ln 9$$
$$\Leftrightarrow e^a+1=18$$
$$\therefore\ a=\ln 17$$

Analysis〰

알고 나면 별 것도 아닌데 당시 많은 학생들이 이 문제를
풀지 못했다. 식을 아무 생각 없이 보는 것이 아니라
특징적인 부분이 무엇이 있는지 생각하는 습관이 중요하다.

경향 15 Minor Trend

경향15 수능 출제 난이도

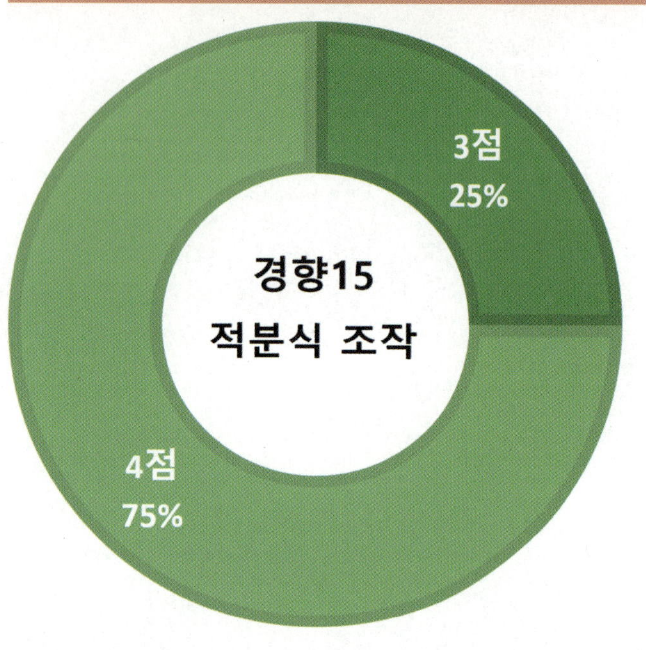

경향15 수능별 데이터 (1)

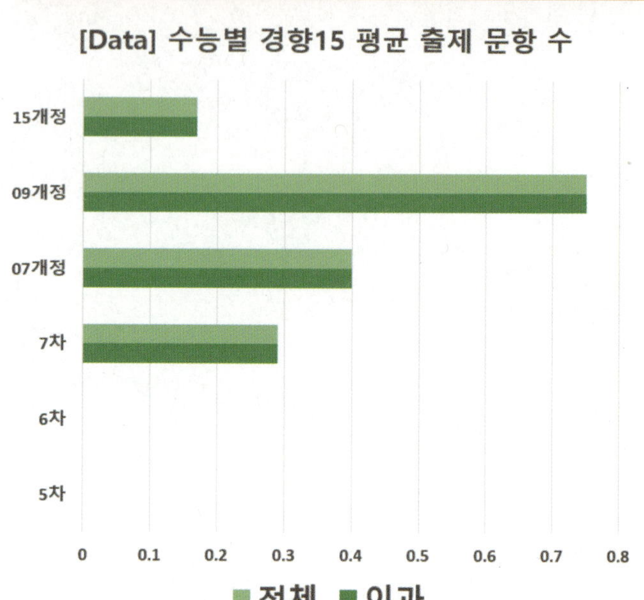

COMMENT

적분법 단원은 다른 단원에 비해, 식이 복잡하고 공식도 많아. 그러다 보니 적분식을 얼마나 잘 다룰 수 있는지가, 평가원에서 굉장히 중요시 여기는 출제 포인트야. 직전 교육과정에서도 현 교육과정에서도 이 적분식 조작을 매우 중요하게 생각하고 있어. 특히 새롭게 개정 될 교육과정에 수능 예시문항에도 이 적분식 조작 문항이 들어가 있어. 시대를 관통하는 핵심이라고 볼 수 있지. 그 뿐만이 아니야. 작년 9모에서는 이 경향에서 30번 문항으로 출제했기 때문에 꼭 꼼꼼하게 공부하자.

경향15 수능 출제 전망

■■■■□

6년 만에 재작년 수능 출제

경향15 적분법 단원 내 출제 비율

9.52%

경향15 공부 우선순위

★★★

**다른 경향에 섞여서 자주 출제
+작년 9모 30번 단독 출제**

경향15 수능별 데이터 (2)

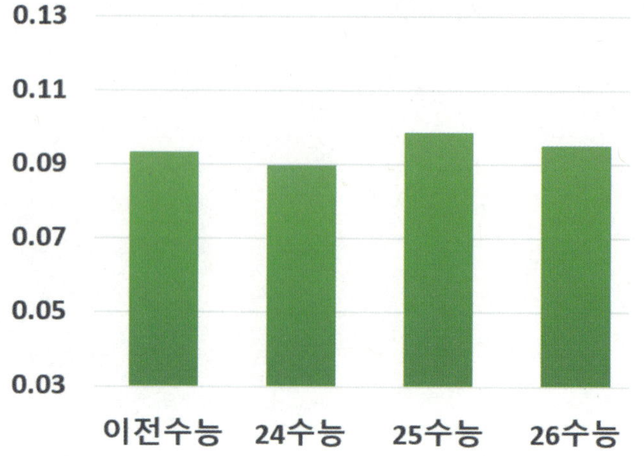

경향15 대표문제분석 069

69. [2019년 수능 (가)형 16번]
$x > 0$에서 정의된 연속함수 $f(x)$가 모든 양수 x에 대하여

$$2f(x) + \frac{1}{x^2}f\left(\frac{1}{x}\right) = \frac{1}{x} + \frac{1}{x^2}$$

을 만족시킬 때, $\displaystyle\int_{\frac{1}{2}}^{2} f(x)\,dx$ 의 값은? [4점]

① $\dfrac{\ln 2}{3} + \dfrac{1}{2}$ ②✓ $\dfrac{2\ln 2}{3} + \dfrac{1}{2}$ ③ $\dfrac{\ln 2}{3} + 1$

④ $\dfrac{2\ln 2}{3} + 1$ ⑤ $\dfrac{2\ln 2}{3} + \dfrac{3}{2}$

Analysis〜

문제를 잘 해결하는 비결은 뭐니뭐니해도 식의 특징을 잘 파악하는 거지!
(1) 이 문제와 관련 있는 개념이 무엇인지 파악할 것
(2) 여러 조건 식 사이의 관계를 파악할 것

■ 치환적분법

치환적분의 핵심 원리는 합성함수 미분의 역과정이라는 것이다. 원리도 모른 채로 공식에 단순 대입하지 말고 본질을 활용하면 번거로운 치환적분 계산 없이도 바로 식을 도출할 수 있다.

(1) 합성함수 미분의 역과정 ☆☆
$$\{F(g(x))\}' = f(g(x))g'(x)$$
$$\Leftrightarrow \int f(g(x))g'(x)dx = F(g(x)) + C$$
$$\therefore \int_{\alpha}^{\beta} f(g(x))g'(x)dx = \left[F(g(x))\right]_{\alpha}^{\beta}$$

(2) 구간 $[a, b]$에서 연속인 함수 $f(t)$에 대하여 미분가능한 함수 $t = g(x)$의 도함수 $g'(x)$가 구간 $[\alpha, \beta]$에서 연속이면

$$\int_{\alpha}^{\beta} f(g(x))g'(x)dx = \int_{g(\alpha)}^{g(\beta)} f(t)dt$$

수능수학 Big Data Analyst 김지석
수능한권 Prism 해설

$$2f(x) + \frac{1}{x^2}f\left(\frac{1}{x}\right) = \frac{1}{x} + \frac{1}{x^2}$$

$$\Leftrightarrow \int_{\frac{1}{2}}^{2} 2f(x)dx - \int_{\frac{1}{2}}^{2} -\frac{1}{x^2}f\left(\frac{1}{x}\right)dx = \int_{\frac{1}{2}}^{2}\left(\frac{1}{x} + \frac{1}{x^2}\right)dx$$

$\left(\dfrac{1}{x}\right)' = -\dfrac{1}{x^2}$ 이므로 $\dfrac{1}{x} = t$로 치환적분을 하면

$$\Leftrightarrow 2\int_{\frac{1}{2}}^{2} f(x)dx - \int_{2}^{\frac{1}{2}} f(t)dt = \left[\ln x - x^{-1}\right]_{\frac{1}{2}}^{2}$$

$$\Leftrightarrow 3\int_{\frac{1}{2}}^{2} f(x)dx = \left(\ln 2 - \frac{1}{2}\right) - (-\ln 2 - 2)$$

$$\therefore \int_{\frac{1}{2}}^{2} f(x)dx = \frac{2}{3}\ln 2 + \frac{1}{2}$$

[다른 풀이]
☆ 합성함수 미분의 역과정
(치환적분 공식 쓰지 않고 바로 계산!)

$$\int_{\frac{1}{2}}^{2}\left\{2f(x) - \left(-\frac{1}{x^2}\right)f\left(\frac{1}{x}\right)\right\}dx = \int_{\frac{1}{2}}^{2}\left(\frac{1}{x} + \frac{1}{x^2}\right)dx$$

$\left(\dfrac{1}{x}\right)' = -\dfrac{1}{x^2}$ 이므로

$$\left[2F(x) - F\left(\frac{1}{x}\right)\right]_{\frac{1}{2}}^{2} = \left[\ln x - x^{-1}\right]_{\frac{1}{2}}^{2}$$

$$\Leftrightarrow 2\left\{F(2) - F\left(\frac{1}{2}\right)\right\} - \left\{F\left(\frac{1}{2}\right) - F(2)\right\}$$
$$= \left(\ln 2 - \frac{1}{2}\right) - (-\ln 2 - 2)$$

$$\Leftrightarrow 3\left\{F(2) - F\left(\frac{1}{2}\right)\right\} = 2\ln 2 + \frac{3}{2}$$

$$\therefore \int_{\frac{1}{2}}^{2} f(x)dx = \frac{2}{3}\ln 2 + \frac{1}{2}$$

경향 15 Minor Trend

70. [2019년 수능 (가)형 21번]

실수 전체의 집합에서 미분가능한 함수 $f(x)$가 다음 조건을 만족시킬 때, $f(-1)$의 값은? [4점]

> **(가)** 모든 실수 x에 대하여
> $$2\{f(x)\}^2 f'(x) = \{f(2x+1)\}^2 f'(2x+1)$$ 이다.
>
> **(나)** $f\left(-\dfrac{1}{8}\right) = 1$, $f(6) = 2$

① $\dfrac{\sqrt[3]{3}}{6}$ ② $\dfrac{\sqrt[3]{3}}{3}$ ③ $\dfrac{\sqrt[3]{3}}{2}$ ④ $\dfrac{2\sqrt[3]{3}}{3}$ ✓ ⑤ $\dfrac{5\sqrt[3]{3}}{6}$

수능수학 Big Data Analyst 김지석
수능한권 Prism 해설

(Step1) 조건 (가)

☆ 합성함수 미분의 역과정

(치환적분 공식 쓰지 않고 바로 계산!)

$$2\{f(x)\}^2 f'(x) = \{f(2x+1)\}^2 f'(2x+1)$$

$$\Leftrightarrow \frac{2}{3}\{f(x)\}^3 = \frac{1}{6}\{f(2x+1)\}^3 + C_1$$

$$\therefore \{f(2x+1)\}^3 = 4\{f(x)\}^3 + C$$

(Step2) 조건 (나)

$x = -\dfrac{1}{8}$ 대입

$$\left\{f\left(\frac{3}{4}\right)\right\}^3 = 4\left\{f\left(-\frac{1}{8}\right)\right\}^3 + C = 4 + C$$

$x = \dfrac{3}{4}$ 대입

$$\left\{f\left(\frac{5}{2}\right)\right\}^3 = 4\left\{f\left(\frac{3}{4}\right)\right\}^3 + C = 4(4 + C) + C = 16 + 5C$$

$x = \dfrac{5}{2}$ 대입

$$\{f(6)\}^3 = 4\left\{f\left(\frac{5}{2}\right)\right\}^3 + C = 4(16 + 5C) + C = 64 + 21C$$

$$\Leftrightarrow 2^3 = 64 + 21C$$

$$\therefore C = -\frac{8}{3}$$

$$\therefore \{f(2x+1)\}^3 = 4\{f(x)\}^3 - \frac{8}{3}$$

(Step3) $f(-1)$ 구하기

$x = -1$ 대입

$$\{f(-1)\}^3 = 4\{f(-1)\}^3 - \frac{8}{3}$$

$$\Leftrightarrow \{f(-1)\}^3 = \frac{2^3}{3^2}$$

$$\therefore f(-1) = \sqrt[3]{\frac{2^3 \times 3}{3 \times 3 \times 3}} = \frac{2\sqrt[3]{3}}{3}$$

[다른 풀이]

(Step1) 조건 (가)

$$2\{f(x)\}^2 f'(x) = \{f(2x+1)\}^2 f'(2x+1)$$

$$\Leftrightarrow \int 2\{f(x)\}^2 f'(x)\,dx = \int \{f(2x+1)\}^2 f'(2x+1)\,dx$$

$f(x) = t$, $f(2x+1) = s$로 치환적분을 하면

$$\Leftrightarrow \int 2t^2\,dt = \int \frac{1}{2}s^2\,ds$$

$$\Leftrightarrow \frac{2}{3}t^3 = \frac{1}{6}s^3 + C$$

$$\Leftrightarrow \frac{2}{3}\{f(x)\}^3 = \frac{1}{6}\{f(2x+1)\}^3 + C_1$$

$$\therefore \{f(2x+1)\}^3 = 4\{f(x)\}^3 + C$$

경향15 대표문제분석 071

1등급

71. [2010년 수능 (가)형 미분과 적분 29번]
실수 전체의 집합에서 이계도함수를 갖는 두 함수
$f(x)$ 와 $g(x)$에 대하여 정적분

$$\int_0^1 \{f'(x)g(1-x) - g'(x)f(1-x)\}dx = k$$

의 값을 k 라 하자. 옳은 것만은 [보기]에서 있는 대로
고른 것은? [4점]

[보 기]

ㄱ. $\int_0^1 \{f(x)g'(1-x) - g(x)f'(1-x)\}dx = -k$

ㄴ. $f(0)=f(1)$이고 $g(0)=g(1)$이면, $k=0$이다.

ㄷ. $f(x)=\ln(1+x^4)$이고
$g(x)=\sin \pi x$이면, $k=0$이다.

① ㄴ ② ㄷ ③ ㄱ, ㄴ ④ ㄱ, ㄷ ⑤ ㄱ, ㄴ, ㄷ

ㄱ. (참)

식의 특징: 문제에 제시된 단서와 ㄱ의 식이 정의역만 뒤바뀌어
있다. → 치환적분을 해야 한다고 판단할 수 있어야 한다.

$$\int_0^1 \{f'(x)g(1-x) - g'(x)f(1-x)\}dx = k$$

$1-x=t, \ x=1-t$로 치환적분을 하면

$$= -\int_1^0 \{f'(1-t)g(t) - g'(1-t)f(t)\}dt$$

$$= \int_0^1 \{f'(1-t)g(t) - g'(1-t)f(t)\}dt$$

$$= -\int_0^1 \{f(t)g'(1-t) - g(t)f'(1-t)\}dt = k$$

$$\therefore \int_0^1 \{f(x)g'(1-x) - g(x)f'(1-x)\}dx = -k$$

ㄴ. (참)

식의 특징: $f'g+fg'$ 꼴이 곱해진 함수의 미분을 연상시킨다.
그래서 "곱해진 함수의 미분의 역과정이 아닐까?"라는 추측을
하고, 아래 식의 미분을 해볼 판단을 할 수 있어야 한다.

$$\{f(x)g(1-x)\}' = f'(x)g(1-x) - f(x)g'(1-x)$$

$$\{g(x)f(1-x)\}' = g'(x)f(1-x) - g(x)f'(1-x)$$

$$\int_0^1 (\{f(x)g(1-x)\}' - \{g(x)f(1-x)\}')dx$$

$$= \int_0^1 (A - B)\, dx - \int_0^1 (C - D)\, dx$$

$$\Leftrightarrow [f(x)g(1-x) - g(x)f(1-x)]_0^1 = k - (-k)$$

$$\Leftrightarrow \{f(1)g(0) - g(1)f(0)\} - \{f(0)g(1) - g(0)f(1)\} = 2k$$

$$\Leftrightarrow 2\{f(1)g(0) - g(1)f(0)\} = 2k$$

$$\therefore f(1)g(0) - g(1)f(0) = k$$

$$\therefore f(0)=f(1)\text{이고 } g(0)=g(1)\text{이면, } k=0$$

ㄷ. (참)

$g(x)=\sin \pi x$이면 $g(0)=g(1)=0$

$$\therefore f(1)g(0) - g(1)f(0) = k = 0$$

경향 15 Minor Trend

1등급

72. [2011년 수능 (가)형 미분과 적분 28번]
실수 전제의 집합에서 미분가능한 함수 $f(x)$가 있다.
모든 실수 x에 대하여 $f(2x) = 2f(x)f'(x)$이고,

$$f(a) = 0, \quad \int_{2a}^{4a} \frac{f(x)}{x}dx = k \quad (a > 0,\ 0 < k < 1)$$

일 때, $\displaystyle\int_{a}^{2a} \frac{\{f(x)\}^2}{x^2}dx$의 값을 k로 나타낸 것은? [3점]

① $\dfrac{k^2}{4}$ ② $\dfrac{k^2}{2}$ ③ k^2 ✔④ k ⑤ $2k$

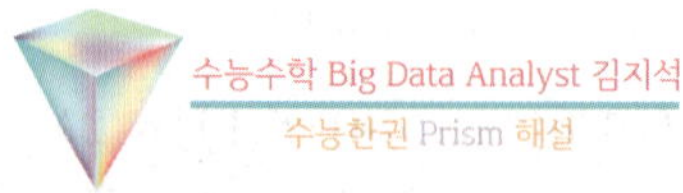

수능수학 Big Data Analyst 김지석
수능한권 Prism 해설

식의 특징: $2f(x)f'(x)$는 $\{f(x)\}^2$의 미분값이다!
$2f(x)f'(x) = (\{f(x)\}^2)'$로 해석해야 한다는 판단을 할 수 있어야 한다.
$\overset{\shortparallel}{f(2x)}$

식의 특징: $\{f(x)\}^2$를 미분해야 하므로 부분적분을 해야 한다는 판단을 할 수 있어야 한다.

$$\int_{a}^{2a} \frac{\{f(x)\}^2}{x^2}dx = \int_{a}^{2a} x^{-2}\{f(x)\}^2 dx$$

$$= \left[-x^{-1}\{f(x)\}^2 \right]_{a}^{2a} - \int_{a}^{2a} -x^{-1}f(2x)dx$$

식의 특징: 단서 $\displaystyle\int_{2a}^{4a} \frac{f(x)}{x}dx = k$와 정의역이 다르므로 치환적분을 해야 한다는 생각을 할 수 있어야 한다.

$$= 0 - 0 + \int_{a}^{2a} \frac{f(2x)}{x}dx$$

$$(\because\ f(2a) = 2f(a)f'(a)$$이고 $f(a) = 0$이므로 $f(2a) = 0)$$

$2x = t$로 치환적분을 하면

$$= \int_{2a}^{4a} \frac{f(t)}{t}dt = k$$

Analysis

단순히 풀이 방법 계산이 중요한 것이 아니라,
이 풀이 방법을 생각해내는 방법을 터득하는 것이
중요하다. 식의 특징을 파악해서 논리적 추론을 하는
방법을 배워보자.

경향15 대표문제분석 073

———— 1등급 ————

73. [2014년 수능 (B)형 21번]
연속함수 $y = f(x)$의 그래프가 원점에 대하여 대칭이고,
모든 실수 x에 대하여

$f(x) = \dfrac{\pi}{2}\displaystyle\int_{1}^{x+1} f(t)dt$ 이다. $f(1) = 1$일 때,

$\pi^2 \displaystyle\int_{0}^{1} xf(x+1)dx$의 값은? [4점]

① $2(\pi-2)$ ② $2\pi-3$ ③ $2(\pi-1)$
④ $2\pi-1$ ⑤ 2π

숫자의 일치는 우연이 아니다! $x+1$

Analysis

$g(x) = \displaystyle\int_{a}^{x} f(t)dt$ 꼴이 등장하면 꼭 해야 하는 것!

❶ $x = a$ 대입 : $g(a) = \displaystyle\int_{a}^{a} f(t)dt = 0$

❷ 미분 : $g'(x) = f(x)$

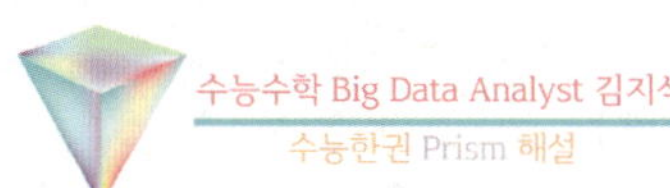

$f(x) = \dfrac{\pi}{2}\displaystyle\int_{1}^{x+1} f(t)dt$ 에서

❶ $x = 0$ 대입
$f(0) = 0$

❷ 미분

$f'(x) = \dfrac{\pi}{2} f(x+1)$

식의 특징: 곱해진 식에서 일부가 미분되어 있으므로
부분적분을 해야 한다는 판단을 할 수 있어야 한다.

$\therefore \pi^2 \displaystyle\int_{0}^{1} xf(x+1)dx$

$= \pi^2 \displaystyle\int_{0}^{1} x \dfrac{2}{\pi} f'(x)dx$

$= 2\pi \left\{ [f(x)x]_{0}^{1} - \displaystyle\int_{0}^{1} f(x)dx \right\}$

$= 2\pi \left\{ (f(1)-0) - \dfrac{2}{\pi} \right\}$

$= 2\pi \left(1 - \dfrac{2}{\pi} \right)$

$= 2(\pi-2)$

$f(x)$가 원점대칭이므로
$f(1) = 1$
$\Leftrightarrow f(-1) = -1$
$\Leftrightarrow \dfrac{\pi}{2}\displaystyle\int_{1}^{0} f(t)dt = -1$

$\therefore \displaystyle\int_{0}^{1} f(t)dt = \dfrac{2}{\pi}$

경향 15 Minor Trend

━━ 1등급 ━━

74. [2017년 수능 (가)형 21번]
닫힌구간 $[0,\ 1]$에서 증가하는 연속함수 $f(x)$가

$$\int_0^1 f(x)dx = 2, \quad \int_0^1 |f(x)|dx = 2\sqrt{2}$$

를 만족시킨다. 함수 $F(x)$가

$$F(x) = \int_0^x |f(t)|dt \quad (0 \le x \le 1)$$

일 때, $\displaystyle\int_0^1 f(x)F(x)dx$의 값은? [4점]

① $4 - \sqrt{2}$ ② $42 + \sqrt{2}$ ③ $5 - \sqrt{2}$
④ $1 + 2\sqrt{2}$ ⑤ $2 + 2\sqrt{2}$

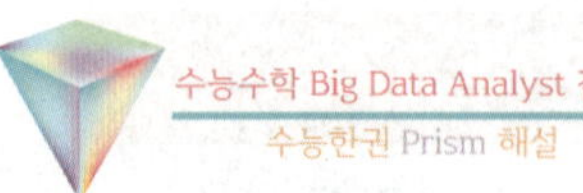

$$F(x) = \int_0^x |f(t)|dt \text{ 에서}$$

❶ $x = 0$ 대입
$$F(0) = 0$$

❷ 미분
$$F'(x) = |f(x)|$$

$$\Leftrightarrow \begin{cases} F'(x) = f(x) & (f(x) > 0) \\ F'(x) = -f(x) & (f(x) < 0) \end{cases}$$

$$\Leftrightarrow \begin{cases} f(x) = F'(x) & (f(x) > 0) \\ f(x) = -F'(x) & (f(x) < 0) \end{cases}$$

식의 특징:

$$\int_0^1 f(x)dx = 2 < \int_0^1 |f(x)|dx = 2\sqrt{2}$$

이므로 $f(x) < 0$인 부분이 있는 것이다!

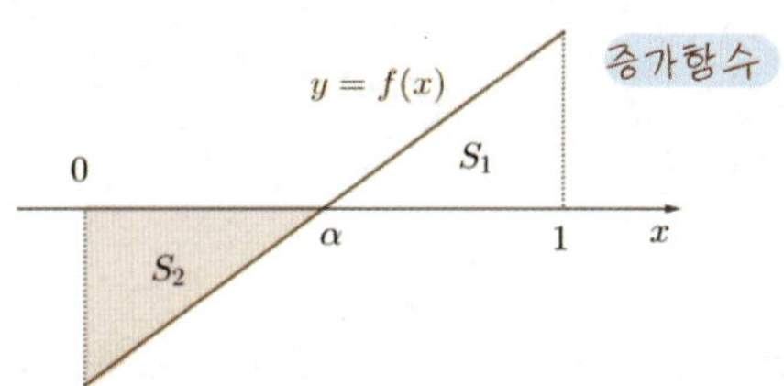

$$\int_0^1 f(x)dx = S_1 - S_2 = 2$$

$$\int_0^1 |f(x)|dx = S_1 + S_2 = 2\sqrt{2}$$

$$\therefore\ S_2 = \sqrt{2} - 1$$

식의 특징: $F(x)$와 $F'(x)$가 함께 있으므로 치환적분!

$$\int_0^1 f(x)F(x)\,dx$$

$$= \int_0^\alpha -F'(x)F(x)\,dx + \int_\alpha^1 F'(x)F(x)\,dx$$

☆ 합성함수 미분의 역과정
(치환적분 공식 쓰지 않고 바로 계산!)
$(\{F(x)\}^2)' = 2F(x)F'(x)$ 이므로

$$= -\frac{1}{2}\left[\{F(x)\}^2\right]_0^\alpha + \frac{1}{2}\left[\{F(x)\}^2\right]_\alpha^1$$

$$= -\frac{1}{2}\left\{(\{F(\alpha)\}^2 - \{F(0)\}^2) - (\{F(1)\}^2 - \{F(\alpha)\}^2)\right\}$$

$$= -\frac{1}{2}\left(2\{F(\alpha)\}^2 - \{F(0)\}^2 - \{F(1)\}^2\right)$$

$$F(\alpha) = \int_0^\alpha |f(t)|\,dt = S_2 = \sqrt{2} - 1,$$

$$F(0) = 0, \quad F(1) = \int_0^1 |f(t)|\,dt = 2\sqrt{2} \text{ 이므로}$$

$$= -\frac{1}{2}\left\{2 \times (\sqrt{2} - 1)^2 - 0^2 - (2\sqrt{2})^2\right\}$$

$$= 1 + 2\sqrt{2}$$

[다른 풀이]

$$\int_0^1 f(x)F(x)\,dx$$

$$= \int_0^\alpha -F'(x)F(x)\,dx + \int_\alpha^1 F'(x)F(x)\,dx$$

$F(x) = t$ 로 치환적분을 하면

$$= \int_{F(0)}^{F(\alpha)} -t\,dt + \int_{F(\alpha)}^{F(1)} t\,dt$$

$$= \left[-\frac{1}{2}t^2\right]_{F(0)}^{F(\alpha)} + \left[\frac{1}{2}t^2\right]_{F(\alpha)}^{F(1)}$$

$$= -\frac{1}{2}\left\{(\{F(\alpha)\}^2 - \{F(0)\}^2) - (\{F(1)\}^2 - \{F(\alpha)\}^2)\right\}$$

경향 15 Minor Trend

경향15 대표문제분석 075

1등급

75. [2025년 수능 (미적분) 28번]
실수 전체의 집합에서 미분가능한 함수 $f(x)$의 도함수 $f'(x)$가

$$f'(x) = -x + e^{1-x^2}$$

이다. 양수 t에 대하여 곡선 $y = f(x)$ 위의 점 $(t, f(t))$에서의 접선과 곡선 $y = f(x)$ 및 y축으로 둘러싸인 부분의 넓이를 $g(t)$라 하자. $g(1) + g'(1)$의 값은? [4점]

① $\dfrac{1}{2}e + \dfrac{1}{2}$　　② $\dfrac{1}{2}e + \dfrac{2}{3}$　　③ $\dfrac{1}{2}e + \dfrac{5}{6}$

④ $\dfrac{2}{3}e + \dfrac{1}{2}$　　⑤ $\dfrac{2}{3}e + \dfrac{2}{3}$

Analysis〰

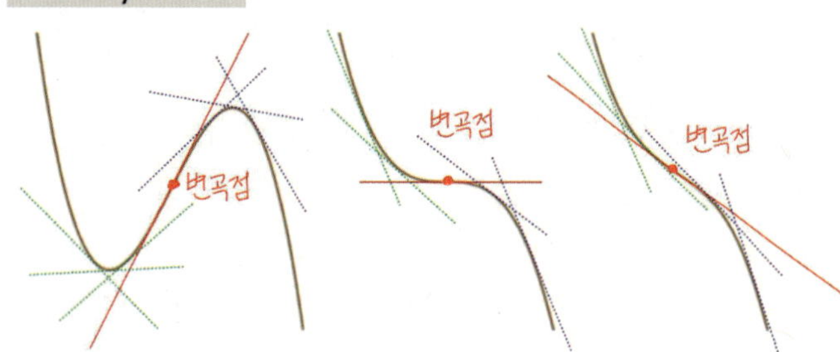

아래로 볼록 ▸ 접선이 곡선 아래에
위로 볼록 ▸ 접선이 곡선 위에

수능수학 Big Data Analyst 김지석
수능한권 Prism 해설

(Step1) 그래프 형태 파악하기

$$f'(x) = -x + e^{1-x^2}$$

$$f''(x) = -1 - 2xe^{1-x^2}$$

$\therefore$ $x > 0$일 때 $f''(x) < 0$

$\therefore$ 곡선 $y = f(x)$은 $x > 0$에서 위로 볼록하다.

$\therefore$ 곡선 $y = f(x)$ 위의 점 $(t, f(t))$에서의 접선 $y = f'(t)(x-t) + f(t)$은 곡선 $y = f(x)$ 위에 있다.

(Step2) $g(1)$ 구하기

$$g(t) = \int_0^t \{f'(t)(x-t) + f(t) - f(x)\}\, dx$$

$$g(1) = \int_0^1 \{f'(1)(x-1) + f(1) - f(x)\}\, dx$$

$$= \int_0^1 \{f(1) - f(x)\}\, dx \quad (\because f'(1) = 0)$$

$$= f(1) - \int_0^1 f(x)\, dx$$

$$\text{※} \int_0^1 f(x)\, dx = \Big[x \times f(x)\Big]_0^1 - \int_0^1 x \times f'(x)\, dx$$

$$= f(1) - \int_0^1 \left(-x^2 + xe^{1-x^2}\right) dx$$

$$g(1) = f(1) - \int_0^1 f(x)\, dx$$

$$= \int_0^1 \left(-x^2 + xe^{1-x^2}\right) dx$$

$$= \left[-\frac{1}{3}x^3 - \frac{1}{2}e^{1-x^2}\right]_0^1$$

$$= -\frac{1}{3} - \frac{1}{2} - \left(-\frac{1}{2}e\right) = \frac{e}{2} - \frac{5}{6}$$

(step3) $g'(1)$ 구하기

적분 변수는 x

미분 변수는 t

→ t에 대하여 미분할 수 있도록

적분 $\int$ 안에 있는 t에 대한 식은 $\int$ 밖으로 빼낸다.

$$g(t)=\int_0^t \{f'(t)(x-t)+f(t)-f(x)\}\,dx$$

$$=\int_0^t \{f'(t)x+(-tf'(t)+f(t))\times 1-f(x)\}\,dx$$

$$=f'(t)\int_0^t x\,dx+(-tf'(t)+f(t))\int_0^t 1\,dx-\int_0^t f(x)\,dx$$

☆ t에 대하여 미분

$$g'(t)=f''(t)\int_0^t x\,dx+f'(t)t$$

$$+(-f'(t)-tf''(t)+f'(t))\int_0^t 1\,dt$$

$$+(-tf'(t)+f(t))\times 1-f(t)$$

$$=-\frac{1}{2}t^2\times f''(t)$$

$$g'(1)=-\frac{1}{2}(-3)=\frac{3}{2}$$

$$\therefore\ g(1)+g'(1)=\frac{e}{2}-\frac{5}{6}+\frac{3}{2}=\frac{1}{2}e+\frac{2}{3}$$

경향 16 Minor Trend

경향16 수능 출제 난이도

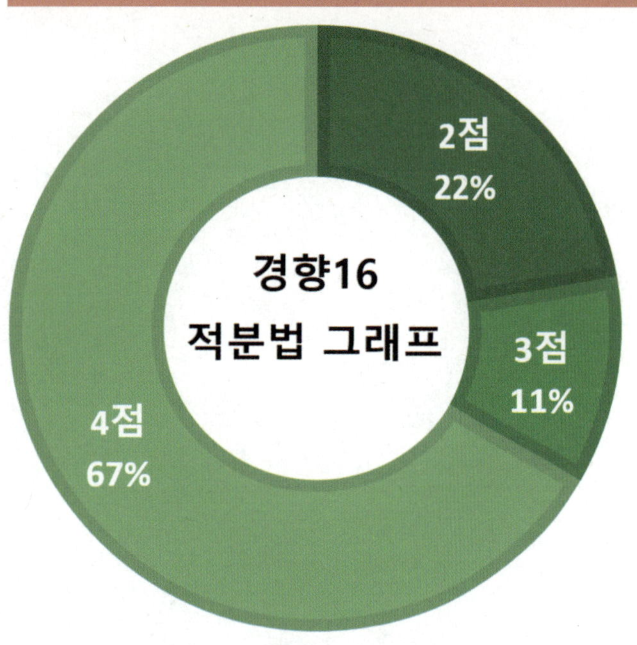

경향16 수능별 데이터 (1)

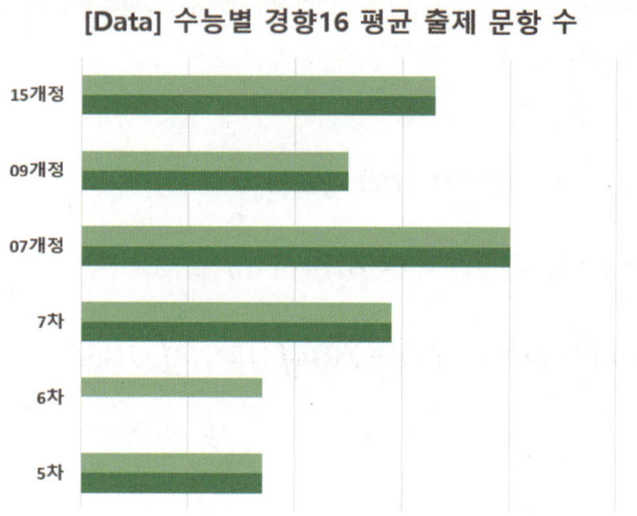

COMMENT

대체적으로 쉽게 출제된 경향이기는 하지만 여기 있는 문제들을 잘 풀어야 고난도로 출제돼도 잘 풀 수 있게 되니까 겸손한 마음으로 꼼꼼히 공부하자. 적분법 그래프는 특히 식이 그래프에서 갖는 의미를 파악하는 것과 그래프를 관찰하는 것이 무척 중요해! 적분법 그래프를 학생들이 푸는 것을 보면 그래프의 대칭이동, 평행이동, 혹은 그래프의 의미를 정확하게 해석해서 계산양을 줄여가며 푸는 친구들이 있는 반면, 그냥 무턱대고 식을 변형하고 계산하는 식으로 의미 없게 문제 푸는 친구들도 있더라. 우리는 공부할 때 꼭 식이 그래프에서 갖는 의미를 해석하는 연습을 하고, 그래프가 주는 정보를 꼼꼼하게 파악해서 계산 양을 줄일 수는 없을까?를 고민해보도록 하자.

경향16 수능 출제 전망

■■■□□
고난도 그래프 문제 기반

경향16 적분법 단원 내 출제 비율

10.72%

경향16 공부 우선순위

★★★
미적분에서 그래프를 빼면
미적분이 아니지

경향16 수능별 데이터 (2)

현교육과정
경향16 수능중요도

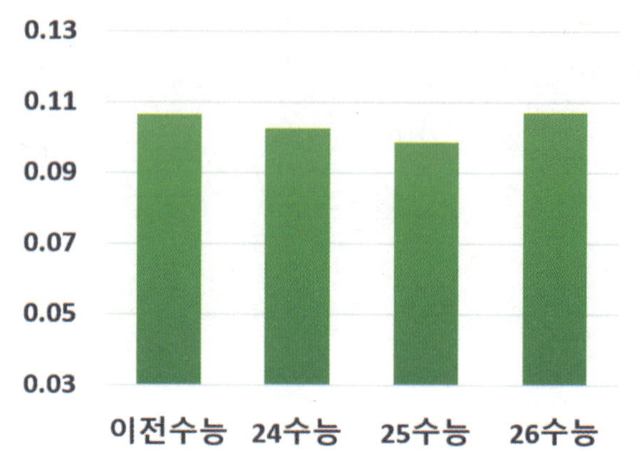

경향16 대표문제분석 076

76. [2006년 수능 (가)형 미분과 적분 28번]
함수 $f(x) = e^{-x}$과 자연수 n에 대하여 점 P_n, Q_n을
각각 $P_n(n, f(n))$, $Q_n(n+1, f(n))$이라 하자. 삼각형
$P_n P_{n+1} Q_n$의 넓이를 A_n, 선분 $P_n P_{n+1}$과 함수
$y = f(x)$의 그래프로 둘러싸인 도형의 넓이를 B_n 이라
할 때, <보기>에서 옳은 것을 모두 고른 것은? [4점]

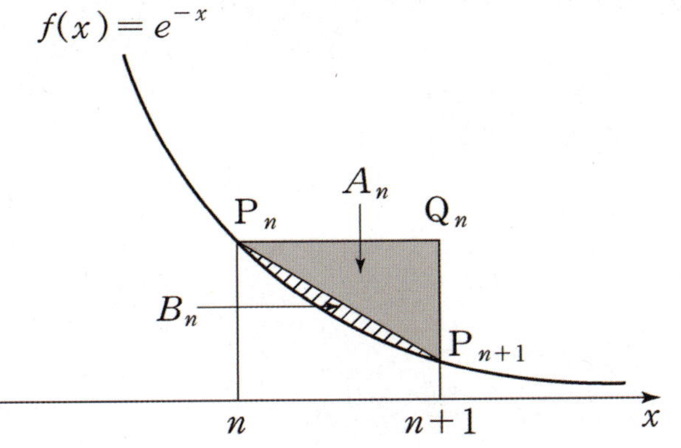

[보 기]

ㄱ. $\displaystyle\int_n^{n+1} f(x)\,dx = f(n) - (A_n + B_n)$

ㄴ. $\displaystyle\sum_{n=1}^{\infty} A_n = \frac{1}{2e}$

ㄷ. $\displaystyle\sum_{n=1}^{\infty} B_n = \frac{3-e}{2e(e-1)}$

① ㄱ　　　② ㄱ, ㄴ　　　③ ㄱ, ㄷ
④ ㄴ, ㄷ　　　⑤ ㄱ, ㄴ, ㄷ

식이 그래프에서 갖는 의미를 해석할 것!

ㄱ. (참)

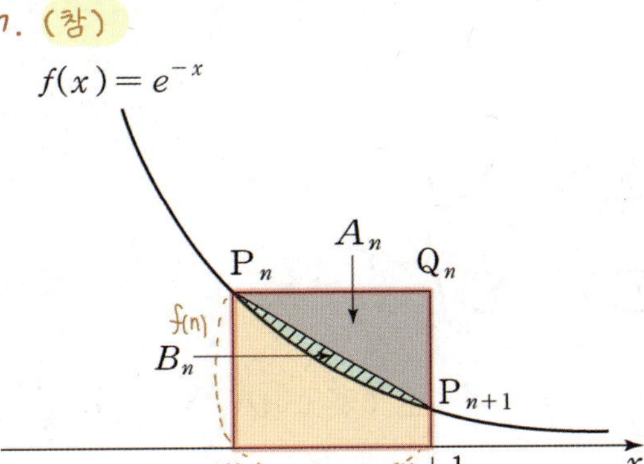

$\displaystyle\int_n^{n+1} f(x)\,dx$, A_n, B_n 모두 넓이로서의 이미가 있으므로
$f(n)$도 넓이로 해석한다는 판단을 할 수 있어야 한다.
사각형의 넓이가 $f(n) \times 1 = f(n)$
$\therefore \displaystyle\int_n^{n+1} f(x)\,dx = f(n) - (A_n + B_n)$

ㄴ. (참)

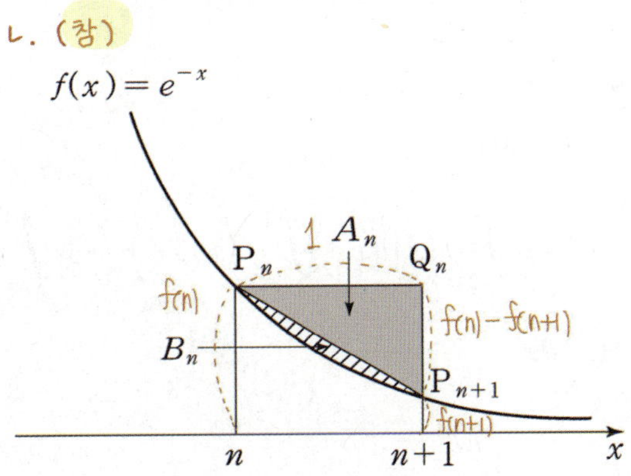

$\displaystyle\sum_{n=1}^{\infty} A_n = \sum_{n=1}^{\infty} \frac{1}{2}\{f(n) - f(n+1)\}$

$= \displaystyle\sum_{n=1}^{\infty} \frac{1}{2}\{e^{-n} - e^{-n-1}\}$

$= \displaystyle\sum_{n=1}^{\infty} \frac{1}{2} e^{-n}(1 - e^{-1})$

$= \displaystyle\frac{1}{2} \frac{e^{-1}(1 - e^{-1})}{1 - e^{-1}} = \frac{1}{2e}$

경향 16 Minor Trend

ㄷ. (참)

ㄱ에서 $B_n = f(n) - A_n - \displaystyle\int_n^{n+1} f(x)\,dx$

$\displaystyle\sum_{n=1}^{\infty} B_n$

$= \displaystyle\sum_{n=1}^{\infty} f(n) - \sum_{n=1}^{\infty} A_n - \sum_{n=1}^{\infty} \int_n^{n+1} f(x)\,dx$

$= \displaystyle\sum_{n=1}^{\infty} e^{-n} - \sum_{n=1}^{\infty} A_n - \sum_{n=1}^{\infty} \int_n^{n+1} e^{-x}\,dx$

$= \dfrac{e^{-1}}{1-e^{-1}} - \dfrac{1}{2e} - \displaystyle\int_1^{\infty} e^{-x}\,dx \quad \left(\because \text{ㄴ에서 } \sum_{n=1}^{\infty} A_n = \dfrac{1}{2e} \right)$

$= \dfrac{1}{e-1} - \dfrac{1}{2e} + \left[e^{-x} \right]_1^{\infty}$

$= \dfrac{1}{e-1} - \dfrac{1}{2e} - \dfrac{1}{e}$

$= \dfrac{3-e}{2e(e-1)}$

※ [참고]

$\displaystyle\sum_{n=1}^{\infty} \int_n^{n+1} f(x)\,dx$

$= \displaystyle\lim_{n\to\infty} \sum_{k=1}^{n} \int_k^{k+1} f(x)\,dx$

$= \displaystyle\lim_{n\to\infty} \left(\int_1^2 f(x)\,dx + \int_2^3 f(x)\,dx + \int_3^4 f(x)\,dx + \cdots + \int_n^{n+1} f(x)\,dx \right)$

$= \displaystyle\lim_{n\to\infty} \int_1^{n+1} f(x)\,dx$

경향16 대표문제분석 077

77. [2012년 수능 (가)형 16번]

그림에서 두 곡선 $y=e^x$, $y=xe^x$ 과 y 축으로 둘러싸인 부분 A 의 넓이를 a, 두 곡선 $y=e^x$, $y=xe^x$ 과 직선 $x=2$ 로 둘러싸인 부분 B 의 넓이를 b 라 할 때, $b-a$ 의 값은? [4점]

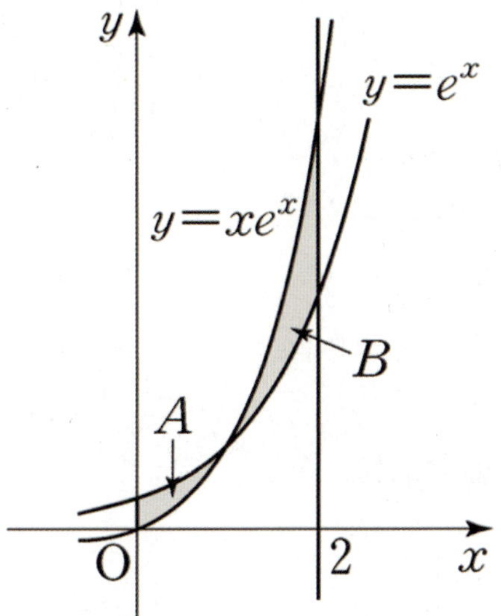

① $\dfrac{3}{2}$　　② $e-1$　　③ 2　　④ $\dfrac{5}{2}$　　⑤ e

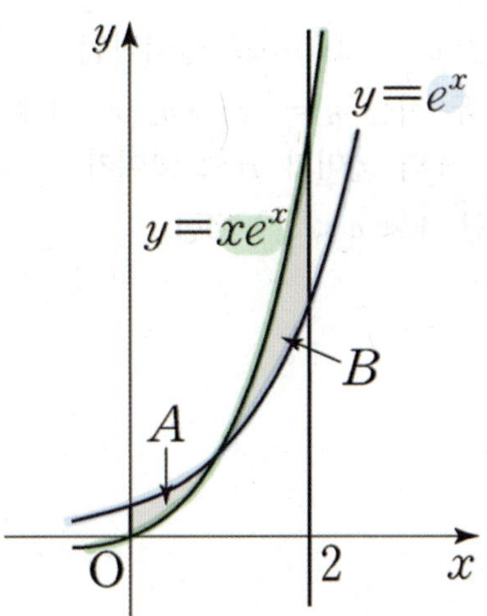

$$b-a = \int_0^2 (xe^x - e^x)dx$$
$$= \int_0^2 (x-1)e^x dx$$
$$= \left[(x-1)e^x\right]_0^2 - \int_0^2 e^x dx$$
$$= 1-(-e^2)-(e^2-1) = 2$$

Analysis

적분 구간을 구하겠다고 두 그래프의 교점을 구하려고 하면 문제 풀 때 개념을 전혀 떠올리지 않고 있는 것이다.

■ 두 함수의 차의 적분

두 함수 $y=f(x)$와 $y=g(x)$에 대하여 닫힌구간 $[a,\ c]$에서 $f(x) \geq g(x)$이고, 닫힌구간 $[c,\ b]$에서 $f(x) \leq g(x)$이다.

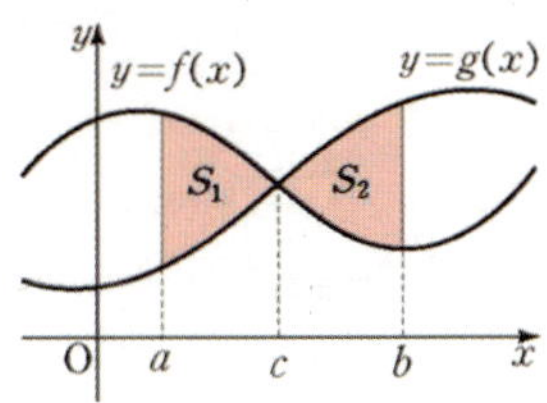

$$\int_a^b \{f(x)-g(x)\}dx = S_1 - S_2$$

경향16 대표문제분석 078

78. [2018년 수능 (가)형 12번]

곡선 $y = e^{2x}$과 y축 및 직선 $y = -2x + a$로 둘러싸인 영역을 A, 곡선 $y = e^{2x}$과 두 직선 $y = -2x + a$, $x = 1$로 둘러싸인 영역을 B라 하자. A의 넓이와 B의 넓이가 같을 때, 상수 a의 값은? (단, $1 < a < e^2$) [3점]

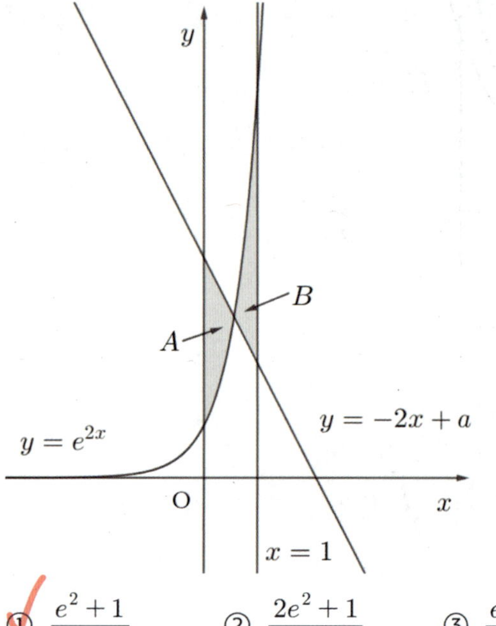

① $\dfrac{e^2 + 1}{2}$　② $\dfrac{2e^2 + 1}{4}$　③ $\dfrac{e^2}{2}$

④ $\dfrac{2e^2 - 1}{4}$　⑤ $\dfrac{e^2 - 1}{2}$

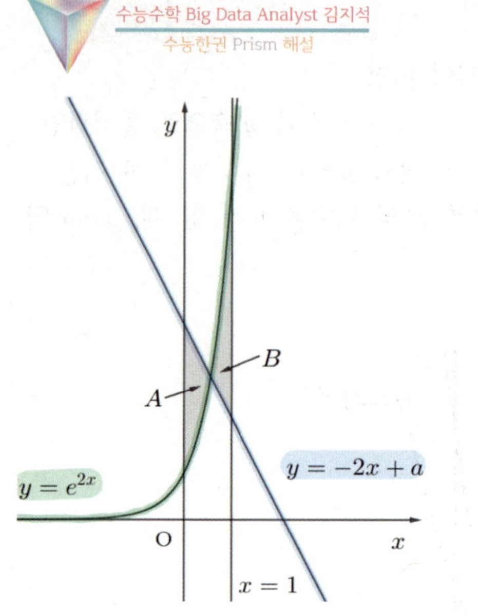

$e^{2x} = -2x + a$는 풀 수 없는 방정식이다.

$$B - A = \int_0^1 \{e^{2x} - (-2x + a)\}dx$$

$$= \left[\frac{1}{2}e^{2x} + x^2 - ax \right]_0^1$$

$$= \left(\frac{1}{2}e^2 + 1 - a \right) - \left(\frac{1}{2} \right)$$

$$= 0$$

$$\therefore a = \frac{e^2 + 1}{2}$$

Analysis

이 문제도 바로 전 문제인 [2012년 수능 (가)형 16번]와 마찬가지로 적분 구간을 구하겠다고 방정식 $e^{2x} = -2x + a$를 풀려고 들면 안된다.
심지어 풀 수조차 없다. 지수식과 일차식이 섞인 방정식은 일반적으로는 풀이가 불가하다.

경향16 대표문제분석 079

79. [2015년 수능 (B)형 28번]

양수 a에 대하여 함수 $f(x) = \int_0^x (a-t)e^t dt$의 최댓값이 32이다. 곡선 $y = 3e^x$과 두 직선 $x = a$, $y = 3$으로 둘러싸인 부분의 넓이를 구하시오. [4점]

96

(step1) 구하는 답 확인

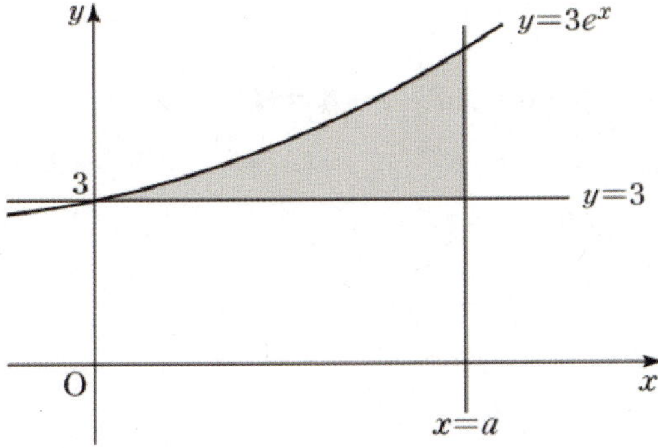

곡선 $y = 3e^x$과 두 직선 $x = a$, $y = 3$으로 둘러싸인 부분의 넓이는

$$\int_0^a (3e^x - 3)dx$$

$$= \left[3e^x - 3x\right]_0^a$$

$$= 3(e^a - a - 1)$$

(step2) 최댓값 조건 확인

$$f(x) = \int_0^x (a-t)e^t dt \text{에서}$$

❶ $x = 0$ 대입

$$f(0) = 0$$

❷ 미분

$$f'(x) = (a-x)e^x$$

$e^x > 0$이므로 $f'(x)$의 부호는 $y = a - x$의 부호와 동일하다.

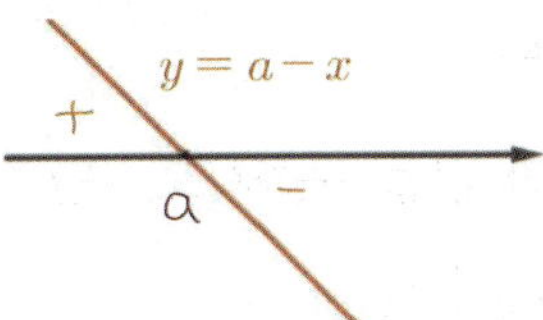

$\therefore$ $f(x)$는 $x = a$에서 극대이자 최댓값 32을 가진다.

$$f(a) = \int_0^a (a-t)e^t dt = 32$$

$$= \left[e^t(a-t) + e^t\right]_0^a$$

$$= (0 + e^a) - (a + 1)$$

$$= e^a - a - 1 = 32$$

$$\therefore \int_0^a (3e^x - 3)dx = 3(e^a - a - 1) = 3 \times 32 = 96$$

Analysis

생각은 단서에서 시작하는 것이 아니라 답에서 시작해야 한다. 이걸 못해서 많은 학생들이 이 문제를 틀리고, 풀이를 보고서야 의외로 쉽게 풀 수 있었다는 것에 허탈해 했다.

흔히 빠지는 함정이 문제 풀이 과정 중 등장하는 $e^a - a - 1 = 32$에서 a값을 구해야 한다고 착각하는 것이다. 그러나 지수식과 일차식이 섞인 방정식은 일반적으로는 풀이가 불가하다는 걸 인식해야 한다.

경향 16 Minor Trend

경향16 대표문제분석 080

26

80. [2023년 수능 (미적분) 29번]

세 상수 a, b, c에 대하여 함수 $f(x) = ae^{2x} + be^x + c$가 다음 조건을 만족시킨다.

(가) $\lim\limits_{x \to -\infty} \dfrac{f(x)+6}{e^x} = 1$

(나) $f(\ln 2) = 0$

함수 $f(x)$의 역함수를 $g(x)$라 할 때,

$$\int_0^{14} g(x)dx = p + q\ln 2$$ 이다. $p+q$의 값을 구하시오. (단, p, q는 유리수이고, $\ln 2$는 무리수이다.) [4점]

(Step1) $f(x)$ 구하기

$$\lim_{x \to -\infty} \frac{f(x)+6}{e^x} = 1$$

$$= \lim_{x \to -\infty} \frac{ae^{2x} + be^x + c + 6}{e^x}$$

$$= \lim_{t \to \infty} \frac{ae^{-2t} + be^{-t} + c + 6}{e^{-t}}$$

$$= \lim_{t \to \infty} \{ae^{-t} + b + (c+6) \times e^t\} = 1$$

$$\therefore \ b = 1, \quad c = -6$$

$$f(\ln 2) = ae^{2\ln 2} + e^{\ln 2} - 6 = 4a + 2 - 6 = 0$$

$$\therefore \ a = 1$$

$$\therefore \ f(x) = e^{2x} + e^x - 6$$

(step2) 역함수 넓이 구하기

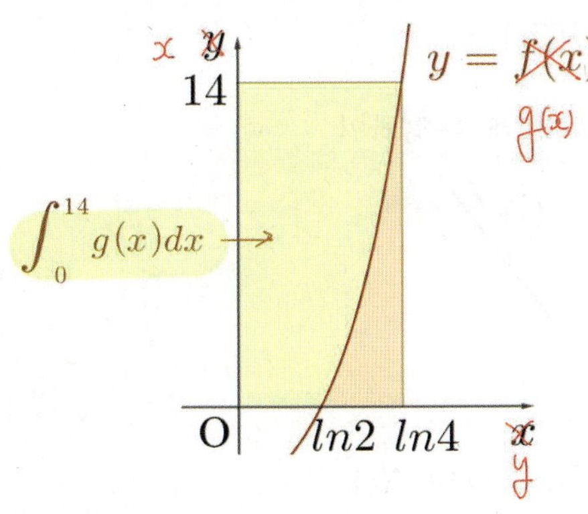

$f(x) = e^{2x} + e^x - 6 = 14$

$\Leftrightarrow (e^x - 4)(e^x + 5) = 0$

$\therefore e^x = 4 \ (\because e^x > 0)$

$\therefore x = \ln 4$

$\displaystyle\int_0^{14} g(x)dx$

$= 14\ln 4 - \displaystyle\int_{\ln 2}^{\ln 4} f(x)dx$

$= 14\ln 4 - \displaystyle\int_{\ln 2}^{\ln 4} (e^{2x} + e^x - 6)dx$

$= 14\ln 4 - \left[\dfrac{1}{2}e^{2t} + e^t - 6t\right]_{\ln 2}^{\ln 4}$

$= 28\ln 2 - (8 - 6\ln 2)$

$= 34\ln 2 - 8$

$\therefore p + q = -8 + 34 = 26$

Analysis

역함수의 적분을 구하라는 문제가 나왔을 때는,
새로 역함수의 그래프를 그리지 말고
원래 있는 그래프를 그대로 활용하는 것이 좋다.
그래프를 바꾸지 말고 축을 바꾸는 것이다!
세로축을 x축, 가로축을 y축이라 두면
그래프의 모양은 그대로이지만
이 그래프는 사실상 $f(x)$가 아닌 역함수 $g(x)$가 된다!

경향13 [2005년 수능 (가)형 10번]에서도 같은 아이디어를
사용했다.

[개념] f와 g가 역함수 관계
$f(a) = b \Leftrightarrow g(b) = a$

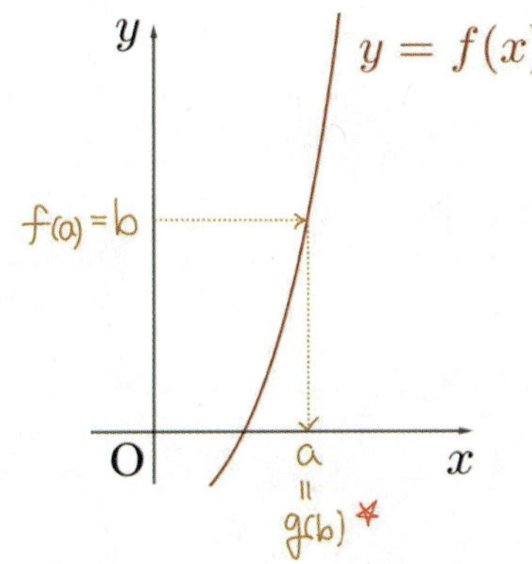

경향 16 Minor Trend

경향16 실전개념분석 081

81. [2026년 수능 (미적분) 28번]
함수

$$f(x) = \frac{1}{2}x^2 - x + \ln(1+x)$$

와 양수 t에 대하여 점 $(s, f(s))$ $(s > 0)$에서 y축에 내린 수선의 발과 곡선 $y = f(x)$ 위의 점 $(s, f(s))$에서의 접선이 y축과 만나는 점 사이의 거리가 t가 되도록 하는 s의 값을 $g(t)$라 하자. $\displaystyle\int_{\frac{1}{2}}^{\frac{27}{4}} g(t)\,dt$ 의 값은? [4점]

① $\dfrac{161}{12} + \ln 3$ ② $\dfrac{40}{3} + \ln 3$ ③ $\dfrac{53}{4} + \ln 2$

④ $\dfrac{79}{6} + \ln 2$ ⑤ $\dfrac{157}{12} + \ln 2$

(Step1) 구하기 t와 s 관계 파악하기

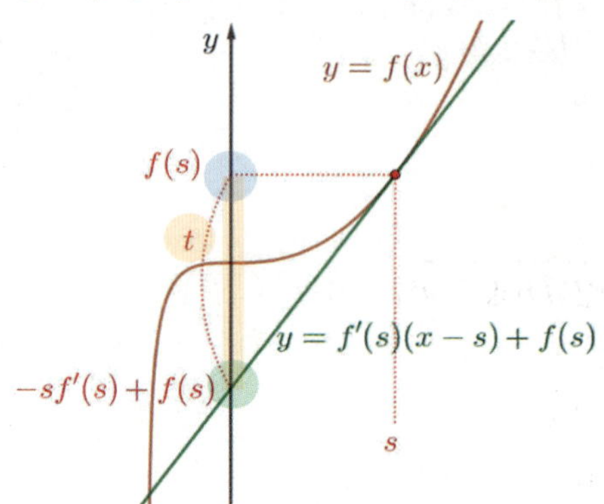

점 $(s, f(s))$에서 y축에 내린 수선의 발의 좌표는
$(0, f(s))$
곡선 $y = f(x)$ 위의 점 $(s, f(s))$에서의 접선의 방정식은
$$y = f'(s)(x - s) + f(s)$$
이고 $x = 0$을 대입하면
$$y = f(s) - sf'(s)$$
이 접선이 y축과 만나는 점의 좌표는
$(0, f(s) - sf'(s))$

$$t = \left| f(s) - \{f(s) - sf'(s)\} \right| = |sf'(s)|$$
$$= \left| s\left(s - 1 + \frac{1}{1+s}\right) \right| = \left| s \cdot \frac{(s-1)(s+1)+1}{1+s} \right|$$
$$= \left| s \cdot \frac{s^2}{s+1} \right| = \frac{s^3}{s+1} \quad (\because\ s > 0)$$

Analysis

역함수의 적분에 관한 문제가 [2023년 수능 (미적분) 29번]에 이어 3년 만에 다시 출제됐다. 최근에 출제된 문제 아이디어가 재활용되면 아무래도 조금 더 어려운 요소가 추가되기 마련이다. 이 문제에서는 역함수 자체를 직접적으로 드러내지 않는 방식이 활용됐다. 역함수를 파악하기만 하면 어렵지 않은 문제인데, 많은 학생들이 이걸 파악하지 못해서 상당히 높은 오답률을 기록했던 문제다.

(step2) g(t) 파악하기

$t = \dfrac{s^3}{s+1} = h(s)$라고 하면

$s = g(t) = g(h(s))$이므로

$h^{-1} = g$이다.

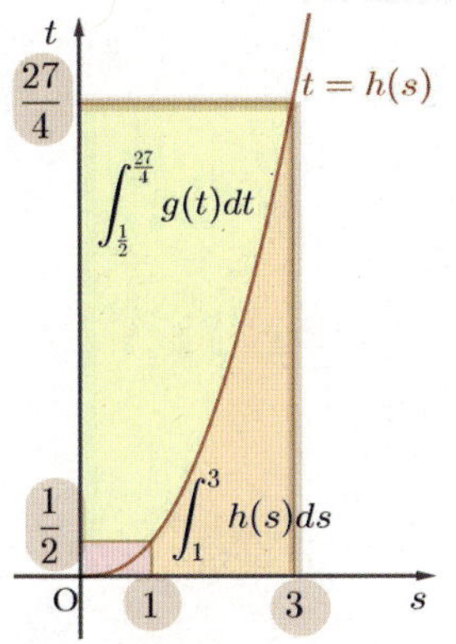

$$h(1) = \frac{1^3}{1+1} = \frac{1}{2}, \quad h(3) = \frac{3^3}{3+1} = \frac{27}{4}$$

$$\therefore \int_{\frac{1}{2}}^{\frac{27}{4}} g(t)\,dt = \frac{27}{4} \times 3 - \frac{1}{2} \times 1 - \int_1^3 h(s)\,ds$$

$$= \frac{81}{4} - \frac{2}{4} - \int_1^3 \frac{s^3}{s+1}\,ds$$

$$= \frac{79}{4} - \int_2^4 \frac{(s-1)^3}{s}\,ds$$

$$= \frac{79}{4} - \int_2^4 \frac{s^3 - 3s^2 + 3s - 1}{s}\,ds$$

$$= \frac{79}{4} - \int_2^4 \left(s^2 - 3s + 3 - \frac{1}{s}\right)ds$$

$$= \frac{79}{4} - \left[\frac{1}{3}s^3 - \frac{3}{2}s^2 + 3s - \ln s\right]_2^4$$

$$= \frac{79}{4} - \left\{\frac{1}{3}(4^3 - 2^3) - \frac{3}{2}(4^2 - 2^2) + 3(4-2) - (\ln 4 - \ln 2)\right\}$$

$$= \frac{157}{12} + \ln 2$$

[다른 풀이]

(step2)

$s = g(t) = g(h(s))$이므로

$$\int_{\frac{1}{2}}^{\frac{27}{4}} g(t)\,dt = \int_1^3 g(h(s))h'(s)\,ds = \int_1^3 s\,h'(s)\,ds$$

$$= \int_1^3 s \cdot \frac{3s^2(s+1) - s^3}{(s+1)^2}\,ds$$

$$= \int_1^3 s \cdot \frac{2s^3 + 3s^2}{(s+1)^2}\,ds$$

$$= \int_1^3 \frac{2s^4 + 3s^3}{(s+1)^2}\,ds$$

$$= \int_1^3 \frac{2s^2(s^2 + 2s + 1) - s^3 - 2s^2}{(s+1)^2}\,ds$$

$$= \int_1^3 \left\{2s^2 - \frac{s(s^2 + 2s + 1) - s}{(s+1)^2}\right\}ds$$

$$= \int_1^3 \left\{2s^2 - s + \frac{s}{(s+1)^2}\right\}ds$$

$$= \int_1^3 \left\{2s^2 - s + \frac{1}{s+1} - \frac{1}{(s+1)^2}\right\}ds$$

$$= \left[\frac{2}{3}s^3 - \frac{1}{2}s^2 + \ln|s+1| + \frac{1}{s+1}\right]_1^3$$

$$= \left(18 - \frac{9}{2} + \ln 4 + \frac{1}{4}\right) - \left(\frac{2}{3} - \frac{1}{2} + \ln 2 + \frac{1}{2}\right)$$

$$= \left(\frac{55}{4} + 2\ln 2\right) - \left(\frac{2}{3} + \ln 2\right)$$

$$= \frac{157}{12} + \ln 2$$

경향 17 Minor Trend

경향17 수능 출제 난이도

경향17
부피

3점
100%

경향17 수능별 데이터 (1)

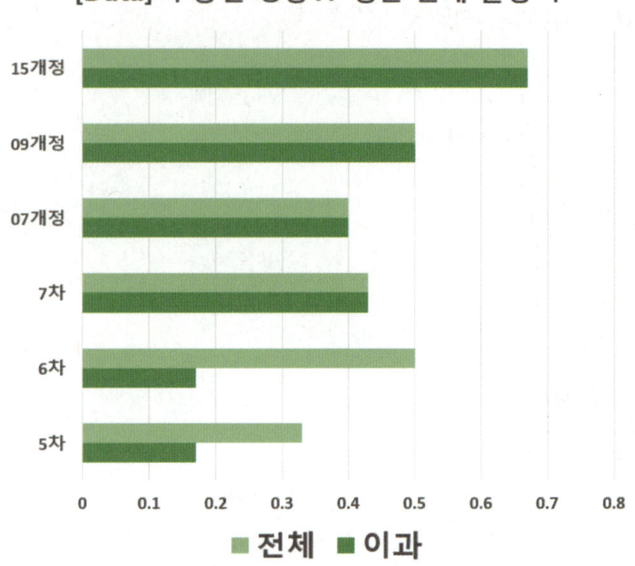

응용될 여지가 크지 않기 때문에 공식을 외우고 기본적인 문제 풀이 연습만 해두면 충분히 풀 수 있는 수준으로 출제되고 있어. 그래서 매년 수능에서 개념과 공식을 아는가? 수준의 3점 문항으로 출제되고 있고. 회전체의 부피 문제는 09개정 교육과정부터 삭제된 내용이지만 현재 교육과정 내용만으로도 조금만 생각하면 충분히 풀리기 때문에 이 책에 넣었어.

경향17 수능 출제 전망

■■■■■
매년 3점 문제 출제

경향17 적분법 단원 내 출제 비율

19.05%

경향17 공부 우선순위

★★★
이런 문제는 틀리면 안 된다!
계산 양을 줄이면서 풀기

경향17 수능별 데이터 (2)

현교육과정
경향17 수능중요도

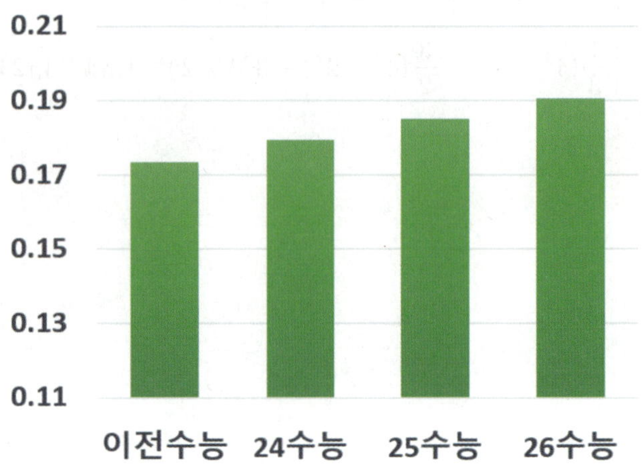

경향17 실전개념분석 082

82. [2026년 수능 (미적분) 26번]
그림과 같이 곡선 $y = \sqrt{x + x\ln x}$ 와 x 축 및 두 직선
$x = 1$, $x = 2$ 로 둘러싸인 부분을 밑면으로 하는
입체도형이 있다. 이 입체도형을 x 축에 수직인 평면으로
자른 단면이 모두 정삼각형일 때, 이 입체도형의 부피는?
[3점]

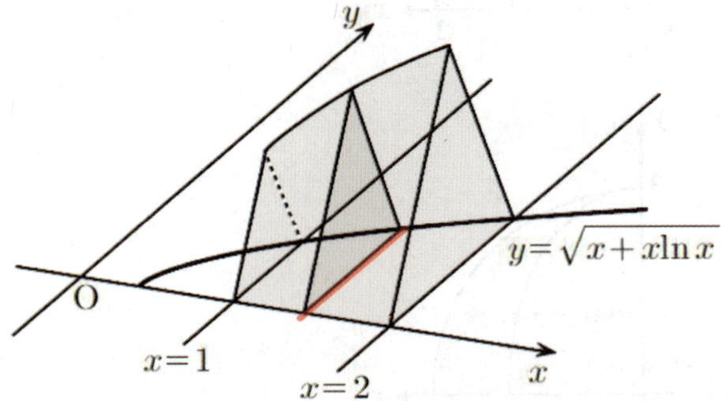

① $\dfrac{\sqrt{3}\,(3 + 8\ln 2)}{16}$

② $\dfrac{\sqrt{3}\,(5 + 12\ln 2)}{24}$

③ $\dfrac{\sqrt{3}\,(1 + 12\ln 2)}{16}$

④ $\dfrac{\sqrt{3}\,(1 + 2\ln 2)}{4}$

⑤ $\dfrac{\sqrt{3}\,(1 + 9\ln 2)}{12}$

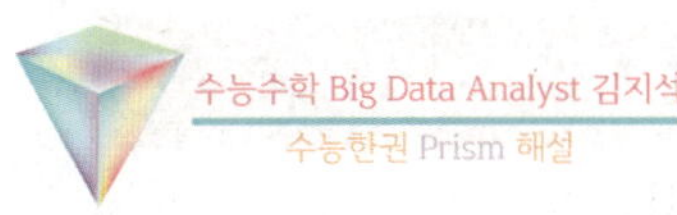

직선 $x = t$ $(1 \leq t \leq 2)$를 포함하고 x축에 수직인 평면으로
자른 단면의 넓이를 $S(t)$라 하면

$$S(t) = \frac{\sqrt{3}}{4}\left(\sqrt{x + x\ln x}\right)^2 = \frac{\sqrt{3}}{4}(x + x\ln x)$$

구하는 입체도형의 부피는

$$\int_1^2 S(t)\,dt = \frac{\sqrt{3}}{4}\int_1^2 (x + x\ln x)\,dx$$

$$= \frac{\sqrt{3}}{4}\left(\int_1^2 x\,dx + \int_1^2 x\ln x\,dx\right)$$

$$= \frac{\sqrt{3}}{4}\left(\left[\frac{1}{2}x^2\right]_1^2 + \left[\frac{1}{2}x^2\ln x\right]_1^2 - \int_1^2 \frac{1}{2}x^2 \cdot \frac{1}{x}\,dx\right)$$

$$= \frac{\sqrt{3}}{4}\left(\frac{3}{2} + 2\ln 2 - \left[\frac{1}{4}x^2\right]_1^2 dx\right)$$

$$= \frac{\sqrt{3}}{4}\left(\frac{3}{2} + 2\ln 2 - \frac{3}{4}\right)$$

$$= \frac{\sqrt{3}\,(3 + 8\ln 2)}{16}$$

Analysis〰

■ 입체도형의 부피

구간 $[a, b]$의 임의의 점 x에서 x축에 수직인 평면으로
자른 단면의 넓이가 $S(x)$인 입체의 부피 V는

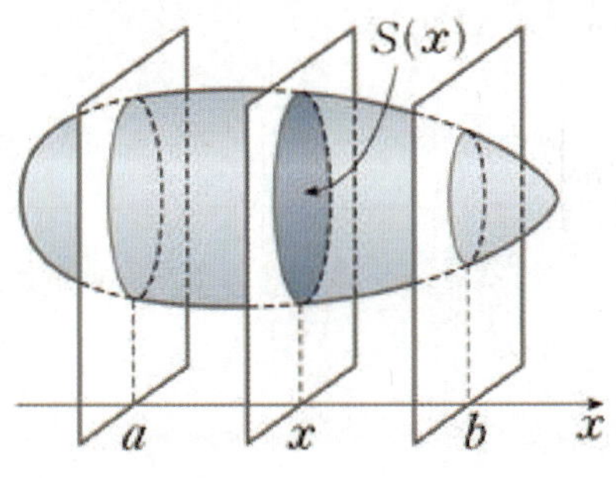

$$V = \int_a^b S(x)\,dx$$

경향 17 Minor Trend

83. [1998년 수능 (인문) 27번]

그림과 같이 좌표평면의 제 1사분면에서 두 곡선

$y = 3 - \dfrac{1}{2}x^2$, $x^2 + y^2 = 9$와 x축으로 둘러싸인 부분을

y축 둘레로 회전시킨 회전체의 부피를 V라 할 때, $\dfrac{1}{\pi}V$의

값을 구하시오. (단, π는 원주율을 나타낸다.) [3점]

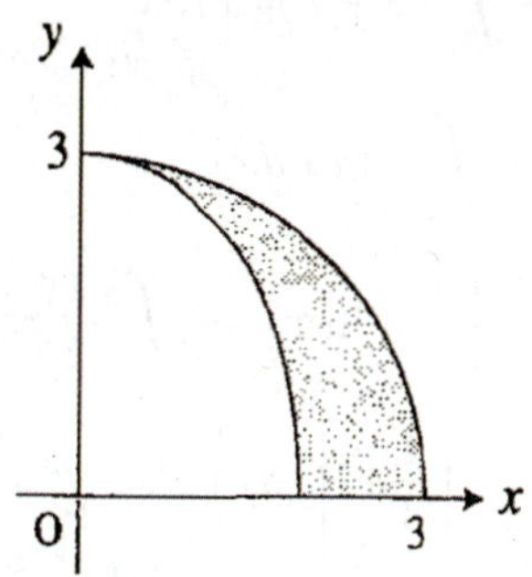

Analysis

■ 회전체의 부피

곡선 $x = g(y)$ (단, $c \le y \le d$)를 y축의 둘레로
회전시켜 생기는 회전체의 부피 V는

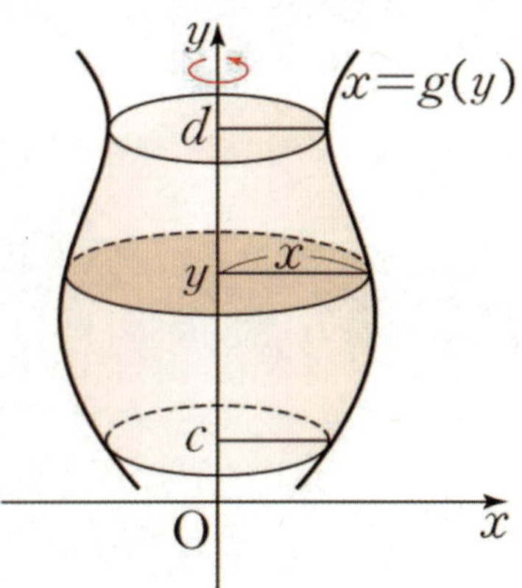

$$V = \pi \int_c^d x^2\,dy = \pi \int_c^d \{g(y)\}^2\,dy$$

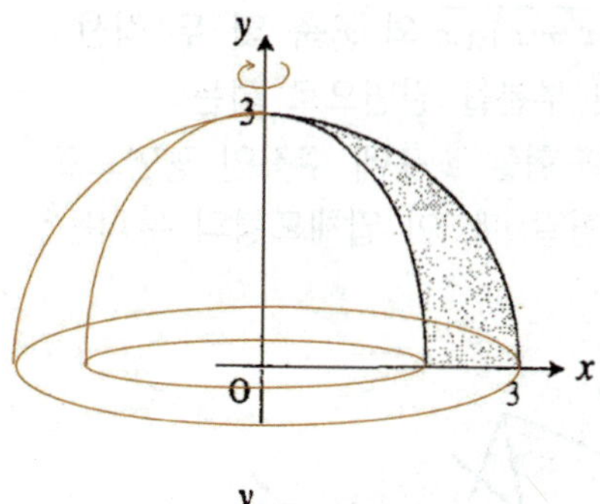

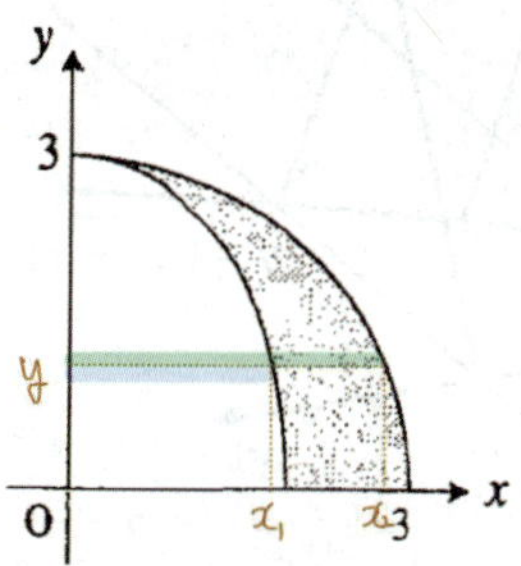

안쪽 반지름을 x_1, 바깥쪽 반지름을 x_2라고 하면

$$y = 3 - \frac{1}{2}x_1^{\,2}$$

$$x_2^{\,2} + y^2 = 3^2$$

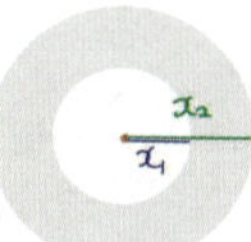

y축과 수직한 단면의 넓이를 $S(y)$라고 하면

$$V = \int_0^3 S(y)\,dy$$

$$= \int_0^3 (\pi x_2^{\,2} - \pi x_1^{\,2})\,dy$$

$$= \pi \int_0^3 \{(9 - y^2) - (6 - 2y)\}\,dy$$

$$= \pi \left[-\frac{1}{3}y^3 + y^2 + 3y \right]_0^3$$

$$= 9\pi$$

$$\therefore \frac{1}{\pi}V = 9$$

경향 18 Minor Trend

경향18 수능 출제 난이도

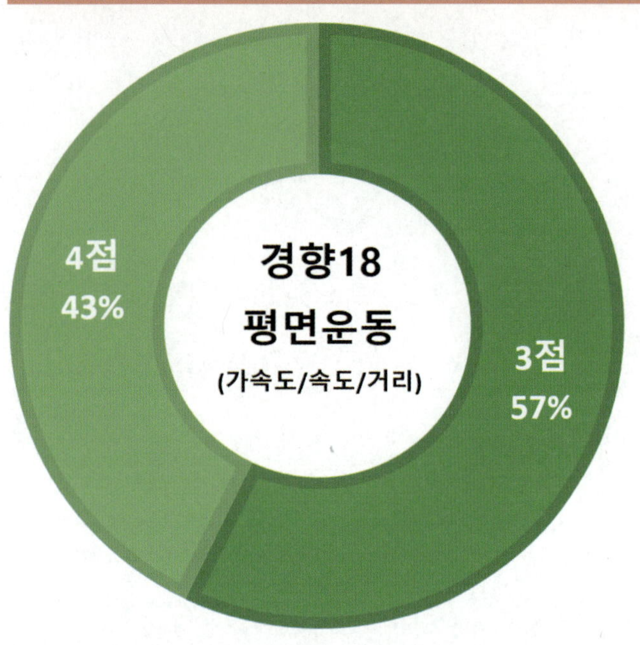

경향18 수능별 데이터 (1)

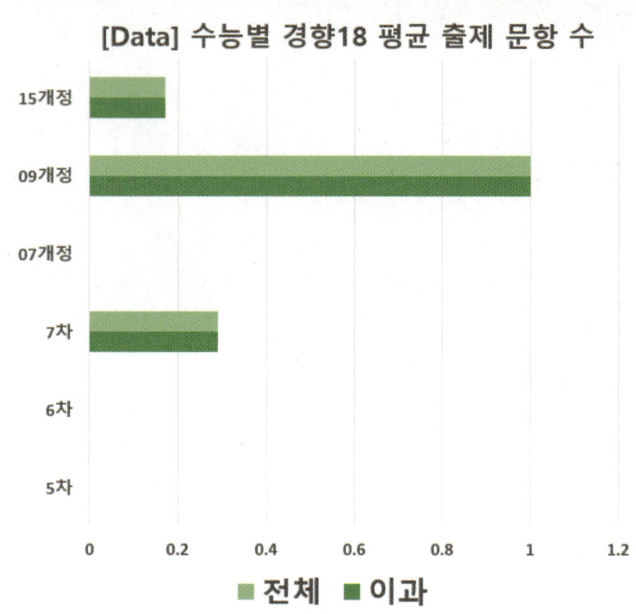

COMMENT

이 책에서는 미분법의 '속도와 가속도' 내용과 적분법의 '속도와 거리' 내용을 하나로 묶었어. 이 두 내용은 개념이 너무너무 밀접하게 관련되어 있어서, 많은 책들 다른 단원에 있다는 이유로 나눠놨지만 나눠서 공부하는 건 실전 수능에서 아예 의미가 없어. 수Ⅱ에 직선운동은 잘나오는 반면 미적분에 있는 평면운동이 잘 안 나오는 편이기도 해. 하지만 15개정 평가원에서 출제한 전력이 있기 때문에 대비는 해두자.

경향18 수능 출제 전망

■■□□□

15개정 들어 출제 비중이 줄었다

경향18 적분법 단원 내 출제 비율

8.33%

경향18 공부 우선순위

★☆

수Ⅱ 물체의 운동에 밀리는 모양

경향18 수능별 데이터 (2)

현교육과정
경향18 수능중요도

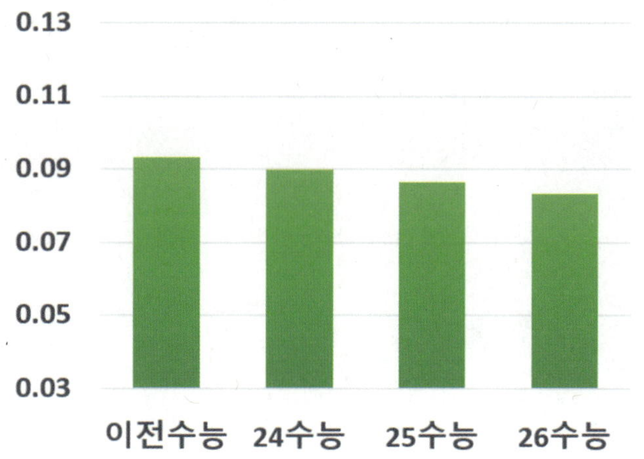

경향18 실전개념분석 084

84. [2022년 수능 (미적분) 27번]
좌표평면 위를 움직이는 점 P의 시각 $t\,(t > 0)$에서의

위치가 곡선 $y = x^2$과 직선 $y = t^2 x - \dfrac{\ln t}{8}$가 만나는 서로

다른 두 점의 중점일 때, 시각 $t = 1$에서 $t = e$까지 점
P가 움직인 거리는? [3점]

① $\dfrac{e^4}{2} - \dfrac{3}{8}$ ② $\dfrac{e^4}{2} - \dfrac{5}{16}$ ③ $\dfrac{e^4}{2} - \dfrac{1}{4}$

④ $\dfrac{e^4}{2} - \dfrac{3}{16}$ ⑤ $\dfrac{e^4}{2} - \dfrac{1}{8}$

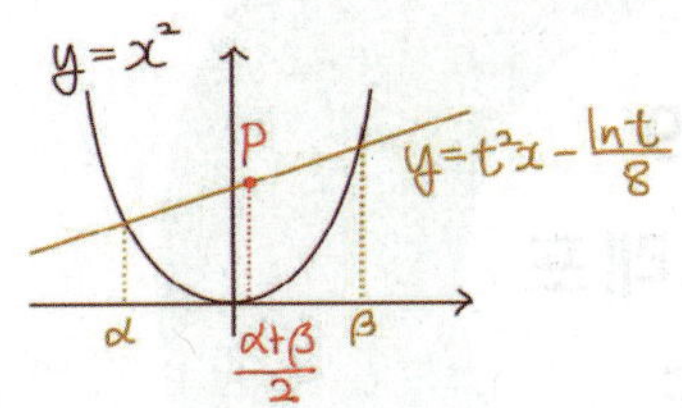

만나는 점의 x좌표를 α, β라 하면

중점의 x좌표는 $\dfrac{\alpha + \beta}{2}$

$$x^2 = t^2 x - \frac{\ln t}{8}$$

$$x^2 - t^2 x + \frac{\ln t}{8} = 0$$

근과 계수의 관계에 의해

$$\frac{\alpha + \beta}{2} = \frac{t^2}{2} \;\rightarrow\; \mathrm{P}\left(\frac{t^2}{2},\; \frac{1}{2}t^4 - \frac{\ln t}{8}\right)$$

$\therefore$ 점 P가 움직인 거리는

$$\int_1^e \sqrt{t^2 + \left(2t^3 - \frac{1}{8t}\right)^2}\, dt$$

$$= \int_1^e \sqrt{(2t^3)^2 - \frac{1}{2}t^2 + \left(\frac{1}{8t}\right)^2 + t^2}\, dt$$

$$= \int_1^e \sqrt{(2t^3)^2 + \frac{1}{2}t^2 + \left(\frac{1}{8t}\right)^2}\, dt$$

$$= \int_1^e \sqrt{\left(2t^3 + \frac{1}{8t}\right)^2}\, dt$$

$$= \int_1^e \left(2t^3 + \frac{1}{8t}\right) dt$$

$$= \left[\frac{1}{2}t^4 + \frac{1}{8}\ln|t|\right]_1^e$$

$$= \frac{1}{2}e^4 + \frac{1}{8} - \left(\frac{1}{2} - 0\right)$$

$$= \frac{e^4}{2} - \frac{3}{8}$$

Analysis

■ 평면운동의 이동거리

평면 위의 움직이는 점 P의 시각 t에서의 위치 $(x,\, y)$를
$x = f(t),\; y = g(t)$라고 하면 $t = a$에서 $t = b$까지
움직인 거리 l

$$l = \int_a^b \sqrt{\left(\frac{dx}{dt}\right)^2 + \left(\frac{dy}{dt}\right)^2}\, dt$$

$$= \int_a^b \sqrt{\{f'(t)\}^2 + \{g'(t)\}^2}\, dt$$

경향19 수능 출제 난이도

경향19 수능별 데이터 (1)

[Data] 수능별 경향19 평균 출제 문항 수

경향19 수능 출제 전망

■■■■□

4년 연속 9모 30번

경향19 적분법 단원 내 출제 비율

8.33 %

경향19 공부 우선순위

★★★

준비된 자만 도전하자

선수학습 : 간접범위 함수, 그래프 관련 내용
수II 미분법 그래프, 적분법 그래프, 그래프 고난도
미적분 미분법 그래프, 적분법 그래프

경향19 수능별 데이터 (2)

현교육과정
경향19 수능중요도

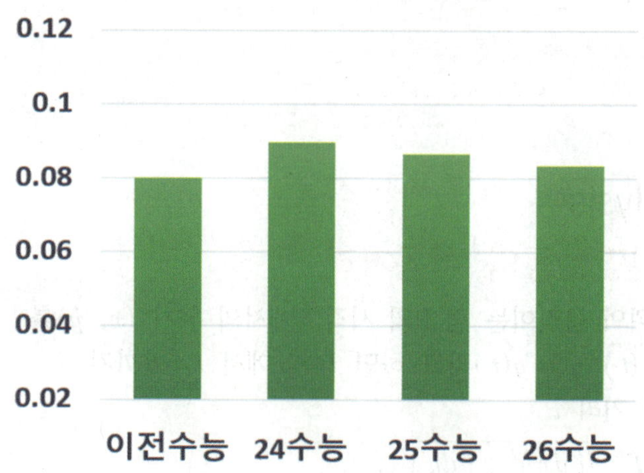

COMMENT

적분법 그래프 고난도는 미분법 그래프 고난도와 함께
고난도 문제가 출제되는 단원이므로 가장 심화된 공부가 필요해.
이전 단원의 개념이 탄탄해야 하고, 미분법 그래프, 적분법 그래프 모두 공부가 잘 되어 있어야 할 거야.
15개정 평가원 수능에서는 반드시 그래프 고난도 문제가 나오니 철저한 대비가 필요해.

적분법 그래프 고난도 문항은 그래프 기본기분만 아니라 그래프 테크닉과 실전개념들을
다층적으로 적용할 수 있는지를 물어봐. 하나의 문제에 여러 가지 개념들과 실전개념들이 적용될 뿐더러
그래프 테크닉까지 함께 갖추고 있어야 풀 수 있지.
고난도 그래프 문항들을 풀기 위한 기본기부터 네가 알아야할 실전개념들을 훈련할 수 있도록
이 책에서는 고난도 그래프 문항들만 모아서 뒤 쪽에서 훈련할 수 있도록 구성해뒀어.

그래서 적분 그래프 고난도 문제 풀이는
경향11번 적분법 그래프 고난도 문제 풀이와 함께 통합하여
이 책의 다음 챕터인 「고난도 접근법」 부분에서 공부하기로 하자!

그래프 고난도 경향을 제외한 채 다른 경향 수능 문제들을 열심히 공부했다는 전제 하에
그래프 고난도 문제들을 풀어야 그 효과를 체감할 수 있기 때문에
경향11번과 경향19번을 제외한 채 다른 모든 문항들을 다 공부한 뒤
고난도 접근법에서 고난도 문항들을 공부하도록 하자.

만약 고난도 접근법에서 다루는 내용이 어렵다면 어려운 내용 끙끙 거리지 말고
『그래프 테크닉 기본편』과 『그래프 테크닉 심화편』에서 그래프에 관련한 내용을 도움을 받고
나중에 도전하는 것도 하나의 방법이야!

고난도 접근법 [미적분 그래프]

고난도 접근법 문제들을 풀기 힘들다면 아직 풀 수 있는 준비가 덜 된 것일 수 있다!
① 경향09, 경향16 대표문제와 워크북 문제를 충분한 복습으로 내 것으로 만들고 다시 도전해보자!
그래도 어렵다면
② class.orbi.kr 김지석t [그래프 테크닉]으로 고난도 문제 그래프 그리는 비법을 모두 배우고 다시 도전해 보자!

고난도 접근법 1

필요한 부분만 골라 구하기

고난도 접근법 실전개념분석 085

1등급

85. [2016년 수능 (B)형 21번]
$0 < t < 41$인 실수 t에 대하여 곡선
$y = x^3 + 2x^2 - 15x + 5$와 직선 $y = t$가 만나는 세 점
중에서 x좌표가 가장 큰 점의 좌표를 $(f(t), t)$, x좌표가
가장 작은 점의 좌표를 $(g(t), t)$라 하자.
$h(t) = t \times \{f(t) - g(t)\}$라 할 때, $h'(5)$의 값은? [4점]

① $\dfrac{79}{12}$ ② $\dfrac{85}{12}$ ③ $\dfrac{91}{12}$

④ $\dfrac{97}{12}$ ⑤ $\dfrac{103}{12}$

수능수학 Big Data Analyst 김지석
수능한권 Prism 해설

(Step1) 작전 세우기
답 $h'(5)$을 구하려면 무엇이 필요한지부터 확인하자.
$h(t) = t \times \{f(t) - g(t)\}$ 을 미분하면
$h'(t) = 1 \times \{f(t) - g(t)\} + t\{f'(t) - g'(t)\}$
$t = 5$ 대입
$h'(5) = 1 \times \{f(5) - g(5)\} + 5\{f'(5) - g'(5)\}$
∴ 답을 구하려면 $f(5), f'(5), g(5), g'(5)$의 값이 필요하다.

$k(x) = x^3 + 2x^2 - 15x + 5$ 라고 하자.

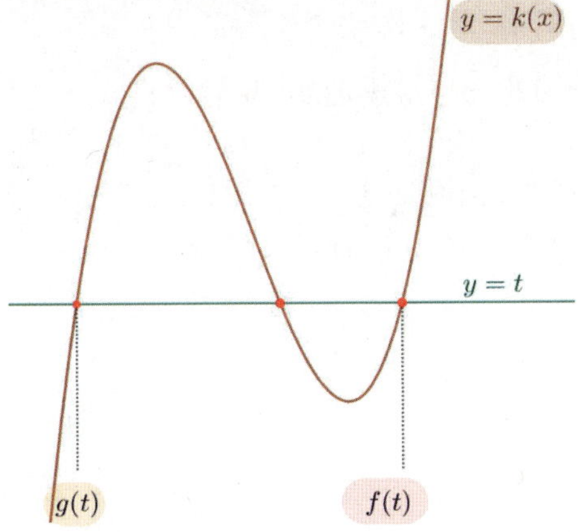

(step2) $f(5), g(5)$ 구하기
$f(5), g(5)$는 $k(x)$와 $y = 5$의 근 중 가장 큰 값과 작은
값이다.

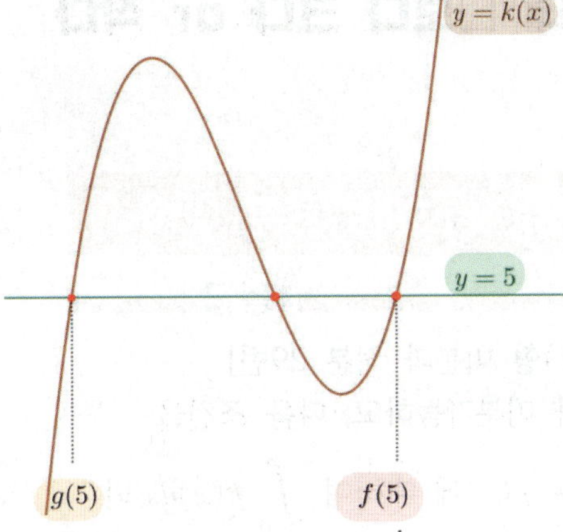

$x^3 + 2x^2 - 15x + 5 = 5$
$\Leftrightarrow x(x+5)(x-3) = 0$
$\Leftrightarrow x = 3,\ 0,\ -5$
$\therefore f(5) = 3,\ g(5) = -5$

(step2) $f'(5), g'(5)$ 구하기
$k(f(t)) = t$
$\rightarrow k'(f(t))f'(t) = 1$
$\rightarrow k'(f(5))f'(5) = 1$
$\therefore f'(5) = \dfrac{1}{k'(f(5))} = \dfrac{1}{k'(3)}$

$g(t)$일 때도 어차피 똑같은 계산이므로 굳이 계산 안해봐도
$g'(5) = \dfrac{1}{k'(g(5))} = \dfrac{1}{k'(-5)}$
$k'(x) = 3x^2 + 4x - 15$
$k'(3) = 27 + 12 - 15 = 24$
$k'(-5) = 75 - 20 - 15 = 40$

$\therefore h'(5) = 1 \times \{f(5) - g(5)\} + 5\{f'(5) - g'(5)\}$
$= 1 \times \{3 - (-5)\} + 5\left\{\dfrac{1}{24} - \dfrac{1}{40}\right\} = \dfrac{97}{12}$

고난도 접근법 [미적분 그래프]

□는 나왔는데 □보다 크다 or 작다

고난도 접근법 실전개념분석 086

1등급

86. [2011년 수능 (가)형 미분과 적분 29번]
실수 전체의 집합에서 미분가능하고, 다음 조건을
만족시키는 모든 함수 $f(x)$에 대하여 $\int_0^2 f(x)dx$의
최솟값은? [4점]

> (가) $f(0)=1$, $f'(0)=1$
> (나) $0 < a < b < 2$이면 $f'(a) \le f'(b)$이다.
> (다) 구간 $(0,1)$에서 $f''(x)=e^x$이다.

① $\dfrac{1}{2}e-1$ ② $\dfrac{3}{2}e-1$ ③ $\dfrac{5}{2}e-1$

④ $\dfrac{7}{2}e-2$ ⑤ $\dfrac{9}{2}e-2$

[개념] $y=e^x$의 $(1, e)$에서의 접선은 원점을 지난다.

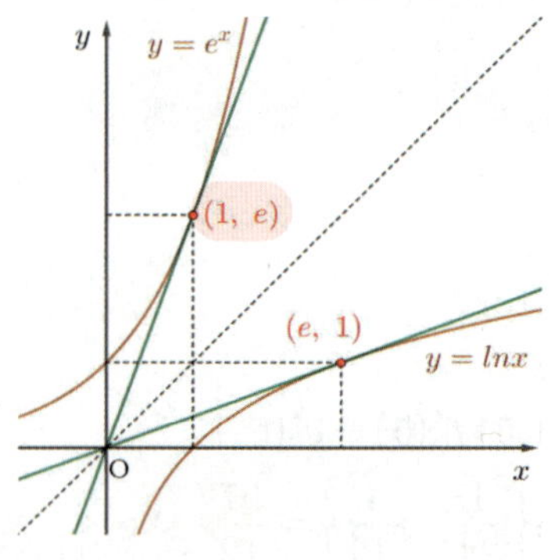

(step1) 작전 세우기
구하는 답이 $\int_0^2 f(x)dx$이므로
$0 \le x \le 2$에서 $f(x)$의 그래프나 식에 대해 파악하면 된다.

(step2) $0 \le x \le 1$에서의 $f(x)$
조건 (다)와 (가)에 의해 구간 $(0, 1)$에서
$f''(x)=e^x$
$f'(x)=e^x+C=e^x$ $(\because f'(0)=1)$
$f(x)=e^x+D=e^x$ $(\because f(0)=1)$

(step3) $1 \le x \le 2$에서의 $f(x)$
$f'(1)=e$이므로
조건 (나)에 의해 $1 \le x \le 2$에서 $f'(x) \ge e$

$\int_0^2 f(x)dx$의 최소일 때는 $f'(x)$가 최소일 때

$\therefore 1 \le x \le 2$에서 $f'(x)=e$
$\Leftrightarrow 1 \le x \le 2$에서 $f(x)$는
    $y=e^x$의 $(1, e)$에서의 접선 $y=ex$와 동일하다!

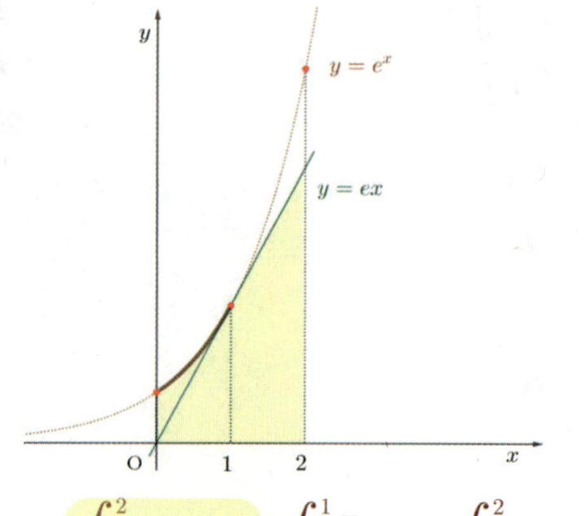

$\therefore \int_0^2 f(x)dx = \int_0^1 e^x \, dx + \int_1^2 ex \, dx = \dfrac{5}{2}e-1$

고난도 접근법 3

오목 볼록 접선

① 볼록할 때 그을 수 있는 접선의 개수

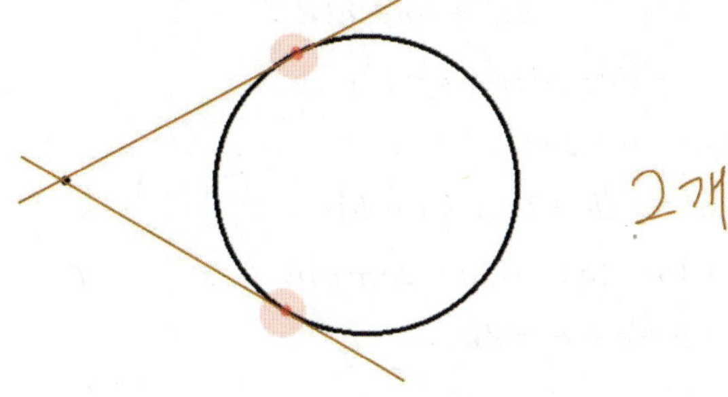

② 오목할 때 그을 수 있는 접선의 개수

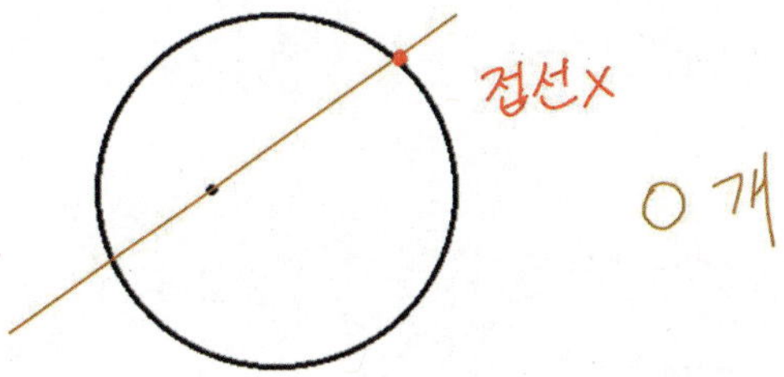

③ 곡선의 오목과 볼록 접선과의 관계

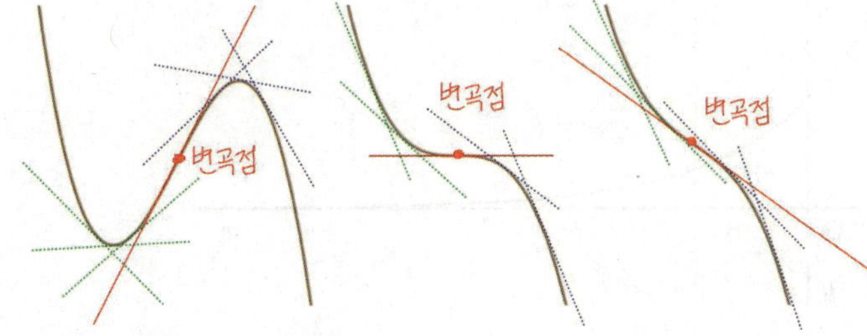

아래로 볼록 ▸ 접선이 곡선 아래에
위로 볼록 ▸ 접선이 곡선 위에

변곡점: 곡선의 오목과 볼록이 바뀌는 점
▸ 변곡점에서의 접선은 곡선을 뚫고 지나간다.
▸ 변곡점에서 도함수의 극값이 생긴다.
  (접선의 기울기의 최대 or 최소와 관련)

④ 곡선 외부에서 그을 수 있는 접선의 개수

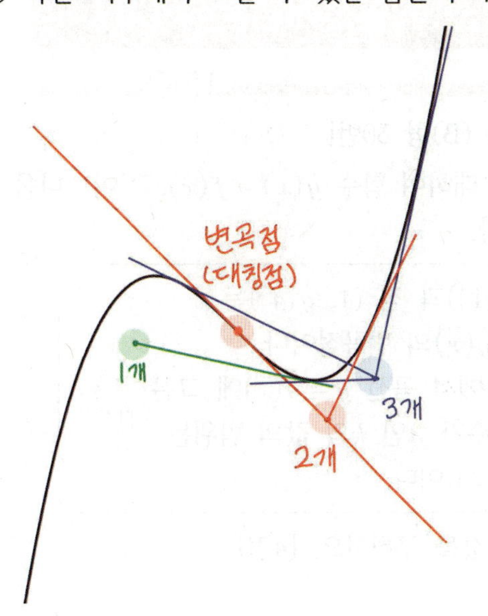

⑤ 점근선과 접선

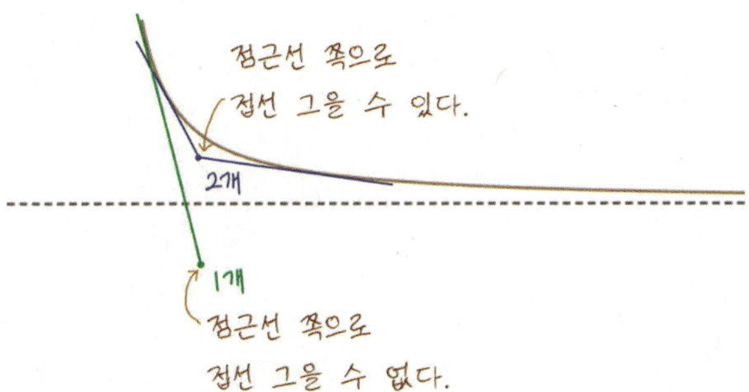

고난도 접근법 [미적분 그래프]

고난도 접근법 실전개념분석 087

1등급

87. [2014년 수능 (B)형 30번]

이차함수 $f(x)$에 대하여 함수 $g(x) = f(x)e^{-x}$이 다음 조건을 만족시킨다.

> (가) 점 $(1,\ g(1))$과 점 $(4,\ g(4))$는 곡선 $y = g(x)$의 변곡점이다.
>
> (나) 점 $(0,\ k)$에서 곡선 $y = g(x)$에 그은 접선의 개수가 3인 k의 값의 범위는 $-1 < k < 0$이다.

$g(-2) \times g(4)$의 값을 구하시오. [4점]

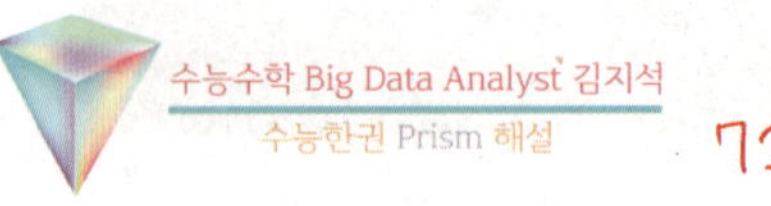

(step1)

$f(x) = ax^2 + bx + c$라고 하자.

$g(x) = (ax^2 + bx + c)\,e^{-x}$

$g'(x) = (2ax + b)e^{-x} - (ax^2 + bx + c)e^{-x}$
$\qquad = -\{ax^2 + (b-2a)x + c - b\}e^{-x}$

$g''(x) = -(2ax + b - 2a)e^{-x}$
$\qquad\quad + \{ax^2 + (b-2a)x + c - b\}e^{-x}$
$\qquad = \{ax^2 + (b-4a)x + 2a - 2b + c\}e^{-x}$

$g''(1) = e^{-1}(-b - a + c) = 0$
$\Leftrightarrow -b - a + c = 0$

$g''(4) = e^{-4}(2a + 2b + c) = 0$

$\therefore\ b = -a,\ c = 0$

$\therefore\ g(x) = ax(x-1)e^{-x}$

ⅰ) $a < 0$ 일 때

[그래프 테크닉] 그래프 곱셈

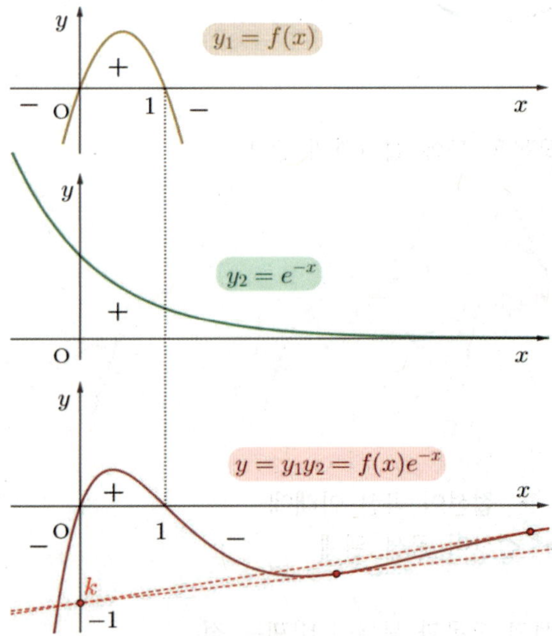

$-1 < k < 0$인 점 $(0,\ k)$에서 접선을 2개만 그을 수 있다.

(모순)

ⅱ) $a > 0$ 일 때
[그래프 테크닉] 그래프 곱셈

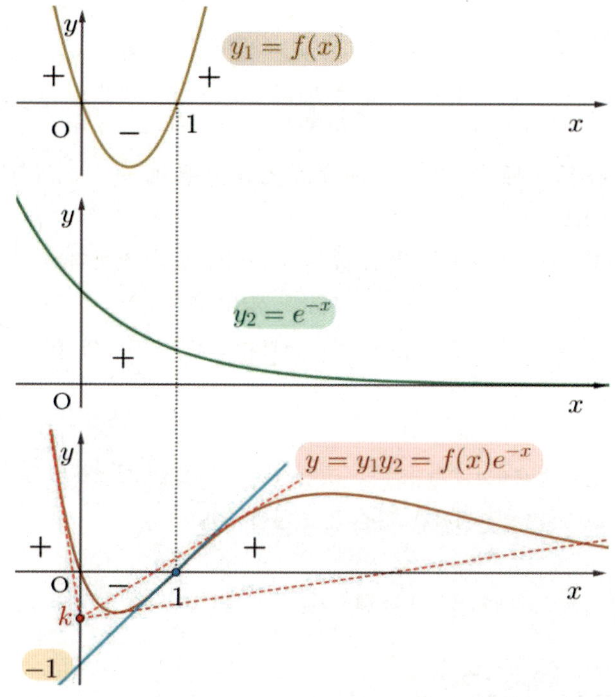

$-1 < k < 0$인 점 $(0,\ k)$에서 접선을 3개 그을 수 있다.

(성립)

$\therefore$ 변곡점 $(1,\ 0)$에서의 접선의 y절편이 -1이다.
$\therefore g'(1) = 1$

$g'(1) = -(a - 3a + a)e^{-1} = 1$
$\therefore a = e$
$\therefore g(x) = ex(x-1)e^{-x}$
$g(-2) = e \times (-2) \times (-3) \times e^2$
$g(4) = e \times 4 \times 3 \times e^{-4}$
$\therefore g(-2) \times g(4) = 72$

고난도 접근법 [미적분 그래프]

고난도 접근법 실전개념분석 088

1등급

88. [2012년 수능 (가)형 19번]
실수 m 에 대하여 점 $(0, 2)$ 를 지나고 기울기가 m 인 직선이 곡선 $y = x^3 - 3x^2 + 1$ 과 만나는 점의 개수를 $f(m)$ 이라 하자. 함수 $f(m)$ 이 구간 $(-\infty, a)$ 에서 연속이 되게 하는 실수 a 의 최댓값은? [4점]

① -3　② $-\dfrac{3}{4}$　③ $\dfrac{3}{2}$　④ $\dfrac{15}{4}$　⑤ 6

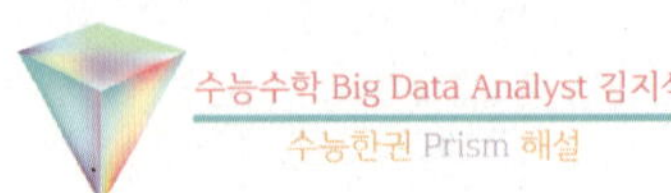

점 $(0, 2)$ 를 지나고 기울기가 m 인 직선을 l,
$g(x) = x^3 - 3x^2 + 1$ 라고 하자.

함수 $g(x)$로 새로운 함수 $f(m)$ 규정하는 문제
점검 point
① 정의역: m ← 충분히 작은 값부터 대입하며 관찰한다.
② 치역: $f(m) =$ 직선 l과 $g(x)$의 교점의 개수
∴ $f(m)$ 의 불연속은 직선 l과 $g(x)$의 교점의 개수가 바뀔 때 생긴다.

[개념] 삼차함수에서 접선과의 교점은 일반적으로 2개
but 변곡점에서의 접선은 교점이 1개

$g(x)$와 l의 그래프를 관찰해보자.

$g'(x) = 3x^2 - 6x = 3x(x-2)$
∴ $x = 0$과 $x = 2$에서 극값이 생긴다.

i) 오목볼록이 큰 경우　　　　ii) 오목볼록이 작은 경우

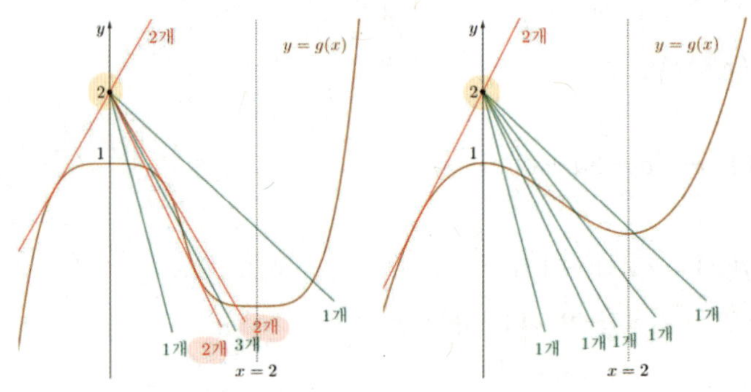

오목 볼록이 큰지, 적은지에 따라 교점의 개수가 바뀌는 지점이 다르다.

i) 오목 볼록이 큰 경우
$(0, 2)$가 접선을 3개 그을 수 있는 지점
ii) 오목 볼록이 작은 경우
$(0, 2)$가 접선을 1개 그을 수 있는 지점
∴ 변곡점에서의 접선을 파악해야 한다.

$g''(x) = 6x - 6 = 0$

$x = 1$에서 변곡점을 갖는다.

변곡점에서의 접선은

$y = -3(x-1) - 1 = -3x + 2$

∴ (0, 2)는 변곡점에서의 접선 위에 있다.

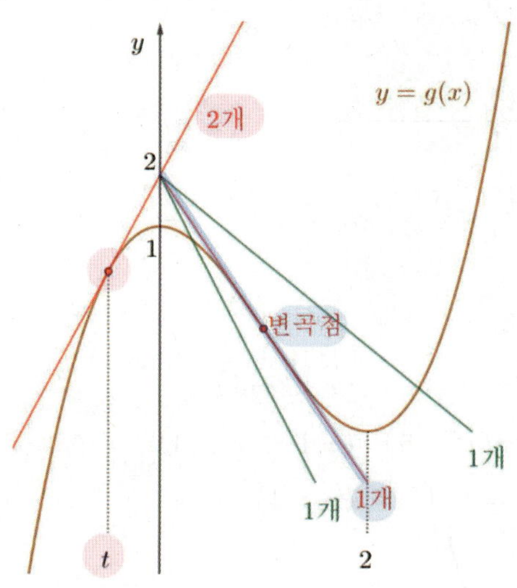

(0, 2)에서 그은 접선의 x좌표를 t라고 할 때

기울기 m=g′(t)가 되는 순간 교점의 개수가 1→2로 바뀌고

f(m)은 불연속이 된다.

∴ a=g′(t)

$g'(t) = \dfrac{g(t) - 2}{t - 0}$

$\Leftrightarrow t\{3t^2 - 6t\} = (t^3 - 3t + 1) - 2$

$\Leftrightarrow 2t^3 - 3t^2 + 1 = 0$

$\Leftrightarrow (t-1)(t-1)(2t+1) = 0$

$\therefore t = -\dfrac{1}{2} < 0$

$\therefore a = g'\left(-\dfrac{1}{2}\right) = 3\left(-\dfrac{1}{2}\right)\left(-\dfrac{5}{2}\right) = \dfrac{15}{4}$

Analysis

외부의 점 $(x_1,\ y_1)$에서 곡선 $y = f(x)$에 접선을 그을 때
접점이 $(\alpha,\ f(\alpha))$라고 하면

$$f'(\alpha) = \frac{f(\alpha) - y_1}{\alpha - x_1}$$

고난도 접근법 [미적분 그래프]

1등급

89. [2026년 수능 (미적분) 30번]
실수 전체의 집합에서 증가하는 연속함수 $f(x)$의 역함수 $f^{-1}(x)$가 다음 조건을 만족시킨다.

> (가) $|x| \le 1$일 때,
> $$4 \times (f^{-1}(x))^2 = x^2(x^2-5)^2 \text{ 이다.}$$
> (나) $|x| > 1$일 때,
> $$|f^{-1}(x)| = e^{|x|-1} + 1 \text{ 이다.}$$

실수 m에 대하여 기울기가 m이고 점 $(1, 0)$을 지나는 직선이 곡선 $y = f(x)$와 만나는 점의 개수를 $g(m)$이라 하자. 함수 $g(m)$이 $m = a$, $m = b$ $(a < b)$에서 불연속일 때, $g(a) \times \left(\lim_{m \to a+} g(m) \right) + g(b) \times \left(\dfrac{\ln b}{b} \right)^2$의 값을 구하시오.

$$\left(\text{단, } \lim_{x \to \infty} \frac{\ln x}{x} = 0 \right) \text{ [4점]}$$

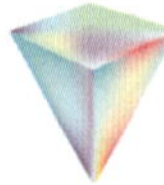

수능수학 Big Data Analyst 김지석
수능한권 Prism 해설 **11**

(Step1) 조건 (가)에서 $f^{-1}(x)$ 파악하기

함수 $f(x)$가 실수 전체의 집합에서 증가하는 연속함수이므로 그 역함수 $f^{-1}(x)$도 증가하는 연속함수이다.

조건 (가)에서 $|x| \le 1$일 때

$$4 \times \{f^{-1}(x)\}^2 = x^2(x^2-5)^2$$

$$\Leftrightarrow |f^{-1}(x)| = \left| \frac{1}{2}x(x^2-5) \right|$$

$$\Leftrightarrow f^{-1}(x) = \frac{1}{2}x(x^2-5) \text{ or } f^{-1}(x) = -\frac{1}{2}x(x^2-5)$$

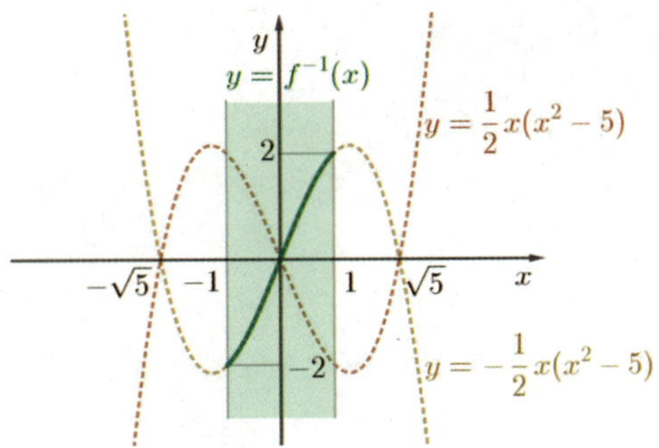

$f^{-1}(x)$는 증가함수

$$\therefore f^{-1}(x) = -\frac{1}{2}x(x^2-5) \quad (-1 \le x \le 1)$$

(Step2) 조건 (나)에서 $f^{-1}(x)$ 파악하기

조건 (나)에서 $|x| > 1$일 때

$$|f^{-1}(x)| = e^{|x|-1} + 1$$

$$\Leftrightarrow f^{-1}(x) = e^{|x|-1} + 1 \text{ or } f^{-1}(x) = -e^{|x|-1} - 1$$

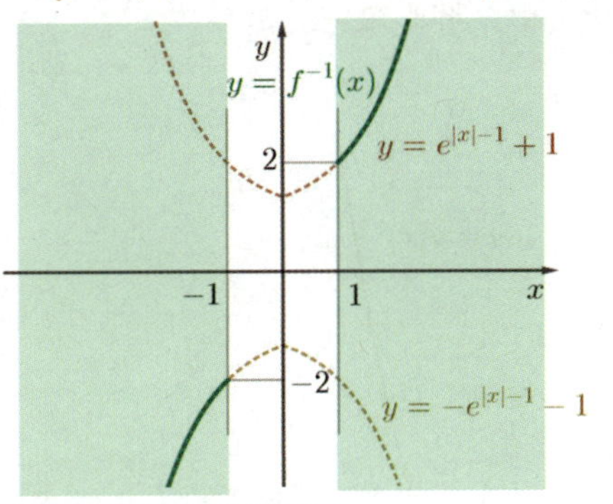

$f^{-1}(x)$는 증가함수

$$\therefore f^{-1}(x) = \begin{cases} -e^{-x-1} - 1 & (x < -1) \\ -\dfrac{1}{2}x(x^2-5) & (-1 \le x \le 1) \\ e^{x-1} + 1 & (x > 1) \end{cases}$$

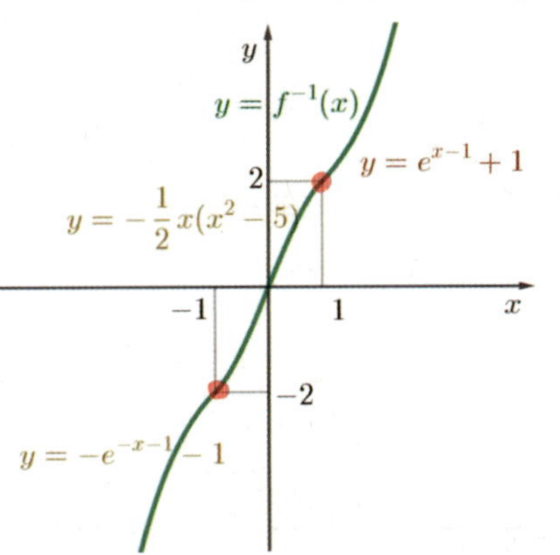

$$(f^{-1})'(x) = \begin{cases} e^{-x-1} & (x < -1) \\ -\dfrac{3}{2}x^2 + \dfrac{5}{2} & (-1 \le x \le 1) \\ e^{x-1} & (x > 1) \end{cases}$$

$(f^{-1})'(-1) = (f^{-1})'(1) = 1$ 이므로
$f^{-1}(x)$는 미분가능하고
$x = 1$, -1에서 오목볼록이 변하므로 변곡점을 갖는다.

Analysis

이 문제에서 역함수를 직접 구하지 않고 원래함수를 정보를 활용해 푸는 방식은 [2017년 수능 (나)형 30번] (수능한권 수학Ⅱ 고난도접근법7)에서도 출제된 바 있다. 함께 비교해서 풀어보면 접근법을 체화하는데 도움이 될 테니 꼭 다시 풀어보자.

(step3) $f(x)$ 파악하기

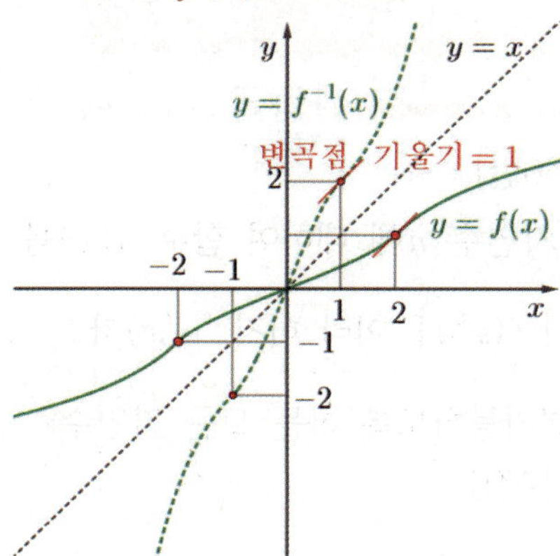

$y=f(x)$와 $y=f^{-1}(x)$는 $y=x$ 대칭관계이므로
$f(x)$는 $x=2,\ -2$ 변곡점을 갖고
접선의 기울기가 1이다.

(step4) $g(m)$ 파악하기

점 $(1,\ 0)$을 지나는 기울기 m에 따라 $y=f(x)$와 만나는
점의 개수 $g(m)$을 조사하면

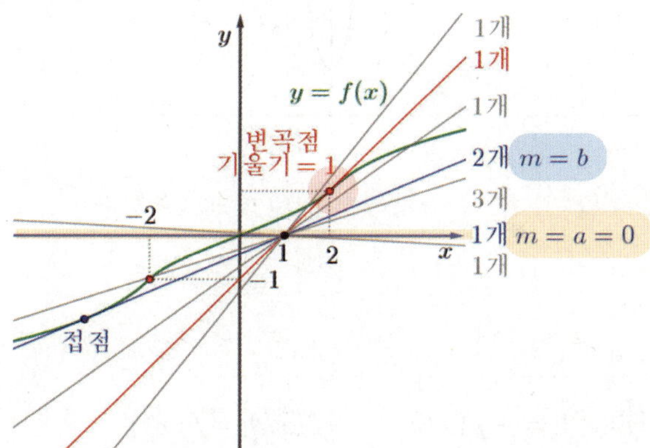

$\therefore\ m=a=0$이고
$m=b$는 $y=f(x)$에 접하는 것 중
접점이 제 3사분면에 있을 때이다.
(변곡점에서 접할 때는 교점의 개수가 바뀌지 않는다.)

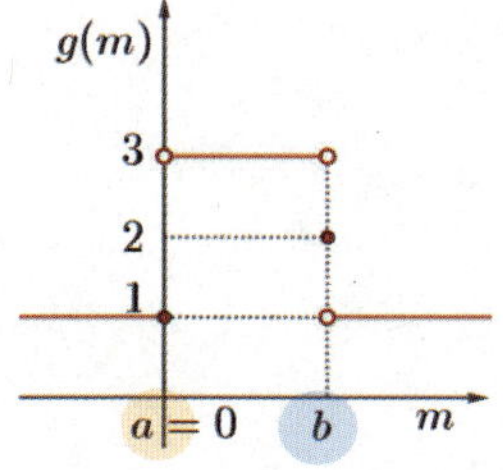

[참고] $a<m<b$일 때 그림 영역에서는 교점이 1개 밖에 안
밖에 안보이지만 곡선의 오목볼록을 고려해보면 그림 영역 밖
양쪽에서 교점이 2개 더 있음을 알 수 있다.

(step5) 역함수 관계 활용하기

점 $(1,\ 0)$에서 $y=f(x)$에 그은 접선과
점 $(0,\ 1)$에서 $y=f^{-1}(x)$에 그은 접선은
$y=x$대칭 관계이고
그 기울기는 역수관계이다. ($\because$ 역함수의 미분법 개념)

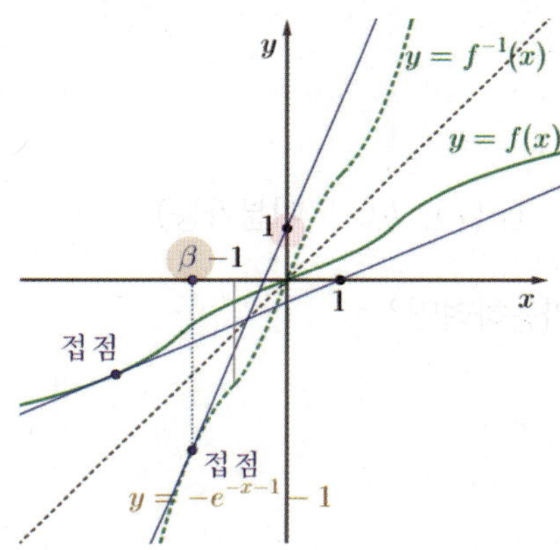

점 $(0,\ 1)$에서 $y=f^{-1}(x)$에 그은 접선의
접점의 x좌표를 β라고 하면
$x<-1$일 때 $y=f^{-1}(x)$가 위로 볼록하므로
$\beta<-1$이다.

접선의 기울기를 구해보면
$$\frac{1}{b}=(f^{-1})'(\beta)=e^{-\beta-1}=\frac{1}{e^{\beta+1}}$$

($\because\ x<-1$에서 $f^{-1}(x)=-e^{-x-1}-1$)
$$\therefore\ b=e^{\beta+1}$$

$$(f^{-1})'(\beta)=\frac{(f^{-1})(\beta)-1}{\beta-0}$$
$$\Leftrightarrow\ e^{-\beta-1}=\frac{(-e^{-\beta-1}-1)-1}{\beta}$$

($\because\ x<-1$에서 $f^{-1}(x)=-e^{-x-1}-1$)
$$\Leftrightarrow\ (\beta+1)e^{-\beta-1}=-2$$

$$\therefore\ g(a)\times\left(\lim_{m\to a+}g(m)\right)+g(b)\times\left(\frac{\ln b}{b}\right)^2$$
$$=1\times3+2\times\left(\frac{\ln e^{\beta+1}}{e^{\beta+1}}\right)^2$$
$$=1\times3+2\times\left(\frac{\beta+1}{e^{\beta+1}}\right)^2$$
$$=1\times3+2\times(-2)^2=11$$

고난도 접근법 [미적분 그래프]

절댓값 함수의 미분가능성

■ 미분가능성

$$f(x) = \begin{cases} g(x) & (x \le a) \\ h(x) & (x > a) \end{cases} \quad (g(x),\ h(x)\ \text{미분가능})$$

$x = a$에서 $f(x)$가 미분가능하려면?

① $g(a) = h(a)$
② $g'(a) = h'(a)$

함수 $y = |f(x)|$에서
① $f(a) = 0$
② $x = a$에서 미분가능

⇔ $f(x)$의 그래프가 $x = a$에서 x축에 접한다.
⇔ $f(a) = 0,\ f'(a) = 0$
⇔ $f(x) = (x-a)^2 g(x)$ (다항함수일 때)

why? 그래프가 대칭되며 접선도 함께 대칭된다.

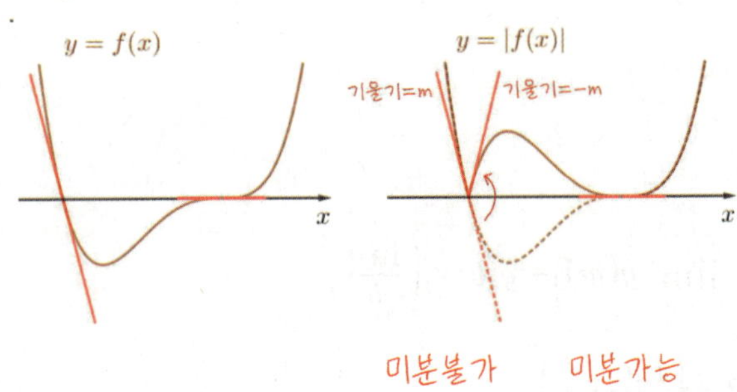

1등급

90. [2015년 수능 (B)형 30번]
함수 $f(x) = e^{x+1} - 1$과 자연수 n에 대하여 함수 $g(x)$를

$$g(x) = 100\,|f(x)| - \sum_{k=1}^{n} |f(x^k)|$$ 이라 하자. $g(x)$가

실수 전체의 집합에서 미분가능하도록 하는 모든 자연수 n의 값의 합을 구하시오. [4점]

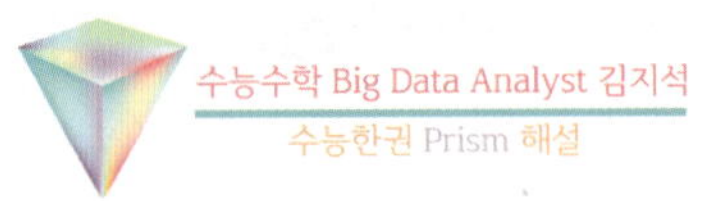

$|f(x^k)|$ 절댓값이 등장
→ $f(x^k)$의 부호를 조사한다.

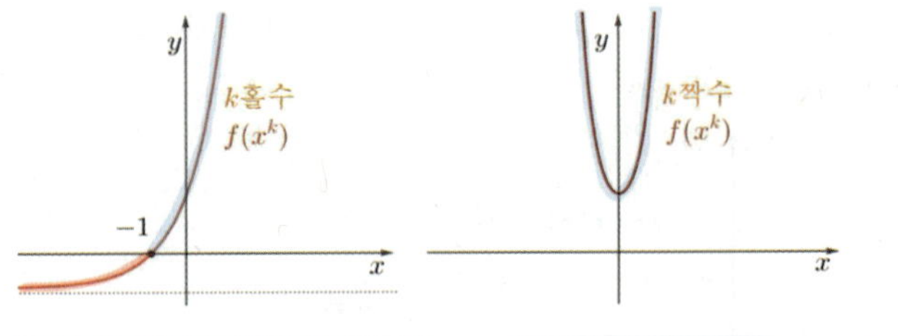

$x < -1$이면 $f(x^k) < 0$ 항상 $f(x^k) > 0$ (우함수)

$|f(x^k)|$	$x < -1$	$x > -1$
k 홀	$|f(x^k)| = -f(x^k)$	$|f(x^k)| = f(x^k)$
k 짝	$|f(x^k)| = f(x^k)$	$|f(x^k)| = f(x^k)$

∴ n의 홀짝과 $x < -1$, $x > -1$로 케이스를 나눠야
한다는 판단을 할 수 있어야 한다.

[개념] 수열의 홀수항끼리의 합과 짝수항끼리의 합

$$\sum_{k=1}^{2m} a_k = \sum_{k=1}^{m} a_{2k-1} + \sum_{k=1}^{m} a_{2k}$$

$g(x) = \begin{cases} g_1(x) & (x < -1) \\ g_2(x) & (x \geq 1) \end{cases}$ 라고 하자.

$g(x)$가 미분가능하므로
$g_1'(-1) = g_2'(-1)$인 걸 활용해야 한다.

i) $n = 2m$일 때
$(x < -1)$

$g_1(x) = -100f(x) - \left\{ \sum_{k=1}^{m} -f(x^{2k-1}) + \sum_{k=1}^{m} f(x^{2k}) \right\}$

$(x > -1)$

$g_2(x) = 100f(x) - \left\{ \sum_{k=1}^{m} f(x^{2k-1}) + \sum_{k=1}^{m} f(x^{2k}) \right\}$

미분하면

$g_1'(x) = -100f'(x) + \sum_{k=1}^{m} f'(x^{2k-1})(2k-1)x^{2k-2} - \left(\sum_{k=1}^{m} f(x^{2k}) \right)'$

$g_2'(x) = 100f'(x) - \sum_{k=1}^{m} f'(x^{2k-1})(2k-1)x^{2k-2} - \left(\sum_{k=1}^{m} f(x^{2k}) \right)'$

$f'(x) = e^{x+1}$, $f'(-1) = 1$이므로

$g_1'(-1) = -100 + \sum_{k=1}^{m}(2k-1) - \left(\sum_{k=1}^{m} f(x^{2k}) \right)' \Big|_{x=-1}$
$\|$
$g_2'(-1) = 100 - \sum_{k=1}^{m}(2k-1) - \left(\sum_{k=1}^{m} f(x^{2k}) \right)' \Big|_{x=-1}$

$g_1'(-1) = g_2'(-1)$이므로

$\sum_{k=1}^{m}(2k-1) = 100$

$\Leftrightarrow 2 \times \dfrac{m(m+1)}{2} - m = m^2 = 100$

$\Leftrightarrow m = 10$

$\therefore n = 20$

ii) $n = 2m-1$일 때
$(x < -1)$

$g(x) = -100f(x) - \left\{ \sum_{k=1}^{m} -f(x^{2k-1}) + \sum_{k=1}^{m-1} f(x^{2k}) \right\}$

$(x > -1)$

$g(x) = 100f(x) - \left\{ \sum_{k=1}^{m} f(x^{2k-1}) + \sum_{k=1}^{m-1} f(x^{2k}) \right\}$

※ 여기까지만 해도 더 이상 계산을 해보지 않아도,
앞의 계산과 어치피 동일할 것이 때문에
m=10, n=19인 걸 알 수 있어야 한다.
어쨌거나 계산을 해보면
↓

미분하면

$g_1'(x) = -100f'(x) + \sum_{k=1}^{m} f'(x^{2k-1})(2k-1)x^{2k-2} - \left(\sum_{k=1}^{m-1} f(x^{2k}) \right)'$

$g_2'(x) = 100f'(x) - \sum_{k=1}^{m} f'(x^{2k-1})(2k-1)x^{2k-2} - \left(\sum_{k=1}^{m-1} f(x^{2k}) \right)'$

$g_1'(-1) = -100 + \sum_{k=1}^{m}(2k-1) - \left(\sum_{k=1}^{m-1} f(x^{2k}) \right)' \Big|_{x=-1}$
$\|$
$g_2'(-1) = 100 - \sum_{k=1}^{m}(2k-1) - \left(\sum_{k=1}^{m-1} f(x^{2k}) \right)' \Big|_{x=-1}$

$g_1'(-1) = g_2'(-1)$이므로

$\sum_{k=1}^{m}(2k-1) = 100$

$\Leftrightarrow 2 \times \dfrac{m(m+1)}{2} - m = m^2 = 100$

$\Leftrightarrow m = 10$

$\therefore n = 19$

∴ 모든 n값의 합
20+19=39

고난도 접근법 [미적분 그래프]

91. [2013년 수능 (가)형 21번]

함수 $f(x) = kx^2 e^{-x}$ $(k > 0)$과 실수 t에 대하여 곡선 $y = f(x)$ 위의 점 $(t, f(t))$에서 x축까지의 거리와 y축까지의 거리 중 크지 않은 값을 $g(t)$라 하자. 함수 $g(t)$가 한 점에서만 미분가능하지 않도록 하는 k의 최댓값은? [4점]

① $\dfrac{1}{e}$ ② $\dfrac{1}{\sqrt{e}}$ ③ $\dfrac{e}{2}$ ④ $\sqrt{e}$ ⑤ e

(Step1) $g(t)$ 파악하기

"점 $(t, f(t))$에서 x축까지의 거리와 y축까지의 거리 중 크지 않은 값을 $g(t)$"

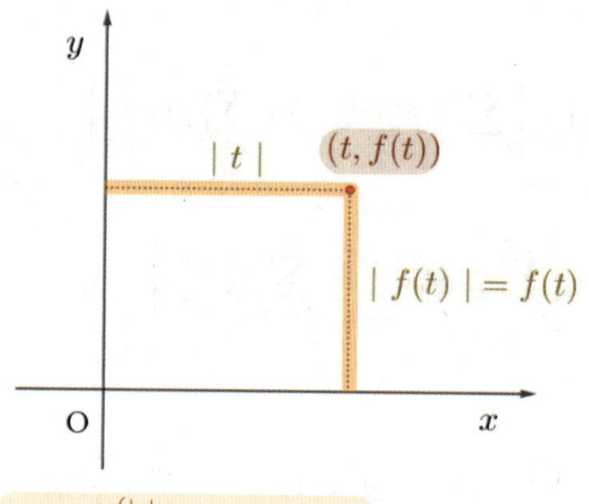

$$g(t) = \begin{cases} |t| \\ f(t) \end{cases} \text{중 작은 값}$$

(Step2) $y = f(x)$ 그래프 그리기

[그래프 테크닉] 그래프 곱셈

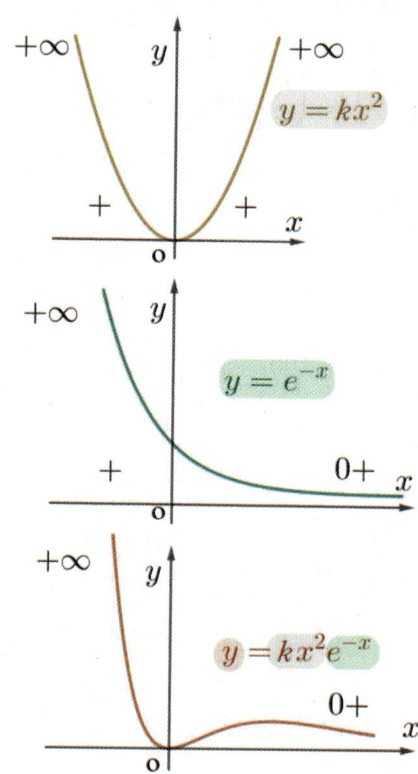

i) k가 충분히 클 때

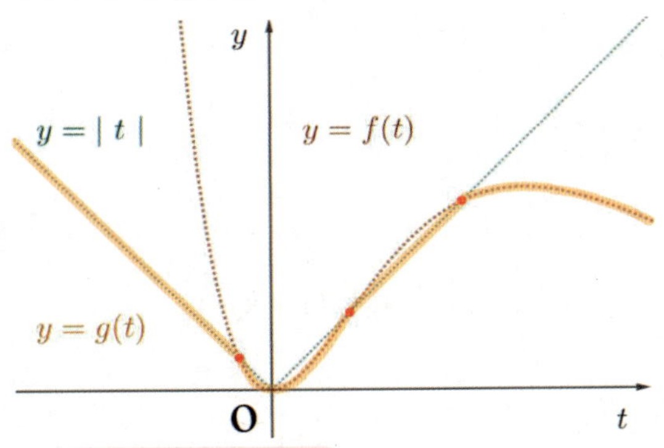

미분 불가능한 점이 3개 (모순)

ii) k가 충분히 작을 때

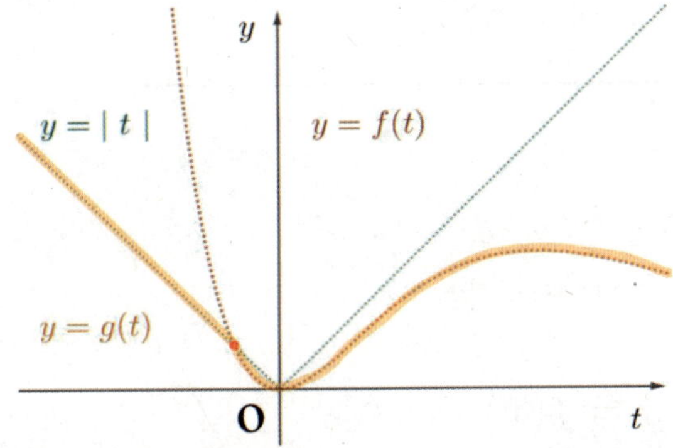

미분 불가능한 점이 1개 (성립)

iii) 성립하는 k의 최대는 접할 때

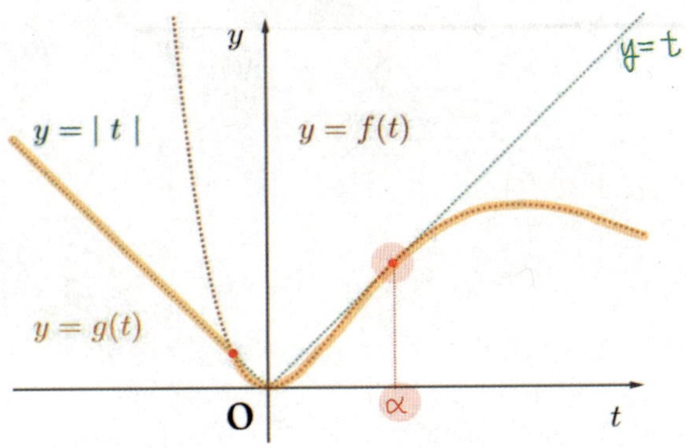

$t=\alpha$에서 $y=f(t)$와 $y=t$가 접한다!
① 함숫값이 같다 → $f(\alpha)=\alpha$
② 접선 기울기가 같다 → $f'(\alpha)=1$

$f(\alpha)=\alpha$

$\Leftrightarrow k\alpha^2 e^{-\alpha}=\alpha \Leftrightarrow k\alpha e^{-\alpha}=1$

$f'(\alpha)=1$

$\Leftrightarrow 2k\alpha e^{-\alpha}+k\alpha^2 e^{-\alpha}\times(-1)=1$

$\Leftrightarrow 2-\alpha=1$

$\therefore \alpha=1$

$k\alpha e^{-\alpha}=1$에 $\alpha=1$ 대입

$k\times 1\times e^{-1}=1$

$\therefore k=e$

고난도 접근법 [미적분 그래프]

좌표설정으로 그래프 의미 파악

고난도 접근법 실전개념분석 092

—— 1등급 ——

92. [2024년 수능 (미적분) 28번]

실수 전체의 집합에서 연속인 함수 $f(x)$가 모든 실수 x에 대하여 $f(x) \geq 0$이고, $x < 0$일 때 $f(x) = -4xe^{4x^2}$이다. 모든 양수 t에 대하여 x에 대한 방정식 $f(x) = t$의 서로 다른 실근의 개수는 2이고, 이 방정식의 두 실근 중 작은 값을 $g(t)$, 큰 값을 $h(t)$라 하자.

두 함수 $g(t)$, $h(t)$는 모든 양수 t에 대하여

$$2g(t) + h(t) = k \ (k는 상수)$$

를 만족시킨다. $\displaystyle\int_0^7 f(x)dx = e^4 - 1$일 때, $\dfrac{f(9)}{f(8)}$의 값은? [4점]

① $\dfrac{3}{2}e^5$ ✓② $\dfrac{4}{3}e^7$ ③ $\dfrac{5}{4}e^9$

④ $\dfrac{6}{5}e^{11}$ ⑤ $\dfrac{7}{6}e^{13}$

$x < 0$에서

$$f(x) = -4xe^{4x^2}$$

$$\therefore f(0) = 0$$

$$f'(x) = -4e^{4x^2} - 32x^2e^{4x^2} = -4e^{4x^2}(1 + 8x^2)$$

$$\therefore f'(x) < 0$$

$x < 0$에서 함수 $f(x)$는 감소한다.

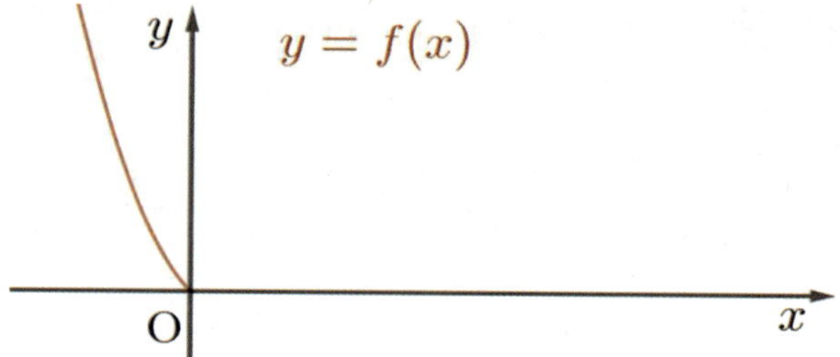

$2g(t) + h(t) = k$인 상수이므로 $f(x)$의 그래프는 아래와 같다.

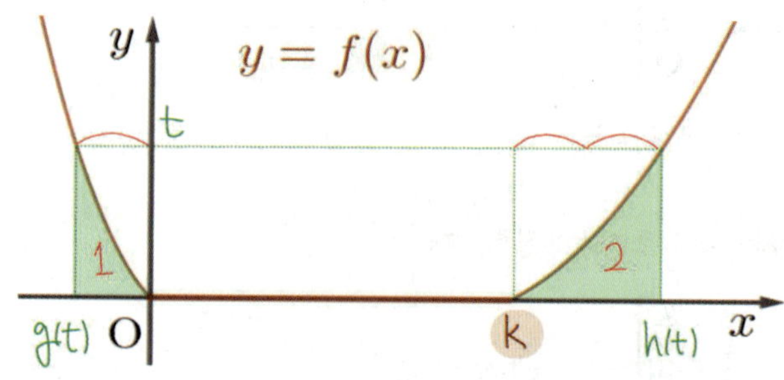

위의 두 넓이비는 1:2이다.

$f(\alpha) = f(7)$인 α에 대하여 (단, $\alpha < 0$)

$$\int_{\alpha}^{0} f(x)dx = \frac{1}{2}\int_{0}^{7} f(x)dx = \frac{1}{2}(e^4 - 1)$$

$$\Leftrightarrow \int_{\alpha}^{0} -4xe^{4x^2}dx = \left[-\frac{1}{2}e^{4x^2}\right]_{\alpha}^{0} = -\frac{1}{2}(1 - e^{4\alpha^2})$$

$$\therefore \alpha = -1$$

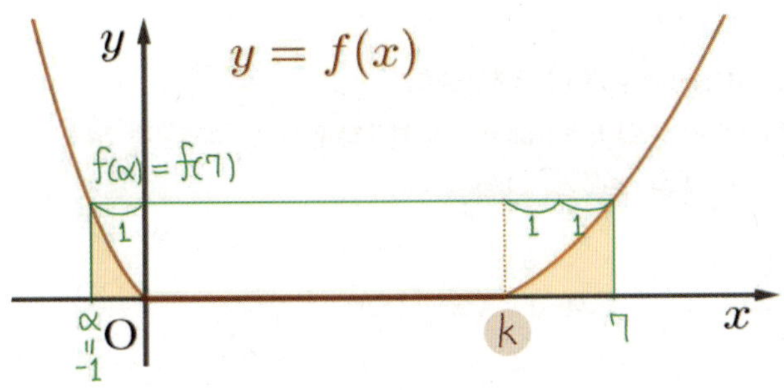

$$\therefore k = 5$$

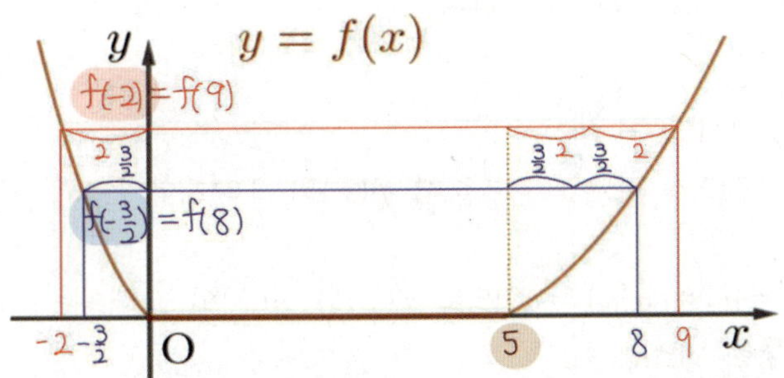

$$\therefore \frac{f(9)}{f(8)} = \frac{f(-2)}{f\left(-\frac{3}{2}\right)} = \frac{-4(-2)e^{4\cdot 4}}{-4\left(-\frac{3}{2}\right)e^{4\cdot\frac{9}{4}}} = \frac{4}{3}e^7$$

Analysis

- 그래프의 실수배와 넓이 관계

$$\int_{a}^{b} f(x)dx = S 일 때,$$

$$\int_{a}^{b} pf(x)dx = pS$$

$$\int_{pa}^{pb} f\left(\frac{1}{p}x\right)dx = pS$$

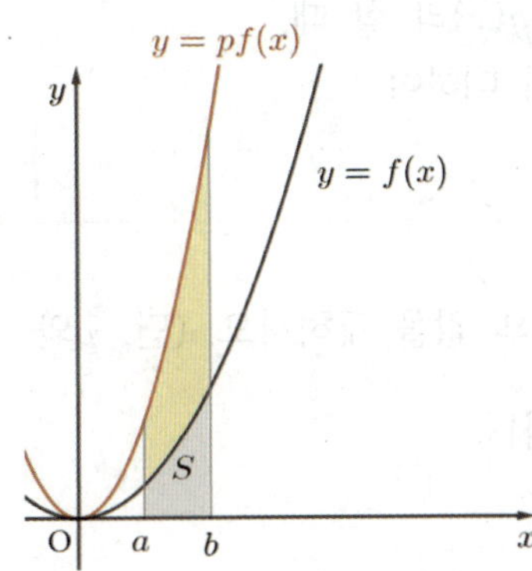

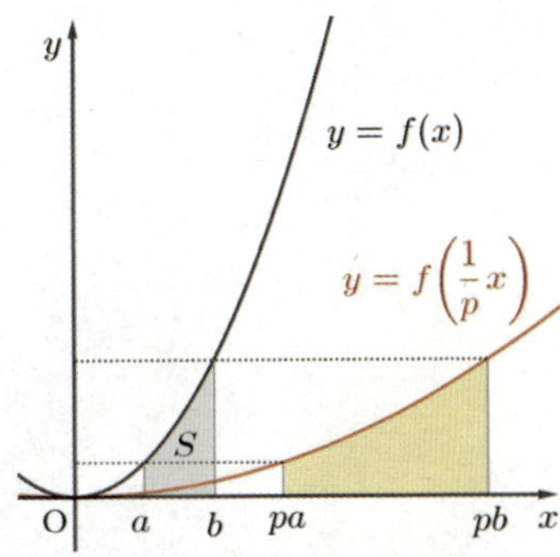

고난도 접근법 [미적분 그래프]

93. [2022년 수능 (미적분) 30번]
실수 전체의 집합에서 증가하고 미분 가능한 함수 $f(x)$가 다음 조건을 만족시킨다.

> (가) $f(1)=1$, $\displaystyle\int_1^2 f(x)dx = \dfrac{5}{4}$
>
> (나) 함수 $f(x)$의 역함수를 $g(x)$라 할 때, $x \ge 1$인 모든 실수 x에 대하여 $g(2x)=2f(x)$이다.

$\displaystyle\int_1^8 xf'(x)dx = \dfrac{q}{p}$일 때, $p+q$의 값을 구하시오. (단, p와 q는 서로소인 자연수이다.) [4점]

Analysis

■ 도형의 닮음비

길이의 비 $= m:n$
넓이의 비 $= m^2:n^2$

143

(Step1) 작전 세우기

구하는 답이 $\displaystyle\int_1^8 xf'(x)dx$이므로

$1 \le x \le 8$에서 $f(x)$의 그래프나 식에 대해 파악하면 된다.

(Step2) $g(2x)=2f(x)$ 해석하기

식의 그래프에서의 의미를 해석하려면 좌표설정을 하면 된다. 그러면 위치관계를 알 수 있다.

$$g(2x)=2f(x)$$

f함수 그래프에 있는 점 → $(x,\ f(x))$

2배 ↓　2배 ↓

g함수 그래프에 있는 점 → $(2x,\ g(2x))$

▶ $y=f(x)$ 그래프의 점의 x,y좌표를 전부 2배씩 곱하면 $g(x)$함수의 그래프의 점이 된다.

▶ $g=f^{-1}$이므로
$g(x)$의 그래프를 $y=x$ 대칭하면 $f(x)$의 그래프가 된다.

$\therefore f(a)=a \Leftrightarrow g(a)=a$이므로 $f(x)$와 $g(x)$의 그래프는 아래 점들을 지난다.

$(1,\ 1) \to (2,\ 2) \to (4,\ 4) \to (8,\ 8)$

2배　　2배　　2배

(step3) 그래프 그리기

① f → g : 좌표 2배

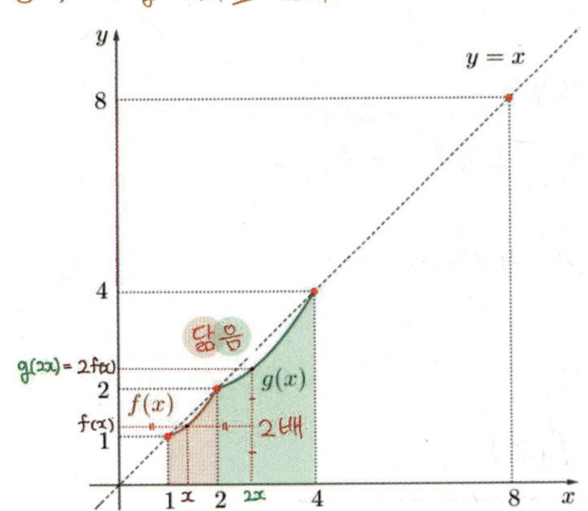

② g → f : y=x 대칭

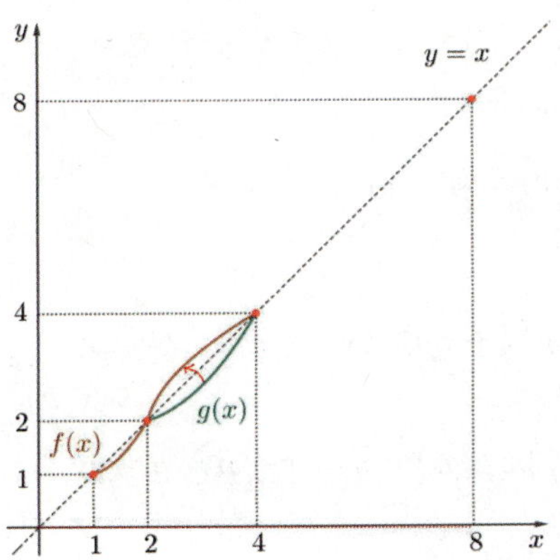

③ f → g : 좌표 2배

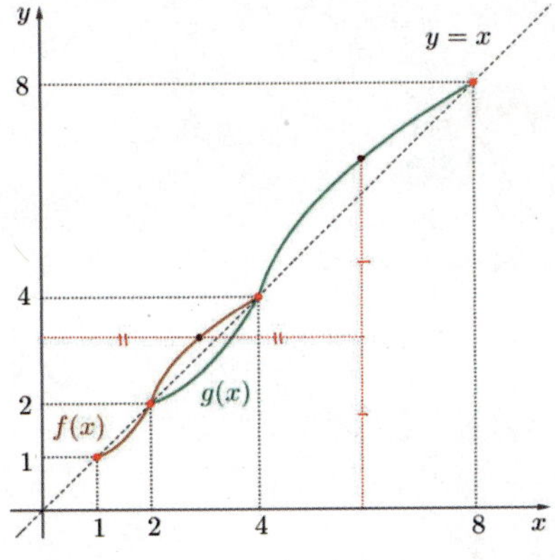

④ g → f : y=x 대칭

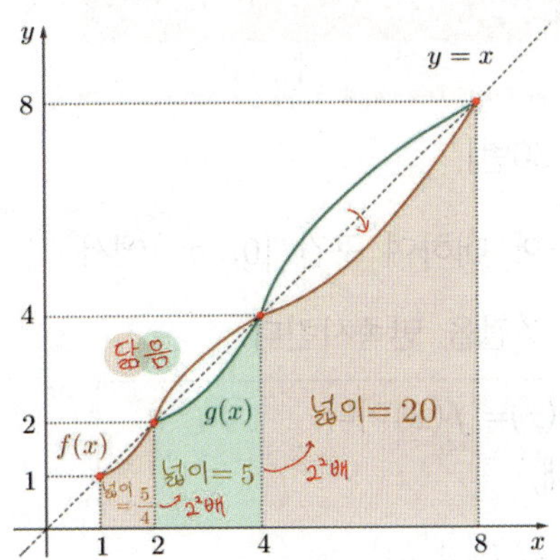

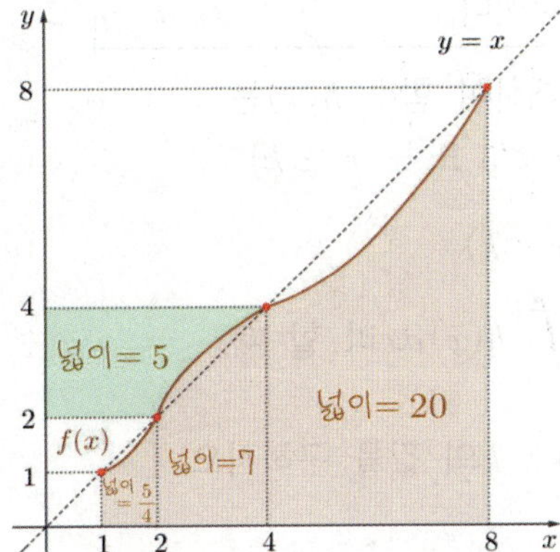

$$\int_1^8 xf'(x)\,dx = \left[f(x)\times x\right]_1^8 - \int_1^8 f(x)\,dx$$

$$= 8f(8) - f(1) - \int_1^8 f(x)\,dx$$

$$= 8\times 8 - 1 - \left(\frac{5}{4} + 7 + 20\right)$$

$$= \frac{139}{4}$$

$$\therefore\ p + q = 143$$

고난도 접근법 [미적분 그래프]

94. [2018년 수능 (나)형 30번]

이차함수 $f(x) = \dfrac{3x - x^2}{2}$ 에 대하여 구간 $[0,\ \infty)$에서 정의된 함수 $g(x)$가 다음 조건을 만족시킨다.

> (가) $0 \le x < 1$일 때, $g(x) = f(x)$이다.
> (나) $n \le x < n+1$일 때,
> $$g(x) = \dfrac{1}{2^n}\{f(x-n) - (x-n)\} + x$$
> 이다. (단, n은 자연수이다.)

어떤 자연수 $k\,(k \ge 6)$에 대하여 함수 $h(x)$는

$$h(x) = \begin{cases} g(x) & (0 \le x < 5 \text{ 또는 } x \ge k) \\ 2x - g(x) & (5 \le x < k) \end{cases}$$

이다. 수열 $\{a_n\}$을 $a_n = \displaystyle\int_0^n h(x)\,dx$라 할 때,

$\displaystyle\lim_{n \to \infty}\left(2a_n - n^2\right) = \dfrac{241}{768}$ 이다. k의 값을 구하시오.

[4점]

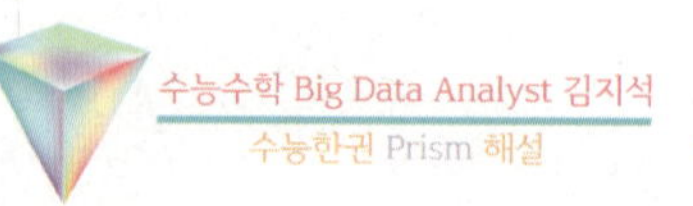

(Step1) 조건 (가) 활용하기

$f(x) = -\dfrac{1}{2}x(x-3)$는 $y = x$와 $(1,\ 1)$을 지난다.

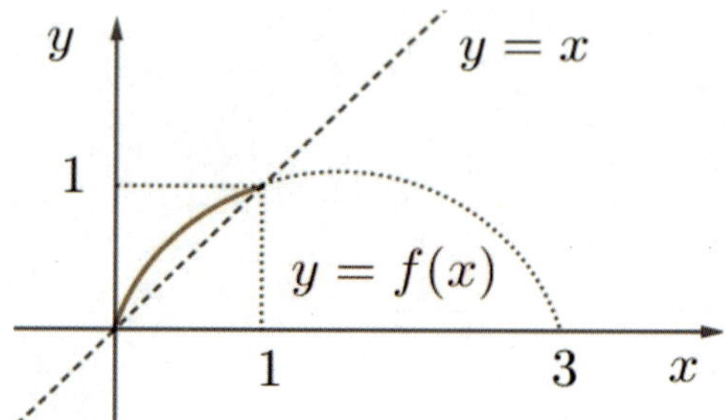

(Step2) 조건 (나) 활용하기

식의 그래프에서의 의미를 해석하려면 좌표설정을 하면 된다. 그러면 위치관계를 알 수 있다.

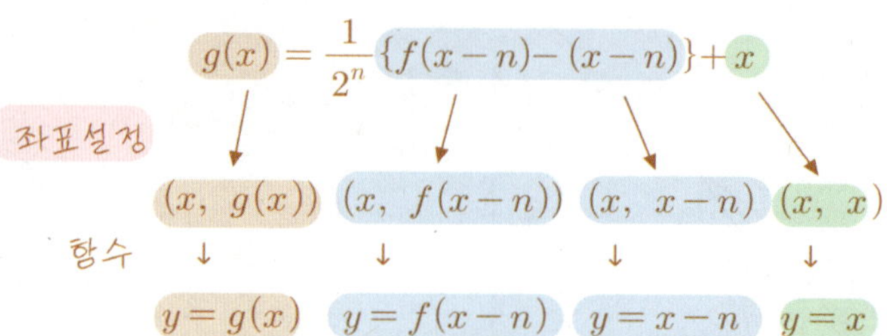

$y = g(x)$의 그래프

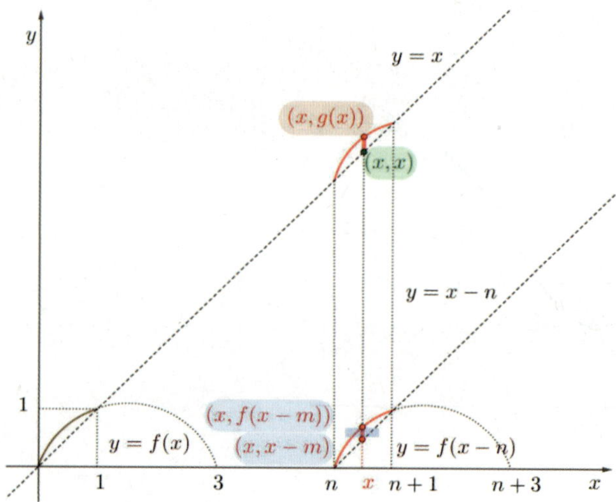

(step3) $y = 2x - g(x)$의 그래프

$$2x - g(x) = -\frac{1}{2^n}\{f(x-n) - (x-n)\} + x$$

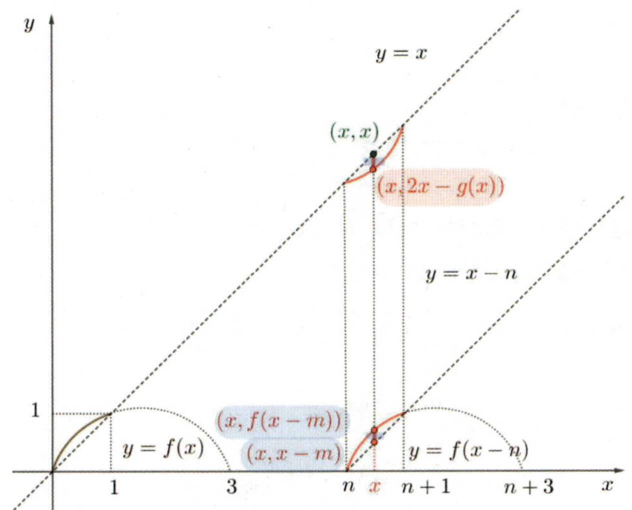

(step4) $h(x)$의 그래프

$$h(x) = \begin{cases} g(x) & (0 \le x < 5 \text{ 또는 } x \ge k) \\ 2x - g(x) & (5 \le x < k) \end{cases}$$

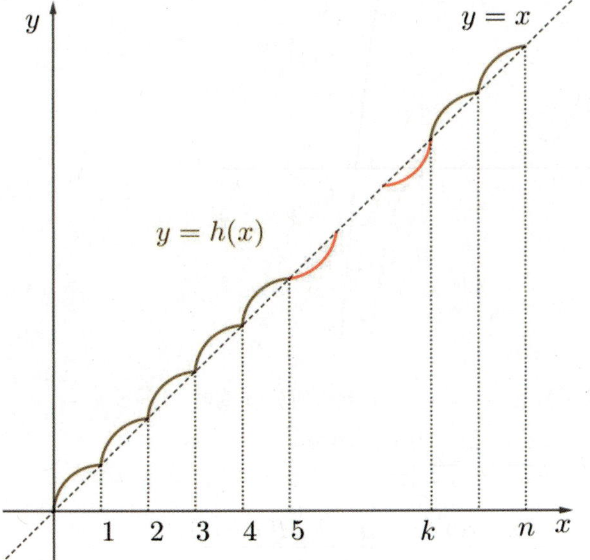

(step5) 답 계산하기

부분의 넓이는 공비가 $\frac{1}{2}$인 등비수열을 이루고

첫째항은 $\frac{1}{2} \cdot \frac{1}{6}(1-0)^3 = \frac{1}{12}$

($\because$ 이차함수와 직선으로 둘러싸인 넓이)

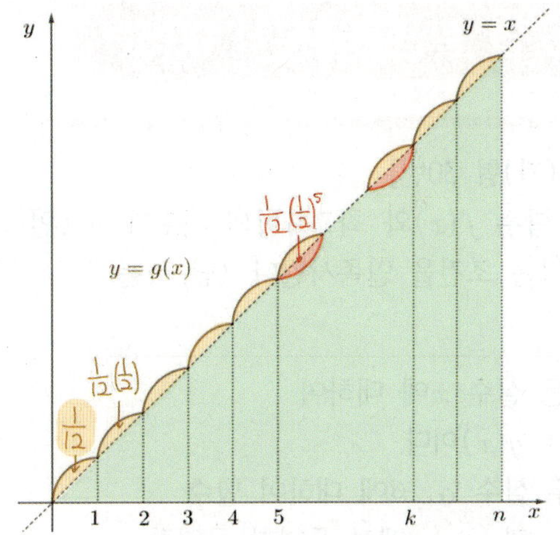

$a_n = \displaystyle\int_0^n h(x)\,dx$ 이고

$\frac{1}{2}n^2 =$ 가로 길이 n, 세로 길이 n인 직각삼각형 넓이

$$\lim_{n \to \infty}\left(2a_n - n^2\right) = 2\lim_{n \to \infty}\left(a_n - \frac{1}{2}n^2\right)$$

$$= 2\left\{\frac{\frac{1}{12}}{1-\frac{1}{2}} - 2 \times \frac{\frac{1}{12}\left(\frac{1}{2}\right)^5\left(1-\left(\frac{1}{2}\right)^{k-5}\right)}{1-\left(\frac{1}{2}\right)}\right\}$$

$$= 2 \times \frac{\frac{1}{12}}{1-\frac{1}{2}}\left\{1 - \frac{1}{2^4}\left(1-\left(\frac{1}{2}\right)^{k-5}\right)\right\} = \frac{241}{768}$$

$$\Leftrightarrow 1 - \frac{1}{2^4}\left(1-\left(\frac{1}{2}\right)^{k-5}\right) = \frac{241}{256}$$

$$\Leftrightarrow -\left(\frac{1}{2}\right)^{k-5} = \left(\frac{241}{256}-1\right)(-2^4) - 1$$

$$\Leftrightarrow -\left(\frac{1}{2}\right)^{k-5} = -\frac{1}{16}$$

$$\therefore k - 5 = 4$$

$$\therefore k = 9$$

고난도 접근법 [미적분 그래프

그래프의 사칙연산

고난도 접근법 실전개념분석 095

——— 1등급 ———

95. [2017년 수능 (가)형 30번]
$x > a$에서 정의된 함수 $f(x)$와 최고차항의 계수가 -1인 사차함수 $g(x)$가 다음 조건을 만족시킨다. (단, a는 상수이다.)

> (가) $x > a$인 모든 실수 x에 대하여
> $(x-a)f(x) = g(x)$이다.
> (나) 서로 다른 두 실수 α, β에 대하여 함수
> $f(x)$는 $x = \alpha$와 $x = \beta$에서 동일한 극댓값
> M을 갖는다. (단, $M > 0$)
> (다) 함수 $f(x)$가 극대 또는 극소가 되는 x의
> 개수는 함수 $g(x)$가 극대 또는 극소가 되는
> x의 개수보다 많다.

$\beta - \alpha = 6\sqrt{3}$일 때, M의 최솟값을 구하시오.
[4점]

(Step1) $f(x)$ 그래프 개형 파악하기
[그래프 테크닉] 그래프의 곱셈

$x > a$에서 $y = \dfrac{1}{x-a} > 0$이고 단조감소하므로

$f(x) = \dfrac{1}{x-a} \times g(x)$의 그래프는

사차함수 $g(x)$와 유사한 형태가 된다.

조건 (나)에서 $f(x)$가 동일한 극댓값 M을 2개를 가지므로

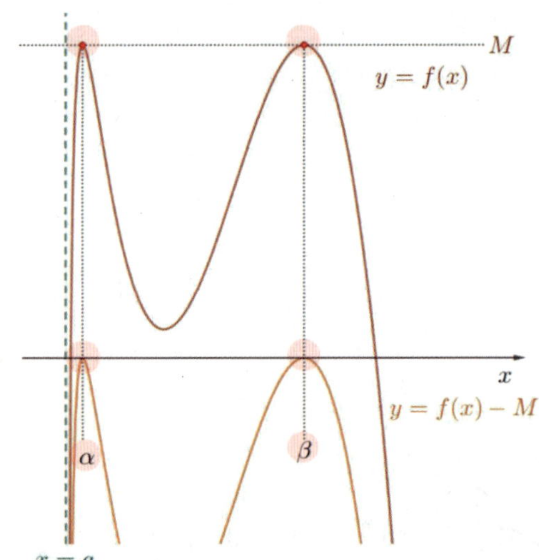

$y = f(x) - M$는 $x = \alpha$와 $x = \beta$에서 x축에 접하므로

$$f(x) - M = \dfrac{-(x-\alpha)^2(\alpha-\beta)^2}{x-\alpha}$$

$$\Leftrightarrow f(x) = \dfrac{-(x-\alpha)^2(x-\beta)^2 + M(x-\alpha)}{x-\alpha}$$

$$\therefore g(x) = -(x-\alpha)^2(x-\beta)^2 + M(x-\alpha)$$

(Step2) 극값의 개수 활용하기

조건 (다)에 의해

$f(x)$의 극값이 있는 점은 3개이므로

$g(x)$의 극값은 있는 점은 2개 이하이다.

$g(x)$는 4차함수이므로 극값이 있는 점은 1개이다.

($\because$ 4차함수의 극값이 있는 점은 1개 or 3개뿐)

$g'(x)$의 부호는 1번만 변한다.

$$g(x) = -(x-\alpha)^2(x-\beta)^2 + M(x-\alpha)$$
$$g'(x) = -4(x-\alpha)\left(x - \frac{\alpha+\beta}{2}\right)(x-\beta) + M$$

부호가 1번만 바뀌려면 극솟값이 0 이상이어야 한다.

$$y = -(x-\alpha)^2(x-\beta)^2$$

삼차함수의 대칭성에 의해 M의 최솟값은

$$y = -4(x-\alpha)\left(x - \frac{\alpha+\beta}{2}\right)(x-\beta)$$의 극댓값과 같다.

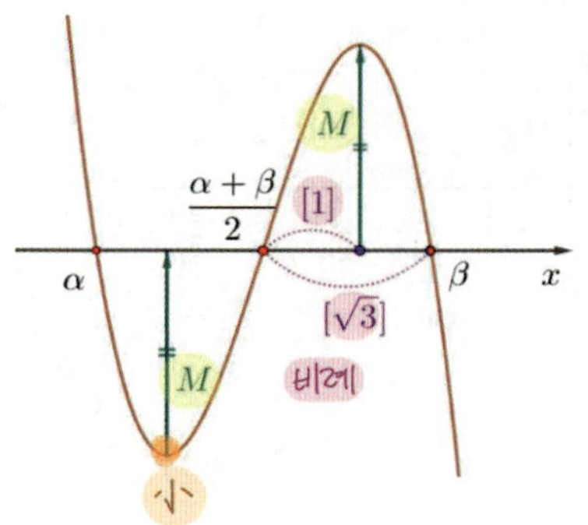

(Step3) 계산하기

이제 $\beta - \alpha = 6\sqrt{3}$ 조건을 대입하고 극댓값을 구해도 되지만 좀 더 깊이 생각하면 훨씬 간단하게 풀 수 있다.

$\beta - \alpha = 6\sqrt{3}$ 이기만 하다면 이 그래프를 좌우로 얼마큼 평행이동하든 극댓값 M은 바뀌지 않는다.

$\Leftrightarrow \alpha$와 β에 $\beta - \alpha = 6\sqrt{3}$ 가 성립하는 아무 숫자나 대입하고 풀어도 동일한 M값이 나온다.

계산이 빠르도록 $\alpha = -3\sqrt{3}$, $\beta = 3\sqrt{3}$ 을 대입하면

$$y = -4(x + 3\sqrt{3})x(x - 3\sqrt{3}) \quad \left(\because \frac{\alpha+\beta}{2} = 0\right)$$
$$= -4x(x^2 - 27)$$

삼차함수의 $\sqrt{3}:1$ 비례관계에 의해 $x = 3$에서 극대

$\therefore M = -4 \times 3 \times (-18) = 216$

고난도 접근법 [미적분 그래프]

——— 1등급 ———

96. [2021년 수능 (가)형 20번]

함수 $f(x) = \pi \sin 2\pi x$ 에 대하여 정의역이 실수 전체의 집합이고 치역이 집합 $\{0, 1\}$ 인 함수 $g(x)$ 와 자연수 n 이 다음 조건을 만족시킬 때, n 의 값은? [4점]

함수 $h(x) = f(nx)g(x)$ 는 실수 전체의 집합에서 연속이고

$$\int_{-1}^{1} h(x)\,dx = 2, \quad \int_{-1}^{1} x\,h(x)\,dx = -\frac{1}{32}$$

이다.

---

① 8 　② 10 　③ 12 　④ 14 　✓⑤ 16

(Step1) $h(x)$ 의 그래프 파악하기

$$g(x) = \begin{cases} 1 \\ 0 \end{cases} \text{이므로}$$

$$h(x) = f(nx)g(x) = \begin{cases} f(nx) \\ 0 \end{cases}$$

$f(nx) = \pi \sin 2\pi nx$ 의 그래프는 아래와 같다.

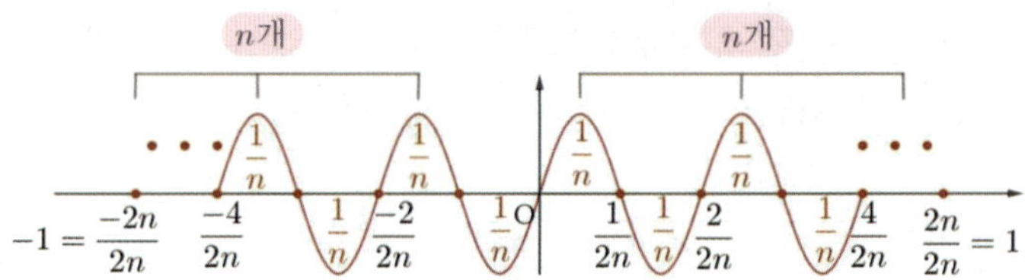

여기에서 △ 한 부분의 넓이를 구하면

$$\int_{0}^{\frac{1}{2n}} f(nx)\,dx = \int_{0}^{\frac{1}{2n}} \pi \sin 2n\pi x\,dx$$

$$= \left[-\frac{1}{2n} \cos 2n\pi x \right]_{0}^{\frac{1}{2n}} = \frac{1}{2n} - \left(-\frac{1}{2n} \right) = \frac{1}{n}$$

$\displaystyle \int_{-1}^{1} h(x)\,dx = 2$ 인데 $\dfrac{1}{n} \times 2n = 2$ 이므로

$$h(x) = f(nx)g(x) = \begin{cases} f(nx) & (f(nx) \geq 0) \\ 0 & (f(nx) < 0) \end{cases}$$

(step2) $\displaystyle\int_{-1}^{1} xh(x)dx$ 파악하기

$-1 \leq \sin 2n\pi x \leq 1$

$\Leftrightarrow -\pi x \leq \pi x \sin 2n\pi x \leq \pi x$

$y = \pi x \sin 2n\pi x$와 $y = xh(x)$의 그래프는 아래와 같다.

($y = \pi x \sin 2n\pi x$는 우함수)

[그래프 테크닉] 그래프 곱셈

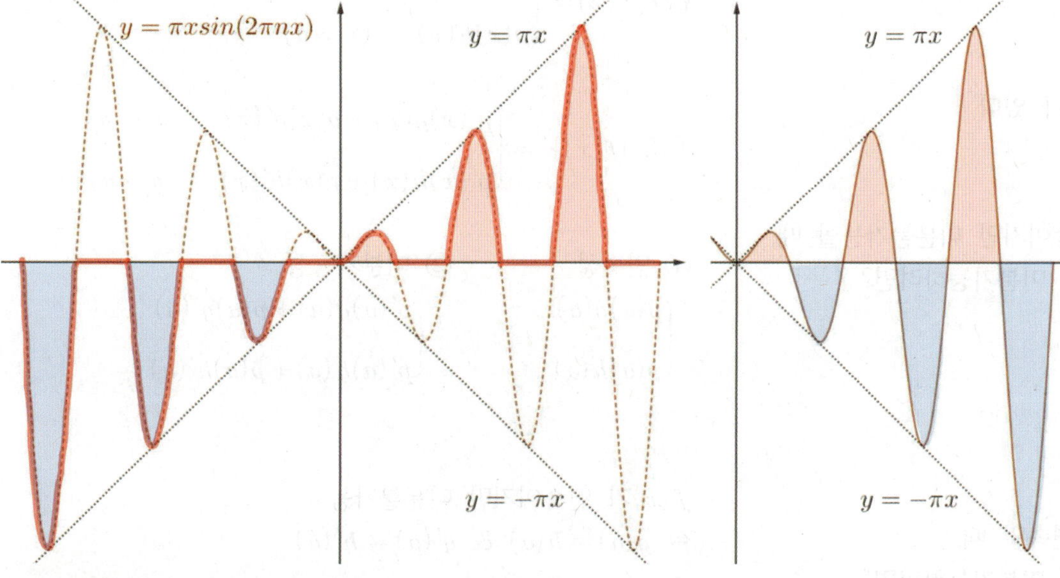

$$\int_{-1}^{1} xh(x)dx = \int_{0}^{1} xf(nx)dx$$

$$= \int_{0}^{1} x\pi \sin 2n\pi x\, dx$$

$$= \left[-\frac{x}{2n}\cos 2n\pi x\right]_{0}^{1} - \int_{0}^{1}\left(-\frac{1}{2n}\cos 2n\pi x\right)dx$$

$$= \left(-\frac{1}{2n}\right) + \frac{1}{2n} \times \left[\frac{1}{2n\pi}\sin 2n\pi x\right]_{0}^{1}$$

$$= -\frac{1}{2n} = -\frac{1}{32}$$

$$\therefore n = 16$$

고난도 접근법 [미적분 그래프]

합성함수의 그래프

■ 곱해진 함수의 미분가능성

미분가능한 함수 $g(x)$, $h(x)$에 대하여 함수

$$f(x) = \begin{cases} g(x) & (x \le a) \\ h(x) & (x > a) \end{cases}$$

이고, 미분가능한 함수 $p(x)$가 있다.

[문제1]

$x = a$에서 함수 $f(x)$가 연속이지만 미분불가능할 때,
함수 $p(x)f(x)$가 $x = a$에서 미분가능하려면?

[답1] $p(a) = 0$

[문제2]

$x = a$에서 함수 $f(x)$가 불연속일 때,
함수 $p(x)f(x)$가 $x = a$에서 미분가능하려면?

[답2] $p(a) = 0$, $p'(a) = 0$

[풀이]

$$p(x)f(x) = \begin{cases} p(x)g(x) & (x \le a) \\ p(x)h(x) & (x > a) \end{cases}$$

$$\{p(x)f(x)\}' = \begin{cases} p'(x)g(x) + p(x)g'(x) & (x \le a) \\ p'(x)h(x) + p(x)h'(x) & (x > a) \end{cases}$$

① 연속성　　　　② 미분가능성

$$\begin{cases} p(a)g(a) \\ p(a)h(a) \end{cases} \qquad \begin{cases} p'(a)g(a) + p(a)g'(a) \\ p'(a)h(a) + p(a)h'(a) \end{cases}$$

[풀이1]

$f(x)$가 연속이지만 미분불가능
$\Leftrightarrow g(a) = h(a)$ & $g'(a) \neq h'(a)$
$\therefore p(a) = 0$

[풀이2]

$f(x)$가 불연속
$\Leftrightarrow g(a) \neq h(a)$
$\therefore p(a) = 0$, $p'(a) = 0$

고난도 접근법 실전개념분석 097

1등급

97. [2021년 수능 (가)형 28번]
두 상수 a, $b\,(a < b)$에 대하여 함수 $f(x)$를
$$f(x) = (x-a)(x-b)^2$$
이라 하자. 함수 $g(x) = x^3 + x + 1$의 역함수 $g^{-1}(x)$에
대하여 합성함수 $h(x) = (f \circ g^{-1})(x)$가 다음 조건을
만족시킬 때, $f(8)$의 값을 구하시오. [4점]

(가) 함수 $(x-1)|h(x)|$가 실수 전체의 집합에서
미분가능하다.

(나) $h'(3) = 2$

72

(Step1) h(x)의 그래프
[그래프 테크닉] 합성함수의 그래프
속함수 g^{-1}가 단조증가하므로 ($\because$ g 단조증가)
합성함수는 겉함수 점 y좌표 순서대로

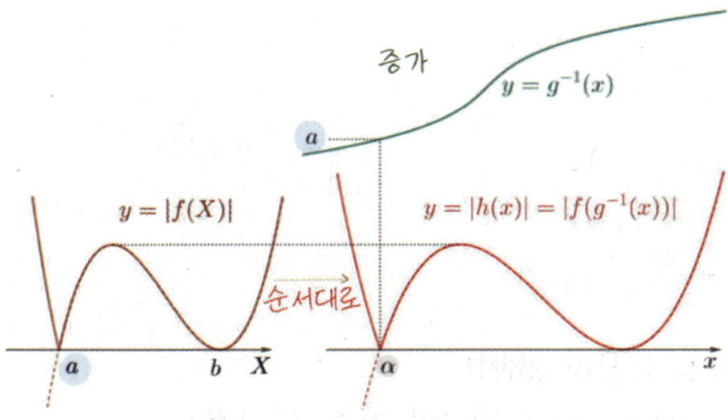

$|f(X)|$가 $X = a$에서 미분불가 $\Leftrightarrow$ $g^{-1}(x) = a$
$\rightarrow$ $|h(x)| = |f(g^{-1}(x))|$는 미분불가능한 점이 존재한다.
그 점을 $x = \alpha$라고 하자.

(Step2) 미분가능성
[스킬] 곱해진 함수의 미분가능성
$p(x) = x - 1$라고 하자.
$|h(x)|$는 연속이지만 미분불가능하다.
$(x-1)|h(x)| = p(x)|h(x)|$가
실수 전체에서 미분가능하므로 $p(\alpha) = 0$
$\therefore$ $\alpha = 1$

$g^{-1}(1) = a$
$\Leftrightarrow$ $g(a) = 1$
$\Leftrightarrow$ $a^3 + a + 1 = 0$
$\therefore$ $a = 0$

$h'(3) = 2$ 역함수의 미분법
$\Leftrightarrow$ $f'(g^{-1}(3))g^{-1'}(3) = f'(1) \times \dfrac{1}{g'(1)} = f'(1) \times \dfrac{1}{4} = 2$
$(\because g(1) = 3 \Leftrightarrow g^{-1}(3) = 1,\ g'(1) = 4)$
$\therefore$ $f'(1) = 8$

$f(x) = x(x-b)^2$
$f'(x) = 1 \times (x-b)^2 + x \times (x-b) \times 2$
$f'(1) = (1-b)^2 + 2 \times (1-b) = 8$
$\Leftrightarrow$ $A^2 + 2A - 8 = 0\ (\because A = 1-b)$
$\Leftrightarrow$ $A = 1 - b = -4$ or 2
$\Leftrightarrow$ $b = 5$ or $-1\ (\because b > a = 0)$
$\therefore$ $f(x) = x(x-5)^2$
$\therefore$ $f(8) = 8 \times 3^2 = 72$

고난도 접근법 [미적분 그래프]

[다른 풀이]

(Step1) 미분가능성에 대한 사전 이해

$$p'(1) = \lim_{x \to 1} \frac{p(x) - p(1)}{x - 1} = \lim_{x \to 1} \frac{(x-1)\,|h(x)| - 0}{x - 1}$$
$$= |h(1)|$$

$\therefore\ p(x) = (x-1)\,|h(x)|$ 는 $x = 1$에서 미분 가능하다.

(Step2) 조건 (가) 이해하기

$g^{-1}(x) = k(x)$, $k(\alpha) = a$라 하자.

$\therefore\ h(x) = (f \circ g^{-1})(x) = f(k(x))$

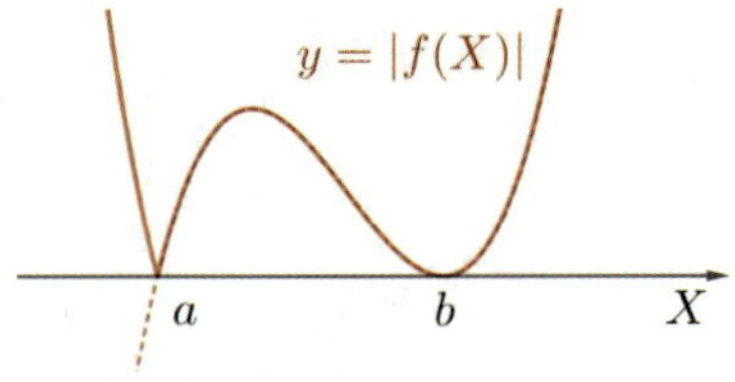

$|f(X)|$가 $X = a$에서 미분불가

$\Leftrightarrow\ |f(k(x))|$가 $k(x) = a$인 $x = \alpha$에서 미분불가
　　($\because$ 해설 마지막 [참고])

$\Leftrightarrow\ (x-1)\,|f(k(x))|$가 $k(x) = a$인 $x = \alpha$에서도
미분 가능하려면 $x = \alpha = 1$이어야 한다.

$\therefore\ k(1) = a$

$g(0) = 1 \Leftrightarrow k(1) = 0$

$\therefore\ a = 0,\ f(x) = x(x-b)^2$

(Step3) 조건 (나) 활용하기

$$h'(3) = f'(k(3)) \times k'(3) = f'(1) \times \frac{1}{4} = 2$$

$(\because\ g(1) = 3 \Leftrightarrow k(3) = 1,$

$$k'(3) = \frac{1}{g'(k(3))} = \frac{1}{g'(1)} = \frac{1}{4})$$

$\therefore\ f'(1) = 8$

$f'(x) = (x-b)^2 + 2x(x-b)$

$f'(1) = (1-b)^2 + 2(1-b) = 8$

$\therefore\ b = 5\ (\because\ b > 0)$

$\therefore\ f(x) = x(x-5)^2$

$\therefore\ f(8) = 8 \times 3^2 = 72$

※ [참고]

$|f(k(x))|$가 $k(x) = a$인 $x = \alpha$에서 미분불가인 이유

$h'(x) = \{f(k(x))\}' = f'(k(x))k'(x)$

$x = \alpha$를 대입하면

$h'(\alpha) = f'(k(\alpha))k'(\alpha) = f'(a)k'(\alpha) > 0$

$(\because\ f'(a) > 0,\ g'(x) = 3x^2 + 1 > 0$

$$\Leftrightarrow\ k'(x) = \frac{1}{g'(k(x))} > 0)$$

$\therefore\ h(\alpha) = f(k(\alpha)) = f(a) = 0$이고 $h'(\alpha) \neq 0$

$\therefore\ |h(x)| = |f(k(x))|$는 $k(x) = a$인 $x = \alpha$에서 미분불가

[2021년 수능 (가)형 28번]
두 상수 a, $b\,(a < b)$에 대하여 함수 $f(x)$를
$$f(x) = (x-a)(x-b)^2$$
이라 하자. 함수 $g(x) = x^3 + x + 1$의 역함수 $g^{-1}(x)$에
대하여 합성함수 $h(x) = (f \circ g^{-1})(x)$가 다음 조건을
만족시킬 때, $f(8)$의 값을 구하시오. [4점]

> (가) 함수 $(x-1)\,|h(x)|$가 실수 전체의 집합에서
> 　　 미분가능하다.
>
> (나) $h'(3) = 2$

고난도 접근법 [미적분 그래프]

__1등급__

98. [2021년 수능 (가)형 30번]

최고차항의 계수가 1인 삼차함수 $f(x)$에 대하여 실수 전체의 집합에서 정의된 함수 $g(x) = f(\sin^2 \pi x)$가 다음 조건을 만족시킨다.

> (가) $0 < x < 1$에서 함수 $g(x)$가 극대가 되는 x의 개수가 3이고, 이때 극댓값이 모두 동일하다.
>
> (나) 함수 $g(x)$의 최댓값은 $\dfrac{1}{2}$이고 최솟값은 0이다.

$f(2) = a + b\sqrt{2}$일 때, $a^2 + b^2$의 값을 구하시오. (단, a와 b는 유리수이다.) [4점]

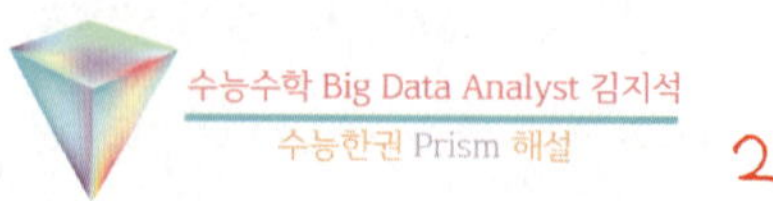

(step1) $g(x)$의 주기성

$h(x) = \sin^2 \pi x$의 그래프는 아래와 같다.

[그래프 테크닉] 그래프 곱셈

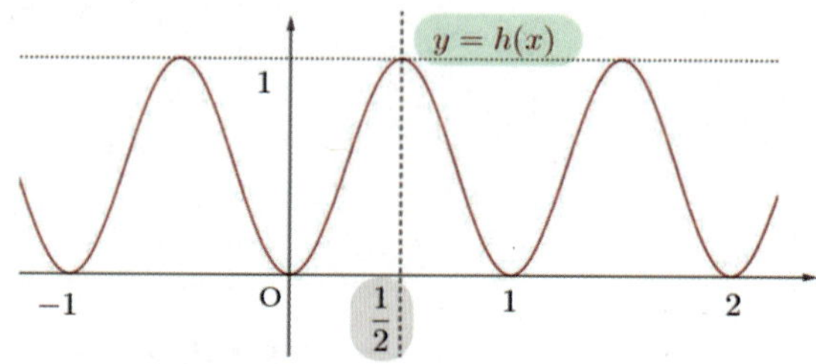

[그래프 테크닉] 합성함수의 그래프

$h(x) = \sin^2 \pi x$가 주기가 1인 함수이므로 $g(x) = f(h(x))$도 주기가 1인 함수이다.

$\therefore 0 < x < 1$에서의 극댓값이 전 구간에서의 극댓값이고 최댓값이다.

$\therefore 0 < x < 1$에서의 극댓값은 $\dfrac{1}{2}$이다.

(step2) $g(x)$의 대칭성

[그래프 테크닉] 합성함수의 그래프

$h(x) = \sin^2 \pi x$가 $x = \dfrac{1}{2}$에 대하여 대칭이므로

$g(x) = f(h(x))$도 $x = \dfrac{1}{2}$에 대하여 대칭이다.

$\therefore$ 극대가 되는 x의 개수가 홀수이므로 대칭선인 $x = \dfrac{1}{2}$에서 극댓값 $\dfrac{1}{2}$을 갖는다.

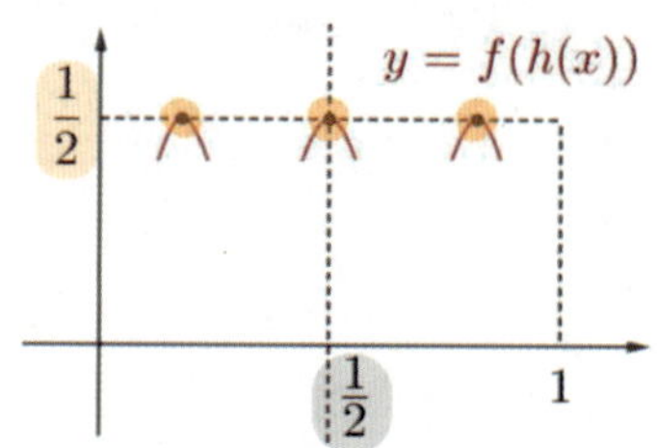

(step3) $g(x)=f(h(x))$의 그래프

$g(x)=f(h(x))$에서

f의 정의역이 $h(x)$의 치역이고

$h(x)=\sin^2\pi x$의 치역이 $[0,\ 1]$이므로

구간 $[0,\ 1]$에서 f의 그래프는 아래와 같다.

[그래프 테크닉] 합성함수 그래프

$0<x<\dfrac{1}{2}$ 속함수 증가

→ 합성함수는 겉함수 점 y좌표 순서대로

$\dfrac{1}{2}<x<1$ 속함수 감소

→ 합성함수는 겉함수 점 y좌표 역순으로

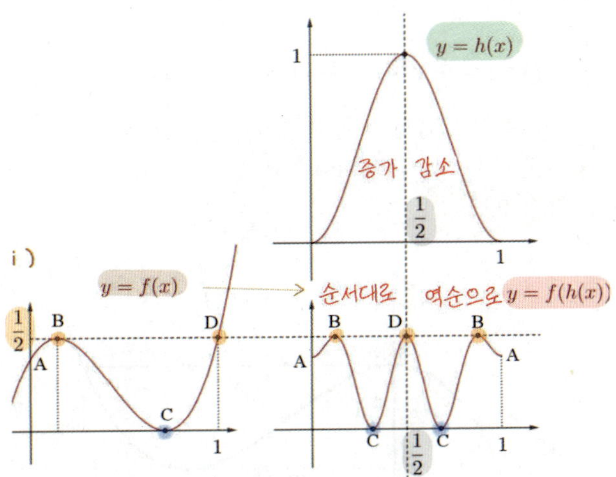

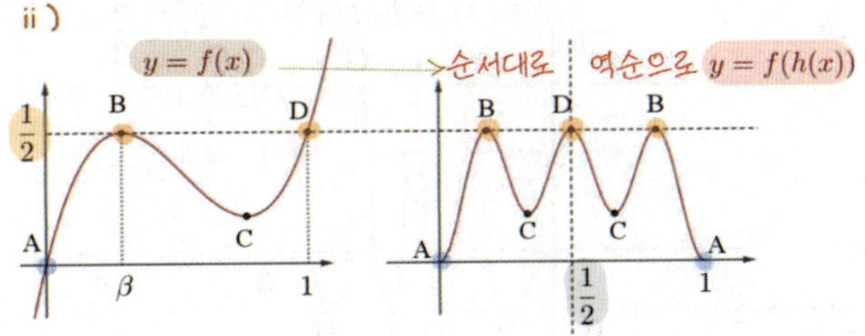

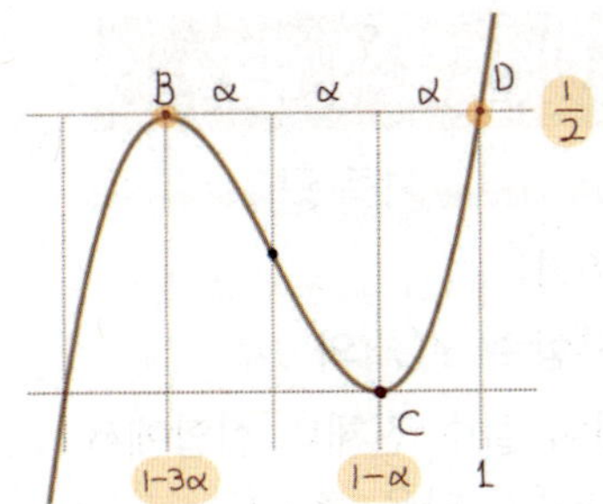

삼차함수의 2:1 비례관계에 의하여

$$f(x)=\{x-(1-3\alpha)\}^2(x-1)+\frac{1}{2}$$

i)인 경우 $f(1-\alpha)=0$

$$f(1-\alpha)=(2\alpha)^2(-\alpha)+\frac{1}{2}=-4\alpha^3+\frac{1}{2}=0$$

$$\alpha=\frac{1}{2},\ 1-3\alpha=-\frac{1}{2}<0$$

∴ 극댓값을 갖는 $x=1-3\alpha$가 구간 $[0,\ 1]$에 포함되지 않으므로 모순이다.

ii)인 경우 $f(0)=0$

$$f(0)=-(1-3\alpha)^2+\frac{1}{2}=0$$

$$\therefore\ 1-3\alpha=\frac{\sqrt{2}}{2}$$

$$\therefore\ f(x)=\left(x-\frac{\sqrt{2}}{2}\right)^2(x-1)+\frac{1}{2}$$

$$f(2)=\left(2-\frac{\sqrt{2}}{2}\right)^2+\frac{1}{2}=5-2\sqrt{2}$$

$$\therefore\ a=5,\ b=-2$$

$$\therefore\ a^2+b^2=5^2+(-2)^2=29$$

고난도 접근법 [미적분 그래프]

1등급

99. [2023년 수능 (미적분) 30번]

최고차항의 계수가 양수인 삼차함수 $f(x)$와 함수 $g(x) = e^{\sin \pi x} - 1$에 대하여 실수 전체의 집합에서 정의된 합성함수 $h(x) = g(f(x))$가 다음 조건을 만족시킨다.

> (가) 함수 $h(x)$는 $x = 0$에서 극댓값 0을 갖는다.
> (나) 열린구간 $(0,\ 3)$에서 방정식 $h(x) = 1$의 서로 다른 실근의 개수는 7이다.

$f(3) = \dfrac{1}{2}$, $f'(3) = 0$일 때, $f(2) = \dfrac{q}{p}$이다. $p+q$의 값을 구하시오. (단, p와 q는 서로소인 자연수이다.) [4점]

31

[실전 풀이]

$2:1$ 비례관계에 의해

$$f(x) = cx^2\left(x - \frac{9}{2}\right) + 8$$

$$f(3) = c \cdot 3^2\left(3 - \frac{9}{2}\right) + 8 = \frac{1}{2}$$

$$\therefore\ c = \frac{5}{9},\ f(x) = \frac{5}{9}x^2\left(x - \frac{9}{2}\right) + 8$$

$$\therefore\ f(2) = \frac{22}{9}$$

$$\because\ p + q = 9 + 22 = 31$$

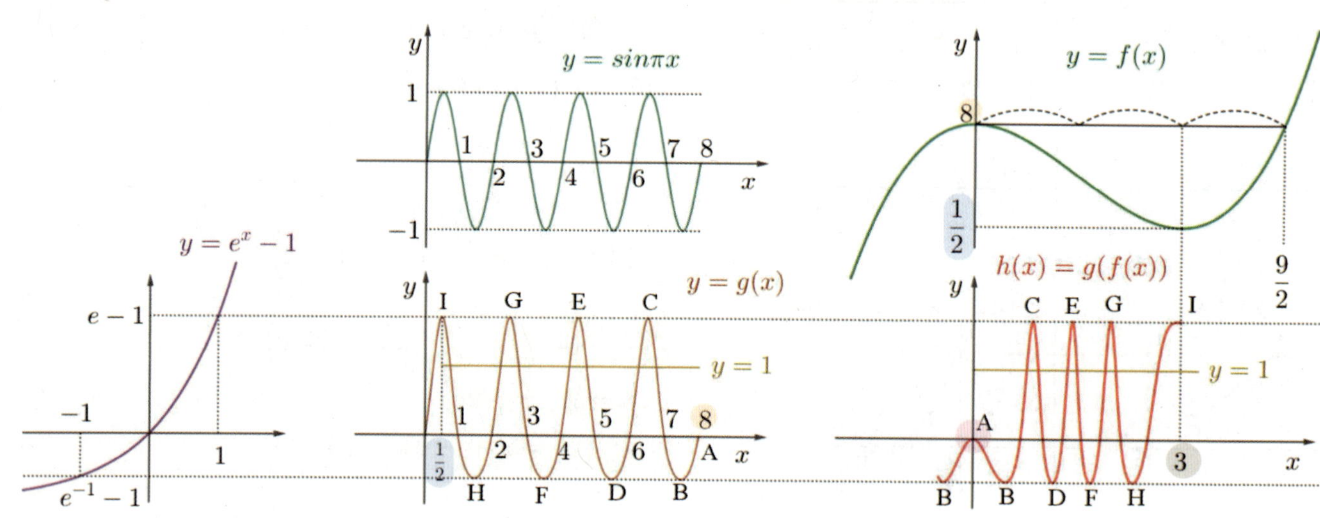

실전에서 이 정도 그래프를 그리고 5줄 계산하면 풀리는 문제야. 이게 이해가 안된다고 걱정하지 말자. 위의 계산이 성립할 수밖에 없는 원리를 옆의 풀이에서 자세하게 분석했으니까 옆의 풀이를 정독하여 이해하길 바라. 그러고 나서 다시 처음 풀이로 돌아와 체화를 해야 해. 그것만으로도 이 한 문제를 통해 엄청난 실력을 쌓을 수 있을 거야.

(Step1) $g(x)$ 그래프 파악하기

$p(x) = \sin\pi x$, $k(x) = e^x - 1$라고 할 때

$g(x) = k(p(x)) = e^{\sin\pi x} - 1$

[그래프 테크닉] 합성함수 그래프

겉함수 $k(x) = e^x - 1$가 증가함수이므로

합성함수 $g(x) = k(p(x))$는 증가&감소가

속함수 $p(x) = \sin\pi x$와 동일하다.

$\Leftrightarrow$ $p(x) = \sin\pi x$가 극대일 때 $g(x)$도 극대

$\quad p(x) = \sin\pi x$가 극소일 때 $g(x)$도 극소

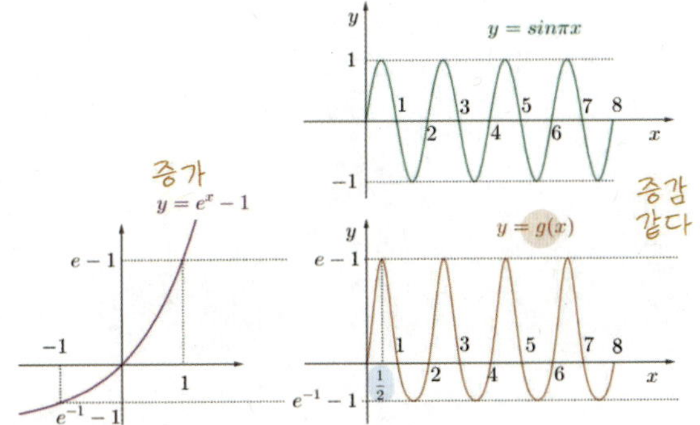

(Step2) $h(x)$ 그래프 (조건 (가))

[그래프 테크닉] 합성함수 그래프

합성함수 $h(x) = g(f(x))$가 $x = 0$에서

겉함수 $g(x)$가 갖지 않는 극값 0을 가지므로

속함수 $f(x)$가 $x = 0$에서 극값을 갖는다.

$\therefore$ $f(x)$는 $x = 0$에서 극대 $x = 3$에서 극소

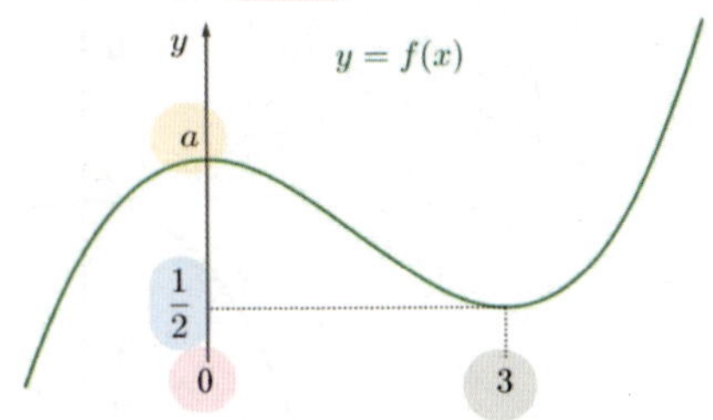

[그래프 테크닉] 합성함수 그래프

$x < 0$ 속함수 증가

$\rightarrow$ 합성함수는 겉함수 점 y좌표 순서대로

$0 < x < 3$ 속함수 감소

$\rightarrow$ 합성함수는 겉함수 점 y좌표 역순으로

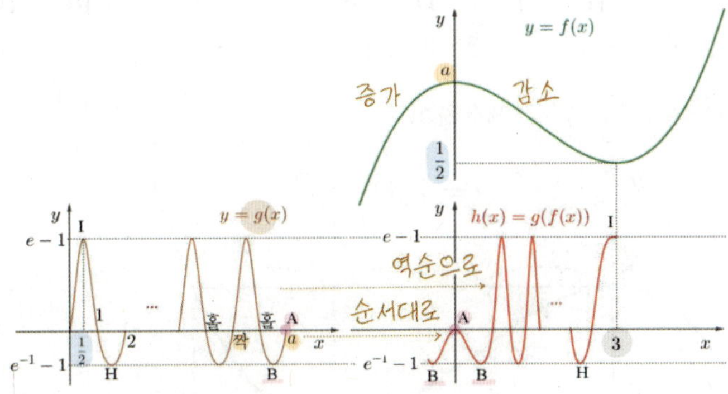

$f(x)$의 극댓값 $f(0)$을 a라 하자.

$h(x) = g(f(x))$가 $x = 0$에서 극댓값 0이므로

(점 B→A→B)

① $g(x)$가 $x = a$에서 증가 (점 B→A)

② $h(0) = 0$

$\Leftrightarrow$ $g(f(0)) = g(a) = e^{\sin\pi a} - 1 = 0$

$\Leftrightarrow$ $\sin\pi a = 0$

$\therefore$ a는 짝수

고난도 접근법 [미적분 그래프]

(Step3) $h(x)$ 그래프 (조건 (나))

열린구간 $(0, 3)$에서

$h(x) = g(f(x)) = 1$의 서로 다른 실근의 개수는 7

열린구간 $\left(\dfrac{1}{2}, a\right)$에서 $g(x) = 1$의 서로 다른 근의 개수는 7

$\therefore a = 8$

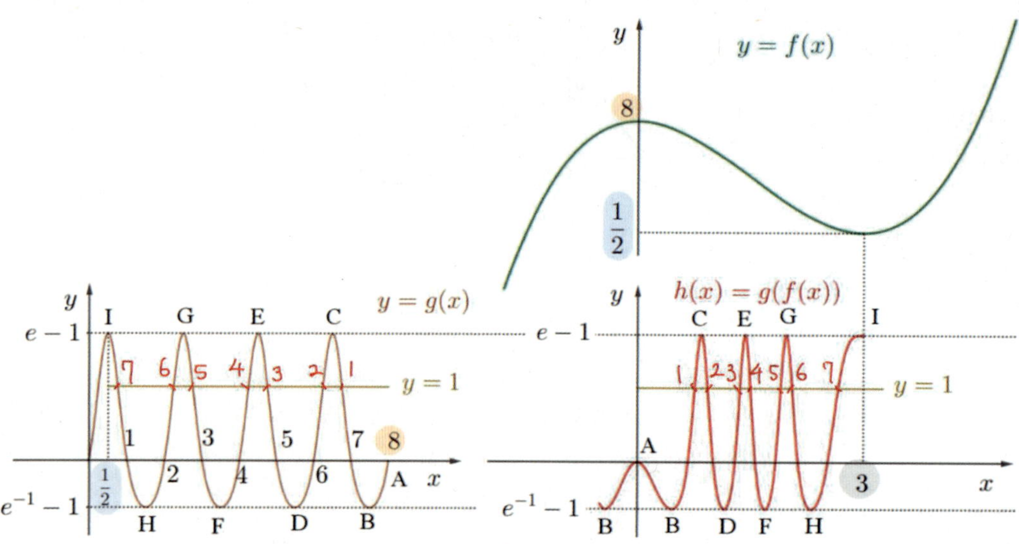

(Step4) $f(x)$ 식 계산하기

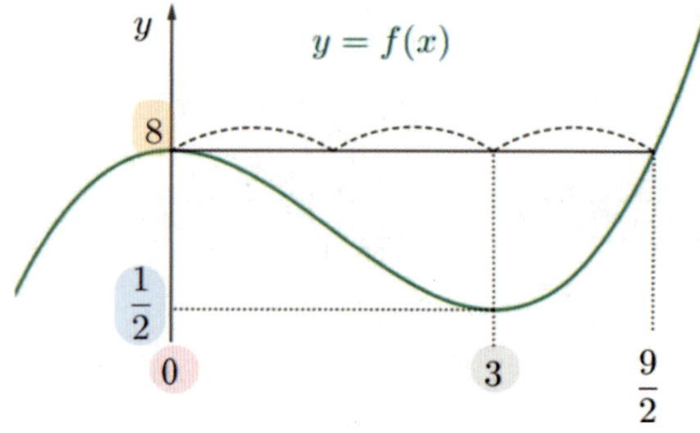

2:1 비례관계에 의해

$$f(x) = cx^2\left(x - \dfrac{9}{2}\right) + 8$$

$$f(3) = c \cdot 3^2\left(3 - \dfrac{9}{2}\right) + 8 = \dfrac{1}{2}$$

$$\therefore c = \dfrac{5}{9}, \ f(x) = \dfrac{5}{9}x^2\left(x - \dfrac{9}{2}\right) + 8$$

$$\therefore f(2) = \dfrac{22}{9}$$

$$\therefore p + q = 9 + 22 = 31$$

[다른 풀이]

(Step4) $f(x)$ 식 계산하기

극대와 극소의 높이차는

$$8 - \dfrac{1}{2} = \dfrac{c}{2}(3 - 0)^3$$

$$\Leftrightarrow \dfrac{15}{2} = \dfrac{3^3}{2}c$$

$$\therefore c = \dfrac{5}{9}, \ f(x) = \dfrac{5}{9}x^2\left(x - \dfrac{9}{2}\right) + 8$$

$$\therefore f(2) = \dfrac{22}{9}$$

$$\therefore p + q = 9 + 22 = 31$$

Analysis

삼차함수 $f(x) = ax^3 + \cdots$의 극대와 극소의 높이 차

$$f(\alpha) - f(\beta) = \frac{a}{2}(\beta - \alpha)^3$$

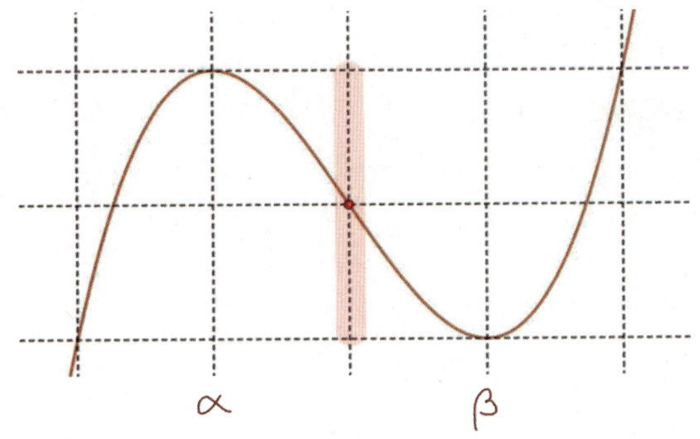

why?

$$f(\alpha) - f(\beta) = -\int_{\alpha}^{\beta} f'(x)\,dx$$

$$= -\int_{\alpha}^{\beta} 3a(x-\alpha)(x-\beta)\,dx$$

$$= \frac{3a}{6}(\beta-\alpha)^3 = \frac{a}{2}(\beta-\alpha)^3$$

고난도 접근법 [미적분 그래프]

1등급

100. [2019년 수능 (가)형 30번]
최고차항의 계수가 6π인 삼차함수 $f(x)$에 대하여

함수 $g(x) = \dfrac{1}{2 + \sin(f(x))}$ 이 $x = \alpha$에서 극대 또는

극소이고, $\alpha \geq 0$인 모든 α를 작은 수부터 크기순으로
나열한 것을 $\alpha_1,\ \alpha_2,\ \alpha_3,\ \alpha_4,\ \alpha_5,\ \cdots$ 라 할 때, $g(x)$는
다음 조건을 만족시킨다.

(가) $\alpha_1 = 0$이고 $g(\alpha_1) = \dfrac{2}{5}$이다.

(나) $\dfrac{1}{g(\alpha_5)} = \dfrac{1}{g(\alpha_2)} + \dfrac{1}{2}$

$g'\left(-\dfrac{1}{2}\right) = a\pi$라 할 때, a^2의 값을 구하시오.

$\left(\text{단},\ 0 < f(0) < \dfrac{\pi}{2}\right)$ [4점]

수능수학 Big Data Analyst 김지석
수능한권 Prism 해설

27

(step1) 문제 구조 분석

$h(x) = 2 + \sin(f(x))$라고 하자.

$-1 \leq \sin(f(x)) \leq 1$

$\Leftrightarrow\ 1 \leq 2 + \sin(f(x)) \leq 3$

$\therefore\ h(x) > 0$

$g(x) = \dfrac{1}{h(x)}$

분모 $h(x)$가 감소 → 분수 $g(x)$ 증가
분모 $h(x)$가 증가 → 분수 $g(x)$ 감소
분모 $h(x)$가 극소 → 분수 $g(x)$ 극대
분모 $h(x)$가 극대 → 분수 $g(x)$ 극소

$\therefore\ \alpha_1,\ \alpha_2,\ \alpha_3,\ \cdots$는 $h(x)$의 극값의 x좌표이기도 하다!

☆ 분수함수 $g(x) = \dfrac{1}{2 + \sin(f(x))}$ 는 계산만 복잡해질

뿐이니 $h(x) = 2 + \sin(f(x))$로 문제를 재구성해서 풀자!

(가) $\alpha_1 = 0$이고 $g(\alpha_1) = \dfrac{2}{5}$이다.

$\Leftrightarrow\ \alpha_1 = 0$이고 $h(\alpha_1) = \dfrac{5}{2}$이다. 역수☆

(나) $\dfrac{1}{g(\alpha_5)} = \dfrac{1}{g(\alpha_2)} + \dfrac{1}{2}$

$\Leftrightarrow\ h(\alpha_5) = h(\alpha_2) + \dfrac{1}{2}$

Analysis 〰

바로 앞에 있는 [2023년 수능 (미적분) 30번]와 극도로
유사한 문제다. 심지어 최신 문제인 [2023년 수능
(미적분) 30번]가 오히려 더 쉽다. 30번 문제조차도 4년
전에 출제된 문제를 거의 그대로 내기도 한다. 수능 기출
학습의 중요성을 다시 한 번 느낄 수 있다.

(step2) h(z) 그래프
$k(x) = 2 + \sin x$ 라고 하면 $h(x) = k(f(x))$
겉함수 $k(x)$는 극댓값 3, 극솟값 1만을 갖는다.
($\because 1 \leq 2 + \sin x \leq 3$)

[그래프 테크닉] 합성함수 그래프
속함수 $f(x)$는 최대 2개의 극값을 가지므로
합성함수 $h(x) = k(f(x))$이 가질 수 있는
겉함수 $k(x)$의 극값 3, 1과 다른 극값은 최대 2개뿐이다.

조건 (가)
합성함수 $h(x) = k(f(x))$가 $x = \alpha_1 = 0$에서
겉함수 $k(x)$가 갖지 않는 극값 $\dfrac{5}{2} = 2.5$를 가지므로
속함수 $f(x)$가 $x = \alpha_1 = 0$에서 극값을 갖는다.

조건 (나)
$h(\alpha_5) = h(\alpha_2) + \dfrac{1}{2}$ 이고
$h(\alpha_2) = 1$ or 3, $h(\alpha_5) = 1$ or 3인 모든 케이스를 검토

	$h(\alpha_5)$	$h(\alpha_2)$	
i)	1.5	1	
ii)	3.5	3	($\because 1 \leq h(x) \leq 3$)
iii)	1	0.5	
iv)	3	2.5	($\because h(\alpha_2) \neq h(\alpha_1) = 2.5$)

합성함수 $h(x) = k(f(x))$가 $x = \alpha_5 = 0$에서
겉함수 $k(x)$가 갖지 않는 극값 $\dfrac{3}{2} = 1.5$를 가지므로
속함수 $f(x)$가 $x = \alpha_5$에서 극값을 갖는다.
$\therefore f(x)$는 $x = \alpha_1 = 0$에서 극대 $x = \alpha_5$에서 극소

[그래프 테크닉] 합성함수 그래프
$0 < x < \alpha_5$ 속함수 $f(x)$ 감소
 → 합성함수는 겉함수 점 y좌표 역순으로

고난도 접근법 [미적분 그래프]

(step3) $f(\alpha_1)$, $f(\alpha_5)$에 대한 두가지 해석

ⅰ) 겉함수 $k(x)$의 정의역

$$k(x) = 2 + \sin x$$

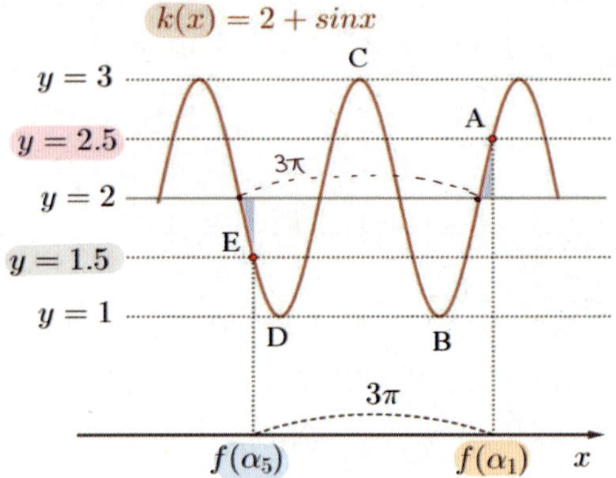

삼각함수의 대칭성과 주기성에 의하여

$$f(\alpha_1) - f(\alpha_5) = 3\pi$$

ⅱ) 속함수 $f(x)$의 치역

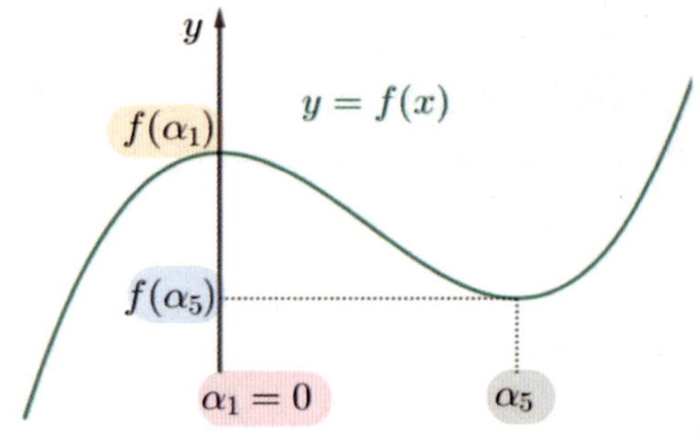

극대와 극소의 높이차는

$$f(\alpha_1) - f(\alpha_5) = \frac{6\pi}{2}(\alpha_5 - \alpha_1)^3$$

$$\Leftrightarrow 3\pi = 3\pi\alpha_5^3$$

$$\therefore \alpha_5 = 1$$

(step4) 답 계산하기

$$g'\left(-\frac{1}{2}\right) = \frac{-\cos f\left(-\frac{1}{2}\right) f'\left(-\frac{1}{2}\right)}{\left\{2 + \sin f\left(-\frac{1}{2}\right)\right\}^2}$$

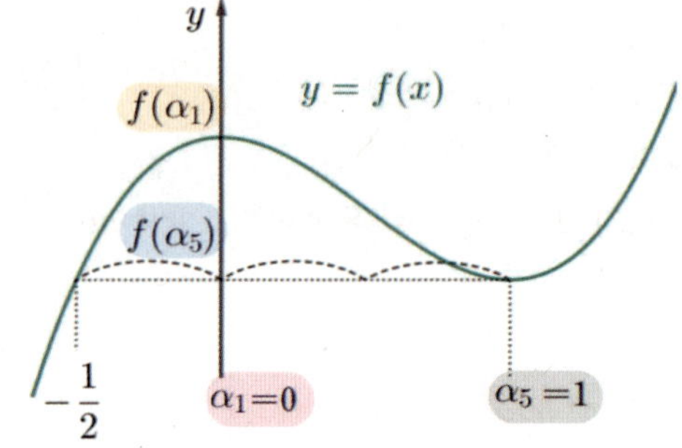

삼차함수의 2:1 비례관계에 의해

$$f\left(-\frac{1}{2}\right) = f(\alpha_5) \text{이고}$$

$$h(\alpha_5) = 2 + \sin f(\alpha_5) = \frac{3}{2} \text{이므로}$$

$$\sin f\left(-\frac{1}{2}\right) = \sin f(\alpha_5) = -\frac{1}{2}$$

$$\cos f\left(-\frac{1}{2}\right) = \cos f(\alpha_5) = -\frac{\sqrt{3}}{2}$$

$$f'(x) = 3 \times 6\pi x(x-1) \text{이므로}$$

$$f'\left(-\frac{1}{2}\right) = \frac{27}{2}\pi$$

$$\therefore g'\left(-\frac{1}{2}\right) = \frac{-\cos f\left(-\frac{1}{2}\right) f'\left(-\frac{1}{2}\right)}{\left\{2 + \sin f\left(-\frac{1}{2}\right)\right\}^2} = 3\sqrt{3}\,\pi$$

$$\therefore a^2 = (3\sqrt{3})^2 = 27$$

고난도 접근법 8

함수로 새로운 함수를 규정

고난도 접근법 실전개념분석 101

— 1등급 —

101. [2018년 수능 (가)형 30번]
실수 t에 대하여 함수 $f(x)$를

$$f(x)=\begin{cases} 1-|x-t| & (|x-t|\le 1) \\ 0 & (|x-t|>1) \end{cases}$$

이라 할 때, 어떤 홀수 k에 대하여 함수

$$g(t)=\int_{k}^{k+8} f(x)\cos(\pi x)\,dx$$

가 다음 조건을 만족시킨다.

> 함수 $g(t)$가 $t=\alpha$에서 극소이고 $g(\alpha)<0$인
> 모든 α를 작은 수부터 크기순으로 나열한 것을
> $\alpha_1,\ \alpha_2,\ \cdots,\ \alpha_m\ (m$은 자연수$)$라 할 때,
> $$\sum_{i=1}^{m}\alpha_i=45$$이다.

주기=2

$k-\pi^2\displaystyle\sum_{i=1}^{m} g(\alpha_i)$의 값을 구하시오. [4점]

(Step1) $f(x)$ 그래프 그리기
무작정 절댓값 풀고 식 전개하지 말고,
어차피 일차식이므로 직선의 부분들이 나올 것이고
절댓값의 부호가 바뀌는 지점 $x=t,\ t-1,\ t+1$만
확인하면 금방 그래프를 그릴 수 있다.
$f(t)=1,\ f(t-1)=0,\ f(t+1)=0$이므로

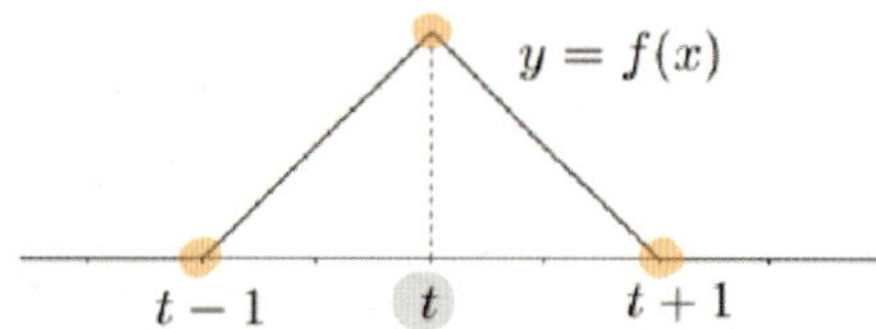

숫자의 일치는 우연이 아니다!
홀수짝수와 관계가 있지 않을까?
라는 생각을 할 수 있어야 한다.

(Step2) $g(t)$ 그래프 그리기
함수 $f(x)$로 새로운 함수 $g(t)$ 규정하는 문제
점검 point
① 정의역: t ← 충분히 작은 값부터 대입하며 관찰한다.
② 치역: $g(t)=\displaystyle\int_{k}^{k+8} f(x)\cos(\pi x)\,dx$
미지수 t가 $f(x)$ 식 중에 있다.

고난도 접근법 [미적분 그래프]

g(t) 그래프 그리는 방법

(1단계) $y = \cos(\pi x)$

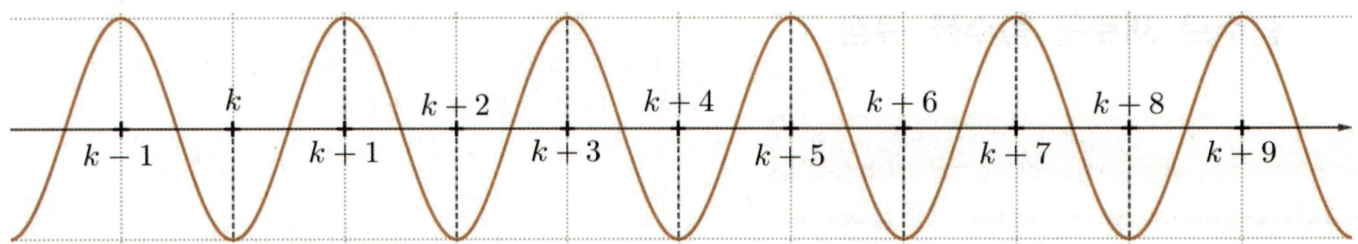

(2단계) $y = f(x)$

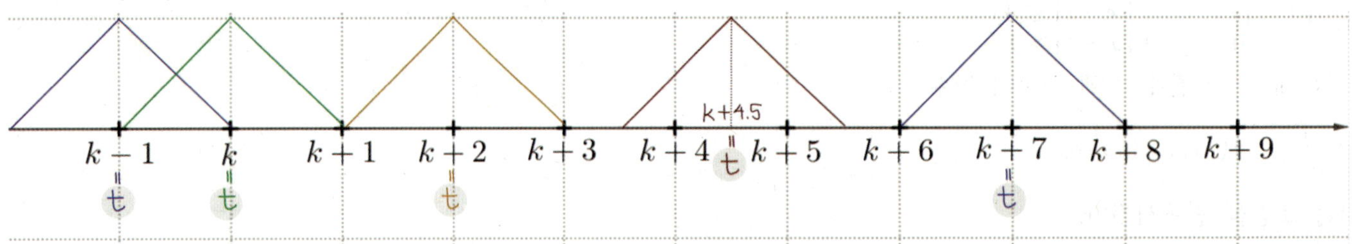

(3단계) $y = f(x)\cos(\pi x)$ [그래프 테크닉] 그래프 곱셈

(4단계) $g(t) = \displaystyle\int_{k}^{k+8} f(x)\cos(\pi x)\,dx$

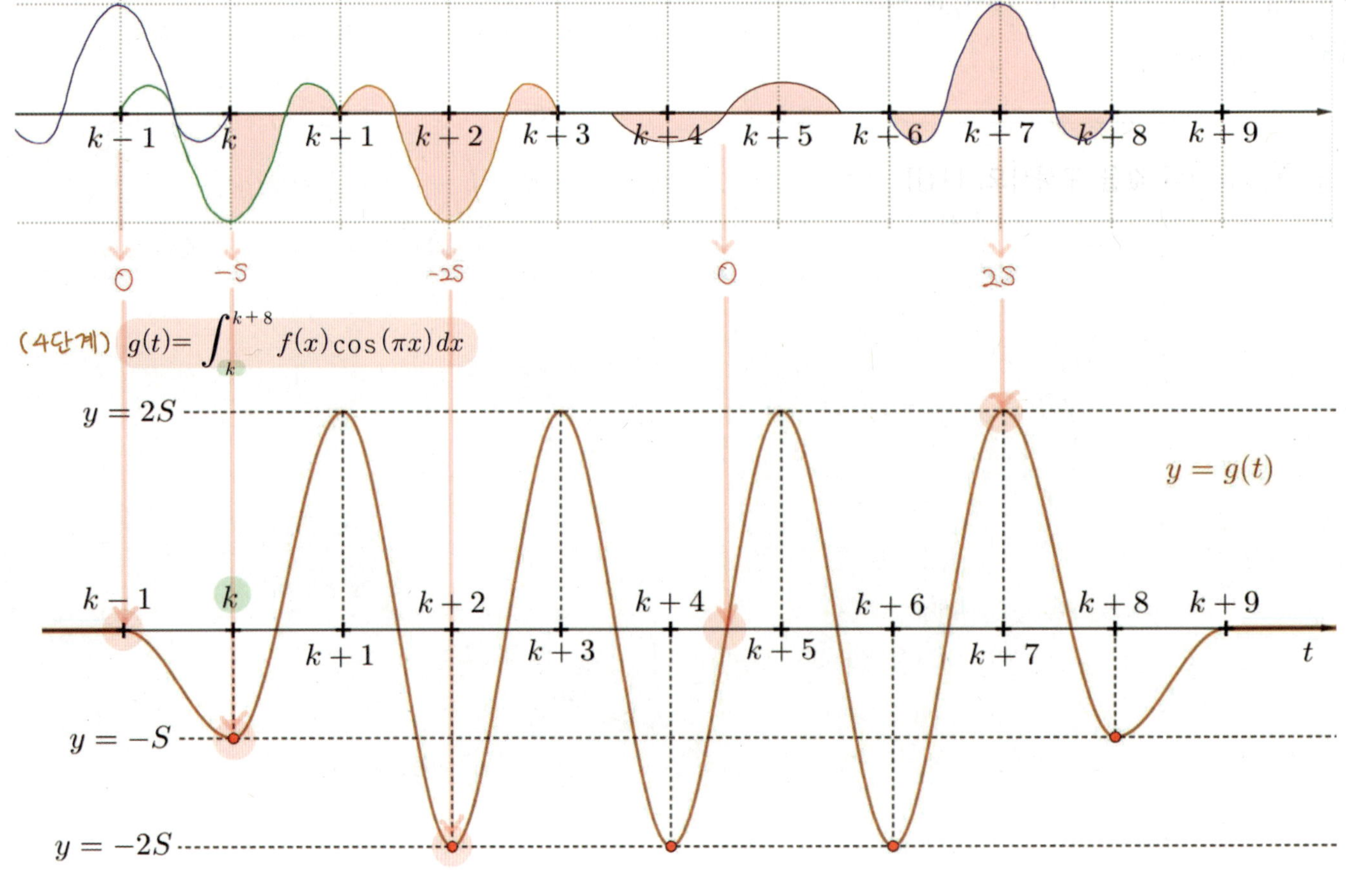

(Step3) $g(t)$ 그래프 관찰하기

ⅰ) 극솟값의 개수

극솟값은 5개가 있다.

$\therefore\ m=5$

ⅱ) 극소일때의 정의역

$$\sum_{i=1}^{m}\alpha_i=45$$

$=\alpha_1+\alpha_2+\alpha_3+\alpha_4+\alpha_5$

$=k+(k+2)+(k+4)+(k+6)+(k+8)=45$

$\therefore\ k=5$

ⅲ) 극솟값

$g(\alpha_1)=g(\alpha_5)=-S$ 라 하면

$g(\alpha_2)=g(\alpha_3)=g(\alpha_4)=-2S$

계산을 편하게 하기 위해 평행이동하여 생각하면

[그래프 테크닉] 그래프 곱셈

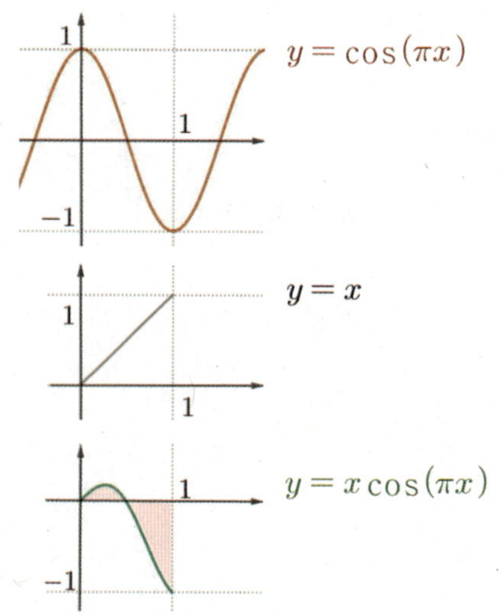

$-S=\displaystyle\int_0^1 x\cos\pi x\,dx$

$=\left[\dfrac{1}{\pi}\sin\pi x\times x\right]_0^1-\displaystyle\int_0^1\dfrac{1}{\pi}\sin\pi x\,dx$

$=\left[\dfrac{1}{\pi^2}\cos\pi x\right]_0^1=-\dfrac{2}{\pi^2}$

$\therefore\ S=\dfrac{2}{\pi^2}$

$\therefore\ k-\pi^2\displaystyle\sum_{i=1}^{m}g(\alpha_i)$

$=5-\pi^2(-S\times 2-2S\times 3)$

$=5+S\pi^2(2+6)$

$=5+\dfrac{2}{\pi^2}\pi^2\times 8$

$=21$

[2018년 수능 (가)형 30번]

실수 t에 대하여 함수 $f(x)$를

$$f(x)=\begin{cases}1-|x-t| & (|x-t|\le 1)\\ 0 & (|x-t|>1)\end{cases}$$

이라 할 때, 어떤 홀수 k에 대하여 함수

$$g(t)=\int_k^{k+8}f(x)\cos(\pi x)\,dx$$

가 다음 조건을 만족시킨다.

> 함수 $g(t)$가 $t=\alpha$에서 극소이고 $g(\alpha)<0$인 모든 α를 작은 수부터 크기순으로 나열한 것을 $\alpha_1,\ \alpha_2,\ \cdots,\ \alpha_m$ (m은 자연수)라 할 때,
> $$\sum_{i=1}^{m}\alpha_i=45$$ 이다.

$k-\pi^2\displaystyle\sum_{i=1}^{m}g(\alpha_i)$의 값을 구하시오. [4점]

고난도 접근법 [미적분 그래프]

고난도 접근법 실전개념분석 102

1등급

102. [2020년 수능 (가)형 21번]

실수 t에 대하여 곡선 $y = e^x$ 위의 점 (t, e^t)에서의 접선의 방정식을 $y = f(x)$라 할 때, 함수 $y = |f(x) + k - \ln x|$가 양의 실수 전체의 집합에서 미분가능하도록 하는 실수 k의 최솟값을 $g(t)$라 하자. 두 실수 a, b $(a < b)$에 대하여 $\int_a^b g(t)\,dt = m$이라 할 때, <보기>에서 옳은 것만을 있는 대로 고른 것은? [4점]

<보 기>

ㄱ. $m < 0$ 이 되도록 하는 두 실수 a, b $(a < b)$가 존재한다.

ㄴ. 실수 c 에 대하여 $g(c) = 0$ 이면 $g(-c) = 0$이다.

ㄷ. $a = \alpha$, $b = \beta (\alpha < \beta)$일 때 m 의 값이 최소이면 $\dfrac{1 + g'(\beta)}{1 + g'(\alpha)} < -e^2$이다.

① ㄱ 　　② ㄴ 　　③ ㄱ, ㄴ

④ ㄱ, ㄷ 　　⑤ ㄱ, ㄴ, ㄷ

$y = e^x$ 위의 점 (t, e^t)에서의 접선의 방정식은

$$f(x) = e^t(x - t) + e^t$$

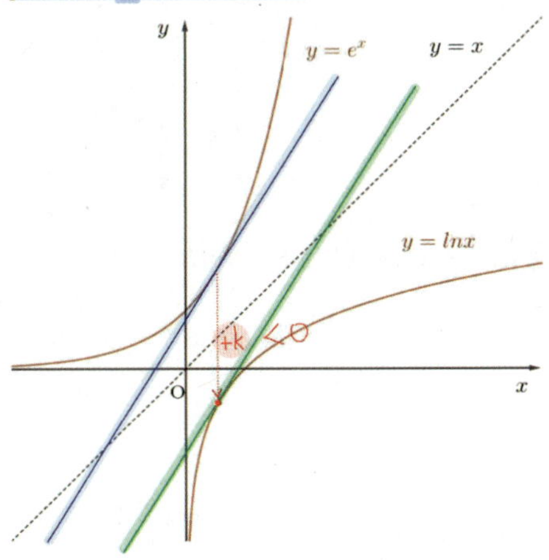

$y = f(x) + k$는 $y = f(x)$에 대한 평행이동이다.

$y = |f(x) + k - \ln x|$를 미분 가능 하도록 하는 k의 최소는 $y = f(x) + k$가 $y = \ln x$에 접할 때이다.

ㄱ. (참)

$k = g(t) < 0$인 구간이 존재한다.

$$\int_a^b g(t)\,dt = m < 0$$인 a, b $(a < b)$가 존재한다.

ㄴ. (참)

$g(c) = k = 0$일 때가 있는가?

$y = f(x)$가 평행이동을 안해도 ($\because k = 0$)
$y = \ln x$에 접하고 있어야 한다.

$y = e^x$ 위의 점 (c, e^c)에서의 접선과
$y = \ln x$ 위의 어떤 점 $(\alpha, \ln\alpha)$에서의 접선이 같다.

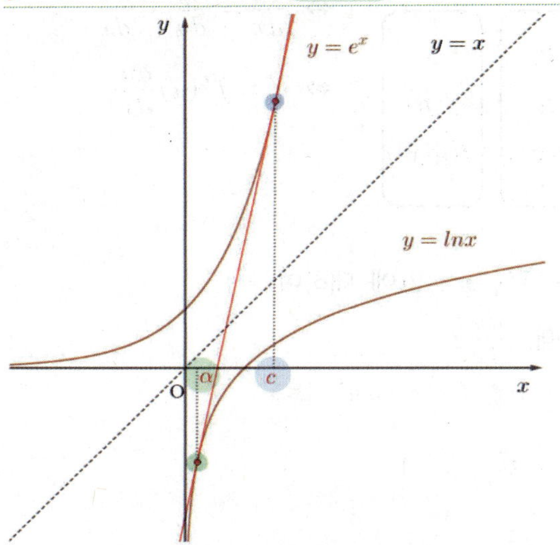

$$f(x) = e^c(x - c) + e^c = \frac{1}{\alpha}(x - \alpha) + \ln\alpha$$

$$\therefore e^c = \frac{1}{\alpha}, \ \alpha = e^{-c}$$

$(\alpha, \ln\alpha) \Leftrightarrow (e^{-c}, -c)$

[개념] $y = e^x$와 $y = \ln x$는 $y = x$ 대칭관계
$y = e^x$ 위의 점 $(-c, e^{-c})$에서의 접선도
$y = \ln x$에 접한다.

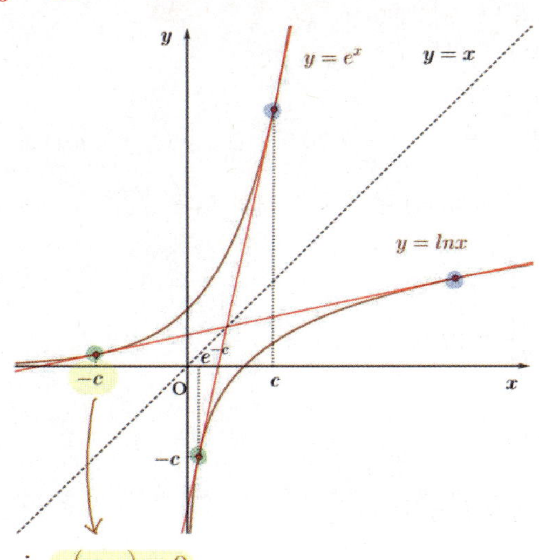

$$\therefore g(-c) = 0$$

($\because t = -c$일 때도 $y = f(x)$가 평행이동을 안해도
$y = \ln x$에 접하고 있다.)

ㄷ. (참)

(step1) m이 최소일 때 파악하기

ㄱ, ㄴ에 따라 $g(t)$의 그래프는

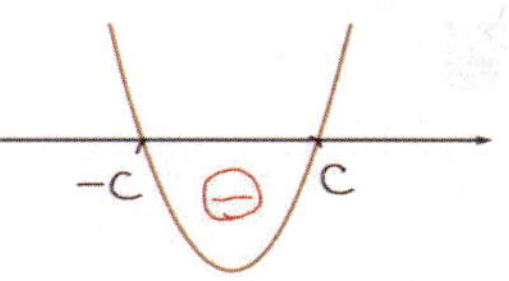

$$\therefore \int_a^b g(t)\,dt = m$$이 최소이려면

$a = \alpha = -c$이고 $b = \beta = c$

(step2) $g(t)$ 식 구하기

$y = \ln x$에서 접선의 기울기가 e^t인 점은
$(e^{-t}, -t)$이다.

$$\left(\because (\ln x)'\big|_{x = e^{-t}} = \frac{1}{e^{-t}} = e^t\right)$$

$$f(x) + k = e^t(x - e^{-t}) - t$$
$$f(x) = e^t(x - t) + e^t$$

위의 두 식을 뺀다.

$$k = g(t) = e^t(-e^{-t} + t) - t - e^t$$
$$= -1 + te^t - t - e^t$$

$$g'(t) = 1 \times e^t + t \times e^t - 1 - e^t = te^t - 1$$

$$\therefore 1 + g'(t) = te^t - 1 + 1 = te^t$$

$$\frac{1 + g'(\beta)}{1 + g'(\alpha)} < -e^2$$

$$\Leftrightarrow \frac{1 + g'(c)}{1 + g'(-c)} = \frac{ce^c}{-ce^{-c}} = -e^{2c} < -e^2$$

$$\Leftrightarrow e^{2c} > e^2$$

$$\Leftrightarrow c > 1$$

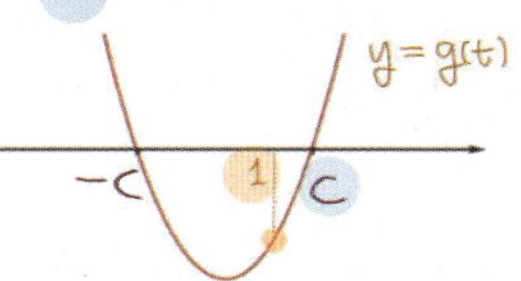

$g(1) = -1 + e - 1 - e = -2$이므로 $c > 1$ 성립

고난도 접근법 [미적분 그래프]

dydx의 본질

y' 기호의 문제점

【ex】 $y = u^2 = f(u)$, $u = 2x = g(x)$

$y = u^2$ → 미분: $y' = 2u = 2(2x) = 4x$

($u = 2x$ 대입)

$y = (2x)^2$ → 미분: $y' = 8x$ ← 오잉? 다르다!

다른 대상이 똑같이 y' 기호로 표현되어 혼란이 생길 수 있다.
그래서 dy/dx 기호를 터득해야 한다.

미적style 표현 　수॥style 표현

① x로 y를 미분 = f를 미분

정의역　치역 : $y = f(x)$

x에 대한 y의 (순간)변화율 $= \dfrac{\text{변화량}}{\text{변화량}}$

기준　　대상 (극한)

분모　　분자

미적style 표현 　수॥style 표현

② A로 B를 미분 = f를 미분

정의역　치역 : $B = f(A)$

A에 대한 B의 (순간)변화율 $= \dfrac{\text{변화량}}{\text{변화량}}$

기준　　대상 (극한)

분모　　분자

☆ Key Point

미분계수가 접선의 기울기인 건
너무 좁게 알고 있는 것이다.
미분계수 자체가 원래 변화율이다!

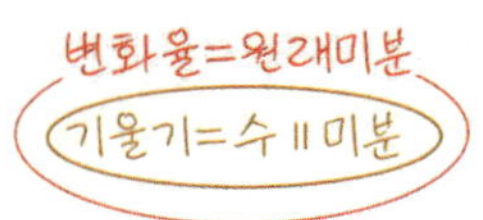
변화율 = 원래미분
기울기 = 수॥미분

③ 미분가능한 두 함수 $y = f(u)$, $u = g(x)$에 대하여 합성함수 $y = f(g(x))$의 도함수는

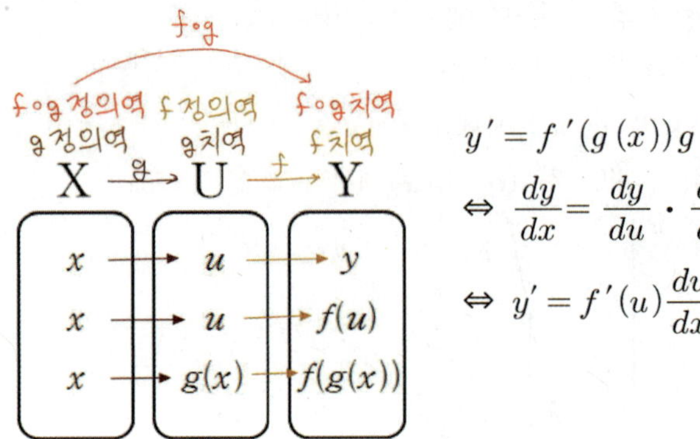

$$y' = f'(g(x))\,g'(x)$$

$$\Leftrightarrow \frac{dy}{dx} = \frac{dy}{du} \cdot \frac{du}{dx}$$

$$\Leftrightarrow y' = f'(u)\frac{du}{dx}$$

【ex】 $t = (y-1)^{\frac{1}{2}}$, $x = 2t$에 대하여

$y = 2$일 때, $\dfrac{dy}{dx}$?

ⅰ) 다항함수의 미분 (흔한 수॥ 미분)

$t = (y-1)^{\frac{1}{2}}$ → $t^2 = y - 1$

$x = 2t$ → $t = \dfrac{1}{2}x$

$y = t^2 + 1 = \left(\dfrac{1}{2}x\right)^2 + 1 = \dfrac{1}{4}x^2 + 1$

$\dfrac{dy}{dx} = \dfrac{1}{2}x = 1$

($\because y = 2 \Leftrightarrow t = 1 \Leftrightarrow x = 2$)

ⅱ) 합성함수의 미분 (라이프니츠)

$\dfrac{dy}{dx} = \dfrac{dy}{dt} \times \dfrac{dt}{dx}$ 활용하면 ⅰ)풀이처럼 $\dfrac{dy}{dx}$ 를 구하기 위해 x와 y가 직접 연결된 식을 안 구해도 된다! ☆

$x = 2t$를 x에 대하여 미분

$1 = 2\dfrac{dt}{dx} \Leftrightarrow \dfrac{dt}{dx} = \dfrac{1}{2}$

$t = (y-1)^{\frac{1}{2}} \Leftrightarrow t^2 = y - 1$를 t에 대하여 미분

$\dfrac{dy}{dt} = 2t$

$\therefore \dfrac{dy}{dx} = \dfrac{dy}{dt} \times \dfrac{dt}{dx} = 2t \times \dfrac{1}{2} = t = 1$

ⅲ) 매개변수의 미분

$t = (y-1)^{\frac{1}{2}} \Leftrightarrow y = t^2 + 1$

$\dfrac{dy}{dx} = \dfrac{\frac{dy}{dt}}{\frac{dx}{dt}} = \dfrac{(t^2+1)'}{(2t)'} = \dfrac{2t}{2} = 1$

고난도 접근법 실전개념분석 103

1등급

103. [2024년 수능 (미적분) 27번]

실수 t에 대하여 원점을 지나고 곡선 $y = \dfrac{1}{e^x} + e^t$에

접하는 직선의 기울기를 $f(t)$라 하자. $f(a) = -e\sqrt{e}$를
만족시키는 상수 a에 대하여 $f'(a)$의 값은? [3점]

① $-\dfrac{1}{3}e\sqrt{e}$ ② $-\dfrac{1}{2}e\sqrt{e}$ ③ $-\dfrac{2}{3}e\sqrt{e}$

④ $-\dfrac{5}{6}e\sqrt{e}$ ⑤ $-e\sqrt{e}$

수능수학 Big Data Analyst 김지석
수능한권 Prism 해설

접점의 좌표를 s라고 하자.
☆ 변수 상수 관계 파악
x변수 → t, s 상수
t변수(x는 소거된 상태) → s 변수

(Step1) x가 변수인 상황

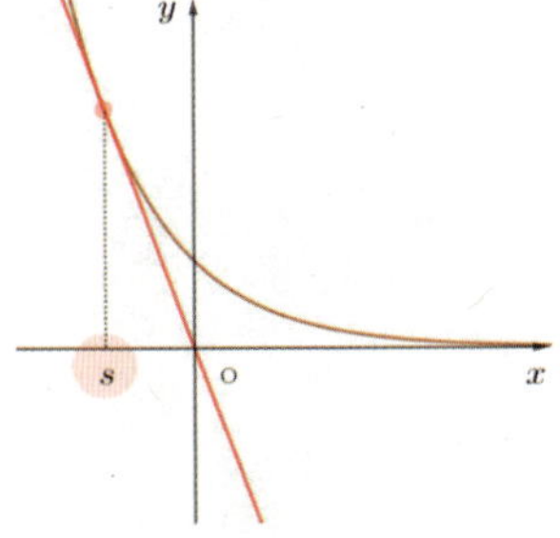

$g(x) = \dfrac{1}{e^x} + e^t = e^{-x} + e^t$라고 하자.

x를 변수로 보고 미분하면
$g'(x) = -e^{-x}$

$f(t) = g'(s) = \dfrac{g(s) - 0}{s - 0}$

$f(t) = -e^{-s} = \dfrac{e^{-s} + e^t}{s}$

Analysis

3점 문제임에도 불구하고 상당한 난이도다. 어쨌거나 3점
문제인지라 워크북에는 「경향11 미분법 그래프 고난도」가
아닌 「경향09 미분법 그래프」에 넣기는 했지만
공통된 접근 방법을 갖고 있으니 고난도 문제와 함께
정리하자.

(Step2) t가 변수인 상황

$f(t) = -e^{-s}$를 t를 변수로 보고 미분 → s는 변수

$f'(t) = e^{-s}\dfrac{ds}{dt}$

$\therefore$ $t = a$일 때 s와 $\dfrac{ds}{dt}$를 구해야 한다!

(Step3) $t = a$일 때 s 구하기

$f(t) = -e^{-s} = \dfrac{e^{-s} + e^t}{s}$

$t = a$ 대입

$f(a) = -e\sqrt{e} = -e^{\frac{3}{2}}$

$\therefore$ $t = a$일 때 $s = -\dfrac{3}{2}$

$f(a) = -e^{\frac{3}{2}} = \dfrac{e^{\frac{3}{2}} + e^a}{-\dfrac{3}{2}}$

$\therefore$ $e^a = \dfrac{1}{2}e^{\frac{3}{2}}$

(Step4) $t = a$일 때 $\dfrac{ds}{dt}$ 구하기

$-e^{-s} = \dfrac{e^{-s} + e^t}{s}$

$\Leftrightarrow (1+s)e^{-s} + e^t = 0$

t를 변수로 보고 미분 → s는 변수

$\{e^{-s} + (1+s)e^{-s}(-1)\}\dfrac{ds}{dt} + e^t = 0$

$t = a \Leftrightarrow s = -\dfrac{3}{2}$를 대입

$\left\{e^{\frac{3}{2}} + \left(1 - \dfrac{3}{2}\right)e^{\frac{3}{2}}(-1)\right\}\dfrac{ds}{dt} + e^a = 0$

$\Leftrightarrow \dfrac{3}{2}e^{\frac{3}{2}}\dfrac{ds}{dt} + \dfrac{1}{2}e^{\frac{3}{2}} = 0$

$\therefore$ $t = a$일 때 $\dfrac{ds}{dt} = -\dfrac{1}{3}$

$f'(t) = e^{-s}\dfrac{ds}{dt}$에 $t = a$를 대입하면

$f'(a) = e^{\frac{3}{2}}\left(-\dfrac{1}{3}\right) = -\dfrac{1}{3}e\sqrt{e}$

고난도 접근법 [미적분 그래프]

1등급

104. [2020년 수능 (가)형 30번]

양의 실수 t에 대하여 곡선 $y = t^3 \ln(x-t)$가 곡선 $y = 2e^{x-a}$과 오직 한 점에서 만나도록 하는 실수 a의 값을 $f(t)$라 하자. $\left\{ f'\left(\dfrac{1}{3}\right) \right\}^2$의 값을 구하시오. [4점]

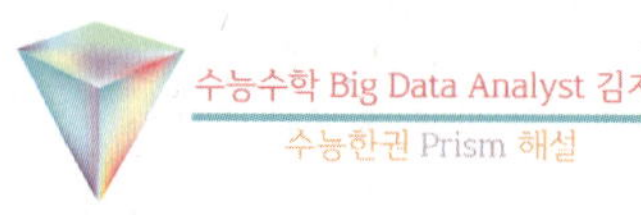

64

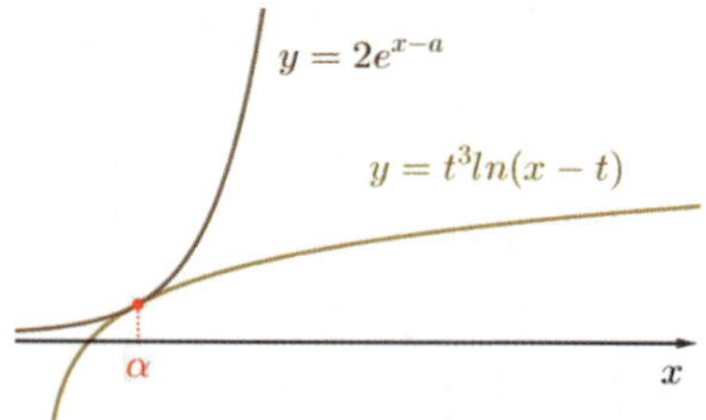

☆ 변수 상수관계 파악

x, y 변수 → t, a, α 상수

t 변수(x, y는 소거된 상태) → a, α 변수

(step1) x가 변수인 상황

두 함수가 $x = \alpha$에서 접한다.

① $x = \alpha$에서 함수값이 같다.

$$2e^{\alpha-a} = t^3 \ln(\alpha - t)$$

② $x = \alpha$에서 접선 기울기가 같다.

☆ x를 변수로 보고 미분 → t는 상수

$$\frac{d}{dx}(2e^{x-a}) = 2e^{x-a} = 2e^{x-a}$$

$$\frac{d}{dx}\{t^3 \ln(x-t)\}' = t^3 \times \frac{1}{x-t}$$

$x = \alpha$를 대입

$$2e^{\alpha-a} = t^3 \times \frac{1}{\alpha - t}$$

∴ x가 소거된 식

① $2e^{\alpha-a} = t^3 \ln(\alpha - t)$

② $2e^{\alpha-a} = t^3 \times \dfrac{1}{\alpha - t}$

(step2) t가 변수인 상황

$$2e^{\alpha-a} = t^3 \ln(\alpha - t)$$

t를 변수로 보고 미분 → a, α는 변수

$$2e^{\alpha-a}\left(\frac{d\alpha}{dt} - \frac{da}{dt}\right) = 3t^2 \ln(\alpha-t) + t^3 \frac{1}{\alpha-t}\left(\frac{d\alpha}{dt} - 1\right)$$

$$\Leftrightarrow 2e^{\alpha-a}\left(\frac{d\alpha}{dt} - \frac{da}{dt}\right) = \frac{3}{t}t^3 \ln(\alpha-t) + t^3 \frac{1}{\alpha-t}\left(\frac{d\alpha}{dt} - 1\right)$$

$$\Leftrightarrow \frac{d\alpha}{dt} - \frac{da}{dt} = \frac{3}{t} + \frac{d\alpha}{dt} - 1$$

$$\therefore \frac{da}{dt} = 1 - \frac{3}{t} = f'(t)$$

$$\therefore \left\{ f'\left(\frac{1}{3}\right) \right\}^2 = (-8)^2 = 64$$

[다른풀이] $f(t)$ 직접 구하기

① $2e^{\alpha-a} = t^3 \ln(\alpha-t)$

    ‖

② $2e^{\alpha-a} = t^3 \times \dfrac{1}{\alpha-t}$

$$\therefore \ln(\alpha-t) = \frac{1}{\alpha-t}$$

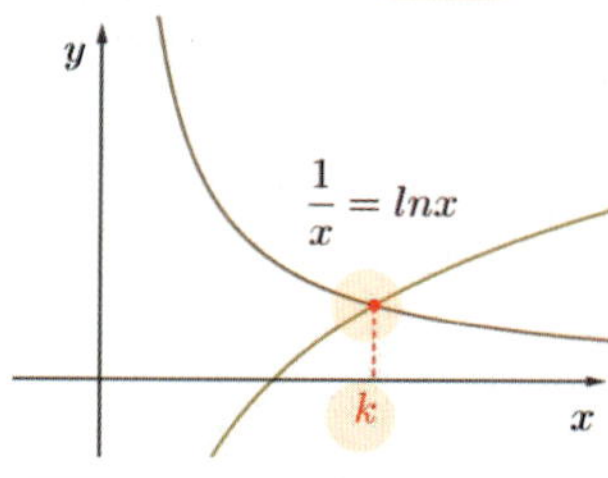

$\alpha - t = k$ 상수 ☆

$$2e^{\alpha-f(t)} = t^3 \times \frac{1}{k} \quad (k\text{는 상수})$$

$$\Leftrightarrow \alpha - f(t) = \ln t^3 \frac{1}{2k} = 3\ln t + \ln\frac{1}{2k}$$

$$\Leftrightarrow f(t) = \alpha - 3\ln t - \ln\frac{1}{2k}$$

$$= t + k - 3\ln t - \ln\frac{1}{2k}$$

$$\therefore f'(t) = 1 - 3 \times \frac{1}{t} \quad (\because k\text{는 상수})$$

$$\therefore \left\{ f'\left(\frac{1}{3}\right) \right\}^2 = (-8)^2 = 64$$

고난도 접근법 실전개념분석 105

━ 1등급 ━

105. [2018년 수능 (가)형 21번]

양수 t에 대하여 구간 $[1, \infty)$에서 정의된 함수 $f(x)$가

$$f(x)=\begin{cases} \ln x & (1 \le x < e) \\ -t+\ln x & (x \ge e) \end{cases}$$

일 때, 다음 조건을 만족시키는 일차함수 $g(x)$ 중에서
직선 $y=g(x)$의 기울기의 최솟값을 $h(t)$라 하자.

> 1 이상의 모든 실수 x에 대하여
> $(x-e)\{g(x)-f(x)\} \ge 0$이다.

미분가능한 함수 $h(t)$에 대하여 양수 a가 $h(a)=\dfrac{1}{e+2}$을

만족시킨다. $h'\left(\dfrac{1}{2e}\right) \times h'(a)$의 값은? [4점]

① $\dfrac{1}{(e+1)^2}$ ② $\dfrac{1}{e(e+1)}$ ③ $\dfrac{1}{e^2}$

④ $\dfrac{1}{(e-1)(e+1)}$ ⑤ $\dfrac{1}{e(e-1)}$

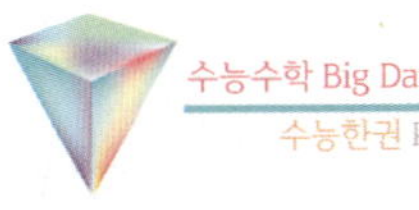

(Step1) 조건 의미 해석

$(x-e)\{g(x)-f(x)\} \ge 0$

ⅰ) $\oplus \times \oplus$

ⅱ) $\ominus \times \ominus$

ⅰ) $\oplus \times \oplus$인 경우

$x-e \ge 0,\ g(x)-f(x) \ge 0$

$\therefore\ x \ge e$일 때 $g(x) \ge f(x)$

ⅱ) $\ominus \times \ominus$인 경우

$x-e \le 0,\ g(x)-f(x) \le 0$

$\therefore\ x \le e$일 때 $g(x) \le f(x)$

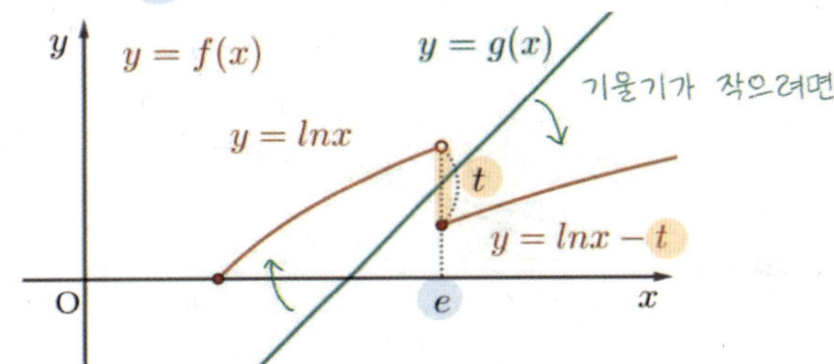

g(x)의 기울기가 최소일 때가 h(t)이다.

고난도 접근법 (미적분 그래프)

(step2) $h(t)$ 파악하기

ⅰ) t가 충분히 작을 때

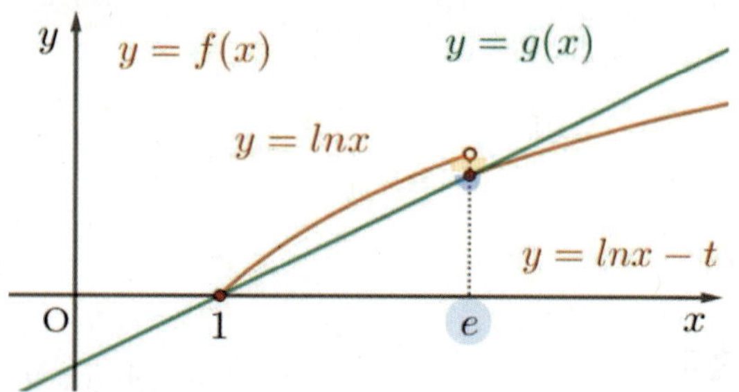

$(1, 0)$과 $(e, f(e))$의 기울기가 $h(t)$

$$h(t) = \frac{f(e) - 0}{e - 1} = \frac{-t + 1}{e - 1}$$

ⅱ) t가 충분히 클 때

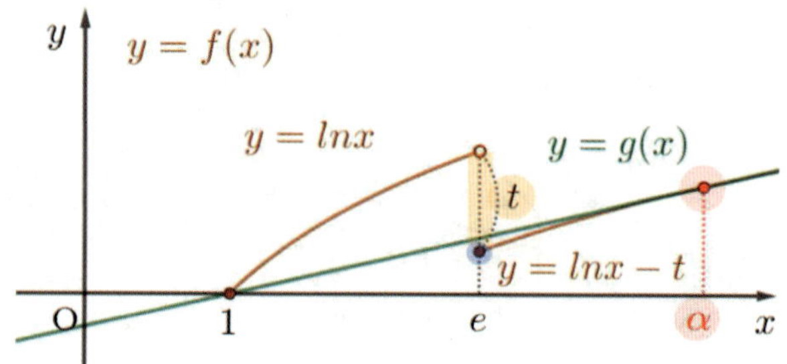

$(1, 0)$과 접점 $(\alpha, f(\alpha))$의 기울기가 $h(t)$

$$h(t) = f'(\alpha) = \frac{f(\alpha) - 0}{\alpha - 1}$$

$$\Leftrightarrow h(t) = \frac{1}{\alpha} = \frac{-t + \ln\alpha}{\alpha - 1}$$

t가 충분히 작을 때와 충분히 클 때의 기준은
접점 $(\alpha, f(\alpha))$이 $(e, f(e))$일 때이다.

$$\frac{f(e) - 0}{e - 1} = f'(e)$$

$$\Leftrightarrow \frac{-t + 1}{e - 1} = \frac{1}{e}$$

$$\Leftrightarrow t = \frac{1}{e}$$

$$\therefore h(t) = \begin{cases} \dfrac{-t + 1}{e - 1} \geq f'(e) & \left(t \leq \dfrac{1}{e}\right) \\ \dfrac{1}{\alpha} = \dfrac{-t + \ln\alpha}{\alpha - 1} < f'(e) & \left(t > \dfrac{1}{e}\right) \end{cases}$$

☆ 변수 상수관계 파악

x변수 → t, α 상수

t변수(x는 소거된 상태) → α 변수

(step3) $h'\left(\dfrac{1}{2e}\right) \times h'(a)$ 구하기

$$\therefore h'(t) = \begin{cases} \dfrac{-1}{e - 1} & \left(t \leq \dfrac{1}{e}\right) \\ \left(\dfrac{1}{\alpha}\right)' = \left(\dfrac{-t + \ln\alpha}{\alpha - 1}\right)' & \left(t > \dfrac{1}{e}\right) \end{cases}$$

ⅰ) $h'\left(\dfrac{1}{2e}\right)$ 구하기

$\dfrac{1}{2e} < \dfrac{1}{e}$ 이므로

$$h'\left(\frac{1}{2e}\right) = \frac{-1}{e - 1}$$

ⅱ) $h'(a)$ 구하기

$h(a) = \dfrac{1}{e + 2} < \dfrac{1}{e} = f'(e)$ 이므로 $a > \dfrac{1}{e}$

$h(a) = \dfrac{1}{e + 2} = \dfrac{1}{\alpha}$ 이므로 $t = a$일 때 $\alpha = e + 2$

$$h'(t) = \left(\frac{1}{\alpha}\right)' = -\frac{1}{\alpha^2} \times \frac{d\alpha}{dt}$$

$\dfrac{-t + \ln\alpha}{\alpha - 1} = \dfrac{1}{\alpha}$ 에서 양변에 $\alpha - 1$을 곱하면

$$-t + \ln\alpha = 1 - \frac{1}{\alpha}$$

t로 미분하면

$$-1 + \frac{1}{\alpha} \times \frac{d\alpha}{dt} = -\left(-\frac{1}{\alpha^2} \times \frac{d\alpha}{dt}\right)$$

$$\Leftrightarrow -1 - \alpha\left(-\frac{1}{\alpha^2} \times \frac{d\alpha}{dt}\right) = -\left(-\frac{1}{\alpha^2} \times \frac{d\alpha}{dt}\right)$$

$$\Leftrightarrow -1 - \alpha h'(t) = -h'(t)$$

$$\therefore h'(t) = \frac{-1}{\alpha - 1}$$

$$\therefore h'(a) = \frac{-1}{(e + 2) - 1} = \frac{-1}{e + 1}$$

$$\therefore h'\left(\frac{1}{2e}\right) \times h'(a) = \frac{1}{(e - 1)(e + 1)}$$

[다른 풀이]

(step3) ⅱ) $h'(a)$ 구하기

$$\frac{-t+\ln\alpha}{\alpha-1}=\frac{1}{\alpha}$$

$$\Leftrightarrow \frac{-t+\ln\dfrac{1}{h(t)}}{\dfrac{1}{h(t)}-1}=h(t)$$

$$\Leftrightarrow -t-\ln h(t)=1-h(t)$$

t로 미분하면

$$-1-\frac{h'(t)}{h(t)}=-h'(t)$$

$t=a$ 대입

$$-1-(e+2)h'(a)=-h'(a)$$

$$\left(\because h(a)=\frac{1}{e+2}\right)$$

$$\therefore h'(a)=\frac{-1}{e+1}$$

수능한권

WorkBook

미적분

미적분 1. 수열의 극한 경향01
수열의 극한 계산

수능 2점

복습	1회	2회	3회	4회	5회
채점 O△X					

1. [2022년 수능 (미적분) 23번]

$$\lim_{n \to \infty} \frac{\dfrac{5}{n}+\dfrac{3}{n^2}}{\dfrac{1}{n}-\dfrac{2}{n^3}}$$ 의 값은? [2점]

① 1 ② 2 ③ 3 ④ 4 ⑤ 5

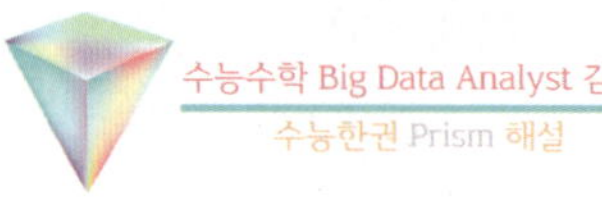

$$\lim_{n \to \infty} \frac{\dfrac{5}{n}+\dfrac{3}{n^2}}{\dfrac{1}{n}-\dfrac{2}{n^3}} = \lim_{n \to \infty} \frac{\left(\dfrac{5}{n}+\dfrac{3}{n^2}\right) \times n}{\left(\dfrac{1}{n}-\dfrac{2}{n^3}\right) \times n}$$

$$= \lim_{n \to \infty} \frac{5+\dfrac{3}{n}}{1-\dfrac{2}{n^2}}$$

$$= \frac{5+0}{1-0}$$

$$= 5$$

복습	1회	2회	3회	4회	5회
채점 O△X					

2. [2021년 수능 (가)형 2번] 실전 분석

$$\lim_{n \to \infty} \frac{1}{\sqrt{4n^2+2n+1}-2n}$$ 의 값은? [2점]

① 1 ② 2 ③ 3 ④ 4 ⑤ 5

해설 바로가기 ▶ 실전개념분석 3번

복습	1회	2회	3회	4회	5회
채점 O△X					

3. [2020년 수능 (나)형 3번]

$$\lim_{n \to \infty} \frac{\sqrt{9n^2+4}}{5n-2}$$ 의 값은? [2점]

① $\dfrac{1}{5}$ ② $\dfrac{2}{5}$ ③ $\dfrac{3}{5}$ ④ $\dfrac{4}{5}$ ⑤ 1

$$\lim_{n \to \infty} \frac{\sqrt{9n^2+4}}{5n-2} = \lim_{n \to \infty} \frac{\sqrt{9+\dfrac{4}{n^2}}}{5-\dfrac{2}{n}}$$

$$= \frac{\sqrt{9+0}}{5-0} = \frac{3}{5}$$

복습	1회	2회	3회	4회	5회
채점 O△X					

4. [2019년 수능 (나)형 3번] 실전 분석

$$\lim_{n \to \infty} \frac{6n^2-3}{2n^2+5n}$$ 의 값은? [2점]

① 5 ② 4 ③ 3 ④ 2 ⑤ 1

해설 바로가기 ▶ 실전개념분석 1번

복습	1회	2회	3회	4회	5회
채점 O△X					

5. [2018년 수능 (나)형 3번]

$\lim\limits_{n \to \infty} \dfrac{5^n - 3}{5^{n+1}}$ 의 값은? [2점]

① $\dfrac{1}{5}$ ② $\dfrac{1}{4}$ ③ $\dfrac{1}{3}$

④ $\dfrac{1}{2}$ ⑤ 1

수능수학 Big Data Analyst 김지석
수능한권 Prism 해설

$$\lim_{n \to \infty} \frac{5^n - 3}{5^{n+1}} = \lim_{n \to \infty} \left(\frac{1}{5} - \frac{3}{5^{n+1}} \right)$$

$$= \frac{1}{5} - \lim_{n \to \infty} \frac{3}{5^{n+1}} = \frac{1}{5}$$

복습	1회	2회	3회	4회	5회
채점 O△X					

6. [2015년 수능 (A)형 3번]

$\lim\limits_{n \to \infty} \dfrac{4n^2 + 6}{n^2 + 3n}$ 의 값은? [2점]

① 1 ② 2 ③ 3 ④ 4 ⑤ 5

수능수학 Big Data Analyst 김지석
수능한권 Prism 해설

$$\lim_{n \to \infty} \frac{4n^2 + 6}{n^2 + 3n} = \lim_{n \to \infty} \frac{4 + \dfrac{6}{n^2}}{1 + \dfrac{3}{n}} = \frac{4}{1} = 4$$

복습	1회	2회	3회	4회	5회
채점 O△X					

7. [2014년 수능 (A)형 3번]

$\lim\limits_{n \to \infty} \dfrac{2 \times 3^{n+1} + 5}{3^n}$ 의 값은? [2점]

① 10 ② 9 ③ 8 ④ 7 ⑤ 6

수능수학 Big Data Analyst 김지석
수능한권 Prism 해설

$$\lim_{n \to \infty} \frac{2 \times 3^{n+1} + 5}{3^n} = \lim_{n \to \infty} \left\{ 2 \times 3 + 5 \left(\frac{1}{3} \right)^n \right\}$$

$$= 6$$

복습	1회	2회	3회	4회	5회
채점 O△X					

8. [2013년 수능 (나)형 3번]

$\lim\limits_{n \to \infty} \dfrac{5n^2 + 1}{3n^2 - 1}$ 의 값은? [2점]

① $\dfrac{1}{3}$ ② $\dfrac{2}{3}$ ③ 1 ④ $\dfrac{4}{3}$ ⑤ $\dfrac{5}{3}$

수능수학 Big Data Analyst 김지석
수능한권 Prism 해설

$$\lim_{n \to \infty} \frac{5n^2 + 1}{3n^2 - 1} = \lim_{n \to \infty} \frac{5 + \dfrac{1}{n^2}}{3 - \dfrac{1}{n^2}} = \frac{5}{3}$$

복습	1회	2회	3회	4회	5회
채점 O△X					

9. [2012년 수능 (나)형 2번]

$\lim\limits_{n\to\infty}\dfrac{5^{n+1}+2}{5^n+3^n}$ 의 값은? [2점]

① 2　　② 3　　③ 4　　④ 5　　⑤ 6

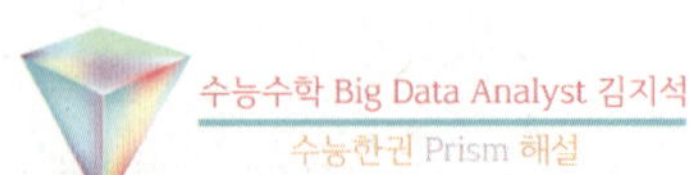

$$\lim_{n\to\infty}\frac{5^{n+1}+2}{5^n+3^n}=\lim_{n\to\infty}\frac{5+\dfrac{2}{5^n}}{1+\left(\dfrac{3}{5}\right)^n}=\frac{5+0}{1+0}=5$$

복습	1회	2회	3회	4회	5회
채점 O△X					

10. [2010년 수능 (나)형 3번]

$\lim\limits_{n\to\infty}\dfrac{(n+1)(3n-1)}{2n^2+1}$ 의 값은? [2점]

① $\dfrac{3}{2}$　　② 2　　③ $\dfrac{5}{2}$　　④ 3　　⑤ $\dfrac{7}{2}$

$$\lim_{n\to\infty}\frac{(n+1)(3n-1)}{2n^2+1}=\lim_{n\to\infty}\frac{3n^2+2n-1}{2n^2+1}$$

$$=\lim_{n\to\infty}\frac{3+\dfrac{2}{n}-\dfrac{1}{n^2}}{2+\dfrac{1}{n^2}}=\frac{3}{2}$$

11. [2009년 수능 (나)형 3번]

$\lim\limits_{n\to\infty}\dfrac{2}{\sqrt{n^2+2n}-\sqrt{n^2+1}}$ 의 값은? [2점]

① 1　　② 2　　③ 3　　④ 4　　⑤ 5

$$\lim_{n\to\infty}\frac{2}{\sqrt{n^2+2n+0}-\sqrt{n^2+1}}$$

$$=\lim_{n\to\infty}\frac{2}{\sqrt{n^2+2n+1}-\sqrt{n^2+0}}\quad\text{교체☆}$$

$$=\lim_{n\to\infty}\frac{2}{n+1-n}=2$$

[다른 풀이]

$$\lim_{n\to\infty}\frac{2}{\sqrt{n^2+2n}-\sqrt{n^2+1}}$$

$$=\lim_{n\to\infty}\frac{2(\sqrt{n^2+2n}+\sqrt{n^2+1})}{(n^2+2n)-(n^2+1)}$$

$$=\lim_{n\to\infty}\frac{2(\sqrt{n^2+2n}+\sqrt{n^2+1})}{2n-1}$$

$$=\lim_{n\to\infty}\frac{2\left(\sqrt{1+\dfrac{2}{n}}+\sqrt{1+\dfrac{1}{n^2}}\right)}{2-\dfrac{1}{n}}$$

$$=\frac{2(1+1)}{2}=2$$

복습	1회	2회	3회	4회	5회
채점 O△X					

12. [2008년 수능 (나)형 3번]

$$\lim_{n \to \infty} \frac{n}{\sqrt{4n^2+1}+\sqrt{n^2+2}}$$ 의 값은? [2점]

① 1 ② $\dfrac{1}{2}$ ③ $\dfrac{1}{3}$ ④ $\dfrac{1}{4}$ ⑤ $\dfrac{1}{5}$

수능수학 Big Data Analyst 김지석
수능한권 Prism 해설

$$\lim_{n \to \infty} \frac{1}{\sqrt{4+\dfrac{1}{n^2}}+\sqrt{1+\dfrac{2}{n^2}}} = \frac{1}{\sqrt{4}+\sqrt{1}} = \frac{1}{3}$$

복습	1회	2회	3회	4회	5회
채점 O△X					

13. [2007년 수능 (나)형 3번]

$$\lim_{n \to \infty} \frac{3+\left(\dfrac{1}{3}\right)^n}{2+\left(\dfrac{1}{2}\right)^n}$$ 의 값은? [2점]

① 1 ② $\dfrac{3}{2}$ ③ 2 ④ $\dfrac{5}{2}$ ⑤ 3

수능수학 Big Data Analyst 김지석
수능한권 Prism 해설

$$\lim_{n \to \infty}\left(\frac{1}{3}\right)^n = 0, \quad \lim_{n \to \infty}\left(\frac{1}{2}\right)^n = 0$$

$$\therefore \lim_{n \to \infty} \frac{3+0}{2+0} = \frac{3}{2}$$

복습	1회	2회	3회	4회	5회
채점 O△X					

14. [2026년 수능 (미적분) 25번]

수열 $\{a_n\}$ 이 모든 자연수 n에 대하여

$$\sqrt{9n^2-5}+2n < a_n < 5n+1$$

을 만족시킬 때, $\displaystyle \lim_{n \to \infty} \frac{(a_n+2)^2}{na_n+5n^2-2}$ 의 값은? [3점]

① $\dfrac{1}{2}$ ② $\dfrac{3}{2}$ ③ $\dfrac{5}{2}$ ④ $\dfrac{7}{2}$ ⑤ $\dfrac{9}{2}$

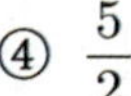
수능수학 Big Data Analyst 김지석
수능한권 Prism 해설

부등식의 각 변을 n으로 나누면

$$\sqrt{9n^2-5}+2n < a_n < 5n+1$$

$$\Leftrightarrow \frac{\sqrt{9n^2-5}+2n}{n} < \frac{a_n}{n} < \frac{5n+1}{n}$$

$$\Leftrightarrow \sqrt{9-\frac{5}{n^2}}+2 < \frac{a_n}{n} < 5+\frac{1}{n}$$

$$\therefore \lim_{n \to \infty}\left(\sqrt{9-\frac{5}{n^2}}+2\right) \leq \lim_{n \to \infty}\frac{a_n}{n} \leq \lim_{n \to \infty}\left(5+\frac{1}{n}\right)$$

$$\Leftrightarrow 5 \leq \lim_{n \to \infty}\frac{a_n}{n} \leq 5$$

$$\therefore \lim_{n \to \infty}\frac{a_n}{n} = 5$$

주어진 극한값의 분자와 분모를 n^2으로 나누면

$$\lim_{n \to \infty} \frac{(a_n+2)^2}{na_n+5n^2-2} = \lim_{n \to \infty} \frac{\left(\dfrac{a_n}{n}+\dfrac{2}{n}\right)^2}{\dfrac{a_n}{n}+5-\dfrac{2}{n^2}}$$

$$= \frac{(5+0)^2}{5+5-0} = \frac{5}{2}$$

복습	1회	2회	3회	4회	5회
채점 O△X					

복습	1회	2회	3회	4회	5회
채점 O△X					

15. [2025년 수능 (미적분) 25번]

수열 $\{a_n\}$에 대하여 $\lim\limits_{n \to \infty} \dfrac{na_n}{n^2+3}=1$일 때,

 $\lim\limits_{n \to \infty}\left(\sqrt{a_n^2+n}-a_n\right)$의 값은? [3점]

① $\dfrac{1}{3}$　　② $\dfrac{1}{2}$　　③ 1

④ 2　　⑤ 3

16. [2023년 수능 (미적분) 25번]

등비수열 $\{a_n\}$에 대하여 $\lim\limits_{n \to \infty} \dfrac{a_n+1}{3^n+2^{2n-1}}=3$일 때,

 a_2의 값은? [3점]

① 16　② 18　③ 20　④ 22　⑤ 24

수능수학 Big Data Analyst 김지석
수능한권 Prism 해설

$$\lim_{n \to \infty} \frac{na_n}{n^2+3}=\lim_{n \to \infty} \frac{\dfrac{a_n}{n}}{1+\dfrac{3}{n^2}}=\lim_{n \to \infty} \frac{a_n}{n}=1$$

$$\therefore \lim_{n \to \infty}\left(\sqrt{a_n^2+n}-a_n\right)$$

$$=\lim_{n \to \infty} \frac{n}{\sqrt{a_n^2+n}+a_n}$$

$$=\lim_{n \to \infty} \frac{1}{\sqrt{\left(\dfrac{a_n}{n}\right)^2+\dfrac{1}{n}}+\dfrac{a_n}{n}}=\frac{1}{\sqrt{1+0}+1}$$

$$=\frac{1}{2}$$

수능수학 Big Data Analyst 김지석
수능한권 Prism 해설

등비수열 $\{a_n\}$의 첫째항을 a,
공비를 r라 하면 $a_n = ar^{n-1}$

$$\lim_{n \to \infty} \frac{a_n+1}{3^n+2^{2n-1}}=\lim_{n \to \infty} \frac{a \times \dfrac{r^{n-1}}{4^n}+\left(\dfrac{1}{4}\right)^n}{\left(\dfrac{3}{4}\right)^n+\dfrac{1}{2}}$$

극한값이 존재하므로 $r=4$

$$\therefore \lim_{n \to \infty} \frac{a_n+1}{3^n+2^{2n-1}}=\lim_{n \to \infty} \frac{\dfrac{a}{4}+\left(\dfrac{1}{4}\right)^n}{\left(\dfrac{3}{4}\right)^n+\dfrac{1}{2}}$$

$$=\frac{\dfrac{a}{4}+0}{0+\dfrac{1}{2}}$$

$$=\frac{a}{2}=3$$

$$\therefore a_2 = ar = 6 \times 4 = 24$$

복습	1회	2회	3회	4회	5회
채점 O△X					

17. [2022년 수능 (미적분) 25번]

등비수열 $\{a_n\}$에 대하여

$$\sum_{n=1}^{\infty}(a_{2n-1}-a_{2n})=3, \quad \sum_{n=1}^{\infty}a_n^2=6$$

일 때, $\displaystyle\sum_{n=1}^{\infty}a_n$의 값은? [3점]

① 1 　② 2 　③ 3 　④ 4 　⑤ 5

등비수열 $\{a_n\}$의 첫째항을 a,

공비를 r 이라 하면 $a_n=ar^{n-1}$

$a_{2n-1}-a_{2n}$

$=ar^{2n-2}-ar^{2n-1}$

$=ar^{2n-2}(1-r)$

$=a(1-r)(r^2)^{n-1}$

$\therefore$ 수열 $\{a_{2n-1}-a_{2n}\}$은

첫째항이 $a(1-r)$이고, 공비가 r^2인 등비수열

$$\sum_{n=1}^{\infty}(a_{2n-1}-a_{2n})=3$$

$$\Leftrightarrow \frac{a(1-r)}{1-r^2}=\frac{a(1-r)}{(1-r)(1+r)}=3$$

$$\Leftrightarrow \frac{a}{1+r}=3$$

$a_n^2=a^2(r^2)^{n-1}$이므로

수열 $\{a_n^2\}$은 첫째항이 a^2, 공비 r^2인 등비수열

$$\sum_{n=1}^{\infty}a_n^2=6$$

$$\Leftrightarrow \frac{a^2}{1-r^2}=6$$

$$\Leftrightarrow \frac{a}{1-r}\times\frac{a}{1+r}=\frac{a}{1-r}\times 3=6$$

$$\Leftrightarrow \frac{a}{1-r}=2$$

$$\therefore \sum_{n=1}^{\infty}a_n=\sum_{n=1}^{\infty}ar^{n-1}=\frac{a}{1-r}=2$$

18. [2016년 수능 (A)형 23번]

$\displaystyle\lim_{n\to\infty}\frac{3\times 9^n-13}{9^n}$의 값을 구하시오. [3점]

3

$$\lim_{n\to\infty}\frac{3\times 9^n-13}{9^n}$$

$$=\lim_{n\to\infty}\left\{3-13\left(\frac{1}{9}\right)^n\right\}$$

$$=3$$

복습	1회	2회	3회	4회	5회
채점 $O\triangle X$					

19. [2016년 수능 (A)형 10번]

수열 $\{a_n\}$에 대하여 곡선 $y = x^2 - (n+1)x + a_n$은 x축과 만나고, 곡선 $y = x^2 - nx + a_n$은 x축과 만나지 않는다. $\lim\limits_{n \to \infty} \dfrac{a_n}{n^2}$의 값은? [3점]

① $\dfrac{1}{20}$ ② $\dfrac{1}{10}$ ③ $\dfrac{3}{20}$

④ $\dfrac{1}{5}$ ⑤ $\dfrac{1}{4}$ ✓

이차방정식 $x^2 - (n+1)x + a_n = 0$의 판별식을 D_1이라 하면

$D_1 = (n+1)^2 - 4a_n \geq 0$에서

$a_n \leq \dfrac{(n+1)^2}{4}$

이차방정식 $x^2 - nx + a_n = 0$의 판별식을 D_2이라 하면

$D_2 = n^2 - 4a_n < 0$에서

$a_n > \dfrac{n^2}{4}$

$\therefore \dfrac{n^2}{4} < a_n \leq \dfrac{(n+1)^2}{4}$

$\Leftrightarrow \dfrac{1}{4} < \dfrac{a_n}{n^2} \leq \dfrac{(n+1)^2}{4n^2}$

$\Leftrightarrow \lim\limits_{n \to \infty} \dfrac{1}{4} \leq \lim\limits_{n \to \infty} \dfrac{a_n}{n^2} \leq \lim\limits_{n \to \infty} \dfrac{(n+1)^2}{4n^2}$

$\Leftrightarrow \dfrac{1}{4} \leq \lim\limits_{n \to \infty} \dfrac{a_n}{n^2} \leq \dfrac{1}{4}$

$\therefore \lim\limits_{n \to \infty} \dfrac{a_n}{n^2} = \dfrac{1}{4}$

20. [2016년 수능 (B)형 25번]

첫째항이 1이고 공비가 $r\,(r > 1)$인 등비수열 $\{a_n\}$에 대하여 $S_n = \sum\limits_{k=1}^{n} a_k$일 때, $\lim\limits_{n \to \infty} \dfrac{a_n}{S_n} = \dfrac{3}{4}$이다. r의 값을 구하시오. [3점]

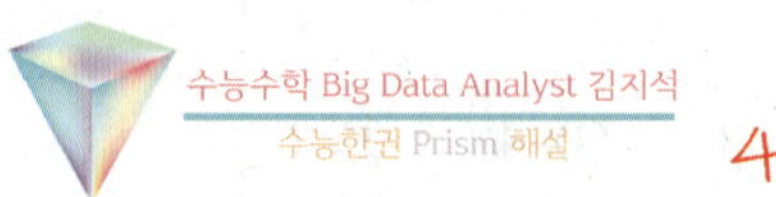

4

첫째항이 1, 공비가 r인 등비수열 $\{a_n\}$의 일반항 a_n은 $a_n = r^{n-1}$, $S_n = \dfrac{r^n - 1}{r - 1}$

$\therefore \lim\limits_{n \to \infty} \dfrac{a_n}{S_n} = \lim\limits_{n \to \infty} \dfrac{r^{n-1}}{\dfrac{r^n - 1}{r - 1}} = \lim\limits_{n \to \infty} \dfrac{r^n - r^{n-1}}{r^n - 1}$

$= \lim\limits_{n \to \infty} \dfrac{r - 1}{r - \left(\dfrac{1}{r}\right)^{n-1}} = \dfrac{r - 1}{r}$

$= 1 - \dfrac{1}{r} = \dfrac{3}{4}$

$\therefore \dfrac{1}{r} = \dfrac{1}{4}$

$\therefore r = 4$

복습	1회	2회	3회	4회	5회
채점 O△X					

21. [2015년 수능 (A)형 11번 & (B)형 7번]

등비수열 $\{a_n\}$에 대하여  $a_1 = 3$, $a_2 = 1$일 때,

$\displaystyle\sum_{n=1}^{\infty}(a_n)^2$의 값은? [3점]

① $\dfrac{81}{8}$ ② $\dfrac{83}{8}$ ③ $\dfrac{85}{8}$ ④ $\dfrac{87}{8}$ ⑤ $\dfrac{89}{8}$

수능수학 Big Data Analyst 김지석
수능한권 Prism 해설

등비수열 $\{a_n\}$의 공비를 r 이라 하면

$$r = \frac{a_2}{a_1} = \frac{1}{3}$$

$$\therefore \ a_n = 3 \times \left(\frac{1}{3}\right)^{n-1}$$

$$\therefore \ \sum_{n=1}^{\infty}(a_n)^2 = \sum_{n=1}^{\infty}\left\{9 \times \left(\frac{1}{9}\right)^{n-1}\right\} = \frac{9}{1-\frac{1}{9}} = \frac{81}{8}$$

복습	1회	2회	3회	4회	5회
채점 O△X					

22. [2015년 수능 (A)형 24번]

두 수열 $\{a_n\}$, $\{b_n\}$에 대하여 $\displaystyle\sum_{n=1}^{\infty} a_n = 4$,

$\displaystyle\sum_{n=1}^{\infty} b_n = 10$ 일 때, $\displaystyle\sum_{n=1}^{\infty}(a_n + 5b_n)$의 값을 구하시오.

[3점]

수능수학 Big Data Analyst 김지석
수능한권 Prism 해설   54

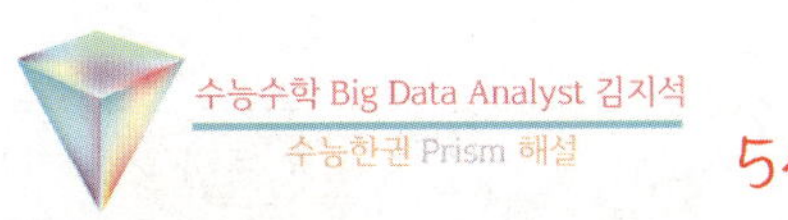

$$\sum_{n=1}^{\infty}(a_n + 5b_n) = \sum_{n=1}^{\infty} a_n + 5\sum_{n=1}^{\infty} b_n = 4 + 5 \times 10 = 54$$

23. [2011년 수능 (나)형 3번]

$$\lim_{n\to\infty} \frac{a \times 6^{n+1} - 5^n}{6^n + 5^n} = 4 \text{ 일 때, 상수 } a\text{의 값은?}$$

[3점]

① $\dfrac{1}{3}$ ② $\dfrac{1}{2}$ ③ $\dfrac{2}{3}$ ④ $\dfrac{4}{3}$ ⑤ $\dfrac{3}{2}$

수능수학 Big Data Analyst 김지석
수능한권 Prism 해설

$$\lim_{n\to\infty} \frac{a \times 6^{n+1} - 5^n}{6^n + 5^n} = \lim_{n\to\infty} \frac{a \times 6 - \left(\frac{5}{6}\right)^n}{1 + \left(\frac{5}{6}\right)^n}$$

$$= 6a = 4$$

$$\therefore \ a = \frac{2}{3}$$

복습	1회	2회	3회	4회	5회
채점 O△X					

24. [2009년 수능 (나)형 20번]

공비가 같은 두 등비수열 $\{a_n\}$, $\{b_n\}$에 대하여

$a_1 - b_1 = 1$이고 $\displaystyle\sum_{n=1}^{\infty} a_n = 8$, $\displaystyle\sum_{n=1}^{\infty} b_n = 6$일 때,

$\displaystyle\sum_{n=1}^{\infty} a_n b_n$의 값을 구하시오. [3점]

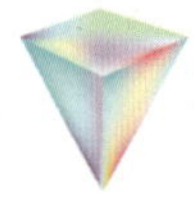
수능수학 Big Data Analyst 김지석
수능한권 Prism 해설   16

두 등비수열 $\{a_n\}$, $\{b_n\}$의 공비를 r라 하자.

$$\sum_{n=1}^{\infty} a_n = \frac{a_1}{1-r} = 8$$

$$\sum_{n=1}^{\infty} b_n = \frac{b_1}{1-r} = 6$$

$$\therefore \frac{a_1 - b_1}{1-r} = 2$$

$$\Leftrightarrow \frac{1}{1-r} = 2 \quad (\because a_1 - b_1 = 1)$$

$$\therefore r = \frac{1}{2}$$

$$a_1 = 8(1-r) = 8 \cdot \frac{1}{2} = 4$$

$$b_1 = 6(1-r) = 6 \cdot \frac{1}{2} = 3$$

$\therefore$ 수열 $\{a_n b_n\}$은 첫째항이

$a_1 b_1 = 4 \cdot 3 = 12$이고,

공비가 $r^2 = \dfrac{1}{4}$인 등비수열이다.

$$\therefore \sum_{n=1}^{\infty} a_n b_n = \frac{12}{1-\frac{1}{4}} = \frac{12}{\frac{3}{4}} = 16$$

25. [2006년 수능 (나)형 18번]

$$\lim_{n \to \infty} \frac{5 \cdot 3^{n+1} - 2^{n+1}}{3^n + 2^n}$$의 값을 구하시오. [3점]

수능수학 Big Data Analyst 김지석
수능한권 Prism 해설   15

$$\lim_{n \to \infty} \frac{5 \cdot 3^{n+1} - 2^{n+1}}{3^n + 2^n} = \lim_{n \to \infty} \frac{5 \cdot \dfrac{3^{n+1}}{3^n} - \dfrac{2^{n+1}}{3^n}}{\dfrac{3^n}{3^n} + \dfrac{2^n}{3^n}}$$

$$= \lim_{n \to \infty} \frac{5 \cdot 3 - 2\left(\dfrac{2}{3}\right)^n}{1 + \left(\dfrac{2}{3}\right)^n} = \frac{5 \cdot 3 - 0}{1 + 0} = 15$$

복습	1회	2회	3회	4회	5회
채점 O△X					

26. [2006년 수능 (나)형 7번]

수열 $\{a_n\}$이 모든 자연수 n에 대하여

$n < a_n < n+1$을 만족시킬 때,

$$\lim_{n \to \infty} \frac{n^2}{a_1 + a_2 + \cdots + a_n}$$의 값은? [3점]

① 1   ② 2   ③ 3   ④ 4   ⑤ 5

수능수학 Big Data Analyst 김지석
수능한권 Prism 해설

$n < a_n < n+1$

$$\Leftrightarrow \sum_{k=1}^{n} k < \sum_{k=1}^{n} a_k < \sum_{k=1}^{n} (k+1)$$

$$\Leftrightarrow \frac{n(n+1)}{2} < \sum_{k=1}^{n} a_k < \frac{n(n+1)}{2} + n = \frac{n^2 + 3n}{2}$$

$$\lim_{n \to \infty} \frac{n^2}{\dfrac{n^2 + 3n}{2}} \le \lim_{n \to \infty} \frac{n^2}{\displaystyle\sum_{k=1}^{n} a_k} \le \lim_{n \to \infty} \frac{n^2}{\dfrac{n(n+1)}{2}}$$

$$\Leftrightarrow 2 \le \lim_{n \to \infty} \frac{n^2}{a_1 + a_2 + \cdots + a_n} \le 2$$

$$\therefore \lim_{n \to \infty} \frac{n^2}{a_1 + a_2 + \cdots + a_n} = 2$$

복습	1회	2회	3회	4회	5회
채점 $O\triangle X$					

27. [2005년 수능 (나)형 4번] 실전 분석

$$\lim_{n\to\infty}\left(\sqrt{n^2+6n+4}-n\right) \text{의 값은? [3점]}$$

① $\dfrac{1}{3}$　　② $\dfrac{1}{2}$　　③ 1　　④ 2　　⑤ 3 ✓

수능수학 Big Data Analyst 김지석
수능한권 Prism 해설

해설 바로가기 ▶ 실전개념분석 2번

복습	1회	2회	3회	4회	5회
채점 $O\triangle X$					

28. [2005년 수능 (나)형 7번]

수열 $\{a_n\}$의 첫째항부터 제 n항까지의 합 S_n이

$$S_n = 2n + \frac{1}{2^n} \text{일 때, } \lim_{n\to\infty} a_n \text{의 값은? [3점]}$$

① 2 ✓　　② 1　　③ $\dfrac{1}{2}$　　④ $\dfrac{1}{4}$　　⑤ 0

수능수학 Big Data Analyst 김지석
수능한권 Prism 해설

$$S_n = 2n + \frac{1}{2^n}$$

$$a_n = S_n - S_{n-1}$$

$$= 2n + \frac{1}{2^n} - 2(n-1) - \frac{1}{2^{n-1}}$$

$$= 2 - \frac{1}{2^n} \quad (n \geq 2)$$

$$\therefore \lim_{n\to\infty} a_n = \lim_{n\to\infty}\left(2 - \frac{1}{2^n}\right) = 2$$

29. [2003년 수능 (인문) & (자연) 26번]

급수 $\displaystyle\sum_{n=1}^{\infty}\left\{\frac{1+(-1)^n}{3}\right\}^n$ 의 합을 S 라고 할 때,

$20S$ 의 값을 구하시오. [3점]

수능수학 Big Data Analyst 김지석
수능한권 Prism 해설　　**16**

$a_n = \left\{\dfrac{1+(-1)^n}{3}\right\}$ 이라 하면 $a_{2n-1} = 0$

$$S = a_2 + a_4 + a_6 + \cdots = \left(\frac{2}{3}\right)^2 + \left(\frac{2}{3}\right)^4 + \left(\frac{2}{3}\right)^6 + \cdots$$

S 는 공비가 $\dfrac{4}{9}$, 첫째항이 $\dfrac{4}{9}$ 인 등비수열의 합

$$\sum_{n=1}^{\infty} a_n = \frac{\frac{4}{9}}{1-\frac{4}{9}} = \frac{4}{5} = S$$

$$\therefore 20S = 20 \times \frac{4}{5} = 16$$

복습	1회	2회	3회	4회	5회
채점 $O\triangle X$					

30. [1998년 수능 (인문) & (자연) 20번] 실전 분석

수열 $\{a_n\}$이 $a_1 = 1$, $a_2 = 2$, $a_{n+2} = a_{n+1} + a_n$

$(n = 1, 2, 3, \cdots)$을 만족시킨다.

급수 $\displaystyle\sum_{n=1}^{\infty} \frac{a_n}{a_{n+1}a_{n+2}}$ 의 합은? [3점]

① $\dfrac{1}{2}$ ✓　　② 1　　③ $\dfrac{3}{2}$　　④ 2　　⑤ 3

수능수학 Big Data Analyst 김지석
수능한권 Prism 해설

해설 바로가기 ▶ 실전개념분석 4번

복습	1회	2회	3회	4회	5회
채점 O△X					

31. [1998년 수능 (인문) & (자연) 30번]

수직선 위에 두 점 $P_1(0)$과 $P_2(80)$이 있다. 선분 P_1P_2의 중점을 $P_3(x_3)$, 선분 P_2P_3의 중점을 $P_4(x_4)$, $\cdots$, 선분 P_nP_{n+1}의 중점을 $P_{n+2}(x_{n+2})$라 할 때, $\lim\limits_{n\to\infty} x_n$의 값을 소수점 아래 셋째 자리에서 반올림하여 소수 둘째 자리까지 구하시오. [3점]

53.33

수직선 위에 나열해보기

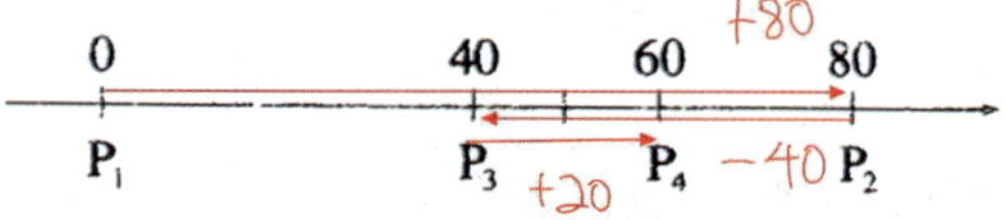

$$x_n = 0 + 80 - 40 + 20 - 10 + 5 - \cdots + 80\left(-\frac{1}{2}\right)^{n-2}$$

$$\therefore \lim_{n\to\infty} x_n = 0 + \frac{80}{1-\left(-\frac{1}{2}\right)} = \frac{160}{3} \fallingdotseq 53.33$$

수능 4점

복습	1회	2회	3회	4회	5회
채점 O△X					

32. [2024년 9월 (미적분) 29번]

수열 $\{a_n\}$의 첫째항부터 제m항까지의 합을 S_m이라 하자.

모든 자연수 m에 대하여

$$S_m = \sum_{n=1}^{\infty} \frac{m+1}{n(n+m+1)}$$

일 때, $a_1 + a_{10} = \dfrac{q}{p}$이다. $p+q$의 값을 구하시오. (단, p와 q는 서로소인 자연수이다.) [4점]

57

$$S_m = \sum_{n=1}^{\infty} \frac{m+1}{n(n+m+1)}$$

$$= \sum_{n=1}^{\infty} \left(\frac{1}{n} - \frac{1}{n+m+1}\right)$$

$$= \lim_{n\to\infty}\left\{\left(\frac{1}{1} - \frac{1}{m+2}\right) + \left(\frac{1}{2} - \frac{1}{m+3}\right) + \cdots + \left(\frac{1}{m+1} - \frac{1}{2m+2}\right) \right.$$
$$\left. + \left(\frac{1}{m+2} - \frac{1}{2m+3}\right) + \left(\frac{1}{m+3} - \frac{1}{2m+4}\right) + \cdots + \left(\frac{1}{n} - \frac{1}{n+m+1}\right)\right\}$$

$$= \frac{1}{1} + \frac{1}{2} + \cdots + \frac{1}{m+1}$$

$$\therefore a_1 = S_1 = \frac{1}{1} + \frac{1}{2} = \frac{3}{2}$$

$$\therefore a_{10} = S_{10} - S_9$$
$$= \left(\frac{1}{1} + \cdots + \frac{1}{10} + \frac{1}{11}\right) - \left(\frac{1}{1} + \cdots + \frac{1}{10}\right) = \frac{1}{11}$$

$$\therefore a_1 + a_{10} = \frac{3}{2} + \frac{1}{11} = \frac{35}{22}$$

$$\therefore p + q = 22 + 35 = 57$$

복습	1회	2회	3회	4회	5회
채점 ○△X					

33. [2010년 수능 (가)형 & (나)형 23번]

등비수열 $\{a_n\}$이 $a_2 = \dfrac{1}{2}$, $a_5 = \dfrac{1}{6}$을 만족시킨다.

$\displaystyle\sum_{n=1}^{\infty} a_n a_{n+1} a_{n+2} = \dfrac{q}{p}$ 일 때, $p+q$의 값을 구하시오.

(단, p, q는 서로소인 자연수이다.) [4점]

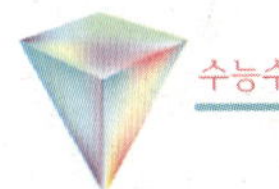

19

등비수열 $\{a_n\}$의 첫째항을 a, 공비를 r라 하면

$a_5 = a_2 r^3$

$\Leftrightarrow \dfrac{1}{6} = \dfrac{1}{2} r^3$

$\therefore r^3 = \dfrac{1}{3}$

$a_n a_{n+1} a_{n+2}$에 $n=1$을 대입하면

$a_1 a_2 a_3 = a_2^3$ ($\because$ 등비중항)

이므로 수열 $\{a_n a_{n+1} a_{n+2}\}$은 첫째항이 a_2^3이고 공비가

r^3인 등비수열이다.

$\displaystyle\sum_{n=1}^{\infty} a_n a_{n+1} a_{n+2} = \dfrac{\dfrac{1}{8}}{1 - \dfrac{1}{3}} = \dfrac{3}{16}$

$\therefore p+q = 16 + 3 = 19$

복습	1회	2회	3회	4회	5회
채점 O△X					

34. [2006년 수능 (가)형 & (나)형 13번]

두 수열 $\{a_n\}$, $\{b_n\}$이 각각

$$a_n = \frac{1}{2^{n-1}} \cos \frac{(n-1)\pi}{2}, \quad b_n = \frac{1+(-1)^{n-1}}{2^n}$$

일 때, <보기>에서 옳은 것을 모두 고른 것은? [4점]

[보 기]

ㄱ. 모든 자연수 k에 대하여 $a_{3k} < 0$이다.

ㄴ. 모든 자연수 k에 대하여 $a_{4k-1} + b_{4k-1} = 0$이다.

ㄷ.  $\displaystyle\sum_{n=1}^{\infty} a_n = \frac{3}{5} \sum_{n=1}^{\infty} b_n$

---

① ㄱ ② ㄴ ③ ㄷ ④ ㄱ, ㄴ ⑤ ㄴ, ㄷ

ㄱ. (거짓)

$k=2$를 대입하면

$$a_6 = \frac{1}{2^5} \cos \frac{5\pi}{2} = \frac{1}{2^5} \cdot 0 = 0$$

ㄴ. (참)

$$a_{4k-1} = \frac{1}{2^{4k-2}} \cos \frac{(4k-2)\pi}{2}$$

$$= \frac{1}{2^{4k-2}} \cos(2k-1)\pi = -\frac{1}{2^{4k-2}}$$

$$b_{4k-1} = \frac{1+(-1)^{4k-2}}{2^{4k-1}} = \frac{2}{2^{4k-1}} = \frac{1}{2^{4k-2}}$$

$$\therefore \quad a_{4k-1} + b_{4k-1} = 0$$

ㄷ. (참)

$$\{a_n\} : 1, \ 0, \ -\frac{1}{4}, \ 0, \ \frac{1}{16}, \ 0, \ \cdots$$

$$\sum_{n=1}^{\infty} a_n = \frac{1}{1-\left(-\frac{1}{4}\right)} = \frac{4}{5}$$

$$b_n : 1, \ 0, \ \frac{1}{4}, \ 0, \ \frac{1}{16}, \ 0, \ \cdots$$

$$\sum_{n=1}^{\infty} b_n = \frac{1}{1-\frac{1}{4}} = \frac{4}{3}$$

$$\therefore \quad \sum_{n=1}^{\infty} a_n = \frac{3}{5} \sum_{n=1}^{\infty} b_n$$

복습	1회	2회	3회	4회	5회
채점 $O\triangle X$					

35. [2005년 수능 (가)형 & (나)형 23번]

실수 $a\ (a>1)$에 대하여 $b=\sum_{n=1}^{\infty}\left(\dfrac{1}{a}\right)^{n}$을 [그림 1]과 같이 나타내고, 실수 c 에 대하여 $d=16^{c}$을 [그림 2]와 같이 나타내기로 한다.

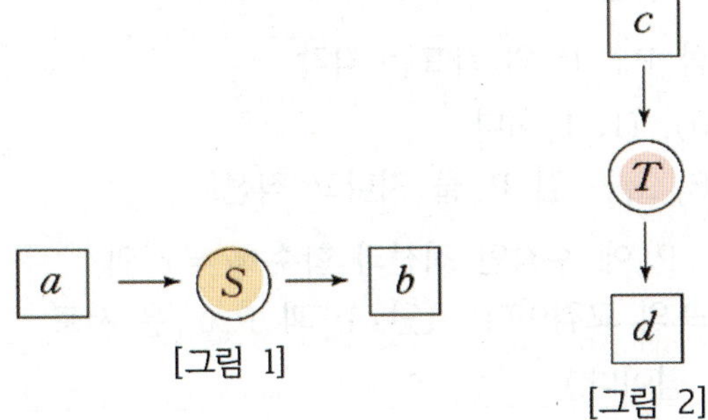

[그림 1]

[그림 2]

아래 그림의 실수 $x,\ y,\ z$에 대하여 $\dfrac{xz}{y}$의 값을 구하시오. [4점]

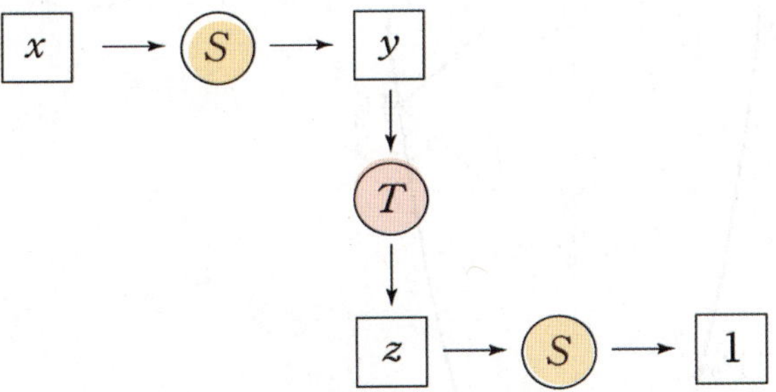

40

$x \to S \to y$ 에서 $y=\sum_{n=1}^{\infty}\left(\dfrac{1}{x}\right)^{n}=\dfrac{\dfrac{1}{x}}{1-\dfrac{1}{x}}=\dfrac{1}{x-1}$

$y \to T \to z$ 에서 $z=16^{y}$

$z \to S \to 1$ 에서 $1=\sum_{n=1}^{\infty}\left(\dfrac{1}{z}\right)^{n}=\dfrac{\dfrac{1}{z}}{1-\dfrac{1}{z}}=\dfrac{1}{z-1}$

$\therefore\ z=2,\ y=\dfrac{1}{4},\ x=5$

$\therefore\ \dfrac{xz}{y}=40$

수능 2점

복습	1회	2회	3회	4회	5회
채점 $O\triangle X$					

36. [1997년 수능 (인문) & (자연) 14번]

모든 실수에 대하여 정의된 함수 $f(x)$는 $f(x)=x^2\ (-1\leq x\leq 1)$과 $f(x+2)=f(x)$를 만족하는 주기함수이다. 좌표평면 위에서 각 자연수 n에 대하여 직선 $y=\dfrac{1}{2n}x+\dfrac{1}{4n}$과 함수 $y=f(x)$의 그래프와의 교점의 개수를 a_n이라고 할 때, $\lim\limits_{n\to\infty}\dfrac{a_n}{n}$의 값은? [2점]

① 0 ② 1 ③ 2 ④ 3 ⑤ 4

기울기는 직각 $\triangle\ \dfrac{\text{세로}}{\text{가로}}$ 비율

$y=\dfrac{1}{2n}x+\dfrac{1}{4n}=\dfrac{1}{2n}\left(x+\dfrac{1}{2}\right)$는

$\left(-\dfrac{1}{2},\ 0\right)$을 지나는 직선

ⅰ) $n=1$일 때, $a_1=3$

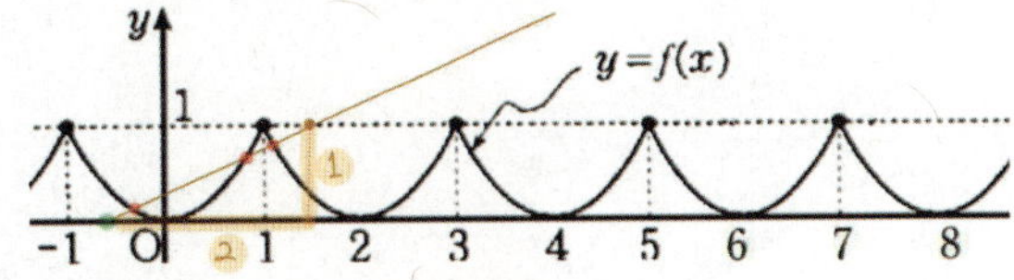

ⅱ) $n=2$일 때, $a_2=5$

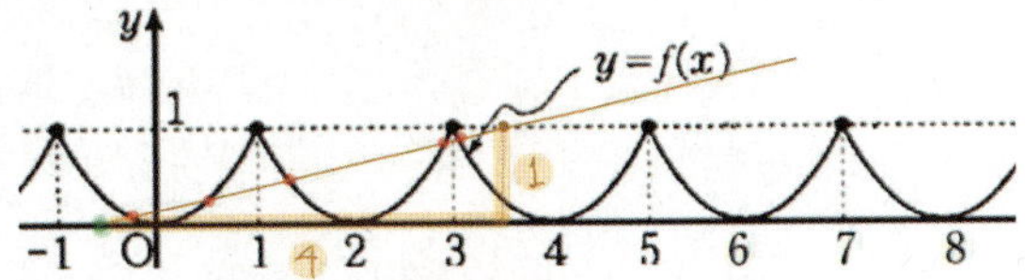

ⅲ) $n=3$일 때, $a_3=7$

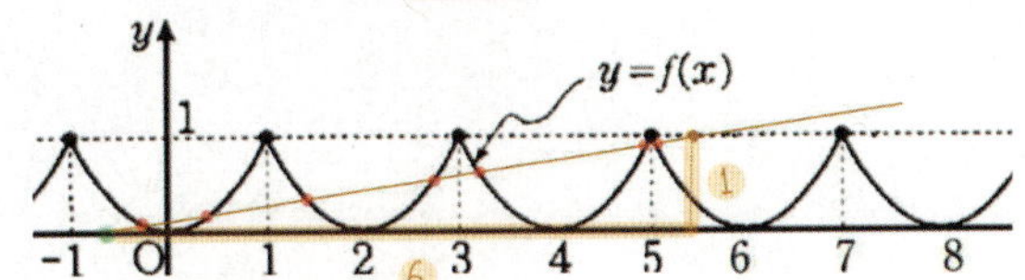

일반항은 $a_n=2n+1$

$\therefore\ \lim\limits_{n\to\infty}\dfrac{a_n}{n}=\lim\limits_{n\to\infty}\dfrac{2n+1}{n}=2$

복습	1회	2회	3회	4회	5회
채점 O△X					

37. [1995년 수능 (인문) 26번] 실전 분석

좌표평면 위에 두 점 $O(0, 0)$, $A(2, 0)$과 직선 $y = 2$ 위를 움직이는 점 $P(t, 2)$가 있다. 선분 AP와 직선 $y = \frac{1}{2}x$가 만나는 점을 Q라 하자.

$\triangle QOA$의 넓이가 $\triangle POA$의 넓이의 $\frac{1}{3}$일 때 t의 값을 t_1, $\frac{1}{2}$일 때 t의 값을 t_2, $\cdots$, $\frac{n}{n+2}$일 때 t의 값을 t_n이라 하면 $\lim_{n \to \infty} t_n$의 값은? [2점]

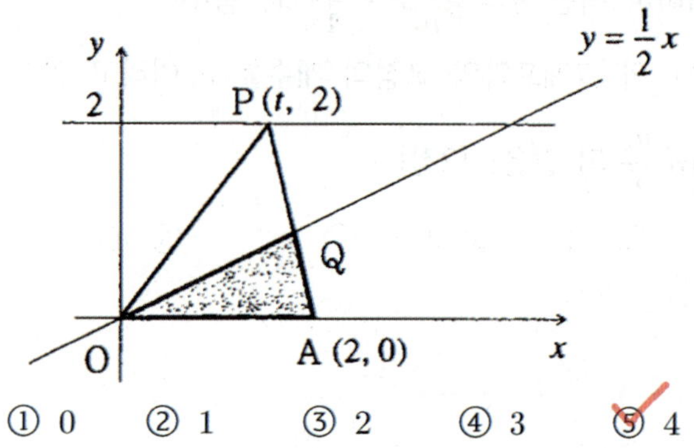

① 0   ② 1   ③ 2   ④ 3   ⑤ 4

해설 바로가기 ▶ 실전개념분석 6번

복습	1회	2회	3회	4회	5회
채점 O△X					

38. [2009년 수능 (가)형 & (나)형 13번] 실전 분석

자연수 n에 대하여 두 점 P_{n-1}, P_n이 함수 $y = x^2$의 그래프 위의 점일 때, 점 P_{n+1}을 다음 규칙에 따라 정한다.

> (가) 두 점 P_0, P_1의 좌표는 각각 $(0, 0)$, $(1, 1)$이다.
> (나) 점 P_{n+1}은 점 P_n을 지나고 직선 $P_{n-1}P_n$에 수직인 직선과 함수 $y = x^2$의 그래프의 교점이다. (단, P_n과 P_{n+1}은 서로 다른 점이다.)

$l_n = \overline{P_{n-1}P_n}$이라 할 때, $\lim_{n \to \infty} \dfrac{l_n}{n}$의 값은? [3점]

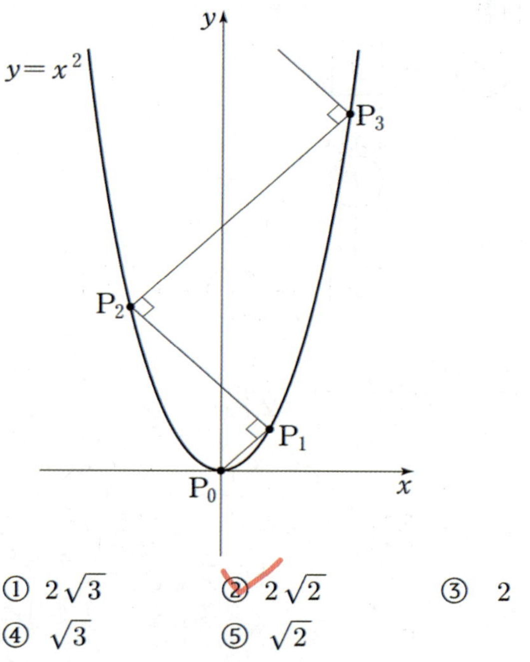

① $2\sqrt{3}$ ② $2\sqrt{2}$ ③ 2
④ $\sqrt{3}$ ⑤ $\sqrt{2}$

해설 바로가기 ▶ 실전개념분석 10번

복습	1회	2회	3회	4회	5회
채점 $O\triangle X$					

39. [2000년 수능 (인문) 21번] 실전 분석

자연수 n에 대하여, 두 곡선 $y = x^2 - 2$, $y = -x^2 + \dfrac{2}{n^2}$ 로 둘러싸인 도형의 넓이를 S_n이라 할 때, $\lim\limits_{n \to \infty} S_n$의 값은? [3점]

① $\dfrac{16}{3}$ ② $\dfrac{14}{3}$ ③ 4   ④ $\dfrac{10}{3}$ ⑤ $\dfrac{8}{3}$ ✓

해설 바로가기 ▶ 실전개념분석 5번

수능 4점

복습	1회	2회	3회	4회	5회
채점 $O\triangle X$					

40. [2017년 수능 (나)형 28번] 실전 분석

자연수 n에 대하여 직선 $x = 4^n$이 곡선 $y = \sqrt{x}$와 만나는 점을 P_n이라 하자. 선분 $P_n P_{n+1}$의 길이를 L_n이라 할 때, $\lim\limits_{n \to \infty} \left(\dfrac{L_{n+1}}{L_n}\right)^2$의 값을 구하시오. [4점]

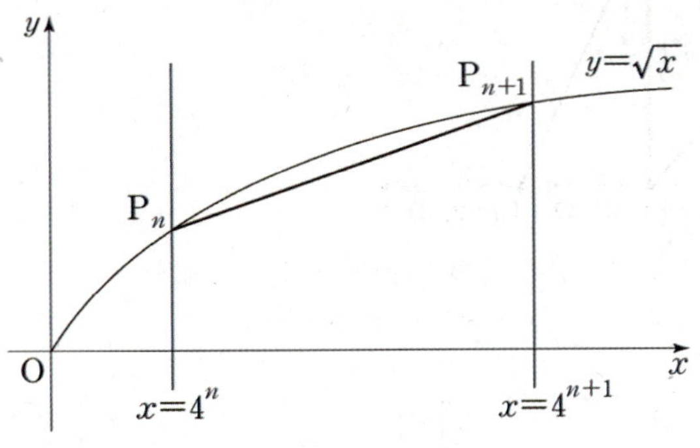

16

해설 바로가기 ▶ 실전개념분석 9번

복습	1회	2회	3회	4회	5회
채점 $O\triangle X$					

41. [2016년 수능 (A)형 14번]

자연수 n에 대하여 좌표가 $(0,\ 2n+1)$인 점을 P 라 하고, 함수 $f(x) = nx^2$의 그래프 위의 점 중 y좌표가 1이고 제1사분면에 있는 점을 Q 라 하자. 점 $\mathrm{R}(0,\ 1)$에 대하여 삼각형 PRQ의 넓이를 S_n, 선분 PQ의 길이를 l_n이라 할 때, $\lim\limits_{n \to \infty} \dfrac{S_n^2}{l_n}$의 값은?

[4점]

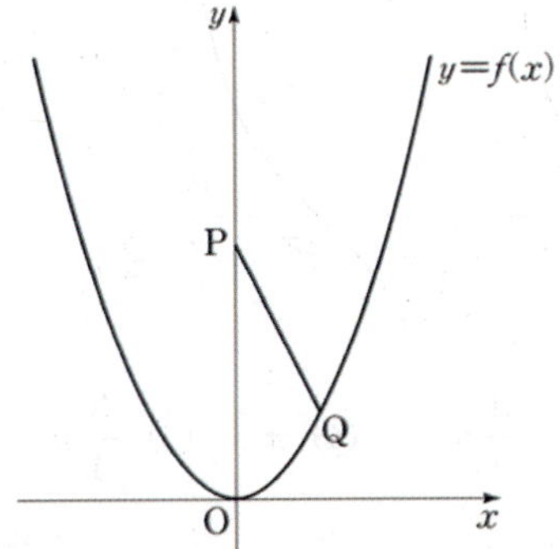

① $\dfrac{3}{2}$ ② $\dfrac{5}{4}$ ③ 1   ④ $\dfrac{3}{4}$ ⑤ $\dfrac{1}{2}$ ✓

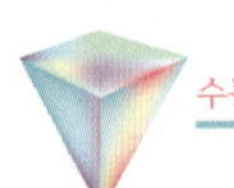

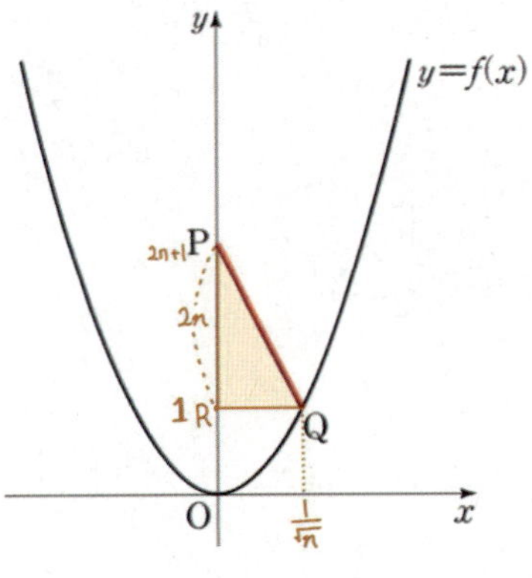

$Q\left(\dfrac{1}{\sqrt{n}},\ 1\right)$ $\overline{PR} = 2n$, $\overline{QR} = \dfrac{1}{\sqrt{n}}$

$S_n = \dfrac{1}{2} \times \dfrac{1}{\sqrt{n}} \times 2n = \sqrt{n}$

$l_n = \sqrt{4n^2 + \dfrac{1}{n}}$

$\therefore \lim\limits_{n \to \infty} \dfrac{S_n^2}{l_n} = \lim\limits_{n \to \infty} \dfrac{n}{\sqrt{4n^2 + \dfrac{1}{n}}} = \lim\limits_{n \to \infty} \dfrac{1}{\sqrt{4 + \dfrac{1}{n^3}}}$

$= \dfrac{1}{2}$

복습	1회	2회	3회	4회	5회
채점 $\bigcirc\triangle\text{X}$					

42. [2014년 수능 (B)형 18번] 실전 분석

자연수 n에 대하여 직선 $y=n$과 함수 $y=\tan x$의 그래프가 제 1사분면에서 만나는 점의 x좌표를 작은 수부터 크기순으로 나열할 때, n번째 수를 a_n이라 하자. $\displaystyle\lim_{n\to\infty}\frac{a_n}{n}$의 값은? [4점]

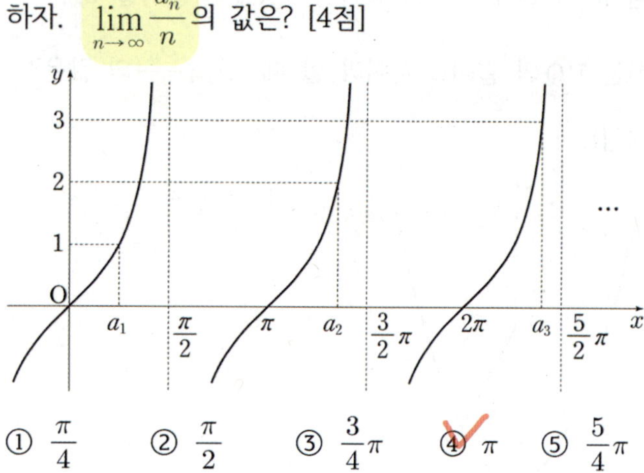

① $\dfrac{\pi}{4}$ ② $\dfrac{\pi}{2}$ ③ $\dfrac{3}{4}\pi$ ④ π ⑤ $\dfrac{5}{4}\pi$

해설 바로가기 ▶ 실전개념분석 7번

43. [2012년 수능 (나)형 28번]

좌표평면에서 자연수 n에 대하여 점 P_n의 좌표를 $(n, 3^n)$, 점 Q_n의 좌표를 $(n, 0)$이라 하자. 사각형 $P_nQ_{n+1}Q_{n+2}P_{n+1}$의 넓이를 a_n이라 할 때, $\displaystyle\sum_{n=1}^{\infty}\frac{1}{a_n}=\frac{q}{p}$ 이다. p^2+q^2의 값을 구하시오. (단, p와 q는 서로소인 자연수이다.) [4점]

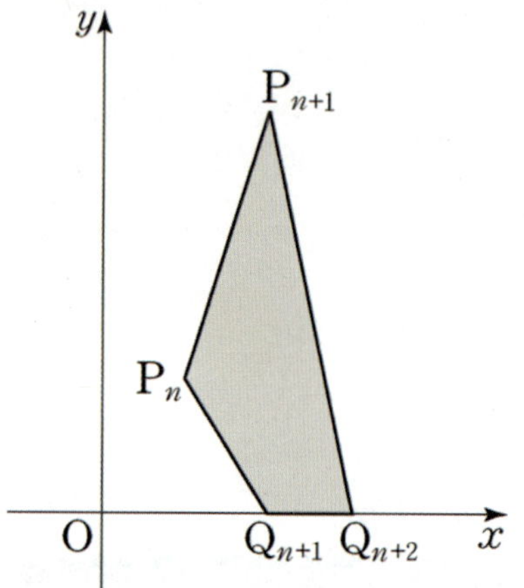

37

사각형의 꼭짓점의 좌표를 구하면

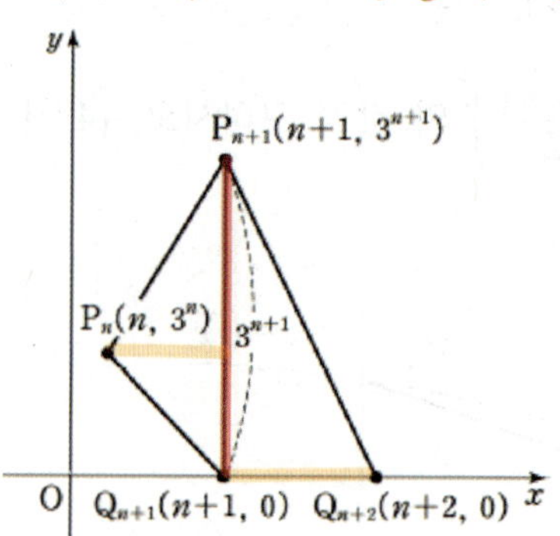

그림에서 P_{n+1}과 Q_{n+1}의 x좌표가 같으므로 넓이 a_n은

$$a_n=\left(\frac{1}{2}\times\overline{P_{n+1}Q_{n+1}}\times 1\right)\times 2$$
$$=3^{n+1}$$

$$\therefore \sum_{m=1}^{\infty}\frac{1}{a_n}=\sum_{n=1}^{\infty}\left(\frac{1}{3}\right)^{n+1}=\frac{\left(\frac{1}{3}\right)^2}{1-\frac{1}{3}}=\frac{1}{6}$$

$$\therefore p^2+q^2=6^2+1^2=37$$

복습	1회	2회	3회	4회	5회
채점 O△X					

44. [2011년 수능 (나)형 14번] 실전 분석

좌표평면에서 자연수 n에 대하여 두 직선 $y=\dfrac{1}{n}x$와 $x=n$이 만나는 점을 A_n, 직선 $x=n$과 x축이 만나는 점을 B_n이라 하자. 삼각형 A_nOB_n에 내접하는 원의 중심을 C_n이라 하고, 삼각형 A_nOC_n의 넓이를 S_n이라 하자. $\displaystyle\lim_{n\to\infty}\dfrac{S_n}{n}$의 값은? [4점]

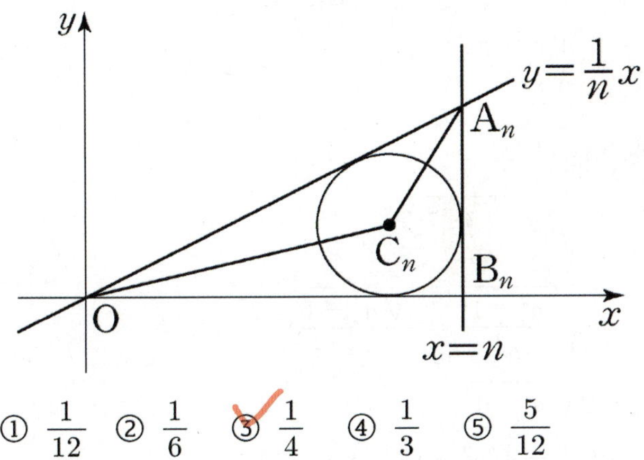

① $\dfrac{1}{12}$ ② $\dfrac{1}{6}$ ③ $\dfrac{1}{4}$ ④ $\dfrac{1}{3}$ ⑤ $\dfrac{5}{12}$

수능수학 Big Data Analyst 김지석
수능한권 Prism 해설

해설 바로가기 ▶ 실전개념분석 8번

복습	1회	2회	3회	4회	5회
채점 O△X					

1등급

45. [2010년 수능 (나)형 25번] 실전 분석

그림과 같이 한 변의 길이가 2인 정사각형 A와 한 변의 길이가 1인 정사각형 B는 변이 서로 평행하고, A의 두 대각선의 교점과 B의 두 대각선의 교점이 일치하도록 놓여있다. A와 A의 내부에서 B의 내부를 제외한 영역을 R라 하자.

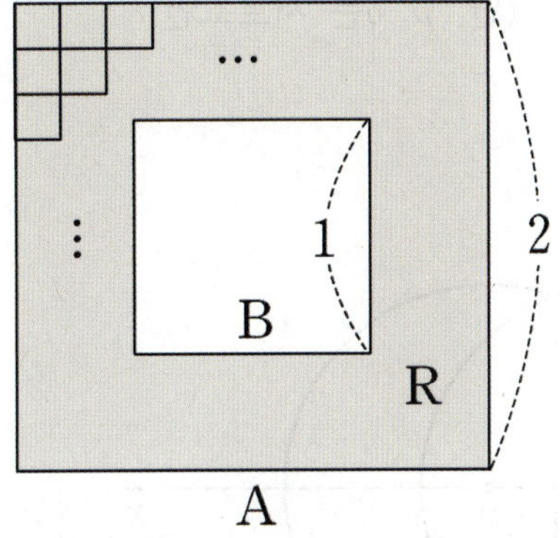

2 이상인 자연수 n에 대하여 한 변의 길이가 $\dfrac{1}{n}$인 작은 정사각형을 다음 규칙에 따라 R에 그린다.

> (가) 작은 정사각형의 한 변은 A의 한 변에 평행하다.
> (나) 작은 정사각형들의 내부는 서로 겹치지 않도록 한다.

이와 같은 규칙에 따라 R에 그릴 수 있는 한 변의 길이가 $\dfrac{1}{n}$인 작은 정사각형의 최대 개수를 a_n이라 하자. 예를 들어, $a_2=12$, $a_3=20$ 이다.

$\displaystyle\lim_{n\to\infty}\dfrac{a_{2n+1}-a_{2n}}{a_{2n}-a_{2n-1}}=c$ 라 할 때, $100c$의 값을 구하시오. [4점]

수능수학 Big Data Analyst 김지석
수능한권 Prism 해설

50

해설 바로가기 ▶ 실전개념분석 11번

복습	1회	2회	3회	4회	5회
채점					
O△X					

46. [2008년 수능 (나)형 24번]

$n \geq 2$인 자연수 n에 대하여 중심이 원점이고 반지름의 길이가 1인 원 C를 x축 방향으로 $\dfrac{2}{n}$만큼 평행이동시킨 원을 C_n이라 하자. 원 C와 원 C_n의 공통현의 길이를 l_n이라 할 때, $\displaystyle\sum_{n=2}^{\infty} \dfrac{1}{(nl_n)^2} = \dfrac{q}{p}$이다. $p+q$의 값을 구하시오. (단, p, q는 서로소인 자연수이다.) [4점]

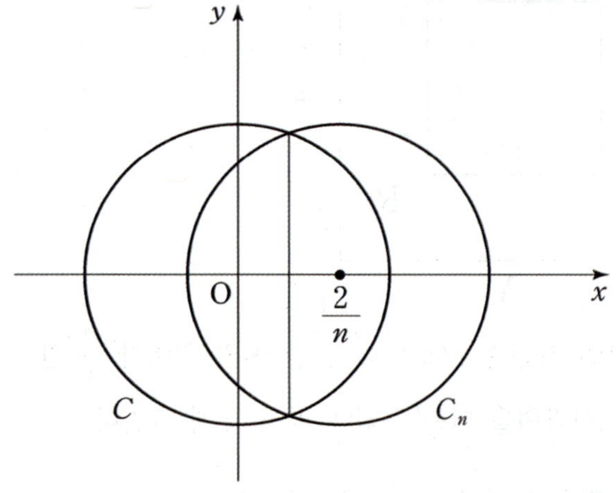

도형의 필연성

필연성 01

원 나오면 → 중심과 특별점 잇기

✓ 접점 → 접선과 수직

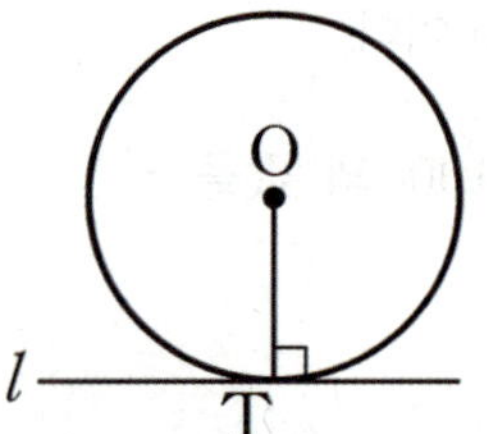

필연성 05

대칭 도형 → 반띵

✓ 이등변삼각형 → 직각 삼각형

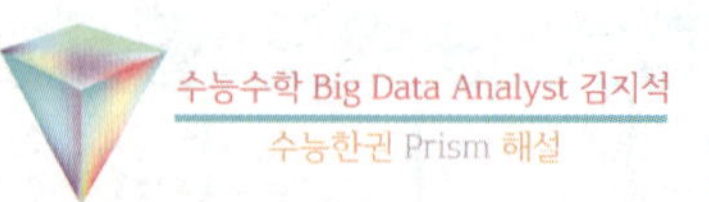

19

- 원 나오면 중심과 특별점 잇기
- 대칭 도형 → 반띵

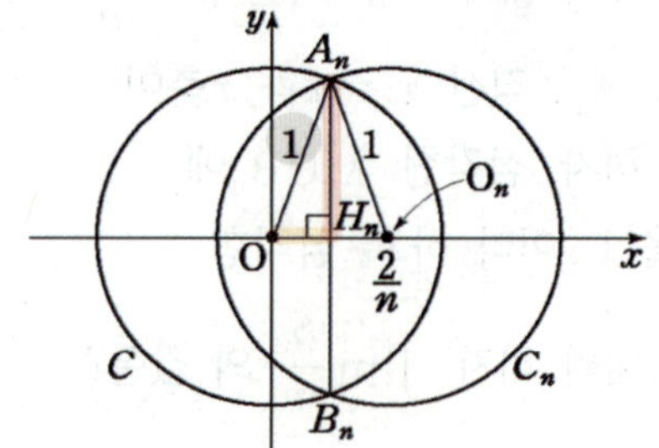

$\triangle A_n O O_n$은 이등변삼각형이고, $\overline{A_n B_n} \perp \overline{OO_n}$

$\overline{OH_n} = \dfrac{1}{n}$

$\dfrac{1}{2} l_n = \overline{A_n H_n}$

$\quad = \sqrt{1^2 - \left(\dfrac{1}{n}\right)^2}$

$\quad = \sqrt{\dfrac{n^2-1}{n^2}} = \dfrac{\sqrt{n^2-1}}{n}$

$nl_n = 2\sqrt{n^2-1}$

$\therefore (nl_n)^2 = 4(n^2-1) = 4(n-1)(n+1)$

$\therefore \displaystyle\sum_{n=2}^{\infty} \dfrac{1}{(nl_n)^2} = \dfrac{1}{4}\sum_{n=2}^{\infty} \dfrac{1}{(n-1)(n+1)}$

$= \dfrac{1}{4}\displaystyle\sum_{n=2}^{\infty} \dfrac{1}{2}\left(\dfrac{1}{n-1} - \dfrac{1}{n+1}\right)$

$= \dfrac{1}{4}\displaystyle\lim_{n\to\infty} \dfrac{1}{2}\left\{1 + \dfrac{1}{2} - \dfrac{1}{n} - \dfrac{1}{n+1}\right\}$

$= \dfrac{1}{8} \times \dfrac{3}{2} = \dfrac{3}{16}$

$\therefore p+q = 16+3 = 19$

복습	1회	2회	3회	4회	5회
채점 O△X					

47. [2005년 수능 (나)형 28번]

이차함수 $f(x) = 3x^2$의 그래프 위의 두 점 $P(n, f(n))$과 $Q(n+1, f(n+1))$ 사이의 거리를 a_n이라 할 때, $\lim\limits_{n \to \infty} \dfrac{a_n}{n}$ 의 값은? (단, n은 자연수이다.) [4점]

① 9　② 8　③ 7　④ 6　⑤ 5

$$a_n = \sqrt{(n+1-n)^2 + \{3(n+1)^2 - 3n^2\}^2}$$
$$= \sqrt{1 + (6n+3)^2}$$

$$\therefore \lim_{n \to \infty} \frac{a_n}{n} = \lim_{n \to \infty} \frac{\sqrt{1 + (6n+3)^2}}{n} = 6$$

미적분 1. 수열의 극한 경향03
수렴조건

— 수능 2점 —

복습	1회	2회	3회	4회	5회
채점 O△X					

48. [2002년 수능 (인문) & (자연) 26번]

함수 $f(x) = \lim\limits_{n \to \infty} \dfrac{x^{2n+4} + 2x}{x^{2n} + 1}$ 일 때, $f\left(\dfrac{1}{2}\right) + f(2)$의 값을 구하시오. [2점]

17

ⅰ) $|x| < 1$일 때,
$$f(x) = \lim_{n \to \infty} \frac{x^{2n+4} + 2x}{x^{2n} + 1} = 2x$$

ⅱ) $|x| > 1$일 때,
$$f(x) = \lim_{n \to \infty} \frac{x^4 + \dfrac{2}{x^{2n-1}}}{1 + \dfrac{1}{x^{2n}}} = \frac{x^4 + 0}{1 + 0} = x^4$$

$$\therefore f\left(\frac{1}{2}\right) + f(2) = 1 + 16 = 17$$

복습	1회	2회	3회	4회	5회
채점 ○△X					

49. [1994년 수능 (2차) 5번] 실전 분석

등비급수 $\displaystyle\sum_{n=1}^{\infty} r^n$이 수렴할 때, 다음 중 반드시

수렴한다고 할 수 없는 것은?

① $\displaystyle\sum_{n=1}^{\infty} (r^n + r^{2n})$　　② $\displaystyle\sum_{n=1}^{\infty} (r^n - 2r^{2n})$

③ $\displaystyle\sum_{n=1}^{\infty} \frac{r^n + (-r)^n}{2}$　　④ $\displaystyle\sum_{n=1}^{\infty} \left(\frac{r-1}{2}\right)^n$

⑤ $\displaystyle\sum_{n=1}^{\infty} \left(\frac{r}{2} - 1\right)^n$

해설 바로가기 ▶ 실전개념분석 17번

복습	1회	2회	3회	4회	5회
채점 ○△X					

50. [2015년 수능 (B)형 13번]

$a > 3$인 상수 a에 대하여 두 곡선 $y = a^{x-1}$과 $y = 3^x$이 점 P에서 만난다. 점 P의 x좌표를 k라 하자. 이 때, $\displaystyle\lim_{n\to\infty} \frac{\left(\dfrac{a}{3}\right)^{n+k}}{\left(\dfrac{a}{3}\right)^{n+1} + 1}$의 값은? [3점]

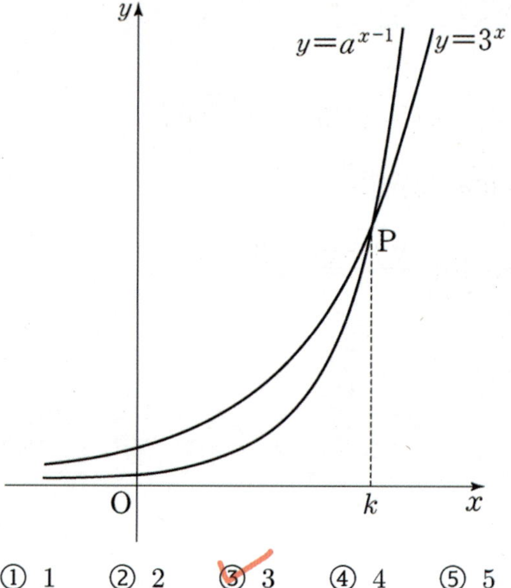

① 1　　② 2　　③ 3　　④ 4　　⑤ 5

$a^{k-1} = 3^k$

$a > 3$에서 $\dfrac{a}{3} > 1$

$\therefore \displaystyle\lim_{n\to\infty} \frac{\left(\dfrac{a}{3}\right)^{n+k}}{\left(\dfrac{a}{3}\right)^{n+1} + 1} = \left(\dfrac{a}{3}\right)^{k-1} = \dfrac{a^{k-1}}{3^{k-1}} = \dfrac{3^k}{3^{k-1}} = 3$

복습	1회	2회	3회	4회	5회
채점 O△X					

51. [2008년 수능 (나)형 21번] 실전 분석

수열 $\{a_n\}$에 대하여 $\displaystyle\sum_{n=1}^{\infty} \frac{a_n}{4^n} = 2$일 때,

$$\lim_{n \to \infty} \frac{a_n + 4^{n+1} - 3^{n-1}}{4^{n-1} + 3^{n+1}}$$의 값을 구하시오. [3점]

16

해설 바로가기 ▶ 실전개념분석 15번

복습	1회	2회	3회	4회	5회
채점 O△X					

52. [2007년 수능 (나)형 20번] 실전 분석

수열 $\left\{ \left(\dfrac{2x-1}{4} \right)^n \right\}$이 수렴하기 위한 정수 x의

개수를 k라 할 때, $10k$의 값을 구하시오. [3점]

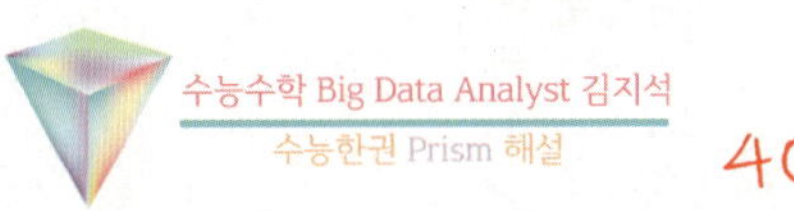

40

해설 바로가기 ▶ 실전개념분석 12번

복습	1회	2회	3회	4회	5회
채점 O△X					

53. [2005년 수능 (나)형 26번] 실전 분석

등비수열 $\{a_n\}$에 대하여 옳은 것을 <보기>에서 모두 고른 것은? [3점]

[보 기]

ㄱ. 등비급수 $\displaystyle\sum_{n=1}^{\infty} a_n$이 수렴하면

$\displaystyle\sum_{n=1}^{\infty} a_{2n}$도 수렴한다.

ㄴ. 등비급수 $\displaystyle\sum_{n=1}^{\infty} a_n$이 발산하면

$\displaystyle\sum_{n=1}^{\infty} a_{2n}$도 발산한다.

ㄷ. 등비급수 $\displaystyle\sum_{n=1}^{\infty} a_n$이 수렴하면

$\displaystyle\sum_{n=1}^{\infty} \left(a_n + \frac{1}{2} \right)$도 수렴한다.

① ㄱ　　　　② ㄴ　　　　③ ㄱ, ㄴ
④ ㄱ, ㄷ　　　⑤ ㄴ, ㄷ

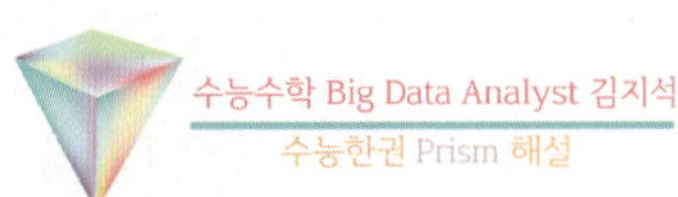

해설 바로가기 ▶ 실전개념분석 18번

복습	1회	2회	3회	4회	5회
채점 ○△X					

54. [1999년 수능 (인문) & (자연) 7번]

다음 <보기>의 수열 $\{a_n\}$ 중 극한값

$$\lim_{n \to \infty} \frac{a_1 + a_2 + a_3 + \cdots + a_n}{n}$$

이 존재하는 것을 모두 고르면? [3점]

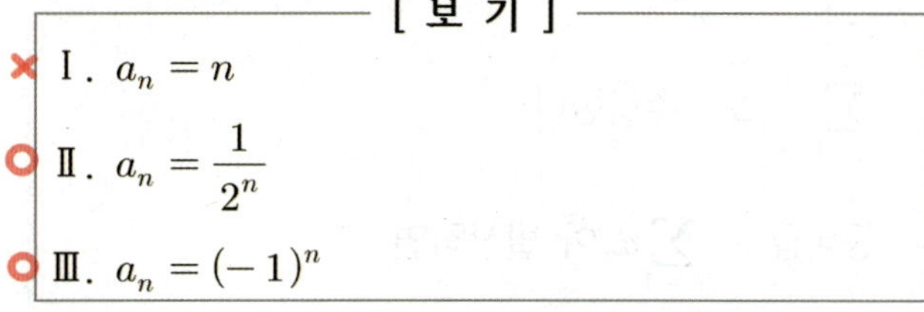

───── [보 기] ─────

Ⅰ. $a_n = n$

Ⅱ. $a_n = \dfrac{1}{2^n}$

Ⅲ. $a_n = (-1)^n$

① Ⅰ ② Ⅱ ③ Ⅲ
④ Ⅱ, Ⅲ ⑤ Ⅰ, Ⅱ, Ⅲ

Ⅰ. (거짓)

$$\lim_{n \to \infty} \frac{1+2+3+\cdots+n}{n} = \lim_{n \to \infty} \frac{\dfrac{n(n+1)}{2}}{n}$$

$$= \lim_{n \to \infty} \frac{n+1}{2} = \infty \quad \text{발산한다.}$$

Ⅱ. (참)

$$\lim_{n \to \infty} \frac{\dfrac{1}{2} + \dfrac{1}{2^2} + \cdots + \dfrac{1}{2^n}}{n} = \lim_{n \to \infty} \frac{\dfrac{1}{2}\left\{1-\left(\dfrac{1}{2}\right)^n\right\}}{1-\dfrac{1}{2}} \Big/ n$$

$$= \lim_{n \to \infty} \frac{1-\left(\dfrac{1}{2}\right)^n}{n} = 0 \quad \text{수렴한다.}$$

Ⅲ. (참)

$$a_1 + a_2 + \cdots + a_n = \begin{cases} 0 & (n \text{이 짝수}) \\ -1 & (n \text{이 홀수}) \end{cases}$$

ⅰ) n이 짝수인 경우

$$\lim_{n \to \infty} \frac{a_1 + a_2 + a_3 + \cdots + a_n}{n} = \lim_{n \to \infty} \frac{0}{n} = 0$$

ⅱ) n이 홀수인 경우

$$\lim_{n \to \infty} \frac{a_1 + a_2 + a_3 + \cdots + a_n}{n} = \lim_{n \to \infty} \frac{-1}{n} = 0$$

ⅰ), ⅱ)에 의하여 0으로 수렴한다.

수능 4점

복습	1회	2회	3회	4회	5회
채점 ○△X					

55. [2026년 수능 (미적분) 29번]

첫째항과 공차가 같은 등차수열 $\{a_n\}$ 과 등비수열 $\{b_n\}$ 이 다음 조건을 만족시킨다.

> 어떤 자연수 k 에 대하여
> $$b_{k+i} = \frac{1}{a_i} - 1 \ (i = 1, 2, 3)$$
> 이다.

부등식

$$0 < \sum_{n=1}^{\infty}\left(b_n - \frac{1}{a_n a_{n+1}}\right) < 30$$

이 성립할 때, $a_2 \times \sum_{n=1}^{\infty} b_{2n} = \dfrac{q}{p}$ 이다. $p+q$ 의 값을 구하시오. (단, $a_1 \neq 0$ 이고, p 와 q 는 서로소인 자연수이다.) [4점]

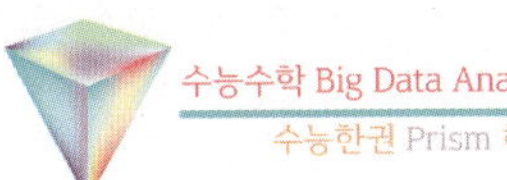

97

(step1) 등차수열 $\{a_n\}$ 파악하기

등차수열 $\{a_n\}$ 의 첫째항과 공차가 같으므로 이 값을 d 라 하면

$$a_n = nd$$

$$b_{k+1} = \frac{1}{a_1} - 1 = \frac{1}{d} - 1$$

$$b_{k+2} = \frac{1}{a_2} - 1 = \frac{1}{2d} - 1$$

$$b_{k+3} = \frac{1}{a_3} - 1 = \frac{1}{3d} - 1$$

b_{k+1}, b_{k+2}, b_{k+3} 은 등비수열을 이루므로

$$(b_{k+2})^2 = b_{k+1} b_{k+3}$$

$$\Leftrightarrow \left(\frac{1}{2d} - 1\right)^2 = \left(\frac{1}{d} - 1\right)\left(\frac{1}{3d} - 1\right)$$

$$\Leftrightarrow \frac{1}{4d^2} - \frac{1}{d} + 1 = \frac{1}{3d^2} - \frac{4}{3d} + 1$$

양변에 $12d^2$ 을 곱하면

$$\Leftrightarrow 3 - 12d = 4 - 16d$$

$$\therefore d = \frac{1}{4}$$

$$\therefore a_n = \frac{n}{4}$$

(step2) 등비수열 $\{b_n\}$ 파악하기

등비수열 $\{b_n\}$ 의 공비 r 이라 하자.

$$b_{k+1} = \frac{1}{a_1} - 1 = \frac{1}{d} - 1 = 4 - 1 = 3$$

$$b_{k+2} = \frac{1}{a_2} - 1 = \frac{1}{2d} - 1 = 2 - 1 = 1$$

$$b_{k+3} = \frac{1}{a_3} - 1 = \frac{1}{3d} - 1 = \frac{4}{3} - 1 = \frac{1}{3}$$

$$\therefore r = \frac{1}{3}$$

$$\therefore b_{k+1} = b_1 r^k = b_1 \left(\frac{1}{3}\right)^k = 3$$

$$\therefore b_1 = 3^{k+1}$$

(step3) 부등식 조건 활용하기

부등식 $0 < \sum_{n=1}^{\infty}\left(b_n - \dfrac{1}{a_n a_{n+1}}\right) < 30$ 에서

$$\sum_{n=1}^{\infty} b_n = \frac{b_1}{1-r} = \frac{b_1}{1 - \frac{1}{3}} = \frac{3}{2}b_1$$

$$\sum_{n=1}^{\infty} \frac{1}{a_n a_{n+1}} = \sum_{n=1}^{\infty} \frac{1}{\frac{n}{4} \times \frac{n+1}{4}} = 16\sum_{n=1}^{\infty} \frac{1}{n(n+1)}$$

$$= 16\sum_{n=1}^{\infty}\left(\frac{1}{n} - \frac{1}{n+1}\right)$$

$$= 16\lim_{n \to \infty}\left\{\left(1 - \frac{1}{2}\right) + \left(\frac{1}{2} - \frac{1}{3}\right) + \cdots + \left(\frac{1}{n} - \frac{1}{n+1}\right)\right\}$$

$$= 16\lim_{n \to \infty}\left(1 - \frac{1}{n+1}\right) = 16 \times 1 = 16$$

$$0 < \sum_{n=1}^{\infty}\left(b_n - \frac{1}{a_n a_{n+1}}\right) < 30$$

$$\Leftrightarrow 0 < \frac{3}{2}b_1 - 16 < 30$$

$$\Leftrightarrow 16 < \frac{3}{2}b_1 < 46$$

$$\Leftrightarrow \frac{32}{3} < b_1 < \frac{92}{3} \quad (10.\Box < b_1 < 30.\Box)$$

$$\therefore b_1 = 3^{k+1} = 27$$

$$\sum_{n=1}^{\infty} b_{2n} = \frac{b_2}{1-r^2} = \frac{\overset{27 \times \frac{1}{3}}{9}}{1 - \frac{1}{9}} = \frac{9}{\frac{8}{9}} = \frac{81}{8}$$

$$\therefore a_2 \times \sum_{n=1}^{\infty} b_{2n} = \frac{2}{4} \times \frac{81}{8} = \frac{81}{16}$$

$$\therefore p + q = 16 + 81 = 97$$

복습	1회	2회	3회	4회	5회
채점 O△X					

1등급

56. [2025년 수능 (미적분) 29번] 실전 분석

등비수열 $\{a_n\}$ 이

$$\sum_{n=1}^{\infty}(|a_n|+a_n)=\frac{40}{3},\quad \sum_{n=1}^{\infty}(|a_n|-a_n)=\frac{20}{3}$$

을 만족시킨다. 부등식

$$\lim_{n\to\infty}\sum_{k=1}^{2n}\left((-1)^{\frac{k(k+1)}{2}}\times a_{m+k}\right)>\frac{1}{700}$$

을 만족시키는 모든 자연수 m의 값의 합을 구하시오.
[4점]

25

해설 바로가기 ▶ 실전개념분석 20번

복습	1회	2회	3회	4회	5회
채점 O△X					

1등급

57. [2025년 9월 (미적분) 29번]

첫째항이 양수이고 공비가 유리수인 등비수열 $\{a_n\}$ 에 대하여 급수 $\sum_{n=1}^{\infty} a_n$ 이 수렴하고, 수열 $\{a_n\}$ 이 다음 조건을 만족시킨다.

> (가) $a_1 + a_2 < 10$
> (나) 수열 $\{a_n\}$의 정수인 항의 개수는 3이고, 이 세 항의 곱은 216이다.

$\sum_{n=1}^{\infty} a_n = \dfrac{q}{p}$ 일 때, $p+q$의 값을 구하시오. (단, p와 q는 서로소인 자연수이다.) [4점]

Analysis〜

"자연수, 정수" 조건이 나오면
→ 케이스 나열
→ 소거법 (약수배수 관계, 부등식 활용)

91

등비수열 $\{a_n\}$의 공비를 r이라 하면

급수 $\displaystyle\sum_{n=1}^{\infty} a_n$ 이 수렴하므로 $-1 < r < 1$

공비 r이 유리수이므로 서로소인 두 정수 k, m에 대하여

$$r = \frac{l}{m}$$

수열 $\{a_n\}$의 일반항은 $a_n = a_1 r^{n-1} = \dfrac{a_1 \cdot l^{n-1}}{m^{n-1}}$

$\dfrac{a_1 \cdot l^{n-1}}{m^{n-1}}$ 는 분모의 m^{n-1}이 충분히 커지면

정수가 될 수 없고,

어떤 항이 정수가 안 되면

그 다음 항부터는 분모가 더욱 커지므로

절대로 다시 정수가 될 수 없다.

∴ 정수인 항 3개는 연달아 있다.

(∵ 정수O → 정수X → 정수O는 불가능)

∴ 어떤 자연수 k에 대하여

a_k, a_{k+1}, a_{k+2}는 정수이고

$a_k \times a_{k+1} \times a_{k+2} = 216$

$\Leftrightarrow \dfrac{a_{k+1}}{r} \times a_{k+1} \times a_{k+1} r = 2^3 3^3$

$\Leftrightarrow (a_{k+1})^3 = 6^3$

$\therefore a_{k+1} = 6$

$a_k = 6\dfrac{m}{l}$, $a_{k+1} = 6$, $a_{k+2} = 6\dfrac{l}{m}$ $\left(\because r = \dfrac{l}{m}\right)$

모두 정수이므로 l, m은 모두 6의 약수이다.

ⅰ) $r = \pm \dfrac{1}{6}$

ⅱ) $r = \pm \dfrac{2}{6} = \pm \dfrac{1}{3}$

ⅲ) $r = \pm \dfrac{3}{6} = \pm \dfrac{1}{2}$

ⅳ) $r = \pm \dfrac{4}{6} = \pm \dfrac{2}{3}$

(1) 공비가 양수일 때

r	a_k	a_{k+1}	a_{k+2}
ⅰ) $\dfrac{1}{6}$	36	6	1
ⅱ) $\dfrac{1}{3}$	18	6	2
ⅲ) $\dfrac{1}{2}$	12	6	3
ⅳ) $\dfrac{2}{3}$	9	6	4

그 어떤 경우도 $a_1 + a_2 < 10$을 만족할 수 없다.

(∵ $0 < r < 1$이므로 $a_1 \geq a_k$)

(2) 공비가 음수일 때

$a_1 > 0$이므로 a_k는 첫째항이 아니다.

r	a_{k-1}	a_k	a_{k+1}	a_{k+2}
ⅰ) $-\dfrac{1}{6}$	216	-36	6	-1
ⅱ) $-\dfrac{1}{3}$	54	-18	6	-2
ⅲ) $-\dfrac{1}{2}$	24	-12	6	-3
ⅳ) $-\dfrac{2}{3}$	$\dfrac{27}{2}$	-9	6	-4

이 중에서 $a_1 + a_2 < 10$을 만족하는 건

ⅳ) $r = -\dfrac{2}{3}$, $a_1 = \dfrac{27}{2}$인 경우 뿐이다.

$$\sum_{n=1}^{\infty} a_n = \frac{a_1}{1-r} = \frac{\dfrac{27}{2}}{1 - \left(-\dfrac{2}{3}\right)} = \frac{81}{10}$$

$\therefore p + q = 10 + 81 = 91$

복습	1회	2회	3회	4회	5회
채점 O△X					

1등급

58. [2025년 6월 (미적분) 29번]
두 정수 α, β ($\alpha > \beta$)에 대하여 다음 조건을 만족시키는 수열 $\{a_n\}$이 있다.

> 모든 자연수 n에 대하여
> $$a_n = \alpha \times \sin\frac{n}{2}\pi + \beta \times \cos\frac{n}{2}\pi$$
> 이고, $a_1 \times a_2 \times a_3 \times a_4 = 4$이다.

수열 $\{a_n\}$과 $b_1 > 0$인 등비수열 $\{b_n\}$에 대하여

$$\sum_{n=1}^{\infty}(a_{4n-2}b_n) = \sum_{n=1}^{\infty}(a_{4n-3}b_{2n}) = 6$$

일 때, $b_1 \times b_3 = \dfrac{q}{p}$이다. $p+q$의 값을 구하시오. (단, p와 q는 서로소인 자연수이다.) [4점]

109

(step1) 수열 a_n 파악하기

$$a_n = \alpha \times \sin\frac{n}{2}\pi + \beta \times \cos\frac{n}{2}\pi$$

$$a_1 = \alpha \times \sin\frac{1}{2}\pi + \beta \times \cos\frac{1}{2}\pi = \alpha$$

$$a_2 = \alpha \times \sin\pi + \beta \times \cos\pi = -\beta$$

$$a_3 = \alpha \times \sin\frac{3}{2}\pi + \beta \times \cos\frac{3}{2}\pi = -\alpha$$

$$a_4 = \alpha \times \sin 2\pi + \beta \times \cos 2\pi = \beta$$

$$\therefore a_1 \times a_2 \times a_3 \times a_4 = \alpha^2 \beta^2 = 4$$

α, β가 정수이고 $\alpha > \beta$이므로 가능한 케이스는

i) $\alpha = 2$, $\beta = 1$

ii) $\alpha = 2$, $\beta = -1$

iii) $\alpha = 1$, $\beta = -2$

iv) $\alpha = -1$, $\beta = -2$

또한 a_n은 주기가 4인 수열이다.

$$a_{4n-2} = a_2 = -\beta, \quad a_{4n-3} = a_1 = \alpha$$

(step2) $\displaystyle\sum_{n=1}^{\infty}(a_{4n-2}b_n) = \sum_{n=1}^{\infty}(a_{4n-3}b_{2n}) = 6$

활용하기

급수가 수렴하므로
등비수열 $\{b_n\}$의 첫째항을 b $(b > 0)$,
공비를 r $(-1 < r < 1)$이라 하면
수열 $\{b_{2n}\}$은 첫째항이 br이고 공비가 r^2인 등비수열

$$\sum_{n=1}^{\infty}(a_{4n-2}b_n) = -\beta\sum_{n=1}^{\infty}b_n = -\beta \times \frac{b}{1-r} = 6$$

$$\therefore b > 0, \ 1-r > 0 \text{이므로} \ \beta < 0$$

$$\sum_{n=1}^{\infty}(a_{4n-3}b_{2n}) = \alpha\sum_{n=1}^{\infty}b_{2n} = \alpha \times \frac{br}{1-r^2} = 6$$

$$= \frac{\alpha}{-\beta} \times \frac{-\beta b}{1-r} \times \frac{r}{1+r} = 6$$

$$\therefore \frac{\alpha}{-\beta} \times \frac{r}{1+r} = 1$$

$$\therefore \frac{r}{1+r} = -\frac{\beta}{\alpha}$$

i) $\alpha = 2$, $\beta = 1$

$\beta < 0$에 모순

ii) $\alpha = 2$, $\beta = -1$

$$\frac{r}{1+r} = -\frac{\beta}{\alpha} = \frac{1}{2} \Leftrightarrow 2r = 1+r \Leftrightarrow r = 1$$

$-1 < r < 1$에 모순

iii) $\alpha = 1$, $\beta = -2$

$$\frac{r}{1+r} = -\frac{\beta}{\alpha} = 2 \Leftrightarrow r = 2+2r \Leftrightarrow r = -2$$

$-1 < r < 1$에 모순

iv) $\alpha = -1$, $\beta = -2$

$$\frac{r}{1+r} = -\frac{\beta}{\alpha} = -2 \Leftrightarrow r = -2r-2 \Leftrightarrow r = -\frac{2}{3}$$

$$-\beta \times \frac{b}{1-r} = 6$$

$$\Leftrightarrow -(-2) \times \frac{b}{1-\left(-\frac{2}{3}\right)} = 6$$

$$\Leftrightarrow b = 5$$

$$\therefore b_1 \times b_3 = b \times br^2 = 25 \times \frac{4}{9} = \frac{100}{9}$$

$$\therefore p+q = 9+100 = 109$$

복습	1회	2회	3회	4회	5회
채점 $O\triangle X$					

59. [2024년 수능 (미적분) 29번] 실전 분석

첫째항과 공비가 각각 0이 아닌 두 등비수열 $\{a_n\}$, $\{b_n\}$에 대하여 두 급수 $\sum\limits_{n=1}^{\infty} a_n$, $\sum\limits_{n=1}^{\infty} b_n$이 각각 수렴하고

$$\sum_{n=1}^{\infty} a_n b_n = \left(\sum_{n=1}^{\infty} a_n\right) \times \left(\sum_{n=1}^{\infty} b_n\right),$$

$$3 \times \sum_{n=1}^{\infty} |a_{2n}| = 7 \times \sum_{n=1}^{\infty} |a_{3n}|$$

이 성립한다. $\sum\limits_{n=1}^{\infty} \dfrac{b_{2n-1} + b_{3n+1}}{b_n} = S$일 때, $120S$의 값을 구하시오. [4점]

162

해설 바로가기 ▶ 실전개념분석 19번

복습	1회	2회	3회	4회	5회
채점 ○△X					

60. [2023년 9월 (미적분) 29번]

두 실수 a, b $(a>1, b>1)$이

$$\lim_{n \to \infty} \frac{3^n + a^{n+1}}{3^{n+1} + a^n} = a, \quad \lim_{n \to \infty} \frac{a^n + b^{n+1}}{a^{n+1} + b^n} = \frac{9}{a}$$

를 만족시킬 때, $a+b$의 값을 구하시오. [4점]

18

(step1) a의 값 파악하기

ⅰ) $1 < a < 3$인 경우

$$\lim_{n \to \infty} \frac{3^n + a^{n+1}}{3^{n+1} + a^n} = \lim_{n \to \infty} \frac{1 + a\left(\frac{a}{3}\right)^n}{3 + \left(\frac{a}{3}\right)^n} = \frac{1}{3}$$

$\therefore a = \dfrac{1}{3}$ → 모순 ($\because a > 1$)

ⅱ) $a = 3$인 경우

$$\lim_{n \to \infty} \frac{3^n + a^{n+1}}{3^{n+1} + a^n} = \lim_{n \to \infty} \frac{3^n + 3^{n+1}}{3^{n+1} + 3^n} = 1$$

$\therefore a = 1$ → 모순 ($\because a > 1$)

ⅲ) $a > 3$인 경우

$$\lim_{n \to \infty} \frac{3^n + a^{n+1}}{3^{n+1} + a^n} = \lim_{n \to \infty} \frac{\left(\frac{3}{a}\right)^n + a}{3\left(\frac{3}{a}\right)^n + 1} = a$$

$\therefore$ 성립

(step2) b의 값 파악하기

$$\lim_{n \to \infty} \frac{a^n + b^{n+1}}{a^{n+1} + b^n} = \frac{9}{a} \text{에서}$$

ⅰ) $a > b$인 경우

$$\lim_{n \to \infty} \frac{a^n + b^{n+1}}{a^{n+1} + b^n} = \lim_{n \to \infty} \frac{1 + b\left(\frac{b}{a}\right)^n}{a + \left(\frac{b}{a}\right)^n} = \frac{1}{a}$$

$\therefore \dfrac{1}{a} = \dfrac{9}{a}$ → 모순

ⅱ) $a = b$인 경우

$$\lim_{n \to \infty} \frac{a^n + b^{n+1}}{a^{n+1} + b^n} = 1$$

$\therefore 1 = \dfrac{9}{a} \Leftrightarrow a = 9, \ b = 9$

ⅲ) $a < b$인 경우

$$\lim_{n \to \infty} \frac{a^n + b^{n+1}}{a^{n+1} + b^n} = \lim_{n \to \infty} \frac{\left(\frac{a}{b}\right)^n + b}{a\left(\frac{b}{a}\right)^n + 1} = b$$

$\therefore b = \dfrac{9}{a} < 3 \ (\because a > 3)$

→ 모순 ($\because a < b$)

$\therefore a + b = 9 + 9 = 18$

복습	1회	2회	3회	4회	5회
채점 $O\triangle X$					

1등급

61. [2023년 6월 (미적분) 30번]

수열 $\{a_n\}$은 등비수열이고, 수열 $\{b_n\}$을 모든 자연수 n에 대하여

$$b_n = \begin{cases} -1 & (a_n \leq -1) \\ a_n & (a_n > -1) \end{cases}$$

이라 할 때, 수열 $\{b_n\}$은 다음 조건을 만족시킨다.

(가) 급수 $\displaystyle\sum_{n=1}^{\infty} b_{2n-1}$은 수렴하고 그 합은 -3이다.

(나) 급수 $\displaystyle\sum_{n=1}^{\infty} b_{2n}$은 수렴하고 그 합은 8이다.

$b_3 = -1$일 때, $\displaystyle\sum_{n=1}^{\infty} |a_n|$의 값을 구하시오. [4점]

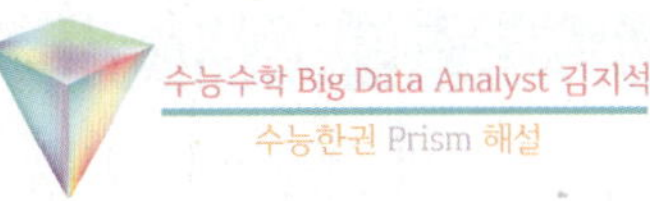

24

$|r| \geq 1$이면 $\displaystyle\sum_{n=1}^{\infty} b_{2n-1}$ or $\displaystyle\sum_{n=1}^{\infty} b_{2n}$ or $\displaystyle\sum_{n=1}^{\infty} |a_n|$ 가 수렴하지 않는다.

$\therefore \; -1 < r < 1$

$b_3 = -1$이므로 $a_3 \leq -1$

$0 < r < 1$이면 a_n의 모든 항은 음수이므로

$\displaystyle\sum_{n=1}^{\infty} b_{2n} = 8$ (양수)에 모순이다.

$\therefore \; -1 < r < 0$

$\therefore \; a_{2n-1} < 0, \; a_{2n} > 0$

$\displaystyle\sum_{n=1}^{\infty} b_{2n} = a_2 + a_4 + a_6 + \cdots = \frac{a_2}{1-r^2} = 8$

$\times r^2 \quad \times r^2$

$a_5 \leq -1$이면

$\displaystyle\sum_{n=1}^{\infty} b_{2n-1} = b_1 + b_3 + b_5 + \cdots$

$\qquad = (-1) + (-1) + (-1) + \ominus + \cdots < -3$ 모순

$\therefore \; a_5 > -1 \qquad\qquad \times r^2$

$\therefore \; \displaystyle\sum_{n=1}^{\infty} b_{2n-1} = (-1) + (-1) + a_5 + a_7 + \cdots$

$\therefore \; \displaystyle\sum_{n=1}^{\infty} b_{2n-1} = -2 + \frac{a_5}{1-r^2} = -3 \; \Leftrightarrow \; \frac{a_5}{1-r^2} = -1$

$\dfrac{\dfrac{a_5}{1-r^2}}{\dfrac{a_2}{1-r^2}} = r^3 = -\dfrac{1}{8}$

$\therefore \; r = -\dfrac{1}{2}$

$\dfrac{a_2}{1-r^2} = 8 \; \Leftrightarrow \; \dfrac{a_1\left(-\dfrac{1}{2}\right)}{1-\left(-\dfrac{1}{2}\right)^2} = 8$

$\therefore \; a_1 = -12$

$\therefore \; \displaystyle\sum_{n=1}^{\infty} |a_n| = 12 + 6 + 3 + \cdots = \dfrac{12}{1-\dfrac{1}{2}} = 24$

$\times |r| \quad \times |r|$

$\qquad\qquad\qquad \| \dfrac{1}{2}$

복습	1회	2회	3회	4회	5회
채점 O△X					

62. [2021년 수능 (가)형 18번] 실전 분석

실수 a에 대하여 함수 $f(x)$를

$$f(x) = \lim_{n \to \infty} \frac{(a-2)x^{2n+1} + 2x}{3x^{2n} + 1}$$

라 하자. $(f \circ f)(1) = \dfrac{5}{4}$ 가 되도록 하는 모든 a의 값의 합은? [4점]

① $\dfrac{11}{2}$ ② $\dfrac{13}{2}$ ③ $\dfrac{15}{2}$ ④ $\dfrac{17}{2}$ ⑤ $\dfrac{19}{2}$

해설 바로가기 ▶ 실전개념분석 14번

복습	1회	2회	3회	4회	5회
채점 O△X					

63. [2015년 수능 (A)형 28번] 실전 분석

자연수 k에 대하여 $a_k = \lim_{n \to \infty} \dfrac{\left(\dfrac{6}{k}\right)^{n+1}}{\left(\dfrac{6}{k}\right)^n + 1}$ 이라 할

때, $\displaystyle\sum_{k=1}^{10} ka_k$의 값을 구하시오. [4점]

33

해설 바로가기 ▶ 실전개념분석 13번

복습	1회	2회	3회	4회	5회
채점 O△X					

64. [2013년 수능 (나)형 19번] 실전 분석

수열 $\{a_n\}$에 대하여

$$\sum_{n=1}^{\infty} \left(n \cdot a_n - \frac{n^2+1}{2n+1}\right) = 3$$

일 때, $\lim_{n \to \infty}(a_n^2 + 2a_n + 2)$의 값은? [4점]

① $\dfrac{13}{4}$ ② 3 ③ $\dfrac{11}{4}$ ④ $\dfrac{5}{2}$ ⑤ $\dfrac{9}{4}$

해설 바로가기 ▶ 실전개념분석 16번

미적분 1. 수열의 극한 경향04
도형 등비급수

수능 3점

복습	1회	2회	3회	4회	5회
채점 $\bigcirc\triangle\times$					

65. [2023년 수능 (미적분) 27번] 실전 분석

그림과 같이 중심이 O, 반지름의 길이가 1이고 중심각의 크기가 $\dfrac{\pi}{2}$인 부채꼴 OA_1B_1이 있다. 호 A_1B_1 위에 점 P_1, 선분 OA_1 위에 점 C_1, 선분 OB_1 위에 점 D_1을 사각형 $OC_1P_1D_1$이 $\overline{OC_1}:\overline{OD_1}=3:4$인 직사각형이 되도록 잡는다. 부채꼴 OA_1B_1의 내부에 점 Q_1을 $\overline{P_1Q_1}=\overline{A_1Q_1}$, $\angle P_1Q_1A_1 = \dfrac{\pi}{2}$가 되도록 잡고, 이등변삼각형 $P_1Q_1A_1$에 색칠하여 얻은 그림을 R_1이라 하자. 그림 R_1에서 선분 OA_1 위의 점 A_2와 선분 OB_1 위의 점 B_2를 $\overline{OQ_1}=\overline{OA_2}=\overline{OB_2}$가 되도록 잡고, 중심이 O, 반지름의 길이가 $\overline{OQ_1}$, 중심각의 크기가 $\dfrac{\pi}{2}$인 부채꼴 OA_2B_2를 그린다. 그림 R_1을 얻은 것과 같은 방법으로 네 점 P_2, C_2, D_2, Q_2를 잡고, 이등변삼각형 $P_2Q_2A_2$에 색칠하여 얻은 그림을 R_2라 하자. 이와 같은 과정을 계속하여 n번째 얻은 그림 R_n에 색칠되어 있는 부분의 넓이를 S_n이라 할 때, $\lim\limits_{n\to\infty} S_n$의 값은? [3점]

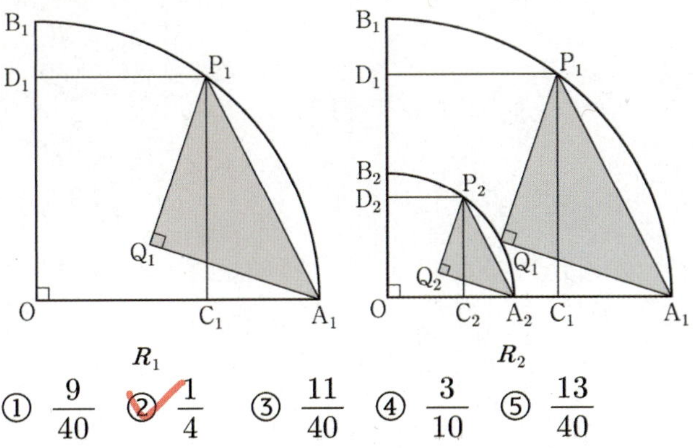

① $\dfrac{9}{40}$　② $\dfrac{1}{4}$　③ $\dfrac{11}{40}$　④ $\dfrac{3}{10}$　⑤ $\dfrac{13}{40}$

수능수학 Big Data Analyst 김지석
수능한권 Prism 해설

해설 바로가기 ▶ 실전개념분석 23번

복습	1회	2회	3회	4회	5회
채점 $\bigcirc\triangle\times$					

66. [1996년 수능 (인문) 24번]

다음 그림과 같이 정사각형에 직각 이등변삼각형과 정사각형을 번갈아 붙이는 과정을 한없이 반복한다. 이 때 사각형을 S_1, S_2, S_3, $\cdots$, 삼각형을 T_1, T_2, T_3, $\cdots$이라고 하자. S_1의 한 변의 길이가 2일 때, 이들 삼각형과 사각형의 넓이의 총합은?

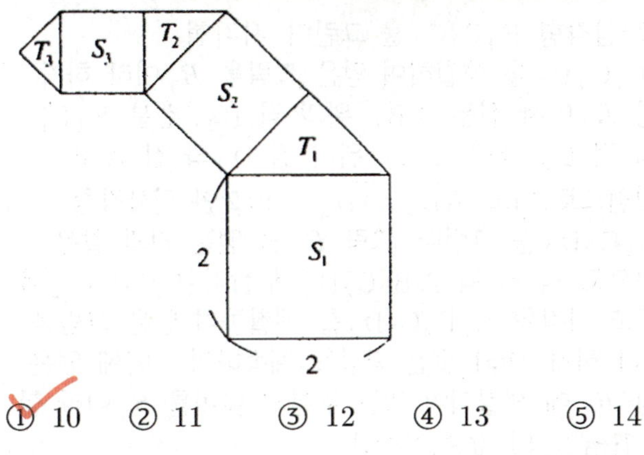

① 10　② 11　③ 12　④ 13　⑤ 14

수능수학 Big Data Analyst 김지석
수능한권 Prism 해설

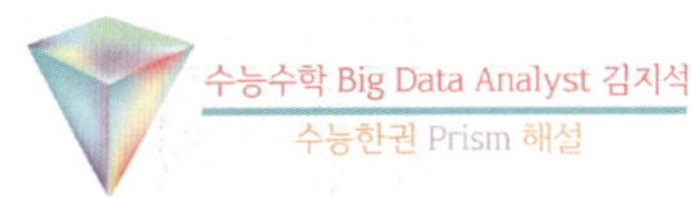

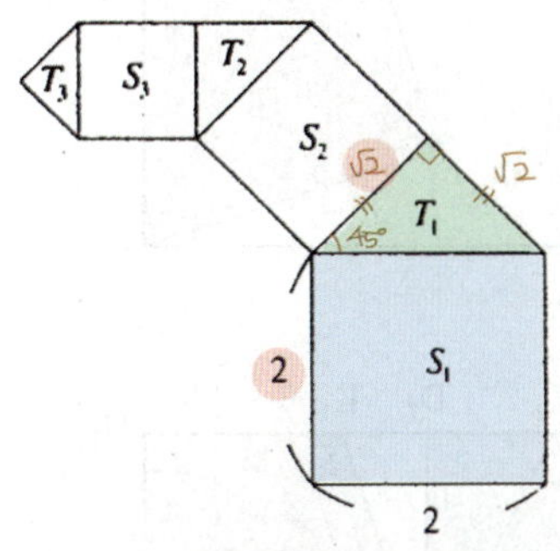

(step1) 첫째항 구하기

$$S_1 + T_1 = 2\times 2 + \sqrt{2}\times\sqrt{2}\times\dfrac{1}{2} = 4+1 = 5$$

(step2) 공비 구하기

1세대 1개 : 2세대 1개

길이의 비 $= 2 : \sqrt{2}$

넓비의 비 $= 2^2 : (\sqrt{2})^2 = 2 : 1$

공비 $= \dfrac{1}{2}$

$$\therefore \ \dfrac{5}{1-\dfrac{1}{2}} = 10$$

수능 4점

복습	1회	2회	3회	4회	5회
채점 $\bigcirc\triangle\times$					

67. [2021년 수능 (가)형 14번] 실전 분석

그림과 같이 $\overline{AB_1} = 2$, $\overline{AD_1} = 4$인 직사각형 $AB_1C_1D_1$이 있다. 선분 AD_1을 $3:1$로 내분하는 점을 E_1이라 하고, 직사각형 $AB_1C_1D_1$의 내부에 점 F_1을 $\overline{F_1E_1} = \overline{F_1C_1}$, $\angle E_1F_1C_1 = \dfrac{\pi}{2}$가 되도록 잡고 삼각형 $E_1F_1C_1$을 그린다. 사각형 $E_1F_1C_1D_1$을 색칠하여 얻은 그림을 R_1이라 하자. 그림 R_1에서 선분 AB_1 위의 점 B_2, 선분 E_1F_1 위의 점 C_2, 선분 AE_1 위의 점 D_2와 점 A를 꼭짓점으로 하고 $\overline{AB_2} : \overline{AD_2} = 1:2$인 직사각형 $AB_2C_2D_2$를 그린다. 그림 R_1을 얻은 것과 같은 방법으로 직사각형 $AB_2C_2D_2$에 삼각형 $E_2F_2C_2$를 그리고 사각형 $E_2F_2C_2D_2$를 색칠하여 얻은 그림을 R_2라 하자. 이와 같은 과정을 계속하여 n번째 얻은 그림 R_n에 색칠되어 있는 부분의 넓이를 S_n이라 할 때, $\displaystyle\lim_{n\to\infty} S_n$의 값은? [4점]

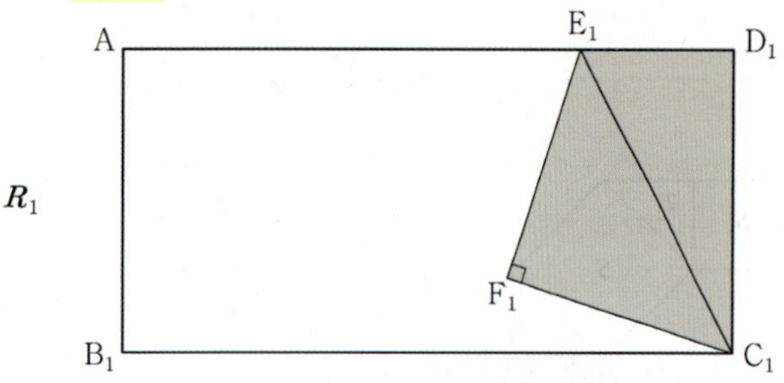

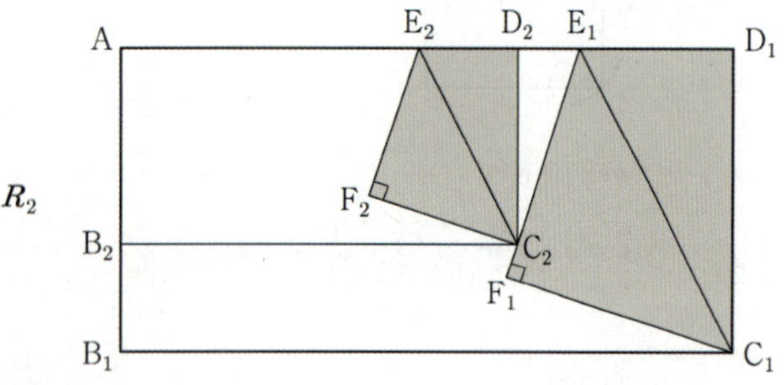

① $\dfrac{441}{103}$ ② $\dfrac{441}{109}$ ③ $\dfrac{441}{115}$ ④ $\dfrac{441}{121}$ ⑤ $\dfrac{441}{127}$

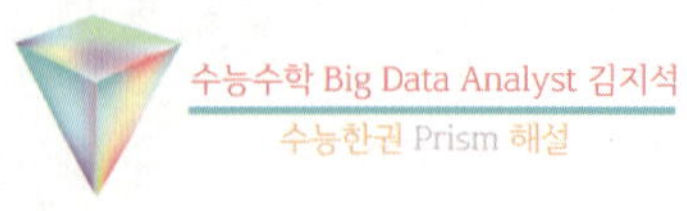

해설 바로가기 ▶ 실전개념분석 21번

복습	1회	2회	3회	4회	5회
채점					
O△X					

68. [2020년 수능 (나)형 18번]

그림과 같이 한 변의 길이가 5인 정사각형 ABCD에 중심이 A이고 중심각의 크기가 90°인 부채꼴 ABD를 그린다. 선분 AD를 3 : 2로 내분하는 점을 A_1, 점 A_1을 지나고 선분 AB에 평행한 직선이 호 BD와 만나는 점을 B_1이라 하자.

선분 A_1B_1을 한 변으로 하고 선분 DC와 만나도록 정사각형 $A_1B_1C_1D_1$을 그린 후, 중심이 D_1이고 중심각의 크기가 90°인 부채꼴 $D_1A_1C_1$을 그린다.

선분 DC가 호 A_1C_1, 선분 B_1C_1과 만나는 점을 각각 E_1, F_1이라 하고, 두 선분 DA_1, DE_1과 호 A_1E_1로 둘러싸인 부분과 두 선분 E_1F_1, F_1C_1과 호 E_1C_1로 둘러싸인 부분인 ⌐ 모양의 도형에 색칠하여 얻은 그림을 R_1이라 하자.

그림 R_1에서 정사각형 $A_1B_1C_1D_1$에 중심이 A_1이고 중심각의 크기가 90°인 부채꼴 $A_1B_1D_1$을 그린다. 선분 A_1D_1을 3 : 2로 내분하는 점을 A_2, 점 A_2를 지나고 선분 A_1B_1에 평행한 직선이 호 B_1D_1과 만나는 점을 B_2라 하자. 선분 A_2B_2를 한 변으로 하고 선분 D_1C_1과 만나도록 정사각형 $A_2B_2C_2D_2$를 그린 후, 그림 R_1을 얻은 것과 같은 방법으로 정사각형 $A_2B_2C_2D_2$에 ⌐ 모양의 도형을 그리고 색칠하여 얻은 그림을 R_2라 하자.

이와 같은 과정을 계속하여 n번째 얻은 그림 R_n에 색칠되어 있는 부분의 넓이를 S_n이라 할 때, $\displaystyle\lim_{n\to\infty} S_n$의 값은? [4점]

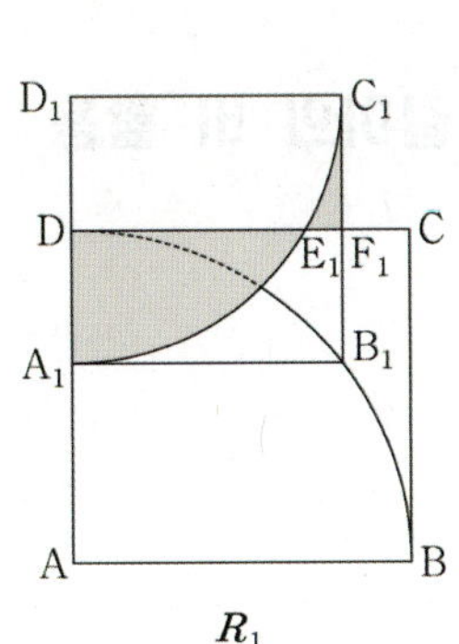
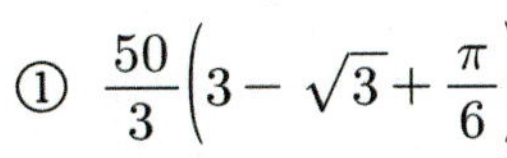

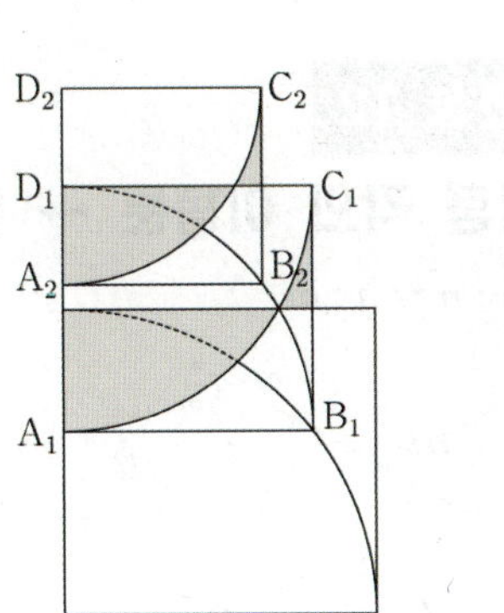

R_1 , R_2 , ...

① $\dfrac{50}{3}\left(3 - \sqrt{3} + \dfrac{\pi}{6}\right)$

② $\dfrac{100}{9}\left(3 - \sqrt{3} + \dfrac{\pi}{3}\right)$

③ $\dfrac{50}{3}\left(2 - \sqrt{3} + \dfrac{\pi}{3}\right)$

④ $\dfrac{100}{9}\left(3 - \sqrt{3} + \dfrac{\pi}{6}\right)$

⑤ $\dfrac{100}{9}\left(2 - \sqrt{3} + \dfrac{\pi}{3}\right)$ ✓

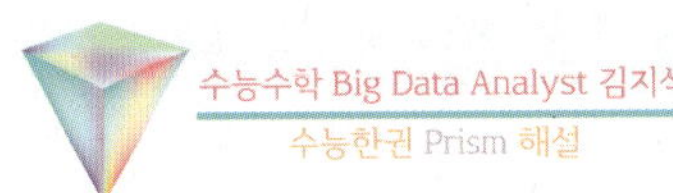

(Step1) 첫째항 구하기

■ 원 나오면 → 중심과 특별한 점 잇기

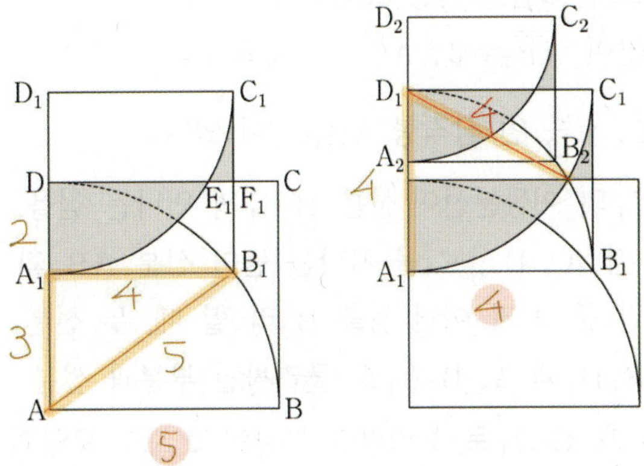

■ 이상한 도형의 넓이를 구할 때

→ 여러 개의 기본 도형으로 퍼즐 맞추기를 하라.

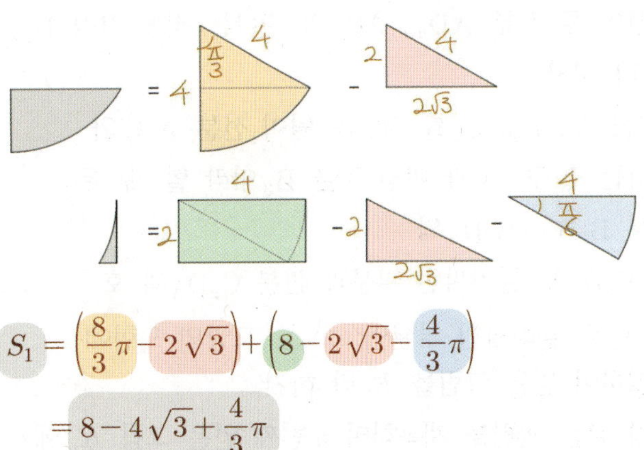

$$S_1 = \left(\dfrac{8}{3}\pi - 2\sqrt{3}\right) + \left(8 - 2\sqrt{3} - \dfrac{4}{3}\pi\right)$$

$$= 8 - 4\sqrt{3} + \dfrac{4}{3}\pi$$

(Step2) 공비 구하기

1세대 1개 : 2세대 1개

길이의 비 = 5 : 4

넓이의 비 = $5^2 : 4^2 = 25 : 16$

공비 = $\dfrac{16}{25}$

$$\therefore \lim_{n\to\infty} S_n = \dfrac{8 - 4\sqrt{3} + \dfrac{4}{3}\pi}{1 - \dfrac{16}{25}}$$

$$= \dfrac{25}{9}\left(8 - 4\sqrt{3} + \dfrac{4}{3}\pi\right)$$

$$= \dfrac{100}{9}\left(2 - \sqrt{3} + \dfrac{\pi}{3}\right)$$

복습	1회	2회	3회	4회	5회
채점 O△X					

━━ 1등급

69. [2020년 6월 (가)형 20번]

그림과 같이 $\overline{AB_1}=3$, $\overline{AC_1}=2$ 이고

$\angle B_1AC_1 = \dfrac{\pi}{3}$ 인 삼각형 AB_1C_1 이 있다.

$\angle B_1AC_1$ 의 이등분선이 선분 B_1C_1 과 만나는 점을
D_1, 세 점 A, D_1, C_1 을 지나는 원이 선분 AB_1 과
만나는 점 중 A 가 아닌 점을 B_2 라 할 때, 두 선분
B_1B_2, B_1D_1 과 호 B_2D_1 로 둘러싸인 부분과 선분
C_1D_1 과 호 C_1D_1 로 둘러싸인 부분인 △ 모양의
도형에 색칠하여 얻은 그림을 R_1 이라 하자.

그림 R_1 에서 점 B_2 를 지나고 직선 B_1C_1 에 평행한
직선이 두 선분 AD_1, AC_1 과 만나는 점을 각각 D_2,
C_2 라 하자.

세 점 A, D_2, C_2 를 지나는 원이 선분 AB_2 와
만나는 점 중 A 가 아닌 점을 B_3 이라 할 때, 두
선분 B_2B_3, B_2D_2 와
호 B_3D_2 로 둘러싸인 부분과 선분 C_2D_2 와 호
C_2D_2 로 둘러싸인 부분인 △ 모양의 도형에
색칠하여 얻은 그림을 R_2 라 하자.

이와 같은 과정을 계속하여 n 번째 얻은 그림 R_n 에
색칠되어 있는 부분의 넓이를 S_n 이라 할 때,
$\lim\limits_{n \to \infty} S_n$ 의 값은? [4점]

① $\dfrac{27\sqrt{3}}{46}$ ② $\dfrac{15\sqrt{3}}{23}$ ③ $\dfrac{33\sqrt{3}}{46}$

④ $\dfrac{18\sqrt{3}}{23}$ ⑤ $\dfrac{39\sqrt{3}}{46}$

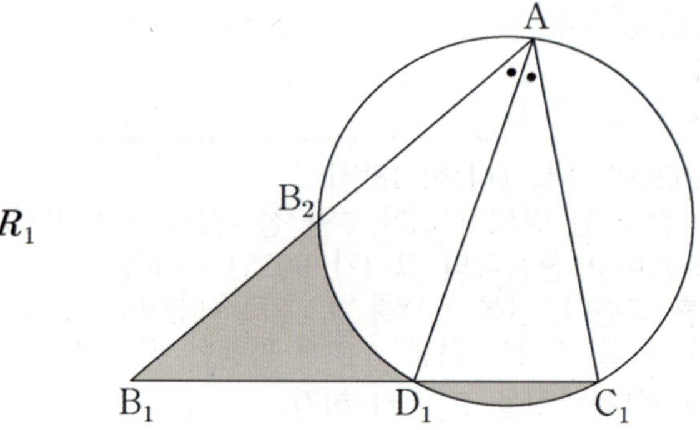

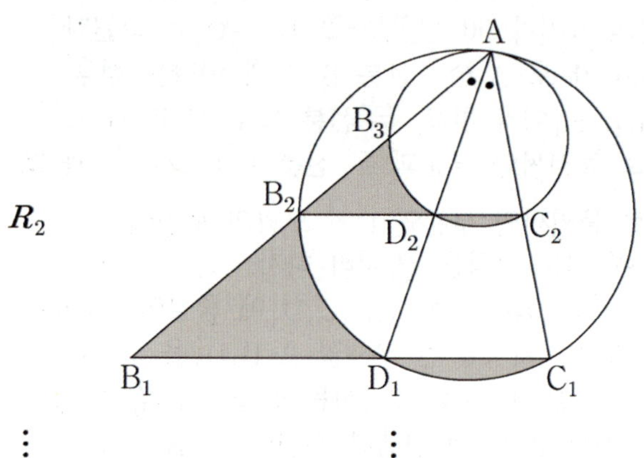

⋮

필연성 09

코사인법칙 활용법 (변이 많을 때)

[단서] → [답]

✓ 2변 1각 → 1변

✓ 3변 → 각

필연성 12

삼각형 각의 이등분 → 변 길이의 비 활용

✓ $m : n = a : b$

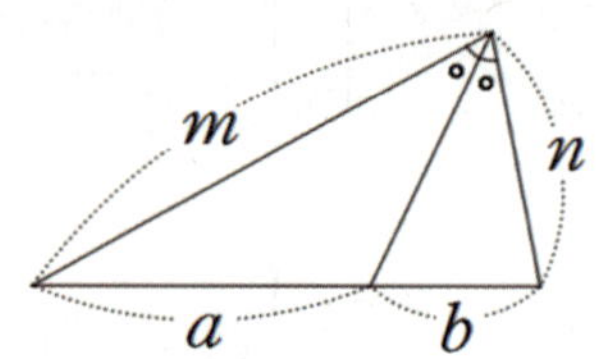

필연성 14

이상한 도형의 넓이를 구할 때

(넓이 공식 없는 도형)

→ 여러 개의 기본 도형으로 퍼즐 맞추기

(넓이 공식 있는 도형)

✓ 빵꾸난 도형은 빵꾸를 메꿔서 퍼즐 맞추기

(step1) [단서]2번1각 →[답]1번 → 코사인법칙

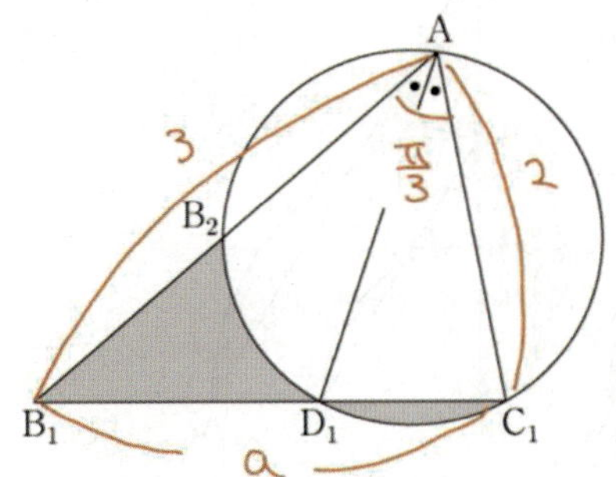

$$a^2 = 3^2 + 2^2 - 2 \cdot 3 \cdot 2 \cdot \cos\frac{\pi}{3} = 7$$

$$\therefore a = \sqrt{7}$$

(step2) 삼각형의 각의 이등분 → $\overline{B_1 C_1}$ 길이 비율

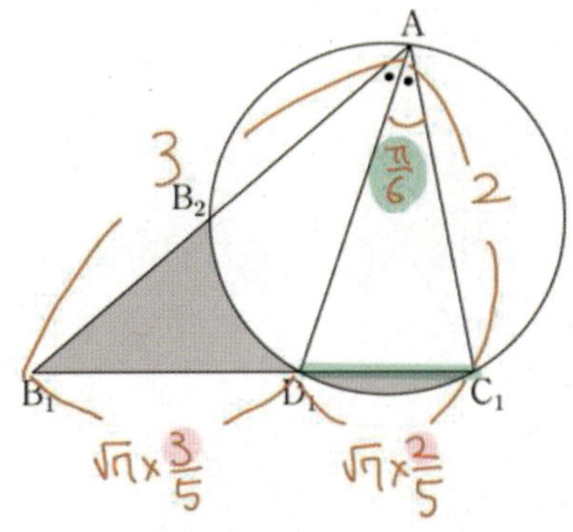

(step3) 이상한 도형의 넓이 → 기본도형 분석

[개념] 원주각이 같으면 현 길이도 같다.

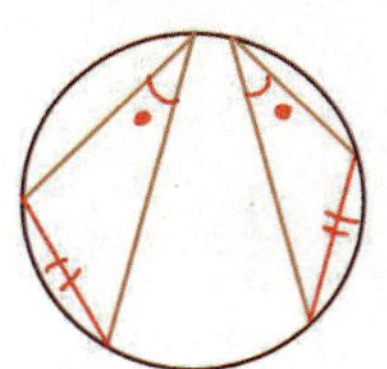

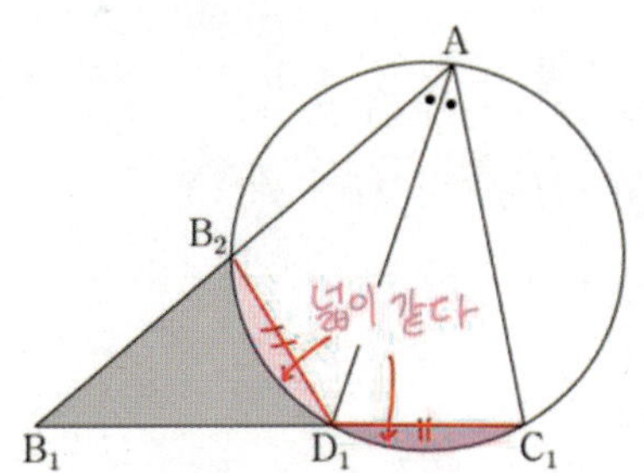

$$S_1 = \frac{1}{2} \cdot \frac{3}{5}\sqrt{7} \cdot \frac{2}{5}\sqrt{7} \sin\frac{\pi}{3} = \frac{21\sqrt{3}}{50}$$

(step4) 공비구하기

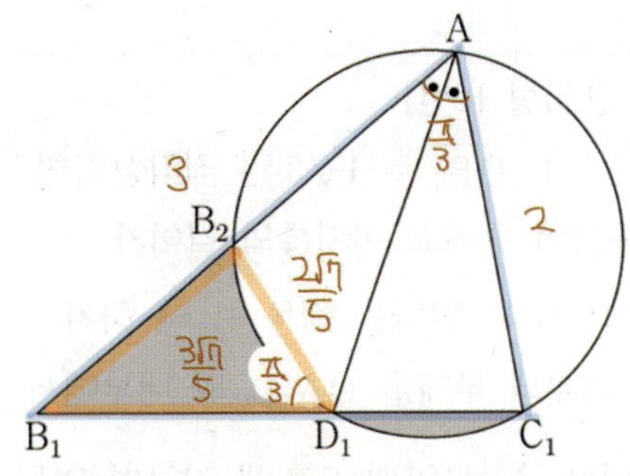

$\triangle AB_1C_1$ 과 $\triangle D_1B_1B_2$ 은 닮음이다.

(닮음비 $= 1 : \dfrac{\sqrt{7}}{5}$)

$$\therefore \overline{B_1B_2} = \overline{B_1C_1} \times \frac{\sqrt{7}}{5} = \frac{7}{5}$$

$$\therefore \overline{AB_2} = 3 - \frac{7}{5} = \frac{8}{5}$$

길이비 $= 3 : \dfrac{8}{5} = 15 : 8$

넓이비 $= 15^2 : 8^2$

공비 $= \left(\dfrac{8}{15}\right)^2$

$$\therefore \lim_{n \to \infty} S_n = \frac{\dfrac{21\sqrt{3}}{50}}{1 - \left(\dfrac{8}{15}\right)^2} = \frac{27}{46}\sqrt{3}$$

복습	1회	2회	3회	4회	5회
채점 ○△✕					

70. [2019년 수능 (나)형 16번]

그림과 같이 $\overline{OA_1}=4$, $\overline{OB_1}=4\sqrt{3}$ 인 직각삼각형 OA_1B_1이 있다. 중심이 O이고 반지름의 길이가 $\overline{OA_1}$인 원이 선분 OB_1과 만나는 점을 B_2라 하자. 삼각형 OA_1B_1의 내부와 부채꼴 OA_1B_2의 내부에서 공통된 부분을 제외한 ＼ 모양의 도형에 칠하여 얻든 그림을 R_1이라 하자.

그림 R_1에서 점 B_2를 지나고 선분 A_1B_1에 평행한 직선이 선분 OA_1과 만나는 점을 A_2, 중심이 O이고 반지름의 길이가 $\overline{OA_2}$인 원이 선분 OB_2와 만나는 점을 B_3이라 하자. 삼각형 OA_2B_2의 내부와 부채꼴 OA_2B_3의 내부에서 공통된 부분을 제외한 ＼ 모양의 도형에 색칠하여 얻은 그림을 R_2라 하자. 이와 같은 과정을 계속하여 n번째 얻은 그림 R_n에 색칠되어 있는 부분의 넓이를 S_n이라 할 때, $\lim\limits_{n\to\infty} S_n$의 값은?

[4점]

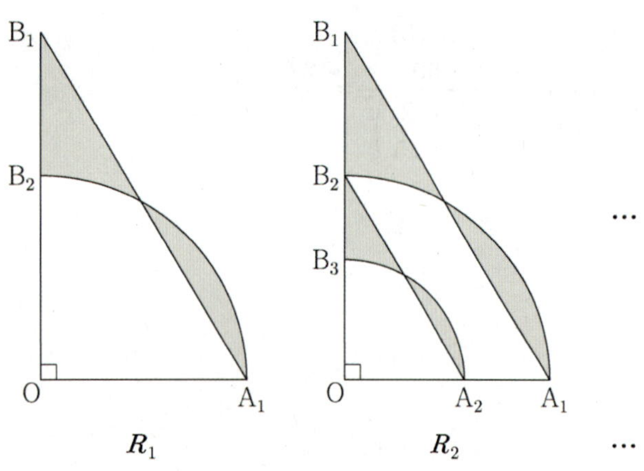

R_1

R_2

① $\dfrac{3}{2}\pi$　② $\dfrac{5}{3}\pi$　③ $\dfrac{11}{6}\pi$　④ 2π　⑤ $\dfrac{13}{6}\pi$

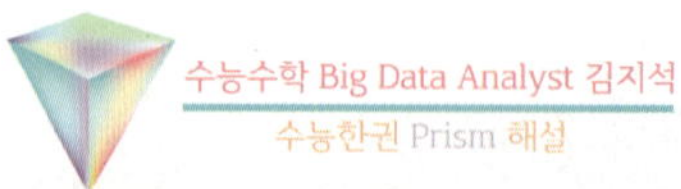

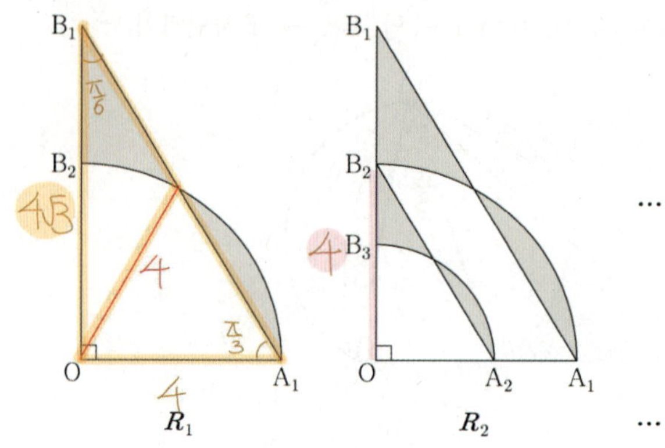

(step1) 첫째항 구하기

- 원 나오면 → 중심과 특별한 점 잇기
- 이상한 도형의 넓이를 구할 때
→ 여러 개의 기본 도형으로 퍼즐 맞추기를 하라.

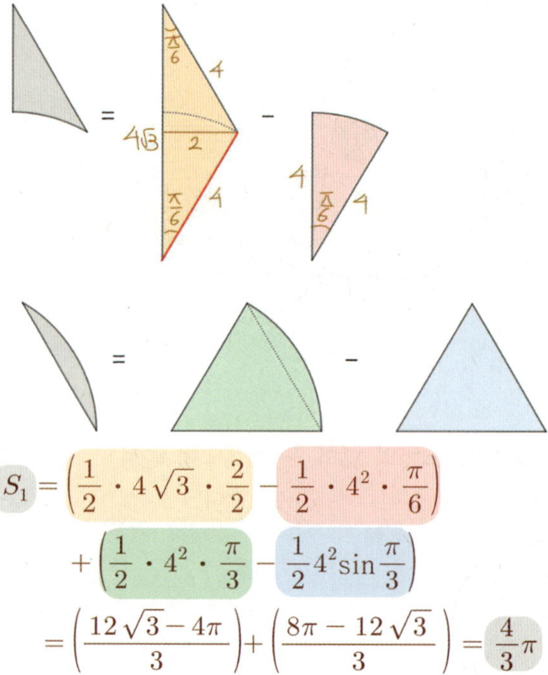

$$S_1=\left(\frac{1}{2}\cdot 4\sqrt{3}\cdot\frac{2}{2}-\frac{1}{2}\cdot 4^2\cdot\frac{\pi}{6}\right)$$
$$+\left(\frac{1}{2}\cdot 4^2\cdot\frac{\pi}{3}-\frac{1}{2}4^2\sin\frac{\pi}{3}\right)$$
$$=\left(\frac{12\sqrt{3}-4\pi}{3}\right)+\left(\frac{8\pi-12\sqrt{3}}{3}\right)=\frac{4}{3}\pi$$

(step2) 공비 구하기

1세대 1개 : 2세대 1개

길이의 비 $=OB_1:OB_2=4\sqrt{3}:4=\sqrt{3}:1$

넓이의 비 $=\sqrt{3}^{\,2}:1^2=3:1$

공비 $=\dfrac{1}{3}$

$$\therefore\ \lim_{n\to\infty}S_n=\frac{\frac{4}{3}\pi}{1-\frac{1}{3}}=2\pi$$

복습	1회	2회	3회	4회	5회
채점 ○△X					

71. [2019년 9월 (나)형 18번]

그림과 같이 중심이 O, 반지름의 길이가 2이고 중심각의 크기가 $90°$인 부채꼴 OAB가있다. 선분 OA의 중점을 C, 선분 OB의 중점을 D라 하자. 점 C를 지나고 선분 OB와 평행한 직선이 호 AB와 만나는 점을 E, 점 D를 지나고 선분 OA와 평행한 직선이 호 AB와 만나는 점을 F라 하자.

선분 CE와 선분 DF가 만나는 점을 G, 선분 OE와 선분 DG가 만나는 점을 H, 선분 OF와 선분 CG가 만나는 점을 I라 하자. 사각형 $OIGH$를 색칠하여 얻은 그림을 R_1이라 하자.

그림 R_1에 중심이 C, 반지름의 길이가 $\overline{CI}$, 중심각의 크기가 $90°$인 부채꼴 CJI와 중심이 D, 반지름의 길이가 $\overline{DH}$, 중심각의 크기가 $90°$인 부채꼴 DHK를 그린다. 두 부채꼴 CJI, DHK에 그림 R_1을 얻는 것과 같은 방법으로 두 개의 사각형을 그리고 색칠하여 얻은 그림을 R_2라 하자.

이와 같은 과정을 계속하여 n번째 얻은 그림 R_n에 색칠되어 있는 부분의 넓이를 S_n이라 할 때, $\lim\limits_{n\to\infty} S_n$의 값은? [4점]

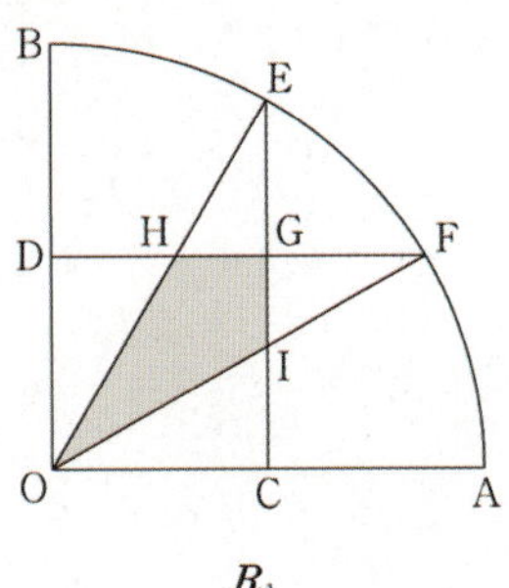

R_1

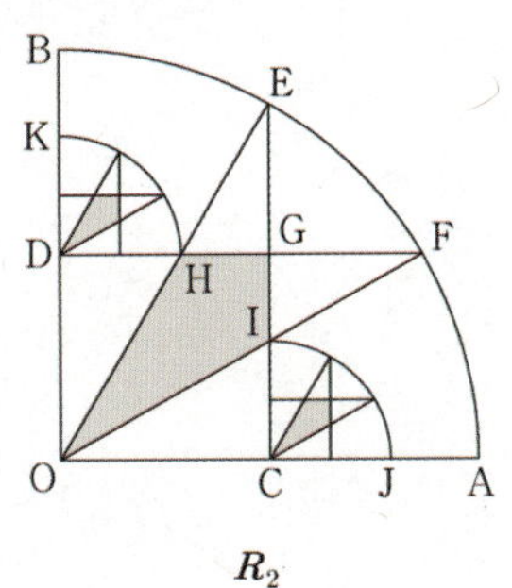

R_2

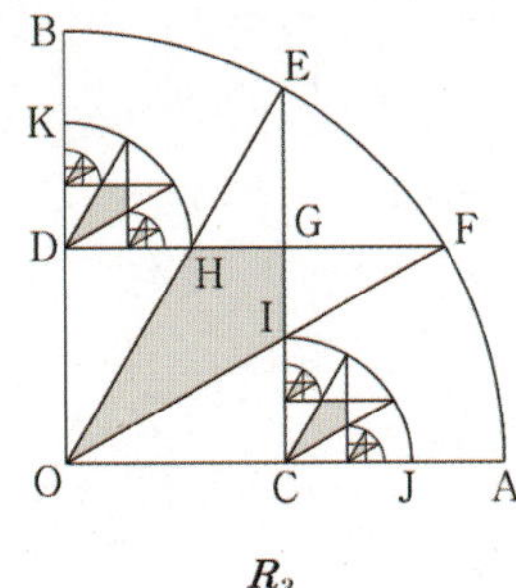

R_3 ...

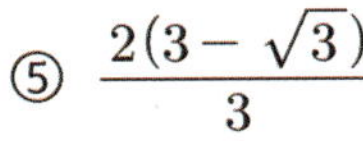

① $\dfrac{2(3-\sqrt{3})}{5}$ ② $\dfrac{7(3-\sqrt{3})}{15}$ ③ $\dfrac{8(3-\sqrt{3})}{15}$

④ $\dfrac{3(3-\sqrt{3})}{5}$ ⑤ $\dfrac{2(3-\sqrt{3})}{3}$

(Step1) 첫째항 구하기

직각삼각형에서 변길이비가 1:2

$\therefore \angle COE = \angle DOF = \dfrac{\pi}{3}$

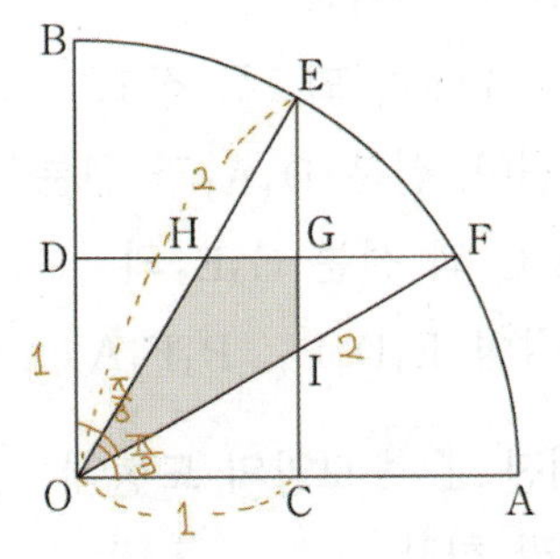
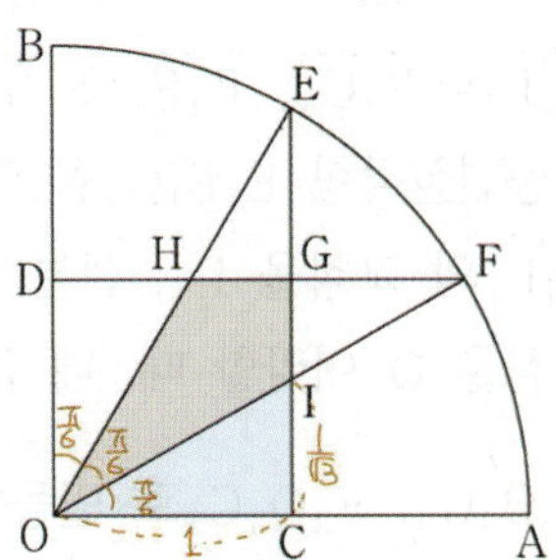

$$S_1 = 1 \times 1 - \left(\dfrac{1}{2} \times 1 \times \dfrac{1}{\sqrt{3}}\right) \times 2 = 1 - \dfrac{1}{\sqrt{3}}$$

(Step2) 공비 구하기

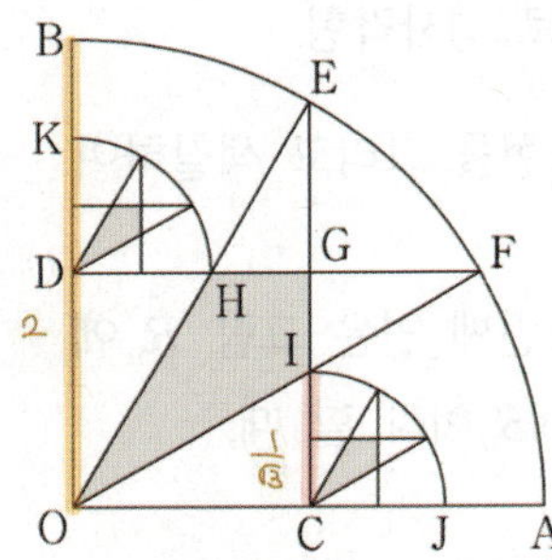

다음 세대에 도형이 2배씩 늘어난다.

1세대 1개 : 2세대 1개

길이의 비 $= 2 : \dfrac{1}{\sqrt{3}}$

넓이의 비 $= 2^2 : \left(\dfrac{1}{\sqrt{3}}\right)^2$

공비 $= \dfrac{1}{2^2}\left(\dfrac{1}{\sqrt{3}}\right)^2 \times 2 = \dfrac{1}{6}$

$$\therefore \lim_{n\to\infty} S_n = \dfrac{1 - \dfrac{1}{\sqrt{3}}}{1 - \dfrac{1}{6}} = \dfrac{2(3-\sqrt{3})}{5}$$

복습	1회	2회	3회	4회	5회
채점 O△X					

72. [2019년 6월 (나)형 17번]

그림과 같이 한 변의 길이가 4인 정사각형 $A_1B_1C_1D_1$이 있다. 선분 C_1D_1의 중점을 E_1이라 하고, 직선 A_1B_1 위에 두 점 F_1, G_1을 $\overline{E_1F_1}=\overline{E_1G_1}$, $\overline{E_1F_1}:\overline{F_1G_1}=5:6$이 되도록 잡고 이등변삼각형 $E_1F_1G_1$을 그린다. 선분 D_1A_1과 선분 E_1F_1의 교점을 P_1, 선분 B_1C_1과 선분 G_1E_1의 교점을 Q_1이라할 때, 네 삼각형 $E_1D_1P_1$, $P_1F_1A_1$, $Q_1B_1G_1$, $E_1Q_1C_1$로 만들어진 ⌒모양의 도형에 색칠하여 얻은 그림을 R_1이라 하자.

그림 R_1에 선분 F_1G_1 위의 두 점 A_2, B_2와 선분 G_1E_1 위의 점 C_2, 선분 E_1F_1 위의 점 D_2를 꼭짓점으로 하는 정사각형 $A_2B_2C_2D_2$를 그리고, 그림 R_1을 얻는 것과 같은 방법으로 정사각형 $A_2B_2C_2D_2$에 ⌒모양의 도형을 그리고 색칠하여 얻은 그림을 R_2라 하자.

이와 같은 과정을 계속하여 n번째 얻은 그림 R_n에 색칠되어 있는 부분의 넓이를 S_n이라 할 때, $\lim\limits_{n \to \infty} S_n$의 값은? [4점]

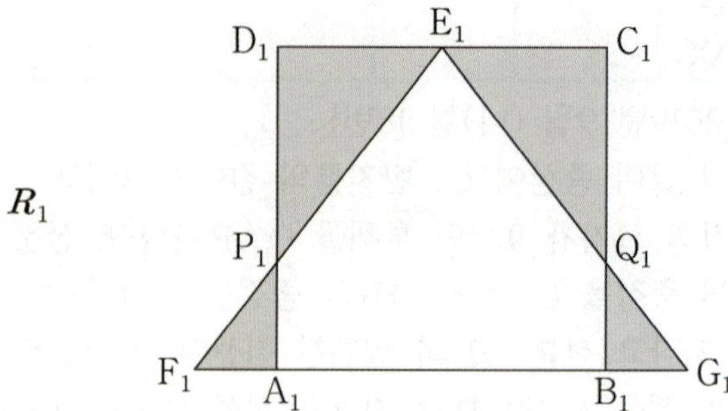

① $\dfrac{61}{6}$ ② $\dfrac{125}{12}$ ③ $\dfrac{32}{3}$

④ $\dfrac{131}{12}$ ⑤ $\dfrac{67}{6}$

(step1) 첫째항 구하기

E_1에서 $\overline{A_1B_1}$에 내린 수선의 발을 H라 하자. ←

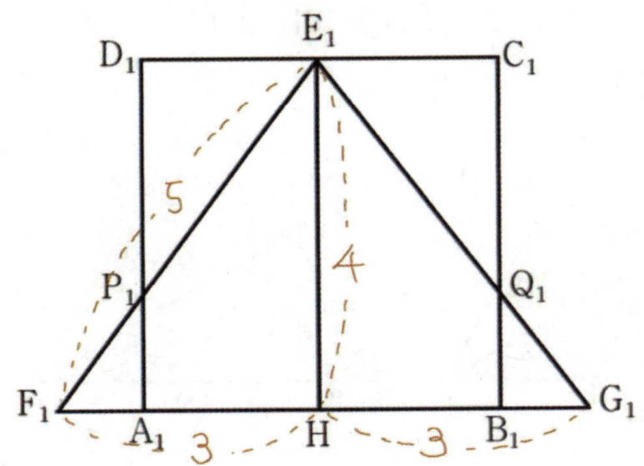

$\triangle E_1HF_1$, $\triangle P_1D_1E_1$, $\triangle P_1F_1A_1$ 모두
$3:4:5$ 닮음인 직각삼각형이므로

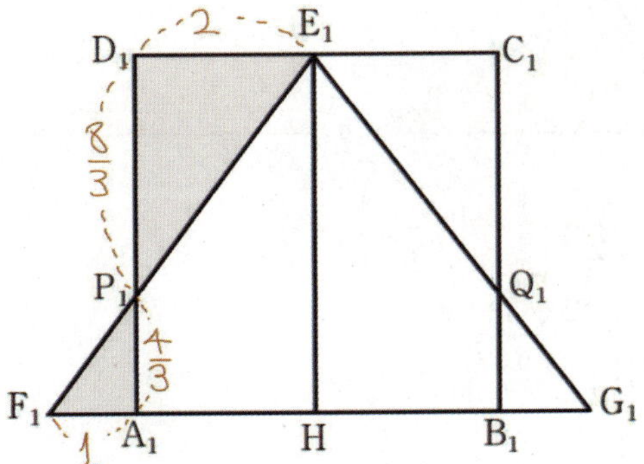

$$S_1 = \left(\frac{1}{2}\times 2\times \frac{8}{3} + \frac{1}{2}\times 1\times \frac{4}{3}\right)\times 2 = \frac{20}{3}$$

(step2) 공비 구하기

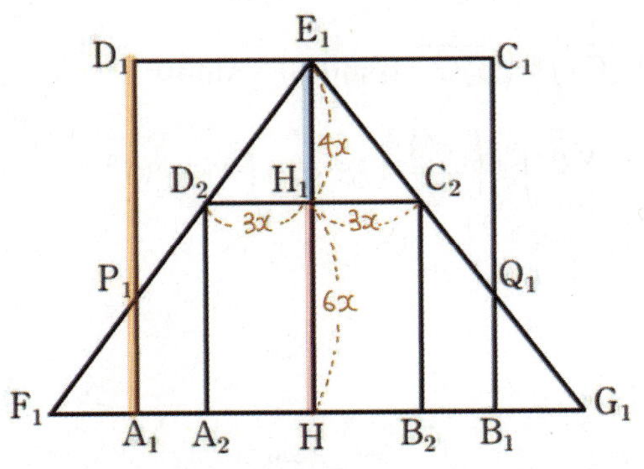

$4x + 6x = 4 \Leftrightarrow x = \frac{2}{5}$ ←

$\therefore 6x = \frac{12}{5}$

1세대 : 2세대

길이비 $= 4 : \frac{12}{5} = 1 : \frac{3}{5}$

넓이비 $= 1^2 : \left(\frac{3}{5}\right)^2$

공비 $= \left(\frac{3}{5}\right)^2 = \frac{3}{25}$

$$\therefore \lim_{n \to \infty} S_n = \frac{\dfrac{20}{3}}{1 - \dfrac{9}{25}} = \frac{125}{12}$$

도형의 필연성

필연성 05

대칭 도형 → 반띵

✓ 이등변삼각형 → 직각 삼각형

필연성 11

도형의 한 부분의 길이(각도)를 구할 때 → "부분의 합 = 전체" 식 세우기

✓ '나머지 부분'을 빨리 파악하는 것이 핵심

복습	1회	2회	3회	4회	5회
채점 ○△X					

73. [2018년 수능 (나)형 19번]

그림과 같이 한 변의 길이가 1인 정삼각형 $A_1B_1C_1$이 있다. 선분 A_1B_1의 중점을 D_1이라 하고, 선분 B_1C_1 위의 $\overline{C_1D_1}=\overline{C_1B_2}$인 점 B_2에 대하여 중심이 C_1인 부채꼴 $C_1D_1B_2$를 그린다. 점 B_2에서 선분 C_1D_1에 내린 수선의 발을 A_2, 선분 C_1B_2의 중점을 C_2라 하자. 두 선분 B_1B_2, B_1D_1과 호 D_1B_2로 둘러싸인 영역과 삼각형 $C_1A_2C_2$의 내부에 색칠하여 얻은 그림을 R_1이라 하자.

그림 R_1에서 선분 A_2B_2의 중점을 D_2라 하고, 선분 B_2C_2 위의 $\overline{C_2D_2}=\overline{C_2B_3}$인 점 B_3에 대하여 중심이 C_2인 부채꼴 $C_2D_2B_3$을 그린다. 점 B_3에서 선분 C_2D_2에 내린 수선의 발을 A_3, 선분 C_2B_3의 중점을 C_3이라 하자. 두 선분 B_2B_3, B_2D_2와 호 D_2B_3으로 둘러싸인 영역과 삼각형 $C_2A_3C_3$의 내부에 색칠하여 얻은 그림을 R_2라 하자. 이와 같은 과정을 계속하여 n번째 얻은 그림 R_n에 색칠되어 있는 부분의 넓이를 S_n이라 할 때, $\displaystyle\lim_{n\to\infty} S_n$의 값은? [4점]

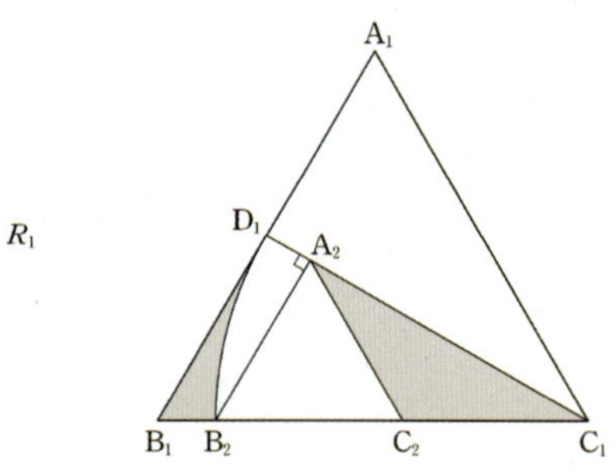

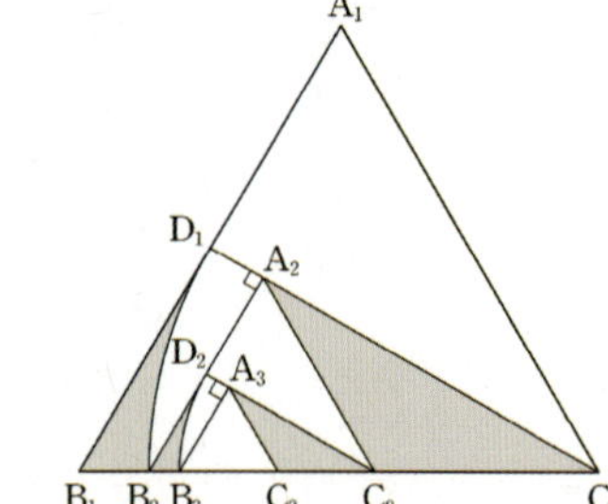

① $\dfrac{11\sqrt{3}-4\pi}{56}$　② $\dfrac{11\sqrt{3}-4\pi}{52}$　③ $\dfrac{15\sqrt{3}-6\pi}{56}$

④ $\dfrac{15\sqrt{3}-6\pi}{52}$　⑤ $\dfrac{15\sqrt{3}-4\pi}{52}$

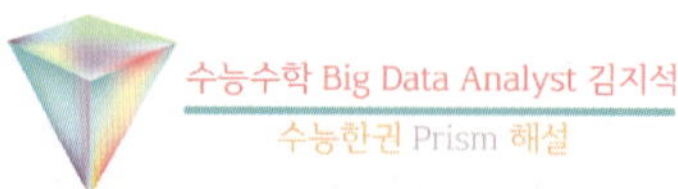

(Step1) 첫째항 구하기

- 문제에서 $30°$, $60°$, 정삼각형 나오면
→ 특수각 삼각비 $1:2:\sqrt{3}$ 쓸 생각해라!

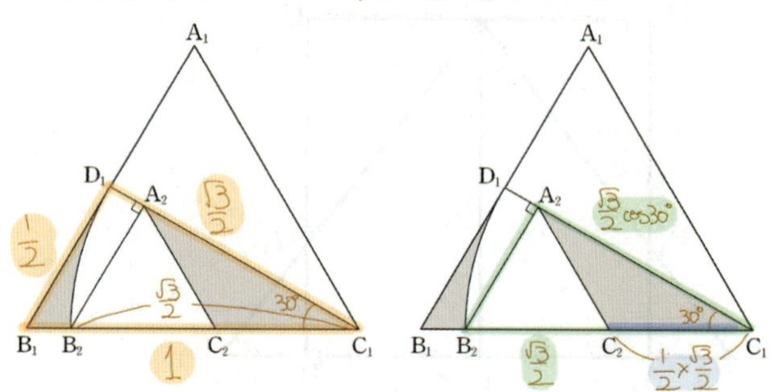

- 이상한 도형의 넓이는 기본도형으로 퍼즐 맞추기

두 선분 B_1B_2와 B_1D_1과 호 D_1B_2로 둘러싸인 영역의 넓이는 $\triangle B_1C_1D_1$-부채꼴 $B_2C_1D_1$

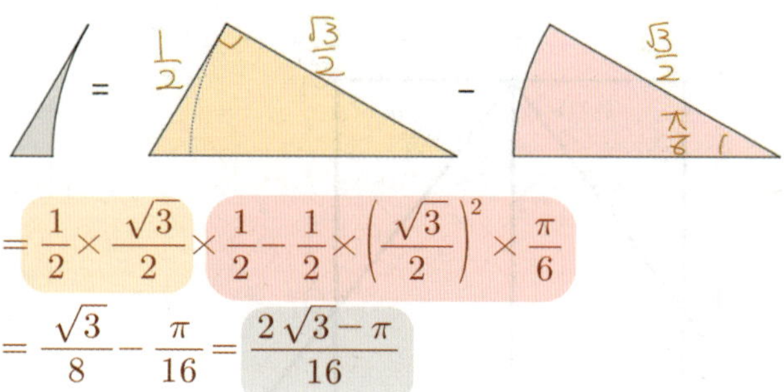

$= \dfrac{1}{2}\times\dfrac{\sqrt{3}}{2}\times\dfrac{1}{2} - \dfrac{1}{2}\times\left(\dfrac{\sqrt{3}}{2}\right)^2\times\dfrac{\pi}{6}$

$= \dfrac{\sqrt{3}}{8} - \dfrac{\pi}{16} = \dfrac{2\sqrt{3}-\pi}{16}$

삼각형 $C_1A_2C_2$의 넓이는

$\dfrac{1}{2}\times\overline{C_2C_1}\times\overline{C_1A_2}\times\sin30°$

$= \dfrac{1}{2}\times\left(\dfrac{1}{2}\overline{B_2C_1}\right)\times\left(\overline{B_2C_1}\cos30°\right)\times\sin30°$

$= \dfrac{1}{2}\times\left(\dfrac{1}{2}\times\dfrac{\sqrt{3}}{2}\right)\times\left(\dfrac{\sqrt{3}}{2}\cos30°\right)\times\sin30°$

$= \dfrac{3\sqrt{3}}{64}$

$\therefore$ R_1의 넓이 S_1는

$S_1 = \dfrac{2\sqrt{3}-\pi}{16} + \dfrac{3\sqrt{3}}{64} = \dfrac{11\sqrt{3}-4\pi}{64}$

$S_1 = $

도형의 필연성

필연성 06

문제에서 30°, 60°, 정삼각형이 나오면

$\rightleftarrows$ **특수각 삼각비** $1 : 2 : \sqrt{3}$

✓ 정삼각형은 30°, 60°에 대한 단서

✓ 도형 문제에서 $\sqrt{3}$ 이라는 숫자가 등장하는 것만으로도 각도 30°, 60°가 나올 가능성이 크다는 걸 예상하고 있어야 한다.

필연성 14

이상한 도형의 넓이를 구할 때

(넓이 공식 없는 도형)

→ **여러 개의 기본 도형으로 퍼즐 맞추기**

(넓이 공식 있는 도형)

✓ 빵꾸난 도형은 빵꾸를 메꿔서 퍼즐 맞추기

(step2) 공비 구하기

길이의 비 $= 1 : \dfrac{\sqrt{3}}{4}$

넓비의 비 $= 1 : \dfrac{3}{16}$

공비 $= \dfrac{3}{16}$

$$\therefore \lim_{n \to \infty} S_n = \frac{\dfrac{11\sqrt{3} - 4\pi}{64}}{1 - \dfrac{3}{16}} = \frac{11\sqrt{3} - 4\pi}{52}$$

복습	1회	2회	3회	4회	5회
채점 ○△X					

74. [2018년 6월 (나)형 18번]

그림과 같이 $\overline{A_1B_1}=1$, $\overline{A_1D_1}=2$인 직사각형 $A_1B_1C_1D_1$이 있다. 선분 A_1D_1 위의 $\overline{B_1C_1}=\overline{B_1E_1}$, $\overline{C_1B_1}=\overline{C_1F_1}$인 두 점 E_1, F_1에 대하여 중심이 B_1인 부채꼴 $B_1E_1C_1$과 중심이 C_1인 부채꼴 $C_1F_1B_1$을 각각 직사각형 $A_1B_1C_1D_1$ 내부에 그리고, 선분 B_1E_1과 C_1F_1의 교점을 G_1이라 하자. 두 선분 G_1F_1, G_1B_1과 호 F_1B_1로 둘러싸인 부분과 두 선분 G_1E_1, G_1C_1과 호 E_1C_1로 둘러싸인 부분인 $\bowtie$ 모양의 도형에 색칠하여 얻은 그림을 R_1이라 하자. 그림 R_1에서 선분 B_1G_1 위의 점 A_2, 선분 C_1G_1 위의 점 D_2와 선분 B_1C_1 위의 두 점 B_2, C_2를 꼭짓점으로 하고 $\overline{A_2B_2}:\overline{A_2D_2}=1:2$인 직사각형 $A_2B_2C_2D_2$를 그리고, 그림 R_1을 얻는 것과 같은 방법으로 직사각형 $A_2B_2C_2D_2$ 내부에 $\bowtie$모양의 도형을 그리고 색칠하여 얻은 그림을 R_2라 하자. 이와 같은 과정을 계속하여 n번째 얻은 그림 R_n에 색칠되어 있는 부분의 넓이를 S_n이라 할 때, $\lim\limits_{n\to\infty} S_n$의 값은? [4점]

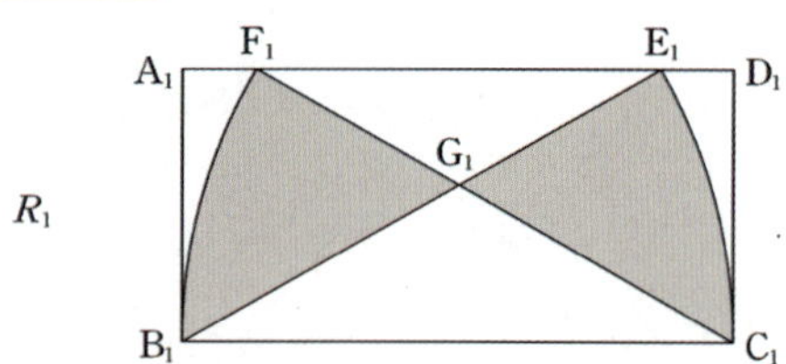

R_1

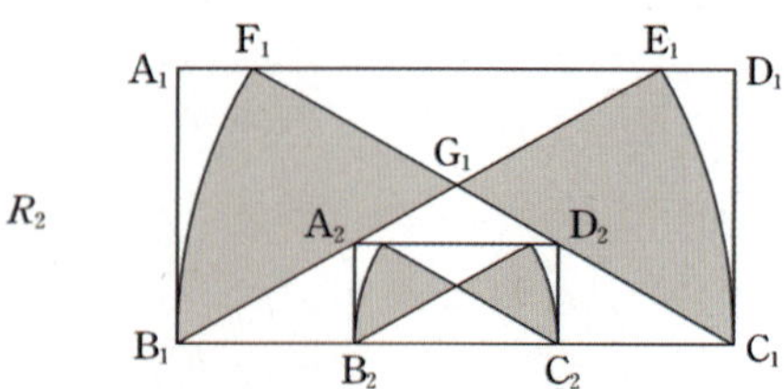

R_2

① $\dfrac{3\sqrt{3}\pi-7}{9}$ ② $\dfrac{4\sqrt{3}\pi-12}{9}$

③ $\dfrac{3\sqrt{3}\pi-5}{9}$ ④ $\dfrac{4\sqrt{3}\pi-10}{9}$

⑤ $\dfrac{4\sqrt{3}\pi-8}{9}$

(step1) 첫째항 구하기

- 좌우대칭 → 반띵
- 이상한 도형의 넓이를 구할 때
→ 여러 개의 기본 도형으로 퍼즐 맞추기를 하라.

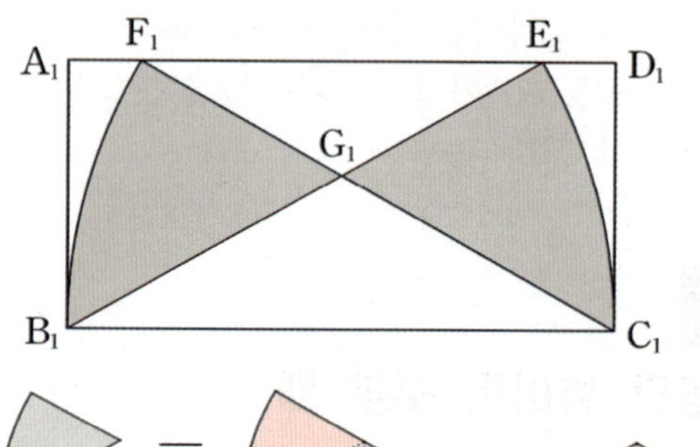

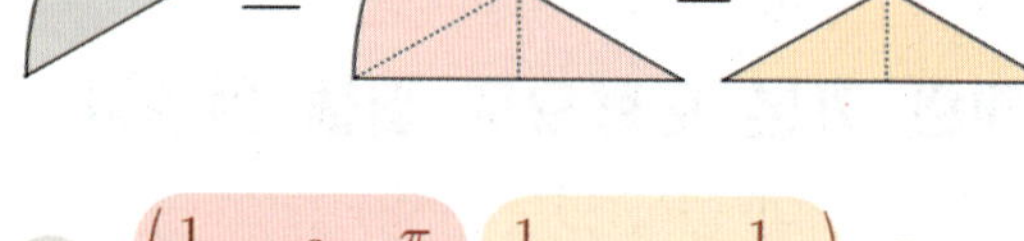

$$S_1=\left(\frac{1}{2}\cdot 2^2\cdot\frac{\pi}{6}-\frac{1}{2}\cdot 2\cdot\frac{1}{\sqrt{3}}\right)\times 2$$

$$=\frac{2\pi-2\sqrt{3}}{3}$$

(step2) 공비 구하기

- 부분의 길이 → '부분의 합=전체' 활용

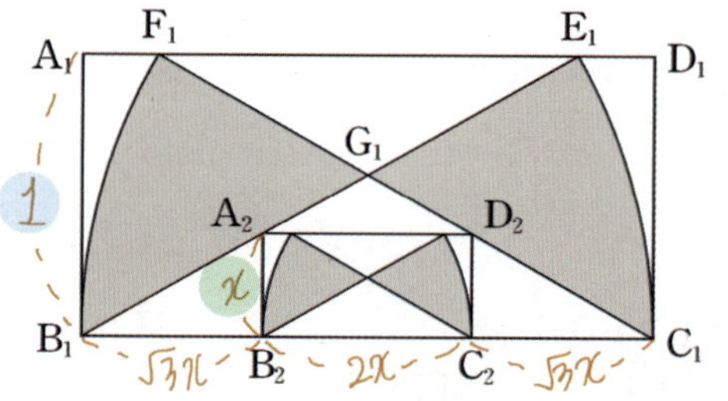

$$\sqrt{3}\,x+2x+\sqrt{3}\,x=2$$

$$\therefore x=\frac{1}{1+\sqrt{3}}=\frac{\sqrt{3}-1}{2}$$

길이의 비 $=1:\dfrac{\sqrt{3}-1}{2}$

넓이의 비 $=1:\left(\dfrac{\sqrt{3}-1}{2}\right)^2$

공비 $=\left(\dfrac{\sqrt{3}-1}{2}\right)^2=\dfrac{4-2\sqrt{3}}{4}$

$$\therefore \lim_{n\to\infty}S_n=\frac{\dfrac{2\pi-2\sqrt{3}}{3}}{1-\dfrac{4-2\sqrt{3}}{4}}=\frac{4\sqrt{3}\pi-12}{9}$$

복습	1회	2회	3회	4회	5회
채점 $\bigcirc\triangle\times$					

75. [2018년 9월 (나)형 19번]

그림과 같이 $\overline{A_1B_1}=3$, $\overline{B_1C_1}=1$ 인 직사각형 $OA_1B_1C_1$ 이 있다. 중심이 C_1 이고 반지름의 길이가 $\overline{B_1C_1}$ 인 원과 선분 OC_1 의 교점을 D_1, 중심이 O 이고 반지름의 길이가 $\overline{OD_1}$ 인 원과 선분 A_1B_1 의 교점을 E_1 이라 하자. 직사각형 $OA_1B_1C_1$ 에 호 B_1D_1, 호 D_1E_1, 선분 B_1E_1 로 둘러싸인 $\triangledown$모양의 도형을 그리고 색칠하여 얻은 그림을 R_1 이라 하자. 그림 R_1 에 선분 OA_1 위의 점 A_2 와 호 D_1E_1 위의 점 B_2, 선분 OD_1 위의 점 C_2 와 점 O 를 꼭짓점으로 하고, $\overline{A_2B_2}:\overline{B_2C_2}=3:1$ 인 직사각형 $OA_2B_2C_2$ 를 그리고, 그림 R_1 을 얻은 것과 같은 방법으로 직사각형 $OA_2B_2C_2$ 에 $\triangledown$모양의 도형을 그리고 색칠하여 얻은 그림을 R_2 라 하자. 이와 같은 과정을 계속하여 n 번째 얻은 그림 R_n 에 색칠되어 있는 부분의 넓이를 S_n 이라 할 때, $\displaystyle\lim_{n\to\infty} S_n$ 의 값은? [4점]

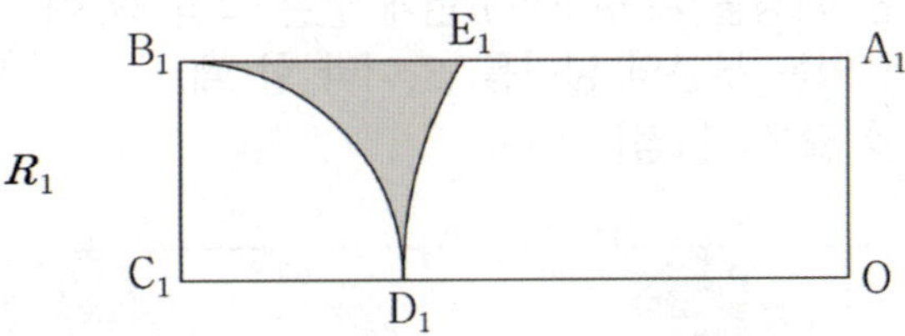

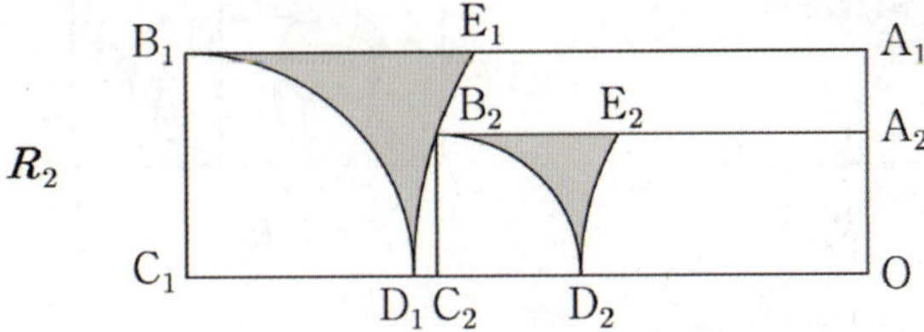

① $4 - \dfrac{2\sqrt{3}}{3} - \dfrac{7}{9}\pi$

② $5 - \dfrac{5\sqrt{3}}{6} - \dfrac{35}{36}\pi$

③ $6 - \sqrt{3} - \dfrac{7}{6}\pi$

④ $7 - \dfrac{7\sqrt{3}}{6} - \dfrac{49}{36}\pi$

⑤ $8 - \dfrac{4\sqrt{3}}{3} - \dfrac{14}{9}\pi$

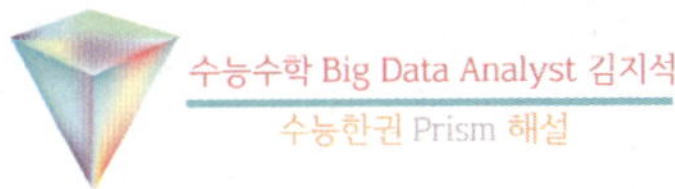

(step1) 첫째항 구하기

■ 원 나오면 → 중심과 특별한 점 잇기

■ 이상한 도형의 넓이를 구할 때

→ 여러 개의 기본 도형으로 퍼즐 맞추기를 하라.

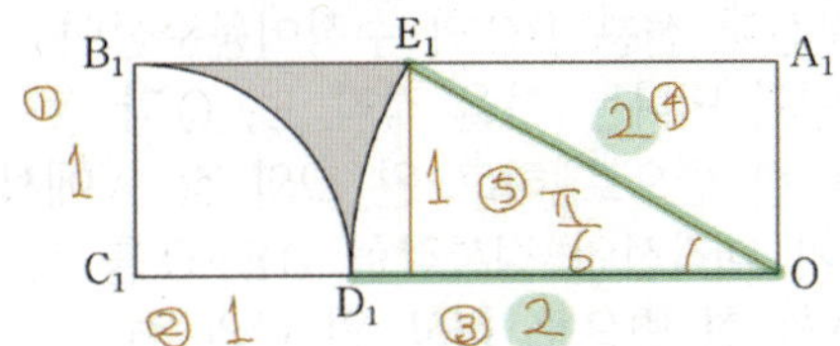

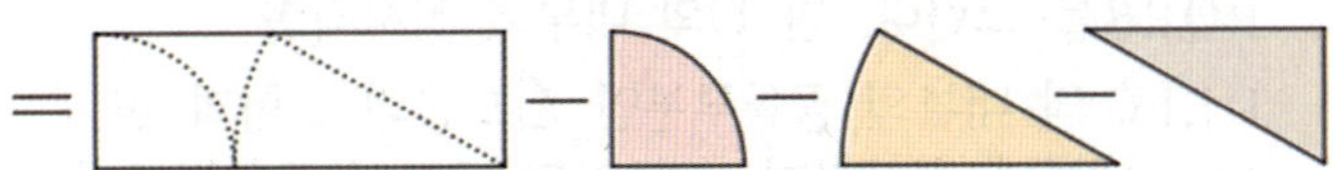

$$S_1 = 3\times 1 - \frac{1}{2}\cdot 1^2 \cdot \frac{\pi}{2} - \frac{1}{2}\cdot 2^2 \cdot \frac{\pi}{6} - \frac{1}{2}\cdot\sqrt{3}\cdot 1$$

$$= 3 - \frac{\sqrt{3}}{2} - \frac{7\pi}{12}$$

(step2) 공비 구하기

■ 원 나오면 → 중심과 특별한 점 잇기

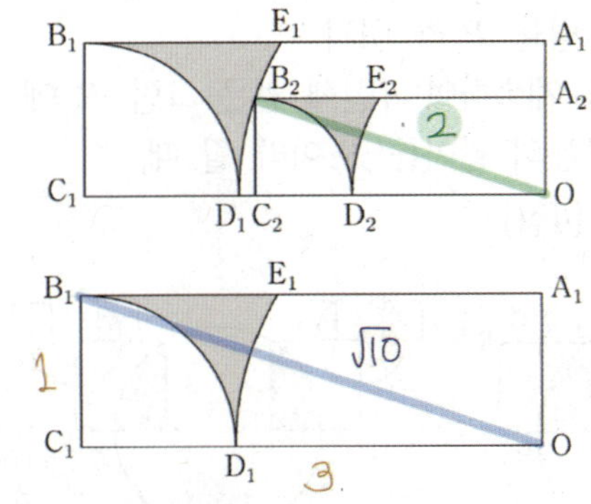

길이의 비 $= \sqrt{10} : 2$

넓이의 비 $= \sqrt{10}^2 : 2^2 = 10 : 4$

공비 $= \dfrac{4}{10} = \dfrac{2}{5}$

$$\therefore \lim_{n\to\infty} S_n = \frac{3 - \dfrac{\sqrt{3}}{2} - \dfrac{7}{12}\pi}{1 - \dfrac{2}{5}}$$

$$= 5 - \frac{5\sqrt{3}}{6} - \frac{35}{36}\pi$$

복습	1회	2회	3회	4회	5회
채점 O△X					

76. [2017년 수능 (나)형 17번] 실전 분석

그림과 같이 길이가 4인 선분 AB를 지름으로 하는 원 O가 있다. 원의 중심을 C라 하고, 선분 AC의 중점과 선분 BC의 중점을 각각 D, P라 하자. 선분 AC의 수직이등분선과 선분 BC의 수직이등분선이 원 O의 위쪽 반원과 만나는 점을 각각 E, Q라 하자. 선분 DE를 한 변으로 하고 원 O와 점 A에서 만나며 선분 DF가 대각선인 정사각형 DEFG를 그리고, 선분 PQ를 한 변으로 하고 원 O와 점 B에서 만나며 선분 PR가 대각선인 정사각형 PQRS를 그린다. 원 O의 내부와 정사각형 DEFG의 내부의 공통부분인 ◠모양의 도형과 원 O의 내부와 정사각형 PQRS의 내부의 공통부분인 ◠모양의 도형에 색칠하여 얻은 그림을 R_1이라 하자. 그림 R_1에서 점 F를 중심으로 하고 반지름의 길이가 $\frac{1}{2}\overline{DE}$인 원 O_1, 점 R를 중심으로 하고 반지름의 길이가 $\frac{1}{2}\overline{PQ}$인 원 O_2를 그린다. 두 원 O_1, O_2에 각각 그림 R_1을 얻은 것과 같은 방법으로 만들어지는 ◠모양의 2개의 도형과 ◠모양의 2개의 도형에 색칠하여 얻은 그림을 R_2라 하자. 이와 같은 과정을 계속하여 n번째 얻은 그림 R_n에 색칠되어 있는 부분의 넓이를 S_n이라 할 때, $\lim\limits_{n \to \infty} S_n$의 값은? [4점]

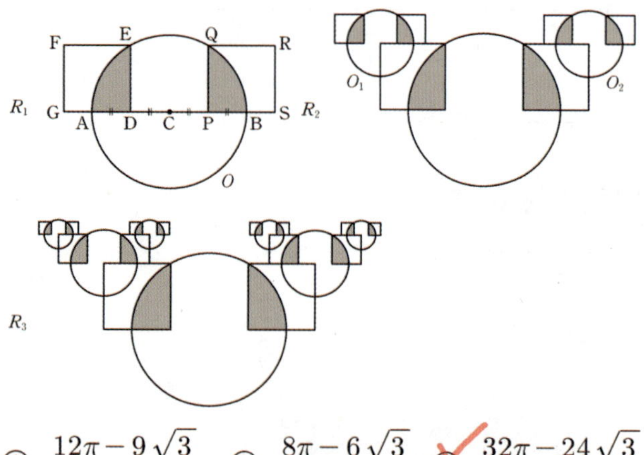
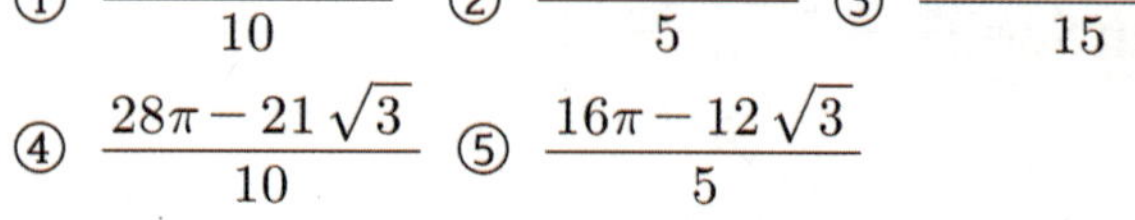
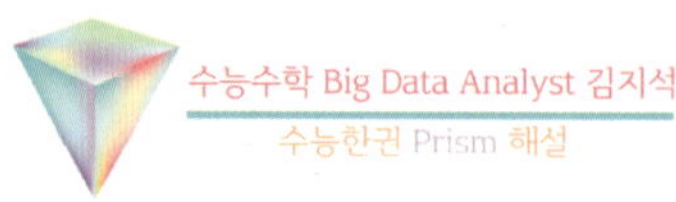

① $\dfrac{12\pi - 9\sqrt{3}}{10}$ ② $\dfrac{8\pi - 6\sqrt{3}}{5}$ ③ $\dfrac{32\pi - 24\sqrt{3}}{15}$

④ $\dfrac{28\pi - 21\sqrt{3}}{10}$ ⑤ $\dfrac{16\pi - 12\sqrt{3}}{5}$

해설 바로가기 ▶ 실전개념분석 25번

77. [2016년 수능 (A)형 15번 & (B)형 13번]

그림과 같이 한 변의 길이가 5인 정사각형 ABCD의 대각선 BD의 5등분점을 점 B에서 가까운 순서대로 각각 P_1, P_2, P_3, P_4라 하고, 선분 BP_1, P_2P_3, P_4D를 각각 대각선으로 하는 정사각형과 선분 P_1P_2, P_2P_3를 각각 지름으로 하는 원을 그린 후, ◢◣모양의 도형에 색칠하여 얻은 그림을 R_1이라 하자.

그림 R_1에서 선분 P_2P_3을 대각선으로 하는 정사각형의 꼭짓점 중 점 A와 가장 가까운 점을 Q_1, 점 C와 가장 가까운 점을 Q_2라 하자. 선분 AQ_1을 대각선으로 하는 정사각형과 선분 CQ_2를 대각선으로 하는 정사각형을 그리고, 새로 그려진 2개의 정사각형 안에 그림 R_1을 얻는 것과 같은 방법으로 ◢◣모양의 도형을 각각 그리고 색칠하여 얻은 그림을 R_2라 하자.

그림 R_2에서 선분 AQ_1을 대각선으로 하는 정사각형과 선분 CQ_2를 대각선으로 하는 정사각형에 그림 R_1에서 그림 R_2를 얻는 것과 같은 방법으로 ◢◣모양의 도형을 각각 그리고 색칠하여 얻은 그림을 R_3이라 하자.

이와 같은 과정을 계속하여 n번째 얻은 그림 R_n에 색칠되어 있는 부분의 넓이를 S_n이라 할 때, $\lim\limits_{n \to \infty} S_n$의 값은? [4점]

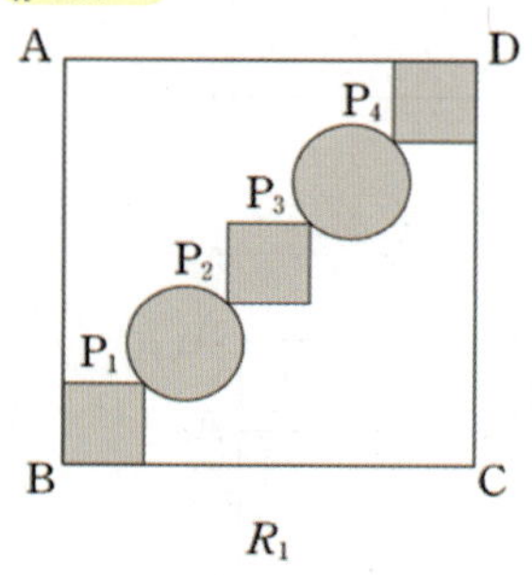
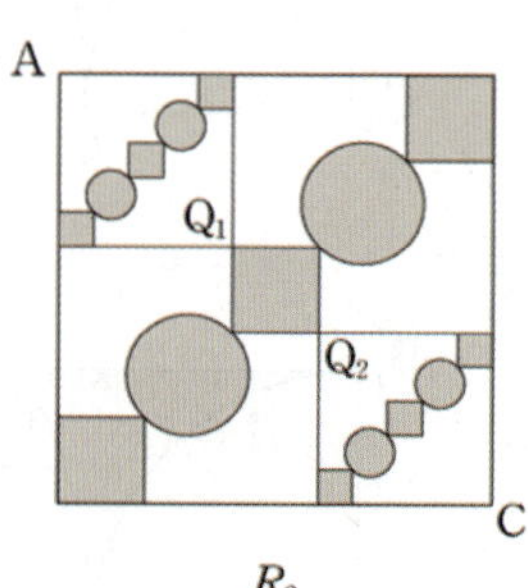
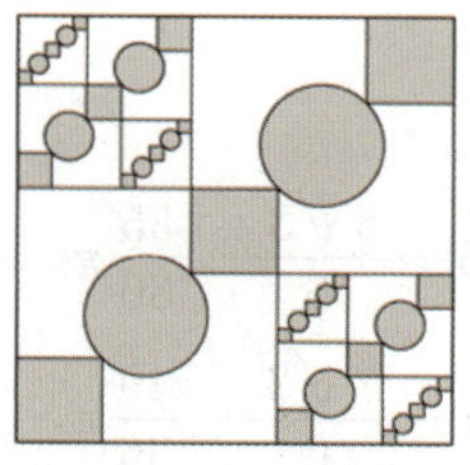

① $\dfrac{24}{17}(\pi + 3)$ ② $\dfrac{25}{17}(\pi + 3)$ ③ $\dfrac{26}{17}(\pi + 3)$

④ $\dfrac{24}{17}(2\pi + 1)$ ⑤ $\dfrac{27}{17}(2\pi + 1)$

복습	1회	2회	3회	4회	5회
채점					
O△X					

필연성 11

도형의 한 부분의 길이(각도)를 구할 때 → "부분의 합 = 전체" 식 세우기

✓ '나머지 부분'을 빨리 파악하는 것이 핵심

(step1) 첫째항 구하기

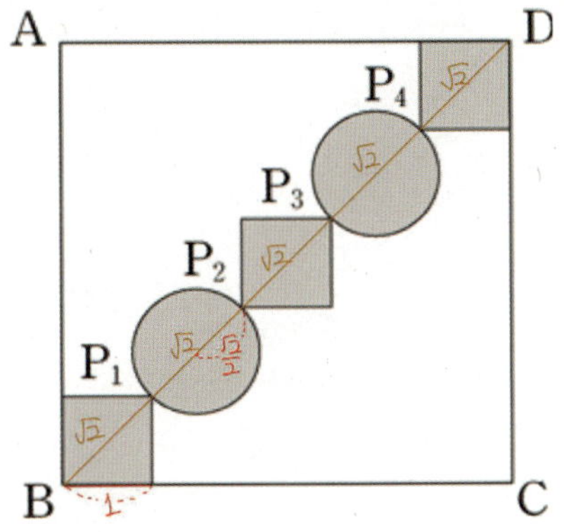

$$\overline{BD} = 5\sqrt{2}$$

$$S_1 = 3 \times 1 + 2\left(\frac{\sqrt{2}}{2}\right)^2 \pi = 3 + \pi$$

(step2) 공비 구하기

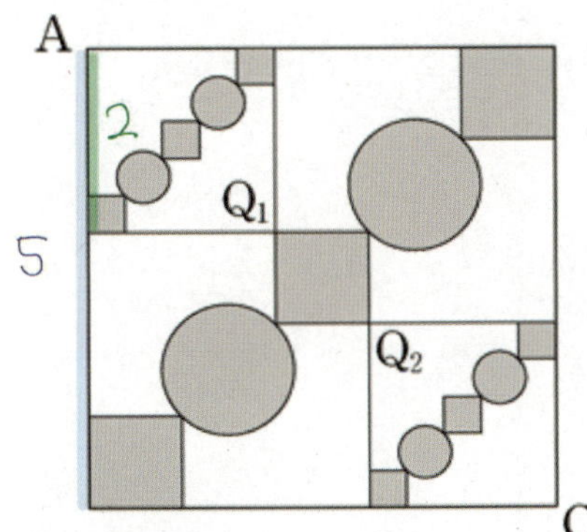

1세대 1개 : 2세대 1개

길이의 비 = 5 : 2

넓비의 비 = 25 : 4

공비 = $\dfrac{8}{25}$ ($\because$ 2배씩 늘어나므로 $\dfrac{4}{25} \times 2$)

$$\therefore \lim_{n \to \infty} S_n = \frac{3 + \pi}{1 - \dfrac{8}{25}} = \frac{25}{17}(\pi + 3)$$

1등급

78. [2014년 수능 (A)형 17번 & (B)형 15번]

실전 분석

직사각형 $A_1B_1C_1D_1$에서 $\overline{A_1B_1} = 1$, $\overline{A_1D_1} = 2$이다. 그림과 같이 선분 A_1D_1과 선분 B_1C_1의 중점을 각각 M_1, N_1이라 하자. 중심이 N_1, 반지름의 길이가 $\overline{B_1N_1}$이고 중심각의 크기가 $90°$인 부채꼴 $N_1M_1B_1$을 그리고, 중심이 D_1, 반지름의 길이가 $\overline{C_1D_1}$이고 중심각의 크기가 $\dfrac{\pi}{2}$인 부채꼴 $D_1M_1C_1$을 그린다. 부채꼴 $N_1M_1B_1$의 호 M_1B_1과 선분 M_1B_1로 둘러싸인 부분과 부채꼴 $D_1M_1C_1$의 호 M_1C_1과 선분 M_1C_1로 둘러싸인 부분인 모양에 색칠하여 얻은 그림을 R_1이라 하자.

그림 R_1에 선분 M_1B_1 위의 점 A_2, 호 M_1C_1 위의 점 D_2와 변 B_1C_1 위의 두 점 B_2, C_2를 꼭짓점으로 하고 $\overline{A_2B_2} : \overline{A_2D_2} = 1:2$인 직사각형 $A_2B_2C_2D_2$를 그리고, 직사각형 $A_2B_2C_2D_2$에서 그림 R_1을 얻은 것과 같은 방법으로 만들어지는 모양에 색칠하여 얻은 그림을 R_2라 하자.

이와 같은 과정을 계속하여 n번째 얻은 그림 R_n에 색칠되어 있는 부분의 넓이를 S_n이라 할 때, $\lim_{n \to \infty} S_n$의 값은? [4점]

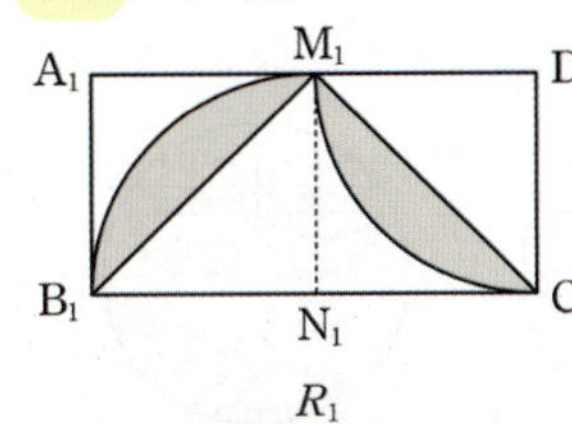

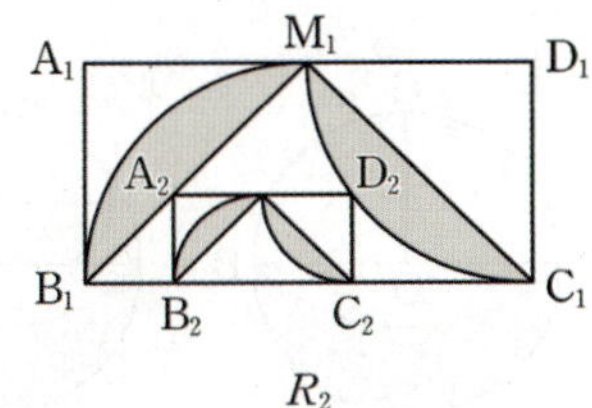

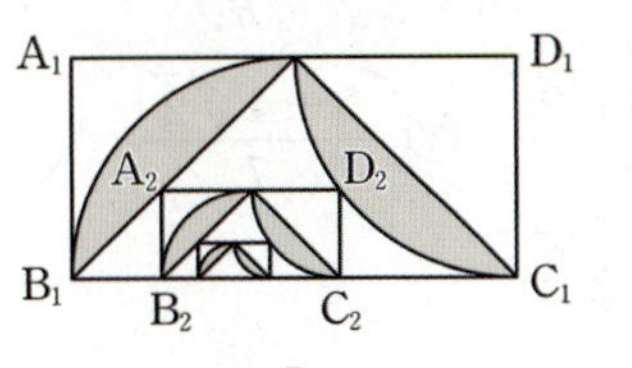

① $\dfrac{25}{19}\left(\dfrac{\pi}{2} - 1\right)$ ② $\dfrac{5}{4}\left(\dfrac{\pi}{2} - 1\right)$ ③ $\dfrac{25}{21}\left(\dfrac{\pi}{2} - 1\right)$

④ $\dfrac{25}{22}\left(\dfrac{\pi}{2} - 1\right)$ ⑤ $\dfrac{25}{23}\left(\dfrac{\pi}{2} - 1\right)$

해설 바로가기 ▶ 실전개념분석 22번

복습	1회	2회	3회	4회	5회
채점 O△X					

79. [2013년 수능 (가)형 & (나)형 14번] 실전 분석

그림과 같이 길이가 2인 선분 AB를 지름으로 하는 원 O가 있다. 원 O의 중심을 지나고 선분 AB와 수직인 직선이 원과 만나는 2개의 점 중 한 점을 C라 하자. 점 C를 중심으로 하고 점 A와 점 B를 지나는 원의 외부와 원 O의 내부의 공통부분인 ⌣ 모양의 도형에 색칠하여 얻은 그림을 R_1이라 하자.

그림 R_1에서 색칠된 부분을 포함하지 않은 원 O의 반원을 이등분한 2개의 사분원에 각각 내접하는 원을 그리고, 이 2개의 원 안에 그림 R_1을 얻는 것과 같은 방법으로 만들어지는 ⌣ 모양의 2개의 도형에 색칠하여 얻은 그림을 R_2라 하자.

그림 R_2에서 새로 생긴 2개의 도형에 색칠된 부분을 포함하지 않은 반원을 각각 이등분한 4개의 사분원에 각각 내접하는 원을 그리고, 이 4개의 원 안에 그림 R_1을 얻는 것과 같은 방법으로 만들어지는 ⌣ 모양의 4개의 도형에 색칠하여 얻은 그림을 R_3이라 하자.

이와 같은 과정을 계속하여 n번째 얻은 그림 R_n에 색칠되어 있는 부분의 넓이를 S_n이라 할 때, $\lim\limits_{n\to\infty} S_n$의 값은? [4점]

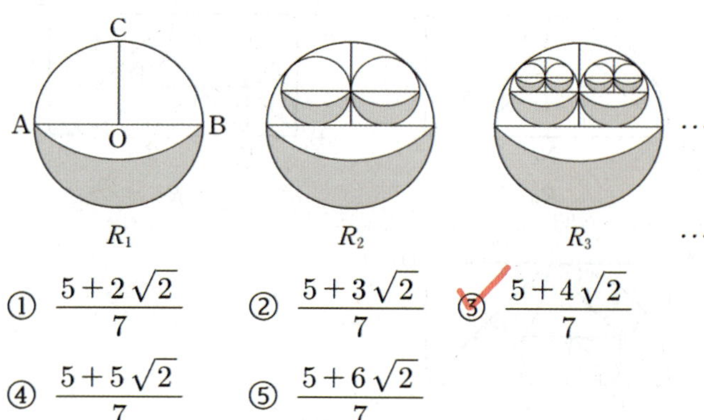

① $\dfrac{5+2\sqrt{2}}{7}$ ② $\dfrac{5+3\sqrt{2}}{7}$ ③ $\dfrac{5+4\sqrt{2}}{7}$

④ $\dfrac{5+5\sqrt{2}}{7}$ ⑤ $\dfrac{5+6\sqrt{2}}{7}$

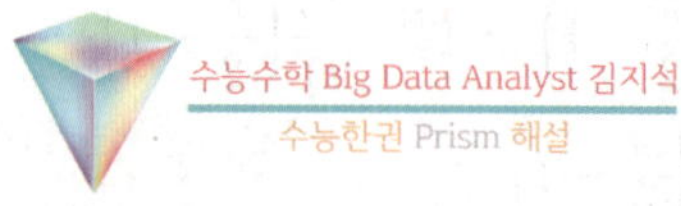

해설 바로가기 ▶ 실전개념분석 26번

복습	1회	2회	3회	4회	5회
채점					
O△X					

80. [2012년 수능 (가)형 & (나)형 14번]

반지름의 길이가 1 인 원이 있다. 그림과 같이 가로의 길이와 세로의 길이의 비가 3 : 1 인 직사각형을 이 원에 내접하도록 그리고, 원의 내부와 직사각형의 외부의 공통부분에 색칠하여 얻은 그림을 R_1 이라 하자.

그림 R_1 에서 직사각형의 세 변에 접하도록 원 2 개를 그린다. 새로 그려진 각 원에 그림 R_1 을 얻은 것과 같은 방법으로 직사각형을 그리고 색칠하여 얻은 그림을 R_2 라 하자.

그림 R_2 에서 새로 그려진 직사각형의 세 변에 접하도록 원 4 개를 그린다. 새로 그려진 각 원에 그림 R_1 을 얻는 것과 같은 방법으로 직사각형을 그리고 색칠하여 얻은 그림을 R_3 이라 하자.

이와 같은 과정을 계속하여 n 번째 얻은 그림 R_n 에서 색칠된 부분의 넓이를 S_n 이라 할 때, $\lim\limits_{n\to\infty} S_n$ 의 값은? [4점]

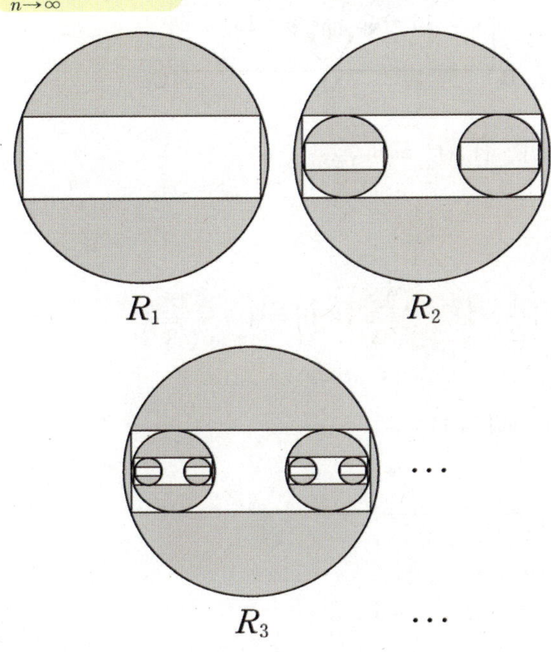

① $\dfrac{5}{4}\pi - \dfrac{5}{3}$ ② $\dfrac{5}{4}\pi - \dfrac{3}{2}$ ③ $\dfrac{4}{3}\pi - \dfrac{8}{5}$

④ $\dfrac{5}{4}\pi - 1$ ⑤ $\dfrac{4}{3}\pi - \dfrac{16}{15}$

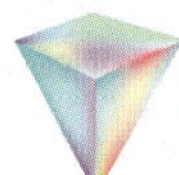

도형의 필연성

필연성 01

원 나오면 → 중심과 특별점 잇기

✓ 접점 → 접선과 수직

(step1) 첫째항 구하기

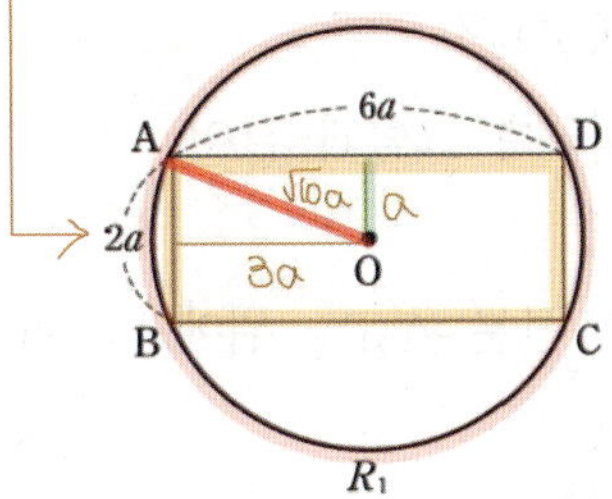

R_1 의 직사각형의 가로의 길이와 세로의 길이를 각각 $6a$, $2a$라 하면

$$\overline{OA} = \sqrt{a^2 + 9a^2} = \sqrt{10}\,a = 1$$

$$\therefore a = \frac{1}{\sqrt{10}}$$

사각형의 넓이 $12a^2 = 12 \times \dfrac{1}{10} = \dfrac{6}{5}$

$$\therefore S_1 = \pi - \frac{6}{5}$$

(step2) 공비 구하기

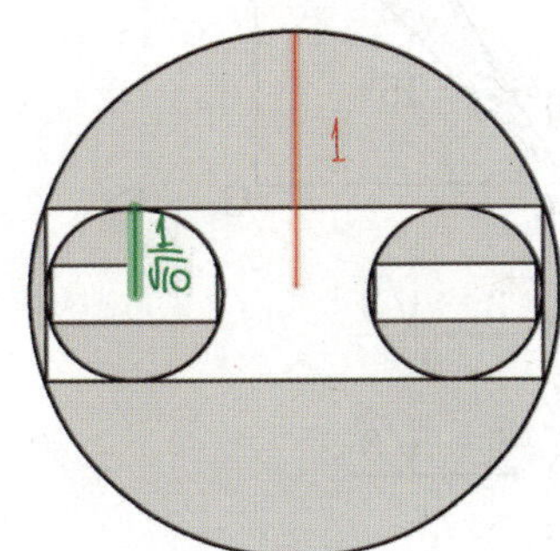

반지름 1세대 1개 : 2세대 1개

길이의 비=1 : $\dfrac{1}{\sqrt{10}}$

넓비의 비=1 : $\dfrac{1}{10}$

공비=$\dfrac{2}{10}$ (∵ 2개씩 늘어나므로 $\dfrac{1}{10} \times 2$)

$$\therefore \lim_{n\to\infty} S_n = \frac{\pi - \dfrac{6}{5}}{1 - \dfrac{2}{10}} = \frac{5\pi - 6}{4} = \frac{5}{4}\pi - \frac{3}{2}$$

복습	1회	2회	3회	4회	5회
채점 O△X					

81. [2011년 수능 (가)형 & (나)형 10번]

$\overline{A_1B_1}=1$, $\overline{B_1C_1}=2$인 직사각형 $A_1B_1C_1D_1$이 있다. 그림과 같이 선분 B_1C_1의 중점을 M_1이라 하고, 선분 A_1D_1 위에 $\angle A_1M_1B_2 = \angle C_2M_1D_1 = 15°$, $\angle B_2M_1C_2 = 60°$가 되도록 두 점 B_2, C_2를 정한다. 삼각형 $A_1M_1B_2$의 넓이와 삼각형 $C_2M_1D_1$의 넓이의 합을 S_1이라 하자. 사각형 $A_2B_2C_2D_2$가 $\overline{B_2C_2}=2\overline{A_2B_2}$인 직사각형이 되도록 그림과 같이 두 점 A_2, D_2를 정한다.

선분 B_2C_2의 중점을 M_2라 하고, 선분 A_2D_2 위에 $\angle A_2M_2B_3 = \angle C_3M_2D_2 = 15°$, $\angle B_3M_2C_3 = 60°$가 되도록 두 점 B_3, C_3을 정한다. 삼각형 $A_2M_2B_3$의 넓이와 삼각형 $C_3M_2D_2$의 넓이의 합을 S_2라 하자. 이와 같은 과정을 계속하여 얻은 S_n에 대하여 $\displaystyle\sum_{n=1}^{n} S_n$의 값은? [4점]

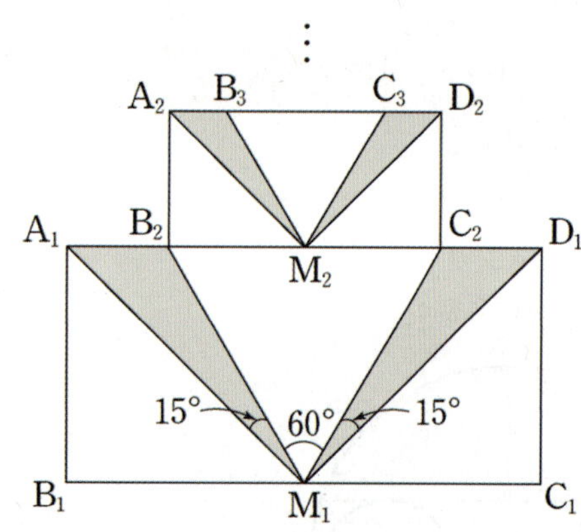

① $\dfrac{2+\sqrt{3}}{6}$ ② $\dfrac{3-\sqrt{3}}{2}$

③ $\dfrac{4+\sqrt{3}}{9}$ ④ $\dfrac{5-\sqrt{3}}{5}$

⑤ $\dfrac{7-\sqrt{3}}{8}$

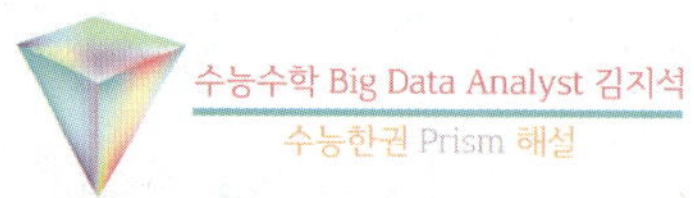

도형의 필연성

필연성 06

문제에서 30°, 60°, 정삼각형이 나오면
⇄ 특수각 삼각비 $1 : 2 : \sqrt{3}$

필연성 11

도형의 한 부분의 길이(각도)를 구할 때
→ "부분의 합 = 전체" 식 세우기

(step1) 첫째항 구하기

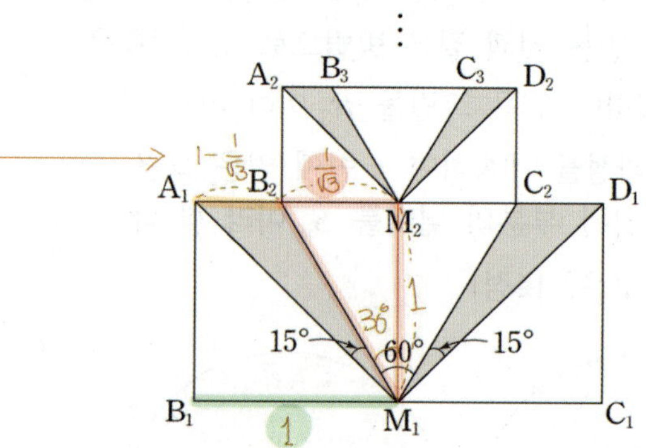

$\overline{M_1M_2}=1$, $\overline{B_2M_2}=\dfrac{1}{\sqrt{3}}$

$\therefore \overline{A_1B_2}=1-\dfrac{1}{\sqrt{3}}$

$S_1 = 2\times\left(\dfrac{1}{2}\times\left(1-\dfrac{1}{\sqrt{3}}\right)\times 1\right)=1-\dfrac{1}{\sqrt{3}}$

(step2) 공비 구하기

1세대 1개 : 2세대 1개

길이의 비 $=\overline{B_nC_n} : \overline{B_{n+1}C_{n+1}} = 1 : \dfrac{1}{\sqrt{3}}$

넓이의 비 $=S_n : S_{n+1} = 1 : \dfrac{1}{3}$

공비 $=\dfrac{1}{3}$

$\therefore \displaystyle\sum_{n=1}^{\infty} S_n = \dfrac{1-\dfrac{1}{\sqrt{3}}}{1-\dfrac{1}{3}} = \dfrac{3-\sqrt{3}}{2}$

복습	1회	2회	3회	4회	5회
채점 $\bigcirc\triangle X$					

82. [2010년 수능 (가)형 & (나)형 15번]

그림과 같이 원점을 중심으로 하고 반지름의 길이가 3인 원 O_1을 그리고, 원 O_1이 좌표축과 만나는 네 점을 각각 $A_1(0, 3)$, $B_1(-3, 0)$, $C_1(0, -3)$, $D_1(3, 0)$이라 하자.

두 점 B_1, D_1을 모두 지나고 두 점 A_1, C_1을 각각 중심으로 하는 두 원이 원 O_2의 내부에서 y축과 만나는 점을 각각 C_2, A_2라 하자.

호 $B_1A_1D_1$과 호 $B_1A_2D_1$로 둘러싸인 도형의 넓이를 S_1, 호 $B_1C_1D_1$과 호 $B_1C_2D_1$로 둘러싸인 도형의 넓이를 T_1이라 하자.

선분 A_2C_2를 지름으로 하는 원 O_2를 그리고, 원 O_2가 x축과 만나는 두 점을 각각 B_2, D_2라 하자. 두 점 B_2, D_2를 모두 지나고 두 점 A_2, C_2를 각각 중심으로 하는 두 원이 원 O_2의 내부에서 y축과 만나는 점을 각각 C_3, A_3이라 하자. 호 $B_2A_2D_2$와 호 $B_2A_3D_2$로 둘러싸인 도형의 넓이를 S_2, 호 $B_2C_2D_2$와 호 $B_2C_3D_2$로 둘러싸인 도형의 넓이를 T_2라 하자. 이와 같은 과정을 계속하여 n번째 얻은 호 $B_nA_nD_n$과 호 $B_nA_{n+1}D_n$으로 둘러싸인 도형의 넓이를 S_n, 호 $B_nC_nD_n$과 호 $B_nC_{n+1}D_n$으로 둘러싸인 도형의 넓이를 T_n이라 할 때,

$$\sum_{n=1}^{\infty}(S_n+T_n)$$의 값은? [4점]

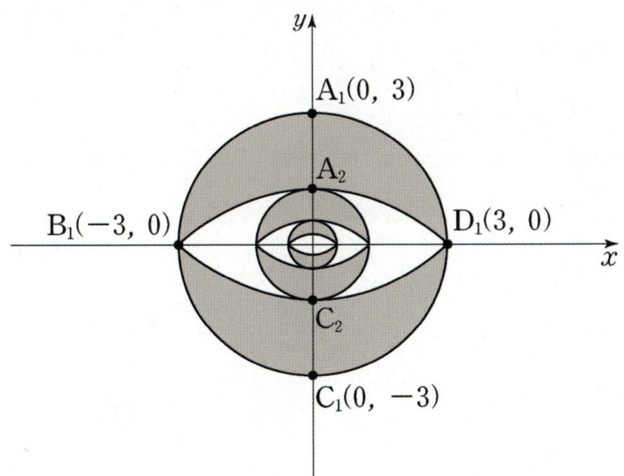

① $6(\sqrt{2}+1)$ ② $6(\sqrt{3}+1)$ ③ $6(\sqrt{5}+1)$

④ $9(\sqrt{2}+1)$ ⑤ $9(\sqrt{3}+1)$

(step1) 첫째항 구하기

■ 원나오면 중심과 특별점 잇기

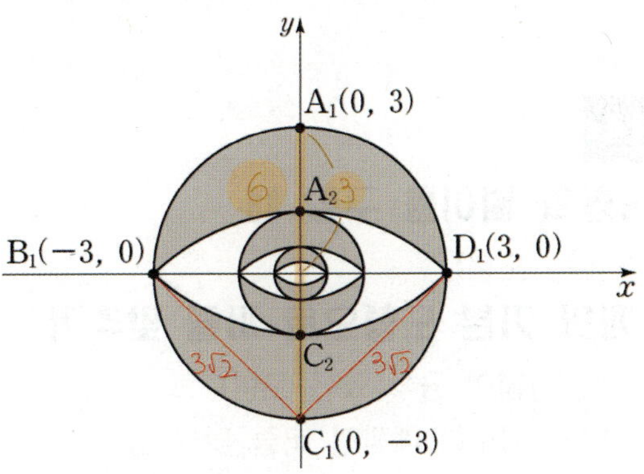

원 O_1의 반지름의 길이는 3이고 부채꼴 $A_1B_1D_1$의 반지름의 길이는
$$\overline{A_1B_1}=\overline{A_1C_2}=3\sqrt{2}$$

■ 이상한 도형의 넓이는 기본 도형으로 퍼즐 맞추기

$$=\frac{1}{2}\times 3^2\pi-\left\{\frac{1}{4}\times(3\sqrt{2})^2\pi-\frac{1}{2}\cdot(3\sqrt{2})^2\right\}=9$$

$$\therefore S_1+T_1=9\times 2=18$$

도형의 필연성

필연성 01

원 나오면 → 중심과 특별점 잇기

필연성 14

이상한 도형의 넓이를 구할 때

  (넓이 공식 없는 도형)

→ 여러 개의 기본 도형으로 퍼즐 맞추기

      (넓이 공식 있는 도형)

✓ 빵꾸난 도형은 빵꾸를 메꿔서 퍼즐 맞추기

필연성 11

도형의 한 부분의 길이(각도)를 구할 때
→ "부분의 합 = 전체" 식 세우기

✓ '나머지 부분'을 빨리 파악하는 것이 핵심

(Step2) 공비 구하기
■ 부분의 길이 → '부분의 합=전체' 활용

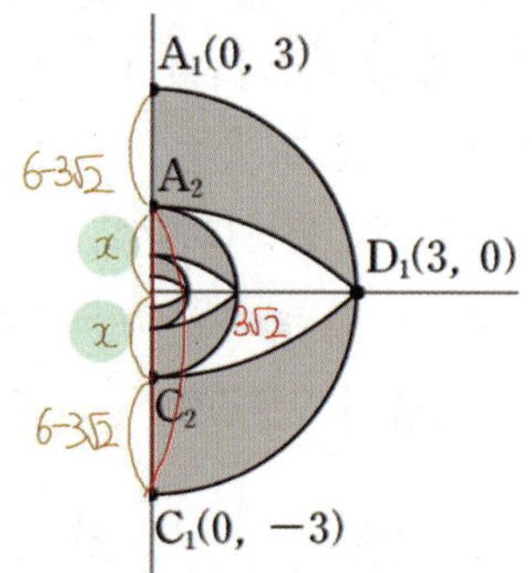

$$(6-3\sqrt{2})\times 2 + 2x = 6$$
$$\therefore\ x = 3\sqrt{2}-3$$

반지름 1세대 1개 : 2세대 1개
길이의 비 $= 3 : 3\sqrt{2}-3 = 1 : \sqrt{2}-1$
넓비의 비 $= 1 : (\sqrt{2}-1)^2 = 1 : 3-2\sqrt{2}$
공비 $= 3-2\sqrt{2}$

$$\therefore \sum_{n=1}^{\infty}(S_n + T_n) = \frac{18}{1-(3-2\sqrt{2})} = \frac{18}{2\sqrt{2}-2}$$
$$= \frac{9}{\sqrt{2}-1} = 9(\sqrt{2}+1)$$

복습	1회	2회	3회	4회	5회
채점 $○△X$					

83. [2009년 수능 (가)형 & (나)형 14번]

좌표평면에 원 $C_1 : (x-4)^2 + y^2 = 1$이 있다. 그림과 같이 원점에서 원 C_1에 기울기가 양수인 접선 l 을 그었을 때 생기는 접점을 P_1이라 하자. 중심이 직선 l 위에 있고 점 P_1을 지나며 x축에 접하는 원을 C_2라 하고 이 원과 x축의 접점을 P_2라 하자.

중심이 x축 위에 있고 점 P_2를 지나며 직선 l 에 접하는 원을 C_3이라 하고 이 원과 직선 l 의 접점을 P_3이라 하자.

중심이 직선 l 위에 있고 점 P_3을 지나며 x축에 접하는 원을 C_4라 하고 이 원과 x축의 접점을 P_4라 하자.

이와 같은 과정을 계속할 때, 원 C_n의 넓이를 S_n이라 하자. $\displaystyle\sum_{n=1}^{\infty} S_n$의 값은?(단, 원 C_{n+1}의 반지름의 길이는 원 C_n의 반지름의 길이보다 작다.) [4점]

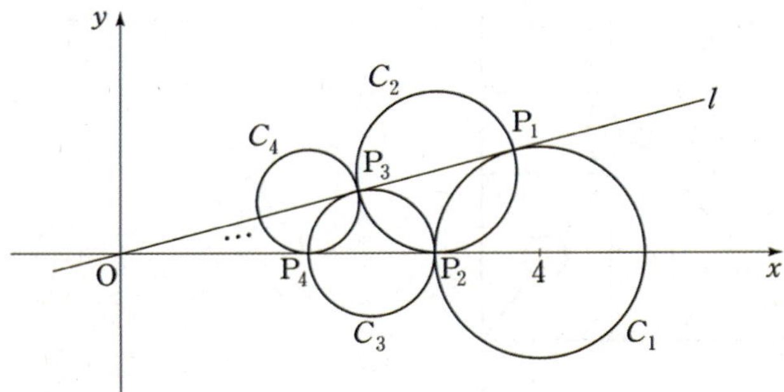

① $\dfrac{3}{2}\pi$ ② 2π ③ $\dfrac{5}{2}\pi$ ④ 3π ⑤ $\dfrac{7}{2}\pi$

도형의 필연성

필연성 01

원 나오면 → 중심과 특별점 잇기

✓ 접점 → 접선과 수직

(step1) 첫째항 구하기

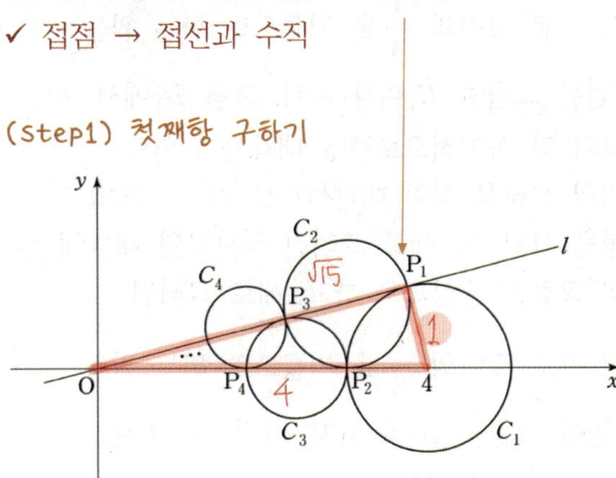

{원 C_1의 넓이}$= \pi \times 1^2$

(step2) 공비 구하기

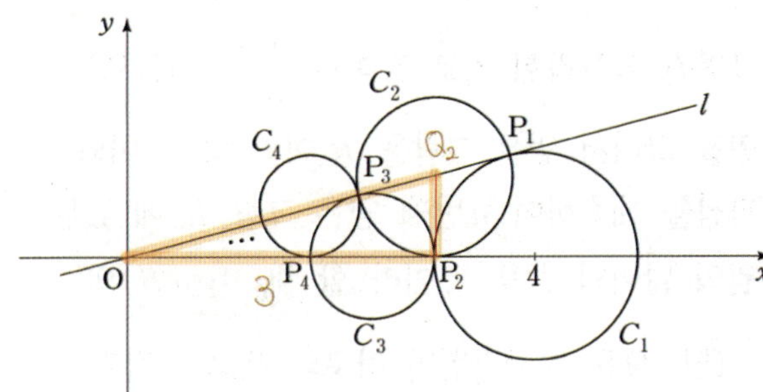

$$\overline{OP_1} = \sqrt{4^2 - 1^2} = \sqrt{15}$$

$$\sqrt{15} : 1 = 3 : \overline{P_2Q_2}$$

$$\therefore \overline{P_2Q_2} = \frac{3}{\sqrt{15}}$$

1세대 1개 : 2세대 1개

길이의 비$= 1 : \dfrac{3}{\sqrt{15}}$

넓비의 비$= 1 : \dfrac{9}{15} = 1 : \dfrac{3}{5}$

공비$= \dfrac{3}{5}$

$$\therefore \sum_{n=1}^{\infty} S_n = \frac{\pi}{1 - \dfrac{3}{5}} = \frac{5}{2}\pi$$

복습	1회	2회	3회	4회	5회
채점 ○△X					

84. [2008년 수능 (가)형 & (나)형 17번]

아래와 같이 가로의 길이가 6이고 세로의 길이가 8인 직사각형 내부에 두 대각선의 교점을 중심으로 하고, 직사각형 가로 길이의 $\frac{1}{3}$을 지름으로 하는 원을 그려서 얻은 그림을 R_1이라 하자. 그림 R_1에서 직사각형의 각 꼭지점으로부터 대각선과 원의 교점까지의 선분을 각각 대각선으로 하는 4개의 직사각형을 그린 후, 새로 그려진 직사각형 내부에 두 대각선의 교점을 중심으로 하고, 새로 그려진 직사각형 가로 길이의 $\frac{1}{3}$을 지름으로 하는 원을 그려서 얻은 그림을 R_2라 하자. 그림 R_2에 있는 합동인 4개의 직사각형 각각에서 각 꼭지점으로부터 대각선과 원의 교점까지의 선분을 각각 대각선으로 하는 4개의 직사각형을 그린 후, 새로 그려진 직사각형 내부에 두 대각선의 교점을 중심으로 하고, 새로 그려진 직사각형 가로 길이의 $\frac{1}{3}$을 지름으로 하는 원을 그려서 얻은 그림을 R_3이라 하자. 이와 같은 과정을 계속하여 n번째 얻은 그림 R_n에 있는 모든 원의 넓이의 합을 S_n이라 할 때, $\displaystyle\lim_{n\to\infty} S_n$의 값은? (단, 모든 직사각형의 가로와 세로는 각각 서로 평행하다.) [4점]

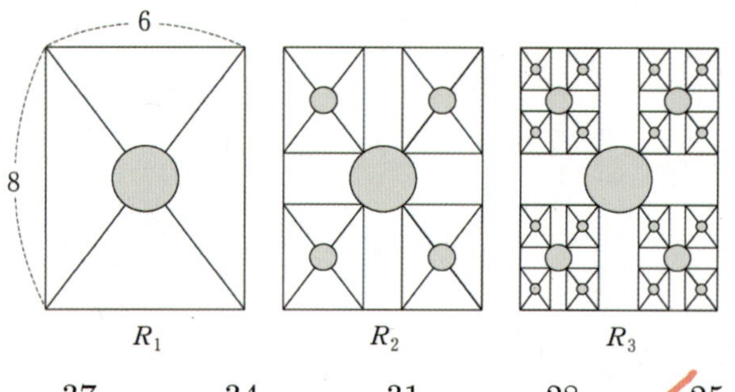

① $\dfrac{37}{9}\pi$ ② $\dfrac{34}{9}\pi$ ③ $\dfrac{31}{9}\pi$ ④ $\dfrac{28}{9}\pi$ ⑤ $\dfrac{25}{9}\pi$

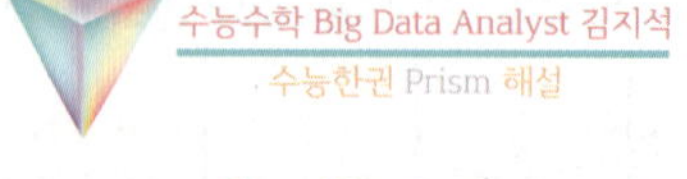

(Step1) 첫째항 구하기

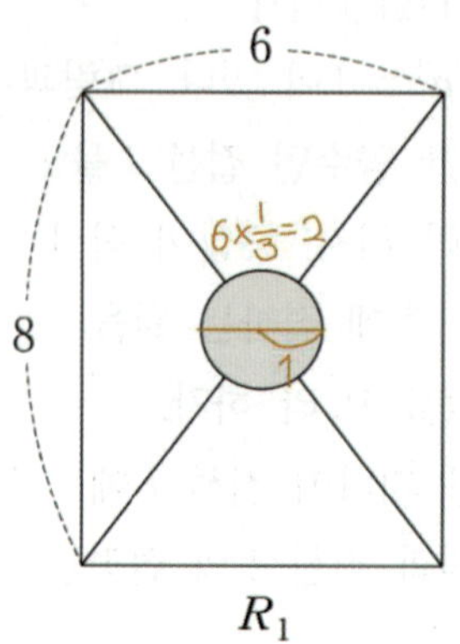

$\pi \times 1^2$

(Step2) 공비 구하기

■ 부분의 길이 → '부분의 합=전체' 활용

$\square AB_nC_nD_n$과
$\square AB_{n+1}C_{n+1}D_{n+1}$에서
두 사각형은 닮은 도형이고

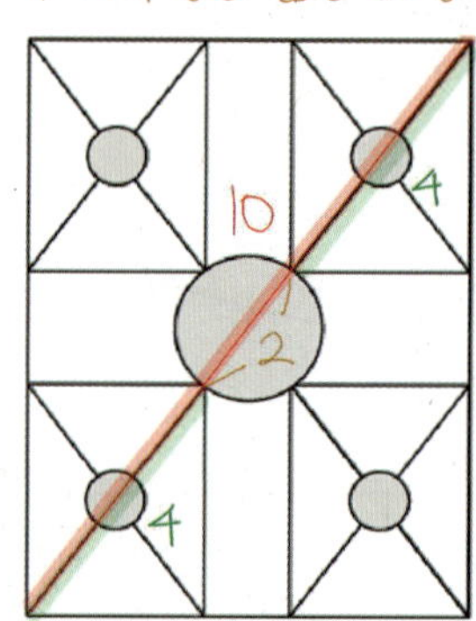

1세대 1개 : 2세대 1개

길이의 비 = 10 : 4

넓비의 비 = $5^2 : 2^2$

공비 = $\dfrac{16}{25}$

$\therefore \displaystyle\lim_{n\to\infty} S_n = \dfrac{\pi}{1 - \dfrac{16}{25}} = \dfrac{25}{9}\pi$

도형의 필연성

필연성 11

도형의 한 부분의 길이(각도)를 구할 때
→ "부분의 합 = 전체" 식 세우기

✓ '나머지 부분'을 빨리 파악하는 것이 핵심

복습	1회	2회	3회	4회	5회
채점 O△X					

85. [2007년 수능 (가)형 & (나)형 17번]

아래와 같이 직각을 낀 두 변의 길이가 1인 직각이등변삼각형이 있다. 이 직각이등변삼각형의 빗변에 2개의 꼭지점이 있고, 직각을 낀 두 변에 나머지 2개의 꼭지점이 있는 정사각형에 색칠하여 얻은 그림을 R_1이라 하자.

그림 R_1에서 합동인 2개의 직각이등변삼각형의 각 빗변에 2개의 꼭지점이 있고, 직각을 낀 두 변에 나머지 2개의 꼭지점이 있는 2개의 정사각형에 색칠하여 얻은 그림을 R_2라 하자.

그림 R_2에서 합동인 4개의 직각이등변삼각형의 각 빗변에 2개의 꼭지점이 있고, 직각을 낀 두 변에 나머지 2개의 꼭지점이 있는 4개의 정사각형에 색칠하여 얻은 그림을 R_3이라 하자.

이와 같은 과정을 계속하여 n번째 얻은 그림 R_n에 색칠되어 있는 모든 정사각형의 넓이의 합을 S_n이라 할 때, $\lim_{n \to \infty} S_n$의 값은? [4점]

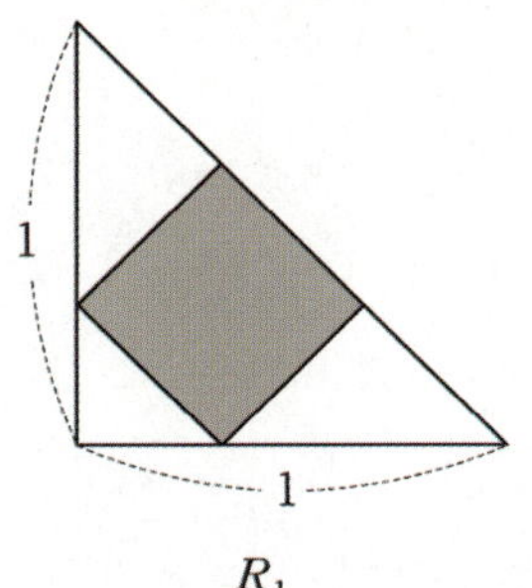

R_1

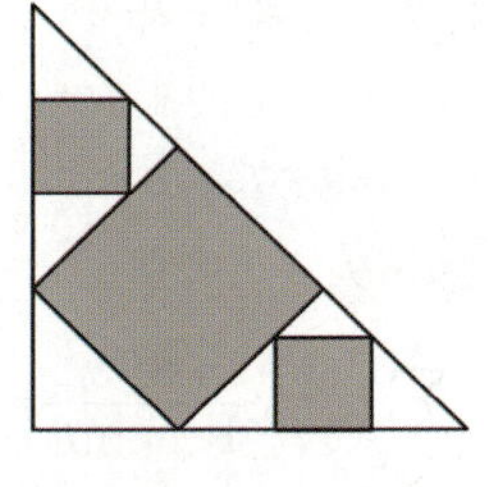

R_2

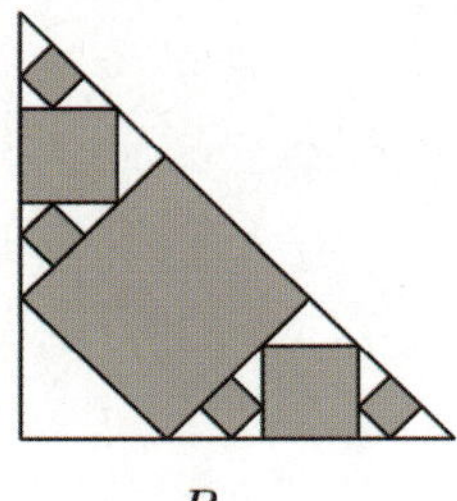

R_3

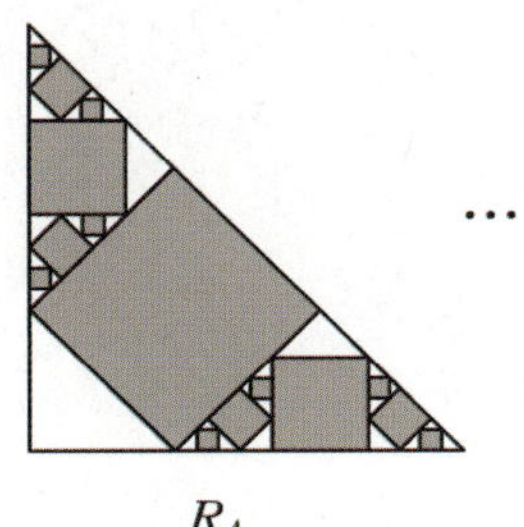

R_4

$\qquad \cdots$

① $\dfrac{3\sqrt{2}}{20}$ ② $\dfrac{\sqrt{2}}{5}$ ③ $\dfrac{3}{10}$

④ $\dfrac{\sqrt{3}}{5}$ ⑤ $\dfrac{2}{5}$

도형의 필연성

필연성 11

도형의 한 부분의 길이(각도)를 구할 때 → "부분의 합 = 전체" 식 세우기

✓ '나머지 부분'을 빨리 파악하는 것이 핵심

(step1) 첫째항 구하기

■ 부분의 길이 → '부분의 합=전체' 활용

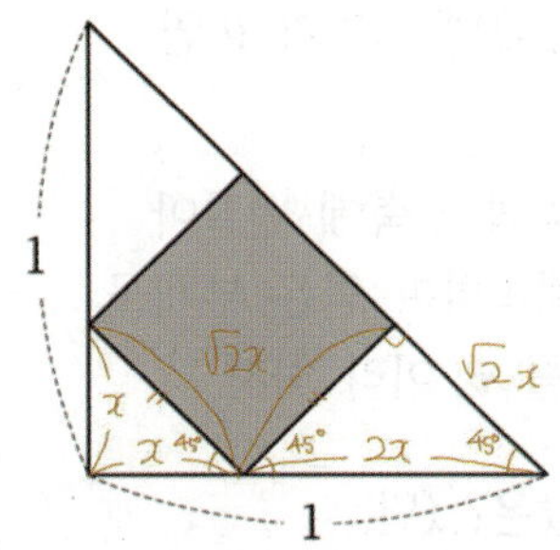

$x + 2x = 1$

$\therefore x = \dfrac{1}{3}$

$\therefore a_1 = (\sqrt{2}\,x)^2 = \dfrac{2}{9}$

(step2) 공비 구하기

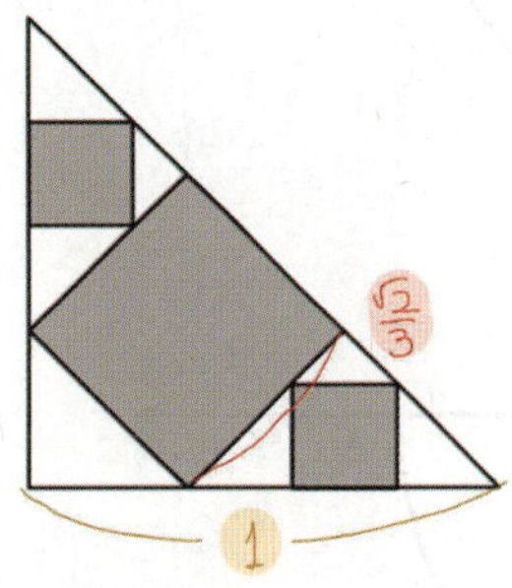

1세대 1개 : 2세대 1개

길이의 비=1 : $\dfrac{\sqrt{2}}{3}$

넓비의 비=1 : $\dfrac{2}{9}$

공비= $\dfrac{4}{9}$ (∵ 2개씩 늘어나므로)

$\therefore \lim_{n \to \infty} S_n = \dfrac{\dfrac{2}{9}}{1 - \dfrac{4}{9}} = \dfrac{2}{5}$

복습	1회	2회	3회	4회	5회
채점 O△X					

86. [2006년 수능 (가)형 & (나)형 15번]

그림과 같이 원점 O와 점 $A_1(0, 8)$을 이은 선분 OA_1을 반지름으로 하고, 중심각의 크기가 θ인 부채꼴 OA_1B_1을 그린다.

점 B_1에서 x축에 내린 수선의 발을 A_2라 하고, 반지름이 선분 OA_2이고 중심각의 크기가 θ인 부채꼴 OA_2B_2를 그린다.

점 B_2에서 y축에 내린 수선의 발을 A_3이라 하고, 반지름이 선분 OA_3이고 중심각의 크기가 θ인 부채꼴 OA_3B_3을 그린다.

이와 같이 시계 방향으로 x축과 y축에 번갈아 수선의 발을 내리는 과정을 계속하여 얻은 부채꼴 OA_nB_n의 호 A_nB_n의 길이를 l_n이라 하자.

$\displaystyle\sum_{n=1}^{\infty} l_n = 12\theta$일 때, $\sin\theta$의 값은? (단, $0 < \theta < \dfrac{\pi}{2}$이다.) [4점]

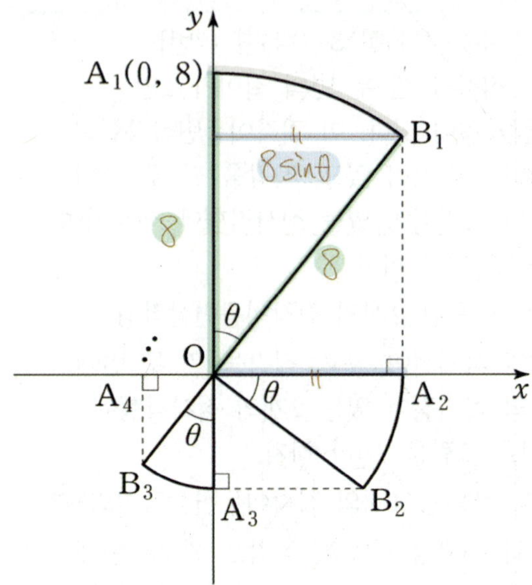

(step1) 첫째항 구하기

l_1은 반지름의 길이가 8, 중심각의 크기가 θ인 호의 길이

$l_1 = 8\theta$

(step2) 공비 구하기

1세대 1개 : 2세대 1개

길이의 비 $= 8 : 8\sin\theta$

공비 $= \sin\theta$

$$\therefore \sum_{n=1}^{\infty} l_n = \frac{8\theta}{1 - \sin\theta} = 12\theta$$

$$\therefore \sin\theta = \frac{1}{3}$$

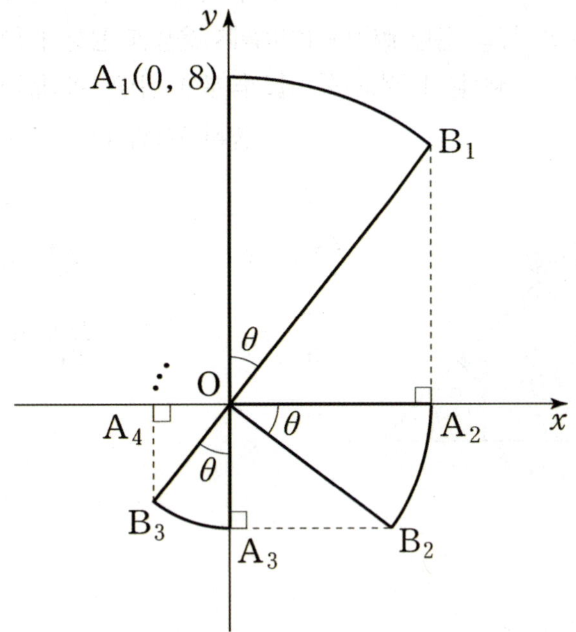

① $\dfrac{1}{7}$　② $\dfrac{1}{6}$　③ $\dfrac{1}{5}$　④ $\dfrac{1}{4}$　⑤ $\dfrac{1}{3}$

복습	1회	2회	3회	4회	5회
채점 O△X					

87. [2005년 수능 (가)형 & (나)형 25번]

실전 분석

길이가 $\frac{1}{2}$ 인 정사각형을 잘라낸 후 남은 凹 모양의 도형을 A_1 이라 하자. 한 변의 길이가 $\frac{1}{4}$ 인 정사각형에서 한 변의 길이가 $\frac{1}{8}$ 인 정사각형을 잘라낸 후 남은 凹 모양의 도형 2개를 A_1 의 위쪽 두 변에 각각 붙인 도형을 A_2 라 하자.

한 변의 길이가 $\frac{1}{16}$ 인 정사각형에서 한 변의 길이가 $\frac{1}{32}$ 인 정사각형을 잘라낸 후 남은 凹 모양의 도형 4개를 A_2 의 위쪽 네 변에 각각 붙인 도형을 A_3 이라 하자. 이와 같은 과정을 계속하여 얻은 n 번째 도형을 A_n 이라 하고 그 넓이를 S_n 이라 하자. $\lim_{n \to \infty} S_n = \frac{q}{p}$ 라 할 때, $p+q$ 의 값을 구하시오. (단, p 와 q 는 서로소인 자연수이다.) [4점]

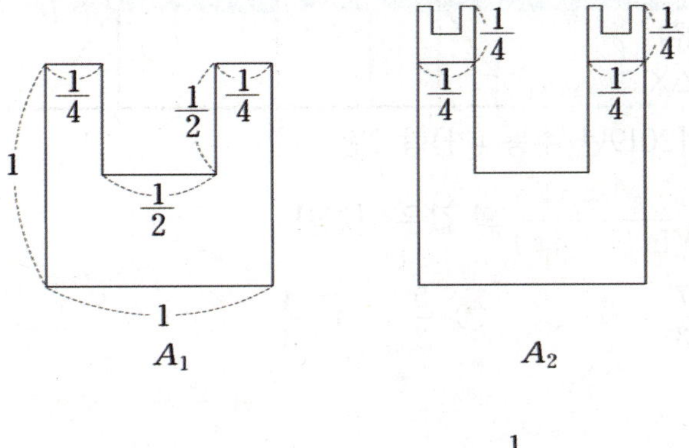

A_1 $\qquad$ A_2

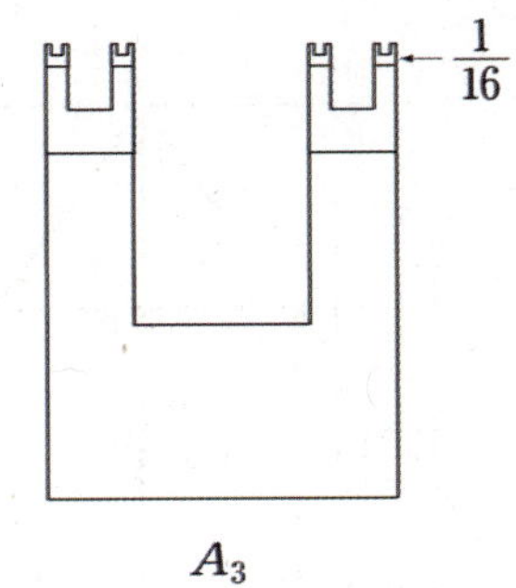

A_3

13

해설 바로가기 ▶ 실전개념분석 24번

미적분 2. 여러 함수의 미분 경향05
여러 함수의 미분 계산

미적분 2. 여러 함수의 미분 경향05
여러 함수의 미분 계산

수능 2점

복습	1회	2회	3회	4회	5회
채점 O△X					

88. [2026년 수능 (미적분) 23번]

$\lim_{x \to 0} \dfrac{\tan 6x}{2x}$ 의 값은? [2점]

① 1 $\qquad$ ② 2 $\qquad$ ③ 3

④ 4 $\qquad$ ⑤ 5

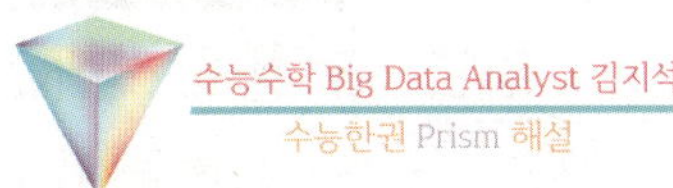

$$\lim_{x \to 0} \frac{\tan 6x}{2x} = \lim_{x \to 0} \frac{\tan 6x}{6x} \times 3$$
$$= 3\lim_{x \to 0} \frac{\tan 6x}{6x} = 3 \times 1 = 3$$

복습	1회	2회	3회	4회	5회
채점 O△X					

89. [2025년 수능 (미적분) 23번]

$\lim_{x \to 0} \dfrac{3x^2}{\sin^2 x}$ 의 값은? [2점]

① 1 $\qquad$ ② 2 $\qquad$ ③ 3

④ 4 $\qquad$ ⑤ 5

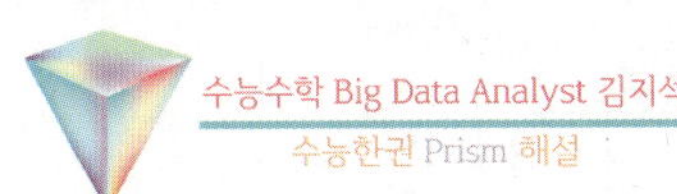

$$\lim_{x \to 0} \frac{3x^2}{\sin^2 x} = \lim_{x \to 0} \frac{3}{\left(\dfrac{\sin x}{x}\right)^2} = 3$$

복습	1회	2회	3회	4회	5회
채점 O△X					

90. [2024년 수능 (미적분) 23번]

$\lim\limits_{x \to 0} \dfrac{\ln(1+3x)}{\ln(1+5x)}$의 값은? [2점]

① $\dfrac{1}{5}$ ② $\dfrac{2}{5}$ ③ $\dfrac{3}{5}$

④ $\dfrac{4}{5}$ ⑤ 1

$$\lim\limits_{x \to 0} \frac{\ln(1+3x)}{\ln(1+5x)} = \lim\limits_{x \to 0} \frac{\dfrac{\ln(1+3x)}{3x}}{\dfrac{\ln(1+5x)}{5x}} \times \frac{3}{5} = \frac{3}{5}$$

복습	1회	2회	3회	4회	5회
채점 O△X					

91. [2023년 수능 (미적분) 23번]

$\lim\limits_{x \to 0} \dfrac{\ln(x+1)}{\sqrt{x+4}-2}$의 값은? [2점]

① 1 ② 2 ③ 3 ④ 4 ⑤ 5

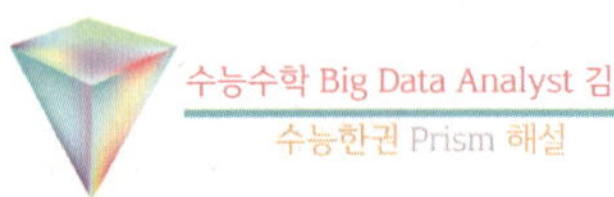

$$\lim\limits_{x \to 0} \frac{\ln(x+1)}{\sqrt{x+4}-2}$$
$$= \lim\limits_{x \to 0} \left\{ \frac{\ln(x+1)}{x} \times \frac{x}{\sqrt{x+4}-2} \right\}$$
$$= \lim\limits_{x \to 0} \left\{ \frac{\ln(x+1)}{x} \right\} \times \frac{x(\sqrt{x+4}+2)}{(\sqrt{x+4}-2)(\sqrt{x+4}+2)}$$
$$= \lim\limits_{x \to 0} \left\{ \frac{\ln(x+1)}{x} \times (\sqrt{x+4}+2) \right\}$$
$$= 1 \times (2+2) = 4$$

복습	1회	2회	3회	4회	5회
채점 O△X					

92. [2020년 수능 (가)형 2번]

$\lim\limits_{x \to 0} \dfrac{6x}{e^{4x}-e^{2x}}$의 값은? [2점]

① 1 ② 2 ③ 3 ④ 4 ⑤ 5

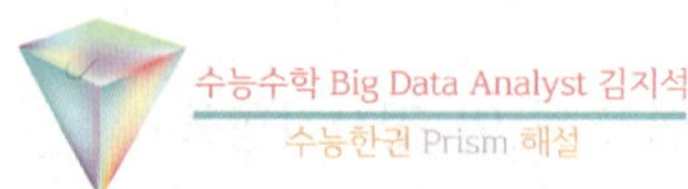

$$\lim\limits_{x \to 0} \frac{6x}{e^{4x}-e^{2x}} = \lim\limits_{x \to 0} \frac{1}{\dfrac{e^{4x}-1}{6x} - \dfrac{e^{2x}-1}{6x}}$$
$$= \frac{1}{\dfrac{2}{3} - \dfrac{1}{3}} = 3$$

93. [2019년 수능 (가)형 2번]

$\lim\limits_{x \to 0} \dfrac{x^2+5x}{\ln(1+3x)}$의 값은? [2점]

① $\dfrac{7}{3}$ ② 2 ③ $\dfrac{5}{3}$ ④ $\dfrac{4}{3}$ ⑤ 1

$$\lim\limits_{x \to 0} \frac{x^2+5x}{\ln(1+3x)} = \lim\limits_{x \to 0} \left\{ \frac{3x}{\ln(1+3x)} \times \frac{x(x+5)}{3x} \right\}$$
$$= \lim\limits_{x \to 0} \left\{ \frac{3x}{\ln(1+3x)} \times \frac{x+5}{3} \right\}$$
$$= 1 \times \frac{5}{3} = \frac{5}{3}$$

복습	1회	2회	3회	4회	5회
채점 O△X					

94. [2018년 수능 (가)형 2번]

$\lim\limits_{x\to 0}\dfrac{\ln(1+5x)}{e^{2x}-1}$ 의 값은? [2점]

① 1 ② $\dfrac{3}{2}$ ③ 2

④ $\dfrac{5}{2}$ ⑤ 3

수능수학 Big Data Analyst 김지석
수능한권 Prism 해설

$$\lim\limits_{x\to 0}\frac{\ln(1+5x)}{e^{2x}-1}=\frac{5}{2}\lim\limits_{x\to 0}\frac{\ln(1+5x)}{5x}\times\lim\limits_{x\to 0}\frac{2x}{e^{2x}-1}$$
$$=\frac{5}{2}\times 1\times 1=\frac{5}{2}$$

복습	1회	2회	3회	4회	5회
채점 O△X					

95. [2017년 수능 (가)형 2번]

$\lim\limits_{x\to 0}\dfrac{e^{6x}-1}{\ln(1+3x)}$ 의 값은? [2점]

① 1 ② 2 ③ 3 ④ 4 ⑤ 5

수능수학 Big Data Analyst 김지석
수능한권 Prism 해설

$$\lim\limits_{x\to 0}\frac{e^{6x}-1}{\ln(1+3x)}=2\lim\limits_{x\to 0}\frac{e^{6x}-1}{6x}\times\lim\limits_{x\to 0}\frac{3x}{\ln(1+3x)}$$
$$=2\times 1\times 1=2$$

복습	1회	2회	3회	4회	5회
채점 O△X					

96. [2016년 수능 (B)형 2번]

$\lim\limits_{x\to 0}\dfrac{\ln(1+5x)}{\sin 3x}$ 의 값은? [2점]

① 1 ② $\dfrac{4}{3}$ ③ $\dfrac{5}{3}$ ④ 2 ⑤ $\dfrac{7}{3}$

수능수학 Big Data Analyst 김지석
수능한권 Prism 해설

$$\lim\limits_{x\to 0}\frac{\ln(1+5x)}{\sin 3x}=\lim\limits_{x\to 0}\left\{\frac{\ln(1+5x)}{5x}\times\frac{3x}{\sin 3x}\times\frac{5}{3}\right\}$$
$$=\frac{5}{3}\times\lim\limits_{x\to 0}\frac{\ln(1+5x)}{5x}\times\lim\limits_{x\to 0}\frac{3x}{\sin 3x}$$
$$=\frac{5}{3}\times 1\times 1=\frac{5}{3}$$

복습	1회	2회	3회	4회	5회
채점 O△X					

97. [2015년 수능 (B)형 2번]

$\lim\limits_{x\to 0}\dfrac{\ln(1+x)}{3x}$ 의 값은? [2점]

① 1 ② $\dfrac{1}{2}$ ③ $\dfrac{1}{3}$ ④ $\dfrac{1}{4}$ ⑤ $\dfrac{1}{5}$

수능수학 Big Data Analyst 김지석
수능한권 Prism 해설

$$\lim\limits_{x\to 0}\frac{\ln(1+x)}{3x}=\frac{1}{3}$$

복습	1회	2회	3회	4회	5회
채점 O△X					

98. [2014년 수능 (B)형 2번]

$\tan\theta = \dfrac{\sqrt{5}}{5}$ 일 때, $\cos2\theta$의 값은? [2점]

① $\dfrac{\sqrt{6}}{3}$ ② $\dfrac{\sqrt{5}}{3}$ ③ $\dfrac{2}{3}$ ④ $\dfrac{\sqrt{3}}{3}$ ⑤ $\dfrac{\sqrt{2}}{3}$

$\tan\theta = \dfrac{\sqrt{5}}{5}$

$\sin\theta = \dfrac{\sqrt{5}}{\sqrt{30}}$, $\cos\theta = \dfrac{5}{\sqrt{30}}$

$\therefore \cos2\theta = \cos^2\theta - \sin^2\theta$
$= \dfrac{25}{30} - \dfrac{5}{30} = \dfrac{2}{3}$

복습	1회	2회	3회	4회	5회
채점 O△X					

100. [2012년 수능 (가)형 2번]

$\lim\limits_{x\to0} \dfrac{e^x - 1}{5x}$ 의 값은? [2점]

① 5 ② e ③ 1 ④ $\dfrac{1}{e}$ ⑤ $\dfrac{1}{5}$

$\lim\limits_{x\to0} \dfrac{e^x - 1}{5x} = \lim\limits_{x\to0} \dfrac{e^x - 1}{x} \times \dfrac{1}{5} = \dfrac{1}{5}$

복습	1회	2회	3회	4회	5회
채점 O△X					

99. [2013년 수능 (가)형 2번]

$\sin\theta = \dfrac{1}{3}$ 일 때, $\sin2\theta$의 값은?

(단, $0 < \theta < \dfrac{\pi}{2}$이다.) [2점]

① $\dfrac{7\sqrt{2}}{18}$ ② $\dfrac{4\sqrt{2}}{9}$ ③ $\dfrac{\sqrt{2}}{2}$

④ $\dfrac{5\sqrt{2}}{9}$ ⑤ $\dfrac{11\sqrt{2}}{18}$

$\cos\theta = \sqrt{1 - \sin^2\theta} = \sqrt{1 - \left(\dfrac{1}{3}\right)^2} = \dfrac{2\sqrt{2}}{3}$

$\left(\because 0 < \theta < \dfrac{\pi}{2}\right)$

$\therefore \sin2\theta = 2\sin\theta\cos\theta = 2 \times \dfrac{1}{3} \times \dfrac{2\sqrt{2}}{3} = \dfrac{4\sqrt{2}}{9}$

복습	1회	2회	3회	4회	5회
채점 O△X					

101. [1999년 수능 (자연) 3번]

$\lim\limits_{x\to0} \dfrac{\ln(1+x)}{2x}$ 의 값은? [2점]

① 1 ② 2 ③ 3 ④ $\dfrac{1}{2}$ ⑤ $\dfrac{1}{3}$

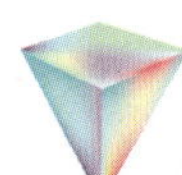

$\lim\limits_{x\to0} \dfrac{\ln(1+x)}{2x} = \dfrac{1}{2}$

복습	1회	2회	3회	4회	5회
채점 O△X					

102. [1996년 수능 (자연) 5번]

방정식 $\cos^2 x - \sin^2 2x = 0$을 만족하는

$0 \le x \le 2\pi$ 인 서로 다른 실근의 개수는?

① 3 ② 4 ③ 5 ④ 6 ⑤ 7

$\cos^2 x - \sin^2 2x = 0$

$\Leftrightarrow \cos^2 x - 4\sin^2 x \cos^2 x = 0$

$\Leftrightarrow \cos^2 x (1 - 4\sin^2 x) = 0$

$\Leftrightarrow \cos x = 0 \ \text{or} \ \sin x = \pm \dfrac{1}{2}$

$\therefore x = \dfrac{\pi}{2}, \dfrac{3}{2}\pi \ \text{or} \ x = \dfrac{\pi}{6}, \dfrac{5}{6}\pi, \dfrac{7}{6}\pi, \dfrac{11}{6}\pi$

$\therefore$ 6개

복습	1회	2회	3회	4회	5회
채점 O△X					

103. [2019년 수능 (가)형 23번]

$\tan \theta = 5$일 때, $\sec^2 \theta$의 값을 구하시오. [3점]

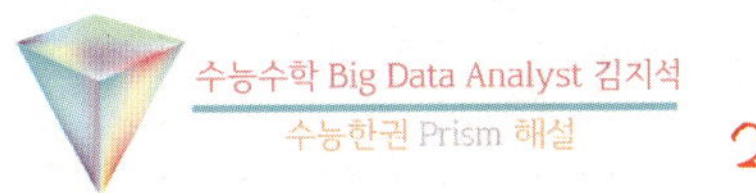

26

$\sec^2 \theta = 1 + \tan^2 \theta = 1 + 25 = 26$

복습	1회	2회	3회	4회	5회
채점 O△X					

104. [2014년 수능 (B)형 12번] 실전 분석

이차항의 계수가 1인 이차함수 $f(x)$와 함수

$$g(x) = \begin{cases} \dfrac{1}{\ln(x+1)} & (x \neq 0) \\ 8 & (x = 0) \end{cases}$$

에 대하여 함수 $f(x)g(x)$가 구간 $(-1, \infty)$에서

연속일 때, $f(3)$의 값은? [3점]

① 6 ② 9 ③ 12 ④ 15 ⑤ 18

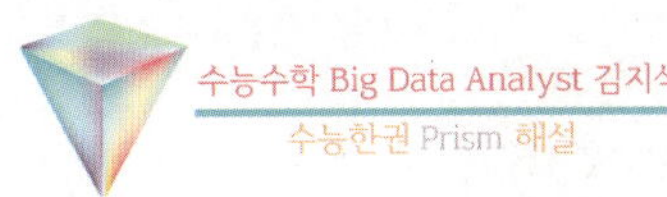

해설 바로가기 ▶ 실전개념분석 28번

복습	1회	2회	3회	4회	5회
채점 O△X					

105. [2012년 수능 (가)형 23번] 실전 분석

방정식 $3\cos 2x + 17\cos x = 0$ 을 만족시키는 x 에 대하여 $\tan^2 x$ 의 값을 구하시오. [3점]

35

해설 바로가기 ▶ 실전개념분석 27번

복습	1회	2회	3회	4회	5회
채점 O△X					

106. [2010년 수능 (가)형 미분과 적분 26번]

$\tan\theta = -\sqrt{2}$ 일 때, $\sin\theta \tan 2\theta$ 의 값은?

$\left(\text{단}, \dfrac{\pi}{2} < \theta < \pi\right)$ [3점]

① $\dfrac{2\sqrt{3}}{3}$ ② $\sqrt{3}$ ③ $\dfrac{4\sqrt{3}}{3}$ ④ $\dfrac{5\sqrt{3}}{3}$ ⑤ $2\sqrt{3}$

$\tan\theta = -\sqrt{2}$ $\sin\theta = \dfrac{\sqrt{6}}{3}$ $\left(\because \dfrac{\pi}{2} < \theta < \pi\right)$

$\therefore \sin\theta \tan 2\theta = \sin\theta \times \dfrac{2\tan\theta}{1-\tan^2\theta}$

$= \dfrac{\sqrt{6}}{3} \times \dfrac{2(-\sqrt{2})}{1-(-\sqrt{2})^2} = \dfrac{4\sqrt{3}}{3}$

복습	1회	2회	3회	4회	5회
채점 O△X					

107. [2008년 수능 (가)형 미분과 적분 26번]

$\sin\alpha = \dfrac{3}{4}$ 일 때, $\cos 2\alpha$ 의 값은? [3점]

① $-\dfrac{1}{32}$ ② $-\dfrac{1}{16}$ ③ $-\dfrac{1}{8}$ ④ $-\dfrac{1}{4}$ ⑤ $-\dfrac{1}{2}$

$\cos 2\alpha = 1 - 2\sin^2\alpha = 1 - 2 \times \left(\dfrac{3}{4}\right)^2$

$= 1 - \dfrac{9}{8} = -\dfrac{1}{8}$

복습	1회	2회	3회	4회	5회
채점 O△X					

108. [2007년 수능 (가)형 미분과 적분 26번]

$\lim\limits_{x \to a} \dfrac{2^x - 1}{3\sin(x-a)} = b\ln 2$ 를 만족시키는 두 상수 a, b에 대하여 $a+b$의 값은? [3점]

① $\dfrac{1}{6}$ ② $\dfrac{1}{5}$ ③ $\dfrac{1}{4}$ ④ $\dfrac{1}{3}$ ⑤ $\dfrac{1}{2}$

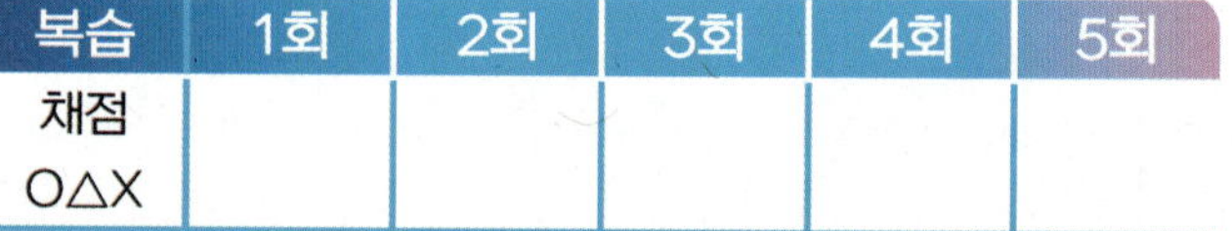

$a \to 0$일 때 (분모)→0 이므로

$\lim\limits_{x \to a} (2^x - 1) = 2^a - 1 = 0$

$\therefore a = 0$

$\therefore \lim\limits_{x \to 0} \dfrac{2^x - 1}{3\sin x} = \lim\limits_{x \to 0} \dfrac{1}{3} \dfrac{x}{\sin x} \cdot \dfrac{2^x - 1}{x}$

$= \dfrac{1}{3} \times 1 \times \ln 2$

$\therefore b = \dfrac{1}{3}$

$\therefore a+b = \dfrac{1}{3}$

복습	1회	2회	3회	4회	5회
채점 O△X					

복습	1회	2회	3회	4회	5회
채점 O△X					

109. [2006년 수능 (가)형 미분과 적분 26번]

$\lim\limits_{\theta \to 0} \dfrac{\sec 2\theta - 1}{\sec \theta - 1}$의 값은? [3점]

① 1 　② 2 　③ 3 　④ 4 　⑤ 5

110. [2005년 수능 (가)형 미분과 적분 27번]

$\lim\limits_{x \to 0} \dfrac{e^{2x} - 1}{\tan x}$의 값은? [3점]

① -2 　② -1 　③ 1 　④ 2 　⑤ 4

$$\lim_{\theta \to 0} \frac{\sec 2\theta - 1}{\sec \theta - 1} = \lim_{\theta \to 0} \frac{\dfrac{1}{\cos 2\theta} - 1}{\dfrac{1}{\cos \theta} - 1}$$

$$= \lim_{\theta \to 0} \frac{1 - \cos 2\theta}{1 - \cos \theta} \cdot \frac{\cos \theta}{\cos 2\theta}$$

$$= \lim_{\theta \to 0} \frac{1 - \cos 2\theta}{1 - \cos \theta} \left(\because \lim_{\theta \to 0} \frac{\cos \theta}{\cos 2\theta} = \frac{1}{1} = 1 \right)$$

$$= \lim_{\theta \to 0} \frac{\dfrac{1 - \cos 2\theta}{\theta^2}}{\dfrac{1 - \cos \theta}{\theta^2}} = \frac{\dfrac{1}{2} 2^2}{\dfrac{1}{2}} = 4$$

$$\lim_{x \to 0} \frac{e^{2x} - 1}{\tan x} = \lim_{x \to 0} \frac{2x \cdot \dfrac{e^{2x} - 1}{2x}}{x \cdot \dfrac{\tan x}{x}} = 2$$

[다른 풀이]

$$\lim_{\theta \to 0} \frac{\sec 2\theta - 1}{\sec \theta - 1} = \lim_{\theta \to 0} \frac{\dfrac{1}{\cos 2\theta} - 1}{\dfrac{1}{\cos \theta} - 1}$$

$$= \lim_{\theta \to 0} \frac{1 - \cos 2\theta}{1 - \cos \theta} \cdot \frac{\cos \theta}{\cos 2\theta}$$

$$= \lim_{\theta \to 0} \frac{1 - \cos 2\theta}{1 - \cos \theta} \left(\because \lim_{\theta \to 0} \frac{\cos \theta}{\cos 2\theta} = \frac{1}{1} = 1 \right)$$

$$= \lim_{\theta \to 0} \frac{1 - \cos 2\theta}{1 - \cos \theta} \times \frac{1 + \cos 2\theta}{1 + \cos \theta} \times \frac{1 + \cos \theta}{1 + \cos 2\theta}$$

$$= \lim_{\theta \to 0} \frac{1 - \cos^2 2\theta}{1 - \cos^2 \theta} \times \frac{1 + \cos \theta}{1 + \cos 2\theta}$$

$$= \lim_{\theta \to 0} \frac{\sin^2 2\theta}{\sin^2 \theta} \times \frac{1 + \cos \theta}{1 + \cos 2\theta}$$

$$= \lim_{\theta \to 0} \left(\frac{\sin 2\theta}{2\theta} \right)^2 \left(\frac{\theta}{\sin \theta} \right)^2 \left(\frac{2\theta}{\theta} \right)^2 \left(\frac{1 + \cos \theta}{1 + \cos 2\theta} \right)$$

$$= 4$$

복습	1회	2회	3회	4회	5회
채점 O△X					

복습	1회	2회	3회	4회	5회
채점 O△X					

111. [2005년 수능 (가)형 미분과 적분 26번]

$\sin\alpha = \dfrac{1}{3}$일 때, $\cos\left(\dfrac{\pi}{3}+\alpha\right)$의 값은?

(단, $0<\alpha<\dfrac{\pi}{2}$) [3점]

① $\dfrac{2\sqrt{2}-\sqrt{3}}{6}$ ② $\dfrac{2-\sqrt{3}}{6}$

③ $\dfrac{\sqrt{2}-1}{3}$ ④ $\dfrac{\sqrt{3}-\sqrt{2}}{3}$

⑤ $\dfrac{\sqrt{3}-1}{3}$

수능수학 Big Data Analyst 김지석
수능한권 Prism 해설

$\sin\alpha = \dfrac{1}{3}$이고 $0<\alpha<\dfrac{\pi}{2}$

$\cos\alpha = \sqrt{1-\sin^2\alpha} = \sqrt{1-\dfrac{1}{9}} = \dfrac{2\sqrt{2}}{3}$

$\therefore \cos\left(\dfrac{\pi}{3}+\alpha\right) = \cos\dfrac{\pi}{3}\cos\alpha - \sin\dfrac{\pi}{3}\sin\alpha$

$= \dfrac{1}{2}\times\dfrac{2\sqrt{2}}{3} - \dfrac{\sqrt{3}}{2}\times\dfrac{1}{3}$

$= \dfrac{2\sqrt{2}-\sqrt{3}}{6}$

112. [1997년 수능 (자연) 4번]

$\lim\limits_{x\to 0}\dfrac{\sin(3x^3+5x^2+4x)}{2x^3+2x^2+x}$ 의 값은? [3점]

① 4   ② 3   ③ $\dfrac{3}{2}$ ④ 1   ⑤ $\dfrac{\sin3}{2}$

수능수학 Big Data Analyst 김지석
수능한권 Prism 해설

$\lim\limits_{x\to 0}\dfrac{\sin(3x^3+5x^2+4x)}{3x^3+5x^2+4x}\times\dfrac{3x^3+5x^2+4x}{2x^3+2x^2+x}$

$= 1\times\lim\limits_{x\to 0}\dfrac{3x^2+5x+4}{2x^2+2x+1} = 4$

수능 4점

복습	1회	2회	3회	4회	5회
채점 O△X					

113. [2020년 6월 (가)형 16번]

양수 t에 대하여 다음 조건을 만족시키는 실수 k의 값을 $f(t)$라 하자.

> 직선 $x=k$와 두 곡선 $y=e^{\frac{x}{2}}$, $y=e^{\frac{x}{2}+3t}$ 이 만나는 점을 각각 P, Q라 하고, 점 Q를 지나고 y축에 수직인 직선이 곡선 $y=e^{\frac{x}{2}}$ 과 만나는 점을 R라 할 때, $\overline{PQ}=\overline{QR}$ 이다.

함수 $f(t)$에 대하여 $\displaystyle\lim_{t\to 0+} f(t)$ 의 값은? [4점]

① $\ln 2$ ② $\ln 3$ ③ $\ln 4$ ④ $\ln 5$ ⑤ $\ln 6$

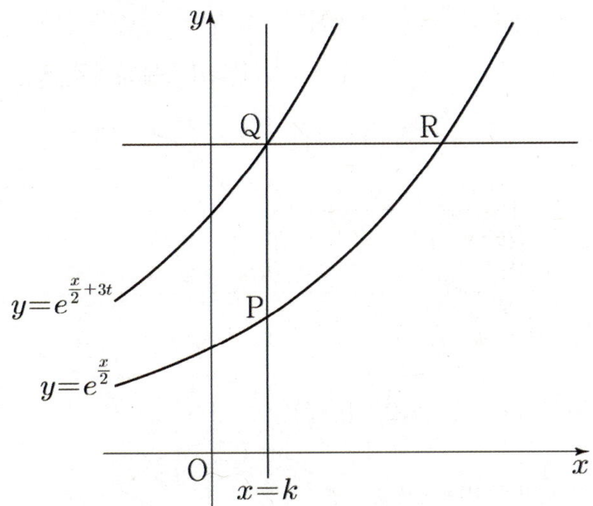

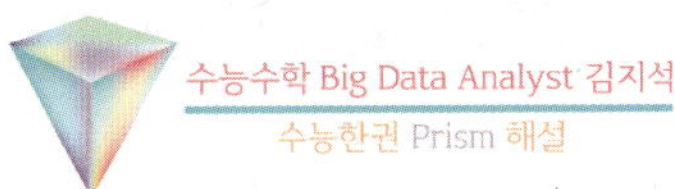

수능수학 Big Data Analyst 김지석
수능한권 Prism 해설

곡선 $y=e^{\frac{x}{2}}$ 는 $y=e^{\frac{x}{2}+3t}=e^{\frac{1}{2}(x+6t)}$ 를 x축으로 $6t$만큼 평행이동 한 것이다.

$\therefore \overline{QR}=6t$

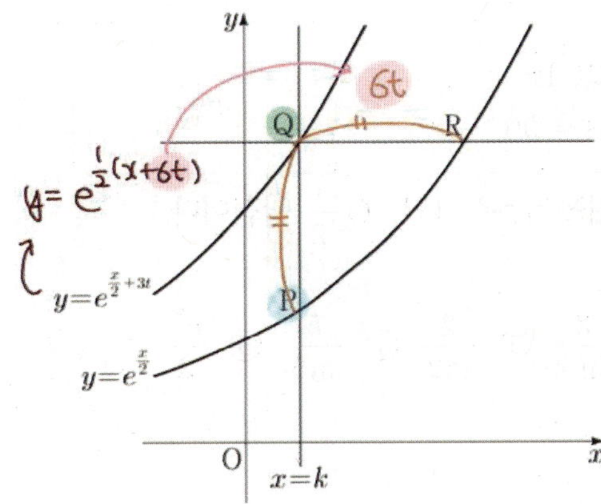

좌표평면에서의 길이
→ 각 점의 좌표를 활용

$Q\left(k,\ e^{\frac{k}{2}+3t}\right)$, $P\left(k,\ e^{\frac{k}{2}}\right)$

$\overline{QR}=\overline{PQ}$

$\therefore 6t=e^{\frac{k}{2}+3t}-e^{\frac{k}{2}}=e^{\frac{k}{2}}(e^{3t}-1)$

$\Leftrightarrow e^{\frac{k}{2}}=\dfrac{6t}{e^{3t}-1}$

$\Leftrightarrow \dfrac{k}{2}=\ln\dfrac{6t}{e^{3t}-1}$

$\therefore f(t)=k=2\ln\dfrac{6t}{e^{3t}-1}$

$\therefore \displaystyle\lim_{t\to 0+} f(t)=2\ln 2=\ln 4$

복습	1회	2회	3회	4회	5회
채점 O△X					

114. [2019년 9월 (가)형 15번]

함수 $y = e^x$의 그래프 위의 x좌표가 양수인 점 A와 함수 $y = -\ln x$의 그래프 위의 점 B가 다음 조건을 만족시킨다.

> (가) $\overline{OA} = 2\overline{OB}$
> (나) $\angle AOB = 90°$

직선 OA의 기울기는? (단, O는 원점이다.)
[4점]

① e ② $\dfrac{3}{\ln 3}$ ③ $\dfrac{2}{\ln 2}$ ④ $\dfrac{5}{\ln 5}$ ⑤ $\dfrac{e^2}{2}$

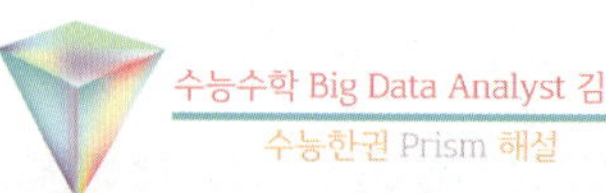

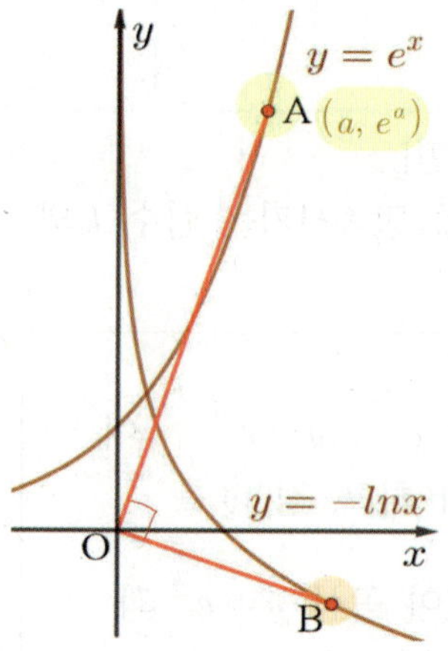

함수 $y = e^x$ 위의 점 A의 좌표를 (a, e^a)라 하자.

직선 OA의 기울기는 $\dfrac{e^a}{a}$이고

$\angle AOB = 90°$ 이므로 ($\because$ 조건 (나))

B$(ke^a, -ka)$꼴이다. (단, k는 상수)

$\left(\because \dfrac{e^a}{a} \times \left(-\dfrac{ka}{ke^a} \right) = -1 \right)$

$\overline{OA} = 2\overline{OB} \Leftrightarrow \dfrac{1}{2}\overline{OA} = \overline{OB}$ 이므로 ($\because$ 조건 (가))

$k = \dfrac{1}{2}$, B$\left(\dfrac{1}{2}e^a, -\dfrac{1}{2}a \right)$

점 B가 함수 $y = -\ln x$의 그래프 위의 점이므로

$-\dfrac{1}{2}a = -\ln \dfrac{1}{2}e^a$

$\Leftrightarrow -\dfrac{1}{2}a = -(-\ln 2 + \ln e^a)$

$\Leftrightarrow -\dfrac{1}{2}a = \ln 2 - a$

$\therefore a = 2\ln 2$

$\therefore$ 직선 OA의 기울기는

$\dfrac{e^a}{a} = \dfrac{4}{2\ln 2} = \dfrac{2}{\ln 2}$

※ [참고] $k = \dfrac{1}{2}$인 이유

좌표의 숫자값이 절반이면 원점까지의 거리가

$\dfrac{1}{2}$이 되기 때문이다. 예를 들어서

원점 O에서 (1,2)까지의 거리는

원점 O에서 (2,4)까지의 거리의 $\dfrac{1}{2}$이다.

그런데 부호나 x, y값이 뒤바뀌어도

원점까지의 거리는 변함이 없으니까

$(\pm 1, \pm 2)$, $(\pm 2, \pm 1)$ 모두 원점까지의 거리가

$(2, 4)$의 $\dfrac{1}{2}$이다.

이와 같은 원리로 $\overline{OB}$의 길이가 $\overline{OA}$의 길이의 $\dfrac{1}{2}$이기

때문에 $k = \dfrac{1}{2}$인 것이다.

미적분 2. 여러 함수의 미분 경향06
도형

수능 3점

복습	1회	2회	3회	4회	5회
채점 O△X					

115. [2020년 수능 (가)형 10번] (중복)

$\overline{AB} = \overline{AC}$인 이등변삼각형 ABC에서 $\angle A = \alpha$, $\angle B = \beta$라 하자. $\tan(\alpha + \beta) = -\dfrac{3}{2}$일 때, $\tan\alpha$의 값은? [3점]

① $\dfrac{21}{10}$ ② $\dfrac{11}{5}$ ③ $\dfrac{23}{10}$ ④ $\dfrac{12}{5}$ ⑤ $\dfrac{5}{2}$

수능수학 Big Data Analyst 김지석
수능한권 Prism 해설

(step1)

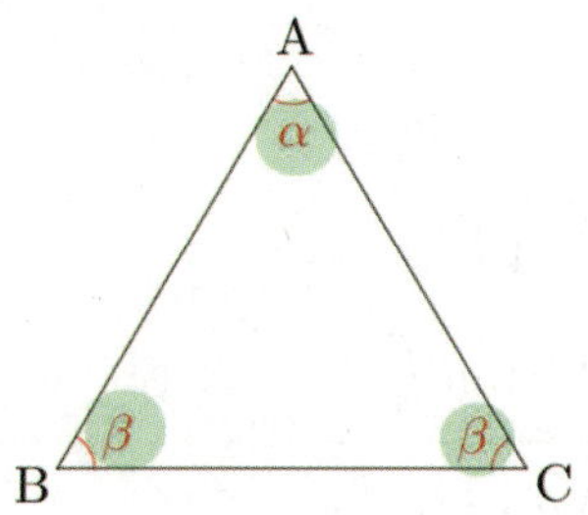

△ABC가 언급되었으므로, △ABC를 그리자!
그럼 자연스럽게
$\angle B = \angle C = \beta$라는 게 파악이 돼! ($\because \overline{AB} = \overline{AC}$)
$\alpha + \beta + \beta = \pi$

(step2)

$\tan(\alpha + \beta) = -\dfrac{3}{2}$이고

$\alpha + \beta + \beta = \pi$ → $\alpha + \beta = \pi - \beta$

$\tan(\alpha + \beta) = \tan(\pi - \beta) = -\tan\beta = -\dfrac{3}{2}$

$\therefore \tan\beta = \dfrac{3}{2}$

도형의 필연성
필연성 05

대칭 도형 → 반띵

✓ 이등변삼각형 → 직각 삼각형

(step3)

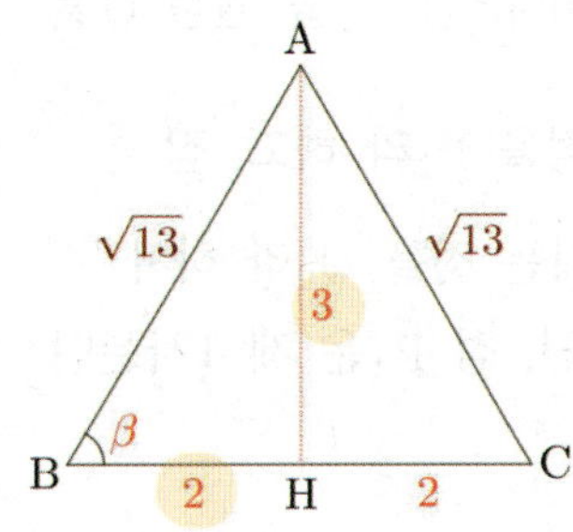

$\overline{AB} = \sqrt{\overline{AH}^2 + \overline{BH}^2} = \sqrt{3^2 + 2^2} = \sqrt{13}$

$\overline{AC} = \overline{AB} = \sqrt{13}$

(step4)

삼각형 하나에서 변 세 개의 길이가 나왔고, 각 하나에 대해 알아야 하므로 cos법칙을 쓰는게 당연해 보인다.

$$\cos\alpha = \frac{(\sqrt{13})^2 + (\sqrt{13})^2 - 4^2}{2 \times \sqrt{13} \times \sqrt{13}} = \frac{5}{13}$$

$$\therefore \tan\alpha = \frac{12}{5}$$

[다른 풀이]

$\tan\beta = \dfrac{3}{2}, \tan\dfrac{\alpha}{2} = \dfrac{2}{3}$

덧셈정리 공식을 이용하여 $\tan\alpha$값을 구할 수 있다.

$$\tan\alpha = \tan\left(\frac{\alpha}{2} + \frac{\alpha}{2}\right) = \frac{\tan\dfrac{\alpha}{2} + \tan\dfrac{\alpha}{2}}{1 - \tan\dfrac{\alpha}{2} \times \tan\dfrac{\alpha}{2}}$$

$\tan\dfrac{\alpha}{2} = \dfrac{2}{3}$를 대입하여 계산하면,

$$\therefore \tan\alpha = \frac{12}{5}$$

복습	1회	2회	3회	4회	5회
채점 ○△X					

116. [2007년 수능 (가)형 미분과 적분 28번]

그림과 같이 원 $x^2+y^2=1$ 위의 점 P_1에서의 접선이 x축과 만나는 점을 Q_1이라 할 때, 삼각형 P_1OQ_1의 넓이는 $\dfrac{1}{4}$이다. 점 P_1을 원점 O를 중심으로 $\dfrac{\pi}{4}$만큼 회전시킨 점을 P_2라 하고, 점 P_2에서의 접선이 x축과 만나는 점을 Q_2라 하자. 삼각형 P_2OQ_2의 넓이는? (단, 점 P_1은 제 1사분면 위의 점이다.) [3점]

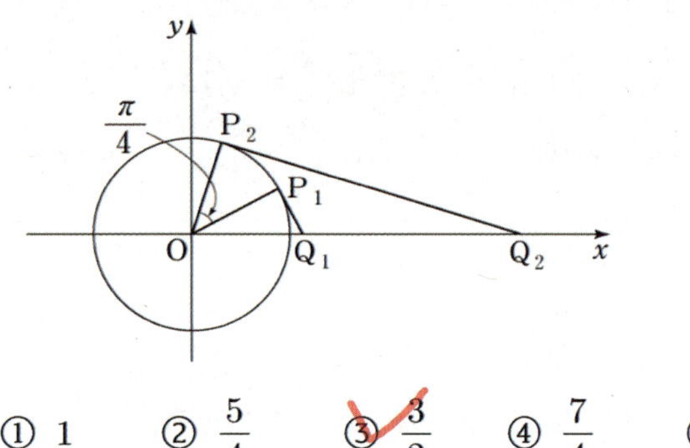

① 1 　② $\dfrac{5}{4}$ 　③ $\dfrac{3}{2}$ 　④ $\dfrac{7}{4}$ 　⑤ 2

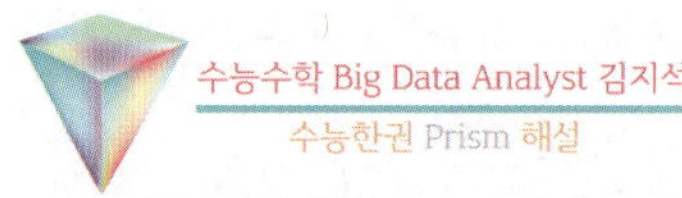

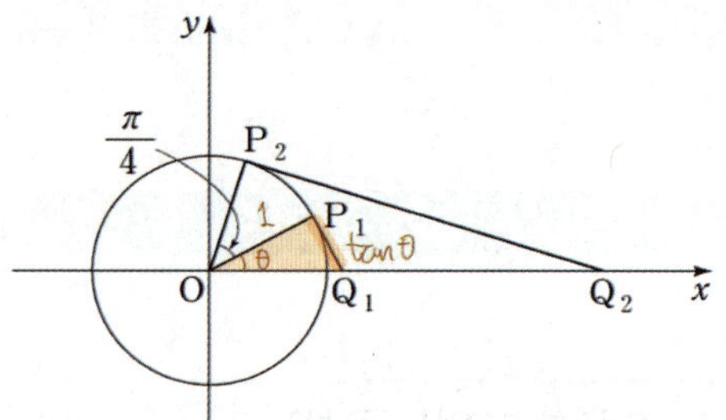

P_1과 x축과 이루는 각을 θ라 하면 삼각형 P_1OQ_1의 넓이

$$\frac{1}{2}\tan\theta = \frac{1}{4}$$

$$\therefore \tan\theta = \frac{1}{2}$$

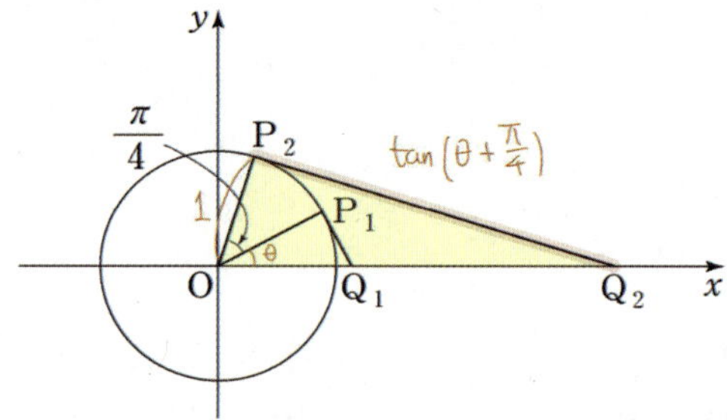

$$\therefore \triangle OP_2Q = \frac{1}{2}\cdot\tan\left(\theta+\frac{\pi}{4}\right)$$

$$= \frac{1}{2}\cdot\frac{\tan\theta+\tan\frac{\pi}{4}}{1-\tan\theta\cdot\tan\frac{\pi}{4}} = \frac{3}{2}$$

복습	1회	2회	3회	4회	5회
채점 O△X					

117. [1999년 수능 (자연) 21번]

지름 $\overline{AB}$ 의 길이가 10인 원이 있다. 원 위의 점 P, Q에 대하여 $\overline{AP} = 8$ 이고 $\angle QAB = 2\angle PAB$ 이다. 선분 $\overline{AQ}$ 의 길이는? [3점]

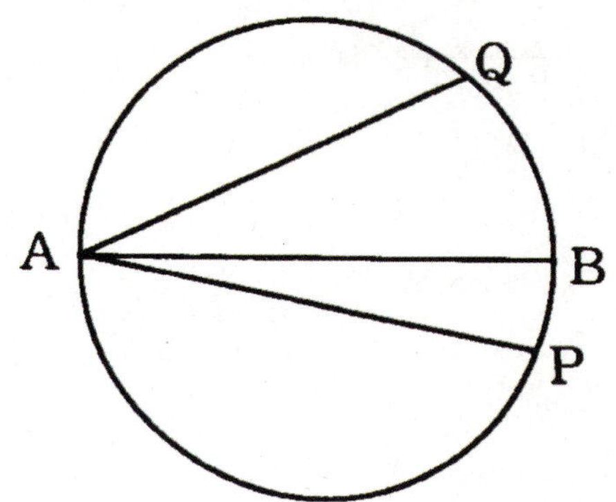

① $\dfrac{10}{5}$ ② $\dfrac{11}{5}$ ③ $\dfrac{12}{5}$ ④ $\dfrac{13}{5}$ ⑤ $\dfrac{14}{5}$

수능수학 Big Data Analyst 김지석
수능한권 Prism 해설

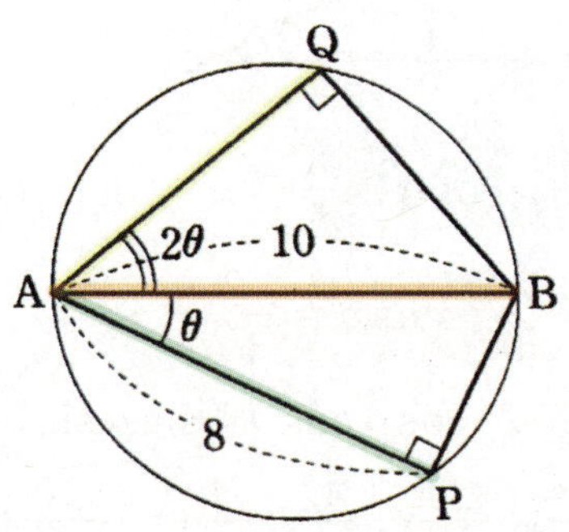

$\angle PAB = \theta$ 라 하면 $\angle QAB = 2\theta$

$\triangle ABP$ 에서 $\angle APB = 90°$

$$\cos\theta = \frac{8}{10} = \frac{4}{5}$$

$$\cos 2\theta = 2\cos^2\theta - 1 = \frac{7}{25}$$

$\triangle AQB$ 에서 $\angle AQB = 90°$

$$\overline{AQ} = \overline{AB}\cos 2\theta = 10 \times \frac{7}{25} = \frac{14}{5}$$

118. [1995년 수능 (자연) 16번] 실전 분석

$\angle C$ 가 직각이고 $\angle B$ 의 크기가 $\dfrac{\pi}{3}$ 인 직각삼각형 ABC의 변 BC 위에 점 D를 잡고, $\angle BAD$ 의 크기를 θ 라 할 때, $\dfrac{\overline{BD}}{\overline{AB}}$ 를 θ 의 함수로 나타내면?

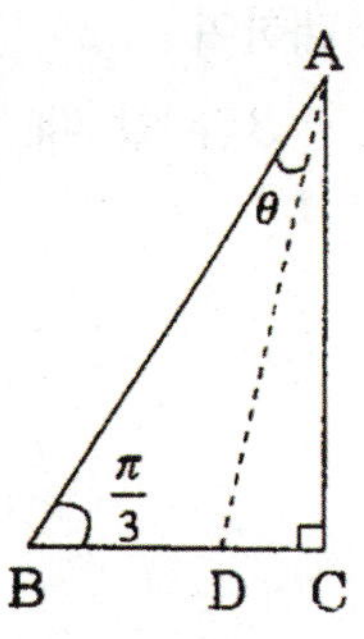

① $\sin\theta$

② $\dfrac{\sin\theta}{1 + \cos\theta}$

③ $\dfrac{2\sin\theta}{1 + 2\cos\theta}$

④ $\dfrac{2\sin\theta}{\sin\theta + \sqrt{3}\cos\theta}$

⑤ $\dfrac{1 - \cos\theta}{2}$

수능수학 Big Data Analyst 김지석
수능한권 Prism 해설

해설 바로가기 ▶ 실전개념분석 29번

수능 4점

복습	1회	2회	3회	4회	5회
채점 O△X					

119. [2018년 수능 (가)형 14번]

그림과 같이 $\overline{AB}=5$, $\overline{AC}=2\sqrt{5}$인 삼각형 ABC의 꼭짓점 A에서 선분 BC에 내린 수선의 발을 D라 하자.

선분 AD를 $3:1$로 내분하는 점 E에 대하여 $\overline{EC}=\sqrt{5}$이다. $\angle ABD=\alpha$, $\angle DCE=\beta$라 할 때, $\cos(\alpha-\beta)$의 값은? [4점]

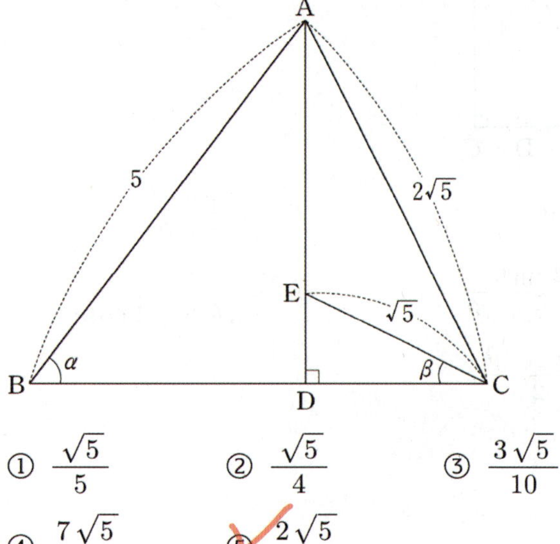

① $\dfrac{\sqrt{5}}{5}$ ② $\dfrac{\sqrt{5}}{4}$ ③ $\dfrac{3\sqrt{5}}{10}$

④ $\dfrac{7\sqrt{5}}{20}$ ⑤ $\dfrac{2\sqrt{5}}{5}$

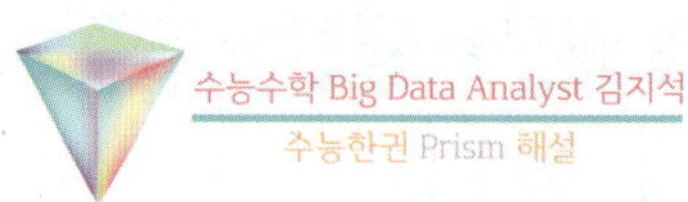

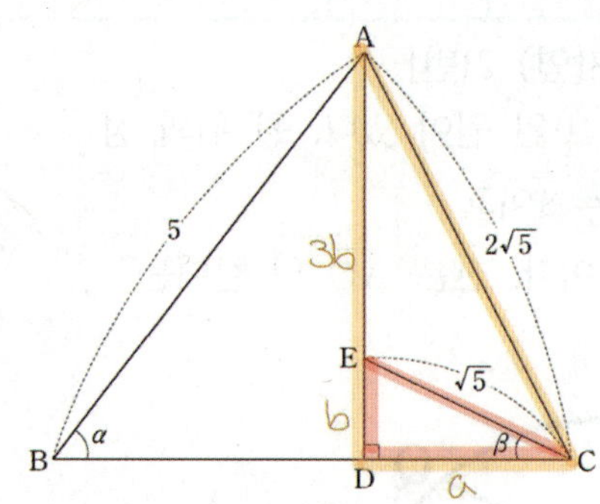

$\overline{CD}=a$, $\overline{DE}=b$라 하면 직각삼각형 CED에서

$$a^2+b^2=\sqrt{5}^2=5$$

직각삼각형 CAD에서

$$a^2+(4b)^2=(2\sqrt{5})^2$$

$$\therefore a=2, \ b=1$$

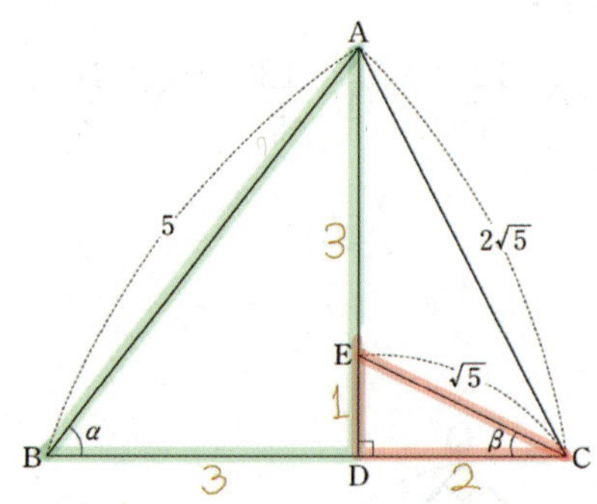

$$\therefore \sin\alpha=\frac{4}{5}, \ \cos\alpha=\frac{3}{5},$$

$$\sin\beta=\frac{1}{\sqrt{5}}, \ \cos\beta=\frac{2}{\sqrt{5}}$$

$$\therefore \cos(\alpha-\beta)=\cos\alpha\cos\beta+\sin\alpha\sin\beta$$

$$=\frac{3}{5}\times\frac{2}{\sqrt{5}}+\frac{4}{5}\times\frac{1}{\sqrt{5}}=\frac{10}{5\sqrt{5}}=\frac{2\sqrt{5}}{5}$$

미적분 2. 여러 함수의 미분 경향07
도형의 극한

수능 3점

복습	1회	2회	3회	4회	5회
채점					
O△X					

120. [2021년 수능 (가)형 24번]

그림과 같이 $\overline{AB} = 2$, $\angle B = \dfrac{\pi}{2}$ 인 직각삼각형

ABC 에서 중심이 A, 반지름의 길이가 1인 원이 두 선분 AB, AC 와 만나는 점을 각각 D, E 라 하자. 호 DE 의 삼등분점 중 점 D 에 가까운 점을 F 라 하고, 직선 AF 가 선분 BC 와 만나는 점을 G 라 하자. $\angle BAG = \theta$ 라 할 때, 삼각형 ABG 의 내부와 부채꼴 ADF 의 외부의 공통부분의 넓이를 $f(\theta)$, 부채꼴 AFE 의 넓이를 $g(\theta)$ 라 하자.

$40 \times \displaystyle\lim_{\theta \to 0+} \dfrac{f(\theta)}{g(\theta)}$ 의 값을 구하시오. (단,

$0 < \theta < \dfrac{\pi}{6}$) [3점]

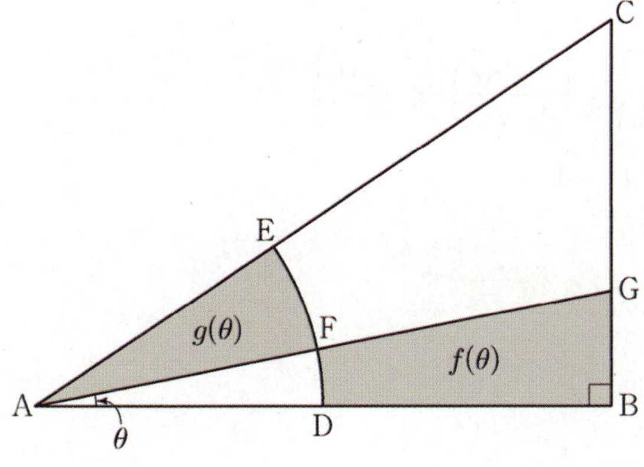

도형의 필연성

필연성 14

이상한 도형의 넓이를 구할 때
(넓이 공식 없는 도형)

→ 여러 개의 기본 도형으로 퍼즐 맞추기
(넓이 공식 있는 도형)

✓ 빵꾸난 도형은 빵꾸를 메꿔서 퍼즐 맞추기

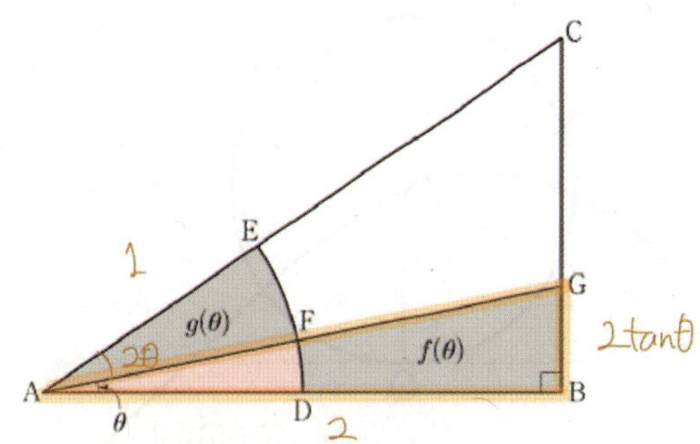

부채꼴 AFE 에서 $\angle EAF = 2\theta$

$$g(\theta) = \frac{1}{2} \times 1^2 \times 2\theta = \theta$$

$$f(\theta) = \frac{1}{2} \times 2 \times 2\tan\theta - \frac{\theta}{2} = 2\tan\theta - \frac{\theta}{2}$$

$$\therefore \ 40 \times \lim_{\theta \to 0+} \frac{f(\theta)}{g(\theta)}$$

$$= 40 \times \lim_{\theta \to 0+} \frac{2\tan\theta - \dfrac{\theta}{2}}{\theta}$$

$$= 40 \times \lim_{\theta \to 0+} \left(\frac{2\tan\theta}{\theta} - \frac{1}{2} \right)$$

$$= 40 \times \left(2 - \frac{1}{2} \right)$$

$$= 60$$

복습	1회	2회	3회	4회	5회
채점 O△X					

121. [2020년 수능 (가)형 24번]

좌표평면에서 곡선 $y = \sin x$ 위의 점 $P(t, \sin t)$ $(0 < t < \pi)$를 중심으로 하고 x축에 접하는 원을 C라 하자. 원 C가 x축에 접하는 점을 Q, 선분 OP와 만나는 점을 R라 하자.

$\lim\limits_{t \to 0+} \dfrac{\overline{OQ}}{\overline{OR}} = a + b\sqrt{2}$일 때, $a+b$의 값을 구하시오.

(단, O는 원점이고, a, b는 정수이다.) [3점]

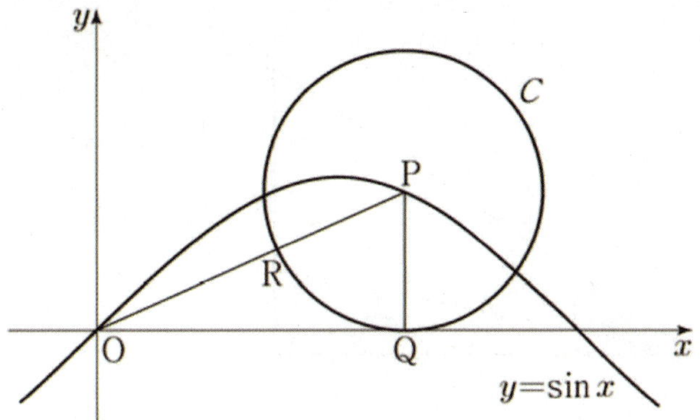

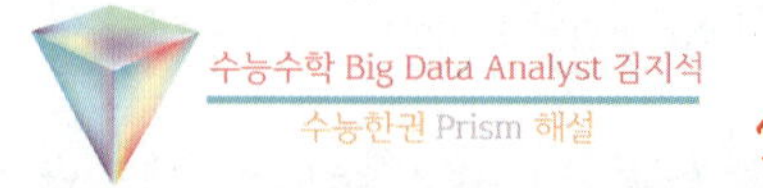

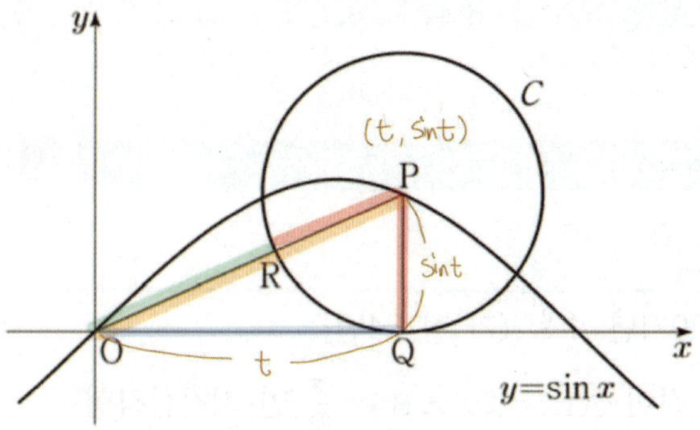

점 P의 좌표가 $(t, \sin t)$ $(0 < t < \pi)$

점 Q의 좌표는 $(t, 0)$

$\overline{PR} = \overline{PQ} = \sin t$

$$\overline{OR} = \overline{OP} - \overline{PR}$$
$$= \sqrt{t^2 + \sin^2 t} - \sin t$$

$$\lim_{t \to 0+} \frac{\overline{OQ}}{\overline{OR}} = \lim_{t \to 0+} \frac{t}{\sqrt{t^2 + \sin^2 t} - \sin t}$$

$$= \lim_{t \to 0+} \frac{t(\sqrt{t^2 + \sin^2 t} + \sin t)}{(t^2 + \sin^2 t) - \sin^2 t}$$

$$= \lim_{t \to 0+} \frac{\sqrt{t^2 + \sin^2 t} + \sin t}{t}$$

$$= \lim_{t \to 0+} \left\{ \sqrt{1 + \left(\frac{\sin t}{t}\right)^2} + \frac{\sin t}{t} \right\}$$

$$= \sqrt{1 + 1^2} + 1$$

$$= 1 + \sqrt{2}$$

$\therefore a + b = 1 + 1 = 2$

복습	1회	2회	3회	4회	5회
채점 ○△X					

122. [2010년 수능 (가)형 미분과 적분 28번]

그림과 같이 원 $x^2+y^2=1$ 위의 점 P 에서의 접선이 x 축과 만나는 점을 Q 라 하자. 점 A$(-1,\ 0)$과 원점 O 에 대하여 $\angle\,\mathrm{PAO}=\theta$라 할 때, $\displaystyle\lim_{\theta\to\frac{\pi}{4}-}\frac{\overline{PQ}-\overline{OQ}}{\theta-\frac{\pi}{4}}$ 의 값은?

(단, 점 P 는 제 1사분면 위의 점이다.) [3점]

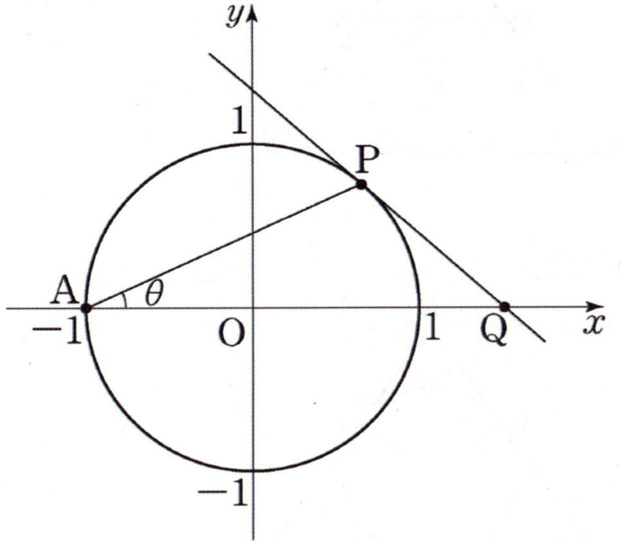

① 2 ② $\sqrt{3}$ ③ $\dfrac{3}{2}$ ④ 1 ⑤ $\dfrac{\sqrt{2}}{2}$

도형의 필연성

필연성 01

원 나오면 → 중심과 특별점 잇기

✓ 접점 → 접선과 수직

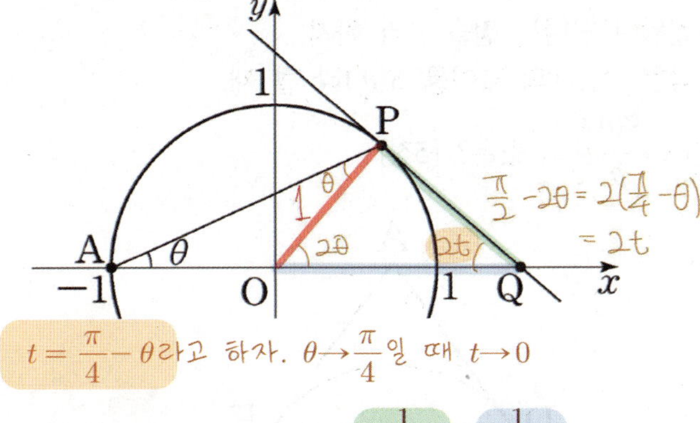

$t=\dfrac{\pi}{4}-\theta$라고 하자. $\theta\to\dfrac{\pi}{4}$일 때 $t\to0$

$$\lim_{\theta\to\frac{\pi}{4}-}\frac{\overline{PQ}-\overline{OQ}}{\theta-\frac{\pi}{4}}=\lim_{t\to0}\frac{\frac{1}{\tan2t}-\frac{1}{\sin2t}}{-t}$$

$$=\lim_{t\to0}\frac{1}{\sin2t}\frac{\cos2t-1}{-t}=\lim_{t\to0}\frac{t}{\sin2t}\frac{1-\cos2t}{t^2}$$

$$=\frac{1}{2}\times\frac{1}{2}2^2=1$$

[다른 풀이]

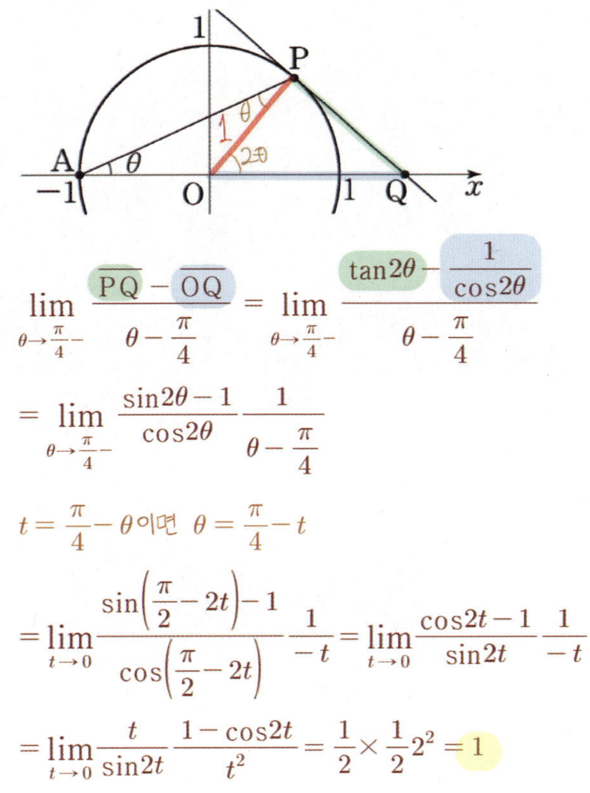

$$\lim_{\theta\to\frac{\pi}{4}-}\frac{\overline{PQ}-\overline{OQ}}{\theta-\frac{\pi}{4}}=\lim_{\theta\to\frac{\pi}{4}-}\frac{\tan2\theta-\frac{1}{\cos2\theta}}{\theta-\frac{\pi}{4}}$$

$$=\lim_{\theta\to\frac{\pi}{4}-}\frac{\sin2\theta-1}{\cos2\theta}\frac{1}{\theta-\frac{\pi}{4}}$$

$t=\dfrac{\pi}{4}-\theta$이면 $\theta=\dfrac{\pi}{4}-t$

$$=\lim_{t\to0}\frac{\sin\left(\frac{\pi}{2}-2t\right)-1}{\cos\left(\frac{\pi}{2}-2t\right)}\frac{1}{-t}=\lim_{t\to0}\frac{\cos2t-1}{\sin2t}\frac{1}{-t}$$

$$=\lim_{t\to0}\frac{t}{\sin2t}\frac{1-\cos2t}{t^2}=\frac{1}{2}\times\frac{1}{2}2^2=1$$

복습	1회	2회	3회	4회	5회
채점 O△X					

123. [2008년 수능 (가)형 미분과 적분 28번]

그림과 같이 양수 θ에 대하여

$\angle ABC = \angle ACB = \theta$이고 $\overline{BC} = 2$인 이등변삼각형 ABC가 있다. 삼각형 ABC의 내접원의 중심을 O, 선분 AB와 내접원이 만나는 점을 D, 선분 AC와 내접원이 만나는 점을 E라 하자.

삼각형 OED의 넓이를 $S(\theta)$라 할 때,

$\lim\limits_{\theta \to 0+} \dfrac{S(\theta)}{\theta^3}$의 값은? [3점]

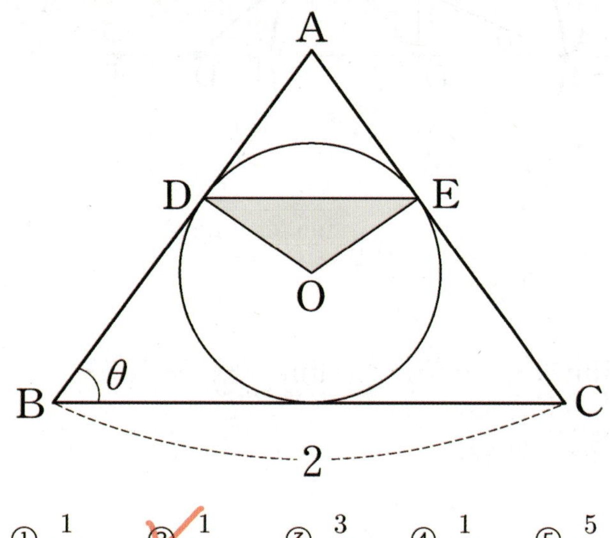

① $\dfrac{1}{8}$ ② $\dfrac{1}{4}$ ③ $\dfrac{3}{8}$ ④ $\dfrac{1}{2}$ ⑤ $\dfrac{5}{8}$

도형의 필연성

필연성 01

원 나오면 → 중심과 특별점 잇기

✓ 접점 → 접선과 수직

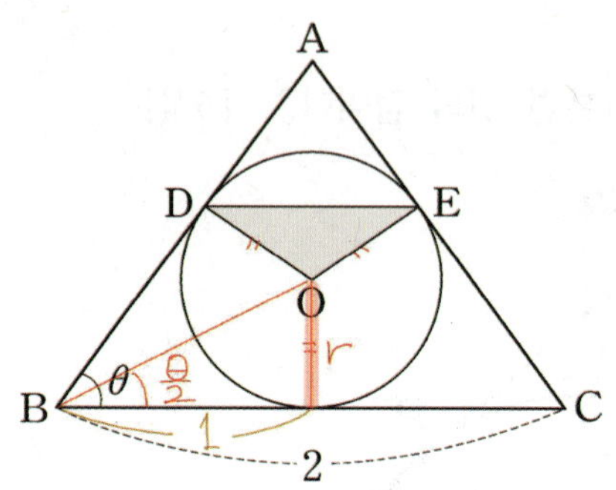

$r = \tan \dfrac{\theta}{2}$

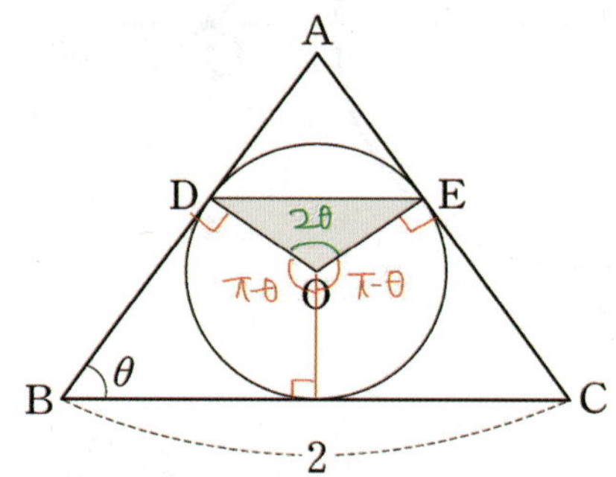

$\therefore S(\theta) = \dfrac{1}{2} r^2 \sin 2\theta = \dfrac{1}{2} \tan^2 \dfrac{\theta}{2} \sin 2\theta$

$\therefore \lim\limits_{\theta \to 0+} \dfrac{S(\theta)}{\theta^3} = \lim\limits_{\theta \to 0+} \dfrac{\dfrac{1}{2} \tan^2 \dfrac{\theta}{2} \sin 2\theta}{\theta^3}$

$= \dfrac{1}{2} \left(\dfrac{1}{2} \right)^2 2 = \dfrac{1}{4}$

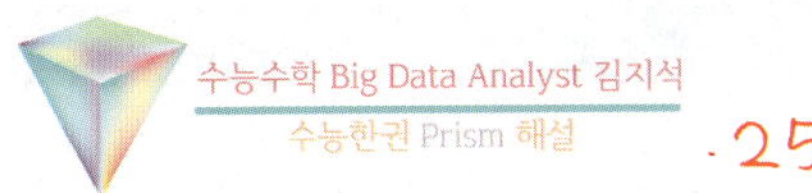

수능 4점

복습	1회	2회	3회	4회	5회
채점 O△X					

1등급

124. [2024년 6월 (미적분) 30번]

함수 $y = \dfrac{\sqrt{x}}{10}$ 의 그래프와 함수 $y = \tan x$의

그래프가 만나는 모든 점의 x좌표를 작은 수부터 크기순으로 나열할 때, n번째 수를 a_n이라 하자.

$$\frac{1}{\pi^2} \times \lim_{n \to \infty} a_n{}^3 \tan^2(a_{n+1} - a_n)$$

의 값을 구하시오. [4점]

Analysis

$\tan$ 함수의 점근선을 활용한 극한은
■ 수능한권 미적분 경향02 대표문제 7번
[2014년 수능 (B)형 18번]
■ 수능한권 경향09 대표문제 44번
[2019년 수능 (가)형 20번]
에서도 똑같이 활용됐기 때문에 이 문제가 낯설게
느껴져서는 안 된다. 기출을 제대로 분석하자.
또한 개념을 적용하려는 태도가 있다면
$\tan(a_{n+1} - a_n)$에서 덧셈정리를 사용해 식을
정리하는 건 자연스럽게 나와야 한다.
개념을 적용하려는 태도 없이 무작정 손가는 대로
계산하는 습성으로 문제를 풀고 있는 건 아닌지
반성해보자.

수능수학 Big Data Analyst 김지석
수능한권 Prism 해설 · **25**

tan 그래프의 특징은 점근선이 있다는 것이다.
점근선 자체가 극한과 직접적으로 연결되는 개념이라는
것을 인식해야 한다.

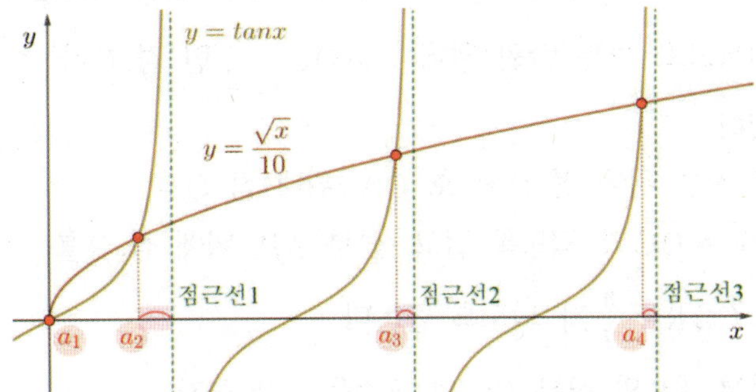

$n \to \infty$ 이면 a_n은 $n-1$번째 점근선에 한 없이
가까워진다.

$$\lim_{n \to \infty}(a_{n+1} - a_n) = \pi \quad (\because \text{점근선 사이 간격이 } \pi)$$

$$\lim_{n \to \infty}\frac{a_{n+1}}{a_n} = 1 \quad (\because \text{점근선은 } \pi n + \square \text{ 꼴의 식})$$

$\tan a_n = \dfrac{\sqrt{a_n}}{10}$ 이므로

$$\frac{1}{\pi^2} \times \lim_{n \to \infty} a_n{}^3 \tan^2(a_{n+1} - a_n)$$

$$= \frac{1}{\pi^2} \times \lim_{n \to \infty} a_n{}^3 \left(\frac{\tan a_{n+1} - \tan a_n}{1 + \tan a_{n+1} \times \tan a_n} \right)^2$$

$$= \frac{1}{\pi^2} \times \lim_{n \to \infty} a_n{}^3 \left(\frac{\dfrac{\sqrt{a_{n+1}}}{10} - \dfrac{\sqrt{a_n}}{10}}{1 + \dfrac{\sqrt{a_{n+1} a_n}}{10^2}} \right)^2$$

$$= \frac{1}{\pi^2} \times \lim_{n \to \infty} \left(\sqrt{a_n}^3 \right)^2 \left\{ \frac{10(\sqrt{a_{n+1}} - \sqrt{a_n})}{10^2 + \sqrt{a_{n+1} a_n}} \right\}^2$$

$$= \frac{1}{\pi^2} \times \lim_{n \to \infty} \left\{ \frac{\sqrt{a_n}^3 \times 10(a_{n+1} - a_n)}{(10^2 + \sqrt{a_{n+1} a_n})(\sqrt{a_{n+1}} + \sqrt{a_n})} \right\}^2$$

$$= \frac{1}{\pi^2} \times \lim_{n \to \infty} \left\{ \frac{10(a_{n+1} - a_n)}{\left(\dfrac{100}{a_n} + \sqrt{\dfrac{a_{n+1}}{a_n}} \right)\left(\sqrt{\dfrac{a_{n+1}}{a_n}} + 1 \right)} \right\}^2$$

$$= \frac{1}{\pi^2} \times \left\{ \frac{10\pi}{(0 + 1) \times (1 + 1)} \right\}^2 = 25$$

복습	1회	2회	3회	4회	5회
채점 O△X					

1등급

125. [2023년 수능 (미적분) 28번]

그림과 같이 중심이 O이고 길이가 2인 선분 AB를 지름으로 하는 반원 위에 $\angle AOC = \dfrac{\pi}{2}$인 점 C가 있다.

호 BC 위에 점 P와 호 CA 위에 점 Q를 $\overline{PB} = \overline{QC}$가 되도록 잡고, 선분 AP 위에 점 R를 $\angle CQR = \dfrac{\pi}{2}$가 되도록 잡는다.

선분 AP와 선분 CO의 교점을 S라 하자. $\angle PAB = \theta$일 때, 삼각형 POB의 넓이를 $f(\theta)$, 사각형 CQRS의 넓이를 $g(\theta)$라 하자.

$\displaystyle\lim_{\theta \to 0+} \dfrac{3f(\theta) - 2g(\theta)}{\theta^2}$의 값은? (단, $0 < \theta < \dfrac{\pi}{4}$)

[4점]

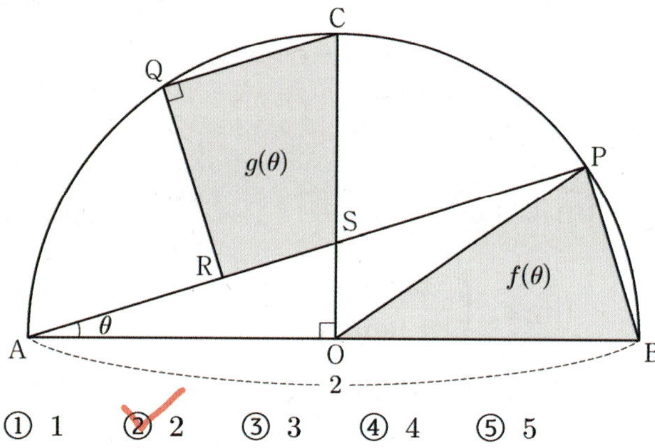

① 1 ② 2 ③ 3 ④ 4 ⑤ 5

수능수학 Big Data Analyst 김지석
수능한권 Prism 해설

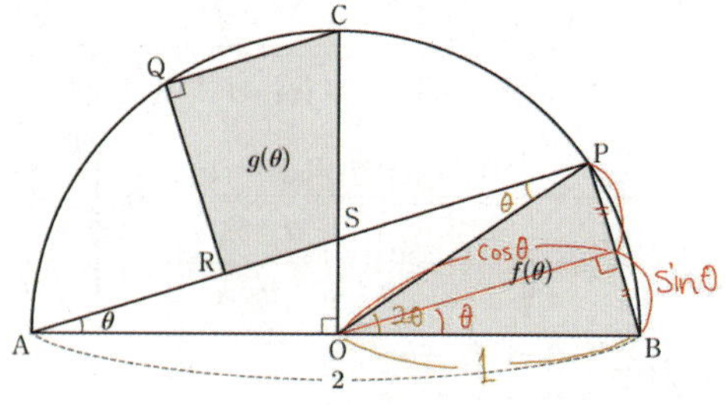

$\angle OAP = \angle OPA = \theta$이므로 $\angle BOP = 2\theta$

$f(\theta) = \dfrac{1}{2} \times 2\sin\theta \times \cos\theta = \sin\theta\cos\theta$

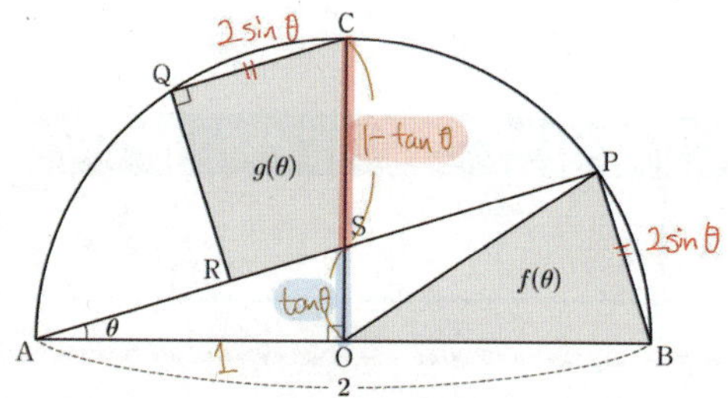

$\overline{PB} = \overline{QC} = 2\sin\theta$

$\overline{OA} = 1$에서 $\overline{OS} = \tan\theta$

$\therefore \overline{CS} = 1 - \tan\theta$

■ 직각삼각형을 수직수직 자른 삼각형 → 닮음

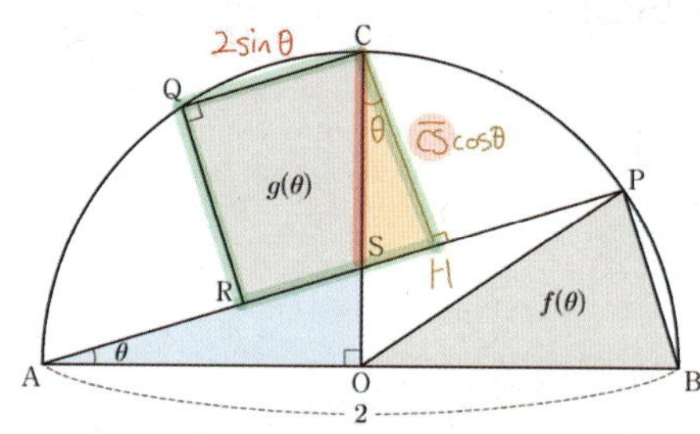

$\therefore g(\theta) = \square CQRH - \triangle CSH$

$= 2\sin\theta \times \overline{CS}\cos\theta - \dfrac{1}{2} \times \overline{CS}\sin\theta \times \overline{CS}\cos\theta$

$= \dfrac{1}{2}\overline{CS}\sin\theta\cos\theta(4 - \overline{CS})$

$\therefore \displaystyle\lim_{\theta \to 0+} \dfrac{3f(\theta) - 2g(\theta)}{\theta^2}$

$= \displaystyle\lim_{\theta \to 0+} \dfrac{\{3\sin\theta\cos\theta - (1-\tan\theta)\sin\theta\cos\theta\{4 - (1-\tan\theta)\}\}}{\theta^2}$

$= \displaystyle\lim_{\theta \to 0+} \left\{ \dfrac{\sin\theta\cos\theta}{\theta} \times \dfrac{3 - (1-\tan\theta)(3+\tan\theta)}{\theta} \right\}$

$= \displaystyle\lim_{\theta \to 0+} \left\{ \dfrac{\sin\theta\cos\theta}{\theta} \times \dfrac{\tan^2\theta + 2\tan\theta}{\theta} \right\}$

$= \displaystyle\lim_{\theta \to 0+} \left\{ \dfrac{\sin\theta}{\theta} \times \dfrac{\tan\theta}{\theta} \times \cos\theta \times (\tan\theta + 2) \right\}$

$= 1 \times 1 \times 1 \times (0 + 2) = 2$

도형의 필연성

필연성 07

직각삼각형을 수직수직으로 자르면
→ 닮음 삼각형

[다른 풀이]
연장선을 그어 보자.

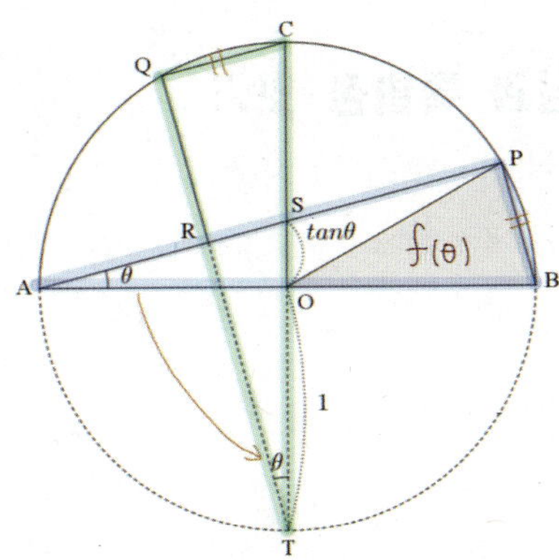

$\overline{AB}$, $\overline{CT}$ 모두 지름이고 $\overline{PB} = \overline{QC}$ 이므로
$\triangle ABP$와 $\triangle TCQ$는 합동이다.

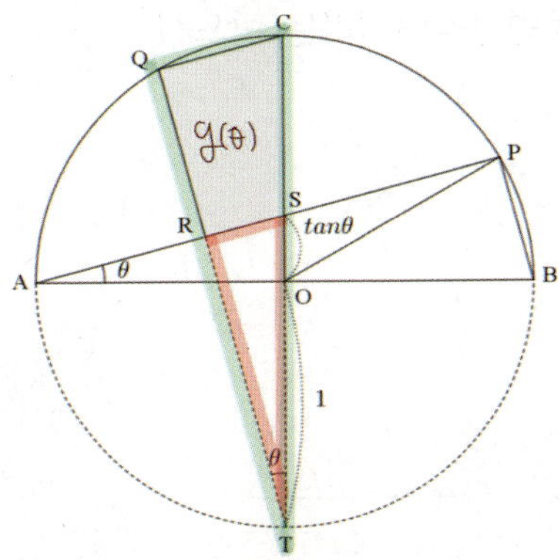

$\triangle TCQ$와 $\triangle TSR$은 닮음이다.
길이비$= \overline{TC} : \overline{TS} = 2 : 1 + \tan\theta$
넓이비$= 2^2 : (1 + \tan\theta)^2$

$\triangle TCQ$넓이$= \triangle ABP$넓이$= 2f(\theta)$

$\therefore g(\theta)$
$= \{\triangle TCQ$넓이$\} - \{\triangle TSR$넓이$\}$
$= 2f(\theta) - 2f(\theta) \times \dfrac{(1+\tan\theta)^2}{2^2}$
$= 2f(\theta)\left\{ 1 - \dfrac{(1+\tan\theta)^2}{2^2} \right\}$

$\therefore \displaystyle\lim_{\theta \to 0+} \dfrac{3f(\theta) - 2g(\theta)}{\theta^2}$

$= \displaystyle\lim_{\theta \to 0+} \dfrac{3f(\theta) - 2 \cdot 2f(\theta)\left\{ 1 - \dfrac{(1+\tan\theta)^2}{2^2} \right\}}{\theta^2}$

$= \displaystyle\lim_{\theta \to 0+} \left\{ \dfrac{f(\theta)}{\theta} \times \dfrac{3 - 4 + (1+\tan\theta)^2}{\theta} \right\}$

$= \displaystyle\lim_{\theta \to 0+} \left\{ \dfrac{\sin\theta}{\theta} \times \dfrac{\tan\theta}{\theta} \times \cos\theta \times (\tan\theta + 2) \right\}$

$= 1 \times 1 \times 1 \times (0 + 2) = 2$

복습	1회	2회	3회	4회	5회
채점					
O△X					

1등급

126. [2022년 수능 (미적분) 29번] 실전 분석

그림과 같이 길이가 2인 선분 AB를 지름으로 하는 반원이 있다. 호 AB위에 두점 P, Q를 $\angle PAB = \theta$, $\angle QBA = 2\theta$가 되도록 잡고, 두 선분 AP, BQ의 교점을 R라 하자. 선분 AB위의 점 S, 선분 BR위의 점 T, 선분 AR위의 점 U를 선분 UT가 선분 AB에 평행하고 삼각형 STU가 정삼각형이 되도록 잡는다. 두 선분 AR, QR와 호 AQ로 둘러싸인 부분의 넓이를 $f(\theta)$, 삼각형 STU의 넓이를 $g(\theta)$라 할 때,

$$\lim_{\theta \to 0+} \frac{g(\theta)}{\theta \times f(\theta)} = \frac{q}{p}\sqrt{3} \text{ 이다. } p + q \text{의 값을 구하시오.}$$

(단, $0 < \theta < \dfrac{\pi}{6}$이고, p와 q는 서로소인 자연수이다.)

[4점]

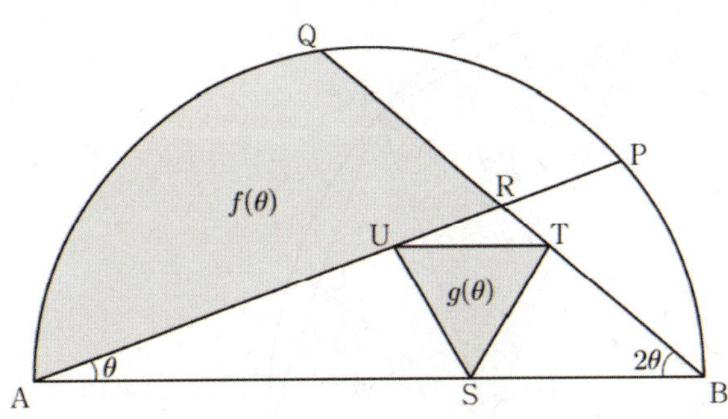

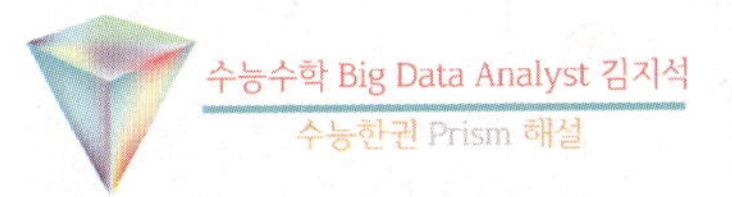

해설 바로가기 ▶ 실전개념분석 37번

복습	1회	2회	3회	4회	5회
채점					
O△X					

—— 1등급 ——

127. [2022년 9월 (미적분) 28번]

그림과 같이 반지름의 길이가 1이고 중심각의 크기가 $\dfrac{\pi}{2}$인 부채꼴 OAB가 있다. 호 AB위의 점 P에 대하여 $\overline{PA}=\overline{PC}=\overline{PD}$가 되도록 호 PB위에 점 C와 선분 OA위에 점 D를 잡는다. 점 D를 지나고 선분 OP와 평행한 직선이 선분 PA와 만나는 점을 E라 하자. $\angle POA=\theta$일 때, 삼각형 CDP의 넓이를 $f(\theta)$, 삼각형 EDA의 넓이를 $g(\theta)$라 하자.

$\lim\limits_{\theta \to 0+}\dfrac{g(\theta)}{\theta^2 \times f(\theta)}$의 값은? (단, $0 < \theta < \dfrac{\pi}{4}$) [4점]

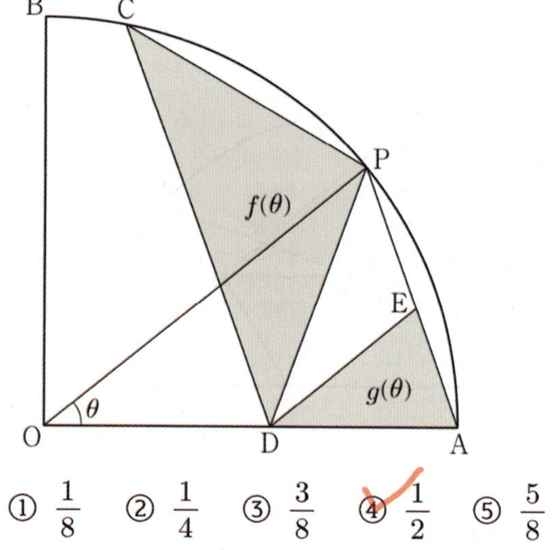

① $\dfrac{1}{8}$ ② $\dfrac{1}{4}$ ③ $\dfrac{3}{8}$ ④ $\dfrac{1}{2}$ ⑤ $\dfrac{5}{8}$

도형의 필연성

필연성 01

원 나오면 → 중심과 특별점 잇기

✓ 접점 → 접선과 수직

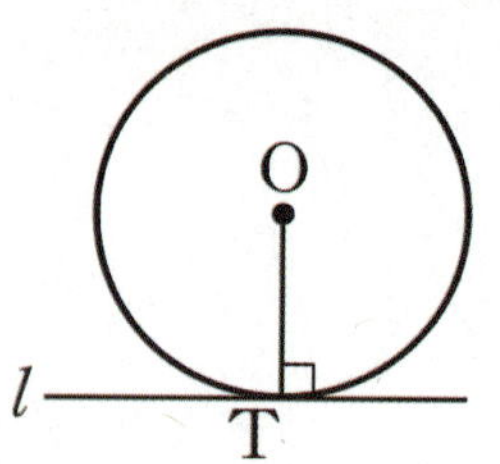

Analysis〰

아래와 같이 이중 이등변삼각형끼리는 반드시 닮음이다.

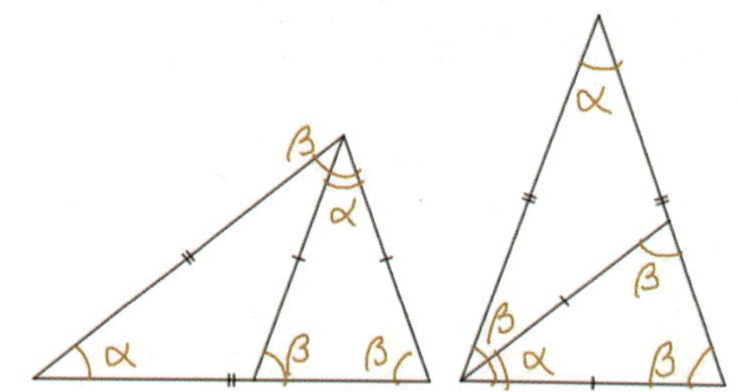

수능수학 Big Data Analyst 김지석
수능한권 Prism 해설

(step1) 각도 구하기

$\overline{AP} = \overline{PC}$ 이므로 $\angle COP = \angle POA = \theta$
이등변 삼각형이므로

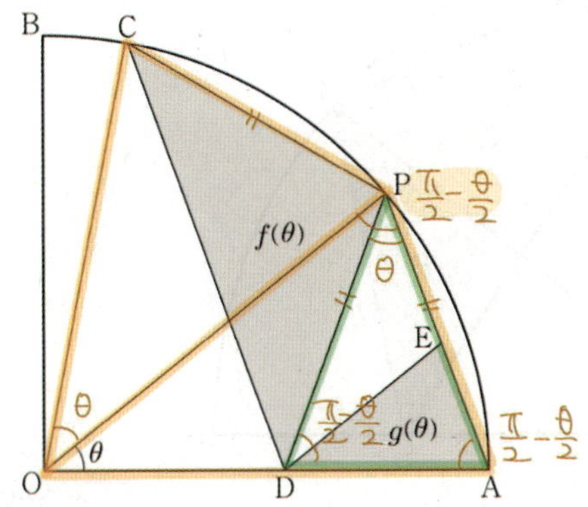

$$\therefore \triangle OAP \text{와} \triangle PAD \text{는 닮음(AA)}$$

$$\Downarrow$$

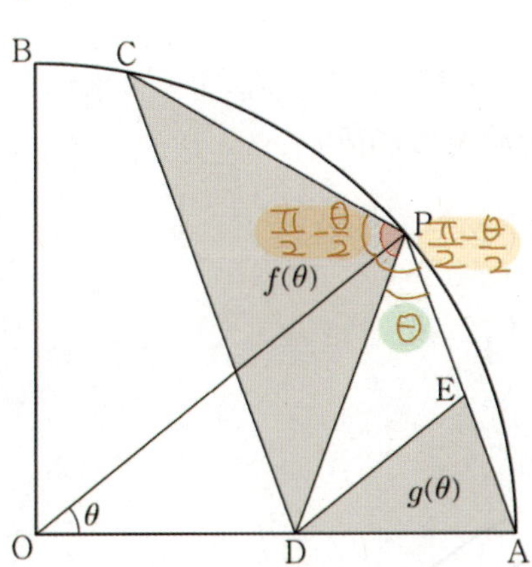

$$\therefore \angle DPC = \angle APO + \angle OPC - \angle APD$$

$$= \left(\frac{\pi}{2} - \frac{\theta}{2}\right) + \left(\frac{\pi}{2} - \frac{\theta}{2}\right) - \theta = \pi - 2\theta$$

직선 OP와 직선 DE가 평행하므로

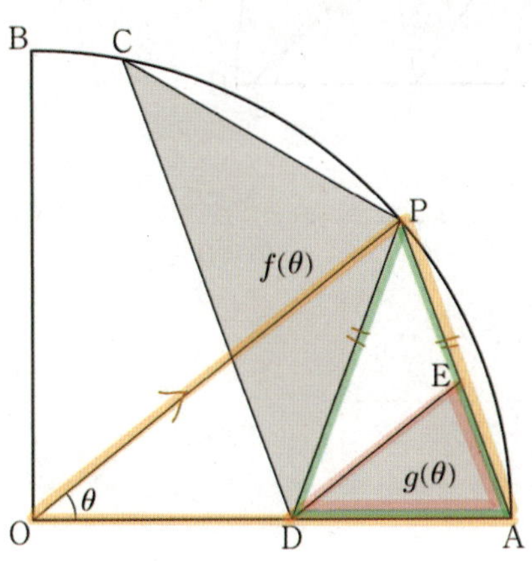

$$\therefore \triangle OAP \text{와} \triangle PAD \text{와} \triangle DAE \text{는 닮음(AA)이고}$$
이등변 삼각형이다.

(step2) $f(\theta)$ 구하기

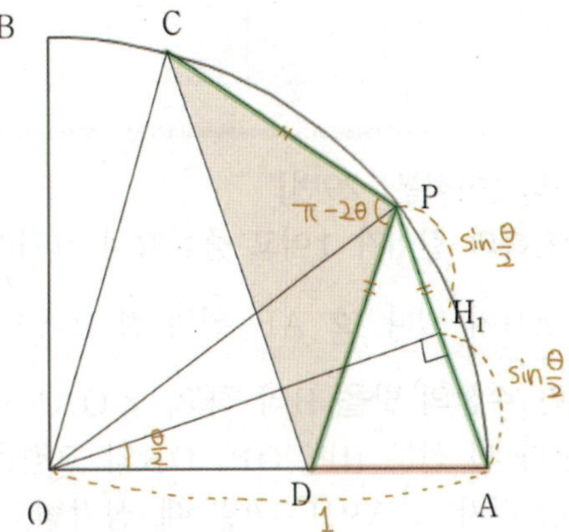

$$\overline{PA} = = 2\sin\frac{\theta}{2}$$

$$\overline{PA} = \overline{PC} = \overline{PD} \text{이므로}$$

$$f(\theta) = \frac{1}{2} \times \overline{PD} \times \overline{PC} \times \sin(\pi - 2\theta)$$

$$= \frac{1}{2} \times \left(2\sin\frac{\theta}{2}\right)^2 \times \sin 2\theta$$

(step3) $g(\theta)$ 구하기

$\triangle OAP$ 와 $\triangle PAD$ 가 AA닮음이므로

$$\overline{PA} : \overline{DA} = 1 : 2\sin\frac{\theta}{2} \text{이다.}$$

$$\therefore \overline{DA} = \left(2\sin\frac{\theta}{2}\right)^2$$

$$\overline{DA} = \overline{DE} \text{이므로}$$

$$g(\theta) = = \frac{1}{2} \times \left(2\sin\frac{\theta}{2}\right)^4 \times \sin\theta$$

$$\lim_{\theta \to 0+} \frac{g(\theta)}{\theta^2 \times f(\theta)}$$

$$= \lim_{\theta \to 0+} \frac{\frac{1}{2} \times \left(2\sin\frac{\theta}{2}\right)^4 \times \sin\theta}{\theta^2 \times \frac{1}{2} \times \left(2\sin\frac{\theta}{2}\right)^2 \times \sin 2\theta}$$

$$= \lim_{\theta \to 0+} \frac{4 \times \left(\sin\frac{\theta}{2}\right)^2 \times \sin\theta}{\theta^2 \times \sin 2\theta} = \frac{1}{2}$$

복습	1회	2회	3회	4회	5회
채점					
O△X					

1등급

128. [2022년 6월 (미적분) 29번]

그림과 같이 반지름의 길이가 1이고 중심각의 크기가 $\frac{\pi}{2}$인 부채꼴 OAB가 있다. 호 AB 위의 점 P에서 선분 OA에 내린 수선의 발을 H라 하고, ∠OAP를 이등분하는 직선과 세 선분 HP, OP, OB의 교점을 각각 Q, R, S라 하자. ∠APH $= \theta$일 때, 삼각형 AQH의 넓이를 $f(\theta)$, 삼각형 PSR의 넓이를 $g(\theta)$라 하자. $\lim\limits_{\theta \to 0+} \dfrac{\theta^3 \times g(\theta)}{f(\theta)} = k$일 때, $100k$의 값을 구하시오. $\left($단, $0 < \theta < \dfrac{\pi}{4}\right)$ [4점]

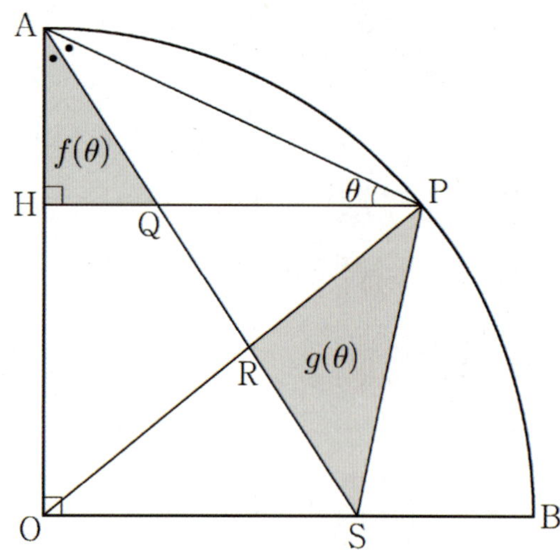

도형의 필연성

필연성 12

삼각형 각의 이등분 → 변 길이의 비 활용

✓ $m : n = a : b$

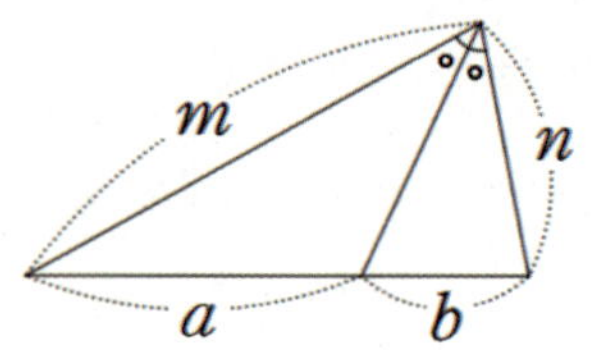

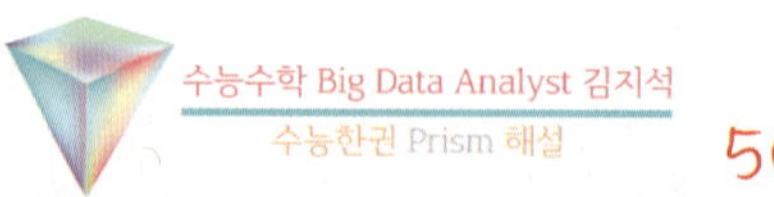

각도 구하기

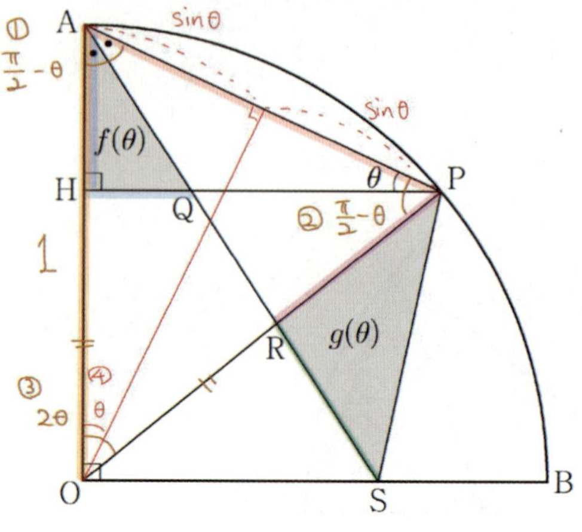

$\therefore \overline{AP} = 2\sin\theta$

$\overline{OR} + \overline{RP} = 1$이고
각의 이등분선의 성질에 의해
$\overline{OR} : \overline{RP} = \overline{AO} : \overline{AP} = 1 : 2\sin\theta$
$\therefore \overline{RP} = \dfrac{2\sin\theta}{1 + 2\sin\theta}$

[1단계] & [2단계]

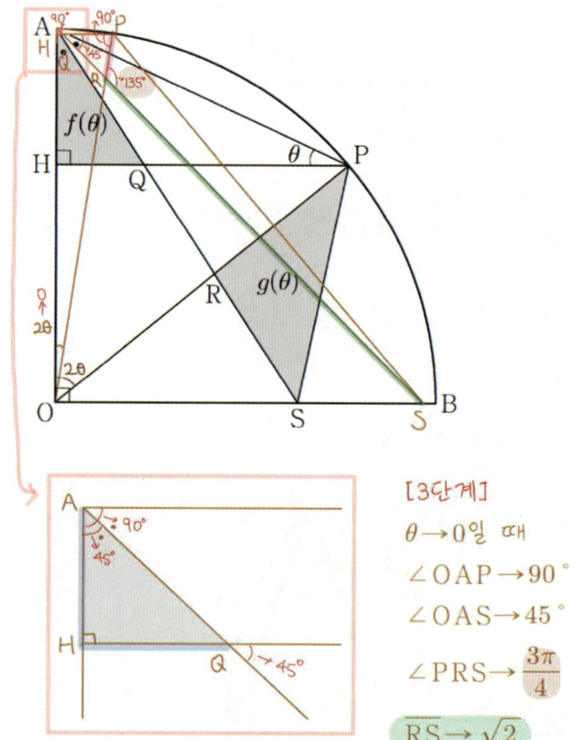

△AHQ는 직각이등변삼각형에 한 없이 가까워진다.

3단계   1단계

$$\overline{HQ} \to \overline{AH} = \overline{AP}\sin\theta = 2\sin^2\theta$$

$$\lim_{\theta \to 0+} \frac{\theta^3 \times g(\theta)}{f(\theta)}$$

$$= \lim_{\theta \to 0+} \frac{\theta^3 \times \dfrac{1}{2} \times \dfrac{2\sin\theta}{1+\sin\theta} \times \sqrt{2} \times \sin\dfrac{3\pi}{4}}{\dfrac{1}{2} \times (2\sin^2\theta)^2}$$

[다른 풀이]

(step1) 각도 구하기

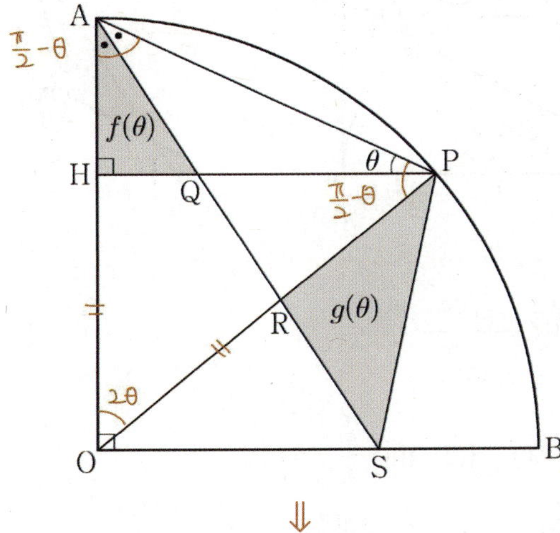

⟱

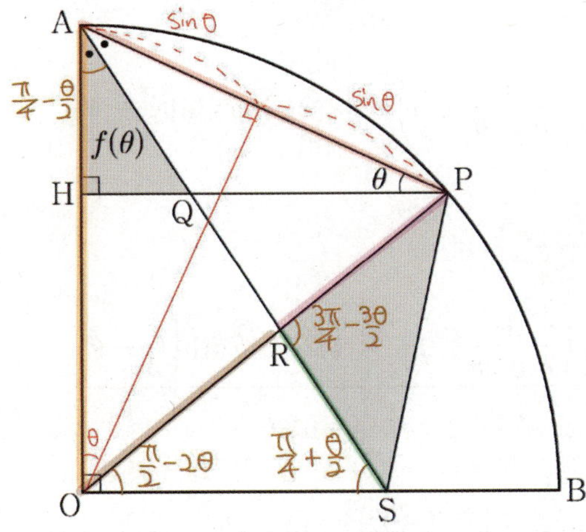

(step2) $f(\theta)$ 구하기

$$f(\theta) = \frac{1}{2}\overline{AH} \times \overline{HQ} = \frac{1}{2}\overline{AH} \times \overline{AH}\tan\left(\frac{\pi}{4} - \frac{\theta}{2}\right)$$

$$= \frac{1}{2}(\overline{AP}\sin\theta)^2 \tan\left(\frac{\pi}{4} - \frac{\theta}{2}\right)$$

$$= \frac{1}{2}(2\sin^2\theta)^2 \tan\left(\frac{\pi}{4} - \frac{\theta}{2}\right)$$

(step3) $g(\theta)$ 구하기

$\overline{OR} + \overline{RP} = 1$ 이고

각의 이등분선의 성질에 의해

$$\overline{OR} : \overline{RP} = \overline{AO} : \overline{AP} = 1 : 2\sin\theta$$

$$\therefore \overline{OR} = \frac{1}{1+2\sin\theta}, \quad \overline{RP} = \frac{2\sin\theta}{1+2\sin\theta}$$

사인법칙에 의해

$$\overline{RS} = \frac{1}{1+2\sin\theta} \times \frac{\sin\left(\dfrac{\pi}{2} - 2\theta\right)}{\sin\left(\dfrac{\pi}{4} + \dfrac{\theta}{2}\right)}$$

$$g(\theta) = \frac{1}{2}\overline{RP} \times \overline{RS} \times \sin\left(\frac{3\pi}{4} - \frac{3\theta}{2}\right)$$

$$= \frac{1}{2} \times \frac{2\sin\theta}{1+2\sin\theta} \times \frac{1}{1+2\sin\theta} \frac{\cos 2\theta}{\sin\left(\dfrac{\pi}{4} + \dfrac{\theta}{2}\right)} \times \sin\left(\frac{3\pi}{4} - \frac{3\theta}{2}\right)$$

$$\lim_{\theta \to 0+} \frac{\theta^3 \times g(\theta)}{f(\theta)} = k$$

$$= \lim_{\theta \to 0+} \frac{\theta^3 \times \dfrac{\sin\theta}{(1+2\sin\theta)^2} \dfrac{\cos 2\theta}{\sin\left(\dfrac{\pi}{4} + \dfrac{\theta}{2}\right)} \sin\left(\dfrac{3\pi}{4} - \dfrac{3\theta}{2}\right)}{2\sin^4\theta \tan\left(\dfrac{\pi}{4} - \dfrac{\theta}{2}\right)}$$

$$= \frac{1}{2}$$

$$\therefore 100k = 100 \times \frac{1}{2} = 50$$

※ $\theta \to 0$ 일 때

$1 + \sin\theta \to 1$

$\cos 2\theta \to 1$

$\sin\left(\dfrac{\pi}{4} + \dfrac{\theta}{2}\right) \to \dfrac{1}{\sqrt{2}}$

$\sin\left(\dfrac{3\pi}{4} - \dfrac{3\theta}{2}\right) \to \dfrac{1}{\sqrt{2}}$

$\tan\left(\dfrac{\pi}{4} - \dfrac{\theta}{4}\right) \to 1$

으로 0이 아닌 수로 수렴하는 인수이므로 더 이상의 식 정리 없이 바로 답을 낼 수 있다. 이걸 또 식 정리가 필요하다고 생각하는 건 어리석은 일이다.

복습	1회	2회	3회	4회	5회
채점 O△X					

1등급

129. [2021년 6월 (미적분) 28번]

그림과 같이 길이가 2인 선분 AB를 지름으로 하는 반원의 호 AB 위에 점 P가 있다. 선분 AB의 중점을 O라 할 때, 점 B를 지나고 선분 AB에 수직인 직선이 직선 OP와 만나는 점을 Q라 하고, $\angle OQB$의 이등분선이 직선 AP와 만나는 점을 R라 하자. $\angle OAP = \theta$일 때, 삼각형 OAP의 넓이를 $f(\theta)$, 삼각형 PQR의 넓이를 $g(\theta)$라 하자.

$\lim\limits_{\theta \to 0+} \dfrac{g(\theta)}{\theta^4 \times f(\theta)}$의 값은? (단, $0 < \theta < \dfrac{\pi}{4}$) [4점]

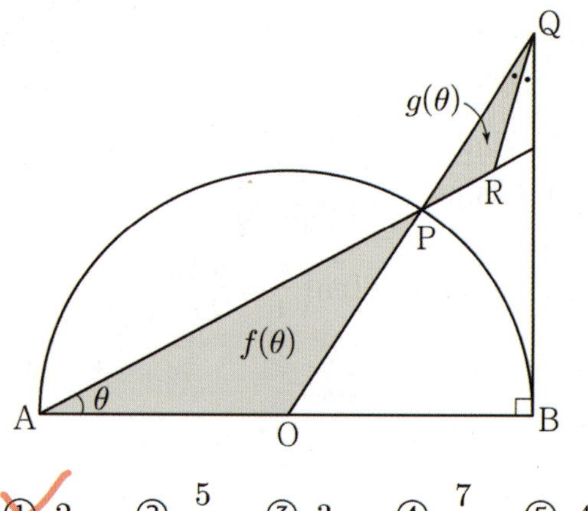

① 2　　② $\dfrac{5}{2}$　　③ 3　　④ $\dfrac{7}{2}$　　⑤ 4

(step1) $f(\theta)$ 구하기

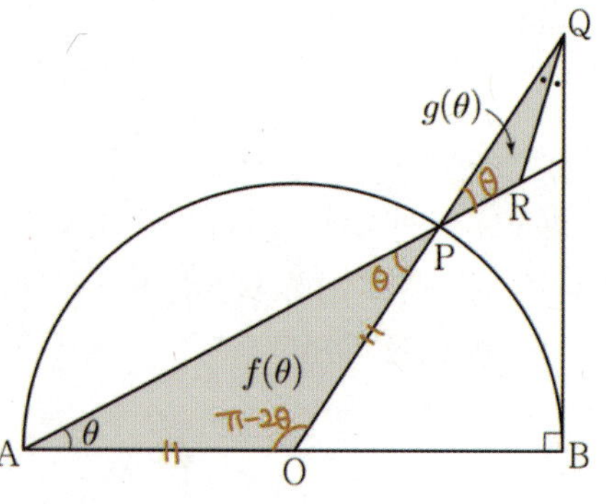

$$f(\theta) = \frac{1}{2} \times 1^2 \times \sin(\pi - 2\theta) = \frac{1}{2}\sin 2\theta$$

도형의 필연성

Skill **사인법칙 실전용 (1)**

✓ 각이 많을 때

$$a = b \times \frac{\sin A}{\sin B} = c \times \frac{\sin A}{\sin C}$$

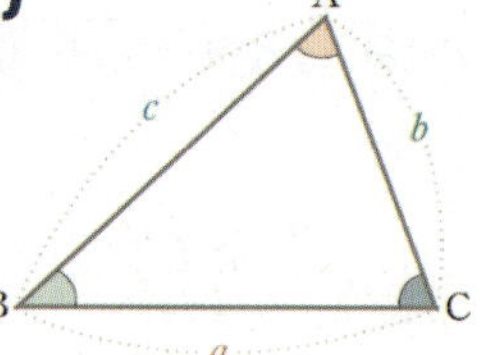

(step2) $g(\theta)$ 구하기

$\triangle PQR$에서 점 R이 가장 복잡하게 규정되어 있기 때문에, $\overline{PR}$과 $\overline{QR}$은 구하기 어렵다. 따라서 $\overline{PQ}$부터 구하는 것이 합리적이다.

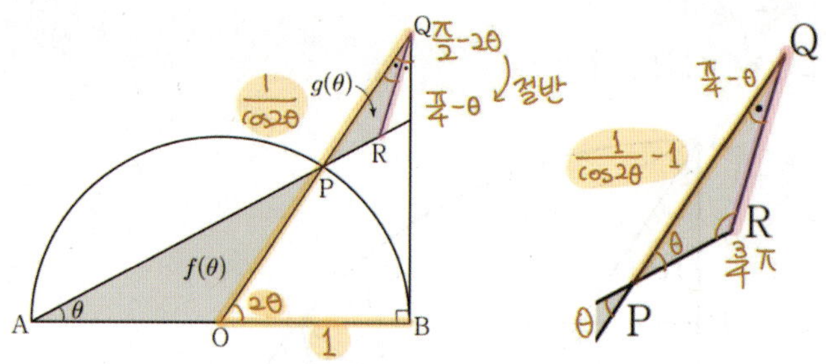

각에 대한 단서가 많다 → 사인법칙

$$\therefore \ \overline{QR} = \overline{PQ}\,\frac{\sin\theta}{\sin\frac{\pi}{4}}$$

$$g(\theta) = \frac{1}{2}\overline{PQ} \times \overline{QR}\,\sin\left(\frac{\pi}{4} - \theta\right)$$

$$= \frac{1}{2}\overline{PQ} \times \overline{PQ} \times \frac{\sin\theta}{\sin\frac{\pi}{4}} \times \sin\left(\frac{\pi}{4} - \theta\right)$$

$$= \frac{1}{2}\left(\frac{1}{\cos 2\theta} - 1\right)^2 \times \sqrt{2}\,\sin\theta \sin\left(\frac{\pi}{4} - \theta\right)$$

$$\lim_{\theta \to 0} \frac{g(\theta)}{\theta^4 f(\theta)}$$

$$= \lim_{\theta \to 0} \frac{\dfrac{1}{2}\left(\dfrac{1}{\cos 2\theta} - 1\right)^2 \times \sqrt{2}\,\sin\theta \sin\left(\dfrac{\pi}{4} - \theta\right)}{\theta^4 \,\dfrac{1}{2}\sin 2\theta}$$

$$= \lim_{\theta \to 0}\left\{ \frac{1}{\cos^2 2\theta}\left(\frac{1 - \cos 2\theta}{(2\theta)^2}\right)^2 \times 16 \times \sqrt{2} \times \frac{\sin\theta}{\sin 2\theta} \times \sin\left(\frac{\pi}{4} - \theta\right)\right\}$$

$$= \frac{1}{1^2}\left(\frac{1}{2}\right)^2 \cdot 16 \cdot \sqrt{2} \cdot \frac{1}{2} \cdot \frac{1}{\sqrt{2}} = 2$$

복습	1회	2회	3회	4회	5회
채점					
O△X					

130. [2020년 22예시문항 미적분 28번]

그림과 같이 길이가 2인 선분 AB를 지름으로 하는 반원의 호 위에 점 P가 있고, 선분 AB 위에 점 Q가 있다.

$\angle PAB = \theta$이고 $\angle APQ = \dfrac{\theta}{3}$일 때, 삼각형 PAQ의 넓이를 $S(\theta)$, 선분 PB의 길이를 $l(\theta)$라 하자. $\displaystyle\lim_{\theta \to 0+} \dfrac{S(\theta)}{l(\theta)}$의 값은? $\left(\text{단, } 0 < \theta < \dfrac{\pi}{4}\right)$ [4점]

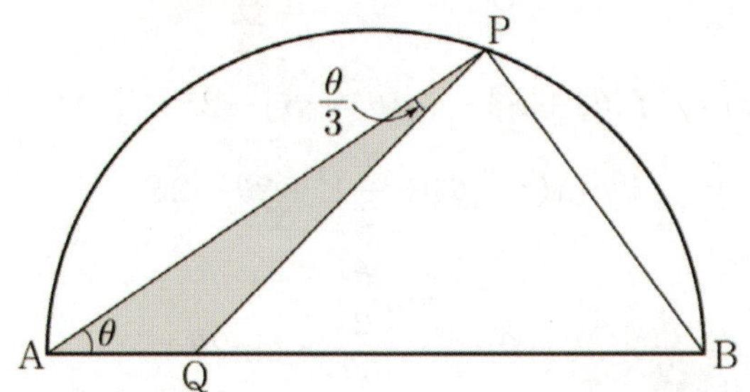

① $\dfrac{1}{12}$　　② $\dfrac{1}{6}$　　③ $\dfrac{1}{4}$

④ $\dfrac{1}{3}$　　⑤ $\dfrac{5}{12}$

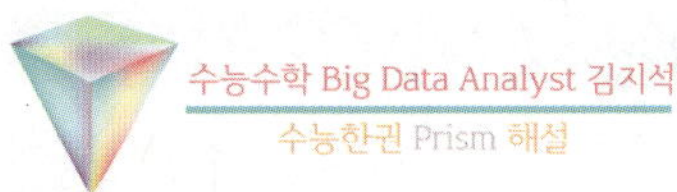

도형의 필연성

Skill **사인법칙 실전용 (1)**

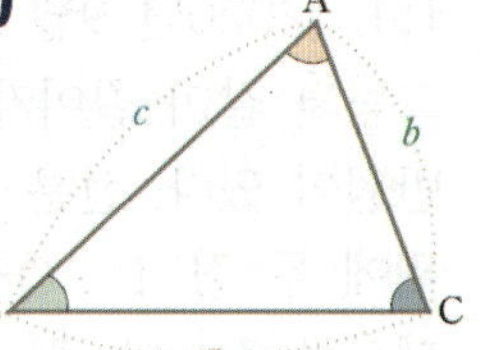

✓ 각이 많을 때

$$a = b \times \dfrac{\sin A}{\sin B} = c \times \dfrac{\sin A}{\sin C}$$

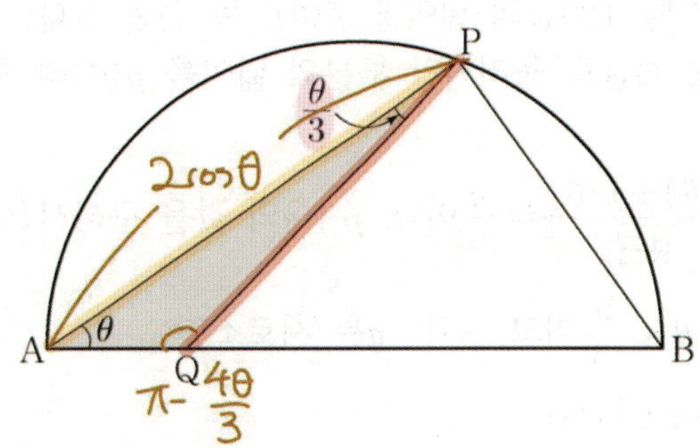

각에 대한 단서가 많으므로 sin법칙 활용

$$\therefore \overline{PQ} = 2\cos\theta \times \dfrac{\sin\theta}{\sin\dfrac{4\theta}{3}}$$

$$\therefore \dfrac{S(\theta)}{l(\theta)} = \dfrac{\dfrac{1}{2} 2\cos\theta \times 2\cos\theta \dfrac{\sin\theta}{\sin\dfrac{4\theta}{3}} \times \sin\dfrac{\theta}{3}}{2\sin\theta}$$

$$\therefore \lim_{\theta \to 0+} \dfrac{S(\theta)}{l(\theta)} = \dfrac{1}{4}$$

복습	1회	2회	3회	4회	5회
채점					
○△X					

1등급

131. [2020년 9월 (가)형 28번]

그림과 같이 길이가 2인 선분 AB를 지름으로 하는 반원이 있다. 선분 AB의 중점을 O라 할 때, 호 AB 위에 두 점 P, Q를 $\angle POA = \theta$, $\angle QOB = 2\theta$가 되도록 잡는다. 두 선분 PB, OQ의 교점을 R라 하고, 점 R에서 선분 PQ에 내린 수선의 발을 H라 하자. 삼각형 POR의 넓이를 $f(\theta)$, 두 선분 RQ, RB와 호 QB로 둘러싸인 부분의 넓이를 $g(\theta)$라 할 때,

$$\lim_{\theta \to 0+} \frac{f(\theta) + g(\theta)}{\overline{RH}} = \frac{q}{p}$$ 이다. $p+q$의 값을 구하시오.

(단, $0 < \theta < \dfrac{\pi}{3}$이고, p와 q는 서로소인 자연수이다.) [4점]

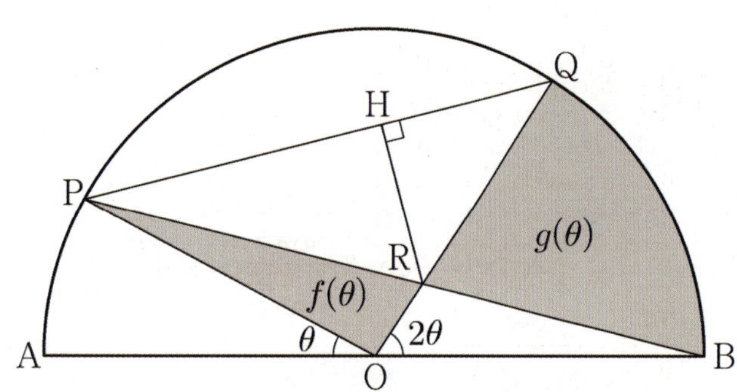

(step1) $f(\theta) + g(\theta)$ 분석하기

$\triangle OBR$의 넓이를 S라고 하자.

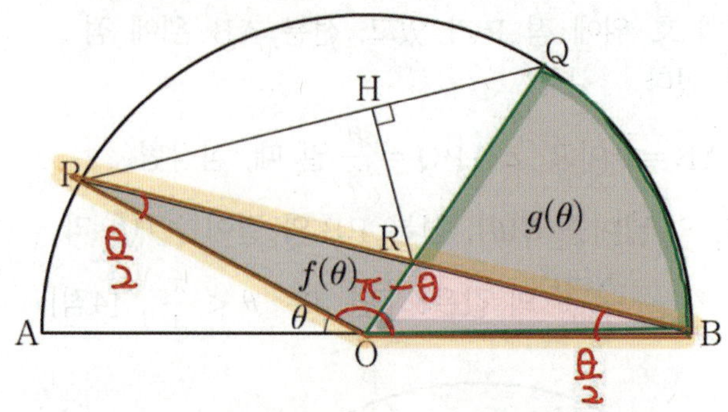

$$f(\theta) + g(\theta) = \{f(\theta) + S\} - \{g(\theta) + S\} - 2S$$
$$= \frac{1}{2} 1^2 \sin(\pi - \theta) + \frac{1}{2} 1^2 \cdot 2\theta - 2S$$
$$= \frac{1}{2} \sin\theta + \theta - \frac{\sin\dfrac{\theta}{2}}{\sin\dfrac{5\theta}{2}} \times \sin 2\theta$$

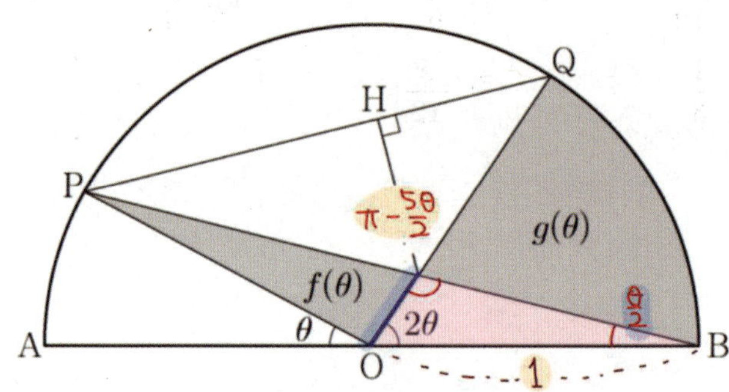

$$\therefore S = \frac{1}{2} \times 1 \times \overline{OR} \times \sin 2\theta$$
$$= \frac{1}{2} \times 1 \times \left(1 \times \frac{\sin\dfrac{\theta}{2}}{\sin\dfrac{5\theta}{2}} \right) \times \sin 2\theta$$

(step2) $\overline{RH}$ 구하기

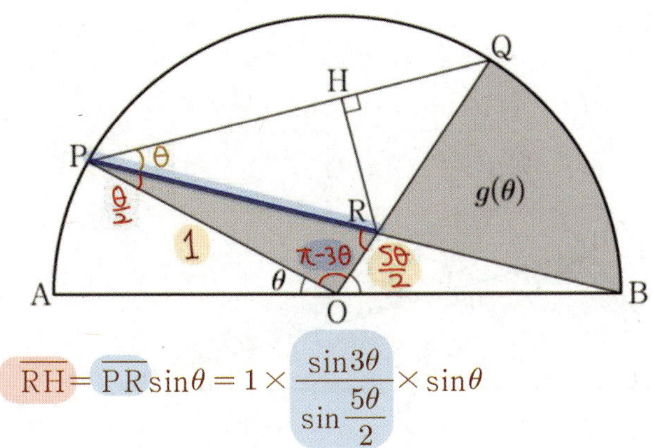

$$\overline{RH} = \overline{PR}\sin\theta = 1 \times \frac{\sin 3\theta}{\sin\frac{5\theta}{2}} \times \sin\theta$$

(step3) 답 계산하기

$$\lim_{\theta \to 0+} \frac{f(\theta) + g(\theta)}{\overline{RH}}$$

$$= \lim_{\theta \to 0} \frac{\dfrac{1}{2}\sin\theta + \theta - \dfrac{\sin\frac{\theta}{2}}{\sin\frac{5\theta}{2}} \times \sin 2\theta}{\dfrac{\sin 3\theta}{\sin\frac{5\theta}{2}}\sin\theta}$$

$$= \frac{\dfrac{1}{2} + 1 - \dfrac{1}{5} \times 2}{3 \times \dfrac{2}{5}} = \frac{5 + 10 - 4}{12} = \frac{11}{12}$$

$$\therefore\ p + q = 12 + 11 = 23$$

도형의 필연성

필연성 14

이상한 도형의 넓이를 구할 때

(넓이 공식 없는 도형)

→ 여러 개의 기본 도형으로 퍼즐 맞추기

(넓이 공식 있는 도형)

✓ 빵꾸난 도형은 빵꾸를 메꿔서 퍼즐 맞추기

필연성 08

각이 2개 이상

사인법칙 활용법 (각이 많을 때)

[단서] → [답]

✓ 2변 1각 → 1각

✓ 1변 2각 → 1변

✓ 외접원 등장

Skill **사인법칙 실전용 (1)**

✓ 각이 많을 때

$$a = b \times \frac{\sin A}{\sin B} = c \times \frac{\sin A}{\sin C}$$

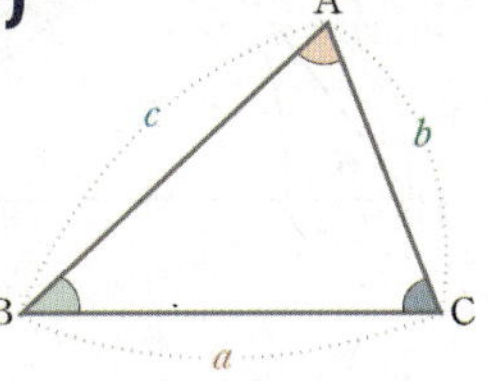

복습	1회	2회	3회	4회	5회
채점					
O△X					

132. [2020년 6월 (가)형 28번]

그림과 같이 $\overline{AB}=1$, $\overline{BC}=2$인 두 선분 AB, BC에 대하여 선분 BC의 중점을 M, 점 M에서 선분 AB에 내린 수선의 발을 H라 하자. 중심이 M이고 반지름의 길이가 $\overline{MH}$인 원이 선분 AM과 만나는 점을 D, 선분 HC가 선분 DM과 만나는 점을 E라 하자. $\angle ABC = \theta$라 할 때, 삼각형 CDE의 넓이를 $f(\theta)$, 삼각형 MEH의 넓이를 $g(\theta)$라 하자.

$\lim\limits_{\theta \to 0+} \dfrac{f(\theta)-g(\theta)}{\theta^3} = a$일 때, $80a$의 값을 구하시오.

(단, $0 < \theta < \dfrac{\pi}{2}$) [4점]

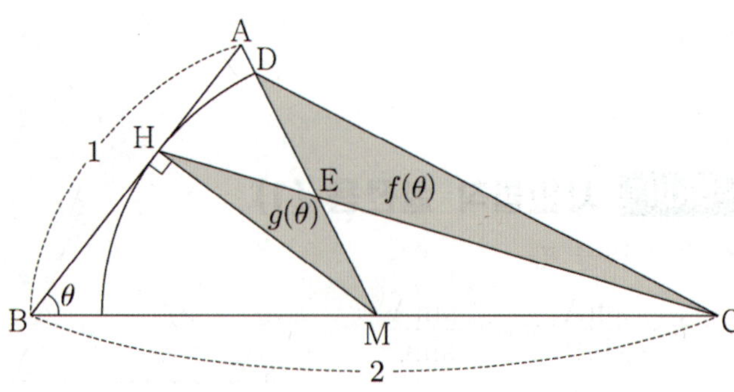

도형의 필연성

필연성 14

이상한 도형의 넓이를 구할 때
(넓이 공식 없는 도형)

→ 여러 개의 기본 도형으로 퍼즐 맞추기
(넓이 공식 있는 도형)

✓ 빵꾸난 도형은 빵꾸를 메꿔서 퍼즐 맞추기

$$f(\theta) - g(\theta) = (f(\theta) + S) - (g(\theta) + S)$$

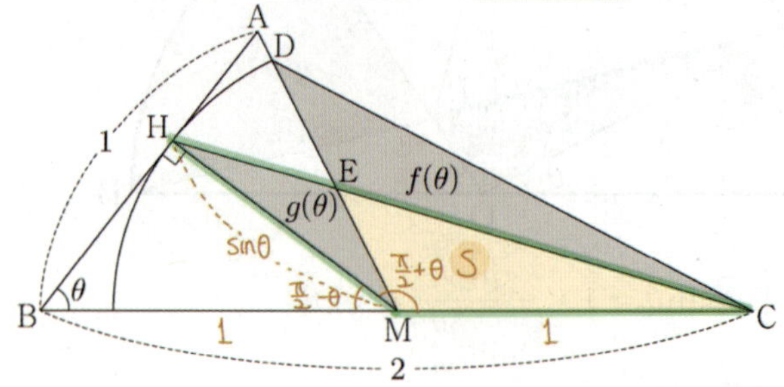

$$g(\theta) + S = \frac{1}{2} \cdot 1 \cdot \sin\theta \cdot \sin\left(\frac{\pi}{2}+\theta\right) = \frac{1}{2}\sin\theta\cos\theta$$

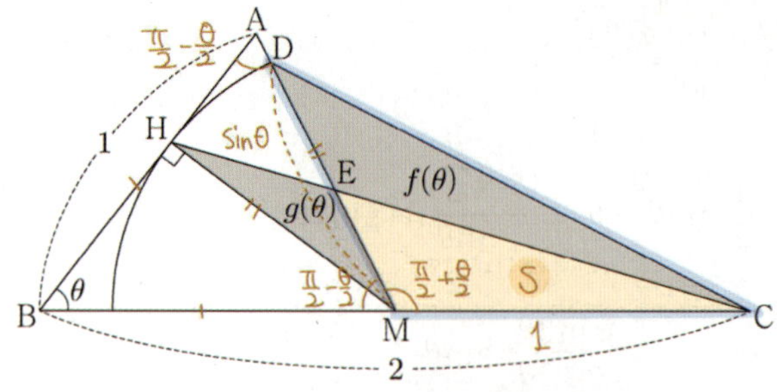

$$f(\theta) + S = \frac{1}{2} \cdot 1 \cdot \sin\theta \cdot \sin\left(\frac{\pi}{2}+\frac{\theta}{2}\right)$$
$$= \frac{1}{2}\sin\theta\cos\frac{\theta}{2}$$

$$f(\theta) - g(\theta)$$
$$= (f(\theta)+S) - (g(\theta)+S)$$
$$= \frac{1}{2}\sin\theta\cos\frac{\theta}{2} - \frac{1}{2}\sin\theta\cos\theta$$
$$= \frac{\sin\theta}{2}\left(\cos\frac{\theta}{2} - \cos\theta\right)$$
$$= \frac{\sin\theta}{2}\left\{\cos\frac{\theta}{2} - \left(2\cos^2\frac{\theta}{2} - 1\right)\right\}$$
$$= \frac{\sin\theta}{2}\left(1 - \cos\frac{\theta}{2}\right)\left(2\cos\frac{\theta}{2} + 1\right)$$

$$\therefore \lim_{\theta \to 0+} \frac{f(\theta)-g(\theta)}{\theta^3}$$

$$= \lim_{\theta \to 0+} \frac{1}{2} \times \frac{\sin\theta}{\theta} \times \frac{1-\cos\frac{\theta}{2}}{\left(\frac{\theta}{2}\right)^2} \times \frac{2\cos\frac{\theta}{2}+1}{4}$$

$$= \frac{1}{2} \times 1 \times \frac{1}{2} \times \frac{3}{4} = \frac{3}{16} = a$$

$$\therefore 80a = 80 \times \frac{3}{16} = 15$$

복습	1회	2회	3회	4회	5회
채점					
○△X					

133. [2019년 9월 (가)형 20번]

그림과 같이 반지름의 길이가 1이고 중심각의 크기가 $\frac{\pi}{2}$인 부채꼴 OAB가 있다. 호 AB위의 점 P에서 선분 OA에 내린 수선의 발을 H, 점 P에서 호 AB에 접하는 직선과 직선 OA의 교점을 Q라 하자. 점 Q를 중심으로 하고 반지름의 길이가 $\overline{QA}$인 원과 선분 PQ의 교점을 R라 하자. $\angle POA = \theta$일 때, 삼각형 OHP의 넓이를 $f(\theta)$, 부채꼴 QRA의 넓이를 $g(\theta)$라 하자. $\lim\limits_{\theta \to 0+} \dfrac{\sqrt{g(\theta)}}{\theta \times f(\theta)}$의 값은? (단, $0 < \theta < \frac{\pi}{2}$) [4점]

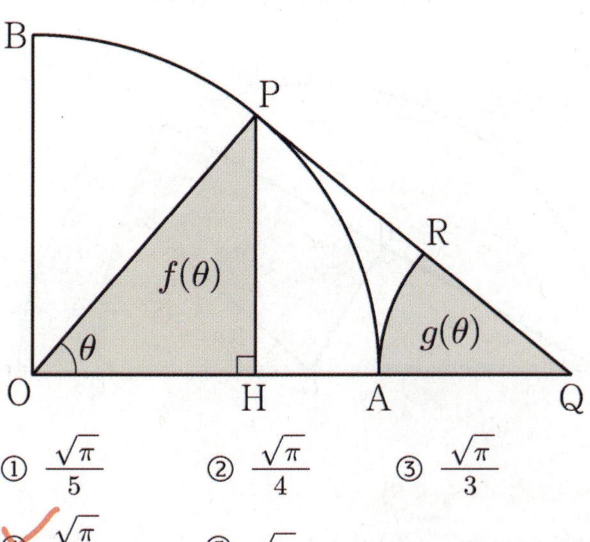

① $\dfrac{\sqrt{\pi}}{5}$ 　② $\dfrac{\sqrt{\pi}}{4}$ 　③ $\dfrac{\sqrt{\pi}}{3}$

④ $\dfrac{\sqrt{\pi}}{2}$ 　⑤ $\sqrt{\pi}$

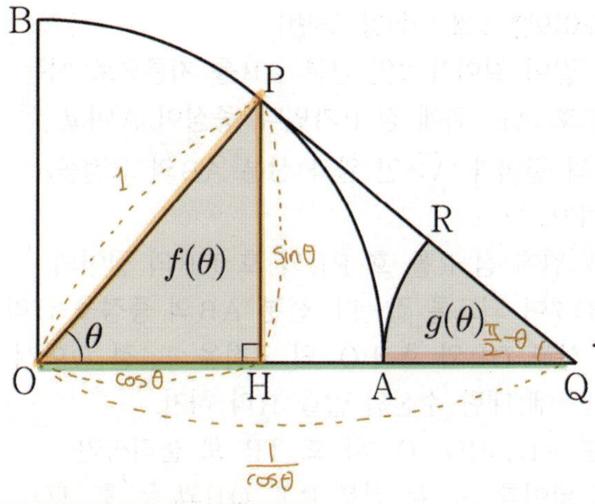

$\overline{OH} = \cos\theta, \quad \overline{PH} = \sin\theta$

$\therefore f(\theta) = \frac{1}{2}\sin\theta\cos\theta = \frac{1}{4}\sin 2\theta$

$\overline{AQ} = \dfrac{1}{\cos\theta} - 1 = \dfrac{1-\cos\theta}{\cos\theta}$

$\therefore g(\theta) = \frac{1}{2}\left(\dfrac{1-\cos\theta}{\cos\theta}\right)^2 \left(\dfrac{\pi}{2} - \theta\right)$

$\lim\limits_{\theta \to 0+} \dfrac{\sqrt{g(\theta)}}{\theta \times f(\theta)}$

$= \lim\limits_{\theta \to 0+} \dfrac{1-\cos\theta}{\cos\theta} \sqrt{\dfrac{1}{2}\left(\dfrac{\pi}{2}-\theta\right)} \dfrac{2}{\theta\sin\theta\cos\theta}$

$= \lim\limits_{\theta \to 0+} \dfrac{2}{\cos^2\theta} \sqrt{\dfrac{1}{2}\left(\dfrac{\pi}{2}-\theta\right)} \dfrac{1-\cos\theta}{\theta^2} \dfrac{\theta}{\sin\theta}$

$= \dfrac{\sqrt{\pi}}{2}$

복습	1회	2회	3회	4회	5회
채점 ○△✕					

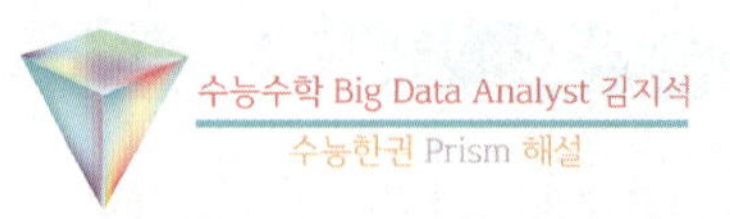

134. [2019년 6월 (가)형 28번]

그림과 같이 길이가 2인 선분 AB를 지름으로 하는 반원의 호 AB 위에 점 P가있다. 중심이 A이고 반지름의 길이가 $\overline{AP}$인 원과 선분 AB의 교점을 Q라 하자.

호 PB 위에 점 R를 호 PR와 호 RB의 길이의 비가 3 : 7이 되도록 잡는다. 선분 AB의 중점을 O라 할 때, 선분 OR와 호 PQ 의 교점을 T, 점 O에서 선분 AP에 내린 수선의 발을 H라 하자.

세 선분 PH, HO, OT와 호 TP 로 둘러싸인 부분의 넓이를 S_1, 두 선분 RT, QB와 두 호 TQ, BR로 둘러싸인 부분의 넓이를 S_2라 하자.

$\angle$PAB $= \theta$라 할 때, $\displaystyle\lim_{\theta \to 0+} \frac{S_1 - S_2}{\overline{OH}} = a$이다. $50a$의 값을 구하시오. (단, $0 < \theta < \dfrac{\pi}{4}$) [4점]

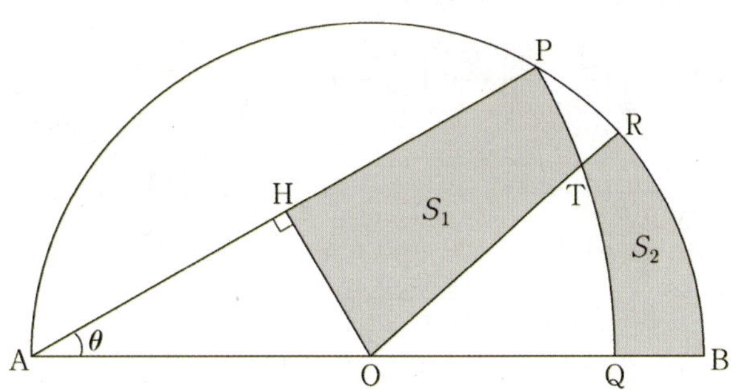

도형의 필연성

필연성 14

이상한 도형의 넓이를 구할 때

(넓이 공식 없는 도형)

→ 여러 개의 기본 도형으로 퍼즐 맞추기

(넓이 공식 있는 도형)

✓ 빵꾸난 도형은 빵꾸를 메꿔서 퍼즐 맞추기

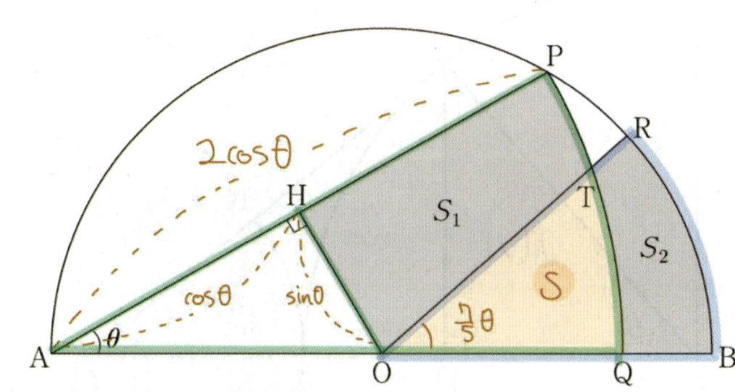

부채꼴 POB에서 $\angle$POB $= 2\angle$PAB $= 2\theta$이고,

$\overset{\frown}{PR} : \overset{\frown}{RB} = 3 : 7$이므로

$\angle$ROB $= \dfrac{7}{10} \times 2\theta = \dfrac{7}{5}\theta$

$\triangle$AOH는 직각삼각형

$\therefore \overline{OH} = \sin\theta, \ \overline{AH} = \cos\theta, \ \overline{AP} = 2\cos\theta$

$S_1 - S_2$

$= (S_1 + S) - (S_2 + S)$

$= \dfrac{1}{2} \times (2\cos\theta)^2 \times \theta - \dfrac{1}{2}\cos\theta\sin\theta - \dfrac{1}{2} \times 1^2 \times \dfrac{7}{5}\theta$

$\displaystyle\lim_{\theta \to 0+} \frac{S_1 - S_2}{\overline{OH}}$

$= \displaystyle\lim_{\theta \to 0+} \frac{2\theta\cos^2\theta - \dfrac{1}{2}\cos\theta\sin\theta - \dfrac{7}{10}\theta}{\sin\theta}$

$= \displaystyle\lim_{\theta \to 0+} \left\{ 2\frac{\theta}{\sin\theta}\cos^2\theta - \frac{1}{2}\cos\theta - \frac{7}{10}\frac{\theta}{\sin\theta} \right\}$

$= 2 - \dfrac{1}{2} - \dfrac{7}{10} = \dfrac{4}{5}$

$\therefore 50a = 50 \times \dfrac{4}{5} = 40$

복습	1회	2회	3회	4회	5회
채점 ○△X					

135. [2019년 수능 (가)형 18번] 실전 분석

그림과 같이 $\overline{AB} = 1$, $\angle B = \dfrac{\pi}{2}$인 직각삼각형 ABC에서 $\angle C$를 이등분하는 직선과 선분 AB의 교점을 D, 중심이 A이고 반지름의 길이가 $\overline{AD}$인 원과 선분 AC의 교점을 E라 하자. $\angle A = \theta$일 때, 부채꼴 ADE의 넓이를 $S(\theta)$, 삼각형 BCE의 넓이를 $T(\theta)$라 하자. $\displaystyle\lim_{\theta \to 0+} \dfrac{\{S(\theta)\}^2}{T(\theta)}$의 값은? [4점]

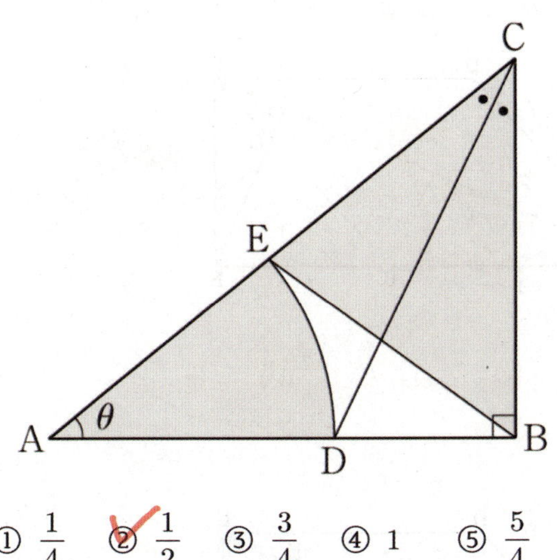

① $\dfrac{1}{4}$ ② $\dfrac{1}{2}$ ③ $\dfrac{3}{4}$ ④ 1 ⑤ $\dfrac{5}{4}$

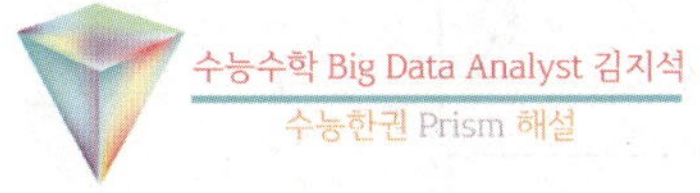
수능수학 Big Data Analyst 김지석
수능한권 Prism 해설

해설 바로가기 ▶ 실전개념분석 32번

복습	1회	2회	3회	4회	5회
채점 O△X					

136. [2018년 수능 (가)형 17번]

그림과 같이 한 변의 길이가 1인 마름모 $ABCD$가 있다. 점 C에서 선분 AB의 연장선에 내린 수선의 발을 E, 점 E에서 선분 AC에 내린 수선의 발을 F, 선분 EF와 선분 BC의 교점을 G라 하자. $\angle DAB = \theta$일 때, 삼각형 CFG의 넓이를 $S(\theta)$라 하자. $\displaystyle\lim_{\theta\to 0+}\frac{S(\theta)}{\theta^5}$의 값은? (단, $0 < \theta < \dfrac{\pi}{2}$) [4점]

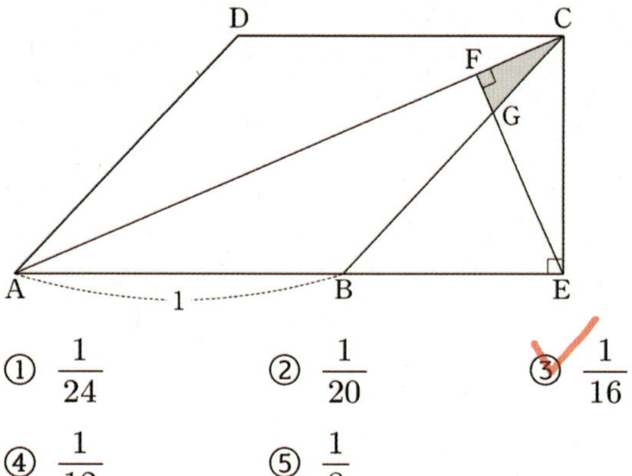

① $\dfrac{1}{24}$　　② $\dfrac{1}{20}$　　③ $\dfrac{1}{16}$

④ $\dfrac{1}{12}$　　⑤ $\dfrac{1}{8}$

도형의 필연성

필연성 05

대칭 도형 → 반띵

✓ 이등변삼각형 → 직각 삼각형

필연성 07

직각삼각형을 수직수직으로 자르면 → 닮음 삼각형

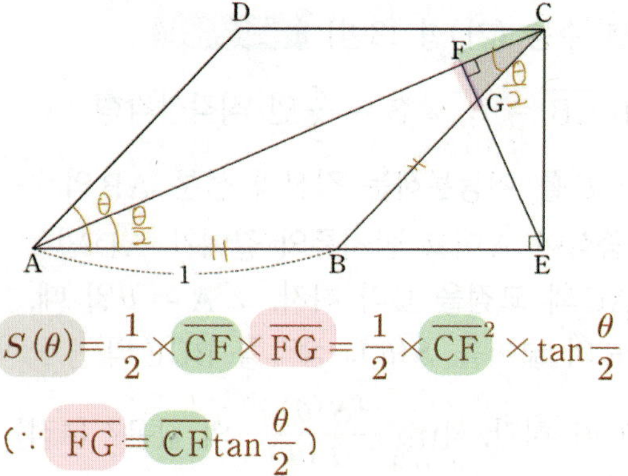

$$S(\theta) = \frac{1}{2} \times \overline{CF} \times \overline{FG} = \frac{1}{2} \times \overline{CF}^2 \times \tan\frac{\theta}{2}$$

$$\left(\because \overline{FG} = \overline{CF}\tan\frac{\theta}{2}\right)$$

- 좌우대칭 도형 → 반띵

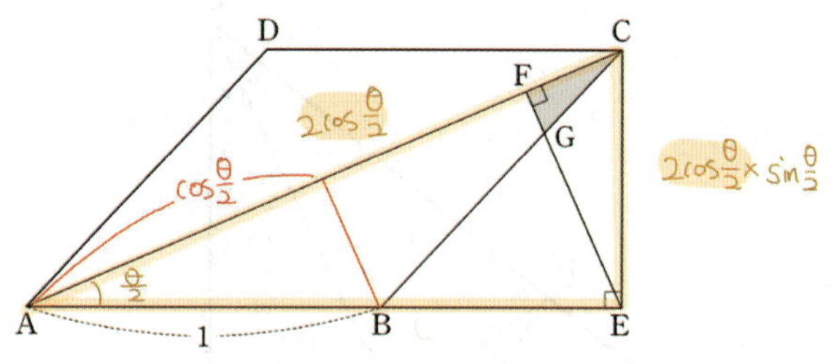

- 직각삼각형을 수직수직으로 자른 도형
→ 삼각형(닮음)

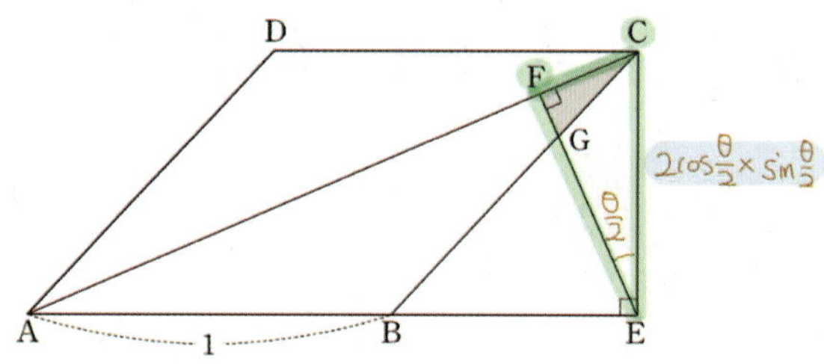

$$\overline{CF} = 2\cos\frac{\theta}{2} \times \sin\frac{\theta}{2} \times \sin\frac{\theta}{2}$$

$$\lim_{\theta\to 0+}\frac{S(\theta)}{\theta^5}$$

$$= \lim_{\theta\to 0+}\frac{\dfrac{1}{2}\left(2\cos\dfrac{\theta}{2}\times\sin\dfrac{\theta}{2}\times\sin\dfrac{\theta}{2}\right)^2\tan\dfrac{\theta}{2}}{\theta^5}$$

$$= \frac{1}{2}\left(2\times\frac{1}{2}\times\frac{1}{2}\right)^2\frac{1}{2} = \frac{1}{16}$$

복습	1회	2회	3회	4회	5회
채점 O△X					

137. [2018년 6월 (가)형 16번]

그림과 같이 반지름의 길이가 1이고 중심각의 크기가 $\dfrac{\pi}{2}$ 인 부채꼴 OAB 가 있다. 호 AB 위의 점 P 에서 선분 OA 에 내린 수선의 발을 H 라 하고, 호 BP 위에 점 Q 를 $\angle POH = \angle PHQ$ 가 되도록 잡는다. $\angle POH = \theta$ 일 때, 삼각형 OHQ 의 넓이를 $S(\theta)$ 라 하자. $\displaystyle\lim_{\theta \to 0+} \dfrac{S(\theta)}{\theta}$ 의 값은? (단, $0 < \theta < \dfrac{\pi}{6}$) [4점]

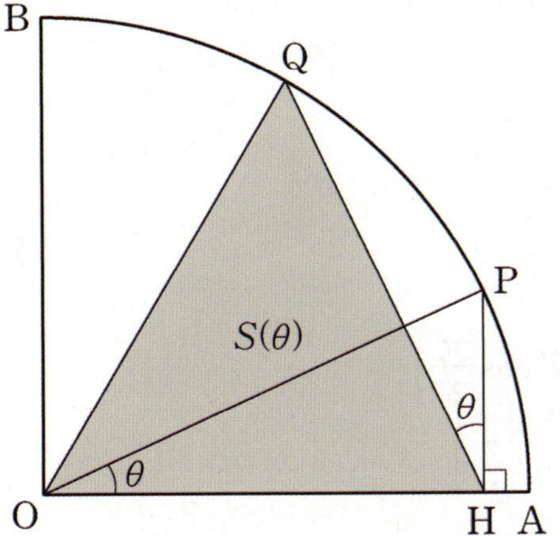

① $\dfrac{1+\sqrt{2}}{2}$ ② $\dfrac{2+\sqrt{2}}{2}$ ③ $\dfrac{3+\sqrt{2}}{2}$

④ $\dfrac{4+\sqrt{2}}{2}$ ⑤ $\dfrac{5+\sqrt{2}}{2}$

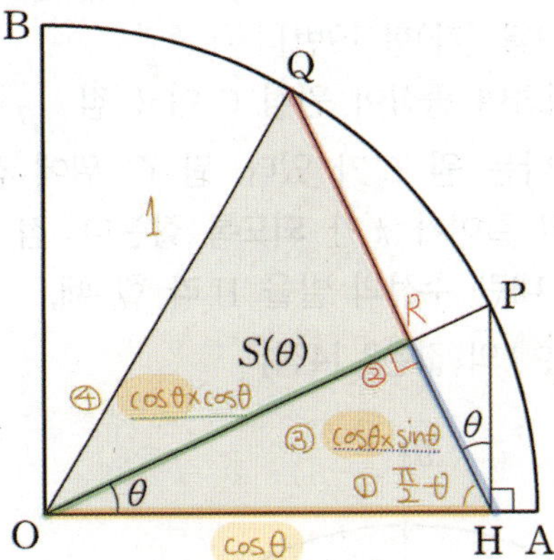

$\overline{QR} = \sqrt{1 - (\cos^2\theta)^2}$

$\qquad = \sqrt{1 + \cos^2\theta}\,\sqrt{1 - \cos^2\theta}$

$\qquad = \sqrt{1 + \cos^2\theta}\,\sin\theta$

$\displaystyle\lim_{\theta \to 0+} \dfrac{S(\theta)}{\theta}$

$= \displaystyle\lim_{\theta \to 0} \dfrac{1}{2}\cos^2\theta \left(\sqrt{1 + \cos^2\theta}\,\sin\theta + \cos\theta\sin\theta \right) \times \dfrac{1}{\theta}$

$= \displaystyle\lim_{\theta \to 0} \dfrac{1}{2}\cos^2\theta \left(\sqrt{1 + \cos^2\theta}\,\dfrac{\sin\theta}{\theta} + \cos\theta\,\dfrac{\sin\theta}{\theta} \right)$

$= \dfrac{1}{2} \times 1^2 \times \left(\sqrt{1+1} \times 1 + 1 \times 1 \right)$

$= \dfrac{\sqrt{2}+1}{2}$

복습	1회	2회	3회	4회	5회
채점 O△X					

138. [2018년 9월 (가)형 19번]

자연수 n에 대하여 중심이 원점 O 이고 점 P $(2^n, 0)$을 지나는 원 C가 있다. 원 C 위에 점 Q 를 호 PQ 의 길이가 π 가 되도록 잡는다. 점 Q 에서 x축에 내린 수선의 발을 H 라 할 때, $\lim\limits_{n \to \infty} (\overline{OQ} \times \overline{HP})$의 값은? [4점]

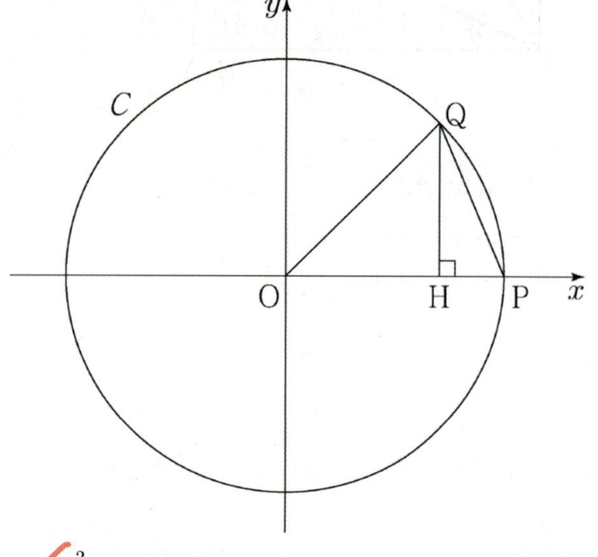

① $\dfrac{\pi^2}{2}$　　② $\dfrac{3}{4}\pi^2$　　③ π^2

④ $\dfrac{5}{4}\pi^2$　　⑤ $\dfrac{3}{2}\pi^2$

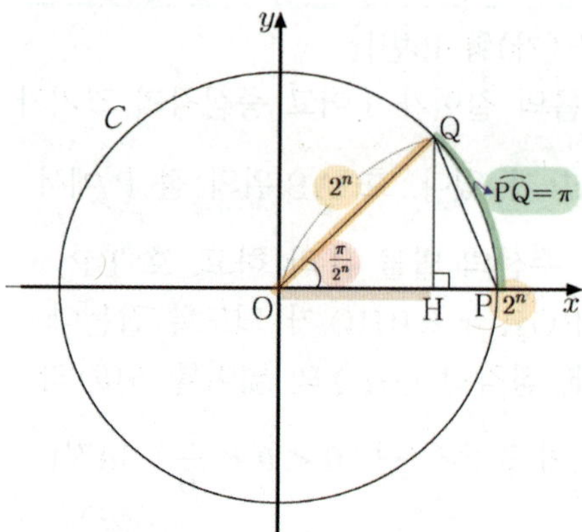

$\angle POQ = \dfrac{\pi}{2^n}$

$\therefore \overline{OQ} = 2^n, \ \overline{HP} = 2^n - 2^n \cos\dfrac{\pi}{2^n}$

$\therefore \lim\limits_{n \to \infty}(\overline{OQ} \times \overline{HP})$

$= \lim\limits_{n \to \infty} 2^n \left(2^n - 2^n \cos\dfrac{\pi}{2^n}\right)$

$= \lim\limits_{n \to \infty} 2^{2n}\left(1 - \cos\dfrac{\pi}{2^n}\right)$

$= \lim\limits_{n \to \infty} \dfrac{1 - \cos\dfrac{\pi}{2^n}}{\left(\dfrac{\pi}{2^n}\right)^2} \times \pi^2$

$= \dfrac{1}{2} \times \pi^2$

복습	1회	2회	3회	4회	5회
채점 O△X					

139. [2017년 수능 (가)형 14번]

그림과 같이 반지름의 길이가 1이고 중심각의 크기가 $\dfrac{\pi}{2}$인 부채꼴 OAB가 있다. 호 AB 위의 점 P에서 선분 OA에 내린 수선의 발을 H, 선분 PH와 선분 AB의 교점을 Q라 하자. $\angle POH = \theta$일 때, 삼각형 AQH의 넓이를 $S(\theta)$라 하자. $\displaystyle\lim_{\theta\to 0+}\dfrac{S(\theta)}{\theta^4}$의 값은?

$\left(\text{단, } 0 < \theta < \dfrac{\pi}{2}\right)$ [4점]

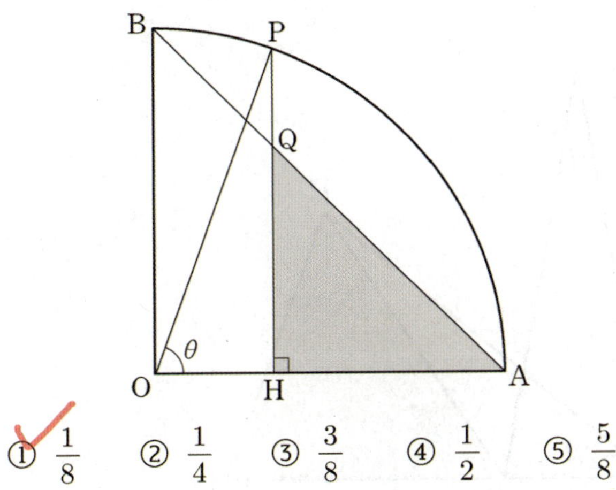

① $\dfrac{1}{8}$ ② $\dfrac{1}{4}$ ③ $\dfrac{3}{8}$ ④ $\dfrac{1}{2}$ ⑤ $\dfrac{5}{8}$

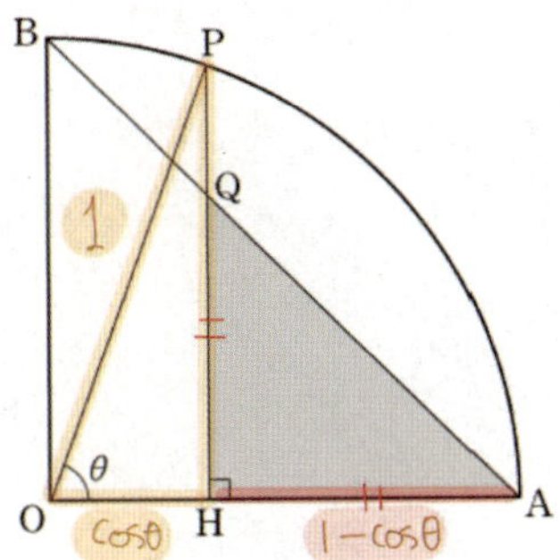

∴ 삼각형 AQH의 넓이 $S(\theta)$는

$$S(\theta) = \dfrac{(1-\cos\theta)^2}{2}$$

$$\lim_{\theta\to 0+}\dfrac{S(\theta)}{\theta^4} = \lim_{\theta\to 0+}\dfrac{(1-\cos\theta)^2}{2\theta^4} = \dfrac{1}{2}\left(\dfrac{1}{2}\right)^2 = \dfrac{1}{8}$$

복습	1회	2회	3회	4회	5회
채점 O△X					

140. [2016년 수능 (B)형 28번] 실전 분석

그림과 같이 좌표평면에서 원 $x^2 + y^2 = 1$과 곡선 $y = \ln(x+1)$이 제1사분면에서 만나는 점을 A라 하자. 점 B$(1, 0)$에 대하여 호 AB 위의 점 P에서 y축에 내린 수선의 발을 H, 선분 PH와 곡선 $y = \ln(x+1)$이 만나는 점을 Q라 하자. $\angle POB = \theta$라 할 때, 삼각형 OPQ의 넓이를 $S(\theta)$, 선분 HQ의 길이를 $L(\theta)$라 하자. $\displaystyle\lim_{\theta\to 0+}\dfrac{S(\theta)}{L(\theta)} = k$일 때, $60k$의 값을 구하시오. (단, $0 < \theta < \dfrac{\pi}{6}$이고, O는 원점이다.) [4점]

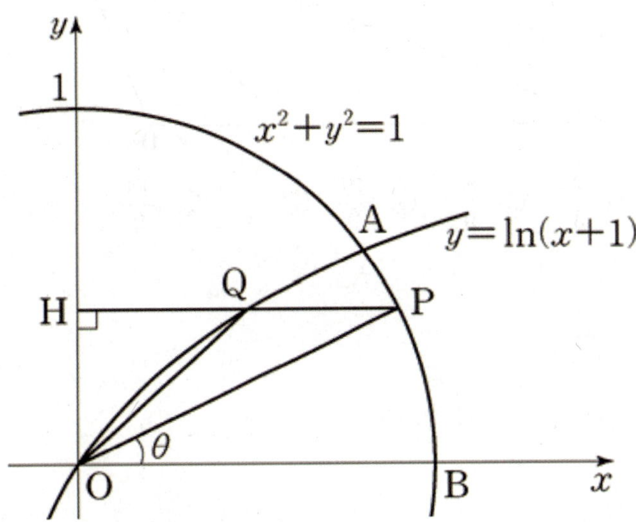

30

해설 바로가기 ▶ 실전개념분석 30번

복습	1회	2회	3회	4회	5회
채점 O△X					

1등급

141. [2015년 수능 (B)형 20번] 실전 분석

그림과 같이 반지름의 길이가 1인 원에 외접하고 $\angle CAB = \angle BCA = \theta$인 이등변삼각형 ABC가 있다. 선분 AB의 연장선 위에 점 A가 아닌 점 D를 $\angle DCB = \theta$가 되도록 잡는다. 삼각형 BCD의 넓이를 $S(\theta)$라 할 때, $\lim\limits_{\theta \to 0+} \{\theta \times S(\theta)\}$의 값은?

(단, $0 < \theta < \dfrac{\pi}{4}$) [4점]

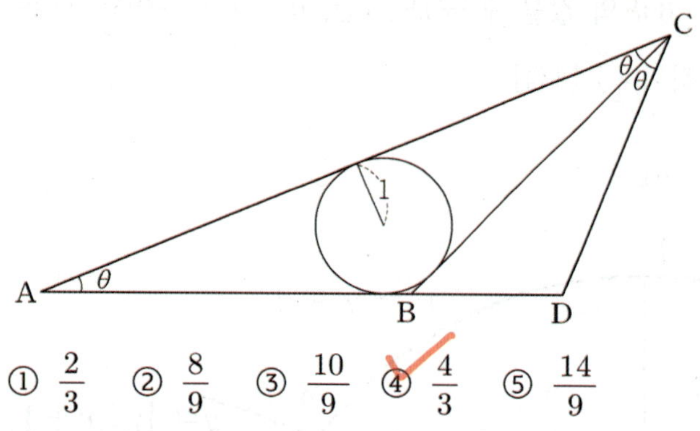

① $\dfrac{2}{3}$ ② $\dfrac{8}{9}$ ③ $\dfrac{10}{9}$ ④ $\dfrac{4}{3}$ ⑤ $\dfrac{14}{9}$

해설 바로가기 ▶ 실전개념분석 35번

복습	1회	2회	3회	4회	5회
채점 O△X					

1등급

142. [2014년 수능 (B)형 28번] 실전 분석

그림과 같이 길이가 4인 선분 AB를 한 변으로 하고, $\overline{AC} = \overline{BC}$, $\angle ACB = \theta$인 이등변삼각형 ABC가 있다. 선분 AB의 연장선 위에 $\overline{AC} = \overline{AD}$인 점 D를 잡고, $\overline{AC} = \overline{AP}$이고 $\angle PAB = 2\theta$인 점 P를 잡는다. 삼각형 BDP의 넓이를 $S(\theta)$라 할 때, $\lim\limits_{\theta \to 0+} (\theta \times S(\theta))$의 값을 구하시오.

(단, $0 < \theta < \dfrac{\pi}{6}$) [4점]

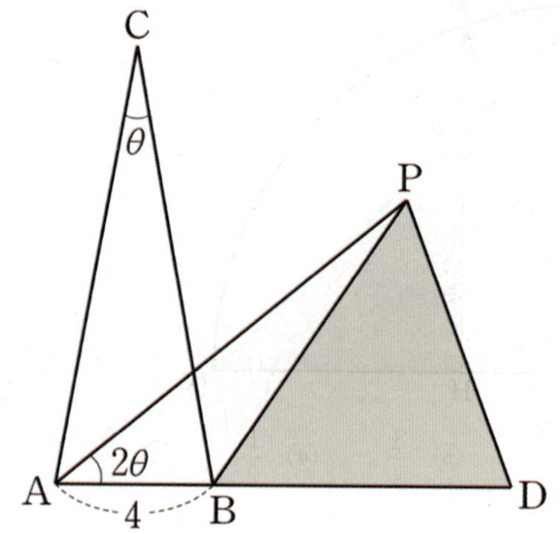

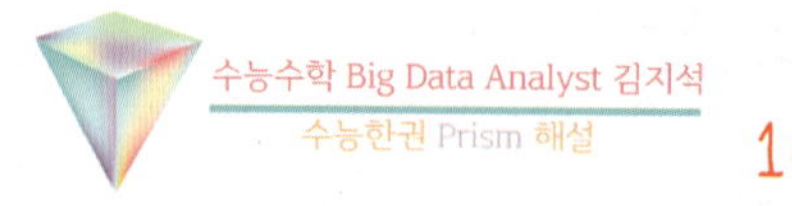

16

해설 바로가기 ▶ 실전개념분석 33번

복습	1회	2회	3회	4회	5회
채점 ○△X					

1등급

143. [2013년 수능 (가)형 29번] 실전 분석

삼각형 ABC에서 $\overline{AB} = 1$이고
$\angle A = \theta$, $\angle B = 2\theta$이다. 변 AB 위의 점 D를
$\angle ACD = 2\angle BCD$가 되도록 잡는다.

$\displaystyle \lim_{\theta \to 0+} \frac{\overline{CD}}{\theta} = a$일 때, $27a^2$의 값을 구하시오. (단,

$0 < \theta < \dfrac{\pi}{4}$) [4점]

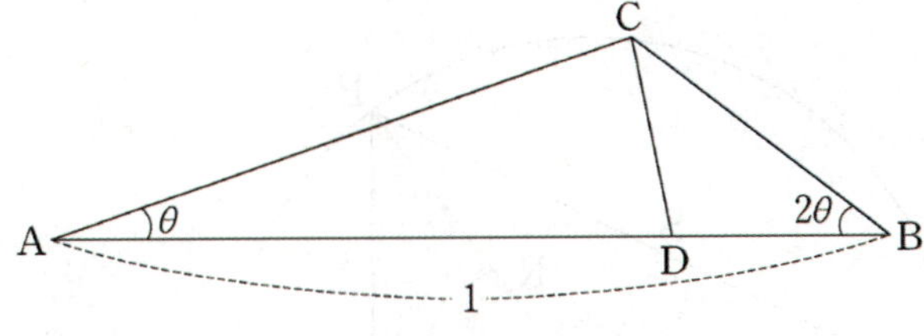

16

해설 바로가기 ▶ 실전개념분석 36번

복습	1회	2회	3회	4회	5회
채점 ○△X					

144. [2012년 수능 (가)형 27번]

그림과 같이 중심이 O이고 길이가 2인 선분 AB를 지름으로 하는 원 위의 점 P에서 선분 AB에 내린 수선의 발을 Q, 점 Q에서 선분 OP에 내린 수선의 발을 R, 점 O에서 선분 AP에 내린 수선의 발을 S라 하자.

$\angle \mathrm{PAQ} = \theta \left(0 < \theta < \dfrac{\pi}{4}\right)$ 일 때, 삼각형 AOS의 넓이를 $f(\theta)$, 삼각형 PRQ의 넓이를 $g(\theta)$ 라 하자.

$\displaystyle\lim_{\theta \to 0+} \dfrac{\theta^2 f(\theta)}{g(\theta)} = \dfrac{q}{p}$ 일 때, $p^2 + q^2$ 의 값을 구하시오.(단, p 와 q 는 서로소인 자연수이다.)　[4점]

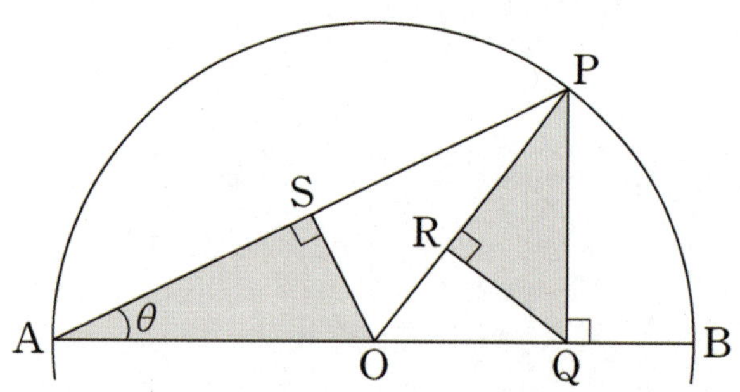

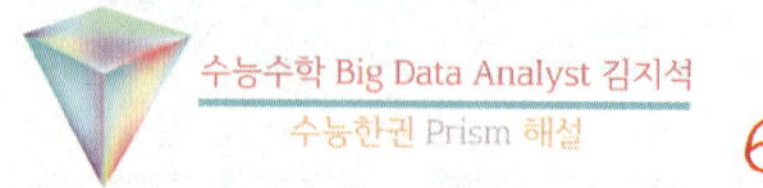

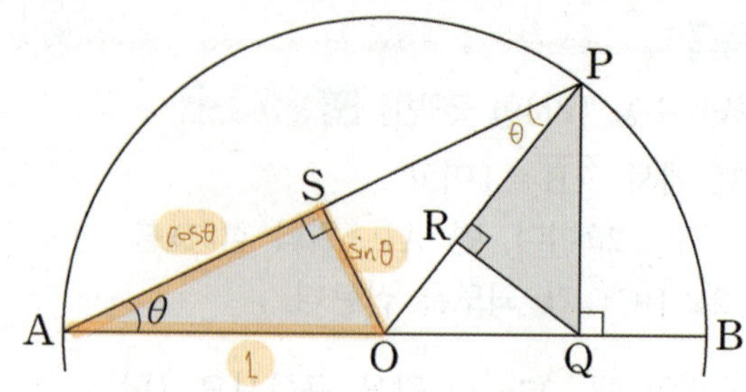

■ 직각삼각형을 수직수직으로 자른 도형
→ 삼각형(닮음)

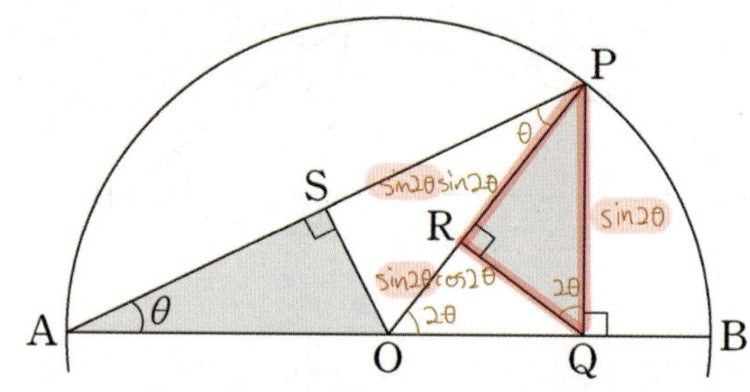

$$\lim_{\theta \to 0+} \dfrac{\theta^2 f(\theta)}{g(\theta)} = \lim_{\theta \to 0+} \dfrac{\theta^2 \frac{1}{2}\cos\theta\sin\theta}{\frac{1}{2}(\sin2\theta\cos2\theta)(\sin2\theta\sin2\theta)}$$

$$= \dfrac{1}{2 \times 2 \times 2} = \dfrac{1}{8}$$

$$\therefore\ p^2 + q^2 = 64 + 1 = 65$$

도형의 필연성

필연성 07

직각삼각형을 수직수직으로 자르면
→ 닮음 삼각형

복습	1회	2회	3회	4회	5회
채점 O△X					

145. [2011년 수능 (가)형 미분과 적분 30번]

실전 분석

좌표평면에서 그림과 같이 원 $x^2 + y^2 = 1$ 위의 점 P에 대하여 선분 OP가 x축의 양의 방향과 이루는 각의 크기를 $\theta\left(0 < \theta < \dfrac{\pi}{4}\right)$라 하자.

점 P를 지나고 x축에 평행한 직선이 곡선 $y = e^x - 1$과 만나는 점을 Q라 하고, 점 Q에서 x축에 내린 수선의 발을 R라 하자. 선분 OP와 선분 QR의 교점을 T라 할 때, 삼각형 OTR의 넓이를 $S(\theta)$라 하자. $\displaystyle\lim_{\theta \to 0+} \dfrac{S(\theta)}{\theta^3} = a$일 때, $60a$의 값을 구하시오. [4점]

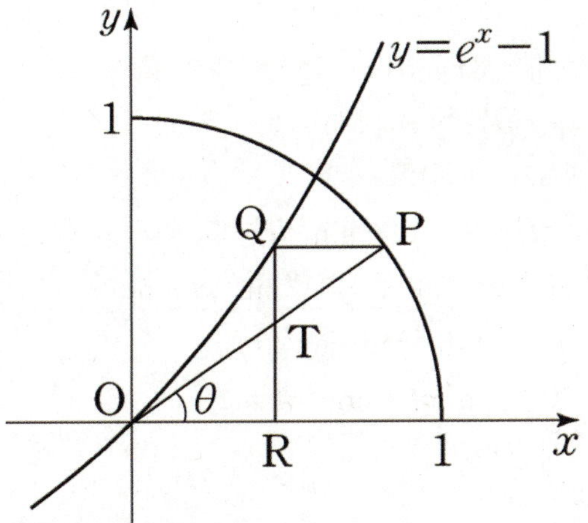

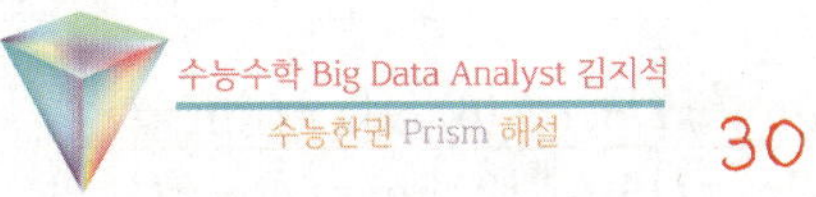

해설 바로가기 ▶ 실전개념분석 31번

복습	1회	2회	3회	4회	5회
채점 O△X					

1등급

146. [2009년 수능 (가)형 미분과 적분 30번]

실전 분석

반지름의 길이가 1인 원 O 위에 점 A가 있다. 그림과 같이 양수 θ에 대하여 원 O 위의 두 점 B, C를 $\angle \mathrm{BAC} = \theta$이고 $\overline{\mathrm{AB}} = \overline{\mathrm{AC}}$가 되도록 잡는다. 삼각형 ABC의 내접원의 반지름의 길이를 $r(\theta)$라 할 때, $\displaystyle\lim_{\theta \to \pi-} \dfrac{r(\theta)}{(\pi - \theta)^2} = \dfrac{q}{p}$이다. $p^2 + q^2$의 값을 구하시오. (단, p, q는 서로소인 자연수이다.) [4점]

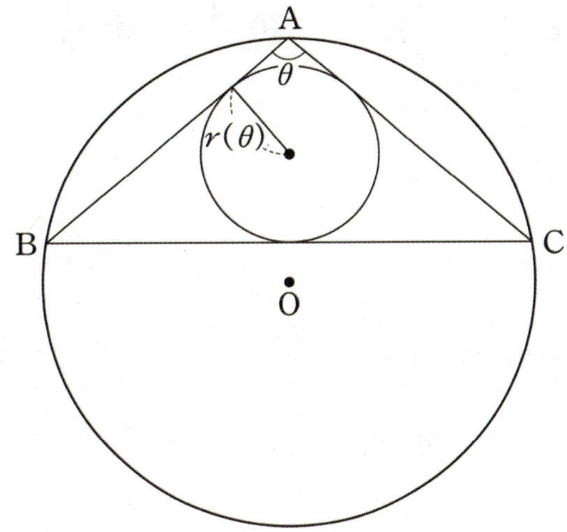

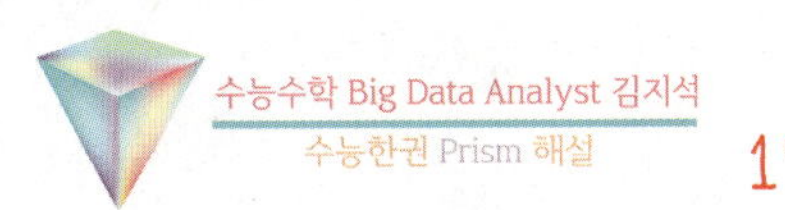

해설 바로가기 ▶ 실전개념분석 34번

미적분 3. 미분법 경향08
미분법 계산

수능 2점

복습	1회	2회	3회	4회	5회
채점 O△X					

147. [2004년 수능 (자연) 5번]

미분가능한 함수 $f(x)$ 의 역함수 $g(x)$ 가

$$\lim_{x \to 1} \frac{g(x) - 2}{x - 1} = 3$$

을 만족시킬 때, 미분계수 $f'(2)$ 의 값은? [2점]

① 1 ② $\dfrac{1}{2}$ ③ $\dfrac{1}{3}$ ④ $\dfrac{1}{4}$ ⑤ $\dfrac{1}{6}$

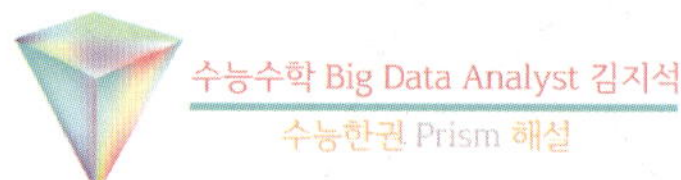

수능수학 Big Data Analyst 김지석
수능한권 Prism 해설

$\lim\limits_{x \to 1} \dfrac{g(x) - 2}{x - 1} = 3$ 에서 분모$\to 0$ 이므로 분자$\to 0$

$g(1) = 2 \Leftrightarrow f(2) = 1$

$$\lim_{x \to 1} \frac{g(x) - 2}{x - 1} = \lim_{x \to 1} \frac{g(x) - g(1)}{x - 1} = g'(1) = 3$$

$g(f(x)) = x$ 에서 $g'(f(x))f'(x) = 1$

$$\therefore f'(2) = \frac{1}{g'(f(2))} = \frac{1}{g'(1)} = \frac{1}{3}$$

수능 3점

복습	1회	2회	3회	4회	5회
채점 O△X					

148. [2026년 수능 (미적분) 27번]

매개변수 t 로 나타내어진 곡선

$$x = e^{4t}(1 + \sin^2 \pi t), \quad y = e^{4t}(1 - 3\cos^2 \pi t)$$

를 C 라 하자. 곡선 C 가 직선 $y = 3x - 5e$ 와 만나는 점을 P 라 할 때, 곡선 C 위의 점 P 에서의 접선의 기울기는? [3점]

① $\dfrac{3\pi - 4}{\pi + 4}$ ② $\dfrac{3\pi - 2}{\pi + 6}$ ③ $\dfrac{3\pi}{\pi + 8}$

④ $\dfrac{3\pi + 2}{\pi + 10}$ ⑤ $\dfrac{3\pi + 4}{\pi + 12}$

수능수학 Big Data Analyst 김지석
수능한권 Prism 해설

곡선 C 가 직선 $y = 3x - 5e$ 와 만나는 점이 P 이므로
$x = e^{4t}(1 + \sin^2 \pi t)$, $y = e^{4t}(1 - 3\cos^2 \pi t)$
를 직선의 방정식에 대입하면

$e^{4t}(1 - 3\cos^2 \pi t) = 3e^{4t}(1 + \sin^2 \pi t) - 5e$

$\Leftrightarrow e^{4t} - 3e^{4t}\cos^2 \pi t = 3e^{4t} + 3e^{4t}\sin^2 \pi t - 5e$

$\Leftrightarrow 5e = 2e^{4t} + 3e^{4t}(\sin^2 \pi t + \cos^2 \pi t)$

$\Leftrightarrow 5e = 5e^{4t} \ (\because \ \sin^2 \pi t + \cos^2 \pi t = 1)$

$\Leftrightarrow 4t = 1$

$\therefore t = \dfrac{1}{4}$

$$\frac{\dfrac{dy}{dt}}{\dfrac{dx}{dt}} = \frac{4e^{4t}(1 - 3\cos^2 \pi t) + e^{4t}(6\pi\cos \pi t \sin \pi t)}{4e^{4t}(1 + \sin^2 \pi t) + e^{4t}(2\pi\sin \pi t \cos \pi t)}$$

$$\Leftrightarrow \frac{dy}{dx} = \frac{4(1 - 3\cos^2 \pi t) + (6\pi\cos \pi t \sin \pi t)}{4(1 + \sin^2 \pi t) + (2\pi\sin \pi t \cos \pi t)}$$

$t = \dfrac{1}{4}$ 을 대입하면

$$\sin(\pi t) = \sin \frac{\pi}{4} = \frac{1}{\sqrt{2}}, \quad \cos(\pi t) = \cos \frac{\pi}{4} = \frac{1}{\sqrt{2}}$$

$$\therefore \frac{dy}{dx} = \frac{4\left(1 - 3 \cdot \dfrac{1}{2}\right) + 6\pi \cdot \dfrac{1}{2}}{4\left(1 + \dfrac{1}{2}\right) + 2\pi \cdot \dfrac{1}{2}} = \frac{3\pi - 2}{\pi + 6}$$

복습	1회	2회	3회	4회	5회
채점 O△X					

149. [2024년 수능 (미적분) 24번]

매개변수 t $(t>0)$으로 나타내어진 곡선

$$x=\ln(t^3+1),\quad y=\sin\pi t$$

에서 $t=1$일 때, $\dfrac{dy}{dx}$의 값은? [3점]

① $-\dfrac{1}{3}\pi$ ② $-\dfrac{2}{3}\pi$ ③ $-\pi$

④ $-\dfrac{4}{3}\pi$ ⑤ $-\dfrac{5}{3}\pi$

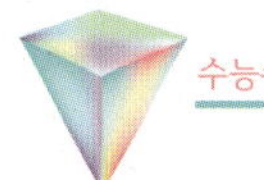
수능수학 Big Data Analyst 김지석
수능한권 Prism 해설

$$\frac{dy}{dt}=\frac{\dfrac{dy}{dt}}{\dfrac{dx}{dt}}=\frac{\pi\cos\pi t}{\dfrac{3t^2}{t^3+1}}=\frac{\pi(t^3+1)\cos\pi t}{3t^2}$$

$t=1$을 대입하면

$$\frac{dy}{dx}=-\frac{2\pi}{3}$$

복습	1회	2회	3회	4회	5회
채점 O△X					

150. [2022년 수능 (미적분) 24번]

실수 전체의 집합에서 미분가능한 함수 $f(x)$가 모든 실수 x에 대하여 $f(x^3+x)=e^x$을 만족시킬 때, $f'(2)$의 값은? [3점]

① e ② $\dfrac{e}{2}$ ③ $\dfrac{e}{3}$ ④ $\dfrac{e}{4}$ ⑤ $\dfrac{e}{5}$

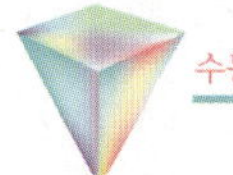
수능수학 Big Data Analyst 김지석
수능한권 Prism 해설

$$f'(x^3+x)\times(3x^2+1)=e^x$$
$$x^3+x=2$$
$$\Leftrightarrow (x-1)(x^2+x+2)=0$$
$$\Leftrightarrow x=1$$
$$\therefore f'(1+1)\times(3+1)=e$$

$$f'(2)=\frac{e}{4}$$

복습	1회	2회	3회	4회	5회
채점 O△X					

151. [2021년 수능 (가)형 7번]

함수 $f(x)=(x^2-2x-7)e^x$의 극댓값과 극솟값을 각각 a, b라 할 때, $a\times b$의 값은? [3점]

① -32 ② -30 ③ -28 ④ -26 ⑤ -24

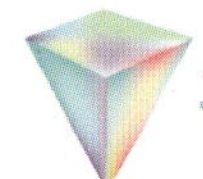
수능수학 Big Data Analyst 김지석
수능한권 Prism 해설

$$f(x)=e^x(x^2-2x-7)$$
$$f'(x)=e^x(x^2-2x-7)+e^x(2x-2)$$
$$=e^x(x^2-9)$$
$$=e^x(x+3)(x-3)$$

$e^x>0$이므로 $y=(x+3)(x-3)$의 부호변화와 $f'(x)$의 부호변화가 동일하다.

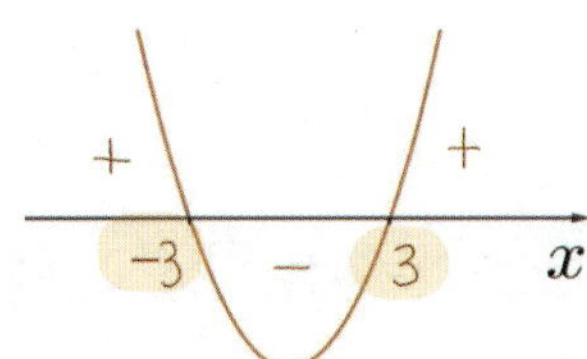

$$\therefore a=f(-3)=e^{-3}\times 8$$
$$\therefore b=f(3)=e^3\times(-4)$$
$$\therefore a\times b=-32$$

복습	1회	2회	3회	4회	5회
채점 O△X					

152. [2021년 수능 (가)형 23번]

함수 $f(x)=\dfrac{x^2-2x-6}{x-1}$ 에 대하여 $f'(0)$의 값을 구하시오. [3점]

수능수학 Big Data Analyst 김지석
수능한권 Prism 해설

$$f'(x)=\frac{(2x-2)(x-1)-(x^2-2x-6)}{(x-1)^2}$$
$$\therefore f'(0)=\frac{(-2)\times(-1)-(-6)}{(-1)^2}=8$$

복습	1회	2회	3회	4회	5회
채점 O△X					

153. [2020년 수능 (가)형 5번]

곡선 $x^2 - 3xy + y^2 = x$ 위의 점 $(1, 0)$에서의 접선의 기울기는? [3점]

① $\dfrac{1}{12}$ ② $\dfrac{1}{6}$ ③ $\dfrac{1}{4}$ ④ $\dfrac{1}{3}$ ⑤ $\dfrac{5}{12}$

$x^2 - 3xy + y^2 = x$를 x에 대하여 미분

$2x - 3y - 3x \times \dfrac{dy}{dx} + 2y \times \dfrac{dy}{dx} = 1$

$\therefore$ 점 $(1, 0)$에서의 접선의 기울기 → $x = 1$, $y = 0$ 대입

$2 - 3 \times \dfrac{dy}{dx} = 1$

$\therefore \dfrac{dy}{dx} = \dfrac{1}{3}$

복습	1회	2회	3회	4회	5회
채점 O△X					

154. [2020년 수능 (가)형 11번]

곡선 $y = ax^2 - 2\sin 2x$가 변곡점을 갖도록 하는 정수 a의 개수는? [3점]

① 4 ② 5 ③ 6 ④ 7 ⑤ 8

$y' = 2ax - 4\cos 2x$

$y'' = 2a + 8\sin 2x = 0$

$\Leftrightarrow \sin 2x = -\dfrac{a}{4}$

곡선 $y = ax^2 - 2\sin 2x$가 변곡점을 가져야 하므로

$-1 < -\dfrac{a}{4} < 1$

$\therefore -4 < a < 4$

$\therefore$ 정수 a의 값 $-3, -2, -1, 0, 1, 2, 3$

$\therefore$ 7개

복습	1회	2회	3회	4회	5회
채점 O△X					

155. [2020년 수능 (가)형 22번]

함수 $f(x) = x^3 \ln x$에 대하여 $\dfrac{f'(e)}{e^2}$의 값을 구하시오. [3점]

$f'(x) = 3x^2 \ln x + x^3 \times \dfrac{1}{x}$

$f'(e) = 3e^2 \ln e + e^2 = 4e^2$

$\therefore \dfrac{f'(e)}{e^2} = 4$

복습	1회	2회	3회	4회	5회
채점 O△X					

156. [2019년 수능 (가)형 9번]

함수 $f(x) = \dfrac{1}{1 + e^{-x}}$의 역함수를 $g(x)$라 할 때, $g'(f(-1))$의 값은? [3점]

① $\dfrac{1}{(1+e)^2}$ ② $\dfrac{e}{1+e}$ ③ $\left(\dfrac{1+e}{e}\right)^2$

④ $\dfrac{e^2}{1+e}$ ⑤ $\dfrac{(1+e)^2}{e}$

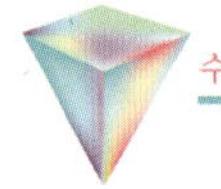

$f'(x) = \dfrac{e^{-x}}{(1 + e^{-x})^2}$

$f'(-1) = \dfrac{e}{(1+e)^2}$

$g(f(x)) = x$에서 $g'(f(x))f'(x) = 1$

$g'(f(x)) = \dfrac{1}{f'(x)}$

$\therefore g'(f(-1)) = \dfrac{1}{f'(-1)} = \dfrac{(1+e)^2}{e}$

복습	1회	2회	3회	4회	5회
채점 $O\triangle X$					

157. [2019년 수능 (가)형 7번]

곡선 $e^x - xe^y = y$ 위의 점 $(0, 1)$에서의 접선의 기울기는? [3점]

① $3-e$ ② $2-e$ ③ $1-e$ ✓

④ $-e$ ⑤ $-1-e$

수능수학 Big Data Analyst 김지석
수능한권 Prism 해설

$e^x - xe^y = y$ 를 x에 대하여 미분

$$e^x - e^y - xe^y \frac{dy}{dx} = \frac{dy}{dx}$$

$x=0, \ y=1$ 대입

$$\therefore \ 1-e = \frac{dy}{dx}$$

복습	1회	2회	3회	4회	5회
채점 $O\triangle X$					

158. [2018년 수능 (가)형 9번]

실수 전체의 집합에서 미분가능한 함수 $f(x)$에 대하여 함수 $g(x)$를

$$g(x) = \frac{f(x)}{e^{x-2}}$$

라 하자. $\displaystyle\lim_{x \to 2} \frac{f(x)-3}{x-2} = 5$ 일 때, $g'(2)$의 값은? [3점]

① 1 ② 2 ✓   ③ 3 ④ 4 ⑤ 5

수능수학 Big Data Analyst 김지석
수능한권 Prism 해설

$$\lim_{x \to 2} \frac{f(x)-3}{x-2} = 5$$

$x \to 2$ 일 때 (분모) $\to 0$ (분자) $\to 0$

$$\therefore \ f(2) = 3$$

$$\lim_{x \to 2} \frac{f(x)-f(2)}{x-2} = 5$$

$$\therefore \ f'(2) = 5$$

$$g'(x) = \frac{f'(x) \times e^{x-2} - f(x) \times e^{x-2}}{(e^{x-2})^2}$$

$$\therefore \ g'(2) = \frac{f'(2) - f(2)}{e^0} = \frac{5-3}{1} = 2$$

복습	1회	2회	3회	4회	5회
채점 $O\triangle X$					

159. [2018년 수능 (가)형 11번]

실수 전체의 집합에서 미분가능한 두 함수 $f(x)$, $g(x)$가 있다. $f(x)$가 $g(x)$의 역함수이고 $f(1)=2$, $f'(1)=3$이다. 함수 $h(x)=xg(x)$라 할 때, $h'(2)$의 값은? [3점]

① 1 ② $\dfrac{4}{3}$ ③ $\dfrac{5}{3}$ ✓

④ 2 ⑤ $\dfrac{7}{3}$

수능수학 Big Data Analyst 김지석
수능한권 Prism 해설

함수 $f(x)$의 역함수가 $g(x)$

$$f(1) = 2 \ \Leftrightarrow \ g(2) = 1$$

$$g'(2) = \frac{1}{f'(g(2))} = \frac{1}{f'(1)} = \frac{1}{3}$$

함수 $h(x) = xg(x)$ 에서

$$h'(x) = g(x) + xg'(x)$$

$$\therefore \ h'(2) = g(2) + 2g'(2) = 1 + 2 \times \frac{1}{3} = \frac{5}{3}$$

복습	1회	2회	3회	4회	5회
채점 $O\triangle X$					

160. [2018년 수능 (가)형 24번]

곡선 $2x + x^2y - y^3 = 2$ 위의 점 $(1, 1)$에서의 접선의 기울기를 구하시오. [3점]

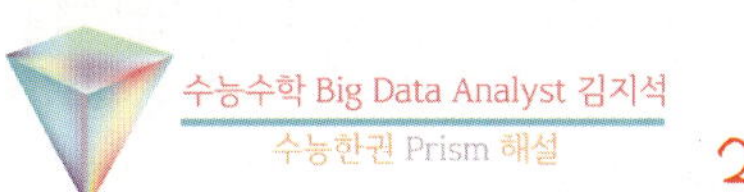
수능수학 Big Data Analyst 김지석
수능한권 Prism 해설

2

$2x + x^2y - y^3 = 2$ 를 x에 대하여 미분

$$2 + 2xy + x^2 \frac{dy}{dx} - 3y^2 \frac{dy}{dx} = 0$$

$x=1, \ y=1$ 대입

$$2 + 2 + \frac{dy}{dx} - 3\frac{dy}{dx} = 0$$

$$\therefore \ \frac{dy}{dx} = 2$$

복습	1회	2회	3회	4회	5회
채점 O△X					

161. [2018년 수능 (가)형 23번]

함수 $f(x) = \ln(x^2 + 1)$에 대하여 $f'(1)$의 값을 구하시오. [3점]

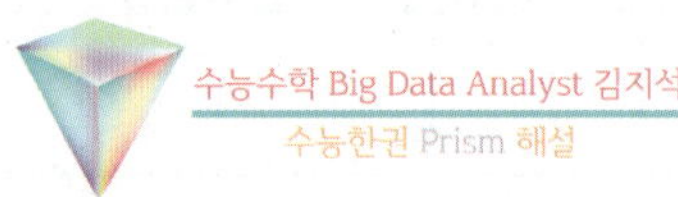

1

$$f'(x) = \frac{2x}{x^2 + 1}$$

$$\therefore \ f'(1) = \frac{2}{1+1} = 1$$

복습	1회	2회	3회	4회	5회
채점 O△X					

162. [2017년 수능 (가)형 6번]

함수 $f(x) = x^3 + x + 1$의 역함수를 $g(x)$라 할 때, $g'(1)$의 값은? [3점]

① $\dfrac{1}{3}$ ② $\dfrac{2}{5}$ ③ $\dfrac{2}{3}$ ④ $\dfrac{4}{5}$ ⑤ 1

$f(0) = 1 \ \Leftrightarrow \ g(1) = 0$

$f'(x) = 3x^2 + 1$

$\therefore \ f'(0) = 1$

$f(g(x)) = x$에서 $f'(g(x))g'(x) = 1$

$$g'(1) = \frac{1}{f'(g(1))} = \frac{1}{f'(0)} = 1$$

복습	1회	2회	3회	4회	5회
채점 O△X					

163. [2016년 수능 (B)형 23번]

함수 $f(x) = 4\sin 7x$에 대하여 $f'(2\pi)$의 값을 구하시오. [3점]

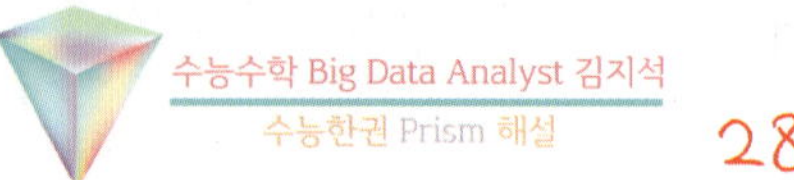

28

$f'(x) = 28\cos 7x$

$\therefore \ f'(2\pi) = 28\cos(14\pi) = 28$

복습	1회	2회	3회	4회	5회
채점 O△X					

164. [2015년 수능 (B)형 23번]

함수 $f(x) = \cos x + 4e^{2x}$에 대하여 $f'(0)$의 값을 구하시오. [3점]

8

$f'(x) = -\sin x + 8e^{2x}$

$\therefore \ f'(0) = 8$

복습	1회	2회	3회	4회	5회
채점 O△X					

165. [2014년 수능 (B)형 22번]

함수 $f(x) = 5e^{3x-3}$에 대하여 $f'(1)$의 값을 구하시오. [3점]

15

$f'(x) = 5e^{3x-3} \times 3 = 15e^{3x-3}$

$\therefore \ f'(1) = 15e^0 = 15 \times 1 = 15$

복습	1회	2회	3회	4회	5회
채점 O△X					

166. [2013년 수능 (가)형 22번]

함수 $f(x) = x\ln x + 13x$에 대하여 $f'(1)$의 값을 구하시오. [3점]

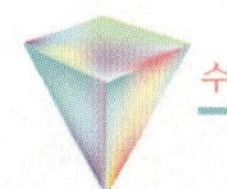
수능수학 Big Data Analyst 김지석
수능한권 Prism 해설

$$f'(x) = \ln x + x \cdot \frac{1}{x} + 13 = \ln x + 14$$

$$\therefore f'(1) = 14$$

복습	1회	2회	3회	4회	5회
채점 O△X					

167. [2011년 수능 (가)형 미분과 적분 27번]

좌표평면에서 곡선 $y^3 = \ln(5 - x^2) + xy + 4$ 위의 점 $(2, 2)$에서의 접선의 기울기는? [3점]

① $-\dfrac{3}{5}$ ② $-\dfrac{1}{2}$ ③ $-\dfrac{2}{5}$ ④ $-\dfrac{3}{10}$ ⑤ $-\dfrac{1}{5}$

수능수학 Big Data Analyst 김지석
수능한권 Prism 해설

$y^3 = \ln(5 - x^2) + xy + 4$를 x에 대하여 미분

음함수의 미분법에 의하여

$$3y^2 \frac{dy}{dx} = \frac{-2x}{5 - x^2} + y + x\frac{dy}{dx}$$

$x = 2, y = 2$를 대입하여 정리하면

$$10\frac{dy}{dx} = -2$$

$$\therefore \frac{dy}{dx} = -\frac{1}{5}$$

복습	1회	2회	3회	4회	5회
채점 O△X					

168. [2001년 수능 (자연) 4번]

$f(x) = (x^2 + 1)e^x$ 일 때, $f'(0)$의 값은? [3점]

① 1 ② 2 ③ 3 ④ 4 ⑤ 5

수능수학 Big Data Analyst 김지석
수능한권 Prism 해설

$$f'(x) = 2xe^x + (e^x + 1)e^x$$

$$\therefore f'(0) = e^0 = 1$$

복습	1회	2회	3회	4회	5회
채점 O△X					

169. [2000년 수능 (자연) 11번]

곡선 $x^3 - xy^2 = 10$ 위의 점 $(-2, 3)$에서의 접선의 기울기는? [3점]

① $-\dfrac{1}{4}$ ② $-\dfrac{1}{6}$ ③ 0 ④ $\dfrac{1}{6}$ ⑤ $\dfrac{1}{4}$

수능수학 Big Data Analyst 김지석
수능한권 Prism 해설

$x^3 - xy^2 = 10$의 양변을 x에 관하여 미분

$$3x^2 - \left(y^2 + x \cdot 2y \cdot \frac{dy}{dx}\right) = 0$$

$x = -2, y = 3$를 대입하여 정리하면

$$12 - 9 - 12\frac{dy}{dx} = 0$$

$$\therefore \frac{dy}{dx} = -\frac{1}{4}$$

수능 4점

복습	1회	2회	3회	4회	5회
채점 ○△X					

170. [2020년 수능 (가)형 26번] 실전 분석

함수 $f(x) = (x^2 + 2)e^{-x}$에 대하여 함수 $g(x)$가 미분가능하고 $g\left(\dfrac{x+8}{10}\right) = f^{-1}(x)$, $g(1) = 0$을 만족시킬 때, $|g'(1)|$의 값을 구하시오. [4점]

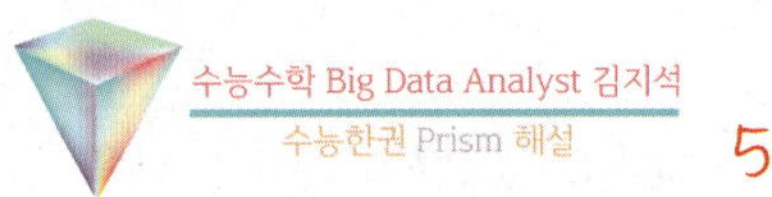

5

해설 바로가기 ▶ 실전개념분석 38번

복습	1회	2회	3회	4회	5회
채점 ○△X					

171. [2020년 9월 (가)형 15번]

열린구간 $\left(-\dfrac{\pi}{2},\ \dfrac{\pi}{2}\right)$에서 정의된 함수

$$f(x) = \ln\left(\frac{\sec x + \tan x}{a}\right)$$

의 역함수를 $g(x)$라 하자. $\displaystyle\lim_{x \to -2}\dfrac{g(x)}{x+2} = b$일 때, 두 상수 $a,\ b$의 곱 ab의 값은? (단, $a > 0$) [4점]

① $\dfrac{e^2}{4}$ ② $\dfrac{e^2}{2}$ ③ e^2

④ $2e^2$ ⑤ $4e^2$

$\displaystyle\lim_{x \to -2}\dfrac{g(x)}{x+2} = b$에서

$x \to -2$일 때 (분모)$\to 0$이므로 (분자)$\to 0$

극한값이 존재하므로 $\displaystyle\lim_{x \to -2} g(x) = 0$

$\therefore\ g(-2) = 0,\ f(0) = -2$

$f(0) = \ln\left(\dfrac{\sec 0 + \tan 0}{a}\right) = \ln\left(\dfrac{1+0}{a}\right) = -2$

$\therefore\ \dfrac{1}{a} = e^{-2} = \dfrac{1}{e^2},\ a = e^2$

$\displaystyle\lim_{x \to -2}\dfrac{g(x)}{x+2} = \lim_{x \to -2}\dfrac{g(x) - g(-2)}{x - (-2)} = g'(-2) = b$

두 함수 $f(x),\ g(x)$가 역함수 관계이므로

$f(g(x)) = x$

$f'(g(x))g'(x) = 1$

$\Leftrightarrow\ g'(x) = \dfrac{1}{f'(g(x))}$

$\therefore\ g'(-2) = \dfrac{1}{f'(g(-2))} = \dfrac{1}{f'(0)} = 1 = b$

$f'(x) = \left\{\ln\left(\dfrac{1}{\cos x} + \tan x\right) - \ln a\right\}'$

$\quad = \dfrac{1}{\dfrac{1}{\cos x} + \tan x} \times \left(-\dfrac{\sin x}{\cos^2 x} + \sec^2 x\right)$

$\therefore\ f'(0) = \dfrac{1}{1+0} \times (0+1) = 1$

$\therefore\ ab = e^2 \times 1 = e^2$

복습	1회	2회	3회	4회	5회
채점 ○△X					

172. [2019년 6월 (가)형 16번]

실수 전체의 집합에서 미분가능한 함수 $f(x)$에 대하여 함수 $g(x)$를

$$g(x) = \frac{f(x)\cos x}{e^x}$$

라 하자. $g'(\pi) = e^\pi g(\pi)$일 때, $\dfrac{f'(\pi)}{f(\pi)}$의 값은? (단, $f(\pi) \neq 0$) [4점]

① $e^{-2\pi}$ ② 1 ③ $e^{-\pi}+1$
④ $e^\pi + 1$ ⑤ $e^{2\pi}$

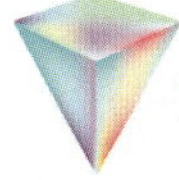

$$g(x) = \frac{f(x)\cos x}{e^x}$$

$$\Leftrightarrow \ln|g(x)| = \ln\left|\frac{f(x)\cos x}{e^x}\right|$$

$$\Leftrightarrow \ln|g(x)| = \ln|f(x)| + \ln|\cos x| - \ln e^x$$

$$\Leftrightarrow \ln|g(x)| = \ln|f(x)| + \ln|\cos x| - x$$

양변을 x에 대하여 미분하면

$$\frac{g'(x)}{g(x)} = \frac{f'(x)}{f(x)} + \frac{-\sin x}{\cos x} - 1$$

$x = \pi$를 대입하면

$$\frac{g'(\pi)}{g(\pi)} = \frac{f'(\pi)}{f(\pi)} + \frac{-\sin \pi}{\cos \pi} - 1$$

$$\Leftrightarrow e^\pi = \frac{f'(\pi)}{f(\pi)} + 0 - 1$$

$$\therefore \frac{f'(\pi)}{f(\pi)} = e^\pi + 1$$

173. [2018년 6월 (가)형 26번]

좌표평면에서 점 $(2, a)$가 곡선

$$y = \frac{2}{x^2 + b} \ (b > 0)$$의 변곡점일 때, $\dfrac{b}{a}$의 값을 구하시오. (단, a, b는 상수이다.) [4점]

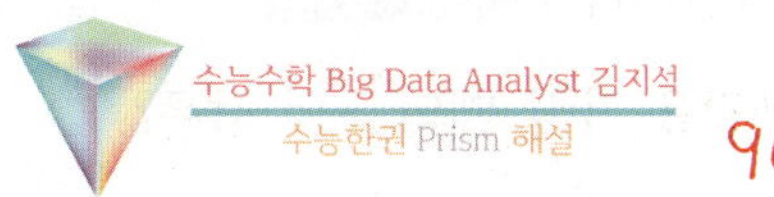

96

$$f(x) = \frac{2}{x^2 + b}$$라고 하자.

$$f'(x) = \frac{-4x}{(x^2 + b)^2}$$

$$f''(x) = \frac{-4(x^2 + b)^2 + 4x \times 2(x^2 + b) \times 2x}{(x^2 + b)^4}$$

$$= \frac{-4(x^2 + b) + 16x^2}{(x^2 + b)^3}$$

$$= \frac{12x^2 - 4b}{(x^2 + b)^3}$$

$f''(x)$의 부호가 $x = 2$에서 변하므로

$$f''(2) = \frac{12 \times 2^2 - 4b}{(2^2 + b)^3} = \frac{48 - 4b}{(b+4)^3} = 0$$

$$\therefore b = 12$$

곡선 $y = f(x)$가 점 $(2, a)$을 지나므로

$$f(2) = \frac{2}{b+4} = \frac{2}{12+4} = \frac{1}{8} = a$$

$$\therefore a = \frac{1}{8}$$

$$\therefore \frac{b}{a} = \frac{12}{\frac{1}{8}} = 96$$

미적분 3. 미분법 경향09 미분법 그래프

수능 2점

복습	1회	2회	3회	4회	5회
채점 O△X					

174. [1998년 수능 (자연) 4번] 실전 분석

함수 $y = \dfrac{\ln x}{x}$ 가 최댓값을 가질 때의 x의 값은?

[2점]

① 1 ② e ③ $\dfrac{1}{e}$ ④ $2e$ ⑤ e^2

수능수학 Big Data Analyst 김지석
수능한권 Prism 해설

해설 바로가기 ▶ 실전개념분석 41번

복습	1회	2회	3회	4회	5회
채점 O△X					

175. [1995년 수능 (자연) 30번] 실전 분석

사각형 모양의 철판 세 장을 구입하여, 두 장은 원 모양으로 오려 아랫면과 윗면으로, 나머지 한 장은 몸통으로 하여 그림과 같은 원기둥 모양의 보일러를 제작하려 한다. 철판은 사각형의 가로와 세로의 길이를 임의로 정해서 구입할 수 있고, 철판의 가격은 1m^2당 1만원이다. 보일러의 부피가 64m^3가 되도록 만들기 위해 필요한 철판을 구입하는데 드는 최소 비용은? [2점]

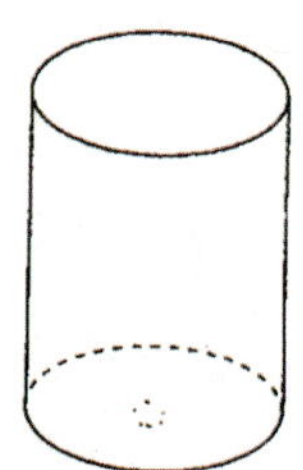

① 110만원 ② 104만원 ③ 100만원
④ 96만원 ⑤ 90만원

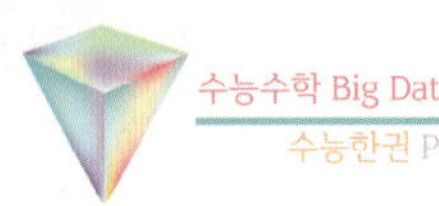

수능수학 Big Data Analyst 김지석
수능한권 Prism 해설

해설 바로가기 ▶ 실전개념분석 49번

복습	1회	2회	3회	4회	5회
채점 O△X					

176. [1995년 수능 (자연) 10번] 실전 분석

함수 $f(x)$는 $x = 0$ 에서 연속이지만 미분가능하지 않다. 다음 <보기> 중 $x = 0$ 에서 미분가능한 함수를 모두 고르면?

[보 기]

ㄱ. $y = xf(x)$ ㄴ. $y = x^2 f(x)$

ㄷ. $y = \dfrac{1}{1 + xf(x)}$

① ㄱ ② ㄴ ③ ㄷ ④ ㄱ, ㄴ ⑤ ㄱ, ㄴ, ㄷ

수능수학 Big Data Analyst 김지석
수능한권 Prism 해설

해설 바로가기 ▶ 실전개념분석 39번

수능 3점

복습	1회	2회	3회	4회	5회
채점 O△X					

177. [2025년 수능 (미적분) 27번] 실전 분석

최고차항의 계수가 1인 삼차함수 $f(x)$에 대하여 함수 $g(x)$를

$$g(x)=f(e^x)+e^x$$

이라 하자. 곡선 $y=g(x)$ 위의 점 $(0,\ g(0))$에서의 접선이 x축이고 함수 $g(x)$가 역함수 $h(x)$를 가질 때, $h'(8)$의 값은? [3점]

① $\dfrac{1}{36}$ ② $\dfrac{1}{18}$ ③ $\dfrac{1}{12}$

④ $\dfrac{1}{9}$ ⑤ $\dfrac{5}{36}$

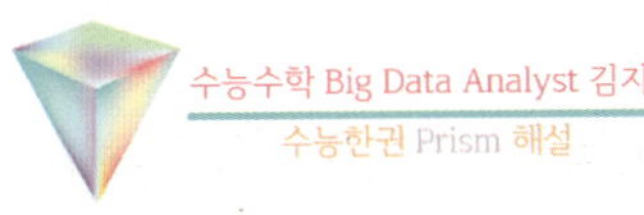

해설 바로가기 ▶ 실전개념분석 48번

복습	1회	2회	3회	4회	5회
채점 O△X					

1등급

178. [2024년 수능 (미적분) 27번] 실전 분석

실수 t에 대하여 원점을 지나고 곡선 $y=\dfrac{1}{e^x}+e^t$에 접하는 직선의 기울기를 $f(t)$라 하자.

$f(a)=-e\sqrt{e}$를 만족시키는 상수 a에 대하여 $f'(a)$의 값은? [3점]

① $-\dfrac{1}{3}e\sqrt{e}$ ② $-\dfrac{1}{2}e\sqrt{e}$ ③ $-\dfrac{2}{3}e\sqrt{e}$

④ $-\dfrac{5}{6}e\sqrt{e}$ ⑤ $-e\sqrt{e}$

해설 바로가기 ▶ 실전개념분석 103번

복습	1회	2회	3회	4회	5회
채점 O△X					

179. [2016년 수능 (B)형 7번]

곡선 $y=3e^{x-1}$ 위의 점 A에서의 접선이 원점 O를 지날 때, 선분 OA의 길이는? [3점]

① $\sqrt{6}$ ② $\sqrt{7}$ ③ $2\sqrt{2}$

④ 3 ⑤ $\sqrt{10}$

곡선 $y=3e^{x-1}$ 위의 점 A의 좌표를 $(a,\ 3e^{a-1})$으로 놓으면

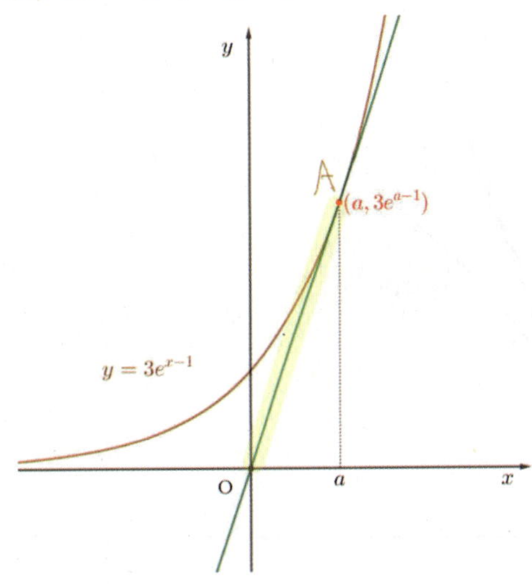

접선의 방정식은

$$y=3e^{a-1}(x-a)+3e^{a-1}$$

이 접선이 원점 $O(0,\ 0)$을 지나므로

$$0=3e^{a-1}(-a)+3^{a-1}$$

$\therefore\ a=1,\ A(1,\ 3)$

$\therefore\ \overline{OA}=\sqrt{1^2+3^2}=\sqrt{10}$

복습	1회	2회	3회	4회	5회
채점 $O \triangle X$					

180. [2010년 수능 (가)형 미분과 적분 27번]

곡선 $y = e^x$ 위의 점 $(1, e)$에서의 접선이 곡선 $y = 2\sqrt{x-k}$ 에 접할 때, 실수 k의 값은? [3점]

① $\dfrac{1}{e}$ ② $\dfrac{1}{e^2}$ ③ $\dfrac{1}{e^4}$ ④ $\dfrac{1}{1+e}$ ⑤ $\dfrac{1}{1+e^2}$

점 $(1, e)$에서의 접선의 방정식은

$$y - e = e(x-1)$$

$$\therefore y = ex$$

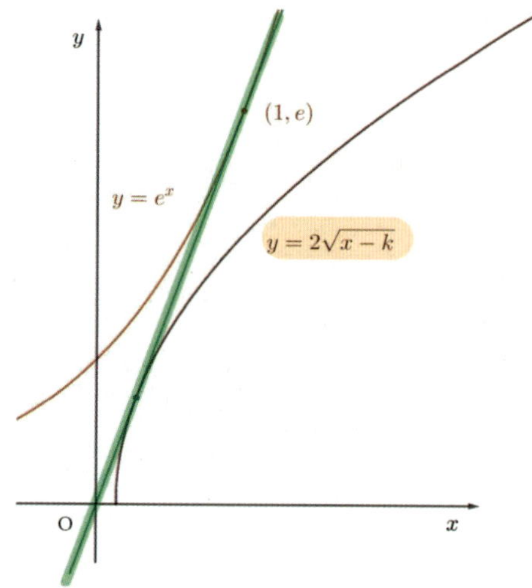

이 직선과 곡선 $y = 2\sqrt{x-k}$ 가 접하므로

$$ex = 2\sqrt{x-k}$$

$$\Leftrightarrow e^2 x^2 = 4(x-k)$$

$$\Leftrightarrow e^2 x^2 - 4x + 4k = 0$$

판별식을 D라 하면

$$\frac{D}{4} = 4 - e^2 4k = 0$$

$$\therefore k = \frac{1}{e^2}$$

복습	1회	2회	3회	4회	5회
채점 $O \triangle X$					

181. [2009년 수능 (가)형 미분과 적분 28번]

함수 $f(x) = 4\ln x + \ln(10-x)$에 대하여 <보기>에서 옳은 것만을 있는 대로 고른 것은? [3점]

[보 기]

ㄱ. 함수 $f(x)$의 최댓값은 $13\ln 2$이다.

ㄴ. 방정식 $f(x) = 0$은 서로 다른 두 실근을 갖는다.

ㄷ. 함수 $y = e^{f(x)}$의 그래프는 구간 $(4, 8)$에서 위로 볼록하다.

---

① ㄱ ② ㄷ ③ ㄱ, ㄴ ④ ㄴ, ㄷ ⑤ ㄱ, ㄴ, ㄷ

함수 $f(x) = 4\ln x + \ln(10-x)$의 정의역은 진수조건에 의해

$$x > 0 \ \& \ 10 - x > 0$$

$$\Leftrightarrow 0 < x < 10$$

$$f(x) = 4\ln x + \ln(10-x) = \ln x^4 (10-x)$$

$g(x) = x^4(10-x)$라 하면

$$f(x) = \ln g(x)$$

ㄱ. (참)

$f(x)$의 최대를 구하려면 $g(x)$의 최대를 구하면 된다

$$g(x) = x^4(10-x)$$

$$g'(x) = 4x^3(10-x) + x^4(-1)$$

$$= x^3(40 - 4x - x)$$

$$= x^3(40 - 5x)$$

$$= 5x^3(8 - x)$$

$g'(x)$의 그래프

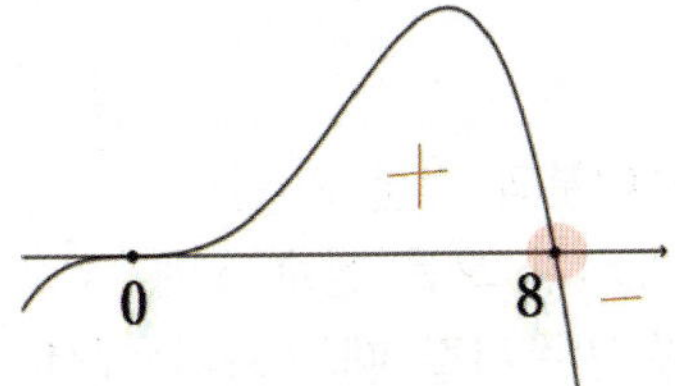

$g(x)$의 그래프

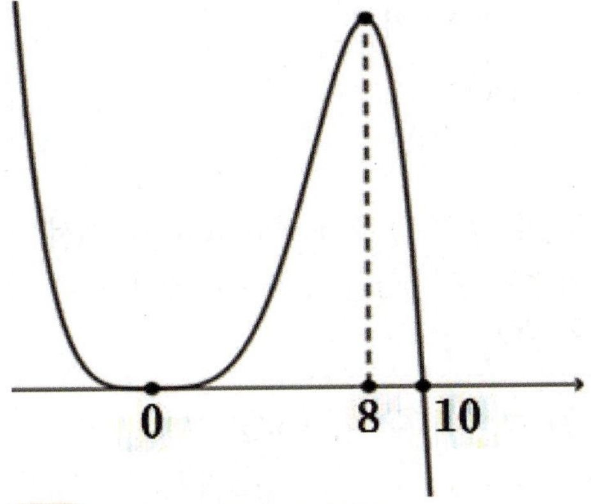

$g(x)$는 $x=8$일 때 최대
$f(x)$도 $x=8$일 때 최대이다.

$$f(8) = \ln g(8) = \ln 8^4(10-8)$$
$$= \ln (2^3)^4 2 = \ln 2^{13}$$
$$= 13\ln 2$$

ㄴ. (참)

$f(x) = 0$
$\Leftrightarrow \ln x^4(10-x) = \ln 1$
$\Leftrightarrow g(x) = 1$

$g(x)$의 그래프

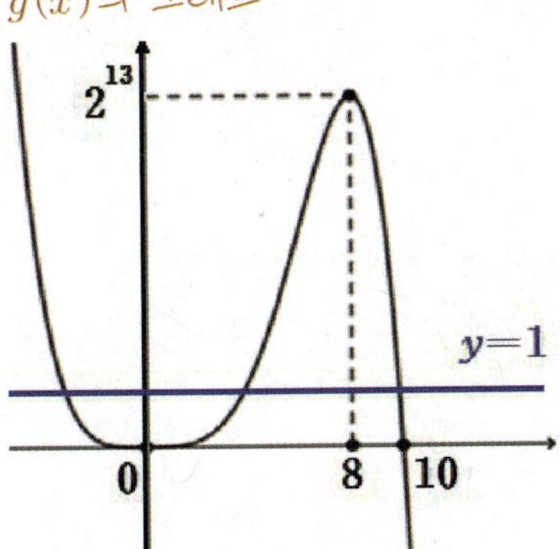

진수조건에 의한 범위 $0 < x < 10$에서의
$g(x) = 1$는 두 실근을 갖는다.

ㄷ. (거짓)

$$e^{f(x)} = e^{\ln g(x)} = \{g(x)\}^{\ln e} = g(x)$$
$$g''(x) = 5\{3x^2(8-x) + x^3(-1)\}$$
$$= 5x^2(24 - 3x - x)$$
$$= 5x^2(24 - 4x)$$
$$= 5 \cdot 4x^2(6-x)$$

$g''(x)$의 그래프

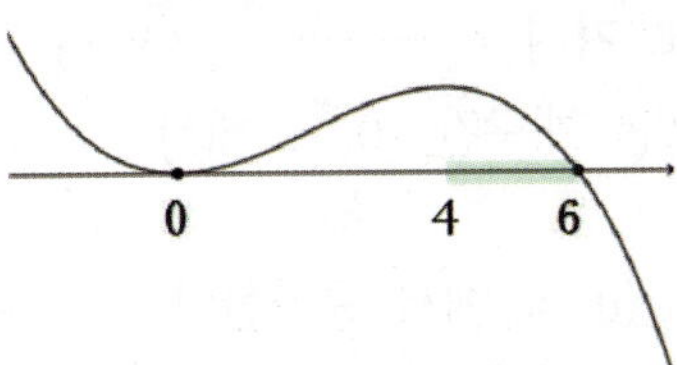

$g''(x)$는 구간 $(4, 6)$에서 $g''(x) > 0$
아래로 볼록하다.
$\therefore$ 구간 $(4, 8)$에서 위로 볼록하지 않다.

[다른 풀이]

함수 $f(x) = 4\ln x + \ln(10-x)$의 정의역은 진수조건에
의해

$x > 0$ & $10 - x > 0$
$\Leftrightarrow 0 < x < 10$

$$f'(x) = \frac{4}{x} + \frac{-1}{10-x} = \frac{-5(x-8)}{x(10-x)}$$

$f(x)$는 $x=8$에서 극대이고 최대이다.
$$\lim_{x \to 0+} f(x) = -\infty, \quad \lim_{x \to 10-} f(x) = -\infty$$

$y = f(x)$의 그래프는 아래와 같다.

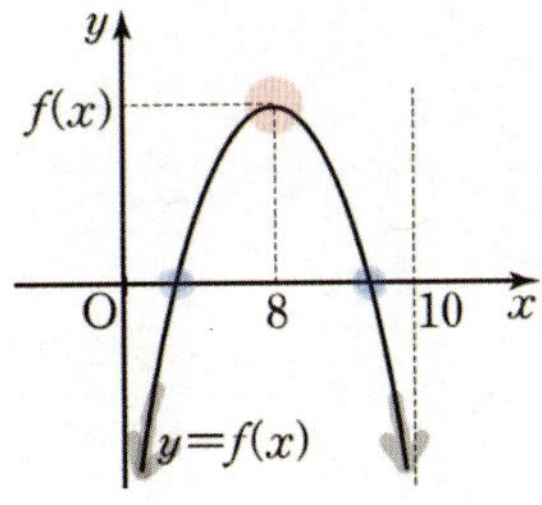

ㄱ. (참)

최댓값은 $f(8) = 13\ln 2$

ㄴ. (참)

위 그래프에서 방정식 $f(x) = 0$은 서로 다른 두 실근을
갖는다.

복습	1회	2회	3회	4회	5회
채점 O△X					

182. [2008년 수능 (가)형 미분과 적분 27번]

실전 분석

함수 $f(x) = x + \sin x$ 에 대하여 함수 $g(x)$ 를 $g(x) = (f \circ f)(x)$ 로 정의할 때, <보기>에서 옳은 것을 모두 고른 것은? [3점]

─── [보 기] ───
ㄱ. 함수 $f(x)$ 의 그래프는 개구간 $(0, \pi)$ 에서 위로 볼록하다.
ㄴ. 함수 $g(x)$ 는 개구간 $(0, \pi)$ 에서 증가한다.
ㄷ. $g'(x) = 1$ 인 실수 x 가 개구간 $(0, \pi)$ 에 존재한다.

① ㄱ ② ㄷ ③ ㄱ, ㄴ ④ ㄴ, ㄷ ⑤ ㄱ, ㄴ, ㄷ

수능수학 Big Data Analyst 김지석
수능한권 Prism 해설

해설 바로가기 ▶ 실전개념분석 46번

183. [2005년 수능 (가)형 미분과 적분 28번]

이계도함수를 갖는 함수 $f(x)$ 가 모든 실수 x 에 대하여 $f(-x) = -f(x)$ 를 만족시킬 때, <보기>에서 항상 옳은 것을 모두 고른 것은? [3점]

─── [보 기] ───
ㄱ. $f'(-x) = f'(x)$
ㄴ. $\lim_{x \to 0} f'(x) = 0$
ㄷ. $f(x)$ 의 도함수 $f'(x)$ 가 $x = a\,(a \neq 0)$ 에서 극댓값을 가지면 $f'(x)$ 는 $x = -a$ 에서 극솟값을 갖는다.

① ㄱ ② ㄴ ③ ㄱ, ㄴ ④ ㄱ, ㄷ ⑤ ㄱ, ㄴ, ㄷ

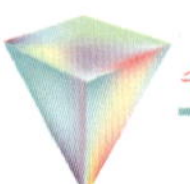

수능수학 Big Data Analyst 김지석
수능한권 Prism 해설

ㄱ. (참)
$f(-x) = -f(x)$ 의 양변을 미분하면
$f'(-x) \cdot (-1) = -f'(x)$
$\therefore f'(-x) = f'(x)$

ㄴ. (거짓)
반례) $f(x) = x^3 - x$
$f(-x) = -f(x)$ 이지만,
$\lim_{x \to 0} f'(x) = -1$

ㄷ. (거짓)
$f'(-x) = f'(x)$
$y = f'(x)$ 의 그래프는 y 축에 대하여 대칭이다.
$\therefore$ 도함수 $f'(x)$ 가 $x = a$ 에서 극대값을 가지면 $f'(x)$ 는 $x = -a$ 에서도 극대값을 갖는다.

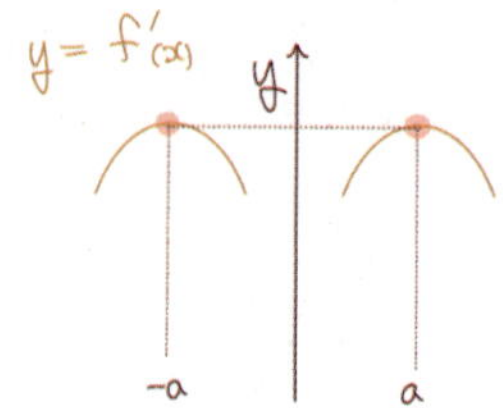

복습	1회	2회	3회	4회	5회
채점 ○△X					

복습	1회	2회	3회	4회	5회
채점 ○△X					

184. [2004년 수능 (자연) 21번]

함수 $y = \dfrac{16}{x}$ 의 그래프와 함수 $y = -x^2 + a$ 의 그래프가 서로 다른 두 점에서 만날 때, 상수 a 의 값은? [3점]

① 9 ② 10 ③ 11 ④ 12 ⑤ 13

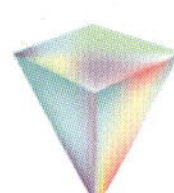

$f(x) = \dfrac{16}{x}$, $g(x) = -x^2 + a$ 라 하자.

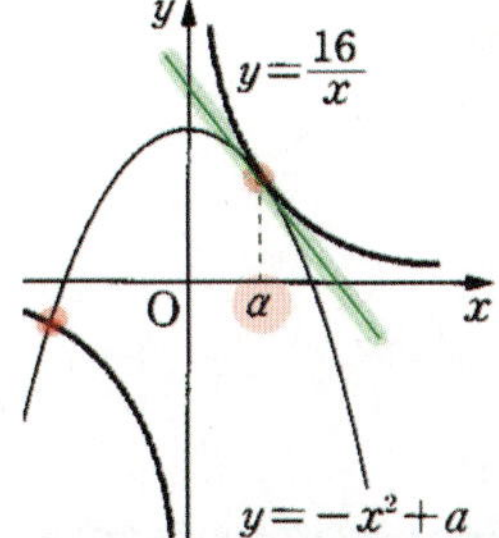

서로 다른 두 점에서 만나려면
$x > 0$ 인 범위에서 두 그래프가 접할 때 !

접점의 좌표를 α 라 하면
① $f(\alpha) = g(\alpha)$
② $f'(\alpha) = g'(\alpha)$

① $f(\alpha) = g(\alpha)$
$\dfrac{16}{\alpha} = -\alpha^2 + a$

② $f'(\alpha) = g'(\alpha)$
$f'(x) = -\dfrac{16}{x^2}$, $g'(x) = -2x$

$-\dfrac{16}{\alpha^2} = -2\alpha$

$\therefore \alpha = 2$

$\dfrac{16}{\alpha} = -\alpha^2 + a$
$\Leftrightarrow 8 = -4 + a$
$\therefore a = 12$

185. [2003년 수능 (자연) 29번]

x 에 대한 방정식 $\ln x - x + 20 - n = 0$ 이 서로 다른 두 실근을 갖도록 하는 자연수 n 의 개수를 구하시오. [3점]

18

기본형 $\ln x$ 그래프 활용하기

$\ln x - x + 20 - n = 0$
$\Leftrightarrow \ln x = x + n - 20$
$y = \ln x$, $y = x + n - 20$ 의 교점
$y = \ln x$ 에서 기울기 1인 접선은
$y = x - 1$

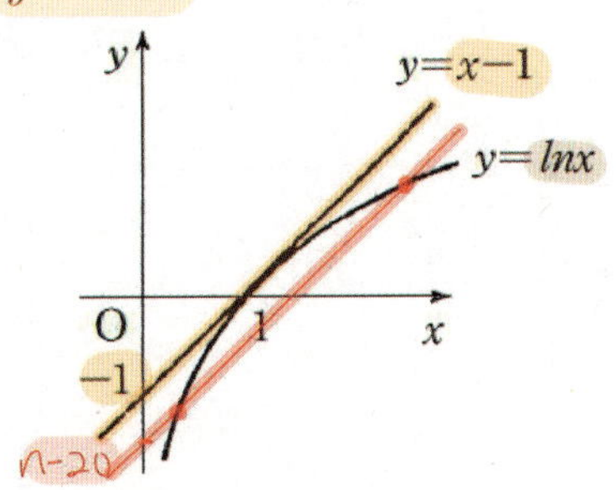

서로 다른 두 근을 가지려면
$n - 20 < -1$
$\Leftrightarrow 0 < n < 19$
$\therefore$ 자연수 n 은 18개

[다른 풀이]

$$\ln x - x + 20 - n = 0$$
$$\Leftrightarrow \ln x - x + 20 = n$$

$f(x) = \ln x - x + 20$ 과 $y = n$ 이 서로 다른 두 점에서 만나면 된다.

$$f'(x) = \frac{1}{x} - 1 = \frac{1-x}{x}$$

진수조건에 의해 $x > 0$ 이므로

$f'(x)$ 의 부호는 $y = 1 - x$ 의 부호가 동일하다.

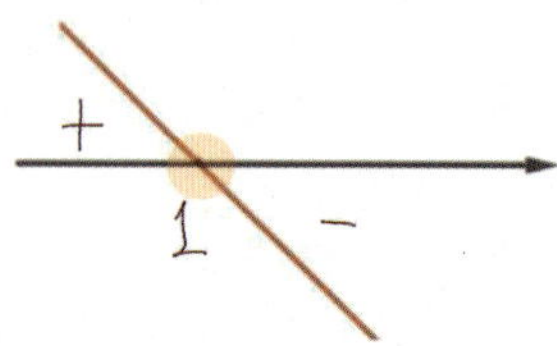

$x = 1$ 에서 극댓값을 갖는다.

$$f(1) = 19$$

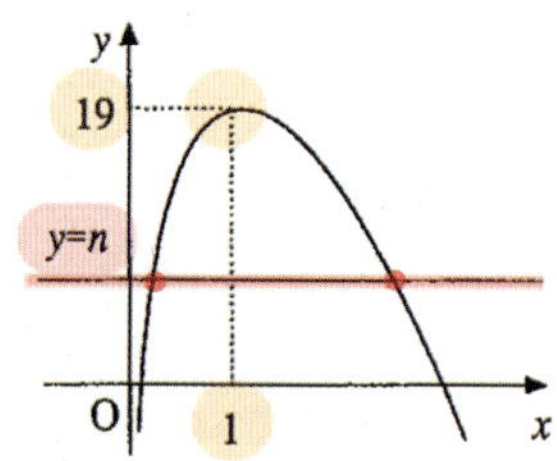

$$\Leftrightarrow 0 < n < 19$$

∴ 자연수 n 은 18개

복습	1회	2회	3회	4회	5회
채점 ○△X					

186. [2002년 수능 (자연) 9번] 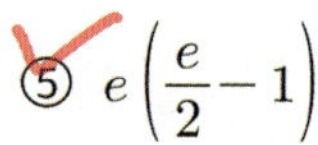

$1 \leq x \leq 2$ 인 모든 실수 x 에 대하여 부등식

$\alpha x \leq e^x \leq \beta x$ 가 성립하도록 상수 α, β 를 정할 때,

$\beta - \alpha$ 의 최솟값은? [3점]

① $\dfrac{e}{2}$　　② e　　③ $e\left(\dfrac{e^3}{4} - 1\right)$

④ $e\left(\dfrac{e^2}{3} - 1\right)$　　⑤ $e\left(\dfrac{e}{2} - 1\right)$

수능수학 Big Data Analyst 김지석
수능한권 Prism 해설

해설 바로가기 ▶ 실전개념분석 40번

복습	1회	2회	3회	4회	5회
채점 ○△X					

187. [1999년 수능 (자연) 24번] 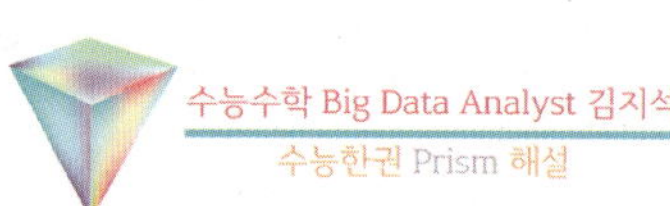

차량들이 고속도로를 차선의 변경 없이 모두 같은 속력 $v\,(m/\text{초})$ 를 유지하면서 달리고 있다고 하자. 제동 거리를 고려한 최소 차간 거리는

$$f(v) = \frac{1}{20}v^2 + \frac{1}{2}v + 5\,(m)$$

로 나타낼 수 있다. 60초 동안 한 차선의 일정 지점을 통과할 수 있는 차량의 수는 최대 몇 대인가? (단, 차량의 길이는 무시한다.) [3점]

① 16　　② 40　　③ 60　　④ 90　　⑤ 225

수능수학 Big Data Analyst 김지석
수능한권 Prism 해설

해설 바로가기 ▶ 실전개념분석 50번

수능 4점

복습	1회	2회	3회	4회	5회
채점 ○△X					

1등급

188. [2024년 수능 (미적분) 30번] 실전 분석

실수 전체의 집합에서 미분가능한 함수 $f(x)$의 도함수 $f'(x)$가

$$f'(x) = |\sin x|\cos x$$

이다. 양수 a에 대하여 곡선 $y = f(x)$ 위의 점 $(a, f(a))$에서의 접선의 방정식을 $y = g(x)$라 하자. 함수

$$h(x) = \int_0^x \{f(t) - g(t)\}dt$$

가 $x = a$에서 극대 또는 극소가 되도록 하는 모든 양수 a를 작은 수부터 크기순으로 나열할 때, n번째 수를 a_n이라 하자. $\dfrac{100}{\pi} \times (a_6 - a_2)$의 값을 구하시오.

[4점]

125

해설 바로가기 ▶ 실전개념분석 43번

복습	1회	2회	3회	4회	5회
채점 ○△X					

189. [2023년 6월 (미적분) 29번]

세 실수 a, b, k에 대하여 두 점 $A(a, a+k)$, $B(b, b+k)$가 곡선 $C: x^2 - 2xy + 2y^2 = 15$위에 있다. 곡선 C 위의 점 A에서의 접선과 곡선 C 위의 점 B에서의 접선이 서로 수직일 때, k^2의 값을 구하시오. (단, $a + 2k \neq 0$, $b + 2k \neq 0$) [4점]

5

(step1) 수직 관계의 두 기울기의 곱 $= -1$

양변을 x에 대하여 미분하면

$$2x - 2y - 2x\frac{dy}{dx} + 4y\frac{dy}{dx} = 0$$

$$\frac{dy}{dx} = \frac{x - y}{x - 2y}$$

$\{A(a, a+k)$에서의 접선 기울기$\}$
$\times \{B(b, b+k)$에서의 접선의 기울기$\} = -1$

$$\frac{a - (a+k)}{a - 2(a+k)} \times \frac{b - (b+k)}{b - 2(b+k)}$$

$$\Leftrightarrow \frac{k}{a + 2k} \times \frac{k}{b + 2k} = -1$$

$$\therefore 5k^2 + (a+b)2k + ab = 0$$

(step2) 이제 ab와 $a+b$의 값을 구해야 한다

$x^2 - 2xy + 2y^2 = 15$에 $A(a, a+k)$ 대입

$a^2 - 2a(a+k) + 2(a+k)^2 = 15$

$$\therefore a^2 + 2ka + 2k^2 - 15 = 0$$

$B(b, b+k)$를 대입해도 같은 형태의 계산이 된다.

$$\therefore b^2 + 2kb + 2k^2 - 15 = 0$$

$\therefore x^2 + 2kx + 2k^2 - 15 = 0$의 두 근이 a, b가 된다!

근과 계수의 관계에 의해

$$a + b = -2k, \quad ab = 2k^2 - 15$$

$$5k^2 + (a+b)2k + ab = 0$$

$$\Leftrightarrow 5k^2 - 2k \cdot 2k + 2k^2 - 15 = 0$$

$$\Leftrightarrow 3k^2 = 15$$

$$\therefore k^2 = 5$$

Analysis

'수직'이라는 조건이 나왔을 때 그냥 그 수직인 모양을 떠올리는 것에 머물지 말고 수직 조건을 어떻게 식으로 표현할지, 또는 수직의 도형의 성질을 어떻게 활용할지를 고민하는 논리적인 사고를 해야 한다.

복습	1회	2회	3회	4회	5회
채점 O△X					

190. [2022년 수능 (미적분) 28번] 실전 분석

함수 $f(x) = 6\pi(x-1)^2$에 대하여 함수 $g(x)$를
$$g(x) = 3f(x) + 4\cos f(x)$$
라 하자. $0 < x < 2$에서 함수 $g(x)$가 극소가 되는 x의 개수는? [4점]

① 6 ② 7 ③ 8 ④ 9 ⑤ 10

해설 바로가기 ▶ 실전개념분석 47번

복습	1회	2회	3회	4회	5회
채점 O△X					

191. [2019년 수능 (가)형 20번] 실전 분석

점 $\left(-\dfrac{\pi}{2},\ 0\right)$에서 곡선 $y = \sin x\,(x > 0)$에 접선을 그어 접점의 x좌표를 작은 수부터 크기순으로 모두 나열할 때, n번째 수를 a_n이라 하자. 모든 자연수 n에 대하여 <보기>에서 옳은 것만을 있는 대로 고른 것은? [4점]

─────[보   기]─────

ㄱ. $\tan a_n = a_n + \dfrac{\pi}{2}$

ㄴ. $\tan a_{n+2} - \tan a_n > 2\pi$

ㄷ. $a_{n+1} + a_{n+2} > a_n + a_{n+3}$

① ㄱ ② ㄱ, ㄴ ③ ㄱ, ㄷ
④ ㄴ, ㄷ ⑤ ㄱ, ㄴ, ㄷ

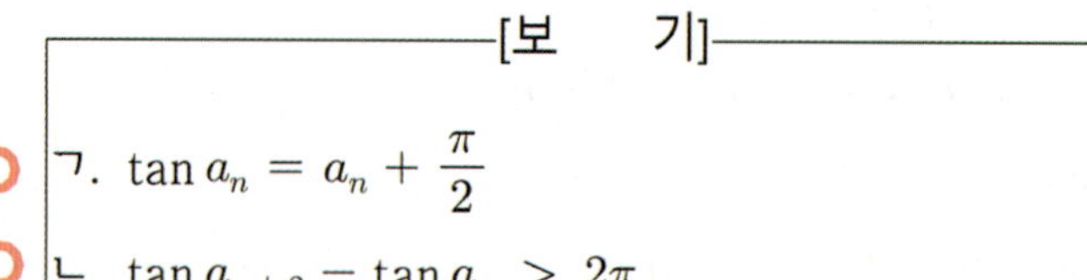

해설 바로가기 ▶ 실전개념분석 44번

복습	1회	2회	3회	4회	5회
채점 O△X					

192. [2019년 9월 (가)형 26번]

함수 $f(x) = 3\sin kx + 4x^3$의 그래프가 오직 하나의 변곡점을 가지도록 하는 실수 k의 최댓값을 구하시오. [4점]

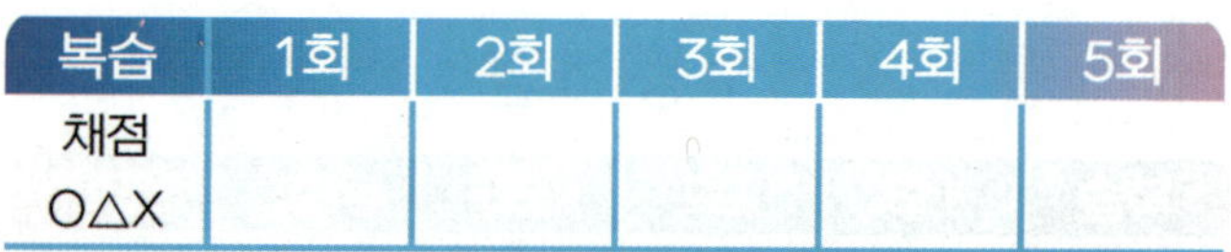

2

$f'(x) = 3k\cos kx + 12x^2$

$f''(x) = -3k^2\sin kx + 24x$

함수 $f(x)$의 변곡점이 오직 하나 존재하므로 $f''(x)$의 부호가 1번만 바뀐다.

⇔ $g(x) = 3k^2\sin kx$와 $h(x) = 24x$의 대소관계가 1번만 바뀐다.

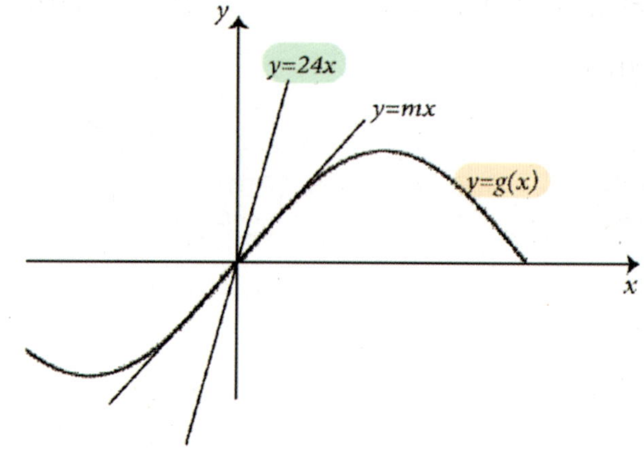

∴ $24 \geq g'(0)$

$g'(x) = 3k^3\cos kx$

$g'(0) = 3k^3$

$24 \geq g'(0)$

⇔ $24 \geq 3k^3$

⇔ $k \leq 2$

∴ k의 최댓값은 2

복습	1회	2회	3회	4회	5회
채점 O△X					

193. [2019년 6월 (가)형 21번]

함수 $f(x) = \dfrac{\ln x}{x}$ 와 양의 실수 t에 대하여 기울기가 t인 직선이 곡선 $y = f(x)$에 접할 때 접점의 x좌표를 $g(t)$라 하자. 원점에서 곡선 $y = f(x)$에 그은 접선의 기울기가 a일 때, 미분가능한 함수 $g(t)$에 대하여 $a \times g'(a)$의 값은? [4점]

① $-\dfrac{\sqrt{e}}{3}$ ② $-\dfrac{\sqrt{e}}{4}$ ③ $-\dfrac{\sqrt{e}}{5}$

④ $-\dfrac{\sqrt{e}}{6}$ ⑤ $-\dfrac{\sqrt{e}}{7}$

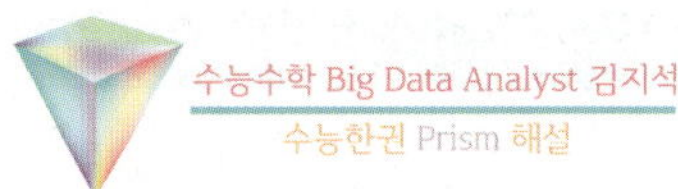

기울기가 t인 직선이 곡선 $y = f(x)$에 접할 때 접점의 x좌표를 $g(t)$이므로

$f'(g(t)) = t$

$\therefore\ f''(g(t))g'(t) = 1$

$\therefore\ g'(a) = \dfrac{1}{f''(g(a))}$

$\therefore\ a \times g'(a) = \dfrac{a}{f''(g(a))}$

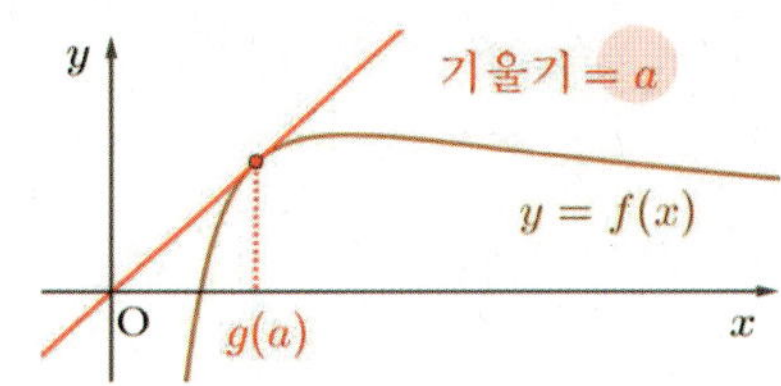

원점에서 곡선 $y = f(x)$에 그은 접선에서 접점의 x좌표를 $g(a)$라고 하면

$f'(x) = \dfrac{1 - \ln x}{x^2}$ 이므로

$a = f'(g(a)) = \dfrac{f(g(a)) - 0}{g(a) - 0}$

$\Leftrightarrow a = \dfrac{1 - \ln g(a)}{\{g(a)\}^2} = \dfrac{\ln g(a)}{\{g(a)\}^2}$

$\therefore\ \ln g(a) = \dfrac{1}{2} \Leftrightarrow g(a) = e^{\frac{1}{2}}$

$\therefore\ a = f'(g(a)) = f'(e^{\frac{1}{2}}) = \dfrac{1}{2e}$

$f''(x) = \dfrac{-\dfrac{1}{x}x^2 - (1 - \ln x)2x}{x^4} = -\dfrac{1 + 2(1 - \ln x)}{x^3}$

$\therefore\ a \times g'(a) = \dfrac{a}{f''(g(a))} = \dfrac{\dfrac{1}{2e}}{f''(e^{\frac{1}{2}})}$

$= \dfrac{1}{2e} \times \left\{ -\dfrac{e^{\frac{3}{2}}}{1 + 2(1 - \ln e^{\frac{1}{2}})} \right\} = -\dfrac{\sqrt{e}}{4}$

복습	1회	2회	3회	4회	5회
채점 O△X					

194. [2018년 9월 (가)형 26번]

미분가능한 함수 $f(x)$와 함수 $g(x)=\sin x$에 대하여 합성함수 $y=(g\circ f)(x)$의 그래프 위의 점 $(1,\ (g\circ f)(1))$에서의 접선이 원점을 지난다.

$$\lim_{x\to 1}\frac{f(x)-\frac{\pi}{6}}{x-1}=k$$

일 때, 상수 k에 대하여 $30k^2$의 값을 구하시오. [4점]

Analysis

외부의 점 $(x_1,\ y_1)$에서 곡선 $y=f(x)$에 접선을 그을 때 접점이 $(\alpha,\ f(\alpha))$라고 하면

$$f'(\alpha)=\frac{f(\alpha)-y_1}{\alpha-x_1}$$

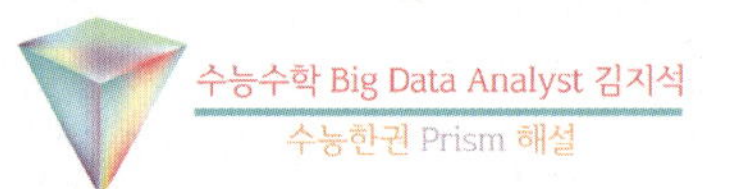

※ 접선 $y-f(\alpha)=f'(\alpha)(x-\alpha)$에 $(x_1,\ y_1)$를 대입한 식과 동일하다.

수능수학 Big Data Analyst 김지석
수능한권 Prism 해설

10

$\lim_{x\to 1}\dfrac{f(x)-\frac{\pi}{6}}{x-1}=k$에서

① $f(1)=\dfrac{\pi}{6}$

② $f'(1)=k$

$y=(g\circ f)(x)$의 그래프 위의 점 $(1,\ (g\circ f)(1))$에서의 접선이 점 $(0,\ 0)$을 지나므로

$(g\circ f)'(1)=\dfrac{g(f(1))-0}{1-0}$

$\Leftrightarrow g'(f(1))f'(1)=g(f(1))$

$\Leftrightarrow g'\left(\dfrac{\pi}{6}\right)k=g\left(\dfrac{\pi}{6}\right)$

$\Leftrightarrow \cos\dfrac{\pi}{6}\times k=\sin\dfrac{\pi}{6}\quad(\because\ g'(x)=\cos x)$

$\Leftrightarrow \dfrac{\sqrt{3}}{2}k=\dfrac{1}{2}$

$\therefore k=\dfrac{1}{\sqrt{3}}$

$\therefore 30k^2=30\times\dfrac{1}{3}=10$

복습	1회	2회	3회	4회	5회
채점 O△X					

195. [2018년 9월 (가)형 20번]

열린구간 $(0, 2\pi)$에서 정의된 함수

$$f(x) = \cos x + 2x \sin x$$

가 $x = \alpha$와 $x = \beta$에서 극값을 가진다. 보기에서 옳은 것만을 있는 대로 고른 것은? (단, $\alpha < \beta$) [4점]

〈 보 기 〉

ㄱ. $\tan(\alpha + \pi) = -2\alpha$

ㄴ. $g(x) = \tan x$라 할 때, $g'(\alpha + \pi) < g'(\beta)$이다.

ㄷ. $\dfrac{2(\beta - \alpha)}{\alpha + \pi - \beta} < \sec^2 \alpha$

① ㄱ ② ㄷ ③ ㄱ, ㄴ
④ ㄴ, ㄷ ⑤ ㄱ, ㄴ, ㄷ

수능수학 Big Data Analyst 김지석
수능한권 Prism 해설

ㄱ. (참)

$f'(x) = 0$

$\Leftrightarrow -\sin x + 2\sin x + 2x\cos x = 0$

$\Leftrightarrow \sin x + 2x\cos x = 0$

$\Leftrightarrow \dfrac{\sin x}{\cos x} = -2x$

$\therefore \tan x = -2x$

$\therefore \tan \alpha = -2\alpha$

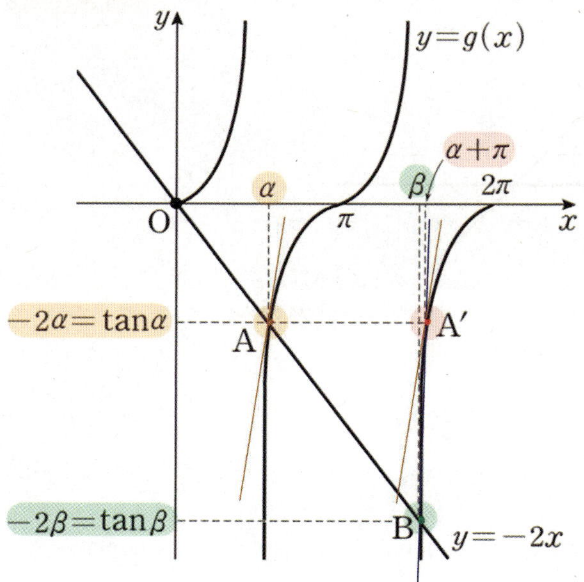

ㄴ. (참)

$g'(\alpha + \pi) < g'(\beta)$

$\Leftrightarrow \sec^2(\alpha + \pi) < \sec^2 \beta$

$\Leftrightarrow 1 + \tan^2(\alpha + \pi) < 1 + \tan^2 \beta$

$\Leftrightarrow 1 + (-2\alpha)^2 < 1 + (-2\beta)^2$

$\Leftrightarrow \alpha < \beta \ (\because \alpha, \beta > 0)$

※ 위의 계산 없이

$y = \tan x = g(x)$ 그래프에서 $A'(\alpha + \pi, \tan\alpha)$, $B(\beta, \tan\beta)$의 그래프만 봐도

$g'(\alpha + \pi) < g'(\beta)$임을 알 수 있다.

ㄷ. (거짓)

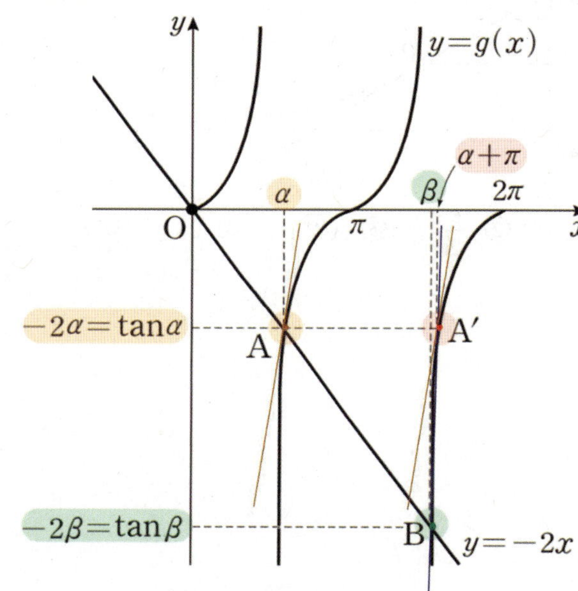

$-2\alpha = \tan(\alpha + \pi)$, $-2\beta = \tan\beta$이므로

$$\dfrac{2(\beta - \alpha)}{\alpha + \pi - \beta} = \dfrac{\tan(\alpha + \pi) - \tan\beta}{\alpha + \pi - \beta}$$

직선 A'B의 기울기이다.

$\sec^2\alpha = \{점 A에서의 접선의 기울기\}$
$\quad\quad = \{점 A'에서의 접선의 기울기\}$

$\therefore \dfrac{2(\beta - \alpha)}{\alpha + \pi - \beta} > \sec^2\alpha$

복습	1회	2회	3회	4회	5회
채점 ○△X					

196. [2017년 수능 (가)형 15번]

곡선 $y = 2e^{-x}$ 위의 점 $P(t,\ 2e^{-t})$ $(t > 0)$에서 y축에 내린 수선의 발을 A라 하고, 점 P에서의 접선이 y축과 만나는 점을 B라 하자. 삼각형 APB의 넓이가 최대가 되도록 하는 t의 값은? [4점]

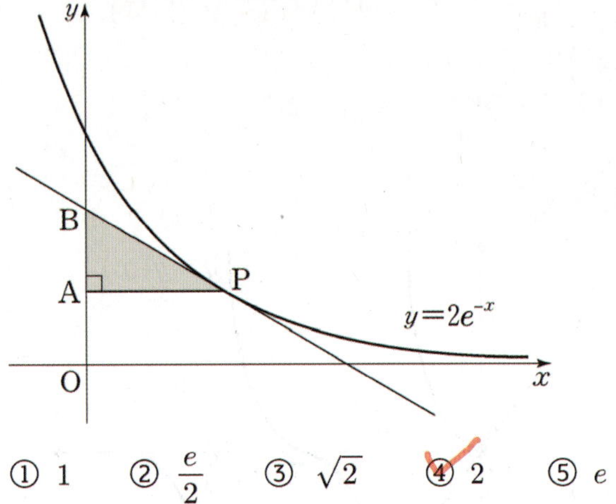

① 1　　② $\dfrac{e}{2}$　　③ $\sqrt{2}$　　④ 2　　⑤ e

좌표평면에서의 넓이
→ 변의 길이를 구해야 한다.
→ 점의 좌표를 구해야 한다.

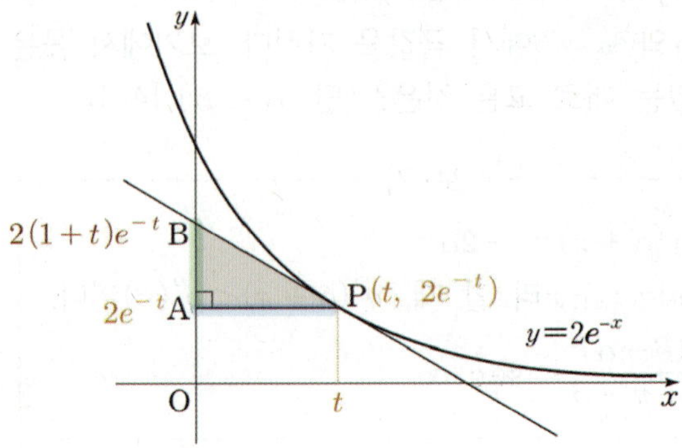

$f(x) = 2e^{-x}$라고 하자.

$f'(x) = -2e^{-x}$

점 $P(t,\ 2e^{-t})$에서의 접선의 방정식

$y - 2e^{-t} = -2e^{-t}(x - t)$

$x = 0$을 대입하여 점 B의 좌표를 구하면

$B(0,\ 2(1+t)e^{-t})$

$A(0,\ 2e^{-t})$

$\therefore \overline{AB} = 2te^{-t}$

삼각형 APB의 넓이를 $S(t)$라 하면

$S(t) = \dfrac{1}{2} \times 2te^{-t} \times t = t^2 e^{-t}$

$S'(t) = 2te^{-t} - t^2 e^{-t} = t(2-t)e^{-t}$

$t > 0$이고 $e^{-t} > 0$이므로 $S'(t)$의 부호는 $y = 2 - t$의 부호와 동일하다.

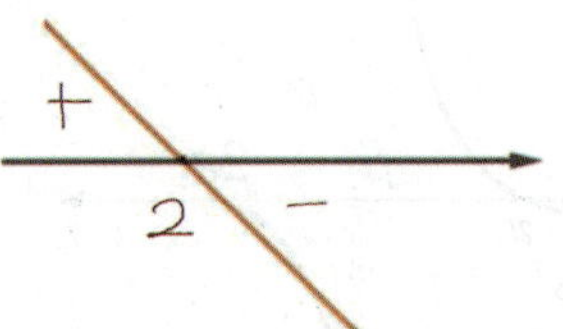

$S(t)$는 $t = 2$에서 극대이면서 최대

$\therefore t = 2$

복습	1회	2회	3회	4회	5회
채점 $O\triangle X$					

197. [2015년 수능 (B)형 14번]

$a > 3$인 상수 a에 대하여 두 곡선 $y = a^{x-1}$과 $y = 3^x$이 점 P에서 만난다. 점 P의 x좌표를 k라 하자. 이 때, 점 P에서 곡선 $y = 3^x$에 접하는 직선이 x축과 만나는 점을 A, 점 P에서 곡선 $y = a^{x-1}$에 접하는 직선이 x축과 만나는 점을 B라 하자. 점 $H(k, 0)$에 대하여 $\overline{AH} = 2\overline{BH}$일 때, a의 값은? [4점]

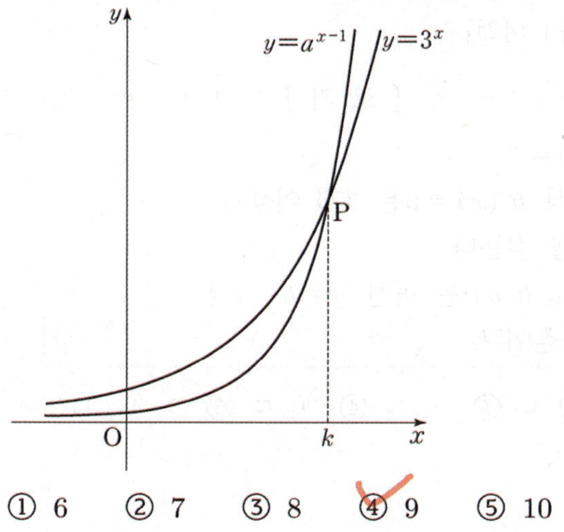

① 6 ② 7 ③ 8 ④ 9 ⑤ 10

수능수학 Big Data Analyst 김지석
수능한권 Prism 해설

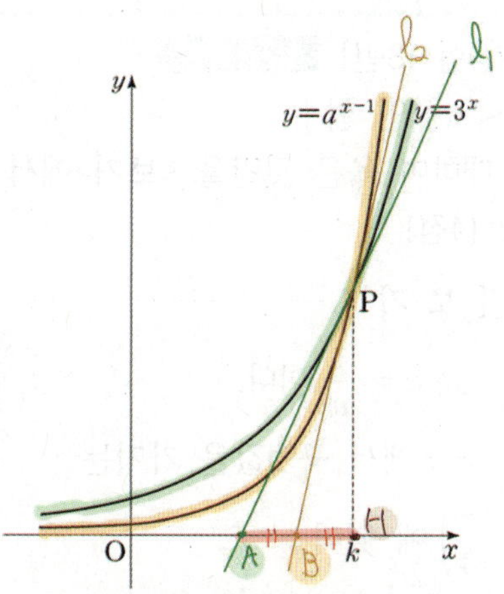

P에서 $y = 3^x$에 접하는 직선을 l_1

P에서 $y = a^{x-1}$에 접하는 직선을 l_2

$l_1 : y = 3^k \ln 3 (x - k) + 3^k$

$l_2 : y = a^{k-1} \ln a (x - k) + a^{k-1}$

$A\left(k - \dfrac{1}{\ln 3},\ 0\right)$, $B\left(k - \dfrac{1}{\ln a},\ 0\right)$

$a > 3$이므로 B는 A보다 오른쪽

$\overline{AH} = 2\overline{BH}$이므로 B는 A와 H의 중점

$k - \dfrac{1}{\ln a} = \dfrac{1}{2}\left(k + k - \dfrac{1}{\ln 3}\right)$

$\therefore a = 9$

복습	1회	2회	3회	4회	5회
채점 O△X					

198. [2012년 수능 (가)형 18번] 실전 분석

정의역이 $\{x \mid 0 \le x \le \pi\}$ 인 함수 $f(x) = 2x\cos x$ 에 대하여 옳은 것만을 <보기>에서 있는 대로 고른 것은? [4점]

─── [보 기] ───

ㄱ. $f'(a) = 0$ 이면 $\tan a = \dfrac{1}{a}$ 이다.

ㄴ. 함수 $f(x)$ 가 $x = a$ 에서 극댓값을 가지는 a 가 구간 $\left(\dfrac{\pi}{4}, \dfrac{\pi}{3}\right)$ 에 있다.

ㄷ. 구간 $\left[0, \dfrac{\pi}{2}\right]$ 에서 방정식 $f(x) = 1$ 의 서로 다른 실근의 개수는 2 이다.

① ㄱ　② ㄷ　③ ㄱ, ㄴ　④ ㄴ, ㄷ　⑤ ㄱ, ㄴ, ㄷ

해설 바로가기 ▶ 실전개념분석 45번

복습	1회	2회	3회	4회	5회
채점 O△X					

199. [2007년 수능 (가)형 미분과 적분 29번]

실전 분석

실수 전체의 집합에서 이계도함수를 갖는 함수 $f(x)$에 대하여 점 $A(a, f(a))$를 곡선 $y = f(x)$의 변곡점이라 하고, 곡선 $y = f(x)$ 위의 점 A에서의 접선의 방정식을 $y = g(x)$라 하자. 직선 $y = g(x)$가 함수 $f(x)$의 그래프와 점 $B(b, f(b))$에서 접할 때, 함수 $h(x)$를 $h(x) = f(x) - g(x)$라 하자. <보기>에서 항상 옳은 것을 모두 고른 것은? (단, $a \ne b$이다.) [4점]

─── [보 기] ───

ㄱ. $h'(b) = 0$

ㄴ. 방정식 $h'(x) = 0$은 3개 이상의 실근을 갖는다.

ㄷ. 점 $(a, h(a))$는 곡선 $y = h(x)$의 변곡점이다.

① ㄱ　② ㄴ　③ ㄱ, ㄴ　④ ㄱ, ㄷ　⑤ ㄱ, ㄴ, ㄷ

해설 바로가기 ▶ 실전개념분석 42번

복습	1회	2회	3회	4회	5회
채점 O△X					

200. [2006년 수능 (가)형 미분과 적분 30번]

양수 a 에 대하여 폐구간 $[-a,\,a]$에서 함수

$$f(x) = \frac{x-5}{(x-5)^2 + 36}$$

의 최댓값을 M, 최솟값을 m이라 할 때, $M+m=0$이 되도록 하는 a의 최솟값을 구하시오. [4점]

11

폐구간 $[-a,\,a]$에서 정의된 함수

$$f(x) = \frac{x-5}{(x-5)^2 + 36}$$

$x-5 = t$로 치환하면

$$g(t) = \frac{t}{t^2 + 36}$$

$$-a \le x \le a \;\Leftrightarrow\; -a-5 \le t \le a-5$$

ⅰ) $g(-t) = -g(t)$

$y = g(t)$의 그래프는 원점대칭

ⅱ) $\displaystyle \lim_{t \to \infty} g(t) = \lim_{t \to -\infty} g(t) = 0$

함수 $y = g(t)$의 그래프의 점근선은 x축

ⅲ) $g'(t) = \dfrac{1(t^2 + 36) - t \cdot 2t}{(t^2 + 36)^2} = \dfrac{36 - t^2}{(t^2 + 36)^2}$

$(t^2 + 36)^2 > 0$이므로 $g'(t)$의 부호변화는

$y = 36 - t^2$과 동일하다.

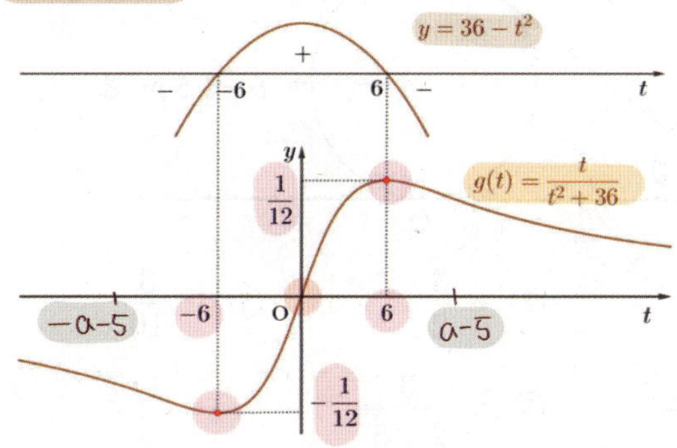

최대값 M과 최소값 m이 $M+m=0$이므로

닫힌구간 $[-a-5,\,a-5]$은

$t = -6$과 $t = 6$을 모두 포함

$\therefore\; -a-5 \le -6\;\&\;a-5 \ge 6$

$\therefore\; a \ge 1\;\&\;a \ge 11$

$\therefore\; a \ge 11$

$\therefore\; a$의 최솟값은 11

미적분 3. 미분법 경향10
변화율

수능 2점

복습	1회	2회	3회	4회	5회
채점 O△X					

201. [1996년 수능 (자연) 30번]

반지름의 길이 $1\,m$인 원판에 기대어 있는 막대 $\overline{OP}$의 한 끝은 아래 그림과 같이 평평한 지면 위의 한 점 O에 고정되어 있다. 원판이 지면과 접하는 점을 Q라 하자. 원판의 중심이 오른쪽으로 지면과 평행하게 등속도 $1.5\,m$/초로 움직인다.

$\overline{OQ}=2\,m$ 되는 순간, 막대 $\overline{OP}$가 지면과 이루는 각의 크기 θ의 시간에 대한 순간변화율은? (단, 단위는 라디안/초이다) [2점]

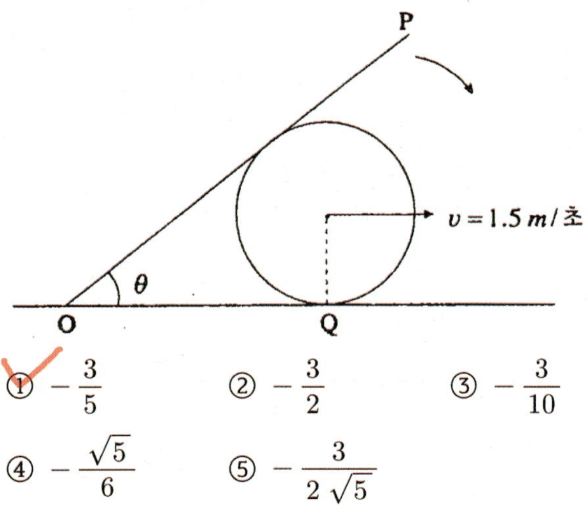

① $-\dfrac{3}{5}$ ② $-\dfrac{3}{2}$ ③ $-\dfrac{3}{10}$

④ $-\dfrac{\sqrt{5}}{6}$ ⑤ $-\dfrac{3}{2\sqrt{5}}$

수능수학 Big Data Analyst 김지석
수능한권 Prism 해설

해설 바로가기 ▶ 실전개념분석 52번

수능 4점

복습	1회	2회	3회	4회	5회
채점 O△X					

202. [2008년 수능 (가)형 미분과 적분 29번]

그림과 같이 좌표평면에서 원 $x^2+y^2=1$ 위의 점 P는 점 $A(1,0)$에서 출발하여 원 둘레를 따라 시계 반대 방향으로 매초 $\dfrac{\pi}{2}$의 일정한 속력으로 움직이고 있다. 점 Q는 점 A에서 출발하여 점 $B(-1,0)$을 향하여 매초 1의 일정한 속력으로 x축 위를 움직이고 있다. 점 P와 점 Q가 동시에 점 A에서 출발하여 t초가 되는 순간, 선분 PQ, 선분 QA, 호 AP로 둘러싸인 어두운 부분의 넓이를 S라 하자. 출발한 지 1초가 되는 순간, 넓이 S의 시간(초)에 대한 변화율은? [4점]

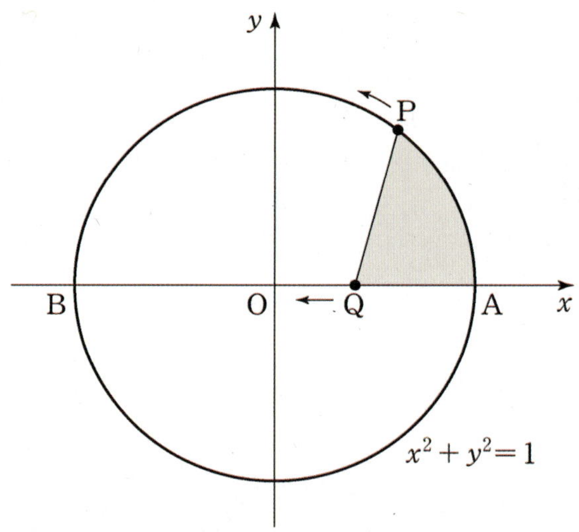

① $\dfrac{\pi}{4}-1$ ② $\dfrac{\pi}{4}$ ③ $\dfrac{\pi}{4}+\dfrac{1}{3}$ ④ $\dfrac{\pi}{4}+\dfrac{1}{2}$ ⑤ $\dfrac{\pi}{4}+1$

수능수학 Big Data Analyst 김지석
수능한권 Prism 해설

해설 바로가기 ▶ 실전개념분석 54번

복습	1회	2회	3회	4회	5회
채점 $O\triangle X$					

203. [2007년 수능 (가)형 미분과 적분 30번]

실전 분석

그림과 같이 좌표평면에서 원 $x^2+y^2=1$ 위의 점 P가 점 $(1, 0)$에서 출발하여 원점을 중심으로 매초 $\dfrac{1}{40}$(라디안)의 일정한 속력으로 원 위를 시계 반대 방향으로 움직이고 있다. 점 P에서 x축에 평행한 직선을 그을 때, 원과 직선으로 둘러싸인 어두운 부분의 넓이를 S라 하자. 점 P가 점 $\left(\dfrac{\sqrt{3}}{2}, \dfrac{1}{2}\right)$을 지나는 순간, 넓이 S의 시간(초)에 대한 변화율은 $\dfrac{b}{a}$이다. $a+b$의 값을 구하시오. (단, a와 b는 서로소인 자연수이다.) [4점]

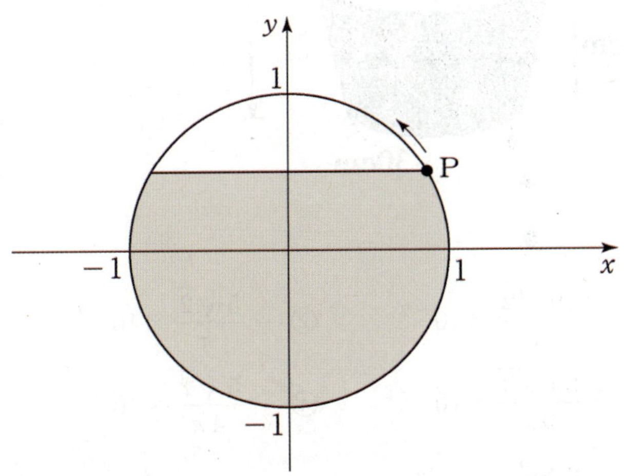

83

해설 바로가기 ▶ 실전개념분석 53번

복습	1회	2회	3회	4회	5회
채점 $O\triangle X$					

204. [2006년 수능 (가)형 미분과 적분 29번]

실전 분석

지점 O와 지점 E 사이의 거리는 40m 이다. 그림과 같이 갑은 지점 O에서 출발하여 선분 OE에 수직인 반직선 OS를 따라 초속 3m의 일정한 속력으로 달리고, 을은 갑이 출발한 지 10초가 되는 순간 지점 E에서 출발하여 선분 OE에 수직인 반직선 EN을 따라 초속 4m의 일정한 속력으로 달리고 있다. 갑과 을의 지점을 연결하여 만든 선분과 선분 OE가 만나서 이루는 각을 θ(라디안)라 할 때, 갑이 출발한 지 20초가 되는 순간 θ의 변화율은? [4점]

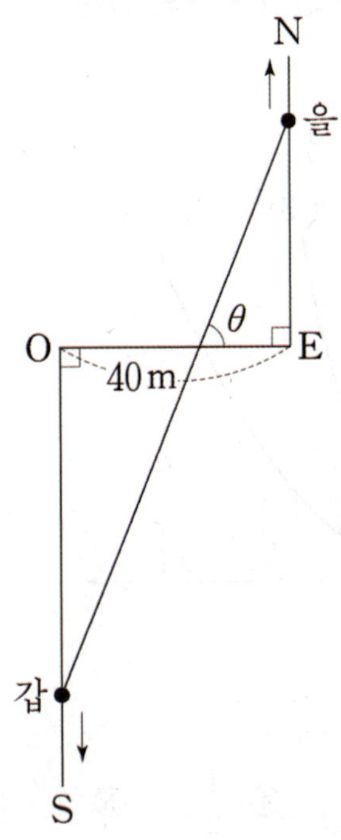

① $\dfrac{21}{290}$라디안/초 ② $\dfrac{13}{290}$라디안/초

③ $\dfrac{7}{290}$라디안/초 ④ $\dfrac{3}{290}$라디안/초

⑤ $\dfrac{1}{290}$라디안/초

해설 바로가기 ▶ 실전개념분석 51번

복습	1회	2회	3회	4회	5회
채점 O△X					

1등급

205. [2005년 수능 (가)형 미분과 적분 29번]
실전 분석

곡선 $y = 3x^2$ $(0 \le y \le 10)$을 y 축 둘레로 회전시킨 회전체 A 와 곡선 $y = x^2$ $(0 \le y \le 10)$을 y 축 둘레로 회전시킨 회전체 B 가 있다. 처음에는 물이 A 의 안쪽에만 차 있다가 원점 O 부근의 작은 구멍을 통하여 A 의 바깥쪽과 B 의 안쪽으로 둘러싸인 부분으로 흘러 나가기 시작한다. A 의 안쪽 수면의 높이를 u, A 의 바깥쪽 수면의 높이를 v 라 할 때, v 가 u 의 $\dfrac{1}{2}$ 이 되는 순간의 $\dfrac{dv}{du}$ 의 값은?

[4점]

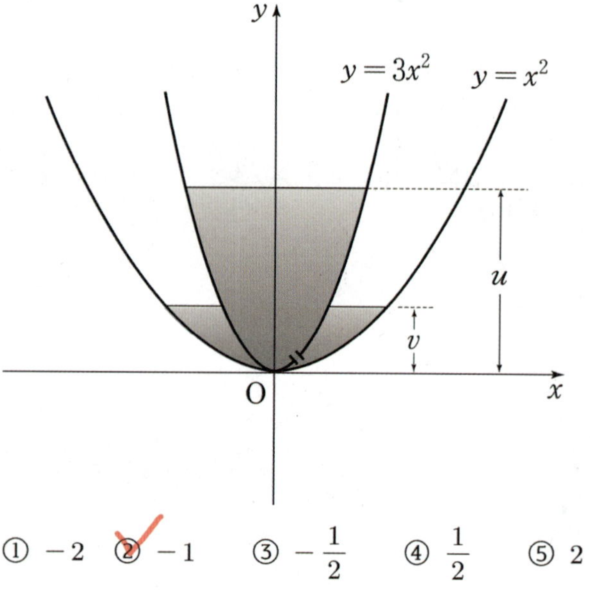

① -2 ② -1 ③ $-\dfrac{1}{2}$ ④ $\dfrac{1}{2}$ ⑤ 2

해설 바로가기 ▶ 실전개념분석 56번

복습	1회	2회	3회	4회	5회
채점 O△X					

206. [1997년 수능 (자연) 23번] 실전 분석

그림과 같이 높이가 100cm 이고 윗면은 반지름이 50cm, 아랫면은 반지름이 30cm 인 원으로 된 원뿔대 모양의 물통에 물이 가득 차 있었다. 이 물통의 바닥에 구멍이 나서 바닥에서부터 수면까지의 높이가 $h\,\text{cm}$ 일 때 매초 $4\sqrt{h}\,\text{cm}^3$ 의 양으로 물이 새어 나가고 있다. $h = 50$ 일 때 높이의 순간 변화율은? (단위는 cm/sec) [4점]

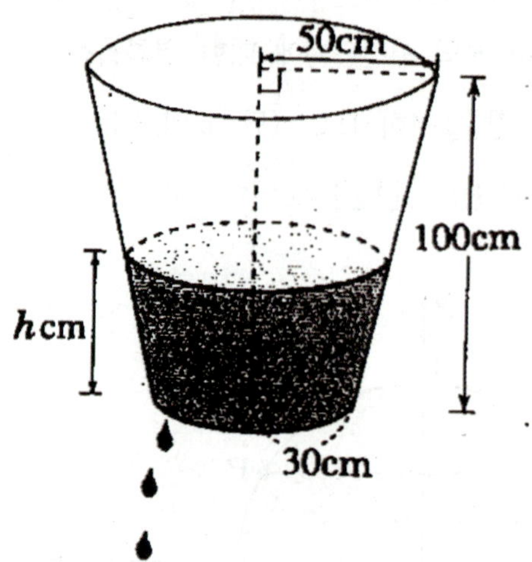

① $-\dfrac{20\sqrt{2}}{\pi} \times 10^{-2}$ ② $-\dfrac{5\sqrt{2}}{\pi} \times 10^{-2}$

③ $-\dfrac{20\sqrt{2}}{9\pi} \times 10^{-2}$ ④ $-\dfrac{5\sqrt{2}}{4\pi} \times 10^{-2}$

⑤ $-\dfrac{4\sqrt{2}}{5\pi} \times 10^{-2}$

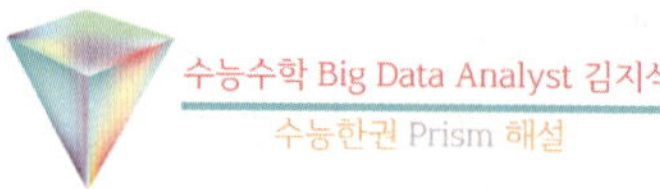

해설 바로가기 ▶ 실전개념분석 55번

미적분 3. 미분법 경향11
미분법 그래프 고난도

수능 4점

복습	1회	2회	3회	4회	5회
채점 O△X					

1등급

207. [2026년 수능 (미적분) 30번] 실전 분석

실수 전체의 집합에서 증가하는 연속함수 $f(x)$ 의 역함수 $f^{-1}(x)$ 가 다음 조건을 만족시킨다.

> (가) $|x| \leq 1$ 일 때,
> $$4 \times (f^{-1}(x))^2 = x^2(x^2-5)^2$$ 이다.
> (나) $|x| > 1$ 일 때,
> $$|f^{-1}(x)| = e^{|x|-1} + 1$$ 이다.

실수 m 에 대하여 기울기가 m 이고 점 $(1, 0)$ 을 지나는 직선이 곡선 $y = f(x)$ 와 만나는 점의 개수를 $g(m)$ 이라 하자. 함수 $g(m)$ 이 $m = a$, $m = b\ (a < b)$ 에서 불연속일 때,

$$g(a) \times \left(\lim_{m \to a+} g(m) \right) + g(b) \times \left(\frac{\ln b}{b} \right)^2 \text{의 값을}$$

구하시오. $\left(\text{단, } \lim_{x \to \infty} \frac{\ln x}{x} = 0 \right)$ [4점]

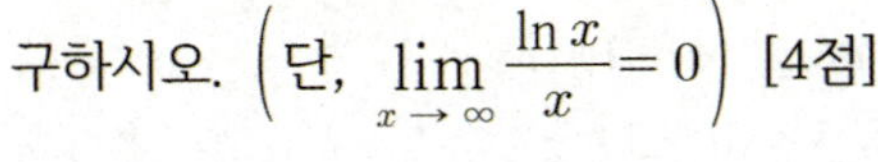

11

복습	1회	2회	3회	4회	5회
채점 O△X					

1등급

208. [2025년 수능 (미적분) 30번]

두 상수 a $(1 \le a \le 2)$, b에 대하여 함수 $f(x) = \sin(ax + b + \sin x)$가 다음 조건을 만족시킨다.

> (가) $f(0) = 0$, $f(2\pi) = 2\pi a + b$
> (나) $f'(0) = f'(t)$인 양수 t의 최솟값은 4π이다.

함수 $f(x)$가 $x = \alpha$에서 극대인 α의 값 중 열린구간 $(0, 4\pi)$에 속하는 모든 값의 집합을 A라 하자. 집합 A의 원소의 개수를 n, 집합 A의 원소 중 가장 작은 값을 α_1이라 하면, $n\alpha_1 - ab = \dfrac{q}{p}\pi$이다. $p + q$의 값을 구하시오. (단, p와 q는 서로소인 자연수이다.) [4점]

(step1) 조건 (가) 적용하기

$f(2\pi) = 2\pi a + b$

$\Leftrightarrow \sin(2\pi a + b + \sin 2\pi) = 2\pi a + b$

$\Leftrightarrow \sin(2\pi a + b) = 2\pi a + b$

$\sin x = x$의 근은 $x = 0$ 뿐이다.

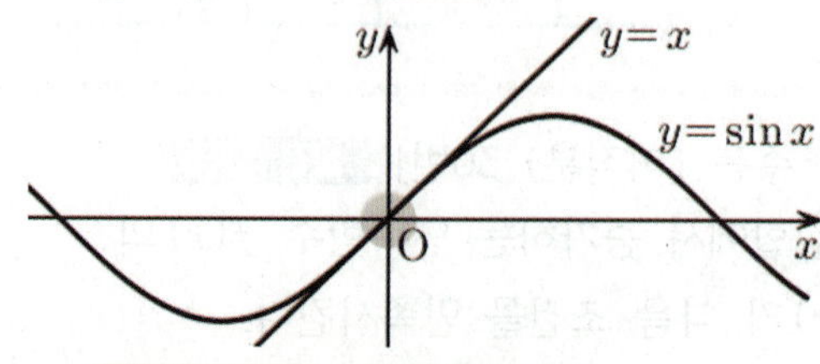

$\therefore \ 2\pi a + b = 0, \ b = -2a\pi$

$\therefore \ f(x) = \sin(ax - 2a\pi + \sin x)$

$f(0) = \sin b = \sin(-2a\pi) = 0$

$\therefore \ 2a$는 정수

$1 \le a \le 2$이므로 $2 \le 2a \le 4$

$\therefore \ 2a = 2 \ \text{or} \ 3 \ \text{or} \ 4$

(step2) 조건 (나) 적용하기

$f'(x) = \cos(ax - 2a\pi + \sin x) \times (a + \cos x)$

$f'(0) = f'(t)$인 양수 t의 최솟값은 4π

$\therefore \ f'(0) = f'(4\pi)$

$f'(0) = \cos(-2a\pi) \times (a + 1)$

$f'(4\pi) = \cos(2a\pi) \times (a + 1)$

$\cos x$는 우함수이고 $2a$은 정수이므로

$\cos(-2a\pi) = \cos(2a\pi) = 1 \ \text{or} \ -1$

$\therefore \ f'(0) = f'(4\pi) = 1 \times (a + 1) \ \text{or} \ -1 \times (a + 1)$

$f'(2\pi) = \cos(0) \times (a + 1) = 1 \times (a + 1)$인데

$f'(0) = f'(t)$인 양수 t의 최솟값은 4π이므로

$f'(0) \ne f'(2\pi)$

$\therefore \ f'(0) = f'(4\pi) = -1 \times (a + 1)$

$\therefore \ \cos(2a\pi) = -1$

$\therefore \ 2a = 3 \ (\because \ 1 \le a \le 2$이므로 $2 \le 2a \le 4)$

$\therefore \ a = \dfrac{3}{2}, \ b = -2a\pi = -3\pi$

$\therefore \ f(x) = \sin\left(\dfrac{3}{2}x - 3\pi + \sin x\right)$

(step3) $f(x)$가 열린구간 $(0, 4\pi)$에서 갖는 극대

$g(x) = \dfrac{3}{2}x - 3\pi + \sin x$라고 하자.

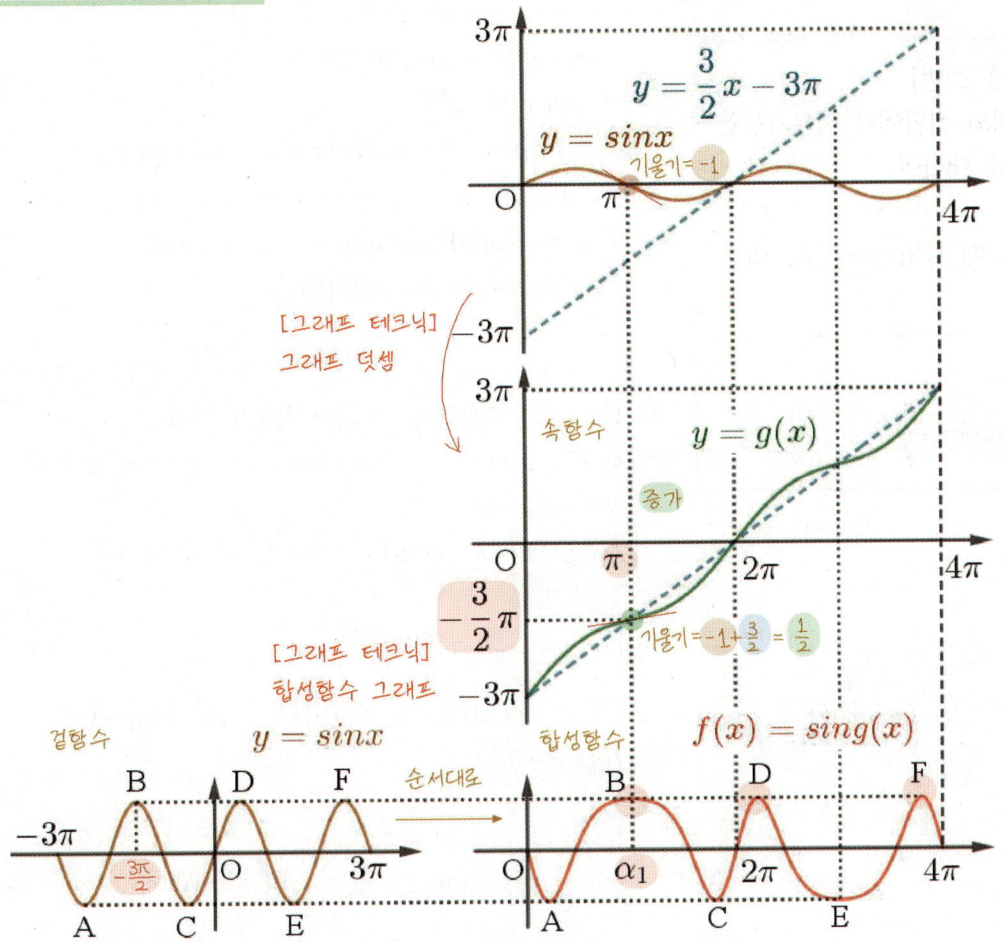

$\therefore n = 3,\ \alpha_1 = \pi$

$\therefore n\alpha_1 - ab = 3\pi - \dfrac{3}{2}(-3\pi) = \dfrac{15}{2}\pi$

$\therefore p + q = 2 + 15 = 17$

복습	1회	2회	3회	4회	5회
채점 ○△X					

1등급

209. [2025년 9월 (미적분) 28번]

삼차함수 $f(x)$와 실수 전체의 집합에서 미분가능한 함수 $g(x)$가 모든 실수 x에 대하여

$$f(x) = g(x) - \tan g(x)$$

이고 다음 조건을 만족시킬 때, $g'(0) \times (g(0))^2$ 의 값은? [4점]

> (가) $f(0) = 0$, $f''(\pi) = 0$
>
> (나) $\sin g(\pi) = 0$, $\displaystyle\lim_{x \to \infty} g(x) = \frac{3\pi}{2}$

① -12 ② -6 ③ -1
④ 3 ⑤ 9

(Step1) 문제에서 구하는 것 파악

$f(0) = g(0) - \tan g(0) = 0$

$\Leftrightarrow \tan g(0) = g(0)$

$f'(x) = g'(x)\{1 - \sec^2 g(x)\} = -g'(x)\tan^2 g(x)$

$(\because 1 + \tan^2\theta = \sec^2\theta \Leftrightarrow 1 - \sec^2\theta = \tan^2\theta)$

$f'(0) = -g'(0)\tan^2 g(0) = -g'(0)\{g(0)\}^2$

$\therefore g'(0) \times (g(0))^2 = -f'(0)$

(Step2) 삼차함수 $f(x)$의 변곡점 파악

삼차함수 $f(x)$는 $f''(\pi) = 0$이므로 $x = \pi$에서 변곡점을 갖는다.

$f(\pi) = g(\pi) - \tan g(\pi) = n\pi$ (단, n은 정수)

$(\because \sin g(\pi) = 0 \Leftrightarrow g(\pi) = n\pi)$

$(\because \tan g(\pi) = \dfrac{\sin g(\pi)}{\cos g(\pi)} = 0)$

$f'(x) = g'(x)\{1 - \sec^2 g(x)\} = -g'(x)\tan^2 g(x)$

$f'(\pi) = 0$

삼차함수 $f(x)$의 변곡점에서의 좌표는 $(0,\ n\pi)$이고, 접선의 기울기가 0이다.

$f(x)$의 그래프의 개형은 아래와 같다.

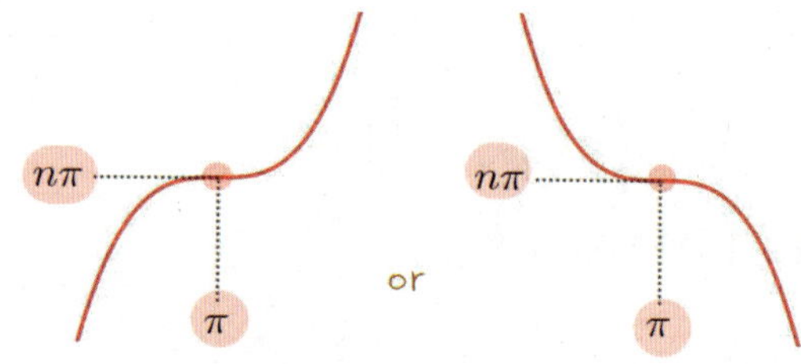

(Step3) 합성함수의 그래프 개형 활용하기

함수 $h(x) = x - \tan x$라고 하면

$f(x) = h(g(x))$인 합성함수이다.

ⅰ) $x \to \infty$일 때 $g(x) \to \dfrac{3\pi}{2}-$인 경우

$g(x)$의 치역이 $\left(\dfrac{\pi}{2}, \dfrac{3\pi}{2}\right)$이고 증가함수이다.

ⅱ) $x \to \infty$일 때 $g(x) \to \dfrac{3\pi}{2}+$인 경우

$g(x)$의 치역이 $\left(\dfrac{3\pi}{2}, \dfrac{5\pi}{2}\right)$이고 감소함수이다.

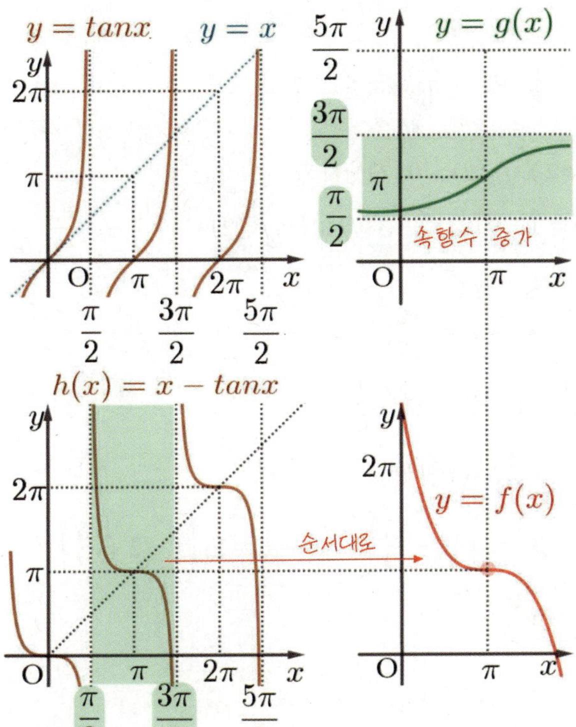

$f(0) \neq 0$이므로 모순이다.

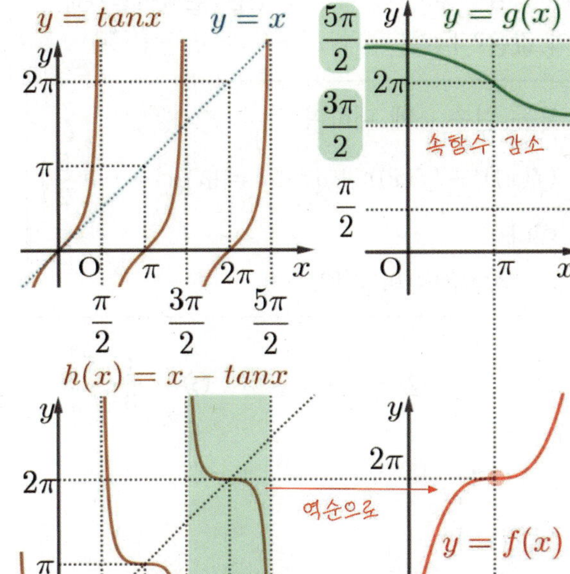

$$f(x) = a(x-\pi)^3 + 2\pi$$

$$\therefore\ f(0) = -a\pi^3 + 2\pi = 0$$

$$\therefore\ a = \frac{2}{\pi^2}$$

$$\therefore\ f'(x) = 3\frac{2}{\pi^2}(x-\pi)^2$$

$$\therefore\ g'(0) \times (g(0))^2 = -f'(0) = -\frac{6}{\pi^2}(0-\pi)^2 = -6$$

복습	1회	2회	3회	4회	5회
채점 O△X					

1등급

210. [2025년 6월 (미적분) 28번]

실수 전체의 집합에서 이계도함수를 갖는 함수 $f(x)$와 두 상수 a, b가 다음 조건을 만족시킬 때, $a \times e^b$의 값은? [4점]

> (가) 모든 실수 x에 대하여
>
> $$(f(x))^5 + (f(x))^3 + ax + b = \ln\left(x^2 + x + \frac{5}{2}\right)$$
>
> 이다.
>
> (나) $f(-3)f(3) < 0$, $f'(2) > 0$

① $-3e^{-\frac{4}{3}}$ ② $-\frac{5}{3}e^{-\frac{4}{3}}$ ③ $-\frac{1}{3}e^{-\frac{4}{3}}$

④ $e^{-\frac{4}{3}}$ ⑤ $\frac{7}{3}e^{-\frac{4}{3}}$

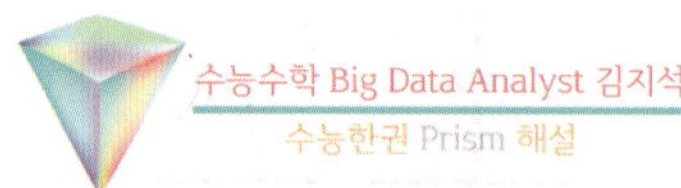

(Step1) 사잇값의 정리 활용하기

[개념] 사잇값의 정리

$f(-3)f(3) < 0$이므로 $f(\alpha) = 0$을 만족시키는 실수 α가 열린구간 $(-3, 3)$에 적어도 하나 존재한다.

$$g(x) = \{f(x)\}^5 + \{f(x)\}^3 + ax + b = \ln\left(x^2 + x + \frac{5}{2}\right)$$

$$g'(x) = (5\{f(x)\}^4 + 3\{f(x)\}^2)f'(x) + a = \frac{2x+1}{x^2 + x + \frac{5}{2}}$$

$$g''(x) = (20\{f(x)\}^3 + 6f(x))\{f'(x)\}^2 + (5\{f(x)\}^4 + 3\{f(x)\}^2)f''(x)$$
$$= -\frac{2(x^2 + x - 2)}{\left(x^2 + x + \frac{5}{2}\right)^2}$$

$$g''(\alpha) = 0 = -\frac{2(\alpha^2 + \alpha - 2)}{\left(\alpha^2 + \alpha + \frac{5}{2}\right)^2}$$

$\Leftrightarrow \alpha^2 + \alpha - 2 = 0$

$\therefore \alpha = 1 \text{ or } -2$

i) $\alpha = 1$

$$g'(\alpha) = 0 + a = \frac{2 \cdot 1 + 1}{1 + 1 + \frac{5}{2}} = \frac{2}{3}$$

ii) $\alpha = -2$

$$g'(\alpha) = 0 + a = \frac{2 \cdot (-2) + 1}{4 - 2 + \frac{5}{2}} = -\frac{2}{3}$$

$$\therefore a = \frac{2}{3} \text{ or } -\frac{2}{3}$$

(Step2) $f'(2) > 0$ 활용하기

$$g'(2) = \underbrace{(5\{f(2)\}^4 + 3\{f(2)\}^2)}_{\oplus}\underbrace{f'(2)}_{\oplus} + a = \frac{4+1}{2 + 2 + \frac{5}{2}}$$

$$= \oplus + a = \frac{10}{17}$$

$$\therefore \frac{10}{17} - a > 0, \quad a < \frac{10}{17}$$

$$\therefore a = -\frac{2}{3}, \quad \alpha = -2$$

$$\therefore g(-2) = 0 + \left(-\frac{2}{3}\right)(-2) + b = \ln\left(4 - 2 + \frac{5}{2}\right)$$

$$\therefore b = \ln\frac{9}{2} - \frac{4}{3}$$

$$\therefore a \times e^b = \left(-\frac{2}{3}\right) \times e^{\ln\frac{9}{2}} e^{-\frac{4}{3}} = -3e^{-\frac{4}{3}}$$

[참고] $g(x) = \ln\left(x^2 + x + \frac{5}{2}\right)$ 그래프 그리기

[그래프 테크닉] 합성함수 그래프

- $x > 0$ 속함수 증가
- → 합성함수는 겉함수 점 y좌표 순서대로
- $x < 0$ 속함수 감소
- → 합성함수는 겉함수 점 y좌표 역순으로
- 속함수가 $x = -\frac{1}{2}$ 대칭이면

  합성함수도 $x = -\frac{1}{2}$ 대칭

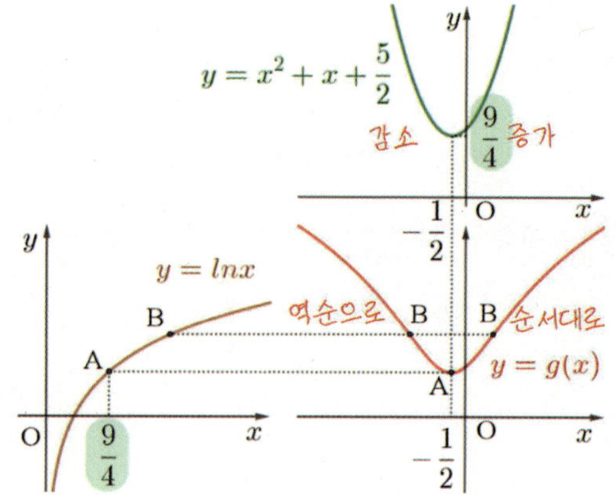

[다른 풀이]

[개념] 사잇값의 정리

$f(-3)f(3)<0$ 이므로 $f(\alpha)=0$ 을 만족시키는
실수 α 가 열린구간 $(-3,3)$ 에 적어도 하나 존재한다.
$h(x)=(f(x))^5+(f(x))^3$, $p(x)=ax+b$ 라고 하자.
$g(x)=h(x)+p(x)$ 이고
$h(\alpha)=h'(\alpha)=h''(\alpha)=0$ 이 성립한다.

(step1) $h(\alpha)=0$ 의 의미

직선 $p(x)=ax+b$ 는 $g(x)$ 와 $x=\alpha$ 에서 만난다.
$g(\alpha)=h(\alpha)+p(\alpha)$
$\Leftrightarrow g(\alpha)=p(\alpha)$ ($\because h(\alpha)=0$)

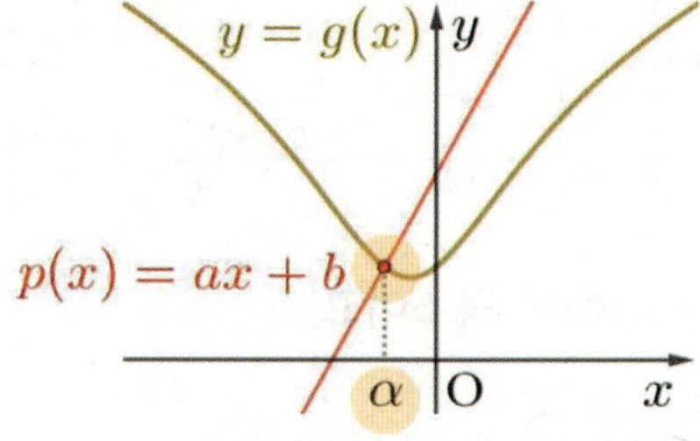

(step2) $h'(\alpha)=0$ 의 의미

직선 $p(x)=ax+b$ 는 $g(x)$ 와 $x=\alpha$ 에서 접한다.
$g'(\alpha)=h'(\alpha)+p'(\alpha)$
$\Leftrightarrow g'(\alpha)=p'(\alpha)=a$ ($\because h'(\alpha)=0$)

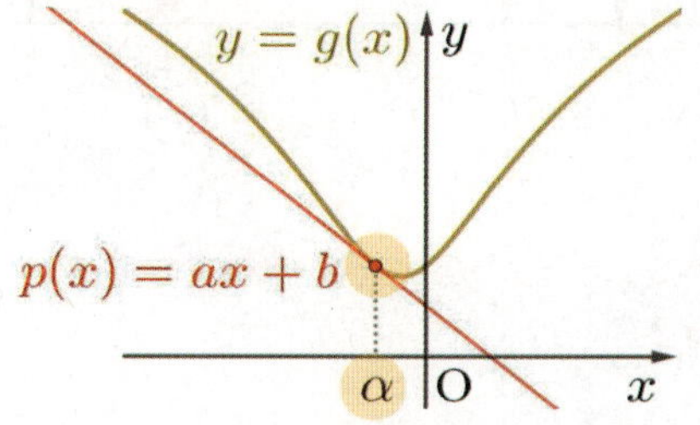

(step3) $h''(\alpha)=0$ 의 의미

직선 $p(x)=ax+b$ 는 $g(x)$ 의 변곡점선이다.
$g''(\alpha)=h''(\alpha)+p''(\alpha)$
$\Leftrightarrow g''(\alpha)=0$ ($\because h''(\alpha)=0$, $p''(\alpha)=0$)

(식 계산으로 $x=\alpha$ 에서 $g''(x)$ 의 부호변화 발생 확인)

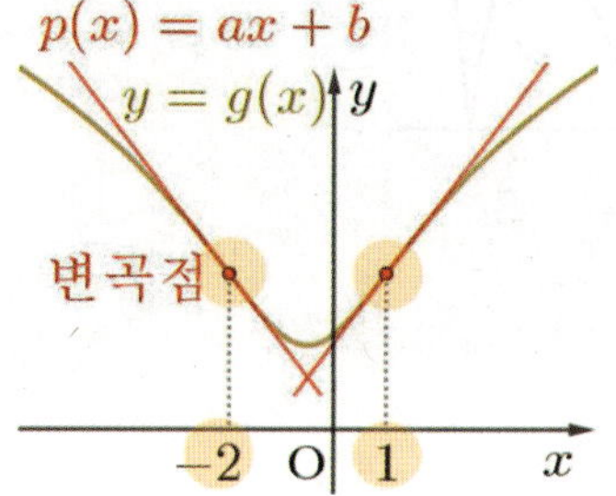

$$g(x)=\ln\left(x^2+x+\frac{5}{2}\right)$$

$$g'(x)=\frac{2x+1}{x^2+x+\frac{5}{2}}$$

$$g''(x)=-\frac{2(x^2+x-2)}{\left(x^2+x+\frac{5}{2}\right)^2}=-\frac{2(x+2)(x-1)}{\left(x^2+x+\frac{5}{2}\right)^2}$$

$$\therefore \alpha=1 \text{ or } -2$$

(step2) $f'(2)>0$ 활용하기

$h'(2)=(5\{f(2)\}^4+3\{f(2)\}^2)f'(2)>0$
$g'(2)=h'(2)+p'(2)$
$\Leftrightarrow p'(2)<g'(2)$ ($\because g'(2)-p'(2)=h'(2)>0$)
$\Leftrightarrow a<g'(2)$

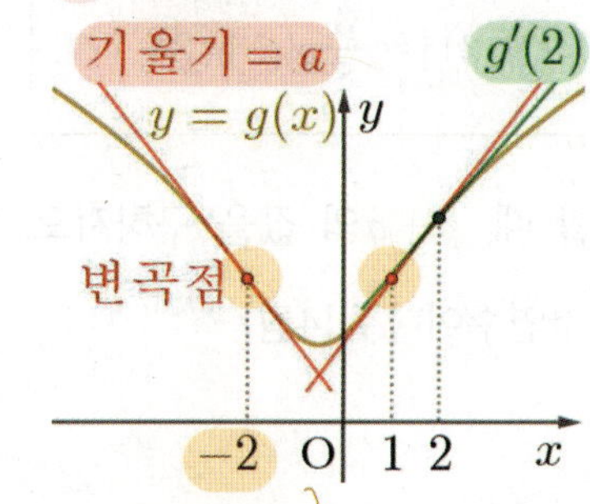

$$\therefore \alpha=-2$$

$$\therefore a=g'(-2)=\frac{2\cdot(-2)+1}{4-2+\frac{5}{2}}=-\frac{2}{3}$$

$$\therefore g(-2)=0+\left(-\frac{2}{3}\right)(-2)+b=\ln\left(4-2+\frac{5}{2}\right)$$

$$\therefore b=\ln\frac{9}{2}-\frac{4}{3}$$

$$\therefore a\times e^b=\left(-\frac{2}{3}\right)\times e^{\ln\frac{9}{2}}e^{-\frac{4}{3}}=-3e^{-\frac{4}{3}}$$

복습	1회	2회	3회	4회	5회
채점 ○△X					

1등급

211. [2025년 6월 (미적분) 30번]
최고차항의 계수가 1인 삼차함수 $f(x)$에 대하여 함수

$$g(x) = \left| f\left(\frac{2}{1+e^{-x}} \right) \right|$$

가 실수 전체의 집합에서 미분가능하고 다음 조건을 만족시킨다.

> (가) 함수 $g(x)$는 $x=0$에서 극소이고,
> $g(0) > 0$이다.
> (나) $g'(\ln 3) < 0$, $\left| g'(-\ln 3) \right| = \dfrac{3}{8} g(-\ln 3)$

$g(0)$의 최솟값을 $\dfrac{q}{p}$라 할 때, $p+q$의 값을 구하시오.
(단, p와 q는 서로소인 자연수이다.) [4점]

수능수학 Big Data Analyst 김지석
수능한권 Prism 해설   25

$h(x) = \dfrac{2}{1+e^{-x}}$, $p(x) = |f(x)|$라고 하자.

$\therefore g(x) = p(h(x))$

(step1) 속함수 $h(x) = \dfrac{2}{1+e^{-x}}$ 그래프 파악하기

분모 $1+e^{-x}$가 감소함수 → 분수 $\dfrac{2}{1+e^{-x}}$ 증가함수

$\lim\limits_{x \to -\infty} h(x) = 0$, $\lim\limits_{x \to \infty} h(x) = 2$이므로

함수 $h(x)$의 그래프는 다음과 같다.

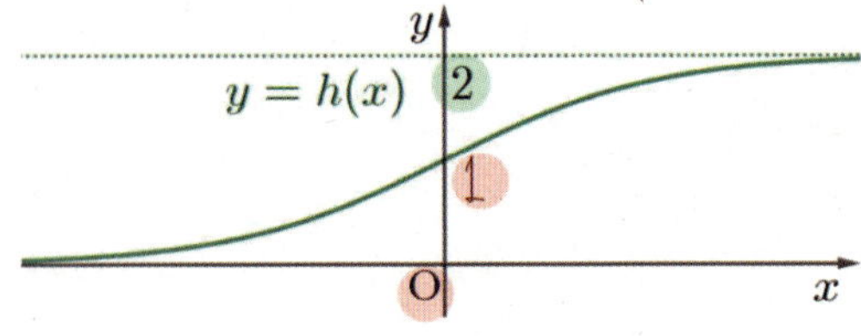

(step2) 겉함수 $p(x) = |f(x)|$ 그래프 파악하기
[그래프 테크닉] 합성함수 그래프
속함수 $h(x)$가 단조 증가하고
치역이 구간 $(0, 2)$이므로
합성함수 $g(x)$의 그래프는
겉함수 $p(x)$의 정의역 $(0, 2)$에 해당하는 점을
순서대로 옮겨 그리면 된다.

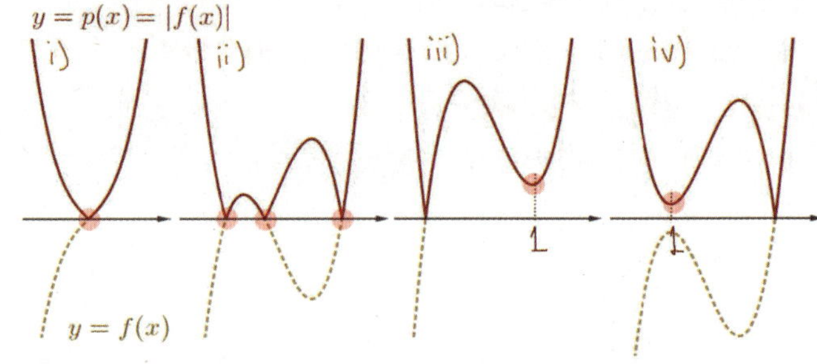

(가) 함수 $g(x)$는 $x=0$에서 극소이고,
   $g(0) > 0$이다.
$\Leftrightarrow$ $p(x)$는 $x=1$에서 극소이고 $p(1) > 0$이다.
   ($\because h(0) = 1$)

$y = p(x) = |f(x)|$

i)   ii)   iii)   iv)

$y = f(x)$

극소=0   극소=0   극소>0 존재   극소>0 존재
↳ 모순   ↳ 모순

(나) $g'(\ln 3) < 0$
$\Leftrightarrow$ $p'\left(\dfrac{3}{2} \right) < 0$ ($\because h(\ln 3) = \dfrac{3}{2}$)

$y = p(x) = |f(x)|$

iii)   iv)

$y = f(x)$

$p'\left(\dfrac{3}{2} \right) > 0 \to$ 모순 $p'\left(\dfrac{3}{2} \right) < 0 \to$ 가능

$p(c) = 0$을 만족하는 c에 대하여
$c \geq 2$이다 $(\because g(x)$는 미분가능)

ⅰ) $c < 2$인 경우

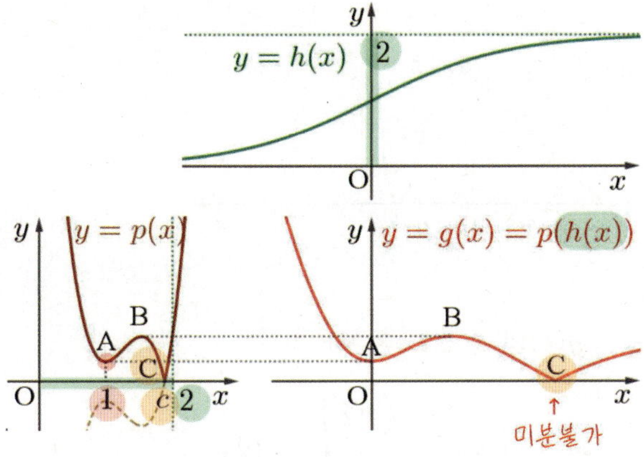

ⅰ) $c \geq 2$인 경우

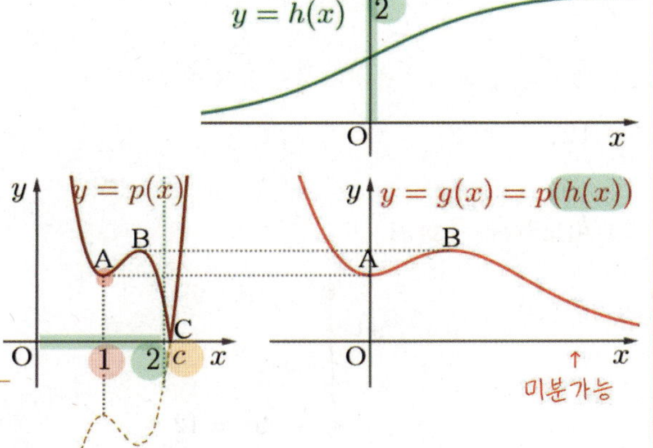

$p(x) = |f(x)|$의 그래프의 개형을 통해 파악한
$f(x)$의 그래프의 개형은 아래와 같다.

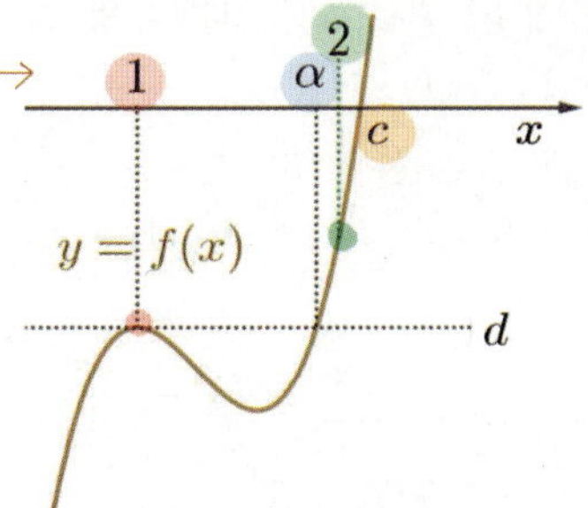

$\therefore f(x) = (x-1)^2(x-\alpha) + d$
$g(0) = |f(1)| = -d$
$f(2) = 2 - \alpha + d \leq 0$

(step3) (나) $\left| g'(-\ln 3) \right| = \dfrac{3}{8} g(-\ln 3)$ 활용하기

$g(x) = |f(h(x))| = -f(h(x)) \; (\because 0 < h(x) < 2)$

$\therefore \dfrac{3}{8} g(-\ln 3) = -\dfrac{3}{8} f\left(\dfrac{1}{2}\right)$

$g'(x) = -f'\left(\dfrac{2}{1+e^{-x}}\right) \times \dfrac{-2e^{-x}(-1)}{(1+e^{-x})^2}$

$g'(-\ln 3) = -f'\left(\dfrac{1}{2}\right) \times \dfrac{3}{8}$

$\therefore \left| g'(-\ln 3) \right| = f'\left(\dfrac{1}{2}\right) \times \dfrac{3}{8} \; \left(\because f'\left(\dfrac{1}{2}\right) > 0\right)$

$\left| g'(-\ln 3) \right| = \dfrac{3}{8} g(-\ln 3)$

$\Leftrightarrow f'\left(\dfrac{1}{2}\right) \times \dfrac{3}{8} = -\dfrac{3}{8} f\left(\dfrac{1}{2}\right)$

$\therefore f'\left(\dfrac{1}{2}\right) = -f\left(\dfrac{1}{2}\right)$

$f'(x) = 2(x-1)(x-\alpha) + (x-1)^2$

$f'\left(\dfrac{1}{2}\right) = -\left(\dfrac{1}{2} - \alpha\right) + \dfrac{1}{4}$

$f\left(\dfrac{1}{2}\right) = \dfrac{1}{4}\left(\dfrac{1}{2} - \alpha\right) + d$

$-f'\left(\dfrac{1}{2}\right) = f\left(\dfrac{1}{2}\right)$

$\Leftrightarrow \left(\dfrac{1}{2} - \alpha\right) - \dfrac{1}{4} = \dfrac{1}{4}\left(\dfrac{1}{2} - \alpha\right) + d$

$\Leftrightarrow \alpha = -\dfrac{4}{3} d + \dfrac{1}{6}$

$f(2) = 2 - \alpha + d \leq 0$

$\qquad = 2 - \left(-\dfrac{4}{3} d + \dfrac{1}{6}\right) + d \leq 0$

$\Leftrightarrow d \leq -\dfrac{11}{14}$

$\therefore g(0) = |f(1)| = -d \geq \dfrac{11}{14}$

$\therefore p + q = 14 + 11 = 25$

복습	1회	2회	3회	4회	5회
채점 $\bigcirc \triangle \times$					

1등급

212. [2024년 6월 (미적분) 28번]

함수 $f(x)$가

$$f(x)=\begin{cases}(x-a-2)^2 e^x & (x \geq a) \\ e^{2a}(x-a)+4e^a & (x < a)\end{cases}$$

일 때, 실수 t에 대하여 $f(x)=t$를 만족시키는 x의 최솟값을 $g(t)$라 하자. 함수 $g(t)$가 $t=12$에서만 불연속일 때, $\dfrac{g'(f(a+2))}{g'(f(a+6))}$의 값은? (단, a는 상수이다.) [4점]

① $6e^4$　　② $9e^4$　　③ $12e^4$

④ $8e^6$　　⑤ $10e^6$

(Step1) $f(x)$의 그래프를 파악하기

$h(x)=(x-a-2)^2 e^x$라고 하자.

[그래프 테크닉] 그래프 곱셈

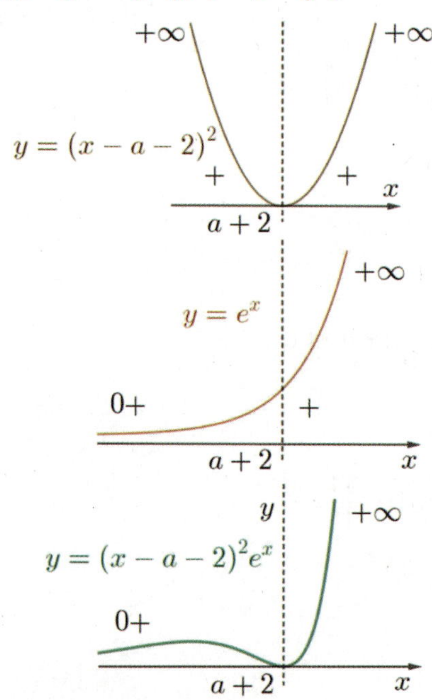

$$h'(x)=2(x-a-2)e^x+(x-a-2)^2 e^x$$
$$=(x-a-2)(x-a)e^x$$

이므로 $x=a$에서 극대이다.

$y=(x-a-2)^2 e^x$, $y=e^{2a}(x-a)+4e^a$ 모두 $(a,\ 4e^a)$을 지나므로 $f(x)$의 그래프는 아래와 같다.

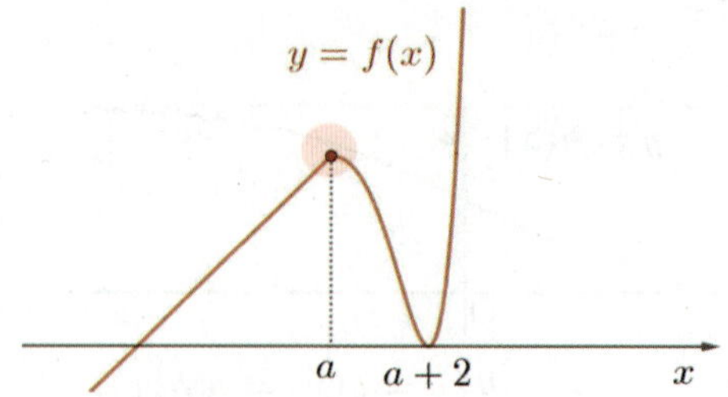

(Step2) $g(t)$의 불연속 활용하기

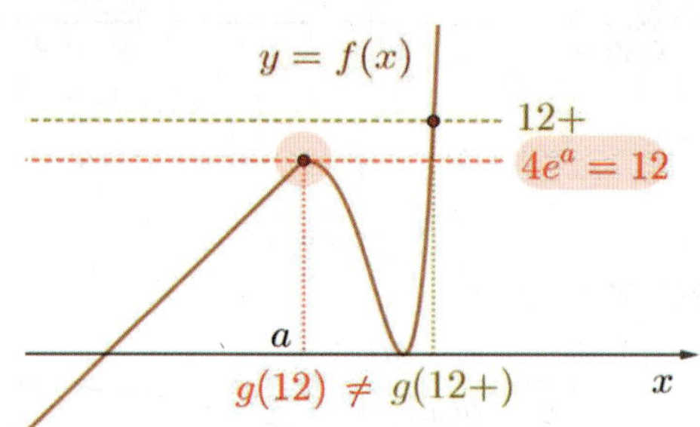

$g(t)$의 그래프는 $t=4e^a$에서만 불연속이다.

$\therefore\ 4e^a=12,\ e^a=3$

(Step3) 미분계수 구하기

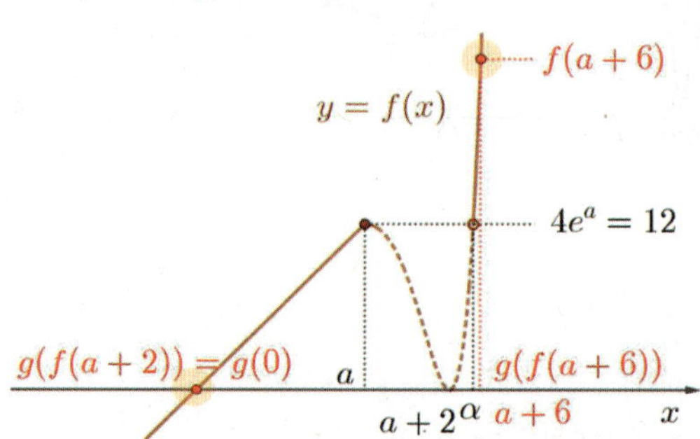

실수 t에 대하여 $f(x)=t$를 만족시키는 x의 최솟값이 $g(t)$이므로

$$f(g(t))=t \Leftrightarrow g(f(t))=t \quad (단,\ t \leq a \text{ or } t > \alpha)$$

$$\frac{g'(f(a+2))}{g'(f(a+6))}=\frac{g'(0)}{g'(f(a+6))}=\frac{\dfrac{1}{e^{2a}}}{\dfrac{1}{f'(a+6)}}$$

$$=\frac{f'(a+6)}{e^{2a}}=\frac{4 \cdot 6 \cdot e^{a+6}}{e^{2a}}=\frac{4 \cdot 6 \cdot e^6}{e^a}$$

$$=\frac{4 \cdot 6 \cdot e^6}{3}=8e^6$$

Analysis

① 역함수를 나타내는 표현

모든 x에 대하여

$g(f(x)) = x \Leftrightarrow f^{-1} = g$

$f(g(x)) = x \Leftrightarrow f^{-1} = g$

[why?] $f^{-1} = g$이고 $f(a) = b \Leftrightarrow g(b) = a$일 때

$g(f(a)) = g(b) = a$

$f(g(b)) = f(a) = b$

② 원래 함수 그래프로 역함수의 함숫값 표현하기

$f(a) = b \Leftrightarrow g(b) = a$의 의미

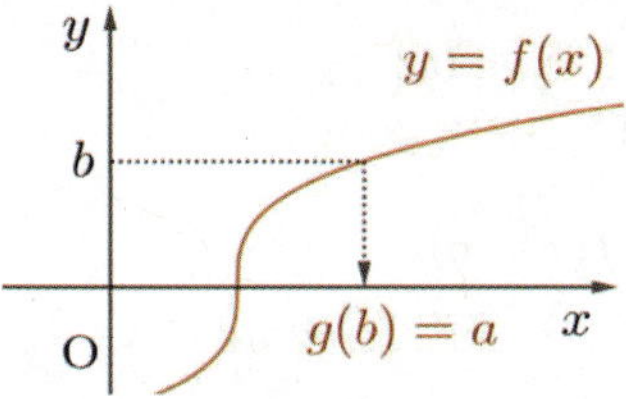

③ 역함수 미분의 기하학적 의미

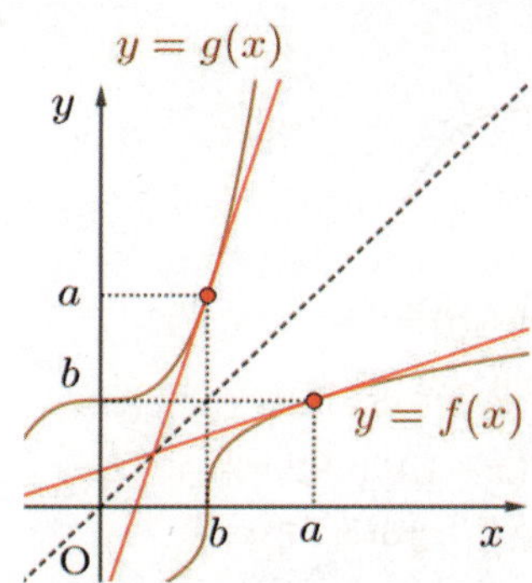

$y = f(x)$와 $y = g(x)$의 그래프가 $y = x$ 대칭 관계

→ 접선끼리도 $y = x$ 대칭

→ 접선 기울기끼리 역수관계

∴ $g(b) = a \Leftrightarrow f(a) = b$일 때

$$g'(b) = \frac{1}{f'(a)}$$

④ 역함수 미분의 핵심 아이디어

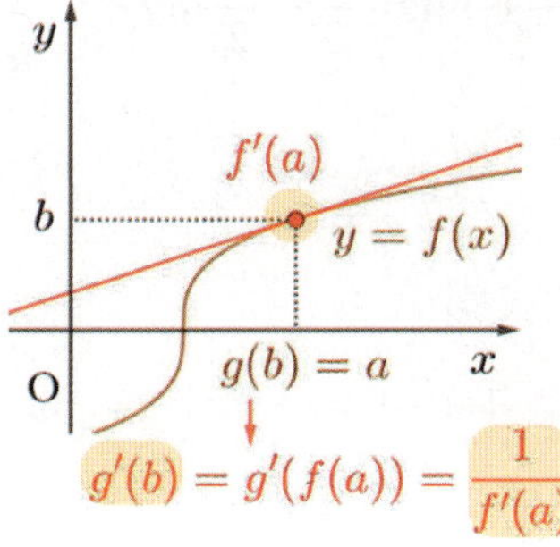

$$g'(b) = g'(f(a)) = \frac{1}{f'(a)}$$

복습	1회	2회	3회	4회	5회
채점 O△X					

1등급

213. [2024년 6월 (미적분) 29번]
함수

$$f(x)=\frac{1}{3}x^3-x^2+\ln(1+x^2)+a \quad (a는$$

상수)

와 두 양수 b, c에 대하여 함수

$$g(x)=\begin{cases} f(x) & (x \geq b) \\ -f(x-c) & (x < b) \end{cases}$$

는 실수 전체의 집합에서 미분가능하다.
$a+b+c=p+q\ln 2$일 때, $30(p+q)$의 값을
구하시오. (단, p, q는 유리수이고, $\ln 2$는 무리수이다.)
[4점]

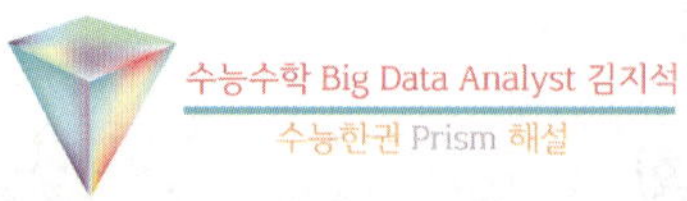

$$f'(x)= x^2 - 2x + \frac{2x}{1+x^2} = \frac{x^2(x-1)^2}{x^2+1} \geq 0$$

$$\therefore f'(0) = f'(1) = 0$$

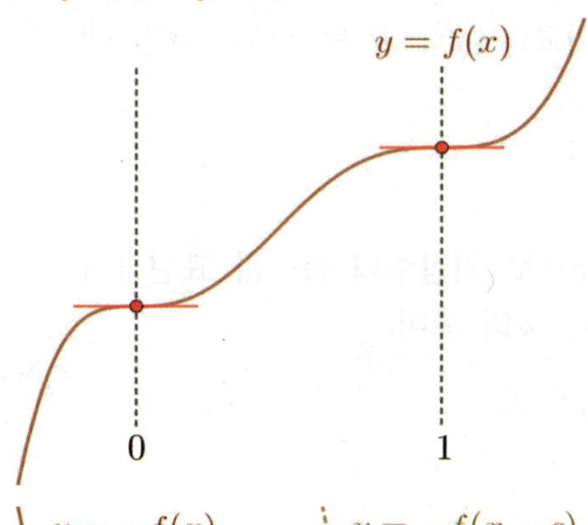

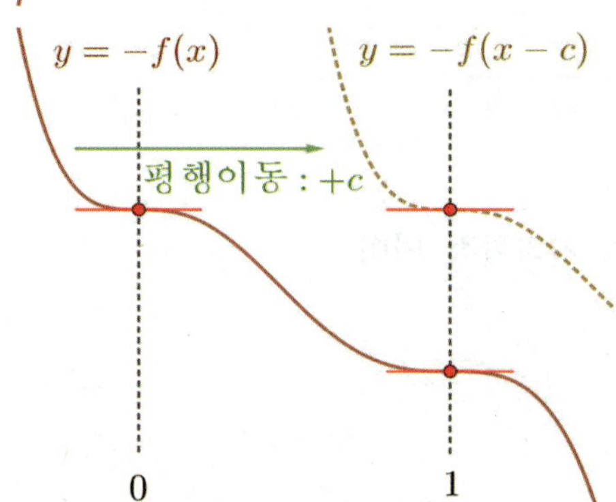

$-f'(x) \leq 0 \Leftrightarrow -f'(x-c) \leq 0$이므로
함수 $g(x)$가 모든 실수에서 미분가능하려면
$x=b$에서 함수 $f(x)$와 $-f(x-c)$가 만나야 하고,
그 점에서 미분계수가 모두 0으로 같아야 한다.

$$\therefore b=1, \ c=1$$

$$f(b) = -f(b-c)$$
$$\Leftrightarrow f(1) = -f(0)$$
$$\Leftrightarrow \frac{1}{3} - 1 + \ln 2 + a = -a$$

$$\therefore a = \frac{1}{3} - \frac{1}{2}\ln 2$$

$$\therefore a+b+c = \left(\frac{1}{3} - \frac{1}{2}\ln 2\right) + 1 + 1 = \frac{7}{3} - \frac{1}{2}\ln 2$$

$$\therefore 30(p+q) = 30\left(\frac{7}{3} - \frac{1}{2}\right) = 55$$

복습	1회	2회	3회	4회	5회
채점 O△X					

1등급

214. [2023년 수능 (미적분) 30번] 실전 분석

최고차항의 계수가 양수인 삼차함수 $f(x)$와
함수 $g(x) = e^{\sin \pi x} - 1$에 대하여 실수 전체의
집합에서 정의된 합성함수 $h(x) = g(f(x))$가 다음
조건을 만족시킨다.

> (가) 함수 $h(x)$는 $x = 0$에서 극댓값 0을
> 갖는다.
> (나) 열린구간 $(0,\ 3)$에서 방정식 $h(x) = 1$의
> 서로 다른 실근의 개수는 7이다.

$f(3) = \dfrac{1}{2}$, $f'(3) = 0$일 때, $f(2) = \dfrac{q}{p}$이다. $p + q$의
값을 구하시오. (단, p와 q는 서로소인 자연수이다.)
[4점]

31

해설 바로가기 ▶ 실전개념분석 99번

복습	1회	2회	3회	4회	5회
채점 $\bigcirc\triangle\times$					

1등급

215. [2023년 9월 (미적분) 30번]

길이가 10인 선분 AB를 지름으로 하는 원과 선분 AB 위에 $\overline{AC}=4$인 점 C가 있다. 이 원 위의 점 P를 $\angle PCB=\theta$가 되도록 잡고, 점 P를 지나고 선분 AB에 수직인 직선이 이 원과 만나는 점 중 P가 아닌 점을 Q라 하자. 삼각형 PCQ의 넓이를 $S(\theta)$라 할 때, $-7\times S'\left(\dfrac{\pi}{4}\right)$의 값을 구하시오. $\left(\text{단, } 0<\theta<\dfrac{\pi}{2}\right)$ [4점]

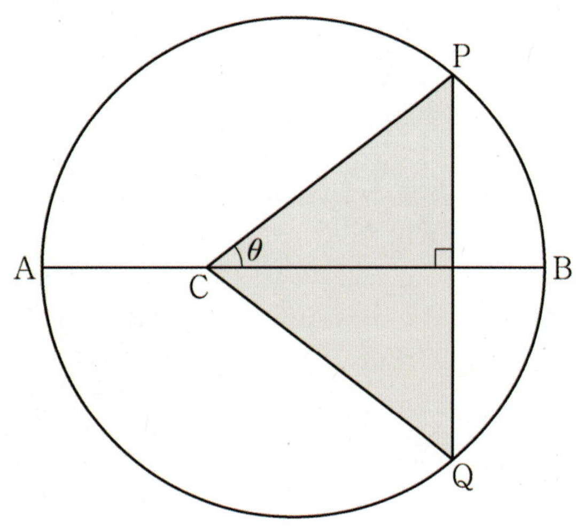

도형의 필연성 01

원 나오면 → 중심과 특별점 잇기

✓ 접점 → 접선과 수직

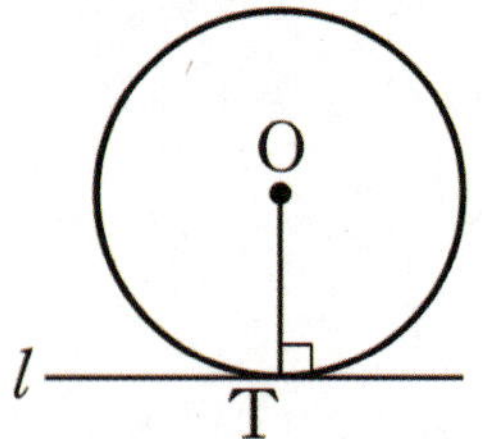

도형의 필연성 09

코사인법칙 활용법 (변이 많을 때)

[단서] → [답]

✓ 2변 1각 → 1변

✓ 3변 → 각

32

(step1) $S(\theta)$ 파악하기

$\overline{CP}=x$ 라고 하면

$$S(\theta)=\frac{1}{2}x^2\sin 2\theta$$

$$S'(\theta)=\frac{1}{2}\left(2x\frac{dx}{d\theta}\sin 2\theta+x^2\cos 2\theta\cdot 2\right)$$

(step2) $\overline{CP}=x$ 파악하기

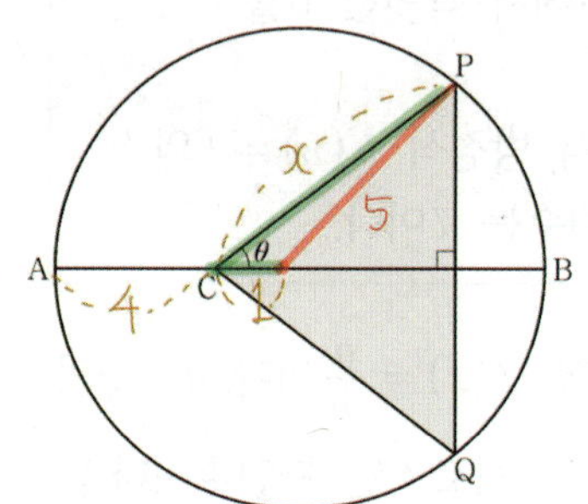

$$5^2=x^2+1^2-2x\cos\theta$$

θ에 대하여 미분하면

$$0=2x\frac{dx}{d\theta}-2\left\{\frac{dx}{d\theta}\cos\theta+x(-\sin\theta)\right\}$$

(step3) $\theta=\dfrac{\pi}{4}$ 대입하기

$$5^2=x^2+1^2-2x\cos\theta$$

$$\Leftrightarrow x^2-\sqrt{2}\,x-24=0$$

$$\therefore x=4\sqrt{2}\ \text{or}\ -3\sqrt{2}$$

$$0=2x\frac{dx}{d\theta}-2\left\{\frac{dx}{d\theta}\cos\theta+x(-\sin\theta)\right\}$$

$$\Leftrightarrow 0=2\cdot 4\sqrt{2}\frac{dx}{d\theta}-2\left\{\frac{dx}{d\theta}\cdot\frac{1}{\sqrt{2}}+4\sqrt{2}\left(\frac{-1}{\sqrt{2}}\right)\right\}$$

$$\therefore \frac{dx}{d\theta}=-\frac{4\sqrt{2}}{7}$$

$$\therefore S'\left(\frac{\pi}{4}\right)=\frac{1}{2}\cdot 2\cdot 4\sqrt{2}\left(-4\frac{\sqrt{2}}{7}\right)+0=-\frac{32}{7}$$

$$\therefore -7\times S'\left(\frac{\pi}{4}\right)=32$$

복습	1회	2회	3회	4회	5회
채점 O△X					

1등급

216. [2023년 6월 (미적분) 28번]

두 상수 $a(a > 0)$, b에 대하여 실수 전체의 집합에서 연속인 함수 $f(x)$가 다음 조건을 만족시킬 때, $a \times b$의 값은? [4점]

> (가) 모든 실수 x에 대하여
> $$\{f(x)\}^2 + 2f(x) = a\cos^3\pi x \times e^{\sin^2\pi x} + b$$
> 이다.
> (나) $f(0) = f(2) + 1$

① $-\dfrac{1}{16}$ ② $-\dfrac{7}{64}$ ③ $-\dfrac{5}{32}$

④ $-\dfrac{13}{64}$ ⑤ $-\dfrac{1}{4}$

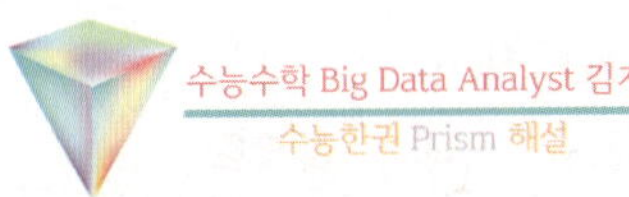

수능수학 Big Data Analyst 김지석
수능한권 Prism 해설

(step1) $f(0)$, $f(2)$ 파악하기

$f(0) = f(2) + 1$를 활용하기 위해

$x = 0$, $x = 2$ 대입하기

$\{f(0)\}^2 + 2f(0) = a + b$

$\{f(2)\}^2 + 2f(2) = a + b$

$\Leftrightarrow \{f(0)\}^2 - \{f(2)\}^2 + 2\{f(0) - f(2)\} = 0$

$\Leftrightarrow \{f(0) - f(2)\}\{f(0) + f(2) + 2\} = 0$

$\Leftrightarrow f(0) = f(2)$ or $f(0) + f(2) + 2 = 0$

$\therefore f(0) + f(2) + 2 = 0$ ($\because f(0) = f(2) + 1$)

$\therefore f(0) = -\dfrac{1}{2}$, $f(2) = -\dfrac{3}{2}$

$\{f(0)\}^2 + 2f(0) = a + b$

$\Leftrightarrow \left(-\dfrac{1}{2}\right)^2 + 2 \times \left(-\dfrac{1}{2}\right) = a + b$

$\therefore a + b = -\dfrac{3}{4}$

(step2) $\{f(x)\}^2 + 2f(x)$의 최소 찾기

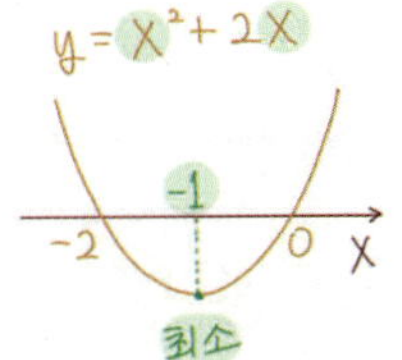

$X = -1$에서 $y = X^2 + 2X$가 최솟값 -1을 가지므로 $f(x) = -1$에서 $\{f(x)\}^2 + 2f(x)$가 최솟값 -1을 가진다.

(step3) $a\cos^3\pi x \times e^{\sin^2\pi x} + b$의 최소 찾기

$\cos\pi x = t$ $(-1 \leq t \leq 1)$로 치환하여

$g(t) = at^3 e^{1 - t^2} + b$의 최소 파악하기

$g'(t) = a\{3t^2 e^{1 - t^2} + t^3 e^{1 - t^2}(-2t)\}$

$\qquad = at^2 e^{1 - t^2}(3 - 2t^2)$

$\therefore -1 \leq t \leq 1$이므로 $g'(t) \geq 0$

$\therefore t = \cos\pi x = -1$일 때 $g(t)$가 최솟값을 가진다.

$g(-1) = a(-1)^3 e^0 + b = -a + b$

$\therefore -1 = -a + b$

$\therefore a = \dfrac{1}{8}$, $b = -\dfrac{7}{8}$ $\left(\because a + b = -\dfrac{3}{4}\right)$

$\therefore a \times b = \dfrac{1}{8} \times \left(-\dfrac{7}{8}\right) = -\dfrac{7}{64}$

※ 함수 $f(x)$가 연속이고

$f(0) = -\dfrac{1}{2}$, $f(2) = -\dfrac{3}{2}$이므로

사잇값정리에 의해 $f(x) = -1$의 근이 열린구간 $(0, 2)$에 적어도 하나 존재한다.

Analysis

이차함수의 그래프의 특징을 활용하는 문제에서는 ① 꼭짓점 ② 좌우대칭을 활용하는 게 중요하다. 꼭짓점에서 유일한 y값을 가져 중요한 정보가 되고 다른 y값을 갖는 점은 두개씩 있어 중요한 정보가 되지 않는다.

■ 사잇값 정리

함수 $f(x)$가 폐구간 $[a, b]$에서 연속이고 $f(a) \neq f(b)$이면, $f(a)$와 $f(b)$ 사이의 임의의 값 k에 대하여 다음을 만족시키는 c가 열린구간 (a, b)에 적어도 하나 존재한다.

$$f(c) = k$$

복습	1회	2회	3회	4회	5회
채점 ○△X					

1등급

217. [2022년 9월 (미적분) 29번]

함수 $f(x) = e^x + x$가 있다. 양수 t에 대하여 점 $(t,\ 0)$과 점 $(x,\ f(x))$사이의 거리가 $x = s$에서 최소일 때, 실수 $f(s)$의 값을 $g(t)$라 하자. 함수 $g(t)$의 역함수를 $h(t)$라 할 때, $h'(1)$의 값을 구하시오. [4점]

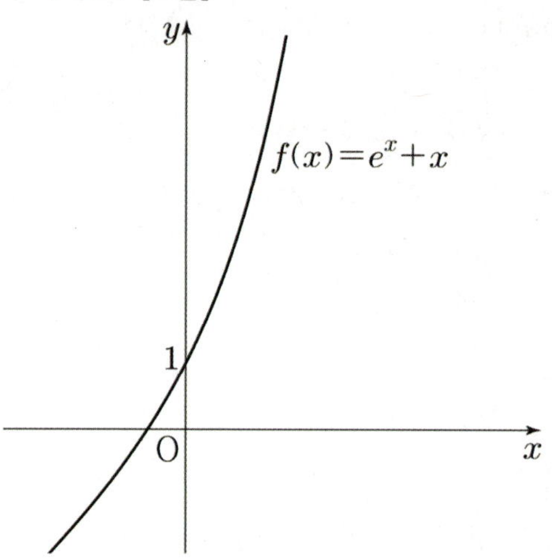

Analysis

이 문제에서 함수 $g(t)$의 역함수를 $h(t)$의 정의역을 t라는 같은 문자를 혼용해서 사용했지만
실제로는 모양만 같을 뿐, 다른 대상을 나타낸 것이다.
이 풀이에서는 t를 오직 함수 g의 정의역인 것으로만 활용하겠다.

3

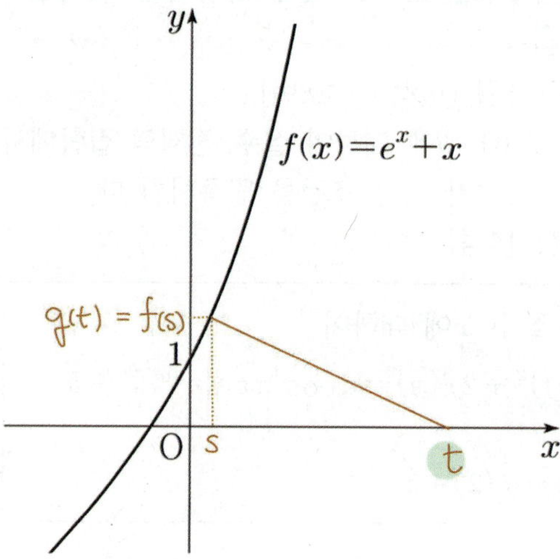

☆ 변수 상수관계 파악
x변수 → $t,\ s$는 상수
t변수(x는 소거된 상태) → s는 변수

(step1) 구하는 답 $h'(1)$ 파악하기
g의 역함수 h에서 $h'(1)$의 값을 구해야 하므로 역함수의 미분 개념을 활용하자.
$h(1) = \alpha$라고 하면
$\Leftrightarrow g(\alpha) = 1$

$$h'(1) = \frac{1}{g'(\alpha)} \quad (\because \text{역함수의 미분 개념})$$

(step2) $g'(\alpha)$ 파악하기
실수 $f(s)$의 값을 $g(t)$라고 하므로
$$g(t) = f(s)$$
$$g(\alpha) = 1 = f(s) \Leftrightarrow s = 0$$
이를 t에 대하여 미분하면
$$g'(t) = f'(s)\frac{ds}{dt}$$
$$\therefore g'(\alpha) = f'(0)\frac{ds}{dt} = 2\frac{ds}{dt}$$

(step3) $s=0$일 때의 $\dfrac{ds}{dt}$ 파악하기

$\dfrac{ds}{dt}$를 구하기 위해 s와 t 사이의 관계식이 필요하다.

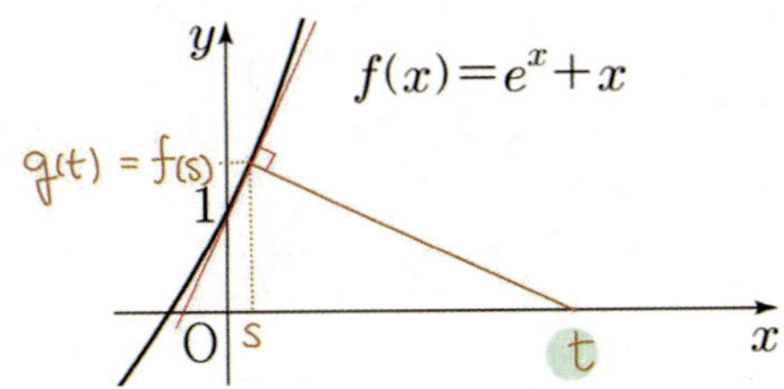

점 $Q(t,\,0)$과 점 $P(x,\,f(x))$사이의 거리가
$x=s$에서 최소이려면
점 P에서의 접선과 직선 PQ는 수직이어야 한다.

x를 변수로 보고 미분한 뒤 $x=s$ 대입

$$f'(s)\times\frac{f(s)-0}{s-t}=-1$$

$$\therefore\ f'(s)f(s)+s=t$$

s를 변수로 보고 미분

$$f''(s)f(s)+\{f'(s)\}^2+1=\frac{dt}{ds}$$

$s=0$을 대입하면

$$f''(0)f(0)+\{f'(0)\}^2+1=1\times1+2^2+1=6=\frac{dt}{ds}$$

$$\therefore\ \frac{dt}{ds}=6,\ \frac{ds}{dt}=\frac{1}{6}$$

$$\therefore\ h'(1)=\frac{1}{g'(\alpha)}=\frac{1}{f'(0)}\frac{dt}{ds}$$

$$=\frac{1}{2}\times6=3$$

[다른 풀이]

점 $Q(t,\,0)$과 점 $P(x,\,f(x))$사이의 거리가
$x=s$에서 최소인 것을 다른 방법으로 구할 수 있다.

$$y=\overline{PQ}^2=(x-t)^2+\{f(x)-0\}^2$$

x를 변수로 보고 미분 $\to$ t는 상수

$$y'=2(x-t)+2f(x)f'(x)$$

$x=s$일 때 $\overline{PQ}^2$이 극소이어야 하므로

$$y'=2(s-t)+2f(s)f'(s)=0$$

$$\therefore\ f'(s)f(s)+s=t$$

[다른 풀이2]

$t=f'(s)f(s)+s$까지 구했다고 하자.

$$g(t)=f(s)$$
$$\Leftrightarrow\ h(g(t))=h(f(s))$$
$$\Leftrightarrow\ t=h(f(s))\ (\because\ h\text{와 }g\text{는 역함수 관계})$$

$$\therefore\ h(f(s))=f'(s)f(s)+s$$
$$h'(f(s))f'(s)=f''(s)f(s)+\{f'(s)\}^2+1$$

$s=0$을 대입하면

$$h'(f(0))f'(0)=f''(0)f(0)+\{f'(0)\}^2+1$$
$$h'(1)\times2=1\times1+2^2+1=6$$
$$\therefore\ h'(1)=3$$

복습	1회	2회	3회	4회	5회
채점 ○△X					

1등급

218. [2022년 6월 (미적분) 28번]

최고차항의 계수가 $\dfrac{1}{2}$인 삼차함수 $f(x)$에 대하여 함수 $g(x)$가

$$g(x)=\begin{cases} \ln|f(x)| & (f(x)\neq 0) \\ 1 & (f(x)=0) \end{cases}$$

이고 다음 조건을 만족시킬 때, 함수 $g(x)$의 극솟값은? [4점]

> (가) 함수 $g(x)$는 $x\neq 1$인 모든 실수 x에서 연속이다.
> (나) 함수 $g(x)$는 $x=2$에서 극대이고, 함수 $|g(x)|$는 $x=2$에서 극소이다.
> (다) 방정식 $g(x)=0$의 서로 다른 실근의 개수는 3이다.

① $\ln\dfrac{13}{27}$ ② $\ln\dfrac{16}{27}$ ③ $\ln\dfrac{19}{27}$

④ $\ln\dfrac{22}{27}$ ⑤ $\ln\dfrac{25}{27}$ ✓

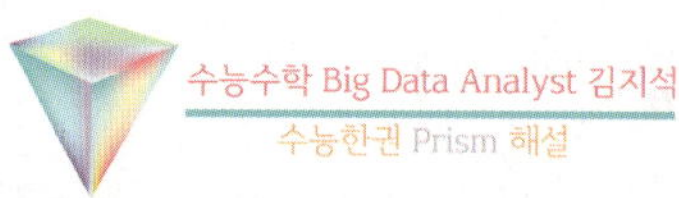

(Step1) 조건 (가) 해석하기

함수 $g(x)$가
$x=1$에서만 불연속이고 (∵ 조건(가))
$f(x)=0$일 때만 불연속일 수 있으므로
$x=1$은 방정식 $f(x)=0$의 유일한 근이다.

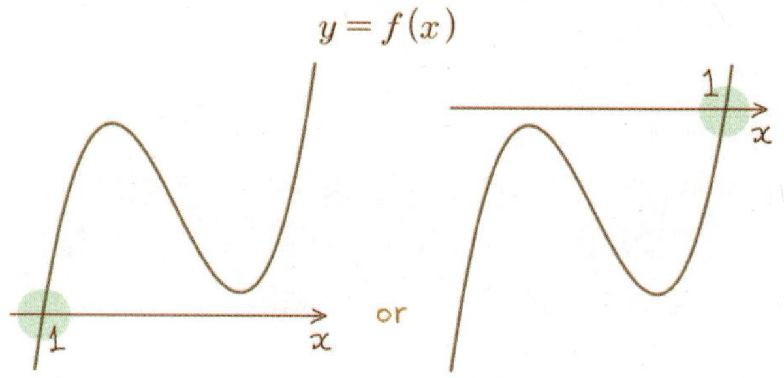

(Step2) 조건 (나) 해석하기

[그래프 테크닉] 합성함수의 그래프
$h(x)=\ln x$라고 하면 $g(x)=h(|f(x)|)$
합성함수의 겉함수 $h(x)$가 단조 증가하므로
$g(x)$의 그래프는 속함수 $|f(x)|$의 그래프와
증가·감소 상태가 동일하다.

조건 (나)에서 $x=2$에서
$g(x)$가 극대이므로
$|f(x)|$도 극대이다.

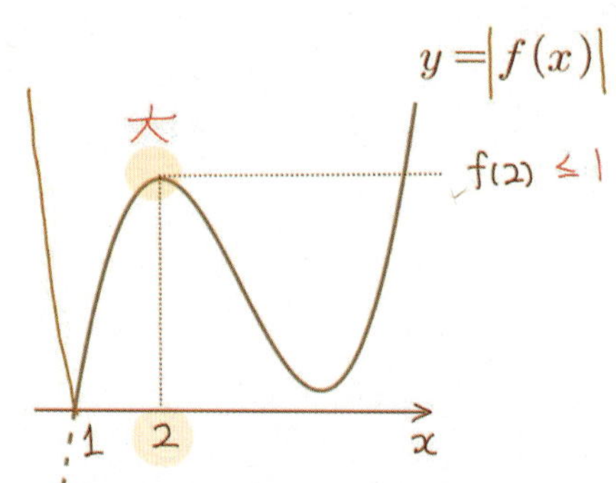

함수 $g(x)$는 $x=2$에서 극대인데
$|g(x)|$가 $x=2$에서 극소이므로 $g(2)\leq 0$
∴ $|f(2)|=f(2)\leq 1$

(step3) 조건 (다) 해석하기

(다) 방정식 $g(x)=0$의 서로 다른 실근의 개수는 3이다.

∴ $|f(x)|=1$의 서로 다른 실근의 개수는 3

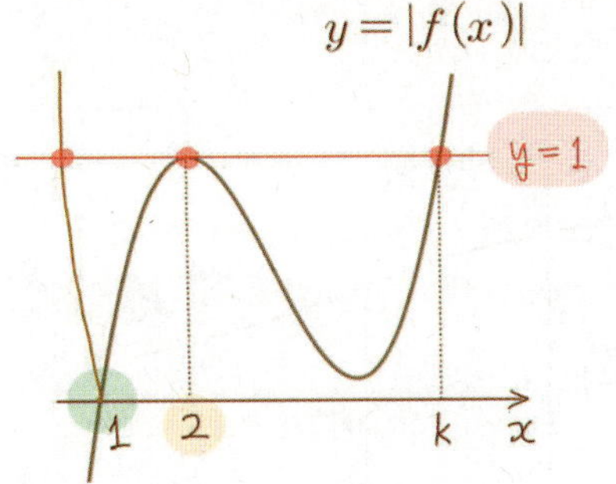

$$f(x)=\frac{1}{2}(x-2)^2(x-k)+1$$

$$f(1)=\frac{1}{2}(1-k)+1=0$$

∴ $k=3$

∴ $f(x)=\frac{1}{2}(x-2)^2(x-3)+1$

2:1 비례관계에 의해 $f(x)$는 $x=\dfrac{8}{3}$에서 극솟값을 갖는다.

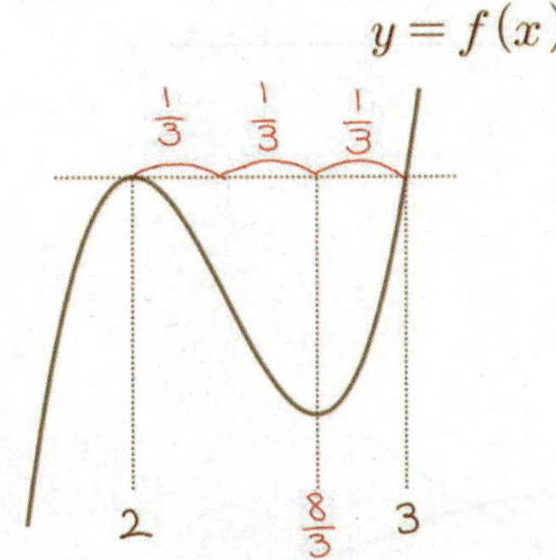

[그래프 테크닉] 합성함수의 그래프
$h(x)=\ln x$라고 하면 $g(x)=h(|f(x)|)$
합성함수의 겉함수 $h(x)$가 단조 증가하므로
$g(x)$의 그래프는 속함수 $|f(x)|$의 그래프와
증가·감소 상태가 동일하다.

$x=\dfrac{8}{3}$에서

$|f(x)|$가 극소이므로

$g(x)$도 극소이다.

∴ $g(x)$의 극솟값은

$$\ln\left|f\left(\frac{8}{3}\right)\right|=\ln\left|\frac{1}{2}\times\left(\frac{2}{3}\right)^2\times\left(-\frac{1}{3}\right)+1\right|$$

$$=\ln\frac{25}{27}$$

복습	1회	2회	3회	4회	5회
채점					
O△X					

1등급

219. [2022년 6월 (미적분) 30번]
양수 a에 대하여 함수 $f(x)$는

$$f(x)=\frac{x^2-ax}{e^x}$$

이다. 실수 t에 대하여 x에 대한 방정식

$$f(x)=f'(t)(x-t)+f(t)$$

의 서로 다른 실근의 개수를 $g(t)$라 하자.

$g(5)+\lim\limits_{t\to 5}g(t)=5$일 때, $\lim\limits_{t\to k-}g(t)\neq\lim\limits_{t\to k+}g(t)$를

만족시키는 모든 실수 k의 값의 합은 $\dfrac{q}{p}$이다.

$p+q$의 값을 구하시오. (단, p와 q는 서로소인
자연수이다.) [4점]

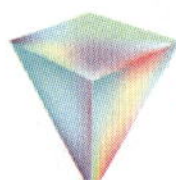

16

$$f(x)=\frac{x^2-ax}{e^x}=(x^2-ax)e^{-x}=x(x-a)e^{-x}$$

[그래프 테크닉] 그래프 곱셈

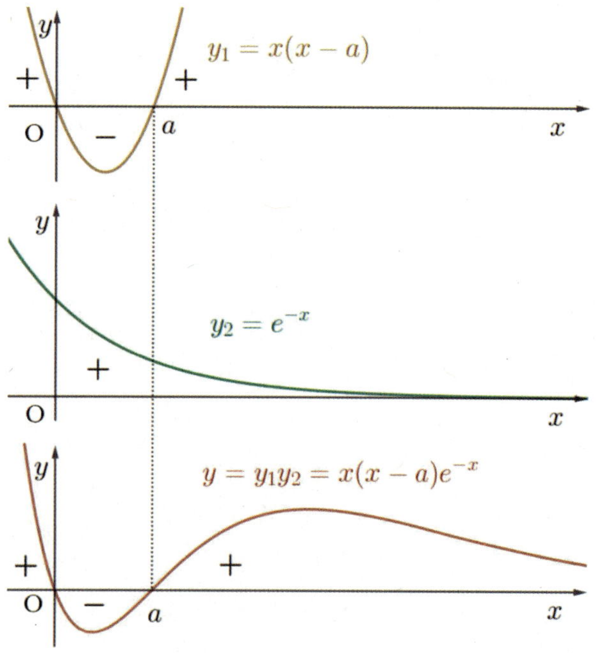

$f(x)$가 $x=\alpha$에서 극소, $x=\gamma$에서 극대라고 하자.
또한 $f(x)$의 그래프의 개형 상 변곡점을 2개를 갖고,
$x=\beta$, $x=\delta$에서 변곡점이라고 하자.

직선 $y=f'(t)(x-t)+f(t)$는 곡선 $y=f(x)$ 위의 점
$(t,\ f(t))$에서의 접선이다.
$g(t)$는 곡선 $y=f(x)$와 직선 $y=f'(t)(x-t)+f(t)$의
교점의 개수이다.

i) $t<\alpha$인 경우

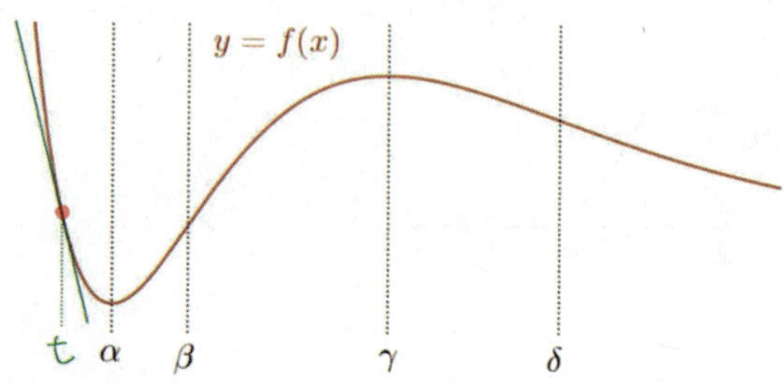

$\therefore\ g(t)=1$

ii) $t=\alpha$인 경우

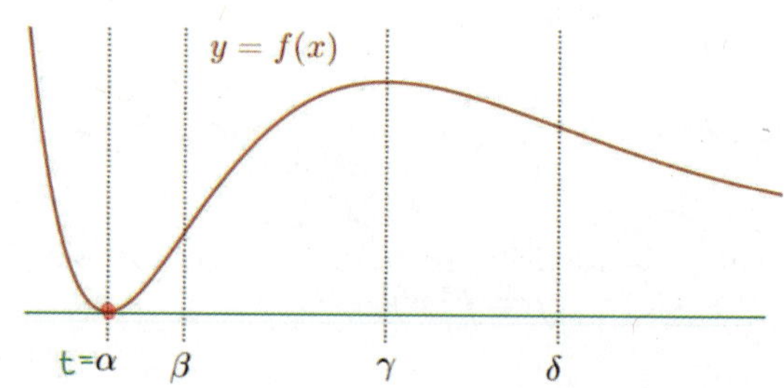

$\therefore\ g(t)=1$

iii) $\alpha<t<\beta$인 경우

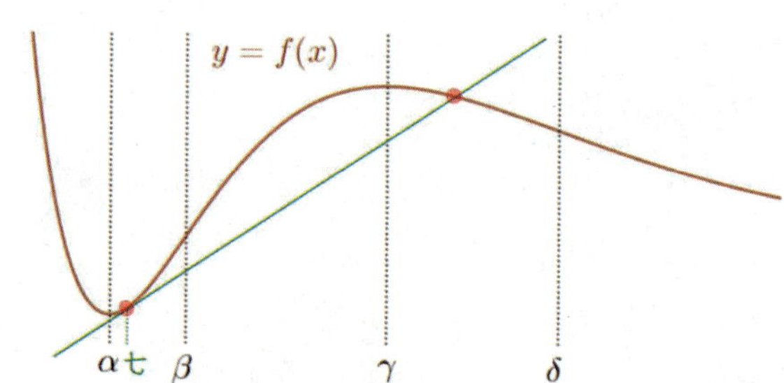

$\therefore\ g(t)=2$

iv) $t=\beta$인 경우

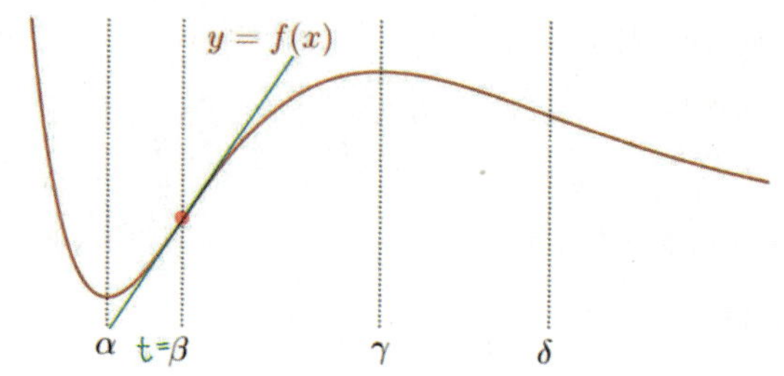

$\therefore\ g(t)=1$

ⅴ) $\beta < t < \gamma$인 경우

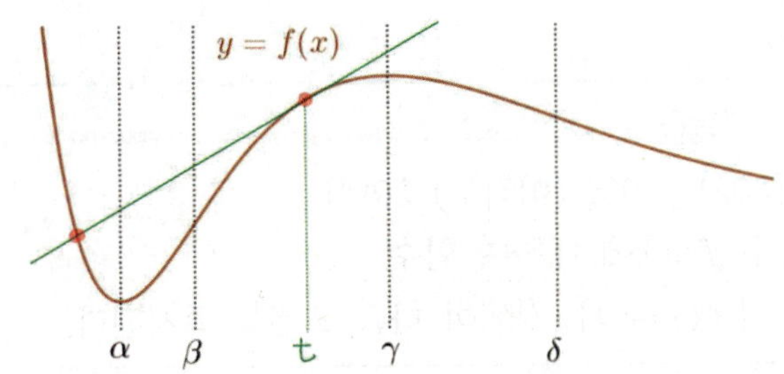

$$\therefore\ g(t) = 2$$

ⅵ) $t = \gamma$인 경우

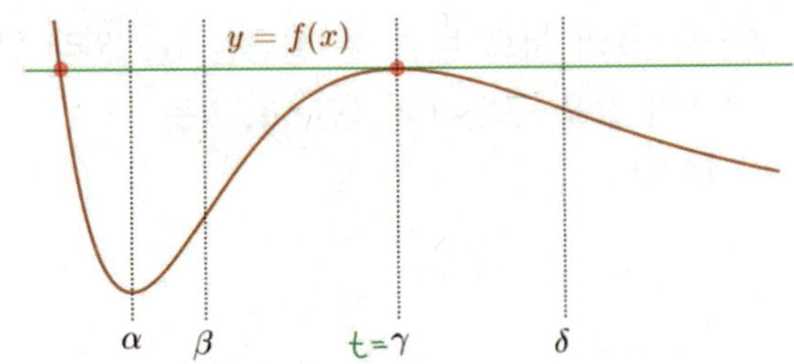

$$\therefore\ g(t) = 2$$

ⅶ) $t > \gamma$ 인 경우

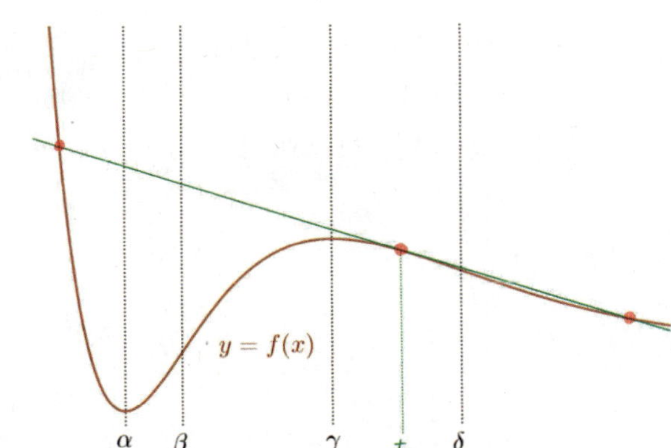

$$\therefore\ g(t) = 3$$

ⅷ) $t = \delta$ 인 경우

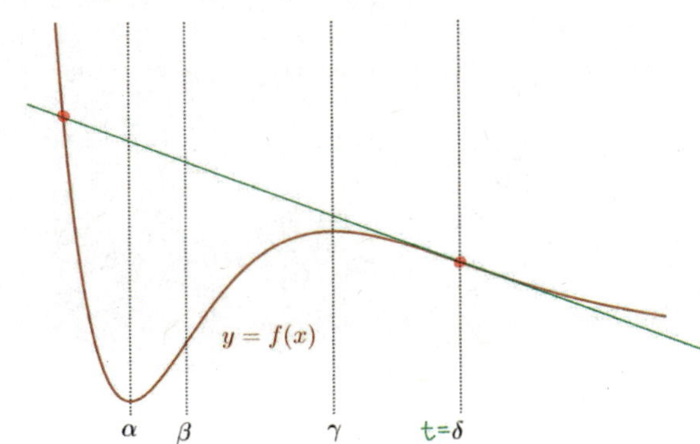

$$\therefore\ g(t) = 2$$

ⅸ) $t > \delta$인 경우

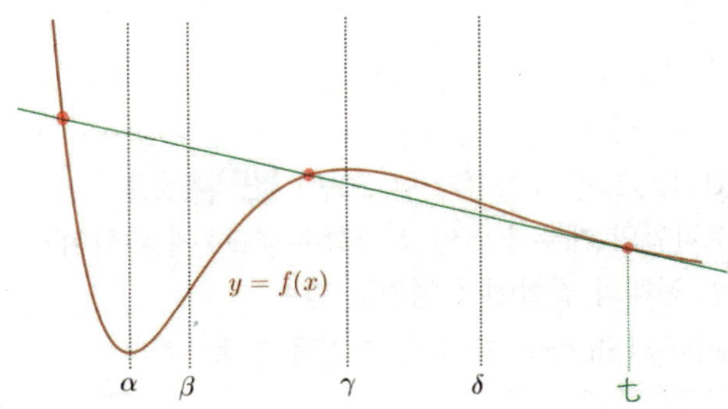

$$\therefore\ g(t) = 3$$

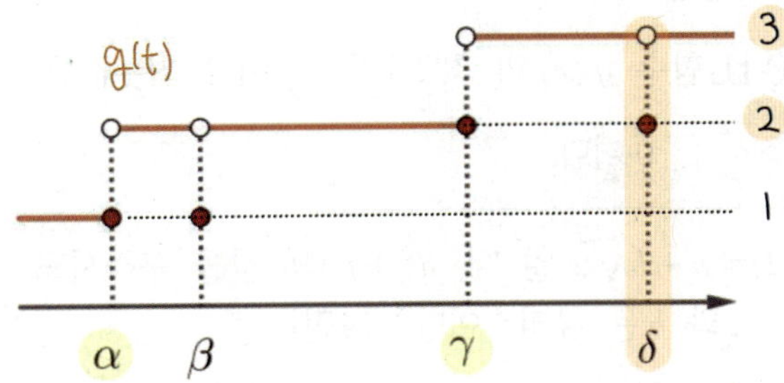

$$g(\delta) + \lim_{t \to \delta} g(t) = 2 + 3 = 5$$

이므로 $\delta = 5$이고

$f(x)$는 $x = 5$에서 변곡점을 갖는다.

$$\therefore\ f''(5) = 0$$

$$f'(x) = (2x - a)e^{-x} + (x^2 - ax)e^{-x} \times (-1)$$
$$= -e^{-x}\{x^2 - (a+2)x + a\}$$
$$f''(x) = e^{-x}\{x^2 - (a+2)x + a\} - e^{-x}\{2x - (a+2)\}$$
$$= e^{-x}\{x^2 - (a+4)x + 2a + 2\}$$

$$f''(5) = e^{-5}\{5^2 - (a+4) \times 5 + 2a + 2\} = 0$$

$$\therefore\ a = \frac{7}{3}$$

$\displaystyle\lim_{t \to k-} g(t) \neq \lim_{t \to k+} g(t)$를 만족시키는 k는

$k = \alpha,\ \gamma$이고 이는

$$f'(x) = -e^{-x}\{x^2 - (a+2)x + a\} = 0$$

의 서로 다른 두 근이다.

$$\alpha + \gamma = a + 2 = \frac{7}{3} + 2 = \frac{13}{3}$$

$$\therefore\ p + q = 3 + 13 = 16$$

복습	1회	2회	3회	4회	5회
채점 O△X					

━━ 1등급 ━━

220. [2021년 수능 (가)형 30번] 실전 분석

최고차항의 계수가 1인 삼차함수 $f(x)$에 대하여 실수 전체의 집합에서 정의된 함수 $g(x)=f(\sin^2\pi x)$가 다음 조건을 만족시킨다.

> (가) $0<x<1$에서 함수 $g(x)$가 극대가 되는 x의 개수가 3이고, 이때 극댓값이 모두 동일하다.
>
> (나) 함수 $g(x)$의 최댓값은 $\dfrac{1}{2}$이고 최솟값은 0이다.

$f(2)=a+b\sqrt{2}$일 때, a^2+b^2의 값을 구하시오. (단, a와 b는 유리수이다.) [4점]

해설 바로가기 ▶ 실전개념분석 98번

복습	1회	2회	3회	4회	5회
채점 O△X					

━━ 1등급 ━━

221. [2021년 수능 (가)형 28번] 실전 분석

두 상수 a, $b\,(a<b)$에 대하여 함수 $f(x)$를
$$f(x)=(x-a)(x-b)^2$$
이라 하자. 함수 $g(x)=x^3+x+1$의 역함수 $g^{-1}(x)$에 대하여 합성함수 $h(x)=(f\circ g^{-1})(x)$가 다음 조건을 만족시킬 때, $f(8)$의 값을 구하시오. [4점]

> (가) 함수 $(x-1)|h(x)|$가 실수 전체의 집합에서 미분가능하다.
>
> (나) $h'(3)=2$

해설 바로가기 ▶ 실전개념분석 97번

복습	1회	2회	3회	4회	5회
채점 O△X					

━━ 1등급 ━━

222. [2021년 9월 (미적분) 29번]

이차함수 $f(x)$에 대하여 함수 $g(x)=\{f(x)+2\}e^{f(x)}$이 다음 조건을 족시킨다.

> (가) $f(a)=6$인 a에 대하여 $g(x)$는 $x=a$에서 최댓값을 갖는다.
>
> (나) $g(x)$는 $x=b$, $x=b+6$에서 최솟값을 갖는다.

방정식 $f(x)=0$의 서로 다른 두 실근을 α, β라 할 때, $(\alpha-\beta)^2$의 값을 구하시오. (단, a, b는 실수이다.) [4점]

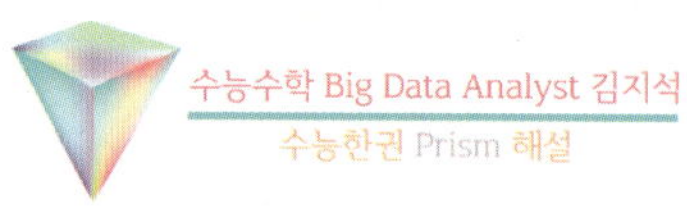

$h(x)=(x+2)e^x$이라고 하면 $g(x)=h(f(x))$
$$\lim_{x\to\infty}h(x)=\infty,\quad \lim_{x\to-\infty}h(x)=0$$
이고
$$h'(x)=1\cdot e^x+(x+2)e^x=(x+3)e^x$$
이므로 $x=-3$에서 극솟값을 갖는다.

함수 $y=h(x)$의 그래프는 아래와 같다.

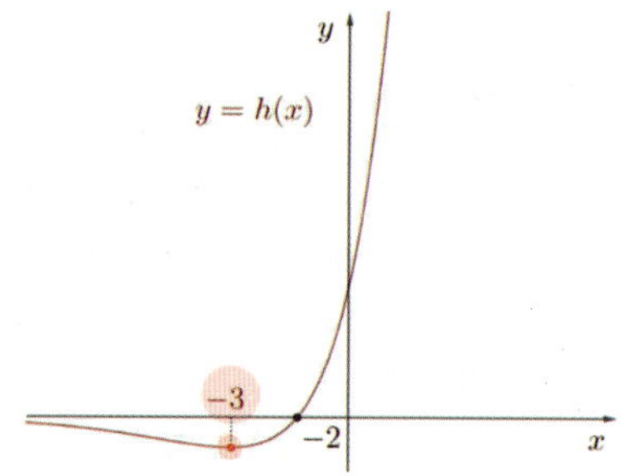

ⅰ) 이차함수 $f(x)$의 최고차항의 계수가 양수인 경우

$x\to\pm\infty$이면 $f(x)\to\infty$이므로
$$\lim_{x\to\pm\infty}g(x)=\lim_{x\to\pm\infty}h(f(x))=\lim_{X\to\infty}h(X)=\infty$$

∴ $g(x)$는 최댓값을 갖지 않는다.

∴ 조건 (가)에 모순

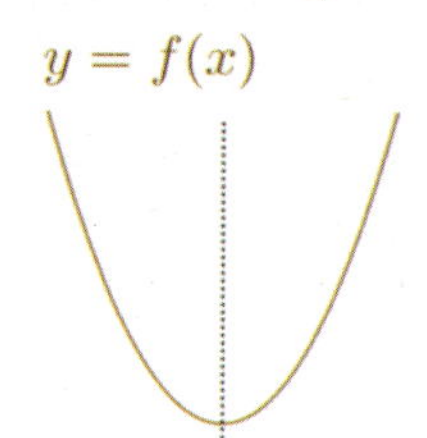

ii) 이차함수 $f(x)$의 최고차항의 계수가 음수인 경우

$x \to \pm\infty$이면 $f(x) \to -\infty$이므로

$$\lim_{x \to \pm\infty} g(x) = \lim_{x \to \pm\infty} h(f(x)) = \lim_{X \to -\infty} h(X) = 0$$

$\therefore$ $g(x)$는 x축을 점근선으로 갖는다.

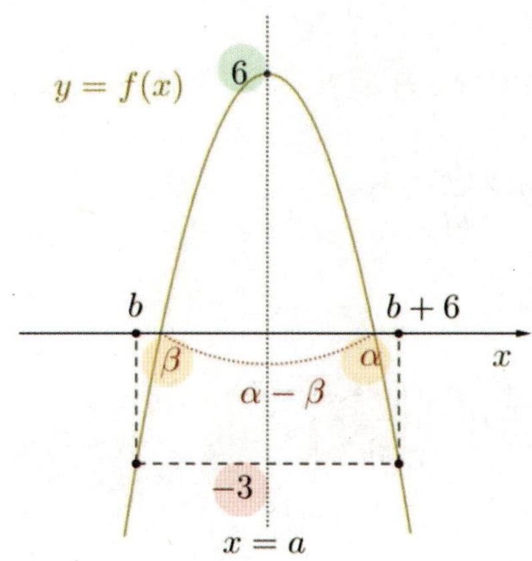

$y = f(x)$의 그래프가 위와 같으면
조건 (가),(나)를 만족한다.

[그래프 테크닉] 합성함수 그래프

$x < a$ 속함수 증가

　→ 합성함수는 겉함수 점 y좌표 순서대로

$x > a$ 속함수 감소

　→ 합성함수는 겉함수 점 y좌표 역순으로

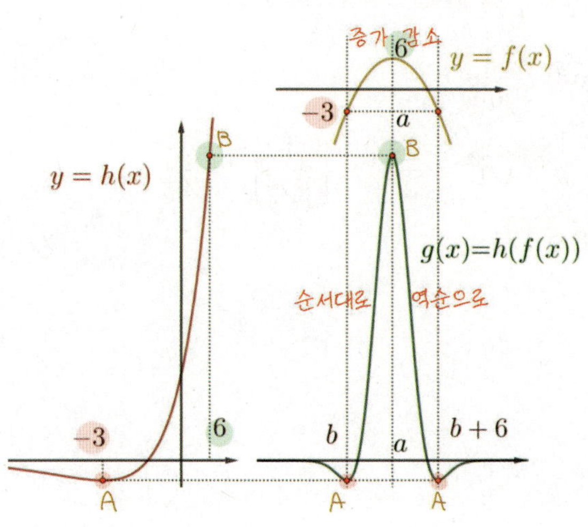

※ 이차함수 $y = f(x)$가 좌우대칭 형태이므로
$f(x)$를 속함수로 갖고 있는
함수 $g(x) = h(f(x))$도 좌우대칭 형태이다.

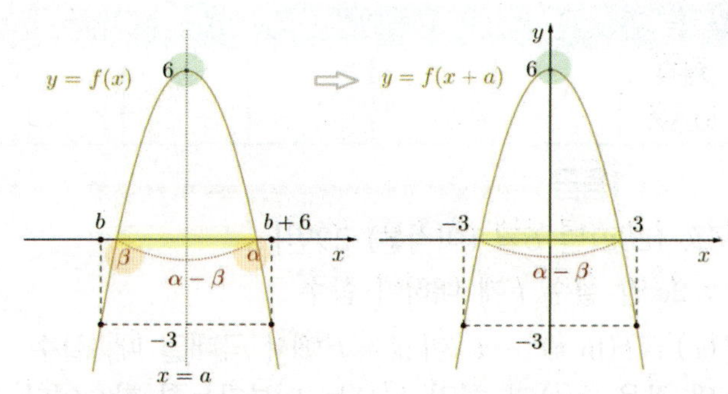

문제에서 구하는 답이 $(\alpha - \beta)^2$이므로
$y = f(x)$를 평행이동시킨 $y = f(x+a)$에 대한
$f(x+a) = 0$의 근으로 구해도 같은 값이 나온다.

$f(x+a) = -kx^2 + 6$이 $(3, -3)$을 지나므로

$-3 = -k \cdot 3^2 + 6$

$\therefore k = 1$

$\therefore -x^2 + 6 = 0 \Leftrightarrow x = \sqrt{6}, \ -\sqrt{6}$

$\therefore (\alpha - \beta)^2 = \{\sqrt{6} - (-\sqrt{6})\}^2 = (2\sqrt{6})^2 = 24$

※ [참고]

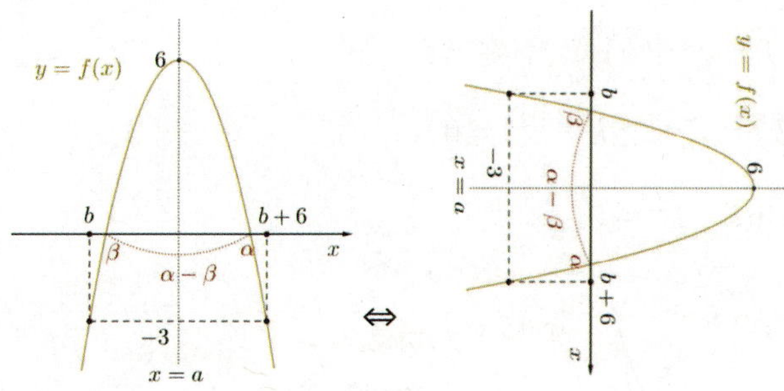

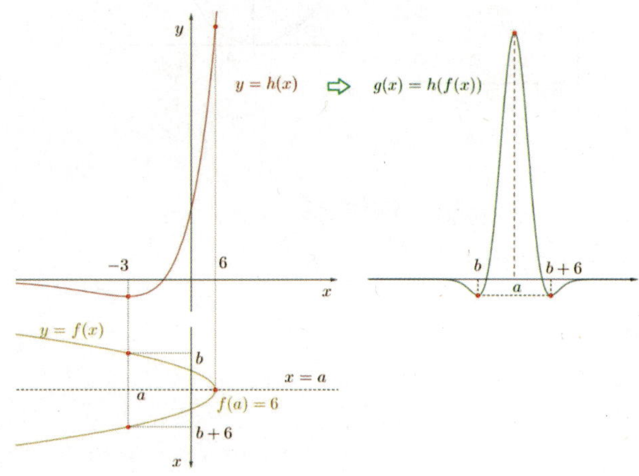

복습	1회	2회	3회	4회	5회
채점 ○△X					

1등급

223. [2021년 6월 (미적분) 29번]

$t > 2e$ 인 실수 t 에 대하여 함수

$f(x) = t(\ln x)^2 - x^2$ 이 $x = k$ 에서 극대일 때, 실수 k 의 값을 $g(t)$ 라 하면 $g(t)$ 는 미분가능한 함수이다.

$g(\alpha) = e^2$ 인 실수 α 에 대하여

$\alpha \times \{g'(\alpha)\}^2 = \dfrac{q}{p}$ 일 때, $p+q$ 의 값을 구하시오.

(단, p 와 q 는 서로소인 자연수이다.) [4점]

수능수학 Big Data Analyst 김지석
수능한권 Prism 해설
17

☆ 변수 상수 관계 파악

x변수 → t, $k = g(t)$ 상수

t변수(x는 소거된 상태) → k변수

x를 변수로 보고 미분 → t는 상수

$f'(x) = \dfrac{2t\ln x}{x} - 2x = \dfrac{2}{x}(t\ln x - x^2)$

$x = k$에서 $f(x)$가 극대이므로

$f'(k) = \dfrac{2}{k}(t\ln k - k^2) = 0$

$\therefore\ t\ln k - k^2 = 0$

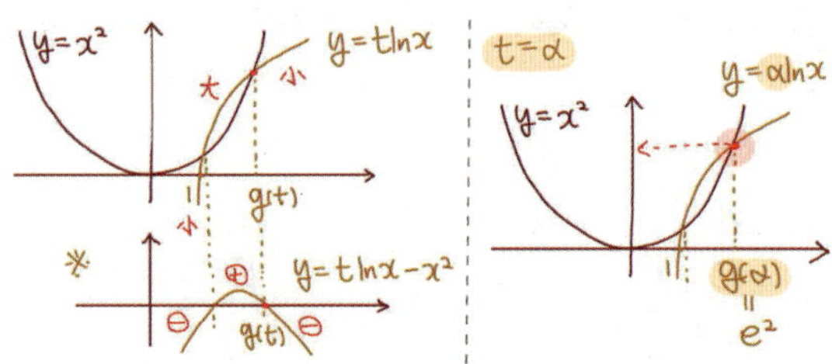

$t = \alpha$일 때 $k = g(\alpha) = e^2$이므로

$\alpha \ln e^2 - (e^2)^2 = 0$

$\therefore\ \alpha = \dfrac{e^4}{2}$

$t\ln k - k^2 = 0$에서

t를 변수로 보고 미분 → k는 변수

$1 \cdot \ln k + t\dfrac{1}{k}\dfrac{dk}{dt} - 2k\dfrac{dk}{dt} = 0$

$t = \alpha = \dfrac{e^4}{2}$를 대입하면 $(k = e^2)$

$\ln e^2 + \dfrac{e^4}{2}\dfrac{1}{e^2}\dfrac{dk}{dt} - 2e^2\dfrac{dk}{dt} = 0$

$\therefore\ \dfrac{dk}{dt} = \dfrac{4}{3e^2} = g'(\alpha)$

$\therefore\ \alpha \times \{g'(\alpha)\}^2 = \dfrac{1}{2}e^4 \times \left\{\dfrac{4}{3e^2}\right\}^2 = \dfrac{8}{9}$

$\therefore\ 9 + 8 = 17$

[다른 풀이]

$t\ln k - k^2 = 0$

$\Leftrightarrow\ t\ln g(t) - \{g(t)\}^2 = 0$

t를 변수로 보고 미분

$1 \cdot \ln g(t) + t\dfrac{1}{g(t)}g'(t) - 2g(t) \times g'(t) = 0$

$\ln g(\alpha) + \alpha \dfrac{1}{g(\alpha)}g'(\alpha) - 2g(\alpha) \times g'(\alpha) = 0$

$\ln e^2 + \dfrac{1}{2}e^4\dfrac{1}{e^2}g'(\alpha) - 2e^2 g'(\alpha) = 0$

$\therefore\ g'(\alpha) = \dfrac{4}{3e^2}$

$\therefore\ \alpha \times \{g'(\alpha)\}^2 = \dfrac{1}{2}e^4 \times \left\{\dfrac{4}{3e^2}\right\}^2 = \dfrac{8}{9}$

$\therefore\ 9 + 8 = 17$

복습	1회	2회	3회	4회	5회
채점 ○△X					

1등급

224. [2021년 6월 (미적분) 30번]

$t > \dfrac{1}{2}\ln 2$ 인 실수 t에 대하여 곡선

$y = \ln(1 + e^{2x} - e^{-2t})$ 과 직선 $y = x + t$ 가 만나는 서로 다른 두 점 사이의 거리를 $f(t)$ 라 할 때, $f'(\ln 2) = \dfrac{q}{p}\sqrt{2}$ 이다. $p+q$ 의 값을 구하시오.

(단, p와 q는 서로소인 자연수이다.) [4점]

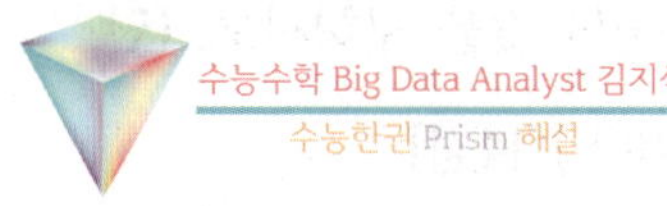

(step1) 그래프 해석

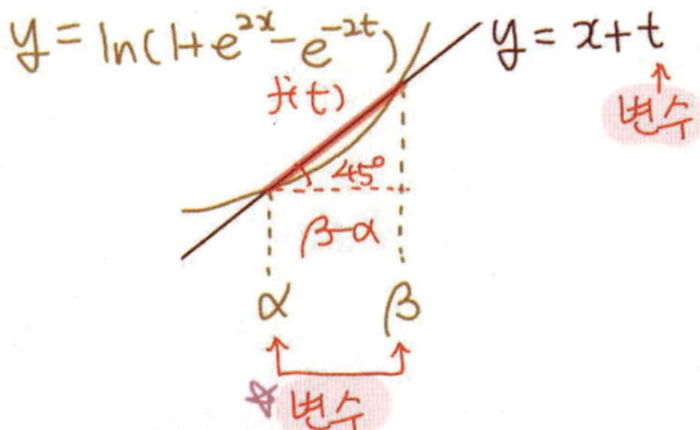

☆ 변수 상수 관계 파악

$x,\ y$ 변수 → $t,\ \alpha,\ \beta$ 상수

t 변수($x,\ y$는 소거된 상태) → $\alpha,\ \beta$ 변수

($\because t$값이 바뀌면 곡선 $y = \ln(1 + e^{2x} - e^{-2t})$과 직선 $y = x + t$가 만나는 교점의 x좌표 $\alpha,\ \beta$ 역시 바뀐다.)

$\therefore f(t) = \sqrt{2}(\beta - \alpha)$

$\therefore f'(t) = \sqrt{2}\left(\dfrac{d\beta}{dt} - \dfrac{d\alpha}{dt}\right)$

(step2) $\dfrac{d\beta}{dt},\ \dfrac{d\alpha}{dt}$ 구하기

$\ln(1 + e^{2x} - e^{-2t}) = x + t$

$\Leftrightarrow 1 + e^{2x} - e^{-2t} = e^{x+t}$

위 방정식의 한 근이 $x = \alpha$

$\therefore 1 + e^{2\alpha} - e^{-2t} = e^{\alpha + t}$

t를 변수로 보고 미분하면

$0 + e^{2\alpha} \cdot 2\dfrac{d\alpha}{dt} - e^{-2t}(-2) = e^{\alpha+t}\left(\dfrac{d\alpha}{dt} + 1\right)$

$\therefore \dfrac{d\alpha}{dt} = \dfrac{e^{\alpha}e^{t} - 2e^{-2t}}{2e^{2\alpha} - e^{\alpha}e^{t}}$

$\dfrac{d\beta}{dt}$를 구할 때도 정확히 똑같은 과정으로 구해야 하므로 굳이 계산해보지 않아도 α를 β로 교체하면 된다.

$\therefore \dfrac{d\beta}{dt} = \dfrac{e^{\beta}e^{t} - 2e^{-2t}}{2e^{2\beta} - e^{\beta}e^{t}}$

(step3) $t = \ln 2$(상수)일 때 $\alpha,\ \beta$(상수) 구하기

$1 + e^{2x} - e^{-2t} = e^{x+t}$에 $t = \ln 2$를 대입하면

$1 + e^{2x} - e^{-2\ln 2} = e^{x + \ln 2}$

$\Leftrightarrow 1 + (e^x)^2 - e^{\ln \frac{1}{4}} = e^x e^{\ln 2}$

$\Leftrightarrow (e^x)^2 - 2e^x + \dfrac{3}{4} = 0$

$\Leftrightarrow e^x = \dfrac{1}{2} \text{ or } \dfrac{3}{2}$

$\therefore t = \ln 2$일 때 $e^{\alpha} = \dfrac{1}{2},\ e^{\beta} = \dfrac{3}{2}$

$\therefore \alpha = \ln\dfrac{1}{2},\ \beta = \ln\dfrac{3}{2}$

(step4) $f'(\ln 2)$ 구하기

$\dfrac{d\alpha}{dt} = \dfrac{e^{\alpha}e^{t} - 2e^{-2t}}{2e^{2\alpha} - e^{\alpha}e^{t}}$에 $t = \ln 2,\ \alpha = \ln\dfrac{1}{2}$를 대입

$\Leftrightarrow e^t = 2,\ e^{\alpha} = \dfrac{1}{2}$를 대입

$\dfrac{d\alpha}{dt} = \dfrac{\dfrac{1}{2}\cdot 2 - 2\cdot\dfrac{1}{4}}{2\cdot\dfrac{1}{4} - \dfrac{1}{2}\cdot 2} = -1$

$\dfrac{d\beta}{dt} = \dfrac{e^{\beta}e^{t} - 2e^{-2t}}{2e^{2\beta} - e^{\beta}e^{t}}$에 $t = \ln 2,\ \beta = \ln\dfrac{3}{2}$

$\Leftrightarrow e^t = 2,\ e^{\beta} = \dfrac{3}{2}$를 대입

$\dfrac{d\beta}{dt} = \dfrac{\dfrac{3}{2}\cdot 2 - 2\cdot\dfrac{1}{4}}{2\cdot\dfrac{9}{4} - \dfrac{3}{2}\cdot 2} = \dfrac{5}{3}$

$\therefore f'(\ln 2) = \sqrt{2}\left(\dfrac{d\beta}{dt} - \dfrac{d\alpha}{dt}\right)$

$\qquad = \sqrt{2}\left(\dfrac{5}{3} - (-1)\right) = \dfrac{8}{3}\sqrt{2}$

$\therefore p + q = 3 + 8 = 11$

[다른 풀이]

계산은 간편하지만 보편적인 풀이는 아니다.

$$\ln(1+e^{2x}-e^{-2t})=x+t$$

$$1+e^{2x}-e^{-2t}=e^{x+t}$$

$$(e^x)^2-e^te^x-e^{-2t}+1=0$$

$$e^x=\frac{e^t\pm\sqrt{e^{2t}+4e^{-2t}-4}}{2}$$

$$=\frac{e^t\pm\sqrt{(e^t-2e^{-t})^2}}{2}$$

$$\therefore\ e^x=e^t-e^{-t}\ \text{or}\ e^{-t}$$

$$\therefore\ x=\ln(e^t-e^{-t})\ \text{or}\ \ln e^{-t}$$

$$\therefore\ f(t)=\sqrt{2}\{\ln(e^t-e^{-t})-\ln e^{-t}\}$$

$$=\sqrt{2}\ln(e^{2t}-1)$$

$$\therefore\ f'(t)=\sqrt{2}\,\frac{2e^{2t}}{e^{2t}-1}$$

$$\therefore\ f'(\ln 2)=\frac{8\sqrt{2}}{3}$$

$$\therefore\ p+q=3+8=11$$

복습	1회	2회	3회	4회	5회
채점 O△X					

— 1등급 —

225. [2020년 수능 (가)형 30번] 실전 분석

양의 실수 t에 대하여 곡선 $y=t^3\ln(x-t)$가 곡선 $y=2e^{x-a}$과 오직 한 점에서 만나도록 하는 실수 a의 값을 $f(t)$라 하자. $\left\{f'\left(\dfrac{1}{3}\right)\right\}^2$의 값을 구하시오. [4점]

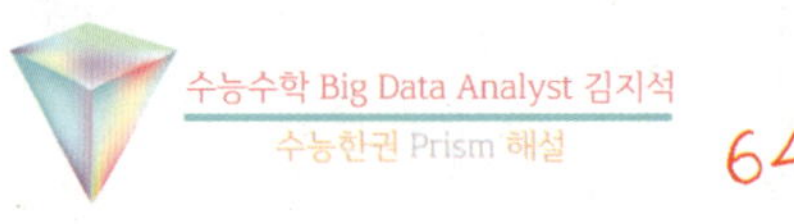

64

해설 바로가기 ▶ 실전개념분석 104번

복습	1회	2회	3회	4회	5회
채점 O△X					

— 1등급 —

226. [2020년 9월 (가)형 30번] 다음 조건을 만족시키는 실수 a, b에 대하여 ab의 최댓값을 M, 최솟값을 m이라 하자.

> 모든 실수 x에 대하여 부등식
> $$-e^{-x+1}\le ax+b\le e^{x-2}$$
> 이 성립한다.

$\left|M\times m^3\right|=\dfrac{q}{p}$일 때, $p+q$의 값을 구하시오. (단, p와 q는 서로소인 자연수이다.) [4점]

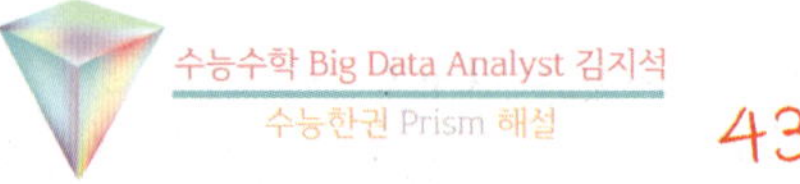

43

$f(x)=-e^{-x+1}$, $g(x)=ax+b$, $h(x)=e^{x-2}$라 하자.

(step1) a, b의 범위 파악

ⅰ) a의 최소

$f(x)=-e^{-x+1}$과 $h(x)=e^{x-2}$ 모두 x축을 점근선으로 가지므로 $g(x)=ax+b$의 기울기 a의 최소는 0이다.

ⅱ) a의 최대

$g(x)=ax+b$가 $f(x)=-e^{-x+1}$과 $h(x)=e^{x-2}$에 모두 접할 때 a가 최대이다.

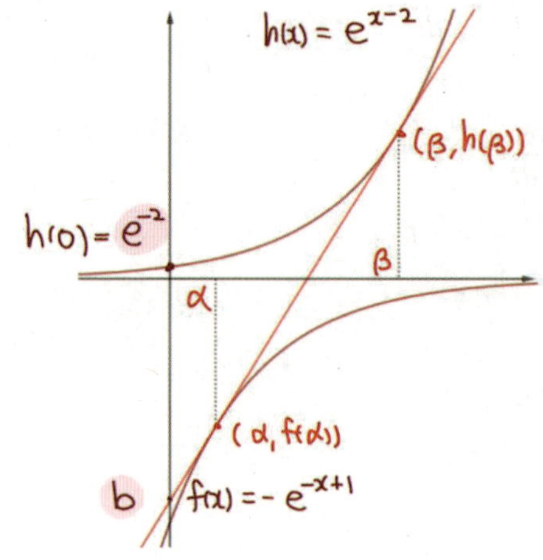

이 때, b가 최소이기도 하다.

(step2) 공통 접선 구하기

$(y=f(x)$의 $x=\alpha$에서의 접선$)$

$=(y=h(x)$의 $x=\beta$에서의 접선$)$

$$y=f'(\alpha)(x-\alpha)+f(\alpha)$$
$$=e^{-\alpha+1}(x-\alpha)-e^{-\alpha+1}$$
$$=e^{-\alpha+1}x-(\alpha+1)e^{-\alpha+1}$$

$$y=h'(\beta)(x-\beta)+h(\beta)$$
$$=e^{\beta-2}(x-\beta)+e^{\beta-2}$$
$$=e^{\beta-2}x-(\beta-1)e^{\beta-2}$$

$$\therefore a=e^{-\alpha+1}=e^{\beta-2},$$
$$b=-(\alpha+1)e^{-\alpha+1}=-(\beta-1)e^{\beta-2}$$
$$\Leftrightarrow -\alpha+1=\beta-2,\ \alpha+1=\beta-1$$
$$\Leftrightarrow \alpha=\frac{1}{2},\ \beta=\frac{5}{2}$$
$$\therefore a=e^{\frac{1}{2}},\ b=-\frac{3}{2}e^{\frac{1}{2}}$$

$$\therefore a의\ 범위는\ 0\leq a\leq e^{\frac{1}{2}},$$
$$b의\ 범위는\ -\frac{3}{2}e^{\frac{1}{2}}\leq b\leq e^{-2}=h(0)$$

(step3) ab의 최소

$b<0$인 경우가 존재하고

$a\geq0$이므로

ab의 최소는 a가 최대이고 b가 최소일 때다.

$$\therefore m=ab=e^{\frac{1}{2}}\times\left(-\frac{3}{2}e^{\frac{1}{2}}\right)=-\frac{3}{2}e$$

(step4) ab의 최대

$b>0$인 경우가 존재하고

$a\geq0$이므로

ab의 최대는 a, b 모두 양수일 때다.

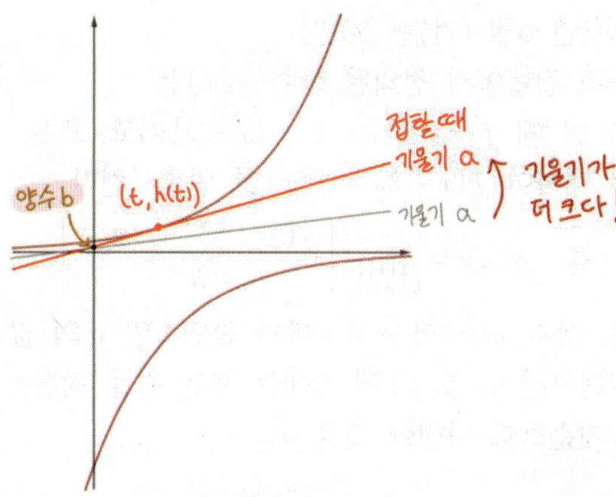

어떤 양수 b에 대하여 a가 클수록 ab가 큰 값이 되므로 ab가 최대가 될 때는 $g(x)=ax+b$가 $h(x)=e^{x-2}$에 접할 때다!

(step5) $y=h(x)$의 $x=t$에서의 접선

$$y=h'(t)(x-t)+h(t)=e^{t-2}(x-t)+e^{t-2}$$
$$=e^{t-2}x-(t-1)e^{t-2}$$
$$b=h(0)=-(t-1)e^{t-2}$$
$$\therefore a\times b=e^{t-2}\times\{-(t-1)e^{t-2}\}$$
$$=-e^{2t-4}(t-1)$$

$k(t)=-e^{2t-4}(t-1)$이라 하고 $k(t)$의 최대를 구하자.

$$k'(t)=-\{e^{2t-4}2(t-1)+e^{2t-4}\cdot1\}$$
$$=-e^{2t-4}(2t-1)$$

$k'(t)$가 $t=\frac{1}{2}$ 좌우에서. $\oplus$에서 $\ominus$로 바뀌므로

$k(t)$는 $t=\frac{1}{2}$에서 극대이자 최대이다.

$$\therefore M=k\left(\frac{1}{2}\right)=-e^{-3}\left(-\frac{1}{2}\right)=\frac{1}{2}e^{-3}$$
$$\therefore |M\times m^3|=\left|\frac{1}{2}e^{-3}\times\left(-\frac{3}{2}e\right)^3\right|$$
$$=\frac{27}{16}$$
$$\therefore p+q=16+27=43$$

복습	1회	2회	3회	4회	5회
채점 O△X					

1등급

227. [2020년 6월 (가)형 30번]

실수 전체의 집합에서 정의된 함수 $f(x)$는 $0 \le x < 3$일 때 $f(x) = |x-1| + |x-2|$이고, 모든 실수 x에 대하여 $f(x+3) = f(x)$를 만족시킨다.

함수 $g(x)$를 $g(x) = \lim\limits_{h \to 0+} \left| \dfrac{f(2^{x+h}) - f(2^x)}{h} \right|$

이라 하자. 함수 $g(x)$가 $x = a$에서 불연속인 a의 값 중에서 열린구간 $(-5, 5)$에 속하는 모든 값을 작은 수부터 크기순으로 나열한 것을 a_1, a_2, $\cdots$,

a_n (n은 자연수)라 할 때, $n + \sum\limits_{k=1}^{n} \dfrac{g(a_k)}{\ln 2}$ 의 값을

구하시오. [4점]

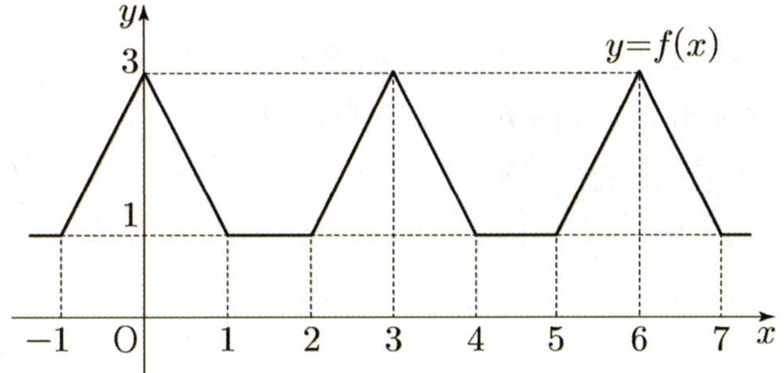

수능수학 Big Data Analyst 김지석
수능한권 Prism 해설

331

(step1) $g(x)$ 해석하기

$f(x)$의 우미분계수에 대한 함수를

$h(x) = \lim\limits_{\Delta x \to 0+} \dfrac{f(x + \Delta x) - f(x)}{x + \Delta x - x}$ 라고 하면

$g(x) = |h(2^x) \times (2^x)'| = |h(2^x)| 2^x \ln 2$

(step2) $|h(x)|$의 그래프 파악하기

$f(x)$의 우미분계수에 대한 함수 $h(x)$의 그래프는 아래와 같다.

(도함수 $f'(x)$와 유사한 형태! 다만 첨점에서 그래프 오른쪽 부분 기울기를 함숫값으로 사용하면 된다!)

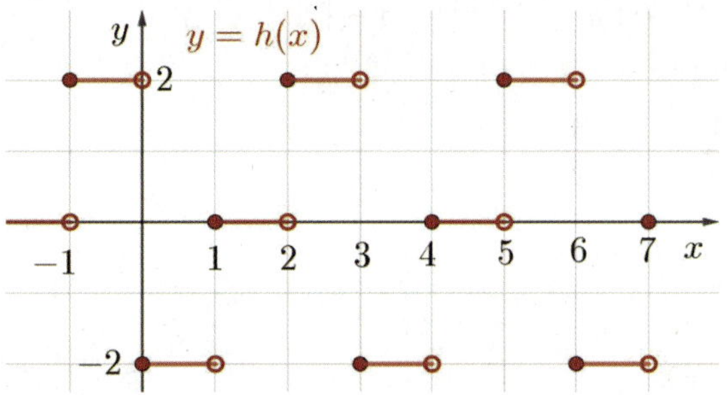

$|h(x)|$의 그래프는 아래와 같다.

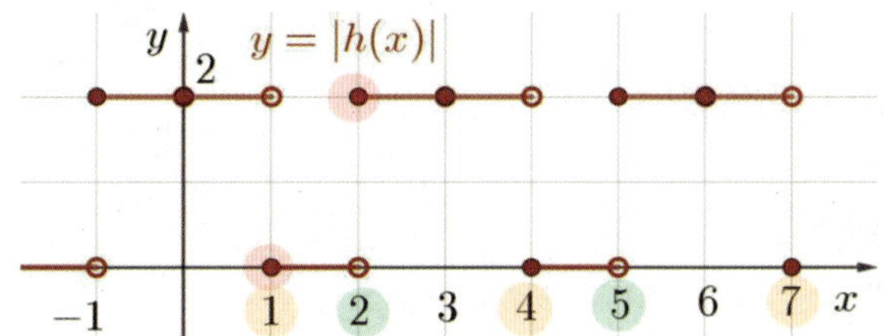

$\therefore |h(x)|$는

$x = \cdots, 1, 4, 7, 10, \cdots, 31 \cdots$ 불연속

$x = \cdots, 2, 5, 8, 11, \cdots, 29, \cdots$ 불연속

(※ $x = \cdots, 3, 6, 9, 12, \cdots, 30 \cdots$ 연속)

$\therefore g(x) = |h(2^x)| 2^x \ln 2$는

$2^x = \cdots, 1, 4, 7, 10, \cdots, 31 \cdots$ 불연속

$2^x = \cdots, 2, 5, 8, 11, \cdots, 29, \cdots$ 불연속

(step4) a_k와 $g(a_k)$ 구하기

$-5 < x < 5$일 때 $\dfrac{1}{32} < 2^x < 32$이므로

i) $2^{a_k} = 1,\ 4,\ 7,\ 10,\ \cdots,\ 31\ \to\ 11$개

ii) $2^{a_k} = 2,\ 5,\ 8,\ 11,\ \cdots,\ 29\ \to\ 10$개

$\therefore\ n = 11 + 10 = 21$

($a_1,\ a_2,\ \cdots,\ a_{21}$ 존재)

$$\frac{g(a_k)}{\ln 2} = |h(2^{a_k})|\, 2^{a_k}$$

i) $2^{a_k} = 1,\ 4,\ 7,\ 10,\ \cdots,\ 31$일 때

$$\frac{g(a_k)}{\ln 2} = 0 \times 2^{a_k} = 0$$

ii) $2^{a_k} = 2,\ 5,\ 8,\ 11,\ \cdots,\ 29$일 때

$$\frac{g(a_k)}{\ln 2} = 2 \times 2^{a_k}$$

$$\therefore\ \sum_{k=1}^{n} \frac{g(a_k)}{\ln 2} = 2(2 + 5 + 8 + 11 + \cdots + 29)$$

$$= 2 \times \frac{2 + 29}{2} \times 10 = 310$$

$$\therefore\ n + \sum_{k=1}^{n} \frac{g(a_k)}{\ln 2} = 21 + 310 = 331$$

복습	1회	2회	3회	4회	5회
채점 O△X					

1등급

228. [2020년 22예시문항 미적분 30번]

두 양수 $a,\ b\,(b < 1)$에 대하여 함수 $f(x)$를

$$f(x) = \begin{cases} -x^2 + ax & (x \le 0) \\[2mm] \dfrac{\ln(x+b)}{x} & (x > 0) \end{cases}$$

이라 하자. 양수 m에 대하여 직선 $y = mx$와 함수 $y = f(x)$의 그래프가 만나는 서로 다른 점의 개수를 $g(m)$이라 할 때, 함수 $g(m)$은 다음 조건을 만족시킨다.

$\displaystyle \lim_{m \to \alpha -} g(m) - \lim_{m \to \alpha +} g(m) = 1$을 만족시키는 양수 α가 오직 하나 존재하고, 이 α에 대하여 점 $(b,\ f(b))$는 직선 $y = \alpha x$와 곡선 $y = f(x)$의 교점이다.

$ab^2 = \dfrac{q}{p}$일 때, $p + q$의 값을 구하시오.

(단, p와 q는 서로소인 자연수이고, $\displaystyle \lim_{x \to \infty} f(x) = 0$이다.) [4점]

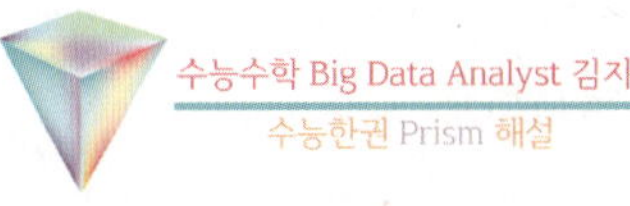

5

[그래프 테크닉] 그래프 곱셈

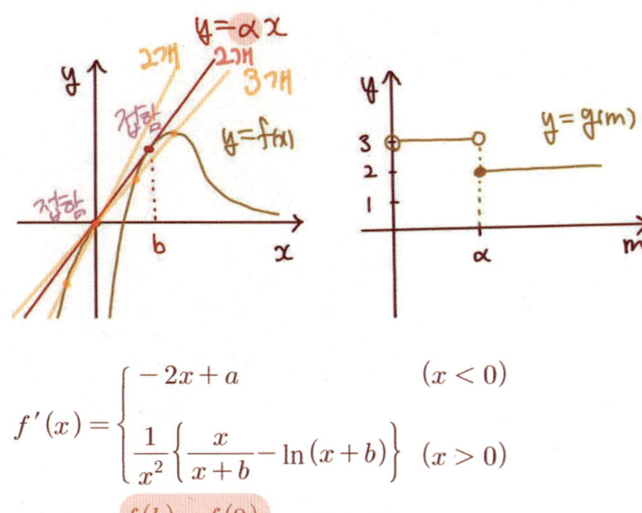

$$f'(x) = \begin{cases} -2x + a & (x < 0) \\[2mm] \dfrac{1}{x^2}\left\{ \dfrac{x}{x+b} - \ln(x+b) \right\} & (x > 0) \end{cases}$$

$$f'(b) = \frac{f(b) - f(0)}{b - 0} = \lim_{x \to 0} f'(0)$$

$$\Leftrightarrow \frac{1}{b^2}\left(\frac{1}{2} - \ln 2b \right) = \frac{1}{b}\left(\frac{\ln 2b}{b} \right) = -2 \cdot 0 + a$$

$$\therefore\ \ln 2b = \frac{1}{4},\ \ ab^2 = \ln 2b = \frac{1}{4}$$

$$\therefore\ p + q = 4 + 1 = 5$$

복습	1회	2회	3회	4회	5회
채점 O△X					

1등급

229. [2019년 수능 (가)형 30번] 실전 분석

최고차항의 계수가 6π인 삼차함수 $f(x)$에 대하여 함수 $g(x) = \dfrac{1}{2 + \sin(f(x))}$ 이 $x = \alpha$에서 극대 또는 극소이고, $\alpha \geq 0$인 모든 α를 작은 수부터 크기순으로 나열한 것을 $\alpha_1,\ \alpha_2,\ \alpha_3,\ \alpha_4,\ \alpha_5,\ \cdots$라 할 때, $g(x)$는 다음 조건을 만족시킨다.

> (가) $\alpha_1 = 0$이고 $g(\alpha_1) = \dfrac{2}{5}$이다.
>
> (나) $\dfrac{1}{g(\alpha_5)} = \dfrac{1}{g(\alpha_2)} + \dfrac{1}{2}$

$g'\left(-\dfrac{1}{2}\right) = a\pi$라 할 때, a^2의 값을 구하시오.

$\left(\text{단},\ 0 < f(0) < \dfrac{\pi}{2}\right)$ [4점]

27

해설 바로가기 ▶ 실전개념분석 100번

복습	1회	2회	3회	4회	5회
채점 O△X					

1등급

230. [2018년 수능 (가)형 21번] 실전 분석

양수 t에 대하여 구간 $[1, \infty)$에서 정의된 함수 $f(x)$가

$$f(x) = \begin{cases} \ln x & (1 \leq x < e) \\ -t + \ln x & (x \geq e) \end{cases}$$

일 때, 다음 조건을 만족시키는 일차함수 $g(x)$ 중에서 직선 $y = g(x)$의 기울기의 최솟값을 $h(t)$라 하자.

> 1 이상의 모든 실수 x에 대하여 $(x - e)\{g(x) - f(x)\} \geq 0$이다.

미분가능한 함수 $h(t)$에 대하여 양수 a가 $h(a) = \dfrac{1}{e+2}$을 만족시킨다. $h'\left(\dfrac{1}{2e}\right) \times h'(a)$의 값은? [4점]

① $\dfrac{1}{(e+1)^2}$ ② $\dfrac{1}{e(e+1)}$ ③ $\dfrac{1}{e^2}$

④ $\dfrac{1}{(e-1)(e+1)}$ ⑤ $\dfrac{1}{e(e-1)}$

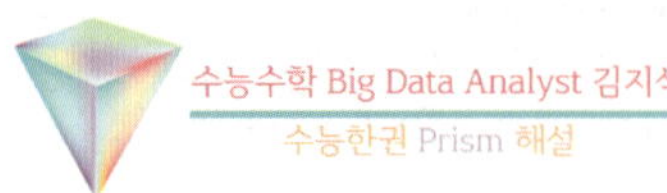

해설 바로가기 ▶ 실전개념분석 105번

복습	1회	2회	3회	4회	5회
채점 O△X					

1등급

231. [2018년 9월 (가)형 30번]

최고차항의 계수가 $\frac{1}{2}$ 이고 최솟값이 0인 사차함수 $f(x)$와 함수 $g(x) = 2x^4 e^{-x}$ 에 대하여 합성함수 $h(x) = (f \circ g)(x)$ 가 다음 조건을 만족한다.

> (가) 방정식 $h(x) = 0$ 의 서로 다른 실근의 개수는 4 이다.
> (나) 함수 $h(x)$ 는 $x = 0$ 에서 극소이다.
> (다) 방정식 $h(x) = 8$ 의 서로 다른 실근의 개수는 6 이다.

$f'(5)$ 의 값을 구하시오. (단, $\lim\limits_{x \to \infty} g(x) = 0$) [4점]

Analysis

좌우 대칭인 사차함수의 극값의 차이

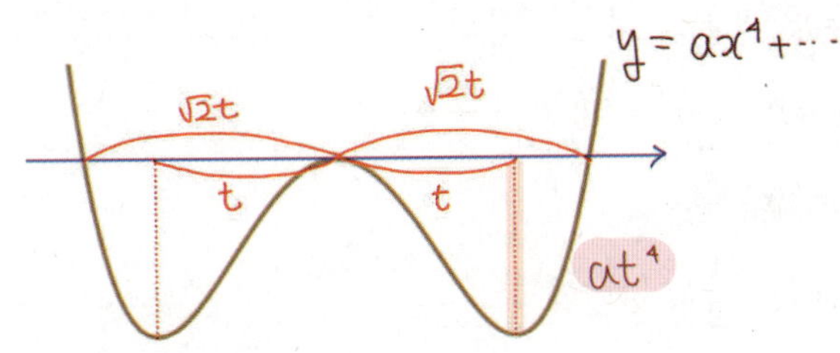

극대−극소 $= at^4$

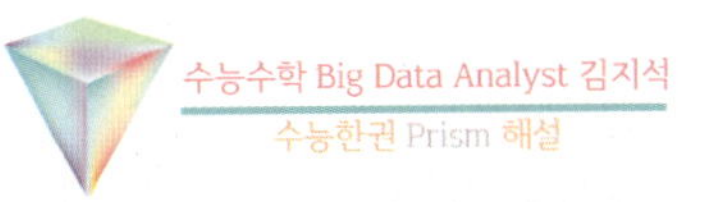

(Step1) 속함수 $g(x)$ 파악하기

함수의 식이 완전히 제시된 $g(x)$의 그래프부터 파악하자.

$g(x) = 2x^4 e^{-x}$ 을 미분하면

$g'(x) = -2x^3(x-4)e^{-x}$

$g(x)$는 $x = 0$에서 극소이고, $x = 4$에서 극대이다.

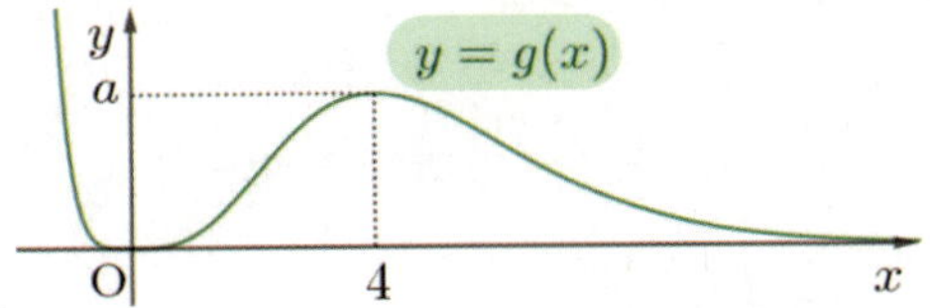

(Step2) 겉함수 $f(x)$ 파악하기. 조건 (가)

$f(x)$는 최고차항의 계수가 $\frac{1}{2}$ 이고 최솟값이 0인 사차함수다.

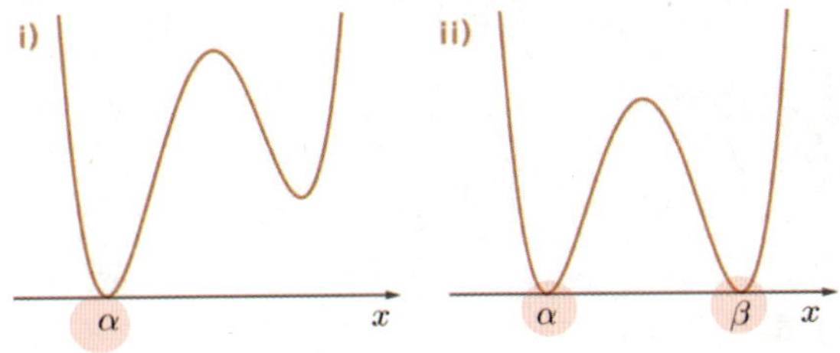

i) $f(x) = 0$의 서로 다른 실근의 개수가 1인 경우

$f(x) = 0$의 서로 다른 실근이 α 하나뿐이라고 할 때

$f(\alpha) = 0$

$f(g(x)) = 0 \Leftrightarrow g(x) = \alpha$

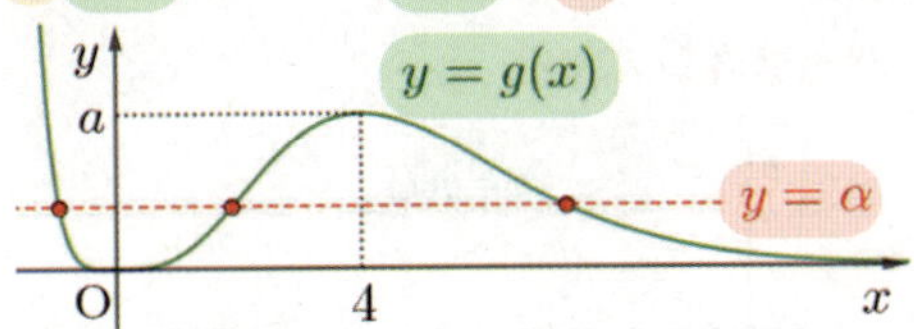

$g(x) = \alpha$의 서로 다른 실근은 최대 3개이므로 $h(x) = f(g(x)) = 0$의 서로 다른 실근의 개수는 3개이다. (모순) ($\because$ 조건 (가))

ii) $f(x) = 0$의 서로 다른 실근의 개수가 2인 경우

$\therefore f(x) = 0$의 서로 다른 실근의 개수가 2이다.

$f(\alpha) = f(\beta) = 0$

$f(g(x)) = 0 \Leftrightarrow g(x) = \alpha, \; g(x) = \beta$

의 서로 다른 실근의 개수가 4이고

$g(x) \geq 0$이므로 $\alpha, \beta \geq 0$

(step3) 조건 (나)

[그래프 테크닉] 합성함수의 그래프

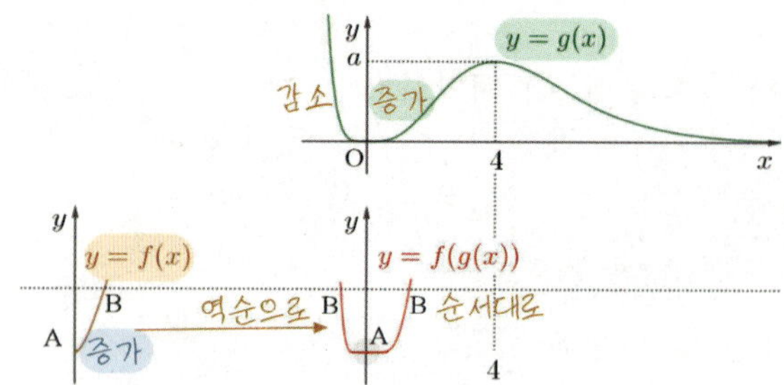

함수 $h(x)$ 는 $x=0$ 에서 극소이려면
속함수 $g(x)$ 가 구간 $(0, 4)$ 에서 증가하므로
겉함수 $f(x)$ 가 $x=0$ 오른쪽에서 증가해야 한다.

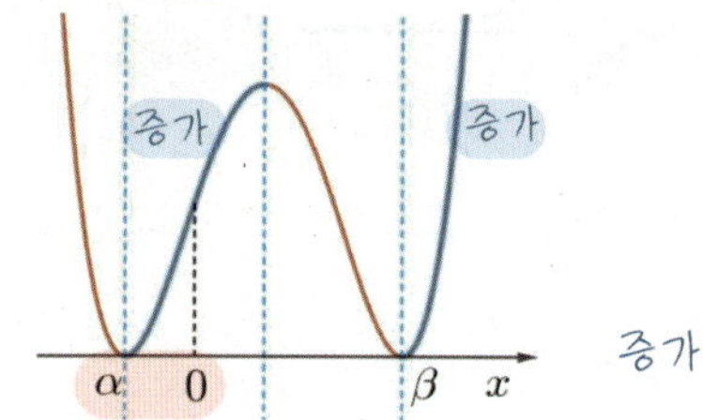

$f(x)$ 의 증가하는 구간은 $x \geq \alpha$ 에 있으므로

$\therefore \ 0 \geq \alpha$

$\therefore \ \alpha = 0$

(step4) 조건 (다)

방정식 $h(x)=8$ 의 서로 다른 실근의 개수는 6이다.

⇔ 합성함수 $h(x)$ 의 극댓값은 8

⇔ 겉함수 $f(x)$ 의 극댓값은 8

ⅰ) $h(x)$ 의 극댓값보다 8이 큰 경우

[그래프 테크닉] 합성함수의 그래프

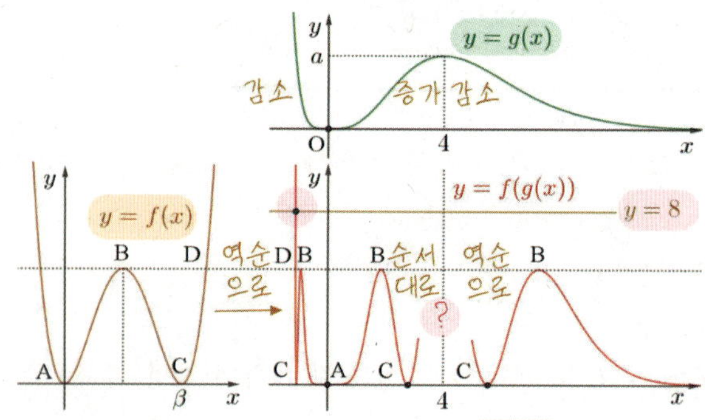

$h(x)=8$ 의 서로 다른 실근의 개수는 3 이하 (모순)

ⅱ) $h(x)$ 의 극댓값보다 8이 작은 경우

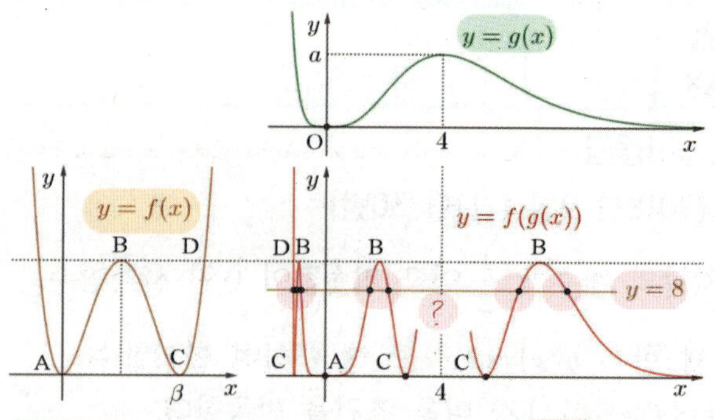

$h(x)=8$ 의 서로 다른 실근의 개수는 7 이상 (모순)

ⅲ) $h(x)$ 의 극댓값과 8이 같은 경우

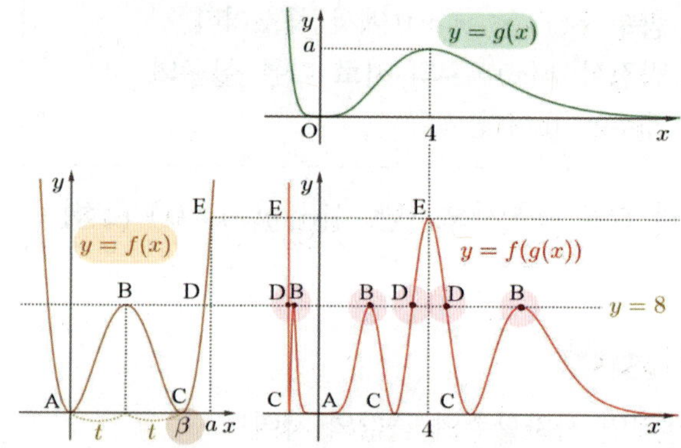

$h(x)=8$ 의 서로 다른 실근의 개수는 6 가능

극대−극소$=\dfrac{1}{2}t^4=8 \Leftrightarrow t=2$

$\therefore \ \beta=2t=4$

$\therefore \ f(x)=\dfrac{1}{2}x^2(x-4)^2$

$\therefore \ f'(x)=x(x-4)^2+x^2(x-4)$

$\therefore \ f'(5)=30$

[다른 풀이]

$f(x)=\dfrac{1}{2}x^2(x-\beta)^2$

$\therefore \ f\left(\dfrac{\beta}{2}\right)=\dfrac{\beta^4}{32}=8$

$\therefore \ \beta=4$

$\therefore \ f(x)=\dfrac{1}{2}x^2(x-4)^2$

$\therefore \ f'(x)=x(x-4)^2+x^2(x-4)$

$\therefore \ f'(5)=30$

복습	1회	2회	3회	4회	5회
채점 ○△X					

1등급

232. [2018년 6월 (가)형 21번]

열린 구간 $\left(-\dfrac{\pi}{2},\ \dfrac{3\pi}{2}\right)$ 에서 정의된 함수

$$f(x)=\begin{cases}2\sin^3 x & \left(-\dfrac{\pi}{2}<x<\dfrac{\pi}{4}\right) \\ \cos x & \left(\dfrac{\pi}{4}\le x<\dfrac{3\pi}{2}\right)\end{cases}$$

가 있다. 실수 t에 대하여 다음 조건을 만족시키는 모든 실수 k의 개수를 $g(t)$라 하자.

> (가) $-\dfrac{\pi}{2}<k<\dfrac{3\pi}{2}$
>
> (나) 함수 $\sqrt{|f(x)-t|}$ 는 $x=k$에서 미분가능하지 않다.

함수 $g(t)$에 대하여 합성함수 $(h\circ g)(t)$가 실수 전체의 집합에서 연속이 되도록 하는 최고차항의 계수가 1인 사차함수 $h(x)$가 있다. $g\left(\dfrac{\sqrt{2}}{2}\right)=a,$ $g(0)=b,\ g(-1)=c$라 할 때, $h(a+5)-h(b+3)+c$의 값은? [4점]

① 96 　　② 97 　　③ 98
④ 99 　　⑤ 100

수능수학 Big Data Analyst 김지석
. 수능한권 Prism 해설

(step1) $\sqrt{|f(x)-t|}$ 의 미분가능성

$\left\{\sqrt{p(x)}\right\}'=\dfrac{p'(x)}{2\sqrt{p(x)}}$ 이므로

① $|f(x)-t|$ 가 미분불가능할 때
$\sqrt{|f(x)-t|}$ 도 미분불가능하다.

② $|f(x)-t|=0$일 때
$|f(x)-t|$ 가 미분가능하더라도
$\sqrt{|f(x)-t|}$ 가 미분불가능할 수도 있다.
(확인해봐야 함)

(step2) $f(x)$의 그래프 개형 파악하기

$2\sin^3\dfrac{\pi}{4}=\cos\dfrac{\pi}{4}=\dfrac{\sqrt{2}}{2}$ 이므로

$f(x)$는 $x=\dfrac{\pi}{4}$ 에서 연속

$$f'(x)=\begin{cases}6\sin^2 x\cos x & \left(-\dfrac{\pi}{2}<x<\dfrac{\pi}{4}\right) \\ -\sin x & \left(\dfrac{\pi}{4}<x<\dfrac{3\pi}{2}\right)\end{cases}$$

$6\sin^3\dfrac{\pi}{4}\cos\dfrac{\pi}{4}=\dfrac{3}{2}\ne-\sin\dfrac{\pi}{4}=-\dfrac{\sqrt{2}}{2}$

$\therefore$ $f(x)$는 $x=\dfrac{\pi}{4}$에서 미분불가하다.

또한 $f'(0)=0,\ f'(\pi)=0$

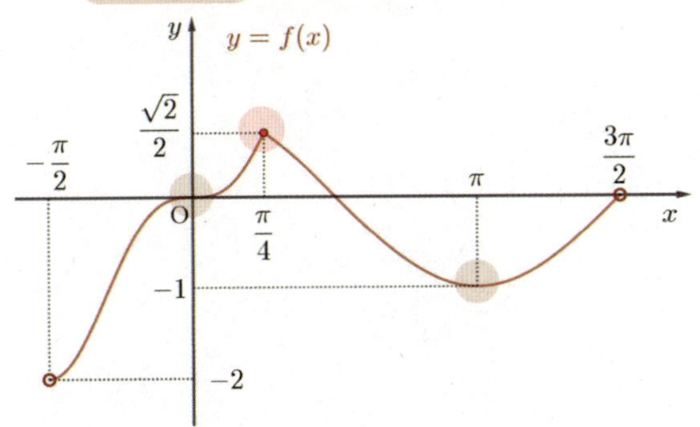

(step3) $g(t)$의 그래프 파악하기

i) $t \leq -2$인 경우

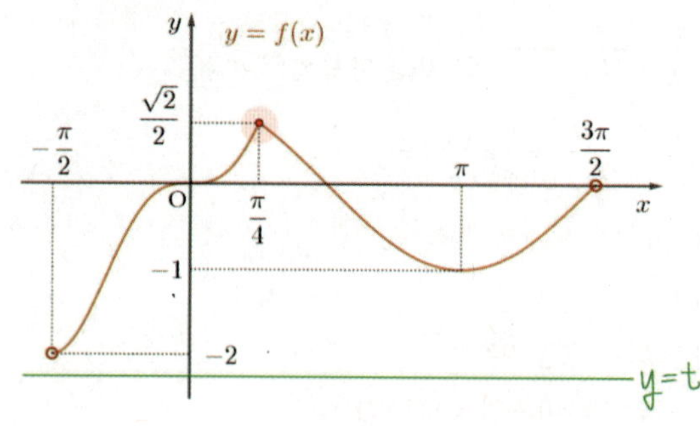

$\sqrt{|f(x)-t|}$ 의 미분불가능한 점 1개

$\therefore g(t) = 1$

ii) $-2 < t < -1$인 경우

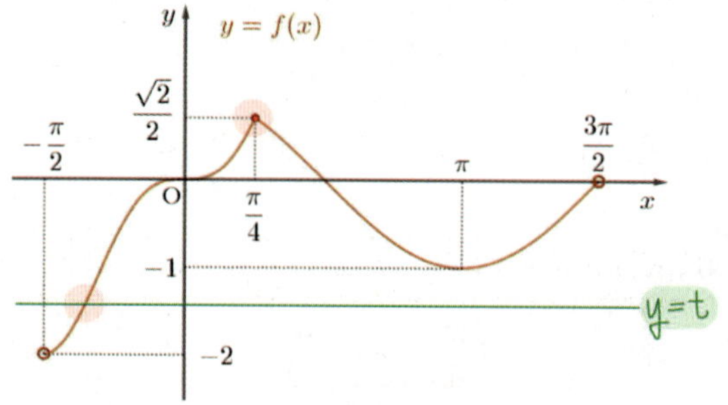

$\sqrt{|f(x)-t|}$ 의 미분불가능한 점 2개

$\therefore g(t) = 2$

iii) $t = -1$인 경우

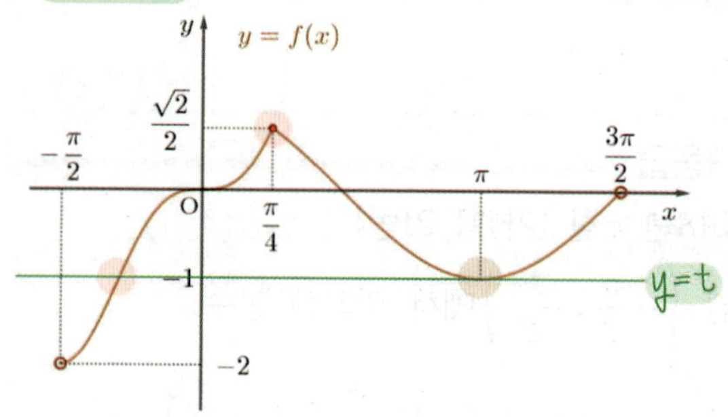

$x = \pi$에서 미분가능성을 조사해보자.

$$\left\{ \sqrt{|f(x)-t|} \right\}' = \left\{ \sqrt{\cos x + 1} \right\}' = \frac{-\sin x}{2\sqrt{\cos x + 1}}$$

$$\lim_{x \to \pi} \frac{-\sin x}{2\sqrt{\cos x + 1}} = \lim_{\theta \to 0} \frac{-\sin(\pi - \theta)}{2\sqrt{\cos(\pi - \theta) + 1}}$$

$$(\because \theta = \pi - x \Leftrightarrow x = \pi - \theta)$$

$$= \lim_{\theta \to 0} \frac{-\sin\theta}{2\sqrt{1 - \cos\theta}} = \lim_{\theta \to 0} \frac{-\dfrac{\sin\theta}{\theta}}{2\dfrac{\sqrt{1-\cos\theta}}{\theta}}$$

$$\lim_{\theta \to 0+} \frac{-\dfrac{\sin\theta}{\theta}}{2\dfrac{\sqrt{1-\cos\theta}}{\theta}}$$

$$= \lim_{\theta \to 0+} \frac{-\dfrac{\sin\theta}{\theta}}{2\sqrt{\dfrac{1-\cos\theta}{\theta^2}}} = \frac{-1}{2\sqrt{\dfrac{1}{2}}} = -\frac{1}{\sqrt{2}}$$

$$\lim_{\theta \to 0-} \frac{-\dfrac{\sin\theta}{\theta}}{2\dfrac{\sqrt{1-\cos\theta}}{\theta}}$$

$$= \lim_{\theta \to 0-} \frac{-\dfrac{\sin\theta}{\theta}}{-2\sqrt{\dfrac{1-\cos\theta}{\theta^2}}} = \frac{1}{2\sqrt{\dfrac{1}{2}}} = \frac{1}{\sqrt{2}}$$

$-\dfrac{1}{\sqrt{2}} \neq \dfrac{1}{\sqrt{2}}$ 이므로 $x = \pi$에서 미분불가능하다.

$\sqrt{|f(x)-t|}$ 의 미분불가능한 점 3개

$\therefore g(t) = 3$

$\therefore c = g(-1) = 3$

iv) $-1 < t < 0$인 경우

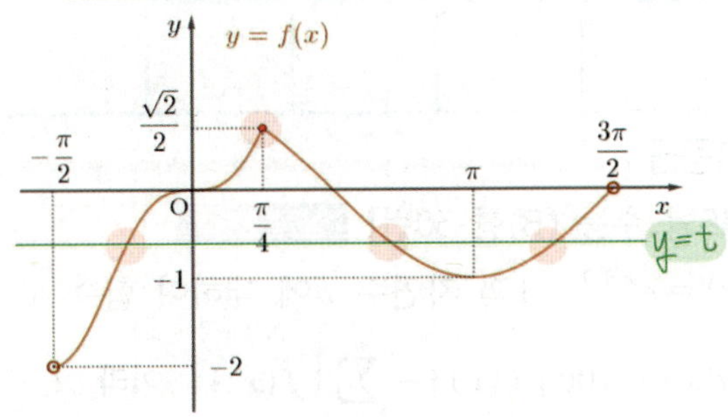

$\sqrt{|f(x)-t|}$ 의 미분불가능한 점 4개

$\therefore g(t) = 4$

v) $t = 0$인 경우

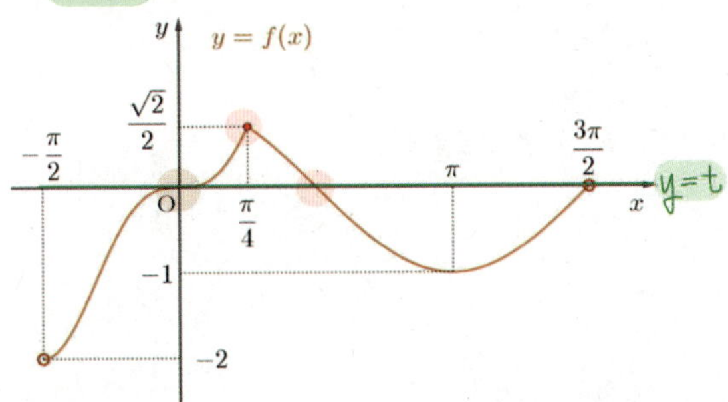

$x = 0$에서 미분가능성을 조사해보자.

$$\left\{ \sqrt{|f(x)-t|} \right\}' = \left\{ \sqrt{2\sin^3 x} \right\}' = \frac{6\sin^2 x \cos x}{2\sqrt{\sin^3 x}}$$

$$= \frac{3\sqrt{\sin^4 x}\cos x}{\sqrt{\sin^3 x}} = 3\sqrt{\sin x}\cos x$$

$$\lim_{x \to 0-} 3\sqrt{\sin x}\cos x = \lim_{x \to 0+} 3\sqrt{\sin x}\cos x = 0$$

$x = 0$에서 미분가능 ☆

$\sqrt{|f(x)-t|}$ 의 미분불가능한 점 2개

$\therefore g(t) = 2$

$\therefore b = g(0) = 2$

vi) $0 < t < \dfrac{\sqrt{2}}{2}$인 경우

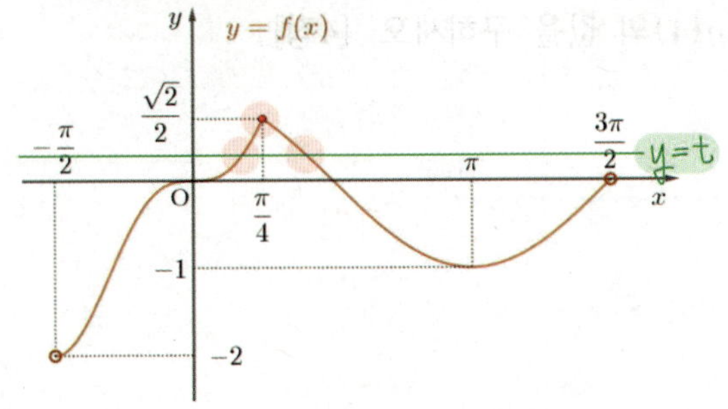

$\sqrt{|f(x)-t|}$ 의 미분불가능한 점 3개

$\therefore g(t) = 3$

vii) $t \geq \dfrac{\sqrt{2}}{2}$인 경우

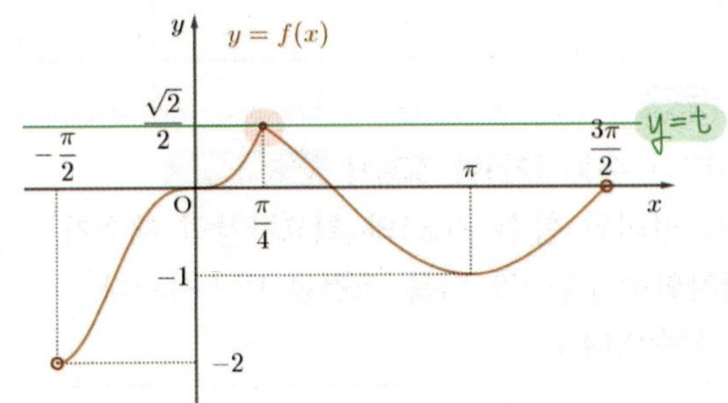

$\sqrt{|f(x)-t|}$ 의 미분불가능한 점 1개

$\therefore g(t) = 1$

$\therefore a = g\left(\dfrac{\sqrt{2}}{2}\right) = 1$

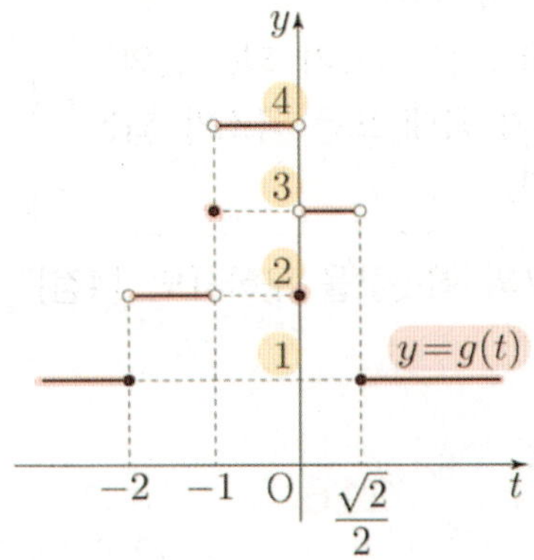

합성함수 $(h \circ g)(t)$가 실수 전체의 집합에서
연속이므로

$$h(1) = h(2) = h(3) = h(4)$$

$$\therefore h(x) = (x-1)(x-2)(x-3)(x-4) + k$$

(단, k는 상수)

$$\therefore h(a+5) - h(b+3) + c$$
$$= h(6) - h(5) + 3$$
$$= (5 \times 4 \times 3 \times 2 + k) - (4 \times 3 \times 2 \times 1 + k) + 3$$
$$= (120 + k) - (24 + k) + 3$$
$$= 99$$

복습	1회	2회	3회	4회	5회
채점 O△X					

1등급

233. [2017년 수능 (가)형 30번] 실전 분석

$x > a$에서 정의된 함수 $f(x)$와 최고차항의 계수가 -1인 사차함수 $g(x)$가 다음 조건을 만족시킨다. (단, a는 상수이다.)

> (가) $x > a$인 모든 실수 x에 대하여 $(x-a)f(x) = g(x)$이다.
> (나) 서로 다른 두 실수 α, β에 대하여 함수 $f(x)$는 $x = \alpha$와 $x = \beta$에서 동일한 극댓값 M을 갖는다. (단, $M > 0$)
> (다) 함수 $f(x)$가 극대 또는 극소가 되는 x의 개수는 함수 $g(x)$가 극대 또는 극소가 되는 x의 개수보다 많다.

$\beta - \alpha = 6\sqrt{3}$일 때, M의 최솟값을 구하시오. [4점]

216

해설 바로가기 ▶ 실전개념분석 95번

복습	1회	2회	3회	4회	5회
채점 O△X					

1등급

234. [2016년 수능 (B)형 21번] 실전 분석

$0 < t < 41$인 실수 t에 대하여 곡선 $y = x^3 + 2x^2 - 15x + 5$와 직선 $y = t$가 만나는 세 점 중에서 x좌표가 가장 큰 점의 좌표를 $(f(t), t)$, x좌표가 가장 작은 점의 좌표를 $(g(t), t)$라 하자. $h(t) = t \times \{f(t) - g(t)\}$라 할 때, $h'(5)$의 값은? [4점]

① $\dfrac{79}{12}$ ② $\dfrac{85}{12}$ ③ $\dfrac{91}{12}$

④ $\dfrac{97}{12}$ ⑤ $\dfrac{103}{12}$

해설 바로가기 ▶ 실전개념분석 85번

1등급

235. [2015년 수능 (B)형 30번] 실전 분석

함수 $f(x) = e^{x+1} - 1$과 자연수 n에 대하여 함수 $g(x)$를 $g(x) = 100|f(x)| - \sum_{k=1}^{n} |f(x^k)|$ 이라 하자. $g(x)$가 실수 전체의 집합에서 미분가능하도록 하는 모든 자연수 n의 값의 합을 구하시오. [4점]

39

해설 바로가기 ▶ 실전개념분석 90번

복습	1회	2회	3회	4회	5회
채점 O△X					

1등급

236. [2014년 수능 (B)형 30번] 실전 분석

이차함수 $f(x)$에 대하여 함수 $g(x) = f(x)e^{-x}$이 다음 조건을 만족시킨다.

> (가) 점 $(1, g(1))$과 점 $(4, g(4))$는 곡선 $y = g(x)$의 변곡점이다.
> (나) 점 $(0, k)$에서 곡선 $y = g(x)$에 그은 접선의 개수가 3인 k의 값의 범위는 $-1 < k < 0$이다.

$g(-2) \times g(4)$의 값을 구하시오. [4점]

72

해설 바로가기 ▶ 실전개념분석 87번

복습	1회	2회	3회	4회	5회
채점 O△X					

1등급

237. [2013년 수능 (가)형 21번] 실전 분석

함수 $f(x) = kx^2 e^{-x}$ $(k > 0)$과 실수 t에 대하여 곡선 $y = f(x)$ 위의 점 $(t, f(t))$에서 x축까지의 거리와 y축까지의 거리 중 크지 않은 값을 $g(t)$라 하자. 함수 $g(t)$가 한 점에서만 미분가능하지 않도록 하는 k의 최댓값은? [4점]

① $\dfrac{1}{e}$ ② $\dfrac{1}{\sqrt{e}}$ ③ $\dfrac{e}{2}$ ④ $\sqrt{e}$ ⑤ e

해설 바로가기 ▶ 실전개념분석 91번

복습	1회	2회	3회	4회	5회
채점 O△X					

1등급

238. [2012년 수능 (가)형 19번] 실전 분석

실수 m에 대하여 점 $(0, 2)$를 지나고 기울기가 m인 직선이 곡선 $y = x^3 - 3x^2 + 1$과 만나는 점의 개수를 $f(m)$이라 하자. 함수 $f(m)$이 구간 $(-\infty, a)$에서 연속이 되게 하는 실수 a의 최댓값은? [4점]

① -3 ② $-\dfrac{3}{4}$ ③ $\dfrac{3}{2}$ ④ $\dfrac{15}{4}$ ⑤ 6

해설 바로가기 ▶ 실전개념분석 88번

수능 2점

복습	1회	2회	3회	4회	5회
채점 O△X					

239. [2017년 수능 (가)형 3번]

$\displaystyle\int_{0}^{\frac{\pi}{2}} 2\sin x\, dx$의 값은? [2점]

① 0 ② $\dfrac{1}{2}$ ③ 1 ④ $\dfrac{3}{2}$ ⑤ 2

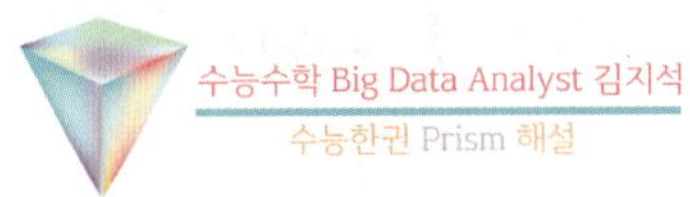

$$\int_{0}^{\frac{\pi}{2}} 2\sin x\, dx = \Big[-2\cos x\Big]_{0}^{\frac{\pi}{2}} = 0 - (-2) = 2$$

복습	1회	2회	3회	4회	5회
채점 O△X					

240. [2000년 수능 (자연) 4번]

정적분 $\displaystyle\int_{e}^{e^2} \dfrac{3(\ln x)^2}{x}\, dx$의 값은? [2점]

① 3 ② 4 ③ 5 ④ 6 ⑤ 7

$\ln x = t$로 치환하면 $\dfrac{1}{x} = \dfrac{dt}{dx}$

$$\int_{e}^{e^2} \dfrac{3(\ln x)^2}{x}\, dx = \int_{1}^{2} 3t^2\, dt = 7$$

복습	1회	2회	3회	4회	5회
채점 O△X					

241. [1996년 수능 (자연) 4번]

정적분 $\displaystyle\int_{-1}^{1} |x|e^x\,dx$ 의 값은?

① $2(e+1)$ 　② $2(1-e^{-1})$
③ $2(1-e-e^{-1})$ 　④ $2(e^{-1}-e)$
⑤ $2(e+e^{-1})$

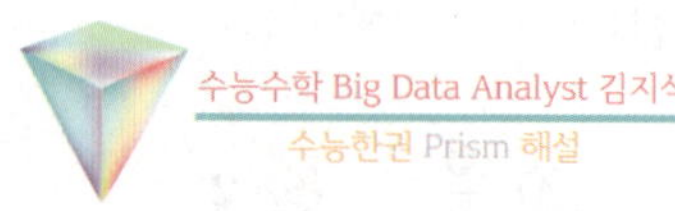

절댓값 → 구간 나누기!

$$\int_{-1}^{1} |x|e^x\,dx = \int_{-1}^{0} -xe^x\,dx + \int_{0}^{1} xe^x\,dx$$

$$= \left[-xe^x\right]_{-1}^{0} - \int_{-1}^{0} (-1e^x)\,dx$$

$$+ \left[xe^x\right]_{0}^{1} - \int_{0}^{1} (1e^x)\,dx$$

$$= 0 - e^{-1} + \left[e^x\right]_{-1}^{0} + e - 0 - \left[e^x\right]_{0}^{1}$$

$$= 2 - 2e^{-1} = 2(1-e^{-1})$$

복습	1회	2회	3회	4회	5회
채점 O△X					

242. [1995년 수능 (자연) 4번]

정적분 $\displaystyle\int_{0}^{\pi} (1-\cos^3 x)\cos x \sin x\,dx$ 의 값은?

① 0 　② $-\dfrac{1}{5}$ 　③ $-\dfrac{2}{5}$ 　④ $-\dfrac{3}{5}$ 　⑤ $-\dfrac{4}{5}$

$\cos x = t$ 로 치환하면 $-\sin x = \dfrac{dt}{dx}$

$$\int_{0}^{\pi} (1-\cos^3 x)\cos x \sin x\,dx$$

$$= \int_{1}^{-1} (1-t^3)t(-1)\,dt = \int_{-1}^{1} t(1-t^3)\,dt$$

$$= \int_{-1}^{1} (t-t^4)\,dt = 2\int_{0}^{1} (-t^4)\,dt = 2\left[-\frac{t^5}{5}\right]_{0}^{1}$$

$$= -\frac{2}{5}$$

복습	1회	2회	3회	4회	5회
채점 O△X					

243. [2026년 수능 (미적분) 24번]

$\displaystyle\int_{0}^{\frac{\pi}{2}} \sqrt{\sin x - \sin^3 x}\,dx$ 의 값은? [3점]

① $\dfrac{1}{6}$ 　② $\dfrac{1}{3}$ 　③ $\dfrac{1}{2}$
④ $\dfrac{2}{3}$ 　⑤ $\dfrac{5}{6}$

$0 \leq x \leq \dfrac{\pi}{2}$ 에서 $\sin x \geq 0$, $\cos x \geq 0$ 이므로

$$\int_{0}^{\frac{\pi}{2}} \sqrt{\sin x - \sin^3 x}\,dx$$

$$= \int_{0}^{\frac{\pi}{2}} \sqrt{\sin x(1-\sin^2 x)}\,dx$$

$$= \int_{0}^{\frac{\pi}{2}} \sqrt{\sin x \cos^2 x}\,dx = \int_{0}^{\frac{\pi}{2}} |\cos x|\sqrt{\sin x}\,dx$$

$$= \int_{0}^{\frac{\pi}{2}} \cos x \sqrt{\sin x}\,dx$$

$\sin x = t$ 로 치환하면 $\cos x = \dfrac{dt}{dx}$

$$\int_{0}^{\frac{\pi}{2}} \cos x \sqrt{\sin x}\,dx = \int_{0}^{1} \sqrt{t}\,dt$$

$$= \int_{0}^{1} t^{\frac{1}{2}}\,dt = \left[\frac{2}{3}t^{\frac{3}{2}}\right]_{0}^{1}$$

$$= \frac{2}{3} - 0 = \frac{2}{3}$$

복습	1회	2회	3회	4회	5회
채점 O△X					

244. [2025년 수능 (미적분) 24번]

$\displaystyle\int_0^{10} \frac{x+2}{x+1}\, dx$ 의 값은? [3점]

① $10+\ln 5$ ② $10+\ln 7$ ③ $10+2\ln 3$
④ $10+\ln 11$ ⑤ $10+\ln 13$

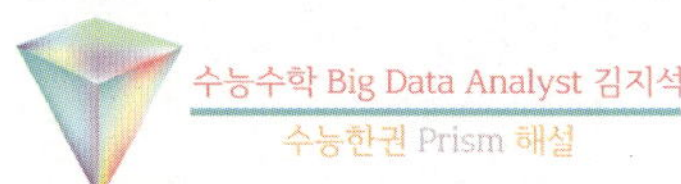
수능수학 Big Data Analyst 김지석
수능한권 Prism 해설

$\displaystyle\int_0^{10} \frac{x+2}{x+1}\, dx$

$\displaystyle = \int_0^{10} \left(1 + \frac{1}{x+1}\right) dx$

$\displaystyle = \Big[\, x + \ln|x+1| \,\Big]_0^{10}$

$= 10 + \ln 11$

복습	1회	2회	3회	4회	5회
채점 O△X					

245. [2024년 수능 (미적분) 25번]

양의 실수 전체의 집합에서 정의되고 미분가능한 두 함수 $f(x)$, $g(x)$가 있다. $g(x)$는 $f(x)$의 역함수이고, $g'(x)$는 양의 실수 전체의 집합에서 연속이다. 모든 양수 a에 대하여

$$\int_1^a \frac{1}{g'(f(x))f(x)}\, dx = 2\ln a + \ln(a+1) - \ln 2$$

이고 $f(1)=8$일 때, $f(2)$의 값은? [3점]

① 36   ② 40   ③ 44
④ 48   ⑤ 52

수능수학 Big Data Analyst 김지석
수능한권 Prism 해설

함수 $g(x)$의 정의역이 양의 실수 전체의 집합이므로 $g(x)$의 역함수 $f(x)$치역은 양의 실수 전체의 집합이다.

$\therefore f(x) > 0$

함수 $g(x)$는 함수 $f(x)$의 역함수이므로
$g(f(x)) = x$

$\therefore g'(f(x))f'(x) = 1$

$\displaystyle\int_1^a \frac{1}{g'(f(x))f(x)}\, dx$

$\displaystyle = \int_1^a \frac{f'(x)}{g'(f(x))f'(x) \times f(x)}\, dx$

$\displaystyle = \int_1^a \frac{f'(x)}{f(x)}\, dx = \Big[\, \ln|f(x)| \,\Big]_1^a$

$= \ln|f(a)| - \ln|f(1)|$

$= \ln f(a) - \ln 8$

$\therefore \ln f(a) - \ln 8 = 2\ln a + \ln(a+1) - \ln 2$

$\Leftrightarrow \ln f(a) = \ln a^2 + \ln(a+1) + \ln 4$

$\therefore f(a) = 4a^2(a+1)$

$\therefore f(2) = 4 \times 2^2 \times (2+1) = 48$

복습	1회	2회	3회	4회	5회
채점 $O\triangle X$					

246. [2021년 수능 (가)형 8번]

곡선 $y = e^{2x}$ 과 x 축 및 두 직선 $x = \ln\dfrac{1}{2}$, $x = \ln 2$ 로 둘러싸인 부분의 넓이는? [3점]

① $\dfrac{5}{3}$ ② $\dfrac{15}{8}$ ③ $\dfrac{15}{7}$ ④ $\dfrac{5}{2}$ ⑤ 3

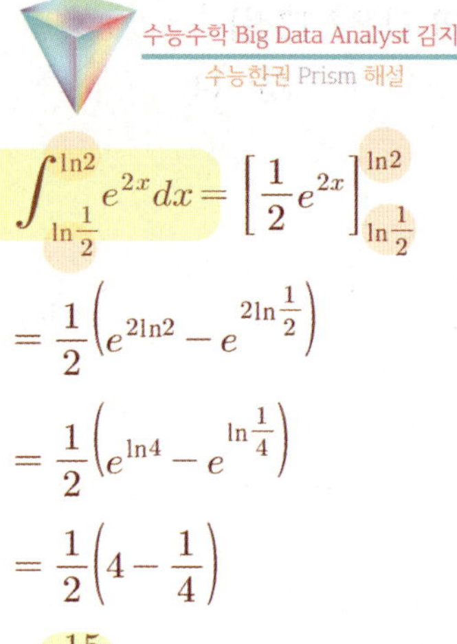

수능수학 Big Data Analyst 김지석
수능한권 Prism 해설

$$\int_{\ln\frac{1}{2}}^{\ln 2} e^{2x}\,dx = \left[\frac{1}{2}e^{2x}\right]_{\ln\frac{1}{2}}^{\ln 2}$$

$$= \frac{1}{2}\left(e^{2\ln 2} - e^{2\ln\frac{1}{2}}\right)$$

$$= \frac{1}{2}\left(e^{\ln 4} - e^{\ln\frac{1}{4}}\right)$$

$$= \frac{1}{2}\left(4 - \frac{1}{4}\right)$$

$$= \frac{15}{8}$$

복습	1회	2회	3회	4회	5회
채점 $O\triangle X$					

247. [2020년 수능 (가)형 8번]

$\displaystyle\int_e^{e^2} \dfrac{\ln x - 1}{x^2}\,dx$  의 값은? [3점]

① $\dfrac{e+2}{e^2}$ ② $\dfrac{e+1}{e^2}$ ③ $\dfrac{1}{e}$

④ $\dfrac{e-1}{e^2}$ ⑤ $\dfrac{e-2}{e^2}$

수능수학 Big Data Analyst 김지석
수능한권 Prism 해설

$$\int_e^{e^2} (\ln x - 1)\times x^{-2}\,dx$$

$$= \int_e^{e^2} \frac{\ln x - 1}{x^2}\,dx$$

$$= \left[-\frac{\ln x - 1}{x}\right]_e^{e^2} + \int_e^{e^2}\frac{1}{x^2}\,dx$$

$$= \left[-\frac{\ln x - 1}{x}\right]_e^{e^2} + \left[-\frac{1}{x}\right]_e^{e^2}$$

$$= -\frac{1}{e^2} + \left(-\frac{1}{e^2} + \frac{1}{e}\right) = \frac{e-2}{e^2}$$

복습	1회	2회	3회	4회	5회
채점 $O\triangle X$					

248. [2019년 수능 (가)형 25번]

$\displaystyle\int_0^{\pi} x\cos(\pi - x)\,dx$ 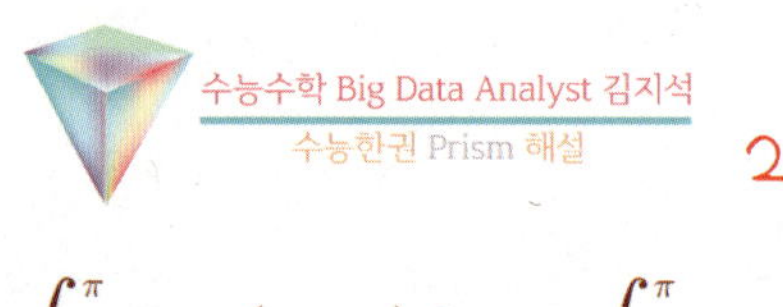 의 값을 구하시오. [3점]

수능수학 Big Data Analyst 김지석
수능한권 Prism 해설

2

$$\int_0^{\pi} x\cos(\pi - x)\,dx = -\int_0^{\pi} x\cos x\,dx$$

$$= -[x\sin x]_0^{\pi} + \int_0^{\pi}\sin x\,dx$$

$$= -[x\sin x]_0^{\pi} - [\cos x]_0^{\pi}$$

$$= -(0 - 0) - (\cos\pi - \cos 0)$$

$$= -(-1 - 1) = 2$$

복습	1회	2회	3회	4회	5회
채점 O△X					

249. [2017년 수능 (가)형 9번]

$\displaystyle\int_1^e \ln\frac{x}{e}\,dx$ 의 값은? [3점]

① $\dfrac{1}{e}-1$　　② $2-e$ ✓　　③ $\dfrac{1}{e}-2$

④ $1-e$　　　⑤ $\dfrac{1}{2}-e$

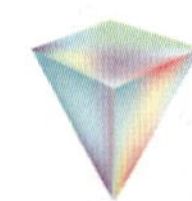
수능수학 Big Data Analyst 김지석
수능한권 Prism 해설

$\ln\dfrac{x}{e}=\ln x-1$

$$\int_1^e \ln\frac{x}{e}\,dx=\int_1^e (\ln x-1)\,dx$$

$$=\Big[\,x\ln x-x-x\,\Big]_1^e$$

$$=\Big[\,x\ln x-2x\,\Big]_1^e$$

$$=e\ln e-2e-(0-2)$$

$$=2-e$$

복습	1회	2회	3회	4회	5회
채점 O△X					

250. [2016년 수능 (B)형 4번]

$\displaystyle\int_0^e \frac{5}{x+e}\,dx$의 값은? [3점]

① $\ln 2$　　② $2\ln 2$　　③ $3\ln 2$
④ $4\ln 2$　　⑤ $5\ln 2$ ✓

수능수학 Big Data Analyst 김지석
수능한권 Prism 해설

$$\int_0^e \frac{5}{x+e}\,dx=\Big[\,5\ln(x+e)\,\Big]_0^e=5\ln 2e-5\ln e=5\ln 2$$

복습	1회	2회	3회	4회	5회
채점 O△X					

251. [2015년 수능 (B)형 4번]

$\displaystyle\int_0^1 3\sqrt{x}\,dx$의 값은? [3점]

① 1　　② 2 ✓　　③ 3　　④ 4　　⑤ 5

수능수학 Big Data Analyst 김지석
수능한권 Prism 해설

$$\int_0^1 3\sqrt{x}\,dx=3\left[\frac{2}{3}x^{\frac{3}{2}}\right]_0^1=3\left(\frac{2}{3}-0\right)=2$$

복습	1회	2회	3회	4회	5회
채점 O△X					

252. [2007년 수능 (가)형 미분과 적분 27번]

1보다 큰 실수 a에 대하여 $f(a)=\displaystyle\int_1^a \frac{\sqrt{\ln x}}{x}\,dx$ 라 할 때, $f(a^4)$과 같은 것은? [3점]

① $4f(a)$　　② $8f(a)$ ✓　　③ $12f(a)$
④ $16f(a)$　　⑤ $20f(a)$

수능수학 Big Data Analyst 김지석
수능한권 Prism 해설

$\ln x=t$라 하면 $\dfrac{1}{x}=\dfrac{dt}{dx}$

$$f(a)=\int_1^a \frac{\sqrt{\ln x}}{x}\,dx=\int_0^{\ln a} t^{\frac{1}{2}}\,dt=\left[\frac{2}{3}t^{\frac{3}{2}}\right]_0^{\ln a}$$

$$=\frac{2}{3}(\ln a)^{\frac{3}{2}}$$

$$\therefore f(a^4)=\frac{2}{3}(\ln a^4)^{\frac{3}{2}}=\frac{2}{3}\cdot 4^{\frac{3}{2}}(\ln a)^{\frac{3}{2}}=8f(a)$$

복습	1회	2회	3회	4회	5회
채점 O△X					

253. [1999년 수능 (자연) 11번]

다음 정적분 중 그 값이 $\int_a^b \dfrac{1}{x}\,dx$ 와 같은 것은?

(단, $0 < a < b$) [3점]

① $\displaystyle\int_{a+1}^{b+1} \dfrac{1}{x}\,dx$　② $\displaystyle\int_{2a}^{2b} \dfrac{1}{x}\,dx$　③ $\displaystyle\int_{a^2}^{b^2} \dfrac{1}{x}\,dx$

④ $\displaystyle\int_{\sqrt a}^{\sqrt b} \dfrac{1}{x}\,dx$　⑤ $\displaystyle\int_{\frac{1}{a}}^{\frac{1}{b}} \dfrac{1}{x}\,dx$

수능수학 Big Data Analyst 김지석
수능한권 Prism 해설

$$\int_a^b \dfrac{1}{x}\,dx = \big[\ln|x|\big]_a^b = \ln b - \ln a = \ln \dfrac{b}{a}$$

① $\displaystyle\int_{a+1}^{b+1} \dfrac{1}{x}\,dx = \ln \dfrac{b+1}{a+1}$

② $\displaystyle\int_{2a}^{2b} \dfrac{1}{x}\,dx = \ln \dfrac{2b}{2a} = \ln \dfrac{b}{a}$

③ $\displaystyle\int_{a^2}^{b^2} \dfrac{1}{x}\,dx = \ln \dfrac{b^2}{a^2} = 2\ln \dfrac{b}{a}$

④ $\displaystyle\int_{\sqrt a}^{\sqrt b} \dfrac{1}{x}\,dx = \ln \dfrac{\sqrt b}{\sqrt a} = \dfrac{1}{2}\ln \dfrac{b}{a}$

⑤ $\displaystyle\int_{\frac{1}{a}}^{\frac{1}{b}} \dfrac{1}{x}\,dx = \ln \dfrac{\frac{1}{b}}{\frac{1}{a}} = \ln \dfrac{a}{b}$

복습	1회	2회	3회	4회	5회
채점 O△X					

254. [1998년 수능 (자연) 19번]

그림과 같이 두 직선 $x = p$, $x = q$ 와 x축 및 곡선 $y = \log_a x$로 둘러싸인 부분을 곡선 $y = \log_b x$가 두 부분 A와 B로 나눈다. A와 B의 넓이를 각각 α, β라 할 때, $\dfrac{\alpha}{\beta}$의 값은?

(단, $1 < a < b$, $1 < p < q$) [3점]

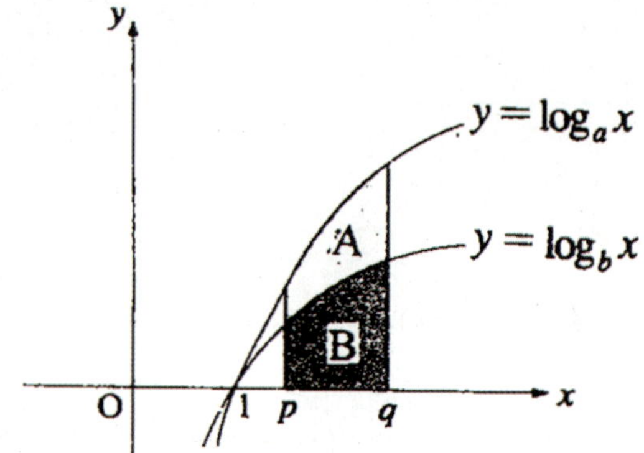

① $\left(\dfrac{b}{a} - 1\right)(q - p)$　② $\dfrac{a}{b} - 1$

③ $\log_a b - 1$　④ $\log_b a - 1$

⑤ $(q - p)\log_b a$

수능수학 Big Data Analyst 김지석
수능한권 Prism 해설

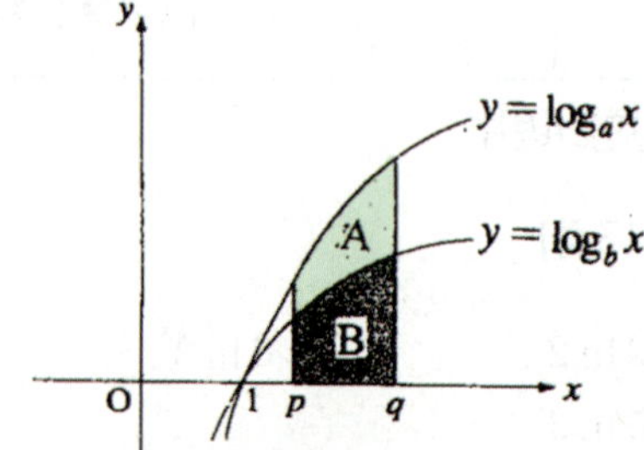

$$\dfrac{\alpha}{\beta} = \dfrac{\displaystyle\int_p^q (\log_a x - \log_b x)\,dx}{\displaystyle\int_p^q \log_b x\,dx}$$

$$= \dfrac{\dfrac{1}{\ln a}\displaystyle\int_p^q \ln x\,dx - \dfrac{1}{\ln b}\displaystyle\int_p^q \ln x\,dx}{\dfrac{1}{\ln b}\displaystyle\int_p^q \ln x\,dx}$$

$$= \dfrac{\ln b}{\ln a} - 1$$

$$= \log_a b - 1$$

수능 4점

복습	1회	2회	3회	4회	5회
채점 $\bigcirc\triangle\times$					

255. [2021년 수능 (가)형 15번] 실전 분석

$x > 0$에서 미분가능한 함수 $f(x)$에 대하여

$$f'(x) = 2 - \frac{3}{x^2}, \quad f(1) = 5$$

이다. $x < 0$에서 미분가능한 함수 $g(x)$가 다음 조건을 만족시킬 때, $g(-3)$의 값은? [4점]

> (가) $x < 0$인 모든 실수 x에 대하여
> $g'(x) = f'(-x)$ 이다.
> (나) $f(2) + g(-2) = 9$

① 1 ② 2 ③ 3 ④ 4 ⑤ 5

수능수학 Big Data Analyst 김지석
수능한권 Prism 해설

해설 바로가기 ▶ 실전개념분석 57번

복습	1회	2회	3회	4회	5회
채점 $\bigcirc\triangle\times$					

256. [2018년 6월 (가)형 15번]

함수 $f(x) = a\cos(\pi x^2)$에 대하여

$$\lim_{x \to 0} \left\{ \frac{x^2+1}{x} \int_1^{x+1} f(t)\,dt \right\} = 3$$

일 때, $f(a)$의 값은? (단, a는 상수이다.) [4점]

① 1 ② $\frac{3}{2}$ ③ 2

④ $\frac{5}{2}$ ⑤ 3

수능수학 Big Data Analyst 김지석
수능한권 Prism 해설

$f(t)$의 한 부정적분을 $F(t)$라 하면

$$\lim_{x \to 0} \left\{ \frac{x^2+1}{x} \int_1^{x+1} f(t)\,dt \right\}$$

$$= \lim_{x \to 0} \left\{ \frac{x^2+1}{x} \Big[F(t) \Big]_1^{x+1} \right\}$$

$$= \lim_{x \to 0} \left\{ (x^2+1) \times \frac{F(x+1)-F(1)}{x} \right\}$$

$$= \lim_{x \to 0} (x^2+1) \times \lim_{x \to 0} \frac{F(x+1)-F(1)}{x}$$

$$= (0+1) \times F'(1) = 1 \times f(1)$$

$$= f(1) = 3$$

$$\therefore f(1) = a\cos\pi = -a = 3$$

$$\therefore f(a) = f(-3) = -3\cos 9\pi = -3 \times (-1) = 3$$

미적분 4. 적분법 경향13
적분과 급수

수능 3점

복습	1회	2회	3회	4회	5회
채점 O△X					

257. [2023년 수능 (미적분) 24번]

$\lim\limits_{n\to\infty} \dfrac{1}{n} \sum\limits_{k=1}^{n} \sqrt{1+\dfrac{3k}{n}}$ 의 값은? [3점]

① $\dfrac{4}{3}$ ② $\dfrac{13}{9}$ ③ $\dfrac{14}{9}$ ④ $\dfrac{5}{3}$ ⑤ $\dfrac{16}{9}$

수능수학 Big Data Analyst 김지석
수능한권 Prism 해설

① x좌표=등차수열=$x_k = \dfrac{1}{n}k$

② 밑변=공차=$\dfrac{1}{n}$

③ 구간=$x_k = \dfrac{1}{n} \sim 1$

   ($n\to\infty$일 때 $x_k = 0 \sim 1$)

④ 높이=함숫값=$\sqrt{1+3x}$

$\llcorner$ $\dfrac{k}{n}=x$를 치환한 뒤 $\dfrac{1}{n}$를 제외 → 함수

$\lim\limits_{n\to\infty} \dfrac{1}{n} \sum\limits_{k=1}^{n} \sqrt{1+\dfrac{3k}{n}}$

$= \displaystyle\int_0^1 \sqrt{1+3x}\,dx$

$= \left[\dfrac{2}{9}(1+3x)^{\frac{3}{2}} \right]_0^1$

$= \dfrac{2}{9}(8-1) = \dfrac{14}{9}$

복습	1회	2회	3회	4회	5회
채점 O△X					

258. [2022년 수능 (미적분) 26번] `실전 분석`

$\lim\limits_{n\to\infty} \sum\limits_{k=1}^{n} \dfrac{k^2+2kn}{k^3+3k^2n+n^3}$ 의 값은? [3점]

① $\ln 5$ ② $\dfrac{\ln 5}{2}$ ③ $\dfrac{\ln 5}{3}$ ④ $\dfrac{\ln 5}{4}$ ⑤ $\dfrac{\ln 5}{5}$

수능수학 Big Data Analyst 김지석
수능한권 Prism 해설

해설 바로가기 ▶ 실전개념분석 59번

복습	1회	2회	3회	4회	5회
채점 O△X					

259. [2021년 수능 (가)형 11번]

$\lim\limits_{n\to\infty} \dfrac{1}{n} \sum\limits_{k=1}^{n} \sqrt{\dfrac{3n}{3n+k}}$ 의 값은? [3점]

① $4\sqrt{3}-6$ ② $\sqrt{3}-1$ ③ $5\sqrt{3}-8$
④ $2\sqrt{3}-3$ ⑤ $3\sqrt{3}-5$

수능수학 Big Data Analyst 김지석
수능한권 Prism 해설

① x좌표=등차수열=$x_k = 3+\dfrac{1}{n}k$

② 밑변=공차=$\dfrac{1}{n}$

③ 구간=$x_k = 3+\dfrac{1}{n} \sim 4$

   ($n\to\infty$일 때 $x_k = 3 \sim 4$)

④ 높이=함숫값=$\sqrt{\dfrac{3}{x}}$

$\llcorner$ $3+\dfrac{1}{n}k=x$를 치환한 뒤 $\dfrac{1}{n}$를 제외 → 함수

$\lim\limits_{n\to\infty} \dfrac{1}{n} \sum\limits_{k=1}^{n} \sqrt{\dfrac{3n}{3n+k}} = \lim\limits_{n\to\infty} \dfrac{1}{n} \sum\limits_{k=1}^{n} \sqrt{\dfrac{3}{3+\dfrac{k}{n}}}$

$= \displaystyle\int_3^4 \sqrt{\dfrac{3}{x}}\,dx = \sqrt{3} \int_3^4 x^{-\frac{1}{2}}\,dx$

$= \sqrt{3}\left[2x^{\frac{1}{2}} \right]_3^4 = 2\sqrt{3}(2-\sqrt{3}) = 4\sqrt{3}-6$

복습	1회	2회	3회	4회	5회
채점 O△X					

260. [2020년 수능 (나)형 11번]

함수 $f(x) = 4x^3 + x$에 대하여  의 값은? [3점]

① 6 ② 7 ③ 8 ④ 9 ⑤ 10

수능수학 Big Data Analyst 김지석
수능한권 Prism 해설

① x좌표=등차수열=$x_k = \dfrac{2}{n}k$

② 밑변=공차=$\dfrac{2}{n}$

③ 구간=$x_k = \dfrac{2}{n} \sim 2$

  ($n \to \infty$일 때 $x_k = 0 \sim 2$)

④ 높이=함숫값=$f(x)$

↳ $\dfrac{2}{n}k = x$를 치환한 뒤 $\dfrac{2}{n}$를 제외 → 함수

$$\lim_{n \to \infty} \sum_{k=1}^{\infty} \frac{1}{n} f\left(\frac{2k}{n}\right)$$

$$= \frac{1}{2} \lim_{n \to \infty} \sum_{k=1}^{\infty} \frac{2}{n} f\left(\frac{2k}{n}\right)$$

$$= \frac{1}{2} \int_0^2 f(x)\,dx = \frac{1}{2} \int_0^2 (4x^3 + x)\,dx$$

$$= \frac{1}{2}\left[x^4 + \frac{1}{2}x^2\right]_0^2 = \frac{1}{2} \times 18 = 9$$

복습	1회	2회	3회	4회	5회
채점 O△X					

261. [2015년 수능 (B)형 9번] 실전 분석

함수 $f(x) = \dfrac{1}{x}$에 대하여  의 값은? [3점]

① $\ln 2$ ② $\ln 3$ ③ $2\ln 2$ ④ $\ln 5$ ⑤ $\ln 6$

수능수학 Big Data Analyst 김지석
수능한권 Prism 해설

해설 바로가기 ▶ 실전개념분석 58번

복습	1회	2회	3회	4회	5회
채점 O△X					

262. [2009년 수능 (가)형 미분과 적분 27번]

폐구간 $[0, 1]$에서 정의된 연속함수 $f(x)$가 $f(0)=0$, $f(1)=1$이며, 개구간 $(0, 1)$에서 이계도함수를 갖고 $f'(x)>0$, $f''(x)>0$일 때,

$\displaystyle\int_0^1 \{f^{-1}(x)-f(x)\}dx$의 값과 같은 것은? [3점]

① $\displaystyle\lim_{n\to\infty}\sum_{k=1}^n \left\{\frac{k}{n}-f\left(\frac{k}{n}\right)\right\}\frac{1}{2n}$

② $\displaystyle\lim_{n\to\infty}\sum_{k=1}^n \left\{\frac{k}{n}-f\left(\frac{k}{n}\right)\right\}\frac{2}{n}$ ✓

③ $\displaystyle\lim_{n\to\infty}\sum_{k=1}^n \left\{\frac{k}{n}-f\left(\frac{k}{n}\right)\right\}\frac{1}{n}$

④ $\displaystyle\lim_{n\to\infty}\sum_{k=1}^n \left\{\frac{k}{2n}-f\left(\frac{k}{n}\right)\right\}\frac{1}{n}$

⑤ $\displaystyle\lim_{n\to\infty}\sum_{k=1}^n \left\{\frac{2k}{n}-f\left(\frac{k}{n}\right)\right\}\frac{1}{n}$

수능수학 Big Data Analyst 김지석
수능한권 Prism 해설

$f'(x)>0,\ f''(x)>0$
연속함수 $f(x)$의 그래프는 구간 $[0, 1]$에서 아래로 볼록하게 증가

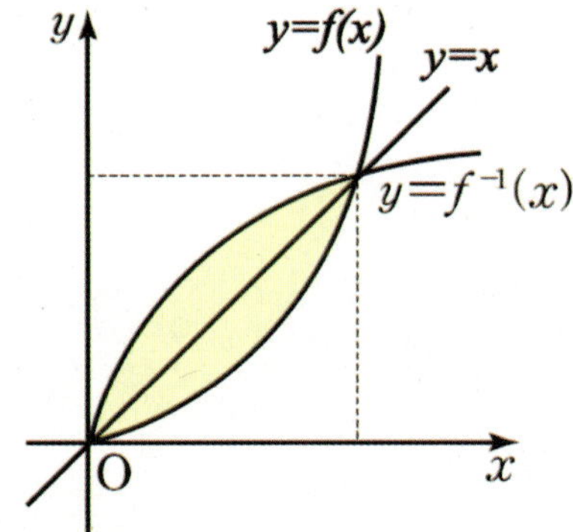

$\displaystyle\int_0^1 \{f^{-1}(x)-f(x)\}dx$

$\displaystyle= 2\int_0^1 \{x-f(x)\}dx$

$\displaystyle= 2\lim_{n\to\infty}\sum_{k=1}^n \left\{\frac{k}{n}-f\left(\frac{k}{n}\right)\right\}\frac{1}{n}$

$\displaystyle= \lim_{n\to\infty}\sum_{k=1}^n \left\{\frac{k}{n}-f\left(\frac{k}{n}\right)\right\}\frac{2}{n}$

263. [2008년 수능 (가)형 20번]

함수 $f(x)=x^3+x$일 때, $\displaystyle\lim_{n\to\infty}\frac{1}{n}\sum_{k=1}^n f\left(1+\frac{2k}{n}\right)$의 값을 구하시오. [3점]

수능수학 Big Data Analyst 김지석
수능한권 Prism 해설

12

① x좌표=등차수열=$x_k=1+\dfrac{2}{n}k$

② 밑변=공차=$\dfrac{2}{n}$

③ 구간=$x_k=1+\dfrac{2}{n}\sim 3$

  ($n\to\infty$일 때 $x_k=1\sim 3$)

④ 높이=함숫값=$f(x)$

  ↳ $1+\dfrac{2}{n}k=x$를 치환한 뒤 $\dfrac{2}{n}$를 제외 → 함수

$\displaystyle\lim_{n\to\infty}\frac{1}{n}\sum_{k=1}^n f\left(1+\frac{2k}{n}\right)$

$\displaystyle= \frac{1}{2}\lim_{n\to\infty}\sum_{k=1}^n f\left(1+\frac{2k}{n}\right)\frac{2}{n}$

$\displaystyle= \frac{1}{2}\int_1^3 f(x)\,dx$

$\displaystyle= \frac{1}{2}\int_1^3 (x^3+x)\,dx$

$\displaystyle= \frac{1}{2}\left[\frac{1}{4}x^4+\frac{1}{2}x^2\right]_1^3$

$\displaystyle= \frac{1}{2}(20+4)=12$

복습	1회	2회	3회	4회	5회
채점 O△X					

264. [2004년 수능 (인문) 20번]

아래 그림과 같이 x 좌표가 각각

$$1,\ \frac{2}{3},\ \left(\frac{2}{3}\right)^2,\ \left(\frac{2}{3}\right)^3,\ \cdots,\ \left(\frac{2}{3}\right)^{n-1},\ \cdots$$

인 x축 위의 점에서 y축에 평행한 직선을 그어 곡선 $y = x^2$ 과 만나는 점을 한 꼭짓점으로 하는 직사각형을 한없이 만든다. 이 직사각형들이 곡선 $y = x^2$ 에 의하여 잘려진 윗부분들의 넓이의 합은? [3점]

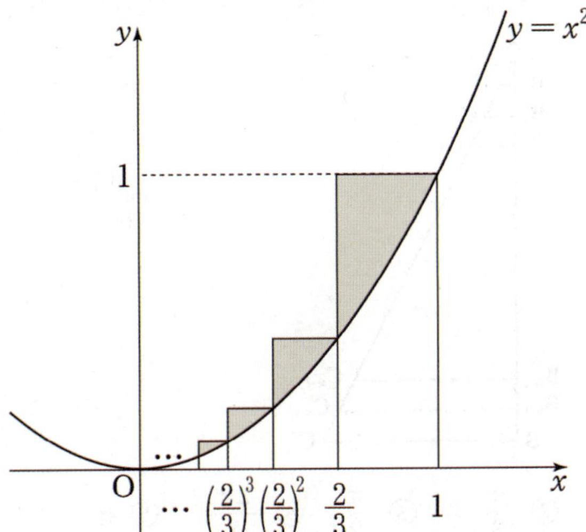

① $\dfrac{5}{57}$ ② $\dfrac{2}{19}$ ③ $\dfrac{7}{57}$ ④ $\dfrac{8}{57}$ ⑤ $\dfrac{3}{19}$

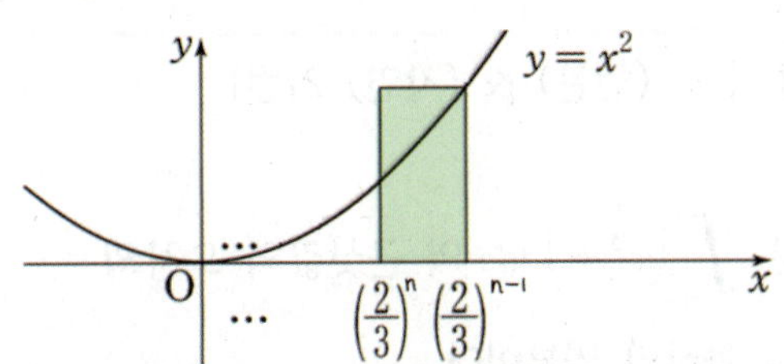

직사각형의 넓이의 합을 S_1 이라 하면

$$S_1 = \sum_{n=1}^{\infty} f\left(\left(\frac{2}{3}\right)^{n-1}\right)\left\{\left(\frac{2}{3}\right)^{n-1} - \left(\frac{2}{3}\right)^n\right\}$$

$$= \sum_{n=1}^{\infty} \left\{\left(\frac{2}{3}\right)^{n-1}\right\}^2 \left\{\left(\frac{2}{3}\right)^{n-1} - \left(\frac{2}{3}\right)^n\right\}$$

$$= \sum_{n=1}^{\infty} \frac{1}{3}\left\{\left(\frac{2}{3}\right)^3\right\}^{n-1}$$

$$= \frac{\frac{1}{3}}{1 - \left(\frac{2}{3}\right)^3} = \frac{9}{19}$$

곡선 $y = x^2$ 과 x축, $x = 1$ 로 둘러싸인 부분의 넓이를 S_2 라 하면

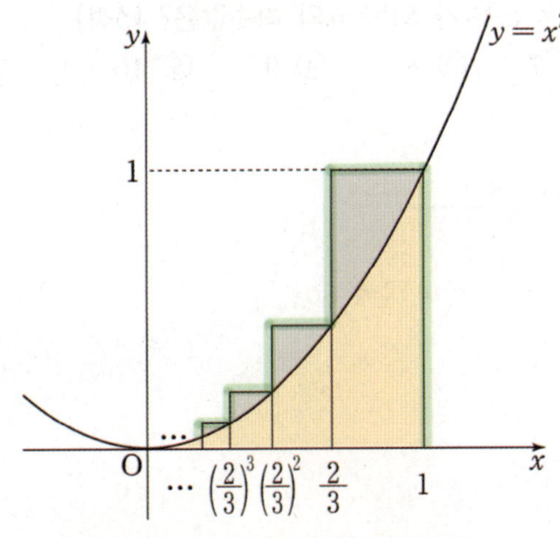

$$S_2 = \int_0^1 x^2\, dx = \left[\frac{1}{3}x^3\right]_0^1 = \frac{1}{3}$$

∴ 구하는 넓이는

$$S_1 - S_2 = \frac{9}{19} - \frac{1}{3} = \frac{8}{57}$$

복습	1회	2회	3회	4회	5회
채점 O△X					

265. [2001년 수능 (인문) & (자연) 21번]

다음은 정적분 $\int_0^1 (x^2+1)dx$ 의 근삿값의 오차의 한계를 구하는 과정의 일부이다.

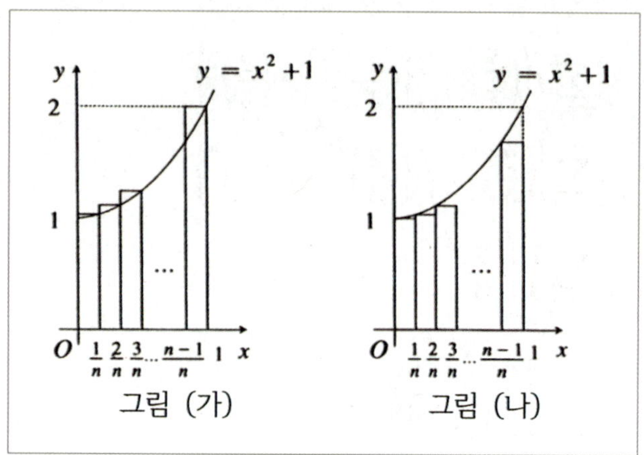

그림 (가), (나)와 같이 폐구간 $[0, 1]$을 n등분하여 얻은 n개의 직사각형들의 넓이의 합을 각각 A, B라 하자.  $A - B \leq 0.15$가 되는 n의 최솟값은? [3점]

① 6 ② 7 ③ 8 ④ 9 ⑤ 10

수능수학 Big Data Analyst 김지석
수능한권 Prism 해설

해설 바로가기 ▶ 실전개념분석 60번

266. [1996년 수능 (인문) & (자연) 11번]

$\overline{AB} = 2$, $\overline{BC} = 1$, $\angle B = 90°$ 인 직각삼각형 ABC가 있다. 변 $\overline{AB}$를 n등분한 점을 그림과 같이 B_1, B_2, B_3, $\cdots$, B_{n-1}이라 하고, 각 점에서 변 $\overline{BC}$에 평행하게 직선을 그어 변 $\overline{AB}$와 만나는 점을 각각 C_1, C_2, C_3, $\cdots$, C_{n-1}이라 할 때

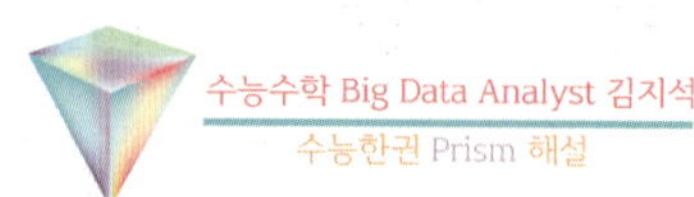 $\displaystyle\lim_{n \to \infty} \frac{2\pi}{n} \sum_{k=1}^{n-1} \overline{B_k C_k}^2$ 의 값은? [3점]

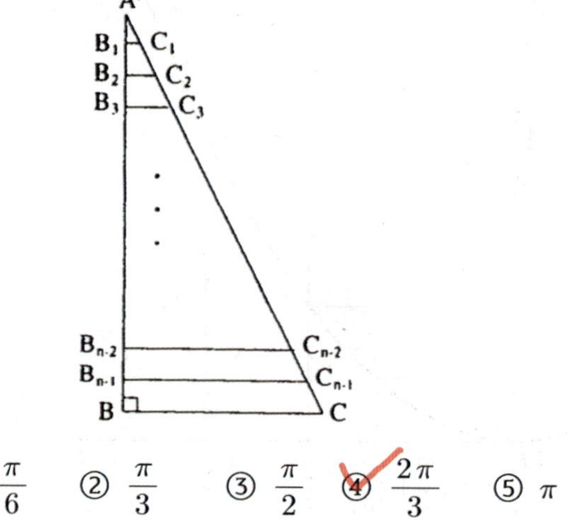

① $\dfrac{\pi}{6}$ ② $\dfrac{\pi}{3}$ ③ $\dfrac{\pi}{2}$ ④ $\dfrac{2\pi}{3}$ ⑤ π

수능수학 Big Data Analyst 김지석
수능한권 Prism 해설

해설 바로가기 ▶ 실전개념분석 63번

수능 4점

복습	1회	2회	3회	4회	5회
채점 O△X					

267. [2019년 9월 (나)형 19번]

함수 $f(x) = 4x^4 + 4x^3$에 대하여

$\lim\limits_{n \to \infty} \sum\limits_{k=1}^{n} \dfrac{1}{n+k} f\left(\dfrac{k}{n}\right)$의 값은? [4점]

① 1 ② 2 ③ 3 ④ 4 ⑤ 5

수능수학 Big Data Analyst 김지석
수능한권 Prism 해설

① x좌표 = 등차수열 = $x_k = \dfrac{1}{n}k$

② 밑변 = 공차 = $\dfrac{1}{n}$

③ 구간 = $x_k = \dfrac{1}{n} \sim 1$

  ($n \to \infty$일 때 $x_k = 0 \sim 1$)

④ 높이 = 함숫값 = $\dfrac{f(x)}{1+x}$

↳ $\dfrac{k}{n} = x$를 치환한 뒤 $\dfrac{1}{n}$을 제외 → 함수

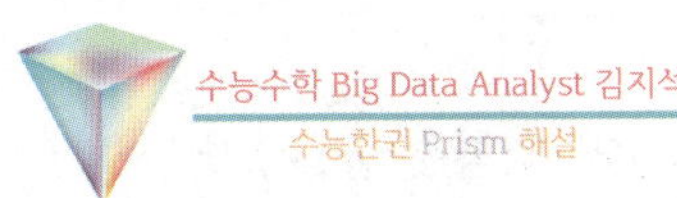

$\lim\limits_{n \to \infty} \sum\limits_{k=1}^{n} \dfrac{1}{n+k} f\left(\dfrac{k}{n}\right)$

$= \lim\limits_{n \to \infty} \sum\limits_{k=1}^{n} \dfrac{1}{n} \dfrac{1}{1+\frac{k}{n}} f\left(\dfrac{k}{n}\right)$

$= \int_0^1 \dfrac{f(x)}{1+x} dx = \int_0^1 \dfrac{4x^3(x+1)}{x+1} dx$

$= \int_0^1 4x^3 dx = \left[x^4 \right]_0^1 = 1$

복습	1회	2회	3회	4회	5회
채점 O△X					

268. [2014년 수능 (A)형 29번]

함수 $f(x) = 3x^2 - ax$가

$\lim\limits_{n \to \infty} \dfrac{1}{n} \sum\limits_{k=1}^{n} f\left(\dfrac{3k}{n}\right) = f(1)$

을 만족시킬 때, 상수 a의 값을 구하시오. [4점]

수능수학 Big Data Analyst 김지석
수능한권 Prism 해설   12

① x좌표 = 등차수열 = $x_k = \dfrac{3}{n}k$

② 밑변 = 공차 = $\dfrac{3}{n}$

③ 구간 = $x_k = \dfrac{3}{n} \sim 3$

  ($n \to \infty$일 때 $x_k = 0 \sim 3$)

④ 높이 = 함숫값 = $f(x)$

↳ $\dfrac{3}{n}k = x$를 치환한 뒤 $\dfrac{3}{n}$을 제외 → 함수

$\lim\limits_{n \to \infty} \dfrac{1}{n} \sum\limits_{k=1}^{n} f\left(\dfrac{3k}{n}\right)$

$= \dfrac{1}{3} \lim\limits_{n \to \infty} \sum\limits_{k=1}^{n} f\left(\dfrac{3k}{n}\right) \dfrac{3}{n}$

$= \dfrac{1}{3} \int_0^3 f(x) dx$

$= \dfrac{1}{3} \int_0^3 (3x^2 - ax) dx$

$= \dfrac{1}{3} \left[x^3 - \dfrac{a}{2} x^2 \right]_0^3$

$= 9 - \dfrac{3}{2} a = 3 - a \quad (\because f(1) = 3 - a)$

$\therefore a = 12$

복습	1회	2회	3회	4회	5회
채점 O△X					

269. [2010년 수능 (가)형 21번] 실전 분석

함수 $f(x) = x^2 + ax + b$ $(a \geq 0,\ b > 0)$가 있다. 그림과 같이 2 이상인 자연수 n에 대하여 폐구간 $[0, 1]$을 n등분한 각분점 (양 끝점도 포함)을 차례로 $0 = x_0,\ x_1,\ x_2,\ \cdots,\ x_{n-1},\ x_n = 1$이라 하자. 폐구간 $[x_{k-1},\ x_k]$를 밑변으로 하고 높이가 $f(x_k)$인 직사각형의 넓이를 A_k라 하자. $(k = 1,\ 2,\ \cdots,\ n)$

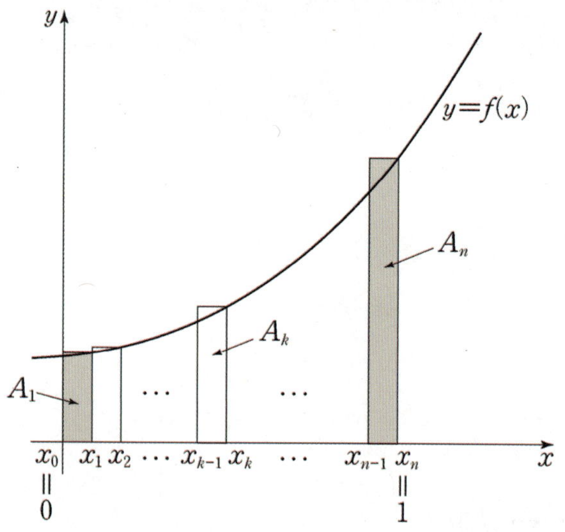

양 끝에 있는 두 직사각형의 넓이의 합이

$A_1 + A_n = \dfrac{7n^2 + 1}{n^3}$ 일 때, $\displaystyle\lim_{n \to \infty} \sum_{k=1}^{n} \dfrac{8k}{n} A_k$ 의 값을

구하시오. [4점]

해설 바로가기 ▶ 실전개념분석 61번

270. [2005년 수능 (가)형 10번] 실전 분석

다음은 연속함수 $y = f(x)$의 그래프이다.

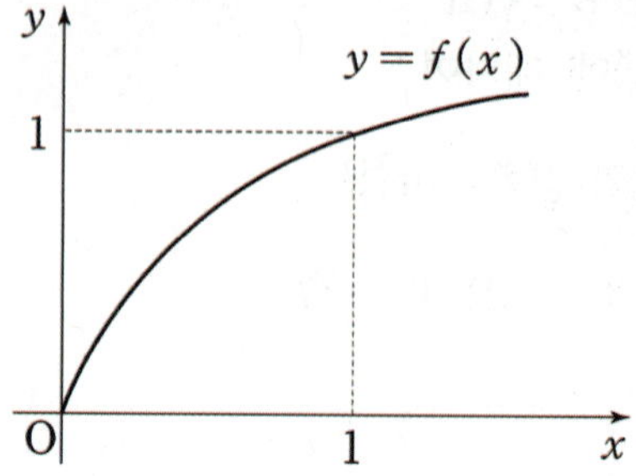

구간 $[0, 1]$에서 함수 $f(x)$의 역함수 $g(x)$가 존재하고 연속일 때, 극한값

$$\lim_{n \to \infty} \sum_{k=1}^{n} \left\{ g\left(\frac{k}{n}\right) - g\left(\frac{k-1}{n}\right) \right\} \frac{k}{n}$$ 와 같은 값을 갖는

것은? [4점]

① $\displaystyle\int_0^1 g(x)\,dx$ ② $\displaystyle\int_0^1 x\,g(x)\,dx$

③ $\displaystyle\int_0^1 f(x)\,dx$ ④ $\displaystyle\int_0^1 x\,f(x)\,dx$

⑤ $\displaystyle\int_0^1 \{ f(x) - g(x) \}\,dx$

해설 바로가기 ▶ 실전개념분석 62번

미적분 4. 적분법 경향14
적분 항등식

수능 3점

복습	1회	2회	3회	4회	5회
채점 O△X					

271. [2003년 수능 (자연) 8번] 실전 분석

함수 $f(x)$는 연속함수이고 모든 실수 x에 대하여 다음 등식이 성립한다.

$$f(x) - 2\int_0^x e^t f(t)\,dt = 1$$

$f''(0)$의 값은? (단, e는 자연로그의 밑이고, $f''(x)$는 $f(x)$의 이계도함수이다.) [3점]

① 2   ② 4   ③ 6   ④ 8   ⑤ 10

수능수학 Big Data Analyst 김지석
수능한권 Prism 해설

해설 바로가기 ▶ 실전개념분석 64번

복습	1회	2회	3회	4회	5회
채점 O△X					

272. [2002년 수능 (자연) 19번]

두 함수 $f(x) = ax + b$와 $g(x) = e^x$가

$$f(g(x)) = \int_0^x f(t)g(t)\,dt - xe^x + 3$$을 만족할 때,

$f(2)$의 값은? [3점]

① 4   ② 2   ③ 0   ④ −2   ⑤ −4

수능수학 Big Data Analyst 김지석
수능한권 Prism 해설

❶ $x = 0$ 대입

$$f(g(0)) = 0 - 0 + 3 \Leftrightarrow f(1) = a + b = 3$$

❷ 미분

$$f'(g(x))g'(x) = f(x)g(x) - (1+x)e^x$$

$x = 1$대입

$$ae = 3e - 2e$$

$\therefore a = 1,\ b = 2$

$\therefore f(2) = 1 \cdot 2 + 2 = 4$

복습	1회	2회	3회	4회	5회
채점 O△X					

273. [2002년 수능 (인문) 19번]

다음 식을 만족하는 다항식 $f(x)$의 계수들의 합은? [3점]

$$f(f(x)) = \int_0^x f(t)\,dt - x^2 + 3x + 3$$

① 3   ② 2   ③ 1   ④ 0   ⑤ −1

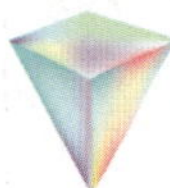
수능수학 Big Data Analyst 김지석
수능한권 Prism 해설

다항식인데 차수가 안 나와있다.
다항함수인 걸 활용하기 위해 최고차항을 구해보자.

$f(x) = ax^n + \cdots$ 라고 하면

$$f(f(x)) = a(ax^n + \cdots)^n + \cdots = a^{n+1}x^{n^2} + \cdots$$

↳ 차수: n^2

$$\int_0^x f(t)\,dt - x^2 + 3x + 3$$

$$= \frac{a}{n+1}x^{n+1} - x^2 + 3x + 3 + \cdots$$

↳ 차수: $n+1$ or 2 or 1 or 0

n이 자연수이므로 $n^2 \neq n+1$, $n^2 \neq 2$

$\therefore n^2 = 1,\ n = 1$

$\therefore f(x) = ax^1 + b$

❶ $x = 0$ 대입

$$f(f(0)) = 0 - 0 + 0 + 3$$

$$\Leftrightarrow f(b) = ab + b = 3$$

❷ 미분

$$f'(f(x))f'(x) = f(x) - 2x + 3$$

$$a \times a = ax + b - 2x + 3$$

$\therefore a = 2,\ b = 1$

$\therefore f(x)$의 계수들의 합

$$a + b = 2 + 1 = 3$$

수능 4점

복습	1회	2회	3회	4회	5회
채점 ○△X					

1등급

274. [2019년 6월 (가)형 20번]
실수 전체의 집합에서 미분가능한 함수 $f(x)$가 모든 실수 x에 대하여 다음 조건을 만족시킨다.

> (가) $f(x) > 0$
>
> (나) $\ln f(x) + 2\int_0^x (x-t)f(t)dt = 0$

<보기>에서 옳은 것만을 있는 대로 고른 것은? [4점]

> ───────<보기>───────
>
> ㄱ. $x > 0$에서 함수 $f(x)$는 감소한다.
>
> ㄴ. 함수 $f(x)$의 최댓값은 1이다.
>
> ㄷ. 함수 $F(x)$를 $F(x) = \int_0^x f(t)dt$라 할 때,
> $f(1) + \{F(1)\}^2 = 1$이다.

① ㄱ 　② ㄱ ㄴ 　③ ㄱ ㄷ
④ ㄴ ㄷ 　⑤ ㄱ ㄴ ㄷ ✓

$$\ln f(x) + 2\int_0^x (x-t)f(t)dt = 0$$

$$\Leftrightarrow \ln f(x) + 2x\int_0^x f(t)dt - 2\int_0^x tf(t)dt = 0$$

❶ $x = 0$ 대입
$$\ln f(0) + 0 = 0$$
$$\therefore f(0) = 1$$

❷ 미분
$$\frac{f'(x)}{f(x)} + 2\int_0^x f(t)dt + 2xf(x) - 2xf(x) = 0$$

$$\Leftrightarrow \frac{f'(x)}{f(x)} + 2\int_0^x f(t)dt = 0$$

ㄱ. (참)
$f(x) > 0$이므로

$x > 0$일 때, $\int_0^x f(t)dt > 0$

$$\frac{f'(x)}{f(x)} + 2\int_0^x f(t)dt = 0$$

$$\therefore f'(x) < 0$$

ㄴ. (참)
$f(x)$의 최대를 파악하기 위해서는
$f(x)$의 증가와 감소를 파악해야 한다.
$\Leftrightarrow f'(x)$의 부호로 파악해야 한다.
$x > 0$일 때 $f'(x) < 0$인 것을 알았으니
$x < 0$일 때 $f'(x)$의 부호를 파악해보자.

$f(x) > 0$이므로

$x < 0$일 때, $\int_0^x f(t)dt < 0$

$$\frac{f'(x)}{f(x)} + 2\int_0^x f(t)dt = 0$$

$$\therefore f'(x) > 0$$

$\therefore$ 함수 $f(x)$는 $x = 0$에서 극대이면서 최댓값을 갖는다.
$\therefore$ 함수 $f(x)$의 최댓값은
$$f(0) = 1$$

ㄷ. (참)
$$\frac{f'(x)}{f(x)} + 2\int_0^x f(t)dt = 0$$

$$\Leftrightarrow \frac{f'(x)}{f(x)} + 2F(x) = 0$$

$$\Leftrightarrow f'(x) + F(x)f(x) = 0$$

양변을 적분하면
$$f(x) + \{F(x)\}^2 = C$$

$f(x) + \{F(x)\}^2$의 값이 상수 C가 나오므로 x값이 얼마든 항상 일정한 값을 갖는다.
$x = 0$을 대입하면
$$f(0) + \{F(0)\}^2 = 1$$
$$\therefore C = 1$$
$$\therefore f(1) + \{F(1)\}^2 = 1$$

복습	1회	2회	3회	4회	5회
채점 O△X					

275. [2018년 수능 (가)형 15번] 실전 분석

함수 $f(x)$가

$$f(x)=\int_0^x \frac{1}{1+e^{-t}}\,dt$$

일 때, $(f \circ f)(a)=\ln 5$를 만족시키는 실수 a의 값은? [4점]

① $\ln 11$ ② $\ln 13$ ③ $\ln 15$
④ $\ln 17$ ⑤ $\ln 19$

수능수학 Big Data Analyst 김지석
수능한권 Prism 해설

해설 바로가기 ▶ 실전개념분석 68번

복습	1회	2회	3회	4회	5회
채점 O△X					

276. [2017년 수능 (가)형 20번] 실전 분석

함수 $f(x)=e^{-x}\int_0^x \sin(t^2)\,dt$ 에 대하여

<보기>에서 옳은 것만을 있는 대로 고른 것은? [4점]

[보 기]

ㄱ. $f(\sqrt{\pi})>0$

ㄴ. $f'(a)>0$ 을 만족시키는 a가 열린구간 $(0,\ \sqrt{\pi})$에 적어도 하나 존재한다.

ㄷ. $f'(b)=0$ 을 만족시키는 b가 열린구간 $(0,\ \sqrt{\pi})$에 적어도 하나 존재한다.

① ㄱ   ② ㄷ   ③ ㄱ, ㄴ   ④ ㄴ, ㄷ   ⑤ ㄱ, ㄴ, ㄷ

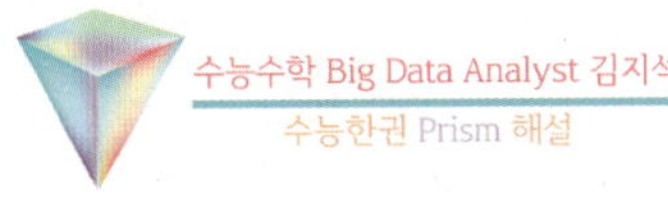
수능수학 Big Data Analyst 김지석
수능한권 Prism 해설

해설 바로가기 ▶ 실전개념분석 67번

복습	1회	2회	3회	4회	5회
채점 O△X					

277. [2012년 수능 (가)형 28번] 실전 분석

함수 $f(x)=3(x-1)^2+5$ 에 대하여 함수 $F(x)$를

$$F(x)=\int_0^x f(t)\,dt$$ 라 하자. 미분가능한 함수 $g(x)$ 가

모든 실수 x 에 대하여 $F(g(x))=\dfrac{1}{2}F(x)$ 를

만족시킨다. $g'(2)=p$ 일 때, $30p$ 의 값을 구하시오. [4점]

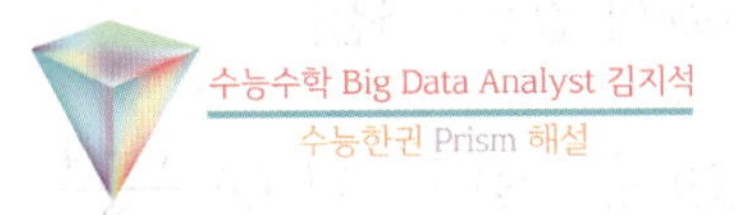
수능수학 Big Data Analyst 김지석
수능한권 Prism 해설

24

해설 바로가기 ▶ 실전개념분석 66번

복습	1회	2회	3회	4회	5회
채점 O△X					

278. [2009년 수능 (가)형 미분과 적분 29번]

실전 분석

함수 $f(x)$를 $f(x)=\int_a^x \{2+\sin(t^2)\}\,dt$라 하자.

$f''(a)=\sqrt{3}\,a$일 때, $(f^{-1})'(0)$의 값은?

(단, a는 $0<a<\sqrt{\dfrac{\pi}{2}}$ 인 상수이다.) [4점]

① $\dfrac{1}{10}$ ② $\dfrac{1}{5}$ ③ $\dfrac{3}{10}$ ④ $\dfrac{2}{5}$ ⑤ $\dfrac{1}{2}$

수능수학 Big Data Analyst 김지석
수능한권 Prism 해설

해설 바로가기 ▶ 실전개념분석 65번

미적분 4. 적분법 경향15
적분식 조작

수능 3점

복습	1회	2회	3회	4회	5회
채점 O△X					

279. [2013년 수능 (가)형 12번]

연속함수 $f(x)$가 $f(x) = e^{x^2} + \displaystyle\int_0^1 tf(t)\,dt$를

만족시킬 때, $\displaystyle\int_0^1 xf(x)\,dx$의 값은? [3점]

① $e-2$ ② $\dfrac{e-1}{2}$ ③ $\dfrac{e}{2}$ ④ $e-1$ ✓ ⑤ $\dfrac{e+1}{2}$

수능수학 Big Data Analyst 김지석
수능한권 Prism 해설

$\displaystyle\int_0^1 tf(t)\,dt = a$라 하면

$f(x) = e^{x^2} + a$

$a = \displaystyle\int_0^1 t \cdot f(t)\,dt = \int_0^1 t\left(e^{t^2} + a\right)dt$

$\quad = \displaystyle\int_0^1 \left(t \cdot e^{t^2} + at\right)dt = \left[\dfrac{1}{2}e^{t^2} + \dfrac{1}{2}at^2\right]_0^1$

$\quad = \dfrac{1}{2}e + \dfrac{1}{2}a - \dfrac{1}{2}$

$\Leftrightarrow 2a = e + a - 1$

$\therefore \displaystyle\int_0^1 xf(x)\,dx = a = e-1$

복습	1회	2회	3회	4회	5회
채점 O△X					

1등급

280. [2011년 수능 (가)형 미분과 적분 28번]

실전 분석

실수 전제의 집합에서 미분가능한 함수 $f(x)$가 있다.
모든 실수 x에 대하여 $f(2x) = 2f(x)f'(x)$이고,

$f(a) = 0$, $\displaystyle\int_{2a}^{4a} \dfrac{f(x)}{x}\,dx = k$ $(a > 0,\ 0 < k < 1)$

일 때, $\displaystyle\int_a^{2a} \dfrac{\{f(x)\}^2}{x^2}\,dx$의 값을 k로 나타낸 것은?

[3점]

① $\dfrac{k^2}{4}$ ② $\dfrac{k^2}{2}$ ③ k^2 ④ k ✓ ⑤ $2k$

수능수학 Big Data Analyst 김지석
수능한권 Prism 해설

해설 바로가기 ▶ 실전개념분석 72번

수능 4점

복습	1회	2회	3회	4회	5회
채점 O△X					

1등급

281. [2025년 수능 (미적분) 28번] 실전 분석

실수 전체의 집합에서 미분가능한 함수 $f(x)$의 도함수 $f'(x)$가

$$f'(x) = -x + e^{1-x^2}$$

이다. 양수 t에 대하여 곡선 $y = f(x)$ 위의 점 $(t, f(t))$에서의 접선과 곡선 $y = f(x)$ 및 y축으로 둘러싸인 부분의 넓이를 $g(t)$라 하자. $g(1) + g'(1)$의 값은? [4점]

① $\dfrac{1}{2}e + \dfrac{1}{2}$ ② $\dfrac{1}{2}e + \dfrac{2}{3}$ ③ $\dfrac{1}{2}e + \dfrac{5}{6}$

④ $\dfrac{2}{3}e + \dfrac{1}{2}$ ⑤ $\dfrac{2}{3}e + \dfrac{2}{3}$

해설 바로가기 ▶ 실전개념분석 75번

복습	1회	2회	3회	4회	5회
채점 O△X					

1등급

282. [2025년 9월 (미적분) 30번]

실수 전체의 집합에서 미분가능한 함수 $f(x)$와 실수 전체의 집합에서 연속인 함수 $g(x)$는 모든 실수 x에 대하여

$$f(x) = \ln\left(\frac{g(x)}{1+xf'(x)}\right)$$

를 만족시킨다. $f(1) = 4\ln 2$ 이고

$$\int_1^2 g(x)\,dx = 34, \quad \int_1^2 xg(x)\,dx = 53$$

일 때, $\displaystyle\int_1^2 xe^{f(x)}\,dx$ 의 값을 구하시오. [4점]

31

식의 특징: 단서가 $g(x)$의 적분값이므로 식을 $g(x)$ 기준으로 변형하자.

식의 특징: 문제에서 구하는 답이 $xe^{f(x)}$의 적분인 것에 착안하여, $e^{f(x)} + xf'(x)e^{f(x)} = \{xe^{f(x)}\}'$라는 생각을 할 수 있어야 한다.

식의 특징: 문제에서 구하는 답이 $xe^{f(x)}$의 적분인데 $xe^{f(x)}$의 미분에 대한 단서가 있으므로 ($\{xe^{f(x)}\}' = g(x)$) 부분적분을 해야 한다는 생각을 할 수 있어야 한다.

$$f(x) = \ln\left\{\frac{g(x)}{1+xf'(x)}\right\}$$

$$\Leftrightarrow e^{f(x)} = \frac{g(x)}{1+xf'(x)}$$

$$\Leftrightarrow g(x) = e^{f(x)}\{1+xf'(x)\} = e^{f(x)} + xf'(x)e^{f(x)}$$
$$= \{xe^{f(x)}\}'$$

$$\int_1^2 g(x)\,dx = \left[xe^{f(x)}\right]_1^2 = 2e^{f(2)} - e^{f(1)}$$
$$= 2e^{f(2)} - e^{\ln 16} = 2e^{f(2)} - 16 = 34$$
$$\therefore e^{f(2)} = 25$$

$$\int_1^2 xe^{f(x)} \times 1\,dx$$

$$= \left[xe^{f(x)}x\right]_1^2 - \int_1^2 \{xe^{f(x)}\}'x\,dx$$

$$= \{4e^{f(2)} - e^{f(1)}\} - \int_1^2 xg(x)\,dx$$

$$= 4 \times 25 - 16 - 53 = 31$$

복습	1회	2회	3회	4회	5회
채점 O△X					

1등급

283. [2024년 9월 (미적분) 28번]

함수 $f(x)$는 실수 전체의 집합에서 연속인 이계도함수를 갖고, 실수 전체의 집합에서 정의된 함수 $g(x)$를

$$g(x) = f'(2x)\sin \pi x + x$$

라 하자. 함수 $g(x)$는 역함수 $g^{-1}(x)$를 갖고,

$$\int_0^1 g^{-1}(x)\,dx = 2\int_0^1 f'(2x)\sin \pi x\,dx + \frac{1}{4}$$

을 만족시킬 때, $\displaystyle\int_0^2 f(x)\cos \frac{\pi}{2}x\,dx$ 의 값은? [4점]

① $-\dfrac{1}{\pi}$ ② $-\dfrac{1}{2\pi}$ ③ $-\dfrac{1}{3\pi}$

④ $-\dfrac{1}{4\pi}$ ⑤ $-\dfrac{1}{5\pi}$

식의 특징: 구하는 답 $\displaystyle\int_0^2 f(x)\cos \frac{\pi}{2}x\,dx$ 는

단서 $\displaystyle\int_0^1 f'(2x)\sin \pi x\,dx$ 는 부분적분법으로 연결 가능해 보인다.

식의 특징: $\displaystyle\int_0^2 f(x)\cos \frac{\pi}{2}x\,dx$ 는

단서 $\displaystyle\int_0^1 f'(2x)\sin \pi x\,dx$ 는 정의역이 다르므로 치환적분을 활용해야 한다.

$g(0)=0,\ g(1)=1$ 이므로 $g^{-1}(0)=0,\ g^{-1}(1)=1$

$$\therefore \int_0^1 g^{-1}(x)\,dx = 1 - \int_0^1 g(x)\,dx$$

$$\int_0^1 g^{-1}(x)\,dx = 2\int_0^1 f'(2x)\sin \pi x\,dx + \frac{1}{4}$$

$$\Leftrightarrow 1 - \int_0^1 g(x)\,dx = 2\int_0^1 \{g(x)-x\}\,dx + \frac{1}{4}$$

$$\Leftrightarrow 1 - \int_0^1 \{g(x)-x\}\,dx + \int_0^1 x\,dx = 2\int_0^1 \{g(x)-x\}\,dx + \frac{1}{4}$$

$$\therefore \int_0^1 f'(2x)\sin \pi x\,dx = \int_0^1 \{g(x)-x\}\,dx = \frac{1}{12}$$

$$\therefore \int_0^2 f(x)\cos \frac{\pi}{2}x\,dx$$

$$= 2\int_0^1 f(2t)\cos \pi t\,dt \quad (\because x = 2t,\ \frac{1}{2}x = t)$$

$$= 2\left\{ \left[f(2t)\frac{1}{\pi}\sin \pi t \right]_0^1 - \frac{2}{\pi}\int_0^1 f'(2t)\sin \pi t\,dt \right\}$$

$$= 2\left\{ 0 - \frac{2}{\pi}\cdot\frac{1}{12} \right\} = -\frac{1}{3\pi}$$

복습	1회	2회	3회	4회	5회
채점 O△X					

284. [2020년 22예시문항 미적분 29번]

함수 $f(x)=e^x+x-1$과 양수 t에 대하여 함수

$$F(x)=\int_0^x \{t-f(s)\}ds$$

가 $x=\alpha$에서 최댓값을 가질 때, 실수 α의 값을 $g(t)$라 하자. 미분가능한 함수 $g(t)$에 대하여

$$\int_{f(1)}^{f(5)} \frac{g(t)}{1+e^{g(t)}}dt$$ 의 값을 구하시오. [4점]

12

$F(x)$가 $x=\alpha$에서 최댓값

→ $F(x)$가 $x=\alpha$에서 극댓값

→ $F'(\alpha)=0$ ($\because F(x)$가 미분가능)

$F'(x)=t-f(x)$

$F'(\alpha)=t-f(\alpha)=0$

$\therefore t=f(\alpha)$

$\Leftrightarrow t=f(g(t))$ ($\because \alpha=g(t)$)

$\therefore$ 함수 f와 g는 역함수 관계이다.

$\therefore t=f(g(t))=g(f(t))$

t에 대해서 미분하면

$1=f'(g(t))g'(t)=\{1+e^{g(t)}\}g'(t)$

$$\int_{f(1)}^{f(5)} \frac{g(t)}{1+e^{g(t)}}dt$$

$$=\int_{f(1)}^{f(5)} \frac{g(t)g'(t)}{\{1+e^{g(t)}\}g'(t)}dt$$

$$=\int_{f(1)}^{f(5)} \frac{g(t)g'(t)}{1}dt$$

$$=\left[\frac{1}{2}\{g(t)\}^2\right]_{f(1)}^{f(5)}$$

$$=\frac{1}{2}(\{g(f(5))\}^2-\{g(f(1))\}^2)$$

$$=\frac{1}{2}(5^2-1^2)=12$$

285. [2019년 수능 (가)형 16번] 실전 분석

$x>0$에서 정의된 연속함수 $f(x)$가 모든 양수 x에 대하여

$$2f(x)+\frac{1}{x^2}f\left(\frac{1}{x}\right)=\frac{1}{x}+\frac{1}{x^2}$$

을 만족시킬 때, $\int_{\frac{1}{2}}^{2} f(x)\,dx$ 의 값은? [4점]

① $\dfrac{\ln 2}{3}+\dfrac{1}{2}$ ② $\dfrac{2\ln 2}{3}+\dfrac{1}{2}$ ③ $\dfrac{\ln 2}{3}+1$

④ $\dfrac{2\ln 2}{3}+1$ ⑤ $\dfrac{2\ln 2}{3}+\dfrac{3}{2}$

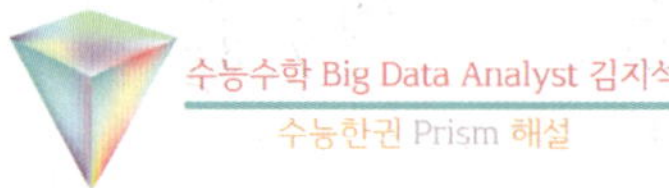

해설 바로가기 ▶ 실전개념분석 69번

복습	1회	2회	3회	4회	5회
채점 O△X					

286. [2019년 수능 (가)형 21번] 실전 분석
실수 전체의 집합에서 미분가능한 함수 $f(x)$가 다음 조건을 만족시킬 때, $f(-1)$의 값은? [4점]

> (가) 모든 실수 x에 대하여
> $$2\{f(x)\}^2 f'(x) = \{f(2x+1)\}^2 f'(2x+1)$$이다.
> (나) $f\left(-\dfrac{1}{8}\right) = 1, \ f(6) = 2$

① $\dfrac{\sqrt[3]{3}}{6}$ ② $\dfrac{\sqrt[3]{3}}{3}$ ③ $\dfrac{\sqrt[3]{3}}{2}$ ④ $\dfrac{2\sqrt[3]{3}}{3}$ ⑤ $\dfrac{5\sqrt[3]{3}}{6}$

수능수학 Big Data Analyst 김지석
수능한권 Prism 해설

해설 바로가기 ▶ 실전개념분석 70번

복습	1회	2회	3회	4회	5회
채점 O△X					

287. [2019년 9월 (가)형 17번]
두 함수 $f(x)$, $g(x)$는 실수 전체의 집합에서 도함수가 연속이고 다음 조건을 만족시킨다.

> (가) 모든 실수 x에 대하여
> $$f(x)g(x) = x^4 - 1$$이다.
> (나) $\displaystyle\int_{-1}^{1} \{f(x)\}^2 g'(x)\,dx = 120$

$\displaystyle\int_{-1}^{1} x^3 f(x)\,dx$의 값은? [4점]

① 12 ② 15 ③ 18 ④ 21 ⑤ 24

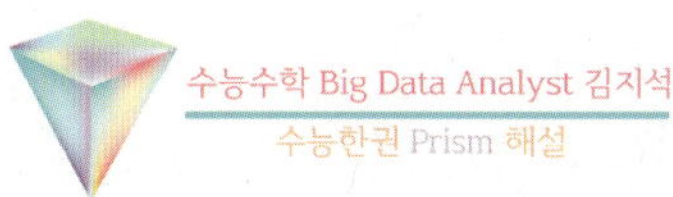

수능수학 Big Data Analyst 김지석
수능한권 Prism 해설

부분적분법에 의해

$$\int_{-1}^{1} \{f(x)\}^2 g'(x)\,dx$$

$$= \left[\{f(x)\}^2 g(x)\right]_{-1}^{1} - \int_{-1}^{1} 2f(x)f'(x)g(x)\,dx$$

$$= \left[f(x)(x^4-1)\right]_{-1}^{1} - \int_{-1}^{1} 2\{f(x)g(x)\}f'(x)\,dx$$

$$= 0 - 2\int_{-1}^{1} (x^4-1)f'(x)\,dx$$

$$= -2\left\{\left[(x^4-1)f(x)\right]_{-1}^{1} - \int_{-1}^{1} 4x^3 f(x)\,dx\right\}$$

$$= -2\left\{0 - 4\int_{-1}^{1} x^3 f(x)\,dx\right\} = 120$$

$$\therefore \int_{-1}^{1} x^3 f(x)\,dx = 15$$

복습	1회	2회	3회	4회	5회
채점 ○△X					

1등급

288. [2019년 9월 (가)형 30번]
실수 전체의 집합에서 미분가능한 함수 $f(x)$가 모든 실수 x에 대하여
$$f'(x^2+x+1)=\pi f(1)\sin\pi x+f(3)x+5x^2$$
을 만족시킬 때, $f(7)$의 값을 구하시오. [4점]

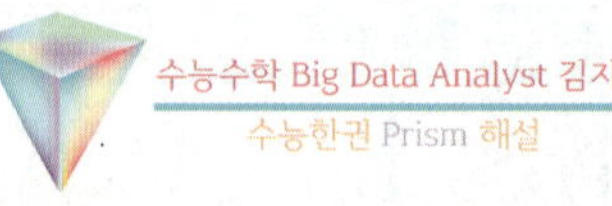

(step1) $x=0,\ -1$ 대입하면 전부 $f'(1)$이 나온다.

$x=0$를 대입하면
$$f'(1)=0$$

$x=-1$을 대입하면
$$f'(1)=0-f(3)+5=0$$
$$\therefore\ f(3)=5$$

(step2) 적분하기

$f'(x^2+x+1)=\pi f(1)\sin\pi x+5x+5x^2$에 양변에
$(x^2+x+1)'=2x+1$을 곱하고 적분하면

$$\int f'(x^2+x+1)(2x+1)dx$$
$$=\int \{\pi f(1)\sin\pi x+5x+5x^2\}(2x+1)dx$$
$$\Leftrightarrow f(x^2+x+1)$$
$$=\pi f(1)\int \sin\pi x(2x+1)dx+5\int(2x^3+3x^2+x)dx$$
$$=\pi f(1)\left\{-\frac{1}{\pi}\cos\pi x(2x+1)-\int-\frac{2}{\pi}\cos\pi x dx\right\}$$
$$\quad+5\left(\frac{1}{2}x^4+x^3+\frac{1}{2}x^2\right)$$
$$=f(1)\left\{-\cos\pi x(2x+1)+\frac{2}{\pi}\sin\pi x\right\}$$
$$\quad+5\left(\frac{1}{2}x^4+x^3+\frac{1}{2}x^2\right)+C$$

(step3) $f(1)$ 구하기

$x=0$에 대입
$$f(1)=f(1)\{-1+0\}+0+C$$
$$\therefore\ 2f(1)=C$$

$x=1$에 대입
$$f(3)=f(1)\{-(-1)3+0\}+10+C$$
$$\Leftrightarrow 5=3f(1)+10+C=5f(1)+10$$
$$\therefore\ f(1)=-1,\ C=-2$$

$$\therefore\ f(x^2+x+1)$$
$$=(2x+1)\cos\pi x-\frac{2}{\pi}\sin\pi x+5\left(\frac{1}{2}x^4+x^3+\frac{1}{2}x^2\right)-2$$

$x=2$를 대입
$$f(7)=5\cdot 1-0+5(8+8+2)-2=93$$

복습	1회	2회	3회	4회	5회
채점 $\bigcirc\triangle$X					

1등급

289. [2018년 6월 (가)형 30번]
실수 전체의 집합에서 미분 가능한 함수 $f(x)$ 에
대하여 곡선 $y=f(x)$ 위의 점 $(t, f(t))$ 에서의
접선의 y 절편을 $g(t)$ 라 하자. 모든 실수 t 에 대하여

$$(1+t^2)\{g(t+1)-g(t)\}=2t$$

이고, $\displaystyle\int_0^1 f(x)dx = -\frac{\ln 10}{4}$, $f(1)=4+\frac{\ln 17}{8}$ 일 때,

$2\{f(4)+f(-4)\}-\displaystyle\int_{-4}^4 f(x)dx$ 의 값을 구하시오.

[4점]

수능수학 Big Data Analyst 김지석
수능한권 Prism 해설　　**16**

(step1) 구하는 답 분석하기

$y=f(t)$ 의 $(t, f(t))$ 에서의 접선의 방정식은
$y=f'(t)(x-t)+f(t)$
$\therefore g(t)=f'(t)(0-t)+f(t)=-tf'(t)+f(t)$

$$\int_{-4}^4 g(t)dt=\int_{-4}^4 (-tf'(t)+f(t))dt$$

$$=\int_{-4}^4 (-tf'(t))dt+\int_{-4}^4 f(t)dt$$

$$=[-tf(t)]_{-4}^4 -\int_{-4}^4 -f(t)dt+\int_{-4}^4 f(t)dt$$

$$=-4f(4)-4f(-4)+2\int_{-4}^4 f(t)dt$$

$$=-2\left(2\{f(4)+f(-4)\}-\int_{-4}^4 f(t)dt\right)$$

$$\therefore 2\{f(4)+f(-4)\}-\int_{-4}^4 f(x)dx=-\frac{1}{2}\int_{-4}^4 g(t)dt$$

(step2) 조건 활용하기

$(1+t^2)\{g(t+1)-g(t)\}=2t$

$\Leftrightarrow g(t+1)-g(t)=\dfrac{2t}{1+t^2}$

$\Leftrightarrow \dfrac{d}{dt}\displaystyle\int_t^{t+1} g(x)dx=\dfrac{2t}{1+t^2}$

$\Leftrightarrow \displaystyle\int_t^{t+1} g(x)dx=\ln(1+t^2)+C$

$$\int_0^1 g(x)dx=\ln(1+0)+C=C$$

$$=\int_0^1 (-xf'(x)+f(x))dt$$

$$=[-xf(x)]_0^1 -\int_0^1 -f(x)dx+\int_0^1 f(t)dt$$

$$=-f(1)+2\int_0^1 f(t)dt$$

$$=-\left(4+\frac{\ln 17}{8}\right)-2\frac{\ln 10}{4}$$

$$=-4-\frac{\ln 17}{8}-\frac{\ln 10}{2}$$

$$\therefore C=-4-\frac{\ln 17}{8}-\frac{\ln 10}{2}$$

(step3) 답 계산하기

$$\therefore 2\{f(4)+f(-4)\}-\int_{-4}^4 f(x)dx$$

$$=-\frac{1}{2}\int_{-4}^4 g(t)dt$$

$$=-\frac{1}{2}\sum_{t=-4}^3 \int_t^{t+1} g(x)dx$$

$$=-\frac{1}{2}\sum_{t=-4}^3 \{\ln(1+t^2)+C\}$$

$$=-\frac{1}{2}(\ln 17+\ln 10+\ln 5+\ln 2+0+\ln 2+\ln 5+\ln 10+8C)$$

$$=-\frac{1}{2}\left\{\ln 17+4\ln 10+8\left(-4-\frac{\ln 17}{8}-\frac{\ln 10}{2}\right)\right\}$$

$$=16$$

복습	1회	2회	3회	4회	5회
채점 O△X					

1등급

290. [2017년 수능 (가)형 21번] 실전 분석

닫힌구간 $[0,\ 1]$에서 증가하는 연속함수 $f(x)$가

$$\int_0^1 f(x)dx = 2,\quad \int_0^1 |f(x)|dx = 2\sqrt{2}$$

를 만족시킨다. 함수 $F(x)$가

$$F(x) = \int_0^x |f(t)|dt \ \ (0 \le x \le 1)$$

일 때, $\displaystyle\int_0^1 f(x)F(x)dx$의 값은? [4점]

① $4 - \sqrt{2}$ ② $42 + \sqrt{2}$ ③ $5 - \sqrt{2}$
④ $1 + 2\sqrt{2}$ ⑤ $2 + 2\sqrt{2}$

해설 바로가기 ▶ 실전개념분석 74번

복습	1회	2회	3회	4회	5회
채점 O△X					

1등급

291. [2014년 수능 (B)형 21번] 실전 분석

연속함수 $y = f(x)$의 그래프가 원점에 대하여 대칭이고, 모든 실수 x에 대하여

$$f(x) = \frac{\pi}{2}\int_1^{x+1} f(t)dt \ \ \text{이다.} \ f(1) = 1 \text{일 때,}$$

$\displaystyle \pi^2 \int_0^1 xf(x+1)dx$의 값은? [4점]

① $2(\pi - 2)$ ② $2\pi - 3$ ③ $2(\pi - 1)$
④ $2\pi - 1$ ⑤ 2π

해설 바로가기 ▶ 실전개념분석 73번

복습	1회	2회	3회	4회	5회
채점 O△X					

1등급

292. [2010년 수능 (가)형 미분과 적분 29번]

실전 분석

실수 전체의 집합에서 이계도함수를 갖는 두 함수 $f(x)$와 $g(x)$에 대하여 정적분

$$\int_0^1 \{f'(x)g(1-x) - g'(x)f(1-x)\}dx$$의 값을 k 라

하자. 옳은 것만은 [보기]에서 있는 대로 고른 것은? [4점]

[보 기]

ㄱ. $\displaystyle\int_0^1 \{f(x)g'(1-x) - g(x)f'(1-x)\}dx = -k$

ㄴ. $f(0) = f(1)$이고 $g(0) = g(1)$이면, $k = 0$이다.

ㄷ. $f(x) = \ln(1 + x^4)$이고 $g(x) = \sin \pi x$이면, $k = 0$이다.

① ㄴ ② ㄷ ③ ㄱ, ㄴ ④ ㄱ, ㄷ ⑤ ㄱ, ㄴ, ㄷ

해설 바로가기 ▶ 실전개념분석 71번

<table>
<tr><td>복습</td><td>1회</td><td>2회</td><td>3회</td><td>4회</td><td>5회</td></tr>
<tr><td>채점
○△X</td><td></td><td></td><td></td><td></td><td></td></tr>
</table>

294. [1998년 수능 (자연) 13번]

다음 그림은 $0 \le x \le 4$에서 정의된 함수

$y = f(x)$의 그래프이다. 정적분 $\int_0^1 f(2x+1)dx$의

값은? [2점]

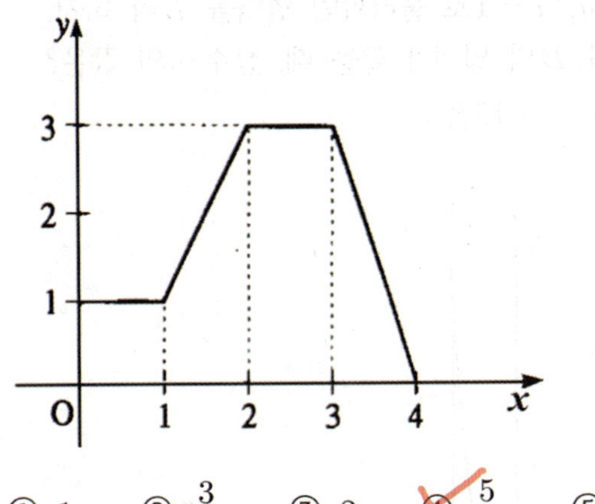

① 1 ② $\dfrac{3}{2}$ ③ 2 ④ $\dfrac{5}{2}$ ⑤ 3

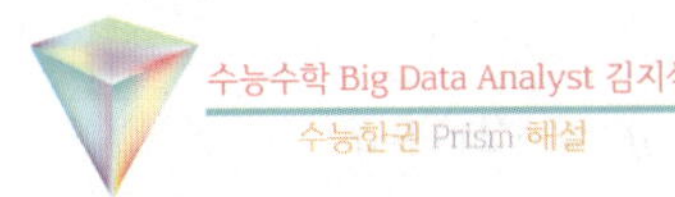
수능수학 Big Data Analyst 김지석
수능한권 Prism 해설

$2x+1 = t$로 치환적분을 하면

$$\int_0^1 f(2x+1)\,dx = \frac{1}{2}\int_1^3 f(t)\,dt$$

$$= \frac{1}{2}\left\{\frac{1}{2}(1+3)+3\right\} = \frac{5}{2}$$

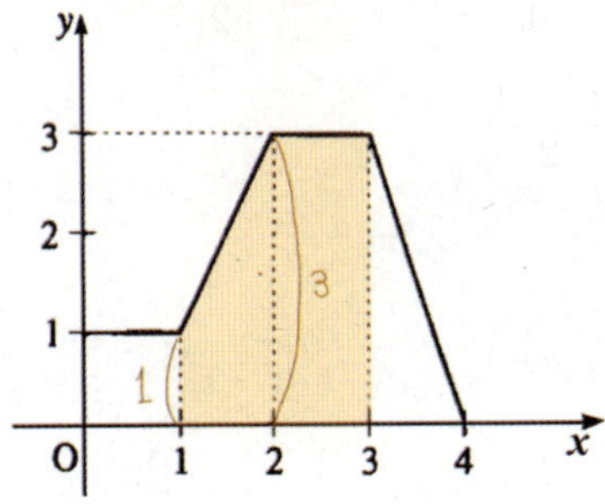

미적분 4. 적분법 경향16
적분법 그래프

수능 2점

<table>
<tr><td>복습</td><td>1회</td><td>2회</td><td>3회</td><td>4회</td><td>5회</td></tr>
<tr><td>채점
○△X</td><td></td><td></td><td></td><td></td><td></td></tr>
</table>

293. [2002년 수능 (인문) 6번]

포물선 $y = x^2$ 위의 한 점 $P(x,\ y)$에서 접선이

x축의 양의 방향과 이루는 각의 크기를 $\theta(x)$라 할

때, $\int_0^1 \tan\theta(x)dx$의 값은? [2점]

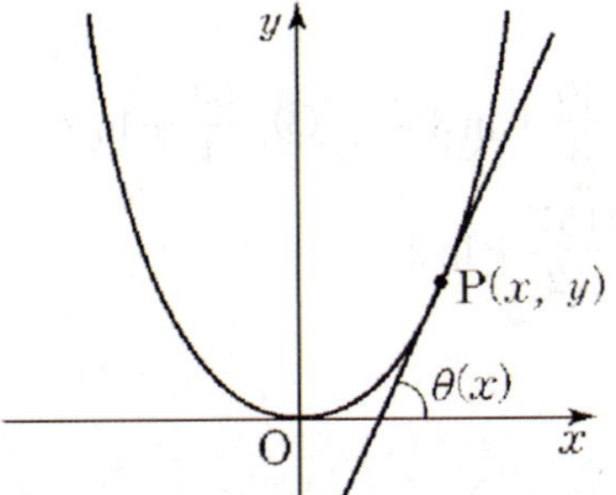

① $\dfrac{\sqrt{3}}{3}$ ② $\dfrac{1}{3}$ ③ $\dfrac{1}{2}$ ④ $\dfrac{\sqrt{2}}{2}$ ⑤ 1

수능수학 Big Data Analyst 김지석
수능한권 Prism 해설

$\tan\theta(x)$는 접선의 기울기

$y' = 2x = \tan\theta(x)$

$$\therefore \int_0^1 \tan\theta(x)dx = \int_0^1 2x\,dx = \left[x^2\right]_0^1 = 1^2 - 0^2 = 1$$

수능 3점

복습	1회	2회	3회	4회	5회
채점 O△X					

295. [2018년 수능 (가)형 12번] 실전 분석

곡선 $y = e^{2x}$과 y축 및 직선 $y = -2x + a$로 둘러싸인 영역을 A, 곡선 $y = e^{2x}$과 두 직선 $y = -2x + a$, $x = 1$로 둘러싸인 영역을 B라 하자. A의 넓이와 B의 넓이가 같을 때, 상수 a의 값은? (단, $1 < a < e^2$) [3점]

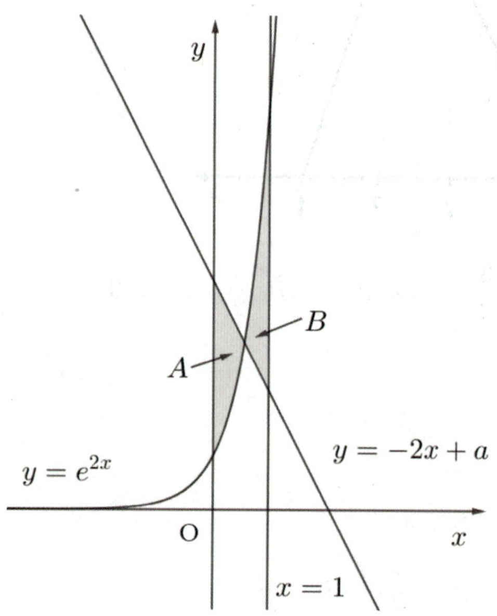

① $\dfrac{e^2 + 1}{2}$ ② $\dfrac{2e^2 + 1}{4}$ ③ $\dfrac{e^2}{2}$

④ $\dfrac{2e^2 - 1}{4}$ ⑤ $\dfrac{e^2 - 1}{2}$

해설 바로가기 ▶ 실전개념분석 78번

수능 4점

복습	1회	2회	3회	4회	5회
채점 O△X					

296. [2026년 수능 (미적분) 28번] 실전 분석

함수

$$f(x) = \frac{1}{2}x^2 - x + \ln(1+x)$$

와 양수 t에 대하여 점 $(s, f(s))$ $(s > 0)$에서 y축에 내린 수선의 발과 곡선 $y = f(x)$ 위의 점 $(s, f(s))$에서의 접선이 y축과 만나는 점 사이의 거리가 t가 되도록 하는 s의 값을 $g(t)$라 하자.

$\displaystyle\int_{\frac{1}{2}}^{\frac{27}{4}} g(t)\,dt$ 의 값은? [4점]

① $\dfrac{161}{12} + \ln 3$ ② $\dfrac{40}{3} + \ln 3$ ③ $\dfrac{53}{4} + \ln 2$

④ $\dfrac{79}{6} + \ln 2$ ⑤ $\dfrac{157}{12} + \ln 2$

해설 바로가기 ▶ 실전개념분석 81번

복습	1회	2회	3회	4회	5회
채점 O△X					

297. [2023년 수능 (미적분) 29번] 실전 분석

세 상수 a, b, c에 대하여 함수 $f(x) = ae^{2x} + be^x + c$가 다음 조건을 만족시킨다.

(가) $\displaystyle\lim_{x \to -\infty} \dfrac{f(x) + 6}{e^x} = 1$

(나) $f(\ln 2) = 0$

함수 $f(x)$의 역함수를 $g(x)$라 할 때, $\displaystyle\int_0^{14} g(x)dx = p + q\ln 2$이다. $p + q$의 값을 구하시오. (단, p, q는 유리수이고, $\ln 2$는 무리수이다.) [4점]

26

해설 바로가기 ▶ 실전개념분석 80번

복습	1회	2회	3회	4회	5회
채점 O△X					

1등급

298. [2021년 9월 (미적분) 28번]

좌표평면에서 원점을 중심으로 하고 반지름의 길이가 2인 원 C와 두 점 $A(2, 0)$, $B(0, -2)$가 있다. 원 C 위에 있고 x좌표가 음수인 점 P에 대하여 $\angle PAB = \theta$라 하자.

점 $Q(0, 2\cos\theta)$에서 직선 BP에 내린 수선의 발을 R라 하고, 두 점 P와 R 사이의 거리를 $f(\theta)$라 할 때, $\displaystyle\int_{\frac{\pi}{6}}^{\frac{\pi}{3}} f(\theta)d\theta$ 의 값은? [4점]

① $\dfrac{2\sqrt{3}-3}{2}$ ② $\sqrt{3}-1$ ③ $\dfrac{3\sqrt{3}-3}{2}$

④ $\dfrac{2\sqrt{3}-1}{2}$ ⑤ $\dfrac{4\sqrt{3}-3}{2}$

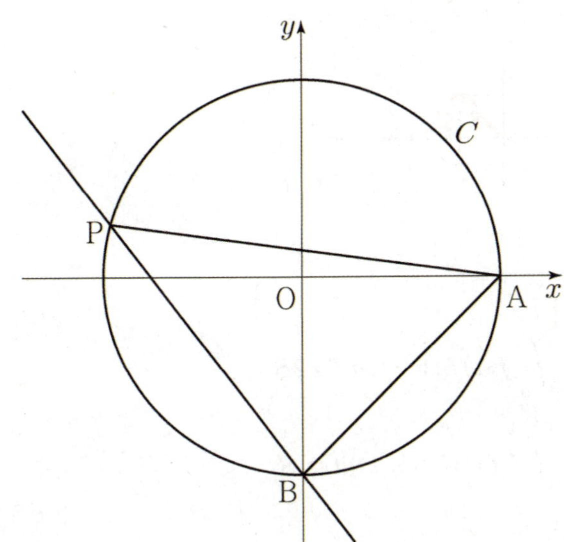

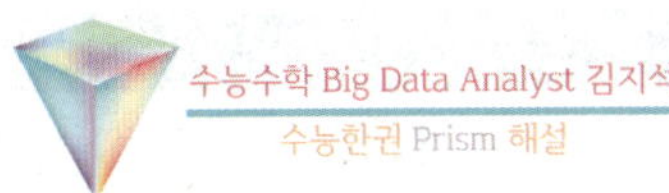

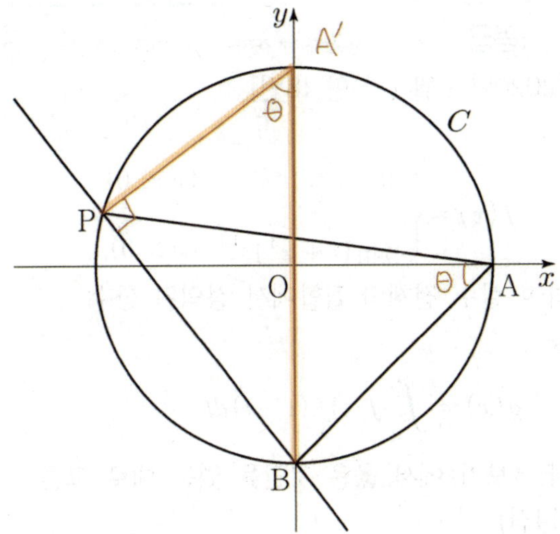

A′$(0, 1)$이라고 하면 원주각의 성질에 의해
$$\angle PA'B = \angle PAB = \theta$$
이고 $\overline{A'B}$가 지름이므로 $\angle A'PB = \dfrac{\pi}{2}$이다.

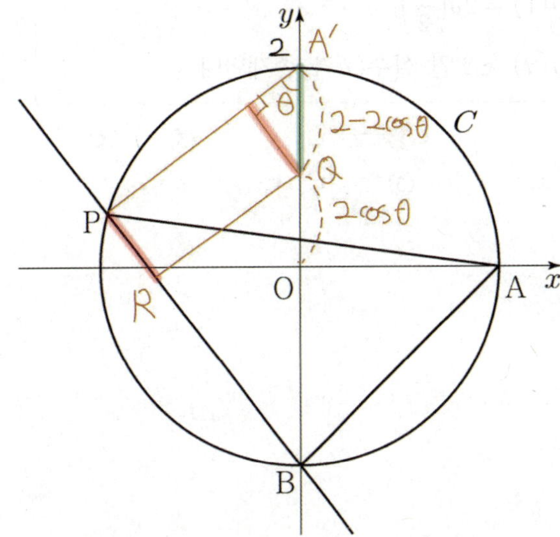

$$\overline{PR} = \overline{A'Q}\sin\theta = (2-2\cos\theta)\sin\theta$$

$$\therefore \int_{\frac{\pi}{6}}^{\frac{\pi}{3}} f(\theta)d\theta = \int_{\frac{\pi}{6}}^{\frac{\pi}{3}} (2\sin\theta - 2\cos\theta\sin\theta)d\theta$$

$$= \Big[-2\cos\theta - \sin^2\theta\Big]_{\frac{\pi}{6}}^{\frac{\pi}{3}}$$

$$= \left(-2\cos\frac{\pi}{3} - \sin^2\frac{\pi}{3}\right) - \left(-2\cos\frac{\pi}{6} - \sin^2\frac{\pi}{6}\right)$$

$$= \left(-1 - \frac{3}{4}\right) - \left(-\sqrt{3} - \frac{1}{4}\right) = \frac{2\sqrt{3}-3}{2}$$

복습	1회	2회	3회	4회	5회
채점 ○△X					

1등급

299. [2020년 9월 (가)형 18번]

함수

$$f(x) = \begin{cases} 0 & (x \le 0) \\ \{\ln(1+x^4)\}^{10} & (x > 0) \end{cases}$$

에 대하여 실수 전체의 집합에서 정의된 함수 $g(x)$를

$$g(x) = \int_0^x f(t)f(1-t)\,dt$$

라 하자. <보기>에서 옳은 것만을 있는 대로 고른 것은? [4점]

〈보 기〉

○ ㄱ. $x \le 0$인 모든 실수 x에 대하여 $g(x) = 0$이다.

○ ㄴ. $g(1) = 2g\left(\dfrac{1}{2}\right)$

✗ ㄷ. $g(a) \ge 1$인 실수 a가 존재한다.

① ㄱ　　　② ㄱ, ㄴ　　　③ ㄱ, ㄷ
④ ㄴ, ㄷ　　　⑤ ㄱ, ㄴ, ㄷ

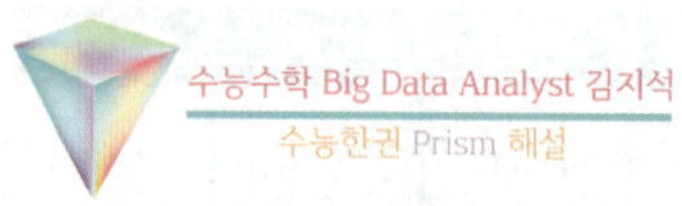

(step1) $y = f(x)$의 그래프 개형

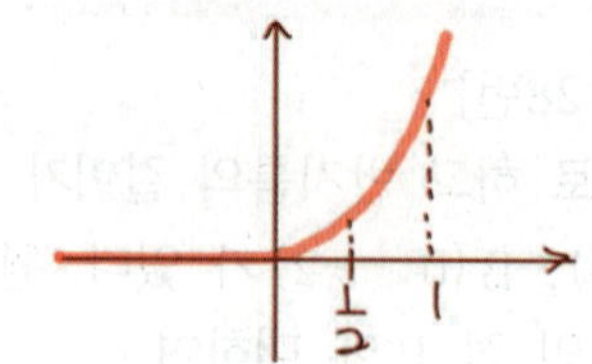

(step2) $y = f(1-x)$의 그래프 개형

$y = f(x)$의 $x = \dfrac{1}{2}$에 대한 대칭된 그래프

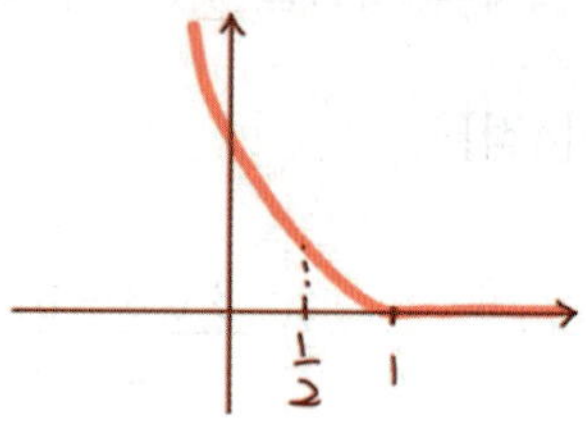

(step3) $y = f(x)f(1-x)$의 그래프 개형

[그래프 테크닉] 그래프 곱셈

$x = \dfrac{1}{2}$에 대해 좌우대칭인 그래프

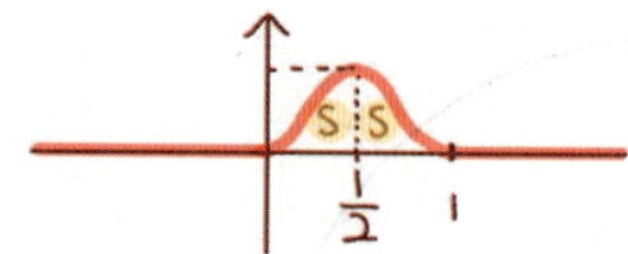

ㄱ. (참)

ㄴ. (참)

$$g(1) = \int_0^1 f(t)f(1-t)\,dt = 2S$$

$$g\left(\frac{1}{2}\right) = \int_0^{\frac{1}{2}} f(t)f(1-t)\,dt = S$$

ㄷ. (거짓)

적분은 기본 의미가 넓이이므로

$g(a) \ge 1$에서의 "1"도 그냥 숫자로 볼 것이 아니라 넓이로 해석할 생각을 해야지!

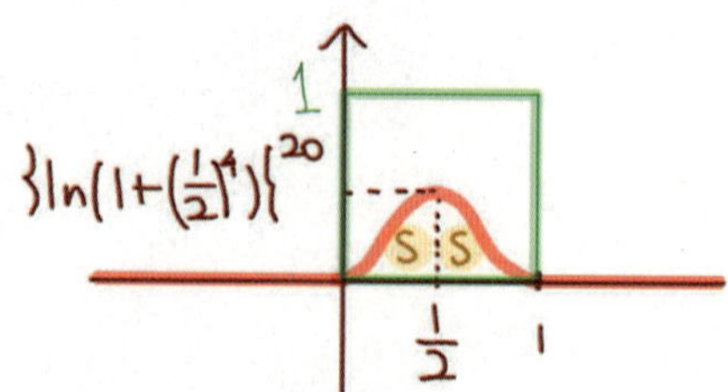

$$g(a)_{최대} = \int_0^1 f(t)f(1-t)\,dt$$

$$= 2S < 1 \times \left(\ln\frac{17}{16}\right)^{20} < (\ln e)^{20} = 1 \quad (\because e = 2.7 \cdots)$$

복습	1회	2회	3회	4회	5회
채점 $O\triangle X$					

1등급

300. [2020년 9월 (가)형 20번]

함수 $f(x)=\sin(\pi\sqrt{x})$에 대하여 함수

$$g(x)=\int_0^x tf(x-t)dt \ (x\geq 0)$$

이 $x=a$에서 극대인 모든 a를 작은 수부터 크기순으로 나열할 때, n번째 수를 a_n이라 하자.

$k^2<a_6<(k+1)^2$ 인 자연수 k의 값은? [4점]

① 11　　② 14　　③ 17　　④ 20　　⑤ 23

Analysis

도함수의 넓이는 원시함수의 높이차

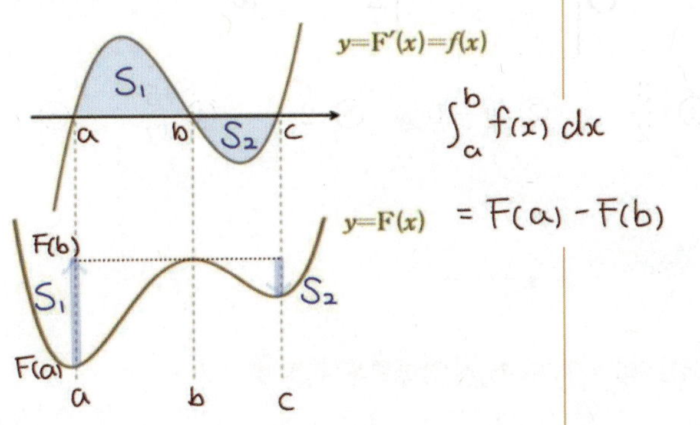

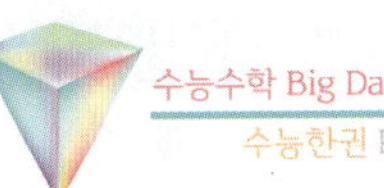

(step1) $g(x)$ 식 정리하기

$x-t=s$라 하자.

$\Leftrightarrow t=x-s$

$$g(x)=\int_0^x tf(x-t)dt=\int_x^0 -(x-s)f(s)ds$$

$$=\int_0^x (x-s)f(s)ds$$

$$=x\int_0^x f(s)ds-\int_0^x sf(s)ds,$$

$$g'(x)=\int_0^x f(s)ds+xf(x)-xf(x)$$

$$=\int_0^x f(s)ds$$

(step2) $g(x)$의 그래프 파악하기

i) $y=f(x)$의 그래프.

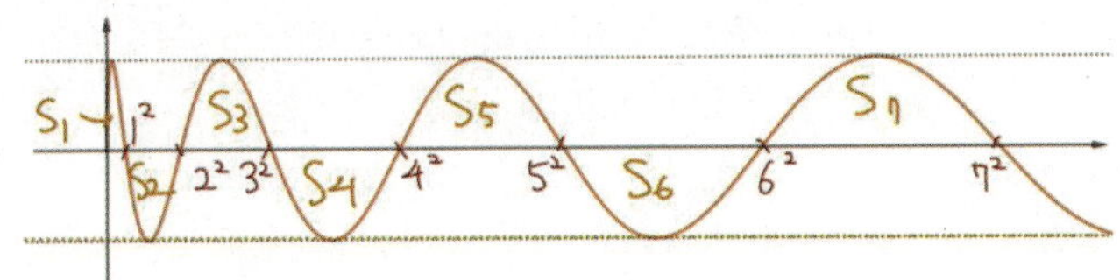

ii) $y=g'(x)=\displaystyle\int_0^x f(s)ds$ 그래프

$S_1<S_2<S_3<S_4<S_5<S_6<S_7<\cdots$이므로

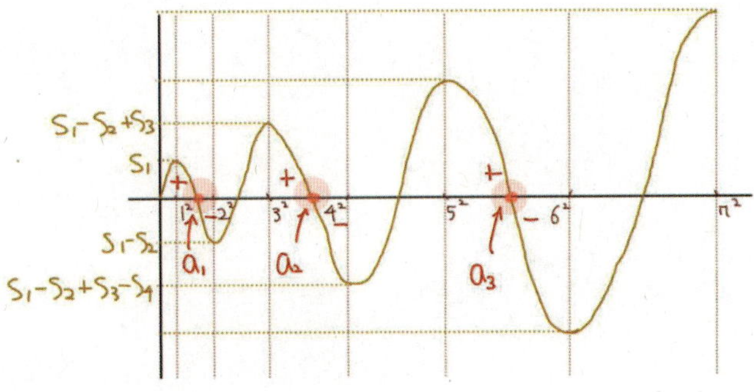

$g(x)$가 $x=a$에서 극대이면

$g'(x)$는 $x=a$ 좌우에서 부호가 $\oplus\to\ominus$로 바뀐다.

$$1^2<a_1<2^2,$$

$$3^2<a_2<4^2,$$

$$5^2<a_3<6^2,$$

$$\vdots$$

$$\therefore \ 11^2<a_6<12^2$$

$$\therefore k=11$$

복습	1회	2회	3회	4회	5회
채점 O△X					

301. [2015년 수능 (B)형 28번] 실전 분석

양수 a에 대하여 함수 $f(x) = \int_0^x (a-t)e^t dt$의

최댓값이 32이다. 곡선 $y = 3e^x$과 두 직선 $x = a$, $y = 3$으로 둘러싸인 부분의 넓이를 구하시오. [4점]

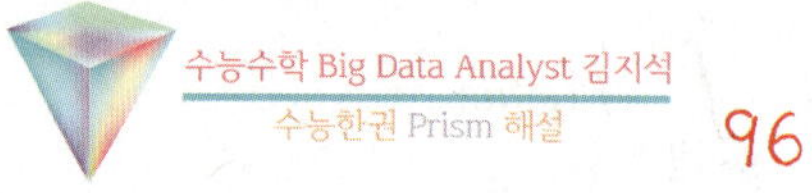

96

해설 바로가기 ▶ 실전개념분석 79번

복습	1회	2회	3회	4회	5회
채점 O△X					

302. [2012년 수능 (가)형 16번] 실전 분석

그림에서 두 곡선 $y = e^x$, $y = xe^x$ 과 y 축으로 둘러싸인 부분 A 의 넓이를 a, 두 곡선 $y = e^x$, $y = xe^x$ 과 직선 $x = 2$ 로 둘러싸인 부분 B 의 넓이를 b 라 할 때, $b - a$ 의 값은? [4점]

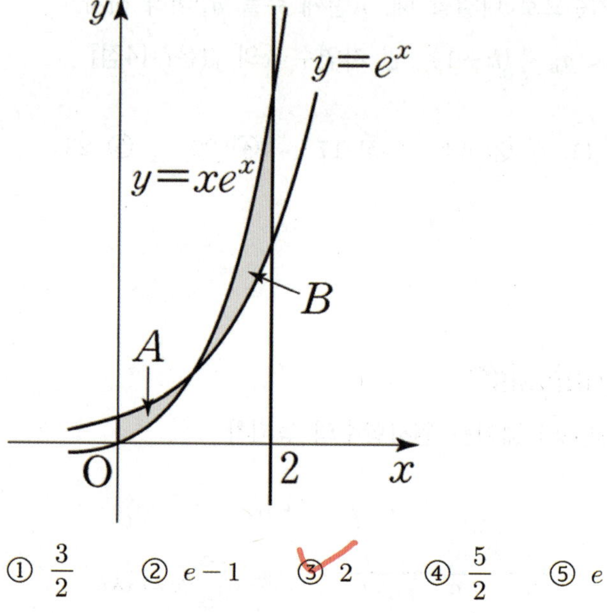

① $\dfrac{3}{2}$　　② $e - 1$　　③ 2　　④ $\dfrac{5}{2}$　　⑤ e

해설 바로가기 ▶ 실전개념분석 77번

복습	1회	2회	3회	4회	5회
채점 $\bigcirc\triangle\times$					

303. [2006년 수능 (가)형 미분과 적분 28번]

실전 분석

함수 $f(x) = e^{-x}$ 과 자연수 n 에 대하여 점 P_n, Q_n 을 각각 $P_n(n, f(n))$, $Q_n(n+1, f(n))$ 이라 하자. 삼각형 $P_nP_{n+1}Q_n$ 의 넓이를 A_n, 선분 P_nP_{n+1} 과 함수 $y = f(x)$ 의 그래프로 둘러싸인 도형의 넓이를 B_n 이라 할 때, <보기>에서 옳은 것을 모두 고른 것은? [4점]

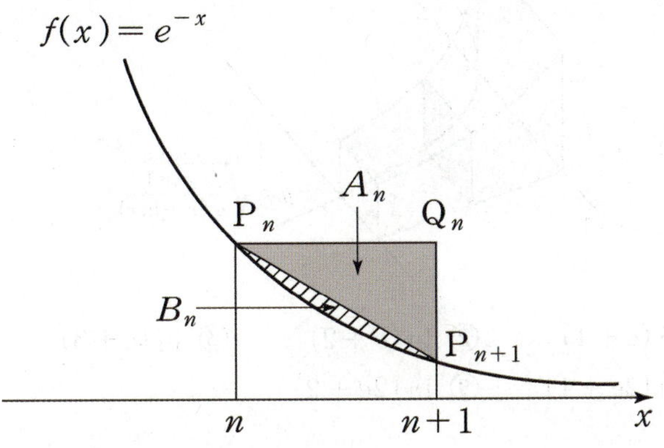

[보 기]

ㄱ. $\displaystyle\int_n^{n+1} f(x)\,dx = f(n) - (A_n + B_n)$

ㄴ. $\displaystyle\sum_{n=1}^{\infty} A_n = \frac{1}{2e}$

ㄷ. $\displaystyle\sum_{n=1}^{\infty} B_n = \frac{3-e}{2e(e-1)}$

① ㄱ ② ㄱ, ㄴ ③ ㄱ, ㄷ ④ ㄴ, ㄷ ⑤ ㄱ, ㄴ, ㄷ

해설 바로가기 ▶ 실전개념분석 76번

복습	1회	2회	3회	4회	5회
채점 $\bigcirc\triangle\times$					

304. [2005년 수능 (가)형 미분과 적분 30번]

곡선 $y = 3\sqrt{x-9}$ 와 이 곡선 위의 점 $(18, 9)$ 에서의 접선 및 x 축으로 둘러싸인 영역의 넓이를 구하시오. [4점]

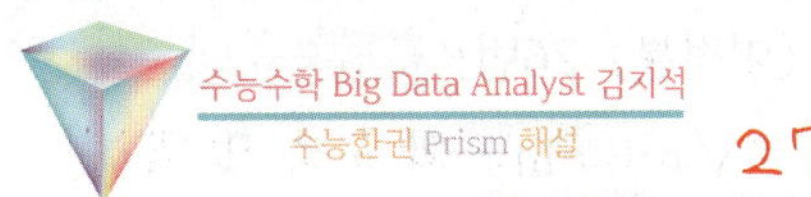

27

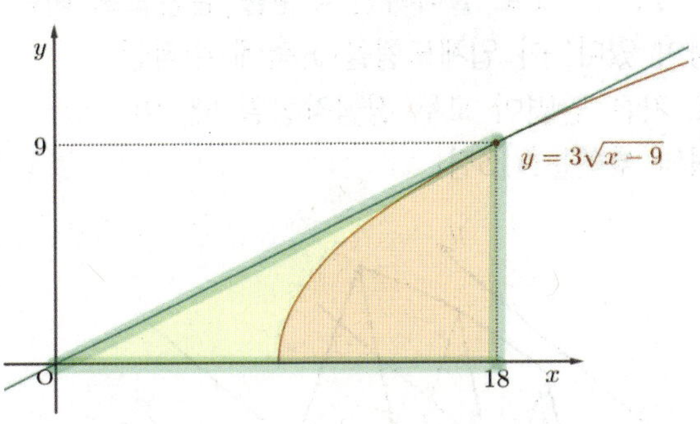

$y' = \dfrac{3}{2} \times \dfrac{1}{\sqrt{x-9}}$

$x = 18$ 에서의 접선의 기울기 m 은

$m = \dfrac{3}{2} \times \dfrac{1}{\sqrt{9}} = \dfrac{1}{2}$

접선의 방정식은

$y = \dfrac{1}{2}(x-18) + 9 = \dfrac{1}{2}x$

$\therefore$ 구하는 넓이는

$\dfrac{1}{2} \times 18 \times 9 - \displaystyle\int_9^{18} 3\sqrt{x-9}\,dx$

$= 81 - 3 \times \dfrac{2}{3} \times \left[(x-9)^{\frac{3}{2}} \right]_9^{18}$

$= 81 - 2 \times 9\sqrt{9} = 27$

미적분 4. 적분법 경향17
부피

수능 3점

복습	1회	2회	3회	4회	5회
채점 ○△X					

305. [2026년 수능 (미적분) 26번] 실전 분석

그림과 같이 곡선 $y = \sqrt{x + x\ln x}$ 와 x축 및 두 직선 $x=1$, $x=2$로 둘러싸인 부분을 밑면으로 하는 입체도형이 있다. 이 입체도형을 x축에 수직인 평면으로 자른 단면이 모두 정삼각형일 때, 이 입체도형의 부피는? [3점]

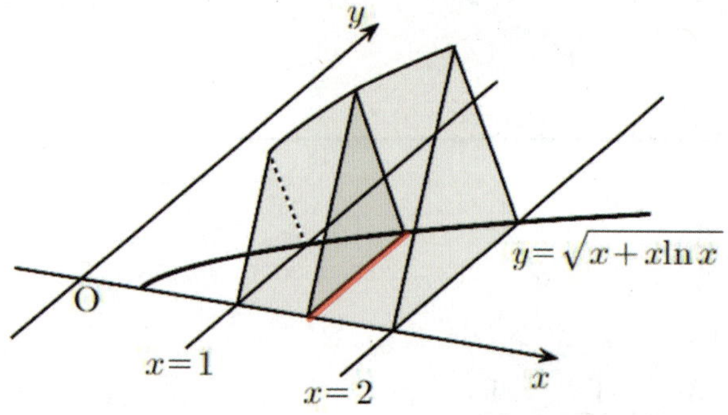

① $\dfrac{\sqrt{3}\,(3 + 8\ln 2)}{16}$ ② $\dfrac{\sqrt{3}\,(5 + 12\ln 2)}{24}$

③ $\dfrac{\sqrt{3}\,(1 + 12\ln 2)}{16}$ ④ $\dfrac{\sqrt{3}\,(1 + 2\ln 2)}{4}$

⑤ $\dfrac{\sqrt{3}\,(1 + 9\ln 2)}{12}$

수능수학 Big Data Analyst 김지석
수능한권 Prism 해설

해설 바로가기 ▶ 실전개념분석 82번

복습	1회	2회	3회	4회	5회
채점 ○△X					

306. [2025년 수능 (미적분) 26번]

그림과 같이 곡선 $y = \sqrt{\dfrac{x+1}{x(x + \ln x)}}$ 과 x축 및 두 직선 $x=1$, $x=e$로 둘러싸인 부분을 밑면으로 하는 입체도형이 있다. 이 입체도형을 x축에 수직인 평면으로 자른 단면이 모두 정사각형일 때, 이 입체도형의 부피는? [3점]

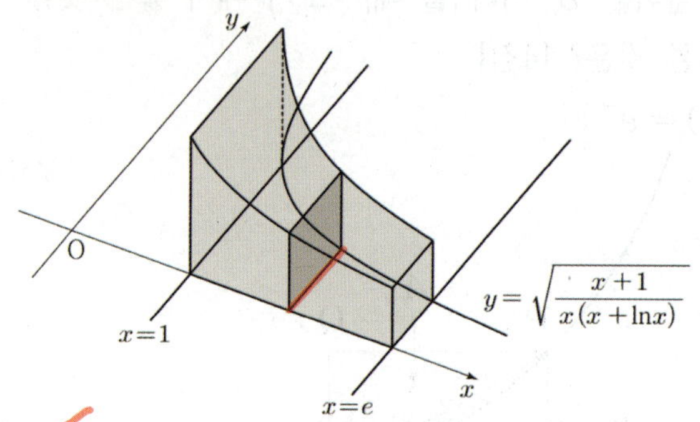

① $\ln(e+1)$ ② $\ln(e+2)$ ③ $\ln(e+3)$

④ $\ln(2e+1)$ ⑤ $\ln(2e+2)$

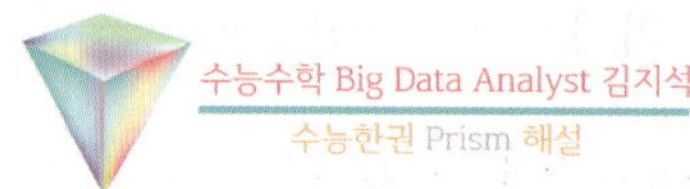

수능수학 Big Data Analyst 김지석
수능한권 Prism 해설

직선 $x=t$ $(1 \le t \le e)$를 포함하고 x축에 수직인 평면으로 자른 단면의 넓이를 $S(t)$라 하면

$$S(t) = \sqrt{\dfrac{t+1}{t(t + \ln t)}}^{\,2} = \dfrac{t+1}{t(t + \ln t)}$$

구하는 부피는

$$\int_1^e S(t)\,dt = \int_1^e \dfrac{t+1}{t(t + \ln t)}\,dt$$
$$= \int_1^{e+1} \dfrac{1}{s}\,ds = \Big[\ln|s|\Big]_1^{e+1} = \ln(e+1)$$

$$\left(\because\ t + \ln t = s,\ \dfrac{ds}{dt} = \dfrac{t+1}{t}\right)$$

복습	1회	2회	3회	4회	5회
채점 O△X					

복습	1회	2회	3회	4회	5회
채점 O△X					

307. [2024년 수능 (미적분) 26번]

그림과 같이 곡선

$$y = \sqrt{(1-2x)\cos x} \quad \left(\frac{3}{4}\pi \le x \le \frac{5}{4}\pi\right)$$

와 x축 및 두 직선 $x = \frac{3}{4}\pi$, $x = \frac{5}{4}\pi$로 둘러싸인

부분을 밑면으로 하는 입체도형이 있다. 이 입체도형을 x축에 수직인 평면으로 자른 단면이 모두 정사각형일 때, 이 입체도형의 부피는? [3점]

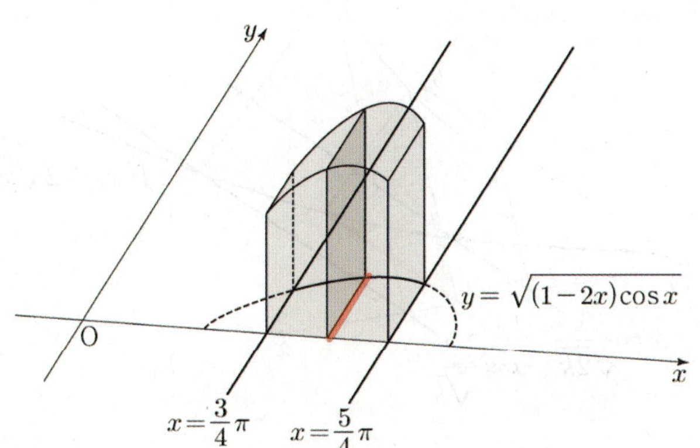

① $\sqrt{2}\pi - \sqrt{2}$　② $\sqrt{2}\pi - 1$　③ $2\sqrt{2}\pi - \sqrt{2}$
④ $2\sqrt{2}\pi - 1$　⑤ $2\sqrt{2}\pi$

입체도형의 부피는

$$\int_{\frac{3}{4}\pi}^{\frac{5}{4}\pi} S(x)dx$$

$$= \int_{\frac{3}{4}\pi}^{\frac{5}{4}\pi} (1-2x)\cos x\, dx$$

$$= \left[(1-2x)\sin x\right]_{\frac{3}{4}\pi}^{\frac{5}{4}\pi} + \int_{\frac{3}{4}\pi}^{\frac{5}{4}\pi} 2\sin x\, dx$$

$$= -\frac{\sqrt{2}}{2}\left(1 - \frac{5}{2}\pi\right) - \frac{\sqrt{2}}{2}\left(1 - \frac{3}{2}\pi\right) - 2\left[\cos x\right]_{\frac{3}{4}\pi}^{\frac{5}{4}\pi}$$

$$= 2\sqrt{2}\pi - \sqrt{2}$$

308. [2023년 수능 (미적분) 26번]

그림과 같이 곡선

$$y = \sqrt{\sec^2 x + \tan x}\left(0 \le x \le \frac{\pi}{3}\right)$$와 x축, y축 및

직선 $x = \frac{\pi}{3}$로 둘러싸인 부분을 밑면으로 하는

입체도형이 있다. 이 입체도형을 x축에 수직인 평면으로 자른 단면이 모두 정사각형일 때, 이 입체도형의 부피는? [3점]

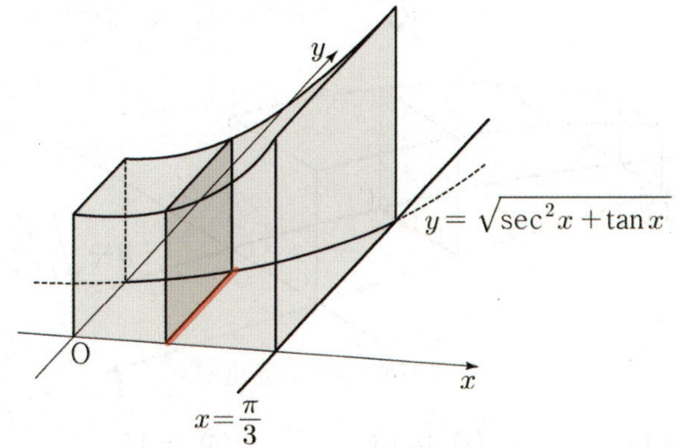

① $\dfrac{\sqrt{3}}{2} + \dfrac{\ln 2}{2}$　　② $\dfrac{\sqrt{3}}{2} + \ln 2$

③ $\sqrt{3} + \dfrac{\ln 2}{2}$　　④ $\sqrt{3} + \ln 2$

⑤ $\sqrt{3} + 2\ln 2$

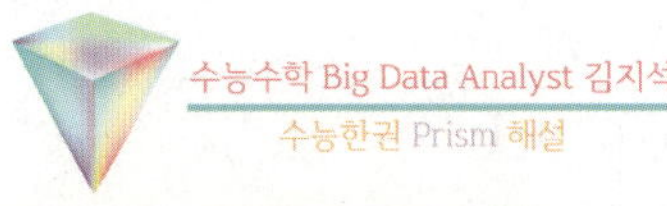

구하는 입체도형의 부피는

$$\int_0^{\frac{\pi}{3}} \left(\sqrt{\sec^2 t + \tan t}\right)^2 dt$$

$$= \int_0^{\frac{\pi}{3}} (\sec^2 t + \tan t)dt = \int_0^{\frac{\pi}{3}} \left(\sec^2 x + \frac{\sin x}{\cos x}\right)dx$$

$$= \int_0^{\frac{\pi}{3}} \left\{\sec^2 x - \frac{(\cos x)'}{\cos x}\right\}dx$$

✿ 합성함수 미분의 역과정
(치환적분 공식 쓰지 않고 바로 계산!)

$$= [\tan x - \ln|\cos x|]_0^{\frac{\pi}{3}} = \tan\frac{\pi}{3} - \ln\cos\frac{\pi}{3}$$

$$= \sqrt{3} - \ln\frac{1}{2} = \sqrt{3} + \ln 2$$

복습	1회	2회	3회	4회	5회
채점 O△X					

309. [2020년 수능 (가)형 12번]

그림과 같이 양수 k에 대하여 곡선 $y=\sqrt{\dfrac{e^x}{e^x+1}}$ 과 x축, y축 및 직선 $x=k$로 둘러싸인 부분을 밑면으로 하고 x축에 수직인 평면으로 자른 단면이 모두 정사각형인 입체도형의 부피가 $\ln 7$일 때, k의 값은? [3점]

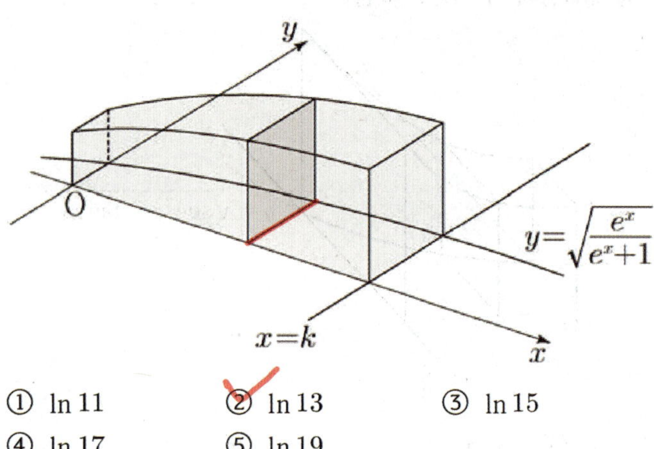

① $\ln 11$ ② $\ln 13$ ③ $\ln 15$
④ $\ln 17$ ⑤ $\ln 19$

수능수학 Big Data Analyst 김지석
수능한권 Prism 해설

구하는 입체도형의 부피는

$$\int_0^k \left(\sqrt{\dfrac{e^x}{e^x+1}}\right)^2 dx = \int_0^k \dfrac{e^x}{e^x+1}dx$$

$e^x+1=t$로 치환적분을 하면

$$=\int_2^{e^k+1} \dfrac{1}{t}dt$$

$$=\Big[\ \ln t\ \Big]_2^{e^k+1}$$

$$=\ln(e^k+1)-\ln 2$$

$$=\ln \dfrac{e^k+1}{2}=\ln 7$$

$$\Leftrightarrow e^k=13$$

$$\therefore k=\ln 13$$

310. [2019년 9월 (가)형 14번]

그림과 같이 양수 k에 대하여 함수 $f(x)=2\sqrt{x}\,e^{kx^2}$의 그래프와 x축 및 두 직선 $x=\dfrac{1}{\sqrt{2k}}$, $x=\dfrac{1}{\sqrt{k}}$로 둘러싸인 부분을 밑면으로 하고 x축에 수직인 평면으로 자른 단면이 모두 정삼각형인 입체도형의 부피가 $\sqrt{3}(e^2-e)$일 때, k의 값은? [4점]

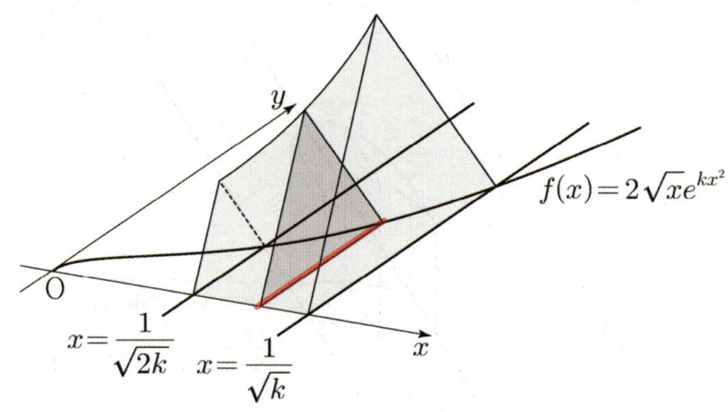

① $\dfrac{1}{12}$ ② $\dfrac{1}{6}$ ③ $\dfrac{1}{4}$ ④ $\dfrac{1}{3}$ ⑤ $\dfrac{1}{2}$

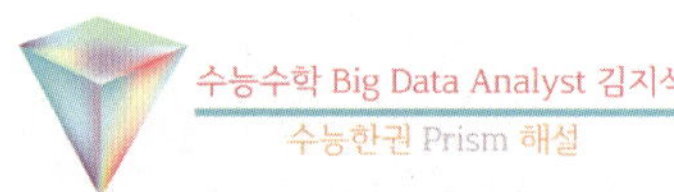

수능수학 Big Data Analyst 김지석
수능한권 Prism 해설

입체도형의 부피는

$$\int_{\frac{1}{\sqrt{2k}}}^{\frac{1}{\sqrt{k}}} \dfrac{\sqrt{3}}{4}(2\sqrt{x}\,e^{kx^2})^2 dx = \sqrt{3}(e^2-e)$$

$$=\int_{\frac{1}{\sqrt{2k}}}^{\frac{1}{\sqrt{k}}} \sqrt{3}\,x e^{2kx^2}dx$$

$$=\int_1^2 \sqrt{3}\,\dfrac{1}{4k}e^t dt \quad (\because t=2kx^2\ \text{치환 적분})$$

$$=\dfrac{\sqrt{3}}{4k}\big[e^t\big]_1^2=\dfrac{\sqrt{3}}{4k}(e^2-e)$$

$$\therefore k=\dfrac{1}{4}$$

복습	1회	2회	3회	4회	5회
채점 O△X					

311. [2017년 수능 (가)형 11번]

그림과 같이 곡선 $y = \sqrt{x} + 1$ 과 x축, y축 및 직선 $x = 1$로 둘러싸인 도형을 밑면으로 하는 입체도형이 있다. 이 입체도형을 x축에 수직인 평면으로 자른 단면이 모두 정사각형일 때, 이 입체도형의 부피는? [3점]

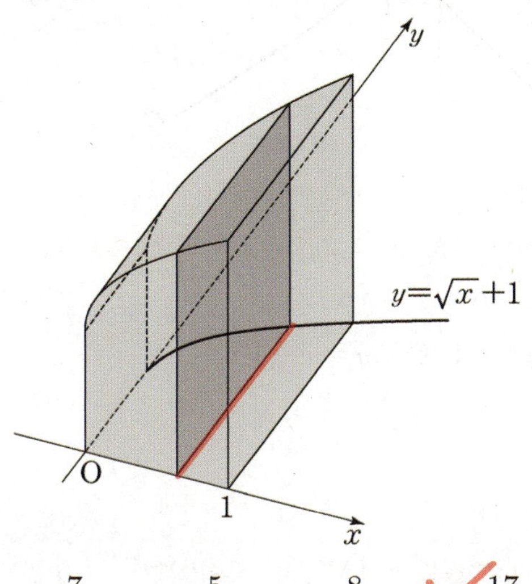

① $\dfrac{7}{3}$　② $\dfrac{5}{2}$　③ $\dfrac{8}{3}$　④ $\dfrac{17}{6}$　⑤ 3

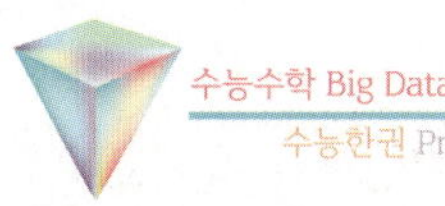

구하는 입체도형의 부피는

$$\int_0^1 (\sqrt{x} + 1)^2 dx$$

$$= \int_0^1 (x + 2\sqrt{x} + 1)dx$$

$$= \left[\frac{1}{2}x^2 + \frac{4}{3}x\sqrt{x} + x \right]_0^1$$

$$= \frac{1}{2} + \frac{4}{3} + 1 = \frac{17}{6}$$

복습	1회	2회	3회	4회	5회
채점 O△X					

312. [2016년 수능 (B)형 11번]

함수

$$f(x) = \begin{cases} |5x(x+2)| & (x < 0) \\ |5x(x-2)| & (x \geq 0) \end{cases}$$

의 그래프가 그림과 같다.

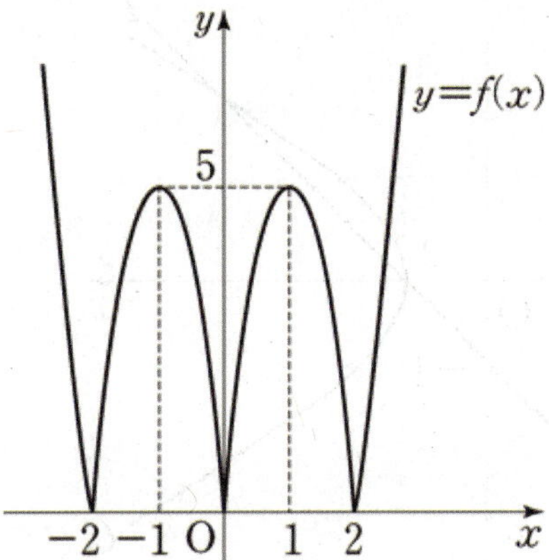

닫힌구간 $[0, 1]$에서 함수 $y = f(x)$의 그래프와 x축 및 직선 $x = 1$로 둘러싸인 부분을 x축의 둘레로 회전시켜 생기는 회전체의 부피는? [3점]

① $\dfrac{65}{6}\pi$　② $\dfrac{35}{3}\pi$　③ $\dfrac{25}{2}\pi$

④ $\dfrac{40}{3}\pi$　⑤ $\dfrac{85}{6}\pi$

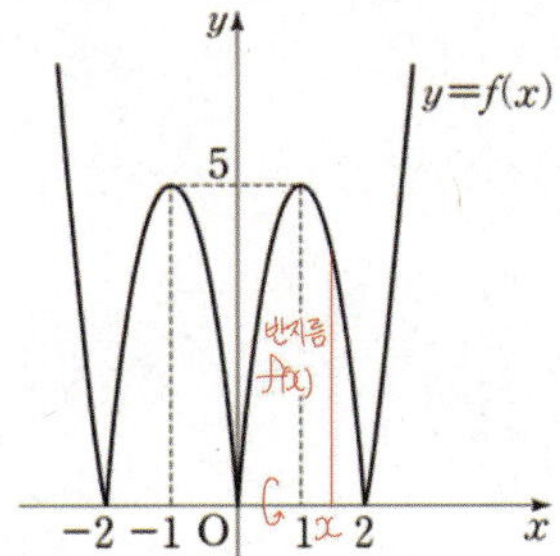

구하는 회전체의 부피는

$$\pi \int_0^1 \{f(x)\}^2 dx$$

$$= \pi \int_0^1 25x^2(x-2)^2 dx$$

$$= 25\pi \int_0^1 (x^4 - 4x^3 + 4x^2)dx$$

$$= 25\pi \left[\frac{x^5}{5} - x^4 + \frac{4}{3}x^3 \right]_0^1 = \frac{40}{3}\pi$$

복습	1회	2회	3회	4회	5회
채점 ○△X					

313. [2014년 수능 (B)형 13번]

그림과 같이 직선 $l : x - y - 1 = 0$과 한 초점이 점 $F(c, 0)$ (단, $c < 0$)인 쌍곡선 $C : x^2 - 2y^2 = 1$이 있다.

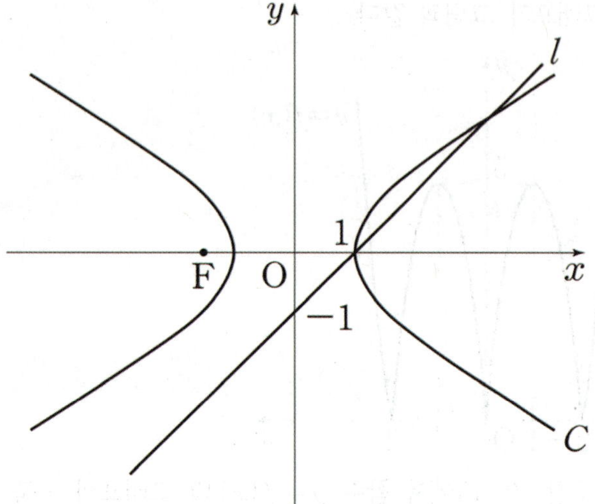

직선 l과 쌍곡선 C로 둘러싸인 부분을 y축의 둘레로 회전시켜 생기는 회전체의 부피는? [3점]

① $\dfrac{5}{3}\pi$ ② $\dfrac{3}{2}\pi$ ③ $\dfrac{4}{3}\pi$ ④ $\dfrac{7}{6}\pi$ ⑤ π

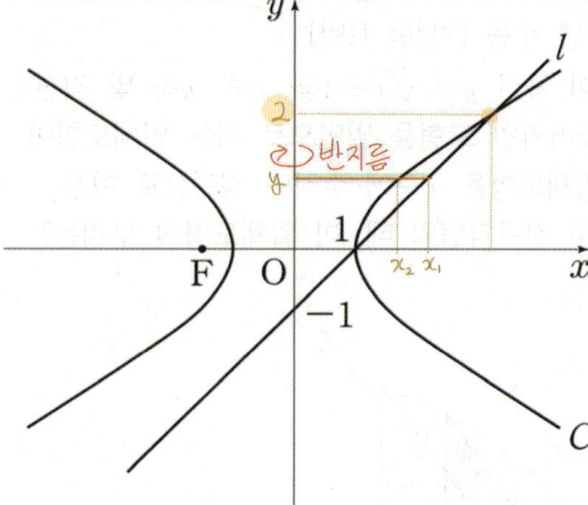

직선 $y = x - 1$과 쌍곡선 $x^2 - 2y^2 = 1$의 교점 y좌표

$x^2 - 2y^2 = 1$

$\Leftrightarrow (y+1)^2 - 2y^2 = 1 \ (\because y = x - 1)$

$\Leftrightarrow y^2 - 2y = 0$

$\therefore y = 0 \text{ or } 2$

직선의 방정식 $x_1 - y - 1 = 0 \Leftrightarrow x_1 = y + 1$

쌍곡선의 방정식 $x_1^2 - 2y^2 = 1 \Leftrightarrow x_2^2 = 2y^2 + 1$

구하는 회전체의 부피는

$\pi \int_0^2 (y+1)^2 dy - \pi \int_0^2 (2y^2 + 1) dy$

$= \pi \int_0^2 \{(y^2 + 2y + 1) - (2y^2 + 1)\} dy$

$= \pi \int_0^2 (-y^2 + 2y) dy = \pi \left[-\dfrac{y^3}{3} + y^2 \right]_0^2$

$= \pi \left(-\dfrac{8}{3} + 4 \right) = \dfrac{4}{3}\pi$

복습	1회	2회	3회	4회	5회
채점 O△X					

314. [2011년 수능 (가)형 20번]

두 곡선 $y = \sqrt{x}$, $y = \sqrt{-x+10}$ 과 x축으로 둘러싸인 부분을 x축의 둘레로 회전시켜 생기는 회전체의 부피가 $a\pi$일 때, a의 값을 구하시오. [3점]

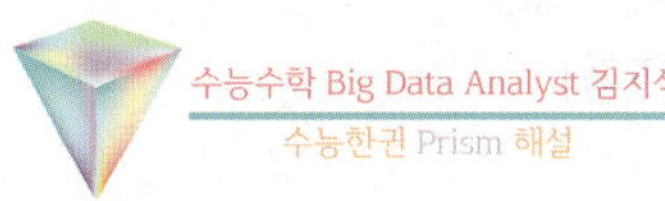

25

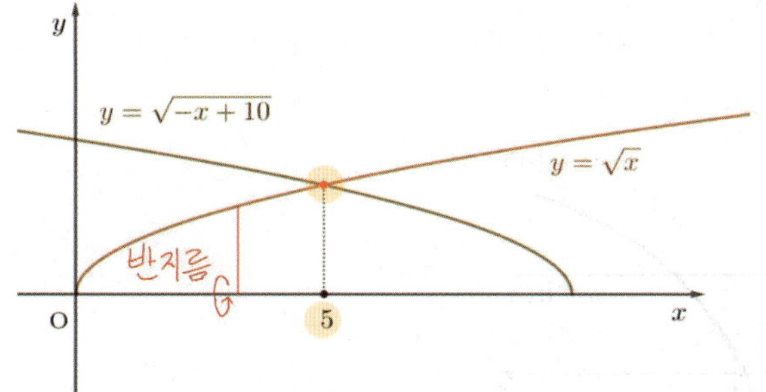

두 곡선 $y = \sqrt{x}$, $y = \sqrt{-x+10}$ 의 교점의 x좌표

$\sqrt{x} = \sqrt{-x+10}$ 에서 양변을 제곱하면

$x = -x + 10$

$x = 5$

구하는 회전체의 부피는

$$\pi \int_0^5 \sqrt{x}^2\, dx + \pi \int_5^{10} \sqrt{-x+10}^2\, dx$$

$$= \pi \int_0^5 x\, dx + \pi \int_5^{10} (-x+10)\, dx$$

$$= \pi \left[\frac{x^2}{2} \right]_0^5 + \pi \left[-\frac{x^2}{2} - 10x \right]_5^{10}$$

$$= \frac{25}{2}\pi + \pi\left(-50 + 100 + \frac{25}{2} - 50 \right)$$

$$= 25\pi$$

$$\therefore a = 25$$

복습	1회	2회	3회	4회	5회
채점 O△X					

315. [2008년 수능 (가)형 19번]

곡선 $y = \frac{1}{4}x^2$ 과 직선 $y = 4$로 둘러싸인 부분을 y축 둘레로 회전시킨 회전체의 부피가 $k\pi$일 때, 상수 k의 값을 구하시오. [3점]

32

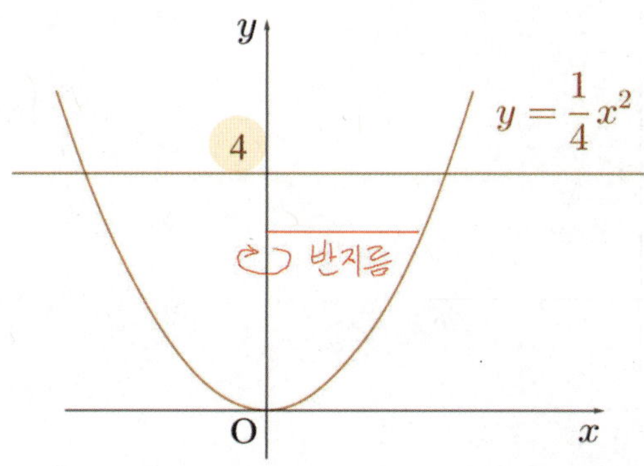

$$y = \frac{1}{4}x^2 \Leftrightarrow x^2 = 4y$$

구하는 회전체의 부피는

$$\int_0^4 \pi x^2\, dy = \int_0^4 4\pi y\, dy = \left[2\pi y^2 \right]_0^4 = 32\pi$$

$$\therefore k = 32$$

복습	1회	2회	3회	4회	5회
채점 O△X					

316. [2006년 수능 (가)형 19번]

곡선 $y = a(1-x^2)$과 x 축으로 둘러싸인 도형을 y 축의 둘레로 회전시켜 생기는 회전체의 부피가 16π 일 때, 양수 a 의 값을 구하시오. [3점]

32

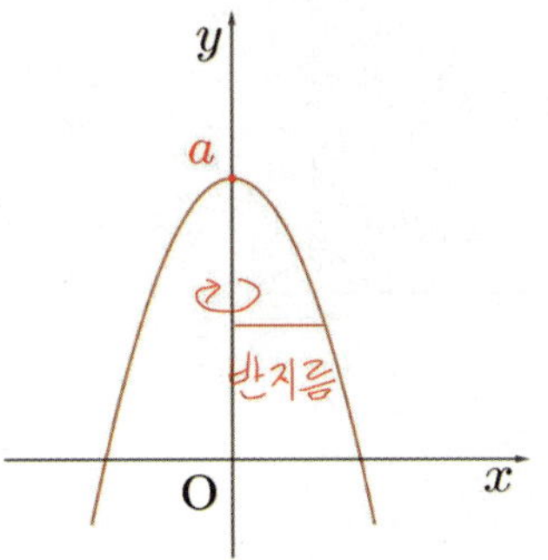

$$y = a(1-x^2) \Leftrightarrow x^2 = 1 - \frac{y}{a}$$

구하는 회전체의 부피는

$$\pi \int_0^a x^2 dy = \pi \int_0^a \left(1 - \frac{y}{a}\right) dy = \pi \left[y - \frac{y^2}{2a} \right]_0^a$$

$$= \pi \left(a - \frac{a}{2} \right) = \frac{a}{2}\pi = 16\pi$$

$$\therefore a = 32$$

317. [2004년 수능 (자연) 30번]

곡선 $y = \frac{1}{2}\ln x$와 x축, y축 및 직선 $y = \ln 2$로 둘러싸인 영역을 y 축의 둘레로 회전시켜 생기는 회전체의 부피를 V라 할 때, $\frac{V}{\pi}$의 값을 소수점 아래 둘째 자리까지 구하시오. [3점]

3.75

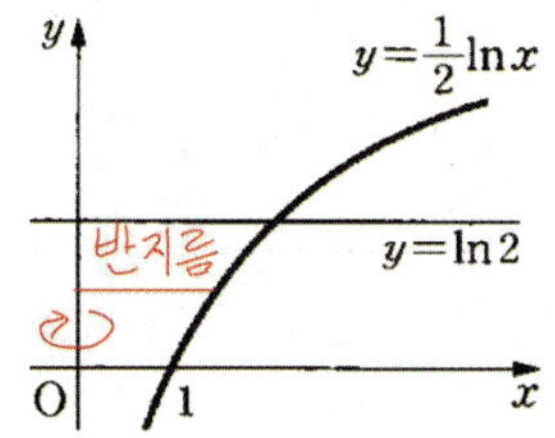

$$y = \frac{1}{2}\ln x \Leftrightarrow x = e^{2y}$$

y 축의 둘레로 회전시켜 생긴 회전체의 부피는

$$V = \pi \int_0^{\ln 2} x^2 dy = \pi \int_0^{\ln 2} (e^{2y})^2 dy = \pi \int_0^{\ln 2} e^{4y} dy$$

$$= \pi \left[\frac{1}{4}e^{4y} \right]_0^{\ln 2} = \frac{\pi}{4}\left(e^{\ln 2^4} - 1\right) = \frac{\pi}{4}(2^4 - 1) = \frac{15}{4}\pi$$

$$\therefore \frac{V}{\pi} = \frac{15}{4} = 3.75$$

복습	1회	2회	3회	4회	5회
채점 ○△X					

318. [2003년 수능 (인문) 8번]

곡선 $y=\sqrt{x}$ 와 x축 및 직선 $x=4$로 둘러싸인 도형을 x축을 중심으로 회전시켜 얻은 회전체의 부피는? [3점]

① 8π ② 7π ③ 6π ④ 5π ⑤ 4π

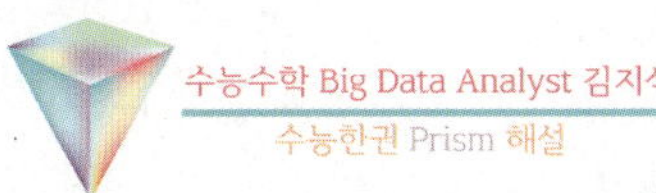

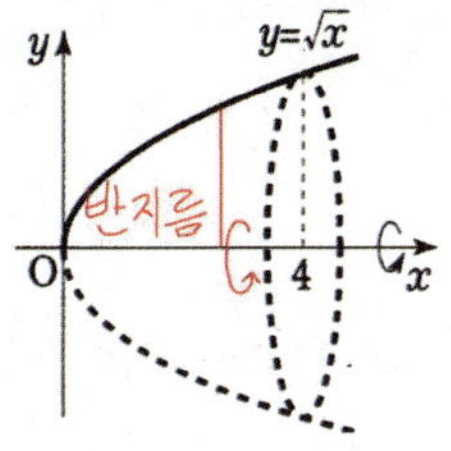

구하는 회전체의 부피는

$$V = \pi \int_0^4 \sqrt{x}^2 \, dx = \pi \int_0^4 x \, dx = 8\pi$$

복습	1회	2회	3회	4회	5회
채점 ○△X					

319. [1999년 수능 (인문) 11번]

곡선 $y=x(1-x)$ 와 x축으로 둘러싸인 도형을 x축의 둘레로 회전시킬 때, 만들어지는 회전체의 부피는? [3점]

① $\dfrac{\pi}{6}$ ② $\dfrac{\pi}{10}$ ③ $\dfrac{\pi}{15}$ ④ $\dfrac{\pi}{20}$ ⑤ $\dfrac{\pi}{30}$

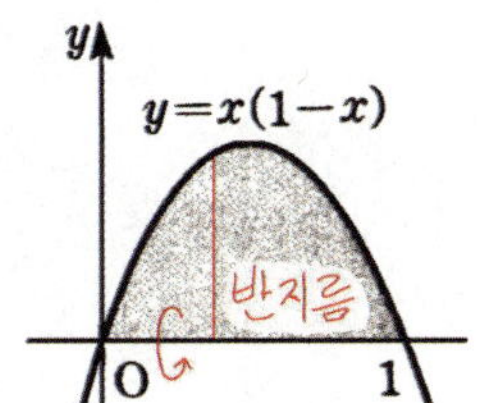

구하는 회전체의 부피는

$$\pi \int_0^1 \{x(1-x)\}^2 \, dx = \pi \int_0^1 (x-x^2)^2 \, dx$$

$$= \pi \int_0^1 (x^4 - 2x^3 + x^2) \, dx$$

$$= \pi \left[\frac{1}{5}x^5 - \frac{1}{2}x^4 + \frac{1}{3}x^3 \right]_0^1$$

$$= \pi \left(\frac{1}{5} - \frac{1}{2} + \frac{1}{3} \right) = \frac{1}{30}\pi$$

복습	1회	2회	3회	4회	5회
채점 O△X					

320. [1998년 수능 (인문) 27번] 실전 분석

그림과 같이 좌표평면의 제 1사분면에서 두 곡선 $y = 3 - \dfrac{1}{2}x^2$, $x^2 + y^2 = 9$와 x축으로 둘러싸인 부분을 y축 둘레로 회전시킨 회전체의 부피를 V라 할 때, $\dfrac{1}{\pi}V$의 값을 구하시오. (단, π는 원주율을 나타낸다.) [3점]

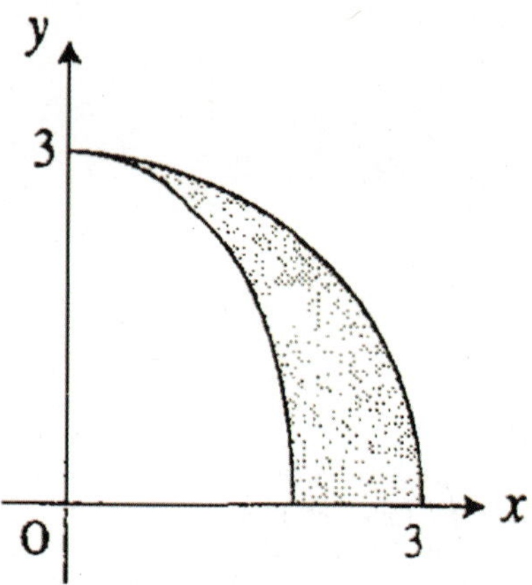

수능수학 Big Data Analyst 김지석
수능한권 Prism 해설

9

해설 바로가기 ▶ 실전개념분석 83번

복습	1회	2회	3회	4회	5회
채점 O△X					

321. [1996년 수능 (자연) 16번]

반지름의 길이가 r 인 공이 잔잔한 물 위에 떠 있다. 그림과 같이 공의 수면 아래 부분의 깊이가 $\dfrac{r}{3}$ 일 때, 다음 중에서 수면 위에 있는 부분의 부피를 나타내는 수학적 표현은?

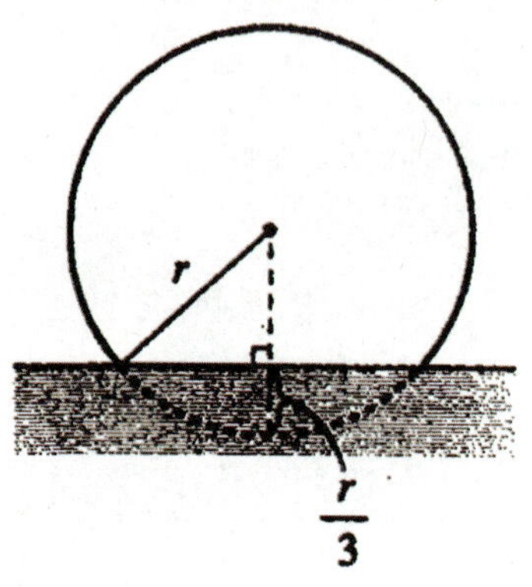

① $\pi \displaystyle\int_{\frac{r}{3}}^{2r} (r^2 - y^2)\, dy$

② $\pi \displaystyle\int_{-\frac{2}{3}r}^{r} (r^2 - y^2)\, dy$

③ $\pi \displaystyle\int_{-\frac{2}{3}r}^{r} (r - y)^2\, dy$

④ $\pi \displaystyle\int_{\frac{r}{3}}^{2r} (r - \sqrt{r^2 - y^2})^2\, dy$

⑤ $\pi \displaystyle\int_{\frac{r}{3}}^{r} (r - \sqrt{r^2 - y^2})^2\, dy$

수능수학 Big Data Analyst 김지석
수능한권 Prism 해설

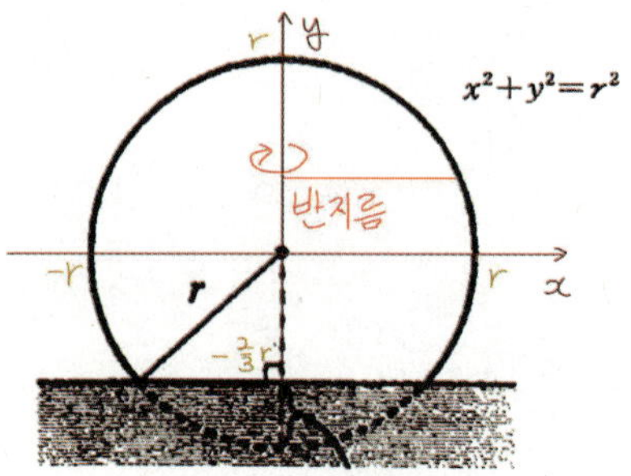

$x^2 + y^2 = r^2 \;\Leftrightarrow\; x^2 = r^2 - y^2$

구하는 회전체의 부피는

$$\therefore\; V = \pi \int_{-\frac{2}{3}r}^{r} (r^2 - y^2)\, dy$$

복습	1회	2회	3회	4회	5회
채점 O△X					

미적분 4. 적분법 경향18
평면운동

수능 3점

복습	1회	2회	3회	4회	5회
채점 O△X					

322. [2022년 수능 (미적분) 27번] 실전 분석

좌표평면 위를 움직이는 점 P의 시각

$t\,(t > 0)$에서의 위치가 곡선 $y = x^2$과 직선

$y = t^2 x - \dfrac{\ln t}{8}$가 만나는 서로 다른 두 점의 중점일

때, 시각 $t = 1$에서 $t = e$까지 점 P가 움직인

거리는? [3점]

① $\dfrac{e^4}{2} - \dfrac{3}{8}$ ② $\dfrac{e^4}{2} - \dfrac{5}{16}$ ③ $\dfrac{e^4}{2} - \dfrac{1}{4}$

④ $\dfrac{e^4}{2} - \dfrac{3}{16}$ ⑤ $\dfrac{e^4}{2} - \dfrac{1}{8}$

해설 바로가기 ▶ 실전개념분석 84번

323. [2020년 수능 (가)형 9번]

좌표평면 위를 움직이는 점 P의 시각 t

$\left(0 < t < \dfrac{\pi}{2}\right)$에서의 위치 (x, y)가

$$x = t + \sin t \cos t, \quad y = \tan t$$

이다. $0 < t < \dfrac{\pi}{2}$에서 점 P의 속력의 최솟값은?

[3점]

① 1 ② $\sqrt{3}$ ③ 2 ④ $2\sqrt{2}$ ⑤ $2\sqrt{3}$

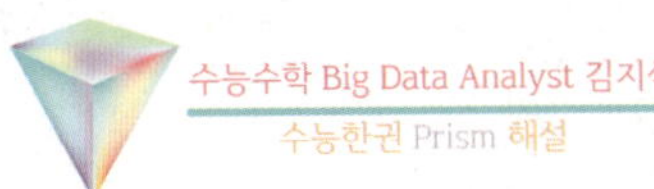

P의 시각 t에서의 속도 $\left(\dfrac{dx}{dt}, \dfrac{dy}{dt}\right)$는

$\dfrac{dx}{dy} = 1 + \cos^2 t - \sin^2 t = 2\cos^2 t$

$\dfrac{dy}{dx} = \sec^2 t$

P의 시각 t에서의 속력은

$$\sqrt{\left(\dfrac{dx}{dt}\right)^2 + \left(\dfrac{dy}{dt}\right)^2}$$

$= \sqrt{(2\cos^2 t)^2 + (\sec^2 t)^2} = \sqrt{4\cos^4 t + \sec^4 t}$

$4\cos^4 t > 0$, $\sec^4 t > 0$이므로 산술기하평균에 의해

$4\cos^4 t + \sec^4 t \geq 2\sqrt{4\cos^4 t \times \sec^4 t} = 4$

(단, 등호는 $4\cos^4 t = \sec^4 t$일 때 성립한다.)

∴ P의 시각 t에서의 속력의 최솟값은

$\sqrt{4} = 2$

복습	1회	2회	3회	4회	5회
채점 O△X					

324. [2019년 수능 (가)형 24번]

좌표평면 위를 움직이는 점 P의 시각 $t\ (t \geq 0)$에서의 위치 (x, y)가

$$x = 1 - \cos 4t, \quad y = \frac{1}{4}\sin 4t$$

이다. 점 P의 속력이 최대일 때, 점 P의 가속도의 크기를 구하시오. [3점]

4

P의 시각 t에서의 속도 $\left(\dfrac{dx}{dt},\ \dfrac{dy}{dt}\right)$는

$$\frac{dx}{dt} = 4\sin 4t$$

$$\frac{dy}{dt} = \cos 4t.$$

P의 시각 t에서의 속력은

$$\sqrt{\left(\frac{dx}{dt}\right)^2 + \left(\frac{dy}{dt}\right)^2}$$
$$= \sqrt{16\sin^2 4t + \cos^2 4t}$$
$$= \sqrt{15\sin^2 4t + 1}$$

최대가 되려면 $\sin^2 4t = 1,\ \cos^2 4t = 0$

P의 시각 t에서의 가속도 $\left(\dfrac{d^2 x}{dt^2},\ \dfrac{d^2 y}{dt^2}\right)$는

$$\frac{d^2 x}{dt^2} = 16\cos 4t$$

$$\frac{d^2 y}{dt^2} = -4\sin 4t$$

점 P의 가속도의 크기는

$$\sqrt{\left(\frac{d^2 x}{dt^2}\right)^2 + \left(\frac{d^2 y}{dt^2}\right)^2}$$
$$= \sqrt{16^2\cos^2 4t + 16\sin^2 4t}$$
$$= \sqrt{16^2 \times 0 + 16 \times 1} = 4$$

325. [2017년 수능 (가)형 10번]

좌표평면 위를 움직이는 점 P의 시각 $t\ (t > 0)$에서의 위치 (x, y)가

$$x = t - \frac{2}{t}, \quad y = 2t + \frac{1}{t}$$

이다. 시각 $t = 1$에서 점 P의 속력은? [3점]

① $2\sqrt{2}$ 　② 3 　③ $\sqrt{10}$

④ $\sqrt{11}$ 　⑤ $2\sqrt{3}$

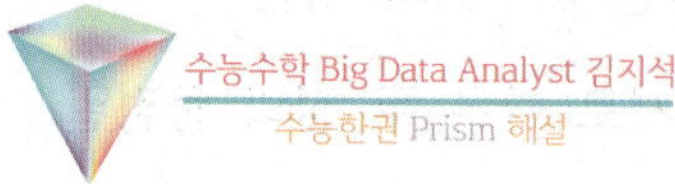

P의 시각 t에서의 속도 $\left(\dfrac{dx}{dt},\ \dfrac{dy}{dt}\right)$는

$$\frac{dx}{dt} = 1 + \frac{2}{t^2}$$

$$\frac{dy}{dt} = 2 - \frac{1}{t^2}$$

시각 $t = 1$을 대입하면

$$\frac{dx}{dt} = 3$$

$$\frac{dx}{dt} = 1$$

P의 시각 t에서의 속력은

$$\sqrt{\left(\frac{dx}{dt}\right)^2 + \left(\frac{dy}{dt}\right)^2} = \sqrt{3^2 + 1^2} = \sqrt{10}$$

수능 4점

복습	1회	2회	3회	4회	5회
채점 ○△X					

326. [2019년 6월 (가)형 15번]

좌표평면 위를 움직이는 점 P의 시각 $t(t > 0)$에서의 위치 (x, y)가

$$x = 2\sqrt{t+1}, \quad y = t - \ln(t+1)$$

이다. 점 P의 속력의 최솟값은? [4점]

① $\dfrac{\sqrt{3}}{8}$ ② $\dfrac{\sqrt{6}}{8}$ ③ $\dfrac{\sqrt{3}}{4}$ ④ $\dfrac{\sqrt{6}}{4}$ ⑤ $\dfrac{\sqrt{3}}{2}$

수능수학 Big Data Analyst 김지석
수능한권 Prism 해설

$$\frac{dx}{dt} = \frac{1}{\sqrt{t+1}}, \quad \frac{dy}{dt} = 1 - \frac{1}{t+1}$$

이므로 시각 t에서의 점 P의 속력 $|v(t)|$는

$$|v(t)| = \sqrt{\left(\frac{1}{\sqrt{t+1}}\right)^2 + \left(1 - \frac{1}{t+1}\right)^2}$$

$$= \sqrt{\frac{1}{(t+1)^2} - \frac{1}{t+1} + 1}$$

$$= \sqrt{\left(\frac{1}{t+1} - \frac{1}{2}\right)^2 + \frac{3}{4}}$$

$\therefore t = 1$일 때 점 P의 속력이 최소이다.

$$|v(1)| = \sqrt{\frac{3}{4}} = \frac{\sqrt{3}}{2}$$

복습	1회	2회	3회	4회	5회
채점 ○△X					

327. [2018년 수능 (가)형 16번]

좌표평면 위를 움직이는 점 P의 시각 $t(0 < t < \pi)$에서의 위치 P(x, y)가

$$x = \sqrt{3} \sin t, \quad y = 2\cos t - 5$$

이다. 시각 $t = \alpha\,(0 < \alpha < \pi)$에서 점 P의 속도 $\vec{v}$와 $\overrightarrow{OP}$가 서로 평행할 때, $\cos\alpha$의 값은? (단, O는 원점이다.) [4점]

① $\dfrac{1}{10}$ ② $\dfrac{1}{5}$ ③ $\dfrac{3}{10}$ ④ $\dfrac{2}{5}$ ⑤ $\dfrac{1}{2}$

✎ 이 문제는 『미적분』 과목의 내용과 『기하』 과목의 <벡터> 단원에 있는 내용이 섞여있다. 출제 경향의 흐름을 보여주는 취지에서 이 문제를 책에 넣기는 했으나, 『기하』가 수능 범위가 아니므로 풀지 않고 넘어가도 무방하다.

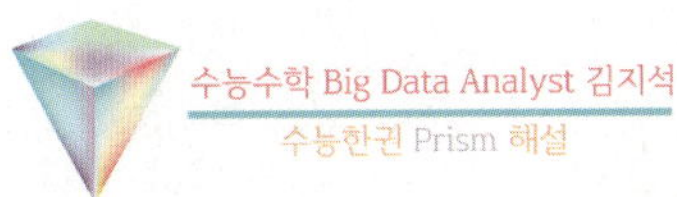
수능수학 Big Data Analyst 김지석
수능한권 Prism 해설

P의 시각 t에서의 속도 $\left(\dfrac{dx}{dt}, \dfrac{dy}{dt}\right)$는

$$\frac{dx}{dt} = \sqrt{3}\cos t, \quad \frac{dy}{dt} = -2\sin t$$

$\therefore$ 점 P의 시각 $t = \alpha\,(0 < \alpha < \pi)$일 때의 속도 $\vec{v}$는

$$\vec{v} = (\sqrt{3}\cos\alpha, \ -2\sin\alpha)$$

점 P의 시간 $t = \alpha\,(0 < \alpha < \pi)$일 때의

$$\overrightarrow{OP} = (\sqrt{3}\sin\alpha, \ 2\cos\alpha - 5)$$

점 P의 속도 $\vec{v}$와 $\overrightarrow{OP}$가 서로 평행하므로

$$\vec{v} = t\,\overrightarrow{OP}$$

$\Leftrightarrow (\sqrt{3}\cos\alpha, \ -2\sin\alpha) = t(\sqrt{3}\sin\alpha, \ 2\cos\alpha - 5)$

$\Rightarrow \sqrt{3}\cos\alpha = t \times \sqrt{3}\sin\alpha$

$\therefore t = \dfrac{\cos\alpha}{\sin\alpha}$

$-2\sin\alpha = t \times (2\cos\alpha - 5)$

$\Leftrightarrow -2\sin\alpha = \dfrac{\cos\alpha}{\sin\alpha} \times (2\cos\alpha - 5)$

$\Leftrightarrow -2\sin^2\alpha = 2\cos^2\alpha - 5\cos\alpha$

$\Leftrightarrow -2(1 - \cos^2\alpha) = 2\cos^2\alpha - 5\cos\alpha$

$\Leftrightarrow -2 = -5\cos\alpha$

$\therefore \cos\alpha = \dfrac{2}{5}$

복습	1회	2회	3회	4회	5회
채점 O△X					

328. [2010년 수능 (가)형 미분과 적분 30번]

좌표평면 위를 움직이는 점 P의 시각 t에서의 위치 $(x,\ y)$가

$$\begin{cases} x = 4(\cos t + \sin t) \\ y = \cos 2t \end{cases} \quad (0 \le t \le 2\pi)$$

이다. 점 P가 $t = 0$에서 $t = 2\pi$까지 움직인 거리 (경과 거리)를 $a\pi$라 할 때, a^2의 값을 구하시오. [4점]

64

P의 시각 t에서의 속도 $\left(\dfrac{dx}{dt},\ \dfrac{dy}{dt} \right)$는

$$\frac{dx}{dt} = 4(-\sin t + \cos t)$$

$$\frac{dy}{dt} = -2\sin 2t$$

곡선의 길이는

$$\int_0^{2\pi} \sqrt{\left(\frac{dx}{dt} \right)^2 + \left(\frac{dy}{dt} \right)^2}\ dt$$

$$= \int_0^{2\pi} \sqrt{16(\sin^2 t - 2\sin t \cos t + \cos^2 t) + 4\sin^2 2t}\ dt$$

$$= \int_0^{2\pi} \sqrt{16(1 - \sin 2t) + 4\sin^2 2t}\ dt$$

$$= \int_0^{2\pi} 2\sqrt{4 - 4\sin 2t + \sin^2 2t}\ dt$$

$$= \int_0^{2\pi} 2(2 - \sin 2t)\,dt = \left[4t + \cos 2t \right]_0^{2\pi}$$

$$= 8\pi + 1 - 1 = 8\pi$$

$$\therefore a^2 = 8^2 = 64$$

329. [2008년 수능 (가)형 미분과 적분 30번]

$x = 0$에서 $x = 6$까지 곡선 $y = \dfrac{1}{3}(x^2 + 2)^{\frac{3}{2}}$의 길이를 구하시오. [4점]

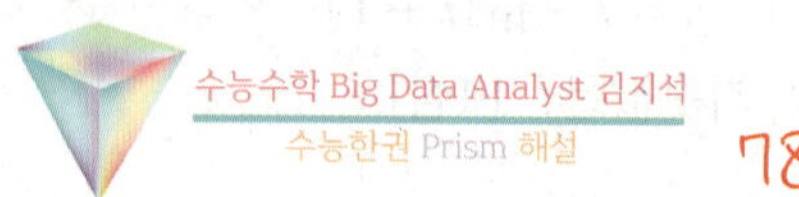

78

$f(x) = \dfrac{1}{3}(x^2 + 2)^{\frac{3}{2}}$라 하면 구하는 길이는

$$\int_0^6 \sqrt{1 + \{f'(x)\}^2}\ dx$$

$$= \int_0^6 \sqrt{1 + \left\{ \frac{1}{2}(x^2 + 2)^{\frac{1}{2}} 2x \right\}^2}\ dx$$

$$= \int_0^6 \sqrt{1 + \{x^2(x^2 + 2)\}}\ dx$$

$$= \int_0^6 \sqrt{(x^2 + 1)^2}\ dx$$

$$= \int_0^6 (x^2 + 1)\ dx = \left[\frac{1}{3}x^3 + x \right]_0^6$$

$$= 72 + 6 = 78$$

미적분 4. 적분법 경향19
적분법 그래프 고난도

수능 4점

복습	1회	2회	3회	4회	5회
채점 O△X					

1등급

330. [2024년 수능 (미적분) 28번] 실전 분석

실수 전체의 집합에서 연속인 함수 $f(x)$가 모든 실수 x에 대하여 $f(x) \geq 0$이고, $x < 0$일 때

$f(x) = -4xe^{4x^2}$이다. 모든 양수 t에 대하여 x에 대한 방정식 $f(x) = t$의 서로 다른 실근의 개수는 2이고, 이 방정식의 두 실근 중 작은 값을 $g(t)$, 큰 값을 $h(t)$라 하자.

두 함수 $g(t)$, $h(t)$는 모든 양수 t에 대하여

$$2g(t) + h(t) = k \ (k\text{는 상수})$$

를 만족시킨다. $\displaystyle\int_0^7 f(x)dx = e^4 - 1$일 때, $\dfrac{f(9)}{f(8)}$의 값은? [4점]

① $\dfrac{3}{2}e^5$ ② $\dfrac{4}{3}e^7$ ③ $\dfrac{5}{4}e^9$

④ $\dfrac{6}{5}e^{11}$ ⑤ $\dfrac{7}{6}e^{13}$

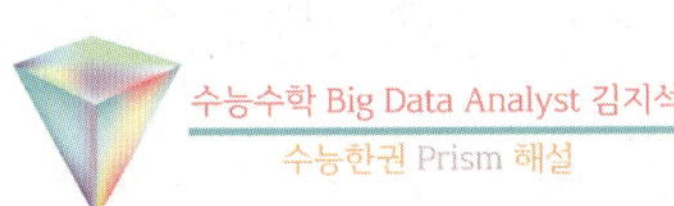

해설 바로가기 ▶ 실전개념분석 92번

복습	1회	2회	3회	4회	5회
채점 $O \triangle X$					

1등급

331. [2024년 9월 (미적분) 30번]
양수 k에 대하여 함수 $f(x)$를
$$f(x) = (k - |x|)e^{-x}$$
이라 하자. 실수 전체의 집합에서 미분가능하고 다음 조건을 만족시키는 모든 함수 $F(x)$에 대하여 $F(0)$의 최솟값을 $g(k)$라 하자.

> 모든 실수 x에 대하여 $F'(x) = f(x)$이고
> $F(x) \geq f(x)$이다.

$g\left(\dfrac{1}{4}\right) + g\left(\dfrac{3}{2}\right) = pe + q$일 때, $100(p+q)$의 값을 구하시오. (단, $\displaystyle \lim_{x \to \infty} xe^{-x} = 0$이고, p와 q는 유리수이다.) [4점]

25

★ [그래프 테크닉] 그래프 곱셈
-그래프로 사칙연산을 할 줄 아는 것은 꽤나 편리하다!

$a > 0$일 때
$y = (ax + b)e^{-x} + C$

$-\dfrac{b}{a}$

$y = C$
점근선

$a > 0$일 때
$y = (ax + b)e^{-x} + C$

$-\dfrac{b}{a}$

$y = C$
점근선

(step1) $g(k)$에 대해 파악하기
$$f(x) = \begin{cases} (k+x)e^{-x} & (x < 0) \\ (k-x)e^{-x} & (x \geq 0) \end{cases}$$
를 부분적분법을 활용해 계산하면
$$F(x) = \begin{cases} -(x+k+1)e^{-x} + C_1 & (x < 0) \\ (x-k+1)e^{-x} + C_2 & (x \geq 0) \end{cases}$$

$\displaystyle \lim_{x \to 0-} F(x) = \lim_{x \to 0+} F(x)$이므로 ($\because F(x)$는 미분가능)

$\Leftrightarrow -k-1+C_1 = -k+1+C_2$

$\Leftrightarrow C_1 = C_2 + 2$

$F(0) = -k+1+C_2$의 최소가 $g(k)$이다.

→ 답을 구하려면 C_2의 범위를 파악해야 한다!

(step2) 조건 $F(x) \geq f(x)$ 활용하기
$h(x) = F(x) - f'(x)$라고 하면,
$h(x) \geq 0$을 만족해야 한다.
→ $h(x)$의 최소를 파악하자.
→ $h(x)$의 증가 감소를 파악해야 한다.
→ $h'(x) = f(x) - f'(x)$의 부호를 파악해야 한다.

$$f(x) = \begin{cases} (k+x)e^{-x} & (x < 0) \\ (k-x)e^{-x} & (x \geq 0) \end{cases}$$

$$f'(x) = \begin{cases} 1 \cdot e^{-x} - (k+x)e^{-x} & (x < 0) \\ -1 \cdot e^{-x} - (k-x)e^{-x} & (x < 0) \end{cases}$$

$$h'(x) = f(x) - f'(x)$$
$$= \begin{cases} (2k+2x-1)e^{-x} & (x < 0) \\ (2k-2x+1)e^{-x} & (x > 0) \end{cases}$$

모든 실수 x에 대하여 $e^{-x} > 0$이므로
$h'(x)$의 부호변화는
$$y = \begin{cases} 2k+2x-1 & (x < 0) \\ 2k-2x+1 & (x > 0) \end{cases}$$
의 부호변화와 동일하다.

(step3) $g\left(\dfrac{1}{4}\right)$ 구하기

$k=\dfrac{1}{4}$ 인 경우 $h'(x)$의 부호변화는

$$y=\begin{cases} 2x-\dfrac{1}{2} & (x<0) \\[2mm] -2x+\dfrac{3}{2} & (x>0) \end{cases}$$

의 부호변화와 동일하다.

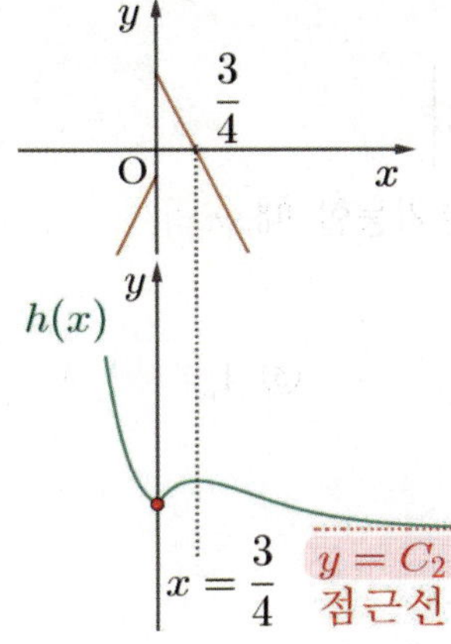

$$※\ \lim_{x\to\infty} h(x)=\lim_{x\to\infty} F(x)-\lim_{x\to\infty} f(x)=C_2-0=C_2$$

이므로 $h(x)$는 $y=C_2$를 점근선으로 가진다.

$h(0)\geq 0$ and $C_2\geq 0$

$h(0)=F(0)-f(0)=(-k+1+C_2)-k$

$=\dfrac{1}{2}+C_2\geq 0\ (\because\ k=\dfrac{1}{4})$

$\Leftrightarrow\ C_2\geq -\dfrac{1}{2}$

$\therefore\ C_2\geq 0$ 이고 $C_2\geq -\dfrac{1}{2}$ 이므로 $C_2\geq 0$

$F(0)=-k+1+C_2$의 최소가 $g(k)$이므로

$g\left(\dfrac{1}{4}\right)=-\dfrac{1}{4}+1+0=\dfrac{3}{4}$

(step4) $g\left(\dfrac{3}{2}\right)$ 구하기

$k=\dfrac{3}{2}$ 인 경우 $h'(x)$의 부호변화는

$$y=\begin{cases} 2x+2 & (x<0) \\[2mm] -2x+4 & (x>0) \end{cases}$$

의 부호변화와 동일하다.

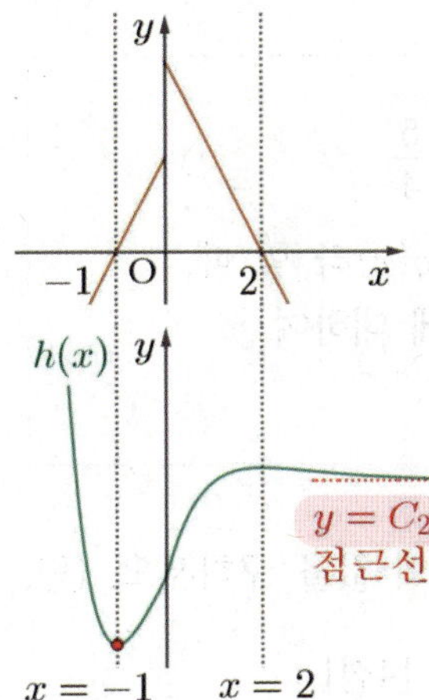

$h(-1)\geq 0$ and $C_2\geq 0$

$h(-1)=F(-1)-f(-1)$

$=(-1-k+1)e+C_2+2-(k-1)e$

$=-2e+2+C_2\geq 0\ (\because\ k=\dfrac{3}{2})$

$\Leftrightarrow\ C_2\geq 2e-2$

$\therefore\ C_2\geq 0$ 이고 $C_2\geq 2e-2$ 이므로 $C_2\geq 2e-2$

$F(0)=-k+1+C_2$의 최소가 $g(k)$이므로

$g\left(\dfrac{3}{2}\right)=-\dfrac{3}{2}+1+(2e-2)=2e-\dfrac{5}{2}$

$\therefore\ g\left(\dfrac{1}{4}\right)+g\left(\dfrac{3}{2}\right)=\dfrac{3}{4}+\left(2e-\dfrac{5}{2}\right)=2e-\dfrac{7}{4}$

$\therefore\ 100(p+q)=100\left(2-\dfrac{7}{4}\right)=25$

복습	1회	2회	3회	4회	5회
채점 O△X					

1등급

332. [2022년 수능 (미적분) 30번] 실전 분석
실수 전체의 집합에서 증가하고 미분 가능한 함수
$f(x)$가 다음 조건을 만족시킨다.

(가) $f(1)=1,\ \displaystyle\int_{1}^{2} f(x)dx = \frac{5}{4}$

(나) 함수 $f(x)$의 역함수를 $g(x)$라 할 때,
$x \geq 1$인 모든 실수 x에 대하여
$g(2x)=2f(x)$이다.

$\displaystyle\int_{1}^{8} xf'(x)dx = \frac{q}{p}$ 일 때, $p+q$의 값을 구하시오. (단,
p와 q는 서로소인 자연수이다.) [4점]

143

해설 바로가기 ▶ 실전개념분석 93번

복습	1회	2회	3회	4회	5회
채점 O△X					

1등급

333. [2023년 9월 (미적분) 28번]
실수 $a\ (0 < a < 2)$에 대하여 함수 $f(x)$를

$$f(x)=\begin{cases} 2|\sin 4x| & (x < 0) \\ -\sin ax & (x \geq 0) \end{cases}$$

이라 하자. 함수

$$g(x)=\left| \int_{-a\pi}^{x} f(t)dt \right|$$

가 실수 전체의 집합에서 미분가능할 때, a의
최솟값은? [4점]

① $\dfrac{1}{2}$ 　② $\dfrac{3}{4}$ 　③ 1

④ $\dfrac{5}{4}$ 　⑤ $\dfrac{3}{2}$

$$F(x)=\int_{-a\pi}^{x} f(t)dt \ \text{라고 하면}$$

❶ $F(-a\pi)=0$

❷ $F'(x)=f(x)$

$g(x)=|F(x)|$이 실수 전체에서 미분가능하므로

⇒ $F'(-a\pi)=f(-a\pi)=0$

$\therefore\ -a\pi = -\dfrac{\pi}{4},\ -\dfrac{2}{4}\pi,\ -\dfrac{3}{4}\pi,\ -\dfrac{4}{4}\pi,\ \cdots$

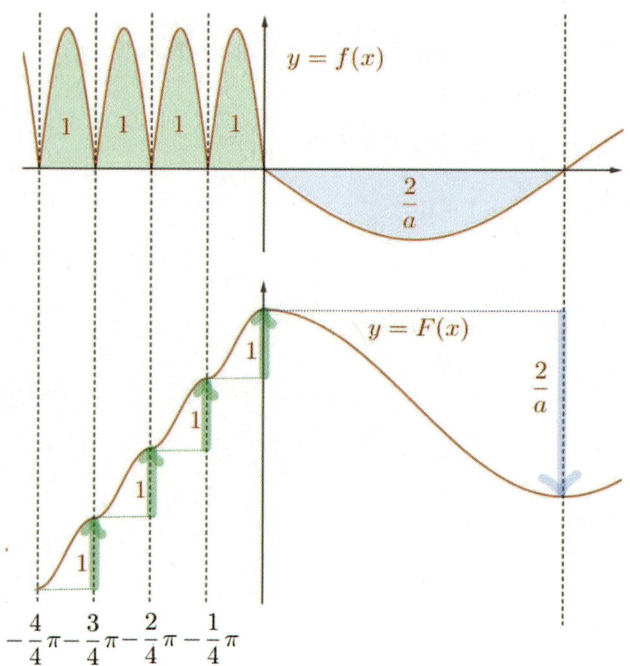

i) $-a\pi=-\dfrac{\pi}{4}$인 경우 $\dfrac{2}{a}=8>1$

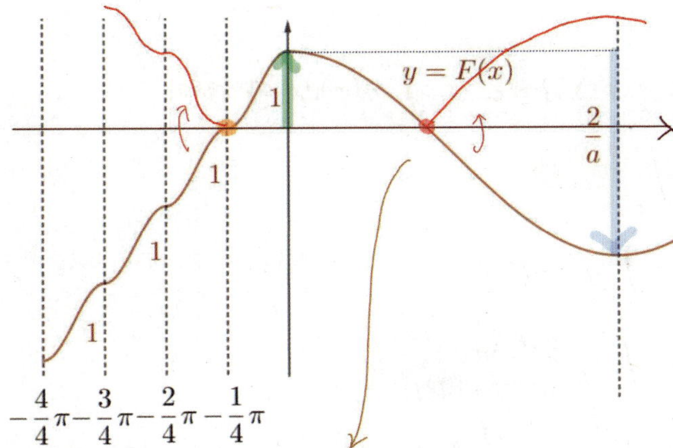

$\therefore\ g(x)=|F(x)|$ 미분불가능한 점 존재

ii) $-a\pi=-\dfrac{2\pi}{4}$인 경우 $\dfrac{2}{a}=4>2$

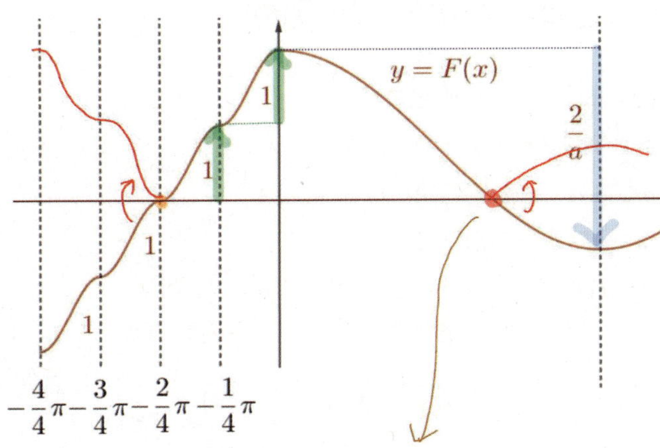

$\therefore\ g(x)=|F(x)|$ 미분불가능한 점 존재

iii) $-a\pi=-\dfrac{3\pi}{4}$인 경우 $\dfrac{2}{a}=\dfrac{8}{3}<3$

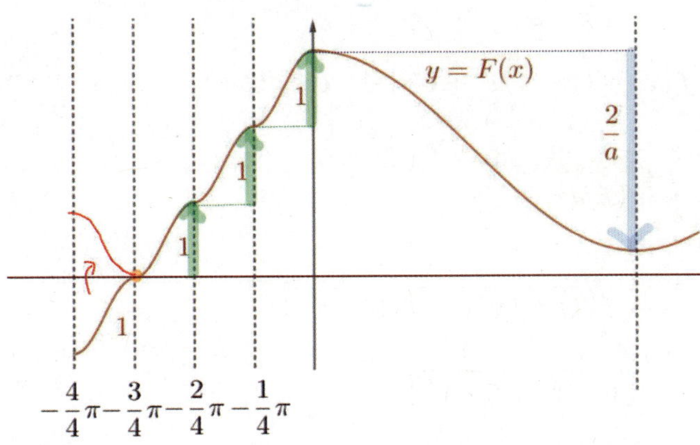

$\therefore\ g(x)=|F(x)|$ 실수전체에서 미분 가능

$\therefore\ a$의 최솟값은 $\dfrac{3}{4}$

Analysis

$g(x)=\displaystyle\int_a^x f(t)\,dt$ 꼴이 등장하면 꼭 해야 하는 것!

❶ $x=a$ 대입 : $g(a)=\displaystyle\int_a^a f(t)\,dt=0$

❷ 미분 : $g'(x)=f(x)$

Analysis

절댓값 함수의 미분 가능성
함수 $y=|f(x)|$에서
① $f(a)=0$
② $x=a$에서 미분가능
$\Rightarrow f'(a)=0$

Analysis

$\displaystyle\int_0^\pi \sin x\,dx=[-\cos x]_0^\pi$
$=(-\cos\pi)-(-\cos 0)=1+1=2$

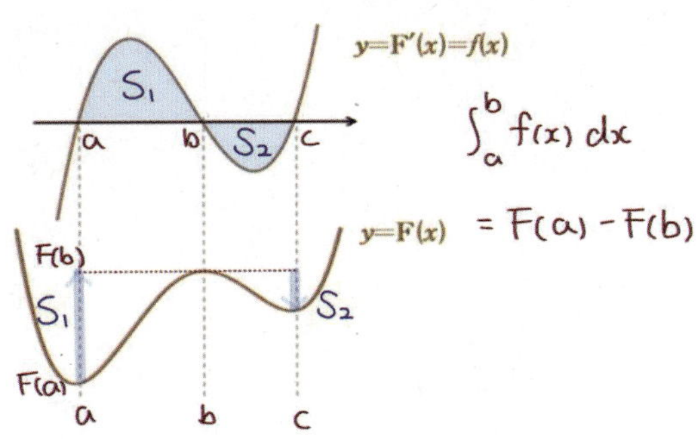

sin 그래프와 cos 그래프는 평행이동 관계이므로 모양 넓이는 항상 2이다.

또한 $\displaystyle\int_0^\pi p\sin(qx)\,dx=2\times\dfrac{p}{q}$

Analysis

도함수의 넓이는 원시함수의 높이차

$$\int_a^b f(x)\,dx = F(a)-F(b)$$

복습	1회	2회	3회	4회	5회
채점 O△X					

1등급

334. [2022년 9월 (미적분) 30번]

최고차항의 계수가 1인 사차함수 $f(x)$와 구간 $(0, \infty)$에서 $g(x) \geq 0$인 함수 $g(x)$가 다음 조건을 만족시킨다.

> (가) $x \leq -3$인 모든 실수 x에 대하여
> $f(x) \geq f(-3)$이다.
> (나) $x > -3$인 모든 실수 x에 대하여
> $g(x+3)\{f(x)-f(0)\}^2 = f'(x)$이다.

$\displaystyle\int_4^5 g(x)dx = \dfrac{q}{p}$일 때, $p+q$의 값을 구하시오.

(단, p와 q는 서로소인 자연수이다.) [4점]

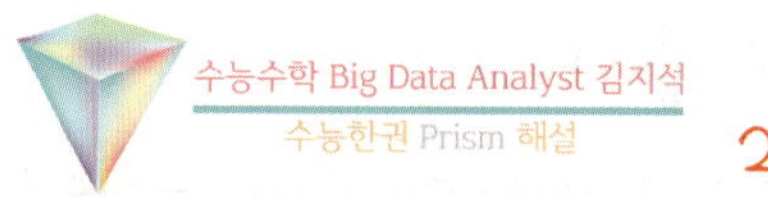

283

(step1) 구하는 답 $\displaystyle\int_4^5 g(x)dx$ 파악하기

$$\int_4^5 g(x)dx$$

$$= \int_1^2 g(x+3)dx$$

$$= \int_1^2 \frac{f'(x)}{\{f(x)-f(0)\}^2}dx \quad (\because \text{조건(나)})$$

$$= \int_{f(1)-f(0)}^{f(2)-f(0)} \frac{1}{t^2}dt \quad (\because t=f(x)-f(0) \text{ 치환 적분})$$

$$= \left[-\frac{1}{t}\right]_{f(1)-f(0)}^{f(2)-f(0)}$$

$$= -\left\{\frac{1}{f(2)-f(0)} - \frac{1}{f(1)-f(0)}\right\}$$

(step2) $f(x)$ 파악하기

조건 (나)에서

$g(x+3)\{f(x)-f(0)\}^2 = f'(x)$

↳ $x=0$을 대입하면 $f'(0)=0$

↳ $g(x) \geq 0$이므로 $x > -3$에서 $f'(x) \geq 0$

조건 (가) $x=-3$에서 $f(x)$는 극소값을 갖는다.

1 : 3 비례관계에 의해

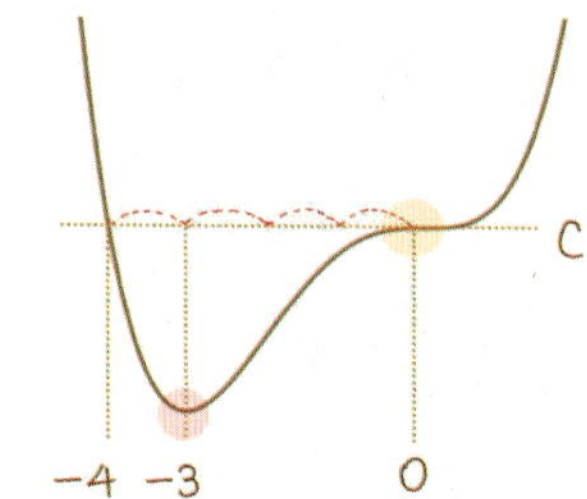

$f(x) = (x+4)x^3 + C$ (단, C는 상수)

$$\int_4^5 g(x)dx$$

$$= -\left\{\frac{1}{f(2)-f(0)} - \frac{1}{f(1)-f(0)}\right\}$$

$$= -\left\{\frac{1}{6\cdot 2^3} - \frac{1}{5\cdot 1^3}\right\}$$

$$= \frac{43}{280}$$

$$\therefore p+q = 240+43 = 283$$

복습	1회	2회	3회	4회	5회
채점 ○△X					

1등급

335. [2021년 수능 (가)형 20번] 실전 분석

함수 $f(x) = \pi \sin 2\pi x$ 에 대하여 정의역이 실수 전체의 집합이고 치역이 집합 $\{0, 1\}$ 인 함수 $g(x)$ 와 자연수 n 이 다음 조건을 만족시킬 때, n 의 값은? [4점]

> 함수 $h(x) = f(nx)g(x)$ 는 실수 전체의 집합에서 연속이고
> $$\int_{-1}^{1} h(x)\,dx = 2, \quad \int_{-1}^{1} x\,h(x)\,dx = -\frac{1}{32}$$
> 이다.

① 8 　② 10 　③ 12 　④ 14 　⑤ 16

수능수학 Big Data Analyst 김지석
수능한권 Prism 해설

해설 바로가기 ▶ 실전개념분석 96번

복습	1회	2회	3회	4회	5회
채점 O△X					

━━ 1등급 ━━

336. [2021년 9월 (미적분) 30번]

최고차항의 계수가 9인 삼차함수 $f(x)$가 다음 조건을 만족시킨다.

(가) $\displaystyle\lim_{x \to 0}\frac{\sin(\pi \times f(x))}{x} = 0$

(나) $f(x)$의 극댓값과 극솟값의 곱은 5이다.

함수 $g(x)$는 $0 \le x < 1$일 때 $g(x) = f(x)$이고 모든 실수 x에 대하여 $g(x+1) = g(x)$이다. $g(x)$가 실수 전체의 집합에서 연속일 때, $\displaystyle\int_0^5 xg(x)\,dx = \frac{q}{p}$이다. $p+q$의 값을 구하시오. (단, p와 q는 서로소인 자연수이다.) [4점]

115

(Step1) 조건 (가) 활용하기

조건 (가)에서 $x \to 0$일 때 극한값이 존재하고 (분모)$\to 0$이므로 (분자)$\to 0$이어야 한다.

$\therefore \displaystyle\lim_{x \to 0}\sin(\pi \times f(x)) = \sin(\pi \times f(0)) = 0$

$\therefore f(0) = n$ (n은 정수)

$h(x) = \sin(\pi \times f(x))$라 하면 $h(0) = 0$이므로

$\displaystyle\lim_{x \to 0}\frac{\sin(\pi \times f(x))}{x} = \lim_{x \to 0}\frac{h(x)-h(0)}{x-0} = h'(0)$

$\therefore h'(0) = 0$

$h'(x) = \pi f'(x) \times \cos(\pi \times f(x))$

$h'(0) = \pi f'(0) \times \cos(n\pi) = 0$

$\therefore f'(0) = 0$

$\therefore$ 삼차함수 $f(x)$는 $x = 0$에서 극값을 갖는다.

(극대와 극소 중 어디에서 $x=0$인지 아직 모른다.)

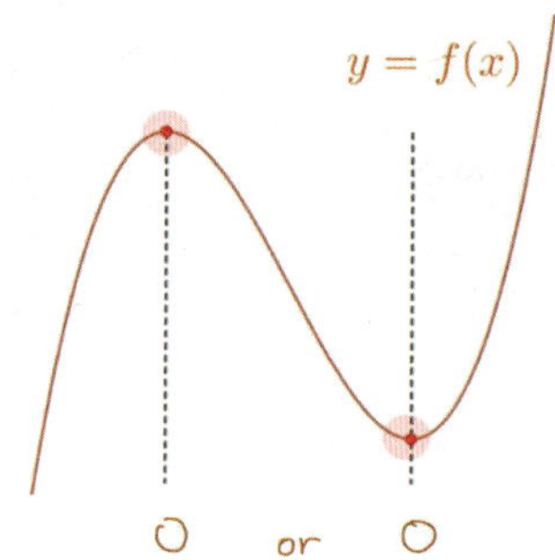

(step2) $g(x)$가 연속함수인 것 활용하기

함수 $g(x)$가 실수 전체의 집합에서 연속이므로

$$g(1) = \lim_{x \to 1^-} g(x)$$

$$\Leftrightarrow g(0) = \lim_{x \to 1^-} f(x) \quad (\because g(x+1) = g(x))$$

$$\Leftrightarrow f(0) = f(1)$$

$(\because g(x)$는 $0 \le x < 1$일 때 $g(x) = f(x))$

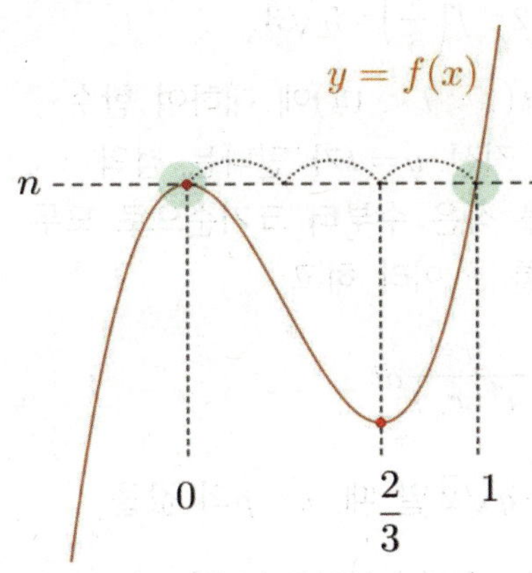

$$\therefore f(x) = 9x^2(x-1) + n$$

삼차함수의 2:1 비례관계에 의해

함수 $f(x)$는 $x = 0$에서 극대이고 $x = \dfrac{2}{3}$에서 극소이다.

(step3) 조건 (나) 활용하기

조건 (나)에 의해

$$f(0) \times f\left(\frac{2}{3}\right) = 5$$

$$\Leftrightarrow n \times \left(n - \frac{4}{3}\right) = 5$$

$$\Leftrightarrow (3n+5)(n-3) = 0$$

$$\Leftrightarrow n = 3 \quad (\because n이 \ 정수)$$

$$\therefore f(x) = 9x^2(x-1) + 3 = 9x^3 - 9x^2 + 3$$

(step4) 계산하기

$$\int_0^5 xg(x)dx$$

$$= \int_0^1 xg(x)dx + \int_1^2 xg(x)dx + \cdots + \int_4^5 xg(x)dx$$

$$= \int_0^1 xg(x)dx + \int_0^1 (x+1)g(x+1)dx + \cdots + \int_0^1 (x+4)g(x+4)dx$$

$$= \int_0^1 xf(x)dx + \int_0^1 (x+1)f(x)dx + \cdots + \int_0^1 (x+4)f(x)dx$$

$$= 5\int_0^1 xf(x)dx + (1+2+3+4)\int_0^1 f(x)dx$$

$$= 5\int_0^1 (9x^4 - 9x^3 + 3x)dx + 10\int_0^1 (9x^3 - 9x^2 + 3)dx$$

$$= 5\left[\frac{9}{5}x^5 - \frac{9}{4}x^4 + \frac{3}{2}x^2\right]_0^1 + 10\left[\frac{9}{4}x^4 - 3x^3 + 3x\right]_0^1$$

$$= \frac{21}{4} + \frac{45}{2} = \frac{111}{4}$$

$$\therefore p + q = 4 + 111 = 115$$

복습	1회	2회	3회	4회	5회
채점 ○△X					

복습	1회	2회	3회	4회	5회
채점 ○△X					

1등급

337. [2020년 수능 (가)형 21번] 실전 분석

실수 t에 대하여 곡선 $y = e^x$ 위의 점 (t, e^t)에서의 접선의 방정식을 $y = f(x)$라 할 때, 함수 $y = |f(x) + k - \ln x|$가 양의 실수 전체의 집합에서 미분가능하도록 하는 실수 k의 최솟값을 $g(t)$라 하자. 두 실수 a, b $(a < b)$에 대하여

$$\int_a^b g(t)\,dt = m$$

이라 할 때, <보기>에서 옳은 것만을 있는 대로 고른 것은? [4점]

─────── [보 기] ───────

ㄱ. $m < 0$ 이 되도록 하는 두 실수 a, b $(a < b)$가 존재한다.

ㄴ. 실수 c 에 대하여 $g(c) = 0$ 이면 $g(-c) = 0$이다.

ㄷ. $a = \alpha$, $b = \beta(\alpha < \beta)$일 때 m 의 값이 최소이면 $\dfrac{1 + g'(\beta)}{1 + g'(\alpha)} < -e^2$이다.

① ㄱ   ② ㄴ   ③ ㄱ, ㄴ
④ ㄱ, ㄷ   ⑤ ㄱ, ㄴ, ㄷ

해설 바로가기 ▶ 실전개념분석 102번

1등급

338. [2019년 6월 (가)형 30번]

상수 a, b에 대하여 함수 $f(x) = a\sin^3 x + b\sin x$가

$$f\left(\frac{\pi}{4}\right) = 3\sqrt{2}, \quad f\left(\frac{\pi}{3}\right) = 5\sqrt{3}$$

을 만족시킨다. 실수 $t\,(1 < t < 14)$에 대하여 함수 $y = f(x)$의 그래프와 직선 $y = t$가 만나는 점의 x좌표 중 양수인 것을 작은 수부터 크기순으로 모두 나열할 때, n번째 수를 x_n이라 하고

$$c_n = \int_{3\sqrt{2}}^{5\sqrt{3}} \frac{t}{f'(x_n)}\,dt$$

라 하자. $\displaystyle\sum_{n=1}^{101} c_n = p + q\sqrt{2}$일 때, $q - p$의 값을 구하시오. (단, p와 q는 유리수이다.) [4점]

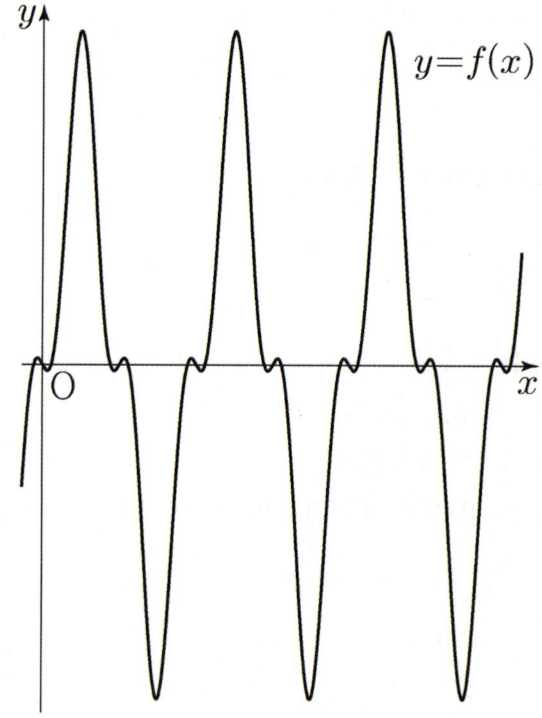

12

(step1) a, b 구하기

$$f(x) = a\sin^3 x + b\sin x$$

$$f\left(\frac{\pi}{4}\right) = \frac{\sqrt{2}}{4}a + \frac{\sqrt{2}}{2}b = 3\sqrt{2}$$

$$\Leftrightarrow a + 2b = 12$$

$$f\left(\frac{\pi}{3}\right) = \frac{3\sqrt{3}}{8}a + \frac{\sqrt{3}}{2}b = 5\sqrt{3}$$

$$\Leftrightarrow 3a + 4b = 40$$

$$\therefore a = 16, \ b = -2$$

$$\therefore f(x) = 16\sin^3 x - 2\sin x$$

함수 $f(x)$는 주기가 2π,

$x = n\pi + \dfrac{\pi}{2}$ (n은 정수)에 대하여 대칭이다.

(step2) 극댓값 파악하기

$$f'(x) = 48\sin^2 x \cos x - 2\cos x$$
$$= 2\cos x (24\sin^2 x - 1) = 0$$

$$\therefore \cos x = 0 \ \text{or} \ \sin^2 x = \frac{1}{24}$$

$$\Leftrightarrow \sin x = \pm 1 \ \text{or} \ \sin x = \pm \frac{\sqrt{6}}{12}$$

$$\Leftrightarrow f(x) = 16\sin^3 x - 2\sin x = \pm 14 \ \text{or} \ \pm\frac{2}{3\sqrt{6}}$$

$$\therefore f(x)의 \ 극댓값은 \ 14 \ \text{or} \ \frac{2}{3\sqrt{6}} < 1 \ 이다.$$

(step3) 그래프의 대칭성과 $f'(x_n)$

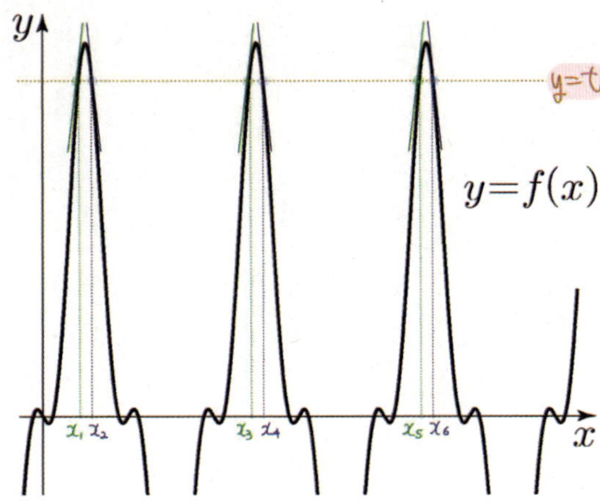

함수 $f(x)$의 주기성과 대칭성에 의해

$$f'(x_1) = f'(x_3) = f'(x_5) = f'(x_홀) = \cdots$$
$$-f'(x_1) = f'(x_2) = f'(x_4) = f'(x_짝) = \cdots$$

$$c_n = \int_{3\sqrt{2}}^{5\sqrt{3}} \frac{t}{f'(x_n)}dt \ \text{이므로}$$

$$c_1 = c_3 = c_5 = c_홀 = \cdots$$
$$-c_1 = c_2 = c_4 = c_짝 = \cdots$$

$$\sum_{n=1}^{101} c_n = c_{101} = c_1$$

(step4) c_1 구하기

$x_1 = g(t)$라고 하면

$$f(x_1) = t$$

$$\Leftrightarrow f(g(t)) = t$$

$$\therefore f'(g(t))g'(t) = 1$$

$$c_1 = \int_{3\sqrt{2}}^{5\sqrt{3}} \frac{t}{f'(x_1)}dt$$

$$= \int_{3\sqrt{2}}^{5\sqrt{3}} \frac{f(g(t))}{f'(g(t))}dt$$

$$= \int_{3\sqrt{2}}^{5\sqrt{3}} \frac{f(g(t))g'(t)}{f'(g(t))g'(t)}dt = \int_{3\sqrt{2}}^{5\sqrt{3}} \frac{f(g(t))g'(t)}{1}dt$$

$$= \int_{\frac{\pi}{4}}^{\frac{\pi}{3}} f(x_1)dx_1$$

$$= \int_{\frac{\pi}{4}}^{\frac{\pi}{3}} (16\sin^3 x - 2\sin x)dx$$

$$= \int_{\frac{\pi}{4}}^{\frac{\pi}{3}} 2\sin x\{8\sin^2 x - 1\}dx$$

$$= \int_{\frac{\pi}{4}}^{\frac{\pi}{3}} 2\sin x\{8(1 - \cos^2 x) - 1\}dx$$

$$= \int_{\frac{1}{\sqrt{2}}}^{\frac{1}{2}} -2(7 - 8t^2)dt \ (\because t = \cos x)$$

$$= -\frac{19}{3} + \frac{17\sqrt{2}}{3}$$

$$\therefore q - p = \frac{17}{3} - \left(-\frac{19}{3}\right) = 12$$

복습	1회	2회	3회	4회	5회
채점 O△X					

— **1등급** —

339. [2018년 수능 (가)형 30번] 실전 분석

실수 t에 대하여 함수 $f(x)$를

$$f(x)=\begin{cases} 1-|x-t| & (|x-t|\le 1) \\ 0 & (|x-t|>1) \end{cases}$$

이라 할 때, 어떤 홀수 k에 대하여 함수

$$g(t)=\int_{k}^{k+8} f(x)\cos(\pi x)\,dx$$

가 다음 조건을 만족시킨다.

> 함수 $g(t)$가 $t=\alpha$에서 극소이고 $g(\alpha)<0$인
> 모든 α를 작은 수부터 크기순으로 나열한 것을
> $\alpha_1,\ \alpha_2,\ \cdots,\ \alpha_m\ (m$은 자연수)라 할 때,
> $$\sum_{i=1}^{m}\alpha_i = 45$$ 이다.

 $k-\pi^2\displaystyle\sum_{i=1}^{m}g(\alpha_i)$의 값을 구하시오. [4점]

수능수학 Big Data Analyst 김지석
수능한권 Prism 해설

21

해설 바로가기 ▶ 실전개념분석 101번

— **1등급** —

340. [2018년 수능 (나)형 30번] 실전 분석

이차함수 $f(x)=\dfrac{3x-x^2}{2}$에 대하여 구간

$[0,\ \infty)$에서 정의된 함수 $g(x)$가 다음 조건을
만족시킨다.

> (가) $0\le x<1$일 때, $g(x)=f(x)$이다.
> (나) $n\le x<n+1$일 때,
> $$g(x)=\frac{1}{2^n}\{f(x-n)-(x-n)\}+x$$
> 이다. (단, n은 자연수이다.)

어떤 자연수 $k\,(k\ge 6)$에 대하여 함수 $h(x)$는

$$h(x)=\begin{cases} g(x) & (0\le x<5 \text{ 또는 } x\ge k) \\ 2x-g(x) & (5\le x<k) \end{cases}$$

이다. 수열 $\{a_n\}$을 $a_n=\displaystyle\int_0^n h(x)\,dx$라 할 때,

$\displaystyle\lim_{n\to\infty}(2a_n-n^2)=\dfrac{241}{768}$ 이다.  k의 값을 구하시오.

[4점]

수능수학 Big Data Analyst 김지석
수능한권 Prism 해설

9

해설 바로가기 ▶ 실전개념분석 94번

복습	1회	2회	3회	4회	5회
채점 O△X					

1등급

341. [2018년 9월 (가)형 21번]

0이 아닌 세 정수 l, m, n이

$|l|+|m|+|n| \leq 10$ 을 만족시킨다.

$0 \leq x \leq \dfrac{3}{2}\pi$ 에서 정의된 연속함수 $f(x)$가 $f(0)=0$,

$f\left(\dfrac{3}{2}\pi\right)=1$ 이고

$$f'(x)=\begin{cases} l\cos x & \left(0 < x < \dfrac{\pi}{2}\right) \\ m\cos x & \left(\dfrac{\pi}{2} < x < \pi\right) \\ n\cos x & \left(\pi < x < \dfrac{3}{2}\pi\right) \end{cases}$$

를 만족시킬 때, $\displaystyle\int_0^{\frac{3}{2}\pi} f(x)dx$ 의 값이 최대가 되도록

하는 l, m, n에 대하여 $l+2m+3n$의 값은? [4점]

① 12   ② 13   ③ 14
④ 15   ⑤ 16

Analysis 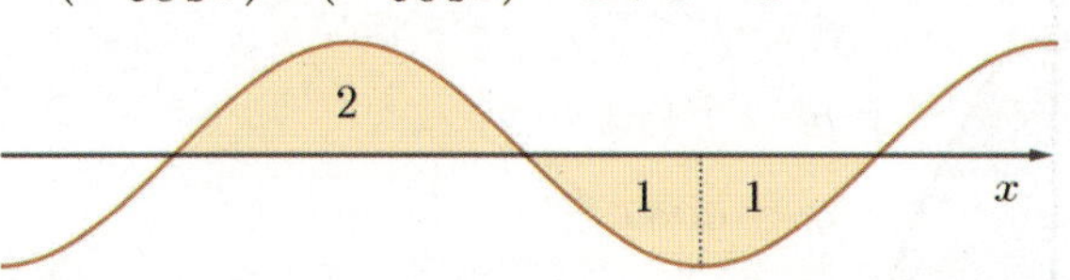

$$\int_0^\pi \sin x\,dx = \left[-\cos x\right]_0^\pi$$
$$= (-\cos\pi)-(-\cos 0) = 1+1 = 2$$

- sin 그래프와 cos 그래프는 평행이동 관계이므로 ⌒ 모양 넓이는 항상 2이다.

- 또한 $\displaystyle\int_0^\pi p\sin(qx)dx = 2\times \dfrac{p}{q}$

Analysis

도함수의 넓이는 원시함수의 높이차

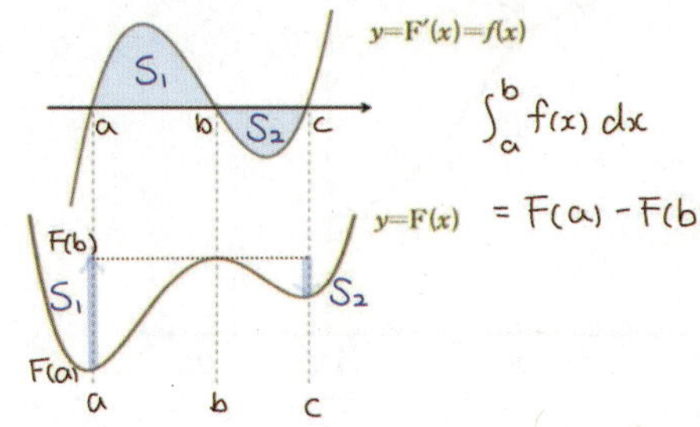

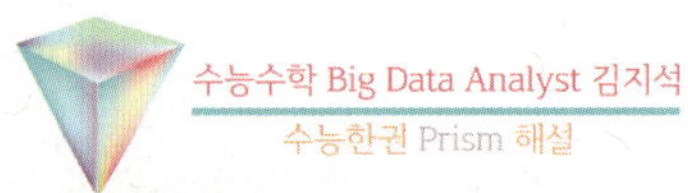

ⅰ) $l > 0,\ m > 0,\ n > 0$인 경우 $f(x)$의 그래프

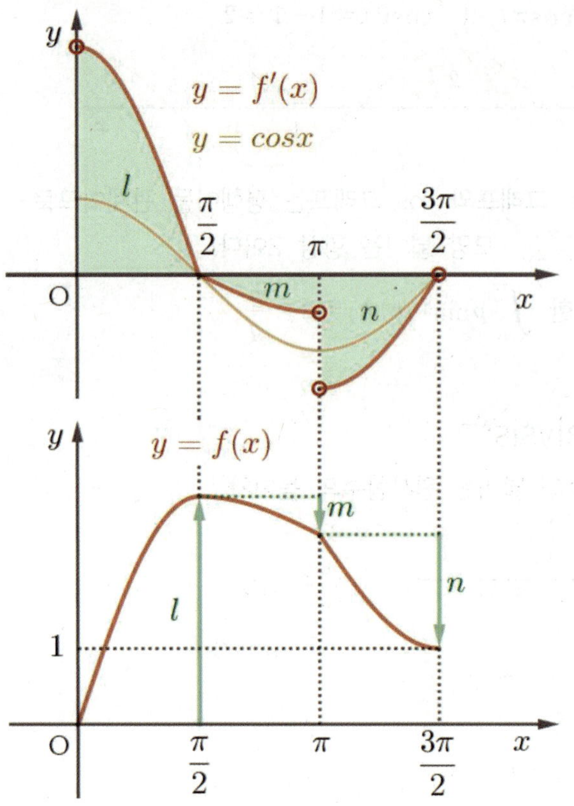

$\therefore\ l - (m+n) = 1\ \left(\because f\left(\dfrac{3}{2}\pi\right) = 1\right)$

$|l| + |m| + |n|$ 는

$f(x)$ 그래프가 올라가고 내려가는 높이 변화의 총 합

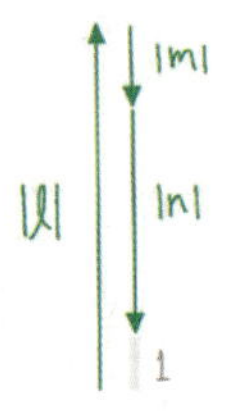

$\displaystyle\int_{0}^{\frac{3}{2}\pi} f(x)\,dx$ 가 최대이어야 하므로

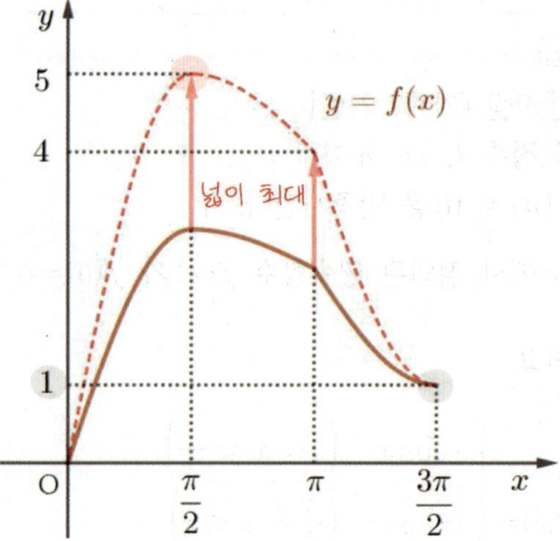

$l,\ m,\ n$이 0이 아닌 정수이고 $|l| + |m| + |n| \le 10$

$\therefore\ l = 5,\ m = 1,\ n = 3$

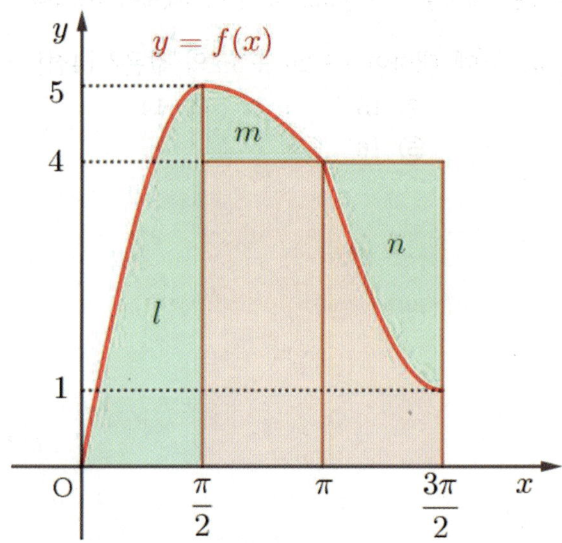

$\displaystyle\int_{0}^{\frac{3}{2}\pi} f(x)\,dx = 4\pi + l + m - n$

$= 4\pi + 5 + 1 - 3 = 4\pi + 3$

☆ point

$\displaystyle\int_{0}^{\frac{3}{2}\pi} f(x)\,dx$ 가 최대이어야 하므로

$l,\ m,\ n$이 0이 아닌 정수이고
$|l| + |m| + |n| \le 10$ 이므로
$f(x)$의 최댓값은 5이고 l은 양수이다.

또한 $f\left(\dfrac{3}{2}\pi\right) = 1$ 이므로 n은 양수이다.

ii) $l > 0,\ m < 0,\ n > 0$인 경우 $f(x)$의 그래프

$\displaystyle\int_0^{\frac{3}{2}\pi} f(x)\,dx$ 가 최대이어야 하므로

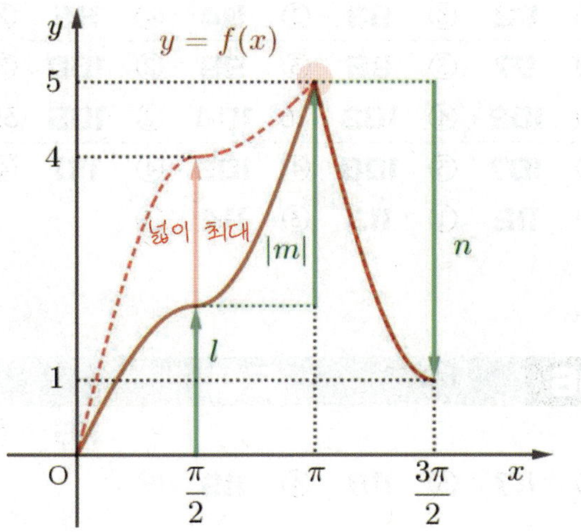

$\therefore l = 4,\ m = -1,\ n = 4$

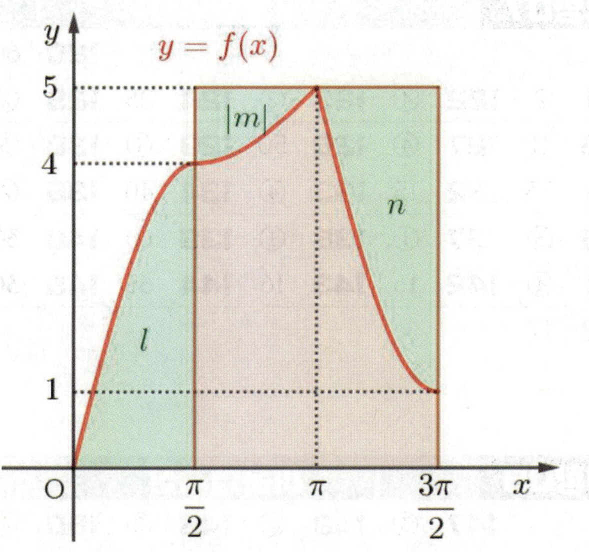

$\displaystyle\int_0^{\frac{3}{2}\pi} f(x)\,dx = 5\pi + l - |m| - n$

$= 5\pi + 4 - 1 - 4 = 5\pi - 1$

$4\pi + 3 > 5\pi - 1 \Leftrightarrow 4 > \pi$이므로

i)인 경우 $\displaystyle\int_0^{\frac{3}{2}\pi} f(x)\,dx$ 가 최대이다.

$\therefore l = 5,\ m = 1,\ n = 3$

$\therefore l + 2m + 3n = 5 + 2 + 9 = 16$

복습	1회	2회	3회	4회	5회
채점 ○△✕					

1등급

342. [2011년 수능 (가)형 미분과 적분 29번]

실전 분석

실수 전체의 집합에서 미분가능하고, 다음 조건을

만족시키는 모든 함수 $f(x)$에 대하여 $\displaystyle\int_0^2 f(x)\,dx$의

최솟값은? [4점]

> (가) $f(0) = 1,\ f'(0) = 1$
> (나) $0 < a < b < 2$이면 $f'(a) \le f'(b)$이다.
> (다) 구간 $(0, 1)$에서 $f''(x) = e^x$이다.

① $\dfrac{1}{2}e - 1$　　② $\dfrac{3}{2}e - 1$　　③ $\dfrac{5}{2}e - 1$

④ $\dfrac{7}{2}e - 2$　　⑤ $\dfrac{9}{2}e - 2$

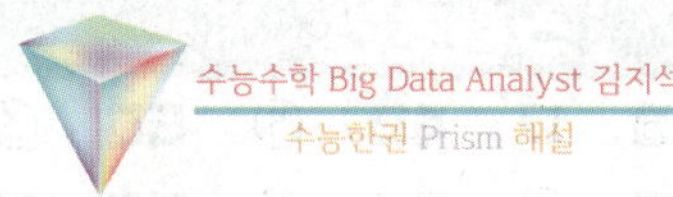

해설 바로가기 ▶ 실전개념분석 86번

경향 01 — 수열의 극한 계산

1	⑤	2	②	3	③	4	③	5	①
6	④	7	⑤	8	⑤	9	④	10	①
11	②	12	③	13	②	14	③	15	②
16	⑤	17	②	18	3	19	⑤	20	4
21	①	22	54	23	③	24	16	25	15
26	②	27	⑤	28	①	29	16	30	①
31	53.33	32	57	33	19	34	⑤	35	40

경향 02 — 도형의극한

36	③	37	⑤	38	②	39	⑤	40	16
41	⑤	42	④	43	37	44	③	45	50
46	19	47	④						

경향 03 — 수렴조건

				48	17	49	⑤	50	③
51	16	52	40	53	③	54	④	55	97
56	25	57	91	58	109	59	162	60	18
61	24	62	③	63	33	64	①		

경향 04 — 등비급수

								65	②
66	①	67	③	68	⑤	69	①	70	④
71	①	72	②	73	②	74	②	75	②
76	③	77	②	78	③	79	③	80	②
81	②	82	④	83	③	84	⑤	85	⑤
86	⑤	87	13						

경향 05 — 여러함수의미분계산

				88	③	89	③	90	③
91	④	92	③	93	③	94	④	95	②
96	③	97	③	98	③	99	②	100	⑤
101	④	102	④	103	26	104	②	105	35
106	③	107	③	108	④	109	④	110	④
111	①	112	①	113	③	114	③		

경향 06 — 도형

								115	④
116	③	117	⑤	118	④	119	⑤		

경향 07 — 도형의극한

								120	60
121	2	122	④	123	②	124	25	125	②
126	11	127	④	128	50	129	①	130	③
131	23	132	15	133	④	134	40	135	②
136	③	137	①	138	①	139	①	140	30
141	④	142	16	143	16	144	65	145	30
146	17								

경향 08 — 미분법계산

		147	③	148	②	149	②	150	④
151	①	152	8	153	④	154	④	155	4
156	⑤	157	③	158	②	159	③	160	2
161	1	162	⑤	163	28	164	8	165	15
166	14	167	⑤	168	①	169	①	170	5
171	③	172	④	173	96					

경향09 미분법그래프

								174	②	175	④
176	⑤	177	①	178	①	179	⑤	180	②
181	③	182	⑤	183	①	184	④	185	18
186	⑤	187	②	188	125	189	5	190	②
191	⑤	192	2	193	②	194	10	195	③
196	④	197	④	198	⑤	199	⑤	200	11

경향10 변화율

201	①	202	④	203	83	204	③	205	②
206	④

경향11 미분법그래프고난도

		207	11	208	17	209	②	210	①
211	25	212	④	213	55	214	31	215	32
216	②	217	3	218	⑤	219	16	220	29
221	72	222	24	223	17	224	11	225	64
226	43	227	331	228	5	229	27	230	④
231	30	232	④	233	216	234	④	235	39
236	72	237	⑤	238	④

경향12 적분법계산

						239	⑤	240	⑤
241	②	242	③	243	④	244	④	245	④
246	②	247	⑤	248	2	249	②	250	⑤
251	②	252	②	253	②	254	③	255	②
256	⑤

경향13 적분과급수

		257	③	258	③	259	①	260	④
261	②	262	②	263	12	264	④	265	②
266	④	267	①	268	12	269	14	270	③

경향14 적분항등식

271	③	272	①	273	①	274	⑤	275	④
276	⑤	277	24	278	④

경향15 적분식조작

				279	④	280	④
281	②	282	31	283	③	284	12	285	②
286	④	287	②	288	93	289	16	290	④
291	①	292	⑤

경향16 적분법그래프

				293	⑤	294	④	295	①
296	⑤	297	26	298	①	299	②	300	①
301	96	302	③	303	⑤	304	27

경향17 부피

								305	①
306	①	307	③	308	④	309	②	310	③
311	④	312	④	313	③	314	25	315	32
316	32	317	3.75	318	①	319	⑤	320	9
321	②

경향18 평면운동

		322	①	323	③	324	4	325	③
326	⑤	327	④	328	64	329	78

경향19 적분법그래프고난도

								330	②
331	25	332	143	333	③	334	283	335	⑤
336	115	337	⑤	338	12	339	21	340	9
341	⑤	342	③

미적분 실전개념분석 정답

경향 01 수열의 극한 계산

| 1 | ③ | 2 | ⑤ | 3 | ② | 4 | ① |

경향 02 도형의 극한

| 5 | ⑤ | 6 | ⑤ | 7 | ④ | 8 | ③ | 9 | 16 |
| 10 | ② | 11 | 50 |

경향 03 수렴조건

| 12 | 40 | 13 | 33 | 14 | ③ | 15 | 16 | 16 | ① |
| 17 | ⑤ | 18 | ③ | 19 | 162 | 20 | 25 |

경향 04 도형 등비급수

| 21 | ③ | 22 | ③ | 23 | ② | 24 | 13 | 25 | ③ |
| 26 | ③ |

경향 05 여러 함수의 미분 계산

| 27 | 35 | 28 | ② |

경향 06 도형

| 29 | ④ |

경향 07 도형의 극한

| 30 | 30 | 31 | 30 | 32 | ② | 33 | 16 | 34 | 17 |
| 35 | ④ | 36 | 16 | 37 | 11 |

경향 08 미분법 계산

| 38 | 5 |

경향 09　미분법 그래프

39	⑤	40	⑤	41	②	42	⑤	43	125
44	⑤	45	⑤	46	⑤	47	②	48	①
49	④	50	②						

경향 10　변화율

51	③	52	①	53	83	54	④	55	④
56	②								

경향 12　적분법 계산

57	②

경향 13　적분과 급수

58	②	59	③	60	②	61	14	62	③
63	④								

경향 14　적분 항등식

64	③	65	④	66	24	67	⑤	68	④

경향 15　적분식 조작

69	②	70	④	71	⑤	72	④	73	①
74	④	75	②						

경향 16　적분법 그래프

76	⑤	77	③	78	①	79	96	80	26
81	⑤								

경향 17　부피

82	①	83	9

경향 18　평면운동

84	①

미적분 실전개념분석 정답

고난도 고난도 접근법1

85 ④

고난도 고난도 접근법2

86 ③

고난도 고난도 접근법3

87 72 **88** ④ **89** 11

고난도 고난도 접근법4

90 39 **91** ⑤

고난도 고난도 접근법5

92 ② **93** 143 **94** 9

고난도 고난도 접근법6

95 216 **96** ⑤

고난도 고난도 접근법7

97 72 **98** 29 **99** 31 **100** 27

고난도 고난도 접근법8

101 21 **102** ⑤

고난도 고난도 접근법9

103 ① **104** 64 **105** ④

내 손으로 수능 전체 범위
9종 교과서를 10일 만에
개념과 실전의 연결고리
수학의 단권화
Orbi.kr
수학(상) | 수학(하) | 수학 I | 수학 II | 확률과 통계 | 기하 | 미적분
orbibooks
THIS IS THE BOOK